資料　日本動物史

資料

日本動物史

梶島孝雄著

八坂書房

まえがき

今から四〇年以上も以前、私は名古屋大学の生物学教室で金魚を材料として、遺伝的な形質がどのようにして発生の過程で発現してくるのか、各種の実験を交えて研究していた。そうした関係から、金魚学の大家として知られた松井佳一先生と親しくお付き合いをする機会に恵まれた。松井先生は当時京都大学理学部の門前にお住まいになっておられ、日本動物学史、日本博物学史の泰斗であられた上野益三先生と御親交があられ、そうした事から私も松井先生を介して上野先生から、博物学史の一環としての動物史の重要性について御教示をいただいた。当時は実験に追われて、そうした方面にまでは手が廻らなかったが、実験の余暇には出来るだけ多くの史籍に親しみ、それらの中から動物に関する事項について書き留めるよう心掛けて来た。大学退官後は東京に居住した関係から、国立国会図書館、国立公文書館内閣文庫、東京国立博物館資料館等を始め、二、三の地方図書館に出向き、所蔵されている貴重な資料について直接目にする機会に恵まれた。

博物学では個々の動植物について古今の文献を渉猟して、記載されている名称と実物とを比定することを名物学と呼んでいる。そうした分野の業績としては、江戸時代中期に丹羽正伯の膨大な『庶物類纂』があり、江戸末期には島津重豪の『成形図説』、屋代弘賢の『古今要覧稿』、畔田伴存の『古名録』等がよく知られている。これらの著書はいずれも和漢の書籍から動植物に関連した事項を抜粋、配列したものであるが、明治に入るとわが国の書籍だけを対象とした神宮司廳による『古事類苑』が編纂されている。その中の一巻である動物部は、動物に関する過去の出来事を調査、研究する際には、今日でも最も信頼のおける資料として広く用いられている。ただし『古事類苑』も江戸期の名物学の著書同様、古来の書籍の中から個々の動物に関係した部分を抜粋、配列したものであるから、通読するといった内容のものではない。

本書は日本人が過去にどのように動物を理解し、どのように利用して来たかを明らかにするため、古今の著書、絵画、考古資料等を通じて動物に関する資料を収集し、それらを時代を追って編集したもので、その下限を明治初期の近代動物学導入の時点とした。それはその時期までにわが国の博物学がどれ程までに近代化していたのかを明らかにすることを目的としたからである。ただし明治に入ってからの見聞は主として明治初期にわが国に来日した外国人の目を通したもので、言わば第三者の公平な判断を期待したものである。本書で取り上げた歴史資料の多くのものは、これまでに印刷に付されたものであるが、そうしたものの中にも未だ目を通す機会のないものが多数残されており、特に地方史についてはごく限られた地域の、限られた時期のものに限定されている。今後本書で取り上げられなかった多くの資料により、より充実した動物史の完成することが待ち望まれる所である。なお日本人の動物観に最も大きな影響を与えたのは言うまでもなく本草学あるいは博物学であるが、そうした分野の進歩、変遷については、上記の上野博士の『日本博物学史』、『日本動物学史』に詳細に取り上げられているので、本書ではその梗概だけに止め、それが日本人の動物観にどのように反映したかに重点をおいて記載するに止めた。

本書は大別して二つの部分で構成されており、その第一部は動物全般と日本人とがどのように係わって来たかを時代別、事項別にまとめたもので、年表を整理、配列し直したものである。第二部は個々の動物について我々の認識の変化と、動物との関係を時代を追って記したもので、第一部との間での重複を避けるため、第一部で取り上げた事項については省略した場合もある。また動物によって人間との関係には親疎があるため、残された資料に大きな量的な相違があり、記述内容に大きな精粗が見られるが、これは致し方のない所であろう。さらに動物によっては民俗学的な分野と深く係わっているものがあるが、そうした分野についてはすでに専門家による考察が進められているので、本書では深く立ち入ることはしなかった。最後にこうした動物全分野にわたった動物史を個人でまとめるのは無謀とも言うべき事で、誤りや不備の点が多々あることと思われますが、読者からの御教示をお待ち致す次第であります。

凡例

一、原文の引用に当たっては、原則として漢文は読み下し文に改めたが、一部返り点を加えるに止めた場合もある。
二、時代・事項別通史では煩瑣をさけるため、『日本書紀』から『日本三代実録』までの六国史（神代紀〜八八七）、鎌倉時代の『吾妻鏡』（一一八〇〜一二六六）、江戸時代の『徳川実記』、『続徳川実記』（一五三六〜一八六七）からの引用については書名を省略した。
三、動物別通史の動物名は、検索の便のため各動物門別、脊椎動物門については綱（類）別に五十音順に配列した。
四、動物別通史で取り上げた動物名は、古名は平仮名、現在和名として用いられているものについては片仮名で記し、それらのうち総称として用いたものについては何々類と記した。なお総称名の中に入れるべきものでも、特種なものについては別に項目をもうけて取り上げた場合もある。
五、掲載図版の中には、動物の姿をより鮮明にするため背景を省略したり、文字の位置を移動するなど、原図に多少の手を加えたものもある。
六、本文中では直接引用した資料、文献名は省略せずに『　』内に記し、引用文及び他の資料中に引用されている書籍名は「　」で示したが、文末の（　）内には次のように資料名の略称を用いた。

【史籍類】　記（古事記）、紀（日本書紀）、続紀（続日本紀）、後紀（日本後紀）、続後（続日本後紀）、文徳（日本文徳天皇実録）、三実（日本三代実録）、類史（類聚国史）、紀略（日本紀略）、略記（扶桑略記）、本世（本朝世紀）、吾（吾妻鏡）、通鑑（本朝通鑑）、実紀（徳川実紀）、続実紀（続徳川実紀）、続史（続史愚抄）、三代格（類聚三代格）、類符（類聚符宣抄）、要略（政事要略）、令条（御当家令条）、寛保集成（御触書寛保集成）、宝暦集成（御触書宝暦集成）、天明集成（御触書天明集成）、天保集成（御触書天保集成）、禁令考（徳川禁令考）、醍醐（醍醐天皇御記）、貞信（貞信公記）、吏部（吏部王記）、村上（村上天皇御記）、御堂（御堂関白記）、春日社（春日社記録）、後愚（後愚昧記）、満済（満済准后日記）、蔭涼（蔭涼軒日録）、大乗院（大乗院寺社雑事記）、碧山（碧山日録）、御法（御法興院関白記）、大館日記（大館常興日記）、御湯殿（御湯殿の上の日記）、長興宿祢（長興宿祢記）、多聞院（多聞院日記）、鹿苑（鹿苑日録）、長崎商館日記（長崎オランダ商館の日記）、唐通事日録（唐通事会所日録）

【その他】　倭名抄（倭名類聚抄）、本草啓蒙（本草綱目啓蒙）、物産年表（日本物産年表）、長崎図巻（長崎渡来鳥獣図巻）、唐蘭鳥獣（唐蘭船持渡鳥獣之図）、外国異鳥図（外国産珍禽異鳥図）、博物年表（改定増補　日本博物学年表）、縄文食料（日本縄文石器時代食料総説）、鳥名由来・図説鳥名（図説日本鳥名由来辞典）

資料 日本動物史 目次

第一部 時代・事項別通史

第二部　動物別通史

第一二章　脊椎動物　……………… 271

第一部

時代・事項別通史

第一章　地質時代

地球生成から約五億七千万年以前に始まる古生代までを先カンブリア時代と呼び、この時期に無生物から原始生物が誕生したが、この時代の生物の化石は極めて稀で、その進化の過程は明らかでない。

一、古生代

古生代はカンブリア紀、オルドビス紀、シルル紀、デボン紀、石炭紀、二畳紀の六紀に細分されており、最も古いカンブリア紀に海産無脊椎動物の各門が誕生したが、中でも原始的な節足動物である三葉虫が栄え、腕足《わんそく》類もこの紀に誕生している。三葉虫の化石は現在では我が国でも数多く発見されているが、江戸時代末期まではその存在には気付かなかった模様である。それに反して腕足類の化石は本草学で石燕と呼ばれ、我が国でも古く平安時代の『本草和名』に取り上げられている。平安末期の治承二年（一一七八）安徳天皇が誕生された際には、産後御枕に供薦された品物の一つとして「石燕二其の体は白石也。燕螬に似て、其の大きさの程柑子の如し」と記されている（山槐記）。腕足類は二枚の貝殻をもっているが、二枚貝の類ではなく、現生種ではシャミセンガイ（図147）がよく知られている。江戸中期の『和漢三才図会』は図を付して石燕の解説を行っているが（図1）、その内容は主として中国書からの引用で、著者の寺島良庵の解説では、石燕を二枚貝の化石（石蛤）と混同している。安永八年（一七七九）に刊行された木内石亭の『雲根志』は後篇で石燕を取り上げ、「から（唐）より渡て昔は和産ある事をしらず。（中略）俗是を難産の時まじなひに用る事あり。近頃大和国

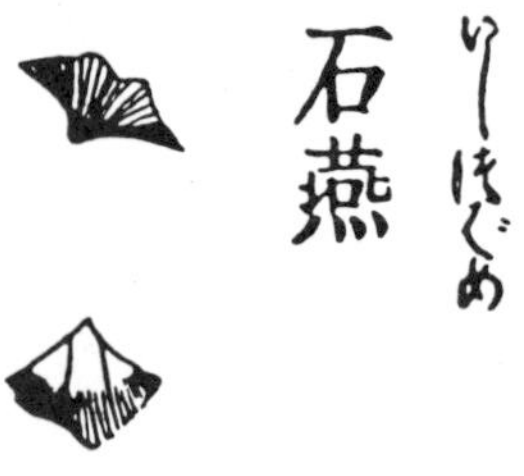

図1　石燕（和漢三才図会）

添上郡鳥井虚空蔵山、美濃赤坂山、奥州南部等に出せり。漢産の物薬店に多し。云々」と記し、江戸後期には我が国でもその存在が知られるようになった事を示している。江戸末期の『本草綱目啓蒙』も我が国の石燕の産地として「尾州宮の海辺、濃州・紀州・和州・能州」をあげている。

次いで約五億年前から四億三千万年前のオルドビス紀にはアンモナイトや腔腸動物の筆石類が分化するが、次のシルル紀に入ると、三葉虫や筆石類は次第に衰退し、かわって原始的な脊椎動物の肺魚類が分化してくる。約三億七千万年前を中心とする五千万年はデボン紀と呼ばれ、下等魚類の無顎類が繁栄し、陸上では植物が繁茂し始め、次の石炭紀には地表全面が原始林で覆われるようになる。この時期には各種の昆虫類や両生類が分化し、原始的な爬虫類も生じてくる。約二億八千万年前からの五千万年は二畳紀と呼ばれ、両生類が全盛を極めるが、その他の古生代特有の動物は一部のものを除いて絶滅してしまう。

二、中生代

中生代は有名な恐竜の出現した三畳紀に始まり、次のジュラ紀にその全盛期を迎え、この間に鳥類の祖先型である始祖鳥が誕生する。また古生代に出現したアンモナイトはこのジュラ紀から次の白亜紀にかけて繁栄するが、その後衰退してしまう。アンモナイトは軟体動物の頭足類の祖先型と考えられ、現在ではオウムガイだけが生き残っている（図66）。オウムガイは我が国でも古くから珍重され、正倉院の宝物の中にその貝殻を素材としたものがあり、螺鈿の材料としても用いられている。中世の『壒嚢抄』に「海中ニ貝アリ、鸚鵡ノ形ニ似タリ、是ヲ取テ背ヲウガチ破リテ盃ニ用フ」とあるようにその貝殻は盃（鸚鵡盃あるいは螺盃）として用いられ、『大和本草』、『本草綱目啓蒙』等の本草書にも取り上げられている。ただしオウムガイが生きた化石と呼ばれるように、古生代生き残りの生物である事が認識されたのは明治以降である。

三、新生代

約六五〇〇万年前に始まる新生代は第三紀と第四紀とに大別され、第三紀はさらに暁新世、始新世、漸新世、中新世、鮮新世に、第四紀は約一八〇万年前に始まる更新世（洪積世）と完新世（現世）とに細分されている。第三紀は哺乳類時代と呼ばれるように、各種の哺乳動物が分化・淘汰された時代で、人類の祖先もまたこの時代に誕生している。人類がその祖先である類人猿から分化したのは五〇〇万年程前と考えられているが、最近四四〇万年程前と見られる猿人（アウストラロピテクス・ラミダス）の化石が発掘され、人類誕生の筋道が一段と明らかになってきた。この猿人は人類の特徴である二足歩行と、道具の使用の二点のうち、少くとも二足歩行はしていたであろうと推定されている。猿人と見られるものの化石は、これまで主としてアフリカ大陸を中心に発見されており、一部に礫器と見られる石器を伴ったものがある事から、道具を用いた狩猟、解体が猿人の段階で開始されたものと考えられている。

しかし本格的な人類の進化は第四紀に入ってからで、この時代は人類時代と呼ばれている。第四紀前半の更新世（洪積世）は氷河時代とも呼ばれるように、数回の氷期と間氷期とが繰り返され、こうした環境の変化に適応出来なかった旧動物群は次々に淘汰され、生き残ったものだけが現世種の動物群を構成している。日本列島には直接大きな氷河の発達は見られなかったものの、氷期には大陸と陸続きとなり、アジア大陸に誕生した動物群が南北の陸橋を渡って我が国に移住して来ており、それらのうち我が国の地形・風土に適応したものだけが生き残って今日の動物相を構成している。この時期に絶滅したものとしてはナウマン象（図4）、ヒョウ、トラ、オオツノジカ、ジャコウジカ、ノロ、野牛、蒙古馬、サイ等が知られている（日本の考古学I）。これらのうち象や鹿の化石は、古くは竜骨、竜歯などと呼ばれて薬種として珍重されている。奈良の正倉院宝物の中の五色竜骨、白竜骨、五色竜歯、竜角などと呼ばれるものはそうした化石骨、化石歯（図2）である（正倉院薬物）。江戸時代末期の『本草綱目啓蒙』は「今薬舗に販ぐところ和産の龍骨あり、是は讃州小豆島の沖俚人鳴戸のツキツケとして云伝る深海中より採出す者なり。頭あり角あり肢骨あり、其形一ならず、皆大にして重し」と我が国でも竜骨が発見されるようになった事を記して

図2　五色竜歯（正倉院薬物）

いるが、その性質が輸入品と異るところから、「小豆島の産は大魚骨なるべし」としている。小豆島で竜骨、竜歯、竜角が出土する事は、これより以前平賀源内によって指摘されており（物類品隲《ぶつるいひんしつ》）、『甲子夜話《かっしやわ》』二―三二は紀州熊野、羽州最上川の水浜で発見された獣骨が、享保一三年（一七二八）に舶載され、我が国で死んだ象の頭骨（図325）に似ている所から、「然ば吾国にも、上古此獣有りて、今は無くなりしものか」と指摘している。竜骨についてはこのほか『北窓瑣談《ほくそうさだん》』、『提《てい》醒紀談《せいきだん》』等にも発掘の記事が見られる。

『本草綱目』は以上の化石のほかに石蟹、石蝦、石魚等を取り上げ、石蟹は解毒に効果があるとするほか、机上の飾りにもなるとしている。『大和本草』は石蟹について「本邦海浜軟石ノ内往々有之。（中略）其石ハ初砂土ノカタマレルニテ、蟹ノ其内ニアリシカ、共ニ化シテ石ニナリタルナルヘシ」とその形成過程について推測し、『物類品隲』、『本草綱目啓蒙』も同様の解説を加えた上で我が国の産地をあげている。『雲根志』、『本草綱目啓蒙』はほかに石鼈、石蝦、石魚、蟻化石等をあげ、「蝦魁《いせえび》の化石」、「鮒魚《ふな》の化石」、「比目魚《かれい》の化石」、「鰻鱺《うなぎ》の化石」などの産地について記し、『北越雪譜』も図を付して亀、蟹の化石について記載している（図3）。

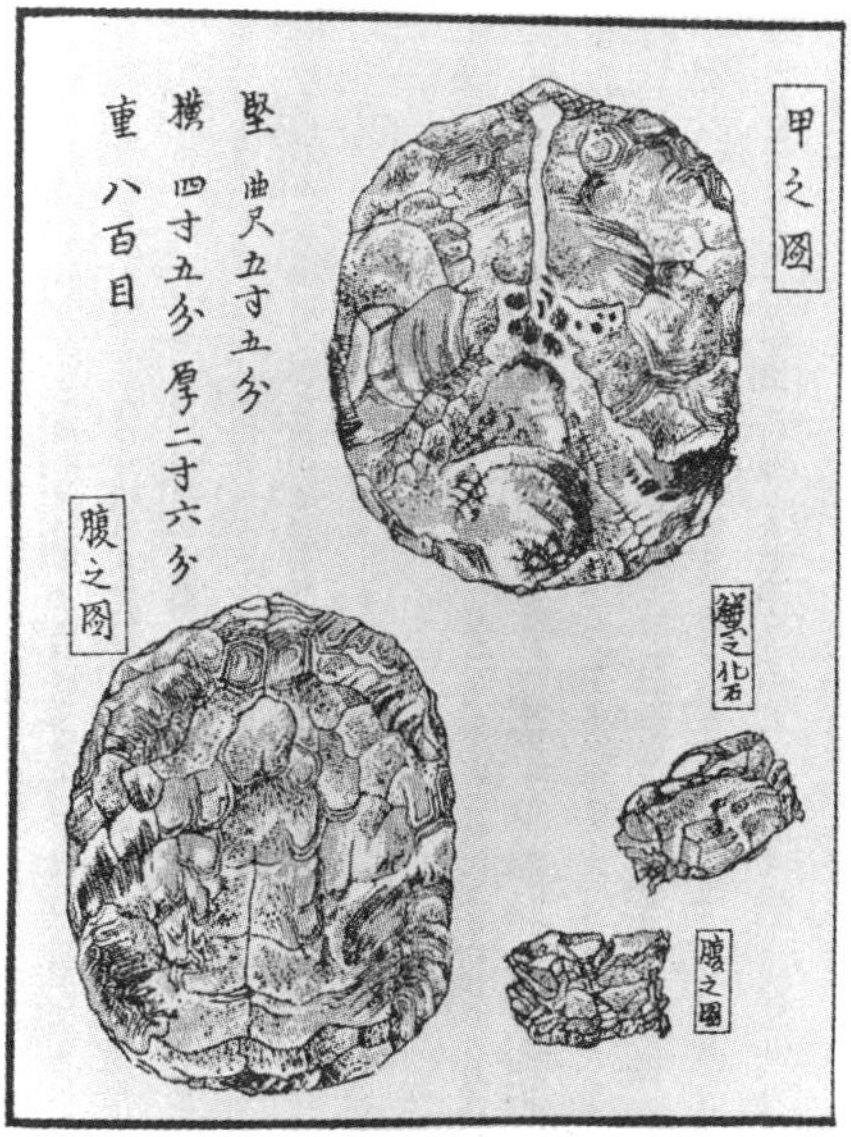

図3　亀・蟹化石（北越雪譜）

第二章　旧石器時代（先土器時代）

旧石器時代あるいは先土器時代という時代区分は、歴史・考古学上の区分で、地質学上は前記の第三紀の鮮新世から第四紀の更新世に相当する。この時代はさらに人類が石器を使い始めるようになった時期から約一〇万年前までを前期旧石器時代、一〇万年前から約三万五千年前までを中期旧石器時代、三万五千年前から約一万二千年前までを後期旧石器時代と三期に区分されている。

一、前期旧石器時代

アフリカ各地で猿人の骨が発見される以前、ジャワ島でピテカントロプスと呼ばれる人骨が発掘され、その頭骨の形態が類人猿と現代人との中間にあるため、原人と名付けられている。原人はその後中国の北京近郊から大量に発見され、その発掘現場からは石英またはそれに類似した石から剝した小型石器が出土している。これらの石器はその形態が単純なところから前期旧石器と名付けられている。またこうした人骨や石器が発見された個所から、火を焚いたと見られる炉の跡や、火で焼かれた獣骨が発見されているので、これら原人がすでに火を使用していた事が確かめられている。北京原人が生活していた時期は約五〇万年前から二〇万年前と推測されているが、その後これより一〇万年程以前と見られる藍田原人が発見されている。こうした藍田原人が生活していた頃に生息していたと見られる東洋象やカズサ鹿、北京原人と共存していたナウマン象（図4）やオオツノジカといった動物の

図4　ナウマン象化石（北海道開拓記念館蔵）

骨はいずれも我が国でも発見されているが（日本の考古学I）、原人と見られるものの骨はこれまでのところ発掘されていない。かつて我が国で話題を呼んだ明石原人は現在では否定されている。しかし最近旧石器時代の遺跡の発掘が進み、宮城県高森遺跡からは約五〇万年前と推定される石器が出土し、その西方の上高森遺跡からはさらに数万年から一〇万年程古いと見られる石器が発見されているので、我が国でも原人段階の人類が生活していた事は明らかである。

二、中期旧石器時代

中期旧石器時代に生活していた人類は、原人段階の末期からほぼ旧人段階の全期間にわたっている。旧人は原人よりもさらに現代人に近い形質を具えており、最初に発見された地名をとって、ネアンデルタール人と呼ばれている。我が国は土壌が酸性のため、石器は残るものの、骨の保存には適していない。そのため、これまでに我が国で発見された古代人骨は、アルカリ性の石灰岩の採石場から得られたものが大部分である。最初に報告されたのは栃木県葛生町の採石場からで、上膊骨、大腿骨、下顎骨などの破片が発見されており、恐らく更新世まで遡るものと見られている。次に愛知県豊橋市の東北に当る牛川鉱山で発見された牛川人は、その人骨が出土した地層と同じ層に含まれていた哺乳動物の化石から、中部洪積世上部に属するものと考えられている（日本人の骨）。ただしこれらの人骨はいずれも石器を伴っていない。しかし同時代と見られる石器は一二万年から一〇万年以前と思われる大分県早水台遺跡や、五万年以上以前の栃木県星野遺跡から出土しているので（日本旧石器時代）、旧人段階の人類が我が国で生活していた事は間違いない。

三、後期旧石器時代

後期旧石器時代の石器は、石核の同一面から、縦長の剝片を多数剝ぎ取る石刃技法と呼ばれる方法によって作られたもので、ナイフ形石器、搔器、彫刻刀など、多彩な専門石器が作られるようになる。こうした技法を開発した人類は新人（ホモ・サピエンス）と呼ばれ、中国大陸の各地に遺跡を残している。この時期はちょうど地球が最後の氷河で覆われており、大陸の動物が陸橋を渡って日本列島に移住して来た時期でもあり、人類もまた例外でない。長野県北部の野尻湖からは、約三万年から一万六千年以前にわたるナウマン象、オオツノジカ等、大型哺乳動物の化石骨が石器、骨角器と共に出土しており、当時の人類の生活の一端を示している（野尻湖の発掘）。野尻湖からはこれまで人骨は出土していないが、沖縄本島の山下町洞窟からは、約三万二千年以前のものと見られる子供の骨が出土している。時代はこれよりも下るが、大分県聖岳洞穴からは、ナイフ形石器、細石刃、石核といった旧石器と共に人類の頭骨の一部が出土しており、石器の形式から一万四千年程以前のものと推定されている。このほか石器だけを出土した遺跡は数多く報告されており、我が国に初期の新人が生活していた事は明らかである。

第三章　縄文時代

一万二千年程以前から紀元前二百年程前までを縄文時代と呼んでいる。縄文時代とは縄文式土器を生活用具としていた時代の事で、土器の表面に施された模様、線刻によって製作年代が推定され、それにより早期、前期、中期、後期、晩期の五期に細分されている。我が国の先史時代の研究は、明治

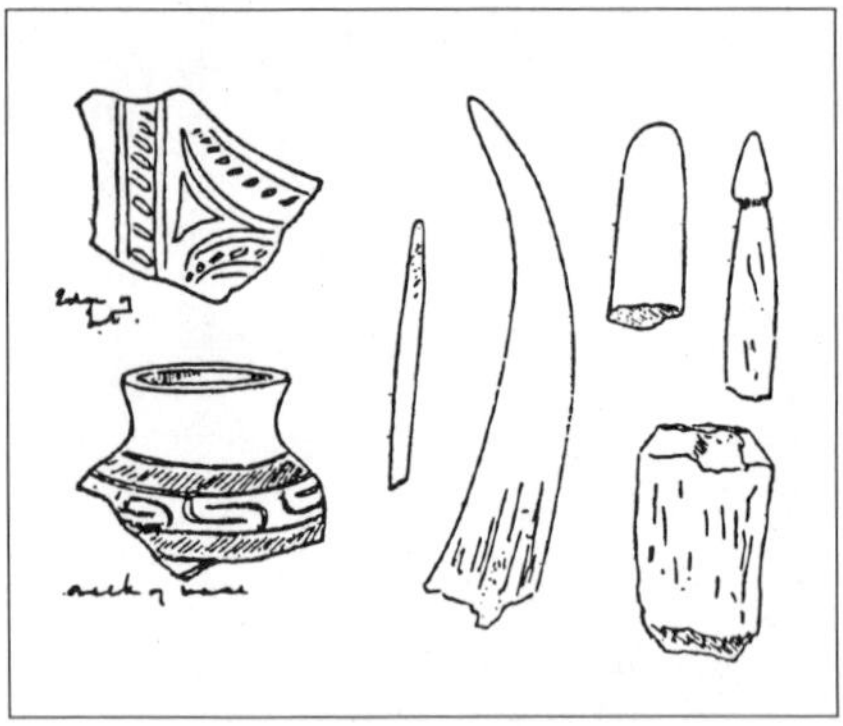

図５　大森貝塚出土土器・骨角器
（日本その日その日）

一一年（一八七八）アメリカ人動物学者エドワード・モースによって大森貝塚が発掘され、人骨のほか多数の縄文土器や骨角器が発見されたのが最初である（図５）。『日本縄文石器時代食料総説』によると、この時期に食料とされた動物は哺乳類七〇種、鳥類三五種、爬虫類八種、両生類一種、魚類七一種、棘皮動物三種、節足動物八種、軟体動物三五三種の多数にのぼっている。このように各種の動物が食料とされるようになったのは、縄文人が集団生活を営むようになり、狩猟、漁労の技術が向上したためと見られている。

一、縄文時代早期

一万二千年程以前から五千年前頃までの期間を縄文時代早期と呼ぶが、その前半を草創期と呼ぶ場合もある。この時期には氷期が終了して温暖化が進んだため、寒冷性の動物は北方あるいは高山地帯へ移動したが、上記のように絶滅したものも多い。長崎県福井洞穴、大分県早水台遺跡などは旧石器時代から縄文時代にかけて継続して用いられて来た遺跡で、土器文化発生の過程を解明する重要な手掛かりを与えるものとされている。これよりやや新しい愛媛県上黒岩遺跡は、縄文時代早期から土師器《はじき》を出土した最上層まで、一万年以上に及ぶ遺跡で、その最下層から女神像を線刻した礫が出土した事で知られている。またその第六層からは一〇体以上の人骨と、それを守るような形で埋葬された二頭の犬の骨が石鏃と共に発掘され、この頃から我が国で犬を用いて弓矢による狩猟が行われるようになった事を示している。犬は中型犬で、オオカミを飼いならしたものではなく、家畜化の進んだ家犬とされており、恐らく縄文人に伴われて我が国に渡来したものと見られている（日本の洞穴遺跡）。一万七五〇〇年程以前と見られる横須賀市の夏島貝塚からは、犬の骨のほか猪の骨で作った釣針が出土しており、神奈川県平坂貝塚ほかからは土器片を加工した漁網錘が出土しているので、貝類の採集、狩猟のほかに釣・網漁が行われるようになった事がわかる（縄文時代の漁業）。

二、縄文時代前期

縄文早期の終り頃から前期にかけて小型犬が多くなり、横浜市の菊名・上ノ宮両貝塚から数百頭にのぼる小型犬の骨が出土している。これらの犬の歯牙は人に飼育されたものと異っている所から、野生化した家犬ではないかと考えられている。一方東北地方ではこの時期に大型犬が見られるようになるが、その数は少なく、広く分布するには至っていない（古代遺跡発掘の家畜遺体）。また『古代遺跡発掘の脊椎動物遺体』によると縄文時代早・前期の遺跡からは猫の骨も出土しているが、現在の家猫と比較すると野生種としての特徴を強くもったもので、ヤマネコではないかとされている。一方この頃になると装身具が用いられるようになり、熊本県の轟貝塚から出土した女性人骨は、アカガイとベンケイガイの貝殻を輪切りにした腕輪を装着しており、別の女性骨は首のまわりにイモガイやアマオブネといった巻貝を切断して作った首飾りを装着していた（古代史発掘2）。貝製の腕輪はこのあとも多くの遺跡で発掘されており、サルボウやイタボガキの貝殻も用いられている。

三、縄文時代中期

約三千年以前からの千年間は縄文時代中期で、この時期には住居の集落化が進み、中部山岳地帯や沿海部に大規模な環状集落が出現する。そうした山岳集落の一つである長野県尖石遺跡や井戸尻遺跡などからは蛇をかたどった飾りの付いた土器が出土しており、何か宗教上の目的をもったものではないかとされている（古代史発掘3）。このほか尖石遺跡からは狩猟人物像と見られる線刻をほどこした河原石が発見されており、同じ長野県の城ノ平遺跡からは、集落の周辺に獣猟に用いられたと見られる陥穴の土壙が発見されている。また千葉市近郊の加曽利遺跡は直径一五〇メートル前後の二個の馬蹄形の貝塚と数十個にのぼる竪穴住居跡で構成されており、恐らくこの貝塚は集落全体の共同作業にもとづく、食料残渣の捨場であったものと見られている（加曽利貝塚）。

四、縄文時代後・晩期

二千年程前からの千年間を縄文後期、それ以後六百年程を縄文晩期と呼んでいる。『日本古代家畜史の研究』は過去に報告された記録を整理して「先史時代ウマ発見地」七五例をあげている。その中には縄文時代前期に属する二例が含まれているが、後・晩期のものが大半である。中でも広く知られたものに縄文後期の鹿児島県出水貝塚出土の馬歯、馬骨がある。この馬はその骨から推定して、体高一一〇センチ前後のトカラ馬に類似した小型馬とされている。一方縄文晩期の愛知県平井貝塚から出土した馬の掌骨はモウコノウマに類する中型馬のものと見られており、縄文時代には小型、中型の二種類の馬が飼育されていた事となる。『日本古代家畜史の研究』はまた「縄文・弥生・古墳時代牛骨発見地」として三三カ所の遺跡名をあげており、縄文中期のものが最も古いが、多くは後・晩期に属するもので、中でも愛知県伊川津遺跡は牛のほかに馬、犬、猫、鶏といった家畜、家禽の骨を出土した事で知られている。こうした家畜や家禽が縄文後・晩期の我が国で飼育されていたとすると、この頃から農耕生活が営まれていたのではないかという疑問も生じて来る。一方この時期に我が国に移入された動物はこうした有用動物ばかりではなく、ドブネズミもこの時期に入って来ており、長崎県対馬の志多留貝塚で遺骨が出土している（日本古代農業発達史）。縄文時代後期末から晩期にかけて、主として東北地方で人を模した土偶の製作が急速に広まり、動物を模した土製品も数多く製作されている。哺乳類ではイノシシ、クマ、イヌ、サル（図6）、ムササビ?、モグラ?など、鳥類ではハト?、爬虫類はカメ、昆虫ではセミ、カマキリ、ゲンゴロウ、ミズスマシ等がこれまでに出土している（古代史発掘3）。土製品以外では岩手県貝鳥貝塚から鹿角製のオオカミとカエルが、青森県下北半島からは石を研磨して作った魚形石製品も出土している（古代史発掘3）。

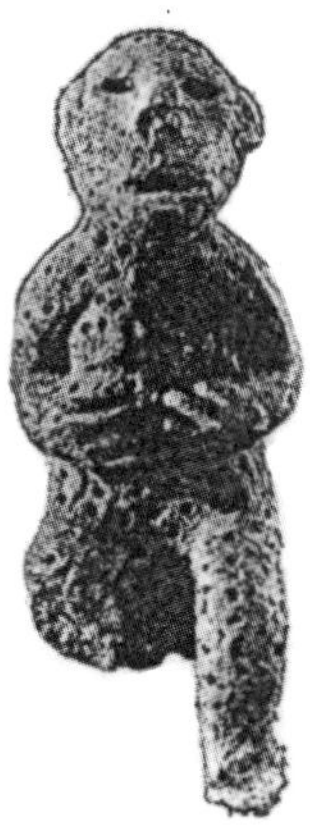

図6　猿の土製品（青森県十面沢出土）

第四章　弥生時代

弥生時代は紀元前二百年頃から紀元三百年頃までの五百年程の期間で、縄文式土器とは全く形式の異った弥生式土器が用いられている。紀元前百年頃までを前期、紀元百年頃までを中期、その後の二百年間を後期と呼んでいる。弥生時代の最大の特徴はいうまでもなく水稲栽培の導入にあるが、そのほかこの時期には青銅器、鉄器といった金属文化がもたらされ、外来習俗としてこれまでとは違った埋葬法や吉凶を占う卜骨法が導入されている。一方この時代には住居の集落化が一段と進み、小国家が形成されるようになり、『魏志倭人伝』によると我が国は百余国に分かれ「相攻伐すること歴年」といった戦闘状態にあったものと思われている。

一、弥生時代前期

福岡県板付遺跡は縄文晩期から弥生時代初頭にかけての遺跡で、水田跡、集落跡が発掘され、木製の農器具や石包丁が出土しているので、水稲栽培が行われていた事は明らかである。こうした技術は急速に九州一円に広まり、前期半ばには近畿地方の唐古遺跡にまで達している。水稲栽培の技術を我が国にもたらしたのは朝鮮半島南西部からの渡来者集団と見られているが、彼らがもたらしたのはそうした技術ばかりでなく、島根県古浦遺跡からは卜占に用いた卜骨が出土している。骨卜は中国大陸で古くから行われてきた卜占法で、主として牛の肩胛骨が用いられているが、我が国では多くは鹿の骨が用いられている。また愛知県高蔵貝塚からは線刻をほどこした馬の中足骨が出土しており、これも何か宗教上の目的によるものではないかと考えられている。

二、弥生時代中期

この時期から埋葬法として甕棺葬が行われるようになり、福岡県三雲遺跡や須玖岡本遺跡の甕棺からは多数の前漢鏡や銅剣、銅矛、銅戈が出土している。これらの青銅器は、恐らく前期末に舶載されたものと見られている。こうした銅器の一部のものは絹布で包まれており、その織密度や絹糸から、この時代にすでに我が国で養蚕が行われ、その絹糸によって織られたものと推定されている（養蚕の起源と古代絹）。中期中葉になると舶載された青銅器を材料として近畿地方で銅鐸が製作されるようになる。銅鐸は恐らく祭祀に用いられたものと見られているが、その表面に袈裟襷《けさだすき》文、流水文などといった文様のほかに、狩猟や農耕に関係した動物の文様を鋳出したものがあり、この時代の狩猟の模様を知る事が出来る（図7、317）。描かれている動物はヒトのほかイヌ、シカ、イノシシ、ウシ、水鳥、蛇、亀（スッポン）、蛙、山椒魚（またはイモリ）、オタマジャクシ、魚、カニ、トンボ、カマキリ、アメンボ等で（古代史発掘5）、水田で普通に見かけるものが多い。銅鐸は弥生時代後期末には全く作られなくなる。

この時期の大阪府池上遺跡からはイノシシ、シカ、アナグマ、タヌキ、イヌ、イタチ、クジラ等の獣骨が多数出土しているが、イノシシの骨が圧倒的に多く、特に一歳から二歳の幼若個体のものが半数以上を占めている所から、イノシシの飼育が行われていたのではないかと見られている（貝塚の獣骨の知識）。また最近同遺跡からコクゾウムシの遺骸が出土しているので、すでにこの時期に米の害虫が我が国に入っていた事がわかる。同じ大阪府の四ッ池遺跡からは蛸壺として用いられた小型土器が出土している。蛸壺は瀬戸内海沿岸や、三重県の遺跡からも出土しており、中には弥生前期に属すると見られるものもあるが、その多くのものは蛸漁専用のものではなく、小型の壺の底に孔をあけただけのもので、恐らくイイダコ漁に用いたものと見られている（日本の考古学Ⅲ）。また福岡県立岩遺跡からは南方産のゴホウライモガイの腕輪を装着した女性の骨が出土しており、当時の文化交流の広さを物語っている（貝をめぐる考古学）。

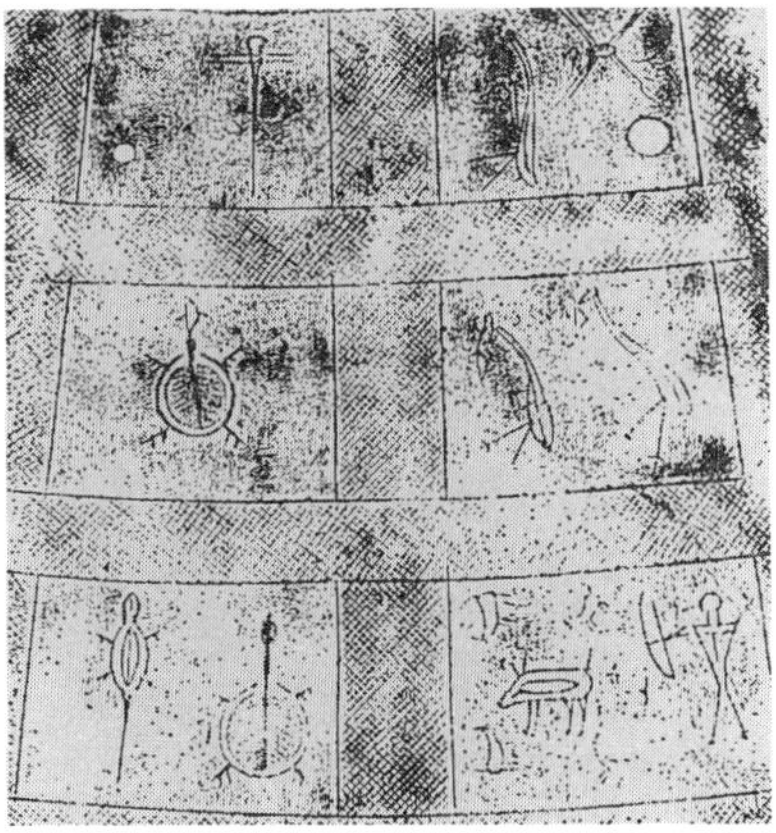

図7　動物・狩猟文銅鐸拓本（文化庁蔵）

三、弥生時代後期

稲作遺跡として知られた静岡県登呂遺跡は弥生時代後期初頭の遺跡で、集落跡からは家牛、鶏、猪といった有用動物のほかに廿日鼠の骨も出土している。また倉庫と見られる高床家屋の柱には鼠返しが付けられているので、この時代すでに鼠による被害に悩まされていた事がわかる（登呂）。一方神奈川県毘沙門洞穴からは青銅製、鉄製の釣針が出土しており、付近の間口洞穴、大浦山洞穴などからは釣針のほか角、貝、サメの歯で作った鏃や、角製の離頭銛、鮑起《あわびおこ》しといった漁具、稲穂を刈り取るのに用いた貝包丁等が出土しているので、これらの洞穴で生活していた弥生人たちは半農半漁の生活を営んでいたものと見られている。このほか卜占に用いた卜骨も出土している。ただしこうした洞穴生活はこの時代にはむしろ稀で、多くは環濠集落の竪穴住居で生活していたものと思われる。

『魏志倭人伝』は、この頃我が国が戦乱状態にあった事のほか、倭国（邪馬台国）の地誌や倭人の習俗についても記しており、動物に関しては「其の地には牛・馬・虎・豹・羊・鵲無し」と中国にはいても我が国にいないものをあげ、我が国にいるものとしては「獮猿・黒雉有り」と記している。ただし牛馬がいないとある事については疑問視されている。また「禾稲《かとう》・紵麻《ちょま》を種え、蚕桑、緝績し細紵・縑緜《けんめん》を出だす」と養蚕が行われていた事を記し、倭人の習俗として末盧国の条で「好んで魚鰒を捕え、水深浅と無く、皆沈没して之を取る」としている。魚鰒は食料としたばかりでなく、鰒からは真珠が取れる事があり、産物の中に「真珠・青玉を出だす」とし、中国への貢物にも「白珠五千孔」があげられている。このほか渡海に当って「恆に一人をして頭を梳《くしけず》らず、蟣蝨を去らず」とシラミのいた事を記している。一方、同時代の韓国の史書『三国史記倭人伝』によると、倭国は紀元前の弥生時代中期から、しばしば韓国各地に侵攻しており、そうした状況のもとに次の古代へと移行する。

第五章　古代

一、古墳時代

四世紀初頭から七世紀初頭にかけての三百年間は古墳時代と呼ばれ、我が国の国家統一の進められた時代である。国内各地に古墳が築造されるが、これらは当時のそれぞれの地方の首長の墳墓と見られている。中でも京都府相樂郡の椿井《つばい》大塚山古墳は最も古いものの一つで、副葬品の中には魏の明帝から耶馬台国の卑弥呼に贈られたと見られる銅鏡が含まれている。次いで大和の三輪山の西麓に箸墓、崇神陵、景行陵といった大型の前方後円墳が築かれているが、これらは当時この地方にあった大和政権の支配者の墳墓と見られている。四世紀後半になると大墳墓群は河内平野に移り、応神陵、仁徳陵、履中陵などが築かれるようになり、中央集権の確立した事を示している。北鮮の鴨緑江岸で発見された『広開土王碑銘』には「辛卯の年(三九一)、倭、渡海して百済・〇羅・新羅を破り臣民となす」とあるが、これは『日本書紀』応神三年の紀角宿祢《きのつのすくね》等の派遣に当るものと見られている。以下『日本書紀』応神紀以降について見て行くと、応神一四年春三月に「百済の王、縫衣工女《きぬぬいおみな》を貢る」とあり、一五年には「百済の王、阿直伎を遣して良馬二匹を貢る。即ち軽《かる》の坂上の廐に養はしむ」とある。軽は現在の橿原市大軽付近とされており、近くの東大阪市日下遺跡からは五世紀後半の馬の骨が出土している。江戸時代の新井白石は『本朝軍器考』の中で「万葉集抄」を引用して「昔百済国より馬を此国へ獻りたりけるに、(中略)秦氏の先祖これをよく乗れりけり、さて帝これをいみじきものにせさせ給ひて、うまといはんと云ふ事定まり、はじめていこま山と云ふ山にはなちて飼はしめ給ひけり」と記し、ウマという名称が応神天皇によって命名されたとしている。また白石が記しているように、乗馬はこの頃から行われるようになったと見られており、応神陵の陪塚からは金銅製の鞍橋や馬具が出土している。応神一九年に天皇が吉野宮に行幸された際には、吉野地方の先住土着民と見られる国栖《くず》が出迎えているが、彼らは穴居生活を営み(新撰姓氏録)、蝦蟆《がま》の煮たものを上味としていたと記されている。現在も吉野町国栖にある浄見原神社では、旧暦一月一四日に国栖奏が奉納され、蝦蟆を煮た毛瀰《もみ》が神餞の一つとして供えられている。応神三七年にも阿知使主等を呉に遣わして縫工女を求め、四一年に衣縫と蚊屋衣縫等が来朝している。

次の仁徳天皇あるいはその子の履中天皇は、『宋書倭国伝』の倭の五王讃に比定されている天皇で、永初二年(四二一)、元嘉二年(四二五)と中国の宋に使を送り貢物を献じている。『日本書紀』仁徳一四年には「猪甘津《いかいのつ》に橋渡す」とあり、当時猪を飼育していた事がわかる。猪甘津は現在の大阪市生野区猪飼町とされているが、『播磨国風土記』にも仁徳天皇時代に兵庫県小野町に猪養野を開いた話が載っている。仁徳四二年には鷹を捕えて調教し、鷹狩を行った話があり、この年に鷹甘部《たかかいべ》が置かれている。この鷹甘部は現在の大阪市住吉区鷹合町にあったとされている。五〇年には淀川の左岸の茨田堤で雁が卵を産んだ話、五三年には新羅に遣わした上毛野氏が白鹿を獲た話が載っている。次の履中天皇五年九月には天皇が淡路嶋で狩をした事が記されており、「河内の飼《うま》部等《かいべ》(中略)轡に執けり」とある。(馬)飼部はこれより以前の神功紀前紀にも「伏《したが》ひて飼部と為らむ」とあり、馬の飼育・調教にあたり、貴人が馬に乗った際にはその手綱を執ったとされている。馬飼部は上の記事のあとに「飼部の黥《めさきのきず》、皆差《い》えず」とあるように、目のふちに入れ墨をされる事になっていたが、この時以後止められている。淡路島の狩猟は次の允恭天皇一四年にも行われ、鰒《あわび》から得た真珠を島の神に祠ったところ大漁となった話が載っている。

雄略天皇は倭の五王の最後の武に比定されており、昇明二年(四七八)に宋の順帝に上表し、安東大将軍・倭王に除せられている(宋書倭国伝)。『日本書紀』雄略二年には天皇家に獣肉の料理人として宍人部《ししひとべ》がおかれ、三年には廬城部連《いおきべのむらじ》武彦が、鵜飼をすると偽って父親に打殺された記事がある。鵜飼についてはこれより以前の神武東征神話に、天皇が吉野に行幸した際、梁を作って魚を捕っている者に出会い「則ち阿太の養鸕部《うかいべ》が始祖なり」とあるので、養鸕部は遅くとも『日本書紀』編纂が完了した養老四年(七二〇)までには置かれていたものと思われる。雄略六年には「天皇、后妃をして親ら桑こかしめて、蚕の事を勧めむと欲す」とあり、七年には前津屋が闘鶏を行った記事が見られる。九年には田辺史《たなべのふひと》が誉田陵(応神陵)の下で自分の馬と赤駿《あかうま》とを交換した所、翌日その赤駿が土馬《はにま》に変り、陵の土馬の間に自分の馬がいた事が記されている。これは築造初期の応神陵に馬の埴輪が並べられていた事を示すものであろう。応神陵の内濠からは、ほかにクジラ、イルカ、河魚、イカ、タコ等の土製品も出土している(はにわ)。埴輪は四世紀半ばの古墳に円筒埴輪として出現し、五世紀に入ると各種の形象埴輪が作られるようになる。各種の人物埴輪の中には鷹を臂に据えた鷹匠埴輪があり(図8)、ほかに動物を模したものとしては馬、牛、犬、猪、鹿、猿、鶏、水鳥、鮭、スッポン等が知られている。雄略一〇年には「身狭村主《みさのすぐり》青等、呉の獻れる二の鵝を将て、筑紫に到る。是の鵝、水間君の犬の為に囓はれて死ぬ。（中略）鴻十隻と養鳥人とを獻りて、罪を贖ふことを請す」とガチョウの舶載と、鳥を飼う専門職のいた事を記している。一一年にも「鳥官《とりのつかさ》の禽、菟田の人の狗の為に囓はれて死ぬ。天皇嗔りて、面を黥《きざ》みて鳥養部としたまふ」とあり、鳥養部の置かれていた事がわかる。またこの年には白い鸕鷀《う》が近江国で発見されている。

継体二二年（五二八）北九州で反乱を起した盤井が殺され、『筑後国風土記逸文』は「上妻の県、県の南二里に筑紫君盤井の墓墳あり」と記している。この墓の一画に裁判の模様が石造物で示されており、裁判官と見られる石人の前に罪人を模した裸の石人と、四頭の石猪がひかえている。この石猪は罪人の盗んだ贓物《ぞうぶつ》とされているので、この時代に猪が飼育されていた事がわかる。現在盤井の墓とされている岩戸山古墳からは、ほかに馬、鶏、水鳥などの石造物が出土しており、後の欽明天皇陵の堀からは猿石が発掘されている。安閑二年（五三五）には犬養部が置かれているが、犬養部は犬を飼育する職業集団で、その目的は狩猟のためとする説と、屯倉《みやけ》の番とする説とがある。ただしここでは続けて「桜井田部連・県《あがたの》犬養連・難波吉士等に詔して、屯倉《みやけ》の税を主掌《つかさど》らしむ」とあるので、屯倉の番犬の飼育に当ったものと思われる。犬養部はほかの馬飼部、猪甘部、鳥養部等とは違って賤民視されておらず、大化改新で部曲《かきべ》が廃止されるまで存続している。同年九月一三日には「牛を難波の大隅嶋と媛嶋松原とに放つ」とあり、初めて牛牧が開かれている。このあと欽明七年（五四六）、一四年（五五三）、一五年（五五四）と大量の兵馬が百済救援のために送られ、その模様はこの時期に築造された装飾古墳の壁画にも描かれている。こうした援助にもかかわらず、欽明二三年（五六二）我が国の朝鮮半島の拠点であった任《みま》那《な》は新羅に併合されてしまう。

図8　鷹匠埴輪（群馬県境町出土）

二、飛鳥時代

任那滅亡から平城遷都までの約百年間が飛鳥時代である。推古六年(五九八)四月、甲斐国から四つ足の白い黒駒が献上され、難波吉士が新羅から帰って鵲二隻を献じている。この鵲は難波社《なにわのもり》に放され、そこで巣を作り仔を産んだとされている。また同年八月には新羅から孔雀一隻が贈られているが、これは我が国に孔雀が舶載された最初の記録であろう。この年にはほかに越国《こしのくに》で白鹿が捕えられて献上されている。翌七年(五九九)には百済から駱駝一匹・驢一匹・羊二頭・白雉一隻が贈られており、これらも我が国最初の舶載記録である。『扶桑略記』はこの中の白雉を「是鳳類也」と記しているので、これは通常の雉子の白変種(アルビノ)ではなく、白鷴だったのではあるまいか。推古一二年(六〇四)には聖徳太子により有名な憲法十七条が作られているが、その第二条に「篤く三宝を敬へ。三宝とは仏・法・僧なり」とあり、以後我が国の政治に仏教が深くかかわって来る事となる。推古一五年(六〇七)第一回の遣随使として小野妹子等が派遣され、その時の模様は『随書倭国伝』に記されている。その中に我が国の風俗として「水多く陸少し。小環を以て鸕鷀の項に挂け、水に入りて魚を捕えしめ、日に百余頭を得」とあり、当時鵜飼が広く行われていた事を示している。推古一六年(六〇八)、一八年(六一〇)にはそれぞれ唐(随)及び新羅使を迎えるために数十騎の飾馬(鞍馬、荘馬)が派遣されているが、飾馬とは埴輪の馬に見られるように、各種の馬具を美々しく装着した馬の事である(図9)。一九年(六一一)五月五日には菟田野で薬猟が催されている。薬猟とは薬草を採取する中国伝来の行事であるが、薬草だけではなく薬種となる動物の狩猟も行われ、『万葉集』の乞食者《ほかひ》の歌に「三八八五(前略)四月と五月の間に薬猟仕ふる時にあしひきのこの片山に二つ立つ櫟が本に梓弓八つ手挟みひめ鏑八つ手挟み鹿待つと云々」と鹿狩の行われた事が詠まれている。こうした薬猟はこのあと推古二〇年(六一二)、二二年(六一四)、天智六年(六六七)、七年(六六八)にも行われている。

図9　飾馬埴輪(埼玉県上中条出土)

推古二六年(六一八)高勾麗は随を破り、各種の兵器とともに駱駝一匹を我が国に贈っている。これにより随は滅び、中国は唐の時代に入る。二七年(六一九)四月と七月とに近江国蒲生河及び摂津国で「形児の如く、魚にも非ず、人にも非ざるもの」が捕えられているが、これはオオサンショウウオの事で、江戸末期に司馬江漢は蒲生河を訪れて人魚塚を見学している(江漢西遊日記)。推古三〇年(六二二)聖徳太子が斑鳩宮で亡くなったが、太子が建立した法隆寺の金堂の壁画の中には普賢菩薩騎象図が描かれている。これは恐らく我が国最古の象の絵ではあるまいか。法隆寺にはこのほか玉虫厨子があり、当初はその壁面に一面にタマムシの翅が張りつめられていたが、現在は全く剝落してしまっている。またその厨子の須弥座正面の舎利供養図には翼をもった獅子の図が、右側面の投身飼虎図には牝の親虎と七匹の仔虎が描かれている。聖徳太子は深く仏教に帰依しておられたが、この時代には邪教も行われており、皇極元年(六四二)には群臣が「村々の祝部の所教の随《まま》に、あるいは牛馬を殺して、諸の社の神を祭る」と慨嘆している。牛馬を殺して諸神を祭る行事は中国伝来の雨乞の儀礼で、このあと養老六年(七二二)、延暦一〇年(七九一)にも見られ、その祭事の模様は『日本霊異記』中五の「漢神の祟に依り牛七頭を殺し、又放生の善を修して、現に善悪の報を得る縁」に記されている。また三年(六四四)には東国の人が「虫祭ることを村里の人に勧めて曰はく『此は常世の神なり。この神を祭る者は、富と寿とを致す』」といって恐らくアゲハチョウの幼虫を祭って人々から「珍財を棄捨」させている。この前年皇極二年(六四三)には百済の太子が蜜蜂の房四枚を三輪山に放したが、繁殖しなかったと記されている。

大化元年(六四五)六月蘇我入鹿が暗殺され、蝦夷が自殺した事によって政治の権力は朝廷の手に復し、八月には国司等に対して「公事を以て往来はむ時には、部内の馬に騎ること得」と申し渡されている。この法令は翌二年(六四六)元日の大化改新の詔の中で「駅馬・伝馬を置き、(中略)駅馬・伝馬給ふことは、皆鈴・伝符の剋の数に依れ」と規定されており(図10)、馬が公の交通手段として用いられるようになる。またこの年三月には薄葬令が出され「凡そ人死亡ぬる時に、(中略)あるいは人を絞りて殉《したが》はしめ、強に亡人の馬を殉はしめ」る事が禁止されている。殉葬させられたと見られる馬の骨は、宮崎県六野原古墳群、熊本県塚原古墳群ほかから出土している。大化三年(六四七)には新羅国から孔雀一隻、鸚鵡一隻が贈られている。白雉元年(六五〇)の『扶桑略記』は「鵂羅国大鳥を獻ず。其の形駝の如く、能く銅鉄を食ふ」と

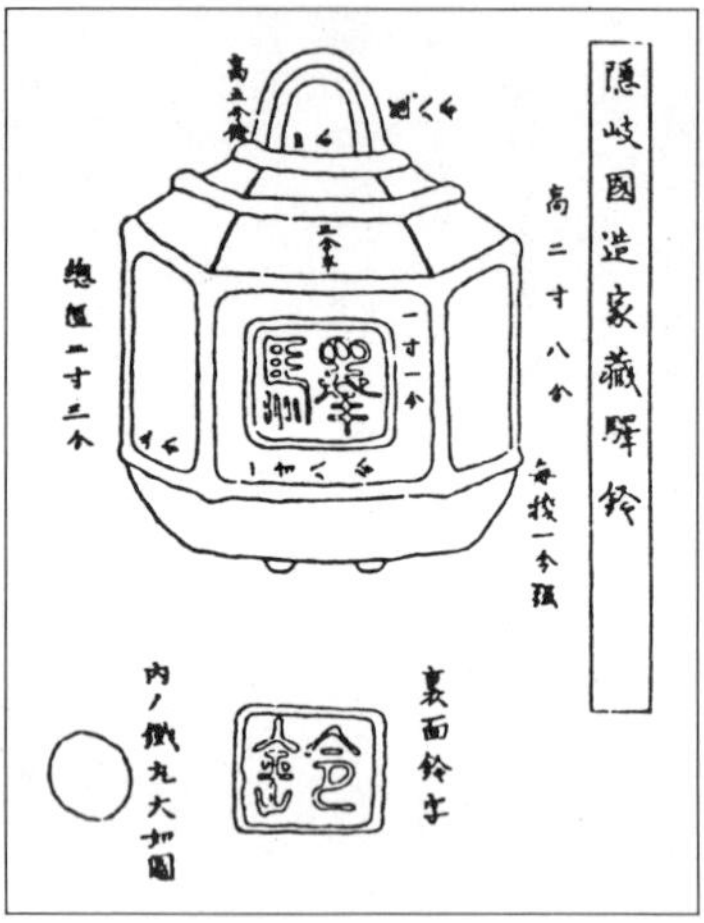

図10　駅鈴（柳庵随筆）

駝鳥と思われるものが献上された事を記しているが、駝鳥はこの年初めて中国に贈られているので（本草拾遺）、恐らく編纂者がそれを誤り記したものと思われる。この年には穴戸（長門）国から白い雉が献上されたため白雉と改元されている。その時の詔に「聖王世に出でて、天下を治むる時に、天応へて、其の祥瑞《みつ》を示《あらわ》す。云々」とあり、これ以後こうした祥瑞の記事が数多く見られるようになる。斉明三年（六五七）には白狐、天智六年（六六七）には白燕、七年（六六八）白雉及び角の生えた馬（略記）、九年（六七〇）甲に字の書かれた亀と四足の鶏、一〇年（六七一）八足の鹿と四足の鶏と続き、天武元年（六七二）には三足の赤雀が献ぜられたため年号が朱雀と改められ（略記）、翌二年（六七三）には再び白雉が献上されたため白鳳に改められている。ただし朱雀と白鳳とは私年号で、正式の年号としては採用されていない。祥瑞の具体的な内容は後の『延喜式』に規定されている。

　孝徳天皇の御世（六四五―六五四）には大和の薬の使主福常が、牛の乳を搾る技術を習得し乳長の職を与えられている（三代格）。斉明二年（六五六）には百済から鸚鵡一隻が持ち帰られ、翌三年（六五七）には同じく百済から帰った西海使が駱駝一匹、驢二匹を献上し、四年（六五八）には粛慎《みしはせ》を討った阿部比羅夫が、生きた羆二匹とその皮七〇枚を献じている。この年出雲国北海の浜に雀魚（ハリセンボン）が打ち上げられ、斉明六年（六六〇）には蝿（蜜蜂か）が群飛し、天智元年（六六二）には鼠が馬の尾に仔を産んだ事が記されている。鼠（子）は十二支で北に当たり、馬（午）は南に当たる事から、この話は北の唐・新羅によって南の高麗が討たれる事の前兆として語られたもので、後の平家滅亡の際にも同じ比喩が用いられている（源平盛衰記）。その前兆通り、天智二年（六六三）百済救援に向かった日本軍は、白村江で大敗を喫し、百済は滅亡する。我が国では新羅の進攻を避けて都を大津に移し、天智七年（六六八）「多《さわ》に牧を置きて馬を放つ」とあるように軍備強化に努めている。牛馬の増産はこの後文武四年（七〇〇）にも「諸国をして牧地を定め、牛馬を放たしむ」とあり、慶雲四年(七〇七)には「鉄印を摂津、伊勢等廿三国に給ひて、牧の駒犢に印せしむ」とある。これはこの頃から施行され始めた『律令』の規定に基づくものであろう。天智三年(六六四)には「坂田郡の人が猪槽の水の中に、忽然に稲生れり」とあるが、これは当時この地方(近江国伊吹山麓)で猪の飼育が行われていた事を示すものである。猪の飼育は近江国ばかりでなく、『万葉集』の穂積皇子の歌に「二〇三 降る雪はあはにな降りそ吉隠《よなばり》の猪養の岡の寒からまくに」とあるように、奈良地方でも行われている。

　百済滅亡後、朝鮮半島との通交は新羅だけとなり、天智一〇年(六七一)には水牛一頭、山鶏一隻、天武八年(六七九)には馬、狗、騾、駱駝の類、一四年(六八五)にも馬二匹、犬三頭、鸚鵡二隻、鵲二隻が、翌朱鳥元年(六八六)には細馬一匹、騾一頭、犬二狗、虎豹皮、持統二年(六八八)には鳥・馬の類十余種が贈られ、文武四年(七〇〇)には新羅に渡った佐伯宿弥麻呂等が孔雀及び珍物を持ち帰っている。なお、中国の史書は紀元六八五年(天武一四)に「則天武后、白熊(ジャイアントパンダ)二頭とその皮七〇枚とを日本の天皇に贈る」としているが(世界動物発見史)、我が国に到着した記録は見られない。文武二年(六九八)に「馬を芳野水分峯の神に奉る。雨を祈ればなり」とあるが、これは雨乞のために馬を水神に捧げた最初の記事で、以後しばしば見られるようになる。大宝元年(七〇一)には「参河、遠江、相模等十七国蝗あり」とあり、翌二年(七〇二)にも「因幡、伯耆、隠岐の三国、蝗ありて禾稼を損す」とある。蝗は「いなむし」あるいは「おほねむし」と読み、広い意味では農作物全般の害虫を指すが、通常は稲の害虫を意味する。『倭名類聚抄』に「苗心を食ふを螟と曰ひ、葉を食ふを蟘と曰ひ、節を食ふを蠈《ぞく》と曰ひ、根を食ふを蟊《ぼう》と曰ふ。蝗は惣名也」とあるように、イナゴ、ウンカ、ヨコバイ、ニカメイチュウ等の総称である。蝗による被害はこのあとしばしば出てくる。飛鳥時代最後の藤原宮(六九四—七一〇)跡からは文字を記した各種の木簡が出土しているが、中に「多比《たひ》大贄」、「熊毛評大贄伊委之《いわし》煮」、「知奴《ちぬ》大贄」等と記したもののほか須々支《すずき》、鮎、酢鮑、伊加《いか》などの食品名を記したものが含まれている(奈良朝食生活の研究)。

　藤原宮跡から出土した木簡の中にはほかに「本草集注上巻」と記したものが出土しているが、本草集注とは中国の本草家陶弘景(四五六—五三六)が、古来の本草書を整理・体系化した「神農本草経集注」の事で、律令体制の下では典薬寮で薬物学の教科書として用いられている。藤原宮跡からは別に「受被給薬、車前子一升西辛一両久参四両右三種」と記した木簡も出土しているので、すでに典薬寮が機能し始めていた事がわかる。ただしこの時代の医療活動は仏僧たちが中心で、推古一〇年（六〇二）百済の僧勧勒が暦・天文・遁甲方術の書物を携えて来日し、我が国で子弟を養成したのを始めとして、推古一五年（六〇七）に開始された遣隋使、遣唐使には多数の学問僧が参加して中国で医術を習得している。『律令』「僧尼令」には「凡そ僧尼、吉凶を卜ひ相《はか》り、及び小道、巫術《むじゅつ》して病療せらば、皆還俗。其れ仏法に依りて、呪を持して疾を救はむは、禁《いさ》むる限に在らず」とあり、『続日本紀』養老元年（七一七）四月の条にはそれを敷衍して「僧尼は、仏道に依りて、神呪を持して溺るる徒を救ひ、湯薬を施して痼病を療すこと、令に聴す」と僧尼が病人に投薬する事が認められている。しかし実際には一般の庶民はこうした医療を受ける事は稀で、仏に病気平癒を祈願する場合の方が多かったのではあるまいか。この時代には多くの寺院に薬師如来が祀られ、薬師寺が建立されている。

三、奈良時代

（一）律令制国家の成立

平城遷都（七一〇）から平安遷都（七九四）までの約八〇年間を奈良時代という。この時代の第一の特徴は平城遷都に先立つ大宝元年（七〇一）に撰定された大宝律令が施行に移され、律令体制が出発した事である。大宝律令はその後天平宝字元年（七五七）に改定されて養老律令と交替したが、その内容には大きな変化は見られない。我が国の『律令』は中国の律令に準拠して編纂されたもので、全条が漢文で記されており、一部に動物に関する条項が含まれている。律では「職制律」三三―三九に駅使の罰則があり、その三七に「凡そ駅馬に増乗せらば、一疋に杖八十。云々」とあり、三八には「凡そ駅馬に乗りて、輙《たやす》く道を枉げたらば、五里に笞五十。云々」。三九「凡そ駅馬に乗りて、私物を齎《も》てらば、（中略）十斤に笞廿。云々」とある。いずれも直接馬に関するものではないが、その使用に厳しい罰則のあった事がわかる。また「賊盗律」二〇に「（前略）塚墓に狐狢を熏《くす》べて棺槨を焼けらば、杖一百」とある。当時こうした狩猟が行われていたものと思われる。同三二には「凡そ官私の馬牛を盗みて殺せらば、徒二年半」とあり、牛馬を盗んだ場合の罪の重さを知る事が出来る。次に令では「賦役令」、「廐牧令」等に動物の関係した条項が数多く含まれている。「賦役令」は「田令」で規定された田租以外の調・庸等の賦税と歳役・仕丁等の賦役に関する規定で、動物の関係したものは賦税の中に見られる。「賦役令」一に「凡そ調の絹《かとり》、絁《きぬ》、糸、綿、布は、並に郷土の所出に随へよ。云々」とあるように、調の主体は絹あるいは麻製品で、当時養蚕がいかに重要なものであったかがわかる。こうした絹麻製品を除いたものはすべて調の雑物と呼ばれ、これまで贄と呼ばれて来たものが大部分を占めている。動物性のものとしては鹿角、猪脂、堅魚、鮒、年魚、鰒、烏賊、螺《つび》、熬海鼠《いりこ》、貽貝、白貝、辛螺《あき》、海細螺《したたみ》、棘甲蠃《うに》、甲蠃《かせ》などが調、調副物としてあげられている。またこれらを貢進した際の付札（木簡）には鹿宍、雉腊、磯鯛、赤魚、舊鯖、佐米、伊和志、須須岐、麻須、生鰒、貽貝、蚚、水母などと記したものが平城京跡から出土している（奈良朝食生活の研究）。

「廐牧令」は全二八カ条から成り、最初の一三カ条は廐牧の官馬・乳牛の取り扱いに関する諸規定、次の九カ条は主として駅馬・伝馬に関する規定、以下闌遺馬、官馬牛に関する諸規定となっている。牧の規定が半数近くを占めているが、『律令』にはその具体的な所在地は記されていない。なお一般の牛馬については「雑令」二三に「凡そ畜産人觝《つ》かば、両つの角截れ。人を蹈まば、絆せ。人を齧はば、両つの耳截れ。其れ狂犬有らば、所在殺すこと聴せ」と言う規定が設けられている。以上のほか「戸令」には稲が害虫（蝗）に犯された際の対応が記されている。また『律令』には具体的に記されていないが、「儀制令」八に「凡そ祥瑞応見せむ、若し麟鳳亀竜の類、図書に依るに、大瑞に合へらば、随ひて即ち表奏せよ。（中略）其れ鳥獣の類、生けながら得たること有らば、仍りて本性を遂げて、之を山野に放て。云々」という規定があり、飛鳥時代に続いて祥瑞に関する記録が頻繁に見られる。

（二）奈良時代の書物に見られる動物

平城遷都の翌々年、和銅五年（七一二）正月二八日に我が国最古の史書『古事記』が撰上され、それに遅れる事八年、養老四年（七二〇）には『日本書紀』が完成している。この間、和銅六年（七一三）に「畿内、七道諸国、郡・郷の名、好き字を著け、其の郡内に生ずる所の銀銅彩色草木禽獣魚虫等の物、具《つぶ》さに色目を録し、（中略）言上せしむ」と『風土記』撰進の官命が出され、それに応えて各地で『風土記』が編纂されている。このほか仁徳天皇の御代から天平宝字元年（七五七）までの四百年程の間に詠まれた四千五百首程の歌が『万葉集』として編纂され、我が国は有史時代に入る。これらの書物には多くの動物名が取り上げられており、『古事記』では哺乳類に牛、馬、犬、鹿、猪、熊、菟《うさぎ》、鼠、美智《みち》（アシカ）、入鹿、鯨の一種。鳥類は鶏《かけ》、雉《きざし》、鶚鳥、雀、雲雀、鳩、烏、胡燕子、鶺鴒《つつ》、鵐《しとと》、鵁、鵜、雁、鴨、鵠《くくい》、白鳥、鶴、鳰《にほ》、鷺、鵜、翡鳥《そにとり》（カワセミ）、鷦鷯《きささ》（ミソサザイ）、智鳥、鴫の二四種。爬虫・両性類は亀、遠呂智《おろち》（蛇）、谷蟆《たにくく》（ヒキガエル）の三種。魚類は和迩《わに》（サメ）、鮪、海鯽魚《たい》、鱸、年魚《あゆ》の五種。無脊椎動物は蚕、蜂、虻、蜻蛉《あきつ》、虱、呉公《むかで》、蟹、海鼠、水蛭、比良夫貝、蚶貝、細螺《したたみ》、海月《くらげ》の一三種、計五六種が取り上げられている。『古事記』は官撰されたものであるから、ここにあげられた動物名は当時の公用語と見て間違いあるまい。『日本書紀』にはこれまで引用して来た驢、騾、駱駝、羆、豹、虎、羊、水牛、鸚鵡、孔雀、鵲といった外来動物のほか、『古事記』に見られないものとして山羊《かましし》（カモシカ）、狼、狐、狢、猿、蝙蝠、臘子鳥《あとり》、鷹、覚賀鳥《みさご》、鴛鴦、鵄、百舌鳥、燕、山鶏、蟬、蠅、蜜蜂、蜘蛛など三〇種程のものが取り上げられており、『古事記』と合わせると九〇種程、『律令』の動物を加えると百種以上に上り、これらの動物が当時識別され、命名されていた事になる。

　全国の『風土記』が今日まで残っていると、八世紀初頭の我が国の動物相を知る上で貴重な資料となったものと思われるが、残念ながら現在残されているのは、六十余カ国のうち僅かに五カ国にすぎず、これから全国的な動物相を知る事は不可能である。しかし一部には『常陸国風土記』久慈郡助川の地名伝承に「鮭の祖《おや》を謂ひて須介《すけ》と為す」とあり、助介は現在では我が国の河川で見る事の出来ないマスノスケの事ではないかとする指摘や（日本のサケ）、同じく鮭が『出雲国風土記』出雲郡大川（斐伊川）で、麻須とは別に取り上げられている事から、当時出雲地方の川にも鮭が遡上していた事がわかる。現在残されている五カ国の『風土記』に取り上げられている動物は哺乳類に牛、馬、鹿、猪、兎、猿（獮猴）、狼、熊、狐、飛鼯《むささび》、禺禺《とど》（トドまたはアシカ）、入鹿の一二種。鳥類に鶴、雁、鴨、鳧《たかべ》（コガモ）、鴛鴦、白鵠《くぐひ》、雉、山鶏、鳩、鶉、鶬《ひばり》、鶯、鵯、鵲、鴟鵂《つく》（ミミズク）、鷹、隼（晨風）、鷲の一八種。魚類は鯉、鮒、年魚、鮭、麻須、伊久《いぐ》比《ひ》（ウグイ）、白魚、和爾（サメ）、鯔《なよし》、須受枳《すずき》、近志呂《このしろ》、鯛、鎮仁（クロダイ）、志毗魚《しび》（マグロ）、佐波、鮐《ふぐ》、沙魚《さめ》、鱧（ハモ）の一八種。貝類は白貝《おふ》、辛螺《にし》、螺子《さざえ》、蓼螺子《にがにし》、鰒（石決明）、蛤（蚌）、蠣子、貽貝と烏賊、蜛蝫《たこ》の一〇種。ほかに棘皮・節足動物の海鼠《こ》（ナマコ）、棘甲羸《うに》、甲羸《かせ》、石華《せ》（カメノテ）、縞蝦、蚊の計六三種に上る。

『古事記』、『日本書紀』、『風土記』等はすべて漢文で記されているが、『万葉集』は当時の日本語をそのまま漢字の一字を一音節で表す万葉仮名で記されている。万葉仮名は『風土記』や木簡でも一部用いられているが、『万葉集』では原則として一部の名詞を除いてすべて万葉仮名で記されている。動物名について見てみると、ウマは漢字の馬がそのまま用いられている場合が多いが、ほかに宇馬、宇麻、宇万などと万葉仮名で記されている場合もあり、カモも鴨のほか可母、可毛などと記されている。『万葉集』に詠まれた動物名の考証は、古くは鹿野雅澄の『万葉集品物図絵』があり、近くは東光治の『万葉動物考』正、続が知られている。その『万葉動物考』本論の巻頭にある万葉動物分類表から、一部の人名や借字としてのみ用いられているものを除外して動物名をあげると、哺乳類ではサル、ウサギ、ムササビ、クマ、イヌ、オオカミ（大口眞神《おほくちのまかみ》）、キツネ、トラ、クジラ（勇魚《いさな》）、ゾウ、ウシ、カモシカ、シカ、ジャコウジカ（麝）、イノシシ、ウマ、モウコウマ（胡馬）、ロバの一八種。鳥類はアビ（潜く鳥）、カイツブリ、ウ（島つ鳥）、シラサギ、コウノトリ、アイサ、アジカモ、カモ類、オシドリ、ガン、ハクチョウ（鵠）、ワシ、タカ、ミサゴ、トビ（飛ぶ鳥）、キジ、ヤマドリ、ニワトリ、ウヅラ、バン（牛留鳥）、ツル類、ソデグロヅル（白鶴）、チドリ、シギ、ミヤコドリ、カモメ、アジサシ（鷗）、アオバト（貌鳥）、ホトトギス、カッコウ（喚子鳥）、カワセミ（容鳥）、ヨタカ（容鳥）、アマツバメ（尻長鳥）、フクロウ（奴要鳥）、ヒバリ、タヒバリ（たどり）、トラツグミ、イソヒヨドリ、ウグイス、カワガラス（瀬にいる鳥）、ツバメ、モズ、カラス、カササギ、イカル（斑鳩）、シメ、アトリの四七種。魚類はコノシロまたはサッパ（つなし）、アユ（年魚、氷魚）、タナゴ（屎鮒）、フナ、ウナギ、マグロ、サバ、サワラ、カツオ、スズキ、タイの一一種。昆虫類はハチ（すがる）、ハエ、カ、チョウ類（手児奈）、ガ類、カイコ、クワゴ、セミ類、ホタル、コオロギ、トンボ類の一一種。その他の節足動物にクモ、ツツガムシ（くさづつみ）、カニ、カメノテ（石花）の四種。軟体動物にシジミ、アコヤガイ（白玉）、カラスガイ（白玉）、アワビ、しただみ（小螺、細螺）、ニナ類、アサガオガイ（打背貝）の七種。腔腸動物にウミトサカ（磯に見し花）等総計百種程のものが取り上げられている。『万葉葉』にはこのほか動物の生態について「一七五五　鶯の生卵《かひこ》の中に霍公鳥《ほととぎす》独り生れて己が父に似ては鳴かず己が母に似ては鳴かず云々」とホトトギスの托卵を詠んだ歌や、「三二三九（前略）あり立てる花橘を末枝に黐引き懸け中つ枝に斑鳩懸け下枝にひめを懸け己が母を取らくを知らに己が父を取らくを知らにいそばひ居るよ斑鳩とひめ」と囮を使った鳥猟の模様を詠んだものも見られる。また天平宝字二年（七五八）一月三日の大伴家持の歌には「四四九三　始《はつ》春の初子《はつね》の今日の玉箒《たまははき》手に執るからにゆらく玉の緒」と当時の養蚕の行事を詠み込んだものもある。

（三）動物に関するその他の出来事

和銅六年（七一三）に「始めて山背国をして乳牛戸《ちちうしのへ》五十戸を点ぜしむ」とあるが、乳戸とは牛乳、乳製品（蘇、酪、醍醐など）を朝廷に納める職責を負った者の事で、これより以前孝徳天皇の御代（六四五―六五四）に「大和の薬の使主福常、乳を取る術を習ひ、乳長の職を授く」（三代格）とあるように、『律令』では典薬寮に所属している。平城京の長屋王（七二九歿）宮跡から「牛乳持参人米七合五夕」と記した木簡が出土しているので、この当時牛乳が配達されていた事がわかる（平城京長屋王邸宅と木簡）。このほか平城京跡から出土した木簡には「近江国生蘇三合」と記したものもあり、牛乳を加工した蘇が食用に供されていた事も明らかである（奈良朝食生活の研究）。和銅七年（七一四）には出羽国でも養蚕が行われるようになっている。養老二年（七一八）に卒した筑後守の道君首名《おびと》の卒辞の中に「人に生業を勧めて制条を為《つく》り、耕営を教ふ。頃畝《けいぼう》に菓菜を樹ゑ、下、鶏肫に及《いた》るまで皆章程有り云々」とある。鶏肫とは鶏と豚の事で、字句通りにとれば、当時九州で豚が飼育されていた事になる。養老四年（七二〇）の『扶桑略記』には「征夷の事有り、多く殺生を致す。宜く放生を修むべしと。諸国の放生会この時より始まる」とあり、翌五年（七二一）の『続日本紀』には「放鷹司の鷹狗、大膳職の鸕鷀、諸国の鶏猪を悉く本処に放ちて性を遂げしむべし」との詔が出された事が記されている。続いて聖武天皇の神亀五年（七二八）には「朕、（中略）鷹を養ふことを欲せず。天下の人も亦養ふこと勿かるべし」とあり、天平二年（七三〇）には「多く禽獣を捕ることは、先朝禁断す」として狩猟を制限し、天平九年（七三七）には「諸国の僧尼をして（中略）月の六斎日に、殺生を禁断す」と仏教思想にもとづく殺生の禁断が次第に強化され、天平一三年（七四一）、一五年（七四三）、一七年（七四五）、天平勝宝四年（七五二）、天平宝字二年（七五八）、八年（七六四）と殺生禁断の詔が出されている。一方大宝元年（七〇一）五月五日には「群臣五巳以上をして走馬を出さしめて、天皇臨み観給ふ」とあり、以後神亀元年（七二四）、四年（七二七）、天平七年（七三五）、一九年（七四七）と五月五日に天皇が走馬、騎射を御覧になる行事が続き、次第に年中行事化して行く。また天平一五年（七四三）には正月に太宰府から腹赤魚《はらか》が奉られ（江家次第）、これも後に宮中の年頭行事として定着する。宝亀六年（七七五）以降は一月七日に宮中で青馬を御覧になる青馬節会《あおうまのせちえ》が始まる（色葉字類抄）。

天平勝宝六年（七五四）唐僧鑑真和尚が幾多の艱難《かんなん》の末来日

している。鑑真和尚は医薬にも長じ、来日に際して香、薬、甘蔗、蜂蜜などを持参しているが、香の中には恐らく麝香も含まれていたものと思われる。この年鑑真は東大寺に戒壇を設けて聖武（太上）天皇に戒律を授けたが、天皇は八年（七五六）に亡くなられ、その七七忌に当る六月二一日には「光明皇太后、国家の珍宝等を東大寺に入れらる」と記されている（東大寺献物帳）。これは現在「正倉院宝物」と呼ばれているものの主体をなすもので、遣唐使によって我が国に持ち帰られたものや、唐朝から贈られたものなど舶載品が多いが、我が国で唐朝風にならって作成されたものも含まれている。これらの宝物には様々の文様がほどこされているが、中でも動植物を題材としたものが目立ち、動物では獅子、虎、駱駝（図249）、羊、羚羊、象、犀、鹿、猿、馬、兎、狐、犬、猪、鼠、孔雀（図11）、鸚鵡、鴛鴦、鶴、鴨、雁、鷹、錦鶏、小鳥、亀、魚、蜻蛉、蝶等のほか、架空の動物も多く、この宝物によって初めて我が国に紹介されたものも多い。また、これらの工芸品の材料には象牙、鹿角、水牛角、犀角、鯨骨、獣皮、獣毛、鳥羽、鼈甲、真珠、白蝶貝、鸚鵡貝、珊瑚、昆虫の翅鞘といった動物性の素材も使われており、獣毛の中にはヒツジやラクダの毛等も含まれている（絹と布の考古学）。これとは別にこの日東大寺に施入されたものに薬物がある。

図11　孔雀文唐櫃（正倉院宝物）

当日付けの『種々薬帳』によると六〇種もの薬物が献納されているが、その中の動物性のものは麝香、犀角、元青、竜骨（五色竜骨、白竜骨）、竜角、五色竜歯（図2）、紫鉱、无食子、臈蜜、猬皮、新羅羊脂の一一種と、犀角、羚羊角、麝香をほかの薬剤と調合した紫雪が含まれている。麝香はジャコウジカの麝香腺を乾燥したもので、薬剤として用いられたほか香料としても珍重された。犀角はクロサイまたはインドサイの鼻上角、元青は昆虫のアオハンミョウを乾燥したもの、竜骨、竜角、竜歯は化石獣の骨、角、歯で、骨と角は化石鹿、歯は化石象のものと言われている。紫鉱はカイガラムシの一種、无食子は没食子、臈蜜はミツバチの蜜蠟、猬皮はハリネズミの皮、新羅羊脂は羊の脂と見られている（正倉院薬物）。なお『種々薬帳』に載っていない薬物に獣胆があり、これは恐らく猪の胆の乾燥物とされている。以上のほか正倉院宝物の中には、当時養蚕に用いられた玉箒《たまははき》も含まれている。

天平宝字七年（七六三）五月二八日には「幣帛を四畿内の群神に奉る。其の丹生河上の神には黒毛の馬を加ふ。其の霖雨止まざるの祭料、馬白毛を用ふ」とあり、このあと黒馬の記事は宝亀二年（七七一）、三年（七七二）、五年（七七四）に、宝亀六年（七七五）、八年（七七七）には白馬奉納の記事が見られる。なお、宝亀元年（七七〇）の日食の際には赤毛の馬が伊勢太神宮に奉納されている。天平宝字八年（七六四）には先に記した放生思想から朝廷では「放鷹司を廃して、放生司を置」いているが、延暦二年（七八三）になると「交野に行幸して鷹を放して遊猟す」と記されている。時の天皇は桓武天皇で、後の『嵯峨野物語』に「桓武天皇は、毎日政をきこしめしはて、、南殿の御帳の中にて、鷹所をめして、御倚子のうへにて、われとすへさせ給て、爪をきり、はしをなをさせ給けり。云々」とあるように無類の鷹好きで、延暦六年（七八七）の交野の鷹狩の際には、最後の日に百済王によって百済楽が奏され、叙位が行われている。以後桓武天皇の御在位中、延暦二三年（八〇四）まで毎年各地で放鷹の御遊が続く。延暦六年（七八七）五月には典薬寮から『新修本草』採用の申請が出されて許可されている。『新修本草』は以後典薬寮の教科書として用いられ、後の『延喜式』式部上には「凡そ医生、皆蘇敬新修本草を読め」とある。本草学はいうまでもなく薬物学で主として薬の本《もと》となる草に関する学問であるが、動物も含まれており、『新修本草』では禽獣類五六種、虫魚類七二種が取り上げられている。

奈良時代に船載された外国産の動物は、霊亀二年（七一六）に新羅から紫驃馬二匹が持ち帰られ、養老三年（七一九）には新羅から騾馬牡牝二匹が贈られ、神亀五年（七二八）にも渤海王から貂の皮三百張が届けられている。天平四年（七三二）には新羅から鸚鵡、鴝鵒、蜀狗、猟狗各一疋と驢、騾各二頭が贈られている。鴝鵒は八哥鳥、蜀狗は小型犬の狆の事である。天平一一年（七三九）には再び渤海から大虫の皮、羆の皮各七張と豹の皮六張ほかが献ぜられているが、大虫とは虎の事で、江戸末期の『海録』に「虎を大虫と云事、水滸伝にみえたり。諸書令意には、諱を避けたる異名なりといへり」とある。天平一七年（七四五）の『正倉院文書』に「園池の司、孔雀一羽の日料、米二合五勺」とあるので、以上のほか生きた孔雀も船載されたものと思われる。

四、平安時代

（一）各種年中行事の成立

平安時代は王朝時代とも呼ばれるように、宮廷文化が花開いた時代で、各種の宮中年中行事が繰り広げられている。正月元日だけをとって見ても、四方拝、歯固《はがため》、供御薬《みくすりをぐうず》、朝賀、元日節会（御暦奏、氷様奏《ひのためし》、腹赤《はらか》奏）と各種の行事が行われており、これらの行事はすべてが同じ時期に始まったわけではないが、平安中期には一応形が整えられ、藤原基径の『年中行事御障子文』が残されている。ここでは動物の関係したものについてのみ見ていく事とする。まず元日の宮中行事としては上記のように歯固・供御薬がある。この二つは同時に進行するもので、御薬（屠蘇）を供する時に歯を固める（長寿を祈願する）ための食品が供される。その食品は『江家次第』によると「大根一杯。苽《うり》串刺二杯。押鮎一杯。煮塩鮎一杯。猪宍一杯。鹿宍一杯」となっている。『延喜式』内膳ではこれらの食品は「右元日より三日に至って之れを供す」とあるので、正月の三ヵ日間行われたものと思われる。こうした行事は宮中以外でも行われていたのであろう、『土左日記』承平五年（九三五）元日の条に「（前略）いもじ、あらめも、はがためもなし。（中略）たゞおしあゆのくちをのみぞすふ」とある。『土左日記』にはこのあと「『けふはみやこのみぞおもひやらるる。こへのかどのしりくべなはのなよしのかしら、ひ、らぎら、いかにぞ』とぞいひあへなる」と記している。なよし（鯔）の頭とひひらぎ（柊）は立春を迎えるためのもので、『四季物語』は「ついなの夜は、（中略）いわしのはさみもの、ひらぎのほころ、なやらふ家には、百敷ならでも有る事なれども、ことに大内には、かにもり（掃守）のつかさ例としてつかうまつれり」と鯔ではなく鰯としている。鰯の頭を柊の枝にさして門に飾る風習は、以後立春の行事として定着するが、これは鰯の頭が生臭いので邪気を祓うという俗習に基づくものとされている。朝賀のあとの元日節会では腹赤奏が奏される。腹赤については平城天皇の大同元年（八〇六）五月に「諸国の雑贄、腹赤等を停む。以て民肩を息むる也」と見えているが、腹赤が何魚を指すのかについては鱒（江家次第）あるいは鯛、またはニベ（比古婆衣）とする意見があって一定していない。『公事根源』は腹赤の由来について「聖武天皇の御時、天平十五年正月十四日、太宰府より是を奉ける、これよりして、年毎の節会に供すべきよし定おかれたるなり」と記している。元日節会の際には、腹赤奏が披露されたあと、その場で調理されて参列者に饗される事が恒例となっている。腹赤奏で奏上される腹赤の大きさは「魚長九尺九寸」と定められており（年中行事抄）、その食べ方は「食ひさしたるを皆取渡して食ける」（公事根源）とある。上記のように大同元年に停止された腹赤の貢進は、斉衡元年（八五四）には解除されている。

次いで正月二日の行事に二宮《にぐう》大饗と摂関大臣大饗がある。これは後宮、東宮への参賀と、摂関大臣の私邸に親王、公卿を招いて行われる饗宴で、二宮大饗は天長五年（八二八）に始まり（紀略）、大臣大饗は延喜四年（九〇四）には行われている（紀略）。ただしこの二つの大饗は主客、来客が重複する事が多かったためであろう、大臣大饗は二日以後に行われた場合が多い。このいずれの大饗にも蘇甘栗《そあか》と称して朝廷から乳製品の蘇と甘栗とが下賜される事になっており、当日蘇甘《そあ》栗使《かし》が朝廷から派遣される。また大臣大饗では饗宴の最中に鷹飼、犬飼が登場し（図12）、鷹を飛ばして雉を献上する事が座興として行われている。次に一月七日には青馬節会《あおうまのせちえ》が催される。青馬節会は年の始めに青馬を見ると、一年中の邪気を去るという中国思想に基づくもので、左右馬寮の官人が青馬（葦毛の馬）二一疋を牽き渡る儀式で、『枕草子』に「三七日、（中略）白馬みにとて、里人は車きよげにしたててみに行く」とあるように白馬《あお》節会とも書かれている。奈良時代の（三）で記したように宝亀六年（七七五）に始ったとする説がある一方（色葉字類抄）、『万葉集』には天平宝字二年（七五八）一月六日に大伴家持が詠んだ「四四九四　水鳥の鴨羽の色の青馬を今日見る人は限無しといふ」という歌があるので、宝亀六年以前にすでに行われていたとも言われている。ただし『帝王編年記』は弘仁二年（八一一）一月七日に「始めて青馬を御覧じき」と記し、『続日本後紀』は承和元年（八三

図12　鷹飼・犬飼（年中行事絵巻）

四）一月七日に初めて「天皇豊楽殿に御し、青馬を覧る。群臣を宴す」と記しているのでいつから始まったのか正確な年代は不明である。恐らく平安時代に入って宮中の年中行事として定着し始めたのであろう。青馬節会の細則は『延喜式』左右馬寮に詳しく規定されている。

二月、八月の上の丁《ひのと》の日には釈奠《せきてん》が行われている。釈奠とは孔子とその弟子の十哲を祭る中国由来の儀式で、我が国では大宝元年（七〇一）以降行われている。『延喜式』大学寮によると、当日祭壇に供えられる供物の中に三牲として大鹿、小鹿、豕（各五臓を加う）、菟（醢）が含まれている。『枕草子』に「一三二　二月、官の司に定考といふことすなる、なにごとにかあらむ。孔子などかけたてまつりてすることなるべし。聡明とて、上にも宮にも、あやしきもののかたなど、かはらけに盛りてまゐらす」とあるが、「あやしきもの」とは三牲の事であろう。『日本紀略』弘仁一一年（八二〇）二月四日の条に「釈奠を停め、仲丁を定む。祈年祭に当り三牲を忌む可きに縁る也」とあるように、当日が祈年祭と重なった り、園韓神祭や春日・大原野祭の前に当る場合には三牲の代りに鯉鮒が用いられている。祈年祭は『律令』神祇令では仲春とあるが後に二月四日と定められ、全国三千百三十二座の神々に豊作が祈願され、その年の御歳社には白馬、白猪、白鶏各一が供えられる。大同二年（八〇七）に成る斎部広成の『古語拾遺』に取り上げられているので、その時期にはすでに実施されていたものと思われる。

元慶六年（八八二）二月二八日の『日本三代実録』に「天皇弘徽殿前に於て闘鶏を覧ず」とあるが、そのあと万寿二年（一〇二五）まで闘鶏の記事は見られない。しかし平安末期になると承暦四年（一〇八〇）（水左記）、天永三年（一一一二）（殿暦）、永久二年（一一一四）（中右記）、五年（一一一七）（百錬抄）、保延元年（一一三五）（長秋記）、久寿二年（一一五五）（台記）、保元三年（一一五八）（百錬抄）、承安三年（一一七三）（玉葉）と闘鶏の記事が目立つようになり、後白河天皇（一一二七―九二）の命によって作られた『年中行事絵巻』にも闘鶏の場面が二面描かれている（図13）。宮中の闘鶏はこの頃から三月に行われる事が多くなり、鎌倉時代の建仁二年（一二〇二）以降は三月三日の行事として定着する。承和三年（八三八）四月一七日には「天皇紫宸殿に御し、賀茂祭使等の鞍馬調飾等を閲覧す」とある。これは『延喜式』太上官に「凡そ賀茂二社。四月中申酉祭。（中略）勅使を差し幣を奉ら令む。并せて走馬有り」とあるように、賀茂祭に参加する斎内親王等の調馬を御覧になる儀式で、この日には賀茂社で左右馬寮による走馬も行われている。このほか四月二八日には御

図13　闘鶏（年中行事絵巻）

監駒式があり、櫪飼御馬八〇疋と国飼御馬三一疋を御覧になる儀式が行われている。五月五日は正月元日と並んで最も古くから節日とされた日で（令義解）、推古・天智天皇の時代にはこの日に薬猟《くすりがり》が行われて来たが、大宝元年（七〇一）以降騎射が行われるようになり、以後次第に恒例化して弘仁九年（八一八）以降は武徳殿で実施されるようになる（類史）。この行事に関する規定は『延喜式』太上官、兵部省等に記されている。

弘仁一四年（八二三）九月二四日の『日本紀略』に「武徳殿に幸し、信濃御馬を覧る。親王・参議等各一疋を賜ふ」とあるが、これが駒牽の最初の記事であろう。駒牽とは全国三二の勅旨牧その他の牧から宮中に貢進された馬を天皇が御覧になる儀式で、前年の九月一〇日に国司が牧監あるいは別当立ち会いの下に検印を行い、そのうち四歳以上で使用に堪えるものを調教して、翌年八月に牧監が付き添って貢進する事になっている。その数は甲斐国六〇疋、武蔵国五〇疋、信濃国八〇疋、上野国五〇疋で、さらにそれぞれの牧によってその数が割り当てられている。貢進の月日は度々改められているが、仁和元年（八八五）の藤原基経の『年中行事御障子文』によると駒牽は八月で「七日牽甲斐国勅旨御馬の事。十三日牽武蔵国秩父御馬事。十五日牽信濃国勅旨御馬事。十七日牽甲斐国穂坂御馬事。廿日牽武蔵国小野御馬事。廿三日牽信濃国望月御馬事。廿五日牽武蔵国勅旨并立野御馬事。廿八日牽上野国勅旨御馬事」となっている。こうした駒牽に先立って相坂の関で駒迎《こまむかえ》という行事も行われている（十訓抄、嵯峨野物語）。天皇が馬を御覧になる儀式にはこのほか陸奥交易御馬御覧の儀があり、延喜一六年（九一六）三月五日の『日本紀略』に「天皇南殿に御し、陸奥国交易進御馬五十疋を覧ず」

とあるのが最初で、以後正暦元年(九九〇)(本世)、万寿三年(一〇二六)(左経記)、延久元年(一〇六九)、承保二年(一〇七五)(江家次第)、三年(一〇七六)(水左記)と見られるが、『禁秘抄』に「陸奥交易御馬、あるいは臨時に之れを召す」とあるので、定期的な行事ではなかったものと思われる。同様に不定期な行事としてほかに貢鵜御覧の儀があり(侍中群要)、天延二年(九七四)八月一〇日(天延二年記)、長保二年(一〇〇〇)九月二日(権記)等に出羽国からの鵜貢進の記事が見られる。八月の行事としてはこのほか応和元年(九六一)以降、八月一五日に石清水八幡宮の放生会が催されており、天延二年(九七四)からは左右馬寮による走馬が奉納されるようになる。

以上のような年中行事とは別に、平安時代に始ったと見られる行事に皇居内の野犬を狩る犬狩りがある。永観二年(九八四)(小右記)、承徳二年(一〇九八)(中右記)に記事が見られるほか、『中外抄』に後三条天皇の逸話として載っており、『禁秘抄』、『侍中群要』には犬狩の方法が記されている。また秋には撰虫が行われており嘉保二年(一〇九五)八月一二日の『中外抄』に「嵯峨野に出でて虫を取る。小篭に入れ相具して月前に帰参す」とある。この日の模様は『古今著聞集』六八四に詳しく記されているほか、『公事根源』は「撰虫」としてその由来を記している。このほか小鳥合せ(古今著聞集)、貝合せ(山槐記)といった遊戯もこの時期から行われるようになる。

(二) 野行幸、御鷹逍遙

平安時代の中期、王朝文化華やかなりし時代に行われた天皇あるいは上皇の鷹狩を野行幸あるいは御鷹逍遙と呼んでいる。平安時代最初の天皇である桓武天皇は前代に引き続いて頻繁に鷹狩を催されたばかりでなく、延暦一五年(七九六)には初めて主鷹司に史生二人を置いている。延暦一七年(七九八)にはその主鷹司が北山に放った鷂に三羽の雛が生じ(紀略)、二四年(八〇五)天皇の御病気が重くなった際には主鷹司の鷹と犬とが放たれている。次の平城天皇はあまり鷹狩を行われなかったが、大同四年(八〇九)桓武天皇の皇子、嵯峨天皇が即位されるや、直ちに天皇の遊猟地である禁野《しめの》が設定され、一般人の狩猟が禁じられている(紀略)。以後在位中しばしば放鷹を楽しまれたばかりでなく、弘仁九年(八一八)には我が国最初の鷹書である『新修鷹経』を下賜されている。『新修鷹経』は上、中、下三巻から成り、上巻には「鷹を相する法」が図示されており(図14)、中巻には鷹の調教法と放鷹の心得が、下巻には鷹の傷病に対する治療法が記されて

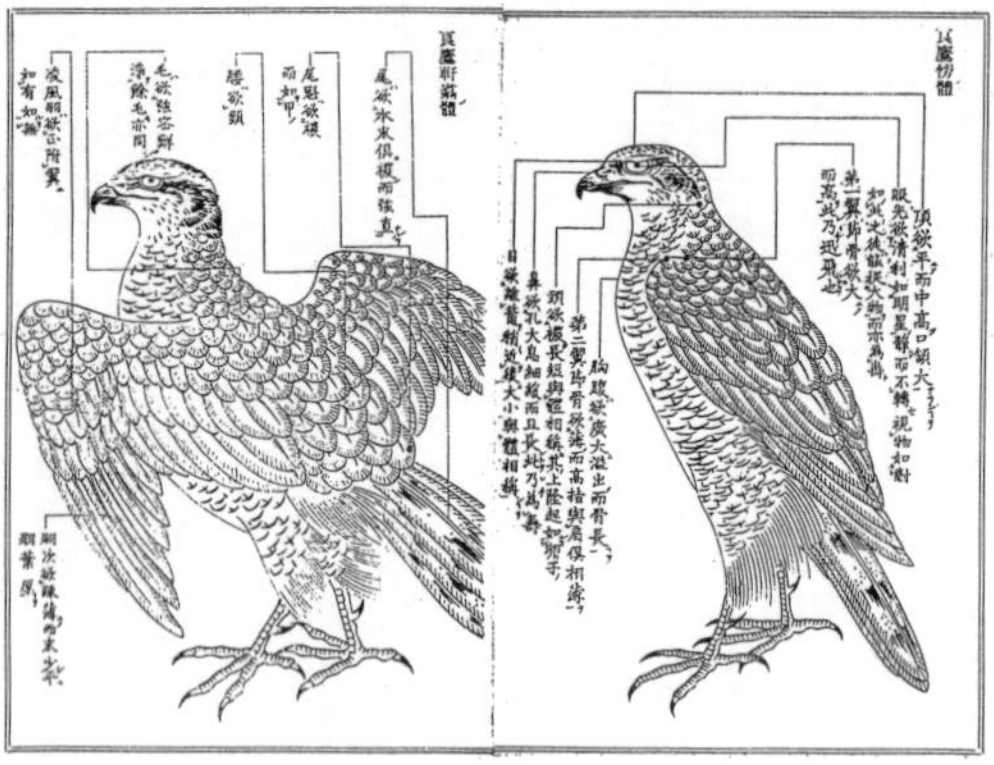

図14　良鷹図（群書類従本『新修鷹経』）

いる。淳和、仁明両天皇の時代にも鷹狩はしばしば行われており、仁明天皇の承和元年(八三四)には主鷹司の雑色、犬飼、餌取などの悪行が甚だしいため誅罰が加えられている。次の清和天皇は幼少で位につかれたため、御自身での放鷹は行われていないが、貞観元年(八五九)、二年(八六〇)、三年(八六一)、八年(八六六)、一五年(八七三)と皇族、貴族等に放鷹の地が与えられ、遊猟を許可しておられる。光孝天皇の元慶八年(八八四)一二月二日「勅して、左衛門佐、六位六人、近衛一人、鶚七聯、犬九牙を播磨国へ。中務少輔、六位四人、近衛一人、鷹五聯、犬六牙を美作国へ遣し、並に野禽を猟取らしむ」とある。これは鷹の使、あるいは狩の使と呼ばれ、『西宮記』、『公事根源』では五節の饗宴のためとされている。こうした使は翌仁和元年(八八五)、二年(八八六)にも行われ、在原業平の『伊勢物語』にも出て来るが、派遣された使が「使等疲馬を駆り馳せ終日休まず。(中略)又其の従者等放縦の宗と為り、民家に乱入して、財物を略奪す」(三代格)といった有り様であったため、延喜五年(九〇五)に禁止されている。

光孝天皇はこうした狩の使を派遣されたばかりでなく、御自身でも鷹狩を催されており、仁和二年(八八六)の芹川野の遊猟では、参加者に褶布衫行騰、褶衣緋鞦を着用させ、狩の終ったあと宴が開かれて禄が贈られている(要略)。こうした鷹狩は野行幸と呼ばれ、次の宇多天皇が譲位後、昌泰元年(八九八)一〇月二一日から翌閏一〇月一日にかけて各地で催された鷹狩は御鷹狩逍遙と呼ばれて語り草となっている。『基成朝臣鷹狩記』は「醍醐天皇の昌泰元年十月に、上皇宮瀧の御幸の事あり。京より御馬にめされたればゆゝしき見物なり。其時に北野天神の右大臣、大将にて供奉せさせ給ひたる。其儀しき始終。天神と紀の長谷雄卿と日記を書給ふよしみゑたり。云々」と記し、詳しくその狩の模様を記している。醍醐天皇も鷹狩を好まれ、延喜一八年(九一八)一〇月一九日の北野の野行幸の華々しさは『醍醐天皇御記』に詳しく記されており、延長六年(九二八)の大原野の遊猟については『吏部王記』、『大鏡』に取り上げられている。醍醐天皇が亡くなられた延長八年(九三〇)の一〇月三日には鷹四聯、六日に二聯、八日には鷂六十八聯が放たれ（吏部王記）、その時の様子は『大鏡』の「昔物語」に記されている。このあと承平三年(九三三)の殿上侍臣等の大原野の放鷹も『日本紀略』に「狩の装、美を極む」とあり、朱雀天皇も在位中、譲位後しばしば遊猟を楽しまれている。しかし摂関政治が進むにつれて天皇の鷹狩は行われなくなり、承保三年(一〇七六)の白河天皇の大井川の御鷹逍遙（略記）を最後に、王朝時代の華麗な鷹狩は幕を閉じる。

（三）動物に関するその他の出来事

王朝絵巻に欠かせないものに牛車《ぎっしゃ》がある。牛車には檳榔毛《びろうげ》車、糸毛《いとげ》車、網代《あじろ》車など多くの種類があるが、それぞれ格式があって、身分により乗用が規制されている。牛車は人の乗物として用いられる以前には、荷物の運搬に用いられており（図15）、長岡京遺跡には車のわだち跡があり、そのわだちの中央部に牛の踏み固めた跡が発見されている（長岡京発掘）。ただしわだち跡は平城京遺跡でも発見されており、藤原宮からは軛《くびき》が出土しているので、その使用はさらに遡るものと思われる。牛車が人の乗用に用いられた記録は『続日本後紀』承和九年(八四二)一〇月一七日の条に菅原清公の薨辞として

図15　牛荷車（石山寺縁起）

「六年正月従三位に叙さる。老病羸弱。行歩艱多し。勅して牛車に乗り南大庭梨樹底に到る事を聴さる」とあるのが最初であるが、『駿牛絵詞』は牛車の起源について「本朝にも上古には后宮などのほかにたやすく用ひられざりけるが、仁明天皇の御宇承和の比よりぞ大臣以下公卿はま、ゆるされ侍ける。宇多の御門御宇寛平の頃よりぞあまねく世にひろまりける」と記している。「后宮などのほか云々」とあるのは『日本紀略』弘仁六年（八一五）一〇月二五日の条に「内親王孫王。及び女御已上。四位已上内命婦。四位参議已上嫡妻子。大臣孫。並に金銀装車に乗ることを聴す」とあるのを指すものと思われる。『小右記』長元二年（一〇二九）八月二日の日記には「任大隅国良孝朝臣、檳榔三百把、夜久貝五十口等を志す」とあるが、この檳榔は檳榔毛車の材料に用いられたものであり、夜久貝は螺鈿《らでん》の材料に用いられたものと思われる。

螺鈿は普通は木製品、時として金属製品の素材に夜光貝、鮑貝、蝶貝、鸚鵡貝などの真珠層の美しい巻貝の貝殻を埋め込んで作った工芸品で、我が国では『正倉院宝物』の中に数多く含まれている。しかしそれらの多くのものは八世紀に遣唐使等によって中国から持ち帰られたもので、我が国で製作されたと見られるものは、数面の和琴があるにすぎない。平安時代に入って延長八年（九三〇）九月二二日に醍醐天皇が朱雀天皇に譲位された際に、螺大床子を奉ったと『吏部王記』に記されているが、これは代々天皇家に伝来した累代物と考えられており、我が国で製作されたものかどうか断定出来ない。また天暦二年（九四八）一二月三〇日の『吏部王記』は「徴子女王入内。螺鈿箱一合を納む」と記しているが、この螺鈿箱も我が国で作られたものかどうか明らかでない。村上天皇の御代（九四六—九六七）には『西宮記』に「列見・定考に際しては旧儀にのつとり公卿以下勅授帯劔すべき者は必ず螺鈿劔を帯すべし」と指示されており、また永延二年（九八八）東大寺の僧奝然が弟子の嘉因を宋に遣わした際には「螺鈿函、螺鈿書案、同書几、鞍轡等」を贈物としているので（宋史日本伝）、この時期以前に我が国で螺鈿が製作され始めた事は間違いない。ただし『延喜式』の内匠寮、木工寮等の項には螺鈿を製作した根拠は認められない。この後一〇世紀末から一一世紀初頭にかけて、藤原道長の時代に螺鈿は一つの最盛期を迎え、長徳三年（九九七）一〇月一八日東三条院で行われた修講には、螺鈿二階厨子、同じく螺鈿御櫛筥、香壺筥、鏡筥、硯筥等が用いられており（小右記）、『栄花物語』は長保元年（九九九）一一月の藤壺の室内の装飾として「御几帳、御屏風の襲まで、皆蒔絵、螺鈿をせさせ給へり」と記している。さらに長和四年（一〇一五）四月七日の『御堂関白記』は内親王著袴の儀の際に調進されたものとして「御厨子一雙。御櫛筥一雙。葉子筥一雙。香子筥一雙。硯筥。火取等也。蒔絵螺鈿」と記し、寛仁二年（一〇一八）一〇月一六日の立后宣命の際の贈り物の火取、加銀篭も地蒔螺鈿であったとされている。道長の最後を飾った治安二年（一〇二二）七月一四日の法成寺落慶供養の際には「仏の御前に螺鈿の花机、同じく螺鈿の高杯ども、黄金の仏器どもを据えつつ奉らせ給へり」とある（栄花物語）。道長の子、頼通が天喜元年（一〇五三）に建立した宇治の平等院の格天井の違目には、今も創建当時の螺鈿の花文が残されている。

祥瑞の記録は奈良時代にも数多く見られたが、平安時代に入っても白燕、白雉、白鼠、白雀、白鹿、白烏、白亀など、多くの献上記事が見られる。一方平安時代には野禽、野獣が屋内に入ったり、集合したりした記事が目立つようになるが、これはそうした出来事を凶事と見なす風習があったためで、延暦一六年（七九七）を例にとってみると五月一三日「雉有り、禁中正殿に集る」、一〇月八日「啄木鳥ありて前殿に入る」、一〇月二八日「雉兵衛陣に止まり、禁中諱房に入り獲えらる」（紀略）等と記されている。こうした記録は平安末期まで続く。また承和一三年（八四六）以降、烏が伝漏の籤、あるいは内竪伝点の籌木をくわえ抜いた記事がしばしば見られるが（続後、三実）、籤、籌木とあるのはいずれも漏刻（水時計）の時刻を知らせる為、木簡に差し込む木片の事で、烏が営巣の材料にしたのであろう。承和五年（八三八）最後の遣唐使に加わって入唐した延暦寺座主の円仁は、帰国の際に国使を辞任して聖蹟巡礼の旅に上り、開成五年（八四〇）五台山で獅子に出会ったと伝えられているが（『三代実録』貞観六年一月十四日、円仁卒辞）五台山に獅子が生息していたとは考えられない。これより二百年以上後の延久四年（一〇七二）に入宋した僧成尋は、同年一〇月七日に恐らく日本人としては初めて生きた象を見て、その模様を『参天台五台山記』に詳しく記している。なお、成尋はこのあと駱駝も見ているが、駱駝はすでに何回か我が国に舶載された記録がある。

平安も末期に近い天永二年（一一一一）六月二六日の『殿暦』は「未剋許り春日神主經房を召し、食鹿の忌を問ふ（中略）酉剋許り中納言鹿を服す」と記している。これは藤原忠通が薬食として鹿を食べたため、父親の忠実がその食穢の期間について問い合わせたものである。また大治五年（一一三〇）四月八日の『中右記』には「今朝大殿宇治に於て臨時春日幣を立てらると云々、（中略）是れ去る三月唯識会幷びに御社御神楽、行事資兼猪宍を食し推して参勤也。云々」とあり、さらに久安二年（一一四六）の『台記』は「今日より女房及び女御代今丸鹿を食す」、六年（一一五〇）には「今日より二位今麻呂鹿を食す」と記し、仁平二年（一一五二）には「今日女房鹿を喰ふ為東山家へ向ふ」と記している。これらの記事は、当時貴族の間で薬食として猪鹿の肉が食べられていた事を示すもので、恐らく一般庶民の間では広く獣肉が食べられていたものと思われる。一二世紀後半に描かれたと見られる『粉河寺縁起絵巻』にはこの時代の獣肉の提供者である猟師の生活が見事に表現されている。絵巻物は一人の猟師が木の上に渡した踞木《いざりぎ》の上から下を通る猪鹿を狙っている場面から始まっているが、こうした猟法はうじまちと呼ばれている。うじまちの場面は後の『矢田地蔵縁起絵巻』にも見られる。次の場面は猟師の家で、獲物の鹿が解体されて早速賞味されている一方、残りの肉がむしろの上に並べられ、あるいは串に刺して干されている。剝がされた皮も木枠に張られて乾してある。こうした職業が成り立っていたということは、獣肉に対する需要があったからであろう。なお藤原一門が身内の者の肉食について春日社の神主に伺いを立てているのは、春日大社が藤原氏の氏神であるからである。春日大社は神護景雲二年（七六八）に関東の鹿島神宮から勧請されたものとされ、その時白鹿が神体を護持して来たという所から、鹿は春日大社の神鹿として保護されている。『中右記』天永三年（一一一二）六月一七日の条に「まず南円堂に参詣し燈明を奉る、（中略）次いで御社林中を廻見す、（中略）この間あるいは林中より、あるいは社方より、鹿四五十頭出来し、相具して人々と林中を廻る、誠に是大吉相、大明神感応有る也」と鹿が春日大社の神使である事を記し（図16）、『玉葉』も治承元年（一一七七）二月二六日の春日社参詣の日記の中で「参社の間

図16　春日神鹿（春日権現験記絵）

夜中と雖も鹿太だ多く出来す、是皆明神の感応、最吉の祥也」と記している。

平安時代に舶載された動物は、弘仁九年(八一八)に新羅人によって驢四頭(紀略)。一一年(八二〇)にも同じく新羅人によって羖攊羊二、白羊四、山羊一、鵞二(紀略)。天長元年(八二四)渤海国から契丹狗二口、矮子二口(契丹狗は猟犬、矮子は小型の狆)。承和一四年(八四七)には入唐求法僧慧雲が唐から帰って孔雀一、鸚鵡三、狗三を献じ、貞観一四年(八七二)には渤海国王から大虫(虎)皮七張、豹皮七張、熊皮七張、元慶元年(八七七)にも渤海国大使から玳瑁酒盃が贈られている。また寛平元年(八八九)二月六日の『宇多天皇御記』には「猫の消息」が載っているが、その中に「驪猫一隻、太宰少貳源精、秩満ちて来朝し先帝に獻ずる所」とある。この猫は恐らくこれ以前に中国から太宰府にもたらされた唐猫と見られている(猫の歴史)。なおこれが史料に見られる猫の最初の記録である。延喜三年(九〇三)には唐から羊と白鵞が献ぜられ、九年(九〇九)、一九年(九一九)(略記)と同じく唐から孔雀がもたらされ、一一年(九一一)には恐らく九年に献上された孔雀であろう、三個の卵を産んだ事が記録されている(紀略)。ただし無精卵であったのであろう孵化していない(略記)。次いで承平四年(九三四)には薩摩国から唐馬一頭。五年(九三五)には唐人により羊数頭。天慶元年(九三八)にも太宰府から羊二頭が献ぜられているが、天延二年(九七四)には高麗国の交易使が馬一疋を献じているが、駄馬のため使い道がなかったと記されている。長徳二年(九九六)には唐人が鵞と羊を、長和二年(一〇一三)には藤原道長が「麝香臍五」を下賜されている(御堂)。麝香臍とはジャコウジカの麝香腺を乾燥したもので、正倉院薬物の中にも見られ(種々薬帳)、高貴薬として知られている。長和四年(一〇一五)二月には太宰府から鵞二羽、孔雀一羽が献上され、この孔雀は四月に卵一一個を産んだが、これも孵化していない(小右記、御堂)。治暦二年(一〇六六)には宋商から鸚鵡の羽毛が、承暦元年(一〇七七)にも宋商から羊二頭が献ぜられているが、この羊は「胡髯有り。又二角有り」とあるのでヤギの事であろう。永保二年(一〇八二)には宋商から鸚鵡(百錬抄)、康治二年(一一四三)には藤原頼長が崇徳院に宋鳩を献上している(台記)。この鳩は「長頭白色。頭に冠有り」とあるので、カンムリバトであったのかもしれない。また久安三年(一一四七)には院に藤原忠通が孔雀と鸚鵡を、翌四年(一一四八)には仁和寺の法親王が孔雀を献じている(台記)。承平元年(一一七一)「平清盛、羊五頭、麝一頭を院に進る」(百錬抄)とあるが、この麝はジャコウジカの事ではなく、恐らくジャコウネコであろう。

（四）平安時代の書物に見られる動物

寛平四年（八九二）に僧昌住により、我が国最初の字書『新撰字鏡』が完成している。『新撰字鏡』は二万五千字程の漢字を、偏《へん》あるいは冠《かんむり》によって分類し、それに訓をほどこしたもので、動物関係の字は、主として鳥部、羽部、豸部、虫部、亀部、魚部等に見られるが、古字体が多く、現在では必ずしも実用的とはいえない。それに反して延喜一八年（九一八）に完成した深根輔仁の『本草和名』は、当時典薬寮で教科書として用いられていた『新修本草』を中心に、その他の食経などの中から一千種程の薬物を選び、その漢名に動植鉱物などの和名を与えたもので、動物関係では獣禽類六九種、虫魚類一一三種、本草外の薬物二一種が取り上げられている。続いて延長年間（九二三—九三〇）に源順《みなもとのしたごう》の『倭名類聚抄《わみょうるいじゅしょう》』が完成している。『倭名類聚抄』は上は天文から下は草木に至るまで、漢籍に見られる事物に和名を付して解説したもので、動物は羽族類（鳥類）、毛群類（哺乳類）、龍魚類（主として魚類）、亀介類（亀・節足・棘皮・貝類など）、虫豸類（爬虫・両生・昆虫類など）の五類に分類され、羽族七一種、毛群四二種、龍魚五九種、亀介四三種、虫豸八七種と総計三〇〇種以上の動物が取り上げられている。このほか畋猟具として獣網、鳥羅、罔、媒鳥など、漁釣具として魚梁、筌、罧《ふしつけ》などが取り上げられており、この時代の狩猟・漁労の模様を伺う事が出来る。こうした字典類とは別に延長五年（九二七）には宮中の事務規定を定めた『延喜式』が撰進されている。『延喜式』では「左右馬寮」で牛馬の取扱い法が詳しく規定されているほか、治部省では祥瑞が取り上げられており、六足獣、白狐、白鹿、白雉、白鵲などが大瑞、上瑞、中瑞、下瑞の四つに細分されている。ただし麟、鳳、竜、白沢等と言った架空の動物も多い。このほか「民部」下の交易雑物、「主計」上の諸国調・庸・中男作物、宮内省の諸国贄、典薬寮の諸国進年料雑薬、内膳司の諸国貢進御贄などは、この時代の各地の産物を知る上で極めて貴重な資料となっている（57頁別表）。

以上のほか平安時代には『土左日記』、『伊勢物語』、『かげろふ日記』、『枕草子』、『源氏物語』、『栄花物語』等多くの文芸作品が執筆されている。これらの作品の中には随所に動物が取り上げられており、当時の人々と動物との係わりを知る上で貴重な資料となっている。中でも長徳元年（九九五）から長保二年（一〇〇〇）頃にかけて成立したと見られる清少納言の『枕草子』には多くの動植物が取り上げられており、清少納言の独自な観察眼によって表現されている。哺乳類では馬

（三、五〇）、牛（五一）、犬（九、二五）、猫（九、五二、一五五）鼠（一五五）、猿（一四四、二七二）等のほか、動物それ自体ではないが獅子（二二一、二七八）、狛犬（二二一、二七八）、虎（一五四）、蝙蝠（二一二、二九二）等の名が見られる。鳥類は最も多く取り上げられ「四一　鳥はこと所の物なれど、鸚鵡、いとあはれなり。人のいふらんことをまねぶらんよ。ほととぎす。くひな。しぎ。都鳥。ひわ。ひたき。云々」とあるほか、山鳥、鶴、かしらあかき雀、斑鳩、たくみ鳥、鷺、鴛鴦、千鳥、鶯、むしくひ、雀、鳶、烏などについて寸評が加えられている。爬虫・両生類は蛇《くちなわ》（二四四）蛙（一八二）の二種だけで、魚は全く取り上げられていない。昆虫類は多く「四三　虫はすずむし。ひぐらし。てふ。松虫。きりぎりす。はたおり。われから。ひをむし。蛍」とあるほか、みのむし、ぬかづき虫、蠅、夏虫（蛾）、蟻を取り上げ、別に蜂（一六一）、轡虫（二一八）、蚊（二八）、むかで（一六）、蜘蛛（一三〇）が取り上げられている。軟体動物は「二六三　いみじうきたなきものなめくぢ」とあり、ほかに「（一本）一六　貝はうつせ貝。蛤。いみじうちひさき梅の花貝」があり、海月《くらげ》は骨のないものの代表とされている（一〇二）。このほか比喩として「三一四　（前略）がうなのやうに、人の家に尻をさし入れて云々」とあるが、「がうな」とはヤドカリの事である。

平安末期から鎌倉初期にかけて鳥羽僧正（一〇五三―一一四〇）によって甲乙二巻の『鳥獣人物戯画』が描かれており、甲巻は蛙、兎、猿を中心に狐、鹿、猪、猫、鼠、鼬、雉、梟など我が国在来の動物で構成されているが、乙巻には馬、牛、犬、鷲、鷹、鶏等のほかに山羊、象、虎、獅子（図17）、豹、貘、犀、麒麟、竜といった外来動物が多く含まれている。これらの中にはこれまで我が国に舶載された記録のないものも多く、また中国で生まれた架空動物が含まれているので、恐

図17　獅子の図（鳥獣人物戯画）

（別表）『**延喜式**』**に見られる各地の産物**

国名	調・庸・中男作物	年料雑薬・交易雑物	貢贄・貢進贄・貢雑物
山 城		鼈甲	氷魚、鱸
大 和			干鼈、鳩、年魚鮨火干、蜷、伊具比魚煮凝、雑鮮味物
河 内			雑鮮味物
摂 津		烏賊骨、桑螵蛸、蜂房、鼈甲、鹿角	擁釼、雑鮮味物
和 泉			鯛、鯵、雑鮮味物
伊 賀		虵脱皮、鹿皮	鮨年魚、塩塗年魚
伊 勢	雑魚腊、煮塩年魚、雑魚鮨	蜂房、桑螵蛸、白殭蚕、牡蠣	蠣、磯蠣、鮨年魚、鯛春鮓
志 摩	御取鰒、雑鰒、堅魚、熬海鼠、雑魚楚割、雑魚脯、雑腊、雑鮨、塩漬雑魚、鰒、鯛楚割、雑魚腊	白玉	鮮鰒螺、味漬、腸漬、蒸鰒、玉貫御取夏鰒、雑魚、雑鮮味物
尾 張	雉腊、雑魚腊、煮塩年魚、雑魚鮨	虵脱皮、桑螵蛸、海蛤、鹿革、鹿皮、鹿角	雉腊、蝲蛄、馬革
参 河	雑魚楚割、鯛脯、鯛楚割、胎貝鮨、雉腊、雑魚腊	桑螵蛸、白殭蚕、鹿革	雉
遠 江	与理等腊	桑螵蛸、鹿皮、鹿革	零羊角
駿 河	煮堅魚、堅魚、手綱鮨、火乾年魚、煮塩年魚、堅魚煎汁	桑螵蛸、羚羊角、鹿革	零羊角
伊 豆	堅魚、堅魚煎汁	猪皮、鹿皮、堅魚煎	零羊角
甲 斐	鹿脯、猪脂	履牛皮、鹿皮、鹿革、猪脂	零羊角
相 模	短鰒、堅魚	猪蹄、鹿皮、鹿革、鹿角、履牛皮	零羊角
武 蔵		履牛皮、鹿革、鹿皮	零羊角
安 房	鳥子鰒、都都伎鰒、放耳鰒、着耳鰒、長鰒、堅魚	龍骨、鹿皮	
上 総	雑腊、鰒	腐革、鹿皮、洗革、鹿角	牧牛皮
下 総		獺肝、鹿革、皺文革	牧牛皮、牛角
常 陸	腊、鰒	履牛皮、鹿皮、洗革、鹿角	
近 江	醬鮒、阿米魚鮨、煮塩年魚	桑螵蛸、白殭蚕、虵脱皮、曝皮	氷魚、鮒、鱒、阿米魚、雑鮮味物、煮塩年魚、零羊角、馬革、猪、鹿
美 濃	煮塩年魚鮨、年魚、鯉、鮒鮨	桑螵蛸、虵脱皮、獺肝、熊膽、猪蹄、鹿茸、熊掌	鮨、鮒、火干年魚、零羊角、馬革
飛 騨		猪蹄、羚羊角	
信 濃	猪膏、脯、雉腊、鮭楚割、氷頭、背腸、鮭子	熊膽、鹿茸、履牛皮、鹿皮、洗革、猪脂	楚割鮭、零羊角
上 野	緋革	猪蹄、鹿革、履牛皮	零羊角
下 野		履牛皮、洗革、鹿角	
陸 奥		猪脂、葦鹿皮、独犴皮	零羊角
出 羽		羚羊角、熊皮、葦鹿皮、独犴皮	零羊角
若 狭	薄鰒、烏賊、熬海鼠、雑腊、鰒甘鮨、雑鮨、胎貝保夜交鮨、甲蠃、鯛楚割	烏賊、小鰯鮨	生鮭、雑魚、雑鮮味物、零羊角
越 前	雑魚腊	履牛皮	鮭子、氷頭、背腸、零羊角
加 賀	雑魚腊	履牛皮	
能 登	熬海鼠、海鼠腸、雑魚腊、鯖	鹿皮、履牛皮、海鼠腸	
越 中	鮭楚割、鮭鮨、鮭氷頭、鮭背腸、鮭子、雑腊	獺肝、熊膽、羚羊角、履牛皮	雉腊、零羊角
越 後	鮭、鮭内子、鮭子、氷頭、背腸	履牛皮	楚割鮭、鮭児、氷頭、背腸、零羊角
佐 渡	鰒		

丹波		蚫脱皮、鹿角、白殭蚕、鹿革	生鮭、鮨年魚、塩塗年魚
丹後	烏賊、雑魚腊	蚫脱皮、白殭蚕、鹿革、小鰯腊	生鮭、氷頭、背腸、小鯛腊
但馬	煮塩年魚、雑腊、鮐皮	白殭蚕、鮐皮	鮨年魚、生鮭、馬革
因幡	火乾年魚、鮐皮、雑腊	桑螵蛸、白殭蚕、鮐皮、鹿皮	生鮭
伯耆	鮐皮、煮乾年魚、雑腊		
出雲	烏賊、鰒、薄鰒、雑腊	桑螵蛸、鹿革、鹿皮	
石見	薄鰒、雑腊	桑螵蛸、鹿革	
隠岐	御取鰒、短鰒、烏賊、熬海鼠、鮹腊、雑腊		
播磨	雑腊、煮塩年魚、鮨年魚	烏賊骨、獺肝、鹿茸、鹿角、白殭蚕、鹿革	鮨年魚
美作		白殭蚕、猪脂、鹿革、鹿皮、鹿角	鮨年魚、鮨鮎
備前	許都魚皮、押年魚、煮塩年魚、雑魚鮨	桑螵蛸、白殭蚕、鹿革、鹿皮、鹿角	水母、氷頭、牧牛皮
備中	許都魚皮、押年魚、煮塩年魚、大鰯、比志古鰯	桑螵蛸、獺肝、猪蹄、鹿角、鹿皮	煮塩年魚
備後	押年魚、煮塩年魚、許都魚皮、大鰯、雑腊	桑螵蛸、獺肝、猪蹄、鹿角	
安芸	脯、比志古鰯	白殭蚕、鹿皮、鹿革	零羊角
周防	煮塩年魚、鯖、比志古鰯	鹿革	
長門	雑鰒、薄鰒、雑腊	鹿革	牧牛皮
紀伊	鮨、鰒、堅魚、久恵腊、亀甲、鹿脯、鹿鮨、猪鮨、押年魚、煮塩年魚、鯛楚割、大鰯	鹿革	雑魚、雑鮮味物、鮨年魚
淡路	雑鮨		雑魚、雑鮮味物
阿波	御取鰒、細割鰒、横串鰒、堅魚、亀甲、短鰒、猪脯、久恵鱐、鰒腸漬、鰒鮨、鮨年魚、煮塩年魚、雑魚鮨		馬革
讃岐	乾鮹、鯛楚割、大鰯、鮨、鯖	鹿茸、鹿角、鹿革、鹿子皮	牧牛皮、鯛塩作
伊予	長鰒、短鰒、鰒鮨、煮塩年魚、胎貝鮨、鯖	鹿革、鹿皮	牧牛皮
土佐	堅魚、亀甲、雑魚鱐、煮塩年魚、鯖	亀甲、煮塩年魚	押年魚、煮塩年魚、零羊角
筑前	御取鰒、羽割鰒、葛貫鰒、蔭鰒、鞭鰒、腐耳鰒、醤鮒、鮨鮒、短鰒、薄鰒、鮨鰒、火焼鰒塩、熬海鼠、雑魚腊、鹿脯、鹿鮨、押年魚、烏賊、鯛腊、雑魚楚割、腸漬鰒、塩漬年魚	太宰府 年料雑薬：龍骨、狸骨 交易雑物：履料牛皮、狸皮、猪膏	太宰府 御取鰒、短鰒、薄鰒、蔭鰒、羽割鰒、火焼鰒、鮒鮨、鮨鰒、腸漬鰒、甘腐鰒、鮨年魚、煮塩年魚、内子鮨年魚 鯛醤、完醢、雉腊、腹赤魚、鹿毛筆、兎毛筆、履料牛皮、狸皮
筑後	醤鮒、雑魚楚割、雑腊、押年魚、煮塩年魚、鮨年魚、漬塩年魚、鮨鮒		
肥前	御取鰒、短鰒、長鰒、羽割鰒、熬海鼠、薄鰒、鮨鰒、腸漬鰒		
肥後	躭羅鰒、熬海鼠、鯛腊、乾鮹、雑魚腊、鹿脯、押年魚、鮫楚割、鱅腊、煮塩年魚、鮨年魚、漬塩年魚		
豊前	烏賊、雑魚楚割、鹿鮨、猪鮨、漬塩年魚、鮨年魚		
豊後	御取鰒、短鰒、蔭鰒、羽割鰒、葛貫鰒、躭羅鰒、堅魚、薄鰒、鹿脯、押年魚、雑魚腊、鹿鮨、鮨年魚、煮塩年魚		
日向	薄鰒、堅魚		
大隅			
薩摩			
壱岐	薄鰒		
対馬			

らく中国の絵画からの模写と見られている。しかしいずれにせよ、この時代の外国産動物に対する日本人の知識の程を知る上で興味ある資料である。

第六章　中世

一、鎌倉・南北朝時代

（一）武芸の鍛磨その他

中世は武家の時代である。寿永二年（一一八三）平維盛の率いる平家の軍勢は、越中国倶利加羅峠で、牛の角に松明《たいまつ》をつけて追い込んだ木曽義仲に大敗を帰して西国に落ちのび、文治元年（一一八五）壇の浦で滅亡している。これより以前鎌倉に居を構えた源頼朝は、寿永元年（一一八二）金洗沢、由井浦で牛追物を催している。牛追物とは『高忠聞書《たかただききがき》』に「むかし犬追物なきささきには、小うしを射る也。一。小牛の矢所の事、（中略）小うしはひらくびとひらももをいる也。余の所は射ればはや死ぬるもの也」とあるように、馬上から、牛の定められた所を射る競技で、文治三年（一一八七）にも催されている。承元元年（一二〇七）六月一〇日の『明月記』は「今日出車を進む（割註・内野犬追物。女房見物す可く）」と、この年京都で犬追物が催された事を記している。ただし『吾妻鏡』では貞応元年（一二二二）二月六日に「南庭に於て犬追物有り。犬二十疋。射手四騎なり」とあるのが最初である。犬追物はその後元仁元年（一二二四）、安貞二年（一二二八）と続き、以後毎年のように催されるようになる。後の『殿中以下年中行事』には「御犬遊ばさる可き一両日前に奉公中に仰せ付けられ、両人相談し、鎌倉中又至て遠所へ人を使わし犬を召寄す」とその準備の様子を記している。鎌倉の千葉地東遺跡から大量の中型犬の遺骨が出土しているが（江戸の食文化）、これは犬追物あるいは次の闘犬と関係があるのではあるまいか。犬追物は南北朝時代に一時中断するが、興国三年（康永元年、一三四二）小笠原貞宗が『犬追物目安』（本朝通鑑）を提出して裁可され、正平六年（観応二年、一三五一）には三条河原で足利尊氏によって犬追物が催され（園太暦）、一七年（貞治元年、一三六二）（師守記）、天授二年（永和二年、一三七六）（後愚昧記）と将軍の犬追物の記事が続く。このあと弘和三年（永徳三年、一三八三）には僧周信（空華）により、将軍の犬追物が諫められているが（空華日工集）、室町時代に入ると最盛期を迎える。鎌倉時代にはこのほか上記のように北条高時によって闘犬が催されているが、これは武芸の錬磨というよりも娯楽性の強いものである。闘犬については『太平記』、『増鏡』、『北条九代記』などに詳しく記されている。

以上のほか、この時代にはしばしば狩猟が催されている。建久四年（一一九三）三月には武蔵国入間野で、五月には富士野で大掛かりな巻狩が催され、曽我兄弟が親の敵を討った事で知られているが、この狩が終了した夜の山の神に感謝する矢口の祭は、後の狩猟儀礼の出発点とされている。将軍家の狩猟はこのあとも続くが、朝廷でもこの時期には度々狩猟が行われ、『明月記』は建仁元年（一二〇一）以降しばしば鹿狩が行われた事を記している。鎌倉幕府は上記のように犬追物や狩猟を繰り返し催した反面、文治四年（一一八八）、建久元年（一一九〇）と殺生を禁断し、建久二年（一一九一）、六年（一一九五）には鷹狩を禁止し、建暦二年（一二一二）、建保元年（一二一三）ほかにも鷹狩禁止の触書を出している。ただし神社で神饌とするための鳥獣を捕える贄鷹《にえだか》だけは禁制を免れ、そのため古代から受け継がれた鷹狩の秘伝は信州諏訪大社で伝承され、以後禰津《ねつ》神平流として後世に伝えられている。鷹狩はもとは朝廷・貴族の間で愛好されて来たもので（図18）、寛元二年（一二四四）に歿した西園寺公経は、後の『嵯峨野物語』で「入道相国はたかの雉ならでは食はざるよし承り及ぶ」とまでいわれた人物であるが、歌道にも明るく、『西園寺公経鷹百首』は鷹狩特有の鷹詞《たかことば》を詠み込んだ歌集として知

図18　貴族の鷹狩（春日権現験記絵）

られている。鷹詞とは鷹狩の秘術を部外者に知られないように伝授するために発達した言葉で、鷹の愛好家はこうした歌を通じて鷹狩の奥儀を会得したといわれている。鷹詞は『放鷹』巻末に「鷹犬詞語彙」として収録されている。永仁三年（一二九五）には持明院基盛の『基成朝臣鷹狩記』が著わされているが、持明院家も鷹狩の名家として知られている（柳庵雑筆）。

（二）動物に関するその他の出来事

鎌倉・南北朝時代の史書には動物船載の記事は見られないが、文治元年（一一八五）の『玉葉』に「和泉守行輔、羊を大将に進る。紙を食ふと云々」とあり、嘉禄二年（一二二六）二月六日の『明月記』に「宗清法印生麝を送る。其の体猫に似る。又鸚歌と云ふ鳥一見す」とある。生麝はジャコウネコ、鸚歌はインコの事である。また同年五月一六日の『明月記』には「伝へ聞く。去今年宋朝の鳥獣、華洛に充満す。唐船任意の輩、面々之れを渡す歟。豪家競って豢養すと」とあるので、この時代にも中国から種々の鳥獣が船載されていたものと思われる。同年（一二二六）の『吾妻鏡』はそれを裏付けるかのように「北条時氏、京都より唐鳥一羽を献ず。御賞翫甚だ深しと云々」と記している。建仁元年（一二〇一）一二月一四日の『明月記』には「御厩の猨御所に入れらる。女房懼れ騒ぐ」とあるが、猿を厩で飼う事は『本草綱目』に「馬経」を引用して「馬厩に母猴を畜へば、馬の瘟癘を避く。毎月草上に流れる月經を馬が食ふので、永く疾病無し」とある事によるもので、こうした猿を厩猿と呼んでいる（図19）。厩猿については『梁塵祕抄』に「三五三　御厩の隅なる飼猿は、絆はなれてさぞ遊ぶ、云々」と歌われているので、平安末期

図19　厩猿（石山寺縁起）

にはすでに広く知られていたものと思われる。『本草綱目』にあるように厩猿には牝猿が用いられたため、寛喜二年（一二三〇）の『明月記』、仁治三年（一二四二）の『類聚大補任首書』には厩猿が仔を産んだ事が記されている。こうした事から猿は身近な動物となり、建保元年（一二一三）（明月記）、二年（一二一四）（後鳥羽院宸記）と宮中に召された記事が見られ、寛元三年（一二四五）には舞踏する猿が幕府に献じられ（吾）、元亨元年（一三二一）には芸をする猿が宮中に召されている（花園天皇宸記）。『明月記』承元二年（一二〇八）九月二七日の日記に「夜半許り、西方火有り。（中略）朱雀門焼亡すと、云々」とあり、翌二八日には「伝へ聞く、常陸介朝俊、松明を取り門に昇り鳩を取る。帰り去る間に、件の火この災を成す。近年天子上皇皆鳩を好み給ふ、長房卿、保教等、本より鳩を養ひ、時を得て馳走す」と記している。『吾妻鏡』も一〇月二一日の条にほぼ同文の記事を載せ、馳走を奔走としているので、当時鳩を飛ばして遅速を競う競技が行われていたものと思われる。『明月記』建暦二年（一二一二）七月一〇日、一二月一〇日に「鳩合せ、負態」とあるのは、そうした競技に負けた者の罰則であろう。また『猪熊関白記』は同年（一二一二）九月二八日の日記で「或る説。彼の門上唐鳩栖む由、其の聞え有り」としているので、そうした競技に用いられた鳩は唐鳩と呼ばれたドバト（イエバト）であったものと思われる。平安時代に始った闘鶏は、建久四年（一一九三）三月一日（玉葉）、九年（一一九八）二月二一日（三長記）を経て、建仁二年（一二〇二）以降ほぼ三月三日に行われるようになる（明月記）。この時代の闘鶏の模様は『弁内侍日記』建長元年（一二四九）二月二七日の日記に詳しく記されている。『吾妻鏡』は文治二年（一一八六）五月一日に「去んぬる比より黄蝶飛行す。殊に鶴岳宮に遍満す」と記し、『玉葉』も同年（一一八六）七月五日に「今日寅刻、洛中蝶降る。恠異也」

としている。蝶が降った記録はこれより以前、治承二年(一一七八)八月に「叡山坂本、粉蝶雨の如く降る」(帝王編年記)とあるので、鎌倉時代に始った事ではないが、このあと建保元年(一二一三)の『吾妻鏡』、嘉禄元年(一二二五)、天福元年(一二三三)の『明月記』、宝治元年(一二四七)、二年(一二四八)の『吾妻鏡』と続く。『吾妻鏡』に記されたものはすべて黄蝶で、これは戦乱の前兆とされている。こうした凶事の前兆と見なされた現象にはほかに海水の赤変があり、建保四年(一二一六)の『吾妻鏡』に「海水色を変ず。赤きこと紅を浸すが如しと」とあるのを始めとして、嘉禄元年(一二二五)、文暦元年(一二三四)の『明月記』、安貞元年(一二二七)、宝治元年(一二四七)、建長四年(一二五二)の『吾妻鏡』と続き、正中六年(康応元年、一三八九)には『後鑑』にも見られる。海水赤変の記事は古く天平三年(七三一)に一度だけ前例があるが、こうした現象はヤコウチュウ等の浮遊生物が異常発生した事によるもので、その色が血の色に似ている所から不吉視されたものと思われる。このほかこの時代に不吉視されたものに銀花、あるいは金花があり、正治二年(一二〇〇)の『明月記』は「今日仰せて云く。此宅銀の花と云ふ者有りと」と記し、天福元年(一二三三)八月二四日にも銀花が見えている。さらに建長二年(一二五〇)五月一四日の『岡屋関白記』には「今日より三カ日、仁王講を行はしむ。是皆銀花の祈也」とあり、『続左丞抄』文応元年(一二六〇)五月七日には「鴨御祖社、東御宝殿御戸并びに御橋蕊花銀花(開)く」、文永六年(一二六九)六月一四日には「鴨御祖社、西御宝殿登階高欄東脇桙木下に金花開く」とある。銀花または金花とはクサカゲロウの卵塊の事で、優曇華《うどんげ》とも呼ばれるように、極めて稀な現象とされているが、この時代には『岡屋関白記』に見られるように、むしろ不吉な現象と見られていた模様である。このほか建永元年(一二〇六)(明月記)、建暦二年(一二一二)(玉蕊)には鵺《ぬえ》の鳴いた記事、宝治元年(一二四七)には蛙が充満した記事(百錬抄)がありいずれも凶事と見なされている。文暦元年(一二三四)の『百錬抄』は「去る八月以後、春日山鹿好んで人を突損ず」と記しているが、これは繁殖期に入った牡鹿によるものである。春日大社の鹿は手厚く保護されており『春日社記録』文永元年(一二六四)五月一七日の条には「若宮御前にてとらけ(虎毛)なる犬一匹搦取り了んぬ」と鹿の大敵の野犬を取り締まった記録や、一〇年(一二七三)には「鎌研にて鹿殺しと行合ふ。一人を切臥せ畢んぬ」と鹿を殺した者を切殺した記事、弘安元年(一二七八)には「春日山に於て鹿殺しを狩る」と鹿殺しを捕えるため山狩の行われた記事などが見られる。

（三）鎌倉・南北朝時代の書物に見られる動物

律令体制の崩壊につれて典薬寮の組織が改革され、典薬頭は丹波、和気両家の世襲制が続くが、鎌倉以降になると仏教僧、中でも禅宗の僧侶が医療面の指導的立場に立つようになる。獣医学の分野も例外ではなく、文永四年（一二六七）西阿によって著わされた我が国最初の獣医学書『馬医草紙《うまいのそうし》』は「丙午日死、伯楽。南無薬師瑠璃光如来、南無観世音菩薩、鴾毛名麒麟、葦毛名満塩」といった文章で始まり、二頭の馬が廐に繋がれている図が描かれている。これは当時の馬医術が仏の加護の下に行われた事を示すものである。同草紙には以下一〇名の人物の名前と人物画が続き、巻末には馬の治療に用いられた薬草類一七種の彩色画が付されている。また弘安頃（一二八〇前後）に完成したと見られる『駿牛絵詞《すんぎゅうえことば》』には牛車の由来、牛の飼育・選定法、古来の名牛、牛飼の逸話等が記されている。絵詞というが現存のものには絵はなく、恐らく現在「駿牛図」と呼ばれている数点の絵が、その断簡ではないかとされている（図20）。『駿牛絵詞』にはまた承久の頃（一二一九―二二）「播磨僧都、坊中に数十間の牛屋をつくり洛中の病牛を飼立つ」と病牛の病舎が建てられた事が記されている。播磨僧都の事蹟は史料には見られないが、永仁六年（一二九八）には僧忍性によって鎌倉極楽寺坂下に馬の病舎が建てられ、その遺跡は現在も保存されている（鎌倉市史）。『駿牛絵詞』と前後して正応頃（一二八八―九二）、『蒙古襲来絵詞』の絵師として知られた姉小路長隆により『草花写生畫巻』が描かれている。草花とあるが、全体の三分の一以上は禽獣魚介の動物画で、タヌキ、小熊、ムジナ、家ハト、カハラ（ヒハ）など在来種が大部分であるが、一部にハッカンと思われる庚雉（図243）、ドククワ鳥といった外国種と見られるものも含まれている（日本美術随想）。

図20　駿牛図（東京・五島美術館蔵）

正安頃(一二九九—一三〇一)に成立したと見られる『厨事《ちゅうじ》類記《るいき》』は、この頃の朝廷の食事儀礼をまとめた書物で、料理の素材として用いられている動物には、窪器物として海月《くらげ》、老海鼠《ほや》、牟々跂裏(雉)、鯛醬。干物として干鳥(雉)、楚割(鮭)、蒸鮑、焼蛸、干鯛。生物《なまもの》には鯉(鮒)、鯛、鮭、鱒、鱸、雉、(堅魚)、腹赤。汁物として鳥臛汁、鯛汁、鮑汁。追物(焼物)として雉足、零余子焼、鯛面向などが取り上げられている。そのほか御産御膳として生物に鯛、雉、鹿、猪があげられているが、猪鹿といった獣肉が朝廷の食事に取り上げられているのは注目すべき事である。ただし次の室町中期の応永二七年(一四二〇)に成る天皇の供御料を記した『海人《あまの》藻芥《もくず》』は「四足は惣て之れを備えず。然るを吉野帝後村上院は、四足の物共をも憚らせ給はず聞召しけるとかや。されば御合体の後、男山まで御幸成らせ給ひけれども。又吉野の奥へ還幸成せ給ふて都へは終に一日片時も入せ給はず」と記し、北朝側の『園太暦』も康永三年(一三四四)一月一五日の条で「御虚気以外の間、御鹿食有る可く、其の間公事は申置かる」とこの時期ほぼ時を同じくして南北両朝の天皇、上皇が獣肉を食べておられた事を記している。

延慶三年(一三一〇)には河東道麿の『国牛十図』が完成している。『国牛十図』は「馬は東関をもちてさきとし、牛は西国を以てもと、す」という序に始まり、この時代の牛の名産地一〇カ所をあげ、それぞれの牛の特徴を図入りで解説している。取り上げられているのは筑紫牛、御厨牛、淡路牛、但馬牛、丹波牛、大和牛、河内牛、遠江牛、越前牛、越後牛の一〇カ国の牛で、ほかに出雲、石見、伊賀、伊勢の名があげられている。描かれている牛はいずれも鼻に鼻刳《はなぐり》(鼻輪)が装着されている。鼻刳がいつ頃から我が国で用いられるようになったのか記録にないが、上記の『駿牛絵詞』にも「あさぎなる縄を鼻にとをして」とか「はなにとをしたる縄にとりつきて」などと記されているので、平安時代にはすでに広く用いられていた事は明らかである。『本草綱目』は陶弘景の著書を引用して鼻拳を「牛の鼻を穿つ縄木」としているので、中国では魏の時代(六世紀)から用いられており、恐らく我が国には牛の渡来の際に伝来したのではあるまいか。

元徳二年(一三三〇)から元弘元年(一三三一)にかけて執筆されたと見られている吉田兼好の『徒然草』には様々な動物が取り上げられている。家畜については「一二一　養ひ飼ふものには、馬・牛。繋ぎ苦しむるこそいたましけれど、なくてかなはぬものなれば、いかがはせん。犬は、守り防ぐつとめ、人にも勝りたれば、必ずあるべし。されど、家ごとにあるものなれば、殊さらに求め飼はずともありなん。その外の鳥・獣、すべて用なきものなり。云々」としている。ただしこれらの家畜は「一八三　人つく牛をば角を切り、人くふ馬をば耳を切りて、其の標《しるし》とす。(中略)人くふ犬をば養ひかふべからず。これみなとがあり。律の禁《いましめ》なり」と、『律令』雑令二三の規定がこの時代にも通用していた事を示している。このほか「八九　『奥山に、猫またといふものありて、人を食ふなる』」とあるが、猫またについては『明月記』天福元年(一二三三)八月二日に「南都に猫膀と云ふ獣出来り、一夜にも七八人を噉い死者多しと」とあるので、この時代には実在するものと思われていた事がわかる。このほか一二八には鷹の餌として犬の足を切る話、一六二には法師が水鳥を餌でさそって捕える話、一一九には鰹の話、三四には甲香《かいこう》の話などが見られる。正平二二年(貞治六年、一三六七)頃には南禅寺の僧有隣が『有林福田方』を著している。『有林福田方』は有隣が実際に治療に当った経験を織り込んだ薬学書で、動物性の薬物として麝香、龍脳香、牛黄、龍骨、虎骨、烏蛇、白花蛇、全蝎、鹿茸、膃肭臍、犀角、桑螵蛸、鼈甲、蟬蛻、白殭蚕、蛇蛻、地龍、蜈蚣、斑猫、五霊脂、真珠などが取り上げられており、版本ではほかに白膠(鹿角膠)、土檳榔(蟾蜍)、海螵蛸(烏賊骨)、虎睛、亭長、田父(大蝦蟇)、熊膽、石蜜(蜂蜜)などが取り上げられている。全蝎とはサソリの事で、乾燥品の図を付して「渡来せざる時は一両が直、百疋二百疋に及ぶ」と記されている。五霊脂は寒号虫(オオコウモリ)の糞の事である。

二、室町時代

(一)南蛮船その他の船載動物

応永一五年(一四〇八)六月二二日の『後鑑』は「南蛮船渡来。若狭国今富名領主次第云。応永十五年六月廿二日ニ。南蛮船着岸。帝王御名亜烈進卿。番使々臣。彼帝ヨリ日本ノ国王エノ進物等。生象一匹(黒)。山馬一隻。孔雀二対。鸚鵡二対。其外色々」と記し、さらに同年(一四〇八)七月に「是月。南蛮人珍禽奇獣を進貢す」とし「和漢合符云。七月。南蛮国黒象三頭。鸚鵡。大鶏等を貢す」としている。恐らく六月に船載した動物をこの月幕府に献上したものと思われるが、黒象三頭とあるのは山馬を含めたのであろうか。また孔雀が大鶏となっているが、この大鶏はヒクイドリであった可能性がある(↓456頁)。こうした動物を船載した南蛮国がどこの国なのか明らかにされていないが、ジャワあるいはパレンバンとする説が有力である。この象のその後の消息は我が国の史料には見られないが、朝鮮の『李朝実録』大宗一一年(一四一一)二月一日の条に「日本国王源義持、使を遣し、象を献ず」とあるので、朝鮮国王に贈られた事がわかる。これとは別に、応永一五年(一四〇八)七月には明国から驪馬(黒馬)も贈られている。

鎌倉中期以降、朝鮮半島には西国各地の倭冦が侵入して物資の略奪を繰り返して来たが、室町期に入ると対馬、博多の商人による朝鮮貿易や、幕府による使送船によって朝鮮からの物資が我が国に入って来るようになる。また明国とは遣明船による勘合貿易が行われ、それらに伴って各種の外国産の動物が船載されている。まず応永二三年(一四一六)には白羊(看聞御記)、二五年(一四一八)には南蛮国から象牙その他(満済)、二九年(一四二二)には孔雀の記事が見られ(兼宣公記)、永享六年(一四三三)には第一回の遣明船が帰国して鸚哥、蛇皮、猿皮、虎皮、豹皮等が船載されている(善隣国宝記)。八年(一四三六)には白鴨一一羽が西芳寺の池に放されているが(蔭凉)、恐らくこれは中国産のアヒルであろう。宝徳元年(一四四九)(康富記)、寛正元年(一四六〇)(後鑑)には朝鮮から虎・豹皮各一〇枚が贈られている。文明四年(一四七二)の『後鑑』は「九月廿三日戌刻に、九州周防国より水牛一頭人を具せずして上り了んぬ」と記しているが、これは『大乗院寺社雑事記』に「故大内入道唐土より取寄す二匹の内也」とあるので、勘合貿易により大内船が明から持ち帰ったものであろう。このほか天文二〇年(一五五一)までに大内船によって船載されたと思われるものに桃花犬(狆)がある(陰徳太平記)。文明七年(一四七五)には王加(鸚哥)(大乗院)、一一年(一四七九)にも飲可(実隆公記)、一三年(一四八一)唐の菱鳥(御湯殿)、一四年(一四八二)唐鳥いんこう(御湯殿)、長享二年(一四八八)天竺犬(蔭凉)、文亀二年(一五〇二)金魚(金魚養玩草)、三年(一五〇三)高麗白晃(実隆公記)、永正元年(一五〇四)白鴨(実隆公記)などと外来動物の記事が見られ、室町末期の永禄九年(一五六六)三州に漂着した安南船の船底からは、からの頭《かしら》(ヤクウシの毛皮)が見付かっている(通航一覧)。

(二) 犬追物、貝覆その他の流行

犬追物は鎌倉時代に武芸錬磨の手段の一つとして始められたが、次第に競技としての性格が強くなり、応永二三年(一四一六)には『騎射秘抄』、二五年(一四一八)『犬追物検見記』、永享二年(一四三〇)『出法師落書』、嘉吉元年(一四四一)には『犬追物草根集』などといった専門書が出され、競技としての体裁を整えてゆく。中でも中心的な流派である山名流の流儀は、文明一二年(一四八〇)頃に成る『山名家犬追物記』に詳しい。一方貝覆は、貝合せとも呼ばれるように、ハマグリの貝殻を二つに分け、多数の貝殻の中からその文様を目安として相手の貝殻を探し出す遊戯で、中国の書籍には見られないので我が国で考え出されたものと思われる。『源平盛衰記』「行綱中言の事」の中に、治承元年(一一七七)五月二〇日「入道殿福原御下向の留守に、君達会合して貝覆の御勝負なり」とあるのが最も古い記録とされており、このあと寿永元年(一一八二)の『玉葉《ぎょくよう》』に「聖霊(故崇徳院后)、平日殊に貝覆之戯を好み給ふ」とあるが、以後史料から見られなくなる。しかし室町時代に入ると、応永一四年(一四〇七)の『教言卿記』に「黒戸に於て御貝覆あり」とあるのを始めとして、二七年(一四二〇)、二八年(一四二一)、三〇年(一四二三)、三二年(一四二五)、永享六年(一四三四)、九年(一四三七)、一〇年(一四三八)(いずれも『看聞御記』)としばしば貝覆の記事が見られるようになり、文明年間(一四六九—八六)以降は『実隆公記』、『御湯殿の上の日記』などに頻繁に見られるようになる。貝覆はまず蛤の貝殻を左右二つに分け、右を地貝《じがい》、左を出貝《だしがい》とし、地貝の殻の表を出して中央に空所を残すように円形に配列し、その中央の空所に出貝を一つずつ取り出して、殻の表面の模様の同じものを地貝の中から選び出し、当った貝の数によって勝敗を決する遊戯である(図89)。最初はハマグリの貝殻をそのまま用いたが、明応五年(一四九六)の『実隆公記』に「禁裏より貝覆詩歌の事を仰せらる」とあるように、当否の判定を容易にするため貝殻の内面に詩歌を書くようになる。こうした歌を書いた貝の事を歌貝と呼んでいる。貝覆が最も流行したのは室町から安土桃山時代にかけてで、この頃になると貝の内面に金箔をおき、極彩色で源氏物語その他の絵を描いた絵貝が用いられるようになる(図

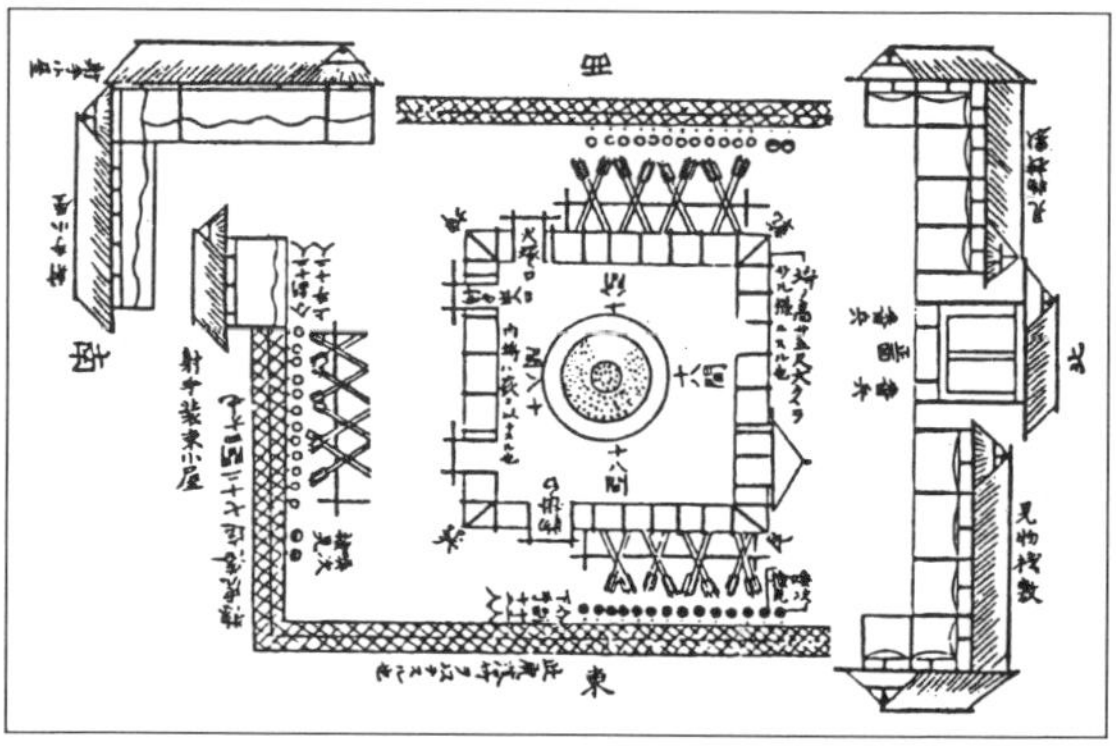

図21　犬追物馬場の図（扶桑見聞私記）

図22　歌貝・絵貝（貝合次第、二見乃宇羅）

22)。『山家集』に「伊勢の二見の浦に、さる様なる女の童どもの集まりて、(中略)貝合せに京より人の申させ給たれば、選りつ、採るなりと申けるに『一三八六　今ぞ知る二見の浦のはまぐりを貝合せとて覆ふなりけり』」とあるように、貝覆に用いるハマグリは、伊勢二見の浦や桑名のものが最高とされている。

室町時代には応仁の乱により貴族が地方に分散し、朝廷の衰微も甚だしかったため、宮中の年中行事はほとんど行われなくなるが、三月三日の闘鶏だけはほぼ毎年のように行われている。永享五年(一四三三)の『看聞御記』は「洛中鶏はやりて万人之れを養ふ。而して室町殿京中の鳥を払はれ、辺土へ追放す。(中略)後聞。前摂政亭鶏闘。諸人門前に群集し、室町殿通られる折節、万人鼓操の間、御輿を押ふと」と記し、一般庶民の間でも闘鶏の人気が高かった事を示している。このほかこの時期に流行し始めたものに鶯合せがある。これは鶯の鳴く音を競うもので、応永一六年(一四〇九)の『教言卿記』、永享七年(一四三五)、嘉吉三年(一四四三)の『看聞御記』などに見られるが、長禄二年(一四五八)(続史)、文正元年(一四六六)(親基日記)には鷹狩と共に幕府から禁止されている。しかしそれも一時的で、明応二年(一四九三)、三年(一四九四)、四年(一四九五)(御法)、五年(一四九六)(実隆公記)と再び行われるようになり、以後禁止された記事は見られない。この時代に飼われていたのは鶯ばかりでなく、『看聞御記』によると鴨、鴛鴦といった水鳥のほか、ウソ、ヒハ等の小鳥が飼育されており、『言国卿記』もミヤマシトト、コマドリ、ヒハ、セキレイ等を飼っていた事を記している。

（三）室町時代の書物に見られる動物

南北朝後期から室町初期にかけて成立したと見られる『庭《てい》訓往来《きんおうらい》』の「五月状返信」には、この時代の食品の名称があげられているが、その中の動物性のものには「初献ノ料ニ、海月・熨斗鰒《のしあわび》。削物ハ、干鰹・円鰒・干鮹・魚ノ躬・煎海鼠。

生物《なまもの》ハ、鯛・鱸・鯉・鮒・鯔《なよし》・王余魚《かれい》・雉・兎・鵠《くぐい》・鶉・雲雀・水鳥・山鳥一番。塩肴ハ、鮪ノ黒作・鮎ノ白干・鱒ノ楚《すい》割《り》・鮭ノ塩引・鯵ノ鮨・鯖ノ塩漬・干鳥・干兎・干鹿・干江《いる》豚《か》・豚ノ焼皮・熊ノ掌《たなごころ》・狸ノ沢渡・猿ノ木取・鳥醤《ひしお》・蟹味噌・海鼠腸《このわた》・鯀鱗《うるか》・烏賊・辛螺《にし》・栄螺《さざい》・蛤・蝦交雑喉《えびまじりざこ》・氷魚《ひお》等」があり、兎、鹿、江豚、豚、熊、狸、猿といった獣類が食品とされていた事がわかる。実際に応永二八年(一四二一)の『看聞御記』に「小瘡難治の間、服薬の為山犬を食す」とあり、永享一〇年(一四三八)には「狸賞翫す」とあるので、そうした獣肉食は、一般庶民ばかりでなく、皇族にまで及んでいた事がわかる。応仁の乱の終了直後(一四八〇頃)の一条兼良《かねら》の『尺素往来《せきそおうらい》』にも「霖雨に依り、美物得難く候と雖も、四足は猪、鹿、羚、熊、兎、狸、猯、獺等」とさらに多くの獣類が取り上げられている。また宮中の女房衆が残した『御湯殿の上の日記』には、宮中に献上された様々な品物が記されているが、その中に動物性食品として狸、兎、鯨、江豚、鵠、鶴、菱喰、雁、雉、山鳥、鷺、鶉、雲雀、鮎、鱈、鯛、鱸、鯰、鰤、鰤子、飛魚、まなかつを、さより、鮟鱇、あめのうお、えい、鮫、鯉、鮒、鮭、鱒、蛤、赤貝、はゐ、鮑、栄螺、蜆、蛸、蝦、蟹、海月などがあり、獣類も含まれている。『庭訓往来』の食品の中にも各種の加工食品が含まれているが、室町末期になると新しい加工食品が加わる事となる。天文二年(一五三三)の『実隆公記』に「庭田鯰魚を送らる。則ち蒲穂子《かまほこ》用意せしめ了んぬ」とある。蒲穂子はいうまでもなく蒲鉾《かまぼこ》の事で、応永六年(一三九九)六月一〇日の『鈴鹿家記』に「御本所へ赤飯荷桶一手、酒干鰤一連、(中略)鰻《うなぎ》かば焼、鮒すし、蒲鉾、云々」とあるのが最初とされている。なお大永八年(一五二八)の伊勢貞頼の『宗五大草紙』には「かまぼこはなまづ本《もと》なり、蒲のほを似せたるものなり」と最初はナマズを材料とした事を記しているが、これより以前の『四条流庖丁書』は「黒魚《こい》より料理は始りたる也。蒲鉾なとも鯉にて拵たるこそ。本説成る可き也」としている。

『四条流庖丁書』は長享三年(一四八九)にまとめられた四条家相伝の料理書で、取り上げられている動物性素材には鳥類の鶴、白鳥、鵠、菱喰、雁、雉、山鳥、鶉、雲雀。魚類の鯉、鮒、鮭、鮎、鱸、鯛、王余魚、鱏《えい》、鯒《こち》、鯨。そのほか海老、擁劔《がざめ》、老海鼠《ほや》、海鼠《なまこ》、章魚、辛螺、蚫、蚌、蠣、海月などがある。続いて大永八年（一五二八）に上記の『宗五大草紙』が出されているが、これは料理書というよりは武家の作法を記したもので、中に飲酒、料理について記した部分がある。また天文四年(一五三五)の『武家調味故実』も武家の料理書で、『四条流庖丁書』に見られない動物に兎、鴫、鮫、鰹(節)

などがあるほか、「くわい人（懐妊）の間にいませ給へき物」として「あゆ、さけ、かに、うなぎ、こいなます、かも、はと、すゞめ、うさぎ、鹿」をあげている。またこの書物には鳥を贈答する際の鳥柴附《としばづけ》の方法も図示されている。天文年間（一五五〇頃）には以上のほか『大草家料理書』、『大草殿より相傳之聞書』、『庖丁聞書』といった料理書もあり、『大草家料理書』には上にあげたもののほかに狢、ぶた、青鷺、野鶏、眞鰹《まながつお》、鱒、さより、きす、鯰、鯌《めばる》、鰻、鱓《うつぼ》、鰌、ふぐ、あふり貝が、『相傳之聞書』には河うそ、つぐみ、鱈が、『庖丁聞書』にはいるか、猪、しび、かじか、鱧、栄螺などが取り上げられている。なお『庖丁聞書』は「出門に用る魚。鳥」として「鯛。鯉。鮒。鮑。かつほ。数の子。雉子。鶴。雁の類を第一とす。海老。蟹。鰯。鴛茸の類。不レ宜也」としている。

室町時代には以上のほか、文芸作品として謡曲、狂言、御伽草子などがあり、『謡曲集』、『狂言集』の中には動物を扱った「善知鳥」とか「釣狐」といったものが見られる。また御伽草子の中には動物を擬人化して主人公とした擬人物、あるいは異類物と呼ばれるものがあり、「のせ猿さうし」、「猫のさうし」等が『御伽草子』に収録されている。このほか『鴉鷺合戦物語』、『精進魚類物語』といった軍記物もあり、いずれも鳥獣魚介類を主人公としたもので、内容は荒唐無稽であるが、登場する動物の生態描写にはそれぞれの動物の特徴をよくとらえたものがある。取り上げられている動物の種類も極めて多く『鴉鷺合戦物語』に出て来る鳥類は九〇種以上にのぼり、『精進魚類物語』には魚類六〇種以上、鳥類四〇種以上、獣類一〇種、貝類一〇種以上が登場している。ただしそれらの分類法には混乱が見られ、烏賊、蛸、守宮、海老などが魚類に、むささびは鳥類とされている。

三、安土・桃山時代

（一）異文化との接触

室町時代の末期、天文一一年（一五四三）八月、一隻のポルトガル船が九州種子島に漂着して鉄砲をもたらしたのに続いて、一五年（一五四六）ポルトガル人の船長アルヴァレスが薩摩国山川港に滞在し、その間の見聞を『日本の諸事に関する報告』にまとめ、イエズス会の宣教師フランシスコ・ザビエルに提出している。この報告書はヨーロッパ人の手になる最初の日本見聞記で、日本の地誌、風俗、宗教などについて記しており、我が国の動物については「農耕は小さいが岩乗な馬で行なう。というのは、当地には牝牛がいるが、ほんの僅かであるし、労働用の牡牛も若干いるだけだからである。数カ所には、豚、牝羊、牡羊、牝鶏もいるが、ほんの僅かしかいない。牝鶏は食用として、とてもひどい肉である。土地には、鹿、兎、鶉、雉鳩、雉、鴨がおり、人々はこれらを捕えて食用にする。鹿は矢で殺し、兎も同様である。鳥類は網で捕え、領主らは隼を使う。（中略）そこの海には、私たちの国にいるような魚がいる。すなわち、鰯、鰊と鱒、たくさんの貝類である。（下略）」（岩野久訳）と記している。ザビエルはこの報告を受けて、天文一八年（一五四九）に鹿児島に上陸してキリスト教の布教を開始するが、目的を達せず天文二〇年（一五五一）に離日している。天文二一年（一五五二）に来日したバルテザル・ガゴは、豊後国に教会を開き、弘治元年（一五五五）に育児院を設立している。ガゴから国王ドン・ジョアン三世に宛てた九月五日付の手紙には「右病院には貧窮なるキリシタンの乳母及び二頭の牝牛其他の設備をなし、云々」と乳牛の飼育を行った事を記している（耶蘇会士日本通信　豊後編）。次いで弘治三年（一五五七）一〇月八日のガスパル・ビレラの書簡には「当日は大なる祝日なりしが故に、約四百人のキリシタン一同を食事に招きたり。（中略）此食事のため、我等は牝牛一頭を買ひ、其肉と共に煮たる米を彼等に饗せしが、皆大なる満足を以て之れを食したり」（耶蘇会士日本通信）とある。はたして当時の日本人が牛肉に満足したかどうか疑わしいが、後に巡察師として来日したヴァリニャーノは「日本風俗と気質に関する注意と警告書」の中で「在日イエズス会士にたいして豚と小羊の飼育、牛の屠殺、皮の乾燥およびその売買を場所のいかんを問わず厳禁」している（南蛮史料の発見）。

永禄六年（一五六三）に来日し、同一二年（一五六九）に上洛したルイス・フロイスは、京都での布教の許可を得るため、三月一三日に南蛮鏡や孔雀の尾を携えて織田信長を訪れたがその日は謁見を許されず、四月八日になって布教を許されている。フロイスは六月一日付の書簡でその日の模様を「予は他の品なきを以て、砂時計と駝鳥の卵を携へ、翌日和田殿と共に彼（信長）を訪問せしが、云々」と記している（耶蘇会士日本通信）。フロイスは天正四年（一五七六）まで京都で布教に従事したが、同年一二月一二日に京都を去り、慶長二年（一五九七）に長崎で歿している。この間、天正一五年（一五八七）には秀吉により宣教師の国外追放が命じられているが、その理由の一つに「牛馬かい取り、生きながら皮をはぎ、坊主も弟子も手づからこれを食す」事が取り上げられている（九州御動座記）。ただしフロイスは『日本史』の中で「われわれの食物は彼ら日本人の大いに好むところである。現在まで日本人が、とても嫌っていた鶏卵や牛肉などの食品はことさらで太閤様自身が、これらの食物を大いに好むようになった」と記している。天正一八年(一五九〇)豊臣秀吉が小田原城を包囲した時の逸話にも「其比、蒲生氏郷、(細川)忠興君御同道にて高山右近大夫長房の陣所へ御見舞成され候、高山は元来吉利支丹なれば牛を求め置きて振廻はれしが、一段珍敷風味なりとてたびたび御尋ね成され候」と記されている(細川家々譜)。また室町末期の『大草家料理書』では「同南ばん焼は。油にてあぐる也。油は胡麻またはぶたの油であぐる也」とヨーロッパ風の料理が我が国でも行われるようになった事を記している。フロイスは以上のほか天正一三年(一五八五)に当時の日本の風俗とヨーロッパの風俗とを比較した『ヨーロッパ文化と日本文化』をまとめている。馬に関する条項を除き(→519、520頁)、その一部をあげると、「六—二四ヨーロッパ人は牝鶏や鶉、パイ、ブラモンジュなどを好む。日本人は野犬や鶴、大猿、猫、生の海藻などをよろこぶ」。「六—四二われわれの間では魚の腐敗した臓物は嫌悪すべきものになっている。日本人はそれを肴に用い、たいそう喜ぶ」。「九—一七われわれの間では真珠と小粒の真珠とは装身のためにつかう。日本では薬を作るために搗き砕くより外には使われない」。「一四—六われわれの間では人を殺すことは怖ろしいことであるが、牛や牝鶏または犬を殺すことは怖ろしいことではない。日本人は動物を殺すのを見ると仰天するが、人殺しは普通のことである」等とあり、日本文化とヨーロッパ文化の違いを克明に指摘している。この時代の我が国の風俗を知る上で極めて興味ある資料という事が出来よう。

(二) 東南アジア諸国その他からの動物の船載

室町末期の永禄九年(一五六六)安南国から唐《から》の頭《かしら》(ヤクウシの毛皮)を船載した船が三河国に漂着したのに続いて、『歴代鎮西要略』は「元亀三年(一五七二)大明船豊後臼杵浦に来る。乗せ来る所、猛虎、大象、孔雀、鸚鵡、麝香、及び絵讃、書籍、伽羅、猖々皮等、無量の珍宝也」と記している。ただし元亀三年とあるのは天正三年(一五七五)の誤りであり、大明船ではなくカンボジャ国王から豊後の大友宗麟への贈り物であったとされている。天正一二年(一五八四)の『上井覚兼日記』は「南蛮犬、有馬殿より預り候」としているが、この犬がいつ船載されたのかは明らかでない。また一四年(一五八六)の『言経卿記』は大阪城に孔雀見物に出掛けた事を記し、一七年(一五八九)には秀吉から禁裏に孔雀が献上されているが(御湯殿)、これらの孔雀の船載年次も不明である。天正一九年(一五九一)閏一月八日、大友、大村、有馬等、吉利支丹大名によって天正一〇年(一五八二)にローマ法王の下に派遣された遣王使節四名が、ヴァリニヤーノに伴われて秀吉に謁見し、インド副王からの贈り物としてアラビア馬一頭を贈呈している。この時の模様はフロイスの『日本史』に詳しく記載されているばかりでなく、『時慶卿記』、『兼見卿記』にも取り上げられている。

文禄元年(一五九二)秀吉が長崎、京都、堺の商人等に海外渡航の朱印状を与えた事によって(長崎志)、日本人の東南アジア諸国への渡航が始まり、文禄三年(一五九四)七月には堺の納(菜)屋助左衛門がルソンから帰国して生きた麝香(ジャコウネコ)二疋ほかを秀吉に進呈している(太閤記)。この年(一五九四)にはフィリピン長官からも水牛二頭、猟犬二頭、麝香猫五頭が贈られている(鹿苑日録)。慶長元年(一五九六)九月一日には明の皇帝から孔雀、麝香(ジャコウネコ)、白象、黒象、馬、唐犬が献ぜられ(太閤記)、同月八日には土佐国浦戸の湊から一八里沖に大船が避難して来ている。この船について『天正事録』は「南蛮より延須蛮《のびすばん》と云国へ通船也。(中略)船中之れ有る道具。生きたる麝香一疋、麝香入る、為の箱、二人持、数三つ。生きたる猿七つ。輔車《つらがまえ》黒くして、尾長く、鼠の尾の如き也。鸚鵡鳥。豚。野牛之れ有り」と記している。ただし『太閤記』は積み荷を「活麝香十、猿十五、鸚鵡二」としている。翌二年(一五九七)七月二四日の『鹿苑日録』は「呂宋国より使僧有り。黒象一隻并びに銀盤・銀椀等進獻」としているが、上記の明の皇帝から贈られた象もこの年に船載されたものと思われる(異国往復書翰集)。この象については『当代記』、『孝亮宿祢《たかすけすくね》日次記』に記事が見られるほか、『日本王国記』は秀吉がこの象を見物した際の様子を詳しく記している。『鹿苑日録』はまた同年(一

図23　象の船載(神戸市立博物館蔵「南蛮屏風」)

五九七)八月四日に「大泥国より使者有り。エンブ鳥一疋・インコ一雙等を進上也」と記している。大泥国はバタンの事であるが、エンブ鳥は何鳥か不明である。慶長三年(一五九八)島津義弘は朝鮮からの引揚げに当って、ウシウマ五頭を舶載し種子島で飼育している。このウシウマはその後繁殖を続け、昭和六年(一九三一)には天然記念物に指定されたが、同二二年(一九四七)に絶滅している。慶長六年(一六〇一)には安南国から孔雀の子五羽が贈られ(通航一覧)、七年(一六〇二)には交趾から徳川家康に生虎一匹(『時慶卿記』による と豹)、象一匹、孔雀二羽が贈られているが(当代記)、家康はこのうち虎と象を秀頼に贈っている(関ヶ原軍記、時慶卿記)。

(三) 動物に関するその他の出来事

室町末期の弘治二年(一五五六)一一月二八日の『言継卿記』は「太守より鵠一を送らる。鉄砲の鳥。昨晩遠州より到来と」と記し、翌三年(一五五七)一月九日にも「松平和泉守、今日鉄砲四張にて出で、鶴一、雁十二他を射つと云々」と記している。狩猟に鉄砲が使用されるようになった事を示す最初の記事ではあるまいか。鉄砲が種子島に伝来したのが天文一二年(一五四三)、実戦に使用されたのは天文二二年(一五五三)の薩摩国の戦争が最初とされているので、それから僅か三年しか経過していない。次に鉄砲が狩猟に用いられた記事は、天正一八年(一五九〇)の『家忠日記』に見られ、同年九月九日の日記に「雁を鉄ぽうにてうち候者、からめて江戸へつかはし候」とあり、九月一二日、二〇日には「鉄砲にて雁うち候者、はりつけにあげ候」と記している。また文禄二年(一五九三)の『寛永諸家系図傳』には「亀井武蔵守、鉄砲を放ち虎を打ちたをし、名護屋に献ず」とあるが、これは文禄の役の陣中での出来事で、有名な加藤清正の虎退治も『常山紀談』によると鉄砲で打ち殺した事になっている。以後急速に狩猟に鉄砲が用いられるようになり、鷹狩を好んだ家康も『当代記』によると、慶長一五年(一六一〇)一〇月一五日に「大御所清水より善徳寺へ至り給ふ。路次にて菱食を鉄砲にて打たる」と記している。

永禄一二年(一五六九)の『言継卿記』は「禁裏より鯨三切拝領す。ただし路次に於て一切鵄之れを取る」と記しているが、室町末期からこの時代にかけて、鯨に関する記事が頻繁に見られるようになる。これは伊勢湾で捕鯨技術が確立した事を示すもので、詳しい経過は『鯨史稿』に記されている(→539頁)。織田信長は無類の鷹好きとして知られているが、天正五年(一五七七)五月七日の『多聞院日記』は「猫、鶏、安土より取りに来るとて隠し了んぬ。鷹の餌の用と云々」と記し、同七年（一五七九）七月二一日にも「奈良へ安土より鷹の餌として犬取りに来り了んぬ」と記している。これは信長の下に各地の大名から贈られて来た鷹の餌にされたもので、天正二年（一五七四）に信長が上杉謙信に贈った「洛中洛外屏風」にはその模様が描かれている（図24）。このほか天正九年（一五八一）二月二八日には信長によって馬揃《うまぞろい》が催され、

図24　犬取り（上杉本「洛中洛外屛風」）

『多聞院日記』は「今日京都に於て馬揃之れ有りと云々、諸国の見物衆数多く上る、奈良中よりも事々敷上る、見事さ先代未聞、未来得可からずと云々」と記している。この日の模様は『当代記』にも詳しく記されており、『常山紀談』によると、山内一豊の妻が持参金十両をはたいて、東国一の名馬を購入したのはこの時の事とされている。

　この時期に出版された書物は少ないが、横田家本『鳥類図巻』は図巻中に天文九年（一五四〇）、一一年（一五四二）天正四年（一五七六）等の注記があり、恐らくこの頃に作成されたものと見られている。図巻中には三一種の鳥類、三匹の蝶、それに鼬と昆虫各一種が描かれているが、そのすべてが実在するものとは限らず、同定不能なものも含まれている。また実物に即して写生したと思われるものはむしろ少数で、多くは模写と見られている。描かれている鳥類の大半は我が国在来のものであるが、インコ、想思鳥、黄鶯鳥、錦鶏、鵜鳥（図233）など外来種も含まれている。

第七章　近世

歴史学者の間では、近世の出発点を安土・桃山時代とする意見が支配的であるが、博物学的な見地からすると、以後の我が国の生物学に画期的な影響をもたらした中国の本草書、『本草綱目』の舶載時期を転期ととらえた方がより合理的である。従ってここでは徳川家康が藩幕体制を整えた江戸時代以降を近世として取り扱う事とする。またその江戸時代を、初代家康から四代家綱までの約八〇年間を前期、五代綱吉から九代家重までの八〇年間を中期、一〇代家治から一一代家斉の初期一八〇〇年までの約四〇年間を後期、以後幕府崩壊までの約七〇年間を末期と四期に区分して記す事とする。

一、江戸時代前期

(一)『本草綱目』の渡来

家康が将軍職を秀忠に譲り駿府（静岡）に隠退して二年後、慶長一二年(一六〇七)四月、家康の命を受けて長崎に赴いた林道春は、新たに舶載された李時珍の『本草綱目』を入手して家康に提出している。『本草綱目』は薬種となる天産物を水、火、土、金石、草、穀、菜、果、木、服器、虫、鱗、介、禽、獣、人の一六部に分類し、さらにこのうち動物に関する虫部を卵生類上二三種、卵生類下二二種、化生類三一種、湿生類二三種の四類に、鱗部を龍類九種、蛇類一七種、魚類三一種、無鱗魚類二八種の四類に、介部を亀鼈類一七種、蚌蛤類二九種の二類に、禽部を水禽類二三種、原禽類二三種、林禽類一七種、山禽類一一種の四類に、獣部を畜類二八種、獣類三八種、鼠類一二種、寓類・怪類八種に細分し、各部の付録を含めて六部一九類、四四六種についてその釋名、集解、修治、気味、主治、発明、附方に分けて記載している。上記の分類法は一応「賤より貴に至る」現在の自然分類法に則っているが、細部については人為分類法が随所に取り入れられている。しかし江戸時代の学者に与えた影響は絶大なもので、一部のものを除くとほとんどすべての学者がこの分類法を踏襲している。

林道春は単にこの『本草綱目』を発見・献上したばかりでなく、慶長一七年(一六一二)には記載されている薬品名に和名を附した『多識篇』を著し、寛文六年(一六六六)には綱目の序文の難解な個所に註を加えた『本草綱目序註』を著し、

『本草綱目』の理解を助けるために力を注いでいる。家康は本草学を好み、一時期『本草綱目』を坐右の書の一つとしていたともいわれているが、慶長一五年（一六一〇）には松前伊豆守に命じて、松前産の膃肭臍を取り寄せている。膃肭臍は『本草綱目』によると「腎精衰損を治す」とあり、幕末の近藤守重は『右文故事』の中で「東見記に道春の口語を記して謂。源大相国家康公八ノ字と云補腎の丸薬あり。是は医林集要の内に無比薬圓と云あり、守重按に、虚損門に無比山薬圓とあり、十二味なり。是に膃肭臍を加へたるもの也」と記し、家康が膃肭臍の丸薬を愛用していた事を記している。

(二) 江戸時代前期の鷹狩及びその他の動物に関する出来事

家康は幼少の頃から鷹狩を好み、鶻を合わせて鷹狩の稽古を行ったといい伝えられており（武徳編年集成）、関東移封前後の模様は『家忠日記』に詳しく記されている。しかし彼が最も鷹狩を楽しんだのは将軍職を秀忠に譲ってからで、毎年のように年に何度か武蔵、相模、駿河の各国で長期間にわたる泊り狩を行い、その際の逸話は『徳川実紀』、『事蹟合考』、『落穂集』等に記されている。二代将軍秀忠もしばしば同様の泊り狩を行っているが、次の家光の代になると次第に日帰りの鷹狩が多くなる。これは政務が繁多になり、将軍が城を長期間にわたって不在にする事が難しくなったためであろう。寛永五年（一六二八）には鷹場の法度が令せられ（東武実録）、一〇年（一六三三）には尾張、紀伊、水戸の御三家に放鷹の地が与えられている。なおこれより以前、寛永四年（一六二七）には公家法度により朝廷関係者の鷹狩が禁止されている。寛永七年（一六三〇）一一月二〇日の『徳川実紀』は

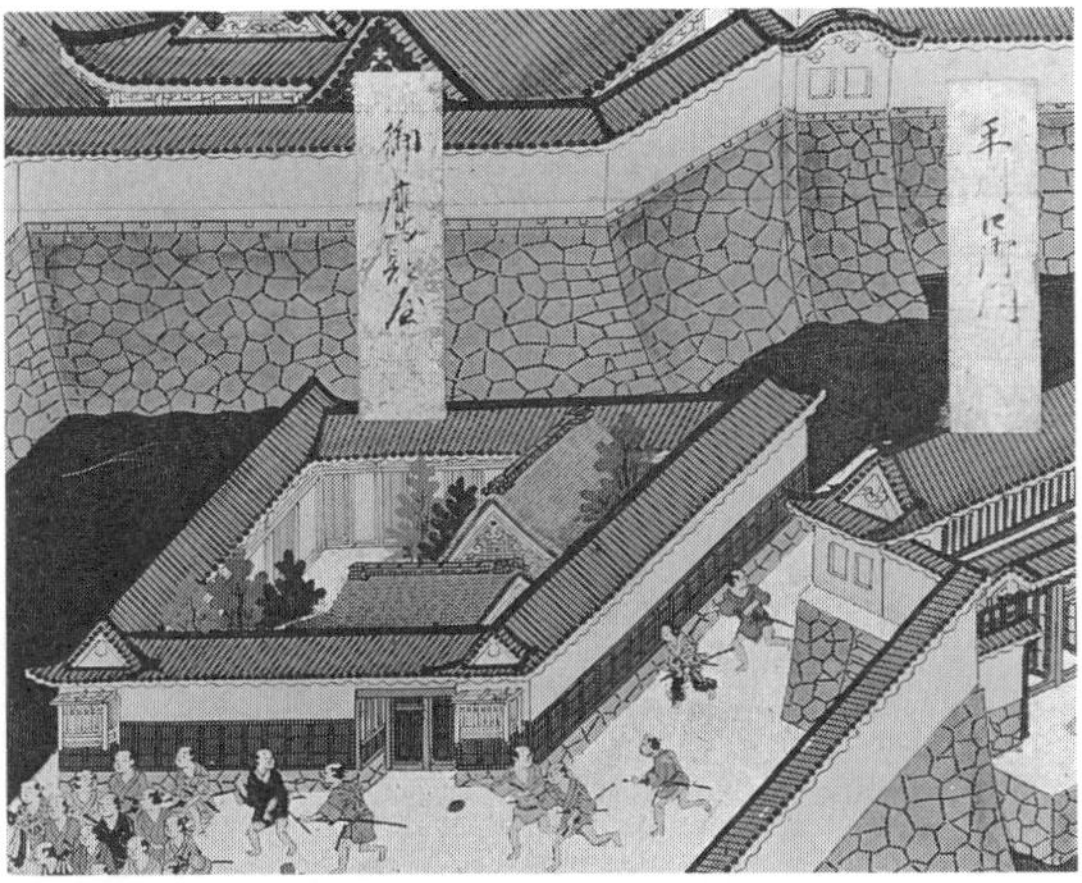

図25　寛永時代の江戸城鷹部屋（国立歴史民俗博物館蔵「江戸図屏風」）

「大御所（秀忠）より大内に白鶴、院太后へ黒鶴一づつ進めらる」と記しているが、これは豊臣秀吉が禁裏に年末に鷹狩で得た鶴を献上した故事に習ったもので、宮中ではこの鶴を正月一七日の舞御覧の前に料理する事が恒例化し、これを鶴の庖丁と呼んでいる。以後この鶴の献上は徳川家の年中行事となり、年末にこの鶴を捕るための鷹狩が催され、これを鶴の御成りと呼んでいる。将軍家から鷹狩の獲物を贈られたのは宮中ばかりではなく、同じ寛永七年（一六三〇）五月一三日に「水邸に雲雀をつかはさる」とあるように、御三家及び譜代大名に夏は雲雀、冬から春にかけては水鳥（鶴、白鳥、菱喰、雁、鴨等）が贈られるのが恒例となる（官中秘策）。次の家綱は幼少で将軍職を継いだため、最初は鷹狩を行っていないが、明暦元年（一六五五）以降行われるようになり、その後次第に鷹狩の回数が増え、万治元年（一六五八）、三年（一六六〇）には狩場の制（寛保集成二一一九、二一二二）、寛文七年（一六六七）には餌差の制（令条三三二）が発令されている。

こうした鷹狩のほかに鹿、猪狩もしばしば催されており、慶長一〇年（一六〇五）九月、家康が関東下向の途次岐阜の稲葉山で鹿五五頭を捕ったのを始めとして、慶長一五年（一六一〇）には秀忠が三河国田原で大掛りな鹿狩を催し、鹿六三四頭、猪九六頭を仕留めている（当代記）。その後一七年（一六一二）には遠江国で、一九年（一六一四）には吉田で（駿府記）、元和四年（一六一八）には江戸の板橋でも鹿狩が催されている。家光の代に入っても寛永二年（一六二五）に牟礼野で鹿狩が行われ、将軍自ら銃、槍、刀で鹿を打ち殺し計四三頭を仕留めている。また一一年（一六三四）、一二年（一六三五）には板橋で鹿狩が行われ、一二年には鹿五百余頭を打ち取り、江戸府内の人々に下賜されている。以後一八年（一六四一）には戸田、正保元年（一六四四）には石神井、三年（一六四六）には千駄木で鹿・猪狩が催され、家綱も寛文四年（一六六四）、五年（一六六五）と高田で狩猟を催している。これらの狩の獲物を見ると、当時まだ江戸近郊に多くの野獣が生息していた事がわかる。

狩猟以外の動物に関する出来事として、慶長一六年（一六一一）に伝馬制が定められている。徳川幕府による伝馬制は慶長六年（一六〇一）に東海道を五三宿としたのに続いて、翌七年（一六〇二）正月には東海道、中仙道、日光ならび奥州街道、甲州街道、佐倉街道の五街道に馬継が置かれ、以後次第に整備されてゆく。慶長一六年（一六一一）には駄馬に積む荷物の重量及び運賃ほかが定められ（令条二四五）、明暦元年（一六五五）には馬夫の制が出されているが、これは江戸市中で馬夫が馬に乗る事を禁じたものである。また寛永二年（一六二五）一月五日の『御湯殿の上の日記』は「猿廻シ参る。姫宮の御方、御所々々御見物有り」と記している。猿廻しが宮中に参上した記事はこれより以前天正一四年（一五八六）二月一日に見られるが、一月五日と定められたのはこの頃以降の事で、正月以外では親王御誕生の時に限られている。元和二年（一六一六）一月一日の『徳川実紀』は歳首の酒宴の模様を詳しく記し、「又御盃を三家各給はり。忠直卿。利常。利隆は巡盃にて御銚子を納め。次に兎の吸物を奉り。着座の人々へも賜ふ云々」と記し、「この夕雅楽頭忠世。大炊頭利勝を御前にめされ。江城駿府年中諸節の礼儀いまだ全く備らず。よて昨年より会議して定らる、所の儀。今日より始め行はるれば。当家歴世の永式となすべきよし面命せらる」とある。徳川家の年頭の兎の吸物（羹）は以後恒例となり、幕末の北村季文の『幕朝年中行事歌合』にも「一番　左　兎羹」として取り上げられている。その由来について『塩尻』三〇は「或記に曰、永享七年十二月天野民部少輔遠幹、おのれの領内秋葉山に於て兎を狩獲、信州の林氏某に依て徳川殿に献ず。同八年正月三日、徳川殿謡初に彼兎を羹とし給へり。松平家歳首兎の御羹是より起ると云々」と記している。

以上のほかこの時代には斑替りの鳥が珍重され、寛永九年（一六三二）に白雲雀が献上されたのを始めとして、一六年（一六三九）白雀、黒雀、斑替りの鳩。一八年（一六四一）斑毛の鷺。二〇年（一六四三）斑毛の雁と白雉。正保元年（一六四四）白鴨。慶安二年（一六四九）斑毛の黒鶫、猟子、頬白、鵐、蒿雀、四十雀、鴨。三年（一六五〇）斑毛の鶴、鵐、鴨。四年（一六五一）斑毛の雉、白雀、白頬白。承応二年（一六五三）白雀。三年（一六五四）白鶉。明暦元年（一六五五）斑鴨、符替雁、鶉の毛替り。寛文三年（一六六三）斑毛の雁。五年（一六六五）斑毛の鶴。延宝元年（一六七三）斑毛の丹頂雛鶴等が献上されている。徳川幕府も四代将軍家綱の時代ともなると政権の基盤も安定し、一般庶民の生活にも驕《おごり》が生じて来たのであろう、寛文五年（一六六五）には魚鳥蔬菜の売り出し期日に制限が設けられ、「鱒、生椎茸は正月より四月まで。土筆、防風は二月より。相黒蕨、蓼、生姜三月より。鮎、鰹、根芋、筍、茄子、枇杷は四月より。楊梅、白瓜は五月より。甜瓜、大角豆は六月より。ほと鳴、林檎は七月。鶴、鮭、海参、柿、芽独《う》活《ど》、松縛、蒲萄、梨は八月より十一月まで。鴨、雉、鶫、密柑、九年母は九月より。鮟鱇、鱈、馬刀は十一月より。白魚は十二月より用べし。この外塩藏のものは格別たるべしとなり」といった御触が出されている。同様の法令は一〇年（一六七〇）（寛保集成二八九六）、一二年（一六七二）（正宝事録五〇五)にも出されている。なお食物に関連して、林道春の子、林鵞峯の日記『国史館日録』は寛文九年(一六六九)一二月一三日の日記で「水戸相公(綱条)牛肉一器を賜ふ。戌刻に及び春常と牛羹を喫す」と記し、同一九日には「晩炊春常と牛羹を喫す。水戸君賜ふ所の牛肉今七日に至って盡く」と牛肉の羹を食べた事を記している。林家は儒学を信奉した家柄であるから、孔子を祀る釈奠が行われており、獣肉食にも忌避を感じなかったのであろう。

(三) 東南アジア・オランダ船による動物の舶載

東南アジア諸国との交流は江戸初期にも継続して行われており、慶長八年(一六〇三)にはカンボジア国王から「獅角八、鹿皮三百枚、孔雀一隻」が、一〇年(一六〇五)にも二度にわたって「虎皮、蜂蠟」及び「鳥銃ならびに孔雀彩羽等」、一三年(一六〇八)には「孔雀二対、象牙一対ほか」が贈られているが、この孔雀は途中で死んでいる。一五年(一六一〇)にはカンボジアから象牙が贈られたほか、安南国王からも「象牙二、鸚鵡、孔雀、錦鶏各一」が献じられ、一七年(一六一二)にはシャムの商客が「段子、緋羅沙、鯨皮」を、朱印船によって安南に渡った角倉与一が「紅糸、沈香、薬種、斑猫《はんみょう》、葛上亭長《かつじょうていちょう》等」を献じている(駿府記)。斑猫は昆虫のハンミョウ、葛上亭長もおなじくマメハンミョウの事で、乾燥したものが薬種として用いられている。一九年(一六一四)にはカンボジアから虎の子二匹とインコが家康に贈られ(当代記)、孫の竹千代(家光)と国松丸とに分け与えられている(大三川志)。元和七年(一六二一)、九年(一六二三)にはシャム国王から武器及び白熊二〇頭が贈られている。シャムからの贈り物であるからこの白熊はホッキョクグマとは考えられず、恐らくヤクウシの毛皮の白熊《はくま》の事と思われるが、中国ではジャイアント・パンダのことを白熊と呼んでいるので、パンダであった可能性もある。このあと寛永四年(一六二七)多加佐呉(台湾)人により虎皮五枚と孔雀尾二〇、六年(一六二九)シャムから象牙五他と続き、寛永九年(一六三二)七月二八日には朱印船が帰って「活鶴と唐犬」を、九月九日には長崎奉行から「鸚哥九羽、孔雀一羽、鶴一羽、毛長猫一、麝香猫一、小人国の狻猊一」、九月一六日には松浦肥前守から「鸚哥と猿猴」が献じられている。しかし一一年(一六三四)の阿媽港人の「赤熊皮、麝香」を最後に、日本人の海外渡航が禁じられ、我が国は鎖国時代に入る。

一方、ヨーロッパ諸国との交流は慶長一四年(一六〇九)、幕府から通商を許可されたオランダが平戸に商館を開き、一六年(一六一一)にはイスパニアの使節ピスカイノが緬羊ほかを献じて貿易の許可を求めている（ピスカイノ金銀島探検報告）。一七年（一六一二）オランダから秦吉了《さるか》（キュウカンチョウ）、駄鳥が献じられ、一八年（一六一三）にはイギリス船が平戸に入港し、通商の許可を得て商館を開き（セーリス日本渡航記）、元和二年（一六一六）に平戸藩主とその弟に金魚を贈っている（平戸英国商館日記）。一九年（一六一四）にはオランダ船の船員ヤン・ヨーステンが駿府城を訪れ、虎の子二匹を献じている（駿府記）。しかしこの頃から幕府のキリシタン弾圧が始まり、元和二年（一六一六）にはオランダ、イギリスの自由貿易権が廃棄され、イギリスは九年（一六二三）に商館を閉鎖して日本から撤退している。寛永五年（一六二八）には台湾におけるオランダ商館と日本人商人との紛争により、平戸のオランダ商館も貿易を停止させられたが、寛永九年（一六三二）には解決して翌一〇年（一六三三）からオランダ商館長の江戸参府が開始される。

平戸藩主の松浦隆信は寛永一〇年（一六三三）にオランダの東印度会社の総督に動物の舶載を依頼し、一二年（一六三五）には通詞を通じて「生きている動物が船で到着したら、贈り物として、私に送る様、長崎奉行に言い渡される筈である」と商館に申し入れ、一三年（一六三六）にも同様の趣旨の手紙を出して（平戸オランダ商館の日記）、オランダ船の舶載した動物の独占をはかっている。これは幕府への贈り物を確保するためと思われるが、オランダ商館長もこれにならって、江戸参府の際の献上品に珍しい動物が選ばれるようになる。寛永一〇年（一六三三）の最初の参府では麝香二斤が、翌一一年（一六三四）には珊瑚樹、一五年（一六三八）雉子、ペルシャ馬、一六年（一六三九）かるこん鳥（シチメンチョウ）と犬二匹、一八年（一六四一）には金鶏、斑毛鶏、ぱるしや鳥、紅白いんこ、鶴などが贈られている。このほか松浦隆信や長崎奉行が幕府に献上した動物に、寛永一〇年（一六三三）長崎奉行から雀六、いんこ三、猿一頭。一二年（一六三五）松浦肥前守からいんこ、かしはり（ヒクイドリ）。一四年（一六三七）にも松浦侯から犬、雉、鸚哥、鳩。長崎奉行から栗鼠。一七年（一六四〇）松浦侯から雉などがある。このほか一四年（一六三七）にはポルトガル船が白毛の鼠二匹を、一七年（一六四〇）にはオランダ船が白兎二匹を舶載し、この年オランダ総督は平戸侯にペルシャ馬を贈っている（平戸オランダ商館の日記）。この間に幕府の鎖国政策が進められ、寛永一六年（一六三九）にはポルトガル船の来航が禁止され、一八年（一六四一）には平戸のオランダ商館が長崎の出島に移転させられている。鎖国政策の第一の目的はいうまでもなくキリスト教の弾圧にあるが、そのほかに家畜、主として牛肉の肉食を禁止

図26　動物の舶載（南蛮文化館蔵「南蛮屏風」）

する事も目的の一つとされ、一七年（一六四〇）には平戸商館での牛の屠殺が禁止され（平戸オランダ商館の日記）、江戸ではキリスト教徒九名が牛肉を食べた事を理由に梟首に掛けられている（玉滴隠見）。

幕府による鎖国政策が完了した寛永一六年（一六三九）以降、我が国の外国との接触は朝鮮、中国、オランダの三国だけに限られる事になる。朝鮮との国交は秀吉の朝鮮出兵により一時途絶していたが、慶長一二年（一六〇七）秀忠の将軍就任に際して使節が来訪し、以後将軍の代替りの度に我が国を訪れることが恒例となる。その際には朝鮮国王からの贈り物として、鷹狩用の鷹と虎皮、豹皮等が贈られている。中国はこの時期、ちょうど明《みん》から清《しん》への移行期に当っているが、常時百隻前後の唐船が長崎に入港し、生糸、絹織物その他の商品を舶載している。そのほかそうした主要商品とは別に、乗組員が愛玩用に持ち込んだ鳥獣も数多く長崎に入って来るようになる（唐通事会所日録）。正保元年（一六四四）の『徳川実紀』に「尾邸より唐犬を献ぜらる」とある唐犬もそうした方法によって持ち込まれたものと思われるが、正保二年（一六四五）の『長崎オランダ商館の日記』には「支那人がジャンク七十六隻で日本の正月即ち我が一月二十八日以降、長崎市場に出した品名とその売渡し価格表を今日受取った」として「鷺、孔雀、鳩、いんこ、その他生鳥類一〇三羽七〇〇グル」と記しているので、商品としても舶載されるようになったものと思われる。明暦元年（一六五五）の『寛明日記』は「唐船、長崎へ猿二十四、虎皮、鹿皮、麝香、柄鮫等を舶載す」とし、二年（一六五六）には咬𠺕船によって麝香鼠が持ち込まれている（長崎略史）。

しかし何といってもこの時期に世界各国と広いつながりを

持っていたのはオランダで、正保元年（一六四四）には将軍及び若君に珊瑚樹及び黒鳥羽が献ぜられ、翌二年（一六四五）には紀州侯へ象の脂肪、肝臓、犀の肝臓などが贈られている（長崎商館の日記）。三年（一六四六）には『徳川実紀』によると「ゐんこ鳥、かちはり鳥（ヒクイドリ）」が献上されているが、『長崎オランダ商館の日記』によると「先頭は黒びろうどを被せた駱駝二頭で、くつわと手綱は二人が持ち、次にカズワル鳥を一羽入れた木製の鳥篭を六人で、また白おうむ二羽を入れて天井と側面とを銅の網で張った鳥篭を二人で担ぎ、云々」とあるので、この年には駱駝二頭も献上されたものと思われる。この駱駝であろう、翌四年（一六四七）に松平万千代、三左衛門に各一頭ずつが下賜されている。四年（一六四七）にはこのほか博多藩主が白鹿を、四国の松平隠岐守が鸚鵡をオランダ商館から購入し（長崎オランダ商館の日記）将軍に献上している。また慶安元年（一六四八）には紀州侯が水牛二頭を購入し（同上）、三年（一六五〇）には飲児鳥《いんこ》、四年（一六五一）にもゐんこ一隻、風鳥五隻、珊瑚珠十顆などが商館長から将軍に献上され、紀州藩主はタイオワンの猟犬二頭を購入している（同上）。承応二年（一六五三）の商館長の献上品の中に一角《いっかく》一本が含まれているが、これは後にウニコールと呼ばれるイッカククジラの牙で、江戸時代には我が国で不老長寿の薬として珍重されたものである。

承応三年（一六五四）には鍋島信濃守からへき鳥と金武鳩が献上され、尾張公から純白の猿と黒斑猿各一頭、大目付井上筑後守から虎の胆汁などが注文され、藤堂大学頭へはカズワリ鳥（ヒクイドリ）二羽、カルカいんこ二羽、りす三匹、加賀の殿様へはいんこ二羽が届けられている（同上）。明暦三年（一六五七）の参府の際には石割鳥（ヒクイドリ）一隻、翌万治元年（一六五八）には大鳥（ダチョウ）と羽珊瑚、二年（一六五九）には独角（イッカククジラ牙）一、犀角一、べんがら牛二頭、三年（一六六〇）には長崎奉行から驢馬と秦吉了（キュウカンチョウ）が献上されているが、これは唐船によって舶載されたものかも知れない。寛文二年（一六六二）に松平大隅守から献上された鸚鵡、音呼もその出所は不明である。三年（一六六三）の商館長の参府の際には本草書一冊が献上されているが、これはヨンストンの「四足獣・魚・鯨・水棲動物・鳥・屈曲動物・蛇類の自然誌」と呼ばれる書物の蘭訳本で、後に一部が『阿蘭陀禽獣虫魚図和解』として翻訳されている。五年（一六六五）には玳瑁台二、白鳥一、六年（一六六六）には藤堂大学頭から山豚と石割九官鳥が献上されているが、これは恐らくオランダ船によって舶載されたものであろう。七年（一六六七）の参府ではへいとろほろこ（酢答）

が献上され、唐船によって水戸光圀の注文した猿三疋、麝香猫三疋ほかが舶載されている（唐通事日録）。この年松平右衛佐から将軍に献上された小人島の鹿（キョン?・）、唐鳥一隻も唐船によって舶載されたものであろう。八年（一六六八）には再び独角一本が献上されているが、同年（一六六八）三月には薬種にならない唐木、珊瑚珠、生類などの輸入が禁止され（寛保集成一九六五）、しばらく動物舶載の記事は見られなくなる。しかし延宝二年（一六七四）には背の高い馬が、翌三年（一六七五）には嶋毛の馬が舶載されている（長崎実録）。この嶋毛の馬について『承寛襍録』、『玉露叢』は驢馬あるいは毛替りの驢馬としているが、『長崎略史』は縞馬とし、『本朝食鑑』も「近代阿蘭陀献ずるに、遍体黒白虎斑の馬あり、云々」としているので、シマウマと見て間違いあるまい。翌四年（一六七六）の参府の際にこの馬二疋が献上され、六年（一六七八）には風鳥三隻ほかが献じられている。

（四）江戸時代前期の書物に見られる動物

寛永六年（一六二九）に曲直瀬《まなせ》道三の『宜禁本草』が出版されている。ただし道三は文禄三年（一五九四）に歿しているので、本書が執筆されたのは安土・桃山時代の事である。宜禁とは食餌療法の事で、食物によって医療効果を高める事を目的としたもので、中国の食物本草の流れをくむものである。本書に取り上げられている動物は獣類一九、諸禽類二九、虫魚類五〇の九八種で、ほかに名称だけをあげているものに獣類一五、諸禽類二七、虫魚類一〇三種がある。『本草綱目』の舶載以前に執筆されたものであるから、その分類法は従来の禽獣、虫魚の分類が採用されている。こうした食物本草に属する著書にはこの後寛文一一年（一六七一）に名古屋玄医の『閲甫食物本草』があり、同書には魚六五種、介一六種、禽二二種、獣二〇種の計一二三種が取り上げられている。またこの頃すでに原稿が完成していたと見られるものに向井玄《げん》升《しょう》の『庖厨備用倭名本草』がある。この本が出版されたのは貞享元年（一六八四）の事であるが、これには魚八八種、介三四種、禽五三種、獣二三種と計一九八種類の動物が取り上げられており、随所に元升の経験にもとづく解説が加えられている。一方こうした食物の医療効果を記したものとは別に、当時食用に供されていた動物名をあげたものに、寛永二〇年（一六四三）の『料理物語』がある。同書は海の魚之部、川いを（魚）之部、鳥之部、獣之部の四つに動物を大別し、それぞれの動物の調理法を記している。海の魚之部の中には鯨、蛸、鮑、海鼠、水母などが、川魚之部には亀、山椒魚などが含まれているが、現在の分類法によると哺乳類九種、鳥類一七種、爬虫類二種、両性類一種、魚類五九種、軟体動物二四種、その他八種の計一二〇種にのぼり、哺乳類の中には犬、獺、熊なども取り上げられている。

こうした食物関係の書物とは別に、正保二年(一六四五)に松江重頼の『毛吹草』が編纂されている。これは俳諧の方式を記した書物であるが、その第四巻の諸国の古今の名物の中には、料理書で取り上げられている食品ばかりでなく、動物性の製品についてもその名産地があげられている。次いで寛文六年(一六六六)に中村惕斎の『訓蒙図彙』が出版されている。『訓蒙図彙』は我が国最初の百科図鑑で、動物関係は巻一二畜獣六四項目、巻一三禽鳥七六項目、巻一四龍魚六四項目、巻一五虫介一〇八項目の四部三一二項目に上っている。すべてが動物の種名とは限らないので、動物種にすると三〇〇種ほどである。この中には架空の動物が相当数含まれているが、外来種も多く、獅子、犀、獏、虎、豹、麝、驢、駝、水牛、綿羊、霊猫、蝟鼠、孔翠、鸚鵡、錦鶏、綬鶏、火鶏、白鷴、鸜鵒などに図を付して解説が加えられている。これまでに舶載された記録のないものもあるので、恐らく中国書からの模写も含まれているものと思われる。外来動物の絵画はこれより以前安土・桃山時代から江戸初期にかけて制作された「南蛮屛風」の中にも見られ、象(図23)、虎、豹、水牛、山羊、豚、洋犬、孔雀(図26)、鸚鵡などが点景として描かれている。また寛永初期から中期の間に制作されたと見られる「四条河原遊楽図」にはヤマアラシの見世物の有様が描かれており(図27)、江戸初期にヤマアラシが舶載された事を物語っている。慶安三年(一六五〇)一二月二六日の『徳川実紀』は「畫工狩野探幽をして、斑毛の鴨を写真せしむ」と記

図27　ヤマアラシの見世物(静嘉堂蔵「四条河原遊楽図屛風」)

している。狩野探幽（一六〇二―七四）は江戸幕府の御用絵師として数多くの作品を残しているが、そうした大作とは別に中国、日本の名作を縮写した「探幽縮図」と呼ばれる作品群があり、その中には動植物の写生図も含まれている。林道春の子、林鵞峯の撰になる探幽の碑誌の中に「珍禽奇獣、其所に在りと聞かば、則ち自ら往きて之れを写す」とあるように、探幽は当時舶載された多くの動物の写生図を残したと見られているが、大半のものは明暦三年（一六五七）の江戸大火の際に焼失し、現在残されているものの中には珍禽奇獣の絵は見当たらない。ただし尾形光琳の『鳥獣写生帖』の中に探幽の模写と見られるものが含まれている。

二、江戸時代中期

（一）生類憐み令

五代将軍綱吉の時代はほぼ元禄時代と重なり、元禄文化の謳歌された時代であるが、幕府のお膝元の江戸では彼の打ち出した生類憐み令によって悩まされた時代でもある。生類憐み令は、綱吉に嗣子がないのは前世に殺生を重ねた報いであるとして殺生を禁じ、彼の生れ年の干支である犬を愛護するようにすすめた僧隆光の進言によって始まったものと言われている。最初の憐み令は貞享二年（一六八五）七月の「御成被為遊《あそばされ》候御道筋え、犬猫出申候ても不苦候間、（中略）いぬねこつなき候事可為無用《むようたるべき》者也」（寛保集成七九二）であるとする意見が多いが、それより以前、彼が将軍職に就任した延宝八年（一六八〇）一二月にはすでに鷹狩に従事する鷹匠、鳥見などに移動が行われ、天和三年（一六八三）には長崎奉行に珍禽奇獣の購入が禁止されている（令条二〇八）。しかし憐み令が本格化するのは前記のように貞享二年以降の事で、同年八月六日には浅草寺の別当が門前の犬を殺した罪によって職を追われ、一二月二五日には鷹匠頭が、配下の同心が鶴を捕ったかどによって閉門に処せられている。翌三年（一六八六）六月には小姓の伊東淡路守が南部遠江守にお預になっているが、その理由として『御当代記』は、頬を刺した蚊を打ち殺したためと記している。四年（一六八七）一月には病気の生物を死なないうちに捨てた場合には厳しく咎められるとした『御当家令条』四七九、二月には「飼犬見えずとも、構なくそのまゝに差しおくべし」（正宝事録七一四）、「生魚之類貝類献上無用候」（令条四八一）、「為食物魚鳥生置候て商売仕儀、向後堅無用、鶴亀同前事」（令条四八二）といった法令が出され、三月にも「鶏しめころし売買可為無用事」といった一条を含む、生きた魚鳥の売買を禁止した『御当家令条』四八三が出されている。この年内にはほかに『御当家令条』四八四―四九〇、『正宝事録』七一六―七二三といった多くの法令が出されている。

以後宝永五年(一七〇八)までに出された法令は『徳川実紀』のほか、『御当家令条』(四九一―五一六)、『正宝事録』(七九〇―一一九八)、『御触書寛保集成』(一一六三―六四、一九八八)などに収録されているが、中でも有名なものに中野の犬小屋がある。元禄八年(一六九五)六月三日の『正宝事録』八二二に「町中に有之人に荒き犬、今度四谷新囲江被遣候、就夫向後も人に荒き犬出来候は、、両番所江以書付早々可訴出者也」とあり、同年一〇月二九日の『徳川実紀』は「中野犬小屋落成により。そのあずかりを。大久保犬小屋支配(中略)に命ぜらる」と記している。大久保犬小屋とは先の四谷新囲の事で、この年中野に本格的な犬の収容施設が完成している。『徳川実紀』は一一月一三日の条で中野犬小屋について「中野犬小屋の地墻内十六万坪こたび落成により。府内市街の犬をつかはし。畜養せしめらる。不日に十万頭に及ぶといへり」と記しているが、『武蔵野歴史地理』によるとこの犬小屋は東西二つの囲から成り、東囲は四万坪、西囲は六万坪で、この中に犬部屋、犬餌飼部屋、日除所等が設けられている(図28)。犬部屋と犬餌飼部屋は一棟二五坪の柿《こけ》葺《ら》で、東囲に一一三棟、西囲に一七七棟が設けられ、日除所は一個所当たり七坪の笘葺で東囲に一一六個所、西囲に一七九個所作られている。この他に役人たちの役宅があり、その総面積は一六万坪に達したと言われている。こうした犬小屋の運営資金は江戸市中の町人に割り当てられている(正宝事録)。

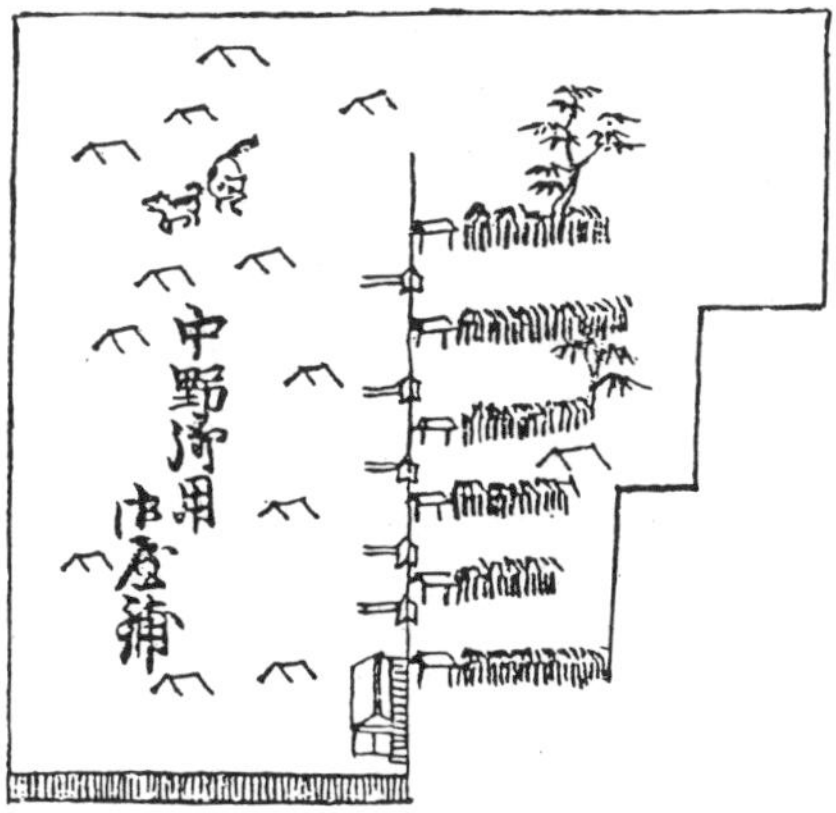

図28　中野犬小屋(元禄九年江戸大地図)

生類憐み令は江戸以外の幕府直轄領の京都、大阪、長崎等でも出されているが、それらは『京都町触集成』、『大阪市史』、『唐通事会所日録』などに収録されている。こうした一連の生類憐み令で取り上げられた動物は、獣類では犬を始めとして牛、馬、猫、鼠、猪、兎、狼、熊、猿、鹿、膃肭臍など、鳥類では家鴨、鵜、鴨、烏、鴻、鷹、燕、鶴、鳶、鶏、鳩、雲雀、鷲などがあり、ほかに亀、蛇、いもり、鰻、金魚、鯔、蚊、松虫、海老、貝類にまで及んでいる。こうした生類憐み令は綱吉の歿後、宝永六年（一七〇九）一月にすべて解除されている。

（二）ケンペルの来日

生類憐み令が施行されている最中の元禄三年（一六九〇）八月（西暦九月二六日）、ドイツ人医師ケンペルが長崎出島のオランダ商館の医師として来日している。ケンペルは博物学にも造詣が深く、その旅行記は「廻国奇観」として一七一二年に出版されているが、日本の事情を広く海外に紹介する上で大きな貢献をしたのは彼の歿後に出版された『日本誌』である。その蘭訳本は安永七年（一七七八）には我が国にも舶載されており（帰山録）、享和元年（一八〇一）にはその一部が志筑忠雄（中野柳圃）によって「鎖国論」として翻訳されている。またその中の商館長に随行して将軍に拝謁するための旅行記は『江戸参府旅行日記』として訳出され、全訳も出版されている。それによると我が国の動物は第一〇章に「日本の鳥獣、爬虫類、昆虫類」、第一一章に「魚介類」として取り上げられ、それらの挿絵の一部には中村惕斎の『訓蒙図彙』が利用されている。犬の解説には「犬は、現在の幕府将軍の御時世下にこれまでになく殖えた。飼主のない野良犬どもが、往来をうろつき廻り、通行人の妨げになること夥しい。野良犬がうろついていると、町内の者はこれを保護し、餌を与えてやらねばならず、もし犬が病気に罹れば、各町内に設けてある犬小屋に収容して看病し、死ねば死骸を山へ運び、人間を埋葬するように埋めてやることになっている」とこの時代の特殊な状況を適確に記している。取り上げられている動物には珍しいものは見られないが、鶚鮓《みさごずし》や『玉虫の草紙』

図29　長崎出島の図（ケンペル『日本誌』）

の物語など、日本古来の話も紹介されており、鯨については当時の捕鯨術から鯨の種類、竜涎香等について記している。また河豚の料理法やその毒にまつわる話、鰌の養殖法についてもふれている。唯一の珍しい動物は縞蟹（タカアシガニ）で、後にシーボルトが『日本動物誌』を出版する際には、デ・ハーンによって学名にケンペリーの名が採用されている。ケンペルは二年間の滞在中に二度江戸参府旅行を行い、元禄五年（一六九二）に日本を去ったが、彼の前記の著書は初めて我が国の文物をヨーロッパに紹介した点で高く評価されている。

（三）唐・蘭船による動物の船載その他

珍禽奇獣の日本への持ち込みは、天和三年（一六八三）にほかの贅沢品と共に禁止されたが（令条二〇八）、生類憐み令の施行されている末期、宝永四年（一七〇七）八月に長崎の立山、西岡両奉行所から「向後西（または立山）御掛り船より持渡申候鳥獣の類、念を入、縦え構え入候共慥に申付置、万一落申候とても早速に申上、御吟味被成候間、左様に相心得居申候様に被仰付候」と鳥獣が舶載された際には届け出るように申し渡されている（唐通事会所日録）。これを受けて八月一四日には孔雀二羽、一〇月一六日にはインコ一羽が死んだ事が報告され、九月二七日には孔雀が荷揚げされている（同上）。続いて翌五年（一七〇八）五月に錦鶏三羽と竹鶏（コジュケイ）一羽、八月に孔雀一羽。六年（一七〇九）三月告天鳥一羽、いんこ鳥、ぐわび鳥、金雀鳥（カナリア）各一羽、一一月相思鳥二羽。七年（一七一〇）錦鶏七羽、喜雀一羽、鷺二羽、孔雀二羽、青鸚哥二羽、畫眉鳥一羽、八哥鳥一羽、相思鳥二羽。正徳三年（一七一三）鳥類色々。五年（一七一五）には斑鳩二羽が舶載されている（同上）。正徳三年（一七一三）六月二二日の『唐通事会所日録』に「例年大小通事鳥役被仰付候へ共、当年は御用之鳥とては無之候に付、云々」とあるように、これらの鳥の多くのものは幕府からの注文によるもので、当時長崎奉行所の大小通詞の中には、そうした鳥類を扱う鳥役が置かれていた。正徳三年（一七一三）は将軍家宣の服喪中のため鳥類の注文がなかったものと思われる。ただし舶載された鳥獣のうち一部のものは民間にも流れ、享保二年（一七一七）七月の『月堂見聞集《げつどうけんもんしゅう》』は「四条河原にて、孔雀、鸚鵡、錦鶏、音呼鳥等の見世物あり。近年久敷生類の見世物御制禁の所、当年に至て御赦免故之れを記す」と記している。

八代将軍吉宗は武芸の再興に力を注いだが、その一環として馬匹《ばひつ》の改良を試み、享保三年（一七一八）に南京船の船頭に命じた唐馬二頭が五年（一七二〇）に舶載されたのを始めとして、八年(一七二三)にも牡一、牝二が舶載され(長崎実録)、九年(一七二四)には馬医書が(泰平年表)、一二年(一七二七)には騎手二名、馬医一名が来日している(長崎実録)。この間、享保八年(一七二三)にはオランダ商館にも馬の舶載が命ぜられ、それに応じて一〇年(一七二五)に五頭の馬とドイツ人馬術士ケイズルが来日している(長崎実録)。以後一一年(一七二六)五頭、一二年(一七二七)二頭、一四年(一七二九)二頭、一五年(一七三〇)二頭、一九年(一七三四)六頭、元文元年(一七三六)三頭、二年(一七三七)二頭と合計二七頭のペルシャ馬が舶載されている。これらの馬は主として幕府直轄の峯岡牧に配属されて種馬として用いられたほか、一部のものは馬産地である南部の馬牧にも下賜されている(南部馬改良由来調)。このほか吉宗は犬の輸入も行っており、享保二年(一七一七)にオランダ船により猟犬二頭が舶載されたのを始めとして、三年(一七一八)、六年(一七二一)、七年(一七二二)と猟犬を注文し(長崎洋学史)、それに応じて一〇年(一七二五)、一一年(一七二六)(通航一覧)、一三年(一七二八)(月堂見聞集)、一四年(一七二九)(通航一覧)、元文二年(一七三七)と中国あるいはオランダから猟犬がもたらされている。これらの犬は猪・鹿狩に用いられ、享保一八年(一七三三)には雑司ヶ谷に犬部屋を設けて収容したが(御府内場末沿革図書)、吉宗の歿後宝暦元年(一七五一)に廃止されている。

吉宗が輸入したものとしては馬、犬以外に享保三年(一七一八)に火食鶏二羽を注文し、五年(一七二〇)に舶載されたが、うち一羽は死んでいる(長崎洋学史)。一〇年(一七二五)には上記のように馬術士ケイズルと一緒に馬五頭が舶載されたが、そのほかに孔雀二羽、鷲二羽、青いんこ一羽、紅いんこ一羽、紅雀四羽、文鳥七羽、狆一疋、中犬二匹、狩犬之子一匹が舶載されている(通航一覧)。一一年(一七二六)には前年に注文した麝香猫二匹が舶載されたが、うち一頭は航海中に死亡している(同上)。このほかこの年八月には東京船に象の舶載が命じられている(通航一覧)。一二年(一七二七)には黒毛鶏五羽が舶載されたほか、二月二一日に隅田村の御前裁場に恐らく前年(一七二六)に舶載された麝香猫(むすくりあーとかつと)が放されている(御場御用留、長崎洋学史)。この年にはほかに竹鶏(コジュケイ)(外国産鳥之図)と黒鱧魚(ライギョ)とが取り寄せられている(享保通鑑、随観写真)。一三年(一七二八)六月には先に注文した牡牝二頭の象が広南船によって舶載されたが、牝象は九月に長崎で死んでいる(長崎実録)。そのほかこの年には再び麝香猫二匹が舶載されている(通航一覧)。享保一三年(一七二八)三月の『月堂見聞集』は「江戸へ献上の白牛長崎より大阪へ着船、惣身を段子縮緬にて包む」と記している。この時の白牛がどのようなものであったのか、ほかの史料に見当たらないが、恐らくオランダから舶載された乳牛ではなかったかとされている(日本畜産史)。これらの白牛は安房国峯岡で飼育され、後にその牛乳から白牛酪が製造されている。享保一四年(一七二九)には犬、馬のほかに孔雀二羽、麝香猫四疋が舶載され(長崎洋学史)、先の牡象一頭が三月一三日に長崎を出発して大阪、京都を経て五月二五日に江戸に到着している(通航一覧)(図30)。一五年(一七三〇)には甘蔗鳥(サトウチョウ)一羽が献上され、一七年(一七三二)には唐船によって尾長雉子三羽が舶載されている(外国産鳥之図)。一九年(一七三四)には蘭船により虎一頭(長崎略史)、二〇年(一七三五)には商館長から求歓鳥、長崎奉行から鵪胡、瑤禽(ミヤマカケス)、八哥鳥、狆犬などが献上され(承寛襍録)、唐船により蠟嘴鳥(イカル)、想思鳥各一羽が舶載されている(外国産鳥之図)。

上に引用した『外国産鳥之図』は唐・蘭船によって舶載された鳥類の図巻であるが、舶載年が干支で記載されているため、正確な舶載年を確定することの出来ないものが多数含まれている。ただし年号の記されているものに、享保一二年(一七二七)、一七年(一七三二)、寛保二年(一七四二)の三点がある事から、一八世紀前半に舶載されたものと見て間違いあるまい。以下それらの鳥名と、舶載年の干支とをあげると、紅音呼(卯)、音呼(申)、青鶏(巳)、金鳩(甲)、三呼鳥(ミカドバト)(未)、山鵲(?)、百霊鳥(コウテンシ)(?)、白頭翁(シロガシラ)(?)、白頭翁(酉)、尾長雉子雄(丑)、マルテンチイ雄(ソデグロムクドリ)(?)、珊瑚鳥(タイカンチョウ)(卯)、咬嵧吧《じゃがたら》鶉雌(ミフウズラ)(戌)、叫天子雄(カンムリヒバリ)(未)、硃砂鳥(アカマシコ)(卯)、黄頭鳥(?)、烏春雄(クロウタドリ)(申)、咬嵧吧鶉(亥)、鷓

図30　享保の象(象潟屋瓦版)

胡（卯）、リットフーン（バン）（巳）、砂糖鳥（?・）、かなあ里鳥（カナリア）（?・）、竹鶏雌（コジュケイ）（辰）、ピイチイ（ヒヨドリ）（巳）、黄雀（?・）、サラタ鳩（クジャクバト）（?・）、百伶鳥（ヒバリ）（巳）、ピイニス（コウヨウジャク）（亥）、キウワン（キュウカンチョウ）（?・）、ヘルベルテール雄（コウライウグイス）（?・）、画眉鳥雄（巳）などとなる。このほか『堀田禽譜』によると享保年間に蘭船がペンギンの剥製を持ち渡って田村藍水に贈ったとされている（図282）。このあと元文元年（一七三六）には砂糖鳥二羽と青鸞一羽（承寛襍録）、二年（一七三七）秦吉了二羽（実紀）、五年（一七四〇）玳瑁（長崎実録）、寛保二年（一七四二）カンボジャ船により孔雀一対、火鶏一対、山鶏四対、玳瑁四対が舶載されている（外蛮通書）。

以上のような外来の鳥獣の一部は、上記の『月堂見聞集』に見られるように見世物となり、また一部は個人の愛好家によって飼育されたと思われるが、多くのものは幕府に献上されている。そうした献上鳥獣の一部のものであろう、享保二年（一七一七）、三年（一七一八）、四年（一七一九）の『大島差出帳』に「伊豆大島へ朝鮮雉子、金鶏を放たる」とあり、一二年（一七二七）には上記のように麝香猫（むすくりあーとかっと）が隅田村に放され、一四年（一七二九）には同じく隅田村に朝鮮雉子三羽、一五年（一七三〇）にも鵞八羽、一六年（一七三一）、一七年（一七三二）には竹鶏（コジュケイ）が放されている（御場御用留）。さらに元文二年（一七三七）には滝野川に朝鮮雉子、白雉子が放され（実紀）、五年（一七四〇）には上目黒に竹鶏二つがいが放されている（嘉永元年写替諸覚）。このほか白鳥、鶴、鵠、小鴨などを放した記事も見られるが、これらは将軍の鷹狩の獲物を確保するためのものと思われる。こうした放鳥のうち金鶏、竹鶏が繁殖した記録は見られないが、朝鮮雉子は我が国在来の雉子と交雑し、徳川末期には雑種が多数生じた事が記録されている（飼鳥必要）。なお輸入鳥類の見世物は上記のあと延享三年（一七四六）には大阪道頓堀で孔雀、宝暦八年（一七五八）夏には音呼が見世物となり（摂陽年鑑）、同年晩秋には江戸の両国広小路でも猖々いんこ、青いんこ、色いんこ、達磨いんこ、鸚鵡、黄鳥、錦鶏、嶋ひよ鳥の見世物が開催されている（半日閑話）。寛政七年（一七九五）にまとめられた『花蛮交市治聞記』に宝暦六年（一七五六）頃の鳥類の輸入価格が載っているが、それによると孔雀百弐拾目、紅音呼七拾八匁、青音呼七拾八匁、砂糖鳥四拾五匁、碧鳥拾九匁五分、十姉妹拾三匁、金鳩三拾目、長生鳩拾九匁五分、類違鳩拾三匁、鸚鵡三拾弐匁五分、カナアリア鳥三拾七匁五分、紅雀拾五匁、八哥鳥三拾目、ヒンキ鳥三拾五匁、類違鴫弐拾五匁、まかてんちひ（黄鳥と改）三拾目、咬嚁吧鶉二拾五匁、弁柄鳩拾三匁、白鳩拾九匁五分、弁柄雀拾五匁、文鳥七匁八分、ひいちい五拾目、キウクハン三百目、カラクン五拾八匁五分、栗鼠拾五匁、狆犬六拾五匁、中犬九拾目となっている。

（四）動物に関するその他の出来事

元禄一三年（一七〇〇）一二月に水戸光圀が歿している。光圀は国内外の動植物を飼育栽培したばかりでなく、それらを繁殖して水戸藩に新しい産業を興している。歿後に編纂された『桃源遺事』によると「古来御領内には牧無之候所、西山公多珂郡大熊村に広野の御座候を御見立被成《ならせられ》、其野へ馬ども多く御放ち候、（中略）夫よりして野駒多く出来、大樹公へも御献上被成候、又常陸には海参、白魚、昆布、涸沼浦に御まかせ、海参、海螺《さざい》、魁蛤《あかがい》を武州より御取よせ、昆布の石に付候を、松前より御取寄、大津濱珂湊へ御放候しより、はじめて白うを海参昆布出来、今は売買仕り候、国に益有之候、海螺魁蛤等も段々出来申候、又常陸の海に蛤もとより有といへ共、風味不宜を、是亦武州より御取寄、多く御放ち被成候より、今は蛤もかくべつよく罷成候、又宇治川より蛍を御取寄、後樂園の池へ御放候、其後年々彼所に出候蛍は大きく光強く候、今以左様に御座候」とある。なお光圀が飼育した動物で、上記以外のものを同書からあげると、「田蛙（大和国井手より取寄、後樂園并びに西山の蓮池へ御はなちなされ候）。蜜蜂、亀（俗云ミノカメ又云キッカウカメ。後樂園并西山蓮池へ御はなち候）。鯑魚《さんしょううお》（水戸の御城の御堀に御はなち候）。鮧《なまず》（同断）。孔翠《くじやく》。青鸞（御領内の山林に御はなち候）。白鷴（同断）。鵲（右同断殊の外ふへ申候）。鸚哥。五色鸚哥（又云雀鸚哥又云インコ）。錦鶏。鵞。嶋鴨。鸜鴿（一名ハヽ鳥）。高麗雉子。テウセウ鳩（俗云朝鮮鳩）。サトウ鳥。キク鳥。鸚鵡。鳩クハンウ。紅雀。鴛鴦（日本にて鴛鴦と申は唐にて鸂鶒と申候）。鸂鶒（世にいふおし鳥）。吐綬鶏。麞《のろ》（北領の山に御はなち候）。豪猪（山林へ御はなち候）。羊（年々子を余多に相成申候）。綿羊（右同断）。羚羊（和名カモシシ年々多相成候）。唐猿（尾有長尺余也）。栗鼠（山林へ御はなち候）。獅犬。霊猫《じやこうねこ》。ハア（毛に小紋の形有獺に似たり）。豕（年々多生申候）。驢馬。白鹿（山林へ御はなち候）。白猪（水戸より西北の遠林野へ御放ち候）」等とある。

こうした産業の開発は光圀以外にも行われており、前記のケンペル『日本誌』に見られる鰌の人工増殖のほか、延宝年間（一六七三―八〇）には広島地方でカキの養殖が始められている（図68）。

なお光圀は生類憐み令が出された際に、犬の毛皮を綱吉に贈って諫めたといわれている（元正間記）。

綱吉は将軍職に就いた延宝八年（一六八〇）に鷹匠、鳥見その他の鷹狩関係の者を松平因幡守の隷下に配属し、天和二年（一六八二）にはそれらの者を小普請、火番とし、元禄元年（一六八八）には鷹坊の鷹を川越の山中に放し、鷹匠の住んでいた邸宅を収公している。これらの職を失った者たちは、江戸市中で集められた鳶、烏等を伊豆諸島へ放す役についているが、『民間省要』は「其頃又鳶鷹（烏カ）をとりて島へ流さる、の官人に、古しへの鷹師餌取指の類を用られ、在々に出て害をなす事、万事昔の癖止む事なかりし、云々」と記し、その悪行の数々を記している。綱吉の時代には恒例となっていた雲雀の下賜も廃止され、朝廷に献上する鶴を捕るための年末の鶴の御成りも行われていない。六代将軍家宣と七代将軍家継の治世はいずれも僅か三年数ヵ月で、鷹狩を行った記録は見られないが、宝永七年（一七一〇）九月には宮中に鶴が献上され、正徳二年（一七一二）からは朝廷の鶴の庖丁が再開されている。享保元年（一七一六）に吉宗が将軍の座に就くが、彼は享保改革の一環として武道の奨励に力を注ぎ、就任直後から鷹狩の復興を図り、八月一〇日には「江戸より拾里四方、古来之通御留場ニ相成候間、万事如先規相心得、私領共ニ右之場所江戸より拾里之間、鳥をどし不申様可被申付候、云々」（禁令考）といった触書が出されている。このうち江戸から五里四方が将軍家の鷹場にあてられ、その周囲の一〇里四方は御三家の鷹場と、将軍家の捉飼場に当てられている（図31）。一二月には本郷に鷹坊が完成し、翌二年（一七一七）正月には紀州時代に吉宗の鷹狩を手伝った網差《あみさし》甚内が江戸に到着し、鶴の餌付を開始している。網差とは将軍の鷹狩のための狩猟鳥に餌付を行う者の事で、綱差《つなさし》としたものも見られるが（鷹場史料の読み方・調べ方）、ここでは『放鷹』にならって網差とする。この年（一七一七）五月には吉宗の鷹狩が始まり、一二月には小松川で甚内の餌付けた鶴を仕留めている（御場御用留）。このように鷹狩のために餌付けられた鳥は鶴ばかりでなく、白鳥、雁、鴨、鸛、鷺などについても行われている。そうした場所を餌付場と呼び、餌付ける鳥の種類によって鶴場（または鶴代）、雁場などと呼んでいる。この年小菅に鴨場が、古川に鸛場が設けられている。このほか駒場では鶉の餌付も行われており、囮鶉の鳴く声にさそわれて集まった野鶉に餌付が行われている。駒場野の鶉狩は以後幕府の年中行事となっている。

吉宗はこのほか各種の鷹狩に関する法令（寛保集成一一二三―一六二、禁令考一五七三、一九五七―六一ほか）を出し、治世三〇年近くの間に数百回に上る鷹狩を楽しんでいる。また享保八年(一七二三)以降は毎年のように猪・鹿狩を催しているが、中でも享保一一年(一七二六)の小金原の鹿狩では猪一二、狼一、鹿四七〇頭を打ち取り、その日の模様は『甲子夜話』九三―一に「小金中野牧御鹿狩之一件并絵図」として記録されている。

図31　江戸五里四方御場絵図（東京都立大学蔵）

（五）江戸時代中期の書物に見られる動物

江戸中期には各分野にわたって画期的な名著が刊行されている。まず本草関係では元禄一〇年(一六九七)に我が国の食物本草の決定版ともいうべき人見《ひとみ》必大《ひつだい》の『本朝食鑑』が出版されている。『本朝食鑑』は『本草綱目』にならって食物素材の釈名、集解、気味、主治、発明を記したものであるが、その内容は著者自身の見聞に基づく所が多く、動物史の資料としても貴重なものを含んでいる。全一二巻のうち八巻までが動物性食品に当てられており、取り上げられている動物種は水禽類二七種、原禽類一三種、林禽類三八種、山禽類一一種。河湖有鱗類一一種、河湖無鱗類八種、江海有鱗類三五種、江海無鱗類三七種。亀鼈類六種、介類三〇種。獣類二〇種、鼠類四種。蛇類四種、虫類六種の二五〇種に上っている。外国産の動物も多く、鶏のトウマロ、烏骨鶏。雉の錦鶏、高麗雉などのほかに紅雀、鸚鵡、インコ、九官、文鳥、孔雀、ホウゴロウ鳥、風鳥といったこれまでに舶載された主な鳥類が網羅されている。次いで宝永六年(一七〇九)には貝原益軒の『大和本草』が出版されている。『大和本草』は益軒の創意に満ちた本草書で、『本草綱目』の分類法によらず、動物は河魚（三九種）、海魚（八三種）。水虫（二一種）、陸虫（六四種)。介類(五四種)。水鳥(二五種)、山鳥(一三種)、小鳥(三七種)、家禽(四種)、雑禽(一〇種)、異邦禽(一〇種)。獣類(四八種)。人類に分類されており、ほかに禽類(一八種)、獣類(二一種)、魚類(二一種)、虫類(六種)、介類(九種)が取り上げられている。書名に本草とあるが、動植物の薬効について記したものはほとんど見られず、博物学書というべき内容の書物である。正徳五年(一七一五)に刊行された『大和本草』諸品図には鳥類、魚介類の図一一七点が示されているが(図65・90・189・206・246)、簡略にすぎて実体を知り難いものも多い。図鑑としてはこれより以前正徳三年(一七一三)に出版された寺島良安の『和漢三才図会』の方が優れている。同書は中国の『三才図会』を範としたもので、先行の中村惕斎の『訓蒙図彙』に負う所が大きい。動物関係は巻三七から巻五四までの一八巻と巻六十一の雑石類の一部で(図1・46)、畜類(一五種)、獣類(五二種)、鼠類(二〇種)、寓類・恠類(一八種)。水禽類(四四種)、原禽類(三一種)、林禽類(五八種)、山禽類(二八種)。龍蛇部(三〇種)、介甲部(二三種)。介貝類(四二種)。河湖有鱗魚類(二六種)、江海有鱗魚(四八種)、江湖無鱗魚(九種)、江海無鱗魚(四三種)。卵生類(五二種)、化生類(四九種)、湿生類(二一種)に付図と解説とが加えられている。中には架空の動物も多数含まれているが、外来動物も多く紹介されており、畜、獣、禽の中から主なものをあげると驢、駱駝、獅子、虎、豹、獏、象、犀、犛牛、豪猪、麝、霊猫、錦鶏、吐綬鶏、白鷴、紅雀、孔雀鳩、秦吉了、鸚鵡、文鳥、畫眉鳥、孔雀、鳳五郎(ダチョウ)、食火鶏、風鳥などがあり、一部のものを除いてこの時期までに舶載されている。

享保四年(一七一九)加賀藩主の前田綱紀は稲若水《とうじゃくすい》の編纂した『庶物類纂』三六二巻を将軍吉宗に献じている。同書は動植物に関する記事を、中国の古今の本草書から抜粋して編集したいわゆる名物学と呼ばれる分野の書籍で、若水は全一千巻を目標に編纂を進めて来たが、業なかばで歿している。『庶物類纂』は幕府の書庫に納められたため、一般には余り利用されなかったが、吉宗はその完成を目指して享保一九年(一七三四)に若水の門弟の一人丹羽正伯にその続篇六三八巻の編纂を命じている。正伯はその編集に必要である事を理由として、全国の諸大名に領国内の産物を書き出すように要請している。それに応じて提出されたのが「〇〇国産物帳」と呼ばれる報告書で、当時の生物相を知る上で貴重な資料である。ただし残念ながらその大半のものが散逸してしまい、その全貌を知る事は出来なかったが、幸にして諸国に残された控《ひかえ》が最近収録されて『享保・元文諸国産物帳集成』として刊行されている。

本草学の研究が進むにつれて、その内容は次第に膨大化し、『庶物類纂』に見るように全部門を集大成したものは一千巻を越える状態に至った。そうした事から動植物を品類別にした専門書が出されるようになり、享保一六年（一七三一）には神田玄泉によって『日東魚譜』がまとめられている。『日東魚譜』に取り上げられているのは河産鱗魚部三一種、河産無鱗魚一四種、河虫部六種、河蛤螺類六種、海魚鱗部六四種、海産無鱗部三八種で、その部類名からもわかるように、魚類以外の亀や貝類が取り上げられているばかりでなく、魚類の中に海豚《いるか》、鯨、蛸、烏賊、水母、海鼠などが含まれているので、純然たる魚譜という事は出来ない。元文五年（一七四〇）自序の松岡玄達の『怡顔斉介品《いがんさいかいひん》』も品類別の図譜であるが、これも蟹類一八種、蝦類一一種、亀鼈類五種が含まれており、厳密には介類の専門書とはいい難い。こうした品類別をさらに進めたものとして享保七年（一七二二）には『鯨鰌正図《げいしゅうせいず》』が、宝暦一〇年（一七六〇）には『鯨志』が刊行されている。なお、宝暦四年（一七五四）には我が国最初の人体解剖が行われ、その時の模様は九年（一七五九）に山脇東洋によって『蔵志』にまとめられている。

宝永五年（一七〇八）に西川如見の『華夷通商考』が出版されている。『華夷通商考』はこの時期我が国と通商関係にあった中国、朝鮮、オランダ等の国々の地理、風俗、土産などについて記したもので、土産の項にはこれらの国々に産する動植物が取り上げられている。こうした海外の動物の産地を記したものとしては、このあと享保元年（一七一六）に編纂された大岡清相の『崎陽群談』があり、両者の内容には共通点が多いので、以下両書に取り上げられている動物を一括してあげると、哺乳類には猖々、猿猴、飛鼠（コウモリ）、山アラシ、青鼠、黄鼠（ハタリス）、貂鼠（リス）、虎、豹、土豹（オオヤマネコ）、野猫、花猫（ミケネコ）、麝香猫、犬（狆ほか色々）、豺、熊、膃肭臍、鯨、ウニコール（イッカククジラ）、犛牛、牛、水牛、野牛（ヤギ）、羚羊、麈（オオジカ）、鹿、山馬、獐（キョン）、麝香鹿、猪、山豕、犀、馬、野馬、異馬、象。鳥類には風鳥、ハハ鳥、五色雀、石燕、翠羽（カワセミ）、インコ鳥、倒掛（サトウチョウ）、鸚鵡、天鵞（ハクチョウ）、長生鳩、鶴、鷓鴣（ヤマウズラ）、竹鶏（コジュケイ）、馬鶏、天鶏、碧鶏、山鶏、錦鶏、銀鶏、小鶏、鶏、烏骨鶏、孔雀、カズワル（ヒクイドリ）、大鳥。両生・爬虫類には玳瑁、緑毛亀、蛤蚧（ヤモリ類）、烏蛇、白花蛇、蚺蛇（ニシキヘビ）、異蛇、蟾。魚類は銀魚、青魚、河鮫、鮫。無脊椎動物は海螵蛸（イカの甲）、文蛤、車渠《しゃこ》、シンジュ、天蚕糸（テグス）、蜂蜜、珊瑚珠となっている。実体の不明なものも含まれているが、この時代の外来動物の知識を知る上で興味深い。また享保二年（一七一七）には左馬之介の『諸禽万益集』が出されている。同書は鳥類一般の飼育・治療法を記したものであるが、輸入鳥として金鳩、長生鳩、壇特（ジュウシマツの原種）、かなありや、十姉妹、文鳥、緋音呼、八ツ頭、金鶏、白鷴、からくん、鵞鳥、花鴨、こんけい、孔雀、駝鳥が取り上げられている。

江戸中期に刊行された地理書には、上記の『華夷通商考』のほかに、正徳三年（一七一三）に新井白石の『采覧異言』がある。『采覧異言』は宝永五年（一七〇八）に薩摩国に渡来して捕えられたイタリア人宣教師シドチとの対話や、オランダ商館員から聞いた話をまとめた世界地誌で、外国産の動物の原産地での様子が随所に記されている。アフリカ最南端のカアブトホユスペイ（ケープタウン）の動物として「熊。虎。犀兕。獅子。禽獣異者甚多し」として、獅子について「獅子尤も畏る可き者。時々人家屋上を跳過するを見る。身軽く且つ捷し。云々」と記し、また中国の地理書「坤与図説」を引用して厄幕（エミュウ）の名をあげている。またベンカラ、スイヤム（シャム）には象隊があり、王様の乗物としても用いられ、百姓は耕作、運搬に用いている事を記している。マロカ（マラッカ）では「山に黒虎有り」と記しているが、これは恐らくクロヒョウのことであろう。このほか虎、犀、駱駝、豪猪（ヤマアラシ）、香猫、火鶏、孔雀、鸚鵡、風鳥などの産地が記されている。白石にはこのほか享保四年（一七一九）に奄美大島と琉球諸島の地誌を記した『南島志』、享保五年（一七二〇）には蝦夷地の地誌である『蝦夷志』の著作がある。国内の地方誌としてはこれより以前享保元年（一六八四）序の黒川道祐の『雍州府志』があり、巻六の土産部で京都周辺の動物が取り上げられている。獣類について「一条堀河西に屠人有りて、冬に至ると鹿并びに野猪、家猪、狼、兎の類を屠って之れを販ぐ」と豚が売られていた事を記し、西条京極西に、小鳥屋が集っていた事や、勢多では蛍を紗の篭に入れて売る店があった事などが記されている。また宝暦六年（一七五六）には丸山元純の『越後名寄』があるが、こうした地方の物産を集大成したものに、宝暦四年（一七五四）の平瀬徹斉の『日本山海名物図会』がある。この書物は日本全国の名産品を挿絵入りで紹介したもので、動物の関係した項目に仙台馬市、住吉浦汐干、豊後河太郎、天王寺牛會、河蝦、八月枯鮎（図154）、淀鯉、瀬田鰻鱺、江鮒引網、蜆貝（図75）、摂州尼崎鳥貝（図84）、章魚、梭魚児《かます》、鰯網（図156）、赤鱏《えい》、海参、（捕）鯨などが取り上げられており、特に最後の捕鯨については詳しく記されている。

最後に農業技術について記した各種の農書がある。我が国最古の農書は寛永五年(一六二八)に完成したと見られる『清《せい》良記《りょうき》』であるが、同書には農耕に用いる牛馬以外の動物は取り上げられていない。しかし延宝の末(一六八〇)頃に成立したと見られる『百姓伝記』は、その第一巻を「四季集」にあて、自然現象の変化によって、農事の適期を知る事を記している。そうした自然現象について「鳥類・畜類・万木諸草、能《よく》四季・節をしれり」として正月について「正月節分のあくる日より立春といひて、目には見へねども春の気うごひて、東風そよめき、あつき氷もうすくなる。山里に鶯初てなく。土のそこをほりて見るに、かゞまり居たる諸虫ども、はじめて見ぶるいをしてうごく。水底にすむもろもろの魚、氷の下にてうごきあそぶ。其節雨の降を得て、獺魚祭をするとなり。節分より二十日余りを過て、雨降にごり、氷となれば、諸国の大河へ鱒の魚・うぐひ・鱸のぼる。千草もゑ出んとする。ねこつまをこふる。いろいろの虫土上に顕る、。此比は正月終也」と記している。以下一二月大寒までの自然の移り変りを記しているが、そうした季節の変化に対応する指標動物として、正月を除いて、鹿、鼠。雁、燕、雲雀、杜鵑、鰹鳥、鵙、水鶏、鶉、隼、鵆《ちどり》、鴻、鶺鴒、鶏、烏。蠑螈。蝶、虻、蚕、螻蛄、蟬(麦蟬、豆蟬、米蟬)、螽斯《きりぎりす》、蛍、蚊、蠅。蚯蚓などが取り上げられている。中には間違った記述が見られるが、当時の人々が自然と密着した生活を営んでいた事がわかる。農書はこのあと元禄一〇年(一六九七)に宮崎安貞の『農業全書』が上梓されている。『農業全書』は中国の農書からの引用が多いが、全一〇巻の最後の巻を「生類養法・薬種類」にあて、五牸(牛、馬、猪、羊、驢)、鶏、家鴨、水畜(鯉、鮒、鱸、ぼら、きす)を取り上げている。内容は具体的で、水畜を鵜、獺などの被害から防ぐ方法、魚虱の防御法など、経験に基づいた注意が与えられている。このほか元禄一五年(一七〇二)には野本道玄の養蚕書『蚕飼養法記』が出され、趣味の分野では宝永七年(一七一〇)に蘇生堂の『喚子《よぶこ》鳥《どり》』、寛延元年(一七四八)には安達喜之の『金魚養玩草《きんぎょそだてぐさ》』、宝暦元年(一七五一)には大枝流芳の『貝尽浦の錦』等が刊行されている。

三、江戸時代後期

(一)物産会(薬品会)の開催と蘭学の興隆

江戸時代中期の末、宝暦七年(一七五七)七月に江戸湯島で田村元雄(藍水)による第一回の物産会が開かれている。物産会とは全国の物産のうち、薬品として役立つ動・植・鉱物を一堂に集めて展示、検討する集まりの事で、薬品会とも呼ばれている。最初の会は田村元雄が会長となっているが、平賀源内の発案によるものとされている。太田南畝は『奴師労之《やっこだこ》』の中で「平賀源内は讃岐の人なり、（中略）性質、物産を好みし故、田村元雄につきて物産の事を講究し、物産会をなす、凡物産会は宝暦七年丁丑、田村元雄はじめて江戸湯島にて興行、翌年戊寅、又神田に会し、同九年己卯、平賀氏湯島に会し、同十年庚辰、松田氏市谷に会し、同十二年壬午、平賀氏又湯島に会す。亭主方より出すものを主品とし、諸子の携へ来るものを客品とす、凡三十余国の物産二千余程の品の内に、すぐれたるを撰びて一書とし、物類品隲と名付く、宝暦十三年癸未の板也、当時、躋寿館の物産会も是にならへるなり」とその経緯を記している。物産会は江戸のほか宝暦一〇年（一七六〇）には大阪浄安寺（文会録）、一一年（一七六一）（赭鞭余録）、一三年（一七六三）（蒹葭堂雑録）、明和元年（一七六四）（鐘奇遺筆）には京都東山でも開かれており、この年（一七六四）には江戸湯島、大阪でも開催されている（博物学史）。また太田南畝が記しているように天明元年（一七八一）には幕府直轄の医学校である躋寿館でも催され、幕末まで各地で開かれている。出品された物産のうち動物関係のものを上記の『物類品隲《ぶつるいひんしつ》』から取り上げると、巻四に虫部、鱗部、介部、獣部として三四種のものが記載され、虫白蠟、紫鉚、蠍、龍骨、龍歯、龍角、紫稍花（タンスイカイメン）、鼉龍（ワニ）、蛤蚧（オオヤモリ）、香鼠（ジャコウネズミ）などが含まれている。このほか宝暦一一年（一七六一）の京都東山の物産会では風鳥、ムカテサメ、膃肭臍子など（赭鞭余録）、天明五年（一七八五）の難波新地ではストロスホウゴル（ダチョウ）の卵、虎全皮、占城国象骨、ヒヨクノトリ等（攝陽見聞筆拍子）、同八年（一七八八）の江戸躋寿館の薬品会ではヒクイドリ（エミュウか）の剝製が田村元長によって出品されている（長崎洋学史、博物学史）。なお、江戸末期の物産会の様子は『江戸繁昌記』に「薬品会」として取り上げられている。

図32『物類品隲』扉

海外の文物を我が国に紹介する事は新井白石によって始められ、前述の『采覧異言』や『西洋紀聞』としてまとめられているが、その内容が幕府の忌避するキリスト教にふれているため、江戸時代にあっても、江戸時代には一般庶民には知られていない。そうした時代にあっても、自然科学関係の書籍の輸入は享保五年(一七二〇)に解禁され、長崎のオランダ商館を通じて相当数のものが我が国に舶載されている。『物類品隲』の著者である平賀源内は宝暦二年(一七五二)から三年(一七五三)にかけて藩命を受けて長崎に赴いてオランダの事物を習得し(新撰洋学年表)、明和七年(一七七〇)にも阿蘭陀翻訳御用として長崎を再訪している。彼はその時までにドドネウスの「紅毛本草」、ヨンストンの「紅毛禽獣魚介虫譜」を始めとして、「紅毛花譜」、「紅毛魚譜」、「紅毛介譜」、「紅毛虫譜」といった六冊のオランダの博物学書を入手しており、明和七年(一七七〇)の長崎再訪の目的は、その中の「紅毛本草」の翻訳にあったといわれている。源内が長崎に下った翌年、明和八年(一七七一)に江戸千住の骨ケ原で死刑女囚の腑分が行われている。源内と親交のあった杉田玄白は前野良沢、中川淳庵の両名と「ターヘル・アナトミア」というオランダの解剖書を持参して見学したが、その本に描かれている解剖図の正確な事に驚嘆してその翻訳を思い立ち、苦心の結果安永三年(一七七四)に『解体新書』として訳出している。ただし『解体新書』の責任者の中には、翻訳の実質的な中心人物であった前野良沢の名前は見られず、代わりに石川玄常、桂川甫周の二人が名前を連ねている。この本が上梓された翌年、安永四年(一七七五)には長崎の蘭館の医師としてツュンベリー(ツンベルグ)が来日している。彼はスウェーデンの医師であるが、近代生物学の生みの親リンネの高弟で、博物学分野でも著名な業績を残している。ツュンベリーの我が国の動物学上の業績は、ケンペルと同じように我が国の動物を海外に紹介した事にあり、在日中に採集した動物は帰国後「日本動物誌」として出版されている。また彼が滞日中に行った参府旅行中の見聞は『ツンベルグ日本紀行』(あるいは『江戸参府随行記』)として訳出されており、その中の「日本に於てなしたる動物学的観察」(あるいは「日本の自然誌」)は当時の我が国の動物相を知る上で興味深いものがある。取り上げられている動物は哺乳類一三種、鳥類一一種、爬虫・両生類四種、魚類二五種、軟体動物その他九七種、昆虫類その他四五種以上に上っているが、中でも興味があるのは魚類の中で電魚(山田珠樹訳)が取り上げられている事で、これは恐らくシビレエイの事であろう。

ツュンベリーは滞日中多くの日本人と接触しているが、中でも中川淳庵、桂川甫周との交遊は深く、離日後も手紙の往復を続け、書籍、標本などの贈答が行われている。そうした交遊の産物であろうか、桂川甫周は「麒麟図」としてジラフを描いているが（図33）、恐らくこれが我が国でジラフを紹介した最初の絵画ではあるまいか。桂川甫周の実弟である森島中良は、松平定信の医師を勤めた多才な人物で、天明七年（一七八七）刊行の著書『紅毛雑話』の「竜の薬水漬并喝叭国の風土」の中で、「徃年『トインベルゲ』といふ蛮人、予が家兄のもとへ竜の薬水に浸したるを送る。云々」としてその図を載せ、桂川甫周とツュンベリーとの交遊の深かった事を記している。『紅毛雑話』は、その兄や蘭学を学んだ人たちから聞いた外国の話題を書き記したもので、上記の「竜の薬水漬云々」のほか「夜国の雁」、「顕微鏡《むしめがね》」、「カイマン」（鰐）、「レーウー」（獅子）など動物に関する話題も豊富である。

図33　麒麟の図（動物写生図）

『紅毛雑話』に序文を寄せている大槻玄沢は、杉田玄白の門下の蘭法医であるが、天明八年（一七八八）にオランダ語の教科書『蘭学階梯《らんがくかいてい》』を著したほか、寛政一〇年（一七九八）に『蘭畹摘芳《らんえんてきほう》』、翌一一年（一七九九）に『蘭説弁惑《らんせつべんわく》』、一二年（一八〇〇）には『六物新志《ろくぶつしんし》』を著し、駝鳥（図260）、食火鶏、うにこふる（イッカクジラ）、おくりかんきり（ザリガニ）（図107）、すらんがすてん（竜骨）、へいさらばさら（鮓答）、ぼうとる（牛乳）、阿郎悪烏当《おらんおうたん》（図308）、噎滅鳥《えめう》、麝香、受伊翁（ジュゴン）などについて、一部のものには図を付して解説を加えている。

（二）博物学愛好家の登場

寛政七年（一七九五）木村孔恭（蒹葭堂）の『一角纂考《いっかくさんこう》』が刊行されている（図299）。この本は当時貴重薬としてもてはやされていたウニコール（一角）の本体について、大槻玄沢の協力を得てまとめたもので、本来は玄沢の『六物新志』と一緒に刊行される予定であったとされている。著者の木村孔恭は大阪の酒造家で、小野蘭山に入門したといわれるように本草学に興味を抱き、資財を趣味や学問に費し、大阪の地を訪れた同好の士で、彼を訪れない者はいなかったといわれる人物である。彼の著書にはほかに『奇貝図譜』（図64）、『禽譜』（図225・230・245・250・262）といった品類別の未刊稿本があり、『奇貝図譜』には世界的な貴重品種オキナエビスが「無名介」として図示されている（図67）。そのほか寛政一一年（一七九九）には日本全国の産物を記した『日本山海名産図会』を刊行している。この本はその書名からもわかるように『日本山海名物図会』の不足分を補ったもので、動物関係では蜂蜜、鯢、山蛤、蘡薁虫《いぼたろう》、鷹、鳧、捕熊、鰒、真珠、海蝦、鰤、鮪、鰆、若狭鰈、若狭小鯛、鯖、牡蛎、堅魚、生海鼠、海膽、白魚、蛤、鮴、鱒、八目鰻、章魚、河鹿、水母、膃肭臍など数多くのものについてその産地、漁・猟法が図入りで解説されている。このほか彼の残した『蒹葭堂雑録』、『蒹葭堂日記』には当時大阪で催されたさまざまな動物の見世物の話題や、彼の交遊関係が記されている。

　木村孔恭は市井の一町人にすぎなかったが、この時期には各地の大名たちの間で博物学に対する関心が高まり、多くの図譜類が作成されている。讃岐高松藩の五代藩主松平頼恭《よりたか》（一七一一—七一）は平賀源内が仕えた殿様であるが、生来漁猟、海釣を好み、集めた鳥獣虫魚の類を彩色画に写し、名前を付して『衆鱗図』（図80・170・175・194）、『衆禽図』（図221・224）として残している。このうち『衆鱗図』は宝暦一二年（一七六二）に将軍家に献上されている。図は極めて正確、緻密で現在の原色動物図鑑と比較しても遜色のない出来栄えである。やや遅れて肥後熊本の八代藩主細川重賢（一七二〇—八五）は『毛介《もうかい》綺《き》煥《かん》』（図306・328）、『昆虫胥化図』（図34）、『虫類生写』などと名付けられた図譜を残している。『毛介綺煥』は鳥類を除いた脊椎動物と、甲殻を持った蝦、蟹、貝類や棘皮動物の図譜で、図のほかにそれらを入手した経緯や、各部の計測値などが書き込まれている。『昆虫胥化図』の胥化とは変態の事で、三七種の蝶蛾などの変態過程や食草が描かれている。この図譜は註記によると宝暦中期から寛政初期（一七六〇—九〇）にかけて描かれたもので、一部歿後のもの

図34　キアゲハの変態（昆虫胥化図）

が含まれている。『虫類生写』もほぼ同じ頃の作と見られている。薩摩藩二五代藩主の島津重豪（一七四五—一八三三）は琉球と薩摩の物産をそれぞれ田村元雄（藍水）、佐藤成祐（中陵）に調査させ、『琉球産物誌』、『薩州産物録』としてまとめさせたほか、藍水の門下の曽曽槃（占春）を招いて一大百科全書『成形図説』の編纂を行っている。この図説は農事、五穀、菜蔬、薬草、樹、竹、虫豸、魚介、禽、獣の一〇部一〇〇巻から成る予定であったが、中途で再度の火災に遭い、刊行されたのは三〇巻にすぎない。重豪はこのほか晩年に『鳥名便覧』を著している。

島津重豪とほぼ同年代の藩主として秋田藩の佐竹義敦（曙山）（一七四八—八五）がいる。曙山は安永二年（一七七三）藩財政立て直しの銅山開発のために招いた平賀源内から西欧絵画の手ほどきをうけ、『龍亀昆虫写生帖』を残している。この写生帖にはトカゲ、ヤモリ、イモリ、カエルといった両生・爬虫類のほかアメフラシ、ナメクジ等の軟体動物と、約三〇〇種程の昆虫類が描かれている。すべてが写生とは限らず一部の昆虫は細川重賢の『昆虫胥化図』、『虫類生写』から模写したと思われるものも含まれており、この時代の大名間の知的交流を伺う事が出来る。なお、曙山にはほかに『模写並写生帖』と呼ばれる二冊の図譜があり、その一冊には駝鳥（実はヒクイドリ）、文鳥（図280）、画眉鳥、嶋鵤、十姉妹（図256）、相思鳥といった舶載鳥類が描かれている。伊勢長島藩の六代目藩主増山正賢（雪斉）（一七五四—一八一九）の『虫豸帖《ちゅうちちょう》』と呼ばれる図譜は、彼が隠居後に描いたものと見られているが、その正確、緻密な事は抜群で、その絵から種名を同定する事が出来るとまでいわれている（図130・139）。描かれている昆虫は、春、蝶六七、蛾三七。夏、蜻蛉二四、阜螽三一、蟬六。秋、蛾、蜂、蠆（トンボの幼虫）、蠋（蛾の幼虫）二七、甲虫二〇。冬、蜘蛛、水虫、江魚で、最後の江魚（鯉、鮒、金魚、鮎、鯰など）を除くとすべて虫類と呼ばれていたものである。同時代で最も若い堀田正敦（一七五五—一八三二）は仙台伊達家の出身で、江州堅田の城主のあと、幕府の若年寄をつとめている。その間寛政六年（一七九四）に『観文（堀田）禽譜』三巻を著している（図217・227・229・240・248・255・274・282・289・291）。国会図書館本には、ばりけん、ヘングイン（図282）、からくん、コロヲンホーコロ、駝鳥、ひくひとり、孔雀はと、あふむ、さとうてう、かむりとり、風鳥、ふんてう、へにすすめ、十姉妹、かなあ里や等、多くの外国産鳥類も描かれている。

（三）外国産動物の舶載その他

この時期に舶載された動物は、宝暦一〇年（一七六〇）清舶により画眉鳥、黄鸝（コウライウグイス）を始めとして（海舶来禽図彙説）、一一年（一七六一）鳥類七種（実紀）、一二年（一七六二）蘭船により瓜哇産牡馬二頭（長崎略史）、清舶により画眉鳥、黄鸝、十姉妹（海舶来禽図彙説）、明和元年（一七六四）清舶により鵓鴿（同上）、四年（一七六七）同じく清舶により鷓鴣、白頭翁、竹鶏（同上）、五年（一七六八）伯児是亜国産七才牡馬（長崎志）、六年（一七六九）伯爾是亜国産牡馬二疋（同上）、清船により白鷴（海舶来禽図彙説）、七年（一七七〇）伯児是亜国産牡馬一疋（長崎志）、八年（一七七一）伯児是亜国産牡馬一疋（同上）、安永元年（一七七二）山嵐二疋（平日閑話）、二年（一七七三）唐船により孔雀、鸚鵡、唎々鳥ほか数品（続史）、三年（一七七四）紅毛人ダリヤウノ（ワニ）（毛介綺煥）、四年（一七七五）綿羊二頭（田村日記）、七年（一七七八）ロヤール（ドウケザル）ほか（帰山録）、ハルシヤ馬二疋（長崎志）、蘭船、鼉竜（ワニ）の子（通航一覧）、天明元年（一七八一）汗血馬二匹（閑窓自語）、七年（一七八七）蘭船、カムリドリ、弁柄鷺（サイチョウ）、カアブス鳥（ギンパラ）、ヤマアラシ（長崎図巻）、八年（一七八八）紅毛人、ヤールホゴル（サイチョウ）、風鳥（水谷禽譜、観文禽譜）、寛政元年（一七八九）唐船、玄鶴（セイケイ）、紅羅雲（禽譜）、蘭船、食火鶏（水谷禽譜）、二年（一七九〇）唐船、海和尚（唐カケス）（同上）、四年（一七九二）蘭船、オランウータン、ヱーセルス（ロバ）、唐船、画眉鳥（長崎図巻）、六年（一七九四）麝香猫（宝暦現来集）、七年（一七九五）蘭船、カムリドリ（観文禽譜）、一〇年（一七九八）唐船、ハリネズミ（長崎図巻）、一一年（一七九九）唐船、三呼鳥（ハイイロミカドバト）（観文禽譜）、一二年（一八〇〇）蘭船、オランウータン（長崎図巻）等となっている。

このうち明和五年（一七六八）以降に舶載されたペルシャ馬七頭は、明和二年（一七六五）にオランダ通詞今村源右衛門が図を付して注文したもので（図35）、将軍家治の直々の希望によるものと言われている（明治以前洋馬の輸入と増殖）。安永七年（一七七八）長崎を訪れた三浦梅園は御用物役の高木作右衛門や、オランダ通詞の吉雄耕牛の家を訪ね、その時の模様を『帰山録』の中で「高木氏の宅に畜へる鳥は、白鷴、孔雀、駝鳥、尾長雉、文鳥、相思鳥、喜雀、インコ、阿蘭陀鳩、テウセウ鳩、ジウシバイ又水犬あり、よく水に没して物をとる。公儀より阿蘭陀へ仰付られ、取よせ給ひしハルシヤ国の馬、厩に繋ぎたり。云々」と記し、さらに「吉雄耕牛の

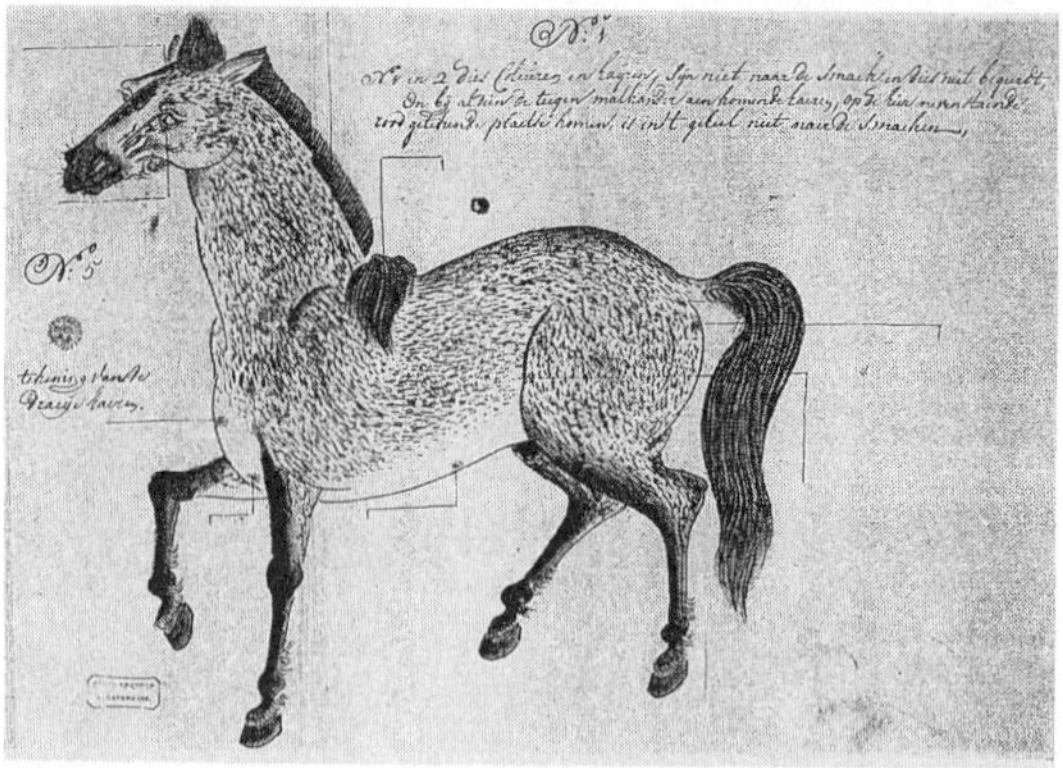

図35　ペルシャ馬の注文書（明治以前洋馬の輸入と増殖）

家にロヤールと云獣を畜り。銅鋼の中に居れり。傍に藁にてまろき巣を作りてあり。明を嫌ひ暗を好む獣なり」と記している。ロヤールとはスローロリスの事で、和名ではドウケザルあるいはナマケザルと呼ばれている（図327）。『万国管闚』は安永八年（一七七九）舶載としているが、これによりそれ以前に長崎に来ていた事がわかる。幕府に献上された鳥獣は江戸城吹上庭園の動物小屋で飼育され、『半日閑話』は元文元年（一七三六）の「吹上御庭御成りの記」を引用して「滝見のおまし所より御庭へ出て右の方へ行ば、御囲ひ御飼鳥ども、さまざま目なれぬから鳥共有。孔雀もすだちけるにや。若鳥にてちいさき孔雀ども、御かこひの中に遊ぶ。雛鶴竹鶏山どり、ひろき御囲ひをそれぞれにしきり、ゆたかに遊び居けり。またからくんと云鳥、大きなる鶏の如くにて、頭のとさかより袋なんどさげたる如くむねまで下り、色あひ鶏頭の花に似たり。云々」と記している。『徳川制度史料』に文化年度以前の江戸城吹上御庭全図が掲載されているが、それによると紅葉山に近い御成門を入った突当りに、大小十数個の鳥小屋が描かれており、小さな動物園といった様子が伺える。これらの鳥類の飼育は、若年寄支配下の小納戸と、奥坊主の鳥掛りとが担当していた。

（四）動物の見世物

輸入された鳥獣は将軍家ばかりでなく、朝廷にも献上されており、安永二年（一七七三）六月六日の『続史愚抄』は「唐鳥（割註・孔雀。鸚鵡。喇々鳥已下数品）を内々方に召し、叡覧有り」と記している。これらのものを除くと、多くの鳥獣は動物商の手に渡ったものと見られ、舶載の翌年、遅くとも翌々年には各地で見世物に供されている。『本草綱目啓蒙』に記されている明和六年(一七六九)京都で見世物となった山羊(バーバリー・シープか)の船載記録は見られないが、安永元年(一七七二)に薩摩の島津侯の手に渡ったヤマアラシ二匹のうち一匹は、翌二年(一七七三)春には大阪の道頓堀で見世物になり(摂陽年鑑)、残りの一匹も田村元雄の手を経て見世物師の手に渡り、四年(一七七五)江戸浅草寺境内で見世物となっている(武江年表)。またその年(一七七五)長崎の吉雄幸左衛門(耕牛)から田村元雄に贈られた綿羊(田村日記)であろう、翌五年(一七七六)にはラシャメンと名付けられて江戸で見世物となっている(見世物研究)。七年(一七七八)に長崎を訪れた三浦梅園が、高木作右衛門の家で見た駝鳥であろう、八年(一七七九)二月一日の『蒹葭堂日記』は「オランダ通詞を旅宿に訪ね駝鳥を見る」と記している。ただしこれは駝鳥ではなくヒクイドリの誤りである。『蒹葭堂日記』はまた天明五年(一七八五)五月二六日に、大阪天神境内で麝香猫を、六年(一七八六)二月に唐鳥を見物したことを記しているが、この麝香猫がいつ船載されたものか不明である。またこの年(一七八六)には大阪下寺町に孔雀茶屋が開店しており(図36)、木村孔恭も寛政九年(一七九七)に見物している(蒹葭堂日記)(→412頁)。寛政元年(一七八九)に船載されたヒクイドリは翌二年(一七九〇)大阪で(蒹葭堂雑録)、次いで名古屋で見世物となった後(水谷禽譜)、三年(一七九一)には江戸堺町河岸で見世物となっている(武江年表)。四年(一七九二)にオランウータンと一緒に船載されたヱーセルス(ロバ)は見世物師の手に渡ったのであろう、五年(一七

図36　孔雀茶店（摂津名所図会）

九三)三月二三日の『蒹葭堂日記』に「福地羊吉等と驢馬見物」と記されている。また寛政七年(一七九五)に舶載されたカムリドリ(カンムリバト)であろうか、九年(一七九七)に名古屋で一ヵ月以上にわたって見世物になっている(水谷禽譜)。

見世物になったのは舶載動物だけとは限らず、宝暦一二年(一七六二)には芝金杉浦で網に掛った翻車魚《まんぼう》(見世物研究)。明和二年(一七六五)には大阪で駝駒(牡馬と牝牛との雑種というが疑問)(蒹葭堂雑録)、江戸両国橋畔で再びマンボウ(武江年表)と雷獣(震雷記)。安永五年(一七七六)には大阪で万年亀(緑毛亀)(摂陽年鑑)と雷獣(見世物研究)。六年(一七七七)には江戸両国橋の見世物小屋から狼が脱走して大騒ぎになり(武江年表)、七年(一七七八)には本所回向院で千年もぐら(アナグマか)が(半日閑話)、京都四条河原では小笠原産の大蝙蝠の軽業が見世物となっている(見世物研究)。天明五年(一七八五)江戸堺町で猿芝居の興行があり(同上)、寛政元年(一七八九)には大阪で大鯨(摂陽年鑑)、江戸葺屋町川岸で大蝙蝠の軽業の見世物(見世物研究)、四年(一七九二)には大阪、京都で大鱶(摂陽年鑑)、江戸で雷獣の見世物があり(杉田玄白日記)、大阪道頓堀では水豹(水豹はアザラシの事であるが、恐らくアシカ)の芸が披露され(図296)、『蒹葭堂雑録』、『閑田耕筆』に取り上げられて江戸でも評判を呼んでいる(甲子夜話続篇二三―五)。

(五) 動物に関するその他の出来事

この時期には色々の動物の飼育が流行し、『武江年表』は明和年中(一七六四―七一)の事として「白鼠上方より流行《はや》り来る」とし、『藤岡屋日記』も「白鼠といふもの、明和の初め上方より流行《はやり》出しけり、夫は皆眼赤かりしが、其後眼黒き白鼠出来、夫より変じて藤色鼠・ぶち鼠・熊毛鼠・南京鼠などいろいろ種類ふへ、人々好てたくわへたるが、今ハすたれてたまたま見るのミ也」と記している。そうした事から安永三年(一七七四)には『養鼠玉のかけはし』、天明七年(一七八七)には『珍翫鼠育草《ちんがんそだてぐさ》』といった専門書が出版されている(図37)。また『嬉遊笑覧』は「近年明和安永の頃、鶉合の事流行りて、大諸侯競ひて是を飼はれける。(中略)其会日には、江戸中鳥好のものは、是また件のごとく美を盡し、よき鳥をえらび持出て勝負をなす」と記し、『摂陽年鑑』は「河鹿の事、安永の初め頃江戸に始まり、其後京師浪花も翫ふ」としている。カジカの飼育については『本草綱目啓蒙』、『北窓瑣談』などにも取り上げられている。このほか鳴く虫の飼育も行われており、『嬉遊笑覧』は寛政七年(一七九五)頃の

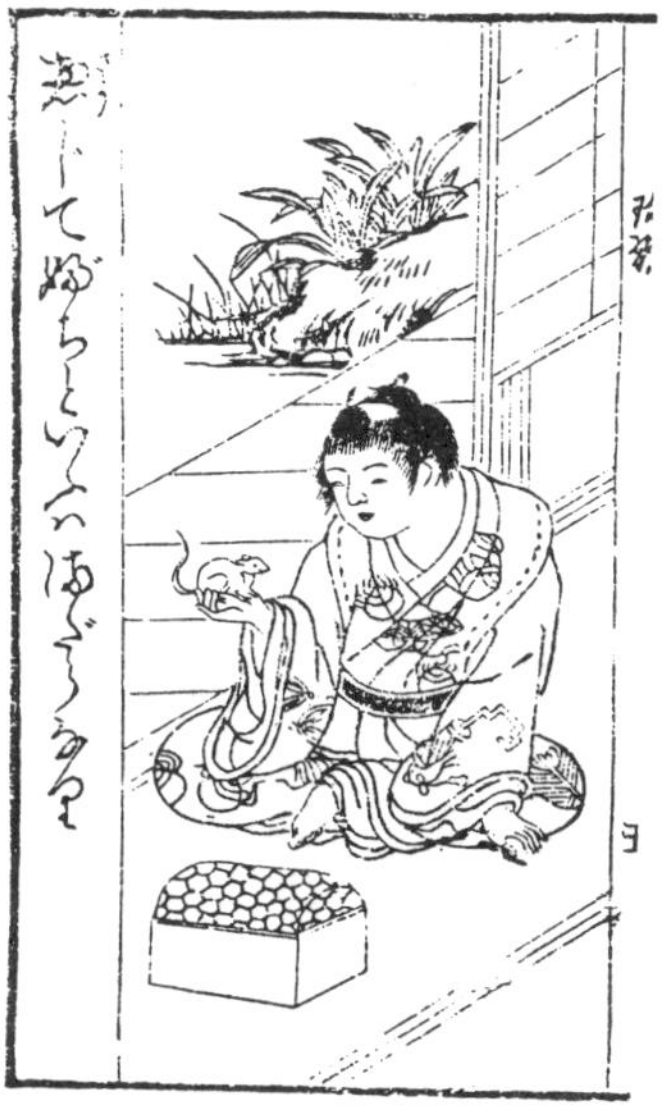

図37 『珍翫鼠育草』の挿絵

事として「江戸に於て松虫の卵をとることを始む」としている。天明三年（一七八三）の「大阪町触」三一八〇（大阪市史）は「相模屋又市相願、聞届置候米市場へ、堂島米相場之高下を飛脚にて取来候処、抜商と唱、右高下を記し、鳩之足に括付相放し、云々」と、鳩を使って相場の高下を知らせた事を記しているが、これは早速禁止されている。伝書鳩は『和漢三才図会』に飛奴として紹介されているが、我が国で実際に利用されたのはこれが最初であろう。『中陵漫録』一四、『真佐喜のかつら』などにも伝書鳩の飼育法ほかが記されている。鳩についてはこのほか天明四年（一七八四）に町奉行所から浅草寺に対して境内の鳩の捕獲が申し渡されているが（浅草寺日記）、これは将軍家の鷹狩用の鷹の餌鳥とするもので、当時は大阪からも取り寄せられている（餌鳥会所記録）。

　将軍家の行事としては鷹狩のほかに寛政七年（一七九五）に小金ヶ原で鹿狩が催されている。この鹿狩は早くから準備が進められ、寛政三年（一七九一）にそのための『御触書天保集成』四七二〇が出され、六年（一七九四）一一月に四七二一、四七二二、七年（一七九五）に四七二三—二五が出されている。こうした準備にもかかわらず当日の獲物は少なく、『寛政紀聞』は「御獲一向に無之（委細別記）」と記している。この頃になると江戸近郊にはほとんど野獣がいなくなったものと思われる。寛政四年（一七九二）六月幕府の嶺岡牧で白牛酪の製造に成功している。これについて『続徳川実紀』は「享保の頃有徳院殿（吉宗）白牛三頭を安房国嶺岡に放たしめられしが、蕃息して、ことしすでに七十頭におよぶ。よて小納戸頭格石見守正倫に命ぜられ、かしこに行て牛乳を求められ、数石を得て遂に白牛酪を製せしめらる。また桃井源寅に命じて主治効能を撰ばしめて広く生民を悪恤あり」と記している。白牛酪とは牛乳を煮沸して固めたもので、桃井源寅が撰述した文書は『嶺丘白牛酪考』と呼ばれている。白牛酪は江戸市中で売り出されたほか、五年（一七九三）には大阪、京都でも販売されている（大阪市史、京都町触集成）。

四、江戸時代末期

（一）本草学の大成と博物学の隆盛

　京都本草学の大家小野蘭山は、寛政一一年（一七九九）時の幕府若年寄堀田正敦に招かれて江戸に下り、幕府医学館の医官に就任している。彼の口述した『本草綱目啓蒙』は享和三年（一八〇三）から三年の歳月を費して文化三年（一八〇六）に刊行を完了している。同書は『本草綱目』に準じて、水火金石草木鳥獣虫魚についてその名称、産地、形状、効用を述べたものであるが、内容は蘭山の多年にわたる知識と経験に基づく独創的なもので、我が国の本草学の集大成ともいうべきものである。蘭山はこれより以前、享和元年（一八〇一）から文化二年（一八〇五）までの五年間、幕府の命により各地の採薬旅行を試みている。その第二回目の旅行は享和元年（一八〇一）八月から一〇月まで甲斐、駿河、伊豆、相模の諸国を巡るもので、その時の記録は『甲駿豆相採薬記』として残されている。その旅の最後に江ノ島、鎌倉を訪れ、一〇月一日の条で「窟弁天の海巌には介類多く生す」として亀脚、小牡蛎、ハマグリ、ウミツビ、エノミガヒ、キリツホガヒ、蝛《よめがさら》、蟹類の名をあげ、「七里ヶ浜には小介多し」として石柏《いそひば》、ウミヘチマ、バレン、シホカセ、石帆《うみひば》などの名をあげている。これらの多くのものは『本草綱目啓蒙』には取り上げられておらず、蘭山の動物に関する知識を知る上で貴重なものである。翌二年（一八〇二）には紀伊半島の採薬を行い、その時の記録は『藤子南紀採薬志稿』によって知る事が出来るが、これにも鉄樹、海桧、亀脚、寄居虫、石蜐《えぼしがひ》、海ツビ、海花石、チリメン石、海牛《うみすずめ》、クモヒトデ、石蚕《みどりいし》、海松、海ツヅラ等、海産の腔腸動物、節足動物、棘皮動物の名前が数多く見られる。こうしたものの多くは当時は介類として取り扱われており、そうした品類だけを専門とする者も多く、中でも幕府旗本の武蔵石寿や、紀州の本草家畔田《くろだ》伴存（翠山）等が有名である。石寿は天保七年（一八三六）に『甲介群分品彙』を、一四年（一八四三）に『目八譜《もくはちふ》』を著し、翠山は弘化三年（一八四六）に『三千介図』を、嘉永二年（一八四九）頃に『介志』を著している。『目八譜』は約千種、『介志』は約二千種の貝類を図示、解説しているが、それらの中には海燕類、海樹類、異形類として棘皮動物、腔腸動物、海綿動物などが含まれている。

　こうした品類別の動物図譜としては、これより以前文化八年（一八一一）に完成した栗本昌蔵（瑞見）の『千虫譜』がある。この図譜も虫譜とあるが、現在の昆虫類だけとは限らず、蝙蝠（図314）、蛇、蝦、蝸牛、蚯蚓（図99）といった虫偏あるいは虫の字を含んだ動物を取り上げているが、これまで余り注目されなかった無脊椎動物にまで関心が向けられるようになった事を示している。瑞見はこのほか天保九年（一八三八）に魚類を取り上げた『皇和魚譜』を刊行している。魚類の専門書としては、これより先文化三年（一八〇六）に小林義兄の『湖魚考』、文政一〇年（一八二七）に畔田伴存の『水族志』、天保二年（一八三一）に武井周作の『魚鑑』などが知られている。またこの時期の鳥類の専門書としては文化五年（一八〇八）に佐藤中陵の『飼篭鳥』、天保元年（一八三〇）に島津重豪の『鳥名便覧』、水谷豊文（一八三三歿）の『水谷禽譜』などがある。特種なものとしては文化五年（一八〇八）に熊の胆の解説書『熊志』が難波義材により出版され、嘉永二年（一八四九）には人体の内部寄生虫を取り上げた喜田村直の『蛕志』が刊行されている。以上のほかこの時期に活躍した本草家に、畔田伴存の師であり小野蘭山の門下である小原桃洞、小野蘭山が去ったあと、京都の本草学を守った山本亡羊などがおり、桃洞の遺稿は『桃洞遺筆』として天保四年（一八三三）、嘉永三年（一八五〇）に刊行され、亡羊の著書は天保一〇年（一八三九）、弘化四年（一八四七）、嘉永六年（一八五三）に『百品考』として刊行されている。この間嘉永五年（一八五二）に江戸で高木春山が歿している。春山は動植物の一大図鑑『本草図説』の著者として知られている。『本草図説』は全二百冊に及ぶ彩色動植図譜であるが、すべてが写生図とは限らず、一部既存の図譜からの模写が含まれている。そうしたものの中にはカンガルー（図38）、アルマジロ、オポッサム等、これまで我が国で紹介されていなかったものも数多く見られる。

図38　カンガルーの図（本草図説）

（二）シーボルトの来日

文政六年（一八二三）八月、長崎出島のオランダ商館の医師としてシーボルトが来日している。以後彼は出島のオランダ人たちの健康管理に当る一方、日本人の診療も行い、翌七年（一八二四）には長崎近郊の鳴滝に塾を開いて日本人門弟の教育を行っている（図39）。シーボルトはこの塾に集まった門人たちを通じて日本各地の動・植・鉱物の収集に努め、また我が国の地理・風俗などについて学んでいる。九年（一八二六）正月、彼は商館長に随行して江戸参府の旅に出立したが、その往復の旅行記は「日本、日本とその隣国および保護国蝦夷・南千島列島・樺太・朝鮮・琉球諸島の記録集」の第二章に収められ、『江戸参府紀行』として訳出されている。シーボルトがこの旅行中に見聞した動物は哺乳類二九種、鳥類三三種、爬虫類二種、両生類三種、魚類二一種、昆虫類五種、甲殻類五種、軟体動物九種、棘皮動物二種、海綿動物一種の計一一〇種に上っている。それらの動物に関する記載のうち、興味のある事柄をあげると、「二月一九日（旧一月一三日）今日は一匹のカワウソが私のすぐ前から小川へ飛び込んだのでびっくりした。（中略）カワウソの皮はシナへの輸出品で、シナの商人はこれに四ないし六グルデン支払ふ」とある。カワウソが江戸時代に毛皮獣として捕獲されていた記録は他に見られない。「二月二一日（旧一月一五日）木屋瀬地方は平坦である。（中略）タカ狩や火器を用いる猟はたいていの地方の農民には禁止されている。それで彼らは網や縄やモチ棹を使ってこのやっかいな来客（ガン、カラス等）を待ち伏せる。（中略）ツルやペリカンやトキなどがとれることも珍しくない」と記している。ペリカンが我が国に飛来した記録は見られるが、今日考える以上にしばしば渡来していたものと思われる。「三月四日（旧一月二六日）九時過ぎ屋代島の東南端にある牛の首崎に上陸する。（中略）化石となった象の臼歯の、よく原型をとどめたものを発見した。（中略）小豆島ではしばしば化石した骨、疑いもなくマンモス象の骨が発見されるということである」。「三月二七日（旧二月一九日）ドクトル長安は私のために二、三日先行していた。それで私

図39　鳴滝塾の図（長崎大学蔵）

は彼の骨折でたくさんの山の植物と一匹の珍しいサンショウウオを手に入れた」。このサンショウウオはオオサンショウウオで、後にオランダに送られている。「四月四日（旧二月二七日）途中で異常な大きさのカニを見た。私はとくにシマカニの前脚を手に入れたが、前脚と体の比は一〇対一であって（中略）これによって推定すると、このカニは一五フィートの長さがあったことになる。私はまた最近捕えた一羽のアホウドリのメスを買った」とあるが、このカニはタカアシガニであり（図105）、アホウドリは現在は飛来しない。シーボルトは三月二五日に将軍に拝謁をすませ、七月七日に長崎に帰着している。彼は文政一一年（一八二八）まで六年半に及んで我が国に滞在し、その間に多くの門弟を養成すると共に、栗本昌蔵、水谷豊文、伊藤圭介、宇田川榕庵といった既成の本草学者と接触し、我が国の動植物学の近代化に大きな貢献をもたらした。滞日中に彼が収集した資料は、帰国直前にシーボルト事件を引き起こす程広範なものであったが、動物関係の標本は帰国後テミング、シュレーゲル、デ・ハーン等協力者の手によって『日本動物誌』としてまとめられている。

（三）外国産動物の船載

享和三年（一八〇三）に長崎に入港したアメリカ船にフタコブラクダが船載されていたが（本草啓蒙）、我が国と国交がなかったため上陸を許されず、そのまま持ち帰らされている（甲子夜話八―一四）。翌文化元年（一八〇四）には清船によって船載された鱧魚（タイワンドジョウ）七匹が将軍の観覧に供されたあと（桃洞遺筆）、吹上御園の池に放されている（巷街贅説）。二年（一八〇五）には唐船が金翅鳥（カワラヒワ）を船載し（長崎図巻）、三年（一八〇六）蘭船により食火鶏と風鳥（水谷禽譜）、四年（一八〇七）蘭船により猿（テナガザル）（長崎図巻）、五年（一八〇八）唐船により瑤琴（カケス）、百霊鳥（コウテンシ）（同上）、六年（一八〇九）蘭船により猨（テナガザル）（桃洞遺筆）、唐船により蝟（ハリネズミ）（長崎図巻）、九年（一八一二）唐船により沈香鳥（キンパラ）（同上）、砂糖鳥（外国異鳥図）、一〇年（一八一三）イギリス船により紅雀三羽、千鳥一羽、長生鳩三羽、緋音呼四羽、青音呼一羽、鸚鵡四羽、山猫一疋、象一疋が船載されたが（豊芥子日記）、国交がなかったため、帰国の際に載せ帰らされている（長崎志）。この年には他に五色音呼、青海音呼（外国異鳥図）、山猫（長崎図巻）が船載されている。一一年（一八一四）蘭船、麝香猫（同上）、五色音呼、錦鳩（外国異鳥図）、一二年（一八一五）唐船、紅音呼（唐蘭鳥獣）、一三年（一八一六）唐船、黄花鳥（キンパラ）（水谷禽譜）、鸚鵡（コバタン)、十姉妹(外国異鳥図)、洋八哥(シロガシラムクドリ)(長崎図巻)、一四年(一八一七)唐船、竹鶏(同上)、青音呼(外国異鳥図)、文政元年(一八一八)唐船、擅香鳥(シマノジコ)、紅音呼、黄鳥(同上)、二年(一八一九)唐船、綬雀(サンジャク)、認宅鳥(アトリ)、蘭船、ポルポラアト鳥(ホロホロチョウ)(長崎図巻)、黒猿(博物館獣譜)、三年(一八二〇)唐船、翠花鳥(ヤイロチョウ)、四祝鳥(シキチョウ)、小型類違紅音呼、類違紅音呼(外国異鳥図)、四年(一八二一)蘭船、駱駝牡牝(ヒトコブラクダ)(長崎図巻)、五年(一八二二)蘭船、ポルポラート雌雄(外国異鳥図)、八年(一八二五)蘭船、駝鳥(ヒクイドリ)(長崎図巻)、九年(一八二六)唐船、寿鶏鳥(ベニジュケイ)、沈香鳥(キンパラ)、黄頭青音呼(外国異鳥図)、一〇年(一八二七)唐船、紅音呼(同上)、朝鮮国より虎二疋(ヒョウ)(泰平年表)、一一年(一八二八)蘭船、碧鳥、鸚鵡(コバタン)(外国異鳥図)、錦鳩(唐蘭鳥獣)、一二年(一八二九)唐船、類違碧鳥(外国異鳥図)、天保元年(一八三〇)蘭船、ピルポタート(同上)、二年(一八三一)蘭船、麝香猫(長崎図巻)、三年(一八三二)蘭船、山あらし二頭、コロンホーゴル(カンムリバト)(同上)、唐船、類違音呼(外国異鳥図)、四年(一八三三)蘭船、小形の鹿一疋、ロイアアルド(ドウケザル)一疋、麝香猫五疋、音呼類一〇羽、十姉妹六篭、鳩二篭、エイキホールン(リス)一疋、黒猿二疋、山猫之類一疋、鸚鵡類八羽、文鳥四篭、猿六疋、九官之類(甲子夜話続篇九七―七)、五年(一八三四)蘭船、獏、麝香猫、砂糖鳥(天保雑記)、テンポンチイ(咬嚼吧鶏)(長崎図巻)、類違大音呼(唐蘭鳥獣)、六年(一八三五)蘭船、コロブレチース鳥(キンカチョウ)(長崎図巻)、対馬国人、驢馬二疋(天保雑記)、七年(一八三六)蘭船、火喰鳥(見世物雑志)、一角(イッカククジラ)生魚(武江年表)、八年(一八三七)唐船、類違音呼(唐蘭鳥獣)、九年(一八三八)蘭船、ヤマアラシ(山嵐図)、一〇年(一八三九)唐船、和春鳥(クロウタドリ)(長崎図巻)、紅雀(唐蘭鳥獣)、一四年(一八四三)蘭船、小兎(ギニアピッグ)(鐘奇斉日々雑記)、弘化元年(一八四四)唐船、嶋鶫(同上)、二年(一八四九)唐船、珊瑚鳥(珊瑚鳥図)、嶋鶫(唐蘭鳥獣)、三年(一八五〇)唐船、嶋鶫、洋八哥(ギンムクドリ)、黄鳥、天雀鳥(同上)、五年(一八五二)唐船、紅遁鳥(ダルマエナガ)(同上)、万延元年(一八六〇)蘭船、豹(見世物研究)、文久元年(一八六一)蘭船、虎(武江年表)、二年(一八六二)米船牝象(横浜沿革史)、三年(一八六三)米船、ウサギウマ、ヤギ(博物館獣譜)、慶応元年(一八六五)英船?・獅子(慶応漫録)、二年(一八六六)米船、乳牛(ヤング・ジャパン)、三年(一八六七)ナポレオン三世よりアラビア馬二六頭が贈られ(明治文化史)、田中芳男がフランスから蛭、ホロホロチョウを持ち帰っている(物産年表)。

『長崎渡来鳥獣図巻』には先に引用したもののほかに、渡来年の記されていないものが多数含まれている。それらの名称だけをあげると、青鶏、ケレップハーン(ウズラ)、尾長雉子、黄雀、寒露鳥(オオモズ)、黄頭鳥(セリンまたはコシジロカナリア)、水駱駝(?)、白頭鳥(ソデグロムクドリ)、白八哥鳥、紫棟鳥(サンコウチョウ)、提壺鳥(?)、鴛鴦、半翅鳥(ヤマウズラ)、雲雀、金銭鳥(ハイイロコクジャク)、珊瑚鳥、骨頂(バン)、国公鳥(ハイバネツグミまたはコクマルカラス)、花黄燕(ベニサンショウクイ雌)、南牛鶴(ミフウズラ)、青鷴(チゴハヤブサ)、水喜鵲(セイタカシギ)、信鳥(クロツグミ)、叫天子(カンムリヒバリ)、田洞鶏(ツルクイナ)、珠頂紅(ベニヒワ)、靠山紅(アカマシコ)、雙喜鳥(エンビシキチョウ)、鶺鴒、冠鴨(ツクシガモ)、四喜(シキチョウ)、海南鶏(セイケイ)、石青鳥(ウスグロカラスモドキ)、建華鴨(コアジサシ)、黄道眉(ミヤマホオジロ)、竹葉鳥(ムシクイ類)、槐串鳥(?)、花紅燕(ベニサンショウクイ雄)、山火燕(コルリ)などがあり、この時期さらに多くの種類の動物が舶載されたものと思われる。

(四) 動物の見世物

前記の舶載動物の一部のものは幕府に納められているが、その多くは見世物師の手に渡り、国内各地で捕えられた珍禽奇獣と共に見世物になっている。享和元年(一八〇一)には大阪で白猪(蒹葭堂日記)、京都でバサル(山羊)(博物年表)、二年(一八〇二)大阪で白蛇(摂陽年鑑)、三年(一八〇三)名古屋で畳二畳の大蛸(見世物研究)、文化五年(一八〇八)江戸両国で海鹿(街談文々集要)、六年(一八〇九)名古屋大須で白牛とインコ(猿猴庵日記)、七年(一八一〇)名古屋で猿猴、同じく広小路で尻の穴二つ、尾二本の犬(同上)、八年(一八一一)大阪道頓堀で熊の子と犬の芸(摂陽年鑑)、九年(一八一二)大阪で湯の中の鮒(同上)、名古屋で赤鯉、湯の中の鮒、六足の馬(猿猴庵日記)、一〇年(一八一三)名古屋でカブトガニ(同上)、一二年(一八一五)名古屋で寒号鳥(オオコウモリ)の曲芸(同上)、一三年(一八一六)これも名古屋大須で三足の鶏と麝香猫(同上)、文政元年(一八一八)名古屋広小路で狼の見世物があり、見物の目前で犬の仔を食わせて見せている(同上)。二年(一八一九)名古屋でアシカ、猿の曲芸、貝龍(オオサンショウウオ)(見世物研究)、三年(一八二〇)には同じく名古屋でオランダ目鏡(顕微鏡か)でいろいろの虫を見せている（同上）。四年（一八二一）大阪で水豹（アザラシ）、魚虎（ハリセンボンか）、白鹿（摂陽年鑑）。六年（一八二三）には大阪難波新地で鯨と捕鯨器具、水豹、ハルシャ産の駱駝二疋（同上）を見せているが、この駱駝はこのあと京都でも見世物になっている（図40）。この年名古屋では天竺の黒猿猴と唐鳥の見世物（見世物雑志）。七年（一八二四）には江戸両国橋で上記の駱駝二疋が見世物となり（甲子夜話）、堤它山が『槖駄《たくだ》考』を著している。この駱駝はこのあと九年（一八二六）に名古屋でも見世物になっている（見世物雑志）。一〇年（一八二七）には大阪で再び水豹と双頭の馬（摂陽年鑑）、名古屋ではウンギョと名付けたカブトガニと猪《い》の熊《くま》、また恐らく大阪で見世物になった双頭の馬であろう二面三眼の馬が見世物になっており（見世物雑志）、一一年（一八二八）には名古屋でオオサンショウウオが見世物になっている（同上）。

図40　ヒトコブラクダの図（雲錦随筆）

天保元年（一八三〇）四月八日に名古屋清寿院で豹の見世物が催されている（同上）。この豹は文政九年（一八二六）秋に朝鮮の慶尚道で捕えられた二疋のうちの一疋で（甲子夜話続篇二二―一五）（図339）、最初のものは文政一〇年（一八二七）六月に舶載されたが（泰平年表）、九州巡業中に死亡している。そのため一一年（一八二八）一二月に再度持ち渡られた残りの一疋で、西国地方を巡業した後名古屋に来たものと思われる。『桃洞遺筆』は「其年（一八三〇）の四月、京摂の間にて観物に備ふ。六月伊勢に到る、（中略）七月に至りて斃る」と記しているので、名古屋での興行は五月ではあるまいか。天保三年（一八三二）越後で白い子熊（北越雪譜）、名古屋で人魚の干物（見世物雑志）、四年（一八三三）江戸で駱駝（巷街贅説）、名古屋で海獺（見世物雑志）と海蛇（見世物研究)、大阪でヤマアラシ(同上)、五年(一八三四)名古屋でヤマアラシ(見世物雑志)、六年(一八三五)名古屋で犬と猿の曲芸(同上)、七年(一八三六)浅草で戯馬が興行されている(江木鰐水日記)。戯馬は馬芝居とも呼ばれ、本物の馬に乗って演じる芝居で、江戸末期から明治初期にかけて短期間行われたものである(馬芝居の研究)。このほか江戸御蔵前では正覚坊(オサガメ)(見世物研究)、名古屋で白猿鳥(ムササビ)と双首蛇の見世物が開かれている(見世物雑志)。八年(一八三七)名古屋で駄鳥(ヒクイドリ)(同上)、江戸では山ガラの芸が披露されている(甲子夜話三篇三四—二)。九年(一八三八)江戸では相州辻堂で捕えられたアザラシ(見世物研究)、京都でヒクイドリ(百品考)。一一年(一八四〇)にも京都で駝鳥(ヒクイドリ)(本草啓蒙)。一二年(一八四一)浅草奥山で驢馬の見世物が興行されたあと(武江年表)、しばらく動物の見世物の記事は見られなくなる。

弘化三年(一八四六)小石川伝通院で大貉の見世物が開かれているが(見世物研究)、これは数日前小石川小日向台町で捕えられたものであろう(藤岡屋日記)。四年(一八四七)浅草でヤールホゴル(サイチョウ)とジャコウネコの見世物があり(品物考証)、翌嘉永元年(一八四八)には浅草奥山で犬と猿の曲芸が行われている(見世物研究)。四年(一八五一)には江戸大井海岸に上った小鯨が浅草で見世物となり(武江年表)、西両国では虎(ツシマヤマネコ)が見世物となっている(藤岡屋日記)。六年(一八五三)には上総国で捕れた大烏賊が見世物になり(同上)、安政二年(一八五五)には足八本、尾二つの牡牝の仔犬が見世物になっている(同上)。万延元年(一八六〇)横浜に舶載された豹は将軍の上覧後(武江年表)、西両国で見世物となり(見世物研究)、加藤良白が『観虎記』を著している。文久元年(一八六一)浅草でチャウェイ(山羊か)、麹町で虎の見世物が興行され、柳亭種彦が『虎豹童《こひょうどう》子問《しもん》』を著しているが(武江年表)、この年(一八六一)一〇月に江戸市中での猛獣の見世物は禁止されている(藤岡屋日記)。二年(一八六二)大阪で豹の見世物(見世物研究)、三年(一八六三)江戸で駱駝(フタコブラクダ)の見世物のあと、前年に舶載された小象が見世物となっている(武江年表)。この象であろう慶応元年(一八六五)には伊勢古市で(慶応新聞紙)、二年(一八六六)には京都で虎と一緒に見世物になっている(今日抄)。またこの虎であろうか、元治元年(一八六四)に和歌山で虎の見世物の評判が立っている(小梅日記)。慶応元年(一八六五)横浜に舶載されたライオンの牝は、浅草に運ばれたあと(慶応漫録)、翌二年(一八六六)に芝白金で見世物になっている(博物年表)。

（五）動物に関するその他の出来事

平安時代に始まる宮中の年中行事のうち、江戸末期まで伝承されたものは多いが、動物に関係したものとしては、正月七日の白馬の節会、正月一七日の鶴の庖丁、三月三日の闘鶏などがあげられる。『公卿補任』の慶応二年（一八六六）一月七日の条に「白馬節会」とあり、翌三年（一八六七）は孝明天皇の諒闇年のため行われず、翌々明治元年（一八六八）は「三節会、思食《おぼしめし》に依り之れを止めらる」とあるので、慶応二年（一八六六）を最後として、長く続いた行事に幕が引かれた事となる。一月一七日の鶴の庖丁は舞楽御覧に伴う行事で、将軍が年末に行った鶴の御成りで得た鶴を料理する儀式であり、三月三日の闘鶏と共に幕末まで続いている。このほか宮中の遊戯について勢田章甫は『思ひの侭の記』の中で、孝明天皇が「御幼少の比よりの御遊戯は御歌がるた、囲碁、将棋、いか、双六、貝合、云々」と、貝合せが幕末まで宮中で行われていた事を記している。また安政二年（一八五五）に新造の内裏に孝明天皇が遷幸された際には、黄牛二頭を引いて御移徙《わたまし》の儀が取り行われている。次に幕府の行事について見てみると、元日の兎の羹は幕末まで続けられたものと思われ、天保四年（一八三三）一月八日の『馬琴日記』に「杉浦氏継母より、御本丸御吉例の兎肉残、相沢氏より得候よしにて、少許、被贈之」と記されている。将軍の鷹狩も引き続いて年に数回は行われているが、その獲物は減少の一途をたどり、文化一一年（一八一四）の『餌鳥会所記録』は「近々王子筋へ御成の御沙汰に付、例の通り鶉三拾羽程用意す可き旨、仰せ聞せられ候」と記し、将軍の放鷹に先立って獲物の鳥が用意されていた事を示している。こうした状況はさらに進み、幕末の『内安録』には「内府様冬鳥御成の節、御土産被進に替り鯉を被進候に、鯉金魚は夏期のものなるを、冬鳥御成に被進は御不都合なるもの也、（中略）とて今度大納言様（家定）被進のものは、其処の畑に生したる草花なとを可被進との御意にて、云々」と放鷹の御土産として草花が用いられるようになった事を記している。将軍家の放鷹は慶応二年（一八六六）に鷹の献上が廃止され、三年（一八六七）に「御拳場御鷹捉場共、当分御用之れ無き旨」（禁令考一五九五）と触れ出されて終了している。一方小金原で行われて来た鹿狩は嘉永二年（一八四九）に再興され、その時の獲物は『巷街贅説《こうがいぜいせつ》』によると猪九七、鹿一八、兎一二九、狸五、狢三の総計二五二疋に上っているが、『き、のまにまに』嘉永元年（一八四八）四月の条に「此頃常陸の眞壁吾妻辺に、来年し、狩の設け、御郡代より申付有て野猪を生捕、其あたりの村に狩出して二疋得たり、一疋の価金五両と云、奥州の方までも捜索して捕しむと云り」とあるので、上記の獲物は予め用意されていたものと思われる。室町時代に隆盛を誇った犬追物は、その後薩摩藩の島津家で伝承されて来たが、文政一二年(一八二九)一一月七日に三上侯の邸内で催され、『後松日記』は「この江戸にては、正保(一六四六—四七)に島津家にて射させ給ひしよりこなた二百年も絶ぬる事を、三上の君の馬場にて射たるや、誠に再興の始なるべし」と記している。この時の犬追物の模様は『甲子夜話続篇』五〇—七にも詳しく記されている。犬追物はこのあと天保一三年(一八四二)(慊堂日暦、藤岡屋日記)、嘉永三年(一八五〇)、六年(一八五三)と江戸城内の吹上馬場で催され、安政二年(一八五五)に設立された講武所では正規の武芸の教科として取り上げられているが、文久二年(一八六二)に廃止されている。

このほか幕府の行って来た事業に牛馬の繁殖がある。幕府直轄の牛馬牧は安房、上総、下総が中心であったが、文化元年(一八〇四)(日本馬制史)または二年(一八〇五)(大日本農政史類編)に北海道の有珠に馬牧が開設され、安政四年(一八五七)には亀田で馬市が開かれるまでに発展し(明治文化史)、万延元年(一八六〇)の英仏軍の北京攻略の際には北海道産の馬が大量に軍馬として購入されている(匏庵《ほうあん》遺稿)。

一方牛については、幕府による嶺岡牧での白牛酪の製造販売に続いて、水戸藩でも天保一四年(一八四三)に養牛場を設けて酥酪の製造を開始し(大日本農政史類編)、横浜開港後、文久三年(一八六三)には横浜太田町に牛乳搾取所が開かれ、慶応元年(一八六五)には江戸雉橋内に厩舎が設けられて酪の製造を始めている(明治事物起源)。しかしこの時期に幕府が最も力を入れたのは綿羊の牧養で、寛政一二年(一八〇〇)に「幕府、羊を長崎奉行所に畜う」(物産年表)とあるのを始めとして、『大日本農政史類編』は文化年間(一八〇四—一七)に「綿羊を支那に求め、江戸巣鴨の薬園に牧養せしむ」としている。これは幕府奥詰医師の澁江長伯の建白によるもので、「後年漸次蕃殖して三百余頭に至り、年々二次毛を剪し官に納め、官之を浜の薬園にある織殿に下し、絨布を織らしめたり」と記されている。この巣鴨薬園の綿羊については『古今要覧稿』、『宝暦現来集』にも取り上げられている。このあと嘉永五年(一八五二)に栗本匏庵が幕命によって函館に渡って綿羊放牧の任にあたり(博物年表)、安政元年(一八五四)には綿羊四〇頭程が函館で試養されている(大日本農政史類編)。

この時期には愛玩用の動物の飼育も盛んで、文化元年(一八〇四)の『杉田玄白日記』には「秋葉鶯会」の模様について記されている。鶯会とは昔の鶯合せで、鶯の鳴声を競う愛鳥家の会合の事である。『甲子夜話三篇』一三―四に天保六年(一八三五)に同じ本所秋葉で催された鶯会の様子が詳しく記されている。『武江年表』も天保年間の記事として「皇朝鶯を弄ぶ事いにしへよりかはらず。然るに近年殊に盛にして、養ふ事も次第にたくみになり、云々」と記している。この時期に鶯の飼育が流行した事は文政元年(一八一八)に『養鶯弁』、弘化二年(一八四五)に『春鳥談』、嘉永二年(一八四九)に『鶯飼様口傳書』といった鶯飼育の専門書が相次いで出版されている事からも伺える。飼育に習熟したのは鶯ばかりでなく、輸入鳥のカナリアも同様で、滝沢馬琴は『馬琴日記』の中でしばしば繁殖に成功した事を記している。一方この時期には雀合戦の記事も頻繁に見られ、文化五年(一八〇八)の『藤岡屋日記』を始めとして、文政七年(一八二四)には椋鳥との喰合い(宮川舎漫筆)、天保二年(一八三一)(全楽堂日録)、三年(一八三二)(兎園小説)、四年(一八三三)(燕居雑話)、文久三年(一八六三)(武江年表)、慶応元年(一八六五)(同上)と雀合戦の記事が続いている。また珍鳥も飛来し文化六年(一八〇九)には熱田沖でエトピリカが捕獲され(水谷禽譜)、嘉永五年(一八五二)には京都でエトロフウミスズメが捕えられている(本草写生図譜)。

獣肉食は我が国では仏教の戒律によって禁止され、神道でも一部のものを除いてこれを穢《けがれ》として来たが、一方に於て薬餌と呼んで嗜まれて来た事も事実である。獣肉食の先進地は言うまでもなくこの時代に海外と流通していた長崎で、江戸時代後期末の天明八年(一七八八)に長崎を訪れた司馬江漢は、『江漢西遊日記』の中で「十月二十六日宿へ帰りて牛の生肉を食ふ。味ひ鴨の如し」。「十一月六日倚子により、ヤギ、小鳥を焼て、ボウトルを付食ふ」。「十一月十四日ブタを煮て夜食を出す。至うまし」等と記している。一方江戸でも『神代《かみよの》余波《なごり》』は「明和、安永の頃は、猪、鹿の類を喰ふ人稀也。(中略)天明、寛政の頃より、や、よろしき人もかつかつくふ事となりて、今日は自慢としてほこれり」と記し、石原正明も『年々随筆』の中で「今は江戸などにては、いむべきものともなきがごとし、正明が故郷(尾張)にては、下《げ》すはいまず。しかあるべき人はをさをさくはぬ事なりしを、十年ばかり何となくくふ人おほくなりて、云々」と、江戸ばかりでなく、名古屋でも人々が獣肉を食べるようになった事を記している。これらは猪鹿その他の野獣の肉の事であるが、文政年間(一八一八―二九)に入ると、江戸でも牛豚肉が食べられるようになり、『慊堂日暦』文政七年(一八二四)四月二九日の日記には「豚羹を食す」とあり、八月二九日には鹿肉、牛肉を贈られた事を記している。このほか一一年(一八二八)一月一八日には渡辺華山を豚肉でもてなした事を記しているが、その渡辺華山も天保八年(一八三七)一月一一日には松崎慊堂に牛肉を贈っている。これより以前天保三年(一八三二)一〇月二五日の『慊堂日暦』は「牛天神祠下にいたれば、すこし飢え、肉舗に就き飯肉を進む」と肉を食べさせる店の出来た事を記している。慊堂よりやや後の福山藩の儒者、江木鰐水《がくすい》は『江木鰐水日記』天保八年(一八三七)二月初旬の日記で、地元の福山から牛肉の味噌漬が届いた事を記している。牛肉の味噌漬は彦根藩が有名で、天明年間(一七八一—八九)に作り始め、嘉永(一八四八—五三)にかけて将軍家にも献上され(彦根市史)、冬期には日々五〇頭の牛が屠殺されたといわれている(滋賀県の畜牛)。このほか幕末の開国論者佐久間象山も牛肉を贈られた事を記し(象山全集)、和歌山の川合小梅も『小梅日記』嘉永二年(一八四九)一一月二八日ほかに牛肉を贈られたり、食べた事を記している。こうした牛豚肉を含めた肉食について『松屋筆記』九七—五八は「いづれも蘭学者流に起れる弊風也」としているが、ここにあげた日記類からも明らかなように、儒学者の間でも広く食べられていた事がわかる。

江戸末期の獣肉店については『嬉遊笑覧』、『江戸繁昌記』、『守貞漫稿』などに取り上げられており、『江戸繁昌記』は「其の獣は則ち猪・鹿・狐・兎・水狗《かはおそ》・毛狗《おおかみ》・子路《くま》・九尾羊《かもしか》等の物、倚疊して有り」と、当時食べられていた獣の名をあげている。幕末に来日したアンベールは『アンベール幕末日本図絵』の中で挿絵入りで獣肉店を紹介し(図41)、フォーチュンは『江戸と北京』の中で「通りすがりに肉屋も目にとまった。(中略)しかし実際には日本人は、われわれがするように、牡牛を殺したり食べたりしないから、それらの店では牛肉は目に入らなかった」と記しているので、牛豚の肉はこうした獣肉店では扱われていなかったものと思われる。牛肉屋の開店した記録は安政六年(一八五九)の横浜開港以後の事で、文久二年(一八六二)一一月に「伊勢熊、横浜住吉町で牛鍋屋を開業す」(明治事物起原)とあるのが最初であろうか。一方屠殺場は万延元年(一八六〇)に長崎に外国人屠殺場が開設されたのに続いて(オランダ領事の幕末維新)、慶応二年(一八六六)に横浜山手屠殺場(明治事物起原)と府下今里村に外人旅館用の屠牛場が(明治風俗史)、翌三年(一八六七)には芝白金に中川嘉兵衛の屠牛場が開設され(明治事物起原)、中川は高輪のイギリス館波止場わきに牛肉店、中川屋を開店している(万国新聞紙)。この店は繁盛したものと見え、この年一二月には柳原にも出店を出している(同上)。

図41　江戸の獣肉店（アンベール幕末日本図絵）

最後にこの時期に出版された書物は、これまでに引用したものを除いて天明五年（一七八五年）に『鯛百珍料理秘密箱』といった鯛料理の本に続いて、寛政七年（一七九五）には『海鰻《はも》百珍』が出されている。次いで享和三年（一八〇三）には上垣守国の『養蚕秘録』（図123）、文化五年（一八〇八）には馬の去勢法を紹介した大槻玄沢の『扇馬訳説』が翻訳されている。続いて文政七年（一八二四）に岩崎常正の『武江産物志』、八年（一八二五）に黒田斉清の『鷲経』、九年（一八二六）に大蔵永常の『除蝗録』、一〇年（一八二七）に佐藤信淵の『経済要略』、一二年（一八二九）小山田与清の『勇魚取絵詞』、天保元年（一八三〇）に伴信友の『動植名彙』と加屋敬の『河豚談』、四年（一八三三）城東漁夫の『魚猟手引』、一四年（一八四三）畔田伴存の『古名録』、弘化元年（一八四四）大蔵永常の『広益国産考』、嘉永二年（一八四九）青苔園主人の『魚貝能毒品物図考』、安政四年（一八五七）嚢虫庵花翁の『蛇品』、慶応二年（一八六六）福沢諭吉の『西洋事情』と多方面にわたって数々の名著が出版されている。

第二部　動物別通史

第一章　原生動物

原生動物はその体が単一の細胞から成立っている運動性を持った生物で、多くのものは肉眼で識別する事が出来ない。したがってその存在が認められるようになったのは、顕微鏡が発明された一七世紀以降の事で、動物の一員として分類されるようになったのは、我が国の博物学の発展に大きな貢献をもたらしたシーボルトの叔父、テオドール・エルンスト・フォン・シーボルトの一八四五年（弘化二年）の著書が最初とされている。我が国で顕微鏡が使用されるようになったのは江戸中期以降の事で、後藤梨春は『紅毛談《おらんだばなし》』の中でクモの肢、ヒトの毛髪を顕微鏡で観察した事を記し、森島中良は『紅毛雑話』に顕微鏡を用いて観察した動植物の図を載せている（図114・120）。ただそれらは従来小さいとされて来たものの拡大図にすぎず、新しい生物種の発見には至っていない。また中良の兄桂川甫周は文化二年（一八〇五）に「顕微鏡用法」を著しているが、実際に顕微鏡を用いて観察した記録は残されていない。その後『千虫譜』にも数種の昆虫の顕微鏡図が描かれているが、これも拡大図にすぎない（図120・134・140）。しかしこれより先、橘南谿は長崎の吉雄耕牛を訪れ、『西遊記続編』五—八四「奇器（オランダ）」の中で「又、虫眼鏡のいたりて細微なるは、わずか一滴の水を針の先に付けて見るに、清浄水の中に種々異形異類の虫ありて、いまだ世界に見ざる処の生類遊行したり。云々」と記し、また『甲子夜話続篇』九七—八も吉雄家所蔵の顕微像映器を見た者の聞書として、「水を一滴いれて窺ひしに僅に一滴の水中、虫多きこと無数。各五六寸にして游泳す。其鮮微の明かなる、大《おお》率《むね》斯如しと」と記している。この水中の虫は恐らく原生動物の繊毛虫あるいは鞭毛虫と思われるが、もしそれが事実とすると、我が国における原生動物に関する最初の記述という事になる。このあと天保八年（一八三七）に訳出された宇田川榕庵の『舎密開宗《せいみかいそう》』には水中の原生動物の図が載っている（図42）。以上のほか原生動物の中には病原性を持ったものや、

図42　水中の原生動物
（舎密開宗）

特種な性質をもったものがあり、そうした特性からその存在が知られて来たものがある。

一、マラリア病原虫

マラリア病原虫は原生動物の胞子虫類に属し、マラリアを引き起す病原体として知られている。マラリアは古くは瘧《おこり》と呼ばれ、『律令』医疾令に「典薬寮、才毎に、傷寒、時気《じけ》、瘧《ぎゃく》、利、傷中、金創、諸の雑薬を量り合せて以て療治に擬せよ」とあるので、奈良時代にはすでに知られていた事がわかる。『倭名類聚抄』は瘧病として説文を引用し「瘧（俗に衣《え》夜美《やみ》と云ひ、一に和良波夜美《わらはやみ》と云ふ）寒熱並に作る、二日一発之病也」としている。『源氏物語』賢木の段には「わらはやみに、久しう悩み給ひて、云々」とあり、『堤中納言物語』の「虫めづる姫君」には「又蝶はとらふれば、わらは病せさすなり」とある。マラリアの原因をその媒介者であるハマダラカと時期を同じくして発生する蝶に求めているのは興味深い。『本朝世紀』は康治二年（一一四三）に藤原忠実が、久安七年（一一五一）には藤原頼長が瘧病を患った事を記し、貞成親王は応永二四年（一四一七）九月五日の『看聞御記《かんもんぎょき》』で「瘧病発日也。退蔵僧秘術有る之由申し之れを落さ令む。云々」と記している。『医心方』を始めとして、各種の医書にその治療法が記されているが、特効薬のキナが用いられるようになるのは明治以降の事である。

二、ヤコウチュウ　夜光虫

ヤコウチュウは鞭毛虫類に属する原生動物で、赤潮の発生要因の一つにあげられている。赤潮は古く天平三年（七三一）六月の『続日本紀』に「紀伊国阿氏郡、海水変じて血色の如し」とあるのを最初として、『吾妻鏡』の建保四年（一二一六）、寛元五年（一二四七）、建長四年（一二五二）に記されており、『明月記』にも嘉禄元年（一二二五）、天福二年（一二三四）と鎌倉時代に集中して記録されている。これは赤潮が血の色に似ている所から凶事の前兆として記載されたものと思われる。江戸時代に入って『大和本草』は赤潮を苦潮《にがしお》として「六七月極暑ノ時ニアリ、雨水、海ニ入テ後、旱ノ暑熱ニ逢テクサリ、味変シテ苦クナル。云々」とその原因を記している。一方ヤコウチュウは、その名が示す通り光を発する事からも知られており、古く『日本書紀』神代上に「時に神《あや》しき光海に照して、云々」とあり、貞応二年（一二二三）の『海道記』は「磐をうつ夜の浪は千光の火を出し、云々」と記している。こうした発光現象についても『大和本草』は「夜有レ光物ノ類」として「海潮夜之レヲ挙レハ光アリ」と記している。赤潮と発光との関係について『想山著聞奇集』は能登国珠洲の出来事を取り上げ、「享保一四年（一七二九）の十二月廿八日、海上十四五里四方一面に赤く成り、夜に入りて五時よりは別して強く、赤気天に至り、国中白書のごとくに成り、云々」と記しているが、両者が共通の原因によるものである事には気付いていない。ヨーロッパでヤコウチュウが発光する事に気付いたのは一七一七年の事であるが、我が国で夜光虫という名称を用いて、それが微生物によるものである事を指摘したのは、先にあげた宇田川榕庵の翻訳書『舎密開宗』で、一九世紀も半ば近くになってからの事である。同書は「夜中ニハ船底ノ龍骨ヲ見ルト云。夏月南東ノ風ノ時ハ殊ニ熾ナリ。試ニ潮一吊桶ヲ汲テ漉シ、一滴ヲ玻璃板ニ瀝シテ、精巧顕微鏡ニテ窺ヘハ、三種ノ細虫ヲ見ル。第一図ノ如シ。又稍大ナル夜光虫ノ類多シ。多識ノ書ニ出」と記し、図を付している（図42）。ただしその図に示されているのは、ラッパムシと思われる繊毛虫と、鞭毛虫様の原生動物で、ヤコウチュウは描かれていない。

第二章　海綿動物

一、カイメン類　海綿類

カイメン類は体が複数の細胞で構成されている後生動物の中では最も下等な動物で、自由に運動する事が出来ず他物に付着するか、根毛によって砂や泥の中に直立している。その名が示すように海産のものが大部分であるが、淡水産のものもある。新井白石は『白石先生紳書』の中で、「先生に海綿と申物の事を尋申ければ、能登の国より出で侍る某、童稚の時より手習ふ硯に入てあれば、墨汁をよくふくむよし、北国より来る由仰有」と記しているが、それが動物であるという事はもとより、生物であるという認識も持っていなかった事は明らかである。一方、安永四年（一七七五）に来日したツュンベリーは、その著『ツンベルグ日本紀行』の中で、「日本に於てなしたる動物学的観察」の一つとしてウミワタを取り上げているので、それが動物である事を承知していたのは明らかである。続いて寛政三年（一七九一）幕命によって伊豆諸島を巡航した田村元長は、『豆州諸島物産図説』の中で「海綿《うみわた》諸島皆之れ有り、土名海ヘチマと云、其形色数品あり、質も亦硬きもの有り軟なる者あり、嘗て紅毛人之れを以て瘡瘍の膿水を拭ふの具とす」として九種類のカイメンの図を載せている（図43）。海ヘチマについては、享和元年（一八〇一）これも幕命によって甲斐国から伊豆・相模国を採薬した小野蘭山が鎌倉の七里ヶ浜で観察している（甲駿豆相採薬記）。海ヘチマは俗称トンビノハカマとも呼ばれている我が国で普通に見られるカイメンの一種で、『介志』は巻十の「海樹類」で「海ワタ、ヘチマ」として取り上げ、『本草写生図譜』も「海ヘチマ一種」として図を載せている。文政九年（一八二六）に参府のため江戸に到着したシーボルトは、品川から宿舎の長崎屋までの間で、左右の商店に並んでいる商品の一つとして海綿をあげているが（江戸参府紀行）、これは植物のヘチマの繊維を見誤ったのではあるまいか。

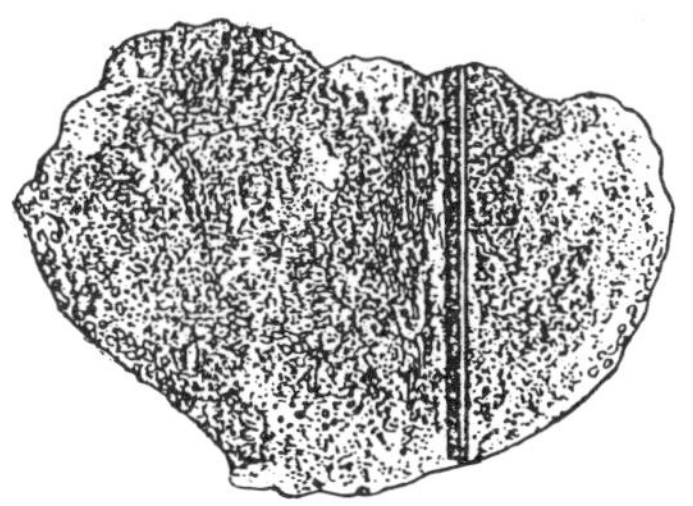

図43　トゥナスカイメンの類
（豆州諸島物産図説）

二、カイロウドウケツ（付ホッスガイ）

偕老同穴（払子介）

カイロウドウケツは深海産のガラス海綿の一種で、中にエビが共生している事がある。偕老同穴という名前は、そのエビに由来するもので、「詩経」の「君子偕老」、「死則同穴」から、生きては共に老い、死んでは（墓）穴を同じくするという夫婦の契りを表現した言葉である。『千虫譜』は「海老同穴又海ヘチマハ長州侯領分長州清末海中所産ニシテ其地ノ方言ナリ。蝲蛄《サリカニ》ノ異品ニシテ雌雄一所ニ居テ巣ノ上下ニ竅アリテ出入ス。故ニ此称アリ云々」と記し、図を付している（図44）。江戸時代には中のエビの事を偕老同穴エビと呼び、本体の海綿はそのエビの作った巣と考えられていたものと思われる。ただし『千虫譜』は付記として「或云海中ニ此物生ジテ後ニエビ雌雄来リテ寄居シテ我室トス。此エビヲ寄生蝦ト云フ」とも記している。なおカイロウドウケツと同じ深海産のガラス海綿に属するホッスガイは、天保一四年（一八四

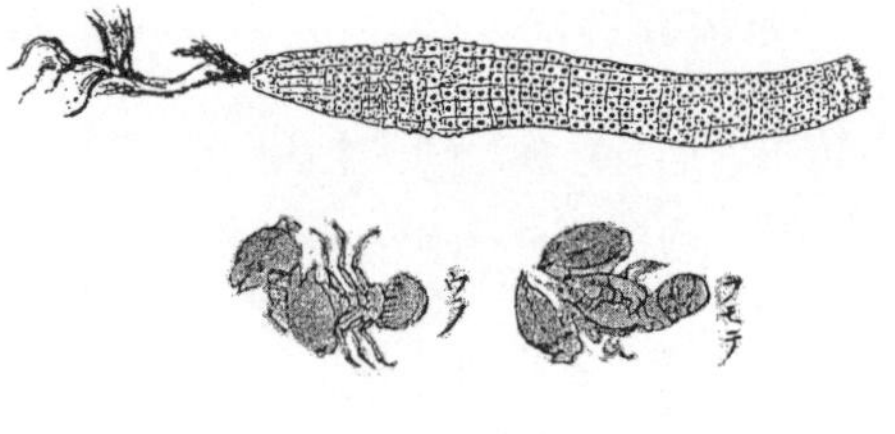

図44　カイロウドウケツとドウケツエビ（千虫譜）

三)の京都読書室物産会に出品されており(百品考)、畔田伴存は『熊野物産初志』の中で「ホッス介。富田ノ洋中ニ産ス。初メ筒ヲナシ笛管ノ如シ。介泥色也。破レハ内ニ白色天蚕糸ノ如キ透明ナル毛聚レリ。脆クシテ砕ケ易シ」と記し、同じ著者の『介志』は「ホッス介。白色透明、馬尾ノ如ク、尺余。一根ニ叢レリ。本ニ褐色綿ノ如キ皮アリ」として繊維を束ねたような図を付している。これらの解説及び払子介という名前から判断すると、江戸期には完全な形のホッスガイは採集されていなかったのではあるまいか。

なお明治六年(一八七三)に来日し、三〇年以上にわたって我が国で語学教師をつとめたチェンバレンは『日本事物誌[2]』の中で、「日本には多くの珍しくて美しい物があるが、中でも、もっとも珍しくて美しい物は『ガラス海綿』(払子介)であって、その絹糸を捲いたような貝は、江の島の土産物屋を飾っている」と絶賛し、明治一〇年(一八七七)に江の島に臨海実験所を開設したモースも『日本その日その日[1]』の中で実験室の内部の様子を記し、「その上の棚には素晴しい六放海綿(ほっすがい科)を、いくつか入れた箱がのっている」としてその図を載せている。

三、タンスイカイメン　淡水海綿、紫稍花

タンスイカイメンは淡水に生息するカイメン類で、冬の間、体内に無数の芽球を生じ、一見魚卵のように見えるものがある。こうした状態のものを中国では紫稍花《しそうか》と呼んでいる。『本草綱目』は紫稍花を鱗部に入れており、弔という蛇頭亀身の動物の精としている。『本草綱目』を我が国に紹介した『多識編』も「弔、多豆乃加伊古《たつのかひこ》(異名)吉弔、紫稍花」と、龍の卵としている。『物類品隲』も鱗部で紫稍花を取り上げ、「近江湖水中産。方言カニクソト云。蘆竹、枝上ニ着状蒲槌《ガマノホ》ノゴトクニシテ灰色ナリ。(中略)銭大用活幼全書ニ云。紫稍花即チ湖沢中鯉魚卵ヲ竹木上ニ生ス是也」と記し、鯉の卵としている。『本草綱目啓蒙』は鱗之一で「弔」を「詳ならず」としているが、紫稍花について「紫稍花を弔の精と為るは非なり。紫稍花は舶来和産倶にありて別物なり。舶来の者は木枝及び葦茎に粘着して蒲槌の形の如く灰黒色にして軽く、

浮石の如くにして針眼多し、若肌に触ば甚だ疼痛すること蕁麻《いらくさ》に触たるに似たり。和産は江州湖水に多し、方言カニクソ、フナノコ、エビノコと云、云々」とし、『湖魚考』も「タツノカヒコ（紫稍花）」を「鯉鮒の鮇」としている。紫稍花の図は『千虫譜』に琵琶湖産のものが載っている（図45）。上野益三博士は『国訳本草綱目』の註で、これが淡水海綿である事を指摘しておられるが、恐らく江戸末期までは魚または蝦蟹の類の卵と考えられていたものと思われる。

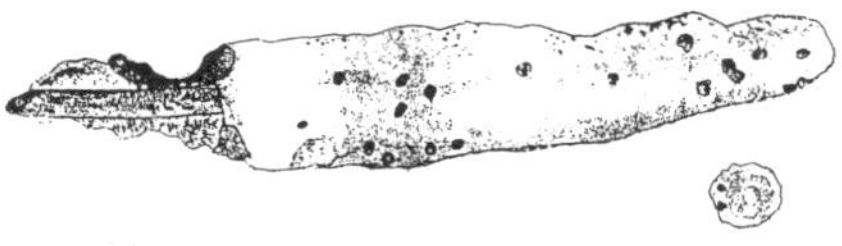

図45　タンスイカイメン（千虫譜）

第三章　腔腸動物

腔腸動物はヒドロ虫類、鉢クラゲ類、花虫類、櫛クラゲ類の四つに大別されている。鉢クラゲ類は一般にクラゲと呼ばれているもので、浮遊生活を営んでいるが、花虫類はサンゴ、イソギンチャクのように付着生活をしており、ヒドロ虫類はその両方の生活を営むものが多い。櫛クラゲ類はこれら三種のものとは異って釣鐘形の体形をしており、櫛板と呼ばれる繊毛の運動器官によって自由生活を営んでいる。花虫類の中にはサンゴのように群体を形成して石灰質の骨格を作るものがある。

一、イシサンゴ類　石珊瑚　石芝

サンゴと名のつくものには樹枝状の骨格を形成するもののほかに、造礁サンゴと呼ばれる底部に石灰質の基盤を構成するイシサンゴの類が知られている。イシサンゴは江戸末期まで生物としては取り扱われておらず、『本草綱目』は石部で

図46　キクメイシ（和漢三才図会）

珊瑚とイシサンゴの石芝（クサビライシ）を、『大和本草』は「金玉土石」の中で、『和漢三才図会』は石部でイシサンゴ類の「菊銘石」（図46）と珊瑚とを取り上げている。『物類品隲』も石部で石芝を取り上げ「和名クサビライシ、又リウグウノサイハヒタケ。此ノ物海中石上ニ生ズ。紀伊海中多クアリ。其ノ外所所ニ産ス。其ノ種甚タ多シ。形状モ亦一ナラズ」と適切な解説を加えている。安永四年（一七七五）に我が国を訪れたツュンベリーは『ツンベルグ日本紀行』の中で初めて「ミドリ石」を動物として取り上げ、享和二年（一八〇二）に南紀の採薬旅行を試みた小野蘭山は小浦で「海花石一種、チリメン石、同一種トクサ石、同一種カラ松石、石梅」等を観察している（藤子南紀採薬志稿）。これらはすべてがイシサンゴ類とは限らないが、この時代になって初めて本草家の間でもイシサンゴ類が生物として取り扱われるようになったものと思われる。このあと武蔵石寿は『群分品彙』の中でイシサンゴ類と見られる「蓮房介、蜂房介、海臼、唐松、椎茸、襄荷、白菊」等を介類として取り上げ、『介志』は梅花石類（キクメイシ類）としてさらに多くのものを図示している。幕末に奄美大島に配流された名越左源太は『南島雑話』の中で、造礁サンゴの灰の利用法を記しているが、はたしてそれが生物である事を認識していたかどうか疑問である。

二、イソギンチャク類　磯巾着、菟葵

イソギンチャクの多くのものは群体を作らず、また骨格も作らない花虫類で、漢名では草花の石牡丹を意味する「菟葵」と呼ばれている。英名も「海のアネモネ」と呼ばれており、触手を伸ばした状態は花の花弁を思わせるように華麗である。それに反して我が国の在来のイソギンチャクの名称は無粋なものが多く、享保一六年（一七三一）の『日東魚譜』は「猪尻（和名イノシリ、イソメ、シリゴダマ）磯女」とし、享和元年（一八〇一）の小野蘭山の『甲駿豆相採薬記』は江ノ

島弁天参詣の条で「ウミツビ」、翌二年（一八〇二）の『藤子南紀採薬志稿』の中でも「海ツビ」としている。「海ツビ」は『国語大辞典』によると「海螺ほらがいの異名」とあるほか、「方言いそぎんちゃく」とある。ホラガイについて蘭山は『本草綱目啓蒙』の中で「梭尾螺」としているので、この「海ツビ」はイソギンチャクを指すものと思われる。このあと文化八年（一八一一）の栗本瑞見の『千虫譜』は、イソギンチャクの図を載せ（図47）、「スナヘソ、海浜浅水ノ処ニ生ス、

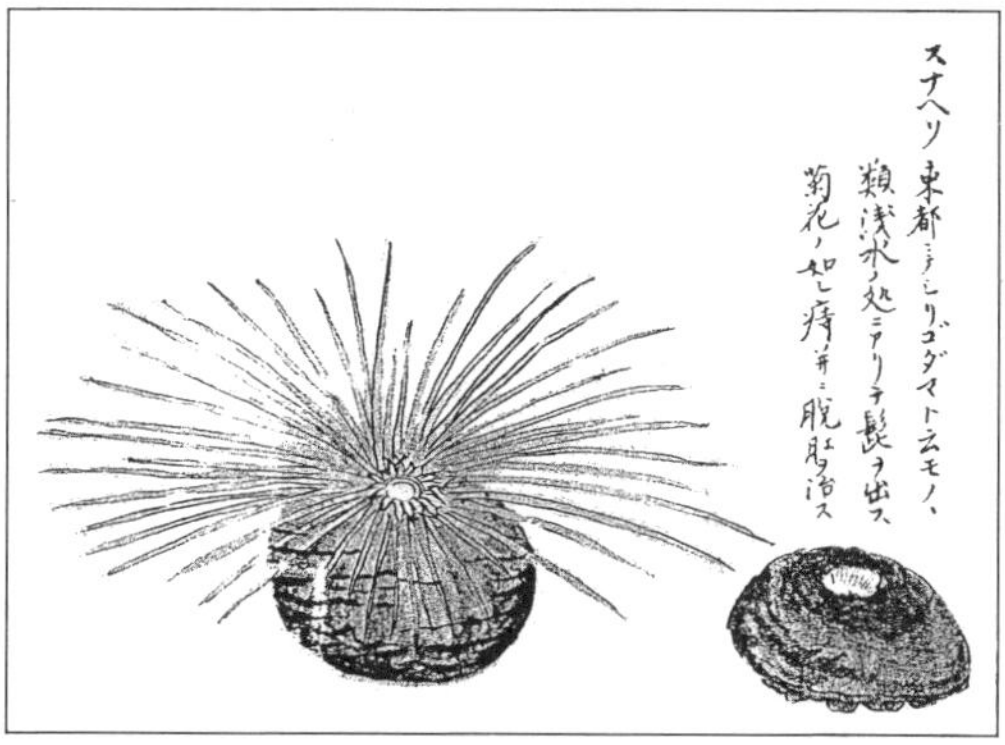

図47　イソギンチャク（千虫譜）

肉ハ沙中ニ入ル、（中略）コレ俗ニイノシリ又シリゴダマト云フモノ、類ナリ、云々」と記し、上記の『日東魚譜』の猪尻がイソギンチャクである事を追認している。文政八年（一八二五）の水谷豊文の『物品識名拾遺』は介の部で「イソツビ、イソギンチャク（熊野）二種トモ海浜石間ニ附テアリ」と初めてイソギンチャクという名称をあげている。一方のイソツビは環形動物のケヤリムシの事であろう。このほか江戸末期の随筆『傍廂《かたびさし》』は「人名の魚」として「（前略）海中の石、また、空貝などに附きたる黒赤黄を帯びて、やはらかに丸き肉あり。貝の類なり。塩、又、醤油など附焼にして食料とす。是を新五佐衛門といふ。所によりては、尻子玉といふ。いかにも尻子玉を聞きひがめて、新五佐衛門といひ誤りしならん。肛門に似たる物になんありける」と記している。このようにイソギンチャクは触手を伸ばした状態ではウミツビ、収縮した状態ではスナヘソ、シリコダマ等と呼ばれて来たが、明治以降イソギンチャクに統一されている。

三、ウミエラ類　海鰓

ウミエラ類は群体を構成する花虫類で、細長い管状の幹と根の部分から成り、体軸の中央には一本の石灰質の軸骨を

もっている。中でもウミヤナギは『本草綱目』で「越王余算」として取り上げられているため、我が国でもよく知られている。『大和本草』には取り上げられていないが、『本草綱目啓蒙』は水草類で「越王余算」を取り上げ、「ウミヤナギ、ウミカンザシ（肥後）サギノサウメン、サイキヤウ、ヲトメノモトユヒ」等とし、「奥州・紀州・讃州・備後・肥後・加州・越前・越後其外諸州にあり。草類に非ず」としている。『千虫譜』は「神奈川ヨリ金沢鎌倉海中沙上ニアリ。ヒヤウタン笄ノ状ノ如シ。漢名沙箸ニシテ越王余算ナリ。云々」として図を載せているが、収縮した状態なので実体からは遠い。

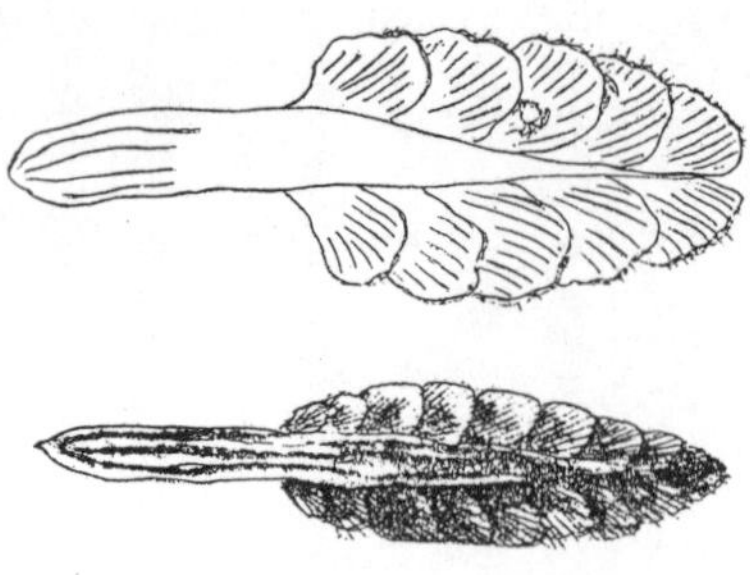

図48　ウミエラ（紫藤園諸虫図）

『百品考』も越王余算としてその採集法、形状を記し、その軸骨を「箸に製して白珊瑚と名けて他邦に鬻ぐ」としている。『松浦武四郎紀行集下』「納紗布日誌」には「此辺に長三四尺位にて色灰白の蛇の如くまた魚の髭の如き物有、問ふにカモイハシユイ（神箸）と云。手にて皮を剥に、白くして内地にて見る越王余算也」とアイヌも箸として用いていた事を記し、「松前にて此箸を用ゆれば毒解になり、又簪にして刺すや頭痛を治するともいへり」と述べている。なおウミエラは寛政八年（一七九六）にツュンベリーによって採集されており（ツンベルグ日本紀行）、畔田伴存の『紫藤園《しとうえん》諸虫図』に図が載っている（図48）。

四、カツオノエボシ　鰹の烏帽子

カツオノエボシはヒドロ虫類に属するクラゲで、通常のクラゲとは別に管水母《くだくらげ》と呼ばれている。カツオノエボシは黒潮に乗って我が国に浮遊してくるが、その時期がちょうど初鰹の捕れる時期と一致しているので、相模湾の漁師たちはこのクラゲの事を「鰹が脱いだ烏帽子」と呼んでいる（立路随筆、譚海）。『魚鑑』は上巻の末尾に図を載せ（図49）「（前略）浜をゆくほと、鰹のゑほしといふものをひろひぬ。こは海つと

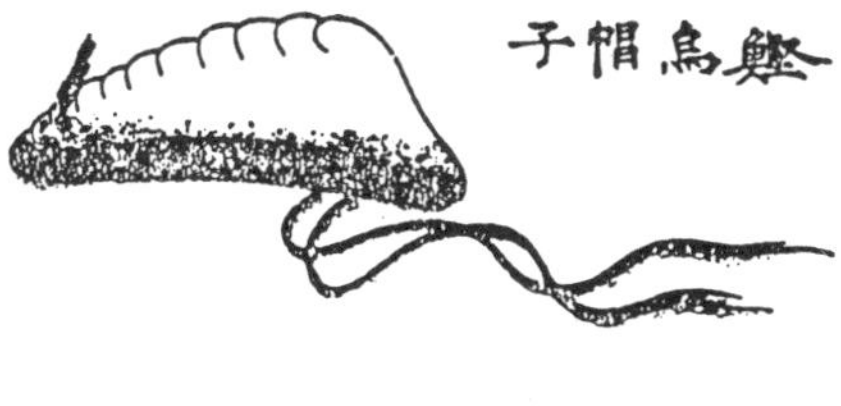

図49　カツオノエボシ（魚鑑）

のふかく青みてよき汐のより来るとき、かつをのよるなれは、ゑほしはそれにそひつるをはなれては、浪とともに浦わにはよるなりとぞ」と記している。『本草図説』にも彩色図が載っている。このほか管水母類と思われるものは、畔田伴存の『水族志』に「（ホ）糸クラゲ（紀州）。一名サウメンクラゲ。洋中ニアリ。長キ糸ヲ引タル如シ。白色透明索麺ノ如シ。又人肌ニ触ルレバ螫ス。南風ノ時多シ。（ヘ）ジュズクラゲ。長ク糸ヲ引テ念珠ノ如キ者相連レリ。白色透明也。一種一根ヨリ数条ヲ分チ房ヲナシ条如ニ円キ榧子ノ如キモノ連ルアリ。白色透明也」等があるが、現在和名として使われているものは見当らない。

五、クラゲ類　水母、海月

管水母《くだくらげ》以外の普通に見掛けるクラゲを鉢水母《はちくらげ》という。クラゲは『古事記』に「くらげなす漂よえる云々」とあるので古くから我々日本人に知られて来た動物である事は間違いない。平城宮跡から出土した木簡に「備前国水母別貢」とあり（奈良朝食生活の研究）、岡山県下岡田遺跡からも「久良下六俵入」と記した木簡が出土しているので（木簡研究三）、奈良時代に食用とされていた事は明らかである。『本草和名』、『倭名類聚抄』はいずれも「海月」を「和名久良介　貌、月の海中に在るに似たり、故に以て之れを名づく」としている。『律令』賦役令には見られないが、『延喜式』宮内省の諸国例貢御贄に「備前水母」とあり、『厨事類記』にも「窪器物。海月」とあるので、宮中で供御に供されていた事は明らかである。そのほか『類聚雑要抄』によると「母屋大饗《おもやのだいきょう》」、「花山院廂大饗」や「五節殿上饗目録」等に海月が用いられている。

中世に入って『尺素往来』では美物として取り上げられ、『庭訓往来』でも「初献の料」として名前があげられている。宮中に献上されたほか（御湯殿）、永禄四年（一五六一）の『三好亭御成記』には「御七。三ノ御膳。蛸・海月云々」とある。水母の料理法は『四条流庖丁書』に「海月之事。差《サシ》ミ海月ノ時モ。酢ハクルミ酢ニテ参ラスベシ。アヘ海月ノ時モクルミ酢ニテアエテ可参候。云々」とあり、『大草家料理書』、『大草殿より相傳之聞書』にも調理法が記されている。『料理物語』には「(くらげ)あへ物、なます、すひ物」とあるほか、「(たうくらげ)さかな」とある。「たうくらげ」とは「唐海月」の事でエチゼンクラゲ、ただ「くらげ」とあるのはビゼンクラゲの事である。ビゼンクラゲは東国では捕れないため、『本朝食鑑』は「煎茶渣と柴灰を塩水に和し、之れに淹して東に送る」と記している。またエチゼンクラゲは最初は中国から輸入されていたが、江戸時代に入って「本朝も亦之れを製す。其の法浸すに石灰礬水を以てし、其の血汗を去る。則ち色変じて白と作る。重ねて之れを洗滌す。若し石灰の毒を去らざれば、則ち人を害す」としている。なお、ビゼンクラゲの漁法・製造法は『日本山海名産図会』にも詳しく記されている。

クラゲの種類について『大和本草』はビゼンクラゲと水蛇《ミツクラゲ》をあげ、『本草綱目啓蒙』は「クラゲ(ビゼンクラゲ)、トウクラゲ(エチゼンクラゲ)、アコラ(アカクラゲ)、ナマクラゲ、アヲクラゲ、シロクラゲ、ヤナギクラゲ、ミヅクラゲ、ソウメンクラゲ、其の他」をあげている。また畔田伴存の『水族志』は唐久良介《トウクラゲ》(ビゼンクラゲ)のほか「ミヅクラゲ、フグ、イラ、糸クラゲ、ジュズクラゲ、ハナヒキクラゲ、キンチャククラゲ、西瓜クラゲ」等の名前をあげているが、中には管水母も含まれており、その同定は困難である。栗本瑞見の『海月、蛸、烏賊類図巻』には九種、同じ著者の『千虫譜』には五種類の水母の図が載っている。なお、クラゲには小エビが共生している場合があり(図50)、そのエビの眼を借りて泳ぐと考えられた所から、クラゲの漢名には借眼公という異名もある。

図50　クラゲと共生するエビ(訓蒙図彙)

六、サンゴ類　珊瑚

サンゴは腔腸動物の花虫類に属し、樹枝状の美麗な骨格を形成する。その色彩によりモモイロサンゴ、アカサンゴ、シロサンゴ等と呼ばれている。正倉院の宝物の中には珊瑚を素材としたものが含まれているが、我が国近海では稀であるから、恐らく舶載されたものであろう。『倭名類聚抄』には「色赤き玉、海底の山中に生づる也」とあるが、奈良・平安時代に珊瑚に関する記載は見られない。しかし『扶桑略記』承保四年(一〇七七)一二月の法勝寺供養の記事に「法華堂一宇。七宝多宝塔一基を安置し奉る。珊瑚柱を瑩き、さらに百宝の光を交え、云々」とあり、『源平盛衰記』巻十一の平重盛の逸話を記した「経俊布引滝に入る事」の中には「瑪瑙の立石、珊瑚の礎、真珠の立砂、云々」とあるので、珊瑚が極めて貴重なものとみなされていた事がわかる。また『太平記』にも「珊瑚の樹の上に陽臺の夢長くさめ、云々」とあるが、これは恐らく中国書から引用した比喩であろう。

サンゴが一般に知られるようになるのは中世以降の事で、『本朝医考』によると徳川家康の侍医であった吉田宗恂の逸話として「一日異域珊瑚枝を献ず。時に之を識る者無し。家康公手づから其の形を模し諸医を召して其の名を問ふ。衆医之を弁ずる能はず。宗恂が曰く、恐は是珊瑚枝ならんと。(中略)家康公之を感じ即ち献ずる所の珊瑚枝一箇を以て宗恂に賜ふ」と記されている。また『因幡民談』によるとこれと前後して、慶長一二年(一六〇七)、一五年(一六一〇)にマカオ、シャムに渡航した亀井茲矩《ますのり》が土産として我が国に珊瑚樹を持ち帰っている。三代将軍家光の時代以後になると、寛永一一年(一六三四)を始めとして正保元年(一六四四)、慶安四年(一六五一)他にオランダ商館長からの贈物として珊瑚樹や、その加工品の珊瑚珠が献上されている(実紀)。また寛永一六年(一六三九)には小田原で網にかかったサンゴが幕府に献上され(実紀)、寛文一一年(一六七一)には家康の廟所の日光の宝蔵に納められている(承寛襍録)。この頃になると一般の間でも貴重品としてもてはやされるようになったため、寛文八年(一六六八)には贅沢品として我が国への持ち込みが禁止されている(寛保集成一九六五)。

サンゴはこのように宝物として扱われたため、『訓蒙図彙』では宝貨(図51)、『大和本草』では金玉土石、『和漢三才図会』では玉石類として取り扱われ、それが生物であるという事については認識していなかった模様である。そうした時代にあって新井白石は『采覧異言』の中でその産地が地中海である事を記し、「紅珊瑚。番名コラアリウム、ルウブリイ。此の海出す所の樹。大なる者高サ三四尺。椏枝婆娑。其の色亦南方諸国に産する所より鮮也と云ふ」と珊瑚が海中の樹木である事を記している。同書はこのほかアラビヤの産物

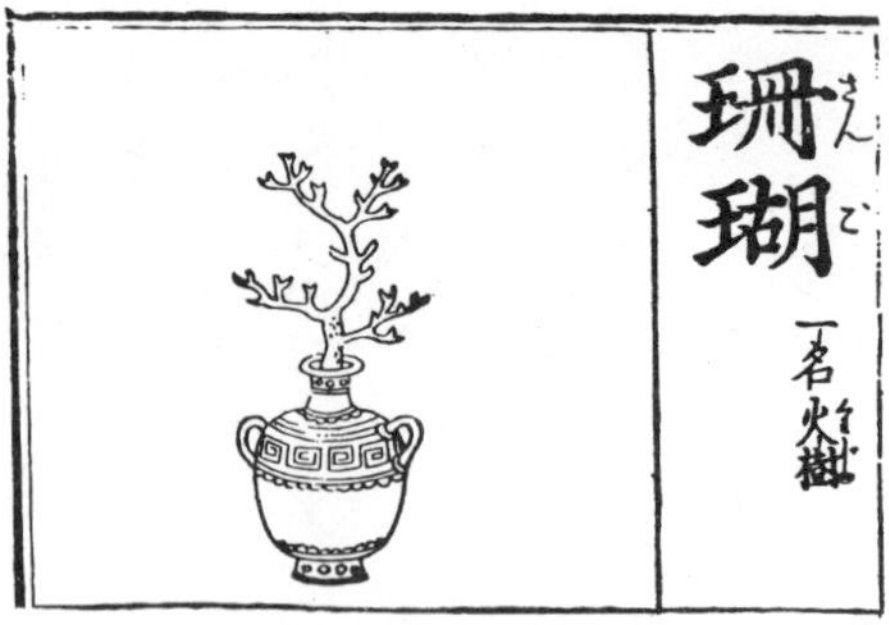

図51　サンゴ（訓蒙図彙）

の中にも取り上げている。次いで『大和本草』は「篤信嘗テ見ル吾カ本州海中ヨリ獲ル所、石上数寸ノ間ニ叢生シテ根株十数条ナル有ルヲ云々」と、サンゴが我が国でも捕れる事を記し、安永四年（一七七五）に来日したツュンベリーは我が国で数種類のサンゴ類を採集している（ツンベルグ日本紀行）。橘南谿も『西遊記』三―二三の中で、「珊瑚珠も熊野の海中より出ず。是も甚だ小にして、緒〆などの玉には造りがたし。これを以て見れば、蛮国より来たる珍宝も、皆此国をくわしく尋求めなば、あらざるものも有るべからず」と記し、『本草綱目啓蒙』も「紀州、但州、熊州にてまれに網に掛りて上る」と記している。また文政一〇年（一八二七）の佐藤信淵の『経済要略』は、「珊瑚は海底岩石より生じ、其の嫩者白色なり、多く年を経るに従て紅色を発す、故に紅白の二種あるも其の実は一物也、云々」と記し、『本草図説』は琉球産のサンゴの図を載せている。サンゴは各種の装飾品に加工されたばかりでなく、中国書「芥子園画伝《かいしえんがでん》」によると砕いた粉を朱に混ぜて絵の具としても用いている。

七、ヤギ類　海楊、石帆、鉄樹

ヤギ類は群体で骨格を形成するが、サンゴの骨格に比較するとはるかに細く、通常偏平な樹枝状を呈している。この類に属するものとしてはウミウチワ、ウミマツ、ウミヒバ等が知られている。『訓蒙図彙』、『大和本草』は漢名の石帆を「ウミマツ」と訓《よ》み、『物類品隲』は石柏を「ウミヒバ」、石梅を「ウメイシ」としているが、蒹葭堂の『奇貝図譜』は石梅を「ウミマツ」とし、『本草綱目啓蒙』は石帆を「ウミヒバ」としている。石帆は現在ではウミウチワに当てられている。こうしたヤギ類の存在は古くから知られており、『日本三代実録』元慶元年（八七七）九月二七日の条に出雲国の漁師が石を釣り上げたところ、その石に木三株、草三茎が生えており、「一株高さ三寸。形鹿角の如く、上頭に桧葉の如き者有り。云々」と記している。恐らくウミヒバの類であろう。江戸時代に入って万治元年（一六五八）にオランダ商館長から羽珊瑚が将軍に献ぜられているが（実紀）、これも恐らくヤギ類であろう。『大和本草』は海草類の中で石帆を取り上げ、「高サ一二尺許、其ノ扁薄、帆ノ如キヲ以テ、故ニ呼ビテ石帆ト為ス。今人取リテ花盆ノ中ニ置キ以テ玩ト為ス」とし、「其色丹ヲヌリタル如ナルモアリ、或黒白褐色アリ、其根石ニツキテ生ス」とウミマツの類に多くの種類がある事を記している。安永四年（一七七五）に来日したツュンベリーは『ツンベルグ日本紀行』の中で二種類のヤギをあげ、寛政三年（一七九一）伊豆諸島を巡航した田村元長は『豆州諸島物産図説』の中で鉄樹類二〇種の図を載せ（図52）「鉄樹和名ヤギ、諸島海底石上に生す」としている。また享和元年（一八〇一）小野蘭山は『甲駿豆相採薬記』の中で七里ヶ浜で石帆を観察し、翌二年（一八〇二）の南紀の採薬紀行では、加太浦で鉄樹、海ヒバ、海桧を、大島で海松、鉄樹を観察している（藤子南紀採薬志稿）。また佐藤信淵は『経済要略』の中で「又黒珊瑚あり、俗に海松と名づく、琉球珊瑚及び日向珊瑚或は熊野珊瑚と称するも皆海松なり、又俗に海桧葉と呼ぶ者あり、即ち珊瑚の嫩生なり」と記しているが、海桧葉を珊瑚の嫩葉《わかば》とするのは誤りである。紀州の海産物に詳しい畔田伴存は『介志』の中で五七種の海樹類をあげており、そのうち「竜宮樹、鉄樹、テツモ、枝テツモ、松葉テツモ、葉鉄藻、白ツヾラ、黄ツヾラ、紅ツヾラ、虫珊瑚、海マツ、石帆、玉樹、海ヒバ、鳳皇モ、海箒、海杉、海香蒿」等としているものはヤギ類と思われるが、現在和名として用いられているのはウミウチワ、ウミヒバ、ウミマツの三種だけである。

図52　ヤギ類（豆州諸島物産図説）

第四章　扁形動物・袋形動物

扁形動物はその名の示すように扁平で左右相称の体制をもち、渦虫類、吸虫類、条虫類に大別されている。このうち渦虫類には外部寄生をするコウガイビルが、吸虫類には日本住血吸虫、各種ジストマ類といった内部寄生虫が含まれており、条虫類のサナダムシは腸内寄生虫として知られている。袋形動物は輪虫類、腹毛虫類、線虫類、線形虫類、動吻類、鉤頭虫類ほかに分類されているが、線虫類にカイチュウ、ギョウチュウ等の内部寄生虫が含まれているほか、動植物に寄生するセンチュウ類が多数知られており、線形虫類には昆虫に寄生するハリガネムシが、鉤頭虫類には魚類、鳥類、哺乳類の寄生虫が含まれている。

一、かいちゅう　蚘虫

蚘虫と呼ばれる動物には現在の蛔虫《カイチュウ》だけではなく、人体の内部寄生虫すべてが含まれている。『倭名類聚抄』巻三の蚘虫の条には「（前略）人腹中の長虫也。病源論云蚘虫、（割註・今案ずるに、一名寸白《すはく》、俗云う加以《かい》、又云う阿久太《あくた》。云々）」とあり、蚘虫は「寸白」、「かい」あるいは「あくた」と呼ばれていた事がわかる。『医心方』に引用されている「病源論」によると、人間の腹中の虫は九虫と呼ばれ、伏虫、蛔虫、白虫、肉虫、肺虫、胃虫、弱虫、赤虫、蟯虫の九種類があり、このうち蛔（長）虫、赤虫、蟯虫の三種は三虫とも呼ばれている。『医心方』にはまた「寸白ハ、九虫内之一虫是也」ともあるので、狭い意味での寸白は内部寄生虫の中の一つであるカイチュウを指すものと思われる。ただし我が国の史料に見られる寸白は、何虫によって引き起こされたものか不明の場合が大部分で、カイチュウだけにその原因を求める事はできない。最近平城京趾の側溝から採取された土壌の中から蛔虫、鞭虫、肝吸虫、肺吸虫、横川吸虫等の卵が検出されており、こうした寄生虫によって引き起こされた病気はすべて寸白と呼ばれていたものと思われる。寸白に関する最初の史料は『栄花物語』巻七に記された東三条院御悩の際の記事で、「御ありさまを医師に語り聞かすれば、『寸白におはしますなり』とて、云々」とある。これは長保三年（一〇〇一）の事で、『小右記』には「女院腫物を損ぜしむ」とある。次いで延徳二年（一四九〇）五月一〇日の『蔭涼軒《おんりょうけん》日録』に「口中より赤虫七八寸許りの虫を吐く」とあり、八月二日の条に医師の言葉として「人の腹中虫有り。其の尤なる者九有り。九中尤なる者三有り。蚘白と曰ふ蟯白は寸白也。云々」とあるので、この病気が寸白である事は明らかである。蔭涼軒主の吐いた虫は「七八寸ばかり」とあるので恐らくカイチュウであろう。『今昔物語集』二四―七「行二典薬寮一治レ病女語」には寸白を治療した記事が見られるが、それには「白き麦の様なる物差出たり。其を取て引けば、綿々と延ればば長く出来ぬ云々」とあり、これは明らかにジョウチュウの事である。寸白に関する記事はこのほか天永元年（一一一〇）四月二七日の『殿暦《でんりゃく》』に「寸白なお快ならず。薤を止む」とあり、承安四年（一一七四）四月二七日の『玉葉』にも「寸白発動し為す術を知らず」とある。寸白の原因は『倭名類聚抄』に引用された病源論によると「白酒を飲み、桑樹枝を以て、牛肉を貫き炙り食い并びに生栗の成す所、又云う、生魚を食ひ、後即ち乳酪を飲まば、亦之れを生ぜしむ」とある。また寸白の治療法は上記の蔭涼軒主の医師によると「山椒并びに塩を熬り服す可し」とある。江戸時代に入って元和二年（一六一六）三月に徳川家康が病気になった時の様子について『武徳編年集成』は「御腹中に塊有て、時々痛ませらる、是を寸白虫也とて、日々万病円を召上らる」と記している。ただし家康の病気の原因については諸説があり、真相は明らかでない。『本朝食鑑』は辛螺の項で「寸白虫及ひ一切の虫症を殺す」としているが、『本草綱目啓蒙』は「鱒魚全身を食へば能く寸白虫を下すと云」としている。また『中陵漫録』二は「蚘虫」として「長虫を下す人、希にあり、西土には少し、奥羽の人には間有レ之。好で河魚を食すれば、此長虫を生ずと云」としているが、この蚘虫はサナダムシの事で、その駆除法として「其了《おわり》の処は細く色かはりて頭のごときなり。此の処を取出すときは再び此患なし。半より切れば復た生じ、

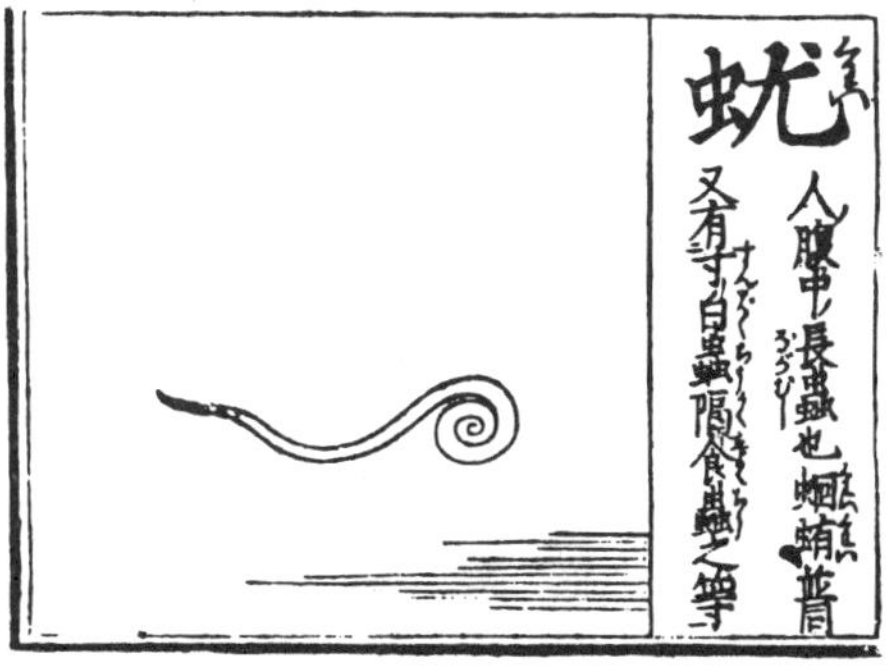

図53　かいちゅう（訓蒙図彙）

生涯其根を断つ事なし」とジョウチュウの頭を残すと再生する事を指摘している。『古名録』はこうした寄生虫に対する有効な薬剤として海忍草をあげ、「閩《びん》書」を引用して「海石上に生ず、散砕の色微黒、小児腹中に虫病有れば、少し食して能く癒す」と記している。嘉永二年（一八四九）喜田村槐園は屍体解剖を見てカイチュウが腸に寄生している事を確かめ、カイチュウに関する専門書『蛕志《かいし》』を著している。

二、コウガイビル　笄蛭、土蠱

図54　コウガイビル（千虫譜）

コウガイビルは頭部の先端が笄《こうがい》状をしている所から名付けられたものであるが、ヒル類ではなく渦虫類に属する。『本草綱目啓蒙』は水蛭の項で「又カウガヒビルあり、馬蜞《うまひる》に似て頭の形丁の字の如し、故に名く」とし、『千虫譜』はその図を載せている（図54）。

三、ハリガネムシ類　針金虫

ハリガネムシの類は幼虫の時代には各種の昆虫に寄生しているが、成熟後は宿主から放れて水中で自由生活を営むようになる。ハリガネムシは江戸時代には足纏《あしまとい》あるいは足絞《あしがらみ》と呼ばれており、『大和本草』の解説には「水中ニアリ水中ヲ泳ク。大サ燈心草ノ如ク、其長キ事六尺余、或丈余、其首魚ノ如ク又ヘヒニ似テ小ナリ、云々」とあるが、それ程長いハリガネムシはない。また『中陵漫録』一四は「異虫」として「予、奥州に在し頃是をしる。水溝の中に長さ尺余の黒髪の如き者あり土人、足絞と云。人髪の化す処なりと云。（中

図55　ハリガネムシ（千虫譜）

略）土俗針金虫と云」と記している。『大和本草』は以上のほか「シマキ虫」として「水中ニ生ス、長一二尺、色黒シ、糸ノ如シ、云々」としているが、この方がハリガネムシによく該当している。シマキムシは『百品考』にも取り上げられ「大ナル螳螂ヲ取テ其腹ヲ推セバ必ズ其腹中ヨリ出ヅ。黒元結ヲ切タル如ク云々」とハリガネムシがカマキリに寄生している事に気づいている。『千虫譜』は「水蠱虫」と「アシマトイ」の二種のハリガネムシの図を載せている（図55）。

第五章　軟体動物

軟体動物は種類が多く、我が国で五千種程、世界中では一〇万種以上のものが知られている。原始的な体制をしたヒザラガイの類の双神経類と、その他の貝殻類とに大別されるが、ヒザラガイの種類はそれ程多くはない。貝殻類はその名が示すように貝殻を持った貝類と、殻を持たぬか持っても外部から認め難いイカ・タコの頭足類に分けられ、貝類はさらに巻貝の類の腹足類、ツノガイの類の掘足類、二枚貝の類の斧足類の三類に区別されている。

貝類は有史以前から重要な食料資源とされており、『日本縄文石器時代食料総説』によると、全国の貝塚から出土した貝類は三五〇種以上に達している。しかしそれらに対する命名法は極めて杜撰で、奈良時代までは巻貝の類は螺あるいは蜷、二枚貝の類は蛤あるいは蚌と総称され、固有の名前を持ったものはアワビの鰒、カキ類の蛎だけである。平安時代に入っても『倭名類聚抄』で和名が与えられているのは河貝子《みな》、大辛螺《あき》、小辛螺《にし》、田中螺《たつひ》、蚶《きさ》、蚌蛤《はまぐり》、海蛤《うむきのかひ》、文蛤《いたやかひ》、馬蛤《まて》、蜆貝、貽貝、紫貝《うまのくぼかひ》、錦貝《やくのまだらかひ》、鰒、蛎、貝蛸の十数種にすぎず、その大部分のものが総合名詞であるから、現在の和名を比定するには困難なものが多い。しかし当時も個々の貝について固有の名前がなかったわけではなく、『八雲御抄』は貝の名として「梅花、桜、わすれ、あま、かたし、ふところ、いたや、から、みなし、いそ、しほ、やく、うつせ、あはひ、すわう、いろ、こやす」等の名をあげている。

江戸時代に入っても『大和本草』は「凡海蛤之類諸州方土ニヨリテ異種多シ。窮メ知リ難シ。コ、ニハ其見識スル所ヲ記ス事左ノ如シ。只蛤類ノミニアラス。介類皆然リ」として四〇種程の貝類について解説をしているに過ぎない。しかしこの頃から特定の動物の品類についての研究が進み、貝類については『怡顔斎介品』を始めとして、木村孔恭の『奇貝図譜』、曾占春の『渚の丹敷』、著者不明の『六百介品』、『丹敷の浦裏』と続き、幕末には武蔵石寿の『目八譜』と畔田伴存の『介志』といった貝類の専門書が完成している。『目八譜』は約一千種、『介志』は二三七二種の貝類を図示しているが、ハマグリ、アサリ等は貝殻の色彩・斑文の違いによって異種とされたものも多く、ほかにフジツボ、カメノテといった甲殻類や、ウニ類の殻、刺、咀嚼器（アリストートルの提燈）などが含まれているので、実際の貝類の数はこれよりも少ない。またその分類法も『介志』について見ると、円蛤属、扁蛤属、長蛤類、蛤仔属、雑蛤類、蚶属、蚌属、蛎属、螺属、鮑属と、二枚貝をその貝殻の形体によって細分している以外は従来の分類に依存しているに過ぎない。以上の諸書のほか、江戸後期にはルンフィウスの『アンボイナ貝譜』、デレアウミュルの「貝譜」、クノルの「貝殻譜」などが舶載され、これらに記載された貝類によって、波斯介《ハルシャ》、アンボイナ等といった外来名を冠した和名が見られるようになる。以上のような貝類図譜のほかに、貝類は標本の保存が容易なため、明治以降に標準和名が選定された際に、ほかの動物と比較すると古来の名称の先取権が比較的よく守られている。

一、アカガイ　赤貝、蚶、魁蛤

アカガイは斧足類に属する二枚貝で、有史以前から食料に供され、貝塚を構成する主要な貝類の一つであるばかりでなく（縄文食料）、縄文時代前期の貝塚からはアカガイで作った腕輪を装着した女性人骨が出土している（古代史発掘2）。『倭名類聚抄』は「蚶、和名　木佐《きさ》」として「蚌属、状蛤の如く、円くして厚く、外に理《すじ》縦横に有り」と記している。中世には宮中にも献上されており（御湯殿）、『三好筑前守義長

図56　アカガイ(和漢三才図会)

亭江御成之記』、『朝倉亭御成記』の献立の中にも「あかゞひ、あか、井」とある。『料理物語』は「(あかゞい)汁、からやき、に物、くしやき、なます、ころばかし」と各種の料理法を記している。『和漢三才図会』は蚶の項で「和名木佐、俗に赤貝と云ふ。其大なる者径り四寸、背の上に溝文あり。瓦屋の壟に似たり。(中略)其肉最も甘し。故に字甘に従ふ」とし、『大和本草』も「蚶。アカヾヒ也。(中略)其肉ニ血アリ。蛤類ノ内ニテ味尤美ナリ」と記している。水戸光圀は武州のアカガイを常陸の海に放したとされているが(桃源遺事)、『庖厨備用倭名本草』に「今マ淅東以近ニ海田ニ是ヲ種フ。コレヲ蚶田ト云フ」とあるので、中国でアカガイを養殖している事に倣ったのであろうか。

二、アコヤガイ　阿古屋貝(付　真珠)

アコヤガイは貝殻内面の真珠層が美しい二枚貝で、現在では養殖真珠の母貝として最も広く用いられている。真珠を作る貝としては、同属のクロチョウガイ、シロチョウガイのほか、アワビ、イガイ、カラスガイ、イケチョウガイ等が知られている。真珠は弥生時代から我が国の名産品として知られ、『魏志倭人伝』によると二四八年頃に「倭の女王壹与、使を魏に遣わし白珠五千孔、異文雑錦等を献ず」と見えている。『倭名類聚抄』に「珠。(中略)日本紀私記云、真珠。之良太《しらた》麻《ま》」とあるように白玉とも呼ばれており、『万葉集』では「二四四五　淡海の海沈《しづ》く白玉知らずして恋せしよりは今こそ益れ」と詠まれ、『延喜式』民部下の交易雑物に「志摩国、白玉千顆」とある。また眞玉《まだま》とも呼ばれ、『万葉集』にも「三二六三(前略)眞杭《まくひ》には眞玉を懸け眞玉なす云々」とある。ただし古代の真珠はアコヤガイの真珠より、アワビから採れる鰒玉《あわびだま》の方が多く用いられた模様で、『日本書紀』武烈紀に太子(武烈)が影媛に贈った歌として「琴頭《ことかみ》に来居る影媛玉ならば吾が欲る玉の鰒白珠」とあり、『万葉集』にも「九三三(前略)海の底奥つ海石《いくり》に鰒珠さはに潜き出、云々」

図57　真珠（訓蒙図彙）

とか、「一三二三　伊勢の海の白水郎《あま》の島津が鰒玉取りて後もか恋の繁けむ」等と詠まれている。アコヤガイの作った「あこやだま」については承保三年（一〇七六）に宋に贈る贈り物の議論の中で、「阿久也玉を遣す可し云々」とあるが（百錬抄）、それを詠んだ歌としては『古今和歌六帖』に「伊勢の海の海士のしわざのあこやだまとりて後もか恋のしげけん」とあるのが最初であろうか。ただしこれは上記の『万葉集』の一三二二の鰒を「あこや」に置き換えただけのもので、後世に手が入れられたものであろう。また『山家集』には「一三八七　阿古屋とるいがひの殻を積みおきて宝の跡を見するなりけり」とあるので、「あこや」とは真珠の代名詞として使われた可能性もある。『倭訓栞』は阿古耶（屋）の語源を「阿古耶は所の名、尾張国知多郡にあり」としているが、その所在は不明である。平安時代までは真珠の名産地は志摩国とされており、『延喜式』民部下でも志摩国の交易雑物とされているほか、内蔵寮の諸国年料にも「白玉一千丸、志摩国所進」とある（56頁別表）。こうした真珠の大半は装飾や薬剤として用いられているが、一部のものは奈良・平安時代に作られた仏像の白毫《びゃくごう》としても用いられている。永禄五年（一五六二）に来日したルイス・フロイスは『ヨーロッパ文化と日本文化』の中で「われわれの間では真珠と小粒の真珠とは装身のために使う。日本では薬を作るために搗き砕くより外には使われない」と記している。

江戸時代に入ると『大和本草』に「真珠。アコヤ貝ニアルヲヨシトス」とあるように、アコヤガイの真珠がもてはやされるようになり、またその産地もケンペルの『日本誌』に「（アコヤガイの）最上のものは大村湾でとれ、ここでとれる真珠は高価である」とあるように九州の大村湾が名産地として知られるようになる。『日本山海名産図会』も「肥前大村より出すは上品とはすれども、薬肆の交易にはあずからず」

とし、『怡顔斎介品』も「達按スルニ真珠数種アリ。（中略）薬舗ニ在ル者ハ伊勢尾張ニ耳《ノミ》。尤上品ナル者ハ肥前大村海中ヨリ出ル貽貝《アコヤカイ》ト云フ大サ木欒子ノ如ク其光リ方四五寸ヲ照耀ス。云々」と、伊勢尾張産の真珠がもっぱら薬用としてのみ用いられる事を記している。これは同書の淡菜《いがい》の条に「淡菜肉中珠アリ。即チ尾張真珠是也」とあるように、尾張・伊勢の真珠はイガイから取れたものだからであろう。『本草綱目啓蒙』も「従前伊勢真珠を上品とし、尾張真珠を下品とす。今は大村真珠を上品とし、伊勢真珠を次とす」と真珠の産地が伊勢湾から大村湾に移った事を記している。アコヤガイの貝殻の利用法として『目八譜』は「二寸前後ノ者、小皿ニ用ユ、背ヲ磨ウルシニテ塗タルモノアリ」と記している。

三、アサリ　浅蜊、蛤蜊

アサリは最も通俗的な二枚貝で、有史以前から大量に食用とされ、全国各地の貝塚の主要構成貝類の一つであるが（縄文食料）、古代から中世にかけて食料とした記録は見られない。しかし『料理物語』は「はまぐり」に続けて「（同あさり）すひ物、なし物」と記しているので、古くはハマグリと厳密に区別されていなかった可能性もある。『日本漁業経済史』に引用されている「安芸国養蛎之碑」の碑文に「古記を案するに延宝中、郡の草津村に小林五郎左衛門といへる者あり、蛤蜊を養殖せんとて立たる竹枝に、図らすも蛎苗の数多附着せるを見て、云々」と養蛎の由来が記されている。この文面からすると延宝年間（一六七三―八一）にはすでにアサリの養殖が行われていた事となる。『本朝食鑑』は「浅蜊は文蛤也。形小蛤に似て殻薄く粗し。白き者有り、淡灰色なる者有り、（中略）大なる者は円一寸、小なる者は四五分。其の肉一頭は小尖、一頭は大、其小なる処に両耳の如き者有りて尖黒、倶に赤白二種有り。其の味、蛤に短くして亦稍佳。性能く群を成し、漁者常に多く之れを采り、民間日用の食に鬻ぐ。価も亦極めて賤也。腸中に小珠多くして色瑩白、海俗之れを采りて薬肆市中に送り、多く真珠を乱す」と記している。『塩尻』三四は「あしたにするをあさりといひ、云々」とアサリの語源を記し、『毛吹草《けふきぐさ》』はアサリの名所として伊勢、三河、紀伊の三国をあげている。『目八譜』は「石寿云、武州品川或下総洲崎辺海沙中ニ群聚ス。大汐干ヲ待テ衆人出テ沙中ヲ掘テ是ヲ得テ食料トス」と汐干狩の獲物であった事を記し、貝殻の斑紋と色彩によって、白蛌、鶉班、紅浅理、山吹、吾妻転などの名称を与えている。『介志』にも斑紋の違いによって夕暗、片端ノ蘆、松風、浦風、ホトトギス、武蔵

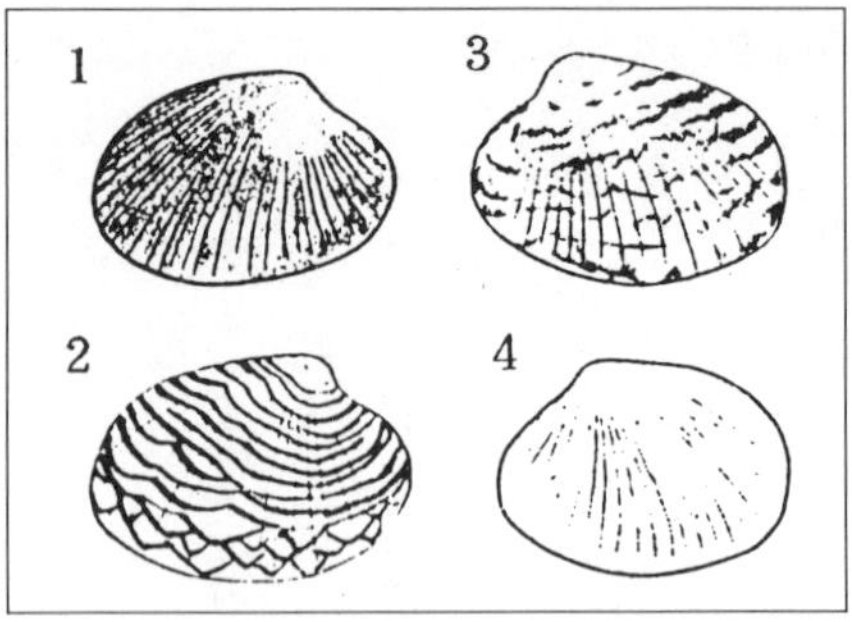

図58　アサリの斑文による名称［1. 松風、2. 武蔵野、3. ホトトギス、4. 浦風］

野などの名前が付けられている（図58）。

四、アメフラシ・ウミウシ類

海鹿、雨降、雨虎、海兎、海牛

アメフラシ・ウミウシ類は巻貝と同じ腹足類に属するが、貝殻は小さく表面から見る事は出来ない。貝塚から出土した報告は見られず（縄文食料）、古代、中世の文献にも取り上げられていない。江戸時代に入って『大和本草』は海鹿として「海参ノ類ナリ、色黒シ。切レハ鮮血多クイツ。形ヨリ血多シ。煮テ食ス。味厚シ。云々」と記し、『和漢三才図会』も海鼠の項で海兎として「海鼠《ナマコ》に似て腹黄色、大なる者一尺二三寸、予州海辺に之れ有り、人敢て食はず、俗伝云ふ誤て之れを突殺せば則ち黒血流れ出て乃ち忽ち雨ふる、屢試みるも亦然り」としている。海兎はアメフラシの別称とされているが、この記述からではこれがアメフラシを指すのか、ウミウシを指すのか明らかでない。ただしいずれにしても海参、海鼠の類とするのは誤りである。享保時代の産物帳では各地で取り上げられ、『筑前国産物帳』では海魚の中に「うみうし」があり、「うみじかともいふ」と記している。『筑前国産物帳絵図』の「うみうし」の図には「春二三月有り。大者は大沙噀《なまこ》の如く疙禿あり。（中略）誤て之を刺せは血伊達に出て潮水赤色となる。（中略）人之を食はす」としている。また『周防産物名寄』にも虫類として海鹿があげられており、『紀州産物帳』には「いねつぼ」、『隠岐国産物絵図注書』には「べこ」、『三州物産絵図帳下』には「海うぜ」、「海うし」とあり、図から判断するとウミウシの類を指すものと思われる。江戸末期の『千虫譜』にも雨虎《あめふらし》の図が載っているが、腐乱したものを描いたので正確ではない。『桃洞遺筆』は海粉《かいふん》の項で「海鹿」を取り上げ（図59）、伊勢地方の方言として「雨ふらし」とした上で、清国から輸入される海粉は、「うみぞうめん」と呼ばれているアメフラシの卵紐を乾燥したものではないかとしている。『水族志』もウミシカの項で「其子ヲ産スル事透明ニシテ絹糸ノ如シ。キヌイトノリト云。即海粉ナリ」としているがこれは誤りであろう。「うみぞうめん」についてはこれより以前『本朝食鑑』でも取り上げられ、「其の味稍好し」としている。『百品考』は「ウミジカ、ウミウシ」を「沙噀《なまこ》の類」としているが、「頭ニ四角アルモアリ灰色ニシテ赤斑アルモアリ種類多シ」とウミウシの類に多くの種類のある事を指摘している。

図59　アメフラシ（桃洞遺筆）

五、アワビ・トコブシ

鰒、鮑、蚫、石決明、常節

アワビとトコブシは偏平に近い貝殻を持った下等腹足類で、いずれも縄文時代以来広く食料とされており（縄文食料）、弥生時代にはその専用の漁具とみられる「あわびおこし」が作られている（日本の洞穴遺跡）。『魏志倭人伝』末盧国の条に「好んで魚鰒を捕え、水深浅と無く、皆沈没して之を取る」とあり、時としてその体内から得られた真珠は、遠く海外にまで貢献されている（魏志倭人伝）。鰒は『常陸国風土記』、『出雲国風土記』で産物に取り上げられており、『律令』賦役令では鰒、鰒鮓の二種があげられている。また平城宮跡から出土した木簡には鰒と記されたもののほかに、保存食として加工された薄鰒、長鰒、熟鰒、蒸鰒、御取鰒等と書かれたものがあり、奈良時代にも広く食料とされていた事がわかる（奈良朝食生活の研究）。こうした鮑は『万葉集』に「一七九八　伊勢の白水郎《あま》の朝な夕なに潜くとふ鰒の貝の片思にして」とあるように、その多くは海女・海士が海に潜って採取したものと思われる。加工鰒の種類は、『延喜式』ではさらに多く、御取鰒、鳥子鰒、都都岐《つづき》鰒、放耳鰒、着耳鰒、

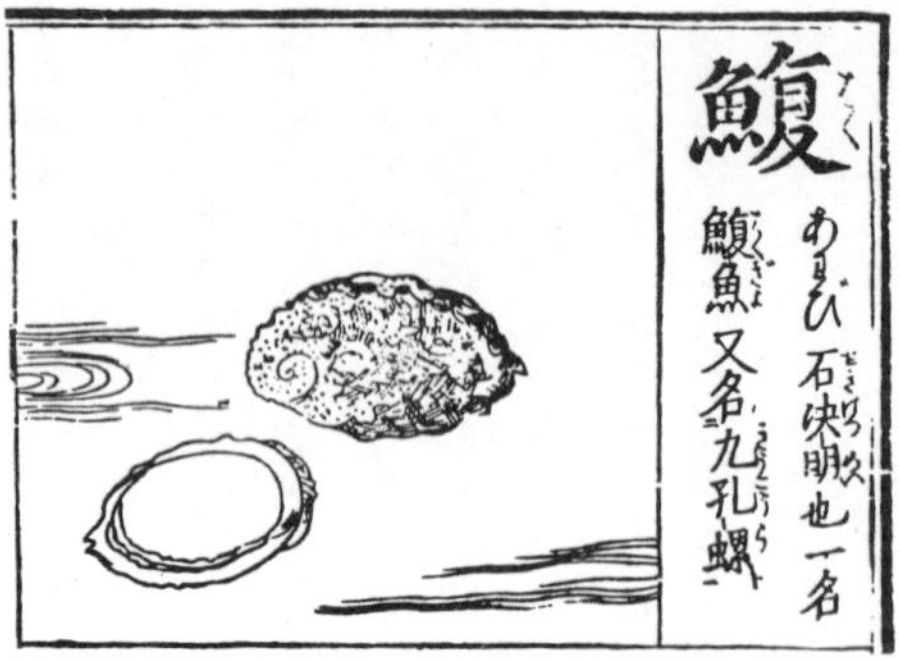

図60　アワビ（訓蒙図彙）

長鰒、薄鰒、短鰒、細割鰒、羽割鰒、蔭鰒、鞭鰒、腐耳鰒、横串鰒、火焼鰒、火焼鰒塩、葛貫鰒、玉貫御取夏鰒、蒸鰒、鰒甘鮨、腸漬鰒など二〇種以上に上っている。これらはいずれも貯蔵食品であるから、火を通したり、塩漬にしたものを除くと多くは乾燥品で、その乾燥方法によって様々な呼び方がされているに過ぎない。このほかアワビの産地によって躭《とむ》羅《ら》鰒、東鰒、隠岐鰒、佐渡鰒、阿波鰒、長門鰒、筑紫鰒、出雲鰒、安房雑鰒、嶋鰒などの名が見られる。躭羅鰒は現在の韓国の済州島産の鰒の事である。こうした鮑は『延喜式』主計上の調、庸、中男作物として全国から集められ（56頁別表）、神祇式に見られるように神撰として用いられたほか、大膳司の各種の宴席にも用いられ、内膳司では諸国貢進御贄の一つとして供御に供されている。

『本草和名』は石決明をアワビとして「食はゞ心目聡了し、亦石に附して生ず、故に決明と名づく」とし、不死薬二一種の一つに数えている。そうした薬効からであろうか、天平九年（七三七）の鮑瘡に関する太上官苻では「乾鰒、堅魚等の類、煎否皆良し」とされている（類聚符宣抄）。『江家次第』によると、正月節会の際に腹赤奏、氷様奏の終わった後の宴会に「次に蚫御羹《あつもの》を供す」とあり、『建武年中行事』の元日節会の条にも「次あつものを供す、あはびのあつものなり、たゞあつものといふ」とあるので、正月の宮中行事に欠かせないものであった事がわかる。また『台記別記』によると康治元年（一一四二）の大嘗祭の際には生蚫五〇貝が丹波国から献上されている。アワビはこのように宮中の行事に広く用いられたばかりでなく、一般の間でも贈り物として用いられている（吾妻鏡）。中世に入っても宮中に献上されたばかりでなく（御湯殿）、『尺素往来』は美物の一つに数え、『庭訓往来』五月状返でも熨斗鮑のほかに削物として円鮑が取り上げられている。宮中での鮑の料理法は『厨事類記』に「蒸蚫。蚫ヲ蒸テ、ホシテケヅリテ供之」とあるほか、蚫汁としても供されている。一般の調理法は『四条流庖丁書』に「生蚫ヲウズル様。取上タル始ハヱグキ味有也。然間フッウニ切テ。塩ヲ打テ。能モミテ。扨水ニテススギテ。アヱテモ煮テモ参ラス可キナリ」とあり、『大草家料理書』、『庖丁聞書』、『大草殿より相傳之聞書』などにも調理法が記されている。『料理物語』には「(あはび)かいやき、にがい、すがひ、さしみ、かまぼこ、なまび、ふくらに、のぶすま、なます、た、きあはび、わさびあへ(同わた、ながれこ)なし物に、云々」と様々な調理法が記されている。これらは生鮑の料理であるが、乾燥品については「(同くしあはび)汁、に物、けづり物色々によし、のし、たんざく、もみのし、むすびのし、に物」とある。長鰒、薄鰒は熨斗鰒とも呼ばれ、祝膳に用いられた所から、後には慶祝の贈物に添えられるようになる。江戸時代中期に来日したケンペルは『日本誌』の中で、「日本人の話だと、鰒は、昔かれらの先祖が単純な生活をしていた頃の最高級の食料だった。だからかれらは今でも、祝儀不祝儀を問わず、客をもてなす御馳走には鰒を調理して食膳に上せる。贈物をする場合には、貧富の区別なく、(中略)干鰒を紙に包んで『包み熨斗』にするか、少なくともその一部を切取って贈物の徴として添えるかして、引出物なりお祝品なりを受取る相手方に敬意を表する鄭重な習慣が行なわれている」と記している。長鰒の製法は『本朝食鑑』、『日本山海名産図会』に詳しく記されているが、江戸中期以降こうした乾燥鰒は干鰒と呼ばれて長崎貿易の重要な輸出品である俵物の一つとなっている(天明集成二九二三)。

鮑の採取法は太古から変わらず、主として海女が海中に潜って取っており、その模様は『日本山海名産図会』に詳しい。鮑からは時として真珠がとれる事があり、鰒玉《あわびだま》と呼ばれているが、色が青色を帯ている所から装身具としては下等品とされ、『本草綱目啓蒙』は「今薬舗にては真珠と呼ず、単にカヒノタマと呼て価賎し」としている。しかしその貝殻の内面は美しい青色の金属光沢を呈しているため、千里光と呼ばれて螺鈿《らでん》細工の青貝として珍重されている。『雍州《ようしゅう》府志』によると「螺鈿の用ふる所、二条川原町の人家之を磨り、漆匠の家に売る。云々」とあり、『人倫訓蒙図彙』にも「青貝師」の記事が見られる。アワビの貝殻の特種な利用法として酒盃があり、『摂津名所図会』には浮瀬と銘打った七合半入りの鮑貝の図が載っており、『鸚鵡篭中記』正徳二年(一七一二)四月一五日の日記にこの酒盃で酒を飲んだ事が記されている。アワビにはメカイアワビ、クロアワビ等数種のものが知られているが、『大和本草』は「本邦ニ二品アル事ヲ聞ス、但雌雄有リ、云々」と品種の違いを雌雄の相違とし、『本草綱目啓蒙』も同じような見解を示している。メカイアワビの別名をメンガイ、クロアワビの別名をオンガイというのはこうした由来によるものであろう。『本朝食鑑』は鰒の項で「登古不志《とこぶし》」をあげ「或は謂う是れ鰒子也。長じて大鰒と作ると。或は謂う子鰒に非ずして別の一種なりと」と同一種とするか別種とするかの判断を避けている。それに対して『物類品隲』は石決明を「和名アハビ」、鰒魚を「和名トコブシ」として「石決明ト一類二種ナリ。（中略）石決明ハ七八孔アリテ、九孔ノモノ稀ナリ。鰒魚ハ八九孔ヨリ十一二孔ノモノアリ。（中略）石決明、鰒魚ノ二物ナルコト明ナリ」と両種が別種である事を明らかにしている。しかし『目八譜』は「石寿云、アワビトトコブシノ差別未詳故、世俗云所亦物類品隲ニ法リ、二寸以上石決明ト云、二寸以下ヲトコブシト云テ通称ス。云々」と大きさによる相違だけを取り上げている。『物類称呼』も「蚫の小なる物をとこぶしと云、（中略）今按にとこぶしは蚫の子にはあらず、種類也」とトコブシとアワビとが別種である事を記し、『本草綱目啓蒙』も殻の孔の数の相違から両者を別種としている。

六、イカ類　烏賊

イカは頭足類に属する軟体動物で、漢名を烏賊とする事について、『倭名類聚抄』は「南越志」を引用して「烏賊常に自ら水上に浮ぶ、烏見て以て死したると為し之れを啄む、乃ち之れを巻取る、故に以て之れを名づく」としており、『本草和名』も同様の由来を記している。『日本縄文石器時代食料総説』によると、イカの甲は貝塚から出土しており、誉田陵の内堀からはイカの土製品が発掘されている（はにわ）。また藤原宮跡から出土した木簡には、「伊加」と記したものがあり（奈良朝食生活の研究）、『律令』賦役令では調《つき》とされている。『播磨国風土記』宍禾郡《しさは》、石作の里の伊賀麻《いかま》川の地名伝承では、この川に烏賊がいた事になっている。『延喜式』では神祇一、三、五、七などで祭神料そのほかに用いられており、主計上でも調や中男作物とされているほか、典薬寮の諸国進年料雑薬の中には烏賊骨が含まれている。マイカの類の甲はカマキリの卵塊の桑螵蛸に似て、内部が粗鬆《そしょう》である所から海螵蛸と呼ばれて薬種に用いられ、『本朝食鑑』は「瘧痢・聾瘻・小腹痛、眼翳・流涙、前陰痛腫、五淋、小児疳疾、婦人肝傷・不足血枯・血癖経閉崩帯、令ニ人有一レ子」と多方

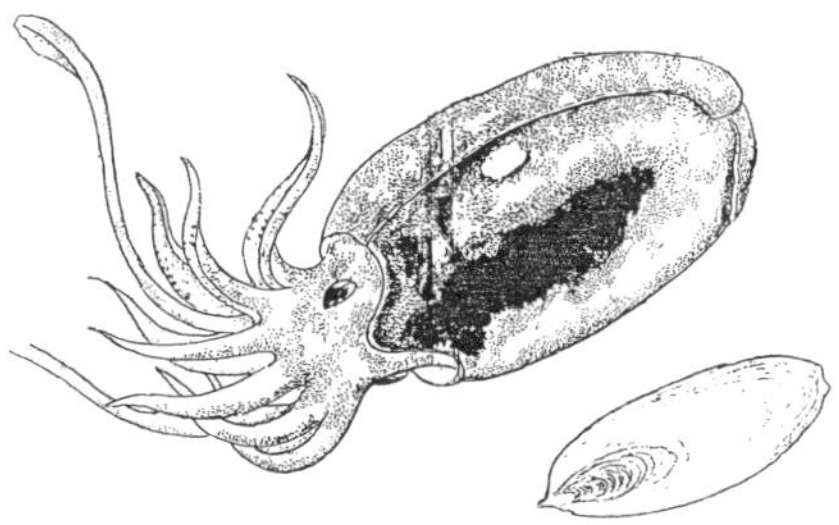
図61　コウイカ（本草図説）

面の薬効をあげている。『本朝食鑑』はまた「常の烏賊、鮮は宜く、乾は宜しからざる也、古は混じて烏賊と称す。延喜式神祇民部主計等の部、若狭、丹後、隠岐、豊後烏賊を貢すと有るは、是皆今の鰑也」と『延喜式』に烏賊とあるものの中には乾燥した鰑が含まれている事を指摘している。宮中の女房詞では、生のイカを「いもじ」、鰑を「よこかみ」あるいは「するする」と呼んで区別している（大上臈名事）。『厨事類記』には「供御次第」の六御盤に「脯鳥、腊押年魚、東鰒、堅魚、海鼠、蛸、烏賊、云々」とある。また『庭訓往来』五月状返の客人接待のための食品中にも取り上げられており、文明一三年（一四八一）の『親元日記』には烏賊の贈答の記事が見られ、『三好亭御成記』の五献の中に烏賊があげられている。『料理物語』によると「（いか）うのはな、なます、さしみ、なまび、かまぼこ、に物、あをあへ、其外色色。（同小いか）すひ物。（同するめ）水あへ、色々」とある。このほか『頓医抄』はイカの墨が「婦人ノ血崩心痛トテ、月水下少及産后ニ血下リ過ニヨッテ心ヲ痛事甚ヲ治ス」とし、『大和本草』は鰑について「一切魚毒ニアタリタルニスルメノ手煎シ服スヘシ」としている。イカの墨は『安斎随筆』、『牛馬問』によると「烏賊の墨、蛇の毒を解す」とあり、『松屋筆記』六三―二一は「烏賊墨もて書きたる書、年を経れば消盡す」としている。

元禄一一年（一六九八）には安房国勝山で（甘露叢）、享保一五年（一七三〇）には江の島で（諸国里人談）、天保一一年（一八四〇）には上総国で大烏賊が捕獲され（天保雑記、続視聴草）、嘉永六年（一八五三）には長さ一丈七尺、重さ五十貫の大烏賊が江戸で見世物になっている（藤岡屋日記）。これらは恐らくダイオウイカ（大王烏賊）あるいはニュウドウイカ（入道烏賊）であろう。明和八年（一七七一）にはイカの甲である海螵蛸が、九十九里浜に海の色が見えなくなる程打ち寄せられた事が記録されている（後見草）。現在北海道はイカの主要産地として知られているが、天明元年（一七八一）序の『松前志』はイカについて「此物近年より海人捕り得ることを得たり。福山城の海洋殊に多し」と記している。イカの種類について『大和本草』は「此類多シ、コブイカ大ニシテ味ヨシ、水イカ長クシテ縁ヒロシ、（中略）アブリイカ広大ナリ、障泥《あおり》ニ似タリ、ヤハラカニシテ味ヨシ、小イカアリ、云々」と記し、『本草綱目啓蒙』はコブイカ、ミヅイカ、アヲリイカ、ミミイカ、ヒイカ、シシボイカ、タツイカ、ハリイカをあげ、付録としてスルメイカ、サバイカ（タチイカ、ミヅイカとも）、ベニイカの名前をあげている。

七、イガイ　貽貝

イガイは干潮時にたやすく採取する事ができる所に付着している二枚貝で、『日本縄文石器時代食料総説』によると全国各地の貝塚から出土しており、『出雲国風土記』でも秋鹿郡の北海所在の雑物の中に取り上げられている。『律令』賦役令でも貽貝鮓・貽貝後折が調とされているほか、平城宮跡から出土した木簡によると御贄としても貢進されている（奈良朝食生活の研究）。『倭名類聚抄』に「貽貝。和名伊加比《いかひ》」とあるので、古くからイガイと呼ばれていた事がわかる。『延喜式』主計上でも貽貝及び貽貝鮨は諸国輸調、中男作物となっており、神祇五の斎宮の月料としても取り上げられている。また『土左日記』には「ほやのつまのいずし」とあるが、これはホヤとイガイとを混ぜて作ったなれ鮨の事とされている。イガイは食用とされたばかりでなく、時として小型の真珠がとれる事があり、西行法師は『山家集』の中で「一三八七　あこやとるゐがひのからを積み置きて宝の跡を見するなりけり」と詠んでいる。中世以降は『朝倉亭御成記』に「三献御湯漬参、（中略）い、貝」とあるのを除くと、余り食

図62　イガイ（古名録）

用とされた記事は見られないが、『料理物語』は「(ゐのかい）ころばかし、きりぼし、さかな」としている。イガイの肉には独特の臭気があり、『本朝食鑑』は「味ひ美と為さず、粗臭気有り。之れを嗜む者其の臭気を愛す。云々」と記している。『大和本草』は「本草ニ一名東海夫人ト云、ソノ形ヲ以名ヅクトイヘリ」と記しているが、『怡顔斎介品』は「形婦人ノ陰戸ニ似タリ。殻黒クシテ厚ク左右ニ毛アリ。肉赤色味美也」と具体的に記している。

八、イタヤガイ・ホタテガイ　板屋貝・帆立貝、海扇

イタヤガイとホタテガイはいずれもイタヤガイ科の扇形の二枚貝で、その貝柱は美味である。ただしイタヤガイはホタテガイよりはるかに小型で、日本全土に生息しているのに対して、ホタテガイは東北以北の冷水域にしか生息していない。従ってホタテガイの出土する縄文遺跡は東北地方北部に限られ、イタヤガイは関東以西の貝塚から多数出土している（縄文食料）。このようにホタテガイの生息範囲が辺境の地に限られていたため、江戸後期までその存在は一般には知られておらず、現在のイタヤガイの事をホタテガイと呼び、現在のホタテガイはその産地名をとって秋田介と呼ばれて来た（目八譜、介志）。

イタヤガイ・ホタテガイは奈良・平安時代に食料とされた記録は見られないが、『本草和名』、『倭名類聚抄』は文蛤を「和名以多也（伊太夜）加比」とし、『八雲御抄』にも取り上げられている。中世末期になると、文禄四年（一五九五）の『文禄四年御成記』に「六の御禅、団扇台貝尽盛（中略）ほたて貝」とあり、続いて『料理物語』に「（ほたてがい）からやき、くしやき、よなき同前」とあるが、これらの「ほたてがい」は恐らく現在のイタヤガイの事であろう。『多識編』は、車渠を「於保美加伊《おほみがい》又云阿布岐加伊《あふきがい》、今案ニ保多天《ほたて》加伊《がい》（異名）海扇」としており、これは後々シャコとホタテ

図63　イタヤガイ（本草図説）

ガイとが混同される原因となっている。『本朝食鑑』は「帆立蛤（中略）或は伊多良加比と称す」として「其の肉最も白し、然れども味ひ佳ならず、海俗も亦之れを食はず。海西諸州最も多し、海人殻を采りて難波の市に売る。市工磨琢して竹柄を夾むで大食匙を造り成し、以て四方に貨す」と漁民もその肉を食べず、唯その貝殻を利用するにすぎなかった事を記している。海西諸州に多いとあるので、この貝は現在のホタテガイではなく、イタヤガイである事は間違いない。また『大和本草』も海扇を「ホタテガイ」とした上で「貧民殻ヲ用テ柄ヲ加ヘ勺子トス、故ニ勺子貝ト云」としており、考註者はこの貝をイタヤガイとしている。また『和漢三才図会』は車渠、海扇を「ほたてかひ」、「いたやかひ」としているが、『怡顔斎介品』は海扇を「達按ズルニ、此レ俗ニ帆立貝ト呼ブ。上ノ車渠ノ海扇ト同ク物異ナリ」と帆立貝と車渠の相違を指摘している。我が国で古くから勺子として用いられて来た貝をイタヤガイとしたのは『渚之丹敷《なぎさのにしき》』で「板屋貝、隼人の国より多く出せり。（中略）大かたの人の家に杓子に作り朝な夕なに用ひし貝なり」と記している。一方ホタテガイは天明元年（一七八一）序の『松前志』で取り上げられ、江戸末期の『魚鑑』は「ほたてがひ、俗にあふぎがひといふ、清俗海扇といふ、陸奥蝦夷の海中に産す」とホタテガイが東北・北海道地方の産物である事を記している。しかし続けて「その肉末だ見ず」としているので、徳川末期まで江戸ではその貝柱を賞味する事が出来なかった事がわかる。安政四年（一八五七）に函館港を出港した松浦武四郎は『松浦武四郎紀行集』下「石狩日誌」の中で海扇《ほたてがひ》、ホッキ、蜊《あさり》、蜆、螺《ほら》等の貝が岩に多数付着していた事を記し、この前年樺太に渡った際には土着の住民が帆立貝の殻を食器に用いていた事を記している（北蝦夷余誌）。

九、イモガイ　芋貝、身無介

イモガイは縄文早期の遺跡から垂飾品に加工した貝殻が出土し（日本の洞穴遺跡）、主として九州地方の弥生時代の遺跡からは、南方系のゴホウライモガイを輪切りにして作った腕輪を装着した遺骨が出土している（貝をめぐる考古学）。ただし食料残渣としての貝殻は余り出土していない（縄文食料）。イモガイの類は結構美味であるが、殻の割には身が少なく、また取り出し難いので、身無介《みなしがい》とも呼ばれ、『八雲御抄』では「みなし」として取り上げられている。有史時代に入ってからも食料とされた記事は見られない。江戸期の貝類図譜で初めて取り上げられ、『奇貝図譜』は「波斯介（クロミナシ)、タカヤサン介、千嶋介、襁褓ミナシ、霞ミナシ、イサコミナシ」等のイモガイを取り上げ、『目八譜』は「丸芋、長芋、衣被、身無介、紅身無介、更紗身無介、波斯介、アンボンクロサメ、アンボイナ」等二〇種以上の種名をあげ、『介志』にはさらに多くの種名が取り上げられている。『目八譜』にあるアンボンクロサメ、アンボイナはルンフィウスの『アンボイナ貝譜』によって命名されたもので、平賀源内は『アンボイナ貝譜』を「紅毛介譜」と呼んで明和三年(一七六六)に入手している(物産書目)。

図64　クロミナシ(奇貝図譜)

一〇、おう　白貝

「おう(白貝)」と呼ばれる貝類について、『本朝食鑑』は「於保乃貝と訓ず」とし、白井光太郎考証の『大和本草』の考註者はカガミガヒとし、『古名録』はチョウセンハマグリとし、古典文学大系本の「風土記」の校註者はバカ貝に属するウバ貝としている。いずれも褐色を帯びた灰白色の二枚貝であるが、いずれが正しいか結論を出すだけの根拠はない。また『東雅』は「式に白貝としるされしは、此物は即今アサリ、シヾミ、アカヾヒなどいふ者の如くにはあらず、其肉の殊に白きを云ひしなり」と肉の白い貝としている。あるいは特定の貝を指すのではなく、こうした二枚貝の総称かもしれない。ただし『常陸国風土記』の行方郡板来村の条に「白貝。辛螺・蛤、多に生へり」とあるので、ハマグリはその中に含まれないものと思われる。風土記には上記のほか『播磨国風

図65　おう(『大和本草』諸品図)

土記』揖保郡白貝浦の条に「昔、白貝ありき、故、因りて名と為す」と記されている。『律令』賦役令には「白貝菹三斗」とあり、『類聚雑要抄』の母屋大饗にも白貝とあり、『延喜式』にも内膳年料に「尾張国、(中略)白貝二担四壺云々」とある。それ以後白貝の記事は見られないが、『本朝食鑑』、『大和本草』に白貝の名が見られるので、江戸中期までは、白貝という名称が用いられていた事は間違いない。

一一、オウムガイ　鸚鵡貝

オウムガイは貝とあるが、タコブネと同じように、イカ・タコの仲間である。曲玉状の貝殻が鸚鵡の嘴に似た形をしている所から名付けられたものである。生きている化石と呼ばれるように、同類のものは化石のアンモナイトとして知られている。我が国では正倉院の宝物の中にその貝殻を素材としたものがあり、螺鈿の材料としても用いられている。『壒嚢抄』は「海中ニ貝アリ、鸚鵡ノ形ニ似タリ、是ヲ取テ背ヲウガチ破リテ盃ニ用フ」とオウムガイの貝殻を盃(螺盃または鸚鵡盃)として用いた事を記している。鸚鵡盃については『古今著聞集』一七八「修理大夫顕季人丸影供を行ふ事」の項に、元永元年(一一一八)六月一六日に顕季卿が六条東洞院亭で影供を行った際に「(前略)侍人等鸚鵡の盃・小銚子をもちて簀子敷に候けり。云々」とある。『大和本草』は「相州ノ海ニモアリ」としているが、本来は南方系の動物である。『本草綱目啓蒙』は「形円にして扁く高さ三寸許闊さ七八寸許、尾平にして尖なく大抵扁螺の形に類す。色白くして紫黒色の斑紋あり。其口濶くして靨なし。深さ三寸許にして底あり、平にして一小孔あり、此を拆破れば又底あり、末に至るまで凡数十底、皆一小孔あり。云々」と極めて正確にその形状を記している。『目八譜』は「琉球ニ産、又相州豆州房州海崖ニ稀ニ打寄ル事アリト云」と我が国でも時として採集さ

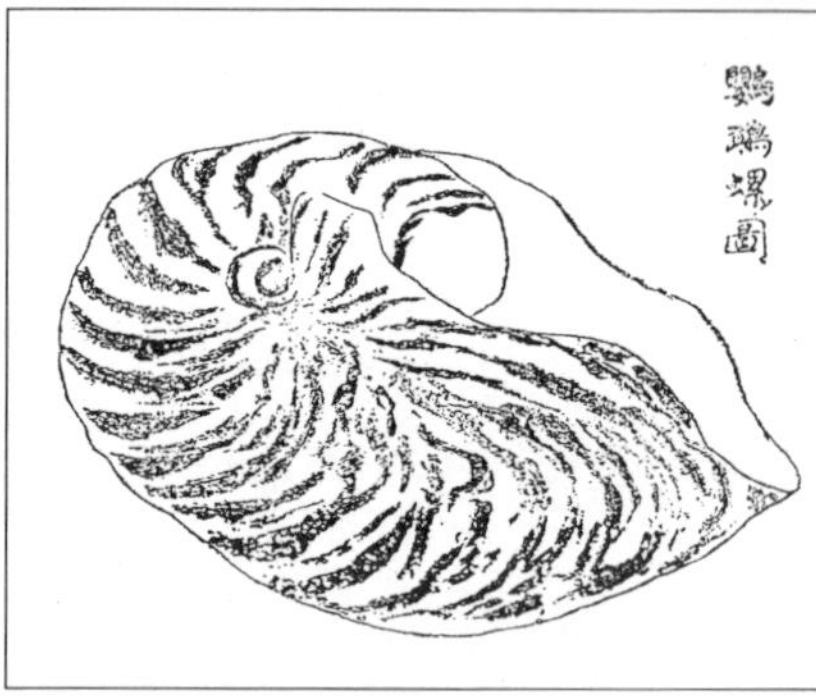

図66　オウムガイ(古名録)

れる事を記し、全体図のほか「嘉永七寅五月十日」に画いた切断面の図を載せている。『百品考』も「ふめつがひ」としてその貝殻の構造を記している。

一二、オキナエビス　翁戎

オキナエビスは円錐形の比較的大きな巻貝で、「生きている化石」と呼ばれるように、古生代生き残りの貴重な貝であるばかりでなく、生息域が限られた稀少品種である。この貝は最初チョウジャガイ（長者介）と呼ばれたが、その由来は大正一五年（一九二六）大阪の蒹葭堂会が『奇貝図譜』を出版した際の序説に次のように記されている。「この貝は今から三十余年前、英国博物館から東京帝大の理科へ壱個百弗宛で蒐集方を依頼して来られた事があった。当時の動物学教室には誰もこれを知る者なく、兎も角三浦三崎の臨海実験所に採集方を命し置いた。ところが其翌春か、同所の動物採集家青木熊吉氏が、その生標本を釣獲し大学へ持参したので、動物学教室の者は皆驚異の眼を瞠ったものである。（中略）青木氏が三崎より大学へその生標本を持参した時、故箕作博士は当座の褒美として同氏に三十金を与へ、和名を何としやうかと尋ねられた時に『長者貝』とても附けられたら如何にと答意即妙の青木氏の付けられた名である。云々」とある。しかしその後、弘化元年（一八四四）序の武蔵石寿の『目八譜』に「西王母〇翁蛭子《おきなえびす》　通称」、「形桃実ニ似タルヲ以テ西王母ト云、或ハ戎介《えびすがい》老長タルヲ以テ翁ノ名アリ。云々」として図示されている事がわかり、岩川氏によって正式の和名はオキナエビスと改められた。ただしオキナエビスの最初の発見者は上記の『奇貝図譜』の著者木村孔恭で、彼の図譜には「福田柳圃所蔵　無名介　按アケマキノ一種ナラン」として図が掲載されている（図67）。なお、明治一〇年（一八七七）に来日し、江の島に実験所を設けたモースは『日本その日その日』

図67　オキナエビス（奇貝図譜）

の中で「今日は曳網の運が、あまりよくなかった。私はサミセンガイを求めて、我々の入江に戻り、目的の貝を沢山と、大きなオキナエビス若干その他を得た」と記しているが、本当にオキナエビスであったとすると、この日の曳網の成果に対する評価はいささか疑問である。

一三、カキ類　牡蛎、蛎

カキ類は二枚貝に属する貝類で、イタボガキ、マガキなど数種のものが知られており、貝塚を構成している貝類の主要構成要素の一つである（縄文食料）。関東地方の上福岡・水子付近の貝塚から丸木に付着したマガキの貝殻が多数出土しており、九州地方の曽畑貝塚からは礫や土器片に付着したマガキが多く出土しているので、縄文時代にすでにカキの養殖が行われていたとする意見もある（古代史発掘2）。このほかイタボガキで作った腕輪を装着した人骨が出土しているので（同上）、装身具としても用いられていた事がわかる。カキ殻の縁は鋭利であるため、『古事記』允恭天皇の条に衣通《そとほし》王の歌として「夏草のあひねの浜の蠣貝に足蹈ますなあかしてとほれ」と詠まれている。『出雲国風土記』嶋根郡、秋鹿郡の「北の海で捕る所の雑物」の中に蛎子とあり、神門郡の「神門の水海」には玄蛎が見られる。平城宮跡から出土した木簡にも「献上蛎一篭」と見えており（奈良朝食生活の研究）、奈良時代にも広く食料とされていた事は明らかである。ただし『律令』の賦役令には見られない。『延喜式』宮内省の諸国例貢御贄には「伊勢（中略）蛎・磯蛎」とあり、主計上では肥後国の中男作物として蛎腊があるほか、典薬寮の諸国進年料雑薬の中に伊勢国の牡蛎が含まれている（56頁別表）。雑薬の中に牡蛎があるのは牡蛎殻の粉末が薬種として用いられたからである。『本草和名』は牡蛎を「和名　乎《お》加《か》岐《きの》加《か》比《ひ》」とし、『倭名類聚抄』は蛎の和名を単に「加木」としている。蛎殻の利用例としては以上のほか『明月記』嘉禄元年（一二二五）の条に「近代桧扇塗、雲母下に蛎殻を塗る云々」とある。これはカキの殻を焼いて粉末にした胡粉の事で、この頃から白色顔料として用いられるようになったものと思われる。中世に入っても牡蛎は広く食料として用いられ、『尺素往来』は美物の一つに数え、『文禄四年御成記』には「六ノ御膳（中略）蠣」とある。その料理法は『四条流庖丁書』に「カキコ（蠣海鼠）タ、ミノ事」として「同カキヲモ酒ニテ色ヲトリテ。蠣ヲバ能タ、キテ。サテ山葵辛ミニテ。云々」とあり、『料理物語』は「（かき）吸い物、汁、すがき、くしやき、すぎやき」と各種の料理法を記している。

『大和本草』は「凡蛎ハ石ニ付テ生シ、一処ニアリテ動カス、故ニ牝牡ノ道ナシ、子ウマス、皆牡ナリ、故牡蛎ト云、是本草陳蔵器、李時珍カ説ナリ」と牡蛎の語源について記しているが、カキの類は雌雄同体で胎生であるから、この説明は一部正しく一部は誤りである。江戸末期の随筆『嗚呼矣草《おこたりぐさ》』も「牡蛎にかぎり、雄ばかり有て雌なし」としているが、これも本草書からの受け売りであろう。『大和本草』はさらに「蛎殻ノ高山ノ上ノ大石ニツキテアル事中華ノ書ニ見ヘタリ。日本諸州ニモ往々之レ有リ。邵子ノ説ニ（中略）凡十二万九千六百年ヲ以天地ノ寿命トス。其数ヲハレハ天地万物滅ヒテ又改リ生ス。（中略）然ラハ高山ノ蛎殻ハ前ノ天地ノ時ノ大石ニ付タルカ、今ノ天地トナリテ高山ノ上ニノホルナルヘシ」としているが、当時の自然観を示すものとして興味がある。カキの種類として『大和本草』はヲキカキ、常ノ蠣、コロヒカキの三種をあげ、『怡顔斎介品』は「二種アリ、一ヲ鯨ガキト云ヒ一ヲ洋カキト云フ」としている。『大和本草』が常ノ蠣としているものが最も普通のマガキを指すとすると、ヲキカキはイタボガキの事であろうか。『物類品隲』は海牡蛎に二種ありとして、コロヒガキ、オホガキの名をあげている。なお、『怡顔斎介品』に鯨カキとあるのは『目八譜』に「鯨ノ背或ハ頭ニ粘着スルモノアリ、肥前ニテ鯨蠣ト云、形状藤壺塩尻ノ類ニシテ、鯨体ニ粘着スル故ニ名付歟」とあり、これは貝類ではなく甲殻類のフジツボの類である。

広島地方のカキの養殖は『日本漁業経済史』によると、延宝年間（一六七三―八〇）に始められたとされており、同書は「養蛎の沿革」を引用して「蛎養殖の起源たる其年度詳ならすと雖も今古老の口碑に依れは遠く延宝年代以前にあり。（中略）我佐伯郡草津村居住小西屋五郎八なる者、海面干潟に於て蛤蜊の小貝を養育する為め、海面の一部を限り周辺に竹枝を立て、囲ひとなし置きたりしに、一種異様の介類夥しく之に附着せるを発見せり。云々」とその由来を記している。その方法は『日本山海名産図会』に詳しい（図68）。嘉永六年（一八五三）長崎でロシア使節プチャーチンとの交渉に当った川路聖謨は『長崎日記』の中で「この海田市という所にては、蚄蛎《かき》をつくりて渡世とす。大阪へ出る。芸州のかき船これ也」と記している。『本草綱目啓蒙』には「已に肉を取去の空殻を多く海儀に積重ね置、年久くなれば自復肉を生ずるをツクリガキと云（筑前）」とあり、広島地方の養殖法とは別に、こうした方法も行われていたものと思われる。カキは食料、薬剤として用いられたほか、享保一二年（一七二七）、一七年（一七三二）には類焼を防ぐため牡蛎の貝殻で家屋の屋根を葺くよう命じられている（実紀）。しかし『反古染』に

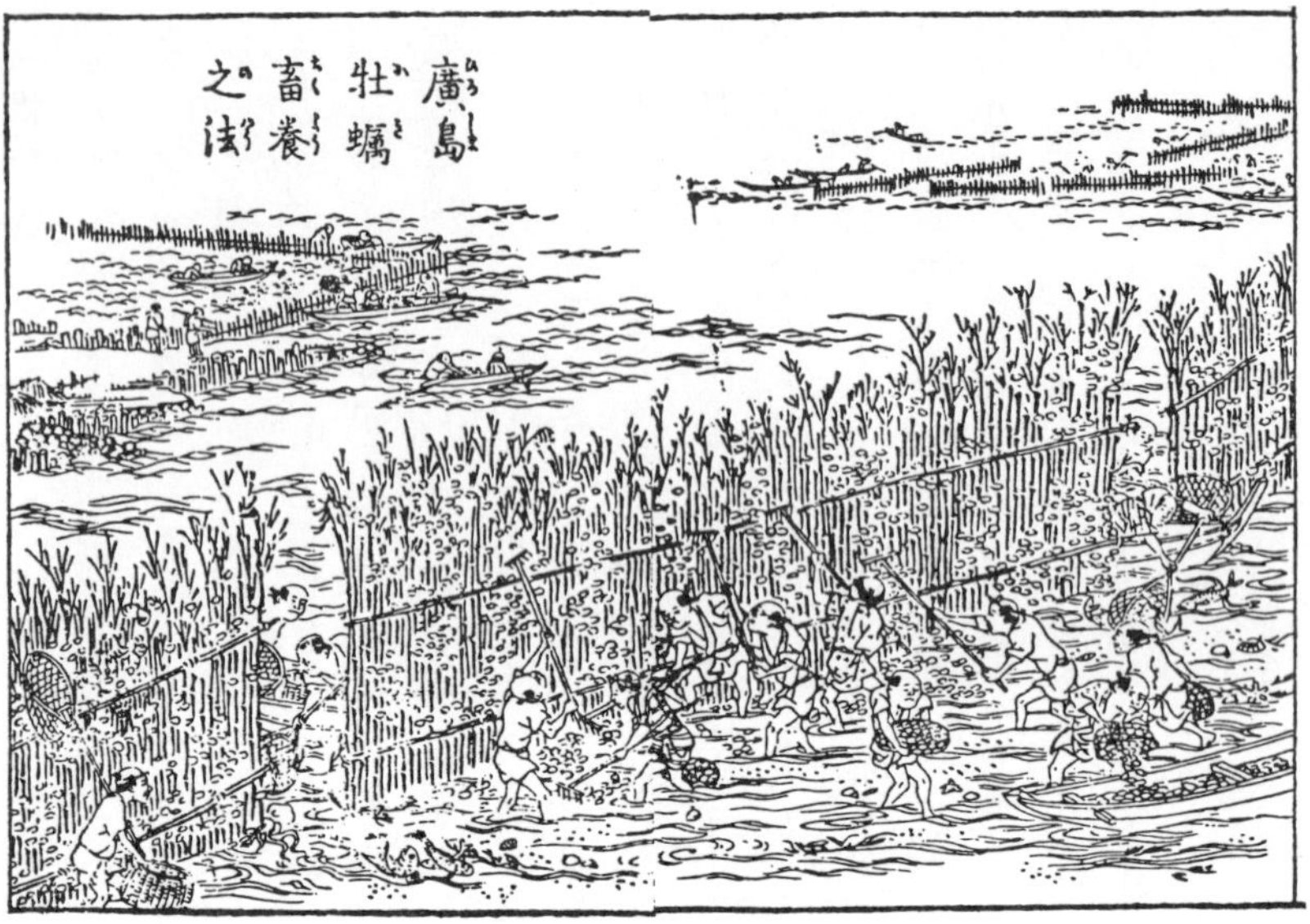

図68　広島牡蠣畜養之法（日本山海名産図会）

は「小屋鋪、町屋敷などは、蛎殻を屋根へ上げ、軒へ貝留を板にて打、屋根は一面に蛎殻にて、時ならぬ雪の気色也しに、尚も火の用心とて、御旗本方より町屋敷迄も、瓦拝借と云事にて、御金を御借し下さり、夫より残らず瓦葺、桟瓦、丸瓦、松皮葺、並瓦市松ぶき、段々工風をこらし、塗屋造りに替りし故、人々安堵の思ひに住す」とあるので、同書の出版された元文五年（一七四〇）にはすでに瓦葺に改められていたものと思われる。蛎殻はこのほか焼いて石灰の代用としても用いられており、『和漢三才図会』は「又灰に焼きて堊と為し、壁に塗りて以て石灰に代ふ」と記している。元文元年（一七三六）、延享三年（一七四六）、安永四年（一七七五）にはそうした蛎灰を江戸市中で販売する事を禁ずる御触書が出されている（寛保集成二一一〇他）。

一四、かたつむり　蝸牛

「かたつむり」は各種のマイマイの類の総称である。『日本縄文石器時代食料総説』によると、全国八三六カ所の貝塚のうち七八カ所からヒダリマキマイマイが、三二カ所からミスジマイマイが、一九カ所からその他のマイマイの貝殻が出土している。『古代日本の漁業生活』は「蝸牛類の食用法はいろいろあったことだろう。しかしこれらを生食するとなると貝殻を破壊しなければならない筈であるが、（中略）ことさらに破壊されたようなものは見られないから、果して生食されたか否かは疑問である。それよりは貝殻が完形である場合が多いのであるから、やはり煮食されたと解する方がいいと思う」と記している。同一著者の『古代人の生活と環境』によると、蝸牛の貝殻はこの後の弥生時代から土師器時代にかけての遺跡からも出土している。しかしそれに続く有史時代には薬用を除くと蝸牛を食べた記録は見られず、果して古代

図69　各種かたつむり（乙未本草会目録）

遺跡から出土した蝸牛の貝殻が、食用とされたものかどうか疑問が残る。蝸牛は『本草和名』、『倭名類聚抄』に「加多都布利」、「加太豆不利」とあり、『夫木和歌抄』には「家を出ぬ心はおなじかたつぶり立まふべくもあらぬ世なれど」と詠まれている。また『梁塵祕抄』四〇八には「舞へ舞へ蝸牛、舞はぬものならば、馬の子や牛の子に蹴させてん、踏破せてん、云々」とあり、蝸牛の動きは舞にたとえられている。マイマイという名称もそうした所から出たものと思われる。『本朝食鑑』、『大和本草』はいずれも蝸牛が殻を脱ぐと蛞蝓《なめくじ》になるとしているが、これは誤りである。また『和漢三才図会』は「蝸牛四角有りて、二者短し、其の短き者は角に非ず、露眼の甚しき者也、物触るれば則ち角を縮む、出入れ最も速し」と角が触角である事を指摘している。『物類品隲』は「和名カタツフリ。又デ、ムシト云。所在ニ多シ。数種アリ」と蝸牛に数種のものがある事を記し、『本草綱目啓蒙』はその種類をあげているが、貝殻の旋回方向の違うヒダリマキマイマイの存在には気付いていない。しかしこのあと文化八年（一八一一）に成る栗本瑞見の『千虫譜』には、貝殻が右巻のものと左巻のものの両種が描かれており、文政二年（一八一九）に歿した増山正賢の『虫豸帖』の中の「蝸牛五品」にもヒダリマキマイマイ二匹が含まれている。さらに天保六

年（一八三五）の尾張の本草会に出品された大窪昌章の陸貝四五種の図の中にもヒダリマキマイマイが見られるので、江戸末期にはヒダリマキマイマイの存在は広く知られていた事がわかる。当時の貝類研究家の第一人者であった武蔵石寿は『目八譜』の中で「石寿云、（中略）左巻ノモノ有リ、雌雄ノ差別ナルヘシ」としているが、「左リ巻」の解説では「世俗ツルムヲ見タリトイヘリ」とヒダリマキマイマイ同士の間で交尾が行われているので、右巻のものとは別種であろうとしている。マイマイの類は雌雄同体であるから、雌雄による相違ではなく、この結論は正しい。『千虫譜』はまた、蝸牛の肉を串に刺して炙いて食えば小児の疳虫に効果がある、としている。

一五、カラスガイ類　烏貝、蚌

カラスガイは淡水産の二枚貝のうち最も大型のものである。『新撰字鏡』は蚌を「大田加比」し、『本草和名』は蚌蛤を「和名　多加比」としている。タガイはカラスガイと同じように黒色の淡水産の二枚貝であるが、カラスガイに比較するとはるかに小型である。カラスガイという呼び名は『山家集』に「一一九六　波寄する白良の浜の烏貝拾ひ易くもおもほゆるかな」とあるが、この烏貝は海産のイガイの事とされている。『料理物語』は「（からすがい）ころばかし、くしやき」としているので、広く食料とされていた事がわかる。『本朝食鑑』は烏蛤を「加良須加比と訓ず（中略）殻黒きを以て烏貝と号す乎」として「烏貝蚌に似て小、形狭して長く、殻黒くして亀、肉甘腥美ならず、云々」とし、蚌を「奈加他加比と訓ず」「蚌形牡蠣、淡菜蛤等に似て長く、殻蛤蜊より薄く、大なる者長さ七八寸、或は尺に過ぎ、小なる者三四寸、

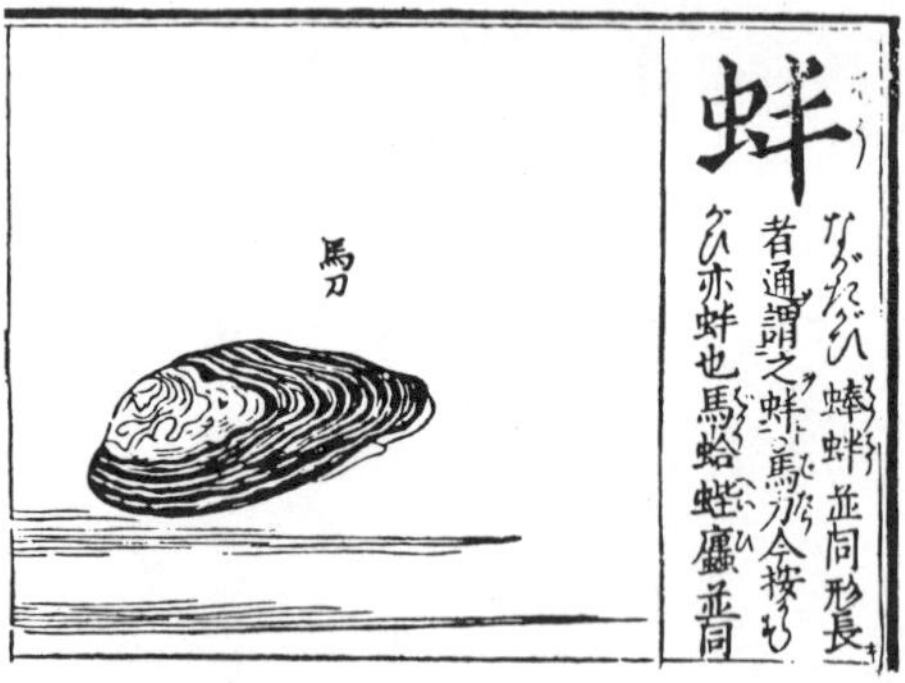

図70　カラスガイ（訓蒙図彙）

其肉佳ならず、云々」と記している。この解説からすると、ナカタガヒと呼ばれた蚌が現在のカラスガイで、カラスガヒと呼ばれた烏蛤は、それより小型のドブガイあるいはタガイの類を指すものと思われる。『大和本草』も蚌の項で「カラスガヒ。トブガイ并江州ノ方言ナリ。琵琶湖ニアリ。長七八寸アリ」と記し、また馬刀《カラスガイ》の項で「トブ貝ニ似テ小ナリ。泥ミゾニ生ス。海ニハナシ。色黒キ故ニ烏貝トモ云」とし、『物類品隲』にもほぼ同じような記述が見られる。『目八譜』も「土負貝。江州カラス介」として「裏白色ニシテ真珠介ノ光ニ同シ。大サ二三分ヨリ五寸迄ヲ云。皆肉中に珠アリ。毎介ニハ非ス、珠アル者ハ少シ」とし、ほかに「ヱカキ介」を「石寿云。即土負介ノ大ナルモノヲ云」としている。大きさから判断すると「ヱカキ介」が現在のカラスガイで、「土負介」は現在のドブガイ、カワシンジュガイ、タガイ、イシガイ等の総称で、江戸時代と現在とでは呼び名が逆であったものと思われる。

一六、キサゴ　細螺

キサゴは我が国沿岸の干潟に生息する小型巻貝の一種で、古くは「しただみ」と総称された小型巻貝の中に含まれていたものと思われる（↓167頁）。

図71　キサゴ（和漢三才図会）

キサゴという呼び名は『本朝食鑑』に「錦沙子《きさご》」とあるのが最初で、「今江東諸浜最も多し、然れども杏子榛実の大に過ぎず、参遠海浜の産は、文蛤小蜊の大に似て、倶に海人之れを采りて、煮熟して虫を去り殻を取り、洗浄して砂に磨き、以て児女の翫と為す」としている。『大和本草』もチシヤコとして「小螺ナリ、殻薄シ、赤白ノ紋アリ海ニアリ、形扁シ。蝸牛ノ状ニ似テ少ナリ。（中略）小児其カラヲツラヌキアツメテ玩トス」と、いずれも肉よりも貝殻の方を重視している。『物類称呼』は細螺をキサゴとし、『屠龍工随筆』は「志た、みはきさごの事なり」としている。

一七、サクラガイ　桜貝

サクラガイは淡紅色をした可憐な二枚貝で、『山家集』に「一一九一　風吹けば花咲く波のをる度に桜貝寄る三島江の

図72　サクラガイ（古名録）

浦」と詠まれている。このあと『藻塩草』に「伊勢海、桜がひ、云々」とあり、『廻国雑記』は「桜井の浜といへる所にて、桜貝をひろふとて『春はさぞ花おもしろく桜井の浜にぞ拾ふおなじ名の貝』」と記しているが、本草書には取り上げられていない。

一八、サザエ　栄螺

サザエは巻貝の中では最もよく知られたものの一つで、貝塚を構成している貝類の中でも、数の多いものの一つである（縄文食料）。古くから食料としてもてはやされ、『律令』賦役令で単に螺とあるのはサザエの事と考えられている。『出雲国風土記』嶋根郡の「北海で捕る所の雑物」の中では栄螺とあり、『倭名類聚抄』は栄螺子を「和名　佐佐江」としている。『延喜式』神祇五、七の斎宮、践祚大嘗祭、主計上の諸国輸調、内膳司等には螺、生螺、乾螺といった名称が見られるが、これらもサザエを指すものと見て間違いあるまい。

中世には宮中にも献上され（御湯殿）、『朝倉亭御成記』には「献立次第五さ、ゐ」とあり、御引物としても用いられている。『三好筑前守義長朝臣亭江御成記』には「十四献。まきするめ。くじら。さざひ」とある。『尺素往来』の美物の中には「螺」とあり、『庭訓往来』五月状返には「栄螺」とある。『大草家料理書』には「辛螺、さゞいは、みをぬきて、水出し多く入て醤油を入て加減をして後に煎也」とあり、『料理物語』は「（さざい）つぼやき、にがやき、さしみ、ころばかし、のしに成、にもの、かすづけ」と各種の調理法を記している。『本朝食鑑』は「今之れを嗜む人、肉を取り腸

図73　サザエ（本草図説）

尾を去り、細切して醬酒を和して殻内に入れ、炭火に投じて煮熟して食ふ、呼びて壺熬と称す」と壺焼の作り方を記している。『大和本草』は「殻ニ角多キアリ無角アリ、鎌倉ノ海ニ左顧《マキ》ノ栄螺アリ、下ノ半辺ノミアリテ小ナリ云々」とし、『和漢三才図会』は蓼螺の項で、「凡そ辛螺栄螺の殻、尖り角の有り無きも亦之れ有り、若し夫れ牡牝の別乎」としている。

一九、サルボウ　猿頬、朗光

サルボウはアカガイ、ハイガイ等と同じ属の二枚貝で、『和漢三才図会』は蚶《あかがひ》の条で「猿頬（一名馬甲）蚶の小き者にして、自ら此れ一種なり」としている。サルボウという名は、猿の頬が赤い所から名付けられたとされている。アカガイ同様に縄文人の腕輪に加工され（古代史発掘2）、貝塚を構成している貝類の中でも主要なものの一つである（縄文食料）。『庖厨備用倭名本草』は「アカガヒノ栗ノ大キサホドナル、殻アツク、イラカタカキヲバ、関東ニテサルボウト云フ」と記している。『大和本草』が朗光《サルボ》として独立して扱っているのを除いて、『本朝食鑑』以下の本草書はアカガイの一種として記載している。

二〇、シオフキ　塩(潮)吹

シオフキはバカガイと同属の二枚貝で、各地の貝塚から大量に出土しているが（縄文食料）、それ程美味な貝類ではない。奈良・平安の時代を通じて食用に供された記録は見られない。『本朝食鑑』も「江東の漁艇浅蜊と相雑へて来る、故に合せて烹て食ふ、ただし肉白くして味ひ短き耳」と記している。名前の由来は同書の「常に水中にて口を開きて潮を吹く」によるのであろう。『和漢三才図会』は蛤蜊を「俗云塩吹、云々」としているが、『大和本草』の考註者は蛤蜊をテウセンハマグリとし、『本草綱目啓蒙』はアマヲブネ（紀州）としている。『物類称呼』は「塩吹貝（中略）伊勢にてとんび貝と云、總州にてつぶと云」としている。

図74　シオフキ（古名録）

二一、シジミ類　蜆

シジミ類は淡水あるいは気水域に生息する小型の二枚貝で、そうした個所の貝塚では主要な貝層の構成要素である（縄文食料）。奈良・平安時代に食用とした記録は見当らないが、『播磨国風土記』美嚢郡《みなぎのこほり》の志深《しじみ》の里の命名由来に、伊射報和《いざほわ》気命《けのみこと》（履中天皇）がこの地で食事をされた時に「信深《しじみ》の貝、御飯の筥の縁に遊び上りき。その時、勅りたまひしく、『此の貝は、阿波の国の和那散《わなさ》に、我が食しし貝なる哉』とのりたまひき。故、志深の里と号く」とあり、この信深の貝は蜆貝とされている。それが正しいとすると、蜆貝は古くは天皇の食事に供されていた事となる。『万葉集』には「九九七 住吉の粉浜のしじみ開けも見ず隠りにのみや恋ひ渡りなむ」と詠まれており、『倭名類聚抄』には「蜆貝。和名之々美加《しじみか》比《ひ》、蛤に似て小さく黒き者也」とある。『御湯殿の上の日記』慶長九年（一六〇四）二月四日の日記に「くわほう院よりし、めかい。なるとみる。あか、いしん上申」とあるが、「し、めかい」は蜆貝の事であろう。『料理物語』には「（しゞみ）に物、汁、あへもの」とある。『本朝食鑑』は「今好事の者江河の小蜆を取り、庭池の泥沙に養ひ、両年を経ば則ち大さ蛤の如く、肉肥白味も亦厚美也」とし、『大和本草』、『日本山海名物図会』にも同じ様な記事が載っているので、江戸時代には蜆の畜養が行われていたものと思われる。『怡顔斎介品』は「蜆黄・黒ノ二色アリ。泥水中ノ者ハ黒ク、清水中ノ者ハ黄也」としている。『日本山海名物図会』にはこのほか蜆の採り方、剝身の作り方が記されている。また『和漢三才

図75　蜆貝（日本山海名物図会）

図会』には「其の殻灰に焼きて堊と為し、以て石灰に偽り、牡蛎殻灰と並び用ふ」とその殻を焼いて石灰を作った事を記している。元文元年（一七三六）にはこの蜆灰について、「自今他国近在より相廻し候蛎灰蜆灰、江戸町中ニて荷物一切引請申間敷候」という御触書が出され（寛保集成二一一〇）、延享三年（一七四六）にも同様の触書が出ている（宝暦集成一三六七）。シジミの産地として『毛吹草』は「摂津（川口蜆）、武蔵（川口蜆）、近江（蜆貝）」をあげ、『物類称呼』は「古歌には堅田の蜆を詠す。今は堅田には稀にして勢多に多し。せたは膳所に近き故、ぜゞ貝といふと也」と記している。この地方のシジミは琵琶湖水系に特有のセタシジミで、全国的に分布するヤマトシジミ、マシジミとは別種とされている。江戸近傍のシジミの産地として『江戸砂子』は「業平橋蜆、尾久蜆」をあげている。『桃洞遺筆』の付録に金口蜆があるが、これはアワシジミの事であろう。

二二、しただみ　細螺、小蠃子

しただみはキサゴ、スガイなど小型巻貝の総称で、貝塚を構成する貝類の中にも多数含まれている（縄文食料）。『播磨国風土記』には「細螺川《しただみがわ》」の由来が記され、『万葉集』には「三八八〇　香島嶺の机の島の小螺《しただみ》をい拾ひ持ち来て石以ち突き破り早川に洗ひ濯ぎ辛塩にこごと揉み高杯に盛り机に立てて母に奉りつや云々」と、当時の人々の小螺の食べ方が示されている。『律令』賦役令にも「海細螺一石」とあり、『延喜式』神祇七の践祚大嘗祭の条には「阿波国獻ずる所（中略）細螺、云々」とある。以上の小螺、海細螺、細螺はいずれも「しただみ」と訓《よ》まれているが、『本草和名』、『倭名類聚抄』は小蠃子を「和名之多《した》（太）々美《たみ》」としている。中世に入ってからも食料として用いられ、『御湯殿の上の日記』天文一〇年（一五四一）三月二〇日の条に「すけ殿よりしんした、み一おりまいる」とあるほか、『朝倉亭御成記』の献立にも「二獻志たゞみ」と見えている。『本朝食鑑』は醋貝の蓋を「之太太美乃不太」としているので、スガイが「しただみ」と呼ばれていた事がわかる。『大和本草』には「しただみ」の項は見られず、「チシヤコ」を「小螺ナリ、殻薄シ、赤白ノ紋アリ海ニアリ、形扁シ。蝸牛ノ状ニ似テ少ナリ。（中略）小児其カラヲツラヌキアツメテ玩トス」としている。『物類称呼』はキサゴ（チシヤコ）を細螺とし、『屠龍工随筆』も「志た、みはきさごの事なり」としているので、しただみがキサゴあるいはチシヤコとも呼ばれていた事がわかる。

二三、シャコガイ　車渠貝

シャコガイは亜熱帯から熱帯地方に生息する大型の二枚貝で、『倭名類聚抄』に「車渠。俗音謝古、石の玉に次ぐもの也」とあるので、平安時代から我が国に紹介されていたものと思われるが、これだけの説明では、それがどのような物であったのか理解する事は出来ない。ただしシャコガイの殻は『本草紀聞』に「天竺七宝の其の一也」とあるので、古くは宝石の一つに数えられていたものと思われる。『本草綱目啓蒙』も「此介は琉球より来る。蛤属の至て大なる者なり。（中略）切て圧ロ捺子となし帯銙《いしのおび》に造る」としているので装身具に用いられていたのであろう。『目八譜』は「又薩州長九尺許ノ者有ト云、亦大坂蒹葭堂所蔵ノ者殻中ニ畳数枚ヲ鋪ト云」としているが、これは誇大に過ぎるのではあるまいか。『南島雑話』の中で奄美大島に配流された名越左源太は、嘉永三年（一八五〇）に奄美大島の産物として須和理蛤をあげているが、恐らくこれはシャコガイの事であろう。

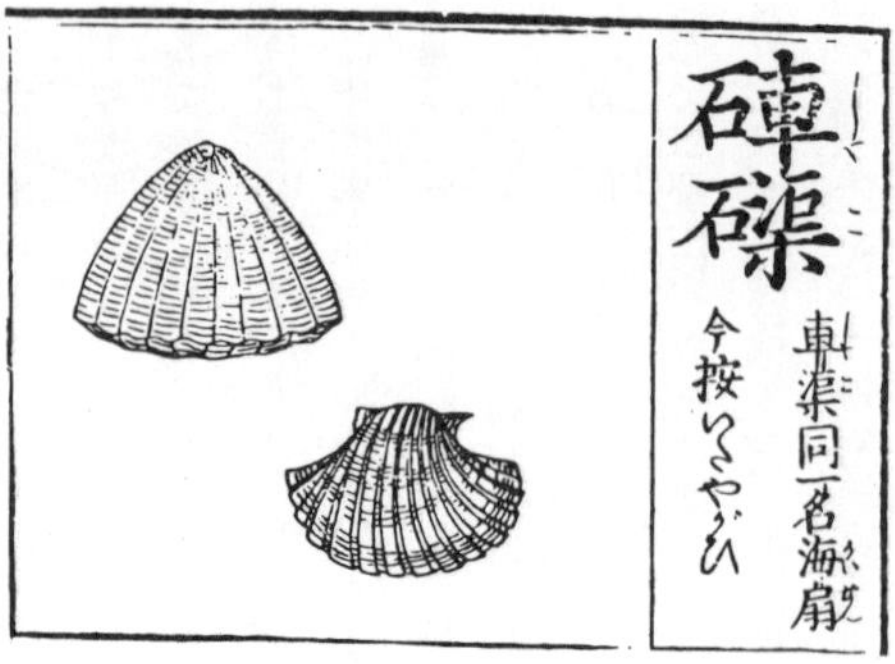

図76　シャコガイ（訓蒙図彙）

二四、シロチョウガイ　白蝶貝

シロチョウガイはアコヤガイ、クロチョウガイ等と同属の二枚貝で、貝殻内面の真珠層が極めて美しいため、工芸品の螺鈿の材料として用いられている。正倉院の宝物の螺鈿の中にもシロチョウガイを用いたものが数多く含まれている。熱帯産のため我が国では採取されず、史料には見られないが、『介志』に「アツガヒ。アコヤガヒノ形ニシテ甚ダ厚ク大ナルモノヲアツガヒト云、大ナルハ七八寸、厚サ七八分、銀微青ニシテ光アリ、古人以テ螺鈿トス」とあるのはシロチョウガイかクロチョウガイのいずれかであろう。

二五、スガイ　醋貝、郎君子

スガイは小型の巻貝で、貝塚から多数出土しているが（縄文食料）、有史時代に入ってから食用にされた記録は見られない。恐らく奈良・平安時代には「しただみ」と総称されていたものと思われる。『本朝食鑑』も、『倭名類聚抄』が「玉蓋」を「之太太美乃不太《したたみのふた》」としているのは、スガイの蓋の事であろうとして、「其の蓋豆の如く碧白色、亦栄螺の蓋に類して沙無し。才を積て壊れず、醋中に置けば即ち盤旋して已まず、甌磁器皿に入るれば則ち潤滑最も回転し易し、以て児女の弄戯と為す」と記している。また『和漢三才図会』はスガイを「郎君子」として「此貝紀州海中に多く之れ有り。毎二月廿三日摂州天王寺聖霊会に舞楽有り、飾るに大造花を以てし、其の花葩に小螺子の殻を粘ず。寺の役人住吉浜に至り之れを拾ひ取る。二月十八日暴風後必らず之れ有り。之れを貝寄風と称す。亦一奇也」と記している。『本草綱目啓蒙』も「郎君子」をスガヒとしているが、解説では「カラクモ介の厴也」としている。『目八譜』は「按ニ酢中ニ投スレハ郎君子厴ニ不限、万螺共ニ厚クシテ小形ノ者ハ皆活動ス」とスガイ以外の貝の蓋でも回転する事を記している。

図77　スガイ（訓蒙図彙）

二六、タイラギ　蚌、江瑶

タイラギは楔形をした大型の二枚貝で、その貝柱は「たいらがい」と呼ばれて極めて美味である。それにもかかわらず縄文遺跡からは貝殻が出土しておらず（縄文食料）、奈良・平安時代に食料とした記録も全く見られない。『本朝食鑑』も「古来未だ名を称するを聞かず、近世多く之れを賞す」としているので、あるいは中世以降我が国に入って来たのでは

図78　タイラギ（訓蒙図彙）

あるまいか。『料理物語』に「(たいらぎ) わさびあへ、くしやき、に物、汁、なます、わたはさしみ」とあるのが最初で、『庖厨備用倭名本草』は「タイラギハ、其ノ形チナガク、末ヒロク本スボク、少開ノ扇ノ如シ。(中略) 内ニ肉柱アリ。大キナルハ囲ミ四五寸、其味猶佳美ナリ。云々」と適確にタイラギの形態・味覚を紹介している。『大和本草』も「タイラギ殻大ニシテ薄シ、肉柱一アリ大ナリ、食スヘシ、云々」とし、「タイラギモ江瑤ノ類ナルヘシ」としている。江瑤あるいは玉瑤とは中国の本草書に載っている名称であるが、これには肉柱が四つあるとされている。『怡顔斎介品』も江瑤柱を「俗ニタイラギト呼フ」としている。

二七、タカラガイ類　宝貝、貝子、紫貝

タカラガイ類は腹足類のタカラガイ科に属するが、通常の巻貝とは形が異っている。『日本縄文石器時代食料総説』によると、各地の貝塚から出土しているが、それ程頻度は高くない。恐らく食料とする程大きなものがなく、内部の肉を取り出すのが困難であったためであろう。しかしその代わりとして加工して装飾に用いられたと見られる遺物が出土している(日本の洞穴遺跡)。『本草和名』は紫貝を「一名文貝、和名牟末乃久保加比《むまのくぼかひ》」とし、『倭名類聚抄』は紫貝を「一名大貝、和名宇万乃久保加比《うまのくぼかひ》」としている。「うまのくぼかひ」について『本朝食鑑』は「紫貝、古は宇万乃久保と訓ず、今の世子《こ》易貝《やすがい》と称す」と、「うまのくぼかひ」が「こやすがい」である事を指摘し、『東雅』も「紫貝ウマノクボカヒ、(中略) 今俗にタカラカヒとも、コヤスガヒともいふ」としている。一方『本草和名』は貝子を「牟末乃都保加比」とし、『大和本草』、『本草綱目啓蒙』は貝子を「たからがい」としている。従って江戸末期までタカラガイは紫貝あるいは貝子

と書いて「うまのく（つ）ぼかひ」と呼ばれていた事がわかる。タカラガイには大小さまざまな種類があるが、史料に出て来るタカラガイで種名を区別したものはない。

　タカラガイの語源について『大和本草』は説文を引用して「古者ノ貨貝、秦ニ至リテ貝ヲ廃シテ銭ヲ行フ」としており、『庖厨備用倭名本草』は「シャム・カボジャニハ貝子ヲ銭貨ニシテ交易ニモチフルト、云々」と記している。子安貝という名前の由来は『本草紀聞』に、「本邦にては産婦是れを握すれば産し易し、故に子安がひと云ふ」とある。西鶴の『世間胸算用』に「うまれぬさきの褓《むつき》さだめ、（中略）千代の腹帯、子安貝、左りの手に握るといふ海馬をさいかくするやら云々」とあり、実際に用いられていたものと思われる。『大和本草』附録は紫貝を二枚貝のウチムラサキに当てているが、これは誤りであろう。『怡顔斎介品』には「貝子俗ニ子安貝又歯貝トモ云フ。（中略）五色錦紋ノ者尤貴シ。上古ハ此ヲ以テ金銭ニ代フ。（中略）本邦ニモ十種許アリ」とタカラガイに多くの種類のある事を記し、『物類品隲』は「琉球薩摩紀伊八丈嶋ヨリ出ルモノ上品多シ」としている。『百品考』は紫貝をホシタカラガイとしているが、このあとまとめられた『目八譜』は、巻十を「貝子・子安貝・宝貝種属」に当て、総計四七種のタカラガイを図示し、紫貝と星宝《ホシタカラ》とは別種としている。

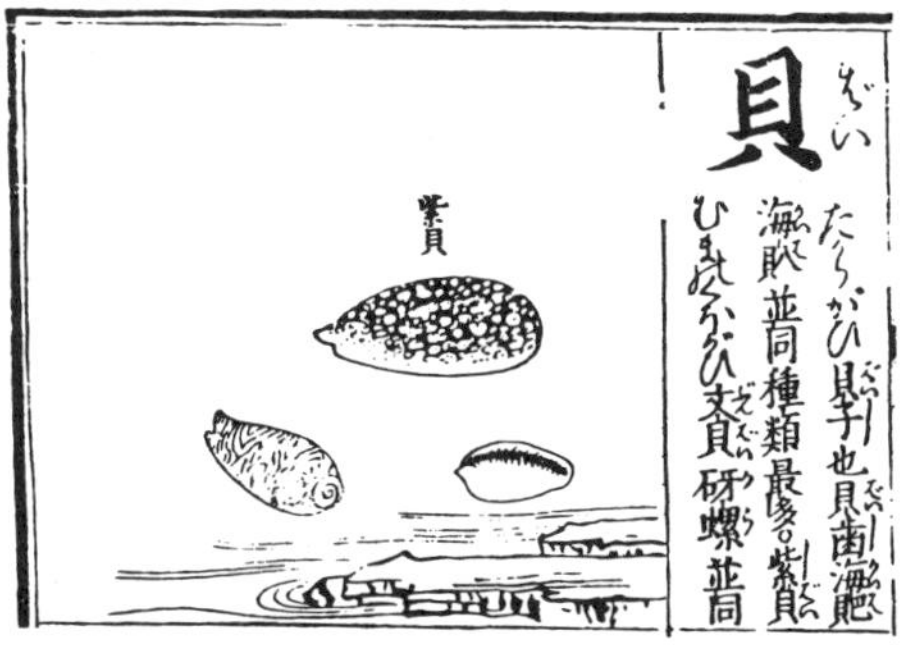

図79　タカラガイ（訓蒙図彙）

二八、タコ類　蛸、章魚

　タコは骨格を持たないので、貝塚からその遺物が出土する事はないが、弥生時代中期の池上遺跡からイイダコ漁に使ったと見られる蛸壺が発掘されているので（古代史発掘4）、有史以前から食料とされて来た事は明らかである。また誉田陵内堀からはタコを模したと見られる土製品も出土している

図80　タコ（衆鱗図）

（はにわ）。『本草和名』、『倭名類聚抄』は海蛸あるいは海蛸子をいずれも「和名多（太）古」とし、『倭名類聚抄』にはほかに「小蛸魚。和名知比佐木太古」があるので、平安時代にはタコに二種類のものが知られていた事がわかる。『律令』賦役令には見られないが、『延喜式』主計上には乾蛸、蛸腊が調・中男作物とされており、大膳上に蛸、干蛸、内膳司、主膳監に蛸が見られる。『兵範記』保元二年（一一五七）八月の任大臣事には「干物二種、蒸鮑焼蛸」とある。中世に入って『尺素往来』は美物の一つとして蛸をあげ、『庭訓往来』も饗応の動物性食品の中に干蛸をあげている。『親元日記』文明一三年（一四八一）、一五年（一四八三）に蛸、干蛸の贈答の記事が見られ、宮中にも献上されており（御湯殿）、女房詞ではタコの事を「たもじ」と呼んでいる（大上臈名事）。宮中でのタコの料理には『厨事類記』の干物に焼蛸があり、「焼蛸。蛸ヲ石ヲヤキテ。ホシテ削テ供レ之」とあり、『四条流庖丁書』には「タコキリモルベキ事。タコヲバ前へ置テ出ス可ク。扱飯ノ御回《メグリ》ナラバ。如何テモ薄ク丸ク可レ切。御肴ニハ少厚ク長ク切ベシ。何ニモイボヲスキ皮ヲムキテ可レ切也」とある。『料理物語』は「（鮹）さくらいり、するがに、なます、かまぼこ、此外色々、同いひだこ、すひ物、同くもだこ、さかな」と三種類のタコの料理法を記している。

タコは群をつくる事はしないが、天正二年（一五七四）秋には三河国恩馬の浦に蛸が多数寄った記事が見られる（当代記）。『本朝食鑑』は通常の蛸のほかに「大蛸魚、足長蛸、飯蛸」の三種をあげ、『大和本草』は「大ダコ、小ダコ、クモダコ、ヰ、ダコ」の四種をあげている。イイダコが別にあげられているので、小ダコとあるのが現在のマダコの事であり、クモダコはテナガダコの事と思われる。『和漢三才図会』も章魚《たこ》のほか石距《てながだこ》、望潮魚《いひだこ》の二種について記し、別に貝鮹、蜘蛛鮹の名をあげている。『日本山海名物図会』は蛸壺漁について記し、『日本山海名産図会』はほかに、「スイチョウ」による釣漁、篝火漁、赤螺《あかにし》の殻によるイイダコ漁等の方法を記し、蛸の卵の塩辛の事を海藤花と呼んでいる。「大だこ」については多くの書物に取り上げられているが、『本朝食鑑』は「大なるもの八九尺、一二丈に及び、斯の若き者は長足人を巻取り水に入れて食ふ」と記し、『大和本草』も「但馬ニアル大ダコハ甚大ナリ、或は牛馬ヲトリ、云々」としている。古川古松軒は『東遊雑記』の松前の項で「大蛸あり、ややもすれば昆布取りの海夫害に逢う事も、三年に一人か五年に一人はある事ゆえに、浅き所の昆布ばかり苅りあぐるのみなり」と記している。北方系のミズダコの事であろう。享和三年(一八〇三)には名古屋で畳二畳に及ぶ大蛸が見世物になっている(見世物研究)。

二九、タコブネ類　章魚舟、貝鮹(蛸)

タコブネはタコの類でありながら貝殻を持ったもので、我が国では大型のアオイガイと小型のタコブネの二種が知られている。『倭名類聚抄』に「貝鮹。日本紀私記云貝鮹、加比太古」とある。日本紀私記云々とあるのは、『日本書紀』敏達天皇五年(五七六)の条に、天皇の第一皇女を菟道貝鮹皇女《うぢのかひたこのひめみこ》と名付けた事を指すもので、この皇女は後に聖徳太子の妃となっている。『律令』には見られないが、『延喜式』主計上の中男一人輸作物に「貝蛸鮨六斤八両」がある。貝鮹について『和漢三才図会』は「津軽処々北海に之れ有り、不時に多く出で、或は全く出でず、其の螺大なる者は七八寸、小なる者は二三寸、黄白或は純白、形鸚鵡螺の輩に似たり、(中略)試に煮て犬に食わす、其犬煩悶す、因って有毒物なるを知り、章魚を棄て殻を取り以て珍器となす、然れども其殻薄脆にして用に堪へず」と記している。この記載からすると貝蛸がタコブネである事は間違いないが、貝蛸をタコブネとする事には異論もあり、『本草綱目啓蒙』は章魚の項でイイダコについ

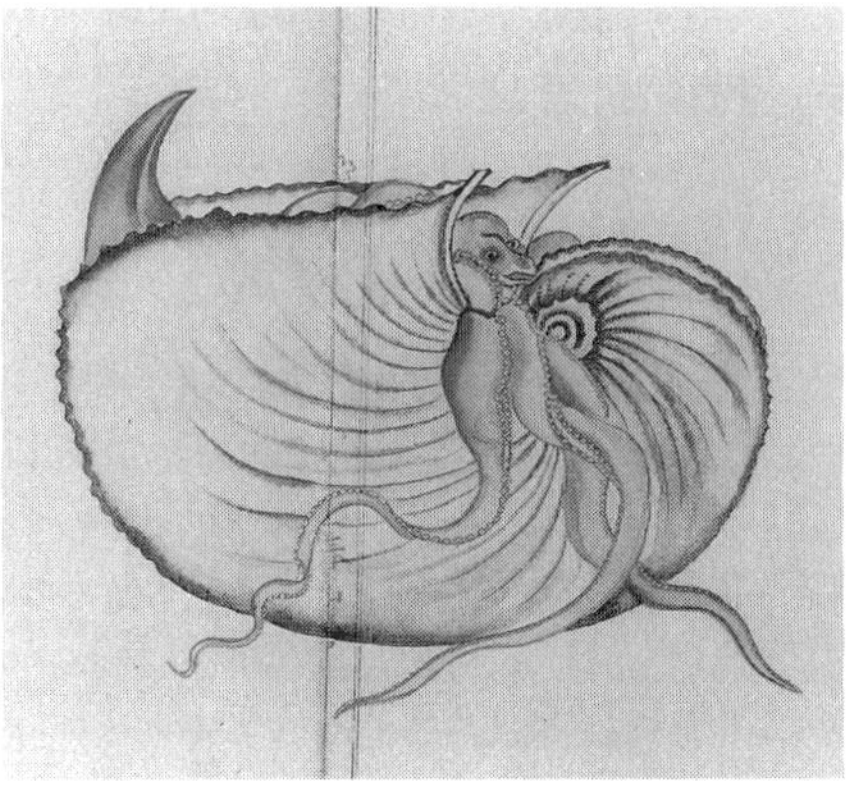

図81　タコブネ（本草図説）

て「源順（『倭名類聚抄』を指す）はこれを貝蛸と云」とし、『古名録』は『貞丈雑記』の「貝あはびと云は、あわびを云、貝の付たる也」を引用して「拠此説、則加比太古ハ貝ノ空殻ニ居ル飯タコ此也」とイイダコに当てている。

タコブネという呼び名は『大和本草』にあるのが最初かと思われるが、同書は「貝大ニシテテツリ花入ニナル。海中ニテタコ其上ニノル」としている。また『改定増補　日本博物学年表』によると享保一〇年（一七二五）一二月に津軽藩主から塩漬にした身のあるタコブネが幕府に献上されている。『塩尻』五三は「たこぶね」として「蛮国の医書図の内に見ゆ貝の箱にて、章魚なり。我が国西方にて、たこぶねといふこれ也」としている。小原桃洞はアオイガイとタコブネの図を示し、両種を雌雄であろうとしているが（桃洞遺筆）、同じ紀州の博物学者、畔田伴存は『熊野物産初志』の中で、「舡魚。タコフネ。漁人云、タコフネニ居ル章魚ハ小ニシテ八足也。内六足ヲ殻外ノ左右ニ出シ水搔。六足には臼アルコト常ノタコニ同。二足ハ細ク末扁ニシテ殻ノ中心ヲ抱エ、離ル、コトナシ。（中略）一種葵介アリ。タコフネニ似テ扁大、白色鋸歯、皺密也。云々」と両種が別種である事を記している。『目八譜』、『千虫譜』には見事な彩色図が載っているが、模写との意見もある。『甲子夜話』八〇―一一にも房州産のタコブネの図があり、『笈埃《きゅうあい》随筆』にも取り上げられている。

三〇、タニシ類　田螺、田中螺

タニシは淡水産巻貝で、オオタニシ、マルタニシ、ヒメタニシなど数種のものが知られており、それらの貝殻はいずれも縄文遺跡から出土している（縄文食料）。奈良・平安時代に食料とされた記録は見られないが、『本草和名』、『倭名類聚抄』はいずれも田中螺を「和名　多《た》（太）都比《つひ》」としている。タニシという名称は江戸時代に入って『多識篇』に「田蠃、多尓志」とあるのが最初であろうか。『料理物語』は「海の魚之部」で「（たにし）青あへ、すひ物」とし、『本朝食鑑』は「春初水田に采り、之れを家庭の池に放ち、一両月を経て之れを食へば、則ち肉脆く泥味無く、最も佳と為す」としている。また同書は「三四月に至り、腸内に子を抱く、一箇に三五子有りて細小、其の形全く母形を減せず、子長ずれば則ち母

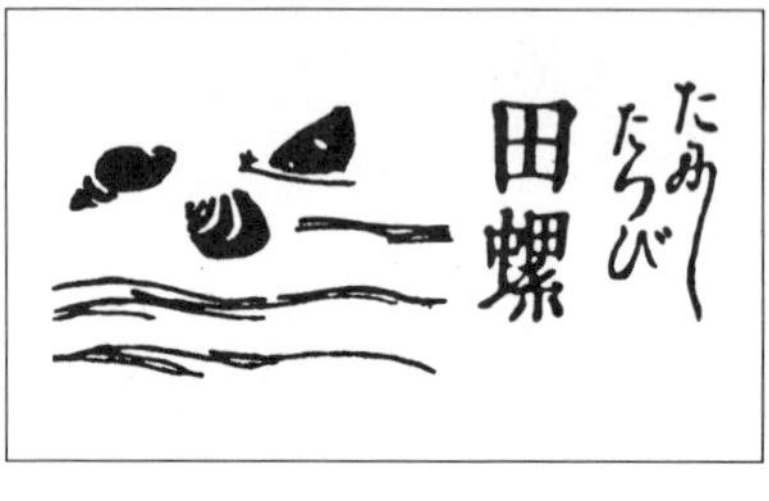

図82　タニシ（和漢三才図会）

半ば殻を出で、子母に随ひて出で、泥中に蠢く、云々」とタニシが卵胎生である事に気付いている。食用のほか薬用としても効能があるほか、『怡顔斎介品』は「肉ヲ取リ搗泥ニシ破石ヲ続グニ永ク離レズ」としている。

三一、ツメタガイ　津免多貝、光螺

ツメタガイは比較的大型の半球形をした巻貝で、他の貝類の殻に小さな孔をあけて中の肉を食うので、貝類養殖の大敵とされている。貝塚から出土しているので（縄文食料）、有史以前には食料とされていたものと思われるが、奈良・平安時代の書物には見られない。永禄一一年（一五六八）の『朝倉亭御成記』に「御前、御配膳（中略）むし麥、御そへもの、つめた五ツ金銀ノしべ」とあり、『三好筑前守義長朝臣亭江御成記』にも「献立次第、二献のしつへた鯛」とあるので、中世には饗膳に供されていた

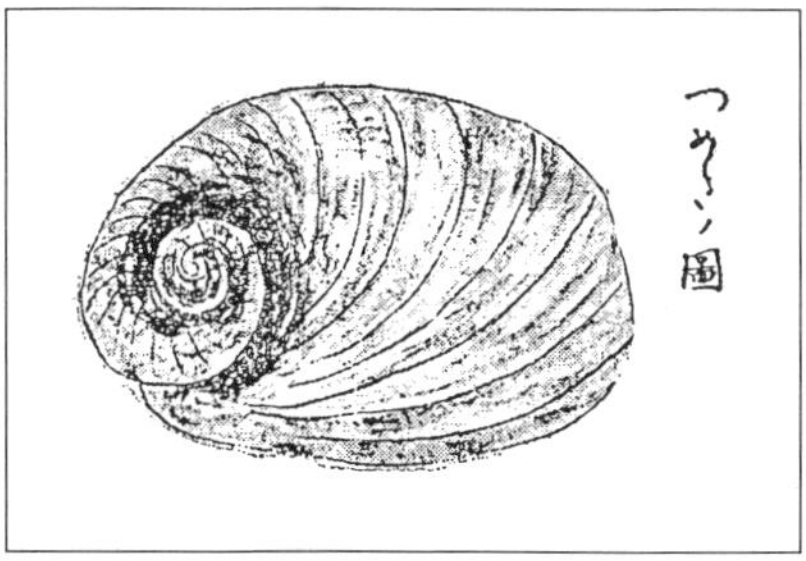

図83　ツメタガイ（古名録）

事がわかる。しかし『大和本草』は光螺《ツヘタ》の解説で、「海浜ニアリ、其肉カタシ、味美ナラズ、其形蝸牛ニ似タリ、フタハソリテウスシ、食シテ人ニ益セズ」としており、『目八譜』も「古ハ専ラ食用トス、近来ハ食フモノ少シ。下人漁夫ナト是ヲ食フ」としている。『渚の丹敷』には「つめた貝又薩摩貝、形正円く膚平にして旋に稜なし。表に樺色あり銅色あり。裏は白し。児貝のなべて白きを白玉といふ。紫なるを朝顔といひ、極めて小なる白質にうつり文あるを萩の房、幾世貝などいへり。云々」と大きさ、形、色彩等によって各種の名称が与えられている。この貝の卵嚢は「すなじゃわん（砂茶碗）」と呼ばれ、茶碗を伏せたような形をしているが、『甲子夜話』八―一六はこれを「うにの巣と云ふと。しかれば海胆のするところか」としている。

三二、トリガイ　鳥貝

トリガイは二枚貝の中では美味なものの一つで、現在では日本の各地で採取されているが、縄文時代の貝塚からは出土していない（縄文食料）。トリガイの記事が見られるのは江戸時代に入ってからで、『料理物語』に「（とりがい）からやき、さしみ」とあるのが最初で、次いで『毛吹草』に「和泉

図84　摂州尼崎鳥貝(日本山海名物図会)

鳥貝」と見えている。『大和本草』は鳥貝について「身ハ鳥ノ觜ニ似タリ、大阪尼崎ノアタリニ多シ、味不レ美ホシテモ食ス、化シテカイツブリトナルト云」とその名前の由来を記しているが、実際にカイツブリになると信じていたのであろうか。『和漢三才図会』も同様の記事を載せ、「摂州尼崎に多く之れ有り、冬春盛に出づ、未だ他国に有るを聞かず」と尼崎の特産である事を強調している。宝暦四年(一七五四)の『日本山海名物図会』も「摂州尼崎鳥貝」として取り上げ(図84)、「鳥貝といふもの昔はなかりしに、五六十年来尼崎の浦より出す。はじめは毒有とて人くわざりしが、二三十年来このかたは甚だ賞翫する事となれり。云々」としている。しかし上記のように、これより百年以上前に出された『料理物語』、『毛吹草』にすでに記載されているので、この記事はそのまま信用する事は出来ない。ただしそれ以前の文書、本草書にはトリガイに関する記述は全く見られず、貝塚からも出土していないので、比較的近年になって我が国にもたらされた可能性も否定出来ない。

三三、ナメクジ類　蛞蝓、蚰蜒

ナメクジは一部のものは頭部に小型の卵形の貝殻を持っているが、多くは貝殻を持っていない。『本草和名』は蛞蝓を、『倭名類聚抄』は蚰蜒を「和名　奈女久知」としているので、平安時代からナメクジと呼ばれていた事がわかる。『枕草子』も「二六三　いみじうきたなきもの、なめくぢ」としている。『本朝食鑑』、『大和本草』はいずれも蝸牛《かたつぶり》の殻のないものをナメクジとしているが、『本草綱目啓蒙』は両者を別種としている。『物類称呼』は「なめくじり、常陸にて、はだかまいぼろ。越後にて、山なまこと云。山中には大サ五六寸許のもの有と也。貝原翁曰、なめくじり夏月屋上にはひのぼりて螻蛄《けら》に変ずる有り、然ともことごとく不レ然」としている。『本朝食鑑』はナメクジは子供の疳の病その他に薬効があるとしており、『東牖子』はナメクジを刀剣の目釘の接着剤に使う事を記している。『千虫譜』は「山中の人姜醋を以て浸し食ふと云ふ、山なまこと云ふ」とナメクジを食料とした事を記している（図85）。

図85　ナメクジ（千虫譜）

三四、ニシ類　螺、辛螺

螺《にし》とは巻貝の総称であるが、比較的大型のものが多く、これに属するアカニシ、イボニシ、テングニシ等は縄文時代の貝塚からも出土している（縄文食料）。また九州地方の弥生時代の遺跡からはテングニシ、オニニシ等の貝殻で作った貝輪を装着した人骨も出土している（貝をめぐる考古学）。『常陸国風土記』には「板来村（中略）辛螺《にし》多く生ず」とあり、『出雲国風土記』にも「塩楯島　蓼螺子《たでにし》有り」と記されている。『律令』賦役令では辛螺、辛螺頭打が調とされており、大贄にも供されているが（奈良朝食生活の研究）、『延喜式』には見られない。『本草和名』は「大辛螺肉、和名阿岐《あき》。口広大辛螺肉、和名於保爾之《おほにし》。白小辛螺肉、和名之良爾之《しらにし》。黒小辛螺肉、和名久呂爾之《くろにし》」と四種類の辛螺の名をあげている。また『倭名類聚抄』は小辛螺を「和名仁之」として「楊氏漢語抄云蓼螺子」に当て、大辛螺を「和名阿木《あき》」として「楊氏漢語抄云蓼螺一名赤口螺」に当てている。これからすると大型の辛螺の和名は「あき」、小型の辛螺の和名は「にし」という事になるが、現在「あき」と名のついた和名の貝類は見られない。『台記別記』康治元年（一一四二）一一月の大嘗会記に丹波国の多米都物《ためつもの》として「辛蛎百貝」とあるが、これは辛螺の誤りであろう。『古今著聞集』には「七〇九　宮内卿業光尼の哀願するを夢みて後螺を喰はざる事」という説話が載っている。

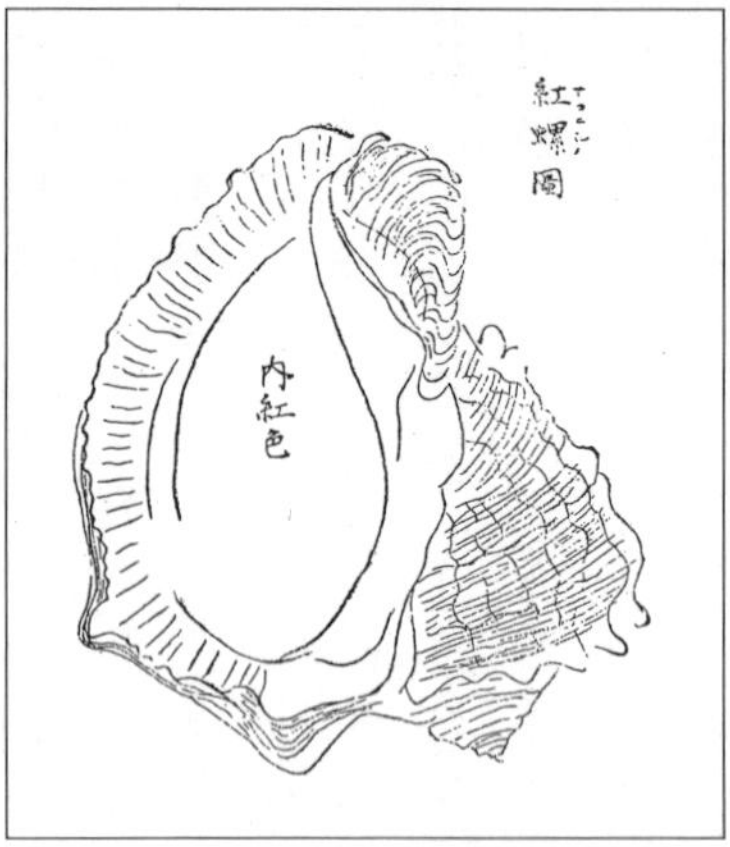

図86　アカニシ（古名録）

ニシと名のつく貝類には『本草和名』にあげられたものの他にナガニシがあり、香螺、夜啼螺、「へなたれ」等とも呼ばれて、その蓋は貝香の原料として使われている。貝香とはこうした巻貝の薄い蓋の部分を磨いて粉末にしたもので、単独に焚いたのでは生臭いだけであるが、他の香料に混ぜるとその香りを他物に沈着させる働きをもつといわれている。貝香に用いられる貝類について『徒然草』は「三四　甲香《かいこう》は、ほら貝のやうなるが、ちひさくて、口のほどの、細長にして出でたる貝のふたなり。武蔵国金澤といふ浦にありしを、所の者は、『へなたりと申侍る』とぞ言ひし」と記している。「へなたり」は『本朝食鑑』の長螺《ながにし》の条に「或は辺奈多礼《へなたれ》と称す」とあり、『和漢三才図会』も香螺として、「俗に長螺と云ひ、一に倍奈太礼と云ふ」と記している。現在ヘナタリという和名の貝があるが、これは武蔵石寿が『目八譜』を執筆した際に、香螺に該当するものとして誤ってこの貝をあげたものといわれている。享禄二年（一五二九）の『言継卿記』に「禁裏より貝香こそけて進る可き由候て、云々」とあり、天正一九年（一五九一）九月の『時慶卿記』にも「院御所より貝香磨く事仰出さる。百枚」とあるので、恐らく食料に供したナガニシの蓋を磨いて作ったものと思われる。なお、『本朝食鑑』に「或は辛螺海蛳田螺の蓋を以て之れを乱る」とあり、『本草綱目啓蒙』もタニシの靨を「薬舗にて甲香の僞とす」としているので、ナガニシ以外のものを貝香と偽っていた可能性もある。

ニシは中世に入っても食料としてもてはやされ、鎌倉市の中世の千葉地東遺跡からは、ハマグリに次いでアカニシの貝殻が多量に出土している（江戸の食文化）。また『尺素往来』では美物とされ、『庭訓往来』にも取り上げられているほか、宮中にも献上されている（御湯殿）。『四条流庖丁書』

によると辛螺は「美物上下之事」に取り上げられているほか、その「折ニ積べキ事」が記されており、『大草家料理書』には「辛螺。さゞいは。みをぬきて。水出し多く入て。醬油を入て加減をして後に煎也」とある。『大草殿より相傳之聞書』にも「にしのつぼいりの事」が記されている。『三好筑前守義長朝臣亭江御成之記』には「三獻（中略）にし」とあり、『料理物語』は「（にし）かいやき、ころばかし、からみはひやしるに入」としている。『和漢三才図会』は蓼螺の項で赤辛螺《あかにし》を取り上げ、その貝殻の薬効について記し、『本草綱目啓蒙』も紅螺としてアカニシを取り上げている。『古名録』はナガニシの図を載せ、その厴を「薬肆に采て甲香とす」としているが、図は現在のナガニシではなくテングニシと思われる。また『桃洞遺筆』附録は「はりにし」として図を載せているが、これはホネガイあるいはアクキガイであろう。テングニシ、ナガニシ等の卵嚢は「うみほうずき」として子供の玩具に用いられているが、享保末の諸国産物調査の際の薩摩国からの報告書、『三州物産絵図帳下』にその図が描かれており、幕末の『守貞漫稿』は「海ほうづき売、海中の枯木及び岩等に生る藻の類か、是亦小児の弄物、特に女児之れを弄ぶ、白あり或は蘇枋染の赤あり、ともに鬼灯花《ほおずき》と同く口に含み風を納れ、かみひしぎて之れを鳴らすを弄とす」と記している。『魚鑑』によるとニシの殻を焼いたものは歯磨粉に用いられている。

三五、ニナ類（みな）　蜷、河貝子

蜷《にな》もその字からわかるように巻貝の総称であるが、ニシと比較すると、小型のものが多い。ただし「しただみ」、「キサゴ」とは違ってその貝殻は細長いものが多く、代表的なものは海産のウミニナ、イソニナ、淡水産のカワニナで、それらの貝殻は各地の貝塚から多数出土している（縄文食料）。古くは「みな」とも呼ばれ、『万葉集』に「三六四九　鴨じもの浮寝をすれば蜷《みな》の腸《わた》か黒き髪に露そ置きにける」とか、「三七九一　（前略）蜷の腸か黒し髪を云々」とあるように、黒い色の枕詞として用いられている。『本草和名』、『倭名類聚抄』はいずれも河貝子を「和名美奈《みな》」としている。『延喜式』内膳司では旬料として大和国吉野御厨の貢進御贄の中に「蜷并びに伊具比魚煮凝等得るに随ひ加進」とある。『兵範記』保元二年（一一五七）の任大臣の宴席では「窪物二種、海月、蜷酢塩」とある。『徒然草』には「一五九　『みなむすびといふは、糸を結びかさねたるが、蜷といふ貝に似たればいふ』と、或やん事なき人仰せられき。『にな』といふは誤なり」とあり、この頃から蜷を「にな」とも呼ぶようになったものと思われる。『本朝食鑑』は「本草綱目」の記載を引用して「此物死難し、誤って泥壁中に入りても、数年なお活きる也」としている。カワニナはホタルの幼虫の餌として知られ、『つれづれ草拾遺』は「腐草化して蛍となるとはいへど、水にすむ尖螺といふもの、（中略）化してほたるとなるよし」と記し、『怡顔斎介品』も「此物蛍火ニ化ス。腐草ニ限ラスト。今審ニスルニ、石蚕多ク蛍火ニ化ス」とニナとホタルとの関係を指摘している。

図87　ニナ（和漢三才図会）

三六、バイ　小甲香、海蠃

バイは中型の巻貝で、現在も珍味とされている。全国各地の貝塚から出土しており（縄文食料）、古代人にも好まれた事がわかる。永禄一一年（一五六八）の『朝倉亭御成記』は「御三、いか、くらげ、白鳥、あわび、からすみ、ばい（金貝）、こい」と金貝としている。その料理法は『料理物語』に「（ばい）ころばかし、にもの、からやき」とある。『大和本草』は螺の項で「小甲香」を「今ノバイト云モノナルベシ」とし、『和漢三才図会』は海螄を「ばひ」として「小児其の殻を取りて頭尖を打去り、平均せしめ、細苧縄を纏ひて之れを舞はして戯れと為す」と記している。現在「べいごま」あるいは「ばいごま」と呼ばれている独楽《こま》はこれから来たものであろう。『毛吹草』は海蠃《ばい》の名所として和泉、紀伊をあげている。

図88　バイ（和漢三才図会）

三七、ハマグリ　蛤、蚌蛤

ハマグリは二枚貝の代表的なものであるが、縄文時代にも数多く食べられた貝類の一つである（縄文食料）。『常陸国風

図89　貝覆の図（貝尽浦の錦）

土記』行方郡板来村には「蛤多に生ず」とあり、『出雲国風土記』島根郡には「凡そ北海で捕る所の雑物、（中略）蛤貝」とあるが、『律令』には取り上げられていない。『本草和名』は蚌蛤を「和名多加比《たかひ》」としているが、『倭名類聚抄』には「和名波万久理《はまくり》」とある。『本草和名』、『倭名類聚抄』はこのほか海蛤を「宇無木（宇牟岐）乃加比」としており、『古事記傳』は「宇牟岐ぞ蛤の古名なる」としているので、海蛤もハマグリを指す事となる。『延喜式』典薬寮の諸国進年料雑薬に「尾張国（前略）薯蕷。海蛤各一斗」とあり、国史大系本は海蛤に「ハマクリ」と振り仮名を送っている。『侍中群要』によると蛤は和泉国、摂津国から御贄として月に一〇日貢進されており、中世に入ってからもしばしば宮中に献上されている（御湯殿）。宮中の女房詞でハマグリは「おはま」と呼ばれている（大上臈名事）。『山家集』は「串に刺したる物を商ひけるを、何ぞと問ひければ、蛤を乾して侍るなりと申しけるをき、て『一三七五　同じくはかきをぞさして乾しもすべき蛤よりは名もたよりあり』」とハマグリの串に刺した乾燥品が作られていた事を記している。『尺素往来』では「貝類は鮑。螺。牡蛎。蚌蛤等」と美物の中に数えられ、『庭訓往来』にも取り上げられている。

　中世に流行した貝覆に用いられたハマグリは、『山家集』に「伊勢の二見の浦に、さる様なる女の童どもの集まりて、（中略）貝合せに京より人の申させ給たれば、選りつ、採るなりと申けるに『一三八六　今ぞ知る二見の浦のはまぐりを貝合せとて覆ふなりけり』」とあるように、伊勢二見の浦や桑名のものが最高とされて来たが、次第に大型のものが減少したためであろうチョウセンハマグリが用いられるようになる（雍州府志）。また上記の西行の歌にも見られるように、貝覆は貝合せとも呼ばれ、貝殻の歯が本来一つであったものでないと合わないため、江戸時代には婚礼道具として欠かせないものの一つとなる（和漢三才図会）。貝覆の出貝《だしがい》と地貝《じがい》とは別々の貝桶に収められており、その貝桶が次第に蒔絵をほどこした豪華なものとなったため、江戸時代にはしばしば倹約令の対象となっている（寛保集成一〇七五他）。『思ひの侭の記』によると貝覆は宮中では幕末まで行われている。ハマグリの貝殻は貝覆に用いられたほか、『和漢三才図会』に「阿波の産、殻厚く扁大四五寸の者有り。（中略）以て膏薬等を貯へて甚だ佳し、云々」とあり、『むかしむかし物語』によると伽羅の油や目薬なども蛤の貝殻に入れて販売されている。蛤貝の特種な用途として『日本永代蔵』は「国中の医師見放、すでに末期の水、今ぞ生死の海、蛤貝に入けるに、云々」と、末期の水を蛤貝の杓子で与える風習があった事を記している。

蛤の料理法は『料理物語』に「(はまぐり)むしす、なべやき、すぎやき、汁、やきて」とあり、『日本山海名産図会』には勢州桑名、富田の名物である焼蛤並びに時雨蛤の製法が取り上げられ、焼蛤について「松のちりを焚きて蛤の目番の方より焼くに貝に柱を残さず」と記している。ハマグリの名所として『毛吹草』は「摂津、伊勢（桑名蛤）、武蔵、上総（東金蛤）、紀伊（松江浦蛤）、阿波（撫養《むや》蛤）、讃岐（石蛤）」をあげている。『本朝食鑑』鱗介部の華和異同の帆立蛤の項には「今本邦三月三日潮干と号して都人相牽て江上に会し潮の竭くるを待て蛤貝及び藻苔を采る」とあり、『日本山海名物図会』も「住吉浦汐干」の模様を図入りで紹介している。『絵本江戸風俗往来』には「三月三日は例年、海上大汐干潟となる。故に深川の洲先、品川の海上に汐干狩に出づるもの少なからず。云々」と江戸の潮干狩の模様が記されている。ハマグリの類には上記のようにチョウセンハマグリと呼ばれるものがあり、『本草綱目啓蒙』は「婦女の貝合には此介を用ゆ、至て大なる者は畫彩して香合《こうばこ》とし、或は小く切、円に磨して白棋子に造る。故にゴイシ介と云」と記している。

三八、ヒザラガイ　石鼈

ヒザラガイはほかの貝類とは違って原始的な体制をした双神経類に属する軟体動物で、海岸の岩礁上に付着して生活している。中央が盛り上がった楕円形をしており、背面は数枚の殻板で覆われている。縄文時代の遺跡からその殻板が出土しているので、有史以前から食料とされたものと思われる

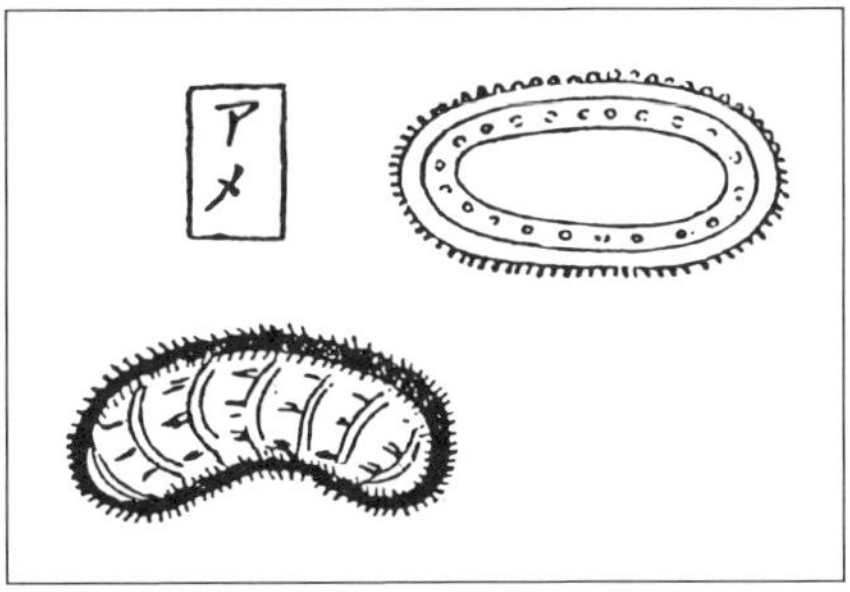

図90　ヒザラガイ（『大和本草』諸品図）

（縄文食料）。しかし有史以後に食料とされた記録は見当たらない。江戸時代に入って『大和本草』諸品図下に「アメ。長一寸余、海浜ノ岩ニ付ケリ。ウラニ肉アリ、食ヘバ味甘シ。肉ノ色微紅シ。生ニテモ煮テモ食フ」とあり（図90）、次いで『日東魚譜』に「鮔（アメ、ホヤ、イシナシ）」として図示されている。『本草綱目』が石部で「石鼈」としているため『本草綱目啓蒙』も石類として取り扱っている。『千虫譜』は『本草綱目』の李時珍の解説を引用し、それが我が国で「アメ。ヂイカセカウ」と呼ばれるものである事を図示している。その図からしてこれがヒザラガイの類である事は明らかである。『目八譜』には巻一一の無対類に「翁背《ジイガセ》」があり、畔田伴存の『介志』には「アメ、蟬介」としてヒザラガイの図を載せている。このように江戸末期までヒザラガイは「アメ、ジイガセ、蟬介」などと呼ばれており、現在の和名のヒザラガイは明治に入ってから用いられるようになったものと思われる。

ヒザラガイを食料とした記事は、『松前志』に「イラコ」として「是は海虫にして即ち岩に生ず。岩虫と云もの、類なり。本名未レ詳。是亦醢となして食ふ。味清美にして、老海鼠に類す」とあり、『匏庵遺稿』の「箱館叢記」にも「ムイは一種の介属なり。其大三四寸に過きす、躶にして蠕動する、恰も石決明の殼を脱したるに似たりと雖も、其の肉中に介あり、白色にして形ち蝶翅を張りたる如く十余枚あり、相畳て体に満つ。介を去り或は炙り或は生にて醋に和して食ふ、極て硬して味も甚た美ならす」とある。

三九、フナクイムシ　船喰虫

フナクイムシは白色球形の小型二枚貝で、貝殻の鋸歯状の部分で木材に孔をあけその中で生活をするため、木造船の害虫として知られている。『大和本草』は蛆の項で、「又船蛆アリ。暑月船ノ板中ニ生シ、舟ヲクヒトホシ害トナル。白ク長キ小虫ナリ。船ノ下ニ藁ノ火ヲタキテコレヲ防ク」と記している。文政九年（一八二六）江戸参府を終えたシーボルトは塩飽の浜で多くの人々が船の底を藁を燃して焼いているのを見て「その火でフナクイムシの害から船を護ろうとしていた」と記している（江戸参府紀行）。

四〇、ヘナタリ　甲香

現在ヘナタリと呼ばれている貝は、ニナの類の長円錐形をした小型巻貝で、有史以前から食料とされ、その貝殻は貝塚から出土している（縄文食料）。ヘナタリという名は『徒然草』に「三四　甲香は、ほら貝のやうなるが、ちひさくて、口のほどの、細長にして出でたる貝のふたなり。武蔵国金沢といふ浦にありしを、所の者は、『へなたりと申侍る』とぞ言ひし」とあり、最初は巻貝の一種の地方名として用いられていたものである。ただし『徒然草』に記された甲香は、今日ではヘナタリではなくナガニシに比定されている。これは江戸末期に武蔵石寿が『目八譜』を著した際に、誤って香螺に該当するものとして現在のヘナタリを当てたためといわれている。

四一、ベンケイガイ　弁慶貝

ベンケイガイはアカガイによく似た二枚貝で、本州中部以西の浅海域に生息している。『日本縄文石器時代食料総説』によると、全国各地の貝塚から比較的大量に出土している。また縄文時代前期の熊本県轟貝塚や縄文後期の福岡県山鹿貝塚、あるいは弥生時代の土井ヶ浜遺跡他からは、ベンケイガイの貝殻の中央を円形にくり抜いて作った腕輪を装着した人骨が出土している（貝をめぐる考古学）。

図91　ベンケイガイ（両羽博物図譜）

四二、ホラガイ類　法螺貝、宝螺貝

図92　ホラガイ（訓蒙図彙）

ホラガイは紡錘形をした最も大型の巻貝で、我が国で古く吹奏楽器として用いられたものは、奄美大島以南の暖・熱帯域にしか生息しておらず、我が国のボウシュウボラ、カコボラ等はこれよりはるかに小型である。『倭名類聚抄』は宝螺について「千手経に云ふ、若し一切の諸天善神を召し呼ばん為には、手を宝螺に当る」と記し、法螺貝が吹奏に用いられるようになったのは仏教に由来する事を記している。法螺貝の由来について『柳庵随筆』は、「元暦の頃（一一八四）までは無かりしが、建武の乱世より始れりとぞ」と記しているが、それより二百年近く以前の寛弘五年（一〇〇八）の『権記』に、「子時の螺後僧都出でらる」とあり、『千載和歌集』に載っている赤染衛門の「けふも亦午の貝こそ吹きつなれひつじのあゆみ近付きぬらし」という歌はさらに古いものかもしれない。これらの記事から明らかなように、この時代には法螺貝は時刻を知らせる手段として用いられている。久安三年（一一四七）の『台記』にも同様の記事が見られるが、その直後の久安六年（一一五〇）の『百錬抄』には、「興福寺衆徒蜂起数千人。法螺を吹く」とホラガイが闘争を鼓舞するために用いられた事を記し、以後もっぱら戦陣に用いられるようになる。『北条五代記』に「小田原北条家の軍に貝太鼓を専と用る事遠近共に諸卒等心指を一同しいさみを本意とするか故也」とあり、『本朝軍器考』は「我朝の近き代には、貝太鼓二つの物を以て軍中の要器とす」と記している。こうした軍陣や仏法で用いられた大型のホラガイは我が国本土には生息していないが、その舶載経路についての記録は見当らない。

江戸時代に入って『本朝食鑑』は宝螺について「其の肉淡赤色、味ひ短く食はず、漁人肉の出るを待ち、縄を以て急に其の肉を縛す。縄を纏ひて殻に入りて出でず、縄を引きて簷牙に懸け日を経る、螺乾死して殻自ら脱す、其の殻を取り洗浄琢磨し以て之れを曝す、乾枯して後尖尾を破り口を作り之れを吹く、云々」とホラガイの製法を記し、続けて「世に伝へ称す、寶螺長大なる者の数千、海中より土を穿ちて山底に潜る。山を抜きて跳り出て飛びて太洋に入るときは、則ち巌岳大いに崩れて変じて江湖を作す、今遠州荒井の今切近世抜去るの痕なりと。此類処処多く是れ有り。未だ其の真を詳らかにせず焉」と記している。『大和本草』も梵貝《ほらがい》の項で「（前略）後土御門院明応八年（一四九九）六月十日大風雨ノ夜、遠州橋本ノ陸地ヨリ法螺ノ貝多ク出テ、浜名ノ湖ト海トノ間ノ陸地俄ニキレテ、湖水ト大海トツヽキテ入海トナル。今ノ荒江ト前坂ノ間、今切ノ入海是ナリ」と記し、『東海道名所図会』はそれを永正七年（一五一〇）八月二七日の出来事としている。『本草綱目啓蒙』も「ホラは海中の大螺なり。俗に伝へ言、大なる者数多く海中より土を穿ち山底に潜居し、時に山を出て洋中に飛入時は大風雨山崩れ洪水すと」と記すほか「又北国には三寸ボラ山中にて能飛者あり、土人網を張て采と云」とし、『目八譜』は「甲州東郡菱山ト云所大滝不動アリ、其山上ニ大沼アリ、其中ニ法螺住テ往々見タルモノアリト云、薬名備考ノ説可信也」と記している。『本草綱目』にはこうした記事は見られないので、我が国で言い出された事と思われるが、なぜこうした俗説が生まれたのか不明である。『本草綱目啓蒙』は以上のほか「其長さ二尺余なる者中山より来る」と、大型のホラガイが琉球から輸入されていた事を記し、『目八譜』はホラガイの種類として「千鳥法螺、房州法螺、紅法螺、糸巻法螺、磯法螺、薩摩法螺、加古法螺、鬼法螺、篠懸法螺、綾法螺」等の名をあげている。

四三、マテガイ　馬刀、馬蛤、蟶

マテガイは長い円筒形の貝殻を持った二枚貝で、その貝殻は貝塚から多数出土している（縄文食料）。奈良時代の文献には見られないが、『本草和名』は馬刀、『倭名類聚抄』は馬蛤として「和名末天乃加比《まてのかひ》」、あるいは「万天」としている。『延喜式』典薬寮の諸国進年料雑薬では伊勢、備前の両国から供進されている。永享五年（一四三三）の僧堯孝の『伊勢紀行』に「汐干にまてと云ものさしとるを見て。いせの海のあまのまてかきまてしばし都のつとに我も拾ん」とあり、『藻塩草』は「まてをとるには、まてかりといふかねのさきのほそきを、二またにつくりて、竹をつかにほそくしてすけて持て、まつくわにて、すなごのうへをひけば、まてのあなより

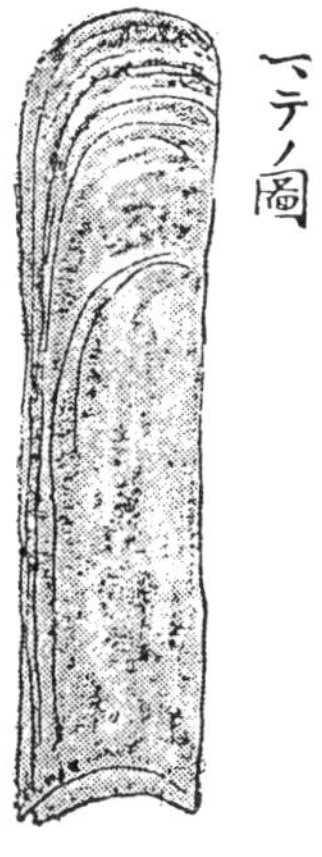

図93　マテガイ（古名録）

しるをはきいだせば、そこにまてかりをさし入て、ひきいだしとりとりする也」と記している。『料理物語』は「(まて)汁、に物、あへ物」とし、寛文五年(一六六五)には他の魚介類と共に、厨膳にのせる時期が規制されている(実紀)。『本朝食鑑』はマテガイの捕獲法として「先づ海涯細沙上を探求す、必らず小穴あり。静かに歩み声を呑んで穴処に到り、白塩一撮を用ひ潜に之れを窺へは、萬天穴の口に出づ、如し人声を聴かは深く入る、云々」と上の「まてかり」よりも進んだ方法を記している。『本草綱目啓蒙』は「マテは竹蟶なり」として「両殻相合て小竹管の如し、長さ三四寸大なる者は六七寸に至る」と記し、マテガイに似て岩に穿孔するイシマテについては、『百品考』に和名「かものはし」として記載がある。

四四、モノアラガイ類　物洗貝、緑桑蠃

淡水産の殻の薄い巻貝で、平安末期の『後撰和歌集』に「はちすはのうへはつれなきうらにこそものあらがひはつくといふなれ」と詠まれている。食用にならないためか中世までの書物には取り上げられていない。『怡顔斎介品』は「藻のあら貝、水中の藻にある小貝也」とし、『物類品隲』は蝸牛の条で「一種モノアラガヒト云アリ。陰湿ノ地、又池沼中ニモ生ズ。殻蝸牛ト異ニシテ肉ハ即一様ナリ。是レ亦蝸牛ノ類ナリ」としている。『本草綱目啓蒙』はモノアラガイを緑桑蠃として「卑湿の処に生ず。冬は石下或は土中に蟄し、春雨の後出て草木に縁上り葉を食ふ。(中略)一種水中に生ずる者は形相似て長し、六七分に至る、殻色淡黄なり。又一種水中に生ずる者は形稍濶して頭に大眉あり、形漸く大に八九分に至る者をナシガヒと云、此二種前に通じて皆モノアラガヒと云」とモノアラガイに三種

図94　モノアラガイ（古名録）

ある事を記している。最初のものは現在のオカモノアラガイ、水中の小型のものはヒメモノアラガイ、「ナシガヒ」とあるのが現在のモノアラガイの事であろう。オカモノアラガイを薬とするとしているが、他の書物には見られない。天保六年（一八三五）名古屋で催された物産会に大窪昌章が出品した陸貝四五種の中には、通常のモノアラガイのほかにヒメモノアラガイほか二種の図が載っている（乙未本草会目録）。

四五、ヤコウガイ　夜光貝、夜久貝

ヤコウガイは極めて大きなサザエ形の巻貝で、我が国では屋久島以南の暖・熱帯域に生息している。貝殻の内面は濃緑色の真珠層で覆われ、螺鈿の材料として用いられている。正倉院の宝物の中にもヤコウガイを用いた螺鈿の工芸品が多数見られる。『倭名類聚抄』は錦貝を「夜久乃斑貝《やくのまだらがひ》」として「俗説西海に夜久島有り、彼の島出す所也」としているので、古くは錦貝あるいは「やくのまだらがい」と呼ばれていたものと思われる。『小右記』は長元二年（一〇二九）八月二日に、藤原実資が任大隅国良孝朝臣から檳榔三百把とともに夜久貝五十口を贈られた事を記しているが、恐らく螺鈿の材料として用いたのであろう。『宇津保物語』の「楼のうへ　下」には「白き所には白ものには、やく貝を舂きまぜて塗りたれば、きらきらとす云々」とあるので、こうした使い方もあったものと思われる。天明五年（一七八五）に狂言作者奈河亀助は、蒹葭堂から借用した夜久貝の肉皿を「唐土の開帳」に出品しているが（筆拍子）、蒹葭堂の『奇貝図譜』には夜光介とある。『本草綱目啓蒙』は海鸁の項で「青螺はヤクガヒ、薩州夜久島の産なり、故に名く。誤て夜光と云」と記し、『目八譜』は「夜光、青貝細工ニ是ヲ破キ用ト云、薩州屋久島ヨリ多ク産ス」としている。

図95　ヤコウガイ（和漢三才図会）

四六、ワスレガイ　忘貝

現在ワスレガイと呼ばれているものは、円形に近い偏平な二枚貝で、赤紫色の輪状の紋様をもった美しい貝である。『古名録』は「さゝらがひ」としてその図を載せている（図96）。忘貝という名称は『万葉集』に「六八　大伴の美津の浜なる忘貝家なる妹を忘れて思へや」とあり、また「一一四七　暇あらば拾ひに行かむ住吉の岸に寄るとふ恋忘貝」とあるように恋忘貝とも呼ばれている。『万葉集』にはこのほか十数首の歌が収録されており、『後撰和歌集』、『続後撰和歌集』にも忘貝を詠んだ歌が見られる。これらの貝がどのような貝なのか、古くから考証が行われ、「うつせ貝」と同様に中身の空の貝殻を指すとする意見や、二枚貝の一方の貝とする意見等がある（万葉動物考）。本草書では全く取り上げられていないが、『毛吹草』は忘貝を「蛤のなりにて紋あり」とし、『貝尽浦の錦』は「蛤類かいふかく、たてに筋細くふかく入、志ほふき介に似て別也」と記している。恐らく今日のワスレガイは、こうした考証を参考にして命名されたものと思われるが、『万葉集』その他に歌われた忘貝が、すべて現在のワスレガイに該当するものとは思われない。

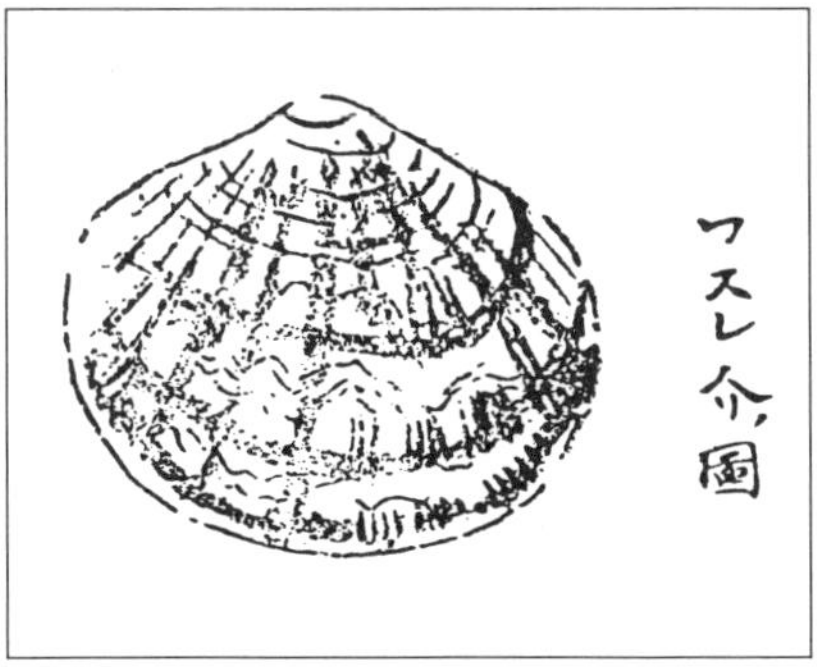

図96　ワスレガイ（古名録）

第六章　環形動物

環形動物は体節動物とも呼ばれるように、体が環状の体節で構成された円筒状の動物で、原始的なものを除くと各体節に一対の剛毛を持った多毛類、剛毛を少ししか持たない貧毛類、全く剛毛を持たない蛭類の三つに大別されている。多毛類の代表的なものはゴカイ類であり、貧毛類はミミズ類、蛭類の代表的なものは各種のヒルである。

一、ゴカイ類　沙蚕

ゴカイ類は本草書には取り上げられていないが、釣の餌として有名で、江戸中期のキス釣りの専門書『河羨録』はキス釣りの餌として、「川蚯蚓、漁人の詞にごかひと云へり、専ら長縄に用ひ釣に最もよし、（中略）総ての魚の好にや思ひも寄らず、異魚を釣得る事あり」とゴカイが魚釣りのよい餌である事を記している。江戸末期の『釣書ふきよせ』にも「魚を釣る餌に江戸にてごかいと呼ぶもの潮の入る川の土中にある虫也、（中略）夏秋には堀り取、浮て出るは秋にはあらず毎歳大かた十一月の三、四日の夜新月の光に映じて水面浮て紅なりそれより日を経て又浮出づ都て三度ばかり出づ。云々」と記している。これはゴカイの産卵習性を記したものでバチと呼ばれている。『千虫譜』は土蟀としてゴカイの図を載せ（図97）、「和名ゴカイ又海ミミズ、潮ノサス処ト河水トノ境ニ生ス、泥沙中ヲ堀取、形扁ニシテ両辺細ク足アリ牙アリ、人ノ手ヲ咬ム、漁人沙糖水ニテ一個ヲ丸呑ニシテ淋病ヲ治ト云、黒焼ニシテ用テ久シキ淋痛癒ガタキモノニ用テ神効アリト云、八九月ノ際此物沙中ヨリ出テ浮流ル、事アリ、網ニテスクヒ取、冬月ヨリ春ニ至ル迄ノ魚ヲ釣餌トス」と記している。『水族志』はゴカイのほかに同類のイソメ、ウミケムシを取り上げている。

図97　ゴカイ（千虫譜）

ゴカイ、イソメの仲間には管状の巣を作ってその中で生活する管棲類と呼ばれるものがある。この類は管の前端から多数の鰓《えら》及び触手を出して呼吸・捕食を行っており、その色彩が美しい所からケヤリムシとかカンザシゴカイ等といった名が付けられている。『水族志』海虫類の「ウミフデ」とあるのはケヤリムシの事で、『本草写生図譜』に見事な彩色図が載っている。『万葉動物考』は『万葉集』の「一一一七　島廻《しまみ》すと磯に見し花風吹きて波は寄るとも取らずは止まじ」の「磯に見し花」をケヤリムシかとしている。また『本草図説』には薩摩国山川花瀬の「牡丹のやうなる花貝に似たるもの」の図が載っているが、解説者はこれをイバラカンザシであろうとしている。しかし管棲類は左右相称であるから、個々の花弁(鰓糸)が五弁に描かれているのは疑問である。

二、ヒル類　蛭

ヒル類の中には体の前後の吸盤で他物に吸着して血を吸うものがある。『古事記』、『日本書紀』に国生みの始めに蛭子が生まれたため舟に乗せて流し捨てた話が見えており、古くからその存在が知られていた事がわかる。『本草和名』、『倭名類聚抄』に「水蛭、和名比留(流)」とあり、平安初期から薬用として用いられている。長和四年(一〇一五)の『御堂関白記』に「足尚宜しからざるに依り蛭喰」と見えているのを始めとして、その後蛭喰、あるいは飼蛭の記事がしばしば見られる。蛭喰とは瀉血のために蛭に血を吸わせる治療法の事で、その対象となる症状は『中右記』大治二年(一一二七)の条では堅根、『台記』久寿二年(一一五五)では腫物、『明月記』建仁三年(一二〇三)の条では無力平臥、嘉禄二年(一二二六)には歯及び耳の後に熱気がある事があげられている。康平四年(一〇六一)の『朝野群載』には「権医博士和気相秀朝臣、御蛭喰の吉日を勘申す」とあり、治療には吉日が選ばれていたものと思われる。医療に用いられる蛭はチスイビル

図98　ヒル(千虫譜)

と呼ばれるもので、その治療法は『和漢三才図会』に、「竹筒を以て蛭を盛り、之れを合せて病処を吸はしむ。血満つれば自ら脱す」とある。『大和本草』は「アラメヲ煮テ雨水ヲソ、ケハ大蛭トナル。女ノ髪ヲ水ニ久シクツケヲケハ変シテ赤キ小蛭トナル。黒キモアリ。蟹ヲクタキフキノ葉ニツ、ミ水ニツケヲケハヤカテ蛭トナル。又蛭ノ黒焼雨ニウルホヘハ百千ノ蛭ニ変スト云」と記しているが、こうした事が信じられていたものと思われる。『和漢三才図会』は蛭の長大なものを馬蛭とし、ほかに水蛭、草蛭、石蛭の名をあげ、『本草綱目啓蒙』は水蛭、草蛭、馬蜞《びる》、カウガヒビルの四種をあげているが、コウガイビルは環形動物ではなく扁形動物である。『桃洞遺筆』はウマビルに咬まれた際の治療法として、竹の葉を焼いて傷口に塗ると効果があるとしている。『水族志』海虫類にはウミヒル（禾虫）が取り上げられており、慶応三年（一八六七）田中芳男はフランスからヨーロッパ産のヒルを持ち帰っている（物産年表）。

三、ミミズ類　蚯蚓

ミミズは環形動物の中の貧毛類で我が国には数種のものが知られている。『本草和名』は白頭蚯蚓として多くの異名をあげ、和名を「美々須」とし、『倭名類聚抄』も「和名美々須」としている。貞元二年（九七七）の『日本紀略』に「山階寺下階庭、蚯蚓出ず。広さ八尺、長さ廿二丈」とあり、建暦二年（一二一二）の『玉蘂』には「早旦西面の壺に蚯蚓群集す」と蚯蚓の群集した記事が見られる。『有林福田方』は「地龍土ヲモミステ、炙使へ。或ハ炒ル。唐ノ方書ニ、地龍ト云ハ蚯蚓也」とあり、『本朝食鑑』は「近代豫め痘疹を防ぐ家、専ら之れを用いて鶏卵と合せて煮て食ふ」と蚯蚓を疱瘡の薬として用いた事を記している。薬として用いられたの

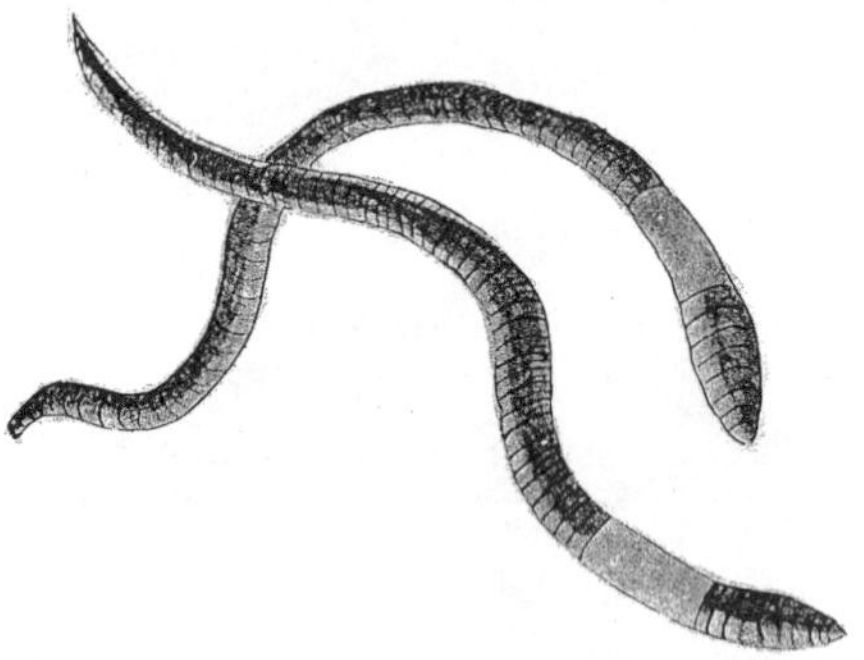

図99　ミミズ（千虫譜）

は蚯蚓の本体ばかりでなく、その糞も『頓医抄』に「白クサ治方」として「蚯蚓の屎ヲ灰ニ焼テ、細末シテ付ヨ」とある。蚯蚓を薬とする事については『松屋筆記』にも「凡そ熱病を治するに、蚯蚓湯に過ぎたる妙薬なし、余あまたたび試みて其の神妙方なるを知れり」とその薬効の顕著な事を記している。『本草綱目啓蒙』によるとこうした薬用に用いられたミミズは白頸蚯蚓と呼ばれるもので、「カブラミヽズ」とも呼ばれている。現在のシマミミズの事であろうか。『本朝食鑑』はまた「渓川田沢の漁児、常に鯉鮒及び鰻を釣るに蚓を以て餌と為す」と記し、『本草綱目啓蒙』はさらに「今鰻鱺魚を釣人白頸なる者を撰用ゆ」とウナギ釣の餌としても用いられた事を記している。こうした釣の餌に用いたのであろう、『塵塚談』は「造飴屋には飴を製する場所に蚯蚓の生ずる事多し、故に蚯蚓を掘りて渡世とする者は、飴屋へ行き買求むる事なりとぞ、されど蚯蚓を売ると家の零落の本なりとて、うらぬ飴屋もあるよし」と記している。このほか『千虫譜』は毒虫に刺された際に、砂糖を加えてよく練ったものを塗ると、その効果は他薬の及ぶ所ではないとしている。ミミズには通常のミミズのほかに水棲のイトミミズがおり、『百品考』は小紅蛆、和名「もゝほうづき」として「形ち蚯蚓に似て至て細く、恰もあかき絹糸の如し。（中略）至て多き処は泥上一面に色赤くなるものなり。今金魚を畜ふ者多く取て餌とす」と記している。

第七章　節足動物

節足動物は体節に付属する足が、いくつかの節《ふし》で構成されている動物の総称で、全動物種の四分の三近くを占めている。動物学上はその足（付属肢）の構造や、体制によってさらに細別されているが、ここでは鋏角類、甲殻類、倍脚類、昆虫類の四類について記載する事とする。

（一）鋏角類

一、カブトガニ　兜蟹、甲蟹、鱟魚

カブトガニは鋏角類の中の剣尾類に属し、その仲間の多くは古生代の化石として知られている。カブトガニと呼ばれているがカニの類ではなくクモの類に近く、我が国では主として西日本の内海部に生息している。『本草綱目』は鱟魚としているが、それを我が国に紹介した『多識編』は「加《か》牟《む》利《り》宇《う》於《お》」としている。『庖厨備用倭名本草』はこれを受けて「今俗ニカブトガニト云フハ是ナルベシ。本草ニ魚字ヲ付ケタル故ニ多識篇ニイヲト云ナルベシ」としてその形状・習性を記し、「其ノ皮殻ハ甚ダカタシ。冠ヲ作ルベシ。又屈メテ杓ヲ作ルベシ」としている。『本朝食鑑』はその形状を記した上で「本邦之れを食はず、漁人も亦之れを采らず、呼びて宇《う》牟《む》幾《き》宇《う》と曰ふ、或は武文蟹と称す」と記し、武文蟹の名称の由来を記している。また『大和本草』は「本草ノ図ニ魚ノ形ニエカケリ。非ナリ。三才図会ニモ同シ。但二書共ニ形状ヲ説ケルハカブトカニ也。疑無シ。只其図ク所ハカフトガニ、アラス。其形ヲ見ズシテ絵カケルニヤ」と記している。『訓蒙図彙』に描かれたカブトガニの図（図100）は『和漢三才図会』に転用され、ケンペルの『日本誌』にも転載されている。以上のほか『日東魚譜』、『怡顔斎介品』にも詳しい解説記事が載っている。享保一九年（一七三四）に丹羽正伯が全国の産物を調査した際には「かぶとがに」、「うんきゅう」、「はちかめ」等の名で能登、紀伊、備前・備中、周防、長門、筑前、対馬等の国々から報告されており、『筑前国続風土記』にも「海辺所々在之」と記されている。『物類称呼』は「かぶとかに、筑紫にて、うんきうと云、薩摩にて、ばくちかにといふ、安房にて、いそほうづき共云」と記している。安房国の方言が載っているので、江戸時代には東京湾にも棲息していたも

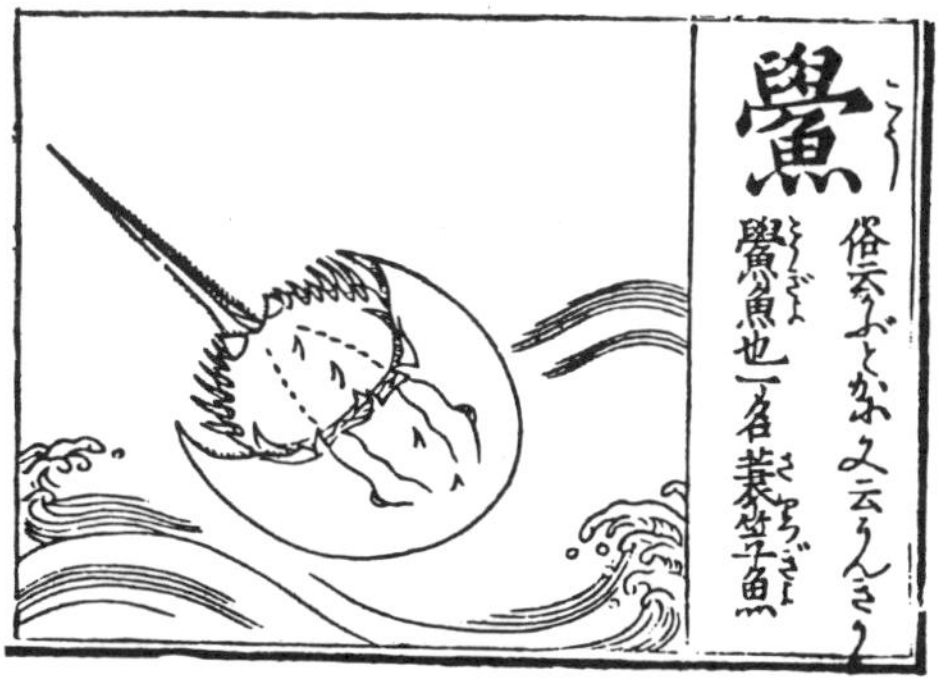

図100　カブトガニ（訓蒙図彙）

のと思われる。また「海ほふつきは、うんきうの卵也と云」としているが、「海ほうづき」はカブトガニの卵ではない。その形が珍しいため文化一〇年(一八一三)(猿猴庵日記)、文政一〇年(一八二七)(見世物雑志)に名古屋で見世物となっている。

二、クモ類　蜘蛛

クモ類は蛛形類《ちゆけい》の真正蜘蛛類に属する節足動物で、昆虫類に次いで種類が多い。昆虫と違って翅を持たず、歩脚は四対八本である。腹部にある紡績突起から粘液を分泌して糸を作る。弥生時代に作られた銅鐸に、八本足の虫の図を描いたものがあり、恐らくクモを模したものとされている（銅鐸）。『日本書紀』允恭八年の条に「我が夫子《せこ》が来べき夕なりささがねの蜘蛛の行ひ是夕著《しる》しも」とあり、『かげろふ日記』にも「さ、がにのいまはとかぎるすぢにてもかくてはしばしたえじとぞ思ふ」とあるように、古くは笹蟹《ささがに》とも呼ばれている。『令義解』序には「蛛絲黏虫の禍を設け」と記され、貞観六年(八六四)の勅では絹織物の粗悪な事を「蜘蛛の秋網に同じ」とある。『江家次第』の七月七日の乞巧奠《きこうでん》には「瓜菓を庭中に設け以て巧を乞ふ、蟢子有りて瓜菓上に罹らば、則ち以て巧を得ると為す」とある。蟢子とはクモの事である。『四季物語』にも「七夕の御祭は、させる事なからねども、(中略)姫蜘蛛とて、さ、やかなりし物、その机物あるは願の糸に、いをひきぬるを図として、私の願かなへりとすることなるべし」と記されている。『山家集』にも「二六三　さ、がにのくもでにかけてひく糸やけふ織女《たなばた》にかさ、ぎの橋」とある。またクモの子が一斉に四方に散って行く事も有名で、『源平盛衰記』二四に「蜘の子を散すが如く落行けり」とあり、『十訓抄』にも「くものこを吹ちらすやうに逃

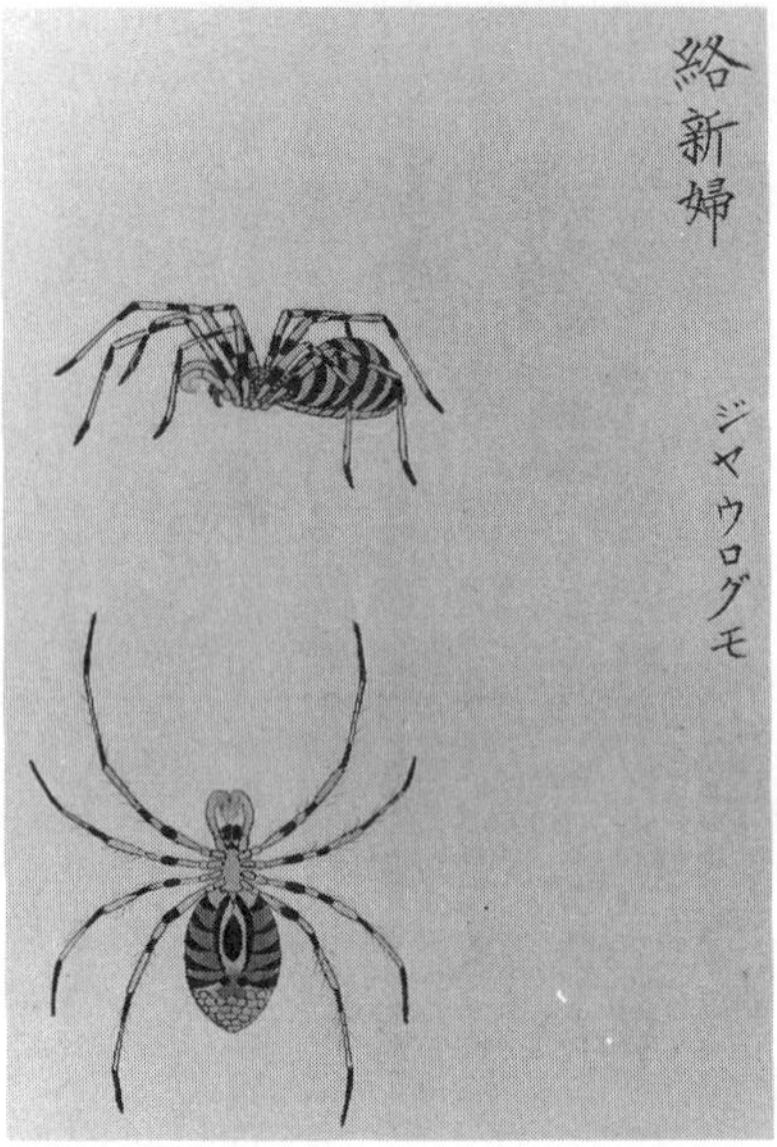

図101　ジョロウグモ（虫譜図説）

にけり」とある。

クモ類には多くの種類があるが、『倭名類聚抄』は通常の蜘蛛のほかに、蠨蛸《あしたかぐも》、蠅虎《はへとり》の二種をあげ、江戸時代の『大和本草』はほかに花蜘蛛《マダラグモ》、壁銭《ヒラグモ》をあげ、『和漢三才図会』、『本草綱目啓蒙』は別に絡新婦《じよろうぐも》、草蜘蛛、蛈蟷《つちぐも》の三種をあげている。このうちハエトリグモは江戸中期に流行した蜘蛛合せに用いられ、その模様は『閑窓自語』、『笈埃随筆』、『真佐喜のかつら』等の随筆に取り上げられている。このほか木の葉を巻いて巣を作るフクログモがあるが、このクモは江戸城内で飼育されていた小鳥類の餌として、鷹野役所から上納されている（武蔵野歴史地理）。増山雪斎の『虫豸帖』冬の部にはクモの図三二図が載っているが、名前の付されたものはジョロウグモだけである。幕末の『千虫譜』はアシタ（ナ）カグモ、丸グモ、淬掛グモ、青グモ、八角グモ、シャウログモ、六方クモ、小喜母、ヒラタグモ、四方クモ、蠅取グモ、ベッカツコウグモ、セイタカグモ、ツチクモ、ヒラクモ、八方クモ、大島グモ、ジョウロウグモ、布袋グモ、袋グモ、ハタオリグモ、赤グモ、ミセハリグモ、白グモ等二十数種のクモの図を載せている。

三、サソリ　蠍、蝎

サソリは蛛形類のサソリ類に属するが、我が国では沖縄地方を除いて生息していない。しかし本草学で薬種として用いられたため、『本草和名』には「和名佐曽利」とあり、平安時代から我が国で知られていた事を示している。またこの頃我が国に導入された密教の曼陀羅絵の中にはサソリを描いたものが見られ、鎌倉時代の医書の『有林福田方』には全蝎の図として乾燥したサソリの図が載っている。江戸中期に成立した新井白石の『南島志』にはサソリが南方諸島に生息している事を記している。『物類品隲』は「薬肆ニ有モノハ皆乾腊ノ物ナリ」とした上で、「蛮産、長尾ノモノ田村先生長崎ニ至テ紅毛商船中ニ生ズルモノヲ得タリ。数十日不死。死シテ後薬水中ニ蓄フ。其状図中ニ詳ナリ」として図を載せている。『本草綱目啓蒙』は「ゼンカツ」として「此虫和産なし、長崎には蛮舶に入来る活物あり、（中略）薩州の大島にヘヒリと呼虫あり、形甚だ蝎に似て身大にして尾短く手も甚だ短くしてふとし」と奄美大島にサソリがいる事を記している。江戸末期の『千虫譜』には、上記の享保年間に田村藍水が蛮舶中で発見したサソリの図と、バタビア産のものの図が載っている（図102）。

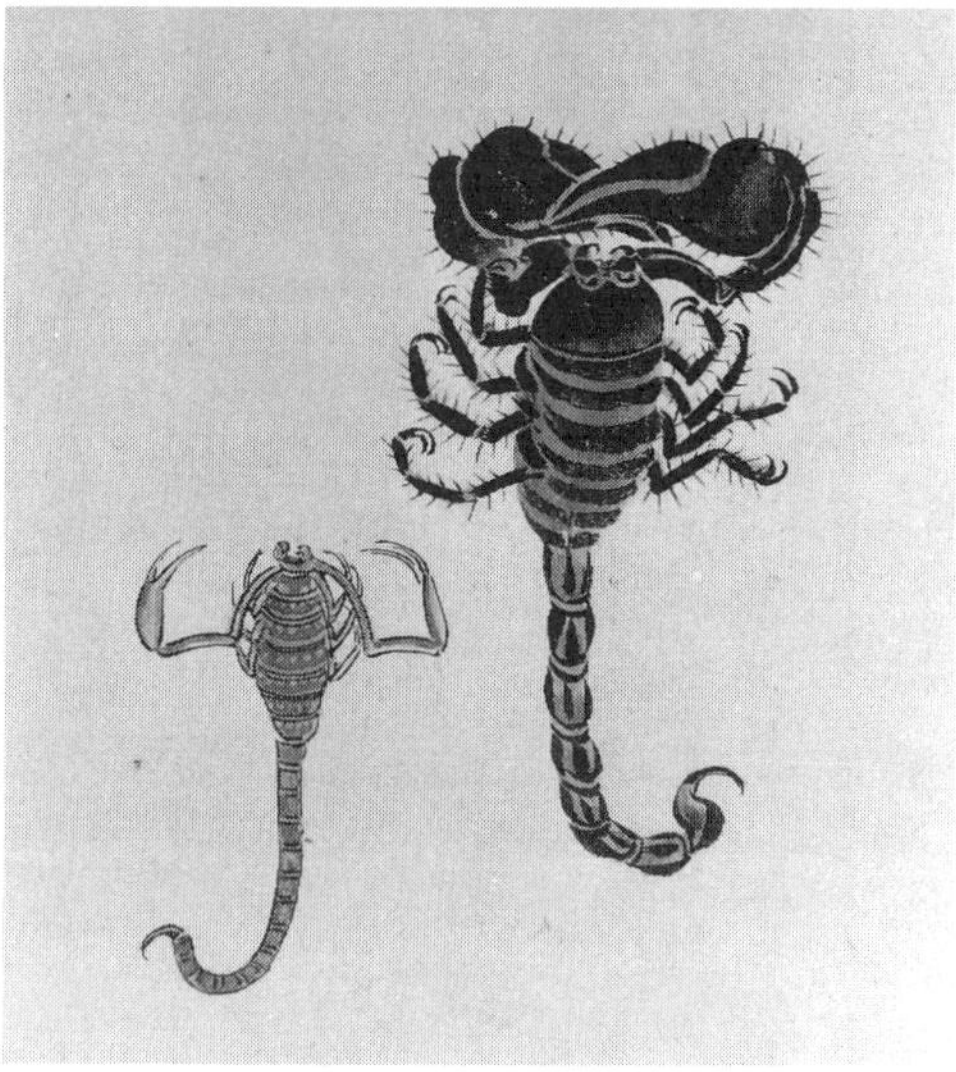

図102　サソリ（千虫譜）

四、ツツガムシ　恙虫

ツツガムシは蜘形類のダニ類に属し、ケダニの一種である。ツツガムシの幼虫は脊椎動物に寄生してツツガムシ病を媒介する。中世の『下学集』は「恙は人を螫す虫也。上古の時人未だ家屋を造る事を知らず皆土窟に処す、此の時彼の恙虫人を螫し害を為す。故に人々相慰め問ひて恙無きやと云ふ也」と記し、『壒嚢抄』にもほぼ同じような記載がある。しかしその実体が明らかであったわけではなく、『大和本草』は「上古ハ未ダ室屋有ラズ野ニ居リ穴ニスム蛇ノ類人ヲ害セシナルベシ然ラハ恙トハ蛇ノ類ナルヘシ」としている。しかしその後『兼葭堂雑録』二は「出羽国秋田領雄勝郡の水辺三四里の間、暑中虫ありて人を刺す。形小にして人の眼に見えず。刺たる痕、蚤のごとくにして大熱を発す。稀に治するも有といへども、十に七八までは三日を過ずして死す。（中略）治療誰あつて知れる者なしとぞ」と記している。その虫がツツガムシとは記されていないが、発病の経過は間違いなくツツガムシによるものである。『兼葭堂雑録』は『本草綱目』の沙蝨虱《しらみ》をこのツツガムシに当てているが、『本草綱目啓蒙』は沙虱を「詳ならず」とした上で、「渓鬼虫」について「越後高田海辺にて行人曲阿の処を過るに、（中略）病人の身に必偃月形の傷あり、故にかまきりむしと云、或はあかむしと云、（中略）然れどもその虫の形状は詳ならず、従来言伝ふる越後七奇中のかまいたちも皆同事なり云々」とツツガムシ病の原因が虫によるものである事、鎌鼬《かまいたち》と呼ばれる現象もツツガムシによるものである事を記している。越後七不思議の鎌鼬については、『越後名寄』ほかに記されている。

（二）甲殻類

甲殻類は大部分のものが水生で、名前が示すように体表は堅い甲で蔽《おお》われているものが多い。体制は昆虫に類似したものが多いが、中にはフジツボ、カメノテのように幼生期を除くと、全く異った体型のものも含まれている。節足動物の中では昆虫類、蛛形類に次いで種類が多い。

一、アミ　醤蝦、海糠魚、苗蝦

アミは海・汽水産の小型甲殻類で、『倭名類聚抄』は細魚《うるりこ》の条で「海糠魚、阿美《あみ》」としているので、平安時代からその存在が知られていた事がわかる。西行法師は『山家集』の中で「備前国に小嶋と中島に渡りたりけるに、糠蝦《あみ》と申物採る所は、おのおの別々占めて、長きさをに袋を付けて立て渡すなり。云々」とその採取法を記し「一三七二　立て初むる糠蝦採る浦の初さをは罪の中にも優れたるかな」と詠んでいる。『新猿楽記』にも「備前海糠」とあるので、備前国の名産として知られていた事がわかる。『毛吹草』は「備前、肥前」の両国をあげ、『本朝食鑑』も備の三州、肥の二州で最も多く捕れるとして、「漁家常に謂ふ、竟に末だ鮩《あみ》の長じて鰕と成る者を見ず」とアミがエビの幼生ではない事を記している。

図103　アミ（訓蒙図彙）

『大和本草』も苗蝦《あみ》として「備前筑後ナトノ泥海ニ多シ、海辺ノ潮入溝河ニアリ、小毒アリ味ヨケレトモ性好カラズ」とし、『和漢三才図会』は夏糠蝦と秋糠蝦の二種がある事を記している。『日東魚譜』は「天鰕」、『怡顔斎介品』は「苗蝦」として取り上げ、幕末の『武江産物志』によると、江戸の芝浦沖でも採取され、『江戸砂子』はそれを芝苗蝦《しばあみ》と呼んでいる。

二、エビ類　海老、蝦、鰕

エビ類は甲殻類の中の十脚類に属し、種類は極めて多いが史料では一括してエビと呼ばれており、個々の名前を記したものは稀である。有史以前の遺跡から海老の外殻が出土した記録は見られないが（縄文食料）、それは外殻が保存に耐えなかったためであろう。エビは『古事記』、『日本書紀』、『律令』には記載が見られないが、『出雲国風土記』嶋根郡の雑物の中に「入鹿・和爾・鯔・須受枳・近志呂・鎮仁・白魚・海鼠・鰝蝦・海松等の類」とあり、秋鹿郡にも鰝鰕が見られる。平安時代に入って『本草和名』、『倭名類聚抄』に「和名衣比《えひ》」とあり、『倭名類聚抄』は「味甘平無毒者也」としている。『延喜式』主計上では「中男一人輸作物（中略）海老一升」とあり、神祇一、二、五などには「蝦鰭槽《えびのはたふね》二隻」などとある。『侍中群要』によると畿内六カ国の日次御贄として、摂津・近江の二カ国から貢上されているので、宮中にも納められていた事がわかる。『類聚雑要抄』によるとこれらの蝦は干物として用いられたものと思われる。中世に入ると『御湯殿の上の日記』にしばしば献上記事が見られるようになり、宮中の女房詞ではエビの事を「かがみもの」と呼んでいる（大上臈名事）。『尺素往来』は海老を美物の一つに数え、永正一五年（一五一八）に将軍が畠山邸を訪問した際には二度にわたって海老が饗膳に供されている（後鑑）。永禄九年（一五六六）の『言継卿記』に初めて「伊勢海老」と固有の名称が記されている。『大草殿より相傳之聞書』は「ゑびのこさうづみの事」としてその食べ方の作法を詳しく記しており、『庖丁聞書』には「海老に。舟盛ひけ盛。廻り盛と云。口傳有」と複雑な盛り付け

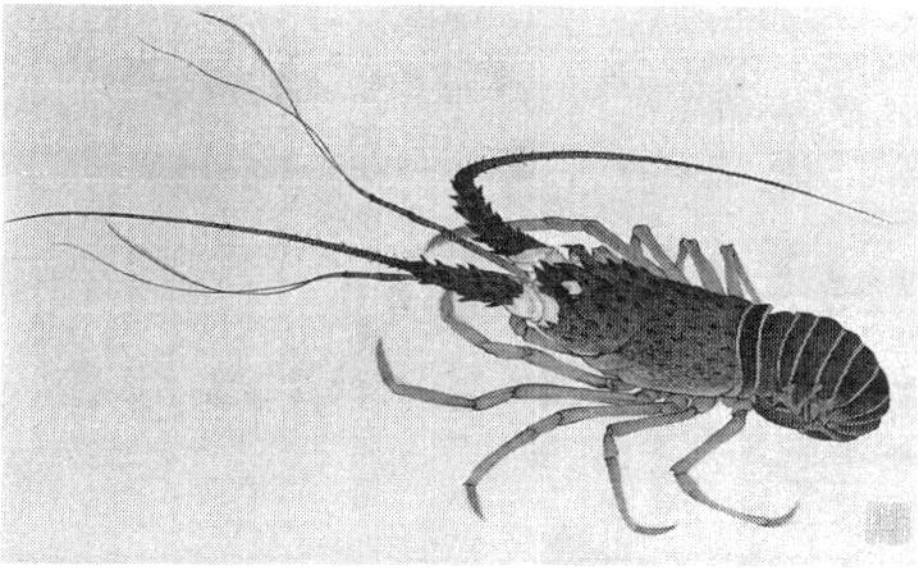

図104　イセエビ（蟹虫図帖）

方のあった事を記している。『料理物語』は「(ゑび)いりて、なます、に物。(小ゑび)汁、なます、吸物。(いせゑび)もくるま同前、但ゆでて、又やきても出し候」と「いせえび」のほかに「くるまえび」の名をあげている。

江戸時代に入って『本朝食鑑』は「本朝古より海老を称して、以て賀寿饗燕の嘉殺と為す也、正月元日門戸に松竹を立て、上に煮紅海老及び柚柿の類を懸く、又蓬萊盤中に煮紅海老を盛る、是亦祝寿の義也」と海老が正月の飾として不可欠なものであった事を記し、同時代の井原西鶴は『日本永代蔵』四「伊勢ゑびの高買」の中で「一年《ひととせ》、伊勢海老・代々きれて、江戸瀬戸物町・須田町・麴町をさがして、諸大名の御祝儀なれば、海老一疋を小判五両、代々一つつを三両づゝ、に売りける。其年は上方も稀にして、大阪などにても、伊勢ゑび弐匁五分、代々七八分づゝ、せしに、春の物とて是非調て、蓬萊を餝れける」と記している。同じような話は『世間胸算用』一の三「伊勢海老は春の栬《もみぢ》」の中にも見られる。大分誇張されていると思われるが、海老が正月に欠かせないものであった事は事実であろう。『本朝食鑑』はまた海老の種類について「海河二種有り、伊勢鰕鎌倉鰕は海鰕の大なるもの也、(中略)車鰕といふもの有り、大きさ六七寸に過ぎず、殻厚くして白くあるいは斑節なる者有り、倶に之れを煮れば則ち色を変じて純紅、環曲して車輪の如し、故に名づく、武江及相豆房総皆多し、又芝鰕といふもの有り、大きさ三四寸に過ぎず、殻薄くして白し、(中略)河湖川渓の鰕は二三寸に過ぎず、両手長肥し、俗に手長鰕と称す」と五種類のエビの名をあげているが、伊勢鰕と鎌倉鰕とは同一種である。『塩尻』拾遺も「ゑびの類甚だ多し」として車ゑび、手長、赤ゑび、しゃくなげ(シャコ)、よろぼい(ワレカラの類か)、あみ等について図示している。エビの種類については『怡顔斎介品』にも取り上げられ、「龍鰕、青鰕、大脚鰕、蚕鰕、艸鰕、苗鰕、丹鰕、鰕姑、千人擘、寄生鰕」と一〇種の名をあげているが、苗鰕はアミ、鰕姑はシャコ、寄生鰕はヤドカリの事で、甲殻類ではあるがエビの類ではない。千人擘については「俗ニシツハタキト云。沖津大磯ニ間《ママ》有リ。鰕姑ニ似テ扁大ナリ。長サ尺ノ余。(中略)一種矮短ナルアリ。外科ニ用ルヲクリカンキリハ即チ此頭骨ナリ」とあるので、これもエビの類ではなくビワガニの事であろう。このあと江戸中期に出版された『日本山海名産図会』は伊勢海鰕漁の模様を記しているが、時としてゴシキエビが混ざる事があると記している。『本草綱目啓蒙』はエビを淡鹹の二つに大別し、淡水産の川鰕としてツエツキエビ(テナガエビ)、堅田エビ(カハエビ)、シラサエビ、川エビ、タエビ、ツユエビ、ヌカエビ、アミ（アミザコ）アナナミをあげ、海鰕としてイセエビ（鎌倉エビ）、五色鰕、ケンエビ、ツノナガエビ（クルマエビ）、ホシエビ、毘沙門エビ、ウチハエビ、アナゴ、シャクナギ（シャコ）などの名をあげているが、アミ、シャコなどエビ以外のものも含まれている。『千虫譜』には草蝦が取り上げられているほか、カイメン類の海老同穴を寄生蝦の巣として、ドウケツエビの図を載せている（図44）。シーボルトは栗本瑞見の「蟹蝦類写真」を持ち帰っているが、その中のテナガエビとムナソリ（ヨシエビ）の二図は彼の『日本動物誌』甲殻類篇に引用されている（シーボルトと日本動物誌）。『続江戸砂子』は江戸の名産として、浅草川手長海老、揚場川手長海老、芝苗蝦、芝海老、鎌倉蝦をあげている。

三、カニ類　蟹

カニ類もエビと同じ十脚類に属する甲殻類であるが、本草書ではエビは魚類、カニは介類に入れられている。極めて種類が多く、単にカニとあるのはその総称である。『日本縄文石器時代食料総説』によるとカニ類の殻は各地の貝塚から出土しており、福島県薄磯貝塚からはカニを描いた線刻礫も出土している。また弥生時代の銅鐸にもカニを描いたものがある（銅鐸）。『古事記』応神天皇の項に、天皇が宇遅野に立って歌われた「この蟹や何処の蟹、百傳ふ角鹿の蟹、云々」という歌が載っており、『古事記傳』は「此時御饗の御肴に、此物の有つるに寄てなるべし」と、蟹が御贄として供されていた事を推定している。しかし奈良時代の『律令』の賦役令にはカニは見られない。ただし『万葉集』には「三八八六　おし照るや難波の小江に廬作り隠りて居る葦蟹を大君召すと何せむに云々」とあり、元慶三年（八七九）には摂津国の蟹胥《しおから》の貢進が停止されているので（三実）、カニが御贄として供されていた事は明らかである。『延喜式』宮内省の諸国例貢御贄や、内膳司の年料には摂津国の擁劒があり、『侍中群要』にも同様の記事が見られる。擁劒は『本草和名』に「和名加佐女《かさめ》」とあり、現在のガザミの事である。宮中の女房詞では「かざめ、かざ」と呼ばれ（大上臈名事）、『尺素往来』は擁劒を美物の一つに数え、『建武式目』追加では今宮四座の商売物として取り上げている。『三好筑前守義長朝臣亭江御成記』、『朝倉亭御成記』の献立にも「かさめ」が見られ、『四条流庖丁書』、『大草殿より相傳之聞書』には「ガザメ」を客人に出す際の盛り方が記されている。このほか『庭訓往来』の饗応の食品中には蟹味噌があり、『実隆公記』永正八年（一五一一）の条には鬼蟹・越前蟹を贈られた記事が見られる。『料理物語』には「(かざめ)はからに、いりて、同つまじろ、まめ、なしもの」とある。

『本草和名』は蟹の項で、中国書に見られるカニの種名・異名を三〇近くあげているが、和名としては蟹の「加爾」、擁劒の「加佐女」の二つが見られるにすぎない。それに対して『倭名類聚抄』は蟹(加仁)のほかに蟛蜞(稲春蟹之類)、蟛蜎(葦原蟹)、石蟹(以之加仁)の四種と、蟹に似たものとして擁劒(加散女)の名をあげている。江戸時代に入って『多識編』は『本草綱目』に載っているカニの種名二二種をあげ、そのうち一三種のものに「おかに、めかに、むつあしかに、よつあしかに、きかに、かさみ、こかに、すなかに、うしおかに、いしかに、かに、ひしこ、かむりうを」などの和名を当てている。このうち最後の「かむりうを」はカブトガニの事である。『庖厨備用倭名本草』も一〇種以上のカニをあげているが、中でも二枚貝に寄生するカニを「蠣奴」と名づくとしているのは注目される。『本朝食鑑』は我が国で一般に食用とされているものとして、海産の擁剣と、淡水産の石蟹をあげ、ほかに望潮(爪白)、蝤蛑(嶋蟹)、蟛蜞、沙狗の名前をあげ、最後に嶋村蟹を取り上げている。嶋村蟹とは享禄四年(一五三一)に摂津で三好元長に敗れた細川高国の家臣、嶋村某の亡霊が蟹に化したものとして名付けられたもので現在のヘイケガニの事である。ヘイケガニはほかに武文蟹とも呼ばれている。『和漢三才図会』は擁劒蟹を「かさめ」として「江海に生す、大なる者味美なり」として図を付しているが、ほかに「山州和州の渓澗に之れ有り、毎十月丑ノ日必す群出す、土人此の日を候して多く捕る、云々」としている。これはガザミの事ではなくサワガニの事であろう。同書はほかに蟛蜎《あしわらがに》、蟛蜞、望潮蟹《つまじろ》、石蟹、蝤蛑《しまかに》、独螯蟹《てぼうがに》、鱟《かぶとがに》、鬼鱟《しまむらがに》を取り上げている。島村蟹については『毛吹草』にも記載がある。『大和本草』は「蟹ノ類多シガザメ。シマガニ。ツマシロ。ツガニアリ。又田ウチガニアリ。是本朝謂フ所ノ沙狗ナリ。(中略)蟛蜞ハ陂地田港ノ中ニ多キ蟹ナリ食フ可カラズ。谷ガニアリ。山谷ノ石間ニ生ス小ニシテ赤シ。是亦食フ可カラズ。野人ハ食フ。本草ノ集解ニ石蟹ト云是ナルベシ。コブシカニハ形小ナリ。(中略)鬼蟹アリ赤蟹アリ食フ可カラズ。又蛤蛎ノカラノ内ニモ小蟹アリ云々」と記し、ほかに蝤蛑として「大蟹也。手ノ長三尺、節有リ。ハサミノ長四寸。北国ニアリシマガニト云。手甚大也」と記している。このシマカニについてはこれより以前元禄三年(一六九〇)に来日したケンペルが『日本誌』の中で縞蟹として取りあげ、「駿河湾の近くにある小料理屋から、この蟹の脚の部分を貰って来たが、その形は、いかにも男の脛に似て

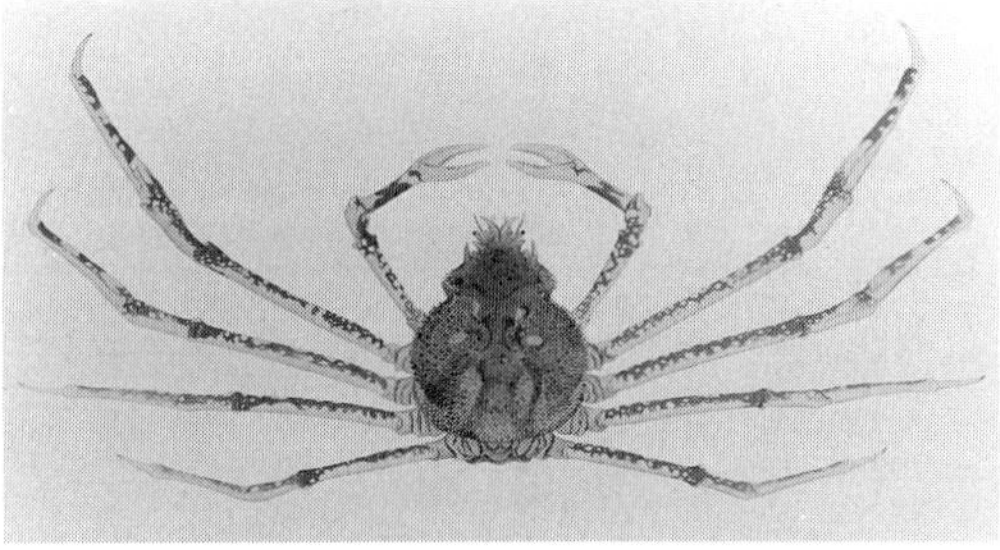

図105　タカアシガニ（日本動物誌）

いる」としてその図を載せている。上野益三博士はこの図から縞蟹をタカアシガニとし（日本動物学史）、『本草綱目啓蒙』はシマガニの遠州地方の地方名として「タカアシガニ」の名をあげている。文政九年（一八二六）江戸参府の途中シーボルトは、三保の松原を過ぎたあたりの海浜で「異常な大きさのカニ」を見ているが、これもタカアシガニで、一八三九年『日本動物誌』甲殻類篇の中で新種として発表され（図105）、最初の記載者ケンペルの名が学名に用いられている。シーボルトの『日本動物誌』の中には、このほか彼が持ち帰った栗本瑞見の「蟹蝦類写真」の中から、ガサミなど二十数種のものが引用されており（シーボルトと日本動物誌）、その中には『千虫譜』に収録されているものもある。タカアシガニの図は畔田伴存の『蟹図』の中にも取り上げられており、同図譜にはほかに三八種のカニの図が掲載されている（日本動物学史）。

なお、動物の分野別の専門書にはこれより以前に神田玄泉の『日東魚譜』、松岡玄達の『怡顔斎介品』があり、『日東魚譜』は海虫類としてエビ・カニ類を取り上げ、『怡顔斎介品』も蟹類として一八種のカニをあげている。その中には寄居蟹（ヤドカリ）、鱟（カブトガニ）といったカニ類以外のものも含まれているが、若狭海中で捕れる「ワタリガニ」とあるのは現在のズワイガニの事であろう。このほか『怡顔斎介品』には擁剣、山蟹、扇蟹、蟬蟹、頭蟹、朝日蟹などの図が載っている。『千虫譜』は二〇種程の蟹を図示しているが、最後にヘイケガニを取り上げ、その名前の由来を記している。ヘイケガニ（平家蟹）については上記の『本朝食鑑』に嶋村蟹として取り上げられているほか、『日東魚譜』に鬼蟹、『怡顔斎介品』には鬼面蟹とあり、シーボルトの『江戸参府紀行』、『日本山海名物図会』、『塵塚物語』、『燕石雑志』、『桃洞遺筆』など多くの書物に取り上げられている。カニの種類は『魚鑑』にも多数あげられているが、漢名を比定しただけのもので、現在の和名のわかるものは少ない。『甲子夜話続篇』一六―一一は「片爪の小蟹」として図を付して記載しているが、これはシオマネキであろう。

四、カメノテ・エボシガイ・フジツボ類

亀脚、烏帽子介、富士(藤)壺、石華(花)、尨蹄子、石蜐

カメノテ、エボシガイ、フジツボの類はいずれも甲殻類の蔓脚目に属する。他の甲殻類と違って成体は移動力をもたず、他物に付着して生活を営む。体の前端から蔓脚を出して餌を捕食するが、その状態が草花の花が開いたように見えるところから我が国では古くは石華《せ》(花)と呼ばれている。石華(花)は、『出雲国風土記』秋鹿郡の「北の海に捕るところの雑物」の中に見えており、「字を或は蚄・犬脚に作る。或は蟦。犬脚は勢なり」とあり、また出雲郡等《と》等《ど》嶋の条にも「蚌貝・石花あり」とある。『延喜式』では神祇七の践祚大嘗祭の「阿波国献ずる所」の中に「細螺・棘甲蠃・石花等并廿坩」とあり、『台記』別記によると、康治元年(一一四二)一一月一六日の大嘗祭の際には丹波国から「石花二疋」が献じられている。一方『本草和名』は尨蹄子を「貌犬蹄に似て石に附して生ずるもの也。和名世衣《せい》」とし、『倭名類聚抄』も尨蹄子を「食経云、尨蹄子、和名勢《せ》、(中略)兼名苑に云く、石花、花或は華に作る」としている。従って尨蹄子は石華(花)の漢名で、犬の蹄に似て石の上に生ずるものである事がわかる。ただしそれが現在のカメノテを指すのかエボシガイを指すのか不明であるが、恐らく両者を含めて石花と呼んでいたのではあるまいか。

また『本草綱目』は「石蜐《せきこう》は東南海中の石上に生ずる。(中略)形は亀の脚のやうで、やはり爪のやうな状態のものがある。云々」と記し、『本草綱目』を我が国に紹介した『多識編』は「石蜐、或説ニ云ク保也《ホヤ》。異名、亀脚」としているが、石蜐をホヤとするのは誤りである。『大和本草』は石蜐について「又亀脚ト云。和名カメノテト云。筑紫ニテシイト云」とし、『本草綱目啓蒙』は石蜐の地方名として「カメノテ紀州、ヱボシガヒ勢州」としている。従って石蜐もカメノテ、エボシガイの両者を指す事となる。一方カメノテ、エボシガイと同じ蔓脚目に属するフジツボについて『怡顔斎介品』は亀脚としてフジツボとカメノテの両方の図を載せており、『千虫譜』も「石蜐一種クジラガキ」として五島列島で捕れた座頭鯨に付着していたフジツボの図をあげている(図106)。『目八譜』も巻十二の異形属の中で、冠介《かんむりがい》(千虫譜のクジラガキ)のほか藤壺、夕顔、塩尻、磯尻などのフジツボの類を石蜐として取り上げ、『介志』はフジツボの類として「白フジツボ、ハチス、クズマ、夕顔、ツボガキ、メウガノ子、柿花介、菱ノ花、鯨ガキ、唐冠」等をあげている。こ

のうちメウガノ子（茗荷児）はエボシガイの異名、鯨ガキはオニフジツボの事であるから、ここでもフジツボとエボシガイとは同類として扱われている。従って我が国では江戸末期まで、カメノテ、エボシガイ、フジツボの三種の間で明確な区別が行われていなかった事がわかる。なおフジツボ類は各種のものが縄文貝塚から出土しているが、酒詰氏は『日本縄文石器時代食料総説』の中で、「直接食料になったとは思われない」としている。

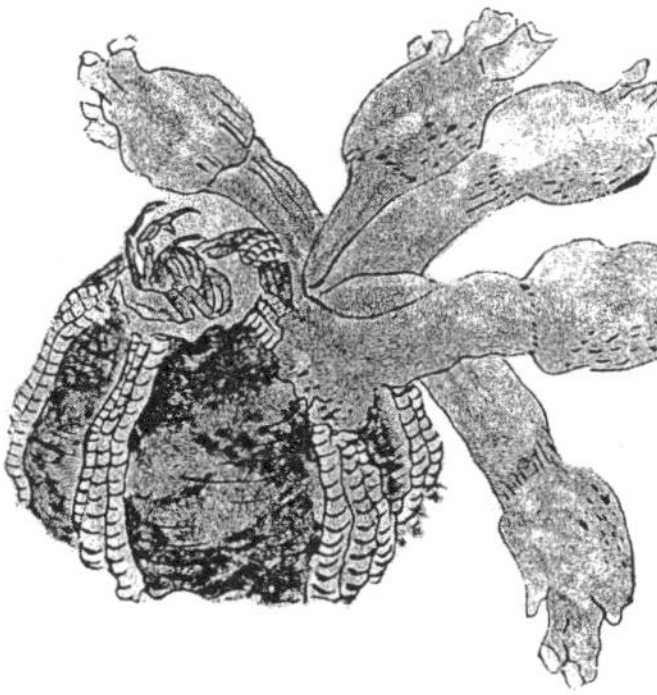

図106　オニフジツボとエボシガイ（千虫譜）

五、ザリガニ　退蟹、蝲蛄

ザリガニは十脚類に属する甲殻類で、現在我が国に広く分布しているものは昭和初期に移入されたアメリカザリガニで、日本在来のものは北部日本にだけ生息している。フロイスの『日本史』によると、中世に来日したイエズス会の宣教師たちは、常備薬としてオクリカンキリの粉末を持参していたと記されている。オクリカンキリとはザリガニに生じた結石の事で、『和漢三才図会』は鰕姑《しゃこ》の項で「於久里加牟木里《おくりかむきり》、鰕姑頭中之小石（中略）能く五淋を治す、小便を通、蛮人の秘薬也」と記している。シーボルトは文政九年（一八二六）に江戸参府の途上、下関で山口行斎から各種の生物標本を贈られているが、その中に新種のカワガニが含まれているのを見て、「カニの眼は日本における輸入の重要品物で、しばしば高価である。（中略）従ってこの貴重な薬を供給するカワガニの発見は、私の門弟たちにとっては重大な事であった」と記している。このカワガニはニホンザリガニの事で、一八四一年にシーボルトは『日本動物誌』の中で、このザリガニを新種として発表している。

しかしこれより以前、天明元年（一七八一）松前広長は『松

図107　ザリガニ（蘭説弁惑）

前志』の「ジャリカニ」の項で「長崎へ異国より来るオクリカンキリと云もの、小便閉の奇薬なるよし、即ち此物の頭中にある珠也。其形状真珠にひとしきものなり。但秋にいたれば珠なしと云へり」と記し、『蝦夷草紙』も「テリンコベ」として「松前にてシリヤ（シャリの誤か）蟹といふ、首は蟹にて尾は蝦なり。頭中に真珠あり。紅毛人持渡るヲクリカンキリなり」と記している。大槻玄沢は寛政一一年（一七九九）に刊行された『蘭説弁惑』の「おくりかんきり」の項で「是は此邦にても津軽松前の地に産する『さりかに』といふものの、腹中に出来る癖石なり」と記し（図107）、文化一四年（一八一七）に刊行された『蘭畹摘芳』の中では「蝲蛄」として「津軽の医官菅東伯、始て其地産する所の鞁力蛤蝲《さりかに》、蝲蛄為るを知る也。今を距る事二十年。此れ自り以来、弘く世に顕る。其の同僚樋口道泉嘗て余に語る。弘前の城下処々小流の中、多く之を産す。山渓又多く生す。行走迅疾にして以て之を得難し。土人小童能く之を捕獲す。烹て食品と為す。泄瀉利病、必ず之を食ふ。極て功験有り。（中略）解剖して之を視るに、其の石有る者、百箇の中、二三十に過ぎず」と記している。ザリガニは本草書では取り上げられていないが、津軽領の風俗・物産を図示した『奥民図彙』にはサリカニの図があり、「頭上石あり、ヲクリカンキリ」とあり、『千虫譜』にも蝦夷・津軽産のザリガニの図が載っている。嘉永五年（一八五二）函館に移住した栗本鋤庵は『鋤庵遺稿』の中で「蝦地《えぞ》のザリカニは形小く漸く一二寸に過ぎず、炙り食ふに殻堅くして其味甚た美ならす、然れ共賤民多く捕り喰ふ者あり。随処皆得可し。（中略）古時我が医家の説に、ヲクリカンキリ蝦産は顆粒小なりと雖も、利水の功洋産の大なる者に優れたりと云へり」と記し、また安政四年（一八五七）石狩川の源流調査を行った松浦武四郎は『天塩日誌』の中で「此処に蝲蛄《ざりがに》多りしが、土人是を見るや、味噌を一撮《つまみ》其流れに投ぜしや、小石の間より数十疋出て其味噌を喰に群りけるを取て、玉有るは玉を取り、無は串刺にして炙食するに其味実に美也」と記している。幕末には蝦夷のアイヌにまでオクリカンキリが知れ渡っていた事がわかる。ザリガニを捕る方法は『松前志』にも「水上醤鼓を投ぜば必ず出る」とある。

六、ヤドカリ類　寄居子、蠏蜷

ヤドカリはエビとカニとの中間の性質を持った甲殻類で、その名が示すように巻貝の空殻の中に身体を入れて生活している。『本草和名』、『倭名類聚抄』はいずれも寄居（子）を「和名加美奈《かみな》」としており、『延喜式』内膳司の年料には「尾張国（中略）蠏蜷《かむな》二擔四壷」とあり、『類聚雑要抄』の母屋大饗にも蠏蜷と記されている。『枕草子』三一四は火事で家を焼け出された男の事を「がうなのやうに人の家に尻をさし入れ」と記し、『方丈記』は「がうなはちいさきかひをこのむ、云々」としている。『山家集』には「一三八〇　海士人《あま》のいそしく帰るひじきものはこにし蛤寄居虫《がうな》細螺《したたみ》」と、ヤドカリを漁師の獲物の一つに数えている。『台記』別記は康治元年（一一四二）一一月一六日の大嘗祭の際に、丹波国から「寄居子二疋」が献上された事を記し、『朝倉亭御成記』にも「五献、かうな」とあるので、平安末期から中世にかけて、美物の一つとされていた事がわかる。『毛吹草』は三河国の名物としている。『庖厨備用倭名本草』は「カミナ、カウナ二物ニアラズ。又タ一物両名ニアラズ」とし、「火ニテカラヲアブレバスナハチ走リ出ル」としている。『大和本草』は介類の中で寄居虫《ガウナ》を取り上げ「海浜斥地ニ多シ。小螺ノカラ

図108　ヤドカリ（目八譜）

ニ入テ寄居ス。故ニ俗ニヤドカリト云。首ハ蜘蛛ニ似テ、身ハ蝦ノ如シ。カラヲ負テユク。海人多クヒロヒテ一所ニ集メ。泥水ヲニコラセハ殼ヲ出ツ。是ヲ取集メテシホカラニス。又異邦ヨリ来ル大ナルアリ。其殼バイノ如シ」と記し、外国産の大型のヤドカリが舶載されていた事を記している。『塩尻』六は「かうな」としてその語源を「虫のかたち蟹に似て殼は蜷《にな》の如きゆえ也」と蟹蜷《かににな》の転訛とし、『怡顔斉介品』は「是寄生虫ノ類也。拳螺中ニ寄生スルアリ」と記している。『本草綱目啓蒙』は「空螺殼中に寄居し此を負て走る事早し。（中略）其身漸く長ずれば巨殼を択で遷る」と成長に伴って貝殼を替える事を記している。

七、ワラジムシ　草鞋虫、鼠婦

ワラジムシは陸生の小型甲殻類で、近縁のものに体を球形に丸めるダンゴムシがある。鼠婦は『本草和名』では「和名於女牟之《おめむし》」とあり、古くから薬種として用いられていた事がわかる。我が国の本草書では『宜禁本草』に、五月五日に採集したものを乾燥して用いると記されており、瘧の薬とされている。『大和本草』にはトコムシ、ノミムシとあり、『本草綱目啓蒙』は江戸の地方名をワラジムシとしている。

図109　ワラジムシ（訓蒙図彙）

八、ワレカラ　割殼

ワレカラは海草等に多数付着して生活する小型の甲殻類で、現在では余り一般に馴染みのある生物とはいえないが、平安時代には『古今和歌集』に「八〇七　あまの刈る藻に住む虫の我からとねをこそなかめ世をば恨みじ」と歌われ、『伊勢物語』にも「恋わびぬ海人の刈る藻にやどるてふ我から身をもくだきつる哉」と詠まれている。また『枕草子』にも「四

三　虫はすずむし。ひぐらし。てふ。松虫。きりぎりす。はたおり。われから。ひをむし。蛍」と声のよい鳴く虫や、美しい蝶、蛍等と並んで取り上げられている。しかしその後『拾遺和歌集』では「君を猶うらみつるかなあまのかるもにすむ虫の名を忘つゝ」とあるように次第にその存在が忘れ去られてゆき、江戸時代には『閑田耕筆』、『玉勝間』、『茅窓漫録』など多くの随筆類がその実体の考証を行っている。本草書にも取り上げられているが、『大和本草』は「本草約言」を引用してワレカラを小型の貝類とし、『千虫譜』もその図を転載している。ただしこうした誤解は都市部に限られ、漁村では古くからの名称が正確に受け継がれており、丹羽正伯が享保末期に全国の物産調査を行った際の『紀州分産物絵図』には「われから」として正確な図が載っている（図110）。『玉勝間』一二は「われからくはぬ僧もなや」の説明としてワレカラは「海の藻の中にまじりて、もはら藻のさましたる虫也、海菜《のり》の中にまじりたるをば、さながら乾たるを、色も形も、わきがたければ、えしらで、ほうしも皆くふなりといふ、云々」と記している。『閑田耕筆』はワレカラを「ありから」と呼んで「ありからくわぬ上人もなし」としている。また畔田伴存は『熊野物産初志』の中でワレカラを「アレカラ」として「羊栖菜《ひじき》根ニ多ク聚リ生ス。形状蟷螂ニ似テ痩小ニシテ五六分、頭赤小也。熊野海ニ産者赤色也。又茶色褐色緑色むの者アリ」と正確にその形状を記している。『千虫譜』には上記のほかにワレカラの図が二つあるが、いずれも正確な図とはいえない。武蔵石寿は『目八譜』の中でワレカラを取り上げ、「石寿云、未研究セス」としているが「翁カ背ノ類ナリ」と蔓脚類としている。

図110　ワレカラ（紀州分産物絵図）

（三）倍脚類

一、ムカデ・ヤスデ類　蜈蚣、馬陸

ムカデ、ヤスデの類は倍脚類と呼ばれるように細長い体に多数の歩肢を具えているが、ムカデが一つの体節に一対二本の歩肢しか持っていないのに対して、ヤスデは一体節に二対

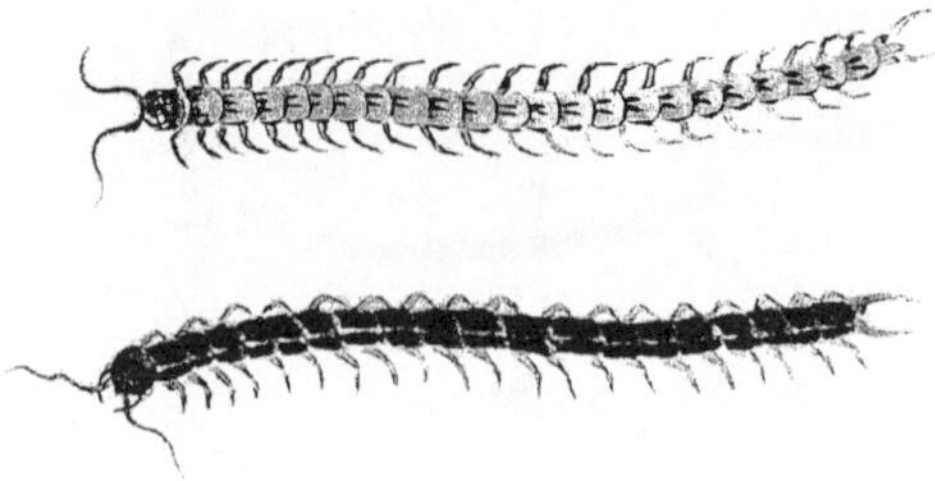

図111　ムカデ（千虫譜）

四本の歩肢を持っている。またヤスデの類は概して小型であるが、ムカデの中には一〇〇ミリを越える大型のものが含まれている。『本草和名』、『倭名類聚抄』はいずれも呉公（または蜈蚣）の和名を「牟（無）加天」とし、馬陸の和名を「阿末比古」として区別している。ムカデは『古事記』に大穴牟遅神が呉公と蜂のいる室に寝かされた話や、須佐之男命の頭の虱を取ろうとしたところ、虱ではなく呉公が沢山出て来た話などが載っており、古くから怖れ嫌われていた事がわかる。しかし『本草和名』に取り上げられている事からもわかるように、薬種としても用いられており、『有林福田方』に「蜈蚣炙過テ使ヘ」とあり、解毒効果があるとされている。『本草綱目啓蒙』はムカデの足は四〇本であるとして、「俗に百足の字を用るは非なり」としているが、すべてのムカデの歩肢が四〇本と決まっているわけではない。ムカデの類で歩肢の長いものにゲジがあり、『和漢三才図会』は蚰蜒《げじげじ》として「昔、梶原景時を以て蚰蜒に比す。言ふ心は動もすれは則ち讒を耳に入れて害を為せは也」とし、『中陵漫録』一三は多脚虫をゲジゲジとして「世俗云、此虫になむらるれば毛髪脱すと云」としているが、ほかのムカデ類のように人畜に害を与えるものではない。『百品考』が「蜈蚣に二種あり」としているのは、ムカデとヤスデの事であろう。『千虫譜』には中国から舶載された赤足蜈蚣の乾燥品の図が載っているが、薬種として用いられたのはこの種のものであろう。

（四）昆虫類

一、アブ類　虻、呫

アブはアブ科の昆虫の総称で、『本草和名』は木虻を「和名於保阿布《おほあふ》」、蜚虻虫を「古阿布《こあふ》」とし、『倭名類聚抄』は蝱を「和名阿夫、人を齧み飛ぶ虫也」としている。このようにアブの中には吸血性のものも含まれている。『日本書紀』雄略四年の条には吉野宮に行幸した天皇の、臂を刺した虻を蜻蛉がくわえ去った話が載っており、『続日本後紀』承和一二年(八四五)には山城国で蝱虫が異常発生して牛馬を咬んだ記事が載っている。恐らくこれはアブの中でも大型のウシアブの仕業であろう。『扶桑略記』は延喜元年(九〇一)八月の条に天台宗の僧侶陽勝の逸話として、蛾、虱、蚊、虻に身を任せて血を吸わせた話を載せている。同様の話は『平家物語』の「文覚の荒行」にも見られる。『大和本草』は「木蝱ハ(中略)草木ニ多キアブナリ、蠅ノ形ニシテ大ニ黄色ナリ。草木ノ花ヲ吸フ。(中略)一種大ニシテ長ク小蟬ノ如ク緑色ニシテ利觜アルハ甚害ヲナス。(中略)本草ニイヘル蜚蝱ナリ。木蝱ト別ナリ。又狗蠅アリ、是モ蝱ノルイ也。云々」と三種類のアブの名をあげている。『本草綱目啓蒙』も木蝱の項で「オホウシバイ、ウシバイ、ハナアブ」をあげ、『千虫譜』は「シラウ虻、花虻、虻異品」の図を載せている。

図112　アブ（訓蒙図彙）

二、アメンボ　水黽

アメンボは古くは水黽と書いて「しほはい」と呼んでいる。弥生時代の香川県出土の銅鐸や(図7)、兵庫県桜ケ丘四号鐸、同五号鐸等の中には、アメンボと思われる絵の描かれたものがあるが、クモとする意見もあり、いずれが正しいか結論は出されていない(銅鐸)。『古名録』は『枕草子』の「四三　蟻は、いとにくけれど、(中略)水の上などを、ただあゆみにあゆみありくこそをかしけれ」とある蟻を、水黽《あめんぼ》の事としているが、アメンボとすると「いとにくけれど」という表現は当らないのではあるまいか。『大和本草』は「水馬ト

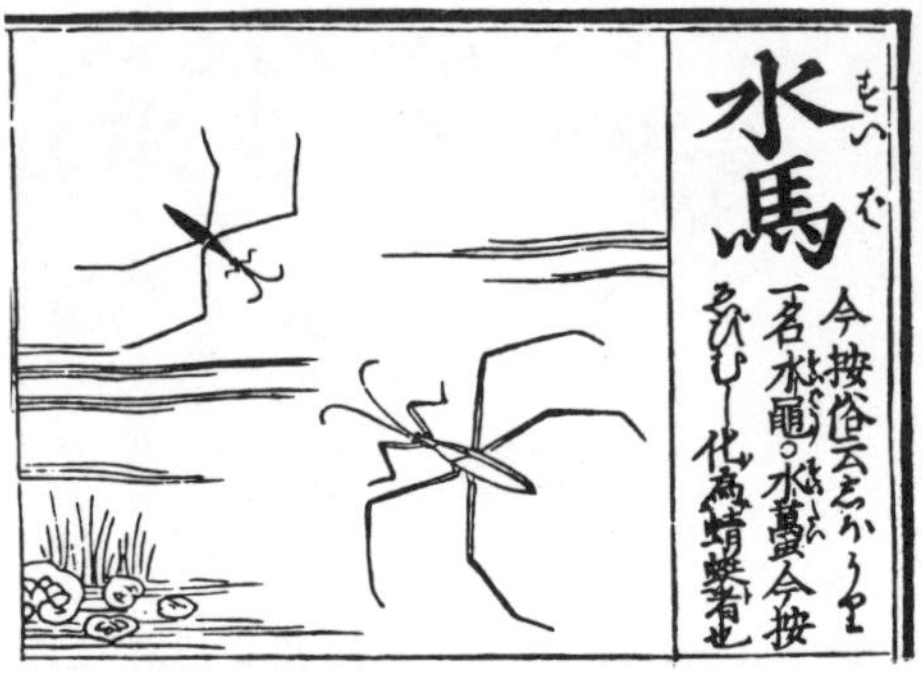

図113　アメンボ（訓蒙図彙）

モ云。水上ニウカヒ游フ。身長クシテ四足アリ。足ナカシ。後足最モ長シ。畿内ニテ塩ウリト云。筑紫ニテアメタカト云。其臭糖ノ如シ。鶏犬食ヘハ死ス」と、アメンボの語源を記し、『物類称呼』は上総地方の方言として「あめんどう」としている。『千虫譜』は「アメウリ、アメンボウ、川クモ」として図を載せている。

三、アリ類　蟻

アリと名のつく昆虫には普通見掛けるアリ科のアリ類の他にシロアリ科のシロアリ類がある。この両種はアリと呼ばれているが、通常のアリ類は昆虫の中でも高度に進化した膜翅目に属しているのに対して、シロアリ類ははるかに原始的な等翅目の昆虫である。しかし両種とも社会生活を営んでいる点では共通しており、また産卵活動の際に翅をもった女王と雄とが群飛するという共通性も持っている。『倭名類聚抄』はこのような蟻を「飛蟻　和名波阿里」と呼んでいる。従って羽蟻には通常のアリ類の羽蟻と、シロアリ類の羽蟻の二種が含まれている事になる。通常のアリの羽蟻は前翅が大きく後翅が小さいが、シロアリ類の羽蟻は等翅目と呼ばれるように、前後翅が同じ大きさなので容易に区別する事が出来るが、史料に見られる羽蟻は、それほど詳細に記載されたものはなく、どちらの羽蟻を指すのかは、その発生状況から推測するほかはない。我が国の古代史料で羽蟻が発生した記事は仁和三年（八八七）（三実）を始めとして数多く見られるが、これらのうち明らかにシロアリと思われるものは仁和三年（八八七）、安和元年（九六八）、天禄三年（九七二）、天延元年（九七三）、長徳四年（九九八）（以上いずれも『紀略』）、長保三年（一〇〇一）（権記）の六回だけで、それ以外の仁和四年（八八八）（紀略）ほかの羽蟻の記事はアリかシロアリか不明である。

羽蟻の記事は中世以降にも見られるが、こうした記録が残されているのは、それが不吉の前兆と考えられていたためであろう。

『倭名類聚抄』はこうしたハアリ（飛蟻）のほかに大蟻「和名於保阿里《おほあり》」と赤蟻「伊比阿里《いひあり》」の二種をあげているが、こうした通常のアリに関する記事は極めて少なく、『枕草子』四三に「蟻は、いとにくけれど、かろびいみじうて、水の上などを、ただあゆみにあゆみありくこそをかしけれ」とあるほか、「二四四　蟻通の明神」では七曲の玉の孔に蟻を使って糸を通した話が見られるが、これは中国書からの引用であろう。また蟻が一列に並んで歩く有様は元暦元年（一一八四）の『吉記』には「蟻の行道《みちゆき》」と記され、応永二九年（一四二二）の『看聞御記』には「蟻の百度詣り」、『太閤記』「因幡国鳥取落城之事」では「蟻之熊野参り」と表現されている。明応六年（一四九七）には蟻の合戦の記事があり（明応六年記）、『倭訓栞』は「蟻の戦ひは、日中にあり、大雨すべしと見ゆ」としている。『和漢三才図会』はシロアリの被害を防ぐには呪歌を書いてその柱に貼れとしているが、効果は期待出来まい。ケンペルの『日本誌』は「日本人は、この害虫を堂《どう》倒《たお》しと呼んでいる。白蟻が鉱物や石以外の物を手当り次第短時間に喰て荒らし、商人の倉庫に蔵ってある貴重品を滅茶滅茶にしてしまうからである」と記している。ヤマアリの類は地上に巣を作り、『和漢三才図会』はそれを「蟻封」と呼び、『倭訓栞』は「蟻塚、蟻封、蟻垤、蟻の塔」等と呼んでいる。『甲子夜話続篇』九四―一に上総国山辺郡で見付かった五尺あまりの蟻蛭の図が載っており、『紅毛雑話』には司馬江漢が顕微鏡を用いて描いたアリの発生過程の図が載っている（図114）。『本草綱目啓蒙』はアリの種類としてアカアリ、クロアリ、コシボソ、ヤマアリの名をあげている。

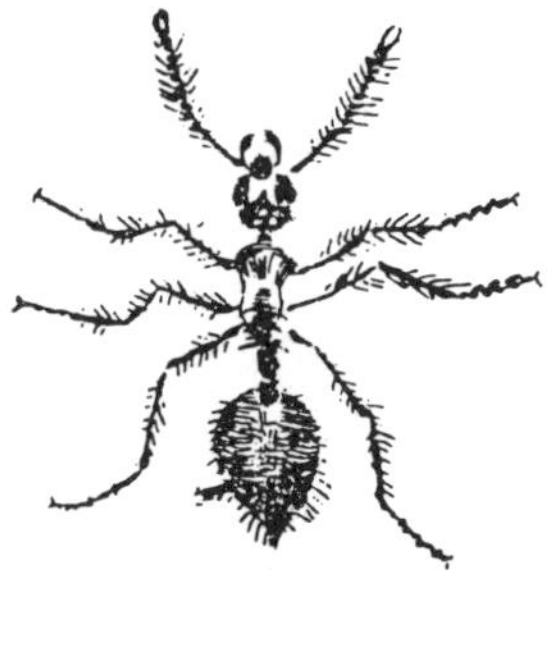

図114　アリ（紅毛雑話）

四、アリマキ（アブラムシ）類　蟻牧、蚜虫

アリマキは植物に寄生して樹液を吸う半翅目の小型の昆虫で、一般に排泄口から出す分泌物が甘く、蟻がその分泌物を

求めて集まって来るため蟻の牧場《まきば》、アリマキと呼ばれている。この分泌物は時として樹上から降ってくる事があり、そうした現象を甘露が降ると呼んでいる。我が国でも古く天武七年（六七八）一〇月の『扶桑略記』を始めとして、和銅元年（七〇八）（続紀）、仁寿二年（八五二）、斎衡二年（八五五）（文徳）等に報告されている。『延喜式』治部省、祥瑞の上瑞の中にも甘露があり、「美露也。神霊之精也。凝ること脂の如く、其甘きこと飴の如し。一名膏露」とある。『壒嚢抄』は「甘露ト云フハ何物ゾ、草ニウク露アマキ歟。（中略）大原長宴僧都ガ抄ニハ、甘露ハ天上ノ樹ノ汁ト云々」と記している。江戸時代にも甘露の降った事が記録されており、享保一四年（一七二九）（風のしがらみ）、安永九年（一七八〇）（倭訓栞）、寛政元年（一七八九）（翁草、一話一言）等に記事が見られる。アリマキは一般にはアブラムシと呼ばれている。

『本草綱目』は「竹蝨」として竹に寄生するアブラムシを取り上げているが、『多識篇』は和名でなく、単に異名をあげているにすぎず、『大和本草』も「本草化生類ニノス、竹葉ノウラニツク白虫也。人ニツケハ痒ク痛ム」と記しているにすぎない。竹蝨の実態を明らかにしたのは江戸末期の『本草綱目啓蒙』で、「竹蝨　アリマキ（京）、（中略）アブラムシ（長崎）（下略）」とした上で「竹及び草木春夏の候、新葉繁茂するときは欝して嫩葉の間に細虫を生ず。形黍粒の如く円身尖首にして両鬚六脚至て細し、（中略）此虫味甘し、故に蟻多く集りて舐る、愈舐り愈繁息す。（中略）凡そ梅杏の類必此虫を生ず。梢此虫あれば下の枝葉に必露ありて蜂蠅の属集り舐る、人其枝下に至り仰げは微雨の如く面を撲、是皆アリマキの遺するところなり、人たまたま此を嘗れば誤て甘露とせしこと和漢其例多し、云々」と極めて正確にアリマキの解説を行っている。これによるとアブラムシはアリマキの長崎地方の地方名という事になるが、室町時代の『壒嚢抄』に「朝ニ生シ暮ニ死ル蜏《ヒヲムシ》ト云ハ、童部ノ打殺シテカシラニヌルムシ也。其ノ虫ヲハ童部ハフヨウヒトゾ云フ。萩ノ枝ナドニ付ク油ラ虫ト云フ青キ虫ノ、長ク成テ羽ノ生タルヲ、フヨウヒト名付テ、頭ニヌル、アブラ虫ナレバ、髪ノキラ有ル故歟」とあるので、アブラムシという名称は京都では古くから用いられていたものと思われる。アブラムシ類は寄生する植物の種類によってクリノオオアブラムシ、ワタアブラムシ、ヌルデシロアブラムシ等と呼ばれている。

一方、アブラムシ類の中には寄生した樹木に瘤を作るものがあり、中でもヌルデシロアブラムシがヌルデに寄生して作った五倍子は古くから有名である（図115）。五倍子はヌルデに生じた瘤状の塊で、附子《ふし》とも呼ばれて薬剤とされたほか、

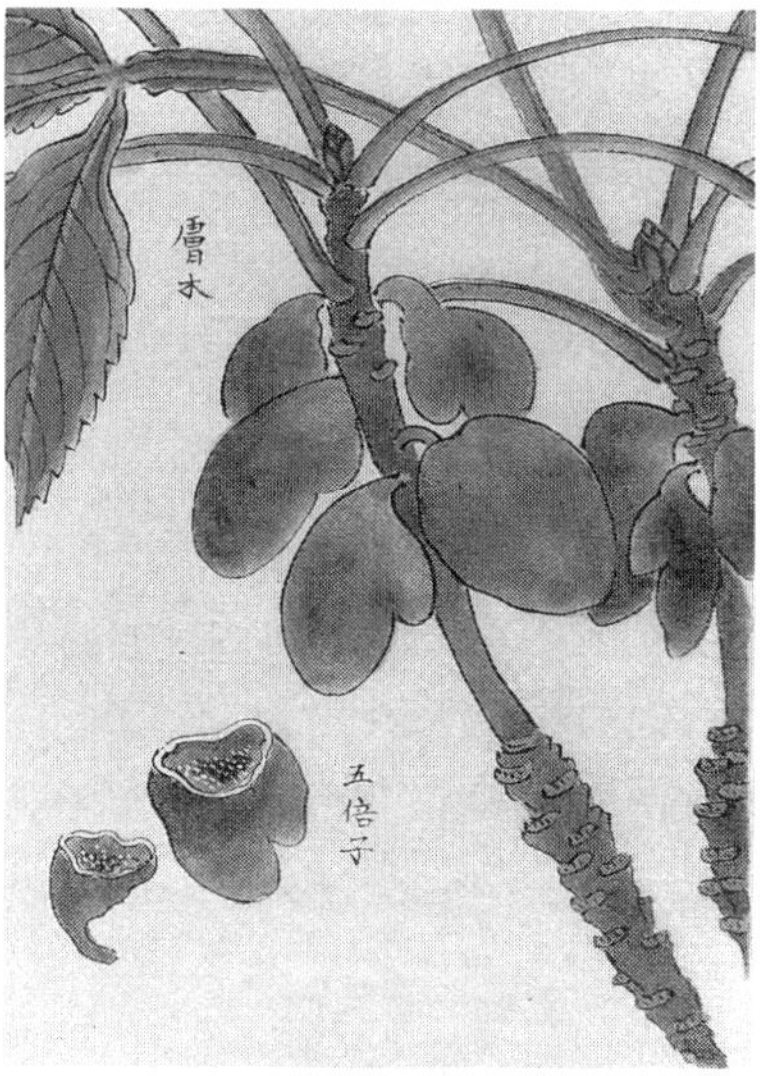

図115　五倍子（千虫譜）

歯を黒く染める鉄漿《かね》の原料としても用いられている。『倭名類聚抄』の黒歯の条に「和名　波久路女《はくろめ》」とあるように、我が国では少なくとも平安時代には歯を黒く染める風習があり、『紫式部日記』寛弘五年（一〇〇八）一二月三〇日の条に「追儺はいと疾くはてぬれば、鉄漿《はくろめ》つけなど、はかなきつくろひどもすとて、云々」とあり、『枕草子』「一本三　聞きにくきもの」にも「歯黒めつけてものいふ声」と記されている。平安時代の歯黒めに用いられた鉄漿《かね》は、鉄を酒に浸して黒色に酸化させたものとされており、はたして五倍子が用いられたかどうか明らかでない。ただし『園太暦』（一三〇九―六〇）に「ふしカネ」とあるので、中世には五倍子が用いられたものと思われる。『大和事始』にも「五倍子鉄漿《ふしかね》にて歯を染侍る事も其始を詳にせずといへ共久しき世よりの事なるべし」とある。五倍子について『大和本草』は薬木の項で「其葉虫ノヤトリアリ漸ク結ンテ大ニナルヲ五倍子ト云」とし、『本草綱目啓蒙』は「ヌルデの木に生ずる虫の巣なり」、「全き者を採末となし婦人歯を染るの用となす」と記し、その薬効として「凡毒けしと俗間に称する処の大粒の丸剤、諸家秘方とする処のきつけ丸剤には尽く此もの、入さるものなし。用処広大なるものなり」と記している。

五、イナゴ　稲子、𧒂螽

イナゴは直翅類の中のバッタ類に属する昆虫で、稲の害虫として知られている。『本草和名』、『倭名類聚抄』はいずれも蚱蜢《そもう》を「和名　以奈古萬（末）呂」としているので蚱蜢が現在のイナゴを指すものと思われる。『俊頼髄脳抄』は「いなごまろといふ虫は、そのいねのいでくる時、このむしもいでくれば。云々」と記している。中世に入って『下学集』は螽を「イナコ」とし、江戸時代の『訓蒙図彙』は𧒂螽を「今按ずるに、いなごまろ、いなご云々」としている（図116）。『本朝食鑑』も「阜螽（割註・伊奈古と訓す）和名以奈古萬

図116　イナゴ（訓蒙図彙）

呂」として「稼を害す。（中略）野人農児炙て之れを食す。味ひ香にして美なりと謂ふ」と記し、『和漢三才図会』も阜螽を「蚱蜢　和名以奈古萬呂」としている。『大和本草』も阜螽を「イナゴノ総名ナリ。（中略）田家ノ小児ヤキテ食フ」とするほか、蝗《いなむし》について「稲葉ヲ食テ大ニ害ス」と、蝗と阜螽とを別種として扱っている。イナゴはこのように、古くから食料とされており、『中陵漫稿』四は「虫を食物とする事なし。しかるに、米沢にては、イナゴを喰ふ。秋に至れば、イナゴを生にて売来る。家々にて三升五升求て年中の用とす。「云々」と記しているが、イナゴを食料としたのは東北地方ばかりではなく、『守貞漫稿』は「螽《いなご》蒲焼売」として「いなごを串にし醬をつけてやきて売之。春の物也。又童子の買多し。提手桶に納れ携ふ」と記している。『千虫譜』は「稲ノ穂ニツク。多ク着ハ害ヲナス。炒テ食ヘバ味甘シ。小鳥ニ飼テ良薬トス」と小鳥の餌としても用いられていた事を記している。

六、いなむし（おほねむし）　蝗

蝗は『倭名類聚抄』に「和名　於保禰無之《おほねむし》」とあるように「いなむし」の他に「おほねむし」とも読まれ、稲の害虫の総称である。『倭名類聚抄』はまた「苗心を食ふを螟と曰ひ、葉を食ふを蟘《たい》と曰ひ、節を食ふを蠈《ぞく》と曰ひ、根を食ふを蟊《ぼう》と曰ふ、蝗は惣名也」としている。大宝元年（七〇一）八月二一日の『続日本紀』に「参河、遠江、相模等十七国蝗あり」とあるのが最初で、翌二年（七〇二）、慶雲元年（七〇四）、天平勝宝元年（七四九）、宝亀七年（七七六）（続紀）、寛仁元年（一〇一七）（紀略）と被害が出ており、『律令』戸令は「凡そ水旱災蝗に遭ひて、不熟ならむ処、云々」とその災害の生じた際の対策を記している。また『延喜式』は民部上で「凡そ水旱災蝗に遭ひ、不熟田、一処五十戸以上者、駅を馳て申し上せ」と規定しており、弘仁三年（八一二）、六年（八一五）、一〇年（八一九）の薩摩国の蝗害の際には、田租あるいは未納税が免除されている（類史）。『古語拾遺』に「一昔在、神代に大地主神、田を営る日、牛宍を以て田人に食はしむ。時に御歳神の子、其の田に至りて饗に唾て還りて以て、状を父に告す。御歳神怒を発して、蝗を以て其の田に放つ。苗葉忽に枯損て篠竹に似れり」とあるように、蝗害は神の祟と考えられ、それを除くために宮中で祈年祭がとり行われ、『日本三代実録』貞観元年（八五九）八月三日の条にはそのために修法が行われた事を記している。

蝗について『大和本草』は「螟螣蟊賊ノ四ヲスヘテ蝗ト云。イナゴノ類ナリ」とし、「倭俗ニ実盛虫ト称スルアリイナゴニ似テ小也、青虫也、首ハカブトヲキタルカ如シ。稲葉ヲ食テ大ニ害ス。夜松明ヲトモシ、鐘鼓ヲナラシテ逐レ之。コレ螣ナルヘシ。（中略）ネムシハ赤色ニテ木棉虫ノ如シ。羽ナシ長四五分馬蛭ノ如シ、（中略）是蟊ナルベシ。コヌカノ如ク小ナル虫アリ、葉ヲ食フ、コヌカムシト云。又水キハヨリ茎ヲ食キル虫アリタバコ虫ノ如シ、羽ナシ、出ルコト稀ナリ云々」と記している。また『除蝗録』はこれら四種のほかに「飛虫、苗虫、ほう、葉まくり虫、こぬか虫、小金虫」の六種を加え、計一〇種を蝗としている。現在は蝗は稲の害虫の一つであるイナゴに当てられているが、古くから用いられて来た蝗はトノサマバッタ、ウンカ、ヨコバイ、ニカメイチュウ等を指し、イナゴは含まれていない。このうちトノサマバッタによる被害は我が国では少なく、明和八年（一七七一）の関東地方の蝗害（半日閑話）を除くと、ほかはほとんどがウンカ、ヨコバイの被害と見られている。蝗害に対する有効な手段は江戸中期まで取られておらず、上記の『大和本草』に見るように「夜松明ヲトモシ鐘鼓ヲナラシテ之レヲ逐フ」虫送りしか行われて来なかったが（図117）、『除蝗録』によると、享保一七年（一七三二）の大災害の際に「筑前三笠郡八尋

図117　虫送り（徐蝗録）

氏某、我屋敷のうちに安置したる菅廟に詣で蝗を除かん事を祈る。或夕御燈を捧むとするに、蝗夥しく群て燈明の油に飛入て死す。是を見て油の蝗に大敵たる事を心付、田に油をそ、ぎ試るに須更にして蝗の死する事夥し。云々」とあり、これ以後鯨油による駆除が行われるようになったといわれている。

七、ウリバエ　瓜蠅、守瓜

ウリバエというがハエの類ではなく、ハムシ科の甲虫である。瓜の葉を食害する害虫で『倭名類聚抄』は守瓜を「和名宇利波閉、瓜葉を食ふ者也」としている。『延喜式』内膳司の耕種園圃の条に「営早瓜一段。（中略）払虫十二人。云々」とあるのは、ウリバエを防除するための人足と思われる。『古今著聞集』「二六四　源頼能玉手信近に従ひ横笛を習ふ事」の段に「あるときは信近瓜田にありて、その虫をはらひければ、頼能もしたがひて朝より夕に至まで、もろともにならひけり。云々」とあるのも、ウリバエの防除の事であろう。本草書には見られないが、『和漢三才図会』は「其大さ犬蠅の如くにして黄色、甲の下に翅有りて速く飛ぶ。喜んで瓜の葉を食ふ。虫眼鏡を以て之れを視れば、黒き眼露《あらは》にして蠅と同じからず」とハエとは異る事を記している（図118）。『農業全書』は防除法として「瓜の蠅を追ひはらふ事はは、き、又手板を以てうちはらひうち殺し、又は鳥もちにて付けてとるもよし。つばなの穂を多くたばね、是にてはらへば取り付きてとびさる事ならざるを殺すもよし」としている。『千虫譜』は「守瓜ウリクヒムシ、ウリバイ」のほかに桐の木に孔をあけて生ずる甲虫を「守瓜の一種」として図示している。

図118　ウリバエ（和漢三才図会）

八、えびづるむし　蘡薁虫

えびづるむしはブドウスカシバと呼ばれる小型の蛾の幼虫で、ブドウ科の植物の茎に孔をあけて寄生し虫癭《ちゅうえい》を作る。この虫癭の中の幼虫は孫太郎虫と同様に子供の疳の薬として知られ、本草外の民間薬として広く用いられて来た。『日本山海名産図会』に「山城国鷹が峯に出る物上品とす。（中略）（野葡萄の）蔓に往々盈れたる所ありて眞孤の根に似たり。

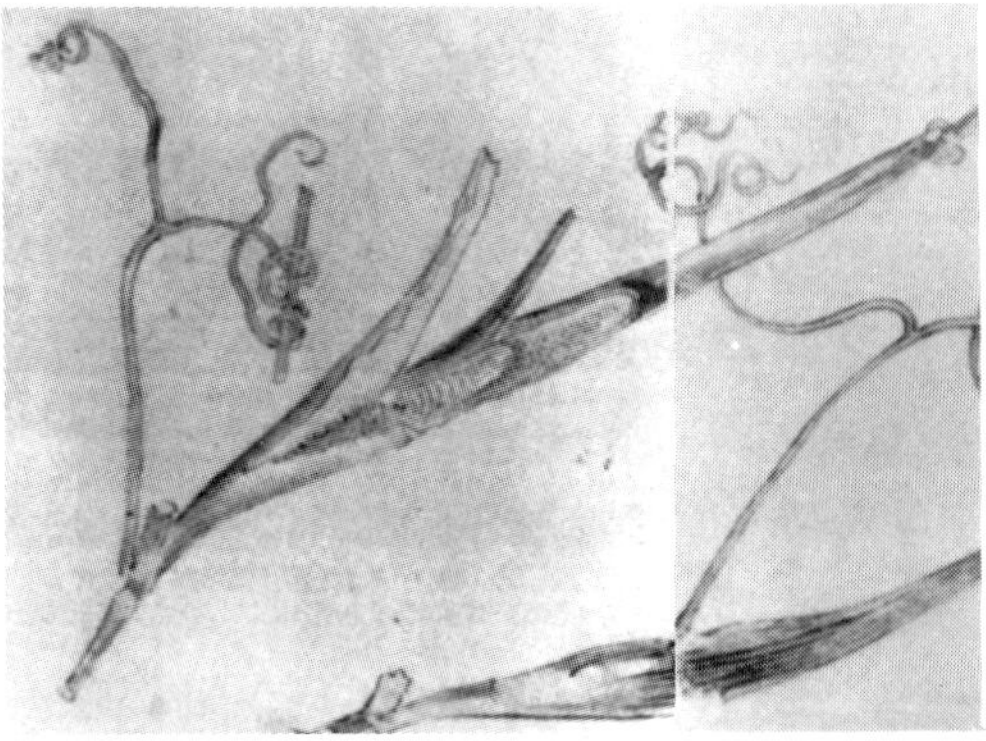

図119　えびづるむし（千虫譜）

其中に白き虫あり。是小児の疳を治する薬なりとて枝とも切て市に售る」と記されている。また『喚子鳥』の「小鳥煩ふに薬の事」の条に「一、木綿のむし、又ぼうふりむし、又ほそきみ、ずゑにまぜ、又はゑのうへにをき、よはき鳥にかふべし、第一鶯に用てきめうなり、右のむしなきときは、ゑびずるのむしいよいよし」とあり、小鳥の薬餌としても用いられた事がわかる。江戸城内の本丸・二丸では多数の小鳥が飼育されていたが、そうした小鳥類の餌または薬として、鷹野役所を通して蘡薁虫も上納されている（三鷹市史々資料）。

『千虫譜』はえびずるむしの幼虫と（図119）、蛹から羽化した成虫の図を載せているが、成虫を蛾ではなく蜂としている。

九、カ類

蚊

『倭名類聚抄』は蚊を「和名　加」として「小飛虫、夏月夜人を噬ふ者也」とし、『日本釈名』は蚊を「かむ也、人のはだへをかむ虫也、むを略す」としている。我が国の蚊の歴史はその防御策から始まる。『日本書紀』応神紀四一年に呉に遣していた阿知使主等が三人の縫女を連れて帰国するが、その一人に蚊屋衣縫《かやのきぬぬひ》の名が見られる。蚊屋（帳）の製法はこの時初めて伝授されたものと思われる。『播磨国風土記』餝磨郡「賀野の里」の地名伝承にも「品太の天皇（応神）巡り行でまし時、此処に殿を造り、仍りて蚊屋を張りたまひき。云々」とある。『延喜式』伊勢太神宮の太神宮装束の中には「内蚊屋絹帳二條」とあり、荒祭宮・瀧原宮ほかの装束の中にも内蚊屋、絹蚊屋などが見られる。蚊帳が一般に用いられるようになるのは中世に入ってからで、『続史愚抄』の正中二年（一三二五）七月九日の条に「二条前関白道平仰せにより蚊帳を製し、之れを献ず」とあり、割註に「按ずるに本朝蚊帳茲に始まるか」とある。このあと応永一三年（一四〇六）四月一九日の『教言卿記』に「蚊帳之れを釣る」とあり、『看聞御記』永享一〇年（一四三八）四月五日の条にも「蚊帳釣初」と見えている。

蚊の防御法として古くから行われて来たのは蚊遣火で、『万葉集』に「二六四七　あしひきの山田守る翁が置く蚊火の下こがれのみ我が恋ひ居らく」と歌われており、『堀川百首』の中の大江匡房の歌にも「すゝたるゝ宿にふすぶる蚊遣火の煙は遠になびけとぞおもふ」とあるので蚊遣火は奈良・平安時代から行われて来た事がわかる。江戸時代に入って『大和本草』は「蚊ハ烟ヲキラフ、蚊ヲ去ルニ、ウナギノ乾タルヲタケバ化シテ水トナル、骨をたくもよし、又榧ノ木或楠木ノ屑ヲタクベシ」と蚊を防ぐ効果の強いものをあげている。また同じ著者の『日本歳時記』は「居家必要」を引用して、「蒼朮（四匁）木鼈仁（二十ケ）雄黄（二匁半別研）以上細末して、蜜にて煉、丸とし、急火にこれを焚」とした後「又鼈の骨を焼ば蚊皆死。うなぎの骨もよし」としている。鰻の煙は蚊だけでなく諸虫を避くとされている。蚊遣火にはこのほか柏《かや》の木や杉の葉が用いられ、『続飛鳥川』は江戸時代に柏の木を売る「柏の木売」がいた事を記している。天保三年（一八三二）の『馬琴日記』に「小松屋より、注文の蚊遣り木一俵持参」とあるのはこうした柏、杉の類であろうか。また江戸城内で使用する蚊遣火用の杉の葉は鷹野役所が調達したといわれている（鷹場史料の読み方・調べ方）。文政元年（一八一八）には蚊遣木に代って蚊遣線香が大阪で売り出されているが（摂陽年鑑）、『絵本江戸風俗往来』は「蚊遣は蚊遣香を始め、楠等を用いたり。（中略）その日その日を送れるものは、かゝる上品なる蚊遣を用いず、杉の青葉・松の青葉等を盛んに燻ぶす」としているので、蚊遣香は贅沢品であったものと思われる。

蚊に関する逸話として『扶桑略記』は延喜元年（九〇一）八月の条に「天台山沙門陽勝、慈悲殊に深く、蛾虱蚊虻身を委せて餌とせしむ」と記しているが、清少納言は『枕草子』「二八にくきもの」の中で「ねぶたしとおもひてふしたるに、蚊のほそごゑにわびしげに名のりて、顔のほどにとびありく。羽風さへその身のほどにあるこそにくけれ」と記している。中世の『虫歌合《むしあわせ》』には「忍ひちの声たてねとも夕くれはつれるかてふや夜半のせきもり」と詠まれている。

江戸時代に入って五代将軍綱吉の時代には、生類憐み令によって、頬にとまった蚊を殺した者が閉門を仰せつけられている（御当代記）。蚊を薬に用いた話として『耳袋』は、徳川吉宗が吸膏薬を作らせた話を載せているが、そうした薬は本草書には見られない。『大和本草』は「蚊、子ヲ水中ニウムデ、孑孑虫トナルト云ヘリ汚水ヨリ孑孑虫《ボウフリ》ヲ生ジ、後化シテ蚊トナル」と蚊の発生過程を記しているが、『和漢三才図会』はそれを否定して「孑孑は湿生にして汚水熱の為に感じて生ずる所の者也」としている。ボウフラは古くから金魚の餌として用いられている（西鶴置土産、本朝食鑑、大和本草）。カの種類について『大和本草』は通常のアカイエカのほかに豹脚《やぶか》をあげ、『甲子夜話』二九—一二、『甲子夜話三篇』七七—一七は「六七年前より、一種の蚊を生ず。其状常に夜出る白色の者、又昼群る黒色にして、所謂藪蚊なる者にも似ず。其ほど藪蚊より稍大にして、淡黒、喙長ふして鷺の如く、身亦長ふして前足を伏し、臂を聳つ。此故に、人を吸ふときは、錐を以て刺が若し。痛良久くして止まず、且毒あり。以前有りたるは知らず。云々」と新しい蚊の形態・習性を記しているが、これは恐らくハマダラカの事であろう。森島中良は『紅毛雑話』の中で、ミコラスコービュン（顕微鏡）を用いて描いた蚊と孑孑の拡大図を載せているが（図120）、これは外国書からの模写とする意見もある。

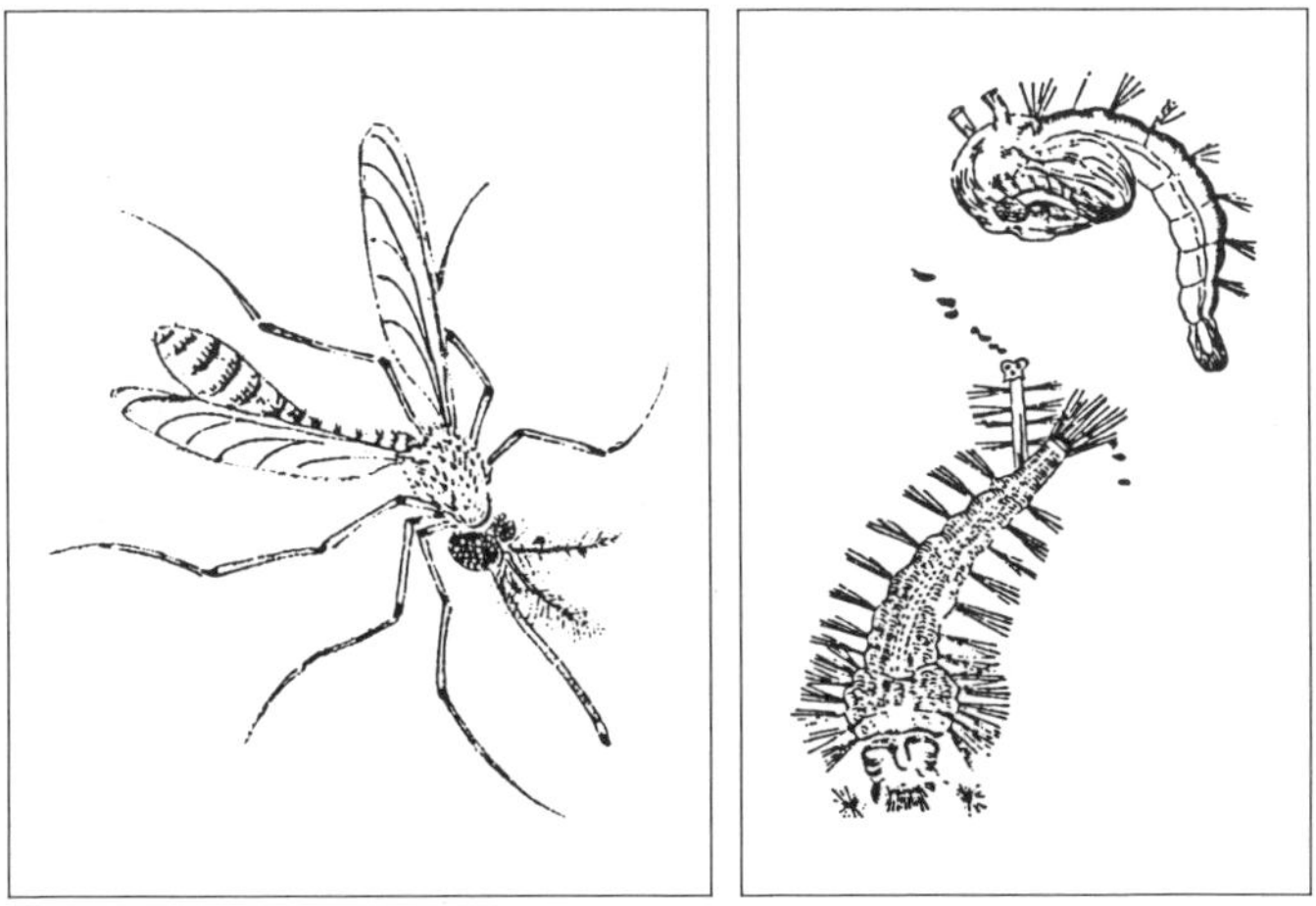

図120　カ（千虫譜）とボウフラ（紅毛雑話）

一〇、ガ類　蛾

蛾は蝶と共に鱗翅目に属する昆虫であるが、チョウが主として昼活動するのに対してガは一般に夜活動する。種類は極めて多く、『倭名類聚抄』は「和名比々流《ひひる》」としているが、ほかに『八雲御抄』に「按夏虫は惣名也。火にいるをも云」とあるように夏虫とも呼ばれている。カイコ、ヤママユ、ク

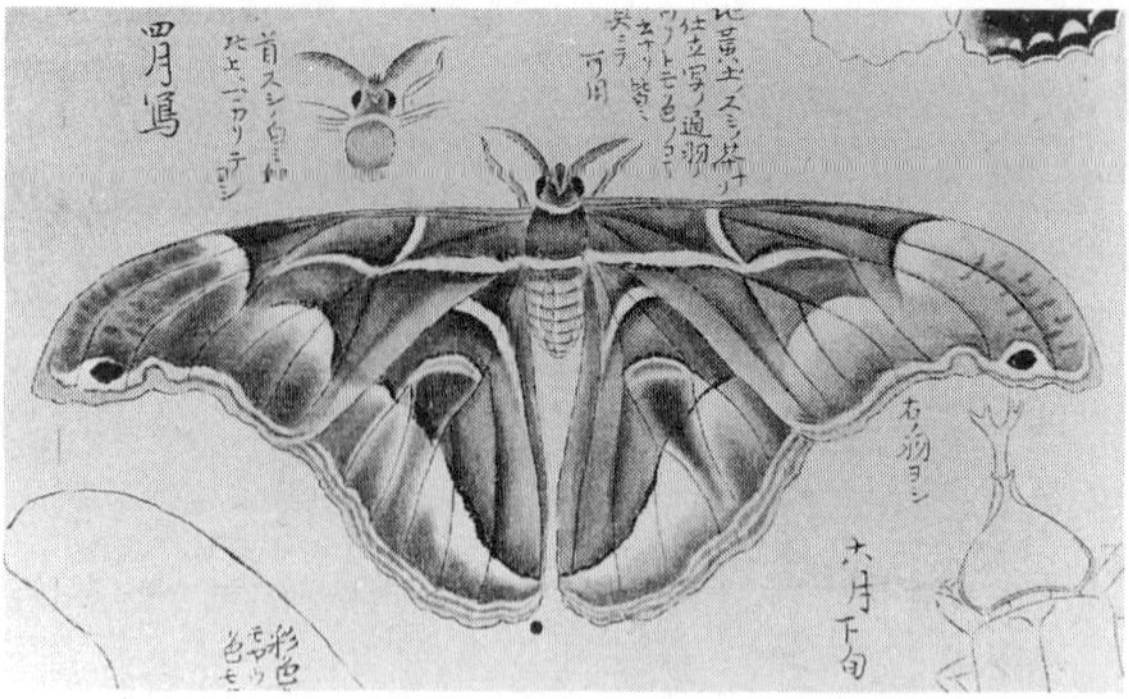

図121　シンジュサン（蝶写生帖）

スサン、イボタガなど有用昆虫が含まれている反面、イラガ、メイガ、ミノガといった有害なものも多い。蛾に関する最初の記録は持統六年(六九二)の『日本書紀』に「越前国司、白蛾を献ず」とあるが、これは蛾ではなく鵝の誤りであろうとされている（書紀集解）。しかし白い色をした蛾は多数知られており、白蛾であった可能性も否定出来ないのではあるまいか。次いで『扶桑略記』延喜元年(九〇一)八月の条に、天台山沙門陽勝の逸話として「蛾虱蚊虻身を委せて餌とせしむ」とあるが、吸血性の蛾は我が国では知られていない。『大和本草』は成虫になると蛾になるものとして蚕、野蚕、尺蠖《しゃくとりむし》をあげ、『和漢三才図会』は燈蛾《ひとりむし》のほかに「夏に至って羽化して蛾と為る」ものとして雀甕《すずめのたご》、蚝《いらむし》、枸杞虫、蝎、尺蠖、螟蛉《こめおむし》をあげ、ほかに蚕、原蚕、簑衣虫《みのむし》をあげている。燈蛾の解説に「按ずるに蝶之小なる者を蛾と為す。其の種類亦多し矣」と、この時代の蝶と蛾の分類基準を示している。

江戸中期以降、多くの虫譜が作られるようになるが、専門の画家の手になるものとしては円山応挙の『蝶写生帖』が有名で、蝶ばかりでなく蛾も多数描かれている（図121）。細川重賢の『昆虫胥化《しょか》図』、『虫類生写』には多くの蝶・蛾類の変態の過程が日を追って写生されており、『虫類生写』には「雀ノセウベンタゴ」としてイラガの変態の様子が描かれている。また増山雪斎の『虫豸《ちゅうち》帖』は写生の正確な事と色彩の見事な事で知られており、その「春の部」には蛾の成虫三七図が、「秋の部」には幼虫二七図が描かれている。我が国の本草書や虫譜の類には取り上げられていないが、蛾の中には毒針毛を持ったドクガが知られており、この針に刺されると発疹する。『甲子夜話三篇』五九―一に「五月の廿日なりしが、園中を逍遥して樹陰に立寄たるに、粉白斑点の蝶飛来る。（中略）其蝶を撲払。然るに蝶の刺たると覚しく、手甲痛に堪ず、殆んど蜂刺に勝れり。云々」とあるのは恐らくドクガであろう。

一一、カイガラムシ類　介殻虫

カイガラムシはアリマキ類と極めて近縁の半翅目の昆虫で、植物に寄生する害虫である事でも共通している。ただ身体の表面が介殻状の分泌物でおおわれているものがあるため、カイガラムシと呼ばれている。その分泌物には有益なものが数多く知られており、イボタやネズミモチに寄生するイボタロウカイガラムシ（イボタロウムシ）の分泌物は白蠟の原料として古くから利用されている。『物類品隲』は「虫白蠟、和名イボタラフ」として「此物所在有レ之。女貞木《ネズミモチ》水蠟《イボタ》樹上ニ生ス。又秦皮《トネリコ》樹ニモ生ズルコトアリ。刮取テ水ニ入テ煎シテ布ニテ漉シテ滓ヲ去レバ蠟トナルナリ。之モノ能疣《ヨク》ヲ治ス。故ニイボタト云。イボタハ疣取ノ略語ナリ」と記している。また『日本山海名産図会』は「会津蠟」として「是はイボクライという虫を畜《やし》のうて水蠟《いぼた》樹という木の上に放せば、自然に枝の間に蠟を生じて至て色白し。其虫は奥州にのみありて他国になし」と記し、『本草綱目啓蒙』も中国での話としてイボタロウムシを女貞《ねずみもち》樹で飼育する事を紹介している。『千虫譜』は「疣の根を堅く結ひ置き、此蠟一滴熱に乗して滴下すれは疣目ぬけさる、因ていぼたの名あり。いぼとりのつまりたるなり」として図を載せている（図122）。

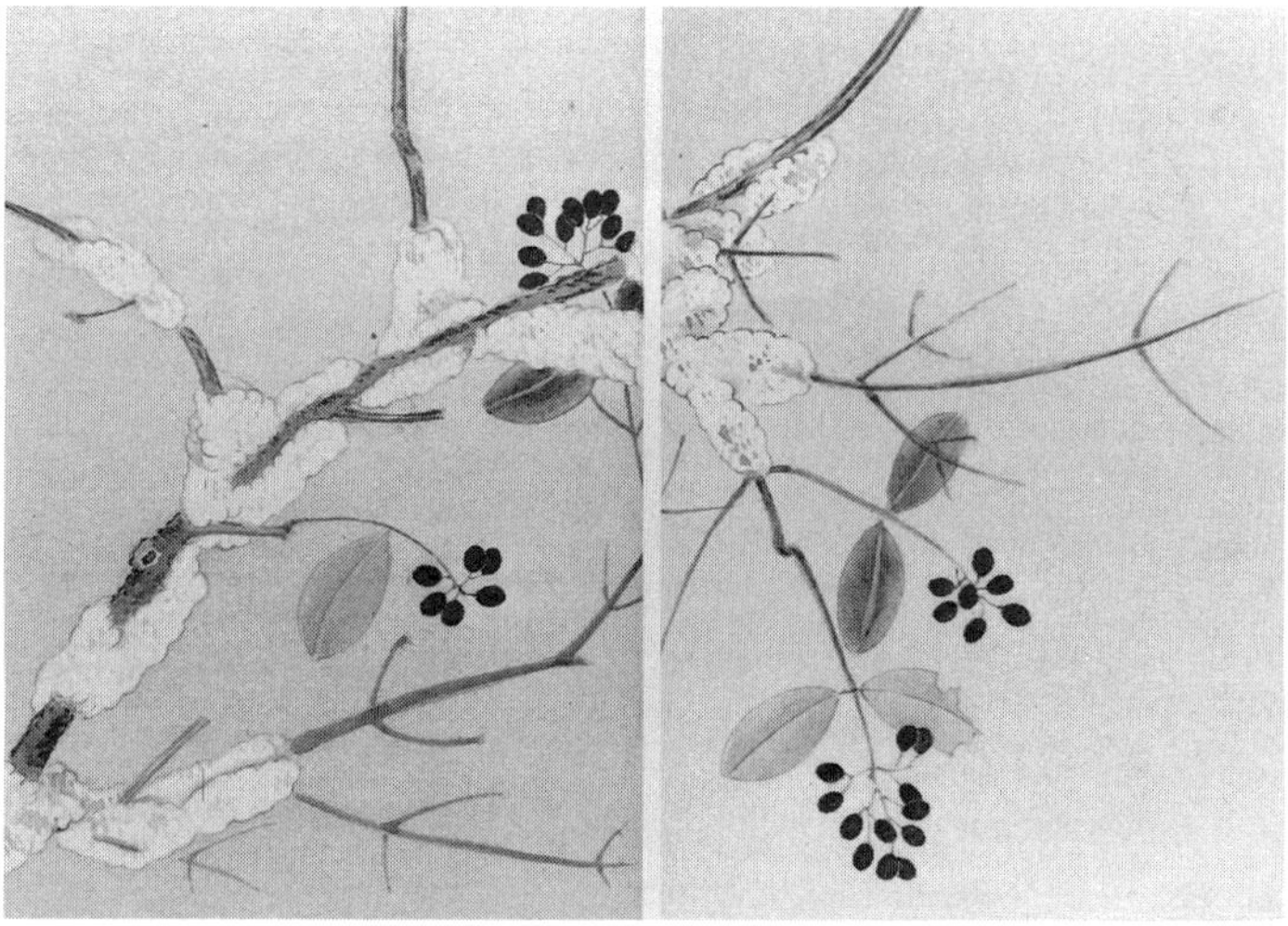

図122　イボタロウムシ（千虫譜）

このほかカイガラムシの中には紫紅色の染料の原料となるカーミンカイガラムシとコチニールカイガラムシの二種が知られている。カーミンカイガラムシは地中海沿岸地方に産するものであり、コチニールカイガラムシは南米産で臙脂虫とも呼ばれている。正倉院の『種々薬帳』によると正倉院薬物の中に紫鉱と呼ばれる薬剤が含まれているが、これはカーミンカイガラムシの事ではあるまいか。『長崎洋学史』によると享保一六年(一七三一)丹羽正伯は江戸滞在中のオランダ商館長を訪れて、猩々緋の染色材料について質問したところ、アメリカ産蜜蜂のような紫色の虫、コンシィニィリエであるとの返答を得た事を記している。『物類品隲』は「紫鉚」について「東壁曰ク。紫鉚出㆓南番㆒。乃細虫如㆓蟻虱㆒縁㆓樹枝㆒造成ス。正ニ如㆘今之冬青樹上小虫造㆓白蠟㆒。(中略)此ノ物和産絶テナシ」と極めて正確に記載し、「和名シヤウヱンジ」としている。『長崎洋学史』はまた寛政九年(一七九)、猩々緋の染料であるコセニレ・ヲルムという虫を飼育している者はいないか、との問合せが江戸から寄せられた事を記しているが、これもコチニールカイガラムシの事であろう。『本草綱目啓蒙』は紫鉚の項で「唐山より交趾の産を渡す、紫梗と書し来るを長崎にて櫃に改め入時、花没薬と名を易て四方に出す」とし「畫工紅色を彩するの具とす」としている。『千虫譜』は蚕名コーセニイルとして図を載せ、その使用法を記している。

一二、カイコ　蚕

カイコは中国でクワゴ(桑蚕)を飼育改良したもので、変態期に作る繭は絹糸の原料として古くから用いられている。『日本書紀』神代紀の神話に、稚産霊《わくむすひ》の神の頭の上に蚕と桑とが生じた話が載っているのは、養蚕の起源を物語るものであろう。我が国では弥生時代前期の福岡市有田遺跡から出土した銅戈に、我が国で織られたと思われる絹織物が付着していた所から、この時代にすでに養蚕・紡績が行われていたものと考えられている(絹と布の考古学)。『魏志倭人伝』にも「蚕桑緝績《さんそうしゅうせき》し、細紵《さいちょ》・縑緜《けんめん》を出す」とあり、三世紀前半には我が国でも蚕が飼われ、麻・絹織物が織られていた事を示している。『新撰姓氏録』によると、仲哀天皇四年に秦の功満王が蚕種を携えて我が国に帰化し、『日本書紀』応神一四年に百済から、応神四一年及び雄略一四年に呉から縫工女が渡来し、紡績技術の向上がはかられている(紀)。『万葉集』にも「一二七三　住吉の波豆麻《はつま》の君が馬乗衣さひづらふ漢女《あやめ》をすゑて縫へる衣ぞ」とあり、『新撰姓氏録』によると仁徳天皇の御代に「百二十七県の秦民を以て、諸郡に分ち置きて、蚕を養わしめ絹を織りて貢らしむ」とあるので、我が国初期の養蚕がもっぱら帰化人によって行われていた事がわかる。しかし次第にそうした技術も日本人の習得する所となり、雄略六年には皇后が親しく養蚕に携わったとされている（紀）。『万葉集』に「二四九五　たらちねの母が養ふ蚕の繭隠り隠れる妹を見むよしもがも」と歌われているように、養蚕・紡績は女性の仕事として定着して行く。聖徳太子は推古一二年（六〇四）憲法十七条を制定し、その第十六条で「民を使ふに時を以てするは、古の良き典なり。故、冬の月に間有らば、以て民を使ふべし。春より秋に至るまでは、農桑の節なり。民を使ふべからず。云々」と農桑の季節の使役を禁じている。このように北九州に始まり、畿内全般で営まれるようになった養蚕は、和銅七年（七一四）には出羽国にまで及んでいる（続紀）。

　養老二年（七一八）に撰定された『律令』では、田令の中に桑漆の条があって桑の植栽数が規定され、賦役令では絹絁糸の調が課せられ、縫殿寮《ぬいどののつかさ》が設置されている。『万葉集』には上記のほか「三五〇六　新室の蚕時《こどき》に到ればはだ薄《すすき》穂に出《で》し君が見えぬこのごろ」とあり、この時代からすでに蚕を養うために特別な蚕室が設けられていた事がわかる。また天平宝字二年（七五八）正月三日に大伴家持の詠んだ歌に「四四九三　始春《はつはる》の初子の今日の玉箒《たまははき》手に執るからにゆらく玉の緒」とあるが、玉箒とは正月初子の日に蚕室の床を掃く箒の事で、中国伝来の養蚕行事である。こうした行事に用いられた玉箒二本は現在も正倉院に宝物として保存されている。養蚕は天平一八年（七四六）に日向国で被害に遇った事が記録されているが（続紀）、全国的には順調に推移し、延長五年（九二七）に成立した『延喜式』によると絹布、絹糸の調・庸は、一部を除いてほぼ全国に及んでいる。この間天平宝字元年（七五七）には駿河国から、宝亀二年（七七一）には右京の人から、蚕の産んだ卵が字を描いたものが献上され（続紀）、天平宝字元年（七五七）にはそれにちなんで年号が改められている。『延喜式』典薬寮の諸国進年料雑薬では白殭蚕が近江国ほか八カ国に課せられているが（56頁別表）、これは白殭病菌が寄生した蚕の事で、一般には「おしゃり」とか「しろつこ」と呼ばれ、鎮痛作用があるといわれている。

　室町初期に成立したと見られる『庭訓往来』四月状返の諸国の商品の中には、「大舎人綾・大津練貫・（中略）大宮絹・（中略）加賀絹・丹後精好・美濃上品・尾張八丈」とこの頃の絹織物の名産地があげられており、一〇月状返には各種の絹織物の名称があげられている。しかしこの頃から木綿が導入され、ポルトガル船の来航に伴って毛織物が輸入されるようになり、我が国の衣料事情に大きな変化が見られるようになる。ただしポルトガル船及びそれに代るオランダ船の最大の輸入商品は毛織物ではなく絹糸で、これは日本国内の絹糸生産が需要を満たす事が出来なくなった事を示すものであろう。慶長九年(一六〇四)徳川家康はこれらの輸入生糸に対して糸《いと》割《わっ》符《ふ》法《ほう》を適用している(実紀)。『長崎虫眼鏡』はそれについて「白糸わっふの儀ハ、東照大神君厳命によってはじまる、なつふねに来たる糸上中下をわけ、此ねだんをもって冬船あくる春船のいとも、おなしねだんにして中間へ取事也、(中略)しかるところに貞享弐年にしらいとハ東照神君御しおきのことく、わっふ中えねたん相きわめ、いとかひ取、まし銀五ヶ所わっふ中としてはいふんす、丸高は京百丸、江戸百丸、大阪五十丸、堺廿丸、長さき百丸、云々」と記している。この頃の我が国の生糸輸入量は『日本大王国志』によると年間四千から五千ピコル(二四〇屯から三〇〇屯)に上っている。『人倫訓蒙図彙』は「(糸や)唐船着岸の時、長崎にてかいとりて、絹や、組や等江うりわたすなり。所々にあり」としている。生糸の輸入が増大するにつれて国内の生産にも力が入れられるようになるが、この頃の養蚕について『藻塩草』は「凡蚕養之法は、正月初子日、子午歳生せる女子をかひめと称して、蚕室をかきはらひ祝そむるなり。次に二月午日はじめて蚕の胤を出して、暖日にあたらしめて、三月午日はじめて桑に付て、四五月をまゆをひく時とす云々」と記している。

元禄一四年(一七〇一)に養蚕の技術書『蚕飼養法記』が著され、以後各種の養蚕書が出版されるようになるが、同書によると、この頃飼育されていた蚕種は「土まゆ、きんこまゆ、金目貫、小まるまゆ、白玉、かなまろ、石丸」等である。また蚕は通常、桑の葉が成長を始める春先に孵化する春蚕が大部分であるが、一部では夏孵化する夏蚕が飼育されていた事も記されている。こうした絹糸を用いた織物について『日本山海名産図会』は全く取り上げておらず、『日本山海名物図会』も「京西陣織屋」をあげているにすぎない。江戸初期から中期にかけて、蚕種の製造は主として結城地方で行われて来たが、次第に福島産のものが最高とされるようになり、安永二年(一七七三)にはその偽物を防ぐために種改印が捺されるようになり(天明集成二九七二)、寛政九年(一七九七)に成立したと見られる『蚕飼仕法申渡覚』は「元来蚕種は奥州福島を最上といたし候事にて、吟味致し飼立候ゆへ、少々の当り不当りは之れ有り候得共、外れると申儀之れ無く、云々」と記している。享和三年(一八〇三)に出版された上垣守国の『養蚕秘録』は我が国の養蚕技術の向上に大いに役立ち（図123）、生糸は開港と同時に我が国の輸出品目の首位を占めるに至っている。幕末にヨーロッパ各地で蚕の病虫害が蔓延した際には蚕種も重要な輸出品となったが、林董の『後

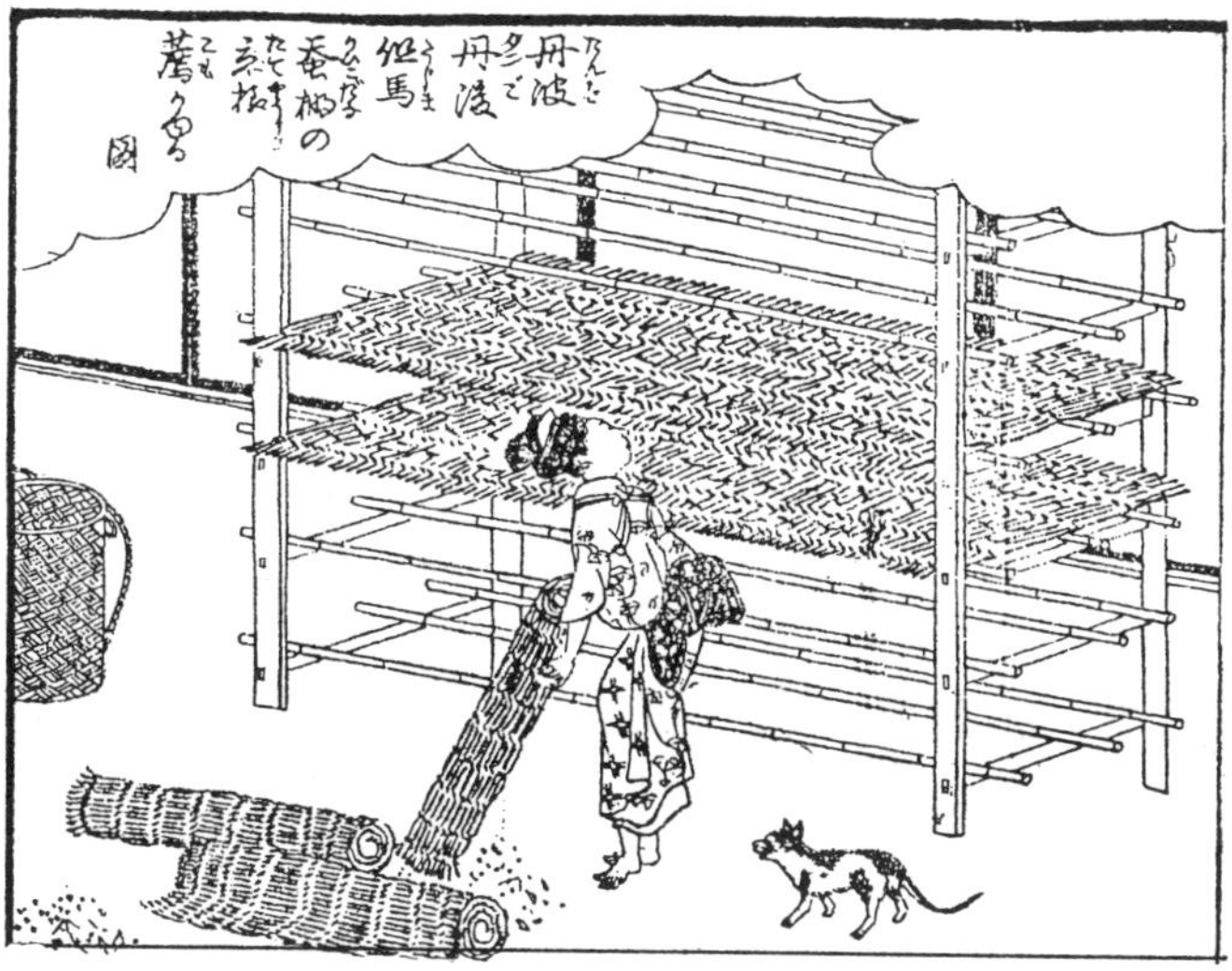

図123　養蚕の図（養蚕秘録）

は昔の記』は「文久元治の頃、伊太利にて蚕の病ありて種の絶えたるによりて、横浜には蚕卵紙の貿易盛んなりしことあり。中には罌粟子《けしのみ》を紙につけて外人を欺かんとし、発見されて恥辱を受けたる輩もあり。云々」と記している。そのためであろう慶応元年（一八六五）には再び生糸蚕種紙改印が行われている（禁令考）。『本草綱目啓蒙』は蚕の孵化から産卵までの成長過程を詳しく記し、『千虫譜』も養蚕について記したあと、白殭蚕、蚕脱、晩蚕蛾、蚕沙といった本草学で薬種として用いられているものについて薬効を記している。

一三、カゲロウ類　蜉蝣

カゲロウの成虫は数時間から長くても数日の寿命しかない有翅類の昆虫で、ウスバカゲロウ、クサカゲロウ等多くの種類が知られている。『倭名類聚抄』は蜻蛉を「和名　加介呂《かけろ》布《ふ》」としているが、蜻蛉は現在ではトンボ類に当てられている。平安時代の自伝文学『かげろふ日記』には、時として『蜻蛉日記』の漢字が当てられているが、この「かげろふ」は昆虫のトンボの事ではなく気象現象の陽炎《かげろう》の事である。昆虫のカゲロウには、『倭名類聚抄』は「蜏」を当て、「ひおむし」と読んで「朝生れて暮に死ぬ虫也」としている。『枕草

子』は「四三　虫は（中略）ひを虫。蛍」と記しているが、鎌倉末期の『徒然草』は「七　命あるものを見るに、人ばかり久しきはなし。かげろふの夕を待ち、夏の蟬の春秋を知らぬもあるぞかし。云々」と「かげろふ」と呼んでいる。

クサカゲロウの卵塊は現在では優曇華《うどんげ》と呼ばれているが、優曇華は本来は想像上の植物で、『壒嚢抄』は「此華ノ芽出テ一千年、莟テ一千年、開一千年合三千年ニ一度開ク也。云々」としている。康治元年（一一四二）の『外記日記』に「銀花」、正治二年（一二〇〇）の『明月記』に「銀の花」、文永六年（一二六九）の『続左丞抄』に「金花」などとあるのは、いずれもクサカゲロウの卵塊の優曇華の事で、建長二年（一二五〇）の『岡屋関白記』に「今日より三ケ日、仁王経を行はしむ。是れ皆銀花の祈也」とあるように、これが生ずるのは不吉な事とされている。『千虫譜』は「うどんげ」を琴花と呼んで虫目鏡で観察した図を載せ、それから孵化した幼虫の図も載せているが（図124）、その成虫がカゲロウである事には気付いていない。

一方ウスバカゲロウ類の幼虫は現在では蟻地獄《ありじごく》と呼ばれているが、『大和本草』は砂挼子《うしむし》として「穴ヲホリテ居ル。其ウゴモテル土周《メグ》リ高ク、其穴アル処凹《ナカクボ》ナリ。両箇出レハ能タ、カフ。小児以テ戯レトス」と記し、『本草綱目啓蒙』が

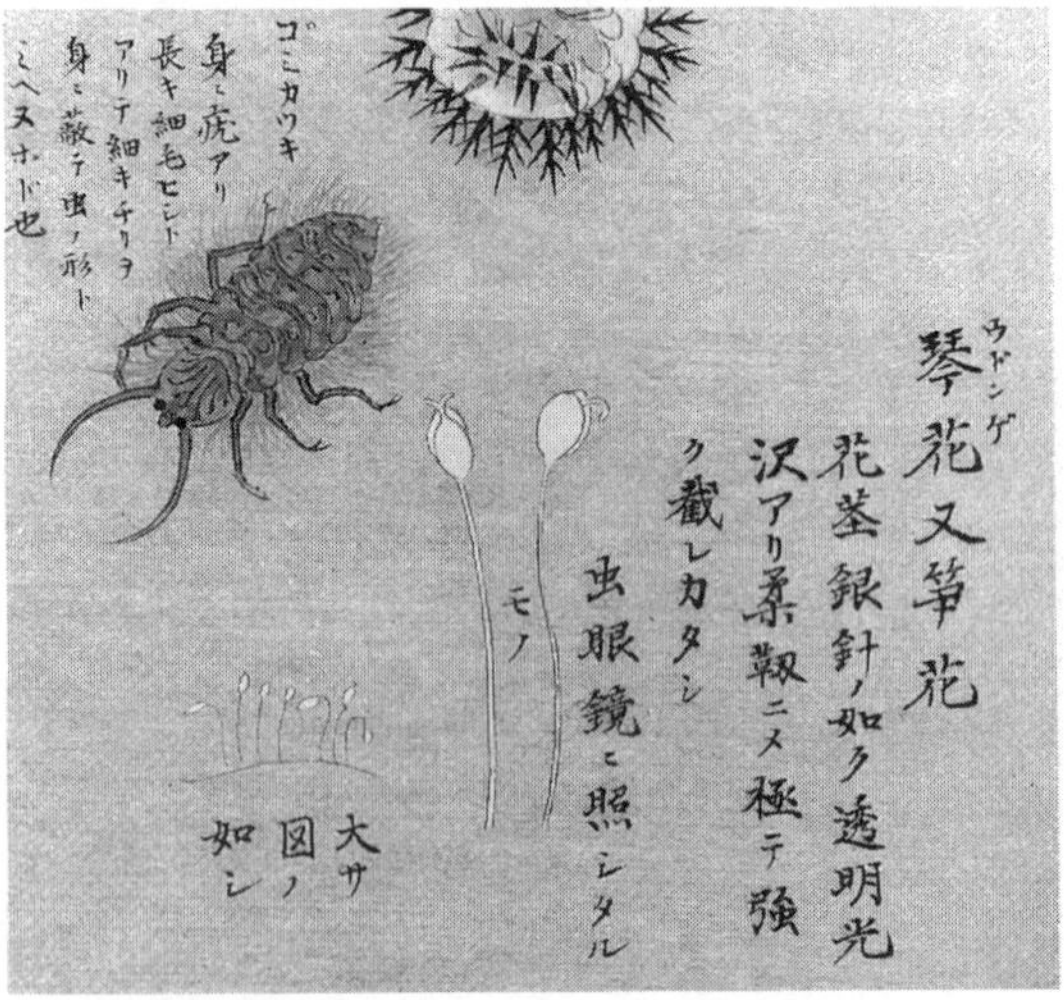

図124　クサカゲロウの卵塊と幼虫（千虫譜）

螲蟷《ちぐも》の中で「アマノジャコ」と呼んでいるものもアリジゴクの事であろう。『千虫譜』も砂鮑子「ウシムシ、アトビサリ（中略）アリジゴク云々」として「小児弄シテ戦ハシム、雄黄ト等分ニシテ丸シ、用テ狆ノ虫ヲ殺シ下ス妙薬ナリト云フ」とし、大窪昌章は『虫譜』の中でウスバカゲロウの幼虫、繭、成虫の図を載せている（江戸博物学集成）。カゲロウの類にはこのほか『北越雪譜』、『利根川図志』に記された「サ

ケムシ」、「サカベッタウ」と呼ばれる虫がある。これは鮭が遡河するのに先立って発生する白蝶、白蛾の類とされているが、『詩経名物弁解』に「蜉蝣今京南淀河、あるいは摂の大阪など河辺に群游し、朝に生し暮に殞つ。状蛾に類して羽色瑩潔青色なる虫なり。土俗あさがほと呼。蓋其短死なるが故に名く。按に其尾二鬚あり」とあるように蝶、蛾の類ではなくカゲロウの類である。なお『利根川図志』は蛶《さけむし》の図を載せ、それが石蚕《とびけら》（伊佐己无之《いさこむし》）の化生したものである事を示している。『本草綱目啓蒙』は「正字通」を引用して、中国ではカゲロウの事を魚糧と呼ぶ事を紹介している。

一四、カブトムシ　兜虫

カブトムシは一般に甲虫類と呼ばれている鞘翅目の昆虫で、その形が大きく角をもっている事でよく知られている。ケンペルは『日本誌』の中で「二本の屈曲した鈎の形を具えた、黒い艶のある兜虫がいる。云々」と記しているが、角が二本とあるのでこれはクワガタムシではあるまいか。カブトムシを初めて取り上げたのは『大和本草』と思われるが、同書は「其ノ形悪ム可シ」としているので、今日のように子供たちに人気のある動物であったとは思われない。『物類称呼』は「此虫は皀莢《さいかし》の樹に住むし也。羽有て飛ぶ。雄は角有。雌は角なし。但、さいかしは関東にてさいかちといふ樹也」とし、『本草綱目啓蒙』は天牛《かみきりむし》の付録としてカブトムシを取り上げ、江戸では「さいかち」と呼ばれていた事を記している。『千虫譜』は「小児小車ヲ牽スニ此虫ヲ以テス」としているので（図125）、江戸後期になると子供たちの遊びに用いられるようになった事がわかる。

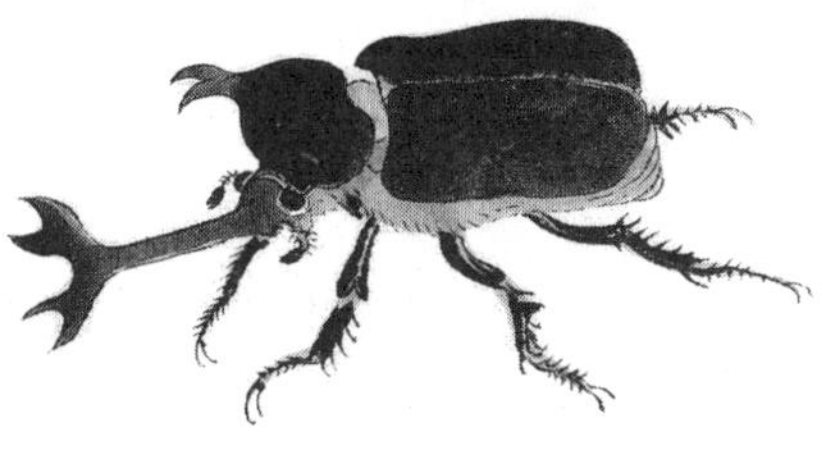

図125　カブトムシ（千虫譜）

一五、カマキリ　螳螂

カマキリは網翅目の昆虫で、形は全く異なるがゴキブリと極めて近縁な虫である。頭は三角形をしており、前肢はその名前の由来となった鎌状を呈しており、ほかの昆虫を捕食するのに適している。雌の産んだ卵塊は最初は泡状であるが、乾燥すると卵嚢となり、螵蛸《おおじがふぐり》と呼ばれている（図126）。カ

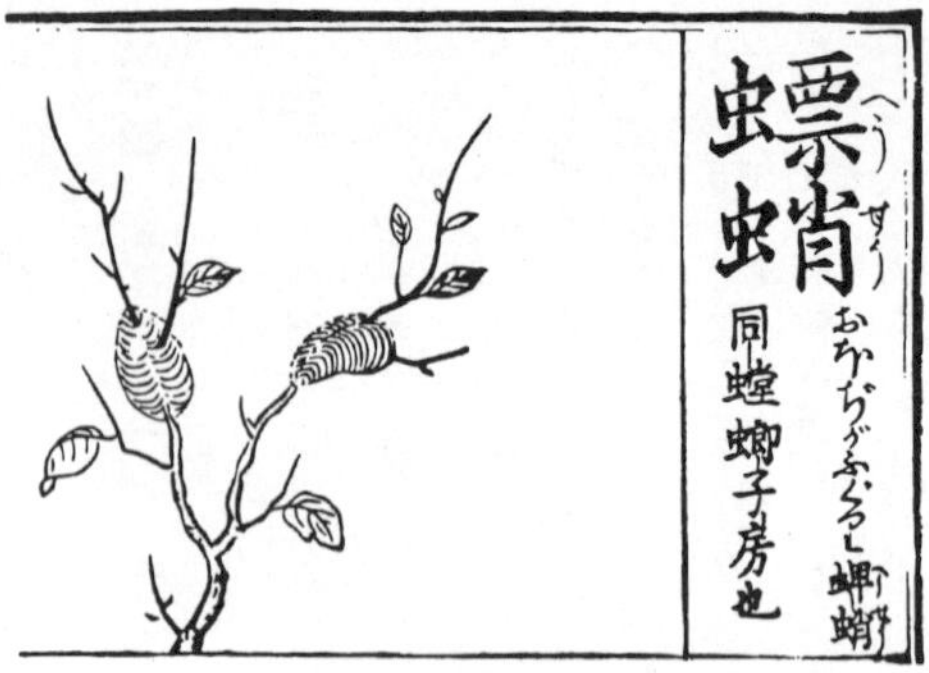

図126　桑螵蛸（訓蒙図彙）

マキリを模したと見られる土製品は縄文晩期の貝塚から出土しており（古代史発掘3）、弥生時代に製作された銅鐸にも、カマキリを描いたものが出土している（銅鐸）（図7）。『続日本後紀』承和元年（八三四）七月二五日の清原眞人の上表の中に「豈蟷螂の挙斧に異ならんや」とあり、『日本三代実録』貞観八年（八六六）一一月一七日の天皇の詔にも「徒に爪牙の備を称すれども、蟷螂の衛に異ならず、云々」とあるが、これはいずれも中国書からの転用であろう。カマキリに関する記事は以後の史料に全く見られないが、その卵塊である（桑）螵蛸は『本草和名』、『倭名類聚抄』に「和名於《お》保《ほ》知《ち》加《か》布《ふ》（不）久《ぐ》里《り》（利）、蟷螂子也」とあり、『延喜式』典薬寮の諸国進年料雑薬中に見られるほか、多くの本草書に取り上げられている。カマキリの卵塊を螵蛸と呼ぶのは、その軽石状の構造がマイカの甲である海螵蛸とよく似ているからで、薬剤としては桑の木に産みつけられたものだけが用いられるので、桑螵蛸と呼ばれている。鎌倉時代の『有林福田方』には「桑螵蛸、先焙過テ使ヘ。或少炒トモ云リ。是ハ桑ノ枝ニマサシクウミ付タルヲ使ヘ。或ハ他木ナルヲ取テ桑ノ枝ニ膠ヲ以テ付、人ヲ狂惑スルコトアリ、能是ヲ見弁テ用ヘキ者也」と記されている。本草書では精力剤として知られている。『倭名類聚抄』はまた「蟷螂、和名以《い》保《ぼ》無《む》之《し》利《り》」としているが、その理由として『大和本草』は「今人疣ヲ病ム者、往々蟷螂ヲ捕ヘテ之レヲ食ハシム」と記している。『本草綱目啓蒙』は「腹肥たる者は雌、腹痩たる者は雄なり。秋深きときは雌なる者樹枝上において巣を作る、云々」と記し、『百品考』はその腹の中にハリガネムシが寄生している事を記している。

一六、キリギリス・コオロギ　螽斯、蛬、蟋蟀

キリギリスとコオロギとは同じ直翅類に属するが、形態も色彩も異っている。しかし我が国では古くから両者が混同されており、キリギリスあるいはコオロギと呼ばれているものが、現在のどちらを指すのか不明な場合が多い。『万葉集』には蟋蟀《こおろぎ》を詠んだ歌が三首あり、「二一五八　秋風の寒く吹くなへわが屋前《やど》の浅茅がもとに蟋蟀鳴くも」等とあるように、それらはいずれも現在のコオロギを詠んだものである事は間違いない。しかし一方キリギリスは通常昼間だけ鳴いて夜には鳴かないのに、『古今和歌集』では「一九六　きりぎりすいたくななきそ秋のよのながきおもひは我ぞまされる」と詠まれ、『宇津保物語』では「秋のよの寒きまにまにきりぎりす露をうらみぬ暁ぞなき」と記されている。これらのキリギリスはいずれも現在のキリギリスの事ではなく、コオロギの事とするのが定説である。従って古くは現在コオロギと呼んでいるものを「蟋蟀」としたほか、「きりぎりす」とも呼んでいた事になる。そうした事は『倭名類聚抄』が蟋蟀を「和名木里木里須《きりきりす》」としている事からも明らかである。しかし一方『倭名類聚抄』は蜻蛚を「和名古保呂木《こほろぎ》」としているので、平安時代に「きりぎりす」と「こほろぎ」とが区別されていた事は間違いない。しかしそうした区別が厳密に守られていたわけではなく、『枕草子』の「四三　虫はすずむし。ひぐらし。てふ。松虫。きりぎりす。はたおり。われから。ひをむし。蛍」とある中の「きりぎりす」は現在のコオロギの事であり、「はたおり」がキリギリスとされており、また『源氏物語』総角の巻の「壁の中のきりぎりす、這ひ出で給へる」とあるきりぎりすはコオロギの事とされている。中世に入っても『謡曲集下』の「松虫」の中に「つづりさせてふ、きりぎりす」とあり、ツヅレサセコオロギを「きりぎりす」としている。鳴く虫の名の混乱はキリギリスとコオロギだけではなく、スズムシとマツムシの間でも見られる。

図127　キリギリス、コオロギ（訓蒙図彙）

こうした混乱は江戸時代に入っても続けられ、『大和本草』は促織を「きりぎりす」とした上で、「一名蟋蟀又蛬ト云、立秋ノ後則夜鳴、（中略）古哥ニキリキリストヨメルハ是ナリ」とし、現在のキリギリスを莎鶏《はたおり》として「暑月晝間草中ニ羽ヲナラシテナク、其声ハタヲルカ如シ、今俗キリキリスト云、眞ノキリキリスニハアラス」としている。『和漢三才図会』も莎鶏に「きりぎりす」と送り仮名を振り、キリギリスの図を載せている。『東雅』は「促織ハタヲリメ、蜻蛚コホロギ、蟋蟀キリキリス」とし「倭名抄に見えし所のごとき、今に至ては、古今の語、方俗の言、相混じて、分ち難し、（中略）古にハタオリメと云ひしものは、今俗にキリキリスといふ是也、古にコホロギと云ひしものは、今俗にイトドといふ是也、古にキリキリスと云ひしものは、今俗にコホロギと云ふ是也、云々」と記している。『中陵漫録』四、『松屋筆記』一一五―八五等にも同じような考証が見られる。従って江戸期にまでキリギリスとコオロギとの間の混同が続いていた事は明らかである。『雍州府志』は京都に蛩《こおろぎ》、松虫、鈴虫等を売る店があった事を記し、『本朝食鑑』は蟋蟀《きりぎりす》の条で「児女紗篭に畜て以て之れを弄す」としている。生類憐み令が施行された貞享四年（一六八七）に宝井其角はキリギリスを求めて江戸中の虫屋を探し歩いた事を『其角日記』に記しているが、この「きりぎりす」が果して現在のキリギリスを指すのか、あるいはコオロギを指すのか明らかでない。『中陵漫録』四「飼虫」もキリギリスとコオロギの混同を記し、コオロギに数種のものがある事を記している。『秘伝花鏡』は中国で蟋蟀を闘わせる「闘蟋蟀」が行われる事を記し、『本草綱目啓蒙』も竈馬の項でそれを紹介しているが、我が国で「闘蟋蟀」が行われた記録は見られない。なお『本草綱目啓蒙』は阜螽の中でキリギリスを取り上げ、「其鳴こと股を以て相撃て声をなす」としている。

一七、クツワムシ　轡虫、紡績娘

クツワムシも直翅目の昆虫で、一名「がちゃがちゃ」と呼ばれるように、やかましい鳴声をしているので、『枕草子』も「二一八　ひちりきはいとかしがましく、秋の虫をいはば、轡虫などの心地して、云々」と記している。しかし『堀川百首』に「駒なべて麓の野べに尋ぬれば小倉にすだくくつは虫かな」とあるので、平安時代の虫撰びの対象にはされていたものと思われる。『赤染衛門集』にも「秋の野をわけてばかりはたれかこんくつはのこゑのちかくする哉」と詠まれている。『御湯殿の上の日記』によると、慶長三年（一五九八）に

図128　クツワムシ（千虫譜）

松虫と共に宮中に献上された記事が見られる。『大和本草』は「クダマキ」として「鳴声紡車ヲマクカコトシ」としている。

一八、ケラ　螻蛄

ケラは一般にはオケラと呼ばれる直翅類の昆虫で、生物学上はコオロギと極めて近縁の昆虫である。ただしコオロギとは前肢の構造が違っており、穴を掘るのに適した鎌形をしている。『倭名類聚抄』は「和名　介良」とした上で、中国書を引用して「五能有れども伎術と成らず。其の一に曰く、飛べども屋を過ゆる能はず。其の二に曰く、縁れども木を窮むる能はず。其の三に曰く、泅《およ》げども谷を渡る能はず。其の四に曰く、掘れども身を覆ふ能はず。其の五に曰く、走れども人を絶する能はず」と多才ではあるが長所の無いものの喩えとしており、「螻蛄の五能」とか「螻蛄才《けらさい》」といった比喩の由来を記している。『頓医抄』に「螻蛄。ホシテ、アシカシラヲサレ」とあるので、医薬として用いられていた事がわか

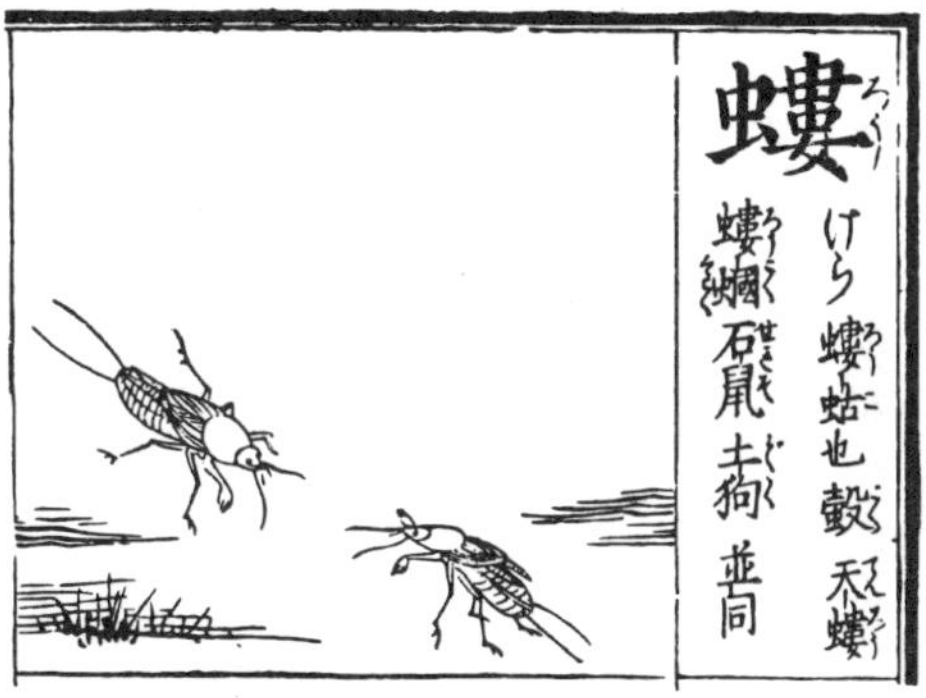

図129　ケラ（訓蒙図彙）

る。『和漢三才図会』は「按ずるに螻蛄能く小鳥の病を治む。鶯を養ふ者、如し煩ひ有れば則ち螻蛄を取りて餌と為す。即時に活し神効有り」と小鳥の病気に薬効のある事を記している。文政八年(一八二五)に入谷村その他の村から一日に一三三〇疋ずつの螻蛄納入の記事が見られるが(武蔵野歴史地理)、これは江戸城内の本丸・二の丸で飼育されていた小鳥類の薬餌に用いられたもので、螻一疋につき銭三文が支払われている。

一九、ゲンゴロウ　源五郎

図130　ゲンゴロウ（虫豸帖）

ゲンゴロウは甲虫類の食肉類に属する水棲昆虫で、ミズスマシと近縁であるが、はるかに大型である。青森県亀ガ岡の縄文晩期の遺跡から、ゲンゴロウを模したと見られる土製品が出土しており(古代史発掘3)、同時代の昆虫を模した土製品には、このほかセミ、カマキリ、ミズスマシ等があるが、いずれも稚拙なため確実にそれらを模したものと断定する事は出来ない。またなぜこうした昆虫が対象として選ばれたのかその理由も明らかでない。ゲンゴロウについて『本草綱目啓蒙』は蟨虫の中で水虫ゴキアラヒムシとして「上は形狭く下は広くして硬甲あり、黒色微青にして褐のふくりんあり。(中略)一名ドンガメムシ(播州)スッポンムシ(上州)ゲンゴロ(江戸)ガムシ(南部)(中略)漢名龍虱と云」としているのはゲンゴロウの事であろう。同書には「又此一種に甲黒して褐縁なき者あり。これも源五郎と云」とある。『千虫譜』は龍虱、ゲンゴロウとして図を載せ、別にガムシとして「羽州米沢産ナリ。水中ニ生ス。是又ゲンゴロウノ類ナリ、里人醤油ニテ煮付喰フ。味美ナリ」と記している。

二〇、ゴキブリ類　油虫、蜚蠊

ゴキブリはカマキリと共に網翅目に属する昆虫で、アブラムシとも呼ばれている。我が国には四〇種程のゴキブリが知られているが、そのうち人家に棲息しているものとしてはチャバネゴキブリ、ヤマトゴキブリ、クロゴキブリ、オオゴキブリ等が有名である。ただしこれらのうち我が国在来のものはヤマトゴキブリだけで、他はすべて外来種である。漢名の蜚蠊《ひれん》は、『本草和名』に「和名阿久多牟之《あくたむし》一名都乃牟之《つのむし》」とあり、『倭名類聚抄』も「豆乃無之《つのむし》」としているが、我が国の史料で「あくたむし」あるいは「つのむし」に関する記録は見られない。江戸時代に入って出版された『訓蒙図彙』、『大和本草』、『和漢三才図会』等はいずれも蜚蠊を「あぶらむし」と読み、『和漢三才図会』はその解説で「蜚蠊は人家壁の間、竈の下に極て多し、甚しき者聚て千百に至る。（中略）腹背倶に赤くして両つの翅ありて能く飛ぶ。云々」とし、同じ項目の中で「五器嚙《ごきかぶり》是乃ち油虫之老する者にして、云々」と記している。ゴキブリはこの「ごきかぶり」から転訛したものとされている。『物類称呼』も蛃虫を「あぶらむし。伊勢にて、ごきくらひむしと云」としている。井原西鶴は『西鶴織留』の「家主殿の鼻ばしら」の中で「蟬の大きさしたる油虫ども、数千匹わたりきて、五器箱をかぶり、茶の水に飛入、云々」と記しているが、これはその大きさからすると我が国の在来種ではなく、外来種のクロゴキブリの事と思われる。『大和本草』も「此虫形扁ク色黒シ器物ヲカンテ害ヲ為ス」としており、これもその色から判断すると恐らくクロゴキブリの事であろう。外来種のゴキブリにはこのほかにチャバネゴキブリがあり、『虫の文化誌』は上の『和漢三才図会』に記されたアブラムシが「卵を尾に挟み、云々」とある所からチャバネゴキブリであろうとしている。従って江戸中期には我が国に外来種のゴキブリが少なくとも二種入っていた事になる。こうしたゴキブリがいつ誰によってもたらされたのかは明らかでないが、恐らくポルトガル、オランダ船か、唐船によって我が国に舶載されたものと思われる。『本草綱目啓蒙』も「長さ一寸余徑六七分翼あり、云々」と外来種と思われるものについて解説を行っているが、それが

図131　ゴキブリ（三州物産絵図帳）

我が国の在来種でない事には気付いていない。安政三年（一八五六）下田に入港したハリスは、八月六日の日記に「サン・ジャシント号から無数に持ちこんだ油虫を退治しようとして、家に留まっている」と記しているが（ハリス日本滞在記）、この時期にはすでに我が国に外来種のゴキブリが入っているので、ハリスにゴキブリ舶載の罪を着せる事は出来ない。『百品考』はゴキブリに「長さ三四分、両翅ありて能飛ぶ。赤褐色にして甚油臭ある」ものと、「長さ一寸余幅六七分、龍蝨の大さ」で「赤黒色にして光りあり、両翅至て堅い」ものの二種をあげているが、これらも恐らく外来種のチャバネゴキブリとクロゴキブリの事であろう。

二一、コクゾウムシ　穀象虫、蛄螢

コクゾウムシは吻《ふん》が象の鼻のように長いゾウムシ科の甲虫で、穀類を食い荒す害虫として知られている。『倭名類聚抄』に「蛄　和名与《よ》奈《な》無《む》之《し》」「今穀米中蠹小黒虫也」とあるのがそれであろう。最近大阪府の池上曽根遺跡から発掘された昆虫の遺物がコクゾウムシと同定された事から、弥生時代中期にはすでに我が国に分布していた事が明らかになった。平安時代には『延喜式』宮内省に「凡応レ給ニ諸司月料魚完（宍カ）一者。省司毎月臨一勘ニ厨庫見物多少。及可レ蠹之物一。申レ官充用。云々」とある。『大和本草』は蛄螢《コメムシ》として「夏月米苞ノ中ニ在リテ能ク米穀ヲ食フ。其首小ニシテ角有ル者也。又白ク長キ米蛆アリ此ト同ジカラズ」としているが、米蛆はコクゾウムシの幼虫で、米を食うのはこの幼虫期である。『和漢三才図会』は蛄螢を「こなむし」と読み、「按ずるに俗に米を呼びて菩薩と称ふ、随て此の虫を呼びて虚空蔵《こくぞう》と曰ふ」とその名の由来を記している。『千虫譜』には顕微鏡によって観察したコクゾウムシの図が載っており（図132）、『譚《たん》海《かい》』一三には「米櫃に虫の生せさる法」として「にんにくを

図132　コクゾウムシ（千虫譜）

丸のまゝにて、一つ米にまじへ置べし、虫を生ずる事なし」とその予防法を記している。

二二、コメツキムシ　米搗虫、叩頭虫

コメツキムシはコメツキムシ科の甲虫で、前胸部を急速に曲げて跳ねる事が出来る。その動作が面白いため古くから注目され、『倭名類聚抄』は叩頭虫を「和名沼加豆木無之《ぬかつきむし》」とし、『枕草子』は「四三（前略）ぬかづき虫、またあはれなり。さる心地に道心おこしてつきありくらんよ。云々」と記している。『大和本草』も叩頭虫として「俗ニ木切ムシト云。木ヲキル声ヲナス。其勢人ノ額ヅクカ如シ。故名ク」としている。『和漢三才図会』は「俗に米踏」としている。コメツキムシはこの米踏が転訛したものであろうか。

二三、シミ　衣魚、紙魚、蠹魚

シミは翅を持たない原始的な総尾目の昆虫で、もとは屋外で生活していたが、人類が植物性繊維を材料とした衣類、紙類を用いるようになってからは屋内に侵入して、それらを食害する害虫とみなされるようになった。我が国に紙の製法が伝来したのは『日本書紀』によると推古一八年（六一〇）の事とされているので、シミによる紙の被害はそれ以降の事となる。『本草和名』は「衣魚一名白魚」を「和名之美《しみ》」とし、『倭名類聚抄』も「之美」とした上で「衣書中に自ら生ずる虫也」と記しているので、平安中期にはすでに被害が出ていた事がわかる。『今昔物語』一四―一三に前世に衣魚であった僧の話が出ており、『源氏物語』の橋姫の条にも「しみといふむしのすみかになりて、ふるめきたるかびくさ、ながら、云々」と記されている。史料に見られるのは承安四年（一一

図133　シミ（訓蒙図彙）

七四)の『玉葉』に「恒例の如く書籍の虫を払ふ」とあるのが最初であろうか。ただし「恒例の如く」とあるので、これより余程以前から虫払は行われていたものと思われる。『延喜式』図書寮には「凡そ仏像経典の暴冷は、七月上旬に起り、八月上旬に尽す」「凡そ御書及び図絵は六年に一度暴冷す」とあり、大学寮にも規定が定められている。虫払の記事はこのあと弘安七年(一二八四)(勘仲記)、興国三年(一三四二)(師守記)他に見られる。文明六年(一四七四)の『親長卿記』にも「御礼服召寄せられ、虫払う可き由仰せ有り」とあるが、当時の御礼服は主として絹織物と思われるので、この場合の虫はシミではなく、動物質を食害するカツオブシムシの事であろう。また『徒然草』に「一四九　鹿茸を鼻にあてて嗅べからず。小さき虫ありて、鼻より入て脳を食むといへり」とあるのも、恐らくカツオブシムシの事と思われる。『壒嚢抄』は蠹を「ノンシト読也、木虫トモ云、又ハ白魚共云」とした上で「木ヲ喰ノンシニハ木虫ヲ用ヒ、紙ヲ食ノンシニハ、白魚ヲ用ベキ歟」と両者を区別している。『本草綱目』はシミの薬効として多くの病名をあげており、『大和本草』にも引用されているが、我が国で薬として用いられた記録は見られない。ただし江戸中期に催された薬品会には出品されたのであろう『物類品隲』に取り上げられている。江戸末期の『譚海』一三は「まんじゆしやげといふ花、俗に彼岸花といふ草有。此花の枝をも根をも取て、搗てしぼるときは汁出る也。其汁を書物の箱の内へぬり置時は、書籍虫はむ事なし」とその予防法を記している。

二四、シラミ類　虱、白虫

シラミには主として鳥類に寄生するハジラミと、獣類に寄生するケモノジラミの二種があり、いずれも寄生する動物によって種類が異っている。しかし史料に見られるシラミはヒトに寄生するヒトジラミに関するものが大部分で、ハジラミあるいはほかの獣類に寄生するケモノジラミに関する記録はわずかである。我が国のヒトジラミの歴史は古く三世紀に遡り、『魏志倭人伝』の二三九年の条に「中国に詣るには、恆に一人をして頭を梳《くしけず》らず、蟣蝨《きしつ》を去らず、衣服垢汚、云々」と記されている。この「蟣蝨を去らず」という文章が前文の「頭を梳らず」に続くとするとアタマジラミであり、後文の「衣服垢汚」に続くものとすればコロモジラミの事となるが、恐らくアタマジラミの事であろう。頭を梳る道具の櫛あるいは笄《こうがい》は、縄文・弥生時代の遺跡から骨製または木製のものが多数出土しているので、有史以前からアタマジラミが我が国に生息していた可能性がある。アタマジラミは『古事記』にも見られ、素戔嗚尊《すさのおのみこと》が大国主命を「八田間《やたま》の大室に喚び入れて、その頭の虱を取らしめたまひき」と記されている。『倭名類聚抄』は蟣を「和名木佐々」、虱を「和名之良美」としているが、蟣を「虱子也」としているので、種類の相異を示すものではあるまい。『扶桑略記』延喜元年(九〇一)の条に、天台山沙門陽勝が「蛾虱蚊虻身を委せて餌とせしむ」とあるが、この虱は恐らくコロモジラミの事であろう。また『続古事談』によると、寛弘五年(一〇〇八)後一条天皇の御生誕の際に招かれた陰陽師光栄が懐中から取り出した白虫を指で圧し潰したとされているが、この白虫もコロモジラミであろう。シラミにはこの他に陰毛に寄生するケジラミがあり、これは陰毛を剃り落す事によって駆除する事が出来るが、その模様は平安末期の『病草子』に描かれている。同じ頃に編纂されたと見られる『梁塵祕抄』には「四一〇　頭に遊ぶは頭虱、頂のくぼをぞ極めて食ふ、櫛の歯より天降る、麻小笥の蓋にて命終る」とアタマジラミの駆除の模様が歌われている。また『古今著聞集』「六九六　或田舎人に白虫仇を報ずる事」には「白虫は下臈などは、なべてみなもちたれども、云々」とあるので、平安時代には虱の寄生はごくあたりまえの事であったものと思われる。

シラミが広く分布していた事は江戸時代に入っても変らず、芭蕉は「夏衣いまだ虱を取り尽さず」と詠んでおり、良寛は「蚤虱こゑたて、鳴く虫ならば我が懐はむさしの、はら」と歌っている。江戸時代には芭蕉のように手でシラミを取ったほか、貝原益軒は『万宝鄙事記』の中で「頭の蝨を去る法、大風子の油を髪にぬれば、しらみ忽ち死す、甚だ妙なり」と記し、『和漢三才図会』にも同様の記事が見られる。また太田南畝は『百舌の草茎』の中で「蝨を避くる法、牽牛花《あさがお》の実をはだじゆばんの両の袂に入れ置けば、蝨うつらずうつりて後も去る也」と予防法を記している。『静軒痴談』は「乞児が蝨を食ふを数々見たり。虱も多く食へば飢を支ふべし。席上腐談に、虱は陰物にして、其足六北方坎水の数なり。行ときは必ず首を北にす、是を験むに果して然り」と虱の功徳をあげているが、信じるに足りない。秋田藩主の佐竹曙山は『写生帖』の中に虱の図を描き、森島中良は『紅毛雑話』の中に司馬江漢が顕微鏡を用いて描いた虱とその卵の図を載せ、「全躰烏賊に似たり足は蟹の爪の如く先するどにして鋏あり腹の黒きは臓腑の透通りて見ゆる也」と記している。ただしこの図は外国書の模写とする説もある。栗本瑞見も『千虫譜』の中に虱の顕微鏡図を載せ(図134)、その解説でアタマジラミとコロモジラミの相違を指摘し、ケジラミは上記二種

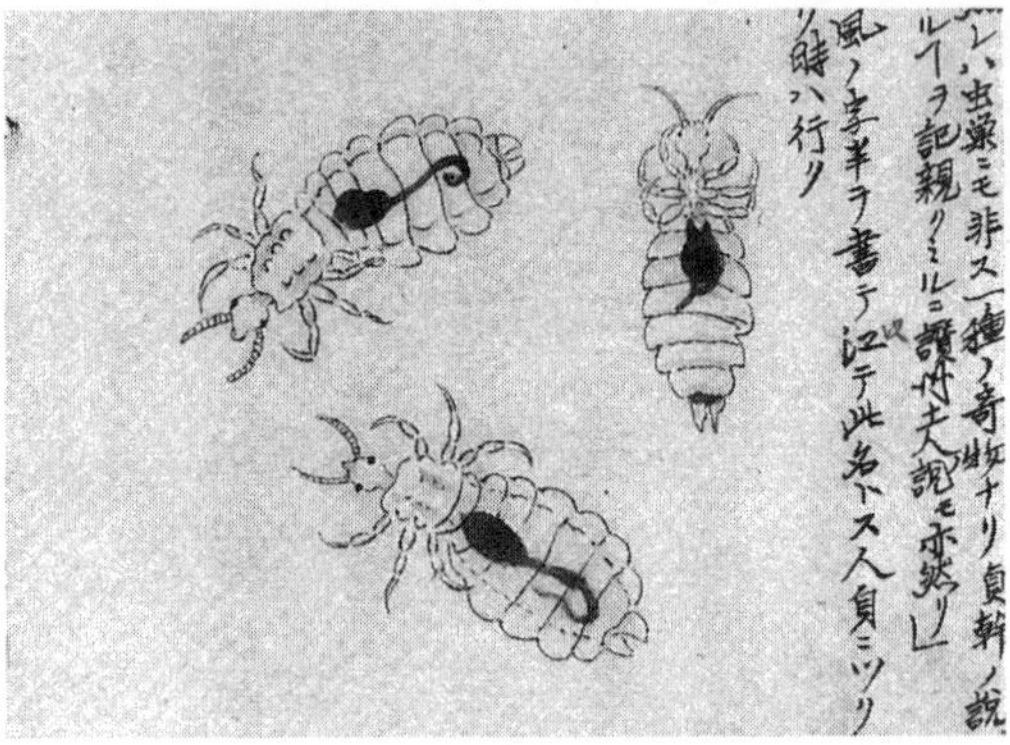

図134　コロモジラミ（千虫譜）

と比較して円扁であるとしている。『見世物雑志』は文政三年(一八二〇)名古屋で、おらんだ目鏡でノミ、シラミを見せる見世物が興行された事を記している。鳥に寄生するハジラミについては『燕石雑志』に鶏の「羽蝨」の駆除法が記されている。

二五、スズムシ・マツムシ　鈴虫・松虫

スズムシとマツムシとはいずれも直翅類のコオロギ科に属する昆虫で、古くからその呼び名が混同されている場合が多いので、ここでは両者を一括して取り上げる事とする。『万葉集』では鳴く虫は蟋蟀しか見られないが、それは蟋蟀を各種の鳴く虫の代表としたからであろう。スズムシ、マツムシの名前が見られるのは、『夫木和歌抄』の「延喜七年亭子院御門御時、西河行幸せさせ給けるに、忠峯新和歌序云」に「あるときには、山のはに月まつむしうかゞひて、きむのこゑにあやまたせ、ある時には、野べのすゞむしをき、て、谷の水の音にあらがわれと云々」とあるのが最初であろうか。マツムシの語源は上の新和歌序に見られるように「待つ虫」から名付けられたもので、『古今和歌六帖』にも「秋の野の露にぬれつ、誰くとか人まつ虫のこ、ろ鳴らん」と詠まれている。『源氏物語』賢木、鈴虫の巻では「松虫」と記され、鈴虫と共にコオロギに代って鳴く虫の代表とされている。また『源氏物語』鈴虫の巻には鈴虫、松虫を「中宮のはるけき野べを分て、いとわざとたづねとりつ、はなたせ給へる」とあるが、こうした行事は「撰虫《むしえらび》」と呼ばれ、治安三年(一〇二三)の『小右記』、嘉保二年(一〇九五)の『中右記』、建仁二年(一二〇二)の『猪熊関白記』その他に見られる。「撰虫」について『古今著聞集』は「六八四　嘉保二年八月十二

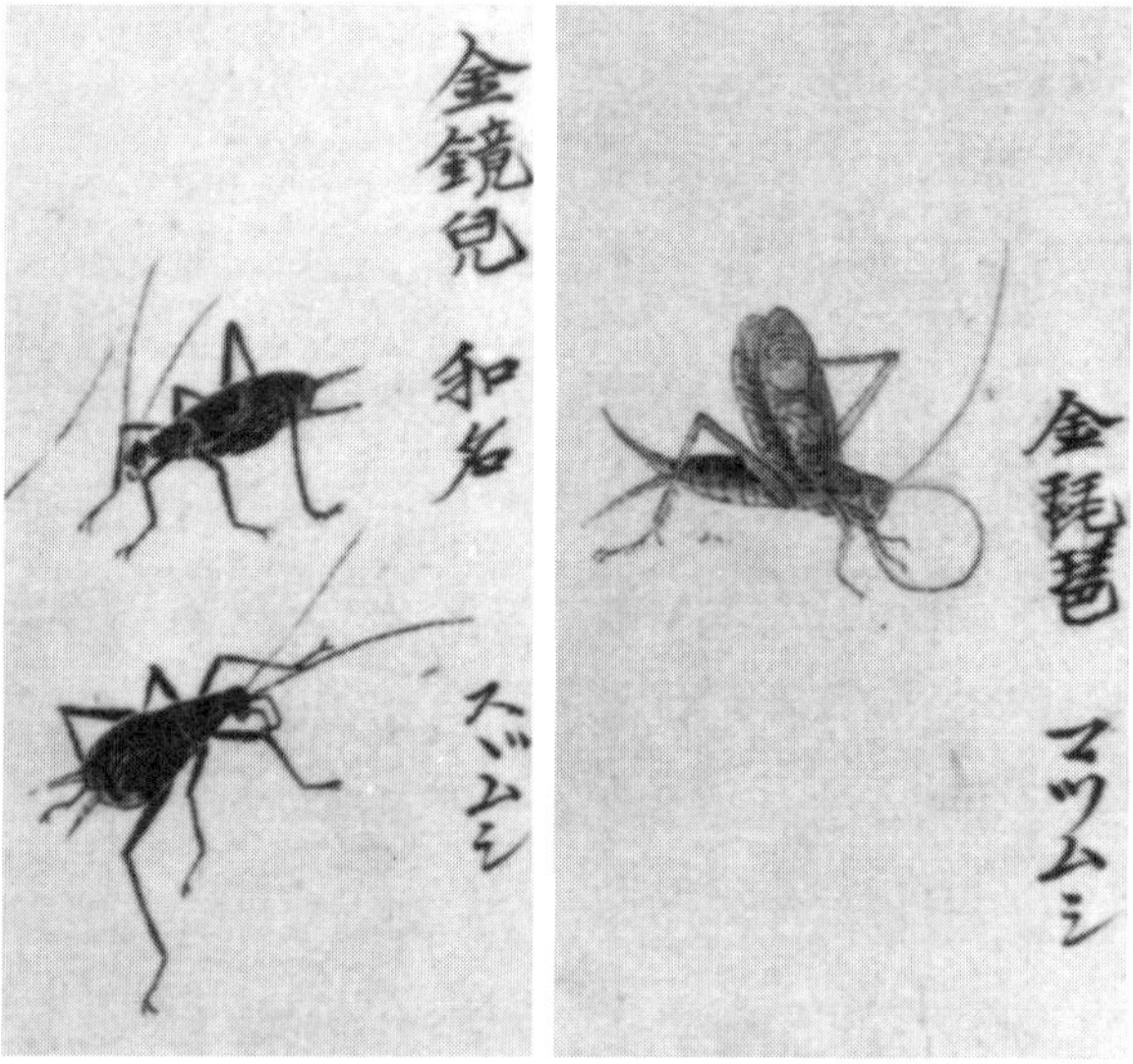

図135　スズムシ、マツムシ（千虫譜）

日、殿上おのこども嵯峨野に向て、蟲をとりてたてまつるべきよし、みことのりありて、むらごの糸にてかけたる蟲の篭をくだされたりければ、貫首以下、みな左右馬寮の御馬に乗てむかひけり。（中略）夕に及て、蟲をとりて篭に入て、内裏へかへりまいる。萩・女郎花などをぞ篭にはかざりたりける。云々」とある。『公事根源』も「撰虫」の項で「殿上人どもあそびて嵯峨野などにむかひて、虫を篭にえらび入て奉る。是は堀河院の御時よりはじまる。おほよそ松むし、鈴虫などは誰人も内裏に奉る。又賀茂の社司などにも仰せられてもめされけるとなん」と記している。『年中行事歌合』には「いろいろにさかののむしを宮人の花すりころもきてそとりぬる」とある。この時代には虫を採る事を「虫を吹く」とも呼んでいるが、それについて『貞徳文集』は「虫吹くとは今も虫を取に竹筒のかた方に紗のきれを冒これをもて虫を覆へは虫は上のかたに飛のぼるを篭また袋などに筒さきをむけて冒たる紗のうへより息して虫を吹こむなり」と記している。撰虫は中世にも受け継がれ、文明八年（一四七六）の『親長卿記』、『言国卿記』、永禄元年（一五五八）の『御湯殿の上の日記』などに記されている。『謡曲集下』「松虫」には「綴りさせてふ、蟋蟀茅蜩、いろいろの色音の中に、別きてわが忍ぶ、松虫の声、凛々、りんとして夜の声、冥々たり」とあるが、この松虫はその音色からして現在のスズムシの事であろうとされている。こうした撰虫の風習は江戸時代になると賀茂の社家から、八月朔日に虫篭を内裏に献上する行事として受け継がれて行く。

『大和本草』はススムシを「形西瓜ノサネノ如ク扁クシテ色黒シ。首小ニヒケ半白ク、ヒケ二條アリ。長キ事二三寸、羽アリ背ニ細文アリ。色ハ身ニ異ナラス、尻ニ左右二毛アリ。

左右各三足スヘテ六足アリ。云々」と正確にスズムシの形態を記し、『和漢三才図会』も金鈴虫を「夜鳴く声、鈴を振る如く、里里林里里林と云ふ」とし、松虫を「鳴く声知呂林知呂林と云ふが如く」としている。しかし一般の間ではスズムシとマツムシとの間に混乱が見られ、『年山紀聞』が「色をもていはゞ黒はまつ虫あめいろなるはすゞむし」としているのに対して、『花月草子』は「いまこゝにては、くろきをすゞむしといひ、かきのさねのごとなるを、松むしといへど、もとはりんりんとなくはまつにて、ちんちろりとなくは鈴なるを、あやまりけりともいふ、むしうるかたへ行きて、松のを得んとおもはゞ、鈴のかたをといふなり」と、地方により鈴虫と松虫の呼び方が逆であった事を記している。一方、屋代弘賢は『古今要覧稿』の中で『夫木和歌抄』の新和歌序を受けて「松むし鈴むしの名、万葉集にはみえず、延喜の比よりぞ物にもみえたる、さてこの二虫の名、古今のたがひ有、延喜の比はチンチロリンとなくを松むしといひ、リンリンリンとなくを鈴むしといひけり、源氏物語の比よりこのかたは、リンリンと鳴を松むし、チンチロリンとなくを鈴むしといふなり」と時代によって松虫、鈴虫の呼び方に相違のあった事を記している。鈴虫、松虫の異同についてはこのほか『幽遠随筆』、『安斎随筆』、『松の落葉』、『三養雑記』、『傍廂《かたびさし》』、『甲子夜話』一〇〇—三など多くの随筆に取り上げられている。

虫の鳴く音を楽しむ風習は江戸時代にも受け継がれ、『時慶卿記』元和七年(一六二一)八月一八日の日記に「松虫子を生む」とあるが、これは恐らく鳴く虫の産卵を記した最初の記録であろう。ただし松虫は禾本《かほん》科の植物に産卵するためその繁殖は容易でなく、恐らくこの虫は現在の鈴虫の事と思われる。翌年の記録が欠けているので、はたしてこの卵の孵化に成功したかどうかは不明である。『雍州府志』には京都周辺の虫の名所が記されているほか、マツムシ、スズムシ、コオロギを売る店が京都市内にあった事を記している。また鉄の項で「或は鳥虫を飼ふ篭を作る。是を虫篭と謂ふ」と記しているので当時すでに針金製の虫篭が作られていた事がわかる。しかしこうした楽しみも徳川五代将軍綱吉の時代には一時禁止され、貞享四年(一六八七)七月には松虫、こおろぎを売った者が捕えられて牢獄に入れられている(御当代記)。綱吉の死後虫売りは復活し、『嬉遊笑覧』によると寛政七年(一七九五)頃には江戸で人工的に松虫の卵をとる事に成功し、『中陵漫録』四も「近来は松むしを人家に作る、鈴むしはしからず」としてその方法を詳しく記している。ただしこの松虫も恐らく鈴虫の事であろう。幕末の『閑田次筆』は「南都の人の話に、松虫、鈴虫を捉ふるに、桃灯を携へて夜行けば、其光をもとめて飛来るといふは、むかしのしわざにて、今わがあたりにて虫を売ものは、竹を二本もちて昼行キ薄《す》を押シ分れば、虫ども驚きて飛出るを捉ふ。又黠《さる》智者は薄《すすき》を根こじて吾庭に植ゆ。惣じてかゝる虫は薄の中に卵を残せば、ことしの卵、来るとしの秋に至りて、かへりて声をなす。云々」と松虫が薄に産卵する事を記している。小泉八雲は『異国風物と回想』の中で、鳴く虫の声を楽しむ日本人の風流を述べた後、江戸時代の虫売りの沿革を記し、鈴虫を卵から育てるのに初めて成功した人物として、青山下野守の家来の桐山某の名をあげている。『武江産物志』は江戸市中の金鐘児《すずむし》、金《まつ》琵琶《むし》の名所のほか、鳴く虫として「くさひばり」、「やまとすず」、「促織《こおろぎ》」、「むまおいむし」、「聒々児《くつわむし》」、「螽斯《はたおり》」などの名所をあげ、『江戸名所図会』には「道灌山聴虫」の図が載っている。

二六、セミ類　蟬

セミ類は半翅目のセミ科に属する昆虫で、雄はその腹部にある発音器によって種特有の音を発する。縄文晩期の遺跡からセミを模したと見られる土製品が出土しているので（古代史発掘3）、有史以前から関心が持たれていたものと思われる。『万葉集』には蟬を詠んだ歌が十首見られるが、そのうち九首まではヒグラシを詠んだもので、残りの一首は単に蟬とだけあるので何蟬を詠んだものか特定出来ない。『倭名類聚抄』は総称としての蟬のほかに蚱蟬《なはせみ》、馬蜩《むませみ》、寒蜩《かむせみ》、蛁蟟《くつくつほうし》、茅蜩《ひくらし》の五種の名前をあげている。これらのうち馬蜩について「蟬中最大なる者也」としているので現在のクマゼミを、蛁蟟は「和名久豆久豆保宇之《くつくつほうし》。八月鳴者也」とあるのでツクツクボウシを指すものと思われる。また蚱蟬については『大和本草』に「今按ニツネノセミ是也。（中略）羽スキトホラサルアリ。赤セミト云」とあるのでアブラゼミの事であろう。残りの寒蜩について『倭名類聚抄』は「蟬に似て小さく、青赤」とし、江戸末期の『本草綱目啓蒙』はこれをクツクツボウシあるいはツクツクボウシとし、蛁蟟をミンミンゼミとしている。『万葉集』以後の各種の歌集にもヒグラシ以外の蟬の名は見られず、わずかに『夫木和歌抄』に「三五七七　つくつくぼうしのなくをきゝて」という俊頼朝臣の歌が載っているにすぎない。ツクツクボウシは『かげろふ日記』にも「八月ついたちの日雨降り暮らす、ひつじの時ばかりにはれて、つくつくほうし、いとかしがましきまでなく」とある。

このように平安時代にはヒグラシとツクツクボウシ以外の蟬には余り関心がなかったように見受けられるが、その反面蟬の抜殻である空蟬《うつせみ》を詠んだ歌が数多く見られ、『源氏物語』も「空蟬」の巻で取り上げている。蟬の抜殻は本草学では蟬脱と呼ばれ「皮膚瘡傷風熱を治す」とされており、『有林福田方』、『頓医抄』等に取り上げられている。『本草綱目啓蒙』には、蟬脱には良否があり、蟬の蛹が土中から這い出して樹上一二尺の所で脱皮したものを「木セミ」と呼んで、土がついているため薬屋では下品とされ、その後遅れて這い出して樹木の高い所で脱皮したものを「木ノボリ」または「木ドマリ」と呼んで上品とされた事が記されている。ただし『百品考』は「木セミ」は「なつせみ」の脱殻で、「木ノボリ」は「あきせみ」の脱殻としている。本草書にはこのほか「冬虫夏草」と呼ばれるものがあるが、これは地中の各種の昆虫にフユムシナツクサタケという菌が寄生して生じたものである。『千虫譜』は享保一三年(一七二八)に寧波船主から幕府に献上されたのが最初としている。菌が寄生する昆虫は鱗翅類・鞘翅類の幼虫、蜘蛛など種々雑多なものがあるが、我が国では蟬の若虫に生ずる事が多く、これを「セミタケ」あるいは「蟬花」と呼んでいる。『本草綱目啓蒙』は蟬花について「久雨によりて土を出ること能はず、欝死して頭上に菌を生ずるなり」とその成因を記し、『菌史』にも同様の記載が見られる。『虫豸写真』(図136)、『桃洞遺筆』は各種の冬虫夏草の図を載せ、『甲子夜話続篇』二五—一七には詳しい考証が行われている。

セミの種類については上記のようにすでに『倭名類聚抄』

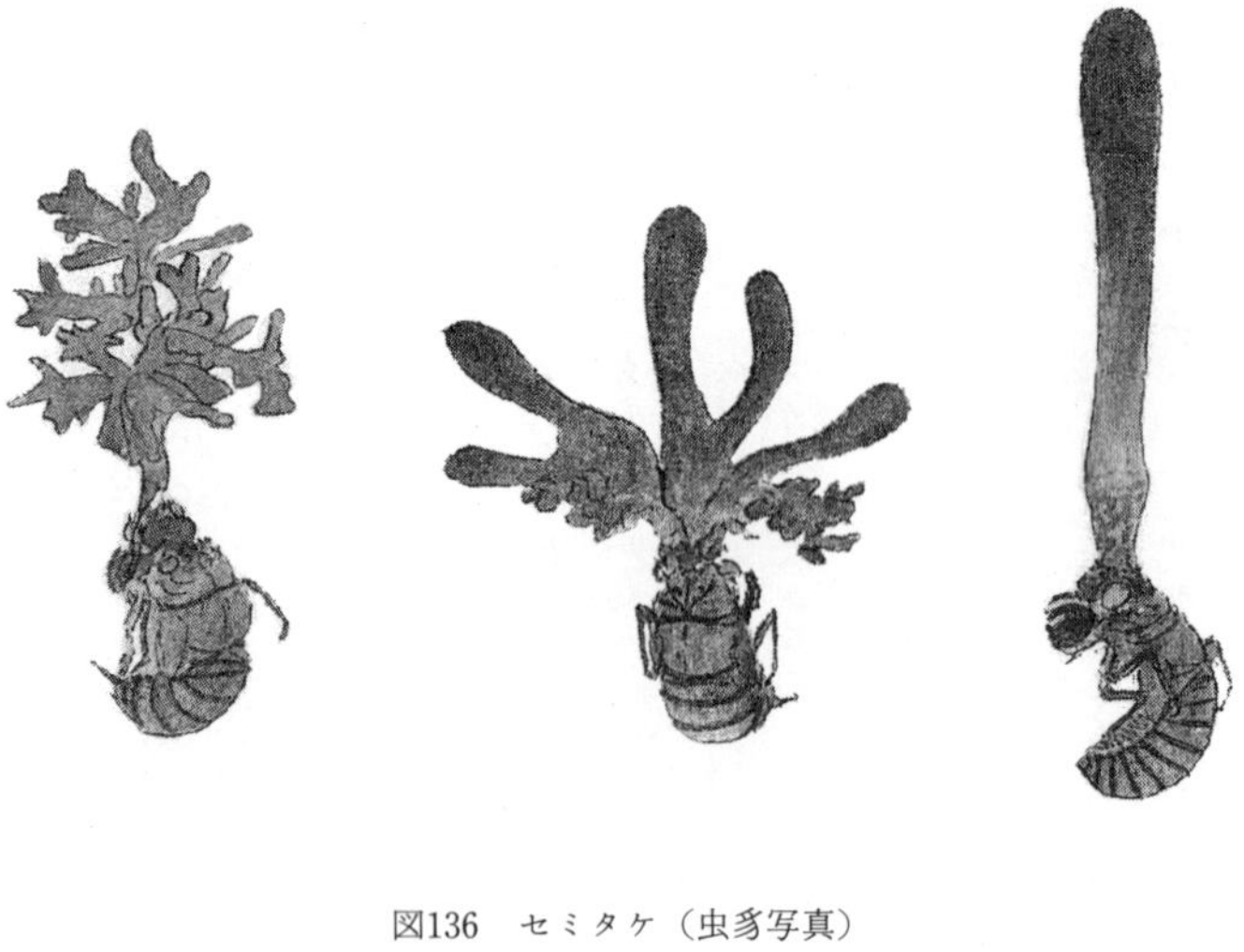

図136　セミタケ（虫豸写真）

に五種の名前があげられているが、それらが現在の何蟬に該当するかについて意見は必ずしも一致していない。『本草綱目啓蒙』は以上のほかに𧓍母《はるせみ》、蟪蛄《なつせみ》の二種をあげているが、ナツゼミが何蟬を指すのか明らかでない。江戸中期以降に作られた各種の虫譜にもセミ類は取り上げられ、増山雪斎の『虫豸帖』には名称はつけられていないが、明らかにアブラゼミ、ヒグラシ、ツクツクボウシ、ハルゼミ、ニイニイゼミ、クマゼミの六種が描かれており、山本渓愚の『本草写生図譜』にはほかに「マツダケゼミ」としてチッチゼミが図示されている。これらのセミが鳴き出す時期は地域によって前後があるが、松尾芭蕉の有名な句「閑さや岩にしみ入蟬の声」（奥の細道）は、山形県の立石寺で旧暦五月二八日に詠んだとあるので、恐らくニイニイゼミであろうとされている。

二七、タマムシ　玉虫、吉丁虫

タマムシは翅鞘の表面が美しい金属光沢に富んだ甲虫で、背面には二本の紅紫色の太い線が走っている。『色葉字類抄』は蟃を「たまむし」としているが、江戸期には吉丁虫、金亀虫などと呼ばれている。タマムシの翅鞘を一面に貼りつめた「玉虫厨子」は有名であるが、現在では翅鞘はすべて剝げ落ちてしまい、製作された当時の俤はとどめていない（玉虫厨子の研究）。同じ方法による装飾は正倉院の宝物の矢筈や刀子の鞘にも見られるが、平安以後は全く見られなくなる。これは恐らく青貝を用いた螺鈿の製造技術が普及したため、保存性に問題のある玉虫装飾が見捨てられたためであろう。しかし弘安四年（一二八一）に法隆寺を訪れた僧定円は「すかしなす仏のゐますかざりまでさぞ玉虫の光ますらん」と詠んでいるので、その当時まではまだ美しさを保っていたものと思われる。こうした利用法に代って『四季物語』は「なりはうつくしう玉むしなどいひて、いみじけれど声きりぎりすはたおりからうろぎにさへおとりて、こゑたてぬもあれど、此むしはやむごとなきさちあるものにて、宮のさうにて、何くれの御つほねにも、御くしげの中、白ふんの中にまろびて、か

図137　タマムシ（博物館虫譜）

らは人をさへ、野べにすてためるならひなるに、十とせはたとせの後までも、御もの、中につ、ませおかせ給ふ事よ、云々」と、女性の間でもてはやされるようになった事を記している。中世にも玉虫の美しさは賞でられ、玉虫姫を主人公とした『玉虫の草紙』が作られている。『大和本草』は金亀虫として「死タルヲ婦人白粉ノ器中ニ入ヲク」とし、『和漢三才図会』も「婦女鏡奩に納め以て媚薬と為す。白粉汞粉を用いて之れを蔵す。歴年腐らず」と上記の『四季物語』の風習が引き継がれていた事を記している。なお『和漢三才図会』はタマムシは雌雄によって色彩が異なり、雄の方が美しい事を指摘しているが、これはタマムシの雌雄ではなく、雌は別種のウバタマムシである。ケンペルも『日本誌』の中で日本で最も美しい昆虫としている。『守貞漫稿』によると、江戸末期にはタマムシが虫屋で売られていたと記されている。

二八、チョウ類　蝶

蝶は蛾と共に鱗翅類の昆虫で、極めて種類が多い。蛾が夜行性で、物にとまる際に羽を開いたままであるのに対して、蝶は昼行性で、とまる時には羽を閉じるのが普通である。弥生時代の遺物である銅鐸には、多くの昆虫が描かれているが（銅鐸）、蝶を描いたものは一つも出土しておらず、『古事記』、『日本書紀』の中にも蝶に関する話は見られない。蝶が初めて史料に見られるのは孝極三年（六四四）の東国の人が虫を祭る事を勧めた記事で（紀）、「此の虫は、常に橘の樹に生る。或いは曼椒に生る」とあるので恐らくアゲハチョウの幼虫の事と考えられている（日本博物学史）。『万葉集』にも蝶を詠んだ歌は一首も見られず、わずかに天平一九年（七四七）に大伴池主の家持からの見舞いの歌（三九六六）に対する返信の中で「戯蝶花を廻りて舞ひ、云々」と記しているのが唯一のものである。ただしこれは中国書からの転用と考えられている。正倉院の宝物の中には蝶の文様や意匠が見られるが、これも多くは中国からの伝来品で、古代の我が国では蝶に対する関心は高くなかったものと思われる。『新撰字鏡』によると蝶は「蛺也。加波比良古《かはひらこ》」とあるので、平安時代までは「かはひらこ」と呼ばれていたものと思われるが、蝶を「かはひらこ」としている用例も見当たらない。『倭名類聚抄』には蝶の和名は記されていないが、鳳蝶の和名を「保々天布《ほほてふ》」としている。同書にはこのほか緑蝶、紺蝶と二種の蝶が取り上げられているが、これらにはいずれも和名は記されていない。

平安朝時代に入ると『枕草子』に「四三　虫はすずむし。ひぐらし。てふ。松虫。きりぎりす」とあり、『源氏物語』

も胡蝶の巻が見られ、『堤中納言物語』には「虫めづる姫君」として蝶を幼虫から飼育して、羽化させる事を楽しみとした姫君の話が収められている。その文中に「さて又かはむしならべ、蝶と言ふ人ありなむやは。たゞそれが蛻《もぬ》くるぞかし。云々」とあり、「蝶はとらふれば、手にきりつきて、いとむつかしきものぞかし。又蝶はとらふれば、わらは病せさすなり」とある。「きりつきて」は鱗粉のつく事、「わらは病」とは瘧《おこり》の事で、当時そうした俗信が行われていたものと思われる。治安二年(一〇二二)に法成寺の落慶供養が行われた際には「蝶鳥の舞」が奉納されているが(栄花物語)、この舞は延長六年(九二八)に我が国で作られた新曲とされている。その後治承二年(一一七八)に比叡山の坂本で蝶の雨が降ったのに続いて(帝王編年記)、文治二年(一一八六)には鎌倉に黄蝶が充満し(吾)、建保元年(一二一三)には再び鎌倉で黄蝶が(吾)、嘉禄元年(一二二五)には京都東山で蝶の雨が(明月記)、天徳元年(一二三三)には坂本の日吉社でも蝶の雨が降った事が記録されている(明月記)。さらに宝治元年(一二四七)、二年(一二四八)には鎌倉で黄蝶が群飛し、永享六年(一四三四)には京都市内で白蝶が降った記事が見られるが(満済)、これらはいずれも戦乱の前兆とみなされている。

蝶の群飛した記録は江戸時代に入ってからも続き、寛永元年(一六二四)(孝亮宿祢日次記)、延宝八年(一六八〇)(実紀)、天和三年(一六八三)(御当代記)、明和三年(一七六六)(倭訓栞)、安永元年(一七七二)(続史)、万延元年(一八六〇)(武江年表)と数多く報告されている。『訓蒙図彙』の蝶の部には鳳蝶の図が載っており、『和漢三才図会』には鳳蝶のほかに二羽の白蝶の図が描かれているが、『大和本草』には取り上げられていない。寛政七年(一七九五)には大阪市内で「おきく虫」が大発生した記事が見られるが(摂陽年鑑)、「おきく虫」とは蝶の蛹の事で、その形が、お菊という女賊が後ろ手に縛られた姿に似ている所から名付けられたもので(図138)、同じような理由から「常元虫」とも呼ばれている(三養雑記)。同じ頃江戸の回向院には「蝶塚」と呼ばれる墓のあった事が記されているが(一話一言、金曾木)、その由来は不明である。蝶の変態についてはすでに「虫めづる姫君」の時代から知られているが、江戸後期の細川重賢は『昆虫胥化図』の中で、「防風ノ虫」としてキアゲハ(図34)、「キンカンノ虫」としてクロアゲハ等、三七種の蝶蛾の類の変態過程を日を追って図示している。同時代の虫譜としてはほかに増山雪斎の『虫豸帖』があり、「春の部」にアゲハ、カラスアゲハ、オオムラサキなど六七図を載せている。江戸末期の

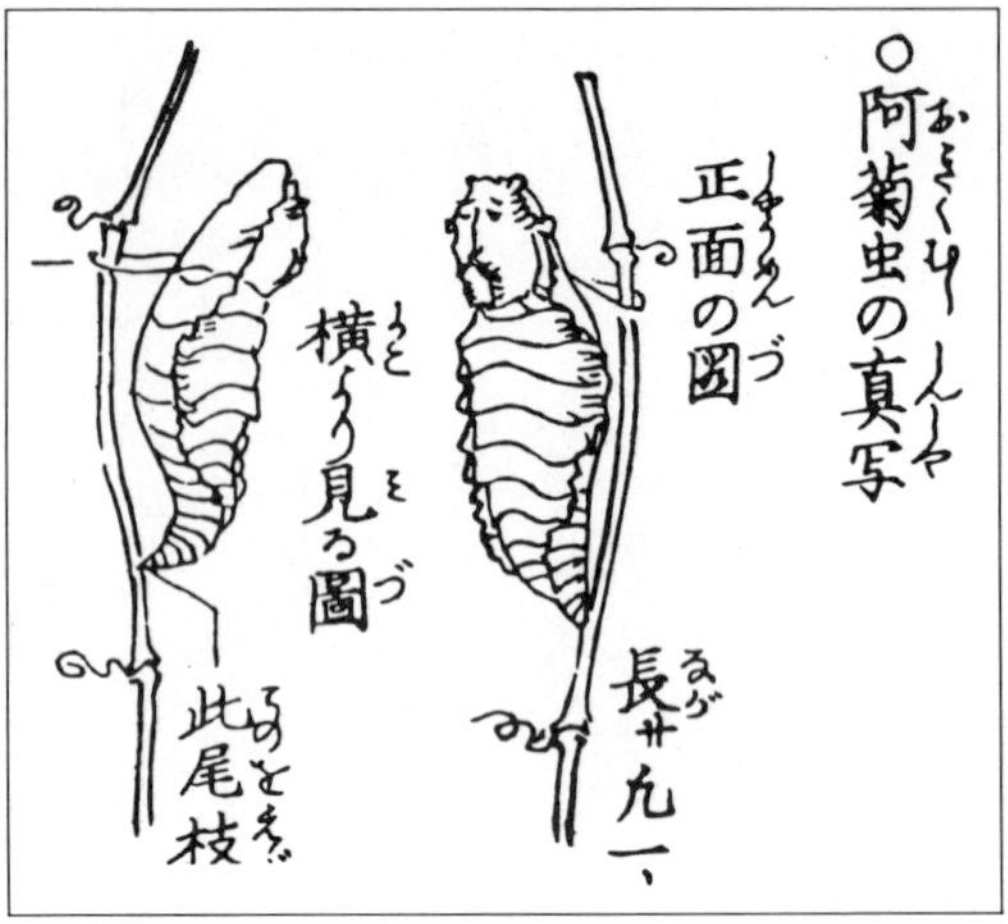

図138　お菊虫（雲錦随筆）

『本草綱目啓蒙』は「色白き者を粉蝶と云、色黄なる者を黄蝶と云。又黒を雑るあり、皆油菜葉の上或下に繊宵の黄卵を生ず。数日の後化して小長虫となる、緑色にして毛あり、日を歴れば漸く長じて一寸許。老するものは蛹となりて葉背茎椏或は屋壁の間に懸る。（中略）数日の後背上自ら裂て羽化し出て黄蝶粉蝶となる」と蝶の発生、変態の経過を記し、『甲子夜話三篇』七二―二は蝶が海を渡って飛来する「蝶の戸渡」について記している。このほか幕末には飯室楽圃の『虫譜図説』、吉田雀巣庵の『雀巣庵虫譜』といった蝶を含んだ昆虫図譜が出されている。

二九、トンボ類　蜻蛉、蜻蜓

トンボ類は蜻蛉目の昆虫で、幼虫時代はヤゴと呼ばれて水棲生活を営んでいる。トンボの絵は弥生時代の銅鐸に描かれており（銅鐸）、古くから我々の身近かな動物であった事がわかる。『日本書紀』神武天皇三一年に「内木綿《うつゆう》の眞迮《まさ》き国と雖も、蜻蛉《あきつ》の臀呫《となめ》の如くにあるかな」と天皇がいわれた事から、我が国は秋津洲《あきつしま》と呼ばれるようになり、『万葉集』では「三二五〇　蜻蛉島日本《あきつしまやまと》の国は、云々」と我が国の枕詞として用いられている。『釈日本書紀』は日本の国土が蜻蛉にたとえられる理由として「西は額方也。東は腹方也。南北は両羽也」としているが、我が国は古くはそうした形と考えられていたものと思われる。『日本書紀』にはこのほか雄略天皇四年の条に、天皇の臂を嚙んだ虻を蜻蛉が直ちに食べてしまったため、その地を蜻蛉野《あきつの》と命名したという地名伝承も載っている。蜻蛉はこのように古くは「あきつ」と読まれているが、『本草和名』は蜻蛉を「和名加岐呂布《かぎろふ》」とし、『倭名類聚抄』も「和名加介呂布」としている。『倭名類聚抄』にはこのほか「胡黎、和名木恵無波《きえむは》、蜻蛉の小にして黄なるもの也」、「赤卒、和名阿加恵無波《あかえむは》、蜻蛉の小にして赤きもの也」と二種のトンボの名があげられており、トンボの事を「えむは」とも呼んでいた事がわかる。「えむは」は後に大型のトンボ名「ヤンマ」に転訛したといわれている。平安末期の『梁塵祕抄』には「四三八　ゐよゐよ蜻蛉《とうぼう》よ、片方《かたし》をまいらんさて居たれ、働かで、簾篠《すだれしの》の先に馬の尾縒合せて、搔附けて、童冠者ばらに繰らせて遊ばせん」とあり、当時子供たちの間でこうした遊びが行われていたものと思われる。『壒嚢抄』は「蜻蜓ヲバ俗ニトンバウト云虫也」とし、『下学集』も蜻蜓を「トンバウ」としているので、中世には今のようにトンボと呼ばれるようになった事がわかる。

江戸時代に入って『本朝食鑑』は金魚の項で「時に槽中、動《ややも》すれは箭幹虫有りて、魚子を啗ふ。（中略）此の虫初め微小深黒にして孑孑《ぼうふり》と相混りて分ち難く、能く金魚の餌を逃れて長して小箭幹《やから》の如し。或は長鉄釘の如し。後化して蜻蜓と為る者なり」とトンボの幼虫を箭幹虫《やからむし》と呼んでいる。『大和本草』は「蜻蜓《トンハウ》は山トンボフ也。緑色ニシテ、尤大ナリ。又一種弥《ヤヤ》大ニシテ黒キアリ、筑紫ノ小児名ツケテダント云。赤卒ハアカトンホウ也。喉痺ノ薬ナリ。小ナリ。大ニシテ玄紺ナル者ヲ紺蠜ト名ヅク。是身ハ小ニシテ翼大ナリ。山中ノ澗辺ニ多シ。都邑ニハナシ。小ニシテ黄ナルヲ胡黎ト云。倭俗ニ蜻蛉《シヤウリヤウ》ト云。又淡白色ナルアリ。茶褐色ナルアリ。此二種其形状ハ同シテ、色異ナリ、都邑広地ニ此二種多シ。又甚小ナルトンボフアリ。大ニナラス。小ニヲハル」とトンボの種類をあげている。淡白色のものはいわゆるシオカラトンボで、茶褐色のムギワラトンボの雄であるから、計七種を区別している事になる。『和漢三才図会』は、『倭名類聚抄』にあげられたトンボのほかに、紺蠜《くろやんま》、馬大頭《をにやんま》を加え、赤卒を「あかとんはう」とし、別に志布夜牟末《しふやむま》、蚊蜻蛉《かとんぼ》の名をあげている。『本草綱目啓蒙』もほぼ同じようなものについて解説を加え、「蜻蜓の品類猶多し、こゝに具載せず」としている。『和漢三才図会』はほかに蜻蛉の解説の中で「小児雌を維ぎ雄を釣り以て戯と為す」と記しているが、これは上記の『梁塵祕抄』と同じ遊びで、加賀千代女の「とんぼ釣り今日はどこまで行ったやら」の句に詠まれている「とんぼ釣り」である。このほかトンボを捕るのに、指で円を描いて近付く方法も江戸時代から行われている（松屋筆記四─六）。

江戸中期以降には多数の虫類図譜が作られているが、細川重賢の『虫略画式』には三〇種以上のトンボ類が雌雄別に描かれており、中にムギワラトンボウとシオカラトンボウも含まれている。また同じく重賢の『昆虫胥化《しよか》図』にはハグロトンボの幼虫と羽化後の図が載っている。増山雪斎の『虫豸帖』はその図の正確・美麗な事で知られているが、その「夏の部」に蜻蜓二四図があり（図139）、栗本瑞見の『千虫譜』には「蜻蛉、胡黎、蜻蜓二種、赤卒、紺蠜、イト、ンボ、蜻蛉（和名シホカラトンボ）、蜻蛉一種、紅蜻蜓、青ヤンマ、豆娘（ヒメトンボ）」などの図が載っている。水谷豊文の『物品識名』によると胡黎はキトンボ、蜻蜓はヤンマ、赤卒はアカネトンボ、紺蠜はテフトンボとあり、ほかにクロトンボ、ヲハグロトンボ、ムギトンボ等の名をあげている。

図139　オニヤンマ（虫豸帖）

三〇、ノミ類　蚤

ノミは隠翅目に属する翅を持たない昆虫で、寄生する動物によってヒトノミ、イヌノミ、ネコノミ、ヤマトネズミノミ等と種類は多いが、時としてそうした特定の動物以外にも寄生して吸血する場合がある。『倭名類聚抄』は「和名、乃美」として「人を齧み跳ぶ虫也」としている。清少納言は『枕草子』の中で「二八　蚤もいとにくし。衣のしたにをどりありきてもたぐるやうにする」と蚤に悩まされた事を記しているが、同時代の僧侶は殺生戒によって殺生が戒められており、『古事談』二九二に「性空、客人ノ蚤ヲ殺スヲ見テ悲歎スル事」という説話が載っている。江戸時代に入って、芭蕉は『奥の細道』の中で、「蚤しらみ馬の尿するまくらもと」と当時の旅宿での蚤の跳梁を嘆いているが、江戸末期に刊行された『旅行用心集』には「道中泊屋にて蚤を避る方」

として「苦参といふ草を、生のまゝにて寝敷もの、上へ入置ハ蚤よらぬなり。云々」と記している。蚤の駆除法には「蚤とりまなこ」という形容詞があるように、徒手《としゅ》で捕えたほか、古くから多くの方法が考案されている。貝原好古の『日本歳時記』には「蚤多き所には、菖蒲の末を席の下にひねる。又しやうぶの葉をあつめて、床にしくべし」としており、『和漢三才図会』も「万宝全書」を引用して「五月五日午の時、石菖蒲を採りて晒し、乾し、末と為して席の下に放たば則ち蚤永く無し矣」と記している。また滝沢馬琴は天保三年（一八三二）の『馬琴日記』に、蚤に悩まされたので布団に生脳を入れたと記しており、ほかにも『譚海』に「蚤を去る法」が記されている。『和漢三才図会』は駆除法の他に、蚤は牝の方が大きいので、女の方が大きい夫婦を「蚤の婦夫《メヲト》」というと記している。

ヒト以外の動物に寄生するノミについて、井原西鶴は『西鶴織留』の中で、「猫の蚤取り屋」の話を記し、『守貞漫稿』にも同じような話が載っているが、山東京伝は『骨董集』の中で「此事おこなはれず、わづかにしてやみたるならん」としている。また小林一茶は「蚤咬んで寝せて行くなり猫の親」という句を残している。蚤の顕微鏡図は『紅毛雑話』、『千虫譜』に見られるが（図140）、『紅毛雑話』の図は外国書からの模写とする意見もある。なお、『見世物雑志』は文政三年（一八二〇）名古屋でおらんだ目鏡（顕微鏡）でノミ、シラミを見せる見世物が興行された事を記している。

図140　ヒトノミ（千虫譜）

三一、ハエ類　蝿

ハエ類は双翅目の昆虫で種類が多い。『日本書紀』推古三五年（六二七）に「蝿有りて凝り累ること十丈ばかり。虚《おほぞら》に浮

図141　ハエ（訓蒙図彙）

びて信濃坂を越ゆ」とあるが、これは蠅ではなく蜜蜂の分封の事であろうとされている。斎明六年（六六〇）の「巨坂《おおさか》を飛び蝓《こ》」えた蠅の群も恐らく蜜蜂の事であろう。このほか『日本書紀』、『古事記』には「五月蠅《さばえ》」が形容詞として用いられており、『万葉集』にも「八九七　（前略）五月蠅なす騒く児どもを云々」と詠まれている。『肥前国風土記』神崎郡蒲田郷の地名伝承に、景行天皇が同地で食事をされた時「蠅、甚《いと》多《さは》に鳴き、其声、大《いた》く囂《かまび》しかりき。（中略）因りて囂《かま》の郷といひき」とある。『倭名類聚抄』には総称としての「波閉《はへ》」のほかに、犬蠅、守瓜《うりばえ》があり、別に蠁子《さし》として「酒醋上小飛虫也」とあるが、これは恐らくショウジョウバエの事で、『壒嚢抄』は「酒ノ香ニ付ク小虫ヲ猩々ト云ハ何ニ事ゾ。猩ハ虫ニ非ズ獣也。彼ノ獣酒ヲ好ム故ニ小虫ノ酒ノ香ニ耽テ倚来ルヲ以テ、推テ猩々ト云ナルヘシ」と記している。ハエは別に人を刺したり吸血をしたりするわけではないが、古くから人々に嫌われ、『枕草子』も「四三　蠅こそにくき物のうちにいれつべく、愛敬なき物はあれ」と記し、『八雲御抄』も「さはへなす、五月のはへとかけり、わろき物也」としている。『明月記』寛喜二年（一二三〇）の日記には「蠅腹中に入り、頓死する者多し」とある。

『大和本草』は「其大ナル者青蠅、首赤シテ火ノ如ク景迹ト号ス。（中略）倭俗クソバヒト云。尤ニクムヘシ」とし、『和漢三才図会』はほかに牛蠅、狗蠅をあげているが、これは蠅ではなくアブである。『本草綱目啓蒙』は「クロバイ、コバイ、シマバイ、クソバイ」の四種をあげているが、コバイとあるのはイエバエ、クソバイはキンバエの事であろう。江戸末期の松平定信は『関の秋風』の中で、「蠅てふ虫は、またなくにくし」と記し、別の著書『花月草子』の中で「八三　とりもちをもて、はいといふ虫をおほくとりたるを、ふとけみきゃうとて、目もおよばぬものをみるめがねのあれば、それもてみしに、云々」と顕微鏡で蝿を観察した事を記している。ハエが蛆から生ずる事は、『倭名類聚抄』に「胆（蛆）」を「和名波閉乃古《はへのこ》、蝿子也」としているので、平安時代から知られていた事は明らかである。『本草綱目啓蒙』は「諸蝿皆蛆を生ず。（中略）夏秋の時食物に集れば至小の卵を遺し著ること甚だ数多し、初其卵は動かず、暫くして能行。云々」と蛆が蝿の子である事を記している。『紅毛雑話』には顕微鏡を用いて蝿の発生過程を描いた図が載っているが正確とはいえない。

三二、ハチ類　蜂

ハチは膜翅目の昆虫で種類が多いが、ここではミツバチ以外のハチについて取り上げる事とする。『古事記』には須佐《すさ》能男命《のおのみこと》を訪れた大穴牟遅神《おほむなちのかみ》が、呉公《むかで》と蜂とのいる室に寝かされた神話があるので、蜂は古くから害虫とみなされていたものと思われる。その反面貞観一六年（八七四）の『日本三代実録』には蝗虫《いなむし》が蜂に刺し殺された話が載っており、稲の害虫を駆除する天敵としても知られている。『倭名類聚抄』は蜂を「和名波知《はち》」としているほかに、「土蜂、和名由須留波知《ゆするはち》、大蜂の地中に在りて房を作る者也」、「木蜂、和名美加波知、土蜂に似て小さく、樹上に房を作る者也」、「蜜蜂、和名美知波知」と三種の蜂の名をあげている。『本草和名』は「露蜂房」を「和名、於保波知乃須」としており、蜂房は『延喜式』典薬寮の諸国進年料雑薬の中に含まれている。天慶三年（九四〇）東大寺で平将門の調伏を祈願している際中に、数万の蜂が堂内に充満したといわれており（帝王編年記）、応保二年（一一六二）には「蜂飼の大臣殿」と呼ばれる蜂を愛した藤原宗輔が歿している。彼の蜂にまつわる逸話は『今鏡』や『十訓抄』、『古事談』等に取り上げられている。応永二六年（一四一九）の『看聞御記』には蜂に刺された記事が見られ、同じ『看聞御記』応永三一年（一四二四）には「し、蜂」と

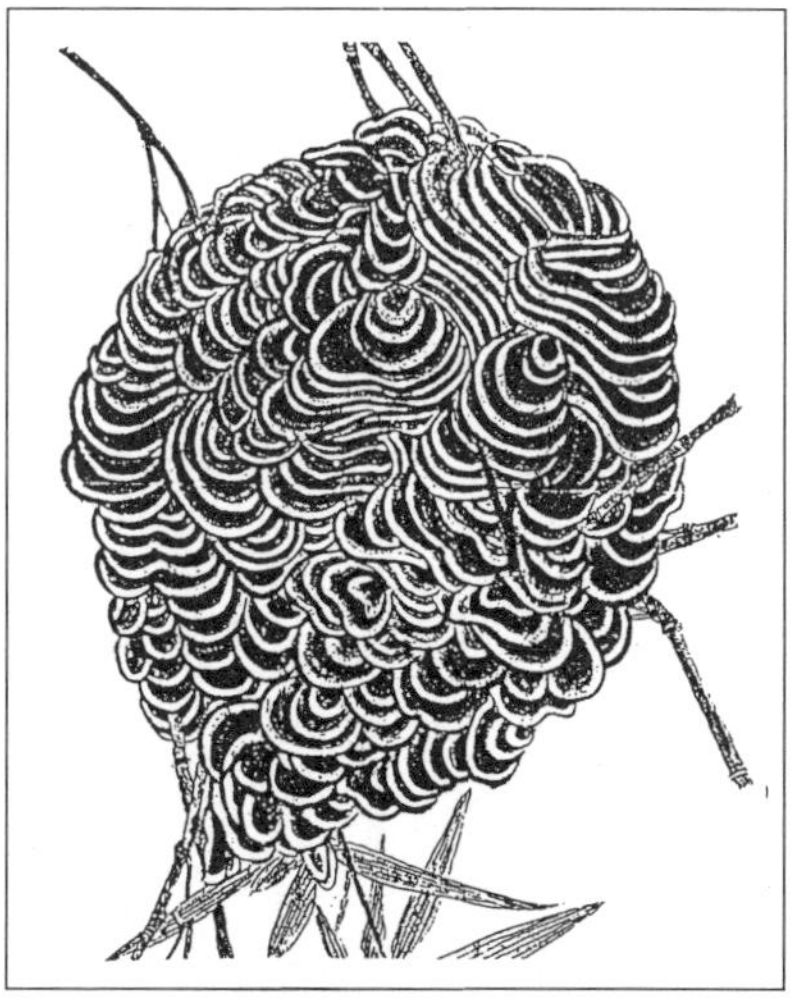

図142　露蜂房（千虫譜）

「三日蜂」との合戦の模様が記されている。三日蜂とは『倭名類聚抄』の木蜂で恐らくスズメバチの事であろう。天文二三年（一五五四）の『言継卿記』には山科言継が山蜂の巣を拝領した記事が見られる。蜂の巣は上記のように薬種として用いられたほか、平安時代に我が国にもたらされた「太平御覧」に「一房蜂の児五斗、或は一石有り。三分の一は翅足具はる。即ち塩酪を入れ、之れを炒り曝乾し、（中略）京洛に寄入り以て方物と為す」とあり、『医心方』にも「蜂子」が取り上げられている。

江戸時代に入って『大和本草』は蜂の種類について「種類多シ。ツネノ蜂ノ外、土蜂アリ、蜜蜂アリ、大黄蜂アリ、クマハチト云、又ヤマハチト云。人ヲサス、大ナリ。又ジカバチアリ」としているが、ツネノ蜂とはアシナガバチの事であろうか。『和漢三才図会』は総称としての蜂の他に、土蜂《ゆするはち》、木蜂《みかはち》、大黄蜂《やまはち》、赤翅蜂《あかはち》、蠮螉《じがばち》、竹蜂《たけはち》と六種の蜂の名前をあげている。蠮螉は『本草和名』、『倭名類聚抄』共に「和名佐曽《さそ》利《り》」としているが、現在のサソリではなく、ジガバチを指すものと思われる。『壒嚢抄』はジガバチの名前の由来として「朝野僉載」を引用して「蜂他ノ虫ヲ銜テ窠中ニ置キ呪イテ似我似我ト曰フ、即チ蜂ニ成ト云々。故ニ名テ似我ト曰フ也。我カ子ニ非ル別ノ虫ノ子ヲ取テ、呪イテ我子トスル也」と記している。ジガバチの習性をよく観察していた事がわかる。『塩尻』八〇に「信濃国より越後国へ行路（糸魚川道）をや野と云所あり、そこにうるりとて蜂の少きやうなる虫多く有りて、昼の間行客其野を通る事能はず夜のみ往還す。彼むし人をさす事甚しといふ。（割註・さそりのるいにや）」とある。この「さそりの類」はジガバチではなく、アブあるいはブユの類であろう。なおジガバチは古くは「すがる」とも呼ばれ、『万葉集』に「一七三八（前略）腰細の蜾蠃《すがる》娘子のその姿の云々」と容姿のよい娘の形容詞に使われている。蜂の類にはこの他に馬尾蜂があり、元文五年（一七四〇）の岐阜大洪水の後に大量に発生した記事が見られる（緒鞭余録）。産卵管が非常に長いので珍しがられたのであろう、宝暦一一年（一七六一）の京都東山の物産会にも出品されている（緒鞭余録）。『中陵漫録』一〇には「馬尾虻」として「四五月の頃、馬の尾を抜て塵積の中に置き、日を経て、其先の肉付の処、蛆に化す。又久して虻となる。虻の尻に其尾付て甚だ奇なり。俗に是を馬尾蜂と云。蜂にはあらず。馬尾虻に作るべし」としているが、そのような事はあり得ない。馬尾蜂はこのほか各種の虫譜にも取り上げられている。このほか『中陵漫録』四は「食虫」として蜂の子をあげているが、これはスズメバチの幼虫で、享保年間の『紀州在田郡広湯浅庄内産物』にも

「小児薬餌となす類」として「ハチノコ」があげられている。

三三、ハンミョウ類　斑猫

ハンミョウは甲虫目の昆虫で、その一部のものは医薬として用いられている。正倉院の『種々薬帳』の中には元青とあるが、正確には芫青が正しく、同じ『種々薬帳』に載っている毒木の「芫花」を餌としているツチハンミョウ科のアオハンミョウ（げんせい）の事である。ツチハンミョウ科の昆虫は体内にカンタリジンと呼ばれる猛毒を持っており、劇薬として使用されている。『本草和名』はこのツチハンミョウ科に属する昆虫として、芫青の他に斑猫《はんみよう》、葛上亭長《かつじようていちよう》のマメハンミョウ、地膽《にはつづ》のツチハンミョウの三種をあげ、『倭名類聚抄』は「地膽一名芫青」と芫青と地膽とを同一物としている。いずれも中国から輸入されたものと思われるが、このうち葛上亭長は慶長一七年（一六一二）に角倉与一によって安南国から持ち帰られている（駿府記）。これらツチハンミョウ科の甲虫はいずれも毒性が強く、『日本永代蔵』は「斑猫・比霜石より怖敷《おそろしく》、口にていふも扨置、云々」と記している。江戸時代には舶載が禁止されたのであろうか、『大和本草』はカンタリジンを全く含まない日本産のハンミョウ（ミチオシエ）を斑猫に当てており、『和漢三才図会』は「但し倭斑蝥の毒、外国者の甚だしきに如かざる也」と記している。ケンペルは『日本誌』の中で金亀としてハンミョウを取り上げているが、「用途は、この国では知られていない」としている。『物類品隲』も斑蝥を「讃岐方言ダイダウトホシ、ト云。所在ニアリ。（中略）讃岐産、上品」としているが、芫青に

図143　ハンミョウ（千虫譜）

ついては「和産ナシ。蛮産、紅毛語カンターリイ」としている。『本草綱目啓蒙』は斑蝥について「漢渡眞物なれども、今は渡らず」とし、地膽、芫青についても「今舶来なし」としている。『千虫譜』は和産のハンミョウのほかに舶来のハンミョウと芫青の図を載せている（図143）。

三四、ホタル類　螢

ホタルは甲虫目のホタル科の昆虫で、我が国では数種のものが知られているが、代表的なものはゲンジボタルとヘイケボタルの二種である。『日本書紀』神代紀に「螢火光神《ほたるひのかがやくかみ》」とホタルが光るものである事を記しているが、『万葉集』では三三四四に「螢なす」と形容詞に用いられているに過ぎない。『本草和名』は螢火を「和名保多留《ほたる》」とし、『倭名類聚抄』は螢を「和名保太流《ほたる》」としている。『枕草子』に「一夏はよる。月の頃はさらなり、やみもなほ、ほたるの多く飛びちがひたる。また、ただひとつふたつなどほのかにうちひかりて行くもをかし」とあるように、ホタルは夏の夜の風物詩としてもてはやされるようになり、『源氏物語』を始めとして『伊勢物語』、『大和物語』、『宇津保物語』等、多くの文芸作品に取り上げられている。京都では宇治と勢多とが螢の名所として有名であるが、ここの螢はいずれもゲンジボタルで、長承三年（一一三四）の『中右記』に「今日離宮祭也。（中略）夜に入り、遙かに河上を見るに螢火乱れ飛ぶこと陰天の星の如し」と記されている。一方鴨長明は『四季物語』の中で「されどこの虫も夜こそあれ、昼は色ことように夜のひかりにはけおされて、おとれる虫なり。まいて手にふれ身にそえては、あしき香うつり来ぬ」とホタルが悪臭をもっている事を記している。戦乱が続いた室町時代にも、寛正元年（一四六〇）の『碧山日録』を始めとして、応仁二年（一四六八）の『御法興院関白記』、天文一七年（一五四八）の『言継卿記』等多くの人々が宇治を訪れて螢見物を楽しんでいる。我が国では別れの歌として知られている「螢の光窓の雪、云々」の螢の光について『壒囊抄』は「螢聚トイフハ、車胤ガ学問スル事歟、車胤聚レ螢ト『蒙求』ニイヘバ、サコソト思ヒナラハセ共、『兼名苑』ニハ呉温龍夜読レ書無レ油、拾レ螢自照トイヘリ、云々」と記し、それが中国に由来するものである事を記している。

『雍州府志』は勢多に螢を売る店があった事を記しており、『大和本草』も「勢多宇治ニハ螢火多クシテ之レヲ売ル。螢火ヲ売ル事和漢メツラシ」と記し、さらに「大小二種アリ」としているので、江戸中期にはゲンジボタル、ヘイケボタルの相違が認められていた事がわかる。『桃源遺事』によると、徳川光圀は宇治川の蛍を江戸の後楽園に放したといわれている。『和漢三才図会』も蛍の名所として石山寺（勢多）と宇治川とをあげ、「然れども石山の多きに如かず」とした上で、「茅根腐草の化する所の者常也、此地特に茅草多からず、俗以て源頼政の亡魂と為すも亦笑ふ可し焉」と記している。蛍の発生について『つれづれ草拾遺』は「腐草化して蛍となるとはいへど、水にすむ尖螺《みら》といふもの、田蠃《たにし》のやうにて、ほそながきが化してほたるとなるよし、東国の人は申侍る、久我殿の池にはやくほたるおほかりしが、家鳬をおほく飼けるのちは、ほたるまれまれになりにける、かのみらを、家鳬の喰ひ盡し侍りけんか」と、蛍と尖螺との関係に注目している。尖螺とはカワニナの事で、『怡顔斎介品』にも同様な記事が見られる。『本草綱目啓蒙』は蛍に「大中小の三品あり、皆水虫より羽化して出」としているが、ゲンジボタル、ヘイケボタル、ヒメボタルの三種を指すのであろう。ただしヒメボタルの幼虫は水生ではなく陸生である。また同書は幼虫の時代にだけ光るツチボタルについても記載している。江戸の蛍の名所は『江戸砂子』、『武江産物志』、『東都歳時記』等に記されているが、『中陵漫録』一一「蛇池の群蛍」は「江戸竜土伊達侯の裏門の下に、蛇池と云小池あり。（中略）其池の近きに迫る時は、数万の蛍、頓に池中より驚起るが如く出で来る。其映ずる事白日の如し」と記している。竜土とは現在の港区麻布の一部である。

図144　蛍狩（鈴木春信画）

三五、まごたろうむし　孫太郎虫

孫太郎虫と呼ばれる虫は脈翅目のヘビトンボの幼虫で、子供の疳の薬として江戸時代末期に広く用いられている。宮城県の斎川産のものが有名で、『品物考証』によると明和四年（一七六七）四月に「始めて仙台侯マゴタラウムシを江府に献じ広く薬店で売り出す」とされている。このほか細川重賢の『昆虫胥化図』、佐竹曙山の『龍亀昆虫写生帖』にその図が収められている。孫太郎虫は中国伝来の本草書には記載されておらず、我が国特有の民間薬で、その由来の俗説は山東京伝の『敵討孫太郎虫』に記されている。

三六、ミツバチ類　蜜蜂

現在ミツバチと呼ばれているものは主として外来種のヨウシュミツバチであるが、我が国には昔から在来種のトウヨウミツバチが生息しており、本書で取り上げるものはそのトウヨウミツバチについてである。推古三五年(六二七)と斎明六年(六六〇)の『日本書紀』に蝿が群飛した記事が見られるが、これは蝿ではなく在来種のトウヨウミツバチの分封の事ではないかとされている。皇極二年(六四三)には百済の太子が蜜蜂の巣四枚を三輪山で飼育したが、繁殖しなかったと記されている(紀)。恐らくこの時代には我が国ではまだ養蜂の技術が知られていなかったのであろう。天平一一年(七三九)には虎皮などと共に蜜三斛が渤海使によって進上され(続紀)、天平勝宝六年(七五四)には鑑真によって中国からもたらされ、同八年(七五六)の聖武天皇の七七忌には東大寺に施入されている(種々薬帳)。さらに天平宝字四年(七六〇)には五大寺にも蜜缶一口ずつが贈られている。延長五年(九二七)に表進された『延喜式』内蔵寮の諸国年料供進の中には「蜜。甲斐国一升。相模国一升。信濃国二升。能登国一升五合。越中国一升五合。備中国一升。備後国二升」とある。一国当りの年料としては極めて少量なので、恐らくまだ蜜蜂の人工飼育は行われておらず、山野の蜂蜜を採取していたものと思われる。我が国で蜜蜂を飼育して採蜜を行うようになったと見られる記録は、治承二年(一一七八)の安徳天皇降誕の際で、『山槐記』に「蜜、兼ての日蔵人所より蜜御園に遣召し、云々」と記されているので、「蜜御園」と呼ばれる蜜蜂を飼育する御園が設けられていたものと思われる。蜜を使用した記事はこれより前、康和五年(一一〇三)二月八日の『中右記』に「今宮麝香を服さしめ給ふ。小児に麝香を服さしめ給ふに二様有り。乳に付けて服さしめ、又蜜に和して服さしむ。云々」とある。蜂蜜は中世に入ってからも薬種として用いられ、『有林福田方』には蜜蝋のほかに石蜜があげられている。石蜜とは『本草綱目』に見られる石蜜、木蜜、土蜜、家蜜の一つで、『大和本草』は「石蜜ハ高山岩石ノ間ニ之レヲ作ル、其蜂、常ノ蜜蜂ニ異リ、黒色ニシテ蝱ニ似、日本ニモ処々之レ有リ」と記している。

蜜蜂の習性その他について『本朝食鑑』は詳しく記しているが、その中で「江都の官家蜂堂を庭上に設けて蜜を採り戯と作す、其の製厚木板を用て四囲に并せて以て大柱の容を模し、内に部局を設く。其の上の奥に蜂王の座有りて群臣次第に列座して官職有るが如し。下にも聚花の会場有りて大窠を綴る。是れ即ち蜜の有る処なり。蜜汁滴り下て堂下の木大盤に承く。堂の両辺両衙の竅《きょう》有り、其の竅口の外に雙大蜂有りて相対して来蜂の花を監す。群蜂旦に堂を出て午時、花鬚及び薬葩の類を銜み来りて衙竅に入る。監蜂之れを検して入る。若し花を啣へずして来る者有れば逐ひ還して入れず。争ひ拒む者有れば則ち群蜂之れを刺殺す。云々」と蜜蜂の生態を詳しく記している。同書はさらに蜂蜜の産地として「大抵真蜜は紀の熊野に出る最も多し。備の中州、石州、肥州、豊州之れに次ぐ」と記しているが、熊野の養蜂については『日本山海名産図会』に詳しく記されており、大蔵永常も『広益国産考』の中で取り上げている。その採蜜法は『折々草』にも見られる。『大和本草』も人家に養う蜜蜂を「家蜜」と呼んで、その飼育法を記し、蜜蜂の巣から蜜蠟（黄蠟）をとる事を記している。松平定信は天明六年（一七八六）に紀州から蜜蜂を取り寄せ、江戸城の吹上、二の丸の両庭園と、紀州侯の邸宅に放したといわれている（博物学史）。『千虫譜』は巻頭に蜜蜂を取り上げ、養蜂の技術について記した後、『本朝食鑑』の記事を引用して大将蜂、通蜂、門蜂、水吸蜂、掃除蜂、内にて働蜂、花吸蜂、黒蜂、役蜂、無能黒蜂といった蜜蜂の分業種別の図を載せ、「各々勤行の役有る事右の図を見て知るべきなり」と記している（図145）。

図145　ミツバチ（千虫譜）

三七、ミノムシ　簑虫

通常ミノムシと呼ばれる虫は鱗翅目のミノムシガの幼虫の事で、樹木の害虫として知られている。『枕草子』は「四三（前略）みのむし、いとあはれなり。鬼の生みたりければ、云々」としており、『藻塩草』は「鬼の子、是簑虫の事と、八雲御説也」と記している。ミノムシを鬼の子とする事について『嬉遊笑覧』は「これ古への童が諺なるべし、蓑虫のきぬ穢けきあらあらしきもの故、おにのすて子など云しこと、見ゆ」としている。『枕草子』はまた「八月ばかりになれば、『ちちよ、ちちよ』とはかなげに鳴く」とミノムシが鳴く事を記し、『夫木和歌抄』にも「契りなん親のこゝろもしらずして秋かぜたのむみのむしのこゑ」とあるが、これは誤りで『和漢三才図会』が「然れども未だ鳴声を聞かず」としているのが正しい。『桃洞遺筆』は『枕草子』の記事と『夫木和歌抄』の歌とを引用しているので、ミノムシは鳴くものと思っていたらしいが、反面「後羽化して蝶となる」という事を指摘している。『百品考』もミノムシが幼虫の長虫から蛹を経て「春ニ至テ羽化シテ飛去ル」事を記している。

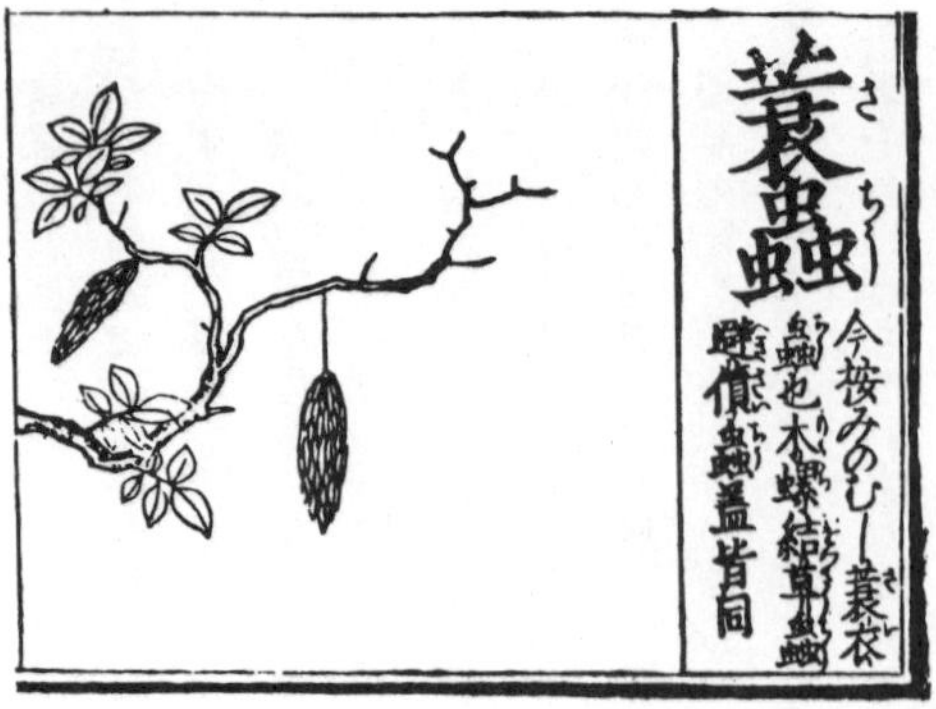

図146　ミノムシ（訓蒙図彙）

第八章　触手動物

触手動物はこれまで擬軟体動物あるいは前肛動物と呼ばれて来たものとほぼ同じ動物群で構成されており、箒虫類、苔虫類、腕足類の三綱に大別されている。このうち箒虫類、苔虫類は江戸時代まで動物として取り扱われた記録は見当たらず、腕足類だけが二枚の貝殻を持っているため、二枚貝の仲間に取り上げられている。ただし二枚貝の貝殻が体の左右に存在しているのに対して、腕足類の貝殻は体の背腹にあり、その点で軟体動物と大きく相違している。本草学で石燕と呼ばれているものは古生代の腕足類の化石である（図1）。

一、シャミセンガイ（めかじゃ）

三味線貝（女冠者、江橈）

シャミセンガイは腕足類の中で最もよく知られたものであり、また我が国では最も古くからその存在が知られて来たものである。ただし江戸時代には「めかじゃ」の名前で記載されており、シャミセンガイという呼び名は見られない。『大和本草』は介類の中でメクハジヤを取り上げ、「筑後ノ海辺ニアリ。形大豆ノ如ク、大サ季指ノ頭ノ如にして少長シ。其殻マテノ如シ。（中略）三才図会ニ所謂ル江橈ハメクハシヤナルヘシ」と記し、『怡顔斎介品』も「江橈。俗ニメクハジヤト呼フ」としている。『千虫譜』は「指甲螺」として図を載せ、「メクハシヤ。肥后、肥前。オトメガイ。備前」とオトメガイという名をあげている。江戸末期の畔田伴存は『熊野物産初志』の中で「両殻長ク末円也。其色青緑色或黄褐色、唇ヨリ三四寸許扁ク濶三四分許ナル舌ヲ出ス。云々」と記し

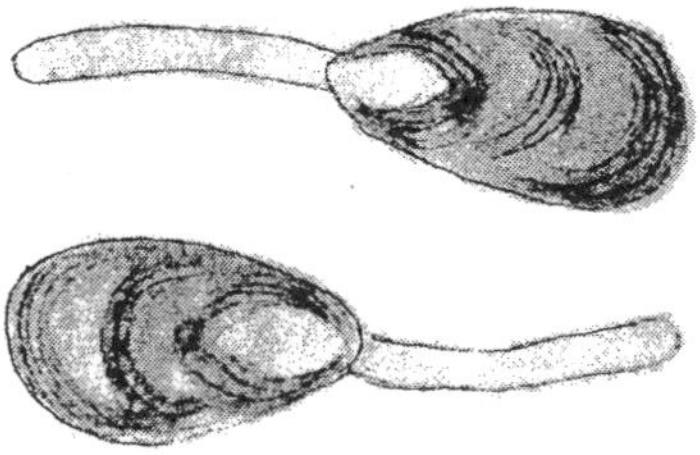

図147　シャミセンガイ（千虫譜）

ているが、青緑色とあるのはミドリシャミセンガイの事であろう。明治一〇年（一八七七）に腕足類の研究のために来日したモースは、江ノ島に設けた臨海実験所で網を引き「第一回の網に小さなサミセンガイが三十も入っていたのだから、私の驚きと喜びとは察して貰えるだろう」と述べている（日本その日その日）。

二、ホウヅキガイ　酸醤貝

畔田伴存は『熊野物産初志』の中でシャミセンガイのほかにホウヅキ介を取り上げ「此介海中ノ樹下ニ附生ス。形状円長。トリ介ニ似テ小ニシテ薄ク、黄白色或ハ微紅色ヲ帯。上殻ノ尾、下殻ヨリ微ニ長クシテ小孔アリ。肉紐其孔ヨリ出、物ニ附」と記し、二枚の貝殻が左右ではなく、上下関係にある事を指摘している。さらに「一種形状円アリ。一種亀介ト云アリ。扁ニシテ亀状ヲナシ、赤色也」とホウヅキガイの別種であるカメガイについても記載している。

第九章　半索動物

一、ギボシムシ　擬宝珠虫

体の前端に擬宝珠《ぎぼし》状の吻《ふん》がある所から名付けられたもので、我が国ではミサキギボシムシが明治三〇年（一八九七）に記載され、ヨードホルム様の臭いを発する事で知られている。畔田伴存は『水族志』海虫類の中で「一種ウミミ、ズアリ。海浜砂泥中ニ生ス。穴ヲ発シテ之ヲ捕フ長サ二三尺ニ至ル（中略）臭気アリテ手ニ触レハ臭気移リテ去リガタシ」と記している。海産動物で臭気を発するものは稀であるから、恐らくギボシムシを指すものと思われる。

第一〇章　棘皮動物

一、ウニ類　海膽、霊蠃子、棘甲蠃、石陰子

ウニの漢名である霊蠃子《れいらし》について『本草和名』、『倭名類聚抄』はいずれも「貌橘に似て円く、其甲紫色にして芒角を生ずる者也」として和名を「宇爾」、「宇仁」とし、『倭名類聚抄』は「漢語抄云、棘甲蠃、宇仁」としている。従って霊蠃子も棘甲蠃もいずれもウニを指す事になる。また石陰子について『本草和名』は「和名加世」とし、『倭名類聚抄』も「漢語抄云、甲蠃、加世」としているので、石陰子と甲蠃とも同一物を指す事になる。『本草和名』寛政版の森枳園の書き入れには「加世は前文霊蠃子宇仁の一名也」としており、これが通説とされている。従って霊蠃子を始めとして棘甲蠃、甲蠃、石陰子はすべてウニを意味することとなる。一方『出雲国風土記』嶋根郡の「北の海に捕るところの雑の物」の中には「蕀甲蠃《うに》・甲蠃《かせ》」とあり、『律令』賦役令の調の品目の中でも「棘甲蠃六斗、甲蠃六斗」と両者を区別している。平安時代に入ってからも、『延喜式』神祇七の践祚大嘗祭の項に、阿波国献ずる所として「（前略）細螺。棘甲蠃。石花等并廿坩」とあり、主計上の若狭国の調には甲蠃とあるので、あるいは棘の有無によって呼び名を変えていたのかもしれない。ウニは縄文時代の早期から晩期にかけての遺跡から出土しており、種名の明らかなものにバフンウニ、ムラサキウニがある（縄文食料）。有史時代に入って奈良・平安時代に食料とされた事は上記の通りである。しかし中世に入るとウニを食用とした記事は見られなくなり、各種の料理書や往来物にも取り上げられていない。江戸時代に入って『料理物語』は「（うに）なし物によし、かぶとがいの身也」と記し、「かぶとがい」の身を「ウニ」と呼んでいる。『本朝食鑑』は霊蠃子をウニとして「殻内に白肉有れど之れを食するに足らず、但腸有りて味ひ佳なり、海人之れを取りて塩を和して醬と作す」とし、『大和本草』も海膽の項で「肉ヲトリ塩ヲ和シナシモノトシテ味美ナリ」としている。『毛吹草』はウニの産地として陸奥、肥前、壱岐をあげ、『日本山海名産図会』は海膽（一名霊蠃子）として越前、薩摩、大村、五島、平戸等の名産とするほか、海膽焼、海膽田楽としても食べられていた事を記している。

ウニ類には種類が多く、棘の短いものにタコノマクラがあ

る。『本朝食鑑』は霊蠃子《うに》のほかに蛸枕、石陰子《かせ》を取り上げ、蛸枕について「状蛸蝍《しょうぞく》（たこ、いか）に類し、一身五足、（中略）大なる者方一寸余、背青黒、五路花紋有り」と記している。背面に五つの花紋があるという事はタコノマクラに該当しているが、五足とあるのであるいはヒトデの類を指しているのかもしれない。『和漢三才図会』は霊螺子としてウニ類を総括し、他に海燕としてカシパンの類の図を載せている。カシパン類については『蒹葭堂雑録』五に『山家集』の「一三七三　おり立ちて浦田に拾ふ海士《あま》の子はつみより罪を習ふなりけり」という歌を引用して、「つみ」とはカシパンの事であろうとしてその図を載せている。『本草綱目啓蒙』は海燕をタコノマクラとしているが、「其形正円にして扁薄云々」とあるので、これも現在のタコノマクラの事ではなく、カシパンの類と思われる。宝暦一一年（一七六一）の京都の物産会には海胆殻が出品されており（赭鞭余録）、『千虫譜』は「蛮書『ラリテイト』に出たり」として、熱帯産のパイプウニの図を載せている。京都の物産会に出品されたのも、あるいはこうした特種なウニであったのかもしれない。江戸末期の貝類の専門書『目八譜』は巻一二を異形属としてウニ類を取り上げ、「芝栗、毛栗、鬼栗、赤毛毬、花栗、長刺栗、八丈雲丹」等といったウニ類の名前をあげているが、今日和名として用いられているものはない。『目八譜』はまたウニの殻を兜介と呼んで「星兜、長兜、平兜、笊目介」等の名を付け、巻一三ではウニの口器であるアリストートルの提燈に「吹上千鳥、牙介、釣鐘」等と命名し、ウニの刺にも「香箸介、紡車介、線香折、鬼の髭、花楊枝」等と名付けて図示している。以上はいずれも刺を持った普通のウニ類についてであるが、タコノマクラのように棘の短い種類については巻一四にヒトデ類と一緒に取り上げ、「海盤車」として「章魚ノ円座、亀甲盤、兜円座、盤車介」などとしているが、これら

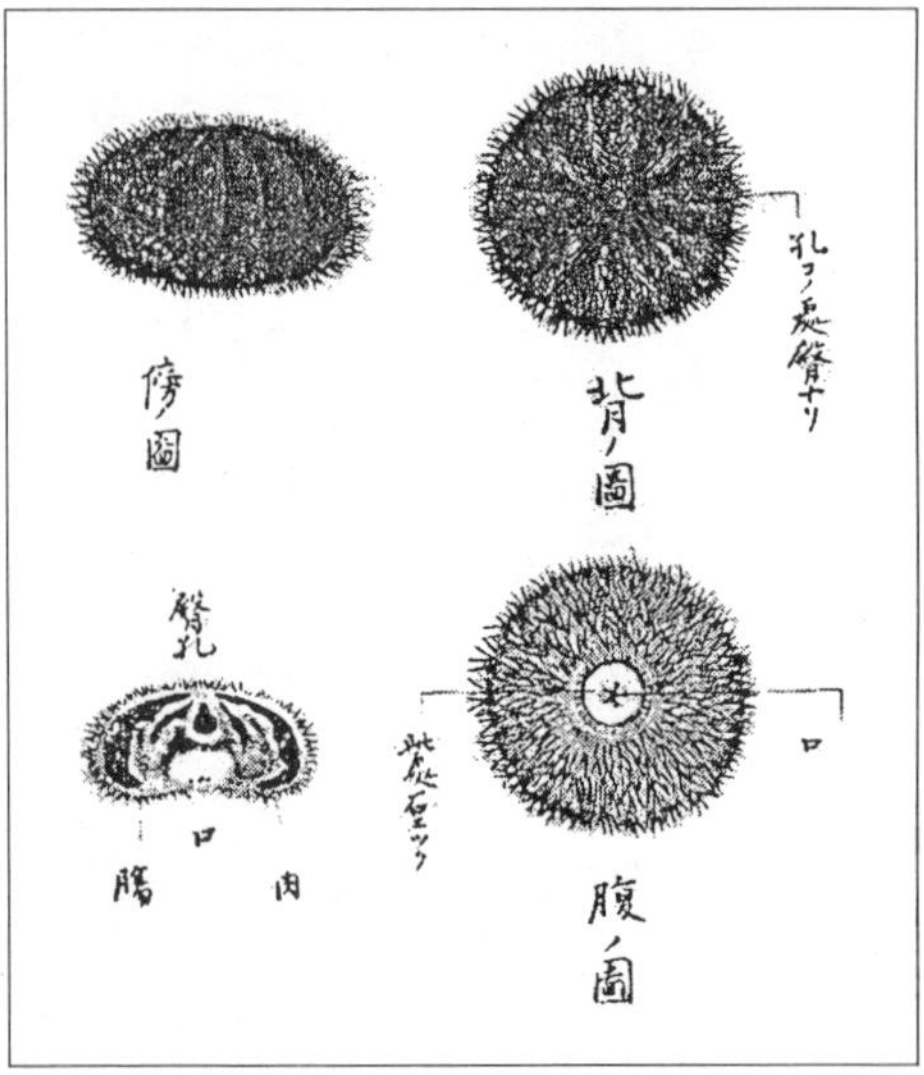

図148　バフンウニ（甲子夜話）

も現在和名として用いられているものはない。畔田伴存も『介志』の中でウニの刺の図を示しているが、琉球産の「テンシユ介」とあるのは現在のパイプウニの刺であろう。また『甲子夜話』二二―一六はガゼの図としてバフンウニの背・腹・側・断面の正確な図を載せている（図148）。ウニ類は食用とされたほか『日本山海名産図会』は「住吉、二見などの浜に此刺を削りて小児の弄物とす。（中略）まま中に漆して器物とす」と子供の玩具としたり、器物として用いた事を記している。

二、クモヒトデ類（付テヅルモヅル）

蛇尾、陽遂足（手蔓藻蔓）

クモヒトデ類は通常のヒトデと比較すると腕が細く長い。クモヒトデについて『本草綱目啓蒙』は「海燕」の中で「一種体小にして五の細長足ある者をクモヒトデと云、足に軟刺ある者もあり、是陽遂足なり」としており、実際に小野蘭山は享和二年（一八〇二）の南紀採薬旅行の際に小浦でクモヒトデを観察している（藤子南紀採薬志稿）。また『千虫譜』は「石州浜田産方言クモダコ」として図を載せ、「裏の真中に口あり梅花紋の如し。紀州六百介品中の花匣は此もののしやれたるなるべし」と記し、『目八譜』も「花筐」として「按に蜘鱆の甲中より出る者なるへし」と記している。

テヅルモヅルはクモヒトデの一種で、五本の腕が多数に分岐して樹枝状を呈している。田宮仲宣は『嗚呼矣草《おこたりぐさ》』の中で「摂州兵庫の西、高麗が林の沖の海底より、手蔓藻《てづるも》と云もの出づ。近頃和蘭人これを知りて求め帰るよし。云々」と記している。最初は海藻の一種と考えられたのであろう。『本草綱目啓蒙』は海燕《たこのまくら》の一種としてシハヒトデの地方名を列記している。その中に「テヅルモヅル（摂州）、テンツクモンツク、テンバ、テンズモンズル（共に同上）」等とあり、その解説として「形円扁大さ一寸許、菊花の形あり。周囲に足多し、足に横紋あり。足ごとに枝を分ち、枝ごとに叉を分ちて数十叉に至り、皆巻曲す。松蘿の状に似てふとし」と記し、その薬効をあげている。栗本瑞見も『千虫譜』で海燕としてウニ、ヒトデ等の類の中で取り上げ「打身の妙薬と云う」としている。『桃洞遺筆』附録は手蔓藻蔓の図及び解説を載せているが（図149）、上記の『嗚呼矣草』、『本草綱目啓蒙』からの引用が多い。『目八譜』も海燕海盤車類の中で「天紫骨《てずるも》悶紫《ずる》」の図を載せ、『介志』も海燕類の中で「シワ」として取り上げている。『本草写生図譜』に「隠し蓑」として図示されているものはオキノテズルモズルと同定されている。

図149　テヅルモヅル（桃洞遺筆）

三、ナマコ類　海鼠、海参、沙噀

ナマコの類はほかの棘皮動物と違って骨格を作らず、皮膚に微小な骨片を持っているにすぎない。従って有史以前から食料とされていたとしても遺跡にはその痕跡は認められていない（縄文食料）。『古事記』上巻には猿田毘古が海の生物に向って「汝は天つ神の御子に仕へ奉らむや」と尋ねた際に海鼠だけが答えなかったため口を拆《さ》かれた話が載っている。有史時代に入って『出雲国風土記』は嶋根郡大井浜他の産物として海鼠をあげており、平城宮跡から出土した木簡にも海鼠と思われる〇鼠と記したものが発掘されている（奈良朝食生活の研究）。『律令』賦役令ではナマコの乾燥品である熬海鼠《いりこ》が調とされており、『延喜式』神祇四にも熬海鼠が見られる。『延喜式』主計上には熬海鼠のほかに海鼠の腸の塩辛である海鼠腸《このわた》も取り上げられている（56頁別表）。このように海鼠は「こ」と訓《よ》まれ、『本草和名』、『倭名類聚抄』はいずれも「和名、古」としている。中世に入って『庭訓往来』でも煎海鼠は初献の料に、海鼠腸は塩肴として取り上げられており、海鼠腸は宮中にも献上されている（御湯殿）。海鼠は宮中の女房詞で「はなだ」、熬海鼠は「くろもの」と呼ばれている（大上臈名事）。「くろもの」はその色から名付けられたものと思われるが、「はなだ」の由来は明らかでない。『厨事類記』の供御次第の「六御盤」には割註として「同脯、鳥腊、押年魚、東鰒、堅魚、海鼠、蛸（中略）本司添える所に随いて之れを盛進る」とある。承保四年（一〇七七）の『水左記』には海鼠腸を解熱のために食べた際の禁忌が記されており、長享三年（一四九一）の『宣胤卿記』には海鼠、明応六年（一四九七）の『実隆公記』には海鼠腸の贈答記事が見られる。

『尺素往来』は海鼠を美物の一つに数えており、その料理法は『四条流庖丁書』に「カキコ（蛎、海鼠）タ、ミノ事」として「先ナマコヲ能ホドニ作リテ。酒ニテソト色ヲトルベシ。云々」とあり、海鼠腸については「コノワタノ事。可レ秘レ之。塩カラ少損ジタルヲバス、ギテ参スル也」とある。このほか『料理物語』は「（なまこ）なます、ふくらいり、こたゞみ、すこいとにつくり、いりざけかけよし（同わた子）なし物、このこはなまにていり酒（同わた）すひ物、いりこは汁、けづり物、に物、青あへ、水あへ、色々」としている。

熬海鼠はまたその形が似ている所から、俵子《たわらご》とも呼ばれており、その製法は『本朝食鑑』に「之れを造るに法有り、鮮生大海鼠を用い、沙腸を去りし後数百枚を空鍋に入れ、活火を以て之れを熬る、則ち鹹汁自ら出で、焦黒燥硬せば取出し、冷を候して両小柱に懸列す。云々」とあり、『和漢三才図会』は「之れを熬り毎十箇を二つの小柱に懸張て梯の形の如きなる者、串海鼠《くしこ》と名く」とし、『大和本草』はその薬効を「小児ノ疳虫ヲコロス」としている。『本朝食鑑』はまた海鼠腸について「腸醤を造る法、先ず鮮腸を取りて潮水至って清き者を用いて洗浄すること数十次、沙及び穢汁を滌去して白塩に和し、攪匀して之れを収む」とし、『大和本草』は「其腸黄ニシテ長シ、醢トス。味ヨシコノワタト云。凡諸肉醢ノ中、是ヲ以テ上品トス」と記している。熬海鼠は江戸時代、長崎貿易の輸出品として重要視され、明和元年（一七六四）（天明集成二九二三）、天明五年（一七八五）（天明集成二九三四）、安永七年（一七七八）（天明集成二九三六）、天保二年（一八三一）（天保集成六五二三）とその増産を促す御触書が出されている。『日本山海名物図会』は鯨油を用いた海参漁について記し、海鼠の産地、漁法、海鼠腸の製法等については『日本山海名産図会』に詳しい。『奥民図彙』には陸奥湾でナマコ漁に用いた「五尺網」の図が載っている。ナマコには多くの種類があるが、中でも金華山付近で捕れるキンコが有名で、文化七年（一八一〇）大槻玄沢は『仙台きんこの記』を著してその由来、形態、生態等を記し、橘南谿の『東西遊記1』五—三三は「此海に生ずる海鼠は金砂を服したりとて金海鼠《きんこ》と称し云々」とその名前の由来を述べ、『千虫譜』も図を付して詳しい解説を加えている（図150）。ただしキンコは金華山沖だけに生息しているわけではなく、『蝦夷草紙』は「奥羽金華山の近所の海上よりとるを名物也といへり。他国になきやう思ふ人多し。東蝦夷地より出る事多し」と蝦夷地でも捕れる事を指摘している。『水族志』は中国の本草書に載っている門中海鼠、刺参、光参、遼海鼠などについて紹介している。

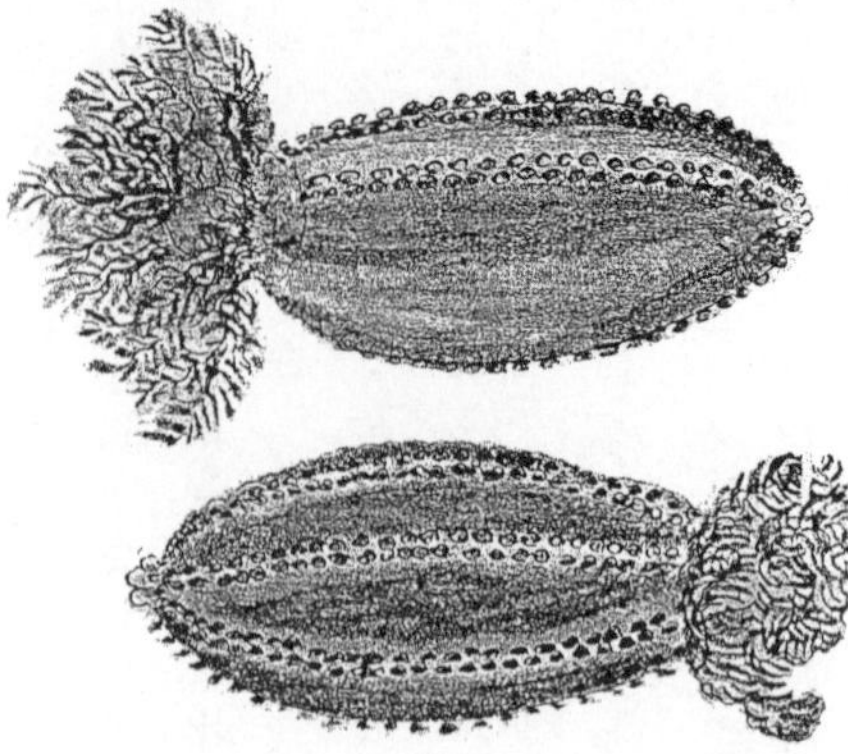

図150　キンコ（千虫譜）

四、ヒトデ類　海星、海燕

ヒトデは食料とならないため、『本草綱目』で「海燕」として紹介されるまで、我が国の史料には取り上げられていない。『本草綱目』の漢名に我が国の和名を当てた『多識編』は、「海燕、宇美豆波米《うみつばめ》、陽遂足、燕魚」とし、『訓蒙図彙』は「海燕　今按ずるに俗に云ふたこのまくら、一名陽遂足又海盤有り」としてヒトデの図を載せている。『本朝食鑑』は蛸枕の項で「李時珍が所謂る海燕、状ち扁にして面圓かに、背上青黒、腹の下白脆、海螵蛸に似たり。云々」と蛸枕を海燕としている。『大和本草』は海燕を「其形状異物ナリ、五角アリテ径二寸五分許、猶大ナルアリ色藍ノコトク青キアリ黄褐色ナルアリ、表ニ丹色ノ彩点多シ云々」としてイトマキヒトデと見られるものの図を載せている。『和漢三才図会』は海燕《もちかひ》の項で海燕には現在のカシパンの図を、陽遂足《たこまくら》にはヒトデの図を載せ、陽遂足について「海中に生す、色青黒く腹白く、五つの足有りて頭尾を知らず」と記している。従って当時はヒトデがタコマクラと呼ばれていた事がわかる。『日東魚譜』も陽遂足を「ウミモミチ、ヒトデ、タコマクラ」としている。『本草綱目啓蒙』は海燕《たこのまくら》の項で「一名イトマキヒトデ、（中略）色白き者をシラヒトデと云、赤き者をベニヒトデと云、一名オニヒトデ、モミヂガヒ皆背に軟刺多くして足の如し云々」とヒトデに色々の種類のある事を記している。『千虫譜』は「ウミモミヂ」、「イトマキ」（図151）、「モミヂ介」、「ヒトテガイ」等のほかに無名のヒトデの図を載せ、『介志』は「海燕類」として四二種のウニ、ヒトデの類をあげているが、ヒトデと思われるものは「桔梗介一名龍宮ノ糸マキ、イトマキヒトデ、モミヂ介」の三種類だけではあるまいか。また『目八譜』は「海燕」のほかに「大ノ字、紅人手、

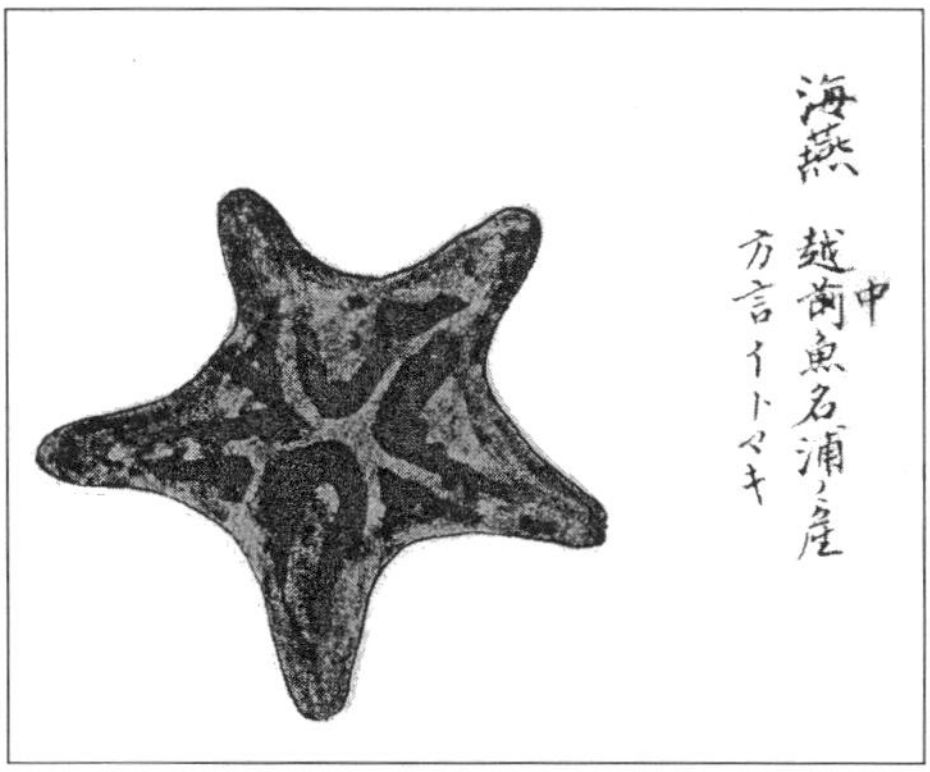

図151　イトマキヒトデ（千虫譜）

車人手、綱人手、皺人手、鬼ノ手、龍宮ノ糸巻」等の名をあげている。

第一一章　原索動物

一、ホヤ類　海鞘、老海鼠

ホヤ類は幼生の時期に脊椎骨の原始型である脊索を持っているが、変態後は運動能力を失い付着生活を営むようになる。成体は一見動物とは思われないが、本草書は虫類の中に数えている。これは恐らくホヤが刺激に反応して収縮運動をするためであろう。ホヤには単独で生活をする単体ボヤと、群体を作って生活する群体ボヤの二種類があるが、史料に見られるものはすべて単体ボヤで、それも食料となるマボヤあるいはスボヤ等に限られている。奈良朝時代に食料とされた記録は見られないが、『倭名類聚抄』は「老海鼠」を「保夜《ほや》」としており、『延喜式』主計上の諸国輸調には「貽《い》貝《かい》富《ほ》耶《や》交鮨《まぜずし》、保夜交鮨」があり、内膳司の年料には「参河国保夜一斛」があげられている。『土左日記』に「ほやのつまのいずし」とあるのもホヤを使った「なれずし」の事であろう。宮中の調理儀礼を記した『厨事類記』ではホヤは窪器物の一つにあげ

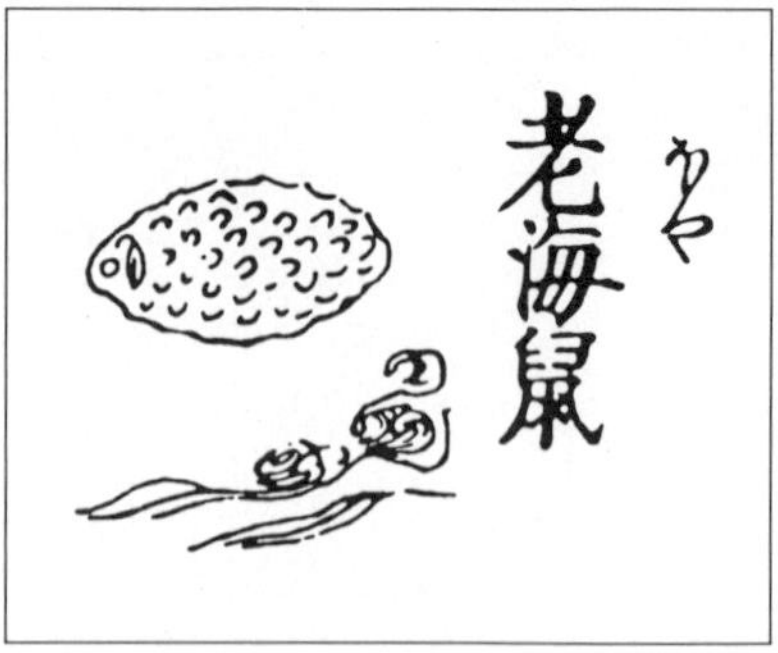

図152　ホヤ（和漢三才図会）

られており「老海鼠ハ。或保夜ツクリカサネテモルベシト云々。或説。方ニツクリテモル。或老海鼠醬云々」と記されている。中世の『尺素往来』も穂屋《ほや》を美物の一つにあげており、『朝倉亭御成記』には「九献、たいのこ・あかゞゐ・ほや」とある。また『四条流庖丁書』には「ほや汁」の作り方が記されている。

『本朝食鑑』は「老海鼠」について「状、海鼠《なまこ》の老変したるが如く、云々」と記し、『大和本草』も「海参ニ似テ色赤黒、云々」としているのは「老海鼠」という漢名に囚われたためで、海鼠、海参は棘皮動物であるからホヤとは全く別種の動物である。『大和本草』は「佳味ニ非ズ」としているが、ホヤは東北地方の名産で、享保末期に丹羽正伯が全国の物産調査を行った際の盛岡領の『御領分産物』の中に「ほや、すほや」とあり、古川古松軒は『東遊雑記』の中で、松前の付近の福島でホヤを食べた事を記している。このほか東北地方以外の『筑前国産物帳』でも「献上になる品」の一つにホヤをあげており、『筑前国続風土記』も「老海鼠、国君より毎年臘月是を江戸に献し給ふ。味よからすといへとも珎奇也」としている。

第一二章　脊椎動物

（一）魚類

一、アジ類　鰺

普通我々が食用としているアジはマアジであるが、アジ科の魚類にはほかにムロアジ、シマアジ等数十種のものが知られている。しかし単にアジとある時はマアジを指す場合が多い。マアジは世界各地に分布しており、我が国でも代表的な近海魚の一つで、縄文貝塚からも多数の骨が出土している（縄文食料）。『延喜式』宮内省では鯛と並んで御贄に供されているほか、内膳司には「六月神今食料、干鰺卌隻」とあり、神饌としても用いられている。『本草和名』は鰺を「和名阿知」とし、『倭名類聚抄』も「阿遅」としている。『倭名類聚抄』はさらに「食経」を引用して「味甘温無毒」としているが、天平九年（七三七）の太上官苻によると疱瘡の治癒後「鯖及び阿遅等の魚は、乾腊有りと雖も慎んで食ふべからず」とされている（類苻）。また中世の『庭訓往来』は「鰺の鮨」を塩肴として取り上げており、『料理物語』は「（あぢ）汁、おきなます、すいり、なまび、（同わた）なし物、しまあぢも同前」としている。『本朝食鑑』は「鰺の性、喜びて群を成して游び、海糠《あみ》を好んで食う。故に漁人窺ひて網して之れを采る、云々」と記し、「一種室鰺という者有り、狭小肉薄し、故に生食に堪えず、曝乾して腊に作って稍好し、（中

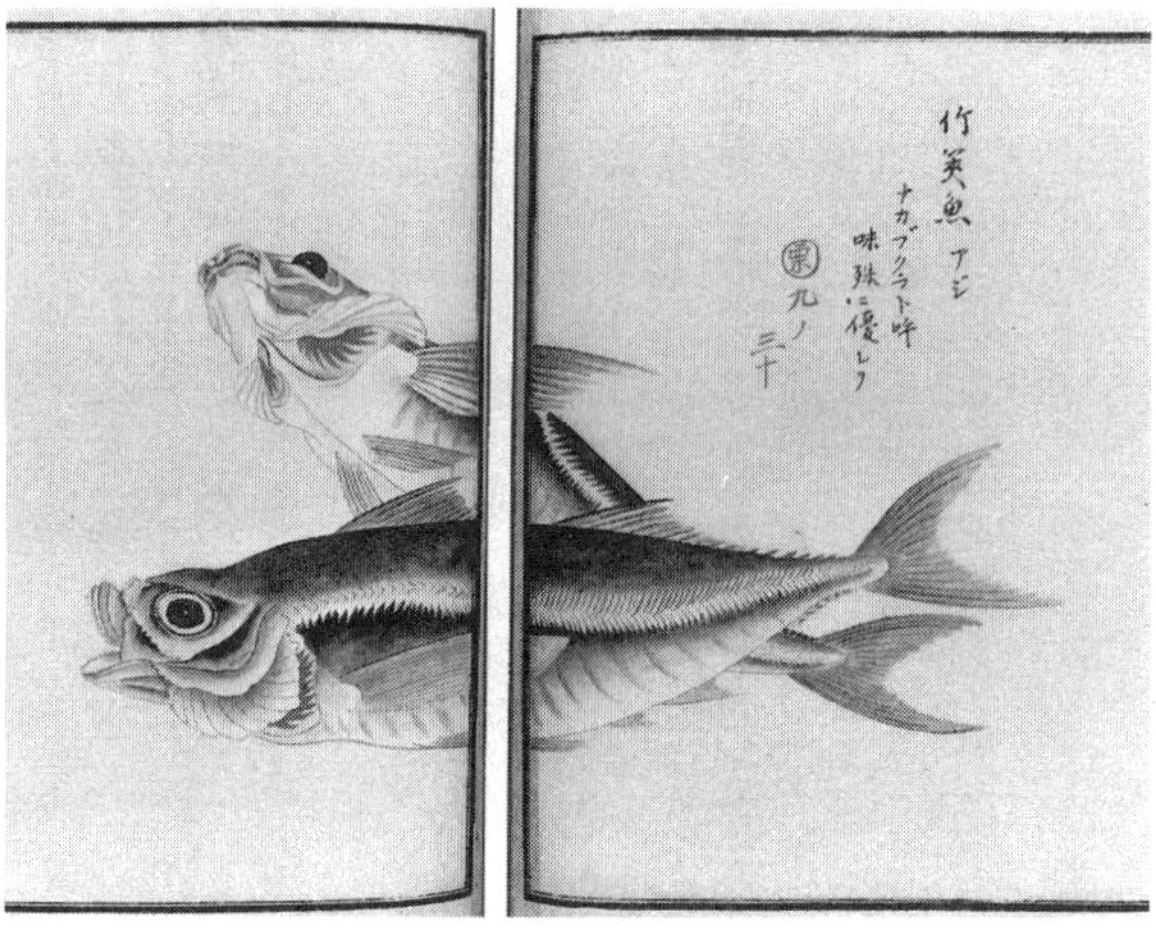

図153　マアジ（栗本丹州魚譜）

略）一種島鰺と曰う有り、鯧魚《まなかつお》に類して狭く、味も亦佳ならず、最も下品と為す」とアジに三種類のものがある事を記し、『和漢三才図会』はほかに棘高鰺《いらたか》、目高鰺、滅托鰺《めったく》の名をあげている。幕末の『魚鑑』も通常の鰺の他に「又丸あぢあり、相似て味ひ劣り、小毒あり。一種むろあぢ播磨室の海に多し、ゆへにしかいふ、（中略）一種しまあぢ状あぢに似て、全身まなかつをのごとし、小なるをゑのはといふ、庖丁家尤重んず」としている。『水族志』はコアヂ、大アヂ、シマアヂ、ホソクチ、サカバリ、カメアヂ、ヒラアヂ、シマアヂ、メッキ、イトマキの一〇種をあげているが、一部重複があり、大きさの相違による異名も見られる。

二、アユ　鮎、年魚、香魚

アユは我が国の代表的な川魚の一つで、『本草和名』は漢名で鮧魚としているが、それより以前の『古事記』、『日本書紀』、『風土記』などにはすべて年魚と書かれている。『倭名類聚抄』に「春生夏長、秋衰冬死、故に年魚と名づくる也」とあるように、アユは通常春三月頃に海から河川を上り始め、夏の間上流で成長するが、秋に入ると川を下り始め、一〇月頃川口付近で産卵して死滅してしまう。産卵された卵は孵化後海に下って稚魚期を過ごし、翌年春に遡上を開始する。鮎という漢字が用いられるようになったのは、『日本書紀』神功皇后紀、仲哀九年四月の条に、松浦県で戦況を占って魚釣りを行われたところ、細鱗魚《あゆ》が釣れたため魚偏に占と書いて

図154　八月枯鮎（日本山海名物図会）

アユとしたとされている。ただし鮎は中国ではナマズの事で、我が国でも『瓢鮎図』(図186)のようにナマズを鮎と記している場合がある。鮎は藤原宮出土木簡に「贄鮎」とあるのを始めとして(奈良朝食生活の研究)、『常陸国風土記』、『出雲国風土記』で産物として取り上げられ、『万葉集』では「八五五　松浦川川の瀬光り鮎釣ると立たせる妹が裳の裾濡れぬ」とか、「四〇一一　(前略)鮎走る夏の盛りと島つ鳥鵜養が伴は行く川の清き瀬ごとに篝さし云々」と当時の鮎漁の模様を詠んだものがある。天平九年(七三七)の『類聚符宣抄』によると疱瘡が治癒して二〇日を経過しても「年魚は煎るとも亦食ふ可からず」とされており、『律令』賦役令では正丁一人の調として「煮塩年魚四斗」が課せられている。煮塩年魚は『延喜式』内膳司の正月三節にも押鮎、煮塩鮎等「元日従り三日に至り之れを供す」とある。『延喜式』ではこのほか主計上でも御贄とされ、中男作物では煮塩年魚、煮乾年魚、火乾年魚、塩塗年魚、押年魚、鮨年魚、内子鮨年魚等、各種の加工食品があげられており、神祇五、宮内省などでも取り上げられている。以上のほか『延喜式』宮内省の諸国例貢御贄には山城国、近江国に氷魚《ひお》が課せられており、内膳司にも「山城近江氷魚網代各一処、其氷魚九月に始めて十二月三十日迄之れを貢す」とある。氷魚とは鮎の稚魚の事で、網代はそれを捕るための漁場の事である。琵琶湖の鮎は特種な陸封型と呼ばれるもので、海に下らずに湖中で繁殖するが、それを宇治川で捕獲するのが網代である。宮中の饗宴に氷魚が用いられる際には氷魚使が網代に派遣される風習があり(西宮記)、長保二年(一〇〇〇)の『権記』、長暦三年(一〇三九)の『春記』等に記事が見られる。またその氷魚を賜う次第は『江家次第』に「十月氷魚を給ふ。氷魚を給ふ儀、番奏の後、未だ内案を奏せざる之前氷魚を給ふ。云々」とある。延暦五年(七八六)(続紀)、弘仁五年(八一四)(類史)には一般人の氷魚の捕獲が禁止され、永久二年(一一一四)には殺生が禁止されたため、加茂と供御所を除いて宇治、田上の網代が破却され(帝王編年記)、弘安七年(一二八四)にも宇治の網代が停止させられている(帝王編年記)。このように中世以降網代が廃止されたため江戸初期の『雍州府志』は「延喜式に載る、山城国御贄に氷魚有り。今何所に在るか知らず」と記している。

鮎は中世に入っても大切な食品で、『庭訓往来』五月状返信では初献の料に数えられ、宮中にも献上され(御湯殿)、文明一二年(一四八〇)には天皇の御前で鮎の庖丁が行われている(御湯殿)。『四条流庖丁書』の「鮎ヲ串ニ差ス可キ事」の条には「春ヨリ七月中旬迄ハ頭ヲ上ヘナシテサスベシ。其後ハ頭ヲ下ヘ成テ差ス可キ也」と、上り鮎と下り鮎とで串の刺し方に相違があった事を記している。そうした相違は串の刺し方ばかりでなく、『大草殿より相伝之聞書』には「焼鮎集養の事」として「先はしを取、二ッもりたるさきの方の鮎をとりて、鮎の腹の方をさきになして手にてつまみくふ也。（中略）くだり鮎の時は、鮎の尾の方よりくふ也」とある。『料理物語』には「（あゆ）なます、汁、さしみ、すし、やきて、かまぼこ、白ぼし、しほ引にしてさかな、さかびて、（同うるか子）なし物、同子をなまにていり酒かけよし」とある。寛文五年（一六六五）にはほかの食物とともに売り出し期日が規制され（実紀）、七年（一六六七）の『国史館日録』では鮎魚鮨が贈答に用いられている。鮎鮓について『庖厨備用倭名本草』は「唐人モ鮓ニシテ食ス」としており、その作り方は『本朝食鑑』に詳しい。同書にはほかに鮎の腸あるいは子の塩漬である「うるか」の製法も記されている。『御湯殿の上の日記』には「志ゆごうより、あゆのうるかのをけ参る」とあり、「うるか」は宮中でも用いられていた事がわかる。『大和本草』はアユについて「春ノ初海ト河トノ間ニテ生レテ河水ニサカ上ル。（中略）秋ノ末河上ヨリ下リテ潮サカヒニテ子ヲウンテ死ス」とその生活史を簡潔に記しているが、江戸末期の『皇和魚譜』は誤って「大和本草ニアユハ海ヨリ河ニ上ルト云ハ誤ナリ、是ヒウオノ大ナルヲ見テ云ナルベシ」としている。

鮎漁には古くから鵜飼が行われて来たが、『山家集』に「一三九四　しらなはに小鮎引かれて下る瀬にもち設けたる小目の敷網」とあるように網漁も行われており、朝廷衰微の中世には貴族の間で巻網による鮎漁や、魚簗《やな》漁の行われた事が記されている（言継卿記）。鮎釣について『本朝食鑑』は「性常に沙及び石垢を食ふ。故に餌無くして釣る事能はず。惟だ蠅を喜ふ。故に遠州大井川の辺の漁俗馬の尾を以て蠅頭を造り綸を着けて頻りに之れを釣る。（中略）八瀬の里民馬尾の長きを以て之れを結ひ定め、洞水に投し、岸畔草苔の間に臨んて鮎を繋く。能く之れを捕ふる者は一日に五六十頭を獲ふ。予州大津の水辺にも亦細縄竹竿を以て鮎を繋く。此も亦妙手なる者少し矣」とアユの蚊針釣や友釣がすでに江戸中期に行われていた事を記している。

三、アンコウ　鮟鱇、華臍魚

アンコウの骨は弥生時代の遺跡から出土しているので（日本の洞穴遺跡）、古くから食料とされて来た事は明らかである。しかし中世以前の史料にはその名は見られず、『精進魚類物語』に「あむかうの弥太郎」とあるのが最初であろうか。『料理物語』は「(あんかう)汁、さしみ、すひ物」とし、『御湯殿の上の日記』寛永二年(一六二五)二月二八日の条に「けんたくあんかう一折しん上」と見えている。『毛吹草』には武蔵国の名物として取り上げられている。アンコウは胆が美味である事は江戸時代にも認められており、慶安四年(一六五一)には「鮟鱇之肝をぬき、手くろう売り申す間敷き事」といった御触書が出されている(寛保集成二〇三五)。また寛文五年(一六六五)にはその売り出し期日が定められている(実紀)。『本朝食鑑』は「凡そ鮟鱇を割く法、庖人之れを秘して、妄に伝授せず、呼びて釣切と曰う、其法縄を以て下唇を貫き、横梁に懸け、大杓で水を汲み、口より胃に投ずること、五六升ばかり、其の水口より外に溢れて止むを待ち、先づ頸喉の外皮を断つ、云々」と記し、現在も行われている「吊し切り」が、江戸時代から行われていた事を記している(図155)。アンコウは『大和本草』に「板東ニ多シ、尤珍重ス、西州ニハマレナリ」とあるように、関東地方の名物として知られているが、その分布は広く、丹羽正伯の産物調査によると『長門産物名寄』、『肥後国之内熊本領産物帳』などにもその名があげられている。江戸末期の『魚鑑』には「その吻上に、両長鬚あり、名つけて釣竿といふ、常には額に冠り、時ありて縦のふれは、綸を垂に似たり、其末蠕々して、虫の游が如しとなん、其性游流連緩にして、他魚のことく、迅疾ならす、因て食を求ること易からず、飢れはかの釣竿をのべ、静止す、小魚その蠕々たるを見て、香餌ならんと争ひ群来るとき、口をくわっとひらき、一吸にして、その釣竿を、もとの如く納、云々」とアンコウの習性を述べ、「扨この振舞には、右の釣竿を、必ず上客に薦る習せなり」と記している。

図155　アンコウの吊し切り（貞徳狂歌集）

四、イワシ類　鰯、鰛、鯷

イワシはマイワシ、カタクチイワシ、ウルメイワシ等の総称であるが、単にイワシといった場合にはマイワシを指す場合が多い。古代から主要な食料の一つで、縄文時代の遺跡からはマイワシ、カタクチイワシの骨が出土しており（縄文食料）、藤原宮、平城京等からは「伊和志」、「伊委之」と記した木簡が出土している（奈良朝食生活の研究）。『倭名類聚抄』は鰯を「以和之」とし、鯷を「比志古以和之」としてマイワシとカタクチイワシとを区別している。『延喜式』主計上の中男作物でも大鰯と比志古鰯とが区別されている。『延喜式』にはこのほか主計上の諸国輸調に乾鰯が、民部下の交易雑物に小鰯腊があるほか、神祇五の斎宮月料に調味料としての鰯魚汁がある。『中外抄』、『古事談』に鰯は「いみしき薬なれとも公家に供せず」とあるように、皇室の供御には供されなかった模様であるが、室町時代の朝廷衰微の頃から正月朔日の朝食に「きぬかづき」と称して供されるようになり（後水尾院当時年中行事）、女房詞でも鰯の事を「むらさき」、「おほそ」、「きぬかづき」等と呼んでいる（大上臈名事）。鰯は室町時代の料理書には取り上げられていないが、『尺素往来』は鯷魚《ひしこ》を美物の一つに数え、『庭訓往来』の四月状返の諸国名産では「松浦鰯」が取り上げられている。鰯の料理法は『料理物語』に「（いわし）なます、しやか汁、すいわし、黒づけ、やきて、かすに、（同たつくり）にもの、なます、

図156　鰯網（日本山海名物図会）

水あへ、(同た、みいわし)肴」とあり、鰯の稚魚の「たたみいわし」が酒の肴に用いられている。

江戸開府に伴い紀州から移住した漁師たちによって、江戸湾、外洋の鰯漁が興り、大量に捕れた鰯は鮮魚として江戸に送られたほか、魚油を搾ったり、干鰯に加工されて全国に出荷されている(関東鰯網来由記)。その鰯漁の模様は『日本山海名物図会』に詳しい(図156)。『本朝食鑑』は鰯、小鰯、宇留女鰯を取り上げ、小鰯の条で「今臘月節分の夕べ、鰯頭を取て柊枝に刺して、門上壁間に繋けて以て邪疫を駆逐す。(中略)然れども未だ何れの世より始まるといふ事を識らず」と記しているが、『四季物語』に「ついなの夜は、(中略)いわしのはさみもの、ひらぎのほころ、云々」とあるので、平安末期にはすでに恒例化していたものと思われる。『本朝食鑑』はこのほか乾鰯が稲作の肥料としてすぐれているため田《た》作《づくり》と呼ばれる事を記している。『魚鑑』は「今食するもの、漁り得る所の千が一にも足らず。(中略)今も猶市民常食の佐となる事少からす。四時ともに有とはいへど、わきて秋をよしとす。(中略)一種うるめいわしと称るものあり、眼の眶《まわり》赤くして清らかす、脂も少ふして味淡く佳からず。又はしぼそあり、その口ばしとがれり、味よからず、云々」と鰯の種類をあげている。『水族志』も十数種の名称をあげているが、上記以外で現在和名として用いられているのはキビナゴだけである。干鰯は肥料として用いられたが、その産地別の良否は『百姓伝記』に詳しい。鰯は江戸庶民の食料としてもてはやされたが、コレラが流行した安政五年(一八五八)には、鰯を食べるとコレラにかかるとして敬遠されている(武江年表)。

五、ウグイ　鯎、伊久比

ウグイはコイ科の淡水魚の一種で、繁殖期に腹部に赤色の婚姻色を生ずるので、地方によっては「あかはら」とか「あかうお」と呼んでいる。『玉勝間』一一—二七はウグイの語源について「川魚にうぐひといふ有り、今は一つの魚の名なれども、もとは鵜の喰たる魚をいへるなるべし、神祇伯顕仲朝臣の哥に、かゞり火の光にまがふ玉藻にはうぐひのいをもかくれざりけり、云々」と記している。縄文時代の遺跡から骨が出土しているので(縄文食料)、有史以前から食料とされていた事がわかる。『出雲国風土記』では意宇郡ほかの産物にあげられ、『延喜式』内膳司でも諸国進年御贄に数えられ、「伊具比魚煮凝等得るに随ひ加へ進れ」とある。『料理物語』は「(うぐい)なます、汁」としているが、『大和本草』

図157　ウグイ（梅園魚譜）

は「三四月湖水ヨリ河流ニ上ルヲ漁人多クトル魚赤シ、諏訪ニテハ赤魚ト云、長五六寸ニ過ギズ、味美ナラズナマグサシ、河魚ノ最下品ナリ」とし、『物類称呼』は「うぐゐ。信州諏訪の湖水にて、あかうをといふ。相州箱根にて、あかはらといふ。小なる物をやまめといふ」としているが、ヤマメはサケ科の魚類で別種である。『魚鑑』は「状こひに似て、痩せ鱗細く、色青白、肉白ふして、刺《こほね》多く、味ひよからす」としている。

六、ウナギ　鰻、鰻鱺、鱣

ウナギの骨は一万年程前の縄文時代早期の遺跡から発掘されており（縄文食料）、古くから食料とされていた事は明らかである。『万葉集』の大伴家持が石麿を笑った有名な歌「三八五三　石麿にわれ物申す夏痩に良しといふ物そ鰻取り食《め》せ」、「三八五四　痩す痩すも生けらばあらむをはたやはた鰻を取ると川に流るな」は、万葉人もウナギが健康によい事を知っていた事を示している。ただし『律令』賦役令には取り上げられていない。また『延喜式』主計上の調・庸その他にも見られず、典薬寮の諸薬の中にも含まれていない。『本草和名』は鮔、『倭名類聚抄』は鱣魚を「和名牟奈岐、無奈木」としているが、それ以後鰻は応永六年（一三九九）の『鈴鹿家記』に「鱣かば焼」とあるまで見当たらない。『尺素往来』では美物の一つに取り上げられている。天文一八年（一五四九）九月二四日の『言継卿記』に「長橋の局へ鰻鮨三つ之れを遣わす」とあり、翌一九年（一五五〇）序の『庖丁聞書』にも「宇治丸といふはうなぎのすし也」とあるので、この時代には鰻はもっぱら鮨として食べられていたものと思われるが、上記の『鈴鹿家記』や『大草家料理書』に「宇治丸かばやきの事、丸にあぶりて後に切也」とあるので、「かばやき」としても食べられていた事がわかる。なお『大草家料理書』にはかばやきのほかに「うなぎ鱠は、醤油を薄くして魚にかけて、少し火執候て、切て右同加減にする也」と鱠としても食べられていた事を記している。ただし『武家調味故実』によると「くわいにん（懐妊）の間にいませ給べき物」

の一つに鰻があげられている。

江戸時代に入って『雍州府志』は鰻について「近江国勢多の産勝と為す、其の下流宇治川の取る所も亦美にして其形肥大なるを以て宇治丸と称す、焼きて之れを用い、是れを樺焼と謂う、其の焼く所の色紅黒にして樺の皮に似たるの謂也、鮓蔵の者も亦佳也、遠方に贈りて損ぜず」と記している。五代将軍綱吉の時代には、生類憐み令によって元禄一三年(一七〇〇)、宝永四年(一七〇七)と鰻の売買が禁止され(実紀)、京都でも元禄一三年(一七〇〇)に「うなき、どぢゃう、生魚の事にて候間、向後商売停止に候」という御触が出されている(京都町触集成)。ただしこうした禁令も「禁裏、院中、宮方御所は、(中略)売買不苦候事」とあるので、宮中には及ばなかったものと思われる。しかし鰻が天皇の供御に供された記録は見当らない。鰻の名所として『日本山海名物図会』は「瀬田鰻鱺」をあげ、江戸の名所としては『江戸砂子』に「深川鰻、池端《いけのはた》鰻」とある。ただし池端鰻は「不忍の池にてとるにあらず、千住尾久の辺よりもて来るよし、云々」と記されている。不忍の池では弁天堂で鰻の放生が行われて来た事でも有名で、宝永三年(一七〇六)には不忍の池の蓮池で大量の鰻が死んだ事が記録されている(元録宝永珍話)。鰻が大量に浮かんだ記事は名古屋の堀川でも報告されている(塩尻拾遺五三)。鰻漁について『本朝食鑑』は「凡そ性善く深穴を穿ちて居り、或は深泥中に潜む故に捕り易からず、若し釣るとも則ち歯強くして動もすれば縷鉤を断つ、近世漁夫反曲鉾を用いて水中に立て頻に水底の泥中を攪き、懸けて之れを采る、(中略)呼びて鰻掻と号す」としている(図158)。『日本山海名物図会』にも瀬田の鰻掻や「流しづり」による捕獲の方法が記されており、『魚猟手引』はこのほかの各種の捕獲法を記している。

江戸末期になると、鰻の料理は蒲焼が主体となり、各地に鰻の専門店が開業し、文政六年(一八二三)の『羽沢《うたくず》随筆』には「四五十年先には、今のごとく市中に鰻鱺を商ふ店なかりしに、今は辺鄙といへども、市中になき所はなし」と記し、『守貞漫稿』は荷売りの蒲焼売りが市中を売り歩くようになった事を記している。また将軍家でも広く用いられており、幕末の天保一三年(一八四二)には、土用鰻の時節には鰻の需要が多くなるため、市中の鰻屋の在庫から直接幕府の肴役所が購入する旨の触書が出されている(天保新政録)。鰻は万葉の時代から夏が旬とされており、江戸時代にも上記の触書に見られるように土用丑の日に食べる事が流行したが、その由来については諸説があり、平賀源内とするもの、あるいは太田南畝とするもの等、いずれが正しいか明らかでない。た

図158　鰻掻き（国芳「東都宮戸川之図」）

だし江戸末期の『東都歳時記』では鰻は夏の土用丑の日には取り上げられておらず、「寒中丑の日、諸人うなぎを食す」としている。鰻の調理法は関東と関西とでは異なり、『守貞漫稿』は「今世も、三都とも名は蒲焼と称すれども其製異にして名に合ず。京坂は脊より裂て中骨を去り、首尾のまゝ、鉄串三五本を横に刺し醤油に諸白を加へたるをつけて焼之、其後首尾を去り又串も抜去り、よきほど斬て大平椀に納れ出す。（中略）江戸は腹より裂て中骨及び首尾を去り、能ほどに斬て小竹串を一斬二本づゝ、横に貫き、醤油に味淋酒を加へ付之て焼き、磁器の平皿を以て出之」とその相違点をあげている。江戸から京都奉行として赴任した久須美裕雋は『浪花の風』の中で「鰻鱺蒲焼とは製すれども、其調理少しく違ひ、醤の塩梅等土製のものは、江戸人の口には適し難し」と述べている。『俗事百工起源』によると、鰻丼が考案されたのは文化頃とされ、『守貞漫稿』はその値段に百文、一四八文、二百文の三段階があった事を記している。鰻を食べて元気になるのは人間ばかりではなく、『飼篭鳥』は闘鶏の前に鶏に食わせて効果があるとしている。

　鰻は深海中で産卵し、孵化した稚魚は河川を遡上して成長するが、『百品考』はそうした鰻の稚魚を「文昌魚、和名ハリウナギ」と呼んで、その生態について正確に記している。鰻の効用は食品としてだけでなく、『大和本草』は「夏月ニ乾タルヲ焼テ蚊ヲフスブ蚊皆死ス、（中略）骨ヲ箱中ニヲケハ白魚《シミ》衣ヲクハス」と、「食物本草」を引用して除虫の効果をあげている。同様の記事は『宜禁本草』、『本朝食鑑』、『貞丈雑記』、『燕石雑志』等にも見られる。ウナギには通常のウナギの他にオオウナギ（またはカニクイ）があり、『本朝食鑑』は「又一種最も長大、口内赤き者好んで小蟹を喰う、故に蟹喰鰻と曰う」としている。オオウナギについては『大和本草』、『本草綱目啓蒙』、『湖魚考』、『百品考』等にも記事があり、天保九年（一八三八）の浅草大吉屋の薬品会にも出品されている（金杉日記）。このほか『日東魚譜』、『皇和魚譜』には「さはうなぎ」、「やつめうなぎ」が取り上げられているが、これはウナギの類ではなく円口類である。

七、エイ類　鱏、海鷂魚

エイの類は偏平で菱形の頭胴部に細長い尾部をもった軟骨魚類で、尾部に鋭い刺をもったものもある。縄文時代の遺跡からはアカエイ、トビエイの骨が出土しており、古くから食料とされて来た事がわかる（縄文食料）。『倭名類聚抄』は鱏魚を「衣比」としている。史料では中世に入って『御湯殿の上の日記』文明一五年（一四八三）九月一日の条に「ゑひのさかひたし」があり、同一八年（一四八六）七月一日、延徳三年（一四九一）八月二五日ほかに「ゑい」献上の記事が見られる。一五年の「ゑひ」はあるいは「えび」の誤りかとも思われるが、一八年、三年の「ゑい」は明らかに魚のエイを指すものと思われる。『四条流庖丁書』に「ゑいの事、皮をむきて作るべし、努々《ゆめゆめ》皮ながら参らする事有るべからず、人の為には薬に非ずと云々。惣てゑいを人の参ること、さのみ久敷事に非ず云々」とあるので、あるいは奈良・平安時代には食料にされていなかったのかもしれない。このほか『大草家料理書』には「鱏の汁は、柚の葉をまぜてもみ候て、水にて洗てしぼり入なり。ふくさ味噌こくして、大根豆腐ふきなどをも

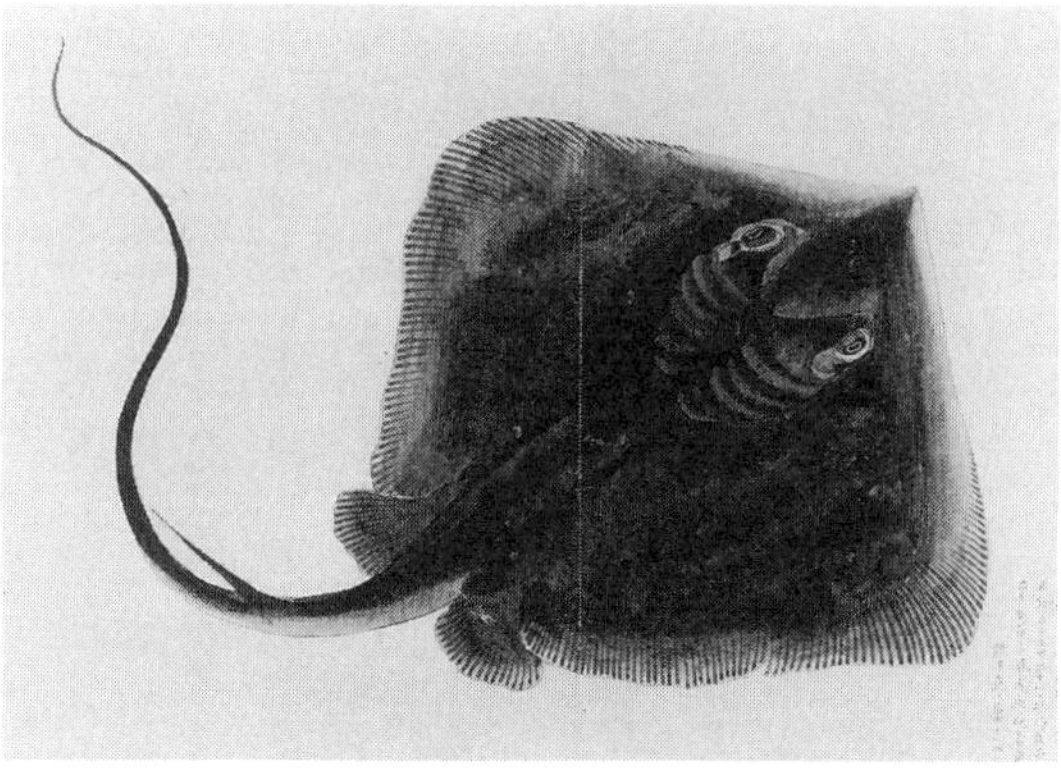

図159　アカエイ（梅園魚譜）

入て能也」とあり、『料理物語』は「（ゑい）汁、なます、でんがく、なべやき、すひ物」としている。『本朝食鑑』は鱏について「大なる者は囲み七八尺足無く鱗無く背蒼黒腹白くして目額上に在り口額下に在り、（中略）皮に沙有り大なる者は花片の如し以て刀鞘を飾る云々」としている。このような刀剣に装着された皮は鮫皮と呼ばれて来たが、実は鮫の皮ではなく『本朝食鑑』にあるように外国産のアカエイの一種、トリゴン・セフェンの皮である。このエイは極めて大型のもので、『三国通覧図説』に「鱝魚甚大なるものあり、希に浮び出るとき背の広さ方六七丈のものあり」とあるのはこのエイの事であろう。このほかエイについてケンペルは『日本誌』の中で「蛇に咬まれた時、この鱏の尻尾で擦るとよいと信じている。しかしこの場合、その尻尾は、活きている鱏からとったものでなければ効かない。日本人は、この尻尾を他の常備薬とともに、常に肌身につけて持っている」と記している。『本草綱目啓蒙』も「生刺《いきばり》を採て蛇傷および狐祟《きつねつき》を治す」としている。『日本山海名物図会』にアカエイの漁法が記されているが、我が国のアカエイは小型で、食用にはなるが皮は利用出来ない。『物類称呼』はアカエイのほかに「まえい、よこさえい、がんぎえい」等の名をあげ、『本草綱目啓蒙』はアカエイ、トリエイ、ウシエイ、ハトエウ、カラカイ、スブタエイ、サエイ、カガミエイ、コツポウ等の名をあげている。

エイの類にはこのほかに電気を発生するシビレエイがあり、『ツンベルグ日本紀行』の中で電魚とされているものは、恐らくシビレエイの事と思われる。ツュンベリー以前に来日したケンペルは、「廻国奇観」の中で電気魚について記載しているが、我が国の生物について詳しく解説を行った『日本誌』では取り上げていない。恐らくシビレエイに接する機会がなかったからであろう。我が国の本草書、魚譜の類でシビレエイを取り上げているのは文化四年（一八〇七）自序の饒田喩義の『海魚考』だけで、漢名を麻魚として「喩義曰、しびれゑひ、形赤ゑひに似て其色暗黒、頗る蝦蟇皮色に似て云々。にくむべし。常によく毒気を吹く。もし人これに中《あた》れば、則身体麻木し中風の状の如し、漁人これを獲る事あれば、長竿のかぎにかけてこれを棄つ。もし竿短かくして手足これに近づけば麻毒せられん事を恐れてなり」と記している。我が国でもその存在が知られていた事はこれによって明らかであるが、そのしびれの原因がエレキテル（電気）によるものである事を知ったのは明治に入ってからで、『博物館魚譜』のシビレエヒの図で、発電器を「電池」として図示しているのが最初であろう。

八、カサゴ　笠子魚

現在カサゴと呼ばれている魚はカサゴ科の硬骨魚を指すが、『本朝食鑑』は藻魚《もうお》の一種としている。「もうお」は現在ではハタ科の魚類の地方名として用いられており、全く別種の魚である。カサゴ科の魚は一般に胸鰭が大きく、特にミノカサゴの胸鰭は翼のように発達している。そのためであろう『本草綱目啓蒙』はミノカサゴをトビウオ科の魚類と誤り、「形ヲコゼに似てながさ尺許、紅色にして横に赤黒色の虎斑密にあり。両鰭濶長にして斑あり、能海上をとぶ。云々」としているが、ミノカサゴは飛ぶ事は出来ない。ミノカサゴの図は『水族四帖』（図160）、『梅園魚譜』などに載っている。なお『絵本江戸風俗往来』は端午の節句の売物として「干鱈・かさごの乾物を、節句遣いとす。よりて魚屋は店売・荷売とも繁昌す」と記している。

図160　ミノカサゴ（水族四帖）

九、カジカ　杜父魚

カジカと呼ばれる動物には漢字で杜父魚と書く川魚と、河鹿と書く両生類の蛙の類の二つがあり、両者の間には様々な混乱が見られる。『本朝食鑑』は加志加《かじか》魚の項でその形態を記した上で「群游して声を作すこと、蛙、蚓の吟ずるが如し」とし、貝原益軒は『日本釈名』の中で「杜父魚　河鹿なり、山河にある魚也、夜なきて其音たかし、故に名づく」と記し、『大和本草』の中でも「鯊魚ニモ似タリ、此魚ヲ河鹿ト云説アリ、夜ナク故ニ名ヅク」としている。こうした間違は江戸末期まで続き、『本草綱目啓蒙』も「この魚旦夕には必鳴、その声濁りて蛙のごとし。故にカジカと歌にも詠ず。（中略）夏秋の間晝石上に出て鳴、蛙属にもカジカと云あり。

図161　カジカ（水族四帖）

その声清亮きくに堪たり」と記している。こうした混乱の原因について『万葉動物考』は『万葉集』を始めとする古歌に詠まれた「かはづ」の考証の誤りによるものとしている。この間違いに初めて気付いたのは林国雄の『河蝦考』で、「河鹿には魚と虫の二種がある事」、「水中の物は惣て鳴ざることの考」を述べ、魚のカジカは鳴かない事を立証している。

魚類のカジカは日本全国の河川に生息するハゼ科の淡水魚で、『本草和名』は鯆、鎚、『倭名類聚抄』は鯆の和名を「知知加布利（里）」としているが、これが恐らく現在のカジカに該当するものと思われる。また石伏と呼ばれたものもカジカの一種で（日本魚名集覧）、『源氏物語』常夏の巻に「西河よりたてまつれる鮎、ちかき河のいしぶしやうのもの、御前にて調じ、まゐらす」とある。『扶木和歌抄』にも「たれかさてあみのめみせてすくふへき淵にしつめる石ふしの身を」と詠まれており、『尺素往来』は美物の一つに数えている。『日東魚譜』は「石伏水中の石間に生ず。石に著きて躍、浮游せず。故に名づく。京師吾利《ごり》と呼び、関東油鯊《はぜ》と呼ぶ。形河鹿に似て、云々」と記している。カジカの料理法は『庖丁聞書』に「越川鱠といふは。かぢかと云うおを背越にして焼かしらをちらし上に盛也」、「越川汁といふは。かぢかといふ魚を竹の子白瓜など入調也。夏の汁の賞翫也。云々」と記している。『本朝食鑑』は「賀越の俗之れを賞して嗜食し、鮓に作りて蛇鮨と号し、醬に作りて頼越と号す。倶に守令之れを獻ず云々」と記し、『大和本草』はゴリの項で「二種アリ、一種腹下ニマルキヒレアリ、其ヒレノ平ナル所アリテ石ニ付、是真ノゴリナリ（中略）形ハ杜父魚ニ同シテ小ナリ、（中略）賀茂川ニ多シ、云々」としている。ゴリについて『物類称呼』は杜父魚の条で「下賀茂糺森の茶店にてごりを調味してごり汁と名付て売也、云々」と、京都ではカジカの事を

「ごり」と呼んでいた事を記している。「ごり」という地方名は加賀でも用いられており、加賀国浅野川のごり漁（鮴漁）の模様は『日本山海名産図会』に記されている。

一〇、カツオ類　鰹、堅魚、松魚

カツオは黒潮にのって初夏に我が国沿岸を北上し、秋に南下するサバ科の回遊魚で、有史以前から食料とされて来た事は、貝塚や洞穴遺跡からその骨が出土している事により明らかである（縄文食料、日本の洞穴遺跡）。『万葉集』には「一七四〇（前略）水江の浦島の子が堅魚釣り鯛釣り矜《ほこ》り七日まで家にも来ず海界《うなさか》を過ぎて漕ぎ行くに云々」と歌われており、奈良時代にすでに沖合に出て捕獲していた事がわかる。『高橋氏文』に「今角を以て鉤柄を作り、堅魚を釣る」とあるので、古くから擬餌を用いた鰹釣りが行われていた事も明らかである。『律令』賦役令には堅魚の他に煮堅魚、堅魚煎汁といった加工食品が見られ、『延喜式』主計上でも堅魚、煮堅魚、煎堅魚煮汁などが駿河国、伊豆国ほかの調・庸・中男作物とされており、神祇五の斎宮月料にも見られる。煮堅魚とは鰹を蒸して乾燥させたもの、煎汁とは蒸した際の汁の事で、調味料として用いられている。天平九年（七三七）の『類聚符宣抄』は疱瘡の後の食物として「乾鰒堅魚等之類煎否皆良」としている。中世の『庭訓往来』でも削り物として干鰹があり、『尺素往来』でも美物の一つに数えられている。宮中の女房詞では鰹は「おかつ」、「からから」等と呼ばれているが（大上臈名事）、これも生の鰹の事ではなく加工品であろう。中世の宮中の調理法を記した『厨事類記』にも調味料としての煎汁のほか、海月《くらげ》を「鰹を酒にひたして、其汁にてあふべし」と干鰹が用いられているだけで、鰹それ自体の料理法は記されていない。『庖丁聞書』は「門出に用る魚鳥」として「かつほ」をあげているが、これも恐らく干鰹の事であろう。

吉田兼好は『徒然草』の中で「一一九（前略）この魚、己《おのれ》ら若かりし世までは、はかばかしき人の前へ出る事侍らざりき」と述べているが、これは生鰹の事で、この頃から鰹の生食が始まったものと見られている。天文六年（一五三七）に小田原で鰹釣を見物した北条氏綱は、船中に飛び込んだ鰹をその場で料理して酒の肴にしている（北条五代記）。鰹を刺身にする記事は『庖丁聞書』に「岸盛といふは。鰹の刺躬也。盛形の名也」とあり、ほかに「改敷品々之事」の中にも生鰹が見えている。大永七年（一五二七）八月六日の『実隆公記』に、三条西実隆が堅魚の扣《たたき》を贈られた記事が見られるが、これは恐らく現在の鰹のたたきとは別物で、鰹の塩辛の事であろう。『和漢三才図会』の堅魚の項に「鰹醢《たたき》 肉の端及び小骨敲き和して醢《しおから》と為す」とある。現在の鰹のたたきは『料理物語』の「なまがつを」の条に「やきてたたきによし」とあるのが最初であろう。鰹漁は一本釣の他に網漁も行われ、慶長一六年(一六一一)に奄崎から三沢の郷にかけて鰹が寄った時には、網で一万本程を捕ったと記されている(駿清遺事)。鰹が大量に寄った記事はこの後正徳三年(一七一三)に尾張府下の堀川(塩尻五三)、文政八年(一八二五)の房州などで見られている(兎園小説)。江戸末期の鰹釣の様子は『甲子夜話続篇』二一—一五、二五—一一に詳しい。上記のように平安の昔から鰹釣には擬餌が用いられて来たが、『譚海』一はその作り方として「鰹を釣るには餌を用ひず牛の角にて釣る也。生たる牛の角を刃物にて段々けづりされば、しんの所鰹ぶしのしんの色のごとく、うつくしくすき通る様になる。(中略)その角のしんの先へ釣はりを仕込。云々」と記し、この擬餌を作る牛の角に、伊豆大島の放牧の牛が用いられた事を記している。

初鰹がもてはやされるようになるのは江戸時代に入ってからで、芭蕉は「初字に一朝を争ひ、夜家に百金を軽んじて、まだ寝ぬ人の橋の上に、たゞずみあかすま、に、一片の風帆をのぞんで早走りを待ち公門に入る時鬼の首取るこ、ちしけり」と初鰹を手に入れた時の喜びを述べている。こうした鰹は主として相模湾で漁獲されたもので、『釣客伝』にその漁法や取引の模様が記されている。このように一日を争って初鰹を求めたためその値段が高騰し、寛文五年(一六六五)には売出し期日が規制されるようになり(実紀)、『紅毛雑話』はオランダ商館長が初松魚の値段を聞いて驚倒した事を記している。しかし鰹は腐りやすい魚であるため、初鰹を食べて中毒をおこす者も多く、芭蕉は「鰹売いかなる人を酔すらん」と詠んでいる。こうした事から一方では古い鰹を新しく見せ

図162　初鰹売り（守貞漫稿）

かける方法も考案され、『本朝食鑑』は「石灰鰹」と呼ばれるものについて紹介している。寛文五年（一六六五）にはこうした手を加えた鰹の販売も禁止されている（正宝事録三八〇）。しかしこのように初鰹がもてはやされたのは江戸中期までで、幕末の『守貞漫稿』は初鰹について「価一分二朱或は二分ばかり也、故に魚売も其勢太だ衰えて見ゆ」と記している。一方初鰹は上方ではもてはやされず、大阪町奉行所に勤務した久須美裕雋は『浪花の風』の中で、「松魚は絶てなし。偶出ることありても、十月より末にて、初松魚賞玩することは絶てなく、土地の人は今も猶毒魚なりとて、鮮肉は食ふものなき故なり。なまりぶしは七八月あり。是も土人は好まず。江よりは少し」と記している。関東での鰹の産地は『徒然草』に見られるように鎌倉が有名で、『芭蕉句集』にも「鎌倉を生て出けむ初鰹」とあり、蜀山人も「鎌倉の海より出でし初鰹みな武蔵野のはらに入りけり」と詠んでいる。『毛吹草』は「目黒鰹」の名所を安房国とした上で「分テ多キ故、当国田ノ養ニ用レ之」と記し、『兎園小説』七は文政八年（一八二五）の房州の鰹の大漁の模様を記している。

このように鰹は関東地方では生食もされたが、その需要の大半は古来からの煮堅魚、干鰹であり、『日本山海名産図会』は全国の鰹の産地をあげ「就中土佐、薩摩を名産として味厚く肉肥、乾魚の上品とす。（中略）駿河、伊豆、相模、武蔵は味浅、肉脆く生食には上として乾魚にして品薄し。云々」とし、土佐の鰹釣の模様や鰹節の製法について詳しく記している。鰹節の作り方についてはこれより以前『本朝食鑑』に、「堅魚を造る法漁人之れを釣り之れを網して潮水に洗浄して頭尾皮腸を去り両片の肉を割て中骨を去り復々両片肉を割て両三条と作す、其の数百条を合せて大釜中に煮る。煮熟して取出して曝乾す、此れ則鰹節也」と記している。『大和本草』はそうした鰹節について「薄ク削テ抹ト為シ、諸食品ニ加ヘ甘味ヲ助ク」としている。鰹節は貯蔵食料、調味料として用いられたばかりでなく、大阪夏の陣の際には陣中食としても用いられている（三河物語）。鰹節の製法はその後燻乾法が開発され、現在のような鰹節が作られるようになる。燻乾法が開発されたのは延宝二年（一六七四）頃とされているが（鰹節考）、寛永七年（一六三〇）に松平土佐守から将軍に鰹節が献上されているので（実紀）、あるいはその頃まで遡るのかも知れない。燻乾法については『一話一言』補遺三の「鰹節製方」に「鰹節を拵へるには、皮共にふしに切りて、蒸篭に詰めて蒸すなり、薪には青松葉を用ふ、そのはにむされて鰹の皮身の間にある油、滴りて落つる事数日、其の後蒸篭より取出して、皮を去りて常の焚火にてむす事一日にして、四斗樽に入れ蓋をして四五日経て取り出し見れば、青きかびひまなく生るを、縄にてすり落し、又樽につめて蓋をなし、四五日経て取り出せば、かびを生ず、夫れをすり落して又元の如く樽にいれ置く後はかび生ぜず、その時取り出し、日の当る所に干したるを最上の物とす、云々」と記されている。

カツオの種類について『本朝食鑑』は「一種肉粘りて餅の如き者を呼て餅鰹と称す。一種皮上に黒白斑三四条有る者を呼て筋鰹と称す」とし、「鰹の小き者を渦輪《うづわ》と曰、最も小なる者を横輪と曰」としている。「筋がつを」はハガツオ（キツネガツオ）の事で現在も方言として用いられている。餅鰹がカツオの別種を指すのか、あるいは鰹の状態を指すのかは明らかでない。渦輪は現在マルソウダの地方名として「ウヅワ」があるのでソウダガツオの事と思われる。『魚鑑』は「背に黒白線三四条あるを筋がつをといふ。又そうだがつを、あしかつを、うづわ、よこわ、などいふあり、皆一類別種なり」としている。「あしかつを」とあるのが何を指すのかは不明である。

一一、カナガシラ　金首、鉄頭魚

カナガシラはホウボウ科の海産魚類で、我が国ではどこでも捕れるので、各地の貝塚から骨が出土している（縄文食料）。『本朝食鑑』によると「近代世を挙げて子を誕む之家、必らず此魚を以て賀膳に供す、其の頭頸堅固の義を取る、冠笄婚姻の儀も亦然焉」と記しているが、現在はこうした風習は全く見られない（図163）。

一二、カマス　梭子魚

漢名は魚の形が織機の梭《ひ》に似ている所からつけられたものとされている。宮中の女房詞で「くちぼそ」と呼ばれている（大上臈名事）。カマスを捕る「すべ網漁」の模様は『日本山海名物図会』に記されている（図164）。

一三、カレイ類　鰈、比目魚、王余魚

カレイ、ヒラメの類は現在はウシノシタ科、カレイ科、ヒラメ科などに分類されているが、古くは偏平な底棲魚をヒラメ、カレイと呼んで、必ずしもその間の相違については気付いていない。従ってここではそれらを総称してカレイ類として記載する事とする。カレイ、ヒラメの骨は縄文時代の貝塚

図163　カナガシラ（梅園魚譜）

図164　カマス（梅園魚譜）

から出土しているが（縄文食料）、奈良時代の木簡には見られない（奈良朝食生活の研究）。平安時代に入って初めて『延喜式』主計上に「比魚煮凝」とあり、『本草和名』、『倭名類聚抄』は王余魚を「和名加良衣比、俗云加礼比」としている。中世に入ってからもカレイ、ヒラメに関する記事は少なく、『大上臈名事』は「かれい」の女房詞を「ひらめ、かため」としているが、実際に用いられた例は見当らない。『四条流庖丁書』は「山吹膾ト云ハ王余魚ナマス也」、「王余魚ノ差《サシ》ミハフクサ盛ニシテ、ヌタ醋ヲ能拵テ参スル也」とし、『料理物語』は「(かれい) なます、かまぼこ、汁、でんがく、やきて」としている。『後水尾院当時年中行事』は「まゐらざるものは、王余魚云々」と天皇の供御に供されなかった事を記している。

カレイとヒラメとは、江戸時代にも区別されておらず、『本朝食鑑』は「今武江春夏の際、小鰈最も多し。其の背の石無き者は恐らくは是平目の子ならん矣」とし、『大和本草』は現在ヒラメの漢字として用いられている比目魚をカレイとして「此魚背黒ク腹白クシテ魚ノ半片ノ如シ、カタワレイヲト云意ニテ略シテカレイト名ツク、目ハ一処ニ二アリ近シ一名鰈、二種アリ一種ハツネノカレイ也、一種ハ鞋底《クツソコ》魚ト云、関東ニテ平目ト云」と記し、ウシノシタをヒラメとしている。カレイとヒラメの相違について初めて指摘したのは『塩尻拾遺』三二で、背面から見て眼が右にあるものをカレイ、左にあるものをヒラメとしている。また『物類称呼』は

図165　ヒラメ（水族四帖）

「常陸上総下総の浦々にて、大なるを鰈《かれい》といひ、小なるを平目といふ、江府の魚市に至る時は則名を変ず」とし、続けて「又ある漁子此魚両種相偶して、洋中を游ぐ、頭をならぶる時は、左右の違ひ有物なりといへり」と両者の相違を指摘している。『日本山海名産図会』は「若狭鰈」としてその漁法を記し、「むし鰈」の製法、風味について記している。カレイ、ヒラメには多くの種類があり、江戸末期の『魚鑑』は「星がれひ、石がれひ、むしがれひ、めいたがれひ、もがれひ、まこがれひ、尤小なるものを、俗にこのはがれひといふ」とその種類をあげている。このうち「もがれひ」、「このはがれひ」を除くと、総て現在も和名として用いられている。同書は他に「惣て霜月のころ鮞《こ》をするに、雌まつ真子をすりし上へ、雄きたりて白子をすり、くるむなり、もしくるまざるものは、魚にならず」とその産卵の模様を記している。

一四、カワハギ　皮剝魚、許都魚、乞魚

カワハギの骨は貝塚から出土しているので、先史時代から食料とされて来た事は明らかである（縄文食料）。平安時代には乞魚《こつお》、許都魚《こつお》と呼ばれており（倭名抄）、『延喜式』神祇五の斎宮月料には「乞魚皮十五斤」、内膳司にも「供御月料、乞魚皮二十斤十三両」とあり、主計上の備前、備中、備後国の中男作物にも「許都魚皮」がある。これらは恐らく食品としてではなく、調理道具として用いられたのではあるまいか。『和漢三才図会』は「伝云、皮を用いて銭瘡を擦すれば能く治す」としているが、本草書には取り上げられていない。また『百品考』は独魚として「身鱗ナクシテ砂アリ、色灰色ニシテ皮厚シ、皮ヲ剝テ食フベシ。故ニカハハギト云。其皮ヲ曝乾スレバ砂アリテ、器物ヲミガクヘシ。云々」としている。

図166　カワハギ（梅園魚譜）

『古名録』は「鹿角魚、沖はげ」として図を載せているが、ウマヅラハギかもしれない。幕末の『魚貝能毒品物図考』にも「皮剝魚」として図が載っているが、現在のカワハギと同一物とは見えない。

一五、キス　鱚、鱠残魚、幾須子

キスは内湾あるいは沿岸の砂泥地に生息するキス科の魚類で、食用魚として欠かせないものの一つである。シロギスとアオギス（ヤギス）の二種があるが、シロギスの方が美味である。奈良・平安時代には見られないが、中世の『大草家料理書』に「生ざより、同きすは、さしみにも吉」とある。『大和本草』に「本草不レ載。凡中華ノ書ニテ未レ見レ之」と

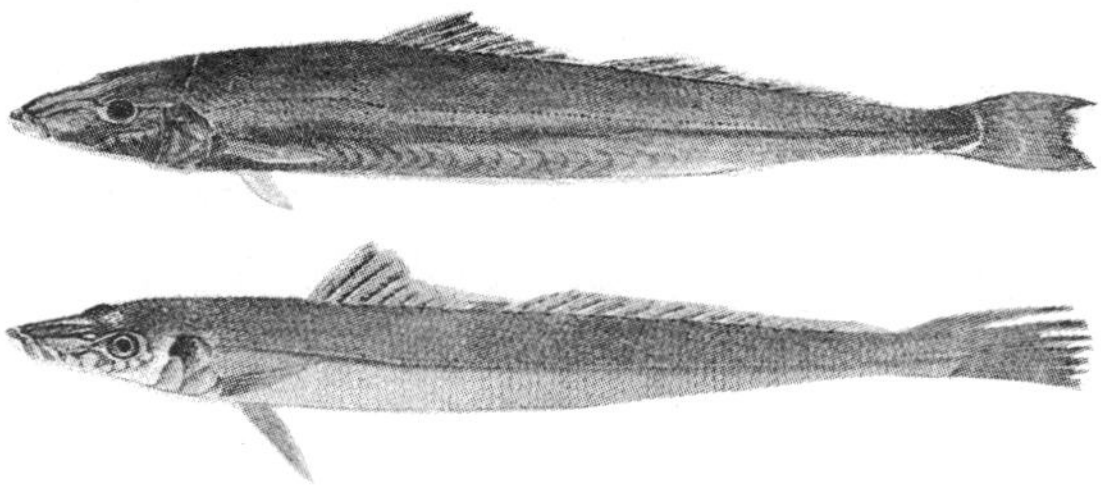

図167　シロギス［上］、アオギス（梅園魚譜）

あるように、江戸時代に入るまで本草書には取り上げられていない。『料理物語』は「(きすご)汁、なます、すひ物、たまりやき、なまび」としている。『本朝食鑑』は「漁人蛤蜊及び蝦を以て餌と為し之れを釣り、あるいは網を挙げて之れを采る、江都の芝浜、品川、中川、七八月の際、官客市人畫船を泛べて、水鱚を張りて争って之れを釣る、最も武江の勝遊と為す」とし、キス釣りが江戸時代に海釣の第一のものであった事を記している。畿内では『毛吹草』山城の産物に「宇治川小白魚《きすご》」とある。享保八年(一七二三)にはキス釣の専門書である『河羨録』が、明和七年(一七七〇)には『漁人道しるべ』が出版されており、幕末の『東都歳時記』にも春鱚、秋鱚釣の名所が記されている。

一六、キンギョ　金魚

キンギョは中国でフナを改良して作った鑑賞魚で、『本草綱目』は「晋桓沖、廬山に遊び、湖中に赤鱗魚有るを見る、即ち此也、宋(九六〇—一二七八)より始めて畜う者有り」とその由来を記している。我が国に舶載された記録は『金魚養玩草』に「或老人云金魚は人王百五代後柏原院の文亀二年(一五〇二)正月二十日はじめて泉州左海の津に渡り、云々」とあり、幕末の『海録』も曲亭馬琴の『美濃舊衣八丈綺談』を引用して「金魚はむかし我くにになし、先朝柏原の御時に、文亀二年壬戌の春正月、異国よりこれをわたして、左海の津に来舶せり」と文亀二年説をとっている。一方貝原好古は『大和事始』の中で元和年中(一六一五—二三)に渡来したとしており、『武江年表』は元和六年としている。金魚を飼育した古い記録としては徳川家光(一六〇四—五一)がおり、『徳川実紀』大猷院殿御実紀付録に「金魚を好みて飼せられ、鶴かわる、園中に金魚舟をおかれ、坊主して守らしむ。その坊主番怠りし内に、鶴みな金魚をくひてけり、近臣等何と申上む様もしらで在りしに云々」とあり、一七世紀初頭には金魚が極めて貴重な存在であった事を示している。また大阪の富豪、淀屋常安の贅沢な暮らし振りについて『元正間記』は「夏屋舗と名付て、四間四方、四面両縁を付、ビゐドロの障子を立、天井もビゐドロにて張詰、清水をた、へ金魚銀魚を放したる体、天下の御涼所も是にはいかて増るべき」と記している。この記事も淀屋常安の晩年(一六二二歿)には、金魚が富豪の象徴であった事を物語っている。同様な話は博多の豪商、伊藤小左衛門(一六六七歿)についても語られている(長崎略史)。慶長一八年(一六一三)に来日したリチャード・コックスは平戸にとどまり、初代イギリス商館長を務めたが、元和二年(一六一六)四月七日の『平戸英国商館日記』に「主殿様が私の金魚の噂を聞いて、それをもらいたいと使いをよこした云々」と記し、六月一九日の日記に「平戸藩主(松浦隆信)が私に金魚を二匹くれといってきた。金魚は支那人の頭領の弟が呉れたもので、非常に惜しかったが、前に彼の弟にあげたので、贈ることにした」と記している。平戸はこれより五〇年以上前に開けた海外貿易の拠点の一つで、藩主の松浦一族は海外事情に最も通じた人物であったが、恐らくこの時初めて金魚を見たものと思われる。この記事から元和二年にはすでに我が国に金魚が入っていた事は明らかであるが、それはまだ極めて珍しい物であった事がわかる。寛文一一年(一六七一)の向井元升の『庖厨備用倭名本草』の金魚の解説には「日本ニハ古ヨリ此魚ナシ。五十年来大明ヨリ渡リ来ル。是ヲ養フモノ多シ。其形色本草註ノ説ノ如シ」とある。一六七一年から五〇年前は元和年中に相当し、元升の十歳代の事であるから、この記述の信憑性は高いものと思われる。

なお、元升も記しているように、それから五〇年後には金魚は全国に普及し、万治三年(一六六〇)の『新続犬筑波集』には「をどれるや狂言金魚秋の水　松滴」と川柳に詠まれるまでになり、寛文七年(一六六六)に刊行された『訓蒙図彙』にはそうした金魚の様子が描かれている。さらに貞享四年(一六八七)の『江戸惣鹿子』には「金魚屋下谷池の端しんちゆうや重左衛門」と専門の金魚屋が出現し、『西鶴置土産』も「黒門より池の端を歩むに、志んちう屋の市右衛門とて、隠れもなき金魚銀魚を売るものあり、庭には生舟七八十も排《なら》べて、溜水清く、浮藻を紅潜りて、三ツ尾働き泳なり」と記している。単純に比較する事は出来ないが、文亀二年に金魚が渡来し繁殖していたとすると、それから百年以上を経過した元和年間には、相当数の金魚が繁殖し、富豪や将軍だけが手にする事が出来るような貴重品ではなかったはずで、従って金魚の渡来年代をその普及開始の時期と見るならば、文亀二年ではなく、元和年中とするのが妥当であろう。元禄年間(一六八八―一七〇三)には広く江戸市中でも飼育されていたが、生類憐み令によって一時その飼育が禁止され、元禄七年(一六九四)藤沢の遊行寺の池に放されている(令条五〇九)。しかし『甘露叢』、『元禄宝永珍話』などによると、放された金魚は翌八年(一六九五)には鵜、鼬、獺の餌食になったといわれている。

『本朝食鑑』は金魚の繁殖法を詳しく記した上で、その色彩が成長に伴って変化する事、尾の形は扇開尾《せいかいを》と呼ばれるものが最も高価で、蝉尾がそれに次ぎ、鮒尾が最も下品である事を記し、金魚の薬効についても触れている。『大和本草』は「昔日本ニ無之元和年中異国ヨリ来ル」と元和年中説をとり、『和漢三才図会』はその主産地を「筑前及び泉州の堺に多く之れを養ふ者有り、以て四方に販く」としている。

我が国に初めてもたらされた金魚は、恐らく原種のフナに近い形をした和金と思われるが、その後色変りの銀魚や（華夷通商考）、形の異った「らんちゅう」（金魚養玩草）が舶載され、『皇和魚譜』は「紅白雑ルヲサラサト云。全ク白キヲ銀魚ト云。多識編ニシロカ子ウヲト名ク。又鯽魚ノ如キモノアリ、フナヲト呼フ。即金鯽ナリ。一種琉球地方ニ産スルハ、大サ三四寸ニシテ色黒ク、毎鱗ノ間金色ヲ夾ム。其尾殆ト身ト等シ。往年薩州ヨリ貢ス。今世ニ琉金ト称スルハ、是ヲ尋常ノ種ニ合セタルモノニシテ、眞物ニ非ズ。又一種ランチウト呼フアリ。一名マルコトモ云。性倒ニ泳ギテ平ニ游行スル事能ハズ。老タルハ頭ニ肉冠ヲ生ズ。是ヲシシガシラト云」と記している。『百品考』もランチュウについて「倒になりて水中を泳ぐものなり」としているので、現在の「らんちゅう」とは少し異ったものである。金魚は多くは泉水、金魚鉢等で飼育されたが、『柳多留』、『武玉川』等の俳諧川柳誌に「びいどろの中でおよぐを猫ねらひ」、「びいどろに金魚の命すき通り」とあるように、江戸後期にはガラス製の容器も用いられている。『守貞漫稿』は錦魚売として各種の金魚を取り上げてその売値を記し、『東都歳時記』は四月の項で「当月より金魚、ひごひ、麦魚《めだか》等売あるく」としている。『絵本江戸風俗往来』にも五月の風物詩として「金魚売り」が取り上げられている。

図168　ランチュウ（金魚秘訣録）

一七、コイ　鯉

コイは我が国の代表的な川魚の一つで、有史以前から食料とされているが（縄文食料）、『律令』賦役令には取り上げられておらず、『万葉集』にも鯉を詠んだ歌は見当らない。奈良時代の書物では『常陸国風土記』に「鮒鯉多《さは》に住めり」とあるのが唯一の記録である。『延喜式』では主計上の中男作物の一つとされ、陰陽寮で供物とされているほか、『侍中群要』によると宮中の御贄として山城、河内、摂津、近江の諸国から貢進されている。また孔子を祀る釈奠の際には、三牲(鹿、豕、兎)の代りとして鯉鮒が用いられる場合がある(『延喜式』大学寮)。一方鯉を庭園の池に放して鑑賞する事は、古く『日本書紀』景行紀に「鯉魚を池に浮ちて、朝夕に臨視して戯遊びたまふ」とあり、平安時代の『池亭の記』にも、小池を穿って紅鯉白鷺其の中に在りと記されているので、古くから行われて来た事は間違いない。天長五年(八二八)(紀略)、承和二年(八三五)(続後)、仁和元年(八八五)(三実)ほかに天皇の遊漁の記事が見られるが、平安京に設けられた神泉苑はそうした遊漁池の一つで、魚に餌を与えて鑑賞したほか、「鈎を垂れ」たり「網を下し」たりして魚を捕り、「御前に於て調理」する事も行われている(醍醐)。こうした遊漁の対象とされた魚は主として鯉鮒の類で、それらは『律令』によって定められた園池司によって、管理されていたものと見られている。

中世以降になると、こうした貴人の前で鯉を料理する際には、「鯉の庖丁」と呼ばれる調理儀式が成立し、『徒然草』にも「一一八　鯉ばかりこそ、御前にても切らる、ものなれば、やん事なき魚なり」と記されている。正中二年(一三二五)(続史)、応永三一年(一四二四)(花営三代記)、永正六年(一五〇九)(実隆公記)などにそうした記事が見られるほか、『古今著聞集』六二六、六三二にはそうした調理の名人の逸話が載っている。なおその作法については『大草家料理書』に詳しい。鯉は宮中の女房詞では「こもじ」と呼ばれており(大上臈名事)、『四条流庖丁書』は「惣別料理と申は鯉と心得たらんが尤然る可き也。里魚より料理は始りたる也」と記し、『大草殿より相伝之聞書』は「鯉をたゞのさしみにする事なし。いかだより外には有まじく候」としている。江戸時代の『料理物語』には「(鯉)さしみ、なます、汁、はまやき、すし、こゞり、ことりやき、すい物」とある。鯉は食料とされたばかりでなく、薬餌としても用いられ、『頓医抄』は「水腫ヲ治ス」とし、『本朝食鑑』は肉、頭、眼、胆、鱗など、各部の薬効を記している。

畿内では古くから淀鯉と称して淀川の鯉が最高のものとされ(日本山海名物図会ほか)、『塵塚物語』によると、中世の細川勝元は他の国の鯉と淀鯉とを食べわける事が出来たとしている。淀鯉についてはほかに『翁草』八四、『笈埃随筆』、『北窓瑣談』などにも逸話が載っている。また『雲萍雑志』によると淀川では「淀の抱鯉」と呼ばれる独特の漁法も行われている。これに対して江戸では浅草川紫鯉が有名で、『江戸砂子』は紫鯉の捕れるのは「駒形堂、花川戸の辺也。此鯉、色金紫也。山州淀川の鯉より勝れたりとす」としている。鯉は鑑賞用としてだけでなく食用としても養殖されており、『農業全書』には鯉鮒の採卵、養殖法が記されている。長野県佐久地方は養鯉で知られているが、文化一四年（一八一七）には養鯉組合が結ばれており、そこで定めた議定書には「定
鯉魚育生之議格別利潤ニ相成候ニ付、今般銘々申会相互不益為無之、議定書認候所左ノ通リ」として、全九条の規約が定められている（長野県史）。

上記のように『本朝文粋』に収められている『池亭の記』には「（前略）其外緑松の島、白沙の汀、紅鯉白鷺、小橋小船、平生好む所、尽く其の中に在り。云々」とあるが、ここでいう紅鯉は現在の緋鯉の事ではなく、恐らく美唱として用いられたものであろう。我が国の緋鯉の起源については諸説があるが、色変りの鯉の存在を我が国に紹介したのは『本草綱目』が最初であろうか。同書は「頌曰く。崔豹云。兗州人赤鯉を呼びて玄駒と為し、白鯉を白驥と為し、黄鯉を黄騅と為す」としているが、赤鯉を玄駒とするのは誤りであろう。『日東魚譜』はこれをそのまま引用して鯉魚の釈名に「玄駒（赤鯉）、白驥（白鯉）、黄騅（黄鯉）、赤鯶公（爾雅翼）、小《こ》位《い》（和名）」としている。またこれより以前に出版された『本朝食鑑』には「赤黄白の三色有り。詳しく之れを察すれば則ち明白なり矣」とある。ただし色変りの鯉は詳しく察するまでもなく明白であるから、この記載も現在の色鯉を指すものとは思われない。しかし『詩経名物弁解』には「鯉。和名コイ。近江湖中ニ一種赤色ナルアリ。郷俗コイノ王ト呼ブ。此レ『爾雅』赤鯶一名赤驥ト云モノナリ」とあるので、江戸中期には我が国でも赤色の鯉が発見されていた事がわかる。続いて宝暦九年（一七五九）には江戸堺町で一尺と六寸の二匹の赤鯉が見世物となり（見世物研究）、安永五年（一七七六）に江戸参府を行ったツュンベリーは食膳によく上るものとして金色の鯉をあげている（ツンベルグ日本紀行）。緋鯉の見世物はこのあと文化九年（一八一二）に名古屋でも開かれているが（猿猴庵日記）、これより以前文化三年（一八〇六）に成る『本草綱目啓蒙』に「鯉魚に色赤きものあり、赤鯉魚（割注・証類本草）なり、コヒノ王と云。純白なるものあり、黄色なる者あり、黒白斑駁なるものあり、深紅色なるは金鯉と云」とあるの

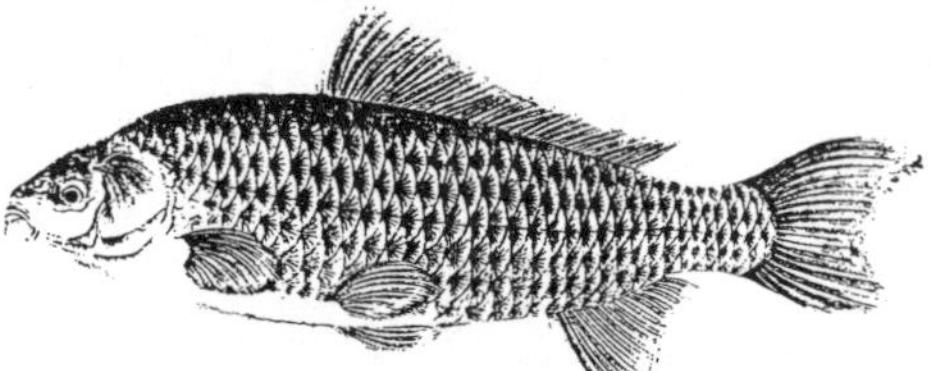

図169　ヒゴイ（博物館魚譜）

で、この頃には現在の色鯉がほぼ出揃った事になる。文政年間(一八一八―二九)に成立したと見られる『釣客伝』にも、「泉水の鯉又緋鯉の釣方」という項が見られるので、緋鯉は文化・文政期にはすでに江戸では広く知られていた事が明らかである。『梅園魚譜』は天保二年(一八三一)に写生した赤《ひ》鯉《こい》魚の彩色図を載せ、「近来金魚肆多ク種ヲ得テ作ル。市ニ鬻ク。紫白黄色ノ者ヲ出ス為レ奇ト。不忍ノ池ニモ産スルト云」と記しているので、天保初期にはすでに金魚屋が繁殖に成功していた事がわかる。天保五年(一八三四)に歿した栗本瑞見の『皇和魚譜』には「随観写真ニ此魚元朝鮮ヨリ来ル、故ニ又朝鮮鯉ト名ヅクト云ヘリ。然トモ未ダ拠ル所ヲ審ニセズ。品色多シ、赤黒雑ルヲベツコフト云、一名クロベツコフ。又黒白雑ルヲシロベツコフト云。全ク白キヲ白コヒト云。青色ヲ帯ルヲアサギコヒト云。共ニ食フニ堪ヘズ」とあるが、朝鮮から舶載された記録は見当たらない。

鯉は長寿の魚としても知られており、その寿命は一五〇年にも及ぶといわれているが(動物の事典)、大鯉が捕獲された記録も多く、天保一三年(一八四二)には四尺二寸の大鯉(釣客伝)、弘化元年(一八四四)には目の下四尺三寸(事々録)、嘉永六年(一八五三)には三尺八寸(武江年表)の鯉が記録されている。このほか五月の風物詩に「鯉のぼり」があり、『名所江戸百景』にも描かれているが、その起源はそれ程古いものではなく、『一話一言』一七は「近頃の事なるべし」とし、『東都歳時記』も「近世のならはし也」としている。

一八、コチ類　鯒、牛尾魚

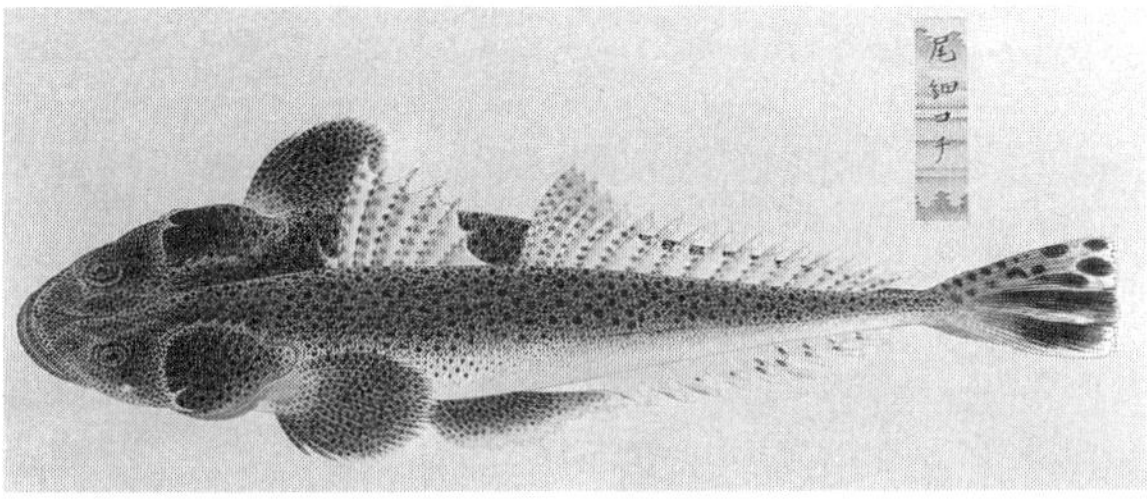

図170　コチ（衆鱗図）

コチはコチ科の魚類の総称で、マゴチ、メゴチ等がその代表的なもので、縄文時代の貝塚からも骨が出土している(縄文食料)。中世の『三好義長亭御成記』あるいは『朝倉亭御成記』の献立には「こちの汁」、「こち」とあるが、『料理物語』は「かわをはぎうすくつくり候。しゃうがす、いりさけ、たですにても」としている。『本朝食鑑』はコチは薬魚とされているが、小毒のあることを実例をあげて記している。『魚鑑』は「江都海尤多し。夏月洗ひ鱠となす時は、こひすゞきに次て、酒媒の逸品なり」としている。

一九、コノシロ　鱅、鯯、鰶

コノシロはニシン科の海産魚で、小型のものは関東では「こはだ」と呼び、関西以西では「つなし」と呼んでいる。またコノシロによく似たニシン科の魚にサッパがあり、瀬戸内地方では「ままかり」と呼んでいる。コノシロは『出雲国風土記』島根郡の所在雑物に「近志呂」とあり、『万葉集』「四〇一一　放逸せる鷹を思ひて」に「松田江の浜行き暮し都奈之《つなし》取る云々」とある。『大和本草』は鱅《このしろ》の解説で「長七八寸細鱗ナリ、コレヲヤケハ油多ク其臭キコト人尸ヲヤクカコトシ、日本ニテ昔ハ此魚ノ名ヲツナシト云、（中略）小ナルヲコハダト云」、「別ニ一種長キアリ西州ノ方言マヽカリト云、形状コノシロト同」と記し、『物類称呼』は「このしろ、此魚の小なる物を京都にて、まふかりと云、中国及九州共に、つなしと云、（中略）今按に鯯童《こはだ》と云魚は、江戸芝浦品川沖上総下総の浦より是を出す、西海にはこれなし、鰶《このしろ》の子にあらず別種也、云々」と記している。コノシロは『大和本草』に「其臭き事人尸を焼くが如し」とあるように、焼く時の臭いが人の死骸を焼く臭いに似ているとして嫌われており、元禄二年（一六八九）東北の旅に出発した松尾芭蕉は『奥の細道』の中で、身の潔白を訴えて自ら産室に火を放った、木ノ花咲ヤ姫を祭った室の八嶋で「將このしろといふ魚を禁ず縁記の旨世に伝ふ事も侍し」と記している。一方コノシロという名前は「子の代」に由来するとして、これにまつわる話が『大和本草』に紹介されており、同様の話は『本朝食鑑』、『和漢三才図会』にも取り上げられている。コノシロはこのほか『塵塚談』に「河豚、鰶魚、我等若年の頃は、武家は決て食せざりしもの也、鰶魚は此城を食といふひゞきを忌て也」とあり、こうした事からも嫌われている。『後水尾院当時年中行事』に「まいらざるもの」としてコノシロがあげられているが、恐らくこれも上記のいずれかの理

図171　コノシロ（梅園魚譜）

由によるものであろう。

二〇、コバンザメ　小判鮫

名前にサメとあるが、サメ類ではなく硬骨魚類で、サメ類のような大型魚類や鯨類の腹面に付着して移動し、その食べ残した食物を食料とする事が多い。『大和本草』付録に「フナシトギ」として「（前略）背ノ首ニ近キ処、横紋多クシテ而促《シシマ》レリ。横文二十三アリ横ニ連レリ。其間三寸許、背ノ横文ヲ以船板ニ付テ離レズ。云々」とあるのはコバンザメの事であろう。『享保元文諸国産物帳集成』によると江戸中期には「舟しとぎ」、「ふなひとり」、「ふないとり」等と呼ばれている。『和漢三才図会』は船留魚として「頭の裏扁く、小判有り、金小判の象の如くして、云々」と記している。『塩尻』拾遺五七には「六月の末、漁者見よとて持来りし。西国には数尺数丈のもの有りて、頭を船に触れて離れず、身を動かして大船をも覆し侍るとかや。船人尤これを懼るといふ。実にも頭の団かなる所かたくして、鰺の尾に近き所にある鱸に似たり。（中略）さても小判の名漁人の名づけるにや。実にも小判を載せたるやうに見ゆ。云々」とあり図が付されている（図172）。中国の本草書に記載がないためであろう、これ以前の我が国の本草書には取り上げられていないが、『本草綱目啓蒙』は鮫の項で各地の地方名をあげて記載しており、『百品考』は印魚としてその形質を記している。『魚鑑』にもほぼ同じような記載があり「大なるもの、船底につく時は、大船も行くことあたわず、ゆへにあやかしともよべり、五六種あり、鬻ぐもの纔に、尺にすぎず、云々」と記しているので、魚市場でも売買されていたものと思われる。ただし

図172　コバンザメ（塩尻）

『和漢三才図会』は「希に魚市に出ること有り、人其の異形を悪んで之れを食ふ者無し」としている。

二一、サケ類　鮭

サケは関東・北陸以北の河川に産卵のために遡上してくるサケ科の魚類で、我が国で捕獲されるものは（シロ）ザケが大部分を占めており、ほかにサクラマスが知られている。恐らく有史以前から我が国の河川に遡上していたものと思われるが、鮭の骨は縄文時代の遺跡からは余り出土していない（縄文食料）。しかしそうした事実がある反面、我が国の縄文遺跡が東日本に多く西日本に少ないのは、東日本には大量のサケ・マスが遡上する河川があり、食料確保が容易であったためであろうとするサケ・マス論が提唱されている。その根拠として、遺跡からサケの骨が出土しないのは、サケの骨には軟骨が多く保存が困難な事や、骨まで食べられてしまったためではないかとする意見が出されている。いずれにしても古代の我が国の河川に鮭が遡上していた事は、『常陸国風土記』、『出雲国風土記』などから明らかである。『常陸国風土記』には「鮭の祖を謂ひて須介《すけ》と為す」とあり、須介とは現在では北海道でわずかに捕獲されている、サケ科のマスノスケの事ではあるまいかといわれている（日本のサケ）。また『出雲国風土記』出雲郡の大川、神門郡の神門川等には「年《あ》魚《ゆ》、鮭、麻須、伊具比《いくひ》等が有り」と記されている。現在島根、鳥取地方では鮭の遡上は見られないが、古代には鱒ばかりでなく鮭も遡上していたものと思われる。そうした事は古墳時代末期の鳥取県国府町の装飾古墳からサケを描いたと見られる壁画が発見されている事からも伺える（古代史発掘8）。

『本草和名』は鮭を「一名年魚、春生れて年中に死す、故に以て之れを名づく。和名佐介」とし、『倭名類聚抄』にも同様の記載が見られる。しかしサケは一年で回帰して来るわけではなく、鮭の海洋中での生活を知らなかったための誤りである。『延喜式』内膳司、主計上ほかには生鮭以外に鮭楚割、鮭子、鮭内子、鮭背腸、氷頭《ひず》、鮭鮨などの鮭の加工食品が見られ、その貢納国としては信濃、越中、越後の諸国が多く、ほかに丹波、丹後、但馬国等があげられており、当時の鮭の分布を知る事が出来る（56頁別表）。鮭楚割は干鮭、鮭内子は「すじこ」、鮭背腸は背骨に付着した血の塩辛の事で、『倭名類聚抄』は「美奈和太《みなわた》」としている。氷頭は鮭の頭の軟骨を干したものである。『延喜式』では鮭はこの他に神饌に供されており（神祇一、二、三、五、七）、御贄としても貢進されている（内膳司）。こうした鮭の貢納に対して、弘安一〇年(一二八七)の『勘仲記』は越中国司から「凡そ絹壱匹を以て鮭五隻に宛て、納官封家の濟物を弁済する事」が申請された事を記している。これより以前、康治元年(一一四二)の『台記別記』によると、この年の大嘗祭の際に近江国から鮭百尺が献上されており、建久五年(一一九四)の『吾妻鏡』には佐々木三郎が越後国所領の土産として、頼朝に生鮭を献上した記事が見られる。中世の『看聞御記』は永享一〇年(一四三八)五月二二日の日記に「鮭は供御に備えざる者」としているが、それより以前の永享八年(一四三六)に干鮭献上の記事が見られ、文明一五年(一四八三)の『御湯殿の上の日記』にも「東山殿よりあか御まな五、ぶり一、せはた五桶まいる」とあるので、供御に供されていた事は明らかである。「あかおまな」とは鮭の女房詞であり(大上臈名事)、「せはた」は背腸の事である。宮中の調理を記した『厨事類記』にも干物として「楚割　鮭ヲ塩ツケズシテ。ホシテ削天供之」とあり、生物《なまもの》としても「鮭　皮ヲスキテ。ツクリカサ子テモルベシ。上ニ氷頭。コレヲモリテ供之」とある。『庭訓往来』五月状返の初献の料には鮭は見られないが、諸国の名産を記した四月状返には「松浦鰯・夷鮭」とあり、鮭が東北地方の名産であった事を記している。

鮭の調理法は『料理物語』に詳しく、「(さけ)やき物、なます、すし、はら、汁、かまぼこ、いりやき、なまび、其外色々、(同子、わた)なし物に、しほ引はさかな、ひらき、さかびて(同からざけ)水あへ、にあへ色々につかふ」と様々な料理法が記されている。このほか『庖丁聞書』は「鮭の式の鰭とは。背鰭一二三の内を云也。賞翫なり。間の肴杯に出す也」とあり、『武家調味故実』は鮭を「くわい人(懐妊)の間にいませ給へき物」としている。『本朝食鑑』は鮭は肉のみでなく、氷頭、筋子、白子、腸膽すべて美味である事を記したのち、「凡そ東北の大河之れを采る、本朝式に丹波、丹後、若狭、越前、但馬、因幡生鮭を貢す。今越後、越中、飛驒、陸奥、出羽、常の水戸、秋田最も多し。総の銚子、下野州の中川、上野州の利根にも亦有り。夏の末秋の初之れを采る者を初鮭と曰ふ。冬月子を生じ、其の子鹹水に入て長じて又河源に逆る。故に末流江海に通ぜざるは則鮭全く無し」と河川で産卵・孵化した鮭が再び河川に遡上して来る所を捕獲する事を記している。徳川幕府では水戸家が献上した鮭を宮中に献上する事が恒例となっているが(実紀)、鮭を幕府に献上したのは水戸藩ばかりでなく、領内に鮭の遡上する河川をもった南部・一ノ関・仙台・会津・越後・金沢・富山等の各藩に及んでいる。このように江戸時代の鮭漁は河川を中心として行われ、その方法は『利根川図志』に「これを漁するは大網・待網・打切・歩掛・無相・流し・イクリ・バカッピキ、これらは網なり。又矠《やす》にてつきてとるをヤスツキといふ」と記している。また『北越雪譜』は千曲川（信濃川）の鮭漁について「鮭初秋より海を出て此流に泝る。蒲原郡の流は底深く河広ゆゑ大網を用ひて鮭を捕る。かの川口駅より上上田《かみうえだ》・妻有のあたりにては打切といふ事をなして鮭を捕る」と記し、その打切漁の模様を詳しく記し、ほかに掻網、四ツ手網、金鍵、流し網、やす突等の漁法についても記している。また同書には「古志の長岡魚沼の川口あたりにて漁したる一番の初鮭を漁師長岡へたてまつれば例として鮭一頭に米七俵の価を賜ふ」と初鮭が極めて高値であった事を記している。

　こうした漁法によって遡上する鮭が毎年大量に捕獲されたため、江戸中期には鮭の漁獲高は著しく減少する事となる。そのため越後国村上藩では宝暦一三年（一七六三）から領内を流れる三面川を鮭の「種川」に指定して、その繁殖を計っている（日本漁業史）。同様の「種川の法」は文化三年（一八〇六）には庄内藩の月光川でも取り上げられている。鈴木牧之は上記の『北越雪譜』の中で、詳しく鮭の生態、漁法を記しているほか（図173）、「牧之常におもへらく、寒気の頃捕たる鮞と男魚の白鮢とをまじへ、鮭居る川の沙石に包み、瓶やうのものにうつし入れ、鮭なき国の海に通ずる山川の清流にかの瓶にうつしたるはらゝごを沙石のまゝ、さけのうみつけたる如くになしおき、此川にて鮭いでくとも三年捕る事を国禁あらば鮭を生ぜんもしるべからず。生ぜば国益ともならんか」と述べている。実際には行われなかったものと思われるが、現在実施されている人工孵化に通ずるもので、鮭の母川回帰を承知していた事がわかる。内地の河川ではこうした保護策が考えられるようになったのに対して、『蝦夷志』によると

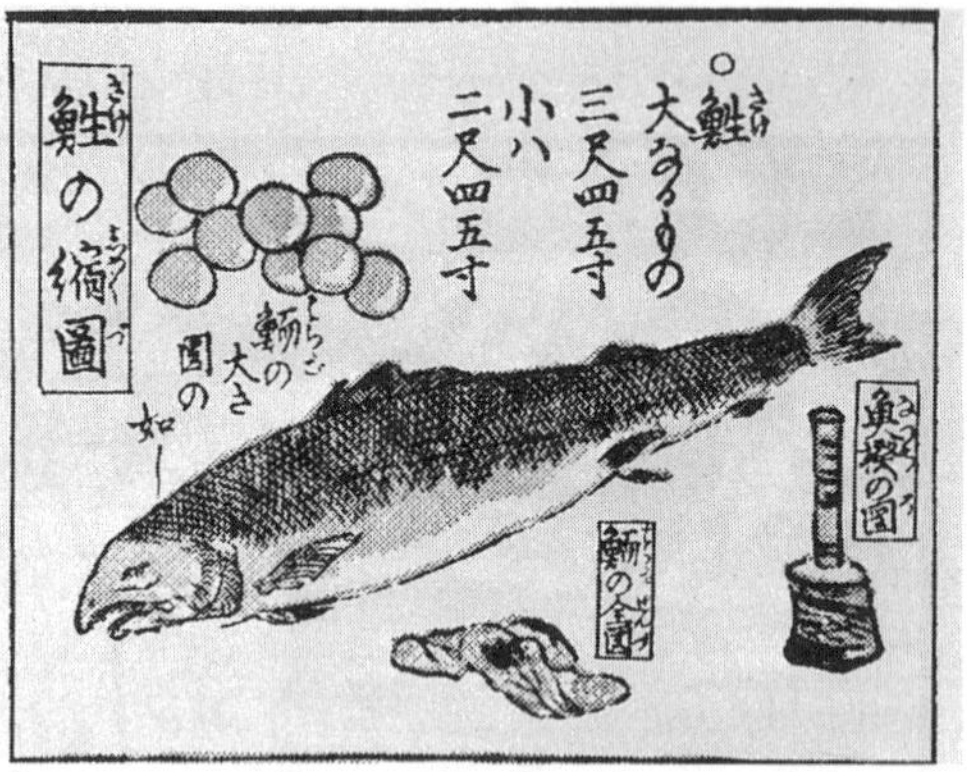

図173　サケとその卵（北越雪譜）

北海道では「鮭魚河を泝って上れば、水塞がれて流れず、乃ち徒手之れを捕う」といった有り様で、鮭は幕末まで松前藩の大きな財源の一つであった。古川古松軒も『東遊雑記』の中で「鮭の川々へ登る時節には羆二疋も三疋も川の瀬にふし、鮭の登るを取ること人の如く、云々」と記している。

二二、サバ　鯖

サバはカツオ、マグロと同じサバ科の魚類であるが、カツオのような回遊魚ではなく、一年中我が国の沿岸で捕獲する事が出来る。通常ヒラサバ（マサバ）、ゴマサバの二種を総称してサバと呼んでいる。サバは有史以前から食料とされ（縄文食料）、各種『風土記』にも「佐波」「鯖」とあり、奈良朝の木簡にも舊鯖と見えている（奈良朝食生活の研究）。『本草和名』は鯖を「和名佐波」としているが、『倭名類聚抄』は「和名阿乎佐波《あをさば》」と読んでいる。天平九年（七三七）の太政官苻によると、疱瘡を煩った後は「鯖及び阿遅等の魚は、乾腊有りと雖も慎んで食ふべからず」としている（類苻）。またサバは天皇の供御にも供され、「鯖は苟《いや》しき物と為すと雖も供御に備ふる也」とあり（中外抄、古事談）、宮中の女房詞でも鯖の事を「さもじ」と呼んでいる（大上臈名事）。

図174　サバ（梅園魚譜）

『延喜式』内膳司では供御月料とされ、神祇五の斎宮月料に「大鯖九十隻」とあるほか、主計上では周防、讃岐、伊予、土佐の諸国の中男作物とされており、大膳式では各地神社の祭雑給料に数えられている。サバは傷みやすい魚であるため、塩漬にされる事が多く、『庭訓往来』五月状返信の初献の料では「塩肴」として「鯖の塩漬」があげられている。『料理物語』には「（さば）沖なます、すいり、しほもよし、せわた、なし物によし」とあり、鱠之部には「（沖なます）あぢ、いなどをまろづくりにして、たでをあらあらときり入候をいふ也、さばもよし、

（中略）しほかげんいよいよ大事也」とある。『本朝食鑑』も「凡そ生用は佳ならずして多く食ふ時は則ち酔ふ。鮿《しおづけ》と作して食ふ時は酔はず」と記している。塩鯖は刺鯖とも呼ばれ『本朝食鑑』は「刺鯖《さしさば》の法、鮮鯖を取て腸及び鱗を去て背なかより骨に傍て割き開き、全体をして別たずして楚割の如くならしめて後、之れを鮿す。一ヶ頭を用て一ヶ頭中の鰓の間に刺し入れて両ヶ相聯ねて一重となす」としている。『魚鑑』も「今二頭刺合して、塩するを、さしさばといふ。今中元の節物に、上下ともに用ゆ」としており、『続飛鳥川』は「七月、さし鯖売」と記している。『東都歳時記』にも「中元の日（七月十五日）刺鯖を時食とす」とある。このほか鯖鮓としても用いられ、『皇都午睡』は「京師にては、祇園会には鯖の鮓を漬けて客に出す」とある。サバの特種な用途として『本朝食鑑』は「生鯖の眼を用いて、肛門に入れて導くときは則ち大便快利なり」としている。鯖の漁法について『日本山海名産図会』は「丹波（後）、但馬、紀州熊野より出す。其ほか能登を名品とす。釣捕る法何国も異なることなし」とした上で、松明をともした夜釣りの模様を記している。

二三、サメ類（ふか）　鮫、鱶、沙魚、和爾、鰐魚

鱶は鮫の異名で、関東以北ではサメ、関西以西ではフカと呼ばれる事が多く、動物学上はいずれも軟骨魚類に属する。従ってここでは両者を一括してサメ類として取り扱う事とする。サメ類は縄文・弥生両時代の遺跡から骨が出土しているばかりでなく（縄文食料）、その歯で作った耳飾が縄文遺跡から（古代史発掘2）、また鏃《やじり》が洞穴遺跡から出土している（日本の洞穴遺跡）。各地の『風土記』及びその逸文には和爾、鰐、沙魚等に関する逸話が数多く見られるが、古代の和爾、鰐と呼ばれるものはすべてサメの事とされている。サメ類は必ずしも美味な魚ではないが、平城宮跡から出土した木簡には「参河国播豆郡篠嶋海部供奉五月料御贄佐米楚割六斤」とあり、奈良時代に天皇の供御に供されていた事を物語っている（奈良朝食生活の研究）。ただし『律令』には取り上げられていない。『本草和名』、『倭名類聚抄』は鮫魚、鮫を「和名佐女（米）」としているが、『新撰字鏡』、『類聚名義抄』は鮐を「佐女」としている。『延喜式』主計上の中男作物、民部下の交易雑物では鮐皮が但馬、因幡、伯耆の三国から貢納され、内膳司の供御月料などに当てられている。サメ皮が供御に供されたとは思えないので、何か食事の際の用具として用いられたのであろうか。なお、鮐は「フク」あるいは「フクヘ」と読んで河豚《ふぐ》に当てられる事もある（奈良朝食生活の

研究)。一方鮫は『延喜式』主計上の中男作物、あるいは神祇の条に鮫楚割、鮫膗とあり、斎宮月料にも「鮫楚割各七斤八両」とあるので、平安時代にも広く食料とされていた事がわかる。

サメ類の皮膚は鮫肌といわれるように、鱗に小突起があり、これを沙と呼んでいる。サメの和名を沙魚《さめ》とするのはそのためである。『本草和名』の鮫魚の解説に「刀靶を装ふ者也」とあり、『倭名類聚抄』にも「魚皮に文有り、以て刀劔を飾る者也」とあるようにサメ皮は研磨すると白色になり、美麗であるばかりでなく、滑りにくい所から刀劔の柄や鞘に装着されている。我が国では正倉院の宝物中の「金銀鈿荘唐大刀」が鮫皮を装着した最も古いものであるが、これは恐らく舶載品であろう。『延喜式』では、内匠寮の天皇の御太刀一振を作る材料の中に「鮫皮一条」があり、弾正式には「玳瑁、馬脳、斑犀、象牙、沙魚皮、紫檀、五位已上通用」とある。しかし実際に刀劔の柄に装着されたのは、鮫皮ではなく鱏《えい》の皮で、我が国の近海では捕獲されないのですべて舶載品である。ただし古代から中世にかけて鮫皮が輸入された記録は見られない。江戸時代に入って元和七年(一六二一)に山田長政から献上されたのを始めとして(実紀)、寛永一三年(一六三六)(実紀)、明暦元年(一六五五)(寛明日記)、寛文一一年(一六七一)(実紀)ほかに鮫皮舶載の記事が見られる。輸入された鮫皮について『雍州府志』は、「凡そ鮫魚皮、阿蘭陀人長崎に齎来る。京師二条の商賈行きて之れを買い、二条の店に帰り水に浸す。数日にして繊細に竹を割くこと尺許り、麻苧を以て之れを結束す。是れを編竹と称す。是れを以て鮫皮を水中に洗う。則ち其色潔白にして、其の礫砢状大にして其の粒相齊しき者刀柄に粧ふ。是れ柄鮫と謂ふ」と記し、『人倫訓蒙図彙』によると、当時それを専門とする「鮫屋」と呼ばれる商売があった事がわかる。『十七世紀日蘭交渉史』によると「鮫皮はバタニ及その付近にては和蘭価三グルデンなるも、大きなるものは日本にて百グルデンあるいはそれ以上に売らる」とあるので、オランダ商館がいかに鮫皮によって利益を得ていたかがわかる。

平安時代まで鮫は楚割として珍重され、供御にも供されて来たが、中世の鮫の料理法は『武家調味故実』に「さめといふは魚也。磯にあり。盛事口伝あり。云々」とあるほか、『四条流庖丁書』には「諸魚ノ鰭ヲ立ル事。フカノサシミノ時。鰭立ム事可成。云々」とあり、『庖丁聞書』にも「がんぎ盛といふは鰐の刺躬《さしみ》也。からし酢かけ出す也」とあるように、鱶・鮫の類はもっぱら刺身として食べられるようになる。明応五年(一四九六)の『実隆公記』には鮮魚のフカを贈られた記事があり、『朝倉亭御成記』では献立中に「ふか」が見られる。江戸時代に入っても『料理物語』に「(ふか)さしみ、でんがく」、「(さめ)さしみ、千けぶり物、やきても」ともっぱら刺身として食べられている。『本朝食鑑』も「西海の人嗜て之れを鱠にす」としている。『本朝食鑑』はこのほか「大魚の鰭は銀針の如し。倶に軟脆賞す可き耳」としている。この鱶鰭は江戸時代の我が国からの重要な輸出品の一つで、明和二年(一七六五)には全国の浦方に鱶鰭の製造に力を入れるよう触書が出されている(天明集成二九二五)。鱶鰭はその原料となった鮫の種類と、どの部分の鰭かによって値段が相違し、尾鰭が最高級品とされている。

鮫には様々な種類があり、『大和本草』は「白フカ味尤美ナリ、ヒレ長ト云アリヒレ甚長シ、一《イツ》チマウト云フカアリ口広クシテ人ヲ喰フ甚タケクシテ物ヲムサホル、ウバブカ六七尋アリ歯ナシ、カセブカ其首横ニヒロシ甚大ナルアリ、ヲロカト云大フカアリ人ヲ食ス、鰐フカハ四足アリ鼈ノ如シ(下略)、モダマ是亦フカノ類ナリ(下略)、ツノジフカノ類ナリ北土及因幡丹後ノ海ニアリ(下略)、サヾイワリト云魚アリフカノ類ナリ(下略)、ヲホセ其形守宮ニ似テ見苦シ(下略)、カイメフカノ類ナリ形扁ク薄シ云々」と記している。このほか宝暦三年(一七五三)には「よろひぶか」が捕えられ(博物年表)、一一年(一七六一)には物産会に「むかてさめ」が出品され(緒鞭余録)、安永三年(一七七四)には「でんぽうざめ」が現れ(諸家随筆集)、六年(一七七七)には「めうがざめ」(武江年表、一話一言)、八年(一七七九)には「ざうざめ」が捕えられている(本草啓蒙)。このほか寛政四年(一七九二)には大阪道頓堀と京都で大鱶が見世物となり(摂陽年鑑)、寛政一一年(一七九九)には、志州亀島で大鮫の腹の中から一八〇両を持った旅人の死骸が出て来ている(諸家随筆集)。『本草綱目』はサメの仔が母魚の腹中に出入する事を記しているが、『大和本草』は「諸魚ハ皆卵生ス只フカサメヱイタナコ皆腹中ニテ胎生ス卵生セス其驚クトキハ母ノ腹中ニ入ル就レ中フカノ子ハ胎中ニテ大ナリ」と記し、『本草綱目啓蒙』も「凡鮫魚及鯊魚はみな胎生なり」としている。正確には胎生ではなく卵胎生である。続いて文化二年(一八〇五)には「まんぼうざめ」(巷街贅説)、天保一三年(一八四二)には「ちょうざめ」(博物学史)が捕えられているが、チョウザメはこれより以前天明元年(一七八一)序の『松前志』に「テフサメ、是尋常の鮫にあらず。(中略)菊花蝶形顕然たり。当今の士夫帯刀の飾とし。其鞘にも用ゆ。(中略)此物享保二年(一七一七)台命有りて呈上せしなり。夷人此魚胞を以て鰾膠とす」と記し、卵巣が珍味としてではなく、膠として用

図175　シュモクザメ（衆鱗図）

いられていた事を記しており、『蝦夷草紙』は「蝶鮫。西蝦夷地より主に出る。東蝦夷地のタヲイ辺にも出」と記している。さらに安政二年（一八五五）には「きくちょうざめ」、「ちょうせんちょうざめ」が捕えられている（本草写生図譜）。これらのうち現在和名として通用しているのはチョウザメだけで、ほかにその形状の記載から同定出来るのは『大和本草』の「カセブカ」、安永三年の「でんぽうざめ」のシュモクザメ、「ざうざめ」のチョウザメの二種だけである。シュモクザメについては『長崎聞見録』に鐘木鱶として挿図入りで紹介されている。サメ類は種類が多く、『本草綱目啓蒙』は中国書に記載されている一〇種程のものについて和名を校訂しているほか「星ザメ、ウバザメ、カッタイザメ、歯イタミ、コメザメ」など日本産のサメ類について解説している。また『魚鑑』も三〇種以上のサメの名をあげて形状・味覚について記しているが、そのうちホシザメ、アオ、シュモク、ネツミサメ、カラス、カグラ、ヨシキリ、テング、アブラ、ネコ、オオセイ、トラ、ノコキリサメ、ウバサメ等は現在も和名として用いられている。『桃洞遺筆』に天狗魚として図示されているものはテングザメであろう。

二四、サヨリ　鱵、針魚

サヨリという魚名は奈良・平安時代の史料には見られないが、貝原好古は『和爾雅』の中で、平安時代の「針魚」がサヨリである事を考証している。針魚は『本草和名』に「口長四寸針の如し故に以て之れを名づく。七巻食経に出づ。和名与呂都《よろと》、一名波利乎《はりお》」とあり、『倭名類聚抄』も「和名波利乎一名与呂豆」としている。『延喜式』神祇七に「与理刀魚」、主計上の中男作物に「与治魚、与理刀、与理等」等とあり（56頁別表）、大膳式では参議以上と五位以上の雑給料の一つとされている。中世にはサヨリと呼ばれるようになり、『御湯殿の上の日記』明応元年（一四九二）四月一〇日の条に「あつたの御代くわんさより一をりまいる」とあるので、天皇の御膳に供されていた事がわかる。このあと『大草家料理書』

図176　サヨリ（梅園魚譜）

には「生ざより、同きすは、さしみにも吉。云々」と見えており、『料理物語』にも「(さより) なます、なまび」とその料理法が記されている。『本朝食鑑』は細魚を「佐與利」と訓み「膾と作す尤も佳、或は炙食と作し、蒲鉾も亦俱に好し」としている。『本草綱目啓蒙』は鱵魚を「ヨリトウヲ、ヨロト、ヨロツ、ヨリツ、ハリヲ、サヨリ、云々」とし、解説で「方言にサヨリと呼ものは江戸にてサンマと呼ものなり」とし、逆に『魚鑑』はサンマを「京都にてはさよりと称ふ」としている。江戸末期にはサヨリとサンマとの間に混乱があったものと思われる。

『食物和歌本草』は「さよりこそ脚気の薬よくあぶりこせうだまりを漬て用る」と脚気の薬としている。

二五、サワラ　鰆、馬鮫魚

サワラは『本朝食鑑』に「肉白く脂多くして味ひ最も甘美也（中略）近代賀儀の佳肴として之れを賞す」とあるように高級魚の一つであるが、古代から中世にかけて史料にはその名は見られない。しかしその子を乾燥して作った「からすみ」は『御湯殿の上の日記』文明九年（一四七七）の条に「室町殿より御茶碗の皿。からすみなど色々まいる」と見えてい

図177　サワラ（訓蒙図彙）

る。ただし「からすみ」は『倭名類聚抄』に「赤目魚《ぼら》の子を採り塩を配して之れを乾す。加良須美と名づく」とあり、『本朝食鑑』も「鯔魚の唐墨味鰆に勝る」とあるので、献上された「からすみ」は鯔の子かもしれない。『大和本草』は馬鮫魚を「魚大ナレトモ腹小ニ狭シ故ニ狭腹《サハラ》ト名ツク」としている。『日本山海名産図会』は「讃州に流し網にて捕」としてその漁法を記している。『大和本草』、『百品考』に「おきさはら」とあるのは現在のカマスサワラの事であろう。

二六、サンマ　秋刀魚

『本朝食鑑』は細魚《さより》の項で「脯と作して三摩と曰ふ。義未だ詳ならず」とし、『本草綱目啓蒙』も鱵魚《さより》の解説の中で「方言にサヨリと呼ものは江戸にてサンマと呼ものなり。サンマは勢州津にてサイロと云。播州讃州にてサイラと云」と記し、『魚鑑』はサンマの項で「京都にてはさよりと称ふ」と、サンマとサヨリとを同一物としている。しかし『本草綱目啓蒙』のいうサイラについて『和漢三才図会』は「按ずるに佐《さ》伊羅《いら》状馬鮫《さわら》に似て狭長、背鱵《さより》に似て大なる者八九寸、細鱗頷短、冬春多く紀泉及び西海に出づ、脂多く取りて燈油と為す。云々」としているので、はたして現在のサンマに当るかどうか疑問である。サンマについては徳川吉宗の目黒のサンマが有名であるが、史料には見られない。『藤岡屋日記』は文化初年の書物を引用して「甘塩のさんまといふ魚、明和の頃迄は沢山にうらず。喰ふものも多からず。然るに安永改元の頃安くて長きハさんまなりとたとへに言しが、其頃より大にはやりいだして、下々の者好んで喰ふ事となりたり。寛政にいたりて、中人以上ニも好む人有て喰ふ。云々」と江戸でサンマが食べられるようになった経過を記している。『続飛鳥川』も「寛政の頃より追々食料になり。客にも遣ふ様になり、価も高くなる」とあるので、食料にされるようになったのは江戸中期以降の事と思われる。『魚鑑』は「秋冬の交、房総海多し、淡塩して鬻ぐ、云々」とし、嘉永六年(一八五三)五月には房州でサンマが大漁となった記事が見られる（真佐喜のかつら)。

図178　サンマ（梅園魚譜）

二七、シラウオ　白魚、鱠残魚、鮊

現在シラウオと呼ばれている魚は鮭鱒類に近いシラウオ科の魚類で、地方によってはこの魚を「しろうお」と呼んでいる。一方現在シロウオと呼んでいる魚はハゼ科の魚類で、所によっては「しらうお」と呼ぶ事がある。このようにシラウオとシロウオとの間には混乱が見られるが、さらにこのほか古くは各種の魚類の稚魚の事を「しらうお」あるいは「しろうお」と呼んでいたため、それらが何魚あるいは何魚の稚魚を指すのか不明な場合が多い。『日本紀略』延暦一五年(七九六)に「右大舎人白鳥村主白魚を井中に得て之れを献ず」とあるが、シラウオは淡水中には生じないので、これは恐らく何か別の淡水魚の稚魚の事であろう。一方『出雲国風土記』島根郡の条に「南北二浜並びに白魚水松を捕る也」とあり、これは分布の上から見ても現在のシラウオと見て間違いあるまい。『倭名類聚抄』は鮊を之呂乎《しろを》としている。『尺素往来』は「氷魚。白魚」を美物に数えているが、この白魚がはたして現在のシラウオを指すかどうかは疑問である。『料理物語』は「(しろうを)汁、さしみ、かまぼこ、に物、いり物、すひ物」としている。『本朝食鑑』は「白魚は氷魚の大なるもの也、江河の中に生す、大なる者は三四寸、全体潔白銀の如く無鱗氷玉の磨成するが如し、但し目両黒點有る爾、春に及びて子満腹して味ひ殊に美なり」と記している。白魚を氷魚(鮎の稚魚)の大きなものとするのは誤りであるが、この記載は明らかにシラウオに該当する。『大和本草』は鱠残魚《シロウヲ》(現在のシラウオ)と麺條魚《シロウヲ》(現在のシロウオ)の相違を記し、『本草綱目啓蒙』もさらに詳しく相違点を指摘している。

江戸隅田川の白魚の由来について、『事蹟合考』は「江戸表の白魚は、神君の御指図にて尾州名古屋浦の白魚を御取寄せ候て、まかせられしもの、今に至て生成すと云々、春のすゑかた、白魚の子をもちたるを多く取り、そのまゝに乾して納めおき、冬にいたり、(中略)その白魚のほしたるをそのまゝ浸しおくと、おのづからその孕子ほころび、ぼうふりの大きさになるより、漸々に長じて白魚のかたちを成したる時、云々」としているが、乾燥した卵から稚魚が孵化するとは考えられない。シラウオをほかの地方に移した話は水戸光圀の遺績を記した『桃源遺事』にも見られ、これも干物の白魚を取り寄せて、常陸の涸沼浦にまいた所、「其後白魚出生申候」と記し、『甲子夜話』一八―二六には萩藩小郡川に隅田川のシラウオの卵を移した話、『匏庵遺稿』は筑後川に移した話を載せている。寛文五年(一六六五)にはほかの魚鳥とともにその売出し時期が一二月からと規制され（実紀）、生類憐み令の施行されていた宝永四年（一七〇七）には、漁そのものが禁止されている（実紀）。『続江戸砂子』は江府名産として「佃の白魚」をあげ、『日本山海名産図会』は摂州西宮ほかの白魚漁の模様を詳しく記している（図179）。江戸末期の

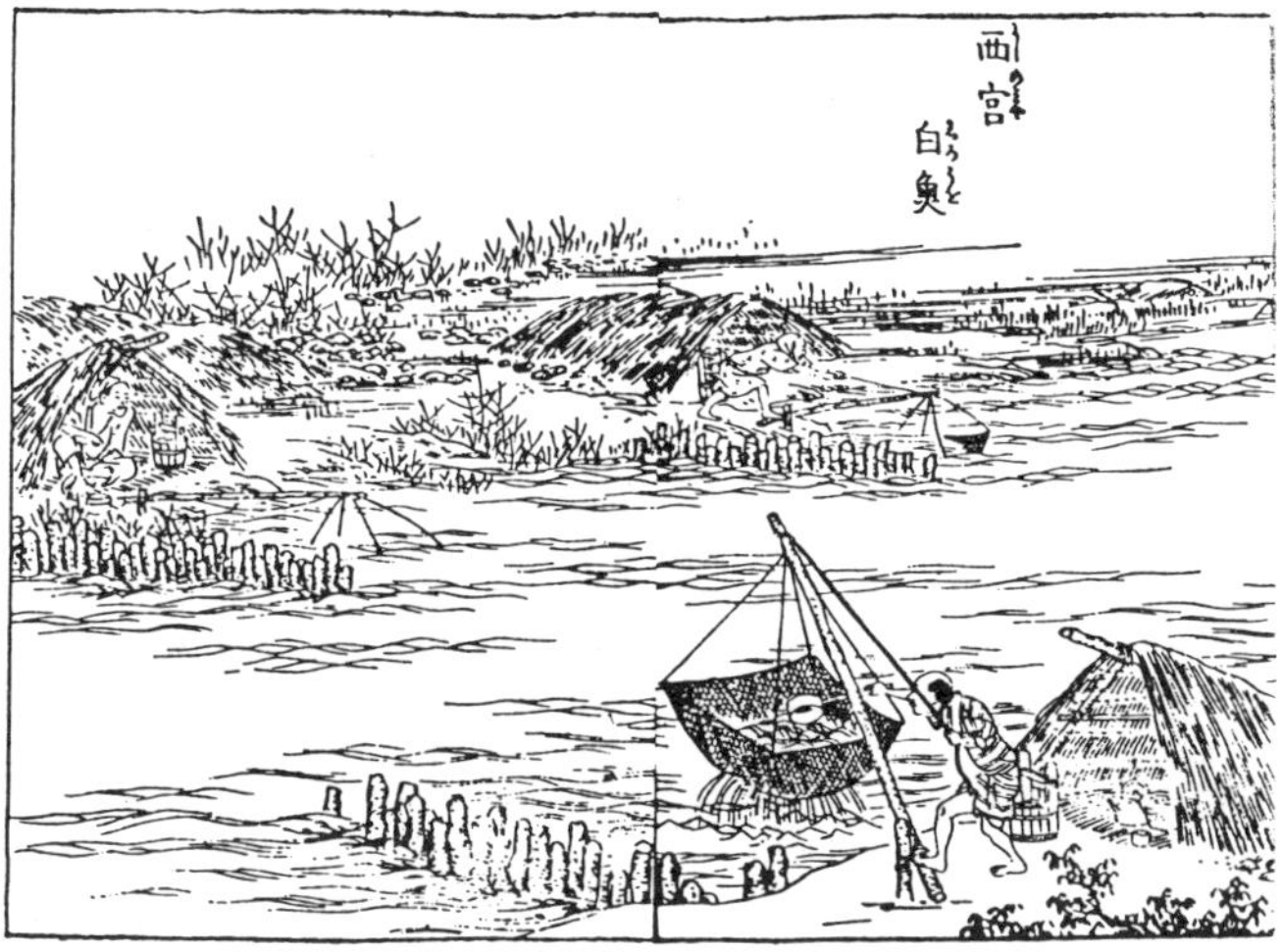

図179　西宮白魚（日本山海名産図会）

『東都歳事記』一一月の条には「当月より春に至るまで、毎夜佃沖四ッ手網を以て白魚をとる。篝火多し」と記し、『絵本江戸風俗往来』も「佃のいさり火」として佃沖の白魚漁を隅田川の風物詩に数えている。

二八、スズキ　鱸

スズキの骨は各地の貝塚で発掘されており、その出土例は鯛についで多く（縄文食料）、弥生時代の遺跡からも報告されている（日本の洞穴遺跡）。『古事記』の国譲りの項に「栲《たく》縄《なは》の、千尋縄打ち延《は》へ、釣為《せ》し海人の、口大の、尾翼鱸《おはたすずき》、佐《さ》和佐和迩《わさわに》、控《ひ》き依せ騰げて、云々」と鱸の延縄漁の模様が記されているほか、『万葉集』には「二五二　荒たへの藤江の浦に鱸釣る海人とか見らむ旅行くわれを」と鱸釣の行われていた事を記している。『出雲国風土記』に須受枳《すずき》とあるほか、平城京趾から出土した木簡にも「月料御贄須須岐《すすき》楚割六斤」とあり（奈良朝食生活の研究）、奈良時代に供御に供されていた事がわかる。『本草和名』、『倭名類聚抄』はいずれも「須々岐」「須々木」としている。『延喜式』宮内省でも山城国の例貢御贄とされているほか『侍中群要』によると河内国、摂津国からも貢進されている。中世に入ってからも貢進は続

けられ、『御湯殿の上の日記』には鱸献上の記事がしばしば見られ、『厨事類記』調備部の生物には「鯉。鯛。鮭。鱒。鱸。雉。或ハ鮭鱒ヲ止メ鱸雉ヲ供スルヲ佳例ト為ス」とある。こうした宮中での供御のほか『吾妻鏡』、『三好筑前守義長朝臣亭江御成之記』などには一般の饗宴にも用いられた事が記されている。『御湯殿の上の日記』明応八年(一四九九)六月一〇日の条には「室町殿より伏見浦にて網引かせられたるとて、おびたゞしき鱸参る」とあり、鱸が釣のほか川では網で捕えられていた事を示している。川で捕れた鱸は川鱸と呼ばれて、海で捕れた海鱸と区別されている。『大草家料理書』に「川鱸料理の事、但差味《さしみ》は上也、(中略)海鱸は汁にするは上也さしみは中也」と両者を区別しており、『大和本草』は「河鱸」として「海鱸ト形状同ジ、味甚ダ美ナリ、海鱸ニマサレリ」と川鱸のほうが美味である事を記している。『料理物語』は海の魚之部で取り上げ「(鱸)さしみ、汁、やきても、なます、同せいご、おきなます」としている。「せいご」とは『大和本草』河鱸の項に「其小ナル者六七寸アルヲセイゴト云」とあり、鱸が成長に伴って呼び名を異にする事を記しているが、そうした名前の変化については『本草綱目啓蒙』に詳しい。また鱸の産地については『毛吹草』、『本朝食鑑』、『本草綱目啓蒙』等に記されている。『農業全書』生類養法の水畜の部には「鱸、鯔、鱠残魚、此外も汐の入る池の中に飼ひ立てふとりさかゆる物多し」と鱸の蓄養を奨励し、「又水畜の池に同類を食し害をなす魚あり。ゑらびて同じ池に入るべからず。鱸、鯰取分き他の小魚を食ふものなり。必ずこれを入るべからず」と注意している。『魚鑑』に「角田川の下に、養ふときは、水の清きに腴《こへ》、潮の鹹からさるに化して、終に善美味兼尽《かねつく》す」と海で捕った鱸を川で蓄養した事を記している。

図180 スズキ(本草図説)

二九、タイ類 鯛

タイと名のつく魚にはマダイ、キダイ、クロダイ等のタイ科の魚類のほかにイシダイ、キンメダイ、マトダイといったタイ科以外の魚類も数多く含まれている。ここではそうしたものは除き、タイ科に属するもののみを取り上げる事とする。縄文時代の遺跡からはマダイ、クロダイ、ヘダイ、キダイ、チダイといった各種のタイ類の骨が出土しており、中でもマダイは全魚類のうち最も出土頻度が高い（縄文食料）。マダイ、クロダイの骨は続く弥生時代の遺跡からも出土しており、有史以前からタイ類がいかに好まれていたかを物語っている。各地の『風土記』には鯛（肥前国）、鎮仁《ちに》（黒鯛）（出雲国）の二種の名前があげられており、藤原宮、平城京跡から出土した木簡にも、「御贄磯鯛」、「多比御贄」と記されたものが見出されている（奈良朝食生活の研究）。これらの鯛は『万葉集』に「一七四〇　水江の浦島の子が鰹釣り鯛釣りほこり、云々」とあるように、釣によって捕られ、「三八二九　醤《ひしお》酢に蒜《ひる》搗き合《か》てて鯛願ふわれにな見せそ水葱《なぎ》の羹」とあるように、鱠として食べられていたものと思われる。なお『古事記』、『日本書紀』の神代紀の海幸彦・山幸彦の話では「赤海鯽魚」、「赤女」と書いて「たひ」と訓んでいるが、「海鯽魚」は『倭名類聚抄』によると「知沼《ちぬ》」でクロダイの事である。しかし鯛については『本草和名』、『倭名類聚抄』いずれも「和名多比、太比」としている。『延喜式』では小鯛腊、鯛醤等が御贄とされているほか、『侍中群要』によると和泉国から鯛、摂津国から干鯛が貢進されている。『延喜式』ではこのほか、鯛楚割、鯛腊、鯛脯等が諸国輪調・庸、中男作物とされており（主計上）、神祇部の祭神料ほかには「平魚」として鯛が取り上げられている。『日本釈名』は鯛を「たいら魚也、其形たいら也、故に延喜式に平魚とかけり、又俗語にひらと云」とあり、宮中の女房詞も鯛の事を「おひら」と呼んでいる（大上臈名事）。文中元年（一三七二）一二月八日の『八坂神社記録』に「庭田中納言殿方へ兎一、鯛のあらまき一等を進る」とあるように、中世には鯛の荒巻が贈答に用いられているが、鯛の荒巻にまつわる話は古く『今昔物語集』二八―三〇にも見えている。中世に入っても鯛は朝廷にしばしば献上されており（御湯殿）、文明一五年（一四八三）（親元日記）、永正一三年（一五一六）（殿中申次記）等には将軍に献上された記事も見られる。このほか『三好筑前守義長朝臣亭江御成記』には「十六献、つぐみ・かも・たいの子」とあり、『朝倉亭御成記』の献立にも「たいのこ」が見られる。鯛は『尺素往来』で美物の一つに数えられ、『庖丁聞書』は「出門に用る魚鳥」の一つとしている。鯛の料理法は中世の『武家調味故実』、『四条流庖丁書』、『大草家料理書』など多くの料理書に取り上げられているが、『料理物語』は「（鯛）はゝまやき、杉やき、かまぼこ、なます、しもふり、くすたい、汁、でんがく、さかびて、すし、ほしてふくめ其外いろいろつかふ」とし、天明五年(一七八五)には鯛料理の専門書『鯛百珍料理秘密箱』が出版されている。『本朝食鑑』は鯛の「腹・腴《つちずり》・腸」の項で「凡そ筑紫の諸州にも亦多くして美也。故に泉攝の海人米穀を海西に運び、壹、対、日、薩の市に鬻き、帰る時生鯛数百を買て、大鉞を用ひて魚背に刺す。皆深秘して其の穴を言はず。生ながら大竹籃に入れ舷に繋け水に浸す。魚猶水中に活潑にして死せず。云々」と九州地方の鯛を生きながら関西に運んだ事を記している。江戸時代、徳川幕府でも鯛の需要は多く、しかも生きた鯛が求められたため、活鯛問屋が設けられ、生簀《いけす》を作って鯛の畜養が行われている。『大日本産業事蹟』によると、こうした鯛の生簀は寛永五年(一六二八)に駿州沼津および獅子浜に創設され、元文五年(一七四〇)に相州浦賀、武州神奈川他に移されている。これらの生簀の鯛は多くは駿河湾産のものが用いられたが(日本漁業史)、一部のものは遠く瀬戸内海産のものが活鯛船で江戸に運ばれている。天保二年(一八三一)には、そうした鯛のうち途中で落ちてしまったものの売却について大阪町触四九七〇が出されている(大阪市史)。『武江年表』明和七年(一七七〇)の条に「神奈川の鯛三千喉余り死す。云々」とあるのもこうした生簀の鯛であろう。安永四年(一七八五)に来日したツュンベリーは『ツンベルグ日本紀行』の中で鯛について「非常に高価であって、式日用又は宴会用として特にとっておく」と記している。なお、上記の『本朝食鑑』に「大鉞を魚背に刺す」とあるが、これは鯛は比較的深海にいるため、網に掛ったりあるいは釣り上げられると、水圧が急速に減少して鰾《うきぶくろ》が膨張し、正常な体位を保つ事が出来なくなって横倒しになって浮上ってしまうので、そうした事を防ぐために鰾に針を刺して空気を抜いて調節する事をいう。『日本永代蔵』巻二の「天狗は家な風車」の中に「生船の鯛を、何国迄も無事に着やう有。弱し鯛の腹に針の立所、尾さきより三寸程前を、とがりし竹にて突といなや、生て働く鯛の療治、新敷事ではないか」とある。同様の技術が伊豆諸島の漁師の間でも行われていた事は『七島日記』にも記されており、広く行われていた事がわかる。

鯛という名のついた魚類には様々なものが含まれているが、『本朝食鑑』はマダイの類として鼻折鯛、小滝鯛、甘鯛、白皮甘鯛、糸績鯛《いとより》、鵰羽鯛《たかのは》、笛吹鯛、錦鯛をあげ、クロダイの類として海頭《かいず》、夷鯛《えびす》、嶋鯛、炭焼鯛、石鯛、猪鯛をあげており、『大和本草』も棘鬣魚《タヒ》として「方頭魚《クズナ》(アマダイ)、金絲《イトヨリ》魚《タヒ》、烏頬魚《スミヤキ》(クロタヒ)、海鯽《チヌ》、ヒサノ魚、ノムシ鯛、宝蔵鯛、黒魚」等の名をあげている。また我が国最初の魚譜として知られている『日東魚譜』は「索鯛、目白鯛、口見鯛、条鯛、島鯛、黄穡魚《ハナキレタイ》、金絲魚《イトヨリタイ》、方頭魚《アマタイ》、鯧魚《カスコタイ》、錦鯛、海鰂魚《クロタイ》、緋魚、鮉魚《イシタイ》」をあげ、ほかに『随観写真』は四四種、『水族写真』は九〇種程に上る鯛を図示しているが、これらの中にはタイ科に属さないものが数多く含まれている。『魚鑑』は「たい」として「四時ありとはいへど、桜花盛りのころ、最美し、よつてさくらだいと称ふ」と季節によって鯛の呼び名を異にした事を記したあと「ゑびすたい、くちみだい、くだい、かんだい、へだい、小正だい、しまだい、石だい、すじだい、はなをれだい」の名をあげ、その味の良否を記している。上記の『随観写真』は雑魚類の中で「鯛之福玉」を取り上げているが、これはタイ科魚類の口の中に寄生する甲殻類のタイノエの事で、「長州の俗之れを鯛の咽虱と謂ひて甚だ賞味すること鯛の如し」と記している。『中陵漫録』には「玉島の赤鯛」、「鯛の浜焼」等の記事があり、『水族四帖』は鯛の骨格図を載せている（図181）。『甲子夜話』には駿海産の甘鯛を「おきつ鯛」と呼ぶ事が記されているが、甘鯛はタイ科ではない。鯛の漁法は『日本山海名産図会』に、若狭小鯛の延縄漁のほか、各地の手操網漁の模様が記されている。

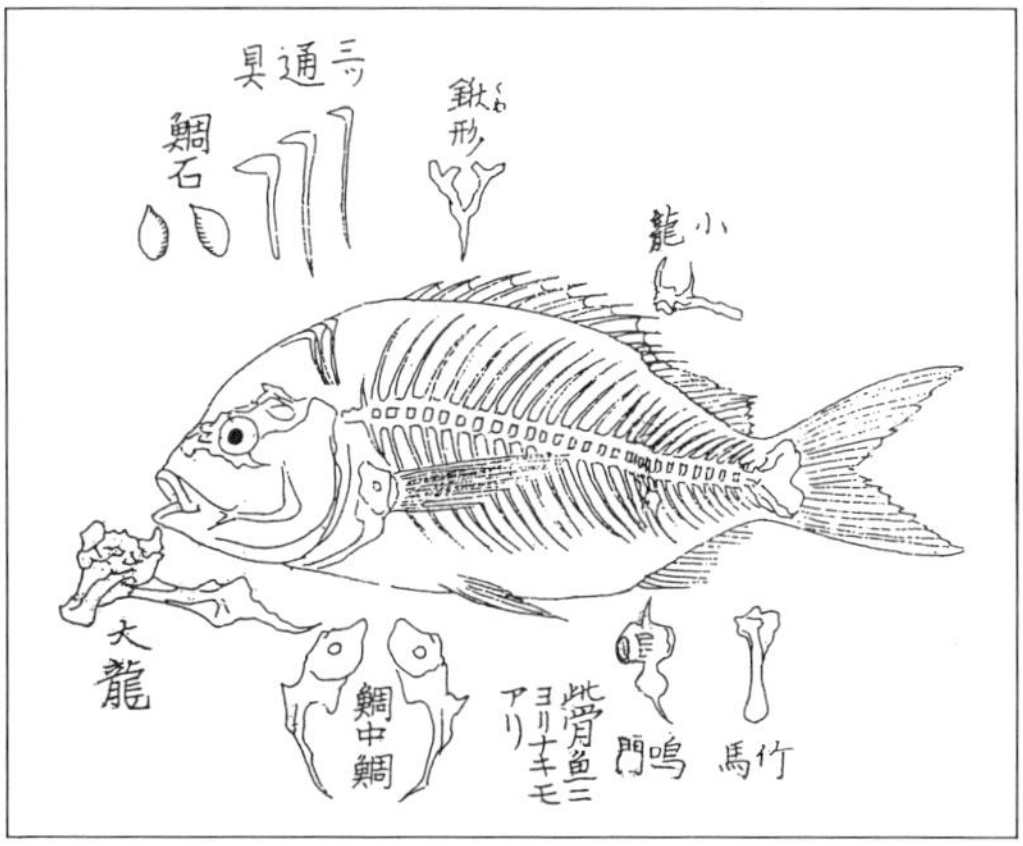

図181　タイの骨格（水族四帖）

三〇、タツノオトシゴ　竜の落し子、海馬

タツノオトシゴの漢名は海馬で、恐らく我が国でも「かいば」と呼ばれていたものと思われる。タツノオトシゴという呼び名は『本草綱目啓蒙』の海馬の項に「カイバ（讃州）、ミツチノコ（同上）、リウグウノコマ（豊後）、リウノコマ（同上、予州）、リウグウノウマ（芸州、筑前）、タツノオトシゴ（佐州）、タツノオロシゴ（同上）、リウグウノヲバ、（下略）」とあり、江戸末期までは一地方名にすぎなかった事がわかる。海馬が初めて我が国の史料に見られるのは、治承

図182　タツノオトシゴ（訓蒙図彙）

二年（一一七八）安徳天皇が誕生した際に、平清盛が産養として石燕その他と共に贈ったのが最初ではあるまいか（山槐記）。タツノオトシゴが安産のお守りである事は江戸時代の本草書にも記されており、『本朝食鑑』は「凡そ臨産の家、雌雄を用いて小錦嚢に包収め、以て預め之れを佩して易産と謂ふ、云々」と記し、『大和本草』は「貯へ置テ婦人ノ産スル時、是ヲ手裏ニ把レバ、子ヲ産ヤスシ」としている。安永四年（一七七五）に来日したツュンベリーは『ツンベルグ日本紀行』の中で「江戸で見た動物」として「海の馬と云ふ名で知られてゐる小さな魚である竜の落子」をあげ、『物類品隲』は「相模産一種全身刺有るものあり。相模産一種赤色のものあり」とタツノオトシゴに数種のもののある事を記している。文政九年（一八二六）江戸に向ったシーボルトは二月二三日下関で医師行斎からタツノオトシゴを贈られている（江戸参府紀行）。

三一、タラ類　鱈、鱇

鱈という字は中国の本草書には記載されておらず、『尺素往来』は「多楽」、『大和本草』は「呑魚」、『和漢三才図会』は「吴魚」などとしている。鱈という字は『本朝食鑑』に「冬月初雪の後に当りて必ず多く之れを採る」とあるように、雪の降る季節に捕れる所から、魚偏に雪と書いて我が国で作られた漢字である。宮中の女房詞でも「ゆき」と呼ばれている（大上臈名事）。こうした鱈の字の由来については『牛馬問』に記されている。我が国で捕獲されるタラは主としてマダラとスケトウダラの二種で、いずれも深海性の魚類である。『日本縄文石器時代食料総説』によると、鱈の骨はわずかではあるが縄文遺跡から出土しているので、有史以前から食料とされて来たものと思われる。しかし史料にタラが見られる

図183　タラ（梅園魚譜）

のは中世に入ってからで、『看聞御記』永享九年（一四三七）一〇月九日の日記に、「白鳥一、鱈二」とあるのが最初で、このあと文明一六年（一四八四）、一七年（一四八五）ほかに宮中に「ゆき」あるいは「ゆきの御まな」献上の記事が見られ（御湯殿）、『尺素往来』は美物の一つにあげている。以上のほか寛正六年（一四六五）一月一〇日の『親元日記』に「斎藤越中入道、雁二、来《くる》一折。鱈の腸を不来不来《こずこず》と云て、正月用立つ、不来不来と云は名詮あしきによりて、中比より来《くる》と書きたり」と鱈の腸《わた》を贈られた事を記している。ただし「くるくる」は鱈の腸のほかに『宗五大草紙』に「くるくるとは、ぶりのわたの事也」とあるので、鰤の腸《わた》の事も来《くる》と呼んだものと思われる。鱈の腸とは今日の鱈子《たらこ》の事ではなく、内臓の事で、『本朝食鑑』は「腸に菊腸、雲腸、強腸有り。菊腸は淡赤色、菊花の開くが如く、味淡甘にして煮食す可く、云々」とそれぞれの特徴を記し「三種同じく嘉賞す可きもの也」としている。『本朝食鑑』にはこのほか鱈について「古は未だ此の名を聞かず、中古以来之れを賞する乎」と記しているので、恐らく中世に入って本格的に漁獲されるようになったものと思われる。『大草殿より相伝之聞書』には「たらのやはらぐる事。先白水にたらをつけ。又それに春はゑのきの葉。又ゑの木のかはを入てよく候。云々」とあるので、干鱈としても流通したものと思われる。『料理物語』も「（たら）汁、すし、さかびて、ほして色々」と、生鱈のほか干鱈としても用いた事を記している。文禄の役（一五九三年）の際に、秀吉は秀次に高麗の鱈廿を贈っているが（駒井日記）、これは高麗の鱈と断ってあるので、スケトウダラの事であろう。『本朝食鑑』にも「一種俗に介黨《すけとう》と称する者有り」とある。寛永一二年(一六三五)に江戸の小網町の漁夫の網に鱈が掛り、生きたまま将軍に献上されているが(実紀)、マダラかスケトウダラか明らかでない。ただし『魚鑑』にスケトウダラについて「東都近海まれに、漁り得るものこれなり」としているので、スケトウダラであった可能性の方が強い。『絵本江戸風俗往来』によると、干鱈は端午の節句に用いられ、「干鱈・かさごの乾物を、節句遣いとす。よりて魚屋は店売・荷売とも繁昌す」とある。

三二、ドジョウ類　鰌、鯲、泥鰌

ドジョウの骨は縄文遺跡からは出土しておらず(縄文食料)、また中世まで食料とされた記録も見られない。朝廷が衰微した天文二一年(一五五二)の『言継卿記』に「葉室へ同道す、晩食土長汁《どじょう》之れ有り」とあるのが最初であろうか。『大草家料理書』には「鰌の料理は能々ごみを出せ。其上ぬかにてみがき、ぬめりのなき程にして、にごり酒にて能煮候也。其上に常の如くにこを入みそをこくして煮也」とあり、『料理物語』は「(どぜう)汁、すし」として、汁の作り方は「汁之部」に「(どぜう汁)中みそにだしをくはへ、よく煮申候、どぶをさしてよし、つまはごほう大こん其外色々」とある。ドジョウの鮨は『狂言集上』「末広がり」に「どじょうのすしを　ほう、ほうばって、諸白を飲めやれ」とある。生類憐み令によって元禄一三年(一七〇〇)、宝永四年(一七〇七)とドジョウの販売は禁止されたが(実紀)、『元正間記』によるとそうした禁令にもかかわらず、密かにドジョウを踊子と呼んで商売する者があったと記している。元禄三年(一六九〇)に来日したケンペルは、『日本誌』の中で「人々の話

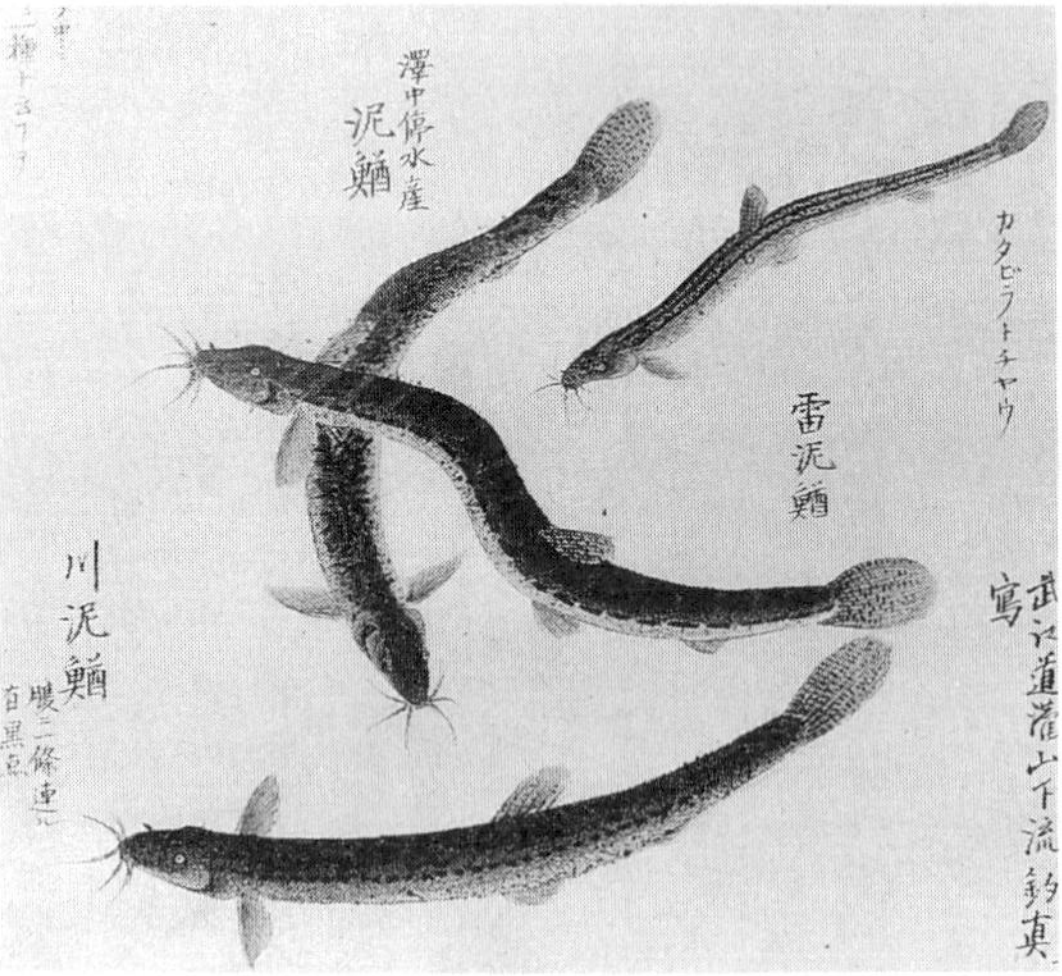

図184　各種ドジョウ(梅園魚譜)

によると、鰌は人工的にも孵化させうる。それは藁を細く刻み、汚土を混ぜ込み、自然の太陽下で孵えるのと同じような状態を作ってやるのである」とドジョウの養殖が行われていた事を記しているが、『本朝食鑑』も「今、農間田圃の渠を構へ、牛馬の糞を用て鰍《どじょう》を養ふ者、形肥大なりと雖も肉堅くして味ひ亦美ならず」と記している。『東海道名所記』一九二にはそうしたドジョウの汁を名物とした水口宿の話が載っている。

『大和本草』はドジョウの種類について「一種京ニテシマドジャウ一名鷹ノ羽トチヤウト云アリ。又ホトケトチャウ共云。筑紫ニテカタビラトチャウト云。泥中ニハヲラス沙溝清水ニ生ス。云々」としているが、現在ではシマドジョウとホトケドジョウとは別種とされている。『本草綱目啓蒙』は「また黄赤色にして金魚のごときものあり、緋ドヂャウと云。一種ヤナギドヂャウは長さ二寸ばかり、体扁くして柳葉の状のごとし。一種流水沙中に生ずるものは身色淡しくして文采鮮なり。（中略）これをシマドヂャウと云。（中略）一種京師にてホトケドヂャウと云は首円扁にして鬚なく形小なり」としている。「緋ドヂャウ」は普通のドジョウの赤変種で、水谷豊文の『物品識名拾遺』にも「ムギカラドヂャウ、ヤナギドヂャウ、ホトケドヂャウ」と共に「ヒドヂャウ」と記されており、『皇和魚譜』は「一種ヒドヂヤウハ色赤クシテ身痩セタリ。大サ三四寸ニ過ギズ。信州佐久郡野沢村ノ渓澗ニハ此物多クシテ却テ尋常ノモノナシ。土人捕リ食フ。味淡ク美ナラズト云」としている。『梅園魚譜』には不忍池で捕れた「アカドチャウ」の図が載っているが、これはヒドジョウではない。『雍州府志』は鰌魚の条で「魚背に紋あり鷹の羽の如き者、特に勝る。是を鷹羽鰌魚と称す」と記し、タカノハドジョウが特に美味である事を述べている。江戸末期には鷹野役所を通じて江戸城に泥鰌が上納されているが（武蔵野歴史地理）、これは江戸城内で飼育されていた水鳥類の餌として用いられたものと思われる。江戸末期には鰌料理の専門店が現れ、『守貞漫稿』は鰌汁の項で、「鯨汁ともに一椀十六文、鰌鍋四十八文也。骨抜鰌鍋の始は文政初め比、江戸南傳馬町三丁目の裡店に住居せる萬屋某と云者、鰌を裂て骨首及び臓腑を去り、鍋煮にして売る。其後天保初比横山同朋町にて、是も裡店住の四疊許の所を客席として売り始め、屋号を柳川と云。其後横山町二丁目新道表店に移り大に行れ今に存す。（中略）蓋底には笹搔牛蒡を敷き、其上に菊花の如く鰌をならべ、鶏卵閉にする也。云々。一鍋二百文を専とす」と今日の柳川鍋の起源について記している。大阪にも骨抜の鰌鍋を売る店が出来た事は『浪花の風』に記されている。

三三、トビウオ類　飛魚、文鰩魚

我が国で漁獲されるトビウオには数種のものが知られており、トビウオはその総称である。『新撰字鏡』は鰾を、『倭名類聚抄』は鰩を「和名止比乎」としているので、トビウオは平安初期から人々に知られていた事がわかる。しかしその後の記録は乏しく『御湯殿の上の日記』文明一八年(一四八六)五月一五日の条に「いをにはねのおいたるをおか殿よりみせまいらる、。ちかころ見事なり」とあるのが最初であろうか。『精進魚類物語』には飛魚と記されている。『料理物語』は「(とび魚)さしみ、かはをさり、ひもの」とし、『大和本草』も「乾テ遠ニ寄ス」としているので、江戸時代から干物として用いられていた事がわかる。『物類称呼』は「婦臨産の月是を帯れば産やすしと見えたり、今又乳のたる、薬なりとて、婦女は珍重する也」としており、『長崎聞見録』にも記事が見られる。『本草綱目啓蒙』はミノカサゴをトビウオの一種としているがこれは誤りである。

図185　トビウオ(訓蒙図彙)

三四、ナマズ　鯰、鮧

『本草和名』、『倭名類聚抄』はいずれも鯰を「和名奈末都、奈万豆」としている。ナマズの漢名には鯰のほかに鮧があり、鮎もまたナマズに当てられている。『本草綱目』はナマズは額が平夷なところから鮧《い》、涎が粘滑な事から鮎《ねん》と名付けられたとしている。貞観八年(八六六)の『日本三代実録』に「是月大旱し飢餓多し。京師の人東堀川の鮎魚を捕え之れを噉ふ」とある鮎魚は鮎の事ではなくナマズの事とされており、中世の画家、如拙が描いた瓢鮎図の鮎も鯰の事である(図186)。我が国の漢名の鯰は、鮎の音訓み「ねん」に通じる所から付けられたものという。ナマズは必ずしも美味な魚ではないので、古代では上記の飢饉の時以外に食用に供された記録は見られないが、中世に入るともてはやされるようになり、宮中にも献上され（御湯殿）、『尺素往来』も美物の一つに数えている。『大草家料理書』は「鯰の料理は先切候て酒をかけ、かはひく程に焼候て、いかにもねばり候程、ふくさみそにて水より入て煮付て、後を水をさしのべ候なり」と記し、『料理物語』は「（なまづ）汁、かまぼこ、なべやき、杉やき」としている。天文二年（一五三三）の『実隆公記』に「庭田鯰魚を送らる。則蒲穂子用意せしめ了んぬ」とあるように、当時ナマズは蒲鉾に加工されて賞味されており、大永八年（一五二八）の伊勢貞頼の『宗五大草紙』にも「かまぼこはなまず本なり」とある。『本朝食鑑』も「其の味稍佳なりと雖も但鱠及び蒲鉾のみ其の余は之れを食ふに宜からず」としている。蒲鉾は応永六年（一三九九）の『鈴鹿家記』に「鱣かば焼、鮒すし、かまぼこ、云々」とあるのが最初かと思われるが、『本朝食鑑』は「近世江州の庖人鹿間某と云ふ者初めて之を造る」としている。

図186　瓢鮎図（瓦礫雑考）

『本朝食鑑』は以上のほか「琵琶湖八月中旬月明の夜、鯰魚数千、自ら跳て竹生の北洲砂上に投じて踊躍顚倒す、是れ何の故と云ふ事を知らざる也」と記しているが、これは琵琶湖特産の大鯰の産卵の情景を記したもので、明応七年（一四九八）の『実隆公記』に「黄門母堂より鯰魚一を恵まる。其長さ三尺余、頗る目を驚かす者也」とあるのも琵琶湖産の大鯰の事であろう。『実隆公記』にはこのほかにも四尺余の大鯰を贈られた記事が見られる。『湖魚考』によると、琵琶湖にはこの大鯰の他に真なまず、岩とこなまず、ぎちゃう、赤なまずの四種が生息している事になっているが、分類学上はすべて同一種とする意見もある。『大和本草』は鯰について「箱根ヨリ東ニ之レ無シト云フ」としており、『日東魚譜』も「此の魚もと関西に在りて関東絶えて之れ無し矣。然るに享保十三戊申秋九月二日武州大洪水にて高田川水上破れて民屋を流し、人馬多く死す矣。是れより以来鮎魚処々に生ず」と記し、『物類称呼』の「ぎゞ」の項や『武江年表』にも同様の記事が見られる。『本草綱目啓蒙』も同趣旨の記事を載せているが、年次を享保一四年(一七二九)九月朔日としている。また『続江戸砂子』は「享保七八の比より浅草川に多し、上方の鮠とはかたち異なれども、大方は似たり」とし、『甲子夜話』四九―一五は徳川吉宗の治世下に紀州から移しだとしている。なぜこのような俗説が流通したのか明らかでないが、関東地方ではそれまで鮠を食料とする習慣がなかったためではあるまいか。『甲子夜話』四八―一一には以上のほか琵琶湖の大鮠を仕留めた話が載っている。ナマズの漁法については『本草綱目啓蒙』に「漁人蛙を以てこれを釣」とある。

三五、ニシン　鰊、鯡

ニシンはイワシに近い魚類で、東北地方の一部では「かどいわし」とも呼んでいる。そうした事から鰊はニシンのほかに「かど」とも訓まれており、江戸時代にはむしろニシンより「かど」の方が多く用いられている。その名残は数の子(「かどの子」の訛)として現在に受け継がれている。

図187　ニシン(梅園魚譜)

ニシンあるいはカズノコが史料に見られるのは中世に入ってからで、永禄一一年(一五六八)五月一七日の『朝倉亭御成記』に「数の子、からすみ、御汁、白鳥、云々」とあり、続いて文禄三年(一五九四)の『前田亭御成記』二献に「数子」とある。また『御湯殿の上の日記』慶長一二年(一六〇七)一二月二四日の条にも「女御の御かたよりかずのこ、とりのこまいる」とあるので、宮中でも用いられていた事がわかる。恐らく最初はニシンそのものではなく、その腹子の数の子が乾燥あるいは塩漬として畿内に送られて来たものと思われる。『日本漁業史』は鰊漁について「北海道漁業志稿」を引用して、「旧記に據るに、文安四年(一四四七)陸奥の馬之助と称する者、今の松前郡白符村に来り鯡漁に従事し、慶長六年(一六〇一)爾志郡突符村にも鯡漁を始むと云ふ」と記している。『庖丁聞書』によると、数の子は「出門に用る魚鳥」に数えられ、『本朝食鑑』も「今に本朝の流俗才首、家家数子を以て規祝の一具と為して、子孫繁栄の義に取る」としている。『本朝食鑑』はまた「総房常奥羽及南部津軽蝦夷等の海浜多く出す焉」とし、『毛吹草』は陸奥の産物として鰊をあげているので、北海道以外の国々でも漁獲されていた事がわかる。しかし何といっても北海道が最大の産地で、文禄二年(一五九三)松前藩の成立以来ニシンは藩の重要な産物の一つとなり、『松前志』によると元禄一四年(一七〇一)から「鰊の開き」と「数の子」が将軍に献上されるようになり、宝永三年(一七〇六)には「身欠き鰊」も献上されている。「みがきにしん」について『本草綱目啓蒙』は「脊肉のみ乾たるをミガキニシンと云、全く乾たるものは京都に来らず、脊肉の乾たるものは多く来る、賤民の食とし又猫の食とす」としている。

享保五年(一七二〇)新井白石によって編纂された『蝦夷志』には「(鰊)魚の聚る所、沫を嘘くこと雪の如く、(中略)網して之れを捕う。味の美は子に在り、子も亦腹に満つ。云々」と記されている。天明八年(一七八八)蝦夷地を訪れた古川古松軒は『東遊雑記』六の中で「当年は鰊多しという年は、海上へ一段高くなり真白く見ゆるほど集るなり。何国より来るとも知れず。およそ蝦夷の地より松前の海浜数百里の大海、皆みな鰊魚となることにて、なかなか取り尽くされぬことなり。蝦夷及び松前の諸人は、鰊を以て一年中の諸用、万事の価とせることゆえに、鰊の来れるころは、武家・町家・漁家のへだてもなく、医家・社人に至るまで我が住家は明家とし、おのおの海浜に仮の家を建て、我劣らじと鰊魚を取ることにて、云々」と松前の鰊漁の模様を記している。『桃洞遺筆』は青魚としてニシンを取り上げ、「磨《ミガキ》ニシン」について「賤民の食とし、又猫の食とす」とし、『魚鑑』は「奥羽蝦夷の海多く出す。近来下総銚子浦大利根の川口にも是を得る」と関東地方でも捕れた事を記している。

三六、ニベ類　鮸

ニベ科の魚類はいずれも頭の頸の部分に堅くて大きな石(耳石)を持っているため石首魚《いしもち》と呼ばれ、我が国ではニベ、イシモチなど数種のものが知られている。『倭名類聚抄』は鰀を「伊之毛知」、鮸を「仁倍、一に云久智」としている。ニベはイシモチに比べるとはるかに大型で、『本朝食鑑』は石首魚の項で「按ずるに江都の魚市に謂ふ、小き者を石持と

図188 ニベ(梅園魚譜)

曰ひ、中なる者を久知と曰ひ、大なる者を仁倍と曰ふ、云々」としている。『肥後国風土記逸文』に「爾陪魚」とあり、江戸末期の伴信友は『比古婆衣』の中で、平安時代に宮中の正月行事に用いられた腹赤魚はニベの事ではないかと指摘している。『和漢三才図会』はニベについて「腹中の白鰾を取り以て膠と為す。物を粘じて甚だ固し。工匠及び弓人必要物と為す。云々」と記している。『本朝食鑑』にも同様の記載が見られる。享保一七年(一七三二)に、にへ魚を求める御触書が出されているが(寛保集成二九四六)、何に用いたのか明らかでない。『本草綱目啓蒙』はニベの頭の石を刀剣の柄の目貫に用いた事を記している。

三七、はえ(はや) 鮠

「はえ」あるいは「はや」はカワムツ、オイカワ、ウグイ等といったコイ科の淡水魚の地方名である。『倭名類聚抄』に「波江」とあり、『山家集』に「こばえつどふ沼の入江の藻のしたは人つけおかぬふしにぞありける」とあるように「ふしづけ」によって捕獲している。その料理法は『料理物語』に「(はへ)汁、なます。(うぐい)なます、汁。(はす)すし、なます、やきて」とある。『本朝食鑑』は「波恵、状あゆに似て白色、背淡黒、略青色を帯ぶ。(中略)波恵は蝿を嗜む、故に漁人馬尾或は鯨鬚を用いて、蝿頭を模成し、長縷に着けて之れを釣る」と記している。『大和本草』は「鮠 何レノ川ニモアリ、類多シ、白ハエアリ大ナリ、赤ハエアリ、アブラハエアリ」とその種類をあげ、『日東魚譜』は「柳鱦(和名)形柳葉ニ似タル故ニ名ヅク。奥ノ桜川ノ産。名ヅケテ桜魚ト曰フ也。鱦魚(ハエ、和名)川流ニ生ズル小魚也。形黄鯛魚ニ似テ身円細鱗白色、僅三四寸。性好デ蝿ヲ食フ、故ニ脂鱦(アブラハエ)ト名ヅク。形鱦ノ如ク金細点有リ、又烏呂々胡ト呼ブ。又白鱦有リ赤鱦有リ」としている。『物類称呼』は「はゑ。東国にてはやと云、はゑは蝿を好て食ふ故になづく、但蝿は関西にてはへ、関東にてはいといふ」としている。

三八、ハコフグ類　海牛

ハコフグは体の表面を堅い甲で覆われたフグ類ハコフグ科の魚類で、食用とされているものもある。『日本書紀』斎明四年（六五八）の条に「出雲国北海の浜に、雀の喙、針の鱗ある魚死にて積めり。名けて雀魚と曰ふ」とある雀魚をハコフグとする意見もあるが、これはハリセンボンであろう（→328頁）。『物類品隲』は海牛として「和名スヾメフグ。又イシフグト云。（中略）形三稜ノモノ、四稜ノモノ、頭上刺有ルモノ、刺無キモノ、数種アリ」と的確にハコフグの形態を記している。『塩尻』八に「遠駿の海中に海雀といふ魚あり。痘瘡の気を遠ざくとて小児有家には懸置」とある海雀はハコフグの事であろう。

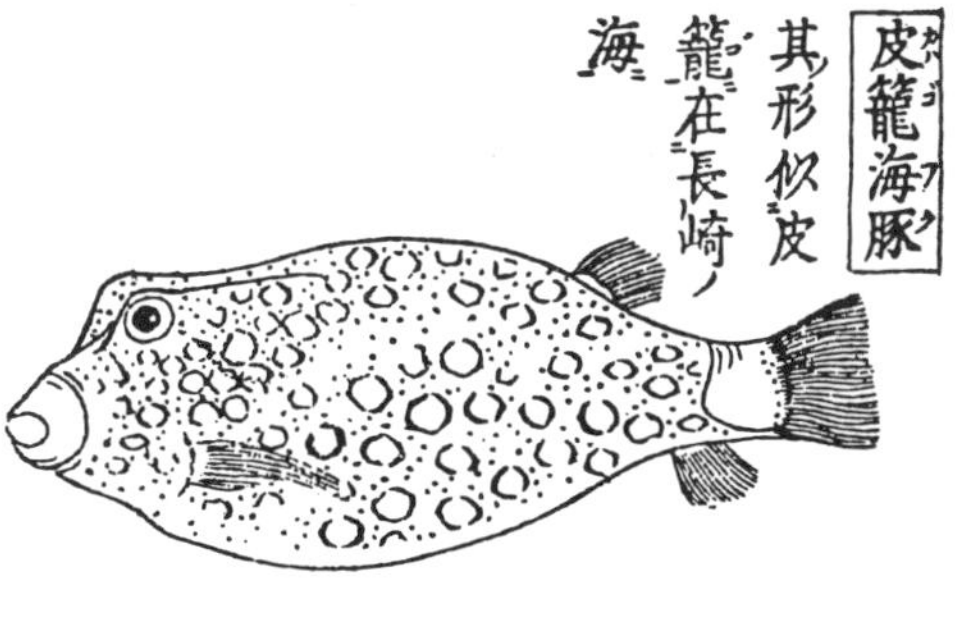

図189　ハコフグ（『大和本草』諸品図）

三九、ハゼ類　鯊

ハゼ科の魚類は極めて種類が多いが、単にハゼといった場合には通常マハゼを指す事が多い。マハゼは日本各地の沿岸部に生息しており、釣の対象魚として知られている。『本朝食鑑』はハゼ釣の仕掛けを詳しく記した上で、「江都の士民、好事游嬉の者の扁舟に棹し、簑笠を擁し、茗酒を載せて竿を横たへ、綸を垂れ競て相釣る云々」と記している。『摂陽年鑑』によると文政六年（一八二三）に大阪道頓堀にハゼが集り、釣客で賑わった事が記されており、

図190　マハゼ（水族四帖）

『摂陽群談』は「川口鯊」として「安治川ノ西湖境ニテ、漁者釣ヲ垂テ之レヲ捕リ、市店ニ出ス」としている。江戸では「鉄砲洲鯊」が有名で『続江戸砂子』に「てつぽうづ石川島永代橋の辺上品也」とある。

四〇、ハタ類　羽太

図191　ルリハタ（博物館魚譜）

ハタの類はスズキの近縁種でマハタ、アカハタ、ルリハタ、アラ等種類は多いが、史料には見られない。『本朝食鑑』に「旗代魚」とあるのはハタの事であろう。『魚鑑』は「はたじろ」として「まはた」、「はたしろ」、「もうお」「あゆなめ」、「めばる」、「あかを」、「あかはた」、「ほしはた」、「もろこはた」等の名をあげているが、現在和名として用いられているものは少ない。

四一、ハタハタ　鰰

ハタハタは北方系の海産魚で、秋田県では古くから珍重されて来たが、縄文貝塚からの出土例は報告されていない（縄文食料）。『大和本草』にハタハタとして「奥州ニ多シ。白シテ長七八寸、頭広ク尾小ナリ。色銀箔ノ如シ。味淡クシテ美ナリ。鮓ト為シ、塩淹ト為ス。十月ニ多ク捕ル」とあるのが最初であろうか。次いで『採薬使記』に「奥州又羽州サカノ島辺ニハタハタト云魚アリ、一名佐竹魚トモ云フ、云々」とあり、『日東魚譜』は「雷魚（カミナリイヲ、ハタハタ）所在羽州平津浜ニ多ク有之、末秋ニ出デ初冬ニ至ッテ盛リ也」としている。『一話一言』一一は「もとは常陸の水戸に生じ候、秋田へ国替を仰付られ候て、秋田の先祖（佐竹義宣）秋田へ被越候節（一六〇二年）領主につきて右の魚も秋田へこし候よし、云々」と佐竹魚と呼ばれる理由を記しているが、割註に「俗記也」とあるので、その内容の信憑性は薄い。また「鱗の中に富士山のもやうを生じ候故、めでたき魚と祝し、文字はいつごろよりか魚篇に神と書なり」としているが、ハタハタには鱗はない。『松浦武四郎紀行集上』の「東奥沿海日誌」も「佐竹侯常州より連来りしと」と記しているが、

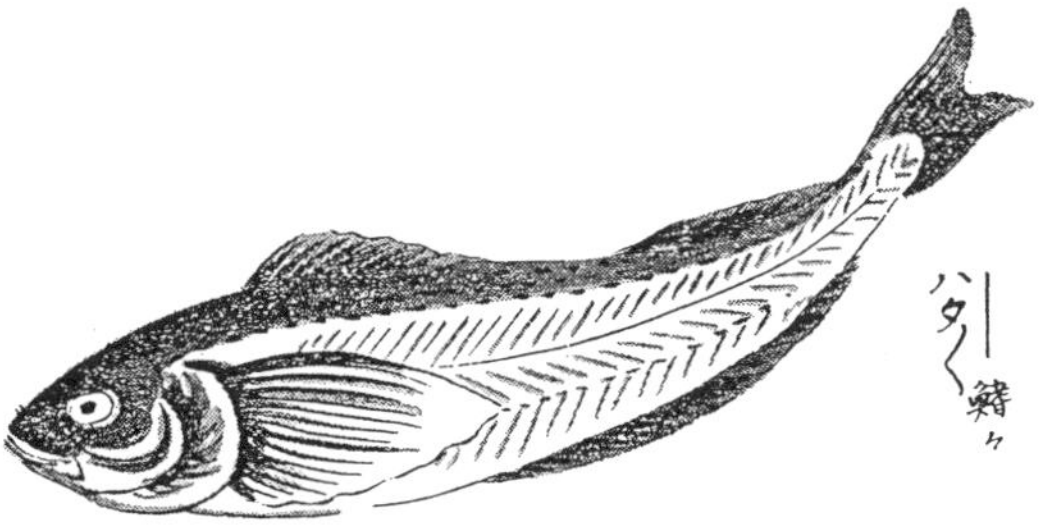

図192　ハタハタ（奥民図彙）

「桑名の白魚が品川に来り、松前侯転国の時にハ鯡が桑東沖に移しと同断の説なるか」と記しているので、俗説にすぎない。ハタハタは冬雷が鳴ると捕れ始めるといわれるため一名「かみなりうお」とも呼ばれ（魚鑑）、鰰の神の字は神鳴《かみなり》に由来するともいわれている。ハタハタの卵塊は「ブリブリ」あるいは「ぶりこ」と呼ばれ、噛むと大きな音をして破れるので有名である。

『毛吹草』は出羽国の名産としてハタハタ鮨をあげ、『大和本草』もハタハタを鮓とする事を記し、『本草綱目啓蒙』はハタハタを乾したものに尾の方から火をつけて蠟燭の代りとする事を記している。『奥民図彙』はハタハタに鰭々の漢字を当て、図を載せてその名の由来を記している（図192）。

四二、ハモ　鱧

ハモは海鰻、海鰻鱺とも呼ばれるようにウナギ、アナゴに近縁の魚類で、形もよく似ている。『出雲国風土記』に「鱧等の類ありて潭湍に双び泳げり」とあり、『本草和名』、『倭名類聚抄』は「和名波牟《はむ》」、「波無《はむ》」としている。貞観一二年（八七〇）一二月の『三代実録』に「諸国工匠役夫、米塩の外鱧魚和布《わかめ》を下給す」とあるので、古くは高級魚とはみなされていなかったものと思われる。しかし宮中の女房詞でハモの事を「ながいおまな」と呼んでいるので（大上臈名事）、宮中でも用いており、『尺素往来』も美物の一つに数えている。『庖丁聞書』は「こん切といふは、干鱧の事也」と干物として用いた事を

図193　ハモ（水族四帖）

記している。『本朝食鑑』は「形状悪む可くして、味最も美し、(中略)今鮮肉を擂研して以て蒲鉾を作る」としており、『甲子夜話』は鱧のかまぼこを「長崎の佳産」としている。

ハモはもっぱら関西でもてはやされ、寛政七年(一七九五)には大阪の鱗介堂主人がハモ料理の専門書『海鰻百珍』を著し、江戸末期に大阪に赴任した久須美裕雋は『浪花の風』の中で「土地の人ははもを殊更に珍重し、骨切とて細かに庖丁目を入て、照り焼にしたる杯専ら賞玩す」と述べている。『本草綱目啓蒙』は「その漂《うきぶくろ》乾裂て弓弦につくるべし。甚つよしと云」とし、「食療正要」を引用して「膠に造りて諸膠に勝る。弓人之れを貴重す」としている。『大和本草』、『本草綱目啓蒙』はいずれも鱧魚をハモとする事は誤りであるとし、『桃洞遺筆』も鱧はハモの事ではなく、ライギョの事であると指摘しているが、すでに長年にわたって慣用されており、我が国にライギョは生息していないので、訂正するまでの事もあるまい。

四三、ハリセンボン　針千本、雀魚

ハリセンボンはマフグ科に近い海産魚で、フグと同じように体を膨らませる性質があるが無毒である。『日本書紀』斉明四年(六五八)の条に出雲国北海の浜に雀魚という魚が打ち上げられた記事があるが、その魚には「針の鱗」があったとしているので、ハリセンボンの事と思われる。現在も福井地方ではハリセンボンの事を「すずめふぐ」と呼んでおり、北陸・山陰地方では一二月八日前後の海の荒れた日にはハリセンボンが打ち上げられるので、この日の事を「針千本」と呼んで針供養を行う風習があるとの事である。『物類品隲』は「魚虎　和名はりせんぼん。所在海中にあり。形河豚魚のごとく全身刺有りて猬《はりねずみ》のごとし」とし、『烹雑の記』は佐渡の異魚の一つに数えている。『本草綱目啓蒙』もハリセンボンに魚虎という漢名を当てている。

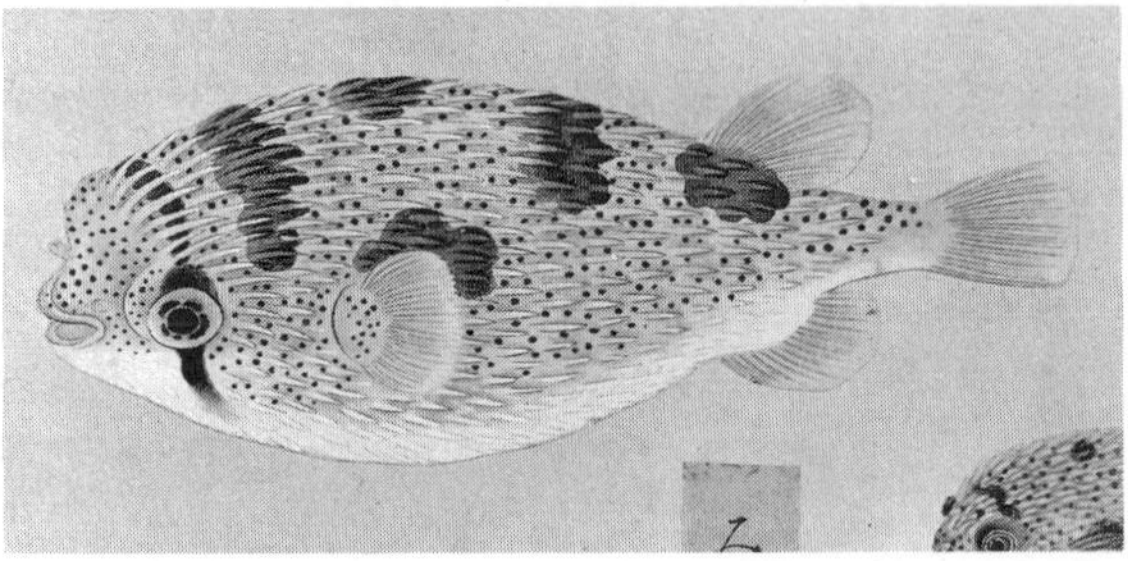

図194　ハリセンボン(衆鱗図)

四四、フグ類　河豚、鰒

フグの類は捕まると身体を膨らませるマフグ科と、身体全体が堅い甲で覆われたハコフグ科（↓325頁）の二つに大別されているが、マフグ科のものには猛毒をもったものが多い。縄文時代の遺跡からマフグの骨が出土しているので（縄文食料）、食料とされたとの意見もあるが、実際に食べられたかどうか疑問である。『出雲国風土記』の嶋根郡、秋鹿郡の条に「凡て、北の海に捕るところの雑の物」の中に鮐《ふぐ》があり、『延喜式』主計上の中男作物、民部下の交易雑物の中にも但馬・因幡・伯耆の三国からの貢納品として鮐皮《つひきはち》が含まれている（56頁別表）。鮐はフグと訓むほかサメとも訓まれているが（新撰字鏡）、同じ『延喜式』主計上の肥後国の条に「鮫楚割」があるので、鮐皮はフグの皮を指すものと思われる。ただしその用途は不明である。『本草和名』、『倭名類聚抄』は鯸を「布久」、「布久閉《ふくへ》」としている。

古代から中世にかけてフグを食料とした記録は見られないが、『大草家料理書』に「ふぐ汁料理は差合有候故。取捨仕候也」とあるので、一部の者には食べられていたものの、それが有毒である事も知られていたものと思われる。江戸初期の『慶長見聞集』には「鰒の肉に毒有る事」という記事があり、著者の三浦浄心を訪れた客人が鰒を所望したが断った話が載っており、末尾に「医書に鰒は大温、肝に毒有としるしたり。然るに（中略）肝を取て捨、血あらひ、骨までも切捨て、みところ許をよくこしらへ（中略）酒に一時ひたし料理して、八人寄合しょくせしに、其内五人は即時に死、三人は十日ほと病て後本腹す」という一老人の話をつけ加えている。この話から当時河豚料理が広く一般に行われており、それによって死亡する者のいた事がわかる。また『一本堂薬選』には福島正則が広島城主であった時、囚人にフグを食わせて殺した話が載っている。この時代の河豚の料理法は、『料理物語』に「（ふぐとう汁）はかはをはぎ、わたをすて、かしらに有かくしぎもをよく取て、ちけのなきほどよくあらひ、きりてまづどぶにつけてをく、云々」とあるが、『庖中備用倭名本草』は「河豚味甘性温大毒アリ、虚ヲ補ヒ湿ヲサリ、腰脚ヲ調ヘ痔疾ヲサリ虫ヲ殺ス、又云、味珍美トイヘ共修治其注ヲ失スレバ人ヲ殺ス、（中略）服薬ノ人ハ食スベカラズ、常ニ病アル人ハ食スベカラズ、肝子ハ食スベカラズ」として解毒法を記し、「解毒アリト云ドモ、全ク食スベカラズ」としている。また『本朝食鑑』は「今、漁市之れを販く者、能く其の毒の有る所を識りて、悉く之れを去て以て愬ろに中ら

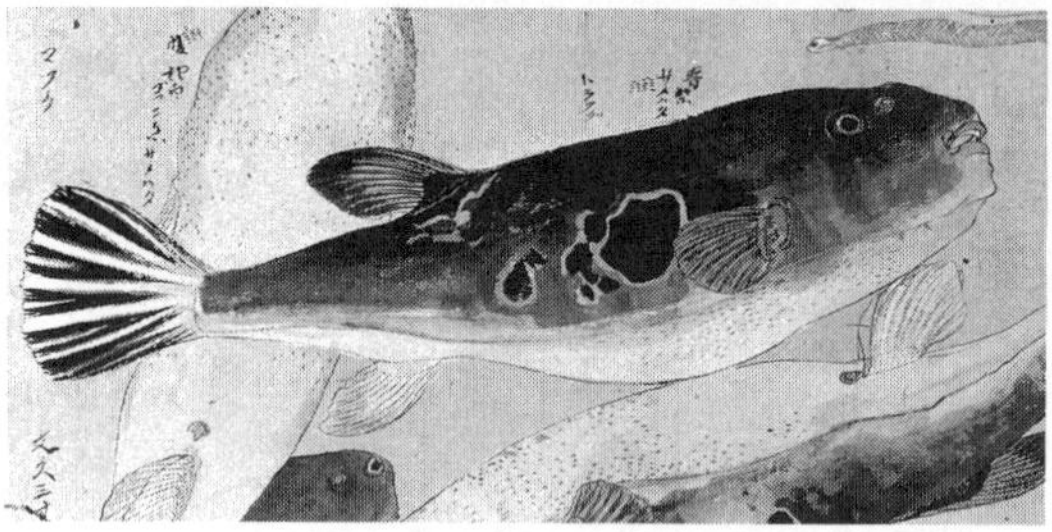

図195　トラフグ(博物館魚譜)

ざる事を誓ひて之れを売る」としているので、この頃には料理したフグが販売されていたものと思われる。

『物類称呼』はフグの呼び名を記し「又江戸にて異名をてつぽうと云、其故はあたると急死すと云意也」としており、安永八年(一七七九)には大阪で河豚商売についてのお達しが出されている(大阪市史達七六一)。『蒹葭堂雑録』三に「既に時候を弁へず、利潤に惑ひて売る事を禁じ給ふ御觸わたしもあれば、云々」とあるのは、この時の事であろう。『塵塚談』によると、江戸中期まで河豚は「武家は決して食せざりしもの也」とあるが、一方『中陵漫録』一一には「島原の蟹煮」として「肥前の島原の一日三度の食に河豚を食す。一日も食せざれば足緩み、山行夜行などには宜しからず」と記している。河豚中毒の記事は必ずしも多くはないが、河豚の毒に当った時の手当については、『可笑記』、『牛馬問』、『耳袋』、『甲子夜話』六〇—一六、『同続篇』五五—九、『松屋筆記』八五—七五等に取り上げられているので、その被害が広範なものであった事がわかる。河豚毒の特効薬は、現在もまだ開発が進んでいない状況であるから、上記の書物に記された治療法で効果の期待出来るものは少ないが、下関出身の医師永富鳳の『漫遊雑記』に記された「河豚魚毒に中る者、少しく懊悩を覚えばすべからく直ちに探吐すべし」とあるのは、病状を最小限に抑える上で効果が期待出来る。同じく長門国萩藩の医師賀屋敬は『河豚談』を著し、フグの種類、毒の有無をあげ、フグを食べる事を戒めている。

フグの特種な用途として『紀州在田郡広湯浅庄内産物』に「河豚の皮をはきて水嚢なとの側を槽《どう》とし張て海辺の小児大鼓とし戯玩に備ふ」と記している。フグの名所は現在では中国、九州地方が有名であるが、『毛吹草』は相模江島をあげ、『続江戸砂子』は品川鰒をあげている。フグには食用とされたもののほかに多くの種類があり、『塩尻』は海雀《はこふぐ》、海牛《うみすずめ》、サバフグ、ハリセンボン等の名をあげているが、この中にはハコフグ科のものが含まれている。『物類品隲』はハコフグを海牛とし、ハリセンボンを魚虎として区別している。『本草綱目啓蒙』はフグの種類としてマフグ、アカメフグ、モウフグ、ナゴヤフグ、タカトウフグ、シヤウサイフグ、鰗魚、四十フグ、スヾメフグ、ネコフグ、カハゴフグ等の名をあげ、『魚鑑』は虎ふぐ、まふく、しほさい、鹿の子ふぐ、目赤ふぐ（苗代ふぐ）、鮫ふぐ、かつをふぐ、こふぐ等のほかハコフグの名をあげている。

四五、フナ類　鮒、鯽

フナは鯉と共に我が国で最も普遍的な淡水魚で、有史以前から広く食料とされ（縄文食料）、有史後も常陸国、出雲国、播磨国等の『風土記』に産物として取り上げられている。平城宮跡から出土した木簡には「武蔵国男衾郡川面郷大贄一斗鮒背割天平十八年十一月」と記されたものがあり（奈良朝食生活の研究）、『律令』賦役令にも「近江鮒五斗」とある。『万葉集』には「六二五　沖方《おきへ》行き辺に行き今や妹がためわが漁《すなど》れる藻臥束鮒《もふしつかふな》」とあるほか「三八二八　香塗れる塔になな寄りそ川隅の屎鮒喫める痛き女奴」とあるが、屎鮒はタナゴの事とする意見もある（続万葉動物考）。『本草和名』、『倭名類聚抄』はいずれも鯽魚、鮒を「和名布奈」としている。斎衡元年（八五四）一一月一二日には左近衛府から生きた鮒が献上されているが（文徳）、『延喜式』によると近衛府ではなく左右兵衛府と左右衛門府の四衛府が交互に鮮鮒を貢進するように規定されている。『延喜式』ではこのほか主計上で鮮魚の鮒のほかに鮒鮨、醬鮒、味塩鮒といった加工された鮒が調・庸・中男作物とされており、宮内省では近江国の例貢御贄とされ、内膳司では醬鮒、鮨鮒、味塩鮒などが年料ほかに取り上げられている（56頁別表）。『侍中群要』によると鮒は山城国、河内国、摂津国、近江国等からも交互に御贄として貢進されるように規定されている。また大学寮が司る釈奠では、大鹿、小鹿、豕の三牲の代りに鯉、鮒が用いられる事もある。このほか延喜一八年（九一八）の『醍醐天皇御記』によると、天皇の遊漁の際の獲物として御前で調供された記録が見られ、『台記別記』によると康治元年（一一四二）の大嘗祭の際には近江国から鮨鮒百並、醬五十缶ほかが献上されている。応永二七年（一四二〇）の『看聞御記』には、幕府の仕女局に夕立と一緒に鮒が降って来た記事が見られるが、竜巻によるものであろうか。また文明一三年（一四八一）一月二一日の『親元日記』に「伊庭かたより鮒生成《なまなり》十進上」とあるが、鮒生成とは小鮒の事とされている。慶長八年（一六〇三）の『御湯殿の上の日記』には「いつものごとく、やまぶきの御ふるまいあり」とあるが、「やまぶき」とは鮒の腹の中の卵の色から名付けられた宮中の女房詞で（大上臈名事）、『海人藻芥』によると「ふもじ」とも呼ばれている。

図196　フナ（博物館魚譜）

『四条流庖丁書』はフナの料理法として「包焼ノ事、鮒ノ五六寸斗ナルヲ能鱗ヲフイテ。腹ヲ明能洗テ。扨結昆布。串柿。クルミ。クシ此四色ノ外ニ。粟ヲ蒸シテ入レル可ク。五色入テ腹ヲヌイク、ミテ薄タレニカツホ入テ。能ホドニ認テ。シホ酒シホ入テ。貴人ヘハ三ツ斗。其外ヘハ一宛盛テ。胡椒入テ参ル可ク。云々」とあるが、この料理の由来は「子細ハ天武天皇ト大友王子御世ヲ争給フ時ノ事ニヤ。天武天皇ヘ御敵ナスベキ事サマサマ書テ。鮒ノ腹ニ入テ参ラセラルル間。御覧有テ。即御謀共有ケレバ。御敵ヲ亡シエテ。御心ノ如ク成リシ事也」とある。『料理物語』は「川魚之部」で「(ふな) なます、汁、さしみ、にびたし、こゞり、なまなり、ことりやき、かすづけ、すひ物」と各種の料理法を記しているほか、「万聞書之部」で「ふなのかすづけ」、「鮒の汁」の料理法を詳しく記している。このほかフナは薬用にも用いられ、『庖厨備用倭名本草』は「鯽魚、味甘性温毒ナシ、煮テ食スレバ中ヲ温メ、気ヲ下シ、虚羸ヲ補ヒ下痢腸痔ヲ治ス」としている。

『律令』に見られるように鮒は近江国の名物の一つで、琵琶湖では色々の種類の鮒が捕れる。『湖魚考』は「マブナ、ハチャウ、ヘラ、ニゴロ、チャウコ、モウズ、ナマガネ、ヒワラ、モミヂ、ツカブナ、ヨゴブナ、倶十一種有り」としているが、同一種の成長程度、季節、地域の差によって呼び名を変えているので、基本的にはマブナ（ゲンゴロウブナ）、ニゴロブナ、ヒワラ（ギンブナ）の三種となる。中でもゲンゴロウブナは琵琶湖特産の鮒として有名で、『皇和魚譜』は「江州琵琶湖に品類多し。源五郎ぶなと呼ぶものを上とす」としている。源五郎鮒という名前の由来は『毛吹草』に「猟師大ナルフナヲ取度ニ源五郎ト云聟ノ方ヘ遣ス故ニ、是ヲ源五郎ト名ヅク」とあり、『燕石雑志』は「近江の源五郎鮒は室町家の時錦織源五郎といふもの湖水の漁猟を司りて、毎朝大なる鮒を京都へ進らせしかばこの名ありと云」としているが、『魚鑑』は「夏《げ》頃鮒《ごろふな》といふ。夏の頃、その多くいつるを、もつてなり」としている。一方近江名産の鮒鮨の材料はニゴロブナで、寛文六年(一六六六)の『国史館日録』に「勝氏洛より書を寄せ、江州鮒鮨を贈らる」とあるように土産物としても用いられている。『桃洞遺筆』は赤鮒《あかふな》として「本藩岡の谷一志家の庭池中に自然生あり。（中略）初生は常の鮒魚《まるふな》と同じ。又少く異なる処あるにや、初生の時より、赤ブナに化する品を識別する人あり。三四寸の時、紅黄色に変ずること、金魚のごとし」と、赤変する鮒のある事を記している。『皇和魚譜』にも「又ヒフナアリ。色赤ク甚艶シ」とある。近畿では近江の鮒が有名であるが、『続江戸砂子』は「千住鮒」を「風味琵琶湖の鮒におとらず」としている。

四六、ブリ　鰤

ブリはアジ科の魚で成長に伴って呼び名が変わるいわゆる出世魚の一つである。『物類称呼』は「この魚の小なる物を、江戸にてわかなごと云、五畿内及西国四国にて、わかなと云、又つばすと云、一尺程なるを、西国にて目白と云、一尺余リ二尺にも至るを、江戸にていなだと云、北陸道及奥州にてふくらぎといふ、関西にてはまちと云。漸《やや》大ィになりたるを、江戸にてわらさとよぶ、是を北陸道にてらぎといふ。霜月の頃、三四尺五六尺となる、是則ぶりなり、薩摩にてそうじといふ、筑前及上総にて大うをといふ」とあるように地方によって相違するが、標準的には、わかし（つばす）、いなだ（はまち）、わらさ（めじろ）、ブリの順に変化する。ブリの骨は貝塚から出土しているが（縄文食料）、それ以後奈良・平安時代を通じて全く記録に見られず、『新撰字鏡』、『倭名類聚抄』にも鰤はなく、魬を波里万知《はりまち》としているにすぎない。ブリの小型のものを「はまち」と呼ぶのはこの「はりまち」が訛ったものである。史料では文明一五年（一四八三）の『御湯殿の上の日記』に「東山殿よりあか御まな五、ぶり一、せはた五桶まいる」とあるのが最初で、恐らくこの頃から漁法が確立したものと思われる（日本漁業史）。鰤という字は、年老いた魚あるいは大きな魚を意味する『本草綱目』の魚師を一字にまとめたもので、我が国で作られた漢字である。『下学集』に魬《はまち》、鰤《ぶり》とあり、『尺素往来』では鰤を美物の一つに取り上げているので、中世には鰤という字はすでに作られていた事がわかる。ただし大永八年（一五二八）に成立した『宗五大草紙』には、「くるくるとは、ぶりのわたの事也」とあるので、鰤の字はまだ一般には使われていなかったのかもしれない。

ブリの料理法は『料理物語』に「（ぶり）あぶらやき、白さしみ、すいり」とある。井原西鶴は『好色一代女』の中で「末々の物入年中のとりやり、鰤も丹後の一番さし」と記し、『世間胸算用』では「鰤・いりこ・串貝（中略）三ケ日につ

図197　鰤追網（日本山海名産図会）

かふほどの料理のもの此木につりさげて、云々」と記している。『本朝食鑑』に「今に丹後の産を以て上品と為し、越中の産之れに次ぐ、（中略）曽て聞く、師魚連行して東北の洋より西南の海を繞りて丹後の海上に至る比、魚肥へ脂多くして味甚だ甘美なり、云々」とあるように丹後国は鰤の名産地として知られており、『日本山海名産図会』はその鰤漁の模様を詳しく記している（図197）。寛永三年（一六二六）の『徳川実紀』に「宗対馬守、朝鮮鶴并びに封地の鰤を献ず」とあるので、この頃には対馬でも漁獲されるようになったものと思われる。

四七、ボラ　鯔

ボラは『本草和名』、『倭名類聚抄』に「和名奈與之《なよし》」とあるように、江戸時代までは「なよし」と呼ばれており、『出雲国風土記』でも鯔は「なよし」と読まれている。また『日本書紀』神代紀下の海幸彦・山幸彦の話に出て来る口女《くちめ》もボラの古名とされており、「今より以往、呑餌《つりく》ふこと得じ。又天孫の饌に預けじ」とあるように、ボラは天皇の供御には供されていない。ボラの骨は縄文時代の遺跡ばかりでなく弥生時代の遺跡からも出土しており（縄文食料）、有史以前から食料とされて来た事は明らかである。『土左日記』に「『けふはみやこのみぞおもひやらるる。こへのかどのしりくべなはのなよしのかしら、ひゝらぎら、いかにぞ』とぞいひあへなる」とあるように、平安時代には正月を迎えるに当って、鯔の頭と柊とが用いられている。ボラの卵巣を乾燥させたものは「からすみ」と呼ばれ、『御湯殿の上の日記』文明九年（一四七七）の条に「室町殿より御茶碗の皿。からすみなど色々まいる」とあるが、その親であるボラが宮中に献上された記事は見当らない。しかし高級魚とされていたのであろう、『尺素往来』では美物の一つに数えられ、『大草殿より相傳之聞書』によると「式三献肴の事。本は鯉たるべし。鯉のなき時は名吉《なよし》たるべし。右のふたつなき時は。鯛もよく候」と鯉や鯛と並んで名があげられている。『料理物語』は「（名吉）汁、こゞり、かまぼこ、なます、ことりやき、さしみ、なべやき、同へそ、すひ物、貝焼き、なます」と記し、ボラの臍の料理法も記されている。臍というのはボラの胃袋の事で、臼とも呼ばれ『三好筑前守義長朝臣亭江御成記』には「御くわし、いなのうす」とあり、『貞丈雑記』は「いなのうすを江戸にては、すばしりのへそといふ」と記している。ボラも出世魚の一つで、『大和本草』は「最小ナルヲヱブナト云。ヱブナヨリ少大ナルヲイナト云。ヤゝ大ナルヲスバシリト云。此三ハ皆其小ナル時ノ名ナリ。最大ナルヲボラ、ナヨシ、イセゴイト云」としている。こうした呼び名の変化については『物類称呼』に詳しい。このように鯔の稚魚は「えぶな（江鮒）」と呼ばれて畿内では珍重されており、その漁法は『日本山海名物図会』に「江鮒引網」として紹介されている。『農業全書』巻十の水畜の部には「又潮のさし入る所をすをきびしく立て、魚のもれざるやうにいかにも堅固にしをき、鱸、鯔、鱠残魚、此外も汐の入る池の中に飼ひ立てふとりさかゆる物多し」とその養殖法が記されている。

図198　ボラ（梅園魚譜）

四八、マグロ類　鮪

マグロはサバ科の魚類で、クロマグロ、ビンナガマグロ、メバチマグロ、キワダマグロ等の総称であるが、ほかにカジキ科のカジキトウシの類をカジキマグロと呼ぶ事がある。有史以前の縄文・弥生時代の遺跡からもそれらの骨が出土している（縄文食料）。鮪は『倭名類聚抄』に「一名黄頬魚　和名之比《しび》」とあるように「しび」と読まれ、『古事記』清寧天皇の条に「大魚よし鮪突く海人よ其があれば心恋しけむ鮪突く鮪」とあり、『万葉集』にも「四二一八　鮪つくと海人のともせる漁火のほにか出でなむわが下思ひを」とあるほか、「九三八　荒たへの藤井の浦に鮪釣ると海人船さわぎ云々」ともあり、当時は鮪漁に釣と銛で突く二つの方法があった事がわかる。また『出雲国風土記』島根郡には志毗魚を捕る浜の事が記されているが、『律令』の賦役令や、『延喜式』の調・庸その他の対象とはなっていない。鮪が食品として取り上げられるのは中世に入ってからで、『庭訓往来』に塩肴として「鮪の黒作」があり、『庖丁聞書』にも「熊引《くまびき》といふはしびの塩引也」とある。この頃以降、マグロ漁は従来の釣・銛漁のほかに網による漁業が始まり、天文年間には伊豆の内浦湾でカツオ・シビの建切網漁が始まっている（豆州内浦漁民史料上）。マグロが現在のように刺身として食べられるようになったのは江戸時代に入ってからで、『料理物語』に「（はまち）さしみ、すいり、（まぐろ）はまち同前」とあるのが最初であろうか。しかし『慶長見聞集』は「しびは味ひよからすとて地下のものもくらはす。侍衆は目にも見給はす。其上しびとよぶ声のひ、き死日と聞えて不吉なりとて祝儀なとには名をも沙汰せず」と記し、『本朝食鑑』も「漁人之れを獲て脂油を采る。或は脯と作して之れを貨す。あるいは鮮を膾にして食ひ、肉を炙て食ふ。倶に味ひ稍佳なり」とし、小鮪の真黒魚《まぐろ》については「凡そ士以上の人は之れを食はず。（中略）京師の俗は之れを食はず、海西海東の人は嗜んで之れを食ふ。世以て膾と作すときは則ち堅魚に似たり。炙ものと作すときは則ち師魚に似たり。故に最も之れを賞す。然れども味ひ二魚に及ばざる也」としている。『大和本草』も「肉赤シ。小毒アリ。味アレドモ下品ナリ」と記している。『寛保延享江府風俗志』も「延享の初頃は、さつまいも、かぼちゃ、まぐろは甚下品にて、町人も表店住の者は食する事を恥る躰也」とし、『飛鳥川』にも「昔はまぐろを食たるを、人に物語するにも耳に寄てひそかに咄たるに、今は歴々の御料理に出るもおかし」と記されている。

天明八年（一七八八）司馬江漢は長崎からの帰途平戸に立ち寄り「平戸城下、海岸に人家並びて、此節鮪漁にて大船岸に着、鮪を積む事、一艘に何万、数艘に積む故、海の潮、鮪の血流れて赤し。（中略）四五百里の海上、七八日にして江戸に着。十二月、五島マグロと云物なり。兼て船に塩を貯へ、

図199　鮪冬網（日本山海名産図会）

船滞る時は塩漬にす。其価十分一となる。云々」と記し、さらに生月島に渡って鮪漁を見物し、「鮪は山々の腰を群て回る者故、山の腰に網をしき張る。其（は）幕の如くにして底なし。亦鮪見楼を建て、鮪来る時は旗を出して之を知らせる。口網の舟、之を見て網の口をしめる。網、底なしと雖、鮪下をくゞりて逃る事なし。爰に於て、舟四方よりあつまりかこんで、一方より麻綱の網と布かへ、舟六艘にてかこむ。時に鮪、誠に小魚を掌にすくゐたる如し。夫を鳶口の様なるかぎにて引揚る。海、血の波立つ。誠にめづらしき見物なり」と鮪の網漁の模様を記している（江漢西遊日記）。五島の鮪漁の模様は『日本山海名産図会』にも詳しく記されている（図199）。しかしこれより八〇年程後の『古今要覧稿』は「今は伊豆相模安房上総等にて極寒に釣ることを知りて、多く猟する故に、五島より来るは直を下しゆゑ、来る事稀也と云へり」と関東地方で鮪が捕れるようになった事を記し、『武江年表』も文化七年（一八一〇）に総豆相で鮪が一日に一万本水揚された事を記している。『兎園小説余録』は天保三年（一八三二）にも大漁のためマグロの値段が下った事を記している。マグロの種類について『和漢三才図会』は「宇豆和《うつわ》、末黒《まぐろ》、波豆《はづ》」の三種をあげ、『物類称呼』は「江都の魚店にて志び、まぐろ、びんなが等の品有といへども、東国の俗皆まぐろと云」としている。『水族志』は「黒シビ、マグロ、メジカ、メダイシビ、ビンナガ、キハダ、メバチ」の七種をあげている。

四九、マス類　鱒

マスはサケ科の硬骨魚類で、動物学上はサケと区別されていない。マスには種類が多いが、史料に見られるマスは主としてサクラマスを指すものと見て間違いあるまい。またこれとよく似た鯇《あめのうお》（阿米、雨魚）が古くから知られているが、これはマスの陸封型と考えられている。マスの骨もサケと同じように余り縄文遺跡から出土していないが（縄文食料）、『出雲国風土記』には麻須の捕れる河川が数カ所記されており、平城宮跡から出土した木簡にも「麻須」と記されたものがあるので（奈良朝食生活の研究）、奈良時代に食料とされていた事は明らかである。平安時代に入っても『本草和名』、『倭名類聚抄』はいずれも鱒を「末須」、「万須」としており、『延喜式』宮内省では諸国例貢御贄として近江国から貢進されている。このほかマスの陸封型の阿米《あめのうお》が『延喜式』主計上、宮内省、内膳司などで中男作物、例貢御贄、年料として取り上げられている（56頁別表）。また宮中の正月行事である腹《はら》

図200　越中神道川之鱒漁（日本山海名産図会）

赤奏《かそう》に用いられた魚は鱒であったとする意見もある（公事根源）。マスは中世に入っても引き続いて宮中に献上され（御湯殿）、将軍家にも献上されたほか、一般の贈答にも用いられている（親元日記、親俊日記）。『尺素往来』は美物の一つに数えている。『厨事類記』によると鱒は鯉、鯛、鮭、鱸、雉等と共に生物《なまもの》として鱠にされており、『料理物語』は「（ます）はまやき、さしみ、なます、すし、汁、に物、くしやき」としている。寛文五年（一六六五）には他の食品とともにその売り出し期日が規制されている（実紀）。『本朝食鑑』は鱒と鯇《あめのうお》とを別に取り上げ、鯇について「江州琵琶湖多く之れを采る」としている。『大和本草』は「筑州ノ千年川ニ鱒多シ」と江戸中期には鱒が九州の河川にも遡上していた事を記し、『魚鑑』は「越中神道《かみち》川のもの上なり。江戸海も美し」と東京湾でも鱒が捕れていた事を記している。鱒漁の模様は『日本山海名産図会』に記されているほか（図200）、古川古松軒は『東遊雑記』の中で、小国地方の鱒の捕り方、薬効等について記している。

五〇、マツカサウオ　松笠魚

マツカサウオは全身の鱗が堅牢で、身体全体が堅い甲で覆われた海産魚である。『大和本草』に鬼鯛として「丹後ニアリ石ノ如ク堅クシテ食フ可カラズ、只床頭ノ玩物ト為ス」とあり、考註者は「マツカサウオのことであろうが、鬼鯛と云ふ方言を持っている地方はないやうである」としている。次いで亨保一九年（一七三四）に丹羽正伯が全国の産物調査を行った際の越中国からの報告書『越中国産物之内絵形』に「よろひうを」として彩色図が載っている。安永四年（一七七五）に来日したツュンベリーは『ツンベルグ日本紀行』の中

図201　マツカサウオ（本草図説）

で「マツカサ」という魚を取り上げ「腹部の鰭が大きい尖となつて終つてゐる魚である。堅くつて且つ尖々の一杯にある皮を剥いでから、この魚を煮る。その肉は締まつてゐて、且つ味が非常によろしい」と記している。次いで寛政一二年（一八〇〇）に出版された『長崎聞見録』に「松子魚《まつかさうを》」として図入りで紹介されており、「味ひ美といふべし」とあるので長崎地方では食用とされていた事がわかる。ただし『百品考』は「鉄甲魚」として「他国にては食せず惟長崎にて皮をさり食ふ、まつかさうをと云」と長崎に限られていた事を記し、別名を「たひむこのげんぱち（鯛聟の源八）」としている。『烹雑の記』は「佐渡に三十種の異魚ありといふ」として「鯛の聟源八」をあげ、『傍廂』も「人名の魚」の中で「鯛聟の源八」を取り上げている。

五一、マナガツオ　鯧魚、学鰹

マナガツオはカツオとあるが鰹とは全く別科のイボダイ科の魚である。『本朝食鑑』は魴としてその名前の由来について「凡そ鰹の鱠、世最も賞美する所にして、生鮮なる者に非ざれは必ず酔也。京師海遠くして鮮鰹至らず。紀勢多しと雖も亦路隔て至り難し。但し魴の膾を以て鰹の膾に学ひ擬《なぞらえ》て

図202　マナガツオ（訓蒙図彙）

之れを賞美す。故に之に名づくるか。此の説末た証するに足らず」としている。中世には宮中にも献上され（御湯殿）、『尺素往来』は「魚味鰹」として美物の一つに数えている。『大草家料理書』は「眞鰹《まながつを》汁は上也。但差味《さしみ》しゃうが酢上々也」とし、『三好筑前守義長朝臣亭江御成記』では八献の「御そへ物」とされている。『本草綱目啓蒙』に「此魚摂州泉州播州海中に最多し、東海には稀なり」とあるように、本州中部以西に多く分布している。

五二、マンボウ　翻車魚、浮木、浮亀、万才楽

マンボウは偏平で尾鰭がないため、側面から見ると円形に近い体形をしている。海面に漂う木または亀のように見える所から「うきき（浮木、浮亀）」とも呼ばれている。『本朝食鑑』は楂魚を「うきき」として「性愚にして死を知らず、漁人江上に遇ふときは則ち長釣を懸けて留め、魚をして動躍する事能はざらしめ小刀を用ひて魚背を割き白腸を取りて帰る、其の腸長さ丈余呼びて百尋と号す、（中略）然れとも肉餒敗し易くして時を経る事能はず。故に漁人肉を采らずして去る。云々」と記している。『大和本草』は「まんぼう」と「うきき」とを別種としているが、現在も東北地方ではマンボウの事を「うきき」と呼んでいる所があるので、同一物である事は間違いない。『日東魚譜』は雪魚を「ウキ、、マンサイラク」とし、ウキキを万才楽と呼ぶ理由を記している。万才楽と呼ばれる魚は正保二年（一六四五）に紀州家から将軍家に献上されており（実紀）、翌三年（一六四六）二月五日にも「昨日深川の漁夫網引して貢したる万才楽といふ魚を御覧ぜらる。この魚丈壱間二尺ばかりなり。御側久世大和守広之仰を蒙り、これを画がくとぞ聞えし」と記されている（実紀）。『料理物語』は「（うきき）さしみ、しゞめ、しやうがず」としているので、江戸時代初期から食料とされて来た事は明らかである。ただし『採薬使記』は「奥州オナノ浜ト云フ所ヨリ、ウキ、ト云フ魚アリ、其魚ノ餌袋ヲトリ、乾シテ久痢ニ煎ジ用ヒテ功アリト云フ、袋計取テ外ハ皆ナ五穀ノ糞培ニ用ユルト云フ」としている。『毛吹草』は「水戸浮亀」としており、『和漢三才図会』も常陸の条で土産に取り上げているので、古くから水戸地方の名物であった事がわかる。

このあとマンボウが史料に見られるのは、一八世紀に入ってからで、正徳四年（一七一四）三月二七日に「紀州若山出島に於て、マンボウ魚を捕ふ」とあり（博物年表）、享保元年（一七一六）には房州で捕れた鏡魚《まんぼう》が見世物となり（随観写真）、延享元年（一七四四）には兵庫御影の沖でも捕えられている（摂陽年鑑）。以後寛延二年（一七四九）（泰平年表）、宝暦一二年（一七六二）（見世物研究）、明和二年（一七六五）（武江年表）、寛政九年（一七九七）、安政三年（一八五六）などに記事が見られ（博物年表）、天保九年（一八三八）には薬品会にも出品されている（金杉日記）。『甲子夜話』三五―二三は「常陸の沖に夏気に至りうかむ、俗に浮亀鮫と云」と記し、林大学頭の所に毎年七月に水戸侯から「うきき」が贈られて来る事を記している。『小梅日記』は嘉永六年（一八五三）二

図203　マンボウ（翻車考）

月二六日の日記で「主人有馬（人名）へ行。マンボヲ此度日高にてとれ候に付、（中略）料理し出候由。油気なく、吸物にすればとくる事かんてんのごとし」とマンボウを食べた事を記している。栗本瑞見は『翻車考《まんぼうこう》』を著してマンボウの形態・習性などについて詳しく記している（図203）。

五三、メダカ　目高

メダカは我々に最も身近な魚であるが、食用にもならずまた薬用にもならないためであろう、奈良・平安時代の史料には見られず、『本草和名』、『倭名類聚抄』にもその名は見られない。『壒嚢抄』がメダカの事を「メイタヾキ」としているのが最初であろうか。『精進魚類物語』にも目戴《めいただき》とある。『人倫訓蒙図彙』には「談義坊売」という商売があり（図204）、「こまかなざこをおけに入、にないあるき、だんぎぼう、とうるなり。是をみやこの幼少成子どももとめ、水鉢又は泉水にはなち、なぐさみとする也」とあり、この「談義坊」について『物類称呼』は「丁斑魚《めだか》」の項で「按るに京都にて目高の異名をだんぎ坊とよぶは、凡僧の経論も見ずに咄すを、水に放すと云秀句にて、談義坊といふとぞ」としているので、「談義坊」は「メダカ」を指すものと思われる。ただし『大

図204　談義坊売り（人倫訓蒙図彙）

和本草』は杜父魚の項で「京都ノ方言ニダンギボフズト云魚アリ、杜父魚ニ似テ其形背高シ、是亦杜父魚ノ類也」としているので、こちらが正しいとすると「談義坊」はカジカの類という事になる。『大和本草』は別に「目高」として「長サ五六分一寸ニ至ル、首大ニ目高ク出タリ、池溏小溝ニ多シ水上ニ浮游ス、食フニ堪ヘズ」と記しており、これは明らかに現在のメダカを指している。一方『本朝食鑑』は鮒の項で「今江都葛西の水中、目高と云ふ者有り。状ち細小五六分、寸に及ばず。頭大に眼高く起り、性群游岸に浮ひ溝塹に聚る。既に長して苦鮒《にがぶな》と為る此の類ならん乎」としている。「にがぶな」とはタナゴ類の事であるから、目高が長じて苦鮒となる事はあり得ない。『本草綱目啓蒙』は「メダカ（江戸）は方言多し」として各地の方言をあげている。『皇和魚譜』は「メダカニ色赤キアリ。ヒメダカト云。又白キヲ白メダカト云」とメダカに赤、白の変異個体のある事を記し、『水族志』も「ヒメダカ。一名ヒメバチ（勢州土州）。形常メダカニ同シテ淡赤色、色浅深アリ。又白色」と記している。『梅園魚譜』には丁斑魚、赤目高、白麥魚と三種のメダカの彩色図が載っている。『譚海』一三は「めだかを飼ふ事、冬は飼たる器ものを、清くあらひて、石をもちて魚の隠るゝ所をこしらへ、清き水を入て、其中にめだかを放し、器を閑地に埋め蓋をして置べし」とメダカの越冬法を記している。

五四、メバル　目（眼）張

メバルはカサゴ科の海産魚で、カサゴ科の中には何々メバルと呼ばれるものが数種含まれており、単にメバルとだけあるものが、現在のメバルを指すのか、別のカサゴ科の魚を指すのか明らかでない場合が多い。メバルの骨は縄文時代の貝塚から出土しているので、有史以前から食料とされて来た事は明らかであるが（縄文食料）、それ以後の史料には見られない。『料理物語』に「（めばる）いりて、なまび」とあるのが最初であろうか。『大和本草』は「目大ナル故名ヅク、黒赤二色アリ、（中略）黒キ大メバルアリ、胎生ス」とし、『魚鑑』も「赤黒

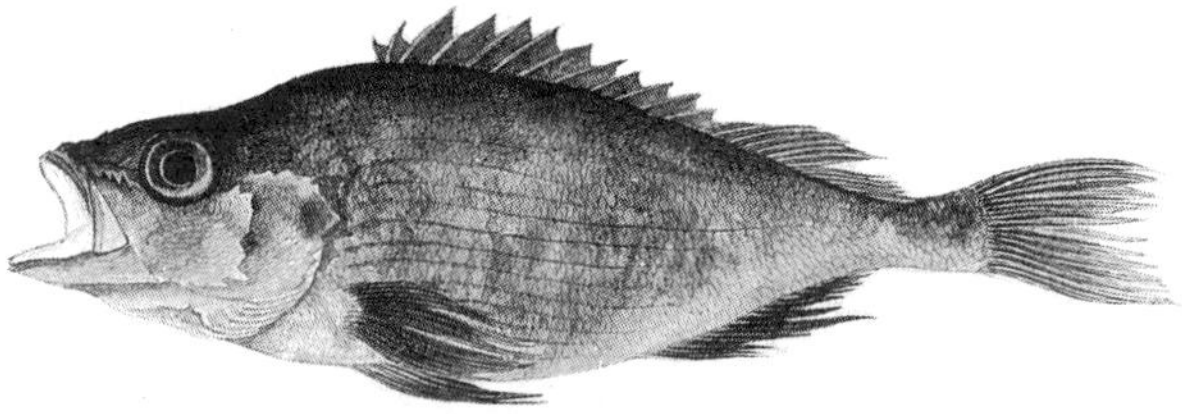

図205　メバル（梅園魚譜）

の二種あり」としている。

五五、ヤガラ　矢柄、矢幹、簳魚

ヤガラはその名の示すように細長い魚で、『倭名類聚抄』は梳歯魚を「阿波我良《あはがら》」とし、『和名類聚抄箋註』はこれを「江戸の俗、之れを矢簳魚《やがら》と謂ふ」としているが、中世以前の史料には「あはがら」、「やがら」は見られない。『本朝食鑑』は簳魚《からいを》として「簳は箭竹なり、魚の形箭の如く。嘴鬣羽筈の如し、故に名づく、（中略）肉白くして味ひ麁なり、刀魚に類して好んで之れを食ふ者鮮し」とし、薬効として「今噎膈反胃の人をして簳魚の嘴を啣て其の嘴中より食を納るときは、則ち其の食反せず」としている。『大和本草』は『本草綱目』の鮹魚をヤガラとしているがこれは誤りで、「諸品図」の「笛吹魚」がヤガラであろう（図206）。『桃洞遺筆』は「今本州に産するもの一ならず、一種、全身深紅色のものあり、淡黒色のものあり」とアカヤガラとアㇳヤガラの二種のある事を記し、『魚貝能毒品物図考』はヤガラの図を載せている。なお、『弘賢随筆』は文政一二年（一八二九）三月、江戸の漁師の持参した「形ヤガラ魚の如し」とした魚の彩色図を載せているが、これは近縁のサギフエの事と思われる。

図206　ヤガラ（『大和本草』諸品図）

五六、ヨウジウオ　楊子魚

ヨウジウオはタツノオトシゴの同類で、全く利用価値がないため本草書には取り上げられていない。シーボルトは文政九年（一八二六）参府の途中、下関で出迎えた山口行斎からタツノオトシゴと共にヨウジウオを贈られた事を記している（江戸参府紀行）。

五七、らいぎょ　雷魚、鱧魚

現在我が国で「らいぎょ」と呼ばれている魚は、明治から大正にかけて輸入されたタイワンドジョウを指す場合が多いが、江戸時代の「らいぎょ」は中国大陸原産のカムルチーと思われる。タイワンドジョウとカムルチーとは極めて近縁の魚類で、形もよく似ている。カムルチー（黒鱧魚）が初めて輸入されたのは享保一一年（一七二六）将軍吉宗が中国から取り寄せたのが最初であろう（随観写真）。この魚は翌一二年（一七二七）江戸に運ばれ、『享保通鑑』は「去る頃御用にて黒鱧魚と申す物を取り寄せ遊ばさる。背に七星之形有之、此魚を煎出し、あび候て、腥を其侭置候へ者、疱瘡を除」と記しているので、吉宗が疱瘡の薬として取り寄せたものと思われる。「らいぎょ」が疱瘡に効くとしているのは『本草綱目』に「小児を浴して痘を免れる」とあるためであろう。これより以前『本朝食鑑』は鱧《はも》の項で、「近世紀州の俗、乾鱧の煎汁を用いて児を洗ふ。預め痘疹を除く最も奇験有り。云々」としているが、これは鱧《はも》と鱧魚《らいぎょ》とを混同したのであろう。『物類品隲』は「一名大鳥魚。一名黒鯉。和産なし。先輩やつめむなぎとするものは誤なり」とした上で「漢産近世希に渡る」と記している。上記の享保一一年の事を指しているのであろう。次いで安永九年（一七八〇）には塩蔵品が（本草啓蒙）、享和三年（一八〇三）には生魚数匹が舶載され、翌文化元年（一八〇四）に将軍に献上されている（桃洞遺筆）。この時の模様を『皇和魚譜』は「文化甲子六月五日長崎奉行肥田豊後守始テ活魚十余頭ヲ上進ス。予時ニ幸侍シテ君側ニ在ルヲ以テ、辱ク此物ヲ観ル事ヲ得タリ。因テ其形状ヲ写シ并ニ清商孟涵九ノ記スル所ヲ左ニ記ス」としてこの魚の図を載せ、産地・薬効などを記している。『桃洞遺筆』にもこの時の栗本瑞見の写生図と識語とが掲載されている（図207）。またこの時の「らいぎょ」の図は、「吹上御庭へ御飼付七星魚之図」として『巷街贅説』にも載っているので、江戸城内の吹上御苑の池に放されたものと思われる。このあと弘化三年（一八四六）にも舶載されている。（唐蘭船持渡鳥獣之図）。

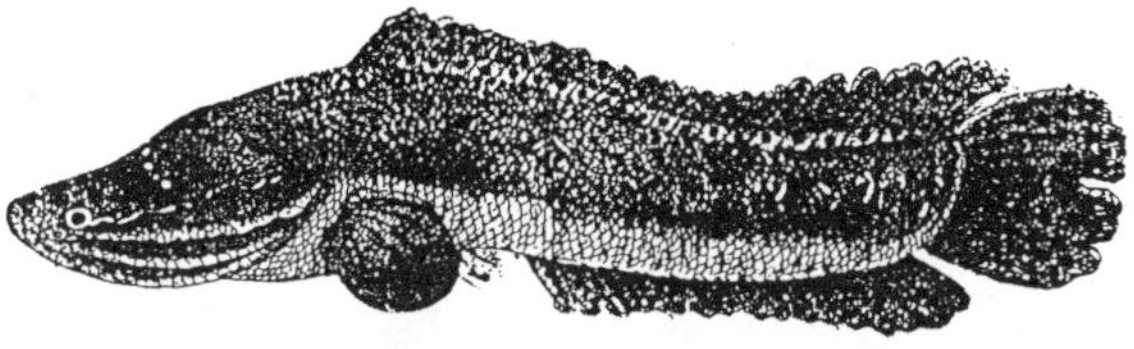

図207　らいぎょ（桃洞遺筆）

（二）両生・爬虫類

一、イモリ　蠑螈

イモリは両生類の一種ではあるが、陸上ではほとんど生活せず、水の中での生活が大部分である。弥生時代に製作された銅鐸には、イモリまたはサンショウウオを描いたと思われる図柄のものがあるが（銅鐸）（図7）、奈良時代の絵画・文書にイモリを取り上げたものは見当らない。『倭名類聚抄』が蝘蜓を「一名蜥蜴《とかげ》、一名蠑螈《いもり》、本草云龍子一名守宮《やもり》和名止《と》加介《かけ》」としたためであろう、それ以後蜥蜴、蠑螈、守宮の三者が混同されるようになる。中国では古くから「守宮、朱を以て之れを飼ひ、三斤に満つれば殺し乾し朱を以て女人の身に塗る、交接の事有らば便ち脱す」という俗説が通用しており、「法華玄賛」六にも「守宮の血を以て女人の臂に塗る、必らず私情有る者、之れを洗へど落ちず、以って守宮とすべく、云々」とあり、守宮の血を用いて女性の貞節を占う俗説が行われて来た。我が国でも『赤染衛門集』に「虫の血をつぶして身にはつけずともおもひ初めつる色なたがへそ」と詠まれている。平安時代には上記のようにイモリとヤモリとの

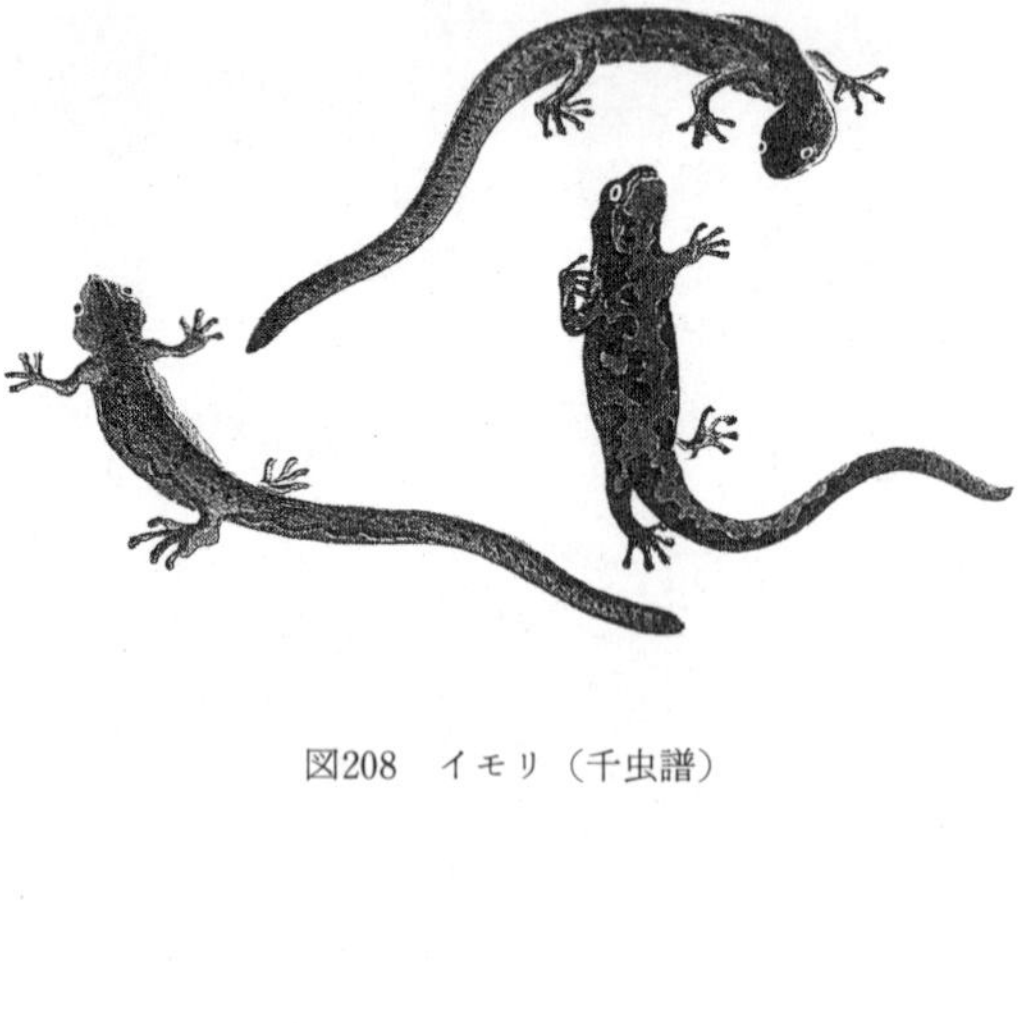

図208　イモリ（千虫譜）

区別が明瞭でなかったため、守宮の血を塗る俗習は「ゐもりのしるし」と呼ばれている。両者の間の混同は室町時代にも見られ、『精進魚類物語』は守宮を魚類の中に数えている。こうした混乱は江戸時代にまで引き継がれ、『大和本草』は守宮を壁にいる虫とした上で、イモリ、ヤモリの両様に読んでいる。ただしイモリについては龍盤魚《キモリ》として「井中又水溝ニ生ズ、腹赤ク背黒ク、形守宮ニ似タリ」と正確に記し、

「イモリノシルシノ事ハ是ニアラズ、守宮ノコトナリ」と記している。一方『和漢三才図会』は蠑螈の項で「俗伝へて曰く、其の合交《つるみ》たる者を捕へて雄と雌と山を隔て、之れを焼き、以て媚薬と為す。壮夫争て之れを求む、蛤蚧《やまいもり》最も佳と為す」としている。江戸時代にはこうした混乱のままヤモリに代ってイモリの黒焼が江戸市中で販売され、貞享四年(一六八七)の生類憐み令ではその販売が禁止されている(正宝事録七二三)。ただしこうした禁令は綱吉の死後ただちに解除され、『甲子夜話』二六—一六は、田沼意次の家臣が、主人にイモリの黒焼をふりかけて、見事にその寵をかち取った話を載せている。イモリは『百姓伝記』では「四月(中略)いもり水中に生る」、「十一月冬至、日短し、井のそこあたゝかなり。いもり泉にこもる」と季節の変化を告げる指標動物に取り上げられている。『本草綱目啓蒙』はイモリを石龍子《とかげ》の一種として「一種止水浅井中に生じ、形守宮に似て色深黒、腹赤く尾扁なる者をイモリと云。(中略)是水蜥蜴蠑螈なり」とし、『千虫譜』は栗本瑞見が観察した全身紅赤色のイモリの図を載せ、「伍千万中一二而巳《のみ》」としている。江戸末期になるとイモリとヤモリの相違が指摘されるようになり、『三養雑記』、『傍廂』、『海録』等に両者の相違が論じられている。

二、ウミヘビ類　海蛇

ウミヘビは太平洋特産の海産爬虫類で、熱帯・亜熱帯産のものが多いが、一部のものは我が国にも生息している。『和漢三才図会』に「水蛇《みずくちなは》」とあるのはウミヘビの事であろう。『物類称呼』は海鰻として「うみうなぎ。畿内にて、海うなぎと云、西海あるいは伊豆ノ熱海にて、うみぐちなはと云、(中略)此魚海辺の穴の中にあり、漁人多く釣こと有、毒ありと云伝て浜に捨ツ。蛇に似て黄色に黒キ文有」としているが、これだけの記述ではウミヘビの事か、魚類のウツボの事か明らかでない。享保末に丹羽正伯が全国の物産調査を行った際の『三州物産絵図帳下』には「永良部鰻(エラブウナギ、エラブウミヘビともいう)」が取り上げられているが、これは明らかにウミヘビの類である(図209)。沖縄ではこの永良部鰻の皮を張った蛇皮線が楽器としてもてはやされており、我が国には永禄五年(一五六二)梅津少将夫妻によって琉球から持ち帰られている(一話一言)。『世事百談』二—二七は「りゅうきゅうよりわたる三味線の皮は、実は海蛇皮にはあらで、かの国に産するゑらぶ鰻とて、漢名を慈鰻と云ふもの、皮なり、云々」としているが、実際はウミヘビである。

図209　エラブウナギ（三州物産絵図帳）

『甲子夜話続篇』四七―三は、文政一〇年（一八二七）に平戸で発見された異蛇を永良部鰻として図を載せており、天保三年（一八三二）に名古屋で見世物となった海蛇もエラブウミヘビではあるまいか（見世物研究）。『行縢《むかばき》余録』が出雲国の龍蛇としているのはセグロウミヘビの事であろう。

三、カエル類　蛙

我が国には二十数種のカエルが生息しているが、そのうちヒキガエルの骨は縄文時代の遺跡から出土しており、食料とされていた事は明らかである（日本の洞穴遺跡）。このほか縄文時代の遺跡からは蛙を模した鹿角の彫刻が出土しており（古代史発掘3）、弥生時代の銅鐸にも蛙及びその幼生の「おたまじゃくし」を描いたものがある（銅鐸）。『日本書紀』には吉野の国樔《くず》が蝦蟆を上味とした事が記されており、現在も奈良県吉野町国栖にある浄見原神社では、旧暦一月一四日に神饌として蝦蟆を煮た毛瀰《もみ》が供えられている。ヒキガエルは古くは谷蟆《たにぐく》とも呼ばれ、『万葉集』では「八〇〇（前略）天雲の向伏す極み谷蟆《たにぐく》のさ渡る極み云々」とか「九七一（前略）山彦の応へむ極み谷蟇のさ渡る極み云々」と、どこまでも歩き続けてゆく事の形容詞として用いられており、『延喜式』神祇八の祈年祭や六月月次の祝詞にも「皇神の敷ます嶋の八十嶋は、谷蟆のさ度る極み」とある。このほか『万葉集』には「かはづ」を詠んだ歌が二〇首近くあり、これらはすべてカジカガエルの事とされている（万葉動物考）。『倭名類聚抄』にはカエルの種類として蝦蟇、青蝦蟇、黒蝦蟇、蛙《あま》黽《かへる》、蟾蜍の五種があげられているので、上記の『万葉集』のカジカガエルを加えると、奈良・平安時代にはすでに六種類のカエルが識別されていた事になる。

ヒキガエルは通常は地上で生活を営んでいるが、繁殖期になると池や水溜りに集まって産卵をする。そうした様子を神護慶雲二年(七六八)の『続日本紀』は「蝦蟆陳列」と表現し、延暦三年(七八四)にはそうした現象を遷都の前兆としている(水鏡)。一方繁殖期の蝦蟆の雄が雌を奪い合う有様は戦争に見立てられ、蝦蟆合戦あるいは蛙合戦と呼ばれ、貞元元年(九七六)の『日本紀略』を始めとして、保延四年(一一三八)(百錬抄)、仁平元年(一一五一)(本世)、治承四年(一一八〇)、宝治元年(一二四七)(百錬抄)ほかに数多く記録されている。このほか蛙と蛇とが戦った記事が治承四年(一一八〇)、寿永二年(一一八三)に見られる(百錬抄)。こうした蛙合戦がカエルの類の産卵行動である事に気付いたのは、江戸時代に入ってからで、本草学者の松岡玄達は『結毦録《けつじ》』の中で「是異事に非ず、蛙の交るなり」と記している。小林一茶は文化一三年(一八一六)に「蛙たたかひ見にまかる、四月廿日也けり」として「痩蛙まけるな一茶是に有り」という有名な句を残している。

蝦蟆《がまがえる》の関係した神事に信州諏訪社の蛙狩りがあり、諏訪七不思議の一つに数えられ、その模様は『諏訪大明神絵詞』に記されている。ヒキガエルは薬用としても用いられ、その皮膚から分泌される白色の分泌物は蟾蜍《せんじょ》と呼ばれ、五月五日に採取したものが効果があるとされている(本草綱目)。その為であろう慶長一九年(一六一四)五月五日の『時慶卿記』に蝦蟇を採集に行かせた記事が見られる。幕末の『松屋筆記』九七―五八には、肉市として文化・文政年間から獣肉食が盛んになった事を記し、「又蝦蟇を嗷《くらう》者あり」と記している。カエルの類は幼生時代のオタマジャクシの時期に強い再生能力を持っており、そうした時期に四肢を傷つけられると、本来の肢のほかに余分な再生肢を生ずる事がある。そうしたカエルであろう、寛政一〇年(一七九八)には五足の蟇の記事が

図210　ヒキガエル(虫豸帖)

あり（半日閑話二五）、『北窓瑣談』には三足の蝦蟇、六脚の蝦蟇の記事が載っており、『千虫譜』は六足の蟾蜍の図を載せている。『千虫譜』にはこのほかヒキガエルの卵塊から、オタマジャクシに前後肢が生ずるまでの五つの発生段階の図が載っている。

トノサマガエルは我が国で最も普通に見掛ける蛙で、田蛙とも呼ばれ、小野道風の柳に跳びつく蛙や、鳥羽僧正の『鳥獣人物戯画』に数多く描かれているが、史料には余り見受けられない。藤原定家の『明月記』寛喜二年（一二三〇）の条に「東小壺に蛇あり。腹中の飲物、漸く之れを吐出す。蛙也。無事存命す」とあるのはトノサマガエルかアマガエルの事であろう。また宝治元年（一二四七）一月一七日の『吾妻鏡』は「関東若宮神前庭、螻蟈《ろうかく》数十万充満す」と記している。螻蟈とは足の長い蛙の事とされているので、トノサマガエルかアカガエルの事であろう。我が国のアカガエルにはニホンアカガエルとヤマアカガエルの二種があるが、両種を区別した記載は『草廬漫筆』に山蛤としてヤマアカガエルの事を記している以外には見当らない。『和漢三才図会』は「按ずるに赤蝦蟇、本草に載せず、然れども川沢に之れ有り、体痩せて浅赤色、五疳の薬に入れて以て効有りと為す」とし、『日本山海名産図会』にはその産地と捕獲法が記されている。『守貞漫稿』は「赤蛙売」として「あかがひる柳虫を売。小筥等に納れ、風呂敷裏にて負来る。京坂の赤蛙は枯たるを売、柳虫は活るを売る。江戸は赤蛙柳虫まむし等皆活るを売り、買人あれば忽に裂之殺て売る。（中略）皆薬餌に食す也」と記している。

カジカガエル（河鹿蛙）は『万葉集』では河蝦《かはづ》と詠まれてその鳴き声が愛でられており、『古今和歌集』でも紀貫之の仮名序に「花になくうぐひす、みづにすむかはづのこゑをきけば、いきとしいけるもの、いづれからうたをよまざりける」と、春の鶯に対する秋の風物詩として取り上げられており、集中には「一二五　かはづなくゐでの山吹ちりにけり花のさかりにあはまし物を」と詠まれている。「ゐで」とは山城国綴喜郡井出の事で、『新古今和歌集』にも「一六二　あしびきの山吹の花散りにけりゐでのかはづは今や鳴くらん」と詠まれて、山吹と河鹿の名所とされている。鴨長明はこの「かはづ」がカジカガエルである事を考証している（無名抄）。河鹿はそのあと見られなくなるが、江戸時代に入って徳川光圀は井出から河鹿を取り寄せ、江戸の後楽園と西山の蓮池に放したとされている（桃源遺事）。『桃源遺事』には河鹿ではなく田蛙とあり、井出を大和国としているが、撰者の誤りであろう。『大和本草』はカジカガエルについて「篤信云、井堤ニカキラス処々山辺ニアリ。或曰常ノカハツコヱカマヒスシキ処ニ井手ノカハツヲ一ハナテハ衆蛙ナキヤムト云」と記している。『夏山雑談』にも「或貴家に井出より蛙を多く取よせて池にはなされたるに、或時、他の蛙を一つ入れられたれば、皆々音をとゞめて二三日すぎてのち又音を出したり云々」としているが、これは水戸邸後楽園の蛙の事であろう。『北窓瑣談』二は「かじかといふもの、近き頃人の稀々に養ひ楽しむものなり、声さやかにて駒鳥に似、広き座敷などに飼ひ置きてよきものなり」と記し、『摂陽年鑑』も安永年間の事として「河鹿の事、安永の初め頃江戸に始まり、其後京師浪花も翫ふ」とカジカガエルの飼育が流行した事を記している。『河蝦考』にはカジカガエルを探して玉川を遡上した話が載っており、その飼育法については『笈埃随筆』に詳しい。アマガエルは『かげろふ日記』に「山ごもりののちはあまがへるといふ名をつけられたりければ、云々」と記され、江戸時代に入って『本朝食鑑』は「天雨せんと欲する時、必ず多く鳴く。故に通俗雨蛙と号す也」としている。『好色一代男』に「里の童部ねぢ篭・あまがへるの家などして、云々」とあるように、子供の玩具にもされた模様である。『千虫譜』はヒキガエルの他にアカガエル、カジカガエル、ツチガエル、トノサマガエル、アマガエル、アオガエルの六種のカエルの図を載せている。

四、カメ類　亀

日本本土で見られる亀類は、淡水産のイシガメ、クサガメ、スッポンと、海産のアオウミガメ、アカウミガメ、オサガメ、タイマイの七種類で、縄文時代の遺跡からはタイマイを除いた六種類のカメの遺物が出土しているので（縄文食料）、我が国に生息する亀の分布には大きな変動のなかった事がわかる。このほか縄文晩期の遺跡からはカメを模したと見られる土製品も出土している（古代史発掘3）。弥生時代に入ると銅鐸にその図が描かれており（古代史発掘5）（図7）、埴輪にも作られている（はにわ）。三世紀の我が国の模様を記した『魏志倭人伝』には「輒ち骨を灼きて卜し、以って吉凶を占い、先ず卜する所を告ぐ。其の辭は令亀の法の如く、火拆《たく》を視て兆を占う」とあるが、古墳時代後期になると、我が国でも亀の腹甲を灼いて吉凶を占う亀卜が行われるようになり、神奈川県の間口洞穴の古墳時代後期の層から、亀卜に用いられた亀甲が出土している（日本の洞穴遺跡）。亀卜とは亀の腹甲の一部を焼いて、生じた亀裂によって吉凶を占う中国伝来の占筮《せんぜい》術で、『令義解』職員令に「卜とは、亀を灼く也。

兆は、灼亀縦横の文也。凡そ亀を灼きて吉凶を占ふは、是れ卜部の執業、長官自ら之れを行ふ事に非ず。云々」とあり、神祇令には「凡そ卜は、必ず先ず墨をもって亀に書き、然る後之れを灼く。兆順墨を食す。是れを卜食と為す」とある。『万葉集』にも「三八一一（前略）卜部坐せ亀もな焼きそ云々」と詠まれており、『令義解』によると卜部は二〇人と定められている。『延喜式』によるとその出身地は「伊豆五人、壱岐五人、対馬十人」と定められている。幕末に成立した対馬藩の事績を記した『楽郊紀聞』には、「御国亀卜の事は、雷臣命の、神功皇后征韓の時に傳へ来て、始めて阿連村にて始め給ひしものにて、征韓後彼国より傳へ来られしにあらず、云々」と、亀卜が古く神功皇后の時代に対馬に伝来した事を記している。伊豆については『古事談』に「四五三伊豆大嶋の下人は、皆此の占をするなり。堀川院御時、件の嶋の下人三人上洛す。召して占はしめられし処、皆此の事を奉仕する者也と云々」とある。壱岐にも恐らく対馬のような伝承があったものと思われる。

『延喜式』には使用する亀甲について「凡そ年中用ふる所の亀甲、惣て五十枚を限りと為よ。紀伊国、中男作物、十七枚。阿波国、中男作物、十三枚。交易六枚。土佐国、中男作物十枚。交易四枚」とある。『大和本草』、『本草綱目啓蒙』は亀卜に用いる亀甲は淡水産のイシガメの腹甲としているが、『延喜式』にある紀伊、阿波、土佐の三国はいずれも海産物を主要な産物とする国々であり、また卜部に選ばれた三国もすべて島国である。こうした事を考えると『百草露』が亀卜に用いる亀を「西土は石亀を用ひ、本邦は海亀の浮レ甲を用ゆ」としているのが正しいと思われる。『正卜考』も「亀卜には、大亀の甲を用ふ、大なるは五尺ばかりなるもあり、云々」としているので、海亀の甲であろう。亀卜は『色葉字類抄』宝亀五年（七七四）に、「始めて亀卜長上二人を置く」とあり、古くは御体御卜、軒廊御卜など重要な卜はすべて亀卜によって占われている。しかし次第にその伝承者が減少し、永長元年（一〇九六）にはわずかに卜部兼政ただ一人となり（中右記）、天承元年（一一三一）には兼政の子孫を召して亀卜の事を御下問になっている（長秋記）。また亀甲の貢進も律令体制末期になると滞りがちとなり、元暦元年（一一八四）（百錬抄）、文治三年（一一八七）（玉葉）、文永四年（一二六七）（吉続記）、明応元年（一四九二）（実隆公記）には亀甲がないため、天皇の御体御卜が中止され、明応六年（一四九七）（続史）以降宮中の亀卜の記事は見られなくなる。しかしその技術は伝承されていたのであろう、明和七年（一七七〇）に密儀ではあるが卜部兼雄に仰せて亀卜が行われている（続史）。

上記の『楽郊紀聞』によると「御国に亀卜の家、昔十軒召し置かれ、只今は三軒絶て、残り七軒は府内・田舎へ今も有」、「豆酘村岩佐氏は亀卜の家也。正月三日某の神社の神前にて、亀を灼く也。扨それを御屋敷に差上る也」と対馬では亀卜の技術が幕末まで伝承されていた事を記している。ただし江戸中期の『鳩巣小説』は、我が国本土では当時すでに亀卜の伝承者が一人もいなかった事を記している。対馬の亀卜については『昆陽漫録』三、『傍廂』、『譚海』などにも記載がある。

古墳時代後期の高松塚古墳の彩色壁画に、亀（玄武）は青竜、白虎、朱雀とともに瑞祥の動物として描かれ、藤ノ木古墳から出土した鞍橋には、鬼神を中心とした動物群の中に亀が含まれている。こうした亀を神聖視する風潮は我が国にも取り入れられ、天智九年（六七〇）には背甲に申の字のある亀が捕獲された記事が見られ（紀）、天平元年（七二九）には「天王貴平和百年」という文字が背甲に読み取れる亀が献ぜられたため、その中の天と平の二文字が撰ばれて天平という年号に改元されている（続紀）。『万葉集』に「五〇　（前略）圖《ふみ》負へる神《あや》しき亀も云々」とあるのもこうした亀の事であろう。このような亀は『律令』に見られる「若し麟鳳亀竜の類、図書に依るに、大瑞に合へらば、随ひて即ち表奏せよ」という祥瑞規定に従って奏上されたもので、この前後では他に天武一〇年（六八一）に赤亀（紀）、文武元年（六九七）に白鼈（続紀）、四年（七〇〇）から昌泰二年（八九九）までの二百年間に一六回にわたって白亀が献上されている（続紀、続後、文徳、三実、紀略）。またその間、霊亀元年（七一五）には霊亀が献上されて年号が改まっている（続紀）。しかし一二世紀中頃から白亀の献上に代って緑毛亀《みのがめ》が瑞亀としてもてはやされるようになり、久安四年（一一四八）に鎮西から毛亀が献ぜられた際には、藤原頼長が冠・直衣をつけてその亀を見たと記されている（台記）。その後応永二〇年（一四一三）を始めとして（武家年代記裏書）、二七年（一四二〇）（続史）、三〇年（一四二三）（兼宣公記）、永享八年（一四三六）（蔭涼）、長禄二年（一四五八）（大乗院）と室町幕府への緑毛亀の献上が続き、江戸時代にも水戸光圀が江戸の後楽園及び常陸の西山蓮池に放し（桃源遺事）、宝暦九年（一七五九）には江戸麻布一本松で釣り上げられ（随観写真）、安永五年（一七七六）には大阪で見世物になっている（摂陽年鑑）。寛政五年（一七九三）松浦静山は遠州金谷産の緑毛亀一匹を譲り受け、『甲子夜話』四二―一三にその真写図を載せている（図211）。緑毛亀は『怡顔斎介品』に「米泔《しろ》水ヲ以テ尋常ノ亀背ニ塗リ、半月ニシテ緑毛ヲ生ズ」とあるように、通常のイシガメに水藻が生じたもので、『和漢三才図会』は「尋常の水亀、冬泥

図211　緑毛亀（甲子夜話）

中に蔵し、春出づる時甲の上に藻苔を被く、青緑色にて毛の如し、之を捕て数撫《しばしば》て脱せず、月を経ば則ち毛落て常の如し」と記し、『古今要覧稿』は「緑毛亀、或は青毛亀といへるは甲の後端にあをみどろの如きもの生じて、みの、けのごとし。故にみの亀の称あり」と指摘している。「蓑亀《みのがめ》」は現在も高砂の尉《じょう》と姥《うば》と共に長寿の象徴とされている。

異形の亀にはこのほか両頭の亀があり、元亀二年（一五七一）（野史）、延宝五年（一六七七）（和訓栞、一話一言四八）、享保一一年（一七二六）（一話一言三）、宝暦四年（一七五四）（随観写真）、安永元年（一七七二）（武江年表）、寛政五年（一七九三）（閑窓自語）、文化七年（一八一〇）（街談文々集要）、文政元年（一八一八）（武江年表）等に記事が見られる。江戸末期には再び白亀も取り上げられ、文化八年（一八一一）、一〇年（一八一三）（古今要覧稿）、弘化二年（一八四五）（藤岡屋日記）、嘉永四年（一八五一）（嘉永雑記）に記録されており、このうち幕府に献上されたものには褒賞金が与えられている（古今要覧稿）。文政四年（一八一八）には金色の亀が捕えられているが（武江年表）、これは皮膚の黒色素だけが欠けたものであろう。亀の利用法には上にあげた亀卜のほかに薬用があり、『看聞御記』応永二三年（一四一六）の条には、亀の尿を耳の薬として用いた話が記されており、『一話一言』、『古今要覧稿』にも同様の効果があげられている。『本朝食鑑』は亀甲は補心、補腎、補血の薬としている。このほか『大和本草』によると亀の尿は石に文字を書く際にも用いられ、「百年ヲ歴テモ滅セス」としてその採取法を記している。特種な用途として亀鼈を鷹の餌に用いた例もある（大内家壁書）。亀は鷹だけでなく人間の食品にもされ、『料理物語』は「（まがめ）すひ物、刺身、いしがめも同」としている。そのためであろう、綱吉の生類憐み令が施行された時期には亀の販売が禁止されている（令条四八二、四八三）。また『農業全書』は養魚法の項で「池にかめを入るれば其池のあるじとなりて、大雨洪水の時其池の魚躍り出で落つる事なし」としている。幕末に来日したスイスの首席全権アンベールは、浅草で朝鮮人の亀の曲芸を見物した事を記している（アンベール幕末日本図絵）。

カメの種類として『本草和名』、『倭名類聚抄』は秦亀《いしがめ》、亀《うみがめ》、鼈《かはかめ》の三種をあげ、『倭名類聚抄』はほかに大亀、小亀と装束部で玳瑁《たいまい》を取り上げている。江戸時代の『本朝食鑑』、『大和本草』はこのほかに緑毛亀を取り上げているが、これは上記のように淡水産の亀に緑藻の生えたものであるから別種とするのは当らない。このほか『和漢三才図会』は、一三種類もの亀の名をあげているが、この中には中国書から引用した架空のものが数多く含まれており、『本草綱目啓蒙』も一五種類に上る亀の名をあげているが、「詳ならず」とするものが多く、それを除くと九種類になる。その中で初めて水《いし》亀《がめ》と秦亀《やまがめ》とを区別しているが、秦亀を「山谷或は野圃中に生じ、形大にして黄色臭気あり」としているので、現在のクサガメを指している事がわかる。これらのカメのうち、鼈と呼ばれたスッポンについては、文武元年（六九七）に近江国から白鼈が献上され（続紀）、『延喜式』では宮内省の諸国例貢御贄として大和国から干鼈《ほしがめ》が貢上されるように規定されており、典薬寮では臘月御薬、諸国進年雑薬の中に鼈甲が含まれている。『有林福田方』では鼈甲は医薬品として用いられており、『庖厨備用倭名本草』は「アツモノニシテ食スレバ久痢ヲ治、髭鬚ヲ長ズ。丸ジテ服スレバ虚労痃癖脚気ヲ治ス」とし、『本朝食鑑』は「今に労瘵を患ふ者の煮食するときは則ち十に一両生有り」としている。『和漢三才図会』に「九州の人鼈を嗜む、肥前特に之れを好む」とあるので、鼈を食べる事は九州から始まったのであろうか。文化二年（一八〇五）序の『嗚呼矣草』は「昔賤しく今貴き事の甚しきは、（中略）泥亀の京摂に於るや」と記しており、松崎慊堂は文政九年（一八二六）に江戸の料理屋で鼈を食べた事を記しているので（慊堂日暦）、スッポンが江戸で食べられるようになったのは中期以降の事であろう。スッポンを食べたのは庶民ばかりではなく、江戸の大名屋敷跡からもその骨が出土している（江戸の食文化）。

海亀が産卵のため浜に上ったり、網に掛った記事は天文一四年（一五四五）（北条五代記）、慶長一九年（一六一四）（駿府記）、寛文四年（一六六四）（摂陽年鑑）、享保一六年（一七三一）（承寛襍録）、享和三年（一八〇三）（博物年表）等に見られるが、このうち慶長一九年と享和三年のものはオサガメであろう。『閑田耕筆』は亀が産卵した場所により、その年の波浪の高さを占った事を記している。そのほか延宝五年(一六七七)には両頭の海亀が(玉露叢)、文政一〇年(一八二七)には三頭の海亀が捕獲されている(視聴草)。海亀は小笠原諸島では食料とされたほか、油が灯油として用いられており(伊豆海島風土記)、『七島日記』にはその捕獲法が記されている。『百品考』によるとオサガメ一頭の甲から燈油一斛が取れるとある。海亀は『本草綱目啓蒙』に「この物性酒を嗜む。舟人これに遇ば酒を飲しむ」とあるが、いつ頃からそうした事がいわれるようになったのか明らかでない。天保七年(一八三六)には江戸でオサガメが見世物となり(見世物研究)、同じ頃江戸城中の吹上庭園ではオオウミガメ(しょうがくぼう)が飼育されていたが、海に戻されている(『甲子夜話三篇』五九—九)。『熊野物産初志』はウミガメについて「熊野海ニ多。五月梅雨ノ頃風雨暴烈スレハ海中ヨリ出、砂浜ニ登リ砂中ニ卵ヲ産ス。(中略)六月ニ至リ砂中ノ卵悉ク化シ、小亀トナリ海ニ入ル」と記している。海亀は上記のように小笠原諸島では食料とされて来たが、我が国でも『庖厨備用倭名本草』に「肉味ハ黿ノゴトシ。食スベシ。卵ノ大キサ鴨卵ノゴトシ。正円ナリ。生ニテ食スレバ鳥卵ヨリ美ナリ」とあり、『魚鑑』は「八丈三宅の土民も、漁具ありて、常に捕へ食ふ。近来東武の漁夫も、亦食ことを知る」と記し、『守貞漫稿』も「正覚坊」の項で「極賤者羹として食之。或は薬餌とす。山下門外にてこれを売る家四五戸あり。其他に未見之」としている。

タイマイは南方系の海亀であるが、暖流に乗って我が国にも来る事があり、古く貞観一二年(八七〇)には佐渡で捕獲され(三実)、寛保三年(一七四三)には加賀国で(本草啓蒙)、文化三年(一八〇六)には土佐沖で捕獲されている(桃洞遺筆)。また元文五年(一七四〇)(長崎実録)、寛保二年(一七四二)(外蛮通書)には生きた玳瑁が舶載されている。タイマイの甲である鼈甲は『和漢三才図会』に「黒紫色、日に映して之れを見れば白赤黄標文有りて、艶美愛す可き」とあるように美しいものであるが、器物に加工出来る程大きな鼈甲はすべて輸入品で、『西遊記』三—二三は「玳瑁は南方蛮夷の海中に生じて、其甲を阿蘭陀人持渡り、婦人の頭の飾り、櫛、こうがいとなして、其高値なる事金玉に勝れり。日本にも此玳瑁あり。肥前島原領の海中、其外薩州の南海、大隅国垂水の海中にも是あり。其亀纔かに径壱尺余にしてそれより大なるものなし。故に其甲甚だ薄く櫛に作りがたし。只手箱などの飾りに用ゆ」と記している。輸入された鼈甲は『本草綱目啓蒙』に「舶来全甲のものあり、片々離る、ものあり」といった状態のもので、贅沢品と見なされてしばしば輸入、使用が禁止され（実紀）、またその偽物が出回っている。鼈甲の偽物について『本草綱目啓蒙』は「俗にまがひの櫛と云は、亀筒《うみがめ》の斑ある処をもって作る、朝鮮と呼ぶ者は番牛角を用て、黒斑を入たるなり、今は常牛の角を用ひ、又馬の蹄甲を用ゆ」と記している。番牛角とは水牛の角の事で、こうした偽鼈甲については『桃洞遺筆』、『歴世女装考』等にも詳しく記されている。以上のほか、『甲子夜話』一四—二二、二五—一によると、文政五年（一八二二）に浦賀に来航したイギリス船で「新阿蘭陀の山中に居る亀とて畜ふ。その大さ五寸ばかり、形此邦の亀と同じけれど、甲ら太だ隆く、云々」といった亀が舶載されている。ゾウガメあるいはハコガメの類であろうか。

五、サンショウウオ類　山椒魚、鯢魚、鯑魚

日本本土には二〇種近いサンショウウオが生息しているが、本草書あるいは史書で区別されているのは、形が極めて大きいオオサンショウウオだけである。『日本書紀』推古二七年（六一九）四月四日の条に「近江国言さく『蒲生河に物有り。其の形人の如し』」とあり、七月には摂津国の漁夫の罟《あみ》に、形児の如く、魚にも非ず、人にも非ざるものが入るとあるが、これらはいずれもオオサンショウウオの事で、延暦一六年（七九七）の「長さ尺六寸。形常魚と異なる。或いは言う椒魚と」（紀略）とある椒魚も同じであろう。『本朝食鑑』は鯑の項で「鯑は人魚、孩児魚也。二種ありて江湖の中に生ず、形色皆鮎鮠の如し。腹の下の翅形足に似たり。其の顋頰軋軋《きしきし》と

図212　オオサンショウウオ（水族四帖）

音し児の啼くが如く即ち鯑魚也。一種は渓澗の中に生ず形声皆同じ、但能く樹に上る乃ち鯢魚也」とサンショウウオに二種あって鯑が人魚あるいは孩児魚と呼ばれ、鯢はよく木に登る事を記している。『日本書紀』に記された近江国蒲生河のほとりに人魚塚が建てられていた事は『江漢西遊日記』に記されている。仁寿二年（八五二）（文徳）に近江国で捕えられた椒魚もオオサンショウウオの事と思われるが、『本草和名』は鯢魚を「和名波之加美以乎」とし、その名の由来は『大和本草』に「能上レ木、山椒樹皮ヲ食フ、国俗コレヲ山椒魚ト云」とあり、『和漢三才図会』、『本草綱目啓蒙』も同様の理由を記している。この解説からすると仁寿二年の「椒魚」はオオサンショウウオ以外のサンショウウオの事となる。オオサンショウウオはまた半裂《はんざき》とも呼ばれ『料理物語』は「（はんざき）さんせうをともいふ、すい物、くしやき、こくせういづれもかはをさる」とし、『本草綱目啓蒙』は「味甚美にして腸少し」としている。『中陵漫録』六は「半裂、千貫虫」として、備中松山地方では半身を裂いて食べたあと、池中で養う事を記し、「生にて酢に浸し食す。味軽し。又煮て食ふ。肉甚だ白し」としている。明暦元年（一六五五）には甲府邸から将軍家に鯑魚が献上されている（実紀）。オオサンショウウオは岐阜県以西の山中の渓流に生息しているので、都市部では珍しかったのであろう、寛政一〇年（一七九八）に江戸でまじないの為と称して三尺余の山椒魚が見世物にされ（寛政紀聞）、文政二年（一八一九）（見世物研究）、一一年（一八二八）（見世物雑志）には名古屋でも見世物になっている。享和元年（一八〇一）には江戸板橋宿でオオサンショウウオが捕えられているが（武江年表）、これは恐らくどこかの見世物小屋から逃走したものであろう。文政九年（一八二六）江戸参府の途中シーボルトは鈴鹿山中で一匹のオオサンショウウオを手に入れているが（江戸参府紀行）、これは後にオランダに送られ、ヨーロッパにオオサンショウウオを紹介する端緒となっている。オオサンショウウオはヨーロッパでは極めて珍しいものであったため、シーボルト以外にも幕末の日本からはるばるヨーロッパ各地の動物園に寄贈されており、その時の様子は『長崎海軍伝習所の日々』、『江戸と北京』等に記されている。

　オオサンショウウオ以外のサンショウウオについて『大和本草』は鯢魚として、「小ナルハ五六寸アリ。（中略）京都魚肆ノ小池ニモ時々生魚アリ小ナルヲ生ニテ呑メハ膈噎《カクエツ》ヲ治ス」と京都の魚屋で生きたサンショウウオを売っていた事を記しているが、何サンショウウオかは不明である。栗本瑞見も『皇和魚譜』の中で琵琶湖付近で採集したサンショウウオの幼生の図を載せているが、種名は不明である。サンショウウオの中ではハコネサンショウウオが有名で、『日本山海名産図会』は「別に一種箱根の山椒魚といふものあり」としてその捕獲法を記している。安永四年(一七七五)来日したツュンベリーは翌五年(一七七六)参府の途中「箱根附近の山地で、長くて狭い蜥蜴の一種が走って居るのを度々見た。これを通訳は海の蜥蜴とし、土地の人はサンジョノウオと呼んでいた。この動物の乾したものを所々の店で売ってゐる。その数匹が一本の棒に刺し通してある。その蜥蜴を粉にすると上等な強壮剤となると信ぜられてゐる」と記しているが(ツンベルグ日本紀行)、いうまでもなくこれはハコネサンショウウオの事である。シーボルトも文政九年(一八二六)江戸参府の帰途、箱根でサンショウウオを売っているのを目撃している(江戸参府紀行)。『千虫譜』はハコネサンショウウオの生体と乾燥品の図のほか、秋田、木曾産のサンショウウオの図を載せている。同定は困難であるが、トウホクサンショウウオあるいはクロサンショウウオであろうか。また『桃洞遺筆』は山椒魚の項で「山椒魚に二種あり、箱根にとれるを地うおといふて大く、功もはげし、又大山辺より出るを旅魚といふて、かたち小さくして功うすし」とハコネサンショウウオより小型のサンショウウオのいる事を記しているが、トウキョウサンショウウオであろうか。また『百品考』が蛇医《やぶどじょう》としているものは恐らくカスミサンショウウオの事であろう。

六、トカゲ類　蜥蜴、石龍子

『本草和名』は「石龍子一名蜥蜴、一名山龍子、一名守宮、云々」として、すべてを一括して「和名止加介」としている。日本本土に現在生息しているトカゲの類にはトカゲとカナヘビの二種があり、『大和本草』は守宮の項で「一種シ、ムシ

図213　トカゲ（訓蒙図彙）

ト云物アリ草ニ生ス。是亦形ハ守宮ニ似タリ其色青白色ナリ。毒アリ蜥蜴ナリ。（中略）又石龍子モ蜥蜴ト云。シシムシト同名異物也。云々」とトカゲに「シシムシ」と石龍子の二種がある事を指摘している。恐らく石龍子はカナヘビを指すものと思われる。『本朝食鑑』は蜥蜴について「性毒有り、其の青翠色交わる者、全く紺青色なる者、呼びて青蜥蜴と称し、最も毒多し、古より人を毒せんとする者、采りて之れを収め貯ふ、青き者を以て上と為す」とトカゲに毒のある事を記している。また「予、近く薬肆に於て、華の石龍子を鬻ぐ者有るを見る、長さ三尺余、大さ老鰻《うなぎ》の如し、斯くの如き者は、本邦未だ之れを見ず、故に価貴くして得難し、彼を以て耆婆万病円中に入るれば、則ち功験十倍爾」と述べているが、これは恐らく『華夷通商考』に見られる蛤蚧《とっけい》、あるいは『物類品隲』に図示されている蛮産蛤蚧で、トカゲではなくオオイエヤモリの事であろう。また『和漢三才図会』は通常のトカゲのほかに「蛤蚧《あをとかげ》」をあげ、「蛤蚧（俗に云ふ青蜥蜴）小なる者三四寸、大なる者七八寸、背青緑色にして光り縦斑文有り、云々」としているが、この青とかげはトカゲの未成熟個体の事で、別種ではない。外国産のトカゲの類としては、この他に『紅毛雑話』に「ダラーカ之図」としてトビトカゲと思われるものの図が載っており、幕末に奄美大島に流された名越左源太の『南島雑話』には天摩武羅としてキノボリトカゲが紹介されている。

七、ヘビ類　蛇

日本本土に生息しているヘビ類は一〇種程であるが、中でも最も普通に見掛けるものはシマヘビ、アオダイショウ、ヤマカガシ、マムシの四種である。これに対して平安時代の『倭名類聚抄』は蛇「和名倍美《へび》、一云久知奈波《くちなは》」、蚖蛇「加良《から》須倍三《すへみ》」、蚺蛇「仁之木倍美《にしきへび》」、蟒蛇「夜万加々智《やまかかち》」、蝮「波《は》美《み》」と五種類の名前をあげている。このうち蚺蛇は我が国に生息していないので、平安時代からほぼ同数の種類が確認されていた事となる。ただし蟒蛇《やまかかち》を「蛇の最大なるもの也」としているので、現在の和名にそのまま当てはめる事は出来ない。蛇の骨は上黒岩遺跡から出土しているので（日本の洞穴遺跡）、縄文早期には食料とされていたものと思われる。また縄文土器の中には蛇身装飾をほどこしたものがあり（古代史発掘3）、弥生時代の銅鐸にも蛇の図柄を描いたものが見られるので（銅鐸）、有史以前から蛇はなんらかの呪術的な事柄に拘っていた可能性が指摘されている。一方我が国では『古事記』の八俣遠呂智《やまたおろち》の伝説を始めとして、『常陸国風土記』には角を持った大蛇の話が載っており、正史にも弘仁六年（八一五）、仁和三年（八八七）（紀略）、建仁三年（一二〇三）（吾）、宝治元年（一二四七）（百錬抄）、文安五年（一四四八）（康富記）と大蛇、蟒《うはばみ》の記事が数多く見られる。しかし我が国で最も大きな蛇であるアオダイショウでも一間以上に達するものは稀であるから、これらの記事は恐怖心から発した誇張と見るべきであろう。

そのほか蛇に関する出来事は怪事と見なされる事が多く、仁寿元年（八五一）には死蛇（文徳）、寛和元年（九八五）には蛇が吠えた話（紀略）、養和元年（一一八一）には小蛇の死んだ話（吉記）等が記録されており、『今昔物語』、『古今著聞集』等にも数多く取り上げられている。蛇の怪事としてはこの他に種々の奇形があり、両頭の蛇については天慶元年（九三八）を始めとして（本世）、嘉承元年（一一〇六）（永昌記）、永享五年（一四三三）に記録されており（看聞）、江戸時代にも数多く報告されている（兎園小説、半日閑話、北越雪譜等）。また天保六年（一八三五）、七年（一八三六）には名古屋で（見世物雑志）、嘉永四年（一八五一）には江戸で両頭蛇の見世物が興行されている（見世物研究）。これらの蛇は頭部がY字状に分れた双頭のものであるが、『和漢三才図会』あるいは『兎園小説』二には生物学上存在するとは思われない両端に頭をもった両頭蛇が図示されている。また保安三年（一一二二）（百錬抄）、久安四年（一一四八）（中外抄）、宝暦五年（一七五五）（蒹葭堂雑録）、安永三年（一七七四）（倭訓栞）等には後肢を持った蛇が記録されており（図214）、『桃洞遺筆』は上記のもの以外の二例について記している。蛇の中にはニシキヘビ、メクラヘビのように痕跡的な後肢を持ったものが知られているが、我が国の蛇では確認されていない。あるいは雄の排泄口の左右にある陰茎を誤認したのではあるまいか。奇形ではないが、体色の変化した白蛇も古くから報告

図214　二足の蛇（蒹葭堂雑録）

されており、長承三年（一一三四）を始めとして（中右記）、元暦元年（一一八四）（吉記）、応永一二年（一四〇五）（教言卿記）、一三年（一四一六）（看聞御記）、嘉吉三年（一四四三）（師郷記）、文安五年（一四四八）（康富記）、文明六年（一四七四）（言国卿記）、天文五年（一五三六）（続史）と続き、江戸時代に入ってからも享和二年（一八〇二）（摂陽年鑑）、文化一〇年（一八一三）（街談文々集要）、一一年（一八一四）（桃洞遺筆）、天保一〇年（一八三九）（藤岡屋日記）、嘉永四年（一八五一）（嘉永雑記）等に記録されている。このほか、享保末の丹羽正伯の産物調査の際の『肥後国之内熊本領産物帳』、『近江国産物絵図帳』等に「白くちなは」、「白蛇」の記載があるので、常時白蛇の生息していた地方のあった事がわかる。嘉保二年（一〇九五）には赤蛇が（中右記）、文治二年（一一八六）には金色の蛇の記録があり（春日社）、『桃洞遺筆』にも金蛇、銀蛇の記載がある。現在知られている白蛇はアオダイショウの白変種であるから、上記の白蛇（銀蛇）または赤蛇（金蛇）も恐らくアオダイショウの変異個体と思われる。

蛇は古くから薬種として用いられ、『延喜式』典薬寮の諸国進年料雑薬には蛇脱皮《へびのぬけがら》がある。『有林福田方』は他に烏蛇、白花蛇をあげ、烏蛇について「酒ニ浸シテ二三日シテ皮骨ヲ去テ炙使ヘ」としている。烏蛇及び白花蛇はいずれも輸入薬種で、『新註校定国訳本草綱目』の校訂者は「しろすじしまへび」、「たいわんこぶら」に当てている。蛇が蛙の大敵である事は古くから知られているが、治承四年（一一八〇）、寿永二年（一一八三）には蛇が逆に蝦蟇に喰い殺され（百錬抄）、寛喜二年（一二三〇）には藤原定家によって呑んだ蛙を吐き出さされている（明月記）。永享六年（一四三四）には明国の使節が室町将軍に蛇皮を献じているが（看聞御記、善隣国宝記）、何に用いられたのかは不明である。長享元年（一四八七）に出された『大内家壁書』には「鷹餌の為、鼈亀并びに蛇を用ふ可からざる也」という一条がある。『本朝食鑑』は蛇の種類として、うわばみ、青大将、眞虫《まむし》、日量《ひばかり》、烏蛇、滑蛇《なめらへび》、山醬《やまかがち》をあげており、このうちアオダイショウ、マムシ、ヒバカリ、ヤマカガシは現在も和名として用いられている。ただしヒバカリを『本朝食鑑』は毒蛇としているが、現在のヒバカリは無毒である。また現在烏蛇と呼ばれているのはシマヘビの黒色種を指すが、『有林福田方』の烏蛇の記載はシマヘビとは一致せず、『本朝食鑑』に記された舶載種の烏蛇の事と思われる。シマヘビは人に馴れやすく、元禄四年（一六九一）に「頃日町中薬売蛇をつかひ候もの有之、篭舎被仰付候、云々」（令条四九五）とある蛇もシマヘビの事であろう。

蝮という漢字は現在ではマムシと読まれているが、『本草和名』、『倭名類聚抄』はいずれも蝮蛇を「和名波美《はみ》」とし、江戸時代の『大和本草』は「蝮虵《へび》、倭名ヘビ、又クチバミ、又マムシト云」としている。マムシは元暦元年（一一八四）に伊勢国の多くの浜に打ち上げられた記録があり（玉葉）、長禄三年（一四五九）には蝮蛇に螫された事が記録されている（碧山）。また寛正三年（一四六二）には洛中に現れ（同上）、文明一〇年（一四七八）には南都に群出した事が記録されている（大乗院）。マムシは古くから毒蛇として怖れられており、『徒然草』は「九六　めなもみといふ草あり。くちばみに螫されたる人、かの草を揉みて付ぬれば、則癒ゆとなん。見知りて置くべし」と記し、『閑田次筆』、『向岡閑話』、『燕石雑志』、『松屋筆記』など多くの随筆にもその治療法が取り上げられている。その反面薬効も認められており、『本朝食鑑』は「まむし酒」が癩病・楊梅瘡に効果があり、「まむしの黒焼」は気を壮にし、血を止め、悪瘡を治すとしている。このほか『飼篭鳥』は闘鶏の前に鶏にマムシを食わせる事が闘鶏に勝つ第一の秘訣であると記している。マムシは江戸末期まで市中に生息しており、『武江産物志』は、江戸の橋場と道灌（現在の谷中一帯）とをマムシの生息地として上げている。

『南島志』は「虫豸は則ち蛇蝎の属最も多く毒蛇は凡そ七種、云々」と琉球諸島に我が国では見られない毒蛇がいる事を紹介し、江戸中期の産物調査の際に提出されたと見られる『三州物産絵図帳下』の薩摩国の産物中には「はぶ」の名があげられ図示されている。『中山伝信録物産考』もその蛇を「薩州方言ハブ」とし、「国中の蛇最毒あり、九月中出る毎に人を傷る、人立《たちどころ》に斃す」と記している。ハブについて『閑田耕筆』は大隅の人からの聞書として、鬼界島、大島、徳ノ島にハブが生息しており、「はぶつかひといふものあり、其島々にて悪事をなせるもの、陳じて善悪わかちがたき時、其咎ある者を、咎なきものと共に車座にして、彼はぶつかひをよびて、はぶをはなせば、必咎ある者をうつと也」と記している。『中陵漫録』九「斫木《しゃくき》蛇」にもはぶ使《つかい》の話が載っているが、このはぶ使は金子、米などを無心するためにハブを飼っている者の事である。このほか『中陵漫録』一四は「十二時虫」としてハブの形態・習性を記し、『南島雑話』にも反鼻蛇として記載されており、『西遊記』補遺九三はその毒がマムシよりも激しい事を記している。幕末の『千虫譜』はハブの図を載せ、「人此咬傷ヲ被レハ、毒猛烈ニシテ必死ニ及フモノ多シ」としている。以上のほか蛇に関する記事として『枕草子』二四四に蛇の雌雄の識別法が記されているが、真偽の程は明らかでない。また『中陵漫録』五は蛇の退治法として、鶏卵の中身を吸い出したものに、きせるの膠《やに》をつめ、蛇に食わせる方法を記しているが、これは効果が期待出来よう。また『甲子夜話』八七—四には文政九年(一八二六)江戸小石川で蛇が多数密集して蛇塚を作った事が記されている。

八、ヤモリ類　守宮

ヤモリはトカゲに近い爬虫類であるが、古くから両生類のイモリと混同されている(↓346頁)。ここでは明らかにヤモリの事と思われる出来事について記す事とする。『煙霞綺談』は宝暦一二年(一七六二)の出来事として遠江国で家の修繕を行ったところ、二五年以前に板を打ち付けた際に釘で打ち抜かれたヤモリが元気でいるのを見付け、恐らくそのつれ合が食物を運んで養って来たのだろうという話を紹介しており、『倭訓栞』にも同じ様な話が載っている。爬虫類は一般に長命であるので、あながち作り咄ともいえないかも知れない。『本草綱目啓蒙』は「四足指頂円にして蛤蚧の如し。尾長く脆く断じやすし。色は灰黒にして黒斑あり。或は深く或は淡し。時に尾を挙旋転して鳴」と体色を変化する事、時として鳴く事を記している。本土のヤモリはそれ程鳴かないが、

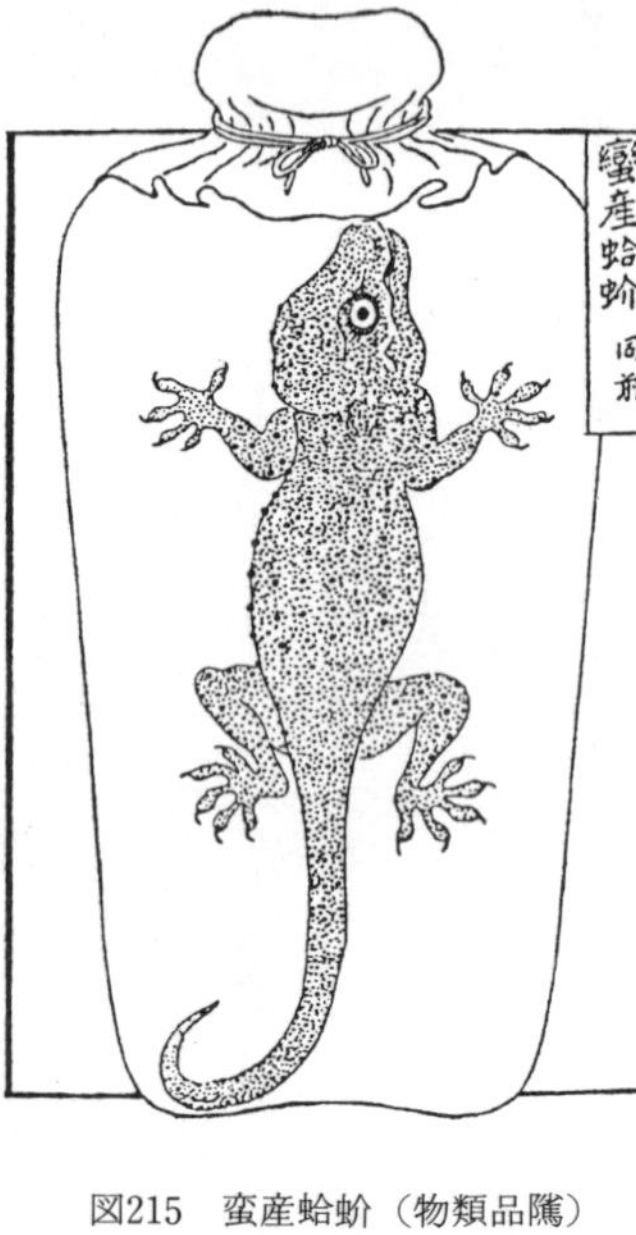

図215　蛮産蛤蚧(物類品隲)

奄美大島、琉球産のものはよく鳴き、『南島志』は「其壁間に在るもの有り、声噪にして雀の如し」と記し、『中山伝信録物産考』も「能く声を作す雀の如し」としている。このほか外国産のヤモリとして蛤蚧《とっけい》のオオヤモリが薬種として輸入されており(華夷通商考)、『物類品隲』にその図が載っている(図215)。これも大声で鳴く事で知られている。

九、ワニ類　鰐

ワニは洪積世前期頃までは我が国にも生息していたが(日本の考古学)、それ以後絶滅してしまい現在は生息していな

い。『倭名類聚抄』は鰐の項で「鱉に似て四足有り、喙長さ三尺、甚だ利歯、虎及び大鹿水を渡るに鰐之れを撃ちて皆中断す」とし、「和名和仁」としている。一方『古事記』、『日本書紀』、『風土記』等には「和迩」、「和爾」、「年常《わに》」等といった動物の話が載っているが、これらは現在のワニの事ではなく鮫の事である。本物の鰐が理解されるようになったのは、中国あるいはオランダとの貿易が進んでからで、西鶴は『日本永代蔵』五―一の中で「(前略)龍の子の弐尺余り成を、金子廿両に求め、はや十年も過て、少逞《たくましく》なりて気遣絶ず」と記している。この龍はワニの事と思われるが、当時龍(鰐)の子が舶載された記録は見られない。ワニが実際に捕えられたのは延享元年(一七四四)の事で、薩州硫黄島の洋上で捕獲されて幕府に献上されている(博物年表)。その記事では鰐の事を鼉龍《だりゅう》としているが、これは鰐の中国名で、恐らくヨウスコウワニと考えられる。『西遊記』二―一三にも「薩州硫黄が島の海中に、時々鼉竜出ず」とあり、『物類品隲』は鼉龍の項で「蛮産、紅毛語カアイマン」としている。カアイマンはギアナの土族語「ケーマン」の転訛したものである。ただし『物類品隲』が産物図絵で示している「薬水を以て硝子壜中に蓄えた圖」の「蛮産鼉龍」は、ワニではなくトカゲの類と思われる。宝暦八年(一七五八)田村元雄は長崎で鼉龍の薬水漬を手に入れ(物類品隲)、安永三年(一七七四)(毛介綺煥)、七年(一七七八)(通航一覧)にも舶載された事が記録されている。安永三年の時の図は『毛介綺煥』に「ダリヤウノ生写」として正確に描かれているが、同じ『毛介綺煥』に収められている「鼉龍、和名アマリヤウ、蛮語、コロコデル、カイマン」の図は上記の『物類品隲』同様トカゲの類である。『中陵漫録』六も「海鰻《かいまん》」として「先年黒奴咬嚁吧にて至て小なるを取来る。吉雄耕牛、是を請て庭中に畜ふ」とワニを飼育した事を記し、『西遊記』二―一三にも同様の記事が見られる。享和年中(一八〇一―〇四)にも吉雄耕牛はワニを飼育したとされているが(通航一覧)、耕牛は寛政一二年(一八〇〇)に歿している。『紅毛雑話』は蘭書からの模写と思われる「鰐之図」を載せているが(図216)、本文中のカイマンの記載には疑問の点が多い。『魚貝写生帖』によると寛政一二年(一八〇〇)にも再び薩州の奄美大島で鼉龍が捕えられているが、これもヨウスコウワニであろう。天保九年(一八三八)には江戸の薬品会で展示されている(金杉日記)。オランダの地理書を翻訳した青地林宗の『輿地誌略』には、印度産の動物として獅子、虎、豹、象、孔雀と共に格禄格弟児《ころこじーる》があげられている。

図216　ワニ（紅毛雑話）

（三）鳥類

一、アトリ　臘子鳥

アトリは黒白褐色の混ざったアトリ科の小鳥で、冬期に大群を作って飛来する。色は美しいが、鳴き声がよくないので、飼鳥としては下品とされている（喚子鳥）。天武七年（六七八）に「臘子鳥、天を弊《おほ》ひて、西南より東北に飛ぶ」と記され（紀）、同九年（六八〇）には「臘子鳥天を蔽《かく》して、東南より飛びて、西北に度《わた》れり」とある。こうしたアトリと思われる群鳥の記録は、このあと承和一四年（八四七）（続後）、延喜元年（九〇一）（略記裡書）、一三年（九一三）（紀略）等にも見られる。『万葉集』には「四三三九　国巡る阿《あ》等《と》利《り》鴨鳧《けり》行き廻り帰り来までに斎《いは》ひて待たね」と詠まれ、それが渡り鳥である事が知られている。『倭名類聚抄』は「此の鳥群飛すること列卒の山林に満つるが如し。故に獦子鳥と名づくる也」としている。江戸時代に入って『本朝食鑑』は「今之れを捕る者、媒を為して誘地し、網を以て打ちて之れを捕ふこと一挙に数百」とし、続けて「其の味苦く佳ならず」としている。ただし『大和本草』には「食シテ味ヨシ」とある。慶安二年

（一六四九）に斑替りのアトリが将軍家に献上され（実紀）、元禄一二年（一六九九）（続史）、寛政七年（一七九五）（閑田耕筆）、安政四年（一八五七）（武江年表）等に群飛が記録されている。このほか『桃洞遺筆』が指摘しているように、鳥名を記さずに群鳥が天を覆うと記した記事はアトリを指す事が多いものと思われる。文政九年（一八二六）シーボルトは参府の途上、姫路城下でアトリの白変種を見ているが、余りに高価であったため購入していない（江戸参府紀行）。

図217　アトリ（堀田禽譜）

二、アヒル　家鴨、鶩

アヒルはマガモを家畜化したもので、我が国には朝鮮半島を経由して中国から移入されたものと思われるが、その年代は不明である。『本草和名』は鶩肪の条で「一名鴨（中略）和名加毛《かも》」としているので、平安時代にはまだカモとアヒルとは区別されていなかったものと思われる。中世の『節用集』が家鴨を「あひる」としているのが最初であろうか。『多識篇』は鶩を「安比呂《あひろ》」とし、『大和本草』は鶩《アヒロ》の項で「家鴨ト云、又匹《ボク》と云、鴨《アフ》の一字ヲアヒロトヨム。国俗鴨ヲカモトヨム非也、カモハ野鴨ト云」と記している。従って江戸中期以前の書物に鴨と記されている鳥の中には、アヒルが含まれている事となる。アヒルと思われる鴨の記事は承安三年（一一七三）五月の『玉葉』に「院中鴨合《かもあわせ》の事有り」とあり、『古今著聞集』には「七一四　天福の頃（一二三三―一二三四）、殿上人のもとに、唐のかもをあまたかはれける中に云々」とある。この「鴨合」の鴨や「唐のかも」は恐らく家鴨の事と思われる。また永享八年（一四三六）の『蔭涼軒日録』に「将軍、聯輝軒より進上せられし白鴨十一を西芳寺池中に放たる」とあるが、この白鴨も中国で家畜化されたペキ

図218　アヒル（訓蒙図彙）

ンアヒルの事で、この時期再開された勘合貿易船によって舶載されたものと思われる。白鴨についてはこのあと延徳二年（一四九〇）九月の『蔭凉軒日録』に高麗に生息している事が記されており、文亀三年（一五〇三）の『実隆公記』には「高麗白鳧」とあり、永正元年（一五〇四）には宮中にも献上されている（実隆公記）。江戸時代に入ってからも正保元年（一六四四）に松平隠岐守から将軍に献上されている（実紀）。

『武家調味故実』は「かるの子まいらすべき事」としてその作法を記しているが、『古名録』はこの「かるの子」をアヒルの卵料理としている。『大和本草』は「白鴨及黄雌鴨肉性ヨシ黒ハ毒アリ食フ可カラス」とし、さらに「長崎ニ於テ異邦ノ人好ンテ之レヲ食フ」と記している。寛文元年（一六六一）台湾救援のため長崎を出港したオランダ船に、家鴨百羽が積み込まれているので（バタビア城日誌）、当時すでに長崎では相当数のアヒルが飼育されていたものと思われる。その長崎でも、生類憐み令が発令されていた元禄五年（一六九二）には「当地にては、ふた・には鳥・あひる殺害多有之候様に被聞召候付、云々」と豚、鶏と共に殺害、食用が禁止され（唐通事日録）、宝永三年（一七〇六）には江戸で家鴨を傷つけた者が遠島に処せられている（元禄宝永珍話）。

『農業全書』は「生類養法」の中でアヒルの飼育を奨励しているが、それは肉を食べるためではなく、卵を売って利益を上げるためとしている。ただし『食物和歌本草』は「あひる玉子多く食せば身も冷て心みじかくせなかもだゆる」としている。『本朝食鑑』は「本邦家々家鴨を養ひて之れを食ふ者少し、性、毎に穢物を食ふ之故乎」としているが、幕末になると『わすれのこり』に記されているように「あひるも追々喰ひなれて、貨食店にて、あいがもとあらぬ名を呼びてつかひしより、世の料理通も賞翫する様にはなりぬ」といった有様になる。『守貞漫稿』はこのほか「四月八日には鶏とあひるの玉子を売る、江俗言傳ふ、今日家鴨の卵を食する者は、中風を病まざるの呪と」と記している。アヒルの品種について『飼鳥必要』は「唐家鴨（一名大家鴨）、スタエントウ（一名立チ家鴨）、口黒家鴨、バルケン（一名クワントウ家鴨）」の四種をあげ、スタエントウは天明年中に紅毛人によって長崎に舶載された事、バルケンについては我が国で普通のアヒルとの間で雑種を生じた事等を記している。バリケンについては『本草綱目啓蒙』も「一種オランダアヒル、一名バリケン」をあげている。バリケンは南アメリカ原産の鴨を家畜化したもので、比較的新しい家畜であるが、享保一九年（一七三四）丹羽正伯が諸国の産物調査を行った時の報告書『筑前国産物帳』に「ばるげんあひる、近年長崎よりもとめ人家に畜ふ」とあり、蒹葭堂の『禽譜』は番鴨として図を載せている。『百千鳥』も「今所々に有が故に云々」と広く飼育されていた事を記し、『百品考』にも番鴨として取り上げられている。『武江産物志』は江戸の名所として「鵞、昌平橋外」と記している。

三、アホウドリ　信天翁、信天縁

アホウドリは大型の海鳥で、その骨は縄文時代の貝塚や、弥生時代の遺跡から出土しており（縄文食料）、有史以前には相当数のものが我が国に飛来していたものと思われる。『大和本草』は信《ラ》天翁《イ》として「丹後ニテハアホウドリト云。長門ニテハ、ヲキノタイフト云。筑紫ニテライト云。云々」と主として西日本で知られていた事を記している。アホウドリはこのほか外《おき》の尉《ぞう》とか（広辞苑）、「オキノゼウ」などとも

図219　アホウドリ（奇鳥生写図）

呼ばれている（本草啓蒙）。永享二年（一四三〇）閏一一月二八日の『看聞御記』に「舟津の猟師、興ノせウと云う大鳥一羽を捕へて持参す」とある。「興ノせウ」が「おきのせう」であるとすると、この大鳥はホウドリの事であるが、この記事には「鳥の体毛白くして鵠の如く、嘴長く、下にうた袋赤く大也」とあるので、アホウドリではなくガランチョウ（ペリカン）の事であろう。

江戸時代に入って『唐通事会所日録』は、寛文一〇年（一六七〇）に肥前国諫早で海鵞と呼ばれる鳥が打ち落された事を記しているが、校註者はこれをアホウドリとしている。貝原益軒は『筑前国続風土記』の中で、信天翁について「此の鳥、かもめに似て大也、海辺に在り、羽ぬけたる時、多くはうゑて死す、丹後にてあほう鳥と云ふ、長門にてはおきの太夫と云ふ、云々」と記しているので、江戸中期までは北九州から中国西部にかけて、特に珍しい鳥ではなかったものと思われる。林子平の『三国通覧図説』は延宝三年（一六七五）小笠原諸島を探検した時の模様を記しているが、その中に「白鷗に似て大さ三尺余の大鳥」とあるのはアホウドリの事と思われ、「徒手にて捕へらる、」と記している。文政九年（一八二六）江戸参府の途上、シーボルトは三保の松原を過ぎた海辺で、最近捕えたアホウドリの雌を手に入れた事を記し（江戸参府紀行）、天保三年（一八三二）には江戸小石川馬場の付近に信天翁が墜ち、将軍家へ献上の途中で死んだ事が記録されている（甲子夜話続篇七七—六）。毛利梅園はこの時の鳥の彩色画を『梅園禽譜』に残しているが、全身淡黒色であるので、クロアシアホウドリと思われる。『笈埃随筆』はアホウドリを「沖小僧」として、伊豆の人々がその飛来を待って種蒔をする事を記している。『北窓瑣談』四の「無人島のアネコ鳥」、『中陵漫録』二の「異島の白鳥」等もアホウドリの事であろう。

四、イカル　斑鳩、鵤

『本草和名』、『倭名類聚抄』はいずれも鵤の和名を「以加留加」、「伊加流加」とし、中世には「豆甘《まめうまし》」とも呼ばれている（下学集、運歩色葉集）。『本朝食鑑』は「古訓伊加流加、今未《ま》米《め》未《ま》和《わ》志《し》と称す」とし、現在のように「イカル」とカを略した呼び方は『本草綱目啓蒙』の地方名に見られるのが最初であろうか。「いかるか」には斑鳩の漢名が当てられており、ほかにこの鳥の生態上の特徴から上記のように「まめまわし」と呼ばれたり、鳴声が月日星《つきひほし》と聞こえるところから「三光鳥」とも呼ばれている。『万葉集』に「三二三九　あり立

図220　イカル（百鳥図）

てる花橘を末枝に黐引き懸け中つ枝に斑鳩懸け、云々」と詠まれているように、古くから篭鳥として愛玩され、清少納言は『枕草子』の中で「四一　鳥は（中略）かしらあかき雀。斑鳩の雄鳥。たくみ鳥」と斑鳩を取り上げている。『古今著聞集』にはいかるがを贈る歌として「七〇六　いかるがよまめうましとはたれもさぞひじりうきとはなにをなくらん」とあり、藤原定家は安貞元年（一二二七）永年にわたって飼育して来たイカルガの死を痛んでいる（明月記）。『本草綱目啓蒙』はイカルガについて「若、豆一粒をその中に入るときは、これを含み旋転して止ず、故にマメマハシと呼」としているが、「まめまわし」は中世の「豆甘《まめうまし》」からの転訛とも考えられる。『本草綱目啓蒙』はまたその鳴き声から「月星日とも鳴、故に三光鳥の方言あり」と異名の由来を記している。

五、インコ類　音呼、飲可、鸚哥

インコ、オウムの類は非常に種類が多く、現在はヒインコ科、インコ科、オウム科の三つに大別されているが、オウム科に属するものの中にも、何々インコとインコの名で呼ばれるものが含まれており、名前だけで両者を判別する事は出来ない。『本草綱目』は「熊太古曰く、大なる者を鸚鵡《おうむ》と為し、小なるものを鸚哥《いんこ》と為す」と記しており、我が国でも『本朝食鑑』は禽之四の「華和異同」三光鳥の中で、「本邦俗に小鸚鵡を以て呼びて伊武古《いむこ》と為す」としている。恐らくこうした基準で両者を区別していたものと思われる。ただし『大和本草』は鸚鵡を「アウム」、「インコ」の両様に訓み、「鸚鵡トモカケリインコナリ」としているので、両者の区別は必ずしも厳密なものではない。本来は両者を一緒にしてオウムあるいはインコの項目に統一すべきであるが、古くから呼び分けられて来たので、その呼び名によって二つに分けて記載するが、ここで取り上げるものの中にもオウムが含まれている可能性がある。オウムあるいはインコの図は、古くは正倉院の宝物の中に見られるが、日本人の手になる物としては、室町時代の『鳥類図巻』のインコの図が最初であろうか。オウ

図221　ズクロインコ（衆禽図）

ムが我が国に舶載されたのは大化三年(六四七)の事であるが(紀)、インコと思われる鳥については嘉禄二年(一二二六)の『明月記』に、「鸚歌と云ふ鳥一見す」とあるのが最初かと思われるが、この鳥も「其の鳥大きさ鴨に同じく、色青く、毛極めて濃柔。觜鷹の如くして細く、柑子、栗、柿等を食ふと云々。人名を喚ぶ由、云々」とあるので、オウムであった可能性が強い。次いで文明七年(一四七五)三月八日の『大乗院寺社雑事記』に、「仏地院来る。公方より預下されし小鳥持参す。王加と云ふ鳥也」とある。この王加は「流久国より之れを進る。八ケ年に及ぶと云々」とあるので、八年前に琉球から舶載されたものである。続いて文明一四年(一四八二)三月二一日の『御湯殿の上の日記』に「大納言殿より唐鳥いんこう参る」と記されている。当時の遣明船によって舶載されたものであろうか。

一六世紀半ば以降ポルトガル船が、次いでオランダ船が来航するようになるとインコ舶載の記事が多くなり、慶長二年(一五九七)八月四日の『鹿苑日録』に「大泥国より使者有り。エンブ鳥一疋・インコ一雙等を進上也」とあるのを始めとして、一九年(一六一四)(当代記)、寛永九年(一六三二)、一〇年(一六三三)、一四年(一六三七)、一八年(一六四一)、正保三年(一六四六)、四年(一六四七)、慶安三年(一六五〇)、四年(一六五一)(以上いずれも『実紀』)、承応三年(一六五四)(長崎商館日記)、寛文二年(一六六二)(実紀)と続き、それらの中には色々な種類のインコが含まれている。寛永一八年(一六四一)のものは「紅白いんこ」、正保四年(一六四七)のものは「白いんこ」、承応三年(一六五四)のものは「カルカいんこ」とあるが、このほか徳川光圀が飼育していたものに「五色いんこ」があり(桃源遺事)、青いんこ(通航一覧)、緋いんこ(諸禽万益集)、紅いんこ(通航一覧)、猖々いんこ、色いんこ、達磨いんこ(以上『摂陽年鑑』)等の名前が見られる。このうち猖々いんこ、青いんこ、色いんこ、達磨いんこは宝暦八年（一七五八）夏に大阪の道頓堀で見世物となった後（摂陽年鑑）、秋には江戸の両国広小路で見世物となり大評判を博している（半日閑話二四）。『唐鳥秘伝百千鳥』にはこれらのインコについて詳しい解説が記されている。また『花蛮交市洽聞記』には宝暦六年（一七五六）頃の鳥類の輸入価格が記されているが、それによると九官鳥が最も高く三〇〇目、孔雀が一二〇目、それに続いて紅音呼、青音呼が七八匁となっている。また寛政一一年（一七九九）に出版された『諸鳥飼様百千鳥』は各種の小鳥類の飼育法を記したあと、当時飼育下で繁殖可能であった鳥と、不可能であった鳥とをあげているが、「庭篭に入産まざる部」の中には駄鳥、鸚鵡等のほかに「紅音呼、青音呼、猖々音呼、七毛音呼、白音呼、青海音呼、達磨音呼」があげられている。しかし一九世紀初頭の『飼篭鳥』は、明和三年（一七六六）に舶載の記録がある頭黒《づくろいんこ》が（唐蘭船鳥獣図）「先年江戸の稲垣侯の庭篭にて始めて雛を出す」と、産卵育雛に成功した事を記している。このあと文化一〇年（一八一三）、一一年（一八一四）、一四年（一八一七）、文政元年（一八一八）、三年（一八二〇）（長崎図巻）、文政一〇年（一八二七）、天保三年（一八三二）（外国異鳥図）とインコ舶載の記録が続く。『本草綱目啓蒙』はインコの種類として「青インコ、猖猖インコ、ベニインコ、五色インコ、ヲハナインコ、セイガイインコ、ダルマインコ、ムラサキインコ、等あり」としている。

六、ウ類　鵜、鸕鷀

ウにはカワウ、ウミウ、ヒメウ等の種類があり、鵜飼に使われるものは前二種で、ウミウの方が大型である。『倭名類聚抄』は「大なるを鸕鷀と曰ふ（盧茲二音、日本紀私記云志《し》萬豆止利《まっとり》）小なるを鵜鶘と曰ふ（啼胡二音、俗云宇）云々」と、大きなものを「しまつどり」、小さなものを「う」としているが、これはウミウとカワウを指しているものと思われる。ただし「しまつどり」は『古事記』、『日本書紀』の神武東征の項に「嶋つ鳥鵜飼が徒」とあるように鵜の枕詞としても使われている。鵜の骨は神奈川県の大浦山洞穴から出土しているほか（日本の洞穴遺跡）、弥生時代前期の土井ヶ浜遺跡からはカワウを抱いた女性人骨が出土している（古代史発掘4）。鵜飼について神武東征神話は、天皇が吉野へ行幸した際、梁を作って魚を捕っている者に出会い、「則ち阿太の養鸕部《うかいべ》が始祖なり」と記しているので、少なくとも『日本書紀』編纂の完了した養老四年（七二〇）には養鸕部が置かれていたものと思われる。『日本書紀』にはこのほか雄略紀三年に「使鸕鷀没水《うかはするまね》捕魚」とも記されており、雄略紀一一年には近江国で白い鵜が発見されている。推古一五年(六〇七)第一回の遣随使が派遣された時の模様は『随書倭国伝』に記されているが、その中に「小環を以って鸕鷀の項に挂け、水に入りて魚を捕えしめ、日に百余頭を得」と我が国ですでに鵜飼が行われていた事が記されている。『律令』によると、大膳職の雑供戸に「鵜飼卌七戸、江人八十七戸、網引百五十戸」が所属しており、養老五年(七二一)には元正天皇が「仁、動植に及び、恩羽毛に蒙しめん」ために「放鷹司の鷹狗、大膳職の鸕鷀、諸国の鶏猪」を悉く放したとある(続紀)。鸕鷀を放した記事はこのあと天平一七年(七四五)にも見られる(続紀)。また天平宝字八年(七六四)には「天下の諸国、鷹狗及び鵜を養ひて、以て田猟する事を得ざれ」という詔も出されている(続紀)。『万葉集』には「四一五六　鸕を潜《かつ》くる歌」や「四一五八　毎年に鮎し走らば辟田川鸕八頭潜けて川瀬尋ねむ」といった歌が見られる。

鵜飼に関連した記事として、延暦二四年(八〇五)には官鵜を盗んだ佐渡の住民が配流され(後紀)、貞観一二年(八七〇)には対馬の者が鵜を捕りに新羅境に行って捕えられ(三実)、また仁和元年(八八五)には大宰府の貢鵜の時期が遅れたため断罪された記録等が見られる。大宰府の貢鵜は、それまで海路をとっていたため風雨によって遅れたものと思われる(三実)。諸国から貢進された鵜は、宮中で貢鵜御覧の儀の後、葛野川(桂川)、埴河(高野川)、宇治川の三ヵ所の鵜飼に分け与えられたほか(侍中群要)、皇族、貴族等にも配分されている(権記)。鵜がどのようにして捕獲されたか記録に見られないが、『肥前国風土記』は応神天皇の御世の事として「鳥屋を此の郷に造り、雑の鳥を取り聚めて、養ひ馴づけて、朝庭に貢上りき云々」とあるので、こうした鳥養部《とりかいべ》あるいは鳥取部によって捕獲されていたものと思われる。鵜飼には先の『万葉集』四一五八に見られるように、徒歩で鵜を遣う「徒歩《かち》鵜飼」と、『かげろふ日記』に「鵜船ども篝火さしともしつゝ、ひとかはさしいきたり」とあるように、篝火をたいた鵜船の上から鵜を遣う「船鵜飼」の二種がある。「船鵜飼」は必ずしも夜とは限らず、『源氏物語』の「藤裏葉」に記されているように昼間行われるものもある。こうした「船鵜飼」は次第に魚を捕る事よりも見て楽しむ娯楽としてもてはやされるようになり、「見せ鵜飼」とも呼ばれるようになる。「見せ鵜飼」の様子は上記の『源氏物語』に記されているほか、『増鏡』一〇「老のなみ」にも記されている。大治元年(一一二六)には殺生禁断のため宇治、桂の鵜がすべて放ち捨てられているが(百錬抄)、この頃から京都以外の土地でも鵜飼が行われるようになり、正治二年（一二〇〇）には相模川で船鵜飼が行われ（吾）、『謡曲集上』の「鵜飼」は甲斐国の石和川での事とされている。永享四年（一四三二）、文明五年（一四七三）には岐阜長良川の鵜飼の記事が見られるようになる（覧富士記、ふち河の記）。しかし長良川の鵜飼についてはこれより以前、『倭名抄』美濃国方県郡の地名に鵜養《うかい》と見えており、長保年間（九九九―一〇〇三）尾張守大江匡衡を任地に訪ねた赤染衛門が杭瀬川で、「ゆうやみのう舟にともすかゞり火を水なる月の影かとぞ見る」と詠んでいるので、平安中期にはすでに行われていたものと見られている。地方でこのように鵜飼が盛んになるにつれて、京都周辺の河川の鵜飼は次第に衰退し、文明一四年（一四八二）の将軍義尚の鵜飼の記事（長興宿祢）を最後に見られなくなり、それ以後は朝廷衰微の時代に、公卿や武家による「徒歩鵜飼」の記事が見られるにすぎなくなる（後法、時慶卿記他）。

一方長良川の鵜飼は逆に武家の保護を受けて盛んになり、永禄一一年（一五六八）には織田信長が武田信玄の使者の接待に使い（甲陽軍鑑）、徳川家康も慶長一六年（一六一一）（当代記）、元和元年（一六一五）（駿府記）等に岐阜で鵜飼を楽しんでいる。ただし武田信玄は『信玄家法』の中で、「鵜鷹逍遥のこと、余酖すべからず。諸隙を妨げ、奉公せざる之基也」と戒めている（甲陽軍鑑）。『本朝食鑑』は長良川の鵜飼について、「大抵細縄を用いて鵜の翅頭を縻き漁の掌中鵜縄の末を握って之れを水中に放つ。一掌数縄にして之れを運ぶ事組するが如し、就中濃州の精巧なる者の一挙十四五隻を放つ。（中略）余州の漁は相及ばず」と記している。徳川も三代将軍以後になると、将軍の観覧に供するための鵜飼が江戸の河川で行われるようになり、正保元年（一六四四）、二年（一六四五）、三年（一六四六）と浅草川（隅田川）で（実紀）、天保三年（一八三二）には玉川で催されているが（甲子夜話続篇）、

図222　鵜遣（人倫訓蒙図彙）

その際の鵜匠はいずれも尾張国から招かれた者たちである（実紀、藩翰譜）。

寛永一〇年（一六三三）には鯛、鯉、鮒といった魚類のほか、鳥を捕る鵜が献上され（実紀）、享保一四年（一七二九）、一六年（一七三一）には屋敷内の鳶鳥鵜の巣を取り払うように触れられている（実紀）。当時は江戸市中の個人の屋敷内にも鵜が営巣していたものと思われる。カワウは集団で営巣する性質があり、そうした場所を「鵜の山」と呼んでいるが、『本草綱目啓蒙』は鵜が「棲こと久ときは、遺屎石壁に粘し、霜雪の如く落花の如し、草木皆枯槁す」としている。しかし鵜の糞は『倭名類聚抄』に「蜀水華、和名宇乃久曽、鸕鷀矢名也」とあり、『本草綱目』では塗薬として「面上の黒皯黶誌を去る」としている。このほか鵜の糞は肥料としても用いられたものと思われるが、史料には見られない。また鵜の羽について『倭訓栞』は、『日本書紀』神代紀の鸕鷀草葺不合尊の故事にならって、「今も産婦之れを執れば生み易し」としている。鵜を食べた記事は見られないが、『本草綱目啓蒙』は「食用には海産を上品とす」としているので食用にされていたものと思われる。恐らく近世の鵜の捕獲法であろう明治初期に来日したチェンバレンは『日本事物誌1』の中で「鵜のよく来る場所に木の囮を置く。そして周囲の枝や小枝に黐を一面につける。鵜はそれにとまると、ぴったりくっつくのである。このようにして一羽の鵜を捕えたら、こんどは囮の代りに、その鵜を藪の中に置く。こうしてさらに鵜を捕えるのである」と記している。

七、ウグイス　鶯

ウグイスはウグイス科の小鳥で、『倭名類聚抄』に「春鳥也」とあるように、早春から美しい声で囀るため報春鳥とも呼ばれ、初夏のホトトギスと並んで古くから多くの詩歌に詠まれている。ウグイスとホトトギスとの間にはこのほかにも不思議な因縁があり、『万葉集』に「一七五五　鶯の生卵《かひこ》の中に霍公鳥《ほととぎす》独り生れて己が父に似ては鳴かず己が母に似ては鳴かず云々」とか、「四一六六　（前略）木《こ》の晩《くれ》の四月し立てば夜隠りに鳴く霍公鳥古ゆ語り継ぎつる鶯の現し眞子かも云々」とあるように、ホトトギスはウグイスやその他の小鳥の巣に卵を産み、子育てをさせる性質をもっている。こうした現象は托卵と呼ばれ、古くは「小鳥大鳥を生む」として祥瑞の一つに数えられている（延喜式・治部省）。しかし何といっても鶯はその鳴く音が愛でられ、『常陸国風土記』に「歌へる鶯を野のほとりに聞、云々」とあるほか、紀貫之の

『古今和歌集』仮名序には「花になくうぐひす、みづにすむかはづのこゑをきけば、息とし生けるもの、いづれかうたをよまざりける」と述べられ、同集には「一四　鶯のたによりいづるこゑなくは春くることをたれかしらまし」とあるのを始めとして、鶯を詠んだ歌は数多く収録されている。古代には鶯を篭鳥として楽しんだ記事は見られないが、中世以降になると、鶯の篭飼が流行し、興国二年（一三四一）上総国に流された佐々木道誉は、京都出発に際して「道誉近江国分寺迄。若党三百騎打送の為にとて。前後に相従ふ。（中略）手毎に鶯篭を持たせ。云々」と記されている（太平記）。こうした鶯の篭飼いは、その鳴く声を競うためで、そうした「鶯合せ」も催されるようになる。応永一六年（一四〇九）の『教言卿記』を始めとして、永享七年（一四三五）、嘉吉三年（一四四三）の『看聞御記』、明応二年（一四九三）、四年（一四九五）の『後法興院記』、五年（一四九六）の『実隆公記』等にその模様が記されている。天正二年（一五七四）織田信長が上杉謙信に贈った『洛中洛外屏風』には細川典厩邸での鶯合せの様子が描かれているが、それによると鶯は竹を編んで作った球形の鳥篭に入れられ、その鳥篭は円筒状の外家《そといえ》の上に据えられている。こうした篭飼の鶯を貴人に見せる際の作法は、『宗五大草紙』に記されている。長禄二年（一四五八）（続史）、文正元年（一四六六）（親基日記）には、鶯合せは鷹狩と共に禁止されており、また鶯は当時の狩猟では「射まじき鳥」とされている（狩詞記）。後陽成天皇（一五八六—一六一〇）は鶯を始め各種の小鳥を飼育され（御湯殿）、『言経卿記』によると「禁中御内鳥飼部屋」で鳥飼衆がその世話に当ったと言われている。

図223　鶯飼（三十二番職人歌合絵）

鶯合せは江戸時代末期にも再び流行し、「鶯会」という名前で盛んに催されるようになり、その模様は『隅田採草春鳥談』に詳しい。また『甲子夜話三篇』一三—四は「其催しは、禽肆は固よりにして、士人商輩にても、飼鳥を好むの侶、鶯の鳴声を愛して、旧冬より予め篭中に養ひ置くものを募りて、彼の里店に合集し、（中略）中ん就く妙歌なる者を擢んで、、第一とす」と記している。ウグイスの鳴声は、現在では宝法《ほうほ》華経《けきょう》と聞き慣らされているが、江戸時代には月星日と鳴くものを最高とし、これを「三光を囀る」と呼んでいる（和漢三才図会）。『喚子鳥』は「囀り大きに善悪あり。上品を三光引とりといひ、中品を三光つぶ又はむじなり、下品はやぶどり野ごゑなり」とし、「又付け子といふ事あり。巣子を取り、よき三光引鳥をきかせたるをいふなり。聞ならひて三光をふけるものなり」とよい声の鳥の鳴声を習わせた事を記している。鶯の付け子については『閑田耕筆』にも記されており、以上のほか『養鶯弁』、『鶯飼様口傳書』といった鶯専門の飼育書も出版されている。鶯は篭鳥以外でもその鳴音が楽しまれ、江戸近郊の鶯の名所として『続江戸砂子』は根岸の里をあげ、『東都歳時記』はほかに神田社地、小石川鶯谷、谷中鶯谷をあげている。鶯はその鳴く音が楽しまれたばかりでなく、その糞は米糠と混ぜられて化粧品や染抜に用いられている。安永八年（一七七九）には奈良で白鶯が捕えられている（続史）。

八、ウズラ　鶉

ウズラは『古事記』雄略天皇の条に「ももしきの大宮人は鶉鳥領巾《ひれ》取り懸けて云々」と謳われており、『出雲国風土記』では意宇郡、神門郡の禽獣の中に数えられている。『万葉集』の天平一六年（七四四）安積皇子の亡くなられた際の大伴家持の挽歌に「四七八　懸けまくもあやにかしこしわご王皇子の命もののふの八十伴の男を召し集へ率ひ賜ひ朝猟に鹿猪ふみ起し暮猟に鶉雉ふみたて云々」とあるように、古くから雉と共に代表的な狩猟鳥の一つに数えられており、天長七年（八三〇）、八年（八三一）の天皇の遊猟の際も、「多《さわ》に鶉雉を獲る」と記されている（紀略）。平安時代にはこうした鷹狩の勝負では、鶉一羽は小鳥五羽に数えられている（基成朝臣鷹狩記）。『江家次第』は二孟の旬として「冬鳩、氷魚、鯉。近代鳩の替に鶉を以て之れに替ふ」とし、『台記別記』によると、康治元年（一一四二）の大嘗祭の際には近江国から鶉百羽が献上されている。天皇の御贄にも雉、鳩とともに供せられ（侍中群要）、しばしば宮中に献上されている（御湯殿）。室町末期になると武家を始めとして公卿たちの鷹狩りの記事が多く見られるようになり、その獲物としは雉、鶉が圧倒的に多い（言継卿記）。こうした鷹狩の獲物は贈答にも用いられ、『御湯殿の上の日記』に「室町殿より鷹の鳥とて鶉一棹参る」とあるように、木の枝に着けて贈るのが礼儀とされ、鳥柴附《としばづけ》と呼ばれている。その付け方は各種の鷹書や『武家調

図224　ウズラ（衆禽図）

味故実』に詳しく記されている。鶉は鷹狩のほか弓矢でも射られ、『就狩詞《かりことばにつき》少々覚悟之事』によると「ふせ鳥と云事、雉と鶉と二ならでは、ふせ鳥とはいはず、ふせて射事と云事、此二ならでは有まじき事也」とある。鶉の料理は『言継卿記』に「鶉の敲汁」とあるほか、『四条流庖丁書』、『大草家料理書』、『庖丁聞書』、『大草殿より相傳之聞書』等に詳しく記されており、『料理物語』は「(うづら)汁、くしやき、いり鳥、こくせう、せんば、ほねぬき、かせちあへ」としている。

一方鶉の鳴き声は『万葉集』に「七七五　うづら鳴く故《ふ》りにし郷ゆ思へども、云々」とあるように、古くから和歌に詠まれており、『千載和歌集』には有名な「ゆふざれば野辺の秋風身にしみて鶉なくなりふか草のさと」という歌が収録されている。これらの歌はいずれも自然の中での鶉の鳴音を詠んだものであるが、中世末頃からは『言継卿記』永禄七年(一五六四)の日記に「甲斐守久宗参り鶉篭仕り了んぬ」とあるように鶉の篭飼が始まり、以後江戸期を通じてその鳴き声を競う鶉合せが行われるようになる。『犬筑波集』にも「篭もちつれてかへるさの袖暮るより鶉合やみてぬらん」とある。寛永一〇年(一六三三)から寛文六年(一六六六)まで老中を務めた阿部豊後守が鶉を好んだ話は『翁草』、『窓のすさみ』に取り上げられており、鶉飼育の専門書『鶉書』も出版されている。このほか承応三年(一六五四)には白鶉が、翌明暦元年(一六五五)には斑替りの鶉が将軍に献上されている(実紀)。『和漢三才図会』は「按ずるに鶉、処々原野に多く之れ有り、甲州信州下野最も多し、畿内の産も亦勝れり、色黄赤にして黒白斑彪有り、如し珍らしき彪有れば、人甚だ之れを賞す、其の声知地快《ちちかい》と曰ふが如く数品有り、嗶嗶快《かかかい》を上と為す」と記している。鶉合せは幕末にも流行し、その模様は『嬉遊笑覧』に「近年明和安永の頃、鶉合の事流行りて、大諸侯競ひて是れを飼はれける。鳥篭は金銀を鏤め、唐木、象牙、螺鈿、高蒔絵にて、皆一双づゝに作らせ、装束は足かけ天幕金襴猖々緋のたぐひ用ひざるものなし」とあり、最後に「近頃は鶉を子を生せてそだつるとなり」と鶉の子飼が行われるようになった事を記している。ただし鶉の子飼はこれより先、享保六年(一七二一)に八代将軍吉宗によって駒場野で行われている(実紀)。『武江年表』は天保年間記事で「鶯はむかしより付子と云ふ事をして育すれば、よき鳥一羽あれば、又もよき鳥出来し故に、むかし鶉飼はそれを識れり。鶉は如何程よき鳥にて高金なるも、それ一つにて他にうつすことならぬものにあればなり。然るを近時のやうを聞くに、これも今は卵をとりてかへさするといへり。天工を奪ふが如し」と記している。文政九年(一八二六)シーボルトは江戸参府の途中、静岡の付近で「家々にはしばしば一二羽またはそれ以上のウズラを入れた小さい鳥篭が掛かっているのを見て、びっくりした。この鳥は他の地方にひろく売られる。ウズラは啼き声の性質によって、ときに小判一―二枚の値段がする」と驚嘆している。

以上の日本在来の鶉とは別に、江戸時代には数種の外国産ウズラが舶載されている。ウズラは中国では鷓鴣《しゃこ》と呼ばれ、享保二〇年(一七三五)に長崎奉行から献上されたのを始めとして(承寛襍録)、明和四年(一七六七)には白頭翁、竹鶏などと共に清の商船により(海舶来禽図彙説)、また年代不詳の卯年には唐船によって五羽が舶載されている(外国産鳥之図)。またオランダ船によっては年代不詳の戌年に咬嚁吧《じやがたら》鶉雌一羽が舶載され、亥年にも四羽が舶載されている(外国産鳥之図)。このほか『長崎渡来鳥獣図巻』によると天保六年(一八三〇)にピルポタートが舶載されたが、翌日死亡している。これはコモンシャコと同定されている(図説鳥名)。また同図巻によると天保五年(一八三四)にテンボンチイが舶載されているが、これはミフウズラとされている(唐蘭鳥獣)。なおテンボンチイの註記に「三拾年以前申年蘭人持渡の節は咬嚁吧鶉と名て来、当時江戸表にも沢山有之」とあるので、江戸末期にはこうした外国産のウズラが相当数我が国に入っていた事がわかる。

九、ウソ　鷽

ウソは冬鳥として我が国に飛来するが、色彩が美しいばかりでなく、その声もよいところから、古くから篭鳥として飼育されている。『山家集』は「一四〇〇　桃園の花に紛へる照鷽《てりうそ》の群れ立つ折は散るこ、ちする」とその美しさを歌っている。照鷽とは雄のウソの事で、雌は雨《あま》鷽と呼ばれている。『看聞御記』永享八年(一四三五)の条に「小鳥ウソ三、ヒハ二篭に入れて養う。口縄《くちなわ》篭内に入りウソ一を呑み了んぬ」とあるほか、文明一三年（一四八一）の『親元日記』に「御方御所さまへ色小鳥うそ廿之れを進上す」とあり、天文七年（一五三八）の『大館常興日記』にも将軍義晴にウソが献上された記事が見られる。『本朝食鑑』にウソが「鳴く時、声に随ひて両脚を互に挙げ、琴を弾く手を搖るが如し、故に俚俗鷽琴を弾くと称す」とあるように、ウソはまた琴弾《ことひき》鳥とも呼ばれている。『倭訓栞』も「嘯と義通へり鳴時は声に随て両脚を互に挙て琴を弾じ手を揺すが如しよて俗にうそごとをひくといふ云々」としている。『武江産物志』は江戸のウソの名所を「四ッ谷辺」としている。天満宮の正月行事である鷽替の神事は古くから有名で、その由来は『筑前国続風土記』、『三養雑記』に記されている。

図225　ウソ（蒹葭堂『禽譜』）

一〇、ウトウ　善知鳥

ウトウは北海で繁殖するウミスズメ科の海鳥で、冬は本州中部にまで南下するが、一般には余り目にする事の出来る鳥ではない。『謡曲集下』の「善知鳥」で有名なように、中世以降知られるようになった鳥で、『鴉鷺合戦物語』に「子を思ふ涙の雨の簑の上にうとうとなくはやすかたの鳥こそ、云々」とあり、謡曲では「陸奥の、外の濱なるよぶこ鳥、鳴くなる声は、うとうやすかた」とある。親鳥を「うとう」と呼び、子供の名を「やすかた」とする意見もある。『当代記』慶長一二年（一六〇七）の条に、謡曲によって興味をおぼえた父親に、善知鳥の塩漬を送った宇都宮藩主の逸話が載っている。『大和本草』は「若水曰奥州ノ津軽外ノ浜ノ辺ニ多シ其形ハンニ似テ喙脚モハンニ似タリ頭ハ鳧ノ如シ上ニ肉角アリ赤色也脚赤シ背ノ毛淡黒腹ノ毛白色是バンノ類ナルヘシ漢名未詳善知鳥ハ国俗ノ所称ナリ」とし、『松前志』は「ウトフは他国の称にして、本名善知鳥なり。方俗これをツナキトリと云又ハナトリと云。海鳥なり。（中略）日没せんとせば海岸の叢を宿りとす。海人棒を以て打捕これを食ふ。其甚多きが故なり。其肉も亦美なりと云ふ」と記している。また『提醒紀談』は「蘭洲遺稿」を引用して、「陸奥の外が浜の海上、西北にあたり数百里をへだて、二島あり。いづれも人家なし。その島に鳥あり。善知鳥といふ。又花鳥ともいへり。みなその海瀕土人の称するところなり。和歌にうとふやすかたとよめる是なり。その鳥の状は護水鳥に似て、背上に蒼黒く、腹下淡白脚あかく、頭上に白き毛生たり、云々」と記している。通常東北地方の北端でしか見られない鳥であるため、寛文七年（一六六七）には津軽越中守から将軍家に献上されているが（実紀）、天明八年（一七八八）幕府巡見使に随行して東北・北海道を旅した古川古松軒は『東遊雑記』の八月二三日の条で、青森に到着し善知鳥の社に立ち寄り、「世に知る旧跡なるに、土民のいい伝うこともなく、善知鳥いかなるものと古よりも知る人もなく、云々」と記し、弘化元年（一八四四）この地を訪れた松浦武四郎も『松浦武四郎紀行集上』の「東奥沿海日誌」の中で「鳥頭《うとう》といふ鳥昔は外が浜に有しが、今は所をかへ西蝦夷のヤンゲしりのほとりに集り、云々」と記しているので、幕末にはすでに本州では繁殖しなくなったものと思われる。滝沢馬琴は、ウトウの絵図と剝製

図226　ウトウ（烹雑の記）

とを取り寄せ『烹雑の記』に載せているほか（図226）、『動植名彙』、『安斎随筆』、『松屋筆記』七〇―六、『甲子夜話続篇』四一―一、『甲子夜話三篇』二六―一、五一―一等にも取り上げられている。

一一、エトピリカ

エトピリカも北方系のウミスズメ科の海鳥で、ウトウとよ

く似ているが、やや大型である。エトピリカとはアイヌ語で「美しい嘴」の意味で、その名の通り嘴の前半は赤、後半は黄色を呈している。『松前志』は「イトヒリカ」として「是水鳥なり。能海に沈て魚を食ふ。人名てイトヒリカと云。按るに是鸊鳥《にほとり》、信天翁《しかへ》の属にして北部カラフト島東方トウフツより三里許すぎて小島あり、其岩窟にすむと云。其形状善知鳥に比すべし。云々」と記し、『蝦夷草紙』には「ヱトヒリカ」として「形色とも鳥の如く嘴赤くヱトロフ辺に多くあり」とある。本州には稀にしか飛来しないが、文化六年(一八〇九)に熱田沖で捕獲され(水谷禽譜)、『猿猴庵日記』にも取り上げられている。そのほか『堀田禽譜』、『両羽博物図譜』には彩色図が載っている(図227)。安政三年(一八五六)樺太に渡った松浦武四郎は『北蝦夷余誌』の中でエトピリカを見た事を記し、「エトピリカは厄土魯布《エトロフ》島に多し」としている。

図227　エトピリカ(堀田禽譜)

一二、オウム類　鸚鵡、鸚䳇

オウムとインコとの区別についてはインコの項に記してある。オウムが我が国に舶載されたのは、大化三年(六四七)に新羅から献上されたのが最初で(紀)、以後斉明二年(六五六)、天武一四年(六八五)(紀)、天平四年(七三二)(続紀)といずれも百済、新羅から贈られている。しかしオウム類は朝鮮半島には生息していないので、これらはいずれも中国からもたらされたものと思われる。承和一四年(八四七)に初めて入唐求法僧慧雲によって孔雀、狗と共に唐から持ち帰られている(続後)。この鸚鵡であろうか、嘉祥三年(八五〇)天皇が病気の際に鷹犬及び篭鳥は放されたが、「唯鸚鵡は留めらる」とある。それ以後オウムは治暦二年(一〇六六)(略記)、永保二年(一〇八二)(百錬抄)、久安三年(一一四七)(台記)

といずれも直接中国から舶載されている。これらのオウムがどのような種類のものであったのか、記載がないので不明であるが、中国大陸でオウム類の生息地は南西部に限られ、『本草綱目』は「鸚鵡に数種あり、緑鸚鵡は隴、蜀に出で、滇南、交広、近海の諸地尤も多く(中略)、紅鸚鵡は紫赤色、大さも亦之の如し。白鸚鵡は西洋、南番に産し、五色鸚鵡は海外諸国に産す」としている。従って古く我が国にもたらされたものが、中国産のものとすると、緑色のダルマインコ、オオハナインコ、それにオオハナインコの雌で紅紫色のオオムラサキインコ等が考えられる。

『倭名類聚抄』が鸚鵡について「青羽赤喙、能く言ふ、名づけて鸚鵡と曰ふ」と記しているように、鸚鵡は色が美しいばかりでなく、人の言葉を真似る事でももてはやされ、清少納言は『枕草子』の中で「四一　鳥は　こと所の物なれど、鸚鵡、いとあわれなり。人のいふらんことをまねぶらんよ」と記し、藤原頼長は鸚鵡が人真似がうまいのは、その舌の形が人間とよく似ているからだろうとしている(台記)。同様の指摘は『本草綱目』にも「舌は嬰児の如し」とある。正治二年(一二〇〇)寂蓮法師は『扶木和歌抄』に「あはれともいはばやいはんことのはをかへすあふむのおなじ心に」という歌を残しているが、この頃から和歌の世界では「鸚鵡返し」と呼ばれる手法がもてはやされるようになり、『八雲御抄』は「あふむ返しと云物あり。本歌の心詞をかへずして、同じ事をいへる也。あふむといふ鳥は人の口まねをするゆゑにかく名付たり」としている。このあと応永一五年(一四〇八)には象等と一緒に鸚鵡二対がもたらされ(後鑑)、天正三年(一五七五)臼杵に象を舶載した大明船にも鸚鵡が載っている(歴代鎮西要略)。これらのオウムもその形状色彩は全く記載されていないが、この頃に成立したと見られる謡曲の『鸚鵡小町』に「五色を備へたるは、一段と勝れたるぞ、又唯青一色、又は赤一色のものあるぞ、夫れは勝れぬぞ云々」とあるので、この時期には中国原産のオウムの他に、南太平洋諸島産のものも舶載されていたのかも知れない。

これ以後直接オウムの産地からの船が入港するようになり、慶長元年(一五九六)土佐国に漂着したノビスパンの船には麝香その他と共に鸚鵡二が積み込まれており、慶長一五年(一六一〇)には安南国から(実紀)、寛永九年(一六三二)にはオランダ船によって舶載されている(実紀)。ただし寛永九年のものは、オウムではなくインコであったと思われるが、将軍家に献上された際に、その飼育法や産卵育雛の方法について質問が出されている(平戸オランダ商館の日記)。正保三年(一六四六)には白鸚鵡二羽が献上されているが(長崎商館日記）、これは現在バタンと呼ばれているタイハクオウムであろう（図228）。享保二年（一七一七）京都四条河原で孔雀、鸚鵡等の見世物が開かれ（月堂見聞集）、宝暦八年（一七五八）には大阪道頓堀でも催されているが（摂陽年鑑）、この時のものには猩々いんこ、青いんこ、色いんこ、達磨いんこ、鸚鵡などと多彩なものが含まれている（半日閑話）。この頃のオウムの値段は三拾弐匁五分で（花蛮交市治聞記）、インコ類の半値以下であるが、これはインコが青、赤、緑、黄と多彩なのに比較して、オウムはバタンのように単色であったためであろう。これ以後も文化一〇年（一八一三）（長崎図巻）、一三年（一八一六）（水谷禽譜）、文政一一年（一八二八）（長崎図巻）、天保四年（一八三三）（甲子夜話続篇九七―七）とオウム舶載の記事が続くが、この時代に我が国にもたらされたオウム、インコの類については、『百千鳥』、『百品考』等に詳しい。ただし『物品識名』がオウムの種類として「白鸚鵡、緑鸚鵡ノ二品アリ」としているので、余り多くの品種が入っていたとは思われない。

図228　タイハクオウム（博物館禽譜）

一三、オシドリ　鴛鴦

オシドリはカルガモと共に我が国で産卵育雛するガンカモ科の水鳥で、雄は極めて美しい羽毛で装われている。『出雲国風土記』は嶋根郡法吉、前原の坡その他に鴛鴦・鳧・鴨等が生息している事を記している。また『日本書紀』は、大化五年（六四九）讒言《ざんげん》によって自殺した、蘇我石川麻呂の娘の死を哀しんだ歌を載せているが、それには「山川に鴛鴦二つ居て偶《たぐい》よく偶《たが》へる妹を誰か率《ゐ》にけむ」とあり、『本草和名』は鴛鴦を一名匹鳥として、「雄雌未だ嘗って相離れず、故に之れを名づく」としている。『続日本後紀』承和三年（八三六）に「鴛鴦飛来し、弁官庁南端に双集す」とあるのも恐らく雌雄の事であろう。オシドリはこのように古くから人々に愛され、庭園などの泉水で放し飼にされていたのであろう、『万葉集』では「四五一一　鴛鴦の住む君がこの山斎《しま》今日見れば馬酔木の花も咲きにけるかも」と詠まれている。『枕草子』は「四一　水鳥、鴛鴦いとあはれなり。かたみにゐかはりて、羽のうへの霜はらふらん程など」と記し、『古今著聞集』は「七一三　馬允某陸奥国赤沼の鴛鴦を射て出家の事」として鴛鴦の夫婦愛にまつわる哀話を載せている。鎌倉時代には文保元年（一三一七）に新造された内裏の庭園に放され（花園）、永享七年（一四三五）（看聞）、天文一二年（一五四三）（御湯殿）にも同じような記事が見られる。

江戸時代に入って『本朝食鑑』は「家々之れを養ふ。以て雌雄相離れず、群伍乱れずして式度有るに似たり、及ひ采色の麗きを愛して庭池に放つ。（中略）能く交り孕みて卵を生みて菰葦の間及ひ枯木の朽穴に抱伏す。云々」と記している。このようにオシドリは古くから日本人に飼育されて来た為であろう、江戸中期には人工的に白鴛鴦の作出に成功している（実紀）。この白鴛鴦は八代将軍吉宗の時代に、白斑の雄鴛鴦と白鴨の雌との間に出来た雑種の雄を、再び白鴨雌にかけ合わせて作ったもので（文恭院御実紀付録）、その後も毎年雛を生じ、一一代将軍家斉の頃には数十羽にも達している。文化七年（一八一〇）にはその一部のものが逃げ出した事が記録されており（飼鳥会所記録）、『笈埃随筆』には「尾州公の御苑中にも此種有と」と記されている。また『堀田禽譜』は「薩侯所畜」として白鴛鴦の図を載せているが（図229）、恐らくこれらの白鴛鴦は江戸城中で飼育されて来たものの子孫であろう。『甲子夜話』二三―七は野生の鴛鴦が江戸城二の丸下の大名邸の園池で雛を育てていた事を記している。

図229　白オシドリ（堀田禽譜）

一四、オナガ　尾長

オナガはカラス科の鳥で、その名の通り長い尾を持っている。『常陸国風土記逸文』「尾長鳥」に「常陸の国の記に云はく、別に鳥あり。尾長と名づけ、亦酒鳥と号ふ。其の状、頂は黒く、尾は長く、色は青鷺に似たり。云々」とある。『本朝食鑑』はその形状を正しく記し「其の味稍好し」としている。オナガは中国産のサンジャクによく似ているため、『本草綱目啓蒙』はサンジャクの別名を「関東ヲナガ」としている。『武江産物志』は「をながどり、本所雨前に鳴」と記している。

図230　オナガ（兼葭堂『禽譜』）

一五、カイツブリ　鸊鷉、鳰

カイツブリは『新撰字鏡』、『倭名類聚抄』に「爾保」とあるように「にほ」と呼ばれ、『古事記』に「いざ吾君《あぎ》振熊が痛手負はずは鳰鳥《にほ》の淡海《おうみ》の湖に潜《かづ》きせなわ」と歌われ、『万葉集』にも「七二五　にほ鳥の潜く池水情《こころ》あらば君にわが恋ふる情示さね」とか「七九四　（前略）うらめしき妹の命の我をばも如何にせよとか鳰鳥の二人並び居語らひし心背きて

図231　カイツブリ（訓蒙図彙）

家ざかりいます」等と詠まれているほか、多くの和歌の題材とされている。水上に巣を作るところから「鳰の浮巣」と呼ばれ、ほかに『藻塩草』には「鳰鳥のふたりならびてかたよびし」とか「鳰のかよひぢ」等と鳰に関する十数種の比喩が載っている。『大和本草』は「肉ハナマ臭クシテ味美ナラズ」としているが、『食物和歌本草』は「かいつぶり甘く冷にて泄瀉によし五疳の腹の下やまぬに」とし、『飼鳥必要』は「此鳥効能は痔の大妙薬也」としている。

一六、カササギ　鵲

カササギはカラス科の鳥で、『魏志倭人伝』に「其の地には牛・馬・虎・豹・羊・鵲無し」とあるように、我が国に自生していた鳥ではない。鵲が我が国に舶載されたのは推古六年(五九八)新羅からが最初で、この鵲は難波社で「枝に巣くひて産めり」と記されており(紀)、天武一四年(六八五)にも新羅から贈られている(紀)。『播磨国風土記』には讃容郡の船引山に「此の山に鵲住めり。一《また》、韓国の烏といふ。枯木の穴に栖み、春時見えて、夏は見えず」とあり、貞元元年(九七六)には但馬国で烏と鵲が集合した記事が見られる(紀略)。このように奈良、平安時代にはカササギに関する記事が多く、『本草和名』、『倭名類聚抄』も「加佐々岐(木)」という和名を付けているので、当時はカササギが畿内に生息していたものと思われる。『延喜式』治部省によると白鵲は下瑞とされているが、平安時代に白鵲の記録は見られず、南北朝時代の正平二三年(一三六八)に御所の中に白鵲があらわれた記事が見られる(花営三代記)。カササギは『新古今和歌集』の有名な歌「六二〇　かさゝぎの渡せるはしに置く霜のしろきをみれば夜ぞ深けにける」に見られるように、橋の枕詞として用いられているが、これは中国の七夕伝説に基づくもので、実際の鵲とは無関係である。このあと『後撰和歌集』に「かさゝぎの峯とびこえて鳴ゆけば夏のよわたる月ぞかくるゝ」と詠まれ、中世末の『鳥類図巻』に描かれているが(図232)、以後畿内のカササギの記事は見られなくなる。

カササギは現在では北九州の一部に生息しており、『大和本草』も「畿内東北州ニ之レ無ク、筑紫ニ多シ、朝鮮ヨリ来リシニヤ高麗烏ト云フ」とし、『和漢三才図会』は肥前烏としている。このカササギは秀吉の朝鮮撤兵の際に持ち帰ったものが繁殖したといわれており、『甲子夜話』二一―二七は土俗の伝聞として、佐賀の領主が朝鮮で捕えて領地に放したものとしている。『本草綱目啓蒙』はカササギが北九州に多い事を述べたあと、「常に慈烏と雑居噪鳴す、多くは慈烏に害

図232　カササギ（鳥類図巻）

せらる」と記し、橘南谿は『西遊記』の中で筑後烏と呼ばれている事を記している。文政九年（一八二六）江戸参府の途上のシーボルトも観察し、「この鳥は普通アジア大陸から朝鮮を経て日本に渡って来るので、朝鮮カラスとも呼ばれている」と記しているが、渡り鳥とするのは誤りである。安政六年（一八五九）四国九州を遊覧した河井継之助もその日記『塵壺』の中に見聞を記している。

一七、ガチョウ　鵝、鵞

ガチョウはガンを家畜化したもので、鶏についで古く我が国にもたらされている。雄略一〇年呉の国が二羽の鵝を献上したが、この鳥が犬に咬殺されたため、犬の飼主は鴻十羽ほかを献上して罪を許されている（紀）。次いで持統六年（六九二）九月二一日の『日本書紀』に「越前国司、白蛾献れり」とあるが、この「白蛾」は白鵝の誤りではないかとされている（書紀集解）。鵝献上の記事はこのあと弘仁一一年（八二〇）、延喜三年（九〇三）、長徳二年（九九六）、長和四年（一〇一五）（紀略）と続き、この時代まだ我が国では鵝鳥が珍しい存在であった事を示している。承徳二年（一〇九八）に京極殿の池に鵝が放されたのを見た藤原宗忠は、「初めて之れを見る。已ち図に畫けるが如き也」と感嘆しているが（中右記）、この年京極殿に凶事が続いたため、翌康和元年（一〇九九）贈り主に返されている（本朝世紀）。また寛正二年（一四六一）には鵝鳥が京都の西芳寺の池に放されたが、草木の根を食べてしまうため別の池に移されている（蔭凉）。このあと中世末の『鳥類図巻』には精細な註記を付した鵝の図が載っている（図233）。中国ではガチョウは肉を食べるために飼育されて来たが、我が国ではそうした記録は見られず、『料理物語』にも料理法は記されていない。その代り『本朝食鑑』は、「伝へ称す鵝能く夜盗の至るを知りて鳴く、此れ家々之れを養ふ所以とす」と記し、また『本草綱目啓蒙』は「此鳥毛柔にして性冷なり。小児を掩に用るに良なり」と、

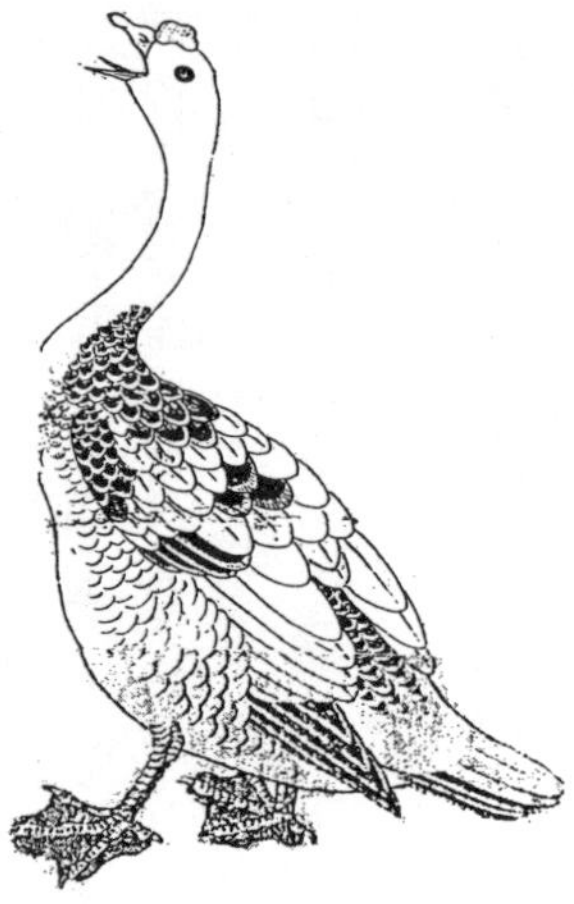

図233　ガチョウ（鳥類図巻）

羽毛の効能をあげている。これより以前水戸光圀は鵝鳥を飼育しているが、何の目的であったのか不明である（桃源遺事）。八代将軍吉宗は鷹狩の獲物を確保するため、各種の鳥類の放鳥を行っているが、享保一二年（一七二七）七月七日には隅田村の御前裁場に白鳥とともに鵝二羽を、一四年（一七二九）一月一六日、八月一一日には中川に、一五年（一七三〇）一二月一三日には隅田村白鳥池に鵝八羽を放している（御場御用留）。鵝鳥の飼育法は『諸禽万益集』、『百千鳥』等に記されているが、福岡藩主の黒田斉清は文政八年（一八二五）に鵝鳥の育種法を記した専門書『鵞経』を著している。

一八、カッコウ　郭公

カッコウの呼び名はその鳴声に由来するものであるが、我が国では古くから漢名の郭公を「ほととぎす」と読んでおり、『古今和歌集』、『新古今和歌集』等に詠まれた郭公はすべてホトトギスとされている。また『万葉集』には霍公鳥と記されたものがあり、これも読みはカクコウドリであるが、ホトトギスの事とされている。このように『万葉集』を始めとする古代の和歌に詠まれたホトトギスの中には、「かくこう」と読めるものが数多く含まれているが、これらはすべてホトトギスの事とされている。江戸中期の天野信景は『塩尻』二の中で「郭公は鳲鳩《かっことり》の事にして、江東の人其声をよびて郭公または獲穀、撥穀ともいへるよし、事物異名にも見えはべる。吾邦あやまりて杜鵑の事とす」と記し、『本草綱目啓蒙』も「古へより郭公をホト、ギスと訓ずるは非なり、郭公はカッコウドリなり」としている。またホトトギスは漢字で時鳥と書かれる場合もあり、『玉勝間』は時鳥《ときっとり》について「春鳴くもろもろの鳥を時鳥といへる也」と、春鳴く鳥の総称としているが、一方「ほと、ぎすを時鳥とかくも、その鳴くころ然るが、ついに名となれるにや」といつしかホトトギスが時鳥を代表するようになった事を記している。こうした事から考えると、古代の和歌に詠まれた郭公、時鳥あるいは霍公鳥の中には、カッコウを詠んだものが相当数含まれていると見て間違いあるまい。

カッコウとホトトギスとはいずれもホトトギス科の鳥で、羽色形態は極めてよく似ており、いずれも我が国に初夏に飛来して特徴のある声で鳴く事で知られている。しかし古代の和歌でその鳴声を詠んだものが一首もない事から、両者の間で混乱を生じたものと思われる。『大和本草』は蚊母鳥《かっこうとり》の項で、「予処々民俗ノ言ヲ聞シニ杜鵑ノ雌也ト云ヘリ」とカッコウをホトトギスの雌とする地方があった事を記しているので、ホトトギスとカッコウとは、必ずしも別種として区別されていなかったのかも知れない。このように近世初頭までカッコウはホトトギスと混同されて来たので、古代の文献に記されている鳥名の中から、カッコウに該当する鳥を見付け出す作業も数多く行われており、『古今要覧稿』はそれらを総括して「喚子鳥、一名容鳥《かほどり》、一名古々鳥、一名かつこう鳥、一名かつこ鳥、一名かんこ鳥、一名かつほう鳥、一名とこう鳥、（下略）」等をすべてカッコウの事とし、『続万葉動物考』も「貌鳥考」、「喚子鳥考」で貌（容）鳥、喚（呼）子鳥と呼ばれて来たものの中にカッコウが含まれている事を指摘している。カッコウに関する記事としては、永禄九年（一五六六）に、瘧の薬として郭公の黒焼を求めた記事があり（言継卿記）、明暦二年（一六五六）には疱瘡の薬として将軍に献上されている（実紀）。『本朝食鑑』は郭公の薬効について「痘疹の熱毒を除き、瘧邪を駆り、虫を殺す」としている。

図234　カッコウ（本草図説）

一九、カナリア　金絲雀

カナリアはアフリカ西北のカナリア諸島周辺原産の小鳥で、一六世紀中頃にはヨーロッパ全土で飼育されている。我が国への舶載の記録は『唐通事会所日録』宝永六年（一七〇九）三月二〇日の条に「唐船、いんこ鳥、ぐわび鳥、金雀鳥《かなりや》各一羽持渡り候」とあるのが最初であろうか。次いで享保二年（一七一七）に成立した『諸禽万益集』の輸入鳥類の中に「かなありや」とある。『外国産鳥之図』には「かなあ里鳥」として彩色図が載っているが、舶載年次、産地等については何も記されていない。『花蛮交市洽聞記』には宝暦六年（一七五六）頃の輸入鳥類の値段が載っているが、それによるとカナリアの輸入価格は三七匁五分で、鸚鵡の三二匁五分と比較すると高値である。しかし寛政一〇年（一七九八）に出された『百千鳥《ももちどり》』によると、すでに「庭篭に入て雛を生ずる部」に数えられている。その繁殖成功の経緯について『飼鳥必要』は「此鳥大古より間々紅毛人長崎へ持渡たる鳥に候得共、皆雄計相渡り、雌は不レ渡候故、日本の地にて子を生立る事なし、然処天明年中紅毛人自分なぐさみに初而持二渡番鳥《ツガイドリ》一也、長崎出島屋敷にて年々子を取り生立、此親鳥其節之御奉行御所望に而、初て東都江御持帰り、然る処駿河台の御旗本何某と申御方御貰にて直に子出来たるよし、（中略）夫より江戸中は勿論、日本国中皆飼覚、子は何方にても生立、云々」と記している。なお同書によると、カナリアが舶載された当時、その餌として「カナアリヤサア（金絲雀草）」という草が一緒に舶載され、それを栽培して餌とした所、雛を生じたとされている。文政年間（一八一八―二九）の滝沢馬琴の『馬琴日記』には、彼の家でカナリアが産卵・孵化した記事がしばし

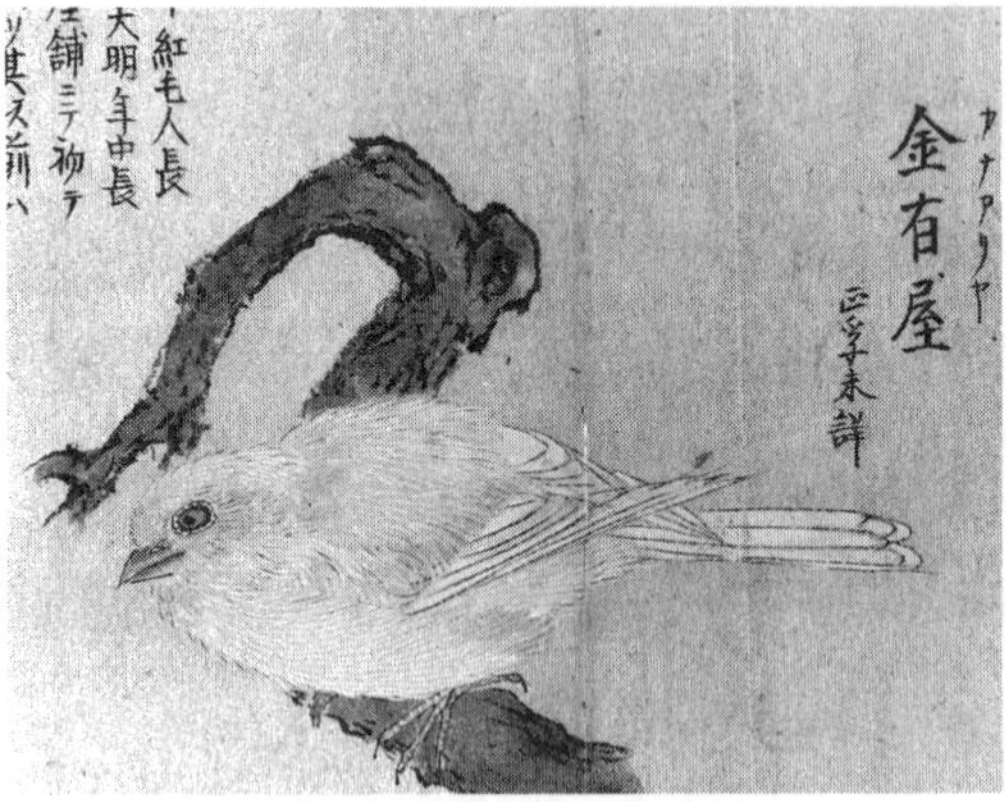

図235　カナリア（梅園禽譜）

ば見られ、カナリアの飼育・繁殖が広く普及した様子が伺える。安政三年(一八五六)下田に上陸したハリスは、逆に日本人からカナリアを贈られており（ハリス日本滞在記）、『百戯述略』はカナリアにヤマガラのように芸を仕込んだ話を載せている。『百品考』は金雀としてその原産地を紹介している。

二〇、ガビチョウ　画(畫)眉鳥

ガビチョウは中国原産のホオジロ科の鳴鳥で、眼の周辺から後方にかけて白色の斑があるところから、中国では白眉と呼んでもてはやされている。我が国には宝永五年(一七〇八)、六年(一七〇九)、七年(一七一〇)と続けて舶載されているが(唐通事日録)、宝永六年(一七〇九)に刊行された『大和本草』の異邦禽の中に畫眉鳥として取り上げられているので、舶載の記録はさらに遡るものと思われる。『和漢三才図会』にも取り上げられ、我が国のホオジロに比定されているが、『大和本草』は「今国俗ホ、ジロト訓スルハ非也」としている。『外国産鳥之図』には浙江産の画眉鳥の図が載っている。宝暦一〇年(一七六〇)、一二年(一七六二)(海舶来禽図彙説)、寛政四年(一七九二)にも舶載の記事があるが（長崎図巻）、『百千鳥』は「庭篭に入て雛を生ぜず」としているので、我が国では巣引きに成功しなかったものと思われる。『甲子夜話続篇』六四—五には将軍家の飼っていた白画眉鳥が逃げて三島で捕えられた話が載っている。

図236　ガビチョウ（画眉鳥図）

二一、カモ類　鴨、鳧

カモ類は動物学上はガンカモ類に総括され、その多くは秋に我が国に飛来し、春北国に帰る冬鳥で、カイツブリ、クロガモ等一部のものを除くと味がよく、有史以前から重要な食料とされて来た（縄文食料）。『日本書紀』応神二二年、天皇が淡路島で狩猟をした際の記述に「麋鹿鳧雁多《さは》に其の島に在り」とあるように、鴨類は狩猟鳥獣の主要なものの一つに数えられており、『常陸国風土記』行方郡の地名伝承には日本武尊命が鴨を射た話が、また『播磨国風土記』賀毛郡の地名伝承には応神天皇が一矢で二羽の鴨を射止めて羹とした話が載っている。天平宝字七年（七六三）には御料として鴨二羽が供され（正倉院文書）、平安時代に入っても、鴨は天皇の御贄として山城・大和・河内・近江の諸国から献上されている（侍中群要）。カモ類のうち我が国で産卵・育雛をするのはオシドリとカルガモの二種類だけで、ほかのガンカモ類は通常我が国では産卵しない。そうした事から鴨（または雁）が産卵する事は珍事とみなされたのであろう、『日本書紀』仁徳五〇年の条には雁の産卵の記事が見られ、『播磨国風土記』も賀毛郡の地名が鴨の産卵に由来する事を記している。『万葉集』には「四四九四　水鳥の鴨羽の色の青馬を今日見る人は限無しといふ」といったマガモを詠んだ歌、「一一二二　山の際に渡る秋沙《あきさ》のゆきて居むその川の瀬に波立つなゆめ」といったアイサを詠んだ歌、「二八三三　葦鴨の多集《すだ》く池水溢るとも云々」とヨシガモを詠んだ歌などがあり、万葉の時代からすでに多くのカモ類が識別されていた事を示している。カモの特種な用途として、『正倉院宝物』中の「鳥毛屏風」は、マガモの緑色羽を用いて作られたものといわれている（本草啓蒙）。承安三年（一一七三）五月三日の『玉葉』は宮中で「鴨合せ」が行われた事を記しているが、これは鴨ではなく鴫の誤りとされている（古今著聞集、たまきはる）。文治三年（一一八七）には背腹が雪白色の鴨が頼朝に献じられている（吾）。

鴨は古くから食料とされて来たが、中世の料理書『庖丁聞書』に「鳥と言は。鶴。雉子。鴈を言也。此作法にて余鳥をも切る也」とあるように、鴨特有の料理法は余り見られない。ただ『大草家料理書』は「鴨のいで鳥」、「鴨煎鳥」の調理法を記し、『武家調味故実』は「鴨の男鳥をば惣名に青くびといふ。但女鳥をはたゞかもの鳥と云也」と雌雄によって呼び名を異にする事を記している。鴨は一般庶民の間でも広く食料として用いられ、『料理物語』は「汁、ほねぬき、いり鳥、生皮、さしみ、なます、こくせう、くしやき、酒びて其外色々」と、各種の料理法を記し、寛文一二年（一六七二）には、その売り出し時期が雁は八月末より、鴨は九月よりと規制されている（正宝事録）。慶安二年（一六四九）、三年（一六五〇）、明暦元年（一六五五）には斑替りの鴨の贈答記事が見られる（実紀）。鴨の捕獲法については、正保三年（一六四六）

に黐縄を張って雁鴨を捕る事が禁止され（実紀）、承応三年（一六五四）には、江戸城二の丸で打網を使って黒鴨を捕った記事が見られるが（実紀）、通常は霞網やかえし網が用いられており、『日本山海名産図会』にそれらの模様が記されている（図237）。鴨はまた鷹狩の主要な獲物の一つでもあり、八代将軍吉宗は将軍家の鷹場の中に鴨の飼付場を設けたほか、享保一三年（一七二八）、一四年（一七二九）には狩場の周辺に鴨を放してその増殖を計っている（御場御用留）。こうした幕府あるいは諸大名の設けた鴨場について、明治初年に来日したモースは『日本その日その日』の中で、黒田侯の狩場について詳しく記している。カモの種類について『庖厨備用倭名本草』は「マガモ、小ガモ、黒ガモ、アシカモ、ヒトリカモ、ハジロ、アイサ」をあげ、『本朝食鑑』は「鴨の種類太た多し」とした上で、真鴨、軽鴨、尾永鴨、羽白鴨、赤頭鴨、葦鴨、蘆鴨、口鴨の八種をあげ、軽鴨、蘆鴨、羽白鴨の三種は真鴨が飛去った後も我が国に留り、産卵する事があると記している。また『大和本草』は「緑頭《アヲクビ》、黒カモ、赤頭《アカガシラ》、ヨシフク、刀鴨《コガモ》（タカベ）、鸊鷉《カイツブリ》、シバヲシ、アイサ、ドウ長アイサ、ミコアイサ、アシカモ、尾長ガモ」と一二種のカモの名をあげている。

図237　津国無雙返鳬羅（日本山海名産図会）

二二、カモメ類　鷗

カモメはカモメ科に属する白色中型の海鳥の総称で、何々

図238　ユリカモメ（本草図説）

カモメと呼ばれるもののほか、ウミネコもこの仲間である。中でもユリカモメは、都鳥とも呼ばれて有名である。『万葉集』には「二　大和には群山あれどとりよろふ天の香具山登り立ち国見をすれば国原は煙立ち立つ海原は鷗立ち立つ、云々」と歌われており、古くから代表的な海鳥とされている。縄文時代の遺跡からは、カモメの骨が出土しているが（縄文食料）、有史以後は食料とされた記録は見られない。承和元年（八三四）（続後）、安和元年（九六八）には禁中をカモメが飛びながら鳴いた記録があるが（紀略）、これは当時鳥獣が皇居内に入る事を不吉とする風習があったためである。『本朝食鑑』は「人末だ之れを食はず」とし、『大和本草』も「肉少ナク腥シ食スルニタヘス」としている。江戸末期には嘉永六年（一八五三）大風の中を鷗が群飛した事が記録されている（今日抄）。『武江産物志』は鷗の名所を隅田川とし、「みやこ鳥也」としている。

二三、カラス　烏、鴉、慈鳥

通常のカラスにはハシボソガラスとハシブトガラスの二種が知られているが、本草書を除いて両種を区別したものは見られず、『新撰字鏡』、『倭名類聚抄』はいずれも「加良須」としている。カラスの骨は縄文時代の遺跡から出土しているが（縄文食料）、有史時代に入ってからカラスを食べた記録は見られない。『万葉集』では「三五二一　鴉とふ大軽率鳥《おほをそどり》の真実《まさで》にも来まさぬ君を児ろ来とそ鳴く」とそそっかしい鳥とされている。『日本書紀』によると敏達元年（五七二）に高麗から奉られた表疏《ふみ》が烏の羽に書かれていたため判読出来なかったところ、辰爾がこれを飯で暖めて帛に写して解読した記事が見られる（紀）。この話は『懐風藻』序文にも取り上げられ、後には『十訓抄』にも採用されている。烏の羽の黒い色は、黒色の色素と赤色の色素の二種が混ざったもので、このうち黒色の色素が欠けると赤烏となり、両方の色素が欠けると白烏になる。古代にはこうした色替りのものが祥瑞としてもてはやされ、赤烏は天武六年（六七七）から延暦三年（七八四）までの約百年の間に七回（紀、続紀）、白烏は慶雲元年（七〇四）から延長三年（九二五）までの二百年程の間に一八回献上されている（続紀、後紀、続後、三実、紀略、略記）。しかし祥瑞思想が薄れるに従ってこうした記事は次第に見られなくなる。『延喜式』治部省の祥瑞規定によると、このほか「三足烏」も上瑞とされており、『扶桑略記』によると、天武一一年（六八二）に「太宰府三足烏を貢す」とある。ただし『日本書紀』は烏ではなく雀としている。『延喜式』にはこのほか神祇四に、烏の羽を伊勢太神宮の神宝の征矢の矢羽として用いる事が記されている。

古代には野生の鳥獣が家屋の中に入ったり、巣を懸けたりする事を不吉としたため、烏についてのそうした記事も大同三年（八〇八）を始めとしてしばしば見られる（後紀、続後、三実、略記他）。烏は『古事記』、『日本書紀』の神武東征神話の八咫烏以来、神聖な鳥とされる一方、その姿、鳴声、習性から不吉なものとして嫌われ、清少納言も『枕草子』の中で「二八　にくきもの」の一つとして「からすのあつまりて、とびちがひ鳴たる」をあげている。烏の巣は極めて粗雑な材料を使って作られ、古代に宮中で時刻を知らせるために用いた内竪の伝点の籌木は、しばしば烏の巣作りの材料として抜き去られている（続後、三実他）。烏は『鴉鷺合戦物語』に「食物のきたなさ。何をみるも人かましからす。雀の子すになけはこゑをたつねて軒をうかち。放逸無慙の至極何事かこ

図239　カラス乞食を襲う（一遍上人絵伝）

れにしかん」とあるように、汚物を食い、他の鳥の雛を狙う性質があり、死人を食った記事は正暦五年（九九四）（本世）、承安二年（一一七二）（玉葉）、安貞元年（一二二七）（明月記）、長禄二年（一四五八）（大乗院）に見られ、他の鳥と争った記事は貞観一八年（八七六）（三実）、安和二年（九六九）、貞元元年（九七六）、寛弘二年（一〇〇五）（紀略）と数多く見られる。文亀二年（一五〇二）には鷹の餌にするため、烏の雛を取りに樹に上った男が、木から落ちて死んだ事が記録されている（大乗院）。

江戸時代に入って五代将軍綱吉の時代には、元禄三年（一六九〇）以後ほとんど毎年のように江戸市中の烏と鳶の巣を取り払うように触れられており（実紀）、捕えられた烏と鳶は伊豆諸島に放されている（実紀）。こうした事は綱吉の歿後行われなくなったが、なぜか八代将軍吉宗の時代の享保一四年（一七二九）、一六年（一七三一）と二度にわたって同じ様な御触が出されている（寛保集成一一五九、一一六〇）。江戸中期以降、再び色替りの烏の記事が見らるようになり、宝暦三年（一七五三）（越後名寄）、一三年（一七六三）（続史）、明和八年（一七七一）（越後名寄）、天明六年（一七八六）（翁草一〇九、甲子夜話四—六）、天保三年（一八三二）には白烏、天保一〇年（一八三九）には媚茶色の烏が捕っている（天保雑記）。白烏については以上のほか『一話一言』補遺三、『品物考証』等にも記事が見られる。色替りの他に延宝元年（一六七三）には八頭烏（実紀）、天明五年（一七八五）には両頭三足の烏（摂陽年鑑）、享保一三年（一七二八）には人の言葉をまねる烏の記事が見られる（倭訓栞）。烏は利用価値の低い鳥であるが、『庖厨備用倭名本草』は「烏鴉ハ毒ナシトイヘドモ、只黒焼シテ薬ニ用ヒテ病ヲ治スル功多シ」とし、『本朝食鑑』も、その肉は「婦人の血症、小児の癇疳、或は虫を殺し痩を治す」としている。『本朝食鑑』はまた「一種慈烏より大きくして嘴肥大なる者、俗に觜太《はしぶと》と称す。（中略）深山に穴居する者、深山鴉と称す。此れ皆類同じくして居殊なる耳」とカラスの種類をあげ、『和漢三才図会』も大觜烏、山烏について記載しているが、燕烏《ひぜんからす》としているのは同じカラス科ではあるがカササギの事である。

二四、ガランチョウ（ペリカン）　鵜鶘

ガランチョウはペリカンとも呼ばれるが、史料に見られるものはほとんどすべてガランチョウとしている。ガランチョウが我が国に飛来する事は今日では極めて稀であるが、江戸時代にはしばしば渡来したものと思われ、『本草綱目啓蒙』

は「江州摂州に偶来る。城州淀川にも来ることあり。京師にては毎毎観場に供す」としている。『看聞御記』永享二年（一四三〇）閏一一月二八日の日記に「舟津猟師興ノせウト云大鳥一羽捕之持参。鳥之躰毛羽白（如鵠）。嘴長。下ニウタ袋赤ク大也。鳥勢鵠二許大也」とある。「興ノせウ」は「おきのせう（外の尉）」と読み、アホウドリの古称であるが、続けて嘴の下に赤い袋があるとしているので、アホウドリではなくガランチョウの事と思われる。この鳥は室町将軍の見参に入れようとした所、怪鳥であるかも知れぬとの事で返却され、途中で死んでいる。江戸時代に入って『桃源遺事』は「或とき江戸小石川の御屋形のひあはひへ、見馴ぬ鳥落ける所に、（中略）西山公御覧なされ、是は陶河一名は鵜鶘といふ鳥也と被仰候」とガランチョウが江戸小石川の水戸邸に落ちた事を記している。享保元年（一七一六）には摂州堺に雌雄二羽が飛来しており（月堂見聞集）、享保一〇年（一七二五）には「羽薄鼠色」の幼鳥が捕えられている（享保世話）。延享元年（一七四四）には東叡山門跡が浅草寺で伽藍鳥を観覧し（浅草寺日記）、『閑田耕筆』にもがらん鳥の見世物の記事が見られる。文化一二年（一八一五）には豊前国臼杵でペリカンが打ち落され（堀田禽譜）、文政六年（一八二三）に来日したシーボルトは『江戸参府紀行』の中で、北九州に飛来するペリカンが農民の黐縄にかかる事を記している。『本草綱目啓蒙』は鵜鶘を「オホトリ、ガランテウ」としているが、『桃洞遺筆』は鵜を「がらんてう」として考証を加えている。

図240　ガランチョウ（堀田禽譜）

二五、カワセミ類　翡翠、魚狗、魚虎鳥、鴗

カワセミの類は水中の魚類や昆虫の類を餌としている美しい小鳥で、我が国ではカワセミ、ヤマセミ、ヤマショウビン、アカショウビン等が知られている。カワセミは古くは「そに」あるいは「そび」と呼ばれ、『古事記』に「鴗鳥の青き御衣をまつぶさに取り装ひ、云々」と歌われ、『日本書紀』

図241　ヤマセミ（博物館禽譜）

にも「鵄を以て戸者と為す」と記されている。弘仁四年（八一三）には魚虎鳥《かわせみ》に似て羽毛、嘴、足の赤い鳥が献ぜられているが（紀略）、これはアカショウビンの事であろう。天長一〇年（八三三）、嘉祥三年（八五〇）には魚虎鳥が紫宸殿に飛び込み（続後）、東宮の樹間で飛び鳴いた事が記されており（文徳）、また正暦元年（九九〇）には「名を知らざる鳥南殿前に飛来る。（中略）水乞鳥の如し」とある（紀略）。水乞鳥とは『鳥名便覧』によるとカワセミ科のヤマショウビンの事である。『本朝食鑑』は翡翠《かわせみ》について「処処水涯に之れ有り。大さ燕子の如く、喙し尖て長く赤し。足紅にして短く、頭背の毛碧色、翠斑翅に青黒を交へ、尾も亦翠色。云々」と記している。『武江産物志』は魚狗を「やませうびん、王子、道灌山」としているが、この「やませうびん」はヤマセミの事であろう。『松浦武四郎紀行集下』「石狩日誌」に「石狩方言ヲユ、ケ」として図示されているのはアカショウビンで、「シリベツ石狩方言キサラウシチカブ」としているのはエゾヤマセミであろう。

二六、ガン類　雁、鴈

雁は『本草和名』、『倭名類聚抄』に「和名　加利」とあるように、「かり」とも呼ばれている。雁は種類が多く、「がん」「かり」はその総称で、マガンがその代表的なものである。『万葉集』に「二一三四　葦辺なる荻の葉さやぎ秋風の吹きくるなへに雁鳴き渡る」とあり、「四一四四　燕来る時になりぬと雁がねは本郷《くに》思ひつつ雲隠り鳴く」とあるように、雁は越冬のために我が国に飛来する。和銅五年（七一二）に美濃国から白雁が献上されているが（続紀）、これはマガンの白変種の事か、雁の一種であるハクガンの事か不明である。仁和三年（八八七）の『日本紀略』に「白雁二十坤の方へ飛ぶ」とあるのは恐らくハクガンの事であろう。自然の状態でこうした白色の雁がいるからであろうか、『延喜式』治部省の祥瑞では朱雁、五色雁は中瑞とされているが、白雁は見当らない。雁の渡りは平安時代には季節の移り変わりを示すものの一つで、『枕草子』はその冒頭で「一　秋は夕暮。（中略）からすのねどころへ行くとて、みつよつ、ふたつみつなどとびいそぐさへあはれなり。まいて雁などのつらねたるが、いとちひさくみゆるはいとをかし」と記し、『源氏物語』では夕顔、須磨、乙女、横笛、まほろし等に添景として取り上げられている。『徒然草』一六二段には、池に飛来した雁に餌付けをして堂の中にさそい込み、それを捕えた法師の話が載っている。

図242　マガン（衆禽図）

　雁は朝廷の女房詞で「くろおとり」と呼ばれ（大上臈名事）、天皇の供御に供されているが（海人藻芥）、『厨事類記』には取り上げられていない。しかしそれ以外の『四条流庖丁書』、『大草家料理書』、『庖丁聞書』その他には詳しく調理・料理法が記されている。『料理物語』は「（がん）汁、ゆで鳥、いり鳥、かはいり、なまかは、さしみ、なます、くしやき、せんば、さかびて、其外色々」と記している。雁は食料とされたばかりでなく、文明一〇年（一四七八）、一七年（一四八五）、天文一二年（一五四三）には、献上された雁を御庭に放した記事も見られる（御湯殿）。この時代、武家の間では狩猟が盛んに行われているが、なぜか雁は「射まじき鳥」の一つに数えられている（狩詞記）。しかし元亀元年（一五七〇）の『言継卿記』に「織田信長、鷹の鳥雁、禁裏へ五十進らる」とあり、天正九年（一五八一）の『信長公記』には鷹狩の雁を安土の町人に配った事が記されており、また文禄二年(一五九三)の『駒井日記』には「太閤様より御鷹の鶴、雁、竿七進らる」とあるので、雁が鷹狩の大事な獲物の一つであった事は明らかである。天文末期以降になると、狩猟に鉄砲が用いられるようになり、弘治三年(一五五七)の『言継卿記』に「松平和泉守、今日鉄砲四張にて出で、鶴一、雁十二他を射つと云々」とあり、天正一八年(一五九〇)の『家忠日記』には「鉄砲にて雁うち候者、はりつけにあげ候」と鉄砲による雁猟が行われるようになった事を記している。

江戸時代に入っても雁は鷹狩の主要な獲物の一つであり、将軍の猟果を確保するため、正保三年(一六四六)には一般庶民が黐《もち》縄で雁鴨を捕獲する事が禁止され(実紀)、八代将軍吉宗の時代以降は『御触書宝暦集成』に「七三七(前略)鶴雁飼付相障候由ニ候間、云々」とあるように雁の餌付けが行われるようになる(諸鳥御飼付場之記)。将軍が鷹狩で捕った鳥類は、「鷹の鳥」として御三家を始め、重臣たちに贈られるが(実紀)、雁もその一つで、『幕朝年中行事歌合』は「賜雁」として「誰も皆君に心のよるとなしたのむの雁はこれにや有らむ」と詠んでいる。雁は狩猟の対象とされたほか、寛永二〇年(一六四三)、明暦元年(一六五五)、寛文三年(一六六三)には斑毛の雁の贈答記事(実紀)、正保四年(一六四七)、五年(一六四八)には白雁の産卵育雛に成功した記事が見られる(実紀)。また寛文一二年(一六七二)には、ほかの食品とともに雁の売出し期日は「八月末より」と規制されている(正保事録)。雁の捕獲法は鉄砲、鷹狩のほかに『本朝食鑑』は「関東諸州多く白雁を捕ふ。野の上下州の民族野田曠処に於て鳥蹄及ひ黐擹を設けて媒鳥を放つ。媒鳥能く之れを誘って喚呼推捎して蹄擹に罹ら使む」と記している。このほか特種な方法として『飼篭鳥』は「雁晃落」と呼ばれる方法を記しているが、これは魚の腹の中に猛毒のトリカブトを入れて雁鴨に食わせ、鳥が弱った所をタモ網で捕獲する方法である。

ガン、カモが季節による渡り鳥である事は万葉の昔から知られていたが、それがどこからどこへ移るのかについて『百姓伝記』は「二月節にうつり。(中略)雁友をもよをして北東にむかひ、本処へかへる。夏の住居は奥ゑぞなりと云。是《ここ》にて子をなし、また秋に来るとなり」と記している。この問題に科学的な解析を試みたのは桂川国瑞で、弟の森島中良の『紅毛雑話』に「夜国《やこく》の雁」として、オランダ商館の書記から聞いた「北極出地五十度以上の地には、四季ともに雁すめり。二十度以上赤道に近き所には四季ともに雁は居らず」という話から、「依て考れば、春分より以後、日の南方へ周るにしたがひ、夜国の方はくらくなり、且寒気に耐がたき故、赤道以北二十四度のあたりまで来り、秋分よりして日の北に周るにしたかひ、夜国も稍暖気を催す故、北極の地方夜国のあたりへ戻ると見えたりとなん家兄まうされき」と記している。春と秋とが逆と思われるが、中良の聞き誤りではあるまいか。『甲子夜話』四四―二五は林述斎からの聞書として「先年魯西亜国に漂到せし者、彼国に夏月雁の居しを目の当り見き」と記している。『東西遊記』は雁が渡りの時にくわえて来た木の枝で沸かした風呂を「雁風呂」と呼ぶ事を記し、『北越雪譜』は「雁の代《しろ》見《み》立《たて》」、「雁の総立」といった伝承について記している。

二七、キジ類　雉、雉子

キジは美味な鳥であるため、縄文時代から広く食料とされており（縄文食料）、『魏志倭人伝』も我が国に「獮猿・黒雉有り」と記している。『本草和名』は「岐之」、『倭名類聚抄』は「木々須、一云木之」としている。『延喜式』治部省の祥瑞の規定によると「白雉、雉白首」は中瑞、「黒雉」は下瑞とされているが、黒雉が献上された記録は見られない。それに反して白雉は、白雉元年（六五〇）に穴戸国（長門国）から献上され、それによって年号が白雉と改元されたのを始めとして（紀）、長和五年（一〇一六）までの間に二〇回以上の献上記事が見られる（紀、略記、続紀、紀略、文徳、三実、小右記）。なおこれより以前推古七年（五九九）に百済国から白雉が献上されているが（紀）、『扶桑略記』に「是鳳類也」とあるので、これはキジの白変種（アルビノ）ではなく、恐らく白鵬の事であろう。朱鳥元年（六八六）には赤雉が献じられ、そのため年号が朱鳥と改元されている（紀）。雉は鷹狩の獲物として最高のものの一つで、我が国に初めて鷹狩が導

図243　ハッカン（草花写生畫巻）

入された仁徳四三年の最初の獲物も雌雉であったとされており（紀）、『万葉集』に「四七八　（前略）朝猟に鹿猪ふみ起し暮猟に鶉雉ふみたて云々」とあるように、奈良・平安を通じて天皇、皇族の狩猟の主要な対象となっている。平城京跡から出土した木簡には雉腊と書かれたものがあり（平城京長屋王邸宅と木簡）、天皇の供御にも供されていたものと見られている。『延喜式』宮内省の諸国例貢御贄でも雉腊は尾張国に割り当てられ、主計上の中男作物では、尾張国を始め参河、信濃等の国々から貢進されている。『延喜式』ではこのほか兵庫寮に箭羽として「雉羽四百廿隻」がある。雉に関するその他の記事としては延暦一三年（七九四）を始めとして、しばしば雉が禁中に飛び込んだり、集合した記事が見られるが（紀略、続後、三実）、これは奈良から平安時代にかけて、野生の鳥獣が屋内に入ったり、集合したりする事を不吉とみなしていたためである。このほか、神亀四年（七二七）の大風の際には樹木が折れて雉と化し（続紀）、嘉祥三年（八五〇）の地震の際には、「鶏雉皆驚く」と記されている（文徳）。

弘仁九年（八一八）に嵯峨天皇は『新修鷹経』を著されたが、その中で鷹の餌として雉をあげておられる。鷹狩はその後次第に儀礼化して、さまざまな作法が生まれ、『嵯峨野物語』はそうした儀礼の一つとして、「延喜以来代々の例にまかせて。はじめてとりたる雉をすなはちはなたる。これ仁慈の儀なり」と記している。また鷹狩で捕った鳥を贈答する際には木の枝につけて贈る鳥柴附《としばづけ》という風習があり、『伊勢物語』は「昔、おほきおほいまちぎみときこゆるおはしけり。（中略）なが月許に、むめのつくり枝に雉をつけて奉るとて云々」と記している。こうした鳥柴附の方法は後の『武家調味故実』や『鷹経弁疑論』等に詳しい。雉の狩猟は鷹狩に限られたわけではなく、文永一〇年（一二七三）の『春日社記録』には雉わなが仕掛けられていた事を記している。このほか雉に関する出来事として、康治元年（一一四二）の大嘗祭の際に近江国から雉百羽が献上され（台記別記）、『太平記』一三「北山殿謀叛事」の段には「焼野の雉の残る叢を命にて、云々」と、有名な「焼野の雉」の諺が用いられている。また文明一〇年（一四七八）の『言国卿記』は「腹は山鳥、頭は雉のおん鳥、尾羽少々雉のめんとり」といった珍しい雉を鳥柴附にした事を記しているが、これは恐らく体の部分によって雌雄を異にする雌雄嵌合体と呼ばれるもので、「腹は山鳥」とあるが腹から尾にかけて雌雉で、頭部が雄雉の奇形の個体と思われる。

鎌倉以降狩猟は次第に貴族階級から武家に移行し、武家から朝廷に鷹の雉を献上した記事が多くなる（実隆公記、御湯殿、言継卿記）。こうした雉は天皇の供御にも供され、宮中の女房詞では雉は「しろおとり」と呼ばれている（大上臈名事）。雉の料理法は『厨事類記』に「雉ハ。生鳥トモイフ。鳥ノ右ノヒタレヲツクリカサネテモルヘシ」とあり、生物《なまもの》として供されたほか、「干鳥。雉ヲ塩ツケズシテ。ホシテ削天供ㇾ之」とある。このほか『四条流庖丁書』、『大草家料理書』、『庖丁聞書』等でも取り上げられ、鷹狩で捕った雉を最高のものとしている。『料理物語』は「青がち、山がけ、ひしほいり、なます、さしみ、せんば、こくせう、はぶし酒、つかみ酒、丸やき、くしやき色々」と各種の料理法を記している。中世には白雉の記事は応仁二年（一四六八）の『碧山日録』に、「南荒より一白雉を源相公に献ず。云々」とあるのが唯一のものであるが、江戸時代に入ると寛永二〇年（一六四三）を始めとして一〇回近く記録されており（実紀、続実紀、一話一言、宮川舎漫筆、視聴草、甲子夜話、嘉永明治年間録）、元文二年（一七三七）には瀧野川に白雉が放されている（実紀）。また慶安四年（一六五一）には斑毛の雉が献上された記事も見られる（実紀）。『武江産物志』は江戸の雉の名所として「王子、駒場」をあげ、「地震の前に鳴く」としている。キジが地震の際に鳴く事は『塵袋』にも記載がある。

我が国に生息するキジは一種類にすぎないが、朝鮮半島にはコウライキジがおり、『本朝食鑑』は「状ち雉に類して光彩最も麗し。頸に白環紋有り」と記している。コウライキジは『甲子夜話』二一—二七に松浦宗静が朝鮮役の帰途に領内の多久島に放鳥した事を記しているほか、寛永一七年（一六四〇）に舶載の記録があり（実紀）、水戸光圀も飼育している（桃源遺事）。徳川吉宗は享保二年（一七一七）、三年（一七一八）、四年（一七一九）と金鶏とともに伊豆大島に放し（大島差出帳）、一四年（一七二九）には隅田村の御前栽場へ（御場御用留）、元文二年（一七三七）には白雉と共に瀧野川に放している（実紀）。このようにたびたび放鳥が行われたため、我が国在来のキジとの間に雑種を生じ、『飼鳥必要』は「地雉子懸合の高麗諸国より流布して紛敷有り、白輪大きく赤み宜敷を上とする、肥前の国平戸の内放島へ放し飼の高麗ふへ、此鳥宜敷、去り乍ら国の掟きびしく、取出し他国へ出す事を近年禁ず、云々」と記している。このほか白鷴、金（錦）鶏、銀鶏などが舶載されており、中でも白鷴は上記のように古く推古七年（五九九）に舶載された可能性がある（扶桑略記）。ただし『本朝食鑑』は白鷴について「此も亦頃、中華より来る、三四十年に過ぎず」とし、『飼鳥必要』も「本朝へ渡初未一百年を過ぎず」としている。白鷴は水戸光圀によって元禄以前に飼育されており（桃源遺事）、天明六年（一七八六）

以降は大阪に開設された孔雀茶屋でも飼育されている（葦の若葉）。

キンケイ、ギンケイは中国西南部原産のキジ科の鳥で、キンケイが我が国に舶載されたのは慶長一五年（一六一〇）に安南国王から贈られたのが最初であろうか（実紀）。ただしこれより以前、天正初期（一五七六）に完成したと見られる『鳥類図巻』に錦鶏と見られる鳥の図が載っているので、これが写生とするとその舶載はさらに遡る事となる。このあと寛永一八年（一六四一）（実紀）、宝永三年（一七〇六）、五年（一七〇八）、七年（一七一〇）と舶載の記事が続き（唐通事日録）、ほかに水戸光圀も飼育していたとされるので（桃源遺事）、さらに多くのものが舶載されたものと思われる。『本朝食鑑』は「近世外国より来りて、官家之れを樊中に畜ふ、云々」としている。一方銀鶏については舶載の記録は見られないが、宝永五年（一七〇八）の『華夷通商考』や享保元年（一七一六）刊行の『崎陽群談』に取り上げられているので、それ以前に我が国にもたらされていた事は確かであろう。宝永七年（一七一〇）には七羽の錦鶏が幕府の御用になっており、その代価として一羽につき煎海鼠二五斤入り一箱が支払われている（唐通事日録）。錦鶏は享保二年（一七一七）には京都四条河原で（月堂見聞集）、宝暦八年（一七五八）には大阪道頓堀でほかの鳥類と共に見世物となり（摂陽年鑑）、天明六年（一七八六）には、大阪下寺町の孔雀茶屋で見世物になっている（摂陽年鑑）。また享保二年（一七一七）、三年（一七一八）、四年（一七一九）には伊豆大島に朝鮮雉子と一緒に放されている（大島差出帳）。享保一〇年（一七二五）までの新井白石の手紙を収録した『白石先生手簡』の中に「錦鶏の事、

図244　キンケイ、ギンケイ（鳥類写生図巻）

いかにも前代につねに見候、此の土にて生じ出したるもいくらも候ひき、見事は仰せのごとくに候へども、広き庭際にて見候には、白鷴には見劣り候ひき、云々」とあるので、一七世紀末には恐らく我が国で産卵育雛に成功していたものと思われる。なお、寛政一一年(一七九九)出版の『百千鳥』も錦鶏を「庭篭に入て雛を生ずる部」に数えているが、銀鶏については記されていない。『飼鳥必要』はキンケイを屋久島に放し飼にした事を記しているほか、「天鶏」として「唐紅毛の渡鳥にもあらず、錦鶏と高麗雉懸合せ、玉子落し生立、天鶏と名附、錦鶏と地雉子と懸合せも之れ有り、(中略)此類盛薄く、玉子かへり兼候もの也」と、錦鶏と他の雉との雑種の作出に成功していた事、ただしその雑種の卵は孵化しない事を記している。幕末に来日したフォーチュンは『江戸と北京』の中で、長崎のオランダ通詞本木昌造がキンケイ、ギンケイを所持していた事を記しているが、その記載からすると生きた鳥ではなく、剝製と思われる。

二八、キツツキ類　啄木鳥

キツツキとはキツツキ科の鳥の総称で、我が国に生息するものとしてはアオゲラ、アカゲラ、コゲラ等が普通に見られるものである。『本草和名』、『倭名類聚抄』は「天良都々岐《てらっつき》」、「天良豆々木」としている。延暦一六年(七九七)に皇居前殿に啄木鳥が飛び込んだ記事が見られるが(紀略)、アカゲラ、コゲラは中部地方以北にしか分布していないので、恐らくアオゲラであろう。『本朝食鑑』は「今木豆豆岐と称す」として「鳩よりも大きく或は小き者も亦有り。種類も亦多し。(中略)觜し錐の如くにして長さ数寸、舌喙よりも長く、其の端に針刺有り。針頭鋸歯の如し。蠹《と》を啄得て舌を以て鉤出して之れを食ふ。云々」と記し、『大和本草』は「足ノ指前後各二アリ、大木ニモトリ付ヤスキヤウニ生レ付タリ」としている。『本草綱目啓蒙』は「小ゲラ、オホゲラ、アカゲラ、

図245　アオゲラ(兼葭堂『禽譜』)

シロゲラ、アヲゲラ、ヤマキツ、キ、黒ゲラ、シマゲラ、イハゲラ、アリスイ」と多くのキツツキの種類をあげ、『武江産物志』は江戸のキツツキの名所として「千住、川口辺」をあげている。

二九、キュウカンチョウ　九官鳥、鳩喚鳥、秦吉了

キュウカンチョウは東南アジア原産のムクドリ科の鳥で、古くは漢名で秦吉了《さるか》と呼ばれており、『多識編』はこれを「毛乃由伊登里《ものゆいどり》」としている。九官鳥という和名の由来については『本朝食鑑』に「華商九官と云ふ者篭に畜ひ来て之れを鬻ぐ、故に長崎の士人九官を以て名と為す乎」とあり、『飼篭鳥』にはさらに詳しい記載がある。史料では慶長一七年（一六一二）オランダ人が秦吉了を家康に献じたのが最初と思われ（実紀、当代記）、以後万治元年（一六五八）、三年（一六六〇）、寛文六年（一六六六）、享保二〇年（一七三五）、元文二年（一七三七）と献上の記事が続いている（実紀）。また水戸光圀が飼育していた動物の中に「鳩クハンウ」と呼ばれるものがあるが（桃源遺事）、これも恐らくキュウカンチョウの事と思われる。『本朝食鑑』は「傳へ称す、白き者の有りと、予未だ之れを見ず」としているが、『大和本草』は「昔年外国ヨリ来ル其毛紺黒色又白色モアリ」として諸品図に白色の秦吉了の図を載せている（図246）。近衛家熙は享保九年（一七二四）五月一七日の日記の中で「此間御うはさの鳩喚と云鳥今日御所へ来る拝見せんと欲せば四ッ時参候すべきの由」と記しているが（槐記）、この鳩喚もキュウカンチョウの事であろう。『閑田耕筆』は京都洛北今宮の御旅所や、四条河原で求歓鳥の見世物が興行された事を記している。宝暦六年（一七五六）頃の鳥類の輸入価格を見ると、孔雀が一二〇目であるのに対して、キュウカンチョウは三〇〇目と二倍以上の高値がつけられている（花蛮交市洽聞記）。木村蒹葭

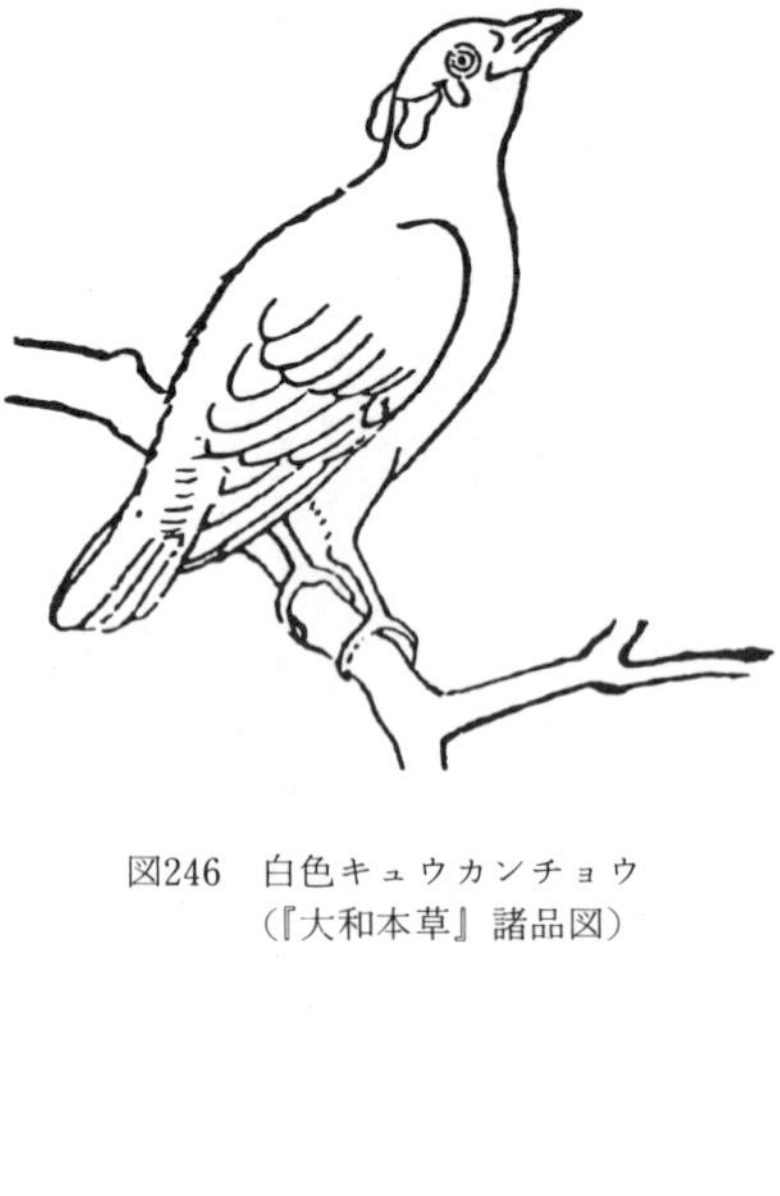

図246　白色キュウカンチョウ
（『大和本草』諸品図）

堂は『禽譜』の中で、キュウカンチョウの巣引きの方法を記しているが、『百千鳥』は「庭篭に入れ産まざる部」に数えている。しかし『飼篭鳥』は「明和の末江戸渋谷長者ヶ丸秋月侯の庭篭にて始て雛を出す。凡そ天下の諸州に於て雛を出したる事、古今是を惣始なりとす」と我が国でキュウカンチョウの産卵育雛に成功した事を記している。そうした結果であろうか、『本草綱目啓蒙』は「舶来の鳥なれども今は多くありて時々観場に供す」としている。

三〇、クイナ　水鶏、秧鶏

クイナはバン（鷭）を除いたクイナ科の鳥の総称であるが、我が国で最もよく知られているのはヒクイナである。『源氏物語』明石の段に「くひなのうちたたきたるは、たが門さしてとあはれにおぼゆ」とあり、『菟玖波集《つくば》』前大納言為家にも「九、おのづからたゝく水鶏の声ながら　十、さもあけやすき夏の夜半かな」とある。『徒然草』にも「一九　五月、あやめふく比、早苗とるころ、水鶏のたゝくなど、心ぼそからぬかは」とあるように、水鶏の鳴き声は戸をたたく音にたとえられ、多くの和歌、俳句に詠まれている。クイナは鷹狩の狩猟鳥の一つでもあり、寛永二〇年（一六四三）紀伊大納言が狩場から将軍に献上した記事が見られる（実紀）。『本朝食鑑』も「夜鳴て旦に達して息む、其声人の戸を敲くか如し」とし、『大和本草』は「夏初より秋初まで此地に居る」とクイナが渡り鳥である事を記している。また『和漢三才図会』は水鶏のほかに赤水鶏、鼠水鶏、大水鶏の三種をあげ、『本草綱目啓蒙』はこのほかにヤブクヒナ、ヤブチャクヒナ、チゴクヒナ、緋クヒナ、ヒメクヒナ等の名をあげている。その料理法は『料理物語』に「（くいな）汁、ころばかし、くしやき」とある。『江戸砂子』の標茅《しめじ》が原の項には「此わたり水鶏多し、又鎧嶋と佃島との間の芦のしげみたる中にもおほ

図247　クイナ（光琳『鳥獣写生帖』）

し、さつきの夜ころ必聞べし。此辺ことによし。佃島のほとりはよもすがら船をとゞめてきくのみ、雨夜などはいとうかるべし」とクイナの鳴声を楽しんだ事を記している。『武江産物志』は秧鶏の名所として「本所十間川より吾妻橋辺」をあげ、『東都歳時記』も橋場、佃島、寺島、根岸、標茅が原をあげている。

三一、クジャク類　孔雀

クジャクはキジ科の鳥類の中では最も大きなもので、(マ)クジャクとインドクジャクの二種が知られている。(マ)クジャクは中国南部から印度支那半島にかけて分布し、インドクジャクはその名の示す通りインド、セイロン等に生息している。我が国に古く舶載されたものは恐らく(マ)クジャクで、インドクジャクは中世以降、南蛮貿易が開始されるようになってから舶載されるようになったものと思われる。我が国でクジャクにこうした二種類のものがある事に気付いたのは幕末になってからで、『飼鳥必要』は「惣体孔雀は唐方出・紅毛出二通り有之。紅毛巣生は足長く胴も長して、ぶとふに見へず見分宜敷。唐方鳥は足少し短く小形にして、ぶとふに見ゆる不宜候」と両者の相違を記している。クジャクが我が国に舶載されたのは推古六年(五九八)に新羅から献上されたのが最初で(紀)、大化三年(六四七)(紀)、文武四年(七〇〇)(続紀)にも新羅を経由して献上されている。しかしその後は承和一四年(八四七)(続後)、延喜九年(九〇九)、一九年(九一九)(略記)、長和四年(一〇一五)(紀略)、久安三年(一一四七)(台記、本世)、四年(一一四八)(台記、中外抄)と直接中国から舶載されている。このほか天平一七年(七四五)には、園池の司から孔雀の餌料として一日当り米二合五勺を請求した文書が提出されているので(正倉院文書)、上記の年以外にも舶載されたものと思われる。以上の年代は『万葉集』、『古今和歌集』、『新古今和歌集』等に収録された和歌の製作年代と重なっているが、孔雀を詠んだ歌はこれらの歌集には一首も見当らない。しかし絵画としては装飾古墳の壁画に見られ(古代史発掘8)、『正倉院宝物』の中にも孔雀の紋様がいくつか見られる(図11)。

我が国で孔雀が産卵した記録は延喜一一年(九一一)(紀略、略記)と長和四年(一〇一五)(御堂、小右記)に見られるが、いずれも雌だけであったためであろう、孵化していない(紀略、略記、御堂)。しかし雄がいないのになぜ卵を産むのかが不思議に思われ、藤原道長は「(前略)正嚮影を合せて相交わり、便ち孕むこと有りと云々。此れを以て自然に孕みたるを知る也」と記し（御堂）、藤原実資も「雄なくして子を生む希に有る事也。或は云ふ雷声を聞きて子を生むと。又水に臨み影を見て子を生むと云々」と記している（小右記）。又久安四年（一一四八）の孔雀について、藤原頼長は『台記』の中で、「其の尾頗る畫くところの孔雀に似たり。其の躰貌去年の孔雀より美し」と記しているので、三年（一一四七）のものは雌で、四年のものは雄であったものと思われる。しかし一緒にして飼育しなかったのであろう、産卵育雛に成功した記録は残されていない。治安二年（一〇二二）に完成した法成寺の落慶供養の際には、池の中洲に鸚鵡と孔雀の造り物が飾られているが（栄花物語）、これは当時の人々の間で、異国の鳥に寄せる憧憬が深かった事を示すものであろう。以後孔雀の舶載の記事は中世まで見られなくなり、応永一五年（一四〇八）南蛮船が若狭に漂着した際に象と共に孔雀二羽がもたらされ（後鑑）、同二九年（一四二二）の『兼宣公記』には「禁裏より御所望の間、孔雀を召進めらる」と記されている。ポルトガル船が我が国に入港するようになると、孔雀に関する記事は格段に多くなり、永禄一二年（一五六九）には宣教師フロイスが信長への土産として孔雀の尾羽を持参し（耶蘇会士日本通信）、天正三年（一五七五）豊後臼杵浦に入港した大明船には虎、象等と共に孔雀が積み込まれており（歴代鎮西要略）、同一七年（一五八九）には秀吉から御所に献上されている（御湯殿）。文禄三年（一五九四）には明国の皇帝から秀吉に象、麝香猫、馬、唐犬と共に贈られ（太閤記）、慶長六年（一六〇一）には安南国から家康に孔雀の子五羽が（通航一覧）、七年（一六〇二）には交趾から（当代記）、八年（一六〇三）、一三年（一六〇八）には柬埔寨から（実紀）、一五年（一六一〇）には再び安南国王から（実紀）、一六年（一六一一）には細川越中守から豹と共に秀忠に献上されており（駿府記）、寛永九年（一六三二）には長崎奉行からインコ、鶴等と共に献上されている（実紀）。

『本朝食鑑』は、孔雀の項で「近世外国より来る。官家之れを樊中に畜ふ。孕と雖も子を育て難く、故に蕃息せず」としているが、これより以前正保元年（一六四四）の『徳川実紀』に「三丸にて孔雀の雛御覧あり」とあるので（実紀）、江戸城内では孔雀の雛が孵化していたものと思われる。このあと孔雀の雛が孵化した記録は、元文元年（一七三六）の『吹上御庭御成りの記』に「（前略）孔雀もすだちけるにや、若鳥にてちいさき孔雀ども、御かこひの中に遊ぶ」とある。一方孔雀はこうした上流階級ばかりでなく一般庶民の手にも渡り、『見世物研究』によると、寛永年間の屏風絵に四条河原で孔雀の見世物が行われている光景が描かれており、江戸でも寛

図248　クジャク（堀田禽譜）

文年間の絵巻物に堺町葺屋町の芝居小屋の隣で孔雀の見世物が開かれている所が描かれている。このあと孔雀の見世物は延宝三年（一六七五）に道頓堀で、天和二年（一六八二）に江戸堺町で開かれている（見世物研究）。孔雀舶載の記事は宝永四年（一七〇七）、五年（一七〇八）、七年（一七一〇）（唐通事日録）、享保一〇年（一七二五）、一四年（一七二九）、寛保二年（一七四二）（通航一覧）と続くが、その価格は高価で、宝暦六年（一七五六）頃の輸入価格は一二〇目とされている（花蛮交市治聞記）。孔雀の見世物はその後も引続いて行われ、享保二年（一七一七）に京都四条河原（月堂見聞集）、延享三年（一七四六）、宝暦九年（一七五九）には大阪で開かれている（摂陽年鑑）。天明六年（一七八六）には大阪下寺町に孔雀茶屋が開設され（摂陽年鑑）（図36）、寛政八年（一七九六）には木村孔恭も見物している（蒹葭堂日記）。孔雀茶屋とは孔雀を始めとして各種の珍しい鳥獣を呼び物とした茶屋の事で、享和元年（一八〇一）に大阪を訪れた太田南畝は四天王寺参拝の途中、孔雀茶屋に立ち寄り「立ち入て見るに錦鶏・白鷴・灰鶴・孔雀（二雄三雌）などあり、大きにひろき篭にいれたり。高麗雉かへる篭の内に黄楊の木などうへてかくれ所とす。篭の前なる欄の中に羊をかひ置けり、（中略）江戸の花鳥茶屋に似たり」と記している（葦の若葉）。また享和二年（一八〇二）に上方に遊んだ滝沢馬琴も『羇旅漫録』の中で、「祇園に孔雀茶屋有り。もろもろの名鳥多し。（割註・名古やの若宮八幡前近年孔雀茶屋を出せり）」と記しているので、こうした鳥獣を見せる茶屋はこの頃各地に出来たものと思われる。ただし『浪華百事談』は孔雀茶屋について「此茶店に鳥を縦覧させしは余幼年天保の頃には、すでに止めたり」としているので、天保時代にはなくなったものと思われる。

『本朝食鑑』は上記のほか「世俗所謂る孔雀は毒鳥にして、尾最も毒有り」とするのは誤りである事を記し、『大和本草』にも同じような記載が見られる。また森島中良は『紅毛雑話』の中で「打見の立派にて、内心愚なる人の仇名を蛮語にて『パアウ』といふ。『パアウ』とは孔雀の事なり。彼鳥見附のうるはしきのみにて、何ンのやくにた、ざる故にたとへ云なりと、家兄申されき」と記している。寛政一一年（一七九九）に出版された『百千鳥』では孔雀は「庭篭に入て雛を生ずる部」に入れられており、雌鶏に抱卵させる方法が記されている。また『飼鳥必要』は「東都小川町辺倉橋何某と申御旗本衆、多年孔雀を相生立てられ候に付功者にて、冬中長持に入臥せ申され、快晴の時分は庭の内放し、云々」と、旗本が孔雀の産卵、育雛、飼育を行っていた事を記している。『北窓瑣談』は「孔雀は長命にて四五十年も保つものとぞ」としているが、せいぜいその半分である（動物事典）。また江戸末期に出版された山村昌永の『西洋雑記』には「北方沍寒の諸地方、殊に欧羅巴洲の諸爾勿入亜（のるうぇじあ）国の地において、一種の白き孔雀を産す、羽毛はなはだ奇麗に、其の雌なるもの、雪深き山中において、卵を雪中に蔵めて、よく是を生育す」とあるが、シロクジャクはインドクジャクの白変種（アルビノ）で、ここに記されているような事は事実無根である。

図249　コウノトリ（訓蒙図彙）

三二、コウノトリ　鸛

コウノトリはトキに近いコウノトリ科の鳥で、我が国では昭和四六年（一九七一）に最後の一羽が死んで絶滅してしまった。しかし天平一三年（七四一）には皇居の屋上に一〇八羽の鸛が群居した事が記されており（続紀）、古くは我が国にも多数生息していた事がわかる。『本草和名』、『倭名類聚抄』

はいずれも鸛を「於保止利」としており、江戸時代に入って始めて『多識篇』が「古宇乃登里」としている。『本朝食鑑』に「能く高木台観の上に巣居す」とあるように、樹木や人家の上に巣を営んで雛を育てた記事は多く、『徳川実紀』有徳院御実紀付録には「葛西の辺にわたらせ給ひし時、松の枝に鸛のとまりたるを御覧あり、鉄砲にて打給はんとし給ひしが鸛はかまびすしくはしをならしければ、偖はこの梢に巣あると見えたりと仰あり。近習の人々近くよりてみるにはたして巣あり。云々」とあり、『摂陽年鑑』の天明八年(一七八八)、享和二年(一八〇二)、文化元年(一八〇四)、一一年(一八一四)、文政二年(一八一九)等に見られる鶴の巣篭りの記事はみなコウノトリの営巣の事であろう。なお、江戸でも文化八年(一八一一)浅草の称念寺の本堂の上で鸛が巣を営んだ事が記録されており(筠庭雑録)、『甲子夜話』一七―一九には青山新長谷寺の屋根の上で、二三―六には御蔵前西福寺、本所羅漢寺の屋上に巣を構えて雛を育てた事が記されている。『武江産物志』は江戸の鸛の名所を「葛西」としている。

三三、コジュケイ(ちくけい)　小綬鶏(竹鶏)

竹鶏を『多識篇』は「多計乃登里」とし、『訓蒙図彙』は「やましぎ」とし、『大和本草』は「うはしぎ」に当てているが、『外国産鳥之図』その他の彩色図譜によるとキジ科のコジュケイの事と思われる。また『本草綱目啓蒙』は竹鶏について「和産なし、稀に舶来あり、形矮鶏の雌に似て尾下に垂る、目は浅赤黄色、觜浅黒色、頬咽黄赤色、胸下左右同色にして黒文あり、云々」としており、『本草綱目啓蒙』の監修者はこれをコジュケイとしている。我が国への舶載記事は宝永五年(一七〇八)(唐通事日録)、享保一二年(一七二七)(外国産鳥之図)、明和四年(一七六七)(海舶来禽図彙説)、文化一四年(一八一七)(長崎図巻)等に見られる。八代将軍吉宗

図250　コジュケイ(兼葭堂『禽譜』)

は享保一六年（一七三一）、一七年（一七三二）と隅田村に（御場御用留）、元文五年（一七四〇）には上目黒に放しており（嘉永元年写替諸覺）、江戸城内の吹上庭園でも飼育されていた模様である（吹上御庭御成りの記）。『鳥名便覧』は「唐山にては毎戸に之を飼ふとぞ白蟻其声をおそれておのづから消除すと云」としている。コジュケイは我が国でも容易に繁殖する鳥であるが、『百千鳥』は「（唐鳥）庭篭に入て産まざる部」に入れている。

三四、サイチョウ　犀鳥

サイチョウは江戸時代には主として「やーるほーごる」と呼ばれており、『長崎渡来鳥獣図巻』、『外国産珍禽異鳥図』等に弁柄鷺とあるのもサイチョウの類の事である。「やーるほーごる」という名前の由来は『水谷禽譜』に「爪哇島の南キワポンケに出つ。甚難得鳥なり。長寿の鳥故にヤール（割註・年と訳す）ホーゴル（鳥と訳す）云々」とあり、歳鳥（としどり、あるいはさいちょう）の意味で、漢名は弩《ぬ》克《く》鴉《あ》克《く》とされている。現在の犀鳥という和名は明治以後につけられたもので、嘴が極めて大きく、さらにその上嘴の上に角質の角冠を持った所が、犀の角に似ているためといわれている。

弁柄鷺は上記の『長崎渡来鳥獣図巻』、『外国産珍禽異鳥図』によると天明七年（一七八七）に「紅毛人為食用持渡し処、云々」とあり、これが我が国へ舶載された最初の記録であろう。図の解説に「出所弁柄国」とあるので、弁柄鷺はその出身地によって名付けられたものと思われる。『水谷禽譜』によると翌天明八年（一七八八）「紅毛甲必丹（名ハンシイテ）嫩鳥を携来るを献す」とあり、寛政一一年（一七九九）には江戸桂川宅の薬品会に出品されている（水谷禽譜）。また弘化四年（一八四七）には江戸浅草寺境内でも見世物となっている

図251　サイチョウ（鳥類写生帖）

（品物考証）。『飼鳥必要』は「此鳥の形鳥に似たり、大きさ觜太《はしぶと》の鳥より大きく黒キ羽に白キ所有り、尾先キ白キ所有り、（中略）紅毛国にては觜を華生《はないけ》にするよし、現物を見ざる人は、物語りにて誠におもわざるもの也、天明年中壱羽初而紅毛人持渡り薩州江廻ル」と記している。『観文禽譜』は「薩摩侯樊篭に養はる、所にして其觜はかりを写して桂川法眼より贈らる、云々」と記し、『薩摩鳥譜図巻』には全身の彩色図が載っている。

三五、サギ類　鷺

サギ類は種類が多いが、史料に見られるのは鷺《さぎ》（ダイサギ、チュウサギ、コサギの総称）、鵁鶄《あおさぎ》（蒼鷺）、五位鷺、護田鳥《おずめとり》（ミゾゴイまたはバン）の六種類である。サギ類の骨は縄文時代の遺跡から出土しており（縄文食料）、弥生時代には銅鐸の紋様にも描かれている（銅鐸）。『播磨国風土記』に鵠《さぎ》の多く住んだ鵠住山の記事が見られるほか、平安時代には『日本紀略』延暦二一年（八〇二）、寛平九年（八九七）に見られるように鷺が皇居に集まったり、闘争した記事が数多く見られる。延長六年（九二八）の『扶桑略記』には「臼女鳥《うずめどり》南殿版位南に集ふ」とあり、天暦二年（九四八）の『貞信公記』には「午時碓女鳥《うすめどり》九つ宜陽・春興殿間に集ふ」とあるが、この臼または碓女鳥とは五位鷺の類のミゾゴイの事で、護田鳥《おずめどり》とも呼ばれている。『枕草子』四一は「（前略）鷺は、いとみめも見ぐるし。まなこゐなども、うたてよろづになつかしからねど、『ゆるぎの森にひとりはねじ』とあらそふらん、をかし」とある。奈良・平安時代を通じて鷺を食べた記事は見られないが、朝廷の衰微した正長元年（一四二八）には公卿の間でも食料とされるようになり（建内記）、文明一五年（一四八三）には青鷺、文明一七年（一四八五）には五位鷺の贈答記事が見られる（親元日記）。五位鷺の名前の由来について、『平家物語』五「朝敵揃」は醍醐天皇の御世（八九七―九三〇）に

図252　ゴイサギ（光琳『鳥獣写生帖』）

天皇から贈位されたとしており、『本朝食鑑』は近衛帝（一一四一―五五）の御世としているが、そうした史実は見られない。中世の『就狩詞少々覚悟之事』によると白鷺は「射まじき鳥」の一つに数えられている。

鷺の料理法は『庖丁聞書』に鳥類上置之事として「五位鷺。夕顔」とあり、『料理物語』は「（さぎ）汁、くしやき、さんせうみそ」、「（五位）汁、いり鳥、くしやき」としている。このほか『本朝食鑑』は蒼鷺を食料とする事を記している。寛永一八年（一六四一）には松平伊豆守が斑毛の鷺を献上した記事が見られるが（実紀）、白鷺の斑毛は考えられないので、アオサギまたはゴイサギの事であろう。鷺は将軍の鷹狩の重要な獲物の一つであるが、江戸中期になると狩猟鳥が減少したため、鶴、鴨等と共に鷺にも餌付けが行われている（諸鳥御飼付場之記）。鷺が群棲する所には糞が堆積するが、『百姓伝記』は五位鷺の糞を農作物の肥料とする事をすすめている。江戸時代には海外の鳥獣の輸入が盛んになり、正保二年（一六四五）には唐船により孔雀、鳩、インコ等と共に鷺が舶載され（長崎商館日記）、天明七年（一七八七）には弁柄鷺が舶載されているが（長崎図巻）、これは鷺の類ではなく、サイチョウである。鷺の種類について『本朝食鑑』は鷺（一盃鷺、大鷺）、蒼鷺、五位鷺、篦鷺をあげ、『大和本草』は「鷺」として「小サキ、嶋メクリ、ダイサギ、アマサギ、青サギ、ヘラサギ」をあげ、「五位鷺」として「ヨシゴイ、ミゾゴイ、背黒五位、星五位」をあげている。幕末の『武江産物志』は江戸の鷺の名所として「あをさぎ、ごいさぎ、へらさぎ、行徳」としている。

三六、サトウチョウ　砂糖鳥、甘庶鳥、倒掛

サトウチョウはインコ科の小型の鳥で、木にとまる時に倒さまにぶら下がる性質があるため、「倒掛《とうけい》」とも呼ばれている。サトウチョウの舶載、献上の記事は享保一五年（一七三〇）に「入貢の蘭人を御覧あり、捧げものは（前略）甘蔗鳥一隻、酒二壺なり」とあるのが最初で（実紀）、次いで元文元年（一七三六）四月に「砂糖鳥二羽、青鸞一羽を長崎より取寄せらる」と見えている（承寛襍録）。ただし水戸光圀が飼育していたとされるので（桃源遺事）、最初の舶載の時期はさらに遡るものと思われる。『華夷通商考』にも取り上げられ、『外国産鳥之図』には彩色図が載っている。宝暦六年（一七五六）頃の輸入価格は四五匁で、比較的高価に取引されており（花蛮交市洽聞記）、『百千鳥』は「庭篭に入て産まざる部」にあげている。『外国産珍禽異鳥図』、『唐蘭船持渡鳥獣

図253　サトウチョウ（唐蘭船持渡鳥獣之図）

之図』は文化九年（一八一二）に舶載されたサトウチョウの図を載せており（図253）、『水谷禽譜』は「文化一三年（一八一六）正月大阪の三田屋四郎吉持来る」と註記して図を載せている。このほか天保五年（一八三四）、六年（一八三五）、七年（一八三六）にも舶載の記事が見られる（天保雑記）。

三七、シギ類　鴫、鷸

シギはシギ科の鳥類の総称で、種類は極めて多い。その骨が一部の貝塚から出土しているので、縄文時代から食料とされていた事は明らかである（縄文食料）。有史時代に入っても『古事記』の久米歌に「宇陀の高城に鴫罠張る我が待つや鴫は障らずいすくはしくじら障る前妻が肴乞はさば、云々」とあり、鴫が食料とされていた事を示している。鴫を捕るには罠の他に網も用いられており、『古代歌謡集』の「神楽歌」の中に「四一a　おもしろき鴫が羽の音や、おもしろき鴫が羽の音や、ゐや、猪名の柴原や、あいそ、網さすや、我が夫の君の、幾ら獲りけむや、幾ら獲りけむや」と歌われている。『万葉集』、『古今和歌集』、『新古今和歌集』等にも数多くの歌が残されているが、中でも『新古今和歌集』の西行法師の「三六二　心なき身にもあはれはしられけり鴫立つ沢の秋の夕暮」は有名である。『枕草子』は「四一　鳥は（中略）ほととぎす。くひな。しぎ。都鳥。ひわ。ひたき」としている。『海人藻芥』に「小鳥は鶉雲雀鴫、此外者供御に備へず」とあるように天皇の食膳にも供され、文明一二年（一四八〇）（御湯殿）、一五年（一四八三）（親元日記）には宮中や将軍家に献上された記事が見られる。『三好筑前守義長朝臣亭江御成記』には「献立次第、くま引ふなしき」とあり、鴫の料理法は『武家調味故実』に「しぎつぼの事。つけなすびの中をくりて。しぎの身をつくりて入る可く。身をば大略のこすべからず入る可きなり」とあるほか、鴫の鳥柴附の方法

図254　ヤマシギ（光琳『鳥獣写生帖』）

が記されている。『料理物語』には「汁。いり鳥、やき鳥、こくせう、ほどは、ほねぬきにもよし、其外いろいろ」とあり、『宜禁本草』はその薬効を「補レ虚甚暖」としている。一般でも広く食料とされていたのであろう、寛文五年（一六六五）には食膳に鴫を用いる季節が七月からと定められている（実紀）。シギの種類について『雍州府志』は「鷸品多し、其の状円くして肥たる者、味調和するに堪たり。是を保土志義と謂、云々」とし、『本朝食鑑』は母登鴫《ほとしぎ》、胸黒鴫、京女鴫、鷸長鴫《はしながしぎ》、目大鴫、黄足鴫、羽斑鴫、杓鴫、山鴫の九種類をあげ、母登鴫、胸黒鴫を最も美味としている。『本草綱目啓蒙』は二〇種以上のシギの名をあげ、『武江産物志』は江戸のシギの名所として「不忍の池」をあげている。

三八、シチメンチョウ　七面鳥、吐綬鶏

シチメンチョウは北アメリカ大陸特産のキジ科の鳥で、我が国には江戸時代にオランダ人によって舶載され、『飼鳥必要』は「此鳥紅毛人持渡、長崎出島屋敷江飼置き、世上にも流布の鳥也」としている。江戸時代にはオランダ名で「からくん」あるいは「かるこん鳥」等と呼ばれている。寛永一六年（一六三九）四月四日の『平戸オランダ商館の日記』に「皇帝への贈り物は（中略）七面鳥二羽、犬二頭」とあり、同年五月一日の『徳川実紀』に「入貢の蘭人貢物を奉る。（中略）かるこん鳥一双。犬二疋なり」とあるのが最初であろう。水戸光圀は吐綬鶏と呼ばれる鳥を飼育しているが（桃源遺事）、これはシチメンチョウの中国名、吐綬鶏の誤りではあるまいか。『平日閑話』一九に引用された元文元年（一七三六）六月五日の「吹上御庭御成りの記」に「（前略）またからくんと云鳥、大きなる鶏の如くにて、頭のとさかより袋なん

どさげたる如くむねまで下り、色あひ鶏頭の花に似たり。時々此色かはると人申侍りし。云々」と記されているので、当時江戸城内の吹上庭園でも飼育されていたものと思われる。十一代将軍家斎(一七八七―一八三七)は七面鳥の絵を得意とし、またその物真似が上手だったといわれているが、恐らく吹上庭園で引き続いて飼育されていたものを見ての事と思われる。宝暦六年(一七五六)頃のシチメンチョウの輸入価格は五八匁五分で、九官鳥の三百目と比較すると格安である(花蛮交市洽聞記)。

図255　シチメンチョウ(堀田禽譜)

三九、ジュウシマツ　十姉妹

ジュウシマツは東南アジア原産のダンドク(壇特)の飼育改良品種といわれており、ジュウシマツとダンドクとの間では容易に雑種を作る事が出来る。しかし享保初期に出版された『諸禽万益集』ではダンドクとジュウシマツとは別種としており、『百千鳥』も「唐鳥庭篭に入て雛を生ずる部」にダンドク鳥、十姉妹の両種をあげている。文化五年(一八〇八)序の佐藤中陵の『飼篭鳥』も文鳥、加那亜利《カナリヤ》、壇特、十姉妹を「此四種を粒食《まきえ》の四鳥と云なり」としている。宝暦六年(一七五六)頃のジュウシマツの輸入価格は一三匁で、紅雀の一五匁、文鳥の七匁八分と共に安値である(花蛮交市洽聞記)。恐らくこの頃には国内で繁殖に成功していたのであろう。ダンドクの舶載記事は見られないが、ジュウシマツは宝暦一二年(一七六二)に清舶により(海舶来禽図彙説)、文化一三年(一八一六)には唐船によって舶載され(外国異鳥図)、天保四年(一八三三)には蘭船が持ち渡っている(甲子夜話続篇)。

　ジュウシマツは我が国でダンドクから飼育改良されたとの説もあるが、上記のように長崎に舶載された時点で、すでに両種の間の相違が認められているので、我が国で改良されたとは考えられない。ただし安政三年（一八五六）の『武江年表』に「近頃十姉妹（鳥の名）の異品を養ふ人多し」とあるので、その頃までに我が国でも異品の作出に成功していたものと思われる。斑替りのジュウシマツについては『飼鳥必要』に「類違十姉妹」として「天明年中に紅毛人日本渡海の節、ジャガタラ国に在し内、知る人の方より何鳥とも知らず、小さ成雛鳥を送りし故に、其侭長崎に持渡り、漸々と塒に掛り、古今無類の麗羽を出したり、云々」とある。この鳥は江戸に来た時にはすでに老鳥で、仔をとる事が出来なかったとあるが、こうした鳥をもととして、異品が作り出されたのであろう。

図256　ジュウシマツ（模写並写生帖）

四〇、スズメ　雀

我が国のスズメには通常のスズメの他に、秋大群を作って飛来するニュウナイスズメ（入内雀）がある。ニュウナイスズメはスズメとよく似ているが、スズメより赤味が強く派手である。しかし我が国の史料で両者を区別したものは見られないので、ここでは一括してスズメとする事とする。スズメの骨は縄文遺跡から出土していないが（縄文食料）、これは骨が繊細なため残らなかったのかもしれない。『延喜式』治部省の祥瑞の規定によると、赤雀が上瑞、白雀が中瑞、神雀・冠雀が下瑞となっており、白雀は孝極元年（六四二）を始めとして（紀）、仁和元年（八八五）までに一〇回に上る献上記事が見られる（続紀、類史、紀略、後紀、三実）。また赤雀についても、天武元年（六七二）に太宰府が三足の赤雀を献じたため、朱雀と改元されたのを始めとして（紀）、天武九年（六八〇）、一〇年（六八一）（紀）、延暦四年（七八五）（続紀）に記録されている。赤雀の記事は多くは季節が秋であるので、

図257　雀取り（扇面古写経下絵）

あるいはニュウナイスズメであった可能性もある。このほか天武一一年(六八二)には三足の雀の記事が見られるが(紀)、神雀、冠雀の記事は見られない。『枕草子』に「四一　かしらあかき雀」とあるが、これもニュウナイスズメの事であろう。『枕草子』にはこのほか「二九　こころときめきするもの雀の子飼」とあり、『源氏物語』「若菜」にも「すゞめの子をいぬきがにがしつる。ふせごのうちにこめたりつるものをとていとくちをしと思へり」と記されおり、平安時代には雀を籠飼いにして楽しんだ事がわかる。スズメもニュウナイスズメも秋から冬にかけて大群を作って行動する性質があり、『左経記』長元四年(一〇三一)八月の条には宇佐神宮の神殿上に雀が群集して巣を作った記事が見られる。『中外抄』保延四年(一一三八)の条には、仁海僧正が雀を食べた話が載っており、天養元年(一一四四)の『台記』には斑毛の雀の話が載っている。また文明八年(一四七六)二月二八日の『長興宿祢記』に「室町殿御方、矢《や》開《ひら》き御祝也。去月殿中に於て雀を射しめ給う」とあるように、雀は武家の矢開に用いられたほか(矢開之事)、鷹狩用の鷹の餌としても用いられ、明応元年(一四九二)の『蔭凉軒日録』には「赤松の鷹丞話して云く。一年中に鷹食ふ所の雀四万余と云々」とある。

雀は『本草和名』に「雀卵」として記載されているように、卵が本草学で薬剤として用いられており、『本朝食鑑』によると肉・卵ともに「陽を壮し気を益し、腰膝を暖め、小便を縮め、寒疝偏墜及び久痢を療す」とあるほか、雄雀の屎は白《すずめ》丁香《のたちくそ》と呼ばれて返魂丹に調合されている。スズメの料理法は『料理物語』に「(すゞめ)汁、ころばかし、此外に小鳥同前」とある。このほか『百千鳥』は入内雀について、「疱瘡の薬にて、幼稚の枕元に置て羽風を受れば、疱瘡にかゆみなし」とあり、明暦二年(一六五六)将軍家綱が疱瘡を患った際には、御三家から兎の前足、郭公と共に「羽活雀」が献上されている（実紀）。白雀の記事は江戸時代にも見られ、寛永一六年（一六三九）、慶安四年（一六五一）、承応二年（一六五三）と幕府に献上され、寛永一六年（一六三九）には、白雀のほかに黒雀も献上されている（実紀）。江戸時代には雀の群集する現象を雀合戦と呼んでおり、そうした記事は文化五年（一八〇八）（藤岡屋日記）、一二年（一八一五）（甲子夜話続篇八二―六）、天保二年（一八三一）（全楽堂日録）、三年（一八三二）（兎園小説別集）、四年（一八三三）（甲子夜話続篇八二―五、燕居雑話）、文久三年（一八六三）（武江年表）に記録されており、文政七年（一八二四）には椋鳥との合戦が報じられている（宮川舎漫筆）。以上の我が国在来の雀のほかに、江戸時代には弁柄雀と呼ばれる小鳥が舶載されているが（花蛮交市洽聞記）、『百千鳥』に「べんがら雀、右紅雀のうち也、よほど鳥大き成物也、云々」とあるので、スズメ族の鳥ではなくベニスズメと同じカエデチョウ科の小鳥であろう。

四一、セキレイ類　鶺鴒

セキレイはセキレイ科の小鳥の総称で、史料に見られるものはハクセキレイ、セグロセキレイ、キセキレイ等である。セキレイは漢名の音読みで、『本草和名』、『倭名類聚抄』は「和名爾波久奈布利《にはくなぶり》」としており、それ以前は「つつ」あるいは「まなばしら」と読んでいる（新撰字鏡）。このほか「にはたたき」、「いしたたき」（壒嚢抄）等とも呼ばれ、『古今和歌集』その他の歌集に見られる「稲負鳥《いなおほせ》」も鶺鴒の事ではないかとされている（八雲御抄、下学集）。このように鶺鴒にはさまざまな呼び名があるが、歴史的には『古事記』、『日本書紀』の神代紀を除いて重要な記事は見られず、弘仁五年（八一四）に陰陽寮の枇杷の木に多数の鶺鴒が集まった事

図258　ハクセキレイ（百鳥図）

（紀略）、寛喜元年（一二二九）、天福元年（一二三三）の『明月記』に鶺鴒が飛来して鳴いた事が記されているにすぎない。中世に入っても文明一五年（一四八三）に三条西実隆が庭で捕えた鶺鴒二羽を宮中に献上した事（御湯殿）、大永七年（一五二七）には鷹に追われた鶺鴒が、常の御所に逃げ込んで捕えられた事等が見られるにすぎない（御湯殿）。なお、中世の狩猟書『就狩詞少々覚悟之事』によると、鶺鴒は「射まじき鳥」に数えられている。江戸中期の明和元年（一七六四）には清の商船によって中国産の鶺鴒が舶載されており（海舶来禽図彙説）、文化一三年（一八一六）には江戸城西丸で飼育されていた白鶺鴒、黄鶺鴒、背黒鶺鴒が逃げ出した記事が見られるので（飼鳥会所記録）、飼鳥としても飼育されていた事がわかる。

四二、タカ類　鷹

タカはワシタカ科の猛禽類のうち、比較的小型のものの総称である。縄文時代の遺跡からはクマタカ、オオタカ、ノスリ等の骨が出土しているので（縄文食料）、当時は食料とされていたのかも知れない。我が国の鷹の歴史はそのまま鷹狩の歴史であり、その起源は『日本書紀』によると仁徳紀四三年とされている。古墳時代の埴輪の中にも、鈴をつけた鷹を臂に据えた人物埴輪が出土している（図8）。鷹狩に用いられた鷹は一般にオオタカ（大鷹、蒼鷹）、ハイタカ（鷂）、ハヤブサ（隼）で（図259）、一部ではツミ（雀鷹）、クマタカ（熊鷹、角鷹）も用いられている。これらの鷹を鷹狩に用い

図259　鷹狩り用の鷹（教草）

るには高度な調教が必要で、仁徳紀四三年にはそのために鷹《たか》甘《かい》（飼）部《べ》が置かれている（紀）。大宝元年（七〇一）に制定された大宝令によると、鷹の調教は主鷹司（放鷹司）によって行われ、その下に鷹の飼育に当る鷹戸が所属している。養老五年（七二一）には殺生戒から放鷹司の鷹狗が放され（続紀）、放鷹司の官人と職の長上等が廃止されたが、神亀三年（七二六）には復活している（続紀）。万葉歌人の大伴家持は鷹狩を好んだ事でも知られており、「四一五四　白き大鷹を詠む歌」、「四〇一一　放逸せる鷹を思ひて、夢に見て感悦びて作る歌一首」等は当時の鷹狩の模様や、鷹の飼育法を知る上でも貴重な資料である。しかし聖武天皇は仏教に対する帰依が厚く、神亀五年（七二八）には一般人の鷹の飼育を禁止し、天平一七年（七四五）天皇病気の際には諸国の鷹と鵜とが放され（続紀）、天平宝字八年（七六四）には再び放鷹司が廃止されて放生司が置かれ、鷹狩・鵜飼が禁止されている（続紀）。しかし垣武天皇の御代になると、天皇の御生母が我が国に鷹狩を紹介した百済王家の系統であった事もあって、延暦二年（七八三）には放鷹が復活され（続紀）、延暦七年（七八八）には主鷹正が（続紀）、延暦一五年（七九六）には主鷹司史生二名が置かれている（後紀）。この間延暦一〇年（七九一）に鷹戸が停止されているが（続紀）、これは従来鷹戸に預けられていた鷹を皇居内で飼育するようになったためで、後の『嵯峨野物語』は、「垣武天皇は、毎日政をきこしめしはてて、南殿の御帳の中にて、鷹所をめして、御倚子のうへにて、われとすへさせ給て、爪をきり、はしをなをさせ給けり。云々」と記している。垣武天皇は治世中、毎年数回の鷹狩遊猟を行われているが（続紀、紀略、類史、後紀）、鷹狩が一般庶民の間にまで広まったため、延暦一四年（七九五）にはそうした庶民の鷹の飼育が禁止され（紀略）、延暦二三年（八〇四）、大同三年（八〇八）には特別に許可された王臣以外の放鷹が禁止されている（後紀）。

垣武天皇の皇子である嵯峨天皇も鷹狩を好まれ、在位一四年の間に七三回の放鷹を試みられたほか、弘仁九年（八一八）には我が国最初の鷹書『新修鷹経』を頒布しておられる。このあと淳和、仁明の両天皇も数次にわたって遊猟を試み、鷹、鶻、隼を放って水鳥等の狩を行っておられるが（類史、紀略、続後）、承和七年（八四〇）、九年（八四二）、嘉祥三年（八五〇）と先帝崩御の際や、天皇重病の際には鷹犬の放生が行われている（続後）。こうした天皇が狩猟をされる場所は古くから禁《しめ》（標）野《の》と呼ばれ、山城国を中心として河内、大和、美濃、播磨等の諸国に及び、その所在地は『日本三代実録』元慶六年（八八二）一二月二一日の条に記されている。またこの時代の良鷹の産地は『大和物語』一五二に「同じ帝、狩いとかしこく好みたまひけり。陸奥国、磐手の郡よりたてまつれる御鷹、よになくかしこかりければ、云々」と、陸奥国があげられている。次の文徳天皇の御世には鷹狩の記録は見られないが、斎衡二年（八五五）には一般の者の鷹、鷂の飼育が禁止されている（文徳）。続く清和天皇は幼少で即位されたため、御自身では鷹狩は行われず、貞観元年（八五九）に鷹の貢進を停め、国司が鷹、鷂を養う事を禁止しているが（三実）、代りに貞観元年（八五九）、二年（八六〇）、三年（八六一）、八年（八六六）と大臣、親王等に特定の地での放鷹を許可しておられる（三実）。貞観元年の貢鷹を停止した際の太上官符に「例貢の御鷹停止既に訖りぬ。宜しく亦巣鷹并びに網取鷹等の下飼《おろしがい》を禁制すべし」とある事から（三代格）、それまで貢進されて来た鷹の中には、巣立前に巣から下した巣鷹と、巣立後網で捕えた網取鷹の二種があった事がわかる。こうした巣鷹取りの模様は『今昔物語集』一六、『宇治拾遺物語』八七などに記されている。次の陽成天皇も幼少のため放鷹は行われず、元慶七年（八八三）には鷹飼一〇人、犬一〇牙の料が蔵人所に充てられている（三実）。しかし次の光孝天皇は御自身で鷹狩を行われたばかりでなく、元慶八年（八八四）に近衛府の官人に鷹と犬とを貸し与えて、播磨国、美作国に遣わして野禽を狩らせられている（三実）。こうした狩猟は「鷹の使」あるいは「狩の使」と呼ばれ、仁和元年（八八五）、二年（八八六）にも行われているが（三実）、派遣した者が出先で悪行をはたらくため、延喜五年（九〇五）には廃止されている（三代格）。この狩の使について『愚見抄』は「かりの使は鷹狩の使なり。業平此使を奉て伊勢へくだりたる事、国史に証文なしといへどもかやうの事はしるしおとす事また常の事なり」と在原業平が狩の使であった事を記している。

天皇の鷹狩は野行幸とも呼ばれ、この頃から華麗さを加えて後代へと引き継がれてゆくが、その模様は『日本三代実録』、『扶桑略記』、『醍醐天皇御記』等に詳しく記されている。またこの頃から大臣大饗の際に、鷹飼と犬飼とが狩猟姿で登場して宴に興を添えるようになり（図12）、『続古事談』などにその模様が記されている。また鷹の捕った鳥を贈る際には木の枝につける鳥柴附《としばづけ》と呼ばれる風習があり、延喜二〇年（九二〇）一〇月八日の『醍醐天皇御記』に「雅楽属船木氏有鷹飼装束を著け、鷹鷂を臂に独り舞ふ（放鷹楽）。新羅の琴師船良実、犬飼装束を著け、犬を随へず。権中納言藤原朝臣小鳥を菊枝に著け、云々」とあるが、『鷹経弁疑論』は延喜七年（九〇七）に先例があるとしている。醍醐天皇は御在位中、延喜から延長にかけて数回にわたって華麗な野行幸を行っておられ（略記、顕昭陳状、醍醐、吏部、紀略等）、亡くなった時には鷹六聯、鶴六八羽が放たれている（吏部）。次の朱雀天皇も鷹狩を好まれ、狩装美を極めた野行幸を行われたほか（紀略）、退位後もしばしば遊猟を試みられている（紀略）。村上・冷泉両天皇の時代には遊猟の記事は見られないが、『大鏡裏書』の「式部卿為平親王子日事」によると正月行事の「子の日の興」には鷹飼が参加し、陸奥・出羽両国から貢上された鷹を御覧になる「御鷹御覧の儀」が催されている（村上、花鳥余情）。この頃の鷹狩の模様は『今昔物語集』一九―八「西京仕レ鷹者、見レ夢出家語」に詳しい。これ以後、摂関・院政の時代に入ると、多くの天皇が幼少で即位されたため天皇の鷹狩は行われなくなり、承保三年（一〇七六）の白河天皇の御鷹逍遙を最後に全く見られなくなる（略記、嵯峨野物語）。

それに代って貴族、武家、神社の贄鷹等に関する記事が多くなり、武家では永久元年（一一一三）に歿した源斎頼（古事談）、貴族では藤原忠実（基成朝臣鷹狩記、中外抄）、ずっと下って西園寺公経（嵯峨野物語）、持明院基盛（柳庵随筆）、二条良基等の鷹に関する逸話が残されている。神社の贄鷹は神饌を捕るための鷹狩で、鎌倉幕府が建久六年（一一九五）を始めとして、しばしば武家の鷹狩を禁止した際にもその例外として認められており（吾）、信州諏訪神社の鷹術は禰津神平流として後世に伝えられている（柳庵雑筆）。上に記した人物のうち西園寺公経は太政大臣まで務めた名家の出で、『嵯峨野物語』で「入道相国はたかの雉ならでは食はざるよし承り及ぶ」とまでいわれた鷹好きで、その和歌は『西園寺公経鷹百首』として知られている。和歌といってもその内容は、鷹狩の秘伝を伝授するため、鷹狩特有の鷹詞《たかことば》あるいは山詞を詠み込んだもので、鷹詞は『放鷹』の末尾に「鷹犬詞語彙」として収録されている。また持明院基盛は『基成朝臣鷹狩記』、二条良基は『嵯峨野物語』の著者として知られている。室町時代の初期まではまだ広く鷹狩が行われていたが、長禄二年（一四五八）（続史）、文正元年（一四六六）（親基日記）と鷹の飼育が禁止され、引き続いて応仁の乱が勃発したため、しばらくの間鷹に関する記事は見られなくなる。乱後武家の放鷹が復活し、文明一四年（一四八二）の『大乗院寺社雑事記』は「新将軍明春早々鷹狩有る可く、鷹共用意有る可くの由仰せ付けらる」と記し、中でも細川政元、赤松政則等の放鷹に関する記事が多くなる（蔭凉、御法、大乗院等）。赤松政則は鷹の餌として一年に雀四万羽以上を消費したといわれており（蔭凉）、同時代の大内義興は明応六年（一四九七）朝鮮に「臂鷹の壮士」を求めている（蔭凉）。またこの頃には『鷹経弁疑論』を始めとして、『鷹秘抄』、『斎藤朝倉両家鷹書』、『責鷹似鳩拙抄』といった多くの鷹書が成立している。室町時代は朝廷が衰微したため公卿の生活も逼迫し、『言継卿記』は大永七年(一五二七)に「鶉野へ皆々同道候間、云々」と記し、天文元年(一五三二)には「賀茂辺の河原に罷向し、鷹で雁を取り候」と獲物を目的とした鷹狩に出掛けた事を記している。足利初期の将軍たちは犬追物に熱中し、余り鷹狩を行っていないが、末期になるとしばしば鷹山の記事が見られ、天文六年(一五三七)、七年(一五三八)には鷹の鳥として鶴を宮中に献上している(御湯殿)。この時期の公卿の近衛龍山は、鷹狩の名手として知られたばかりでなく(兼見卿記)、天正一七年(一五八九)には『鷹百首』を著している。

足利に代って天下を統一した織田信長は大の鷹好きで、京都上洛後は毎年のように鷹の鳥を献上したばかりでなく(御湯殿、言継卿記)、天正五年(一五七七)には鷹狩装束で参内したあと東山の鷹山に出掛けている(信長公記)。彼の鷹好きを知った諸国の武将たちからはおびただしい数の鷹が贈られているが、彼自身も奥州まで人を派遣して鷹を求めている(信長公記)。こうした鷹の餌を集めるため、安土から奈良の町まで犬猫を捕獲する人夫が派遣されている(多聞院)。豊臣秀吉は武家の出身でないため、鷹を手にする機会はなかったが、信長に仕えてからは彼の鷹狩に参加している(豊鑑)。ただし秀吉が自身で鷹を据えるようになったのは関白になってからで(家忠日記)、天正一九年(一五九一)には三河国吉良で大規模な鷹狩を催し、その獲物を持って京都に凱旋している(言経卿記、豊鑑)。こうした秀吉に鷹狩の指南をしたのは家康で、彼は幼少の頃から鵙を据えて鷹狩の稽古をしたといわれている(武徳編年集成)。天正一八年(一五九〇)七月関東に移封された家康は、一〇月には忍城内に二〇間の鷹部屋を作り、翌一九年(一五九一)にはさらに五間の建て増しを行っている(家忠日記)。慶長一〇年(一六〇五)将軍職を退いた家康は、こうした所を拠点として関東各地を長期間にわたって泊り狩を催し、そうした際には女房共を召し連れたといわれている(事蹟合考)。家康の鷹狩の記録は『家忠日記』、『徳川実紀』等に詳しい。家康の歿後、その廟所が久能山から日光に移される際の行列には、鷹の造りもの一二据と、家康の愛鷹二据とが参列し、愛鷹二羽は日光の宮前で放されている(実紀)。こうした鷹好きの家康から同類と認められた人物に、伊達政宗と金森長近の二人がいる。政宗は久喜に鷹場を与えられたが、其所で家康と出会った際の逸話は『徳川実紀』「東照宮御実紀付録」に記されている。また金森長近は特別に鶴の捕獲を許され（実紀）、その葬儀は「鷹野出立にて葬し送った」といわれている（慶長日記）。次の二代将軍秀忠も鷹狩を好み、在職中から引退後までしばしば長期にわたる泊り狩を行っている（実紀）。

三代将軍家光の代になると、最初は泊り狩も行われているが次第に日帰りの鷹狩が多くなる（実紀）。それは寛永五年（一六二八）に触れ出された「鷹場の法度」によって将軍家の鷹場が整備されたためで（東武実録）、寛永一〇年（一六三三）には御三家にも鷹場が与えられいる（実紀）。この間、寛永三年（一六二六）には「巣鷹の制」が触れられ（令条四五二）、江戸城二の丸に鷹坊（鷹部屋）が完成している（図25）。なお、寛永四年（一六二七）には「公家法度」が制定され、公卿の鷹の飼育が禁止されている（資勝卿記）。以後鷹狩は武家の専有する所となり、家光はその在職中に数百回に及ぶ放鷹を楽しんでいる（実紀）。四代将軍家綱は幼少で将軍職についたため、最初は鷹狩は行われなかったが、次第に習熟して年に数回の放鷹を楽しむようになる（実紀）。家綱の治世下の万治三年（一六六〇）には「狩場の制」（令条四五八、寛保集成二一一九）、寛文七年（一六六七）には「餌差の制」（令条三三二）が制定されている。五代将軍綱吉の時代は生類憐み令によって天和二年（一六八二）、貞享三年（一六八六）と鷹匠、鳥見の職が廃止され（実紀）、元禄元年（一六八八）には鷹坊の鷹が放され（実紀）、鷹匠や餌差であった者たちは、江戸市中で集めた鳥類の放鳥掛に転職させられている（民間省要）。また元禄六年（一六九三）には鷹匠町、餌指町といった鷹狩に関係した町名が改められ（実紀）、御三家に与えられた鷹場もこの年（一六九三）に返還されている（実紀）。生類憐み令は綱吉の歿後、宝永六年（一七〇九）に直ちに解除されたが（実紀）、鷹狩が復活するのは八代将軍吉宗の時代に入ってからである。

享保元年（一七一六）四月に将軍職を継いだ吉宗は、八月一〇日には江戸十里四方を留場とし（禁令考）、二二日には戸田五助、間宮左衛門を鷹師の頭に任命し（実紀）、九月一二日には旧鷹場を復活している（寛保集成一一二三）（図31）。さらに九月一六日には鷹師と鳥見の職若干名が任命され（実紀）、一二月二三日には本郷に鷹坊が完成し（実紀）、この間に鷹場に関するいくつかの禁制（寛保集成一一二四、一一二五、一一二六、牧民金鑑）が出されている。翌享保二年（一七一七）正月には吉宗の旧領松阪から、鶴の飼付に当る網差《あみさし》甚内が呼び寄せられ（御由緒書上）、二月には鷹の餌を捕獲する餌差が任名され（御場御用留）、五月には早くも第一回目の鷹狩が催されている（実紀）。以後吉宗の鷹狩は枚挙にいとまがないが（実紀）、その間にも鷹場、鷹狩に関する御触書が数多く出されている（正宝事録一五六一、寛保集成八〇〇―八一二、一一二六―一一五六他）。吉宗が鷹狩に新しく取り入れた方法に網差《あみさし》（飼付）がある。享保二年（一七一七）正月に上京した網差甚内は、小松川で鶴の飼付を行い、同年一二月の鷹狩で吉宗は見事鶴の捕獲に成功している（実紀）。こうした鷹狩の獲物を確保するための飼付は鶴のほか白鳥、雁、鴨、鸐、鷺等で行われ、以後将軍の鷹狩はこうした飼付場を中心に行われるようになる。一方享保三年（一七一八）一〇月に初めて行われた駒場野の追鳥狩は（泰平年表）、以後長く幕府の年中行事の一つとして定着するが（幕朝年中行事歌合）、ここでも鶉の人工飼育が行われている（実紀）。享保元年（一七一六）に完成した本郷弓町の鷹坊は、享保二年（一七一七）の火災で焼失したため、同年二月に同じ本郷追分に再建され、八月には雑司ヶ谷、千駄木の二カ所に移され（実紀）、以後幕末までこの場所に設けられている。享保六年（一七二一）江戸市中の鷹坊の鷹が数多く病気に感染したため、享保七年（一七二二）には八王子にも新たな鷹坊が開設されている（実紀、民間省要）。

将軍家の鷹は御三家を始め、全国の諸大名から献上されたものであるが、慶長一二年（一六〇七）以降は将軍の代替りの際に朝鮮国王からも献上されるのが恒例となっている（実紀）。国内では松前、陸奥、津軽、南部等、東北地方に名鷹が多く、それらの諸大名から鷹が献上される際には、通過する諸国の大名たちに幕府から予め申し入れが行われている（令条二四）。献上される鷹は当歳の黄鷹《わかたか》で、その年に巣鷹として捕えられたものであるが、これについてもいくつかの御触書が出されている（実紀、天明集成一七六七）。御三家のうち尾張藩は、領内に木曾谷を領有しているため、そこで捕れた巣鷹（または鷂）は寛永元年（一六二四）以降、毎年将軍家に献上されており（実紀）、その捕獲法は『木曾産物留書』に詳しい。一方鷹を飼育するための餌は餌差（指）によって集められたが、彼らは古くから餌取、屠児と呼ばれて悪行が絶えず、江戸時代に入ってからも人々から嫌われる存在であった（民間省要）。享保七年（一七二二）には民間の業者に委託されるようになったが（寛保集成一一五一）、これも問題が多く（宝暦集成七三六）、しばしば交替させられている。江戸末期に餌鳥屋から幕府に納めた餌鳥の種類、値段、数量等を『餌鳥会所記録』によって見てみると、天保五年（一八三四）から一一年（一八四〇）までの五カ年間の平均で、一年当たり雀六三万六二二三羽に上り、その値段は高値の時は銀百文に付き雀三羽、下値の時は八羽替となっている。また堂鳩は高値の時は拾羽に付き銀三貫文、下値の時は一貫二百文となっている。堂鳩は江戸市中だけでは賄いきれず、大阪からの呼下し堂鳩が用いられ、これは一羽に付き銀二分替となっている。餌鳥に用いられた鳩は堂鳩のほかに真鳩と白鳩があり、堂鳩が雀に換算すると八羽であるのに対して真鳩は七羽替、白鳩は六羽替となっている。真鳩とはキジバト、白鳩はシラコバトの事であろう。こうした餌鳥を捕らえる餌指あるいは鳥指の様子は『絵本江戸風俗往来』に記されている。将軍が鷹狩の際に昼食をとる場所は御膳所《こぜぜ》と呼ばれ、各地の寺院が用いられたが、幕末の御膳所は『詞曹雑識』に記されている。将軍の鷹狩に関連して、鷹の捕った鶴・白鳥の朝廷への献上、雁・鴨・雲雀の幕臣への下賜があり（実紀）、献上された鶴は、正月一七日宮中の舞御覧の前に鶴の庖丁が行われ（松屋筆記一一一—三九）、下賜された雁・鴨・雲雀等を饗応する際には、それに関する注意が触れ出されている（寛保集成一〇五四他）。吉宗以後の歴代将軍も鷹狩を好み、鷹場の保全に努めているが（宝暦集成七三七—七四〇）、一三代家定の頃になると獲物が減少し、鷹狩の土産に草花を持ち帰るといった状況になり（内安録）、文久三年（一八六三）一四代将軍家茂の鷹狩を最後に幕を閉じる事となる（続実紀）。

その他の鷹に関する出来事としては、古くから白鷹がもてはやされ、天武四年（六七五）東国から献上されたのを始めとして、大伴家持が『万葉集』に詠んだ「四一五四　白き大鷹」、醍醐天皇の白兄鷹《しらぜう》（白鷹記）、『吾妻鏡』建久五年（一一九四）の「白大鷹」、織田信長の「しろの御鷹」（信長公記）、徳川家康の「白鷹」（実紀）、徳川家光の「純白の鷹」（実紀）等、古来鷹を好んだ者が一度は手にしているほか、寛延元年（一七四八）、三年（一七五〇）には越後国で（越後名寄）、寛政八年（一七九六）には秋田領で捕獲されている（杉田玄白日記）。こうした白鷹について『本朝食鑑』は「一種背腹白く觜灰白、此れを白鷹と謂ふ。又爪にいたる迄白き者を呼て雪白の鷹と謂ふ」としている。こうした白鷹のほかに、寛政一一年（一七九九）には斑替りの鷹の探索が命じられているが（牧民金鑑）、捕獲された記録は見られない。鷹の営巣・産卵の記録は、古く延暦一七年（七九八）に主鷹司が北山に放した鶬が、三羽の雛を生じており、嘉永元年（一八四八）には江戸護国寺の松の梢でオオタカが産卵・育雛した記録が見られる（武江年表、藤岡屋日記）。将軍家の鷹狩にクマタカが用いられた記録はないが、一部民間の猟師によって使用され、『本朝食鑑』は「常奥の山猟、毎に之れを養ふて馴れ教へ以て兎猿雉鶡《やまどり》の属を攫る。最も猛棲脱する事無し」としている。タカ類は以上のように鷹狩に用いられたのが主要な用途であるが、古く『本草和名』に「鷹矢白《たかのくそ》」とあるように、糞は医薬として用いられ、『宜禁本草』は「傷撻を主とし瘢を滅す」としている。またクマタカの尾羽は斑文が美しく、最高の箭羽とされ、鷹の翼の裏羽は君知らずと呼ばれて揚弓の箭羽に用いられている。鷹の捕獲法は『日本山海名産図会』、『中陵漫録』三、『奥民図彙』等に記されている。

四三、ダチョウ　駝鳥、駄鳥

ダチョウはアフリカ・アラビア地方の砂漠や草原地帯原産の世界最大の鳥類で、我が国では近縁のヒクイドリ等と一緒にして大鳥とも呼ばれている。白雉元年(六五〇)の『扶桑略記』に「鴦羅国大鳥を献ず。其の形駝の如く、能く銅鉄を食ふ」とあり、ダチョウ舶載の最初の記録と見られるが、『日本書紀』にはそうした記事は見られない。これは恐らく中国本草書の『本草拾遺』に「駝鳥は駝の如く、西戎に生ず。高宗の永徽中(紀元六五〇—六五五)に吐火羅、之れを献ず」とあるのを誤記したのではないかと思われる。次の記事ははるかに下って、永禄一二年(一五六九)にポルトガルの宣教師ルイス・フロイスから織田信長に駝鳥の卵が贈られている(耶蘇会士日本通信)。本物の駝鳥が舶載されたのは慶長一七年(一六一二)が最初で(実紀)、その模様を記した『当代記』は「ヲランタ国より来る仁、鳩の比なる鳥一、大鳥一、何も生鳥を駿府江戸へ進上すへきとて京都迄上る、(中略)大鳥は頭は鶴に似たり、背の毛は猪の背の毛に似たり」と記している。江戸時代ダチョウとヒクイドリとはしばしば混同されているが、頭が鶴に似ているとあるので、鶏冠《とさか》をもったヒクイドリではなく、ダチョウと見て間違いあるまい。続いて万治元年(一六五八)にオランダ商館長から「ほうよろすてれいす」が将軍に献上されている(実紀)。「ほうよろすてれいす」はダチョウのオランダ名ストロイスホウゲルの転訛で、『本朝食鑑』は鳳五郎として「往年蛮国より献す」とし、『増訳采覧異言』は「和蘭、呼ンデ斯多魯福阿業児《ストリコホアゲル》ト云フ、多ク亜弗利加洲、及ビ亜刺比亜、百児西亜等ノ諸国ノ荒曠旱湿ノ地ニ産ス、(中略)其ノ卵、大キサ小児ノ頭ノ如シ、殻甚ダ堅キヲ以テ、コレニ金銀ヲ鏤嵌シテ盃器トナスト云フ」と記している。安永七年(一七七八)長崎を訪れた三浦梅園は、吉雄耕牛宅でドウケザルを始めとして、白鷴、孔雀、尾長雉等と共に駝鳥が飼育されていた事を記しているが(帰山録)、これは翌八年(一七七九)将軍に献上されたヒクイドリの誤りであろう(蒹葭堂日記)。『飼鳥必要』は駝鳥について「天明中、長崎へ持渡しは薩州え廻る、其後渡たるは大阪鳥屋丸屋四郎兵衛方にて、諸国にて見せものに出し、世の人是を見たり、云々」と天明年間に二度船載された事を記しているが、見世物となったのは寛政元年に渡来した火喰鳥の事ではあるまいか（兼葭堂雑録）。『蘭畹摘芳』は正確にダチョウの産地、形態、生態などを記し（図260）、「亜臘皮亜《あらびあ》の人此の鳥を猟す。啻々其の羽毛を得んと欲するのみならず、其の腴肉を併せて之れを取り、食饌に供し、乾腊して之れを食ふ。甘美殊に甚し。云々」と記し、同一著者の『蘭説弁惑』にも図が載っている。これより先、天明五年（一七八五）に大阪の難波新地で催された唐土の開帳には、木村孔恭の所持していたストロスホウゴルの卵が出品されている（筆拍子）。駝鳥あるいは火喰鳥の卵について『本草綱目啓蒙』は「駝鳥卵船来あり、大さ三四寸長さ六七寸、殼厚し、彫刻して器物と為ものもあり」とし、『蘭説弁惑』も「卵殻を酒注・杯盞などに造る」としているので、相当数のものが船載されたものと思われる。ただし駝鳥の卵であったか火喰鳥の卵であったか明らかでない。

図260　ダチョウ（蘭畹摘芳）

四四、ちん　鴆

鴆とは毒鳥として知られた鳥であり、『本草綱目』は「鴆は鷹に似て大、状殺の如く紫黒色、赤喙黒目、頸長七八寸、云々」としているが該当する鳥は見当らない。我が国ではその毒が鴆毒として知られており、『律令』賊盗律第七に「鴆毒。治葛。烏頭。附子の類。以て人を殺すに堪ふる者を以て、将に人を薬するに用ひ、云々」とあり、天平神護元年（七六五）の改元の勅の中にも「鴆毒天下に潜行し、云々」と見えている。実際に鴆毒を用いた例は宝治二年（一二四八）の『吾妻鏡』に「佐々木法橋が孫子等、鴆毒を兄に与へ、殺さんと欲す」とあるのを始めとして、永禄六年（一五六三）には三好義興が、翌七年（一五六四）には三好長慶が、一〇年（一五六七）には武田義信が鴆毒によって殺害されている（当代記）。こうした鴆毒は酒に混ぜて用いられる事が多く、『将門記』

に「偏に鴆毒の甘きに随ひ、云々」とあるように、その味は甘いといわれている。この毒に対する対策は『世俗立要集』に「漢土ニ鴆ト云鳥アリ。其鳥ノ羽ノ虵入ツル酒ヲ鴆酒ト云。此酒ヲ飲ツレバ必死スト云々。其薬ニ梅干ヲ用ル」として梅干の用法を記している。鴆毒は酒に混ぜたばかりでなく、飯にも入れられ、『御随身三上記』永正九年（一五一二）にその見分け方が記されている。このように鴆毒は広く用いられているが、その鳥がどのようなものであったのか明らかでなく、毒素として用いられたのは亜砒酸ではないかといわれている（鳥名由来）。

四五、ツグミ　鶫

ツグミは秋大群を作って渡来する冬鳥で、『倭名類聚抄』は「和名豆久見《つくみ》」としている。宝徳元年（一四四九）の『康富記』に「朝食を賜う。鶫を賞翫也」とあるように、美味なため古くからもてはやされ『三好筑前守義長朝臣亭江御成之記』にも「十六献、つぐみ、かも」とある。つぐみは宮中の女房詞では「つもじ」と呼ばれている（大上臈名事）。『海人藻芥』は「ツグミヲ供御ニハ備ヘザル也」としているが、『倭訓栞』は「禁中に正月十五日の内は、つぐみの焼鳥毎日あるよし、内々行事に見えたり」と記し、さらに「此の鳥を才暮の節物とするは、嗣身の義を祝ふ也、四季物語に追儺の夜は朮《をけら》のもちひつぐみの鳥など焼き奉ると見えたり」としている。『和漢三才図会』、『物類称呼』にも「京師にて除夜毎に、是れを炙り食ふを祝例とす」とある。『料理物語』は「（つぐみ）汁、ころばかし、やきて、こくせう」と記している。『本朝食鑑』は「性好んで螻蛄《けら》を食ふ、故に之れを捕る人、多く竹木を削りて黐を塗り擌と為して以って樹枝に夾み、或は羅を林間に張り、糸を用いて螻を繋ぎ、竹竿に著けて之れを棹す、則ち群鶫螻を見て相集ひ、竟に羅擌に罹る、（中

図261　ツグミ（梅園禽譜）

略）或は曰ふ、鶫山茶花を食して腸皆盡くと、山茶は椿也、此の時人鶫を殺し嘴を開き醬を入れ、羽毛を抜きて炙り食す、則ち肚に腸無くして味最も佳し」とその捕獲・料理法を記している。このように美味なため、寛文五年（一六六五）には厨膳にのせる期日が九月からと規制されている（実記）。『日本釈名』は「此鳥口つぐんでなかず、故に名づく」としているが、鳴かないわけではないが美声ではない。それに反して同じツグミ亜科のクロツグミは美声で、篭鳥としてもてはやされている（親俊日記、実記）。『藤岡屋日記』は嘉永四年（一八五一）一一月六日に「御鷹の鶫二宛、老中・大和守、奥に於て拝領す」としているが、鶫が将軍の鷹狩の獲物とされた例は他に見られない。『武江産物志』はツグミの名所に千住をあげている。

四六、ツバメ類　燕

我が国に渡来する燕には、ツバメ、コシアカツバメ、イワツバメ等数種のものが知られているが、特別の場合を除くと単にツバメと総称されている。『万葉集』に「四一四四　燕来る時になりぬと雁がねは本郷《くに》思ひつつ雲隠り鳴く」とあるように、奈良時代の昔からツバメとガンとは候鳥の代表とされており、七十二候では十三候（清明、陽暦四月五日頃）に「つばめ来る」とあり、四十五候（陽暦九月二〇日頃）に「つばめ去る」とある。『本草和名』、『倭名類聚抄』はいずれも「和名都《つ》（豆）波久良女《ばくらめ》（米）」とし、『新撰字鏡』は「豆波《つば》比良古《ひらこ》」としている。『延喜式』治部省の祥瑞では赤燕を上瑞としているが、赤燕が捕えられた記録はなく、代りに白燕が天智六年（六六七）を始めとして度々献上されている（紀、続紀、後紀、三実、紀略）。『今昔物語集』三〇—一三に「其ノ家ニ巣ヲ咋《クイ》テ子ヲ産ヌル燕ヲ取テ、雄燕ヲ殺シテ、雌燕ニハ頸ニ赤キ糸ヲ付テ放ツ。然テ明ル年ノ春、燕ヲ待ツニ、其ノ雌燕他ノ雄燕ヲ不具ズシテ、頸ニ糸ハ付乍ラ来レリ。

図262　ツバメ（蒹葭堂『禽譜』）

云々」という説話が載っているが、渡り鳥に標識を付けて放すという発想は現代に通じるものがある。ツバメの糞は薬種として用いられ、『頓医抄』は「小児アカクサクサノ内ヘ不入治方」として「燕ノ屎ニ、鶏ノ羽茎ノ中ニツ、モリタル血ヲシボリ、ソレニテヨキ酢ヲ少入テ、カキ合テノメ、則ナヲル也」としている。

江戸時代に入って寛文六年(一六六六)松平丹後守が青燕一雙を献じたとあるが(実紀)、何燕か不明である。燕は『芭蕉句集』に「六五　盃に泥な落しそむら燕」とあるように、人家に泥で巣を作って仔を育てる。『本朝食鑑』は「凡そ一たび巣を営する之家、年々旧に依て相ひ忘れず、若し一年も巣を営なまざれば則ち其の家必らず殃《わざは》ひあり」としている。『本朝食鑑』は別に「石燕《あまつばめ》」を取り上げ、『大和本草』は通常のツバメを越燕、イワツバメを胡燕と区別しているが、イワツバメも通常のツバメ同様、夏鳥として我が国に渡って来る。『一話一言』補遺三の「秋田白燕」はイワツバメであろう。『百姓伝記』九は「また枝竹を植田にさし置、なわをはりてをけば、小鳥羽をやすめ、稲に付虫をとりくらひ、虫失るなり。小鳥の中にもつばめは二月より八月迄たくさんに有物成が、諸虫を餌とする。つばめのふんは水草に大どくなる故、こつぜんと田の草うすくなるぞ」とツバメが害虫駆除に役立つとともに、その糞が雑草防除に役立つことを記している。燕の糞は上述のように薬種としても用いられ、『本朝食鑑』はその薬効として「蠱毒、瘧疾、邪を逐ひ、淋を通し、小水を利し、目翳《そこひ》を去り、突眼を愈し、口瘡を治す」としている。『甲子夜話』三〇―二一は「燕の巣にさまざまあり」として「その形壺の如し」としているのはコシアカツバメの巣であろうか。また三〇―二二では、加賀国では燕を塩漬にして兵食として保存する風習のあった事を記している。

四七、ツル類　鶴

ツルはツル科の渡り鳥の総称で、我が国には数種のものが飛来するが、中ではタンチョウヅルが最も有名である。鶴の骨は各地の縄文貝塚から出土しているので、古くから食料とされて来た事は明らかであり(縄文食料)、古墳時代末期の装飾古墳の中には、鶴の図柄を描いたと思われるものが発見されている(古代史発掘8)。有史時代に入って天武一一年(六八二)には数百の鶴が宮中の上空を飛翔した事が記録されている(紀)。『万葉集』には鶴を詠んだ歌が五〇首近くもあり、「つる」あるいは「たづ」と読まれている。その多くのものは「二七一　桜田へ鶴鳴き渡る年魚市潟《あゆちがた》潮干にけらし鶴鳴き渡る」とか、「一〇六四　潮干れば葦辺に騒く白鶴の妻呼ぶ声は宮もとゞろに」といったように鶴の鳴声を歌ったものが多く、その他の歌もすべて鶴の情景を詠んだものばかりである。しかし『古今和歌集』になると「三五五　鶴亀もちとせのちはしらなくにあかぬ心にまかせはててん」といったように、鶴を長寿の鳥とした賀歌が見られるようになる。これは平安時代初期に中国から鶴を長寿とする思想が入って来たためで、『続日本後紀』嘉承二年(八四九)三月二六日の天皇四〇歳の賀の長歌の一部にも「沢の鶴、命を長み浜に出でて、歓び舞て満潮の断ゆるとき無く万代に皇を鎮へり云々」と歌われている。また『枕草子』は「四一　(前略)鶴は、いとこちたきさまなれど、鳴くこゑ雲井まできこゆる、いとめでたし。云々」と記している。こうした鶴を瑞鳥とする思想は以後長く我が国に定着する事となる。『延喜式』では玄鶴を上瑞としているが、実際に献上された記録は見られない。鶴は飼鳥として貴族の庭園でも飼育されており、平城京の長屋王邸跡からは「鶴三隻米四升」と記した木簡や、「鶴司《つるのつかさ》」と記した木簡が出土しているので(平城京長屋王邸宅と木簡)、邸内で専属の飼育係によって飼育されていた事がわかる。『栄花物語』は花山院の「ひなづるをやしなひたて、松がえのかげにすませんことをしぞ思ふ」という御製を載せているが、当時すでに鶴の繁殖に成功していたのであろうか。仁平元年(一一五一)には、藤原頼長が東三条に堕ちた鶴の羽を切って、それまで飼って来た鶴と一緒に飼育した記事も見られる(台記)。鎌倉時代に源頼朝の放した鶴が江戸時代に入っても毎年飛来する話が『本朝食鑑』や『三養雑記』に載っているが、鶴の寿命はせいぜい四、五〇年とされているので(動物の事典)、事実とは思われない。

一方鶴は鳥類の中でも最も美味な鳥の一つとされ、安貞元年(一二二七)の『明月記』には、公卿たちの一部のものが鶴・鵠を食べた事を記している。『海人藻芥』は「大鳥ハ白鳥、雁、雉子、鴨、此外者供御ニ備ヘザルナリ」としているが、『御湯殿の上の日記』によると鵠、菱喰、雁、雉、山鳥、鷺、鶉、雲雀等と共に宮中にも献上され、近世に入ると御前で鶴の庖丁が行われ、参列者に饗されるようになる。鶴の庖丁は『本朝食鑑』に「近代禁裡、毎歳始め例して鶴の庖刀と云ふ者有り、庖人の祕する所にして妄に其の儀を伝へざる也」とあるように、その調理法は『四条流庖丁書』、『大草家料理書』、『庖丁聞書』などには記されていない。『料理物語』によると、鶴は「汁、せんば、さかびて、其外色々」とあり、「(つるの汁)だしにほねを入せんじさしみそにて仕立候、さしかげん大事也、云々」とある。鶴汁については天文二一年

（一五五二）の『言継卿記』に「一条殿へ参る。鶴汁之れ有り」とある。『本朝食鑑』、『大和本草』は黒鶴《なべづる》が最も美味で、丹頂鶴は「肉硬く味ひ美ならず」としている。

江戸時代には鶴は将軍の鷹狩の最高の獲物とされ、年末に行われる鶴の御成の獲物は、宮中に献上されるのが恒例となり、『幕朝年中行事歌合』にも「すべらきの千世のおもの、ためしとや鶴の御狩に君が出らむ」と歌われている。将軍が鷹狩で得た鶴の種類は、『徳川実紀』に記されているものだけでも丹頂、白鶴《そでぐろづる》、黒鶴《なべづる》、真鶴、玄鶴の五種にのぼり、ほかに寛文二年（一六六二）には紀州侯からアネハヅルが献上されている（承寛襍録）。『大和本草』はツルの種類として「本邦ニハ黒・白・マナツル・丹鳥・アネハヅルアリ」と五種をあげ、丹頂について「其形白鶴ノ如シ、色ハ黒シ、頭赤ク、足黒シ、松前ニ居ル、西州之レ無シ」としている。『徳川実紀』は寛永一八年（一六四一）一一月二七日の条で「こたび鷹にて丹頂の鶴とり得しかば、大内へ駅進せらる」と記し、一二月一三日にその鶴を捕った戸田久助に金銀を贈っている。これから見るとタンチョウの飛来は関東地方でもそれ程多くはなかったものと思われる。五代将軍綱吉は生類憐みの一環として、江戸小石川で野鶴の飼付けを行っているが（実紀）、この鶴が飛来した土地の名残りとして、現在も東京の新宿区には鶴巻町という地名が残されている（南向茶話）。八代将軍吉宗も鶴の飼付けを行っているが、これは鷹狩の獲物を確保するためのものである。吉宗はこのほか享保六年（一七二一）の亀戸の鷹狩の際に鶴血酒を、九年（一七二四）には鶴血丸という丸薬を希望者に与えているが（実紀）、『本朝食鑑』によると鶴の血は「気力を益し虚乏を補ひ婦人の一切の血症を調へる」効果があるとされている。『続徳川実紀』附録によると一一代将軍家斉の時代にも、鶴の御成で鶴が捕れた時に、鶴血酒を賜わるのが恒例となっている。こうした効能からであろう、京都では生きた黒鶴を売る店があり（雍州府志）、江戸市中でも寛文五年（一六六五）に鶴の販売期日が八月から一一月までと定められ（実紀）、綱吉の時代にはその販売が禁止されている（令条四八二）。

鶴の売買は食・薬用ばかりではなく、京都ではよい鶴を飼って「鶴合せ」が行われており（京都町触一三四三）、『嬉遊笑覧』一二によると「飼ふに費多きものは丹頂の鶴なり。一日の料、鰻鱺銀三匁、泥鰌三匁五分、玄米二升なり。一年に積りて凡金二十二両許り飼料にのみかゝる」とあるので、「鶴合せ」に参加できたのは余程の富豪たちだけであったろう。鶴の利用法はこれまでに記して来たもののほか、羽が鶴の本白《もとじろ》と呼ばれて矢羽根に用いられ、茶会の鳥箒としても好まれている（御湯殿）。また脛骨は磨いて櫛・笄に作られ、『難波噺』明和七年（一七七〇）一二月二四日の条に「鶴の足一本もとむ。是にて笄四本になる也」と記されている。『百千鳥』は丹頂鶴を「庭篭に入て雛を生ず」としているが、鶴の育雛の記事は慶安二年（一六四九）の『徳川実紀』に「松平越後守が庭に飼置たる鶴、雛をうみしとて、その雛をそへて献ず」とあり、延宝元年（一六七三）にも斑毛の丹頂雛鶴が献じられている（実紀）。『本朝食鑑』は「其の卵椰子の大きさの如し。一孕四五子を生む。或は八九子、初めは黄毛白嘴、短翼、長脛にして浅蒼色なり」と記しているが、通常鶴の一回の産卵数は二個で、二個の卵を生むと抱卵を始めるといわれている。『甲子夜話続篇』一六―一二にはそうした産卵習性が正確に記されている。江戸時代には鶴を殺した者は死罪に処せられたといわれており、『桃源遺事』には水戸光圀が鶴を殺した百姓を手打にしようとした話が載っているが、実際には貞享二年（一六八五）に所属の同心が鶴を捕った鷹匠頭の間宮左衛門でさえ閉門であり（実紀）、天保二年（一八三一）に鉄砲で鶴を打ち取った伊東主膳も主家にお預けとなっただけである（泰平年表、藤岡屋日記）。また同年一二月に鶴七羽を捕った武州戸田川付近の百姓父子は（天保雑記）、父親が中追放、子供が所払いに処せられたにすぎない（牧民金鑑）。ただしこのうち伊東主膳については打ち取ったのは鶴ではなく、雁であったともいわれている（甲子夜話続篇六四―三）。

現在我が国の鶴の渡来地は北海道の釧路湿原のほか、本州では九州の出水、山口県の八代の二ヵ所に限られているが、江戸時代には江戸周辺を始め、日本各地に飛来している。九州地方については『筑前国続風土記』にその飛来地が詳しく記されており、『西遊記』二―一六はそれらの鶴が屋久島上空を経て北帰する事を記している。また天明九年（一七八九）同地を訪れた司馬江漢は、直方平野に真奈鶴《まなづる》、黒鶴《なべづる》のほかに「全身白く、尾の先少々黒き処ある」白鶴が飛来する事を記している（江漢西遊日記）。文政九年（一八二六）江戸参府に上ったシーボルトも木屋瀬でツルが各所に群をなしているのを見ており、小倉の獣肉店で三種のツルを購入している（江戸参府紀行）。なお、同地方の鶴については以上のほか『川路聖謨日記』、『塵壺』等にも見聞が記されている。また『在阪漫録』によると播州餝西郡広畑村には毎年黒鶴、なべ鶴、白鶴の三種が百羽、五十羽くらいずつ群れて飛来し、二、三日休息して再び飛び去ったとされている。『武江産物志』によると江戸末期まで江戸市中の本所、千住、品川の三ヵ所が鶴の渡来地としてあげられているが、これら三ヵ所は将軍の鷹狩のために鶴の飼付が行われていた所で、『名所江戸百景』の「蓑輪金杉三河島」(千住)にもタンチョウヅルが画かれている(図263)。北海道のツルについて『松前志』は「白鶴あり、蒼鶴あり、黒鶴あり、丹頂殊に多し」とタンチョウの多い事を記しているが、ほかに白鶴《そでぐろづる》、蒼鶴《まなづる》、黒鶴《なべづる》が飛来していた事を認めている。また「蝦夷も亦好て鶴雛を捕て育て、名をサルルンと云。是は鴾鶴《まなづる》を云。丹頂をオシロチカプと云。夷中酒宴酣に及べは、必ず此サルルンの飛揚するの舞曲をなし楽むなり。云々」とアイヌ人が鶴の舞を楽しんだ事を記している。ただし上の記述が正しいとすると、鶴の舞はマナヅルの舞であって、現在の丹頂の求愛行動を模したものとする意見とは相違している。北海道のツルについては『松浦武四郎紀行集下』の「石狩日誌」、「夕張日誌」、「天塩日誌」等にも「鶴多し」と記されている。

図263　三河島のタンチョウヅル(名所江戸百景)

四八、トキ　朱鷺、鴇、鴾、桃花鳥

トキにはニッポニア・ニッポンという、我が国を代表する学名が与えられているが、残念ながら現在は牝一羽が残っているだけで、絶滅は時間の問題である。『日本書紀』安寧元年一〇月一一日の桃花鳥田丘《つきたのおか》、垂仁二八年一一月二日、宣化四年(五三九)一一月一七日の桃花鳥坂《つきさか》の桃花鳥はトキの古名とされており、トキが古代には広く大和地方に分布していた事を物語っている。しかしトキは『万葉集』や『古今和歌集』等には全く取り上げられていない。『倭名類聚抄』は鴇を「和名豆木」とし、異名として紅鶴、桃花鳥をあげている。『延喜式』神祇四「伊勢太神宮神宝」の中に「須我流横刀一柄」があるが「其の鞘金銀泥を以て之れを画き、柄鴾の羽を以て之れを纒ふ」とあり、トキの羽が装飾に用いられている。トキの羽はこのほか『古今著聞集』「三四九　上六大夫遠矢を射る事」によると矢羽根としても用いられており、『庭訓

図264　トキ（華鳥譜）

往来』、『尺素往来』にも同様の使用法が記されている。なお『庭訓往来』では五月状返信の中で「初献の料」として鴇があげられているが、中世の料理書でトキを素材として取り上げているものは見られない。ただし『本朝食鑑』に「其の味はひ美なりと雖も臊気有り之れを煮るときは則ち脂肪紅玉の水に浮くが如し故に之れを食ふ者少し亦上饌と為さず云々」とあるので、一部では食べられていたものと思われる。

八代将軍吉宗は、享保四年（一七一九）、寛保三年（一七四三）と東葛西の鷹狩で朱鷺を捕っており、享保末期に丹羽正伯が行った諸国産物調査によると、当時トキは山陰、北陸から関東以北にかけて広く分布していた事が示されている（江戸諸国産物帳）。一〇代将軍家治は明和元年（一七六四）小松川で黒とき二羽を捕ったのを始めとして、三年（一七六六）、五年（一七六八）、七年（一七七〇）、天明四年（一七八四）と黒ときを捕獲し、次の一一代将軍家斉も寛政年間（一七八九—一八〇〇）の鷹狩で黒鴇四羽を捕った事が記録されている（実紀）。トキにはクロトキと呼ばれて頭部から頸部にかけて黒色のトキがおり、将軍が捕獲した黒鴇がそうした別種のクロトキであった可能性も否定する事は出来ないが、現在のクロトキの分布状況からすると、それが迷鳥として我が国に飛来した可能性はそれ程高いとは思われない。一方トキは繁殖期の冬に入ると、頭背部に黒い繁殖羽を生ずる性質があり、家治が黒ときを捕った時期は、いずれも一一月から一月の繁殖期に当っているので、黒色の繁殖毛を生じた鴇を黒ときと呼んだ可能性もある。『啓蒙禽譜』はそうした鴇を「脊黒トキ」と呼んで彩色図を載せている。また『観文禽譜』も黒鴇の形状を記した上で、「常にときの中に群居す。関東奥州に間々これあり」と記しているが、はたしてこれが別種のクロトキを指すのか、繁殖期の「脊黒とき」を指すのか不明である。文政九年（一八二六）江戸参府に上ったシーボルトは、北九州の木屋瀬地方でトキが時として百姓の張った羂縄に掛る事を記し（江戸参府紀行）、彼が滞日中に手に入れた標本はトキを世界に紹介する端緒となっている。文久三年（一八六三）に来日したアンベールは『アンベール幕末日本図絵』の中で、浅草の小鳥屋でトキを売っていた事を記し、『武江産物志』はトキが幕末まで江戸の千住で見る事が出来た事を記している。

四九、トビ　鳶、鵄、鴟

トビはワシタカ科の鳥類であるが、鷹狩には用いられていない。トビの骨は縄文時代の貝塚から出土しているが（縄文食料）、ワシタカの類を食料とした記録は見られないので、はたして食用にされたかどうか不明である。トビは神武東征神話の金鵄で有名であるが（紀）、史料としては天武四年（六七五）の白鵄が最初であろう（紀）。貞観一八年（八七六）には鵄と烏とが闘った記事（三実）、延喜一三年（九一三）には殿中に鵄が飛び入って鼠を捕え（紀略）、天延二年（九七四）には時杭を咋え抜いた記事が見られる（紀略）。トビは『本草和名』に「鵄頭、和名止比乃加之良《とびのかしら》」とあり、『倭名類聚抄』も「鴟、和名土比」としているので古代からトビと呼ばれて来た事がわかる。トビは悪食でも知られており、延久元年（一〇六九）には傷胎を落し（土右記）、天永二年（一一一一）には死んだ子供の足を食った事が記録されている（殿暦）。これより以前天仁二年（一一〇九）には、皇居の天井裏に鳶がいたため、天皇が内裏に還幸されており（百錬抄、殿暦）、嘉禄元年（一二二五）、寛元四年（一二四八）、建長四年（一二五二）、文応元年（一二六〇）には殿中に飛び込んだり、死んだ記事が見られ（吾）、明応五年（一四九六）には皇居内に鳶が飛び込んでいる（御湯殿）。こうした出来事が記録されているのは、当時は野鳥が家屋内に入る事を不吉とする風習があったためである。永禄一二年（一五六九）山科言継は拝領し

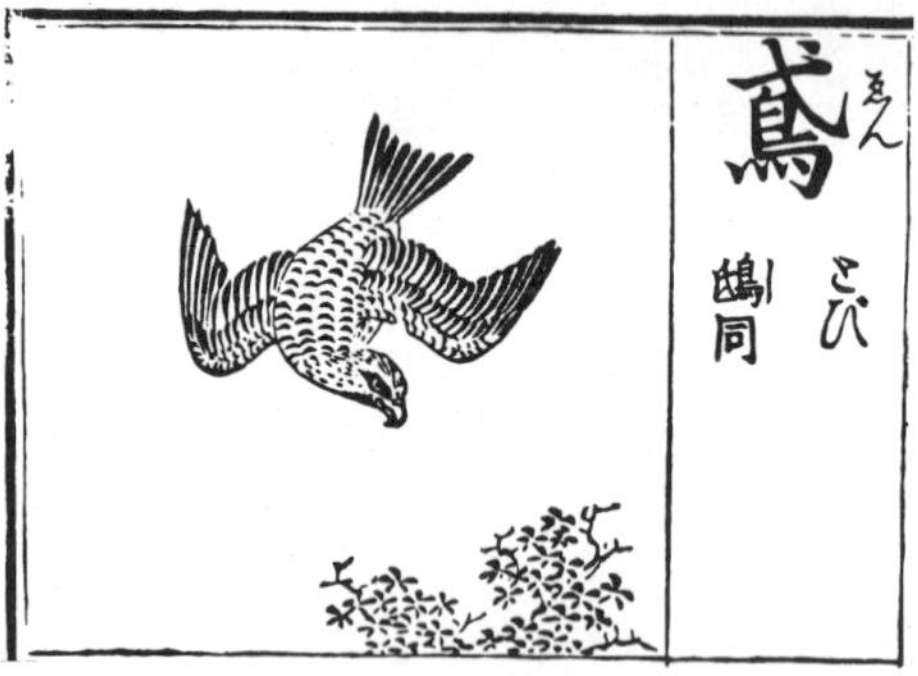

図265　トビ（訓蒙図彙）

た鯨三切のうち一切を鵄にさらわれた事を記しているが（言継卿記）、当時は鯨の肉は貴重品であったので、その無念さが文中から読みとれる。『就狩詞少々覚悟之事』によると鳶は「射まじき鳥」とされている。江戸時代に入って、綱吉の生類憐み令が施行されていた間は、毎年のように鳶の巣を取り払うよう触書が出され（令条四九一、四九六、五一〇）、集められた鳶は烏等と共に伊豆諸島に放されている（実紀、民間省要）。鳶の巣を取り払うように指示した触書は、八代将軍吉宗の時代、享保一四年（一七二九）、一六年（一七三一）にも出されている（実紀）。宝永六年（一七〇九）には京都に白鳶が現れた記事が見られる（続史）。『和漢三才図会』は鳶を「毎に鳥の雛猫の児等を捉り、人の携し所の魚物豆腐等を攫む。総て鳶鴉は害有て益無し」としている。

五〇、ニワトリ　鶏

ニワトリは東南アジア原産の野鶏を家畜化したもので、中国では紀元前三千年頃にはすでに飼育されていたといわれているが（家畜文化史）、我が国では紀元前一千年頃の、縄文時代晩期の貝塚から出土した地鶏系の骨が最も古いものとされている（古代遺跡発掘の脊椎動物遺体）。次いで弥生時代後期の登呂遺跡からも鶏の骨が出土しており（登呂 本編）、土師期時代の平出遺跡からは小国《しょうこく》と見られる鶏骨が出土している（古代遺跡発掘の脊椎動物の遺体）。地鶏は原種である野鶏の特徴を強くもった赤褐色の鶏であるのに対して、小国は長尾、長鳴性の鶏で、標準的な体色は腹面が黒く、それを頸から背面にかけて白色毛が蔽った白藤《しらふじ》と呼ばれる品種である。『古事記』、『日本書紀』に見られる「常世の長鳴鳥」は小国かと思われるが、『日本鶏之歴史』によると小国は舒明二年（六三〇）から寛平六年（八九四）の間に渡唐した遣唐使によって持ち帰られたものとされている。鶏は『本草和名』に「一名時夜、一名嘱夜、一名時之禽、（中略）和名尓波止利」とあるように、初めは時を告げる性質がかわれて広く飼育され、『万葉集』にも「二八〇〇　暁と鶏は鳴くなりよしゑやし独り寝る夜は明けば明けぬとも」とあり、『神楽歌』にも「八八　鶏はかけろと鳴きぬなり起きよ起きよ我が門に夜の夫人《つま》もこそ見れ」と歌われている。一方鶏は闘争心が強いため闘鶏に用いられ、我が国でも『日本書紀』雄略七年の条に闘鶏の記事が見られる。古墳時代には埴輪に作られ（はにわ）、石造の鶏も作られている。また応神四年（略記）、天智九年（六七〇）、一〇年（六七一）、天武一三年（六八四）には四足の鶏の記事が見られるが（紀）、これは恐らく天武四年（六七五)、五年(六七六)に見られる瑞鶏と同じように(紀)、祥瑞と見なされたものと思われる。天武四年(六七五)には牛、馬、犬等と共に鶏の食用が禁じられ(紀)、翌天武五年(六七六)(紀)、貞観一一年(八六九)(三実)には雌鶏が雄になった記事が見られる。

『古語拾遺』には神代の話として、稲作が蝗害にあった時に白猪・白馬・白鶏を御歳神に献じた話が見られるが、これは後に宮中の祈年祭《としごひのまつり》の際に白馬・白猪・白鶏を供える行事として受け継がれている(延喜式神祇一)。また『延喜式』神祇四によると、皇太神宮の新宮造営の際には、雌雄二羽または四羽の鶏と、鶏卵一〇個または二〇個とが供えられる事になっている。天安二年(八五八)には稲荷神社の空中で二羽の鶏が闘った記事が見られるが(文徳)、本格的な闘鶏は元慶六年(八八二)が最初で(三実)、以後天慶元年(九三八)(紀略)、寛和二年(九八六)(本世)と続き、次第に三月三日の宮中の年中行事として定着してゆく。平安末期の宮中の闘鶏の模様は『弁内侍日記』宝治二年(一二四八)二月二七日、三月三日の条に記されている。闘鶏は宮中のみでなく、貴族、武家、庶民の間でも行われるようになり、万寿二年(一〇二五)には内大臣の家で(紀略)、承暦四年(一〇八〇)には桂山荘でも行われ(水左記)、嘉吉三年(一四四三)には将軍家に大鶏を献上しなかった摂津掃部《かもん》入道が分限を注進させられている(建内記)。闘鶏は元来は神占として出発したとの意見があるように、神社の祠の前で行われ(年中行事絵巻)、源平の決戦の際には、熊野別当湛増は権現の社の前で鶏を闘わせて去就を決したといわれている(平家物語)。なお『源平盛衰記』三二四「宮御位の事」には「白鶏を千羽飼ひぬれば、必ず其家に王孫出来御座《おは》します」といった言い伝えのあった事を記している。

鶏は本来は食肉、採卵を目的として家畜化されたもので、我が国でも最初は食料として舶載されたものと思われるが、仏教思想が導入されるにつれて、次第に食肉は禁止されてゆく(紀、続紀)。しかし鶏卵については戒律がゆるかったのであろう、平安朝時代に入ってからも御贄として河内国、摂津国から貢進されている(侍中群要)。しかし寛和元年(九八五)の『小右記』に「今年より永く卵子を食ふを止む」とあるように、これも次第に自粛されてゆく。中世に入っても最初はまだ「畜鶏の用は時を知るのみ」(建内記)とあり、「射まじき鳥」の一つにも数えられているが(狩詞記)、次第に戒律がゆるみ、『尺素往来』は鶏卵を美物の一つに数え、『鹿苑日録』は文禄五年(一五九五)八月二一日の日記に「晩脯杯を擧ぐ。鶏卵を喫する也」と僧侶までが口にするようになった事を記している。慶長一二年(一六〇七)の『御湯殿の上の日記』には「女御の御かたよりかずのこ、とりのこまいる」と再び宮中にも献上されるようになった事を記している。江戸時代に入ると『料理物語』に「(には鳥)汁、いり鳥、さしみ、めしにも、たまごふわふわ、ふのやき、みのに、丸に、かまぼこ、そうめん、ねりざけ、いろいろ」とあるように鶏肉・鶏卵の料理が数多く行われるようになり、貝原益軒も元禄元年(一六八八)、三年(一六九〇)、五年(一六九二)の日記の中で鶏飯を食べた事を記し(益軒資料)、元禄初期に来日したケンペルも『江戸参府旅行日記』の中で寺社奉行の饗応に卵焼や茹卵が出た事を記している。ただし当時は生類憐み令によって鶏肉食、鶏卵食はまだ穢《けがれ》とされており(寛保集成九五三)、鶏をしめ殺して売買する事も禁止され(令条四八三)、長崎でもその販売が止められている(唐通事日録)。綱吉の歿後、生類憐み令は直ちに解除され、『和漢三才図会』は鶏卵について「筑前豊前多く之れを出す、而かれども畿内の卵の味に及ばず」としている。徳川中期以降になると幕府に「御用玉子」を納める業者が選定され(禁令考)、一般庶民の間でも鶏卵食は常識となる。また鶏肉も肉を売るばかりでなく、専門の鶏肉料理店が出来るようになる。我が国で最も早く鶏肉を食べるようになったのは長崎で、天明八年(一七八八)に長崎を訪れた司馬江漢は、『江漢西遊日記』の中で「鶏肉を食ふ。肉至てやわらかなり」と記している。また同じ九州地方の鹿児島でも、琉球との流通があった事から豚・鶏が早くから食用に供され、天明年間に同地方を訪れた佐藤中陵は『中陵漫録』四の中で、鶏肉料理が何にも勝って美味である事を述べている。江戸末期になると『守貞漫稿』に「鴨以下鳥を食すは常のこと也。然れども文化以来京坂かしわと云鶏を葱鍋に烹て食す事専也。江戸はしやもと云。闘鶏を同製にして売之しやもは暹羅胤なるべし」とあるように江戸・京阪にも鶏肉店が出来、『松の落葉』は「今の世の人、鶏をくふこと常にて、何ともおもひたらぬもあるは、けがらはしくいみじきあやまりなり」としている。『江戸の食文化』によると江戸市内の大名屋敷跡からも食物残渣と見られるニワトリの骨が出土している。大阪については『浪華百事談』に「鶏肉を烹て売舗は今は多くあれ共、天保中には至て少き者にて、北堀江六丁目に鳥屋ありて、表には小鳥を篭に入てならべ売る店にて、其内にて鶏またはあひるを料理して客に売しなり。此家の他には、大阪市中になかりしが、西横浜の東岸清水町の辺に、駄六といふ鶏肉割烹舗開業し大に繁盛するより、同じ河岸の南三津井寺筋の浜に、大豊といふもの又開業して共に繁盛せり。是は天保の季か弘化の事にて、云々」と記されている。

雌鶏が雄鶏になった記録は中世以降も数多く残されており、文安元年（一四四四）（康富記）、寛正元年（一四六〇）（碧山）、文明一六年（一四八四）（続史）、明応五年（一四九六）（続史）、八年（一四九九）（御湯殿）などに見られ、江戸時代にも『東遊記』補遺八〇に取り上げられている。また鶏の奇形については古く天智一〇年（六七一）、天武一三年（六八四）に四足の鶏が見られたが（紀）、四足の鶏は天保二年（一八三一）にも記載があり（桃洞遺筆）、『甲子夜話』八九―七には信濃国の四足の鶏の図が載っている（図266）。三足の鶏は享保一二年（一七二七）（享保通鑑）、寛政九年（一七九七）（ありのまゝ）、文化一三年（一八一六）（猿猴庵日記）に見られる。古く承平四年（九三四）に一頭二体の鶏の雛が献ぜられているが（略記）、弘化二年（一八四五）には逆に両頭の雛の記事が見られる（藤岡屋日記）。鶏の飼育法は『農業全書』に記されており、これは鶏肉・鶏卵を目的としたものであるが、『百姓伝記』は鶏の糞を肥料とする事をすすめている。ニワトリはもとは時を告げるものとして飼育されて来たが、そうした用途は江戸末期になっても失われたわけではなく、『甲子夜話続篇』一八―七は「余自鳴鐘《とけい》は好まざれば、常に矮鶏を養て、鳴声を以て時を計る」と記している。ニワトリの用途には薬用もあり、『中陵漫録』一二には眼疾の薬として「鶏肝丸」の製法を記している。『中陵漫録』一〇はこのほか「寒郷の鶏卵」として奥羽地方では冬になると鶏に青菜を与えなくなるため、鶏卵の黄味の色が白くなる事を記している。江戸時代にも闘鶏は盛んに行われ、宮中（一七四七年他）（続史）ばかりでなく一般庶民の間でも流行し、貞享元年（一六八四）には京都で（大江俊光記）、正徳元年（一七一一）には江戸で禁

図266　四足の鶏（甲子夜話）

止令が出されている（正宝事録一二九七）。また闘鶏賭博も盛んで、明和元年（一七六四）に長崎で（長崎略史）、弘化元年（一八四四）には江戸で禁止の町触が出されている（続泰平年表）。この頃の闘鶏について『飼篭鳥』は「近時東都の市家に養ふ者種々の毛色ありて一度戦場に出して勝ときは種々の名を命じて美賞す。所謂力士の名の如し。其の名高きは価も亦高価なり。（中略）凡そ闘鶏負くる時は其の場にて鶏の冠を削去りて再び闘場に出さぬ様にす」と記し、闘鶏の餌料についても詳しく記している。『守貞漫稿』は江戸末期には鶏卵の水煮を一個二〇文で売り歩く「湯出鶏卵売《ゆでたまごうり》」のいた事を記しているが、明治初期に来日したモースは『日本その日その日』の中で、我が国の鶏卵が余りに小さいのに驚いている。

鶏には色々の品種があり、『多識篇』に列記されているものを整理すると、長鳴鶏（小国）、唐丸（蜀、鶤鶏）、矮鶏（ちゃぼ）、地鶏（丹雄鶏、白雄鶏、烏雄鶏、黄雌鶏）、烏骨鶏の五種となり、これらの鶏は『多識篇』編纂の江戸初期までに我が国にもたらされていた事がわかる。このうち地鶏と小国とは上記のように古く奈良時代には我が国に入っており、唐丸も『年中行事絵巻』に描かれているので、一二世紀中ばには輸入されていたものと思われる。烏骨鶏と矮鶏は『多識篇』に取り上げられたのが最初と思われるので、一七世紀初頭を下限として、それ以前にもたらされたものであろう。『長崎聞見録』は烏骨鶏について「此卵補虚の佳品にて、其価も常卵に倍する事なり」としている。寛永八年（一六三一）の『徳川実紀』に「長福のかたへ南京鶏一雙つかはさる」とあるが、この南京鶏は南京矮鶏の事と思われる。矮鶏について『和漢三才図会』は南京矮鶏、南京白矮鶏、加比丹矮鶏の三種をあげ、それぞれの特徴を記し、『長崎聞見録』は魯鶏としてその飼育・繁殖法を記している。唐丸と同じ直立型でさらに大型のシャモは、『農業全書』に「唐丸とて甚だ太きあり。近来しやむと云ひて一種あり。是又大なり云々」とあり、『筑前国続風土記』も暹羅鶏として「蕃国より伝へ来て、長崎にて売る。闘鶏によく勝故に、衆人もてあそびて、今は此国にも有」としているので、恐らく一七世紀後半に舶載されたものと考えられる。長鳴鶏は我が国で小国から作出した品種であり、長尾鶏も恐らくこれより以後、やはり小国から改良されたものと思われている。『日本養鶏史』は山内一豊が文禄の役の際に朝鮮産の長尾鶏を持ち帰り、農民に配布したのが起源であるとしているが、山内一豊が土佐藩主となったのは関ヶ原の合戦以後の事であるから、この説には疑問が残る。明治初期に来日したチェンバレンは『日本事物誌2』の中で「日本の事物の中で長尾鶏ほど珍しくて美しいものは少ない。これは四国の高知近くの篠原村で、ふつうの鶏を一世紀間も人工淘汰した結果できたものである」としている。『百品考』が西洋鶏として「近時紅毛より携来る。（中略）毛色は多く黒白相交俗に云碁石と云もの、如し。多く卵を生めども、あまり巣入せぬものなり」としているのは横斑プリマスロックの事であろうか。幕末に来日したアンベールは『アンベール幕末日本図絵』の中で、「日本では、ヨーロッパでよく知られた鶏をよくこの国の気候に馴らして、たくさんの新種をつくり出している。品種の交換や増殖が古い時代から行なわれていたようである」と我が国で古くから鶏の品種改良が行われて来た事を記している。

五一、ぬえ　鵼、鵺

ぬえとは夜になると無気味な声で鳴く鳥につけられた名前で、『万葉集』に「五　（前略）村肝《むらきも》の心を痛み鵼子鳥うらなけ居れば云々」とか、「三九七八　（前略）青丹よし奈良の吾家にぬえ鳥のうらなけしつつ下恋ひに云々」と詠まれており、奈良時代から呼びならわされて来た名前である事は明らかである。『和名類聚抄』も鵼を「沼江、佐鳥也」としている。平安朝時代にも『殿暦』天永二年（一一一一）、三年（一一一二）、永久元年（一一一三）、三年（一一一四）と「去る頃、院御前所に鵼鳴く」とか、「去夕内裏に於て鵼鳴く」等とあり、『明月記』建永元年（一二〇六）、『玉蘂』建暦二年（一二一二）にも鵼の鳴いた記事が見られ、いずれも不吉な出来事とされている。『徒然草』は「二一〇　ある眞言書に、喚子鳥なく時、招魂の法をばおこなふ次第あり。これは鵺なり。云々」と喚子鳥を鵺としているが、ほかにそうした記載は見られな

図267　奴要鳥図（古名録）

い。江戸時代の『和漢三才図会』は「按ずるに今の世に鵺と称する者恠鳥に非ずして、洛東及び処々深山に多く之れ有り、大さ鳩の如く黄赤色黒彪鴟に似て晝伏し夜出て木の杪に鳴く、其の觜上黒下黄なり、云々」とし、『大和本草』は「鬼ツクミ」としている。恐らく現在のトラツグミの事と思われる。幕末の『古名録』はトラツグミの図を載せ「今名ヌエツグミ」としている（図267）。しかしすべての鵺がトラツグミに該当するとは限らず、『平家物語』の鵺退治の怪物は「頭は猿、むくろは狸、尾はくちなは、手足は虎のすがたなり。なく声鵺にぞにたりける」とあり、これは恐らくムササビあるいはモモンガの事ではないかとされている。

五二、ハクチョウ類　白鳥、鵠

我が国に渡来するハクチョウにはオオハクチョウとコハクチョウの二種があるが、史書、本草書でこの両者を区別しているものはない。従って白鳥あるいは鵠と記されたものは両者の総称である。オオハクチョウの骨は縄文遺跡から出土しており（縄文食料）、『日本書紀』垂仁紀二三年には鵠を捕えた者が鳥取造《とりとりのみやつこ》に任命された記事が見られるので、ハクチョウは古代から捕獲・飼養されていた事がわかる。一方ハクチョウは、倭建命《やまとたけるのみこと》（日本武尊）の神話に見られるように神の化身と考えられ（紀）、さまざまな伝承を生み出している。『出雲国風土記』秋鹿郡に「秋は則ち、白鵠・鴻雁・鳧・鴨等の鳥あり」とあるように、宍道湖には昔から白鳥が飛来しており、神亀三年（七二六）には出雲国造から鵠を献上した記事が見られる（続紀）。平安時代の『新撰字鏡』は鵠を「久久比」または「古比」とし、『倭名類聚抄』は「久久比」としている。『延喜式』治部省では黄鵠を中瑞としているが、実際にそうした鵠が献上された記事は見られない。天慶五年

図268　ハクチョウ（訓蒙図彙）

（九四二）には白鳥の雛が献上されているが（本世）、この雛は献上した者の家の木の上の巣で生まれたとあるので、白鳥ではあるまい。平安末期の『明月記』には公卿たちが鶴・鵠を食べた記事が見られ、南北朝時代の文中元年（一三七二）には仙洞、新院にも献上されている（愚管記）。応永二八年（一四二一）、三一年（一四二四）には将軍の前で「白鳥の庖丁」が披露されており（花栄三代記）、文明一二年（一四八〇）以後は天皇の御前でも行われている（御湯殿、実隆公記、言継卿記）。「白鳥の庖丁」の次第は『武家調味故実』に詳しい。

宮中に献上された白鳥の中には生きたものもあり（御湯殿）、それらは皇居内の池に放されている（一五六八年、一五八九年）。天文一二年（一五四三）種子島に伝来した鉄砲は、狩猟にも用いられるようになり、弘治二年（一五五六）駿河国に下向中の山科言継は、一一月二八日の日記に「太守より鵠一を送らる。鉄砲の鳥。云々」と記し（言継卿記）、寛永六年（一六二九）には家康が自ら白鳥を鉄砲で打ち捕り宮中に献上している（実紀）。白鳥の羽毛は色々に用いられ、『庭訓往来』六月状返信は「鵠の本白《もとじろ》」と呼んで矢羽に用いる事を記し、『本朝食鑑』はそれが柔軟・温暖である所から、防寒具として優れている事を記している。そうした用途からであろう、寛文九年（一六六九）には将軍から紀州家に白鳥皮十張が贈られている（実紀）。『本草綱目啓蒙』はこのほか「皮を剝て烟袋《たばこいれ》と為すべし。（中略）羽潔白にして光りあり羽箒に作る」としている。『本朝食鑑』には通常の鵠とは別に「一種俗に大鳥と称する者有り。状ち鵠に似て甚だ肥大、亦白色、頭上に白冠毛有り」と記している。冠毛があるとするのは疑問であるが、ガランチョウあるいはオオハクチョウを指すのであろうか。ただし我が国に飛来するハクチョウはオオハクチョウの方が圧倒的に多い。八代将軍吉宗は鷹狩の獲物として白鳥の飼付を行ったばかりでなく、享保三年（一七一八）、一二年（一七二七）、一三年（一七二八）には隅田村や中川などに白鳥を放している（御場御用留）。『諸鳥御飼附場之記』によると白鳥の飼付は「白鳥形」と呼ばれる囮によって白鳥を地上に誘い、「くわい」を餌として行ったとされている。古川古松軒は『東遊雑記』の中で、白石で「白石の産神は白鳥大明神と号し、（中略）白鳥夥しくありて目を驚かせり」と記しているが、白鳥を祀った神社は全国に数多く知られている。

五三、ハッカチョウ　八哥鳥、叭叭鳥、鴝鵒

ハッカチョウは中国南部原産のムクドリ科の鳥で、輸入の

歴史は古く天平四年(七三二)に新羅使によって舶載されている(続紀)。中世には記録は見られないが、江戸時代には延宝七年(一六七九)までの史料を収録した『玉滴隠見』にジャガタラの産物として「ハハ鳥」の名があげられており、水戸光圀も飼育していた事が『桃源遺事』に記されている。ハッカチョウは人間の言葉を真似る事は余りうまくないが、ほかの鳥の物真似は上手で、『大和本草』は「本草綱目」を引用して「其ノ舌、人ノ舌ノ如ク、剪剔スレハ能ク人言ヲ作ス、(中略)舌ヲ切ルトハ舌ノサキ爪ノ如キヲ切也、肉ヲキルニ非ス」と記しているが、舌を切らなくとも物真似をする。宝永七年(一七一〇)(唐通事日録)、文化一三年(一八一六)、嘉永三年(一八五〇)に唐船によって舶載されたほか(長崎図巻)、『長崎渡来鳥獣図巻』によると年代不詳の年に白八哥の雌雄が舶載されている。『飼鳥必要』は「此鳥絶へず長崎へ相廻り候鳥にて、心有人皆しる処也」とし、宝暦六年(一七五六)頃の輸入価格はキュウカンチョウが三〇〇目であるのに対して三〇目にすぎない(花蛮交市洽聞記)。『百千鳥』は「巣も能なす鳥有、玉子は十三四日にて開出る也、子かへりては蜘を飼ふべし、云々」とあるので、江戸時代に我が国で繁殖に成功していた事は明らかである。

図269　ハッカチョウ(百鳥図)

五四、ハト類　鳩、鴿

我が国で今日普通に見掛ける鳩はドバトで、そのほかに在来種としてキジバト、アオバト、シラコバト、カラスバト等が生息しているが、特別の場合を除いて一般にただ鳩としか記されていない。江戸時代にはこのほか各種の洋鳩が輸入されているが、ここではまず鳩とだけあるものについて取り上げ、品種名の明らかなものについては最後に個別に記載する事とする。鳩は縄文時代晩期の遺跡から土製品が出土しており（古代史発掘3）、食料とされたと思われるものの骨も、何個所かの貝塚で出土している（縄文食料）。有史時代に入って『出雲国風土記』意宇郡、嶋根郡ほかの禽獣の中に鳩があり、『延喜式』内膳司の諸国貢進御贄の中に、「大和国吉野御厨進る所の鳩九月従り明年四月に至る」と記されている。また『江家次第』二孟の旬の項にも「冬鳩、氷魚、鯉。近代鳩の替に鶉を以て之れに替ふ」とあるので、鳩が宮中の御贄や饗宴に用いられていた事は明らかである。文武三年（六九九）から神護慶雲三年（七六九）に至る七〇年間に、後の『延喜式』で中瑞とされた白鳩献上の記事が六回見られ（続紀）、それ以後天長七年（八三〇）から長治元年（一一〇四）の間には、当時不吉と見なされた野鳥（鳩）が殿中に飛込んだ記事が続く（紀略、権記、小右記、平記、中右記）。『本草和名』は「鳩鴿、頸短く灰色、（中略）和名波止」としているが、『倭名類聚抄』は鳩と鴿とを区別して、「鳩、音丘。和名夜《や》萬《ま》八《は》止《と》。此の鳥種類甚だ多く、鳩は其の総名也」とし、「鴿、和名以《い》倍《へ》八《は》止《と》。頸短く灰色の者也」としている。従って厳密には鳩は在来種の総称で、鴿は家畜化された家鳩を指す事となる。家鳩は灰色地に黒または赤褐色の斑紋を持っており、中央アジア、ヨーロッパ、アフリカに分布しているカワラバト（河原鳩）を家禽化したもので、我が国の在来種ではなく舶載されたものである。『本草和名』、『倭名類聚抄』に「頸短く灰色」のものが取り上げられているので、我が国には少なくとも平安初期には舶載されていたものと思われる。ただし『倭名類聚抄』にあるように鴿が家鳩を指すものとすると、『続日本紀』霊亀元年（七一五）に「丹羽国、白鴿を献ず」とあるので、家鳩の舶載は奈良時代にまで遡る事となる。家鳩については『源氏物語』夕顔に「竹の中に、家鳩といふ鳥の、ふつ、かに鳴くを、き、給ひて、云々」とあり、『吾妻鏡』建仁三年（一二〇三）の条には「鴿三つ喰合いて地に落つ」とある。一方『新後拾遺和歌集』には「やはた山神やきりけんはとのつえ老いてさかゆくみちの為とて」という歌が収録されている。「鳩の杖」とは宮中から老臣に贈られた杖の事で、杖頭に鳩の飾りがついている所から名付けられたもので、『平家物語』の「大衆揃」、『太平記』の「民部卿三位局御夢想事」などに見えている。その由来は『大和本草』に「周礼ニ仲春羅氏鳩ヲ獻シテ以テ国老ヲ養フトイヘリ。鳩ノ性食ニムセス、故ニ杖頭ニ鳩ノ形ヲ作リ老人ニツカシム。云々」とある。

『明月記』の承元二年（一二〇八）九月二七日の条に「夜半許り西方火有り。朱雀門焼亡すと云々。伝聞。常陸介朝俊、松明を取り門に昇り鳩を取る。帰去の間件の火此の災を成す。

近年天子、上皇皆鳩を好ませ給ふ。長房卿、保教等、本より鳩を養い、時を得て而して馳走す」とある。この「鳩の馳走」とは、恐らく鳩を遠方から放してその帰着の遅速を競ったものと思われるが、そうした鳩の帰巣性を利用する事について『大和本草』は「鴿ノ書ヲ伝ルコト張九令カ故実也（中略）飛奴ト曰フ」と記している。張九令とは漢代の人物であるから、中国でははるかに古くからそうした事実が知られていた事になる。我が国で鳩を通信に利用したのは江戸も末期に近い天明三年（一七八三）になってからの事で、『大阪市史』に載っている「大阪町触三一八〇」に「相模屋又市相願、聞届置候米市場へ、堂島米相場之高下を飛脚にて取来候処、抜商と唱、右高下を記し、鳩之足に括付相放し、（中略）不埒之事に候、云々」とあるのが最初かと思われる。このほか鳩の帰巣性を利用した話としては『中陵漫録』一四に、「余が知己某は、麻布に在りて多く鴿を養ふ。人、時々来て是を求め、去て目黒の不動及此辺の新寺と云に携至て是を放つ。其日の暮には飛帰る。或亦、浅草観音の搭に納む。其夕に帰る」と寺院の放鳥として利用した話が載っている。同じ様な話は『真佐喜のかつら』にも「雑司が谷御鷹部屋の鳩の貸し売り」として載っている。家鳩はこのように寺院の放生鳥として用いられ、寺の境内に多数棲みついたため堂鳩とも呼ばれ、鷹の餌鳥を集める餌鳥屋に狙われ、天明四年（一七八四）、六年（一七八六）には浅草寺の鳩が捕獲されかかった事が記録されている（浅草寺日記）。こうした鷹の餌鳥に用いられた鳩はドバトばかりではなく、キジバト、シラコバトも用いられ、また江戸ばかりではなく、遠く大阪からも集められ「呼《よび》下《おろ》し鳩」と呼ばれている（餌鳥会所記録）。鳩を食べたのは鷹ばかりではなく、『料理物語』には「（はと）ゆで鳥、丸やき、せんば、こくせう、酒」とあり、はと酒については「はとをよくた、き酒にてとき、みそを少なべに入、きつね色にいり付て」と記している。一方家鳩が棲みついた所では糞が堆積し、『大和本草』は「鴿糞一処ニ多ク積レハ火出ル事中華日本ノ書ニノセタリ」としており、ケンペルの『江戸参府旅行日記』には駿府城が炎上したのはその醗酵熱が原因であったと記されている。一方『百姓伝記』は鳩の糞は農作物の肥料として「とりわけよし」としている。

我が国の鳩の種類について『本朝食鑑』、『大和本草』は鴿《いえばと》のほかに斑《つちくれ》（壌）鳩《ばと》（キジバト）、山鳩、八幡鳩（数珠懸、老来《としよりこい》）（シラコバト）をあげているが、このうちシラコバトは現在では埼玉県の一部にしか生息しておらず、天然記念物に指定されている。しかし『大和本草』に「トシヨリコヒハ腹ノ毛淡白、背ノ毛淡灰色、ツバサノ端黒シ、筑紫ノ方言ヨサフジハト」とあるので、江戸中期には九州にも分布していたものと思われる。延宝三年(一六七五)代官伊奈兵右衛門等は小笠原諸島の探検を行い(実紀)、その時の模様を記した『玉露叢』は、「此の島にこれ有る物の品々」として「黒鳩」をあげている。これは現在では絶滅してしまったオガサワラカラスバトの事であろう。田村元長の『豆州諸島物産図説』にも「黒鳩三宅島ニ有之、大サ斑鳩ノ如ク全身灰黒色、喙足トモニ黄ナリ、肉味尋ノ鳩ト同シ」として図を付している。

外来種の鳩と思われるものについて、康治二年(一一四三)の『台記』は藤原頼長から新院に宋鳩が献上された事を記している。この鳩は「長頭白色、頭に冠有り」とあるので、カンムリバトかとも考えられるが、カンムリバトはニューギニアの原産であるから、この時代に舶載されたとは考えられない。鳩の輸入はポルトガル船の来航以後盛んになり、カンムリバトは天明七年(一七八七)(長崎図巻)、寛政七年(一七九五)(観文禽譜)、天保三年(一八三二)(長崎図巻)に舶載されており、寛政七年のものであろうか、同九年(一七九七)に名古屋の大須で見世物になっている(水谷禽譜)。『本草綱目啓蒙』も「偶紅毛人将来し観場に供することあり」としており、『桃洞遺筆』は図を付して解説を加えている(図270)。また

図270　カンムリバト(桃洞遺筆)

チョウショウバト(長生鳩)は東南アジア原産の鳩で水戸光圀も飼育しており(桃源遺事)、『諸禽万益集』にも取り上げられているので、江戸初期には我が国に入っていた事は明らかである。クジャクバトは『外国産鳥之図』で「サラタ鳩」として取り上げられているが、その舶載年は不明である。ただし『和漢三才図会』で紹介されているので、江戸初期には舶載されていたものと思われる。『百品考』が「今世上に飼者多し。形鴿より微大なり。全身潔白にして尾ひろがりて孔雀の如し。故に孔雀ばとと云。篭中にて能く子を育す」とし

ているので、江戸末期には広く飼育されていた事がわかる。キンバト（金鳩・錦鳩）も『諸禽万益集』、『外国産鳥之図』に記載があり、文化一一年（一八一四）、文政一一年（一八二八）に舶載され（長崎図巻）、『百品考』は「形ち青鴿《はと》に似て鴿よりも小なり。全身淡緑色にして胸の処色淡し」と記している。『和漢三才図会』が「朝鮮鴿」としているのもキンバトの事であろう。このほか『和漢三才図会』には「頸に斑文有る者を暹羅鴿と名づく」とあるが、これはシンジュバトあるいはカノコバトの事とされている（図説鳥名）。『百千鳥』はこれらのうち金鳩、長生鳩を「庭篭に入て雛を生ずる部」に入れているが、上記のように孔雀鳩も我が国で繁殖に成功している。上記のほか安永七年（一七七八）長崎を訪れた三浦梅園は、高木作右衛門の家で「阿蘭陀鳩」を見ているが（帰山録）、その鳩の説明がないため何鳩であったのか不明である。江戸時代のこれら洋鳩の輸入価格は、『花蛮交市洽聞記』によると金鳩、三拾目。長生鳩、拾九匁五分。類違鳩、拾三匁。とあり、ほかに弁柄鳩も拾三匁となっている。この弁柄鳩は『百千鳥』も「庭篭に入て雛を生ずる部」に入れており、『図説日本鳥名由来辞典』はベニジュズカケバトとしている。『物品識名拾遺』は鳩の種類として「ドバト、ジュズカケバト、キジバト、アヲバト、ナンキンバト、シコロバト、ベンガラバト、シャムバト、チャウシャウバト、ギンバト、クジャクバト、カブトバト（白クシテ頭黒シ）、シャクハチバト、タカサゴバト、ウシバト」の名をあげている。

五五、バン類　鷭、田鶏

バンにはオオバンとバンの二種があるが、江戸時代にはこれを「（おお）ばん」、「こばん」に分け、「こばん」の事を梅《ばい》首鶏《しゅけい》とも呼んでいる。『雍州府志』は「夏の初、沢辺に在る者、大小の異有り。其の大なる者大鷭と謂ひ、又水鳥と称し羽毛偏黒にして風味麁悪也。其の小なる者小鷭と謂ひ、又梅首鶏と号す、其の頂に赤毛点有り、故に之れを称す。羽毛淡黒にして両脚淡黄なり。其の味佳なりと為す。云々」と記している。このほか『本朝食鑑』は「庭池に之れを養ひ、能く人に馴れ、孕みて卵を伏す、其の雛愛す可し」としているので庭園で飼育され繁殖していたものと思われる。バンの料理法は『料理物語』に「（ばん）汁、やき鳥、いり鳥色々」とある。バンは雁鴨に代って渡って来る夏鳥で、江戸時代将軍の夏の鷹狩の獲物の一つで（実紀）、そのために飼付が行われ、享保五年（一七二〇）、六年（一七二一）には亀戸、新宿村小池に放鳥が行われている（御場御用留）。『武江産物志』の

図271　バン（梅園禽譜）

水鳥類の田鶏《ばん》の項に「本所ばんば（鷭場）」とあるのは、鷭を飼い付けた名残であろう。

五六、ヒクイドリ　喰火鶏

ヒクイドリはオーストラリア、ニューギニア原産の鳥であるから、その存在が世界に知られるようになったのは大航海時代以後の事である。『後鑑』は応永一五年（一四〇八）七月の条に「南蛮人珍禽奇獣を進貢」とし、和漢合符を引用して「南蛮国黒象三頭。鸚鵡。大鶏等を貢す」としている。この記事は六月二二日の「南蛮船着岸。（中略）彼帝ヨリ日本ノ国王エノ進物等。生象一匹。（黒）。山馬一隻。孔雀二対。鸚鵡二対。其外色々」を受けて記されたものと思われるが、この中には大鶏は含まれていない。しかし同年の『東寺王代記』には「七月二十二日。黒鳥唐より引進。高サ六尺余」とある。もしこの黒鳥が和漢合符に記された大鶏と同一物とすると、その大鶏は高さ六尺余の黒い鳥で、頭に鶏冠を持ったものという事になり、この条件にかなった鳥としてはヒクイドリ以外は考えられない。この南蛮国がどこの国か明らかにされていないが、ジャワあるいはパレンバンとする意見が有力であり、当時これらの国々を統治していた王朝の版図の中に、ヒクイドリの生息地が含まれていた可能性は充分に考えられる。『世界動物発見史』によるとヒクイドリがヨーロッパに紹介されたのは一五九七年の事とあるので、もし上記の推測が当たっているとすると、我が国にはそれより二百年近く以前に舶載された事になる。

明らかに我が国にヒクイドリが舶載されたのは、『徳川実紀』寛永一二年（一六三五）九月二一日の条に、「松浦肥前守よりいんこ、かしはりを献ず」とあるのが最初で、「かしはり」とはヒクイドリの現地名カスワリの転訛したものである。次いで正保三年(一六四六)には直接オランダ商館長から献上され(実紀)、承応三年(一六五四)には藤堂大学頭の注文したカズワル鳥二羽が長崎に到着している(長崎商館日記)。次いで明暦三年(一六五七)にも商館長から石割鳥(ヒクイドリ)一隻が幕府に献上され(実紀)、さらに寛文三年(一六六三)(博物年表)、享保七年(一七二二)(博物学史)、寛保二年(一七四二)(外蛮通書)、安永八年(一七七九)(蒹葭堂日記)、寛政元年(一七八九)(蒹葭堂雑録)、文化三年(一八〇六)(水谷禽譜)、文政八年(一八二五)(長崎図巻)と舶載の記事が続く。この間天明八年(一七八八)には薬品会でヒクイドリの剝製の展示があり(博物年表)、寛政二年(一七九〇)には生きたヒクイドリが大阪と名古屋で(蒹葭堂雑録、水谷禽譜)、翌三年(一七九一)には江戸で見世物となっている(武江年表)。木村孔恭は安永八年(一七七九)に舶載されたヒクイドリを見ているが(蒹葭堂日記)、寛政二年(一七九〇)にも見物し、その時の見聞を『蒹葭堂雑録』に記している(図272)。また文化三年に舶載されたものであろうか、『一話一言』一七に、翌四年(一八〇七)一一月に姫路侯の邸で見物した記事が見られる。『飼鳥必要』はこれらのヒクイドリを駝鳥として「此鳥日本へ紅毛国より三羽相渡、尤天明年中、長崎へ持渡シハ薩州江廻ル、其後渡たるは大阪鳥屋丸屋四郎兵衛方にて、諸国にて見せものに出し、世の人是を見たり、東都吹屋町河岸にて見せ物に出ス」と記し、「喰もの何にかぎらず人よりあたへすれば、丸石木の実にてもたべ中候鳥也、尤其㞎せうにて糞に落る」と記している。さらに「暖国鳥にて寒をきらひ、塒藁にてかこひ、臥所も藁を沢山に入れ、其内に留置くなり、大阪にては塒の節内に土鳩を数多かこへに入、両

図272 ヒクイドリ(蒹葭堂雑録)

方へつみ置、其間へ寝す也」と越冬の苦労を記している。このあと天保八年(一八三七)には再び名古屋で（見世物雑志)、翌九年(一八三八)(百品考)、一一年(一八四〇)(本草綱目啓蒙)には京都で見世物になっている。西鶴は『日本永代蔵』の中で「又火喰鳥の卵一つ、判金壱枚に買て是を復《かえ》させ、炭を喰ふ事疑なし。いかに珎敷《めづらしき》とて、此買置国土の費《つねへ》なり」と記している。卵が孵化したとは思われないが、ヒクイドリの卵が舶載された事は間違いあるまい(↓432頁)。『蘭畹摘芳』は食火鶏の項で、その形状、生態を詳しく記しているが、食火鶏を噎滅烏《えめう》としているのは誤りである。また『百品考』はヒクイドリを額摩鳥として、中国書の「乾隆御製集」を引用して「西洋舊此の種無し、其国一千五百九十七年に於て(中略)紅毛人始めて得、嘎拉巴海嶋より西洋に携え来る云々」とヒクイドリのヨーロッパへの渡来年次を正確に記し、額摩鳥が仏朗機《ぼるとがる》では格素爾《かずわる》と呼ばれている事を記している。

五七、ヒシクイ　菱喰、鴻

ヒシクイは雁鴨の類の中では最大のもので、『倭名類聚抄』は「大なるものを鴻と曰う、小なるものを鴈と曰う。和名加利」としている。好んで菱の実を食べる所から菱喰と呼ばれているが、ヒシクイという和名は『下学集』に見られるのが最初で、それまでは『倭名類聚抄』に見られるように「かり」と呼ばれていたものと思われる。『日本書紀』雄略紀一〇年の条に、呉の献じた鵞が犬に喰い殺されたため、犬の飼主が鴻十隻と鳥飼人とを献上して罪を許された話が載っており、我が国では古く鴻を飼育していたものと思われる。『古今著聞集』に載っている「六四五　老侍大鴈を喰はずして詠歌の事」の大鴈はヒシクイの事であろう。また文明一五年(一四八三)には斑替りの鴻の記事が見られ（親元日記)、

図273　ヒシクイ（訓蒙図彙）

江戸時代には鷹狩の狩猟鳥の一つに数えられて将軍から宮中へ献上された記事も見られる（実紀）。『本草綱目啓蒙』はヒシクイの種類としてマヒシクヒ、エトウヒシクヒ、サカツラヒシの三種をあげている。『武江産物志』には江戸のヒシクイの名所として「須田」があげられている。

五八、ヒバリ　雲雀、告天子、鶬

ヒバリはスズメ目のヒバリ科に属する鳥で、『古事記』仁徳記に「雲雀は天に翔《かけ》る高行くや速総別《はやぶさわけ》鷦鷯《さざき》取らさね」とあるように、空高く舞い上り、美しい声で囀る。『万葉集』にも「四二九二　うらうらに照れる春日に雲雀あがり情悲しも独りしおもへば」と歌われているほか、数首の歌が収録されている。『本草和名』、『倭名類聚抄』はいずれも「雲雀、和名比波里」としている。一方ヒバリは小鳥の中では最高に美味な鳥とされ、『兵範記』保元二年（一一五七）、仁安三年（一一六八）の任大臣節会の際に「次に汁物、鶬羹を居ふ」とあるほか、『海人藻芥』によれば天皇の供御にも供され、大永四年（一五二四）（実隆公記）、永禄二年（一五五九）には御所に献上された記事も見られる（御湯殿）。その料理法は『四条流庖丁書』、『大草殿より相傳之聞書』等に詳しく記されている。

『本朝食鑑』に「性能く疑多くして智有り。直きに吾が棲に下らず。先づ数十歩の外に下りて疾く歩りて常宿に入る。是に於て網擈を避けて罹り難し。之を捕ふること多からず。故に犬をして逐ひ出さ令めて鷹を放して之れを贄らば則ち多く之れを得」とあるように、鷹狩の獲物の一つにされている。江戸時代には将軍が鷹狩で得た雲雀は、重臣たちに下賜される事が恒例となっており（実紀、官中秘策）、『幕朝年中行事歌合』には「我きみのみことかしこみ門を明て雲雀の使今や

図274　ヒバリ（堀田禽譜）

待らん」と歌われている。そうした雲雀の狩場は決められており、出水で水没した年には、下賜は中止されている（実紀、天保集成四七四三他）。寛文四年（一六六四）には館林宰相に膝折白子の間に雲雀の狩場が与えられている（実紀）。寛永九年（一六三二）に白雲雀が献上された記事が見られるが（実紀）、『甲子夜話三篇』二九―四には同じ頃、仙台侯から献上された白雲雀の逸話が載っている。雲雀はその鳴き声がよいところから広く愛好され、『喚子鳥』は「舞雲雀」と呼んで、細長い篭の中で舞いながら囀らせる事を記し、『飼鳥必要』は屋外で鳴かせたあと再び篭の中に入れる「放し雲雀」といった技術を紹介している。宝永六年（一七〇九）には唐船によって中国産の告天子が（唐通事日録）、文化五年（一八〇八）には百霊鳥が舶載されているが（外国産鳥之図）、百霊鳥、告天子はいずれもヒバリ科の小鳥である（図説鳥名）。

五九、ヒヨドリ類　鵯

我が国在来のヒヨドリ科の鳥類は一種類であるが、中世以降外国産のものが舶載されている。『本草和名』、『倭名類聚抄』によると、ヒヨドリは平安時代には「比衣止利《ひえとり》（土理）」と呼ばれ、篭鳥としてもてはやされている。承安三年（一一七三）には御所の中で鵯合が行われており（玉葉）、『古今著聞集』は「六九〇　承安二（三）年五月、東山仙洞にして公卿侍臣以下を左右に分ちて鵯合の事」としてその模様を記している。それによると鵯にはそれぞれ名前を付けて秘蔵していた事がわかる。文治三年（一一八七）には源頼朝に背と腹と両面が白い霊鵯が贈られ（吾）、文明一三年（一四八一）にも将軍に斑替りの鵯が贈られている（親元日記）。鵯はこの

図275　ヒヨドリ（真写鳥類図巻）

ように篭鳥として楽しまれたほか、『本朝食鑑』は「其の味最も佳し。或は曰く、鵯山茶花を食て腸皆盡く、此の時鵯を殺し嘴を開き、醤を入れ毛羽を抜て炙り食ふときは則ち肚に腸無くして味尚美なりと」と食品としてももてはやされていた事を記している。また『和漢三才図会』は「凡そ草木の種、蒔きて生じ難き者、其の実を采りて鵯をして之れを啄ましめ、全く糞中に出る子を取りて蒔かば則ち生ぜざる無し」と鵯の特種な利用価値を記している。中世以降、中国産のシマヒヨドリがもてはやされるようになり、天文七年(一五三八)には足利将軍に献上され(親俊日記)、元和元年(一六一五)には徳川家康にも献じられている(駿府記)。家康に贈られたヒヨドリについては『甲子夜話続篇』九四―三に松浦静山の考証が載っている。宝暦八年(一七五八)には江戸両国広小路でインコ類と共に見世物にもなっている(半日閑話)。江戸時代には蘭船によって中国産以外のヒヨドリも舶載されるようになり、恐らく享保一二年(一七二七)と思われる巳年に「ピイチイ一羽、出所シャワ国之内セシボン」が舶載されている(外国産鳥之図)。『図説日本鳥名由来辞典』はこれをコシジロヒヨドリとしている。また東南アジア産のヒヨドリ科の白頭翁(シロガシラ)も明和四年(一七六七)(海舶来禽図彙説)を始めとしてしばしば舶載されている(外国産鳥之図)。

六〇、ヒワ類　鶸、黄雀

ヒワは(マ)ヒワ、カワラヒワ、ベニヒワの総称で、史料に見られる鶸はマヒワかカワラヒワのいずれかと見て間違いあるまい。元慶二年(八七八)の『日本三代実録』に「黄雀有りて、口に蒼虫を含みて死す」とあり、建永元年(一二〇六)信濃国の住人桜井五郎が源実朝の面前で鵙《もず》を合わせて捕った黄雀三羽(吾)もそのいずれかであろう。西行は『山家集』の中で「一三九九　声せずば色濃くなるとおもはまし柳の芽

図276　カワラヒワ(光琳『鳥獣写生帖』)

食むひわの村鳥」と詠んでいる。可憐な鳥であるので、篭鳥としてももてはやされ、永享七年（一四三五）の『看聞御記』にはウソと共に庭篭の中で飼育していた事が記され、慶安二年（一六四九）には斑替りの鶸が将軍に献上されている（実紀）。『大和本草』はカラヒハ（マヒハ）、タデヒハ、ベニヒハ、河原ヒハの四種をあげているが、このほか『外国産鳥之図』、『長崎渡来鳥獣図巻』によると蘇州産の黄雀も舶載されている。『長崎渡来鳥獣図巻』に載っている「文化二年（一八〇五）一番唐船持渡」の金翅鳥はカワラヒワとされている（鳥名由来）。

六一、フウチョウ類　風鳥

我が国に舶載されたフウチョウのうち、種名を識別出来るものにフウチョウ、オオフウチョウ、ヒヨクドリの三種があり、通常この三種を風鳥あるいは極楽鳥と総称している。風鳥は他の鳥類と違って生きた状態で舶載されたものはなかったものと考えられている。『本朝食鑑』は「此も亦蛮人之を貢す。状ち烏鳳に類して頭は黄に。頬頷黒く背翅及び腹紫黒。脚鼠趾の如く、尾は上紫に下黄なり。紛披して芒穂の乱風の如し」と記し、「又比翼美鳥と云ふ者を貢す。其の雄頭は淡赤、背腹深紅、翅蒼くして赤を帯ぶ。雙尾長き事一二尺許にして糸の如く、其の端巻曲、蕨のもえ出る形を作す。觜黄、脚蒼く、爪黄なり」とオオフウチョウとヒヨクドリの二種を紹介している。この解説では脚・爪についても記されているが、やや遅れて成立した『采覧異言』は馬路古《まろく》の産物の中で風鳥之属を取り上げ「風鳥不レ詳。番名ハアラデイシホコル。鳥身無レ脚」とし、司馬江漢も『春波楼筆記』の中で「風鳥と云ふ者あり。生きたるはなし、皆皮むきなり。必足なし。（中略）恆に天を飛びて地に下らず」と記している。これはフウチョウの多くのものが肢を切られた状態で舶載されたためであるが、『観文禽譜』は「昔時此鳥脚なしと思へり。是を明らかにするに印度の人、其脚を切て四方に致すを見たるが故なり。是脚なき者として其奇状を説、人を欺き利を射か為なり」とその理由を記している。

我が国に風鳥が舶載されたのは、寛永一二年（一六三五）オランダ総督から松浦隆信に贈られたのが最初かと思われるが（平戸商館日記）、その後慶安四年（一六五一）、延宝六年（一六七八）とオランダ商館長から将軍に贈られ（実紀）、幕末の天明八年（一七八八）（観文禽譜）、文化三年（一八〇六）（水谷禽譜）にも舶載の記事が見られる。これらのフウチョウは狩野探幽、尾形光琳等によって描かれ（光琳鳥類写生帖）、

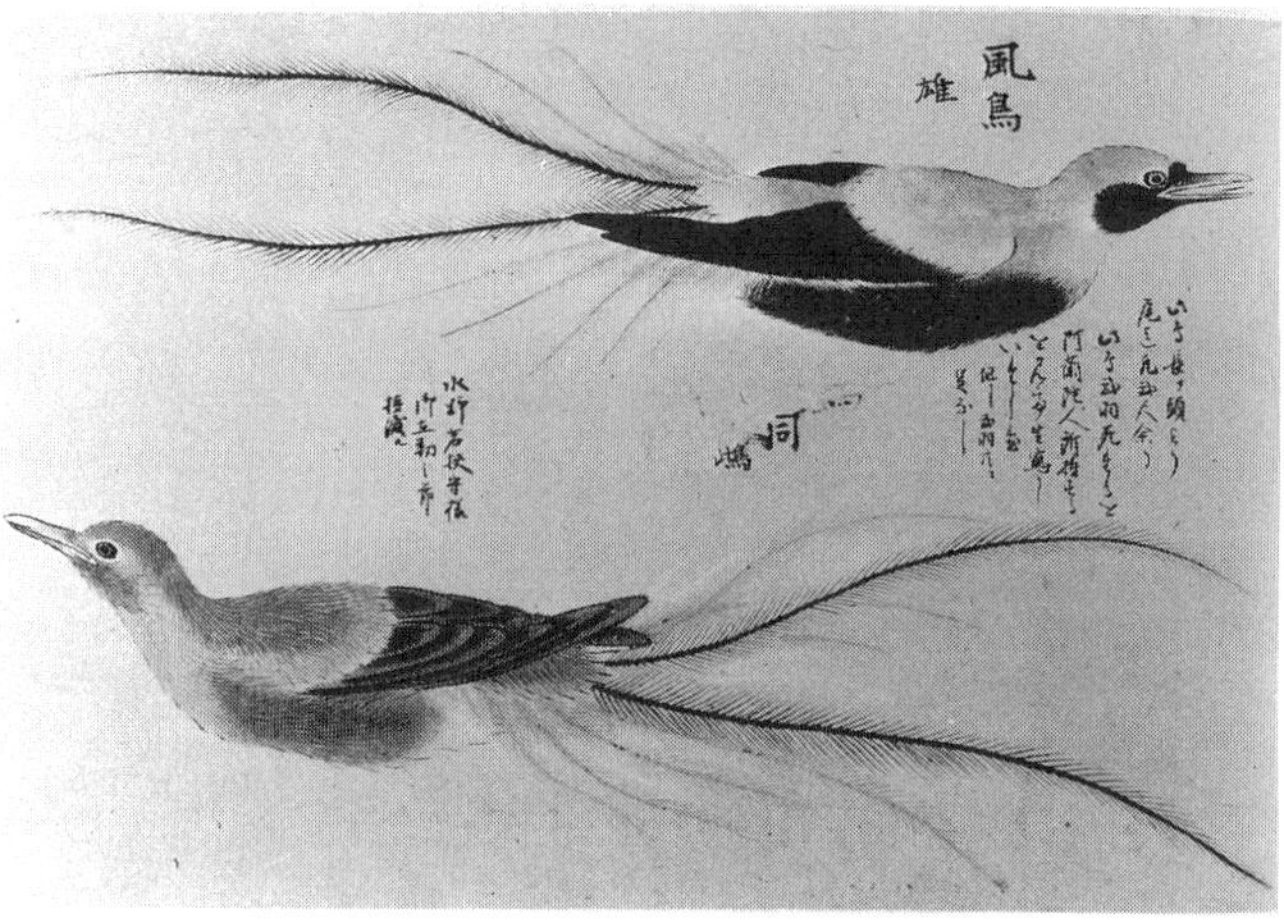

図277　フウチョウ（鳥類写生図巻）

幕府に献上されたものの一部は、幕府ゆかりの護国寺とか（飼鳥必要）、京都西山の良峯寺等に寄進され、開帳の際に一般に公開されている（篭耳集）。また宝暦一一年（一七六一）には京都東山の物産会（赭鞭余録）、天明五年（一七八五）には大阪の唐土の開帳（筆拍子）、天保八年（一八三七）には江戸の赭鞭会（博物学史）、翌九年（一八三八）には江戸浅草の薬品会等にも出品されている（金杉日記）。『百品考』は「腹毛の中に至て短き足あり、此を切去りたるもあり」としているが、フウチョウ類の肢は短くはないので、これも恐らく肢の切趾であろう。

六二、フクロウ類　梟、鴟、休留、茅鴟

フクロウは古代には休留、茅鴟と書いて「いひとよ」と呼ばれていたが、『本草和名』は「鴟目、一名梟」を「和名布《ふ》久呂布《くろふ》」としている。皇極三年（六四四）には休留が豊浦大臣の倉で仔を産んだ事が記録されており（紀）、天武一〇年（六八一）には白茅鴟が貢せられ（紀）、仁治元年（一二四〇）には梟が内裏の中に飛び込んだ記事が見られる（帝王編年記）。『就狩詞少々覚悟之事』は梟を「射まじき鳥」としている。天文一〇年（一五四一）にも白ふくろう献上の記事が見られるが（大館日記）、これらの白フクロウがフクロウの白変種（アルビノ）か、あるいはフクロウの一種のシロフクロウを指すのかは明らかでない。シロフクロウは『本朝食鑑』にあるように松前、蝦夷の産であるが、時として迷鳥として本州で捕獲される事は『桃洞遺筆』に記されている通りで（図

図278　シロフクロウ（桃洞遺筆）

278)、『甲子夜話続篇』三九―八にも、大阪周辺に純白のフクロウが現れた事が記されている。『本朝食鑑』はまた蝦夷にはシロフクロウの他に、よく似たシマフクロウがいる事を記しており、『松前志』はシマフクロとして「此鳥鵬の属乎。其本名を知らず。和華に此鳥あることを聞かず。尋常の鴞にくらぶれば甚大にして、亦鷲に相似たるところあり。（中略）夷人又此鳥を相尊てカムイチカフとも云ふ。カムイは神をさしたる詞、即神鳥と云こころにて忌み遠ざけ、恐れ崇むの意しるべし」と記している。このようにシマフクロウはアイヌの間では神聖な鳥として扱われ、『東夷物産志稿』はカムイカルとして「鵰の大なるもの俗称ふくろと云。亦処々にて養ふことあり」と記し、『松浦武四郎紀行集下』「蝦夷漫画」は彩色図を添えて「東西蝦夷の土人好て鴞を飼ふて、朝夕喰を与へ尊敬する故に其儀を問ふ哉、太古蝦夷人に交合の道を教えしハ此鳥なりと。故にエナラを削りて是を建祭るといへり。云々」と記している。シロフクロウの羽は楊弓の矢羽に、シマフクロウの羽は茶の湯の羽箒として用いられている。

六三、ブッポウソウ　仏法僧

ブッポウソウはブッポウソウ科の夏鳥で、淡黒色の頭部を除くと全身緑色の羽毛で蔽われ、嘴と肢とが赤い美しい鳥である。五月頃南方から渡来して我が国で繁殖する。しかし古く仏法僧と呼ばれた鳥はこれとは別の、夜間「ぶっ・ぽぅ・そぅ」と鳴く鳥の事で、弘法大師が『性霊集』の中で「後夜、仏法僧鳥を聞く」という詩を詠んだのが最初とされ、それ以来高野山はこの鳥の名所の一つとなっている。なお、空海の詩に「廖林独坐草堂の曉。三宝之声一鳥に聞く。一鳥声有り人心有り。性心雲水倶に了々」とあるところから、ブッポウソウは三宝鳥とも呼ばれている。三宝とは『令義解』に「三宝と謂ふは、仏法僧也」とある。『夫木和歌抄』に「とりのねも三の御のりをきかすなりみやまの庵の明がたの空」とブッポウソウを詠んだ歌があり、『赤染衛門集』にも「みつながらたもてる鳥のこゑきけばわが身ひとつのつみぞかなしき」とある。史料では寛平四年(八九二)の『日本紀略』に「大極殿仏法僧鳥鳴く。御卜有り」とあるのが最初であろうか。そのあと延喜六年(九〇六)、一八年(九一八)と京都の街中で鳴いた事が記録されている(紀略)。延久四年(一〇七二)に入宋した僧成尋は『参天台五台山記』の中で「天竺寺に参り長老西軒に於て仏法僧を聞く」と記しているので中国にも渡来する事がわかる。

建長二年(一二五〇)の『弁内侍日記』は「仏法僧となくとり、太上大臣殿よりまいる」として、「常の御所の御えむにをかれたりしか、雨なとの降日はことになく。(中略)すかたはひえとりのやうにて、いますこしおほきなり」と記している。現在ぶっぽぅそぅと鳴く鳥はコノハズクとされており、ブッポウソウの鳴き声は、ぎゃぎゃぎゃと聞こえ、決してぶっぽぅそぅと聞き取れるものではないので、ここに記されている鳥が何鳥を指すのか不明である。仏法僧を捕えた記事は延宝五年(一六七七)に見られるが、その鳥の形態については何の記載もなく(続史)、また享保一三年(一七二八)にも京都西蓮寺の榎に仏法僧が巣を作ったとあるが(続史)、その鳥についても形態の記載がないので、どのような鳥であったか明らかでない。ぶっぽぅそぅと鳴く鳥の正体を明らかにした記事は安永元年(一七七二)に見られ、「究て梟の類に決すべし」としているが(鳴呼矣草)、この頃になると蒹葭堂の『禽譜』を始めとして多くの書物に仏法僧の図が描かれるようになり、それらはいずれも現在「姿の仏法僧」としているものと一致している。恐らくブッポウソウの名所といわれている所で、鳴き声が聞かれる頃に渡来して来るこの鳥を、鳴き声の正体と見誤ったのであろう。こうした事から今日のように、姿の仏法僧であるブッポウソウと、声の仏法僧であるコノハズクとの不一致が生じたものと思われる。仏法僧鳥

図279　ブッポウソウ（梅園禽譜）

については『桃洞遺筆』、『松屋筆記』九四―四九にも詳しい考証が行われており、『一話一言』二四、『閑田耕筆』三等の随筆にも取り上げられている。

六四、ブンチョウ　文鳥

ブンチョウは東南アジア原産のカエデチョウ科の小鳥で、史料では享保一〇年（一七二五）に舶載の記事が見られるのが最初である（通航一覧）。ただし元禄一〇年（一六九七）に出版された『本朝食鑑』に「近時外国より来る」とあるので、元禄初期にはすでに我が国に舶載されていたものと思われる。宝暦六年（一七五六）頃の輸入価格はカナリア三七匁五分、紅雀一五匁に対して文鳥は七匁八分と格安である（花蛮交市洽聞記）。これは『百千鳥』にあるように江戸中期以降、庭篭で雛を生ずる事に成功したためであろう。『飼篭鳥』は「先年は長崎にて殖し諸方へ出し、近年は備前の児島郡の林村の佐藤九郎治なるもの盡く功者にて数百羽を篭して大阪及び江戸に出す」と記している。また『百品考』は「近年世人好んで此鳥を畜ひ、巣をひかせ、雛を生育す。故に市中を飛行するものあるに至る」とブンチョウが江戸末期には野生化していた事を記している。

図280　ブンチョウ（模写並写生帖）

六五、ベニスズメ　紅雀

ベニスズメとあるがスズメ科ではなくカエデチョウ科の小鳥で、インドからインドシナ半島一帯が原産地である。『本朝食鑑』に「近世外国より来りて云々」とあるので、一七世紀末には我が国に舶載されており、水戸光圀も飼育している（桃源遺事）。享保一〇年（一七二五）にも舶載の記録が見られ

図281　ベニスズメ（和漢三才図会）

（通航一覧）、宝暦六年（一七五六）頃の輸入価格は一羽一五匁である（花蛮交市洽聞記）。『百千鳥』は「庭篭に入て雛を生ずる部」に入れているが、カナリア、ジュウシマツに比較すると、熱帯域の原産であるため寒さに弱く育雛は困難で、『飼鳥必要』は「寛政年中本所辺にて子出来候事有り」と特記している。

六六、ペンギン類

ペンギンはすべて南半球原産の鳥であるから、江戸時代に生きたペンギンが舶載された記録はない。新井白石は『采覧異言』の中でアフリカ南端のカアプトホユスペイ（ケープタウン）の禽獣として「一種大鳥」をあげ、「其羽盈纓と為す可く。又形大雁の如き有り。長喙大脚にして。浅黒色。好んで立つこと人の如し。其の名ペフイエゥン」と記している。若しこれがケープタウンペンギンの事とすると、ペンギンを紹介した最初の記事という事になる。ペンギンの図は『堀田禽譜』（図282）に彩色画が載っており、文政九年（一八二六）に『堀田禽譜』に記された栗本瑞見の識語に、「此鳥喎蘭『ピングィン』羅甸『アプテノデイテス』ト称ス北海人跡絶タル島上ニ産ス（中略）享保中蛮舶ヨリ載来ル全剝ノ皮ヲ肖像ニ作レルモノ藍水田村元雄ニ寄贈レリ云々」とある。「北

図282　ペンギン（堀田禽譜）

海人跡絶たる島」とあるのは誤りであるが、この文からして享保年間（一七一六—三五）にペンギンの剝製が舶載された事がわかる。識語は続けてこの皮をシーボルトに見せ、「ピングイン」である事を確かめたと記されている。「アプテノディテス」はオオサマペンギン、コウテイペンギンの属名で、図に描かれたものから判断すると、オオサマペンギンではないかと思われる。アプテノディテスがヨーロッパに紹介されたのは一八世紀末とされているので（世界動物発見史）、我が国には極めて早い時期に舶載された事になる。

六七、ホオジロ　頬白、鵐

ホオジロはホオジロ科の小鳥で、近縁のものも含めて江戸初期までは鵐《しとと》と総称されている（新撰字鏡、倭名類聚抄）。天武九年（六八〇）には白巫鳥《しろしとと》が献上された記事が見られ（紀）、天文七年（一五三八）の『親俊日記』にはミ山しととを将軍が取り寄せた事が記されている。慶長五年（一六〇〇）の『御湯殿の上の日記』には「右京大夫頬白の子飼進上申す」とあり、ホオジロという鳥名が用いられているのは、これが最初であろうか。このほか慶安二年（一六四九）には斑替りのホオジロが（実紀）、慶安四年（一六五一）には白頬白が献上されている（実紀）。

図283　ホオジロ（光琳『鳥獣写生帖』）

六八、ホトトギス　杜鵑、時鳥、子規、郭公、霍公鳥

ホトトギスは古代王朝時代に日本人に最も好まれた鳥で、『万葉集』には一五〇首以上のホトトギスを詠んだ歌が収録されており、続く『古今和歌集』、『新古今和歌集』にも、それぞれ数十首の歌が詠まれている。大伴家持は『万葉集』の中で「四一七一　常人も起きつつ聞くそ霍公鳥《ほととぎす》この暁に来鳴

く初声」と当時の人々がホトトギスの初音を待ちわびた状況を歌っている。また「四一八三　霍公鳥飼ひ通せらば今年経て来向ふ夏はまづ鳴きなむを」とホトトギスを篭飼にする事が出来れば来年の初音を楽しめるのにとした歌も見られる。この二首はいずれも霍公鳥をホトトギスと読んでいるが、カッコウドリである可能性も否定できない（→390頁）。このほか『万葉集』にはホトトギスの生態を詠んだ「一七五五　鶯の生卵の中にほととぎすひとり生れて己が父に似ては鳴かず己が母に似ては鳴かず云々」といった歌もあり、古くからホトトギスの託卵に気付いていた事がわかる。『延喜式』の祥瑞規定の中瑞に「小鳥大鳥を生ず」とあるのはこうしたホトトギス科の鳥の托卵現象を指すものと思われる。清少納言は『枕草子』の中で「四一　（前略）ほととぎすは、（中略）五月雨のみじかき夜に寝覚をして、いかで人よりさきにきかむとまたれて、云々」とホトトギスの初音を楽しみにしていた事を記している。

図284　ホトトギス（博物館禽譜）

『新撰字鏡』、『倭名類聚抄』はいずれも郭公鳥の和名を「保止（度）々岐（木）須」としているだけであるが、ホトトギスには多くの異名があり、『古今和歌集』に「一〇一三　いくばくの田をつくればかほと、ぎすしでのたをさをあさなあさなよぶ」とあるように「しでのたをさ」はホトトギスの異名の一つで、『藻塩草』は「しでの田をさとは、時鳥の一名也。時鳥はしでの山よりきて、農をす、むるゆへに、しでの田をさと云と云へり」と記している。このように「しでのたをさ」とは農作業の好期を知らせる意味であるが、一方には「しで」を死出ととり、『方丈記』は「夏は郭公を聞く。語らふごとに、死出の山路を契る」と記している。こうした事からホトトギスは不吉な鳥ともされており、長徳元年（九九五）の『帝王編年記』には「郭公の声絶えず、尤も不吉の事也」としている。これは中国の「証類本草」に「杜鵑人云口血を出して声始めて止む、故に嘔血の事有る也」とある事や、「酉陽雑俎」に「杜鵑、厠上に其声を聴けば不祥」とある事等によるもので、元享二年（一三二二）の『花園天皇宸記』にも「今日郭公耳に満つ。世俗近古以来之れを忌む」と記されている。江戸時代の『夏山雑談』も「時鳥の初音を厠にてきけば禍あり。芋畑にてきけば福あり。是故に時鳥のなく頃は、高貴は御厠には芋を鉢に植ていれおくとなり」と記している。このほか『藻塩草』には「ときの鳥、うなひご鳥」等の異名があげられており、『物類称呼』は「くつてどり」とも呼んでいる。

ホトトギスを食べた記事は見られないが、永禄九年（一五六六）の『言継卿記』に「郭公の黒焼所望し了んぬ。瘧病落す可き用也」とあり、明暦二年（一六五六）の『徳川実紀』には「将軍疱瘡の御けしき、三家より兎の前足、郭公、羽活雀を献ず」と見えている。これは『本朝食鑑』に「痘疹の熱毒を除き瘧邪を駆り虫を殺す」とあるように、ホトトギスが疱瘡、瘧《おこり》の薬とされていたためである。このほか『松屋筆記』によると「水死人を救方杜鵑の黒焼」とあり「水死人廿四時の間は杜鵑の霜（黒焼）を口中へ吹込又は後門へも吹入るべし忽に蘇活す」としている。特種な用途として『古今要覧稿』は「酒造家にてはこの鳥の羽毛を甚だたふとめり是は雄雌に拘はらずその羽毛を以て酒槽にさし置或は酒槽の近くに置てもその酒かはる事なきよし云々」と記している。なお同書にはホトトギスを雛から飼育し翌年鳴かせた話が載っているが、『飼鳥必要』は「昔時鳥《ほととぎす》の子飼篭にて啼をばめづらしく覚へしが、今は所々に多く飼置也、めづらしからず」としている。『続江戸砂子』、『武江産物志』、『東都歳事記』等には江戸のホトトギスの名所が記されている。

六九、ホロホロチョウ

ホロホロチョウはアフリカ原産のキジ科の家禽で、江戸時代にはオランダ名でポルポラートと呼ばれている。我が国に舶載されたのは幕末になってからで、文政二年（一八一九）、五年（一八二二）とオランダ船によって舶載され（長崎図巻）、同図巻には「卵ヌクメニ掛リ候ヨリ大概二十八日目程ニハ産レ候　則三ヶ月程相立候略図云々」として雛鳥の図を載せている。渡来早々に孵化に成功したものと思われる。文政五年（一八二二）に舶載されたものの図は『外国珍禽異鳥図』にも

図285　ホロホロチョウ（外国珍禽異鳥図）

載っている（図285）。慶応三年（一八六七）にはパリの万国博覧会に出席した田中芳男がフランス土産として持ち帰っている（物産年表）。

七〇、ミサゴ　鶚、雎鳩

ミサゴは魚類を主食とするワシタカ科の鳥で、『日本書紀』、『風土記』は覚賀鳥（賀久賀鳥）と書いて「みさご」と読ませている。弘仁一二年（八二一）には雎鳩が魚を捕って紫宸殿に集まった記事があり（紀略）、『古今著聞集』「六七八　ひ

図286　ミサゴ（鳥類図譜）

ぢの検校豊平善く鷹を飼ふ事」には一条天皇（九八六―一〇一〇）の秘蔵の鷹がみさご腹（雌ミサゴ、雄オオタカの雑種）であった事を記しているが、真偽の程は疑わしい。永享五年（一四三三）には釣り上げた鮒をミサゴに横取りされた記事が見られる（看聞）。『本朝食鑑』は「常に水上に翺翔して魚を捕へて食ふ、又数魚を捕へて潜かに石間密処に置て宿を経、此れを美佐古の鮓と号す。漁人之を識て食ふ、其の味ひ佳ならずと雖も稍味ひ有る耳」と記している。「みさご鮓」

については『塩尻』、『甲子夜話』三〇—一〇等の随筆類に取り上げられ、『本草図説』は図を載せている。

七一、ミミズク　木菟、鴟鵂

ミミズクはフクロウと共にフクロウ科に属する鳥の総称である。『日本書紀』仁徳紀に、天皇が誕生した日に木菟が産殿に飛び込んだので大鷦鷯皇子《おほさざきのみこと》と命名し、同じ日に鷦鷯《さざき》が産屋に入って生まれた竹内宿禰の子供に木菟宿禰《つくのすくね》と、互いに鳥の名を替えて命名した話が載っている。『倭名類聚抄』は木兎を「和名都久《つく》或は云美々都久《みみつく》」としている。『出雲国風土記』は「づく」を鴟鵂と書いて「悪しき鳥なり」と註記している。『就狩詞少々覚悟之事』は木兎を「射まじき鳥」としている。『本朝食鑑』は「白日に物を見ず、故に鳥を捕ふ人木兎を架頭に繋いて林中に置き、四囲に羅擌を設れは則ち群禽来り集て木兎か暗目を笑ふか如く、竟に羅擌に罹る、手足を労せずして禽を捕ふこと数百許り」と記している。こうした方法を『飼篭鳥』は「木兎引《つくひき》」と呼んでいる。「ぶっ・ぽぅ・そぅ」と鳴く、声の仏法僧はこの類のコノハズクの事である。『武江産物志』は「猫頭鳥《みみつく》」としてその名所を「上野」としている。

図287　ミミズク（光琳『鳥獣写生帖』）

七二、ムクドリ　椋鳥

ムクドリはムクドリ科の小鳥で、早春群を作って渡来し、我が国で繁殖して秋に南方に去る。鳴き声がよくないので飼鳥とされる事は少ない。『本朝食鑑』は肉は美味としているが、食料とされた記録は見られず、料理書にも取り上げられていない。『甲子夜話』四九—一五は林述斎の話として、八代将軍吉宗の事績の一つに「椋鳥も唐産なりしを放し給ひしかば、今は巣立の頃は千百群を成して飛行し、人々その異産なることを解する者少し」と記している。吉宗が鷹狩の狩猟鳥を放鳥した話はしばしば見られるが（御場御用留）、ムク

図288　ムクドリ（百鳥図）

ドリを放した記事はこれ以外には見られない。吉宗がどのようなムクドリを放したのか明らかでないが、中国大陸東部のものは我が国のムクドリと同種であるから、異産である事を識別する事は出来まい。文政七年(一八二四)にはムクドリとスズメとが戦った記事が見られる(宮川舎漫筆)。

七三、メジロ　目白、繡眼児

メジロは目のまわりが白いところから名付けられたメジロ科の小鳥で、鳴き声がよいので飼鳥としてもてはやされて来た。しかし他の鳥のようにその鳴き声を競う「目白合せ」が行われた記録はない。『大和本草』に「今案ズルニ目白ノ目ブチ縫ルカゴトシ、故繡眼ト名ツク、其羽ノ色青褐色、青バトノ色ニ似タリ、是モワタリ鳥也、群ヲナス、枝上ニテ同類ト押合フ」とあるが、メジロは留鳥で渡り鳥ではない。「枝上ニテ同類ト押合フ」ところから「目白押」という形容詞が用いられている。江戸時代のメジロの名所は「白山辺」とされている(武江産物志)。

図289　メジロ（堀田禽譜）

七四、モズ類　鵙、百舌鳥、伯労

我が国に生息しているモズには数種のものが知られており、留鳥と渡り鳥の両種がある。『日本書紀』仁徳六七年一〇月に見られる仁徳陵造営の項に「丁酉に、始めて陵を築く。是の日に、鹿有りて、忽に野の中より起りて、走りて役民の中に入りて仆れ死ぬ。（中略）其の痍を探《もと》む。即ち百舌鳥、耳より出でて飛び去りぬ」とある。これは仁徳陵を百舌鳥《もず》野耳《のみみ》原陵《はらのみささぎ》と呼ぶ由来の説明であるが、百舌鳥が鹿の耳の中に入るという事が、何を暗示しているのか明らかでない。ただモズは俗に「鵙のはやにえ」と呼ばれるように、蛙、昆虫を始めとして各種の小動物を木の枝に刺し通す習性があり、残酷な鳥という印象があったからであろうか。「鵙のはやにえ」は古くは「鵙の草茎」と呼ばれ、『万葉集』にも「一八九七　春されば百舌鳥の草潜き見えずともわれは見やらむ君が辺をば」とあり、『俊頼家集』には「垣根にはもずのはやにえ立て、けりしでの田長《たおさ》に忍びかねつゝ」と詠まれている。「しでの田長」とはホトトギスの異名で、モズとホトトギスとの間には黙約があったとされている。『八雲御抄』は「もずのくつては、わがみがはりにかへるやぅの物を、物にさしておく也」と「もずのくつて」と呼んでいる。元久三年（一二〇六）桜井五郎は源実朝の前で鵙を合せて黄雀《ひわ》三羽を捕ったとされており（吾）、鵙を鷹狩の鷹の代りに使った話は、徳川家康の幼少時の逸話としても知られている（武徳編年集成）。また豊臣秀吉も尾張美濃の鷹狩を終えて上洛した天正一九年（一五九一）の行列に、モズを据えた供奉の面々を従えている（豊鑑）。『本朝食鑑』も「今官家の児、之れを韝《ゆがけ》上に畜ふて鷹に比し以て小鳥を摯て弄戯と作す耳」としているの

図290　モズ（光琳『鳥獣写生帖』）

で、江戸時代にも行われていたものと思われる。また武家の男子が初めて鳥獣を射た時には「矢開《やびらき》の祝」を行う事が恒例となっており、その射た鳥獣を料理して祝う風習がある。正平二〇年(一三六五)に鎌倉大納言の子息が鵙を射た時にも矢開が行われているが(師守記)、『本朝食鑑』によるとモズは「或は鵙を食ふ者有りて曰く、味ひ苦くして臊気有りと」とあるので、食用にはならなかったものと思われる。『本草綱目啓蒙』は「この鳥を捕るには其子飼の瞼を縫て囮と為、鳴しめて誘ひ取る」としている。

七五、ヤマガラ　山柄、山雀

ヤマガラはシジュウカラ科の小鳥で、『本朝食鑑』に「性慧巧にして能く囀る、久しく養ひ馴致すれば則ち篭中を飛び舞ふこと最も巧なり」とあるように、声がよいばかりでなく人によく馴れて芸を演ずるので、古くから篭鳥として愛好されている。ヤマガラを篭で飼うには『夫木和歌抄』の寂蓮の歌に「篭の内も猶うらやまし山がらの身のほどかくす夕がほの宿」とか、江戸時代の狂歌に「山がらも源氏のきみに習ひけん夜ごとにやどる夕顔のやと」とあるように、夕顔の小さな瓢《ふすべ》が巣として用いられている。また『古今著聞集』「四一〇侍従大納言成通の鞠は凡夫の業に非ざる事」では「(前略)鞠を足にのせて、(中略)山がらのもどりうつやうに飛かへられたりける」と篭の中のヤマガラの仕草が比喩に用いられている。宝治二年(一二四八)には高麗山のヤマガラが将軍に献上されている(吾)。江戸末期にはさまざまなヤマガラの芸を見せる見世物が興行され、『甲子夜話三篇』三四―二はその芸について「ことに六歌仙之かるたを取候は、奇絶之よし、(中略)見物之者上の句を吟誦いたし候へば、篭中

図291　ヤマガラ（堀田禽譜）

を出て、下の句を嘴にて取候、一度も間違無之よし、実に奇怪之至に御座候」と記している。『松亭漫筆』も詳しくヤマガラの芸を記した後、「是等の事、古くより、既に唐山に所見あり」としているので、中国から伝来したものと思われる。明治初期に来日したモースも『日本その日その日』の中でその曲芸を詳しく紹介している。

七六、ヤマドリ　山鳥、山鶏

ヤマドリはキジ科の鳥で、我が国特有の鳥類である。『出雲国風土記』意宇郡に「禽獣には、則ち鵰・晨風・山鳥・鳩（中略）至りて繁多《さは》にして、題《しる》すべからず」とあり、出雲郡にも取り上げられている。天智一〇年（六七一）六月新羅から水牛一頭、山鶏一隻が贈られているが（紀）、これはヤマドリではなく中国あるいは朝鮮産のキジ科の鳥の事ではあるまいか。続いて持統八年（六九四）には河内国から白山鶏が献じられている（紀）。『万葉集』に「二八〇二　あしびきの山鳥の尾のしだり尾の長長し夜を独りかも寝む」とあるように、ヤマドリはその尾が長い所から、長い事の枕詞とされている。『万葉集』にはこのほか「一六二九（前略）あしひきの山鳥こそは峯向ひに妻問すといへ、云々」とか、「三四六八　山鳥の尾ろの初麻《はつを》に鏡懸け唱ふべみこそ汝に寄そりけめ」等といった歌が見られる。「尾ろの初麻」とは尾羽の中でも最も長い羽根の事で、『八雲御抄』は「山鶏、をろのはつをは、たゞの尾也。はつをの鏡ひとりぬるは、夫妻山の尾をへだて、ぬる也」と解説している。『正倉院宝物』の中の代表的美人画として知られている「鳥毛立女屏風」は、天平勝宝四年（七五二）に我が国で描かれたもので、その衣装にはヤマドリの羽毛が用いられているといわれている。延喜一二年（九一二）には左衛門陣に集まり（略記）、寛弘三年（一〇〇六）に

図292　ヤマドリ（訓蒙図彙）

は院に飛び入り（紀略）、長元元年（一〇二八）には中宮の御在所を飛び回った事が記録されているので（左経記）、平安時代には京都の市街地でも見られたものと思われる。『枕草子』に「四一（前略）山どりは友をこひてなくに、かゞみを見せたればなぐさむらん、いとあはれなり」とあるが、これは中国の故事によるものといわれている。文明一〇年（一四七八）の『言国卿記』に「腹は山鳥、頭は雉のおん鳥、尾羽少々雉のめんとり也」とある鳥の贈答記事が見られるが、ヤマドリの腹面は雉の雌鳥とよく似ているので、この鳥は頭は雉の雄鳥で、腹から尾が雉の雌鳥の雌雄嵌合体ではなかったかと思われる。寛保二年（一七四二）には外国産のヤマドリが輸入され（外蛮通書）、寛政八年（一七九六）には白ヤマドリが献上されている（観文禽譜）。江戸城内の吹上庭園の庭篭ではヤマドリが飼われており（半日閑話）、『本草綱目啓蒙』には「邪鬼を射蟇目《ひきめ》の鏑には必此尾を用て箭羽とす」と記されている。

七七、ライチョウ　雷鳥

雷鳥はキジ科に属する鳥類で、中国の本草書には記載されていない。我が国の中部山岳地帯の高所に生息し、夏と冬とでは異なった羽色を示す。雷鳥という名前が見られるのは『夫木和歌抄』の後鳥羽院の「正治二年百首御歌」が最初で、その中の一首に「白山の松の木陰にかくろひてやすらに住めるらいの鳥かな」とあり、同じ歌集の中には藤原家隆の「あはれなり越の高根に住む鳥も松をたのみて夜をあかすらん」という歌も収録されている。恐らくこの頃に白山信仰の修験者等によってその存在が知られるようになったものと思われる。それが雷鳥と呼ばれるようになったのは、雷のなる高山地帯に生息している事と、中国書の「五雑俎」に「雷の形、人常に之れを見ること有る者は、大約雌鶏に似た肉翅、其の響は乃ち両翅奮撲して声と作す也」とある事によるものと思われる。万寿四年（一〇二七）五月二四日に京都が大洪水に見舞われた際の『日本紀略』の表現には「雷形白鶏の如し」とある。江戸時代に入って『林羅山文集』に、水戸相公が画工梅田九笑を白山に遣して、雷鳥の図八図を描かせたと記されている。『古今沿革考』は「此鳥、いにしへより加賀国白山の絶頂に生ずる鳥にて、形鶏に似て、雄全身は黒く腹白く少き紅冠あり。雌はかしわ雌鶏のごとし」として図を付している。白山以外の雷鳥について『震雷記』は「享保のはじめ、飛騨国、乗鞍嶽に、雷鳥ありと聞えしかば、有司うけたまはることありて、数十羽とらへたりけれども、云々」と記して

図293　ライチョウ（梅園禽譜）

いる。この時の鳥はすべて途中で死んでしまったため、その餌袋を裂いて餌が松の実である事を確かめ、再び捕えた雷鳥に松の実を与えながら江戸まで運んでいる。しかしこれも到着後まもなく死んでしまった模様である。このほか『遠山著聞集』には立科山の雷鳥の記事が見られる。享保一九年(一七三四)丹羽正伯が全国の産物を調査した際の『加越能三州郡方産物帳』には、新川郡の鳥之類の中に「らい鳥」があり、これは恐らく立山を中心とした北アルプスでの所見と思われる。『観文禽譜』によると、延享元年(一七四四)四月にも吉宗の命により乗鞍岳の雷鳥二羽が捕えられており、文政元年(一八一八)にも乗鞍岳の雷鳥が幕府に献上されている(博物年表)。『蒹葭堂禽譜』、『梅園禽譜』にも雷鳥の図が載っている(図293)。

七八、ワシ類　鷲

ワシはワシタカ科のうち比較的大型の猛禽類の総称で、我が国にはイヌワシ、オオワシ、オジロワシ等が生息しているが、現在本州で営巣するのはイヌワシだけである。しかし『出雲国風土記』によると、各地に鵰《おおわし》が生息しており、出雲郡の門石嶋には「鷲の栖あり」とある。『倭名類聚抄』は鵰を「於保和之《おほわし》」、鷲を「古和之《こわし》」としているので、この鷲の栖は現在では本土では少なくなったイヌワシのものであろうか。『万葉集』には「三三九〇　筑波嶺にかか鳴く鷲の音のみをか鳴き渡りなむ逢ふとは無しに」とか「三八八二　澁谿の二上山に鷲そ子産とふ翳《さしは》にも君がみために鷲そ子産とふ」と詠まれている。翳とは貴人の体を蔽う差し掛けの事である。このほかワシの羽は矢羽根として最高のものとされ、『延喜式』神祇四によると伊勢神宮の神宝のうち、箭七六八隻には鷲の羽が用いられており、式年遷宮の前に鷲の羽を献上するように求められた記事は『小右記』、『玉葉』、『猪熊関白記』等に見られる。『本朝食鑑』は鷲について「奥常及び松前蝦夷最も多し。今官家之れを捕へて樊中に畜て其の尾羽を取りて箭羽に造る、呼びて真羽と称す、其の羽潔白にして中間黒文正直なるものを中黒と号して之れを称賞す」と記し、以下「中白、薄標」といった矢羽根特有の名称をあげている（図294）。『本朝食鑑』にあるように、ワシは関東以北に多く、古くから奥州の名産とされ、長和三年（一〇一四）には鎮守府将軍維良から藤原道長に贈られ（小右記）、また年貢の一部にも当てられている（台記）。文治六年（一一九〇）には鎌倉幕府から大量の鷲羽が仙洞、禁裡に献上されている（吾）。なお『頓医抄』は「喉ノ腫タルヲ治方」として「鷲ノ羽灰ニ焼テ、米ノ湯ニ入テ飲ベシ」としている。『本朝食鑑』はさらに「常に深山窮峯に棲んで村里に出でず、偶村里に出づれば則ち里人遙かに雲中を望んで恐れ走りて孩児を抱いて蔵す、動もすれば孩児を執らる」と記している。鷲に赤子をさらわれた話は、奈良東大寺者老の良弁の話が有名であるが（東大寺要録）、ほかに『日本霊異記』上九にも記されている。江戸時代に入ると享保一〇年（一七二五）に外国産の鷲が舶載されており（通航一覧）、同一七年（一七三二）に有志の者に下げ渡されている（正宝事録二二三〇）。享保一二年（一七二七）、一六年（一七三一）（実紀）、享和元年（一八〇一）には江戸市中で鷲が打ち落とされた記事が見られる（享和雑記）。

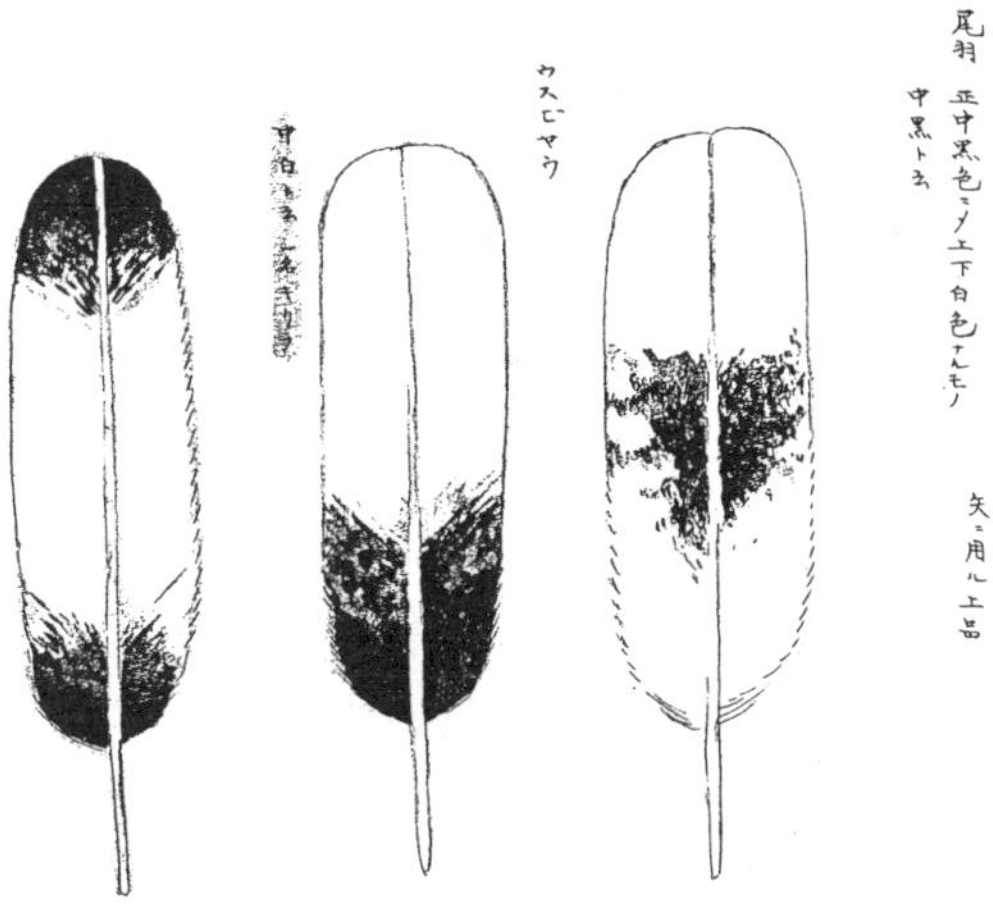

図294　ワシの尾羽の名称（啓蒙禽譜）

（四）哺乳類

一、アザラシ類　海豹、水豹

アザラシは北洋性の海獣であるが、その骨は北海道から中部地方の貝塚で出土しており（縄文食料）、古くから我が国沿岸を回遊していた事がわかる。その漢名が示すように体表に豹に似た斑文をもったものが多いが、斑文のないものもある。『倭名類聚抄』は水豹の和名を「阿佐良之《あざらし》」としているので、古くからアザラシと呼ばれていた事は明らかである。『奥州後三年記』は永保三年（一〇八三）の秋、源義朝が陸奥守となって東北に下った際、清原眞衡が三日厨と称して上馬、金羽、あざらし、絹布の類を数知れず贈った事を記し、仁平三年（一一五三）には藤原忠実が奥州高鞍庄の年貢の一部として水豹皮五枚を要求している（台記）。また『吾妻鏡』は文治五年（一一八九）藤原泰衡が園隆寺（毛越寺）建立に際して「七間々中径《まなかわたり》の水豹皮六十余枚他」を送ったとしており、翌建久元年（一一九〇）一一月七日、頼朝入洛の際の行列次第には「次に二位家（頼朝）黒馬楚鞦。水豹毛の泥障《あふり》」と記している。泥障とは泥よけのための馬具の事で、『庭訓往来』六月状返にも「水豹・熊皮泥障」とある。アザラシの皮は馬具として用いられたばかりでなく『餝抄《かざりしょう》』には「水豹尻鞘」があり、『随兵日記』には「つなぬきの皮、とらの皮、あざらしの皮、熊の皮を用べし」とある。「つなぬき」とは軍陣で履く毛皮の沓《くつ》の事である。

江戸時代に入って『本朝食鑑』は膃肭臍の付録として水豹を取り上げ、「此れも亦葦鹿、膃肭の類歟。小笠原家皮を以て射礼の具と為す。松前蝦夷海上に之れ有る歟」としている。『大和本草』は中国書からの引用に留っているが、『和漢三才図会』は『本草綱目』を引用した後、「按ずるに蝦夷海中に水豹有り。大さ四五尺、灰白色にして豹の文有り。皮を剝ぎて松前に販る」と記し、『蝦夷志』は「水に海豹《あざらし》、海獺《あしか》、海《おっ》狗《とせい》の属有り」としている。『松前志』は「享保二年台命ありて海豹皮を献ぜしことあり」と記しているが『徳川実紀』には見られない。寛政四年（一七九二）大阪で水豹の見世物が開かれているが、『蒹葭堂雑録』は「按ずるに、此獣は水豹にあらず、（中略）此の観物とする物は、正く海獺《うみおそ》、海鹿《あしか》、胡《と》獱《ら》の類なるべし」と記し、それが水豹《あざらし》ではなく海獺《あしか》である事を指摘している。アザラシは後足が退化して、前方に曲げる事が出来ないが、アシカの後足は前方に曲がり、陸上での歩行に利用される。『蒹葭堂雑録』に描かれた図はこうした特徴をよくとらえている（図296）。翌寛政五年（一七九三）には筑前国でも捕獲され（視聴草）、文政四年（一八二一）、六年（一八二三）、一〇年（一八二七）には大阪で見世物になっている（摂陽年鑑）。文化五年（一八〇八）樺太に渡った間宮林蔵は『北蝦夷図説』の中で、オロッコ族のトドと水豹猟の模様を記している。天保九年（一八三八）に相模国辻堂で漁師の網に掛ったアザラシは将軍の上覧の後、西両国で妖怪《おばけ》と呼ばれて見世物になっている（金杉日記、巷街贅説）。高木春山の『本草図説』には寛政一三年（一八〇一）に常陸国で捕獲されたゴマフアザラシと、年代産地不明のフイリアザラシの図が載っており、『松岡武四郎紀行集下』の「知床日誌」には水豹として「アムシベ、ホキリ、ルヲヽ、ヘカトロマウシ、シトカラ」といったゼニガタアザラシ、ゴマフアザラシ、クラカケアザラシ、アゴヒゲアザラシ、フイリアザラシ等の図が載っている（図295）。また同書の「北蝦夷余誌」には「海岸を眺るや千畳敷共言る平磯かと思ひしに、さはなくて数千頭の水豹、海獱等が一面に頭を並べてギヤアギヤアと孩児の如く啼けるが実に気味悪敷ものなり」と当時の樺太にアザラシやトドが多数生息していた事を記し、「晝飯には水豹肉を各袂にして出立しける」とアザラシの肉を食料とした事を記している。アザラシの肉の味については「余も始めには臭気に困りしが、後には馴れて甚宜敷ぞ思ひたり」と述べている。

図295　各種アザラシ（知床日誌）

二、アシカ　葦鹿、海鹿、海獺、海驢

アシカの骨は東北・関東の縄文遺跡から出土しており（縄

文食料）、古くは食料とされていたものと思われる。『出雲国風土記』の飯石郡には葦鹿社があり、『日本後紀』によると大同二年（八〇七）に葦鹿の皮の使用が、独射干・羆等の皮と共に禁止されている。『延喜式』民部下では陸奥、出羽の交易雑物の中に数えられているので、古くから利用されて来た事がわかる。『倭名類聚抄』は葦鹿を「和名阿之加」としている。『夫木和歌抄』に「わが恋はあしかをねらふえぞ舟のよりみよらずみ浪間をぞまつ」とあるが、これは交易雑物とするためのアシカ猟の模様を詠んだものであろう。大永六年（一五二六）の『実隆卿記』は「久村信濃、海鹿の荒巻三を送る」と記し、『本朝食鑑』は「其味も亦稍佳なり」としているが、アシカを食料とした記録はほかには見られない。『本朝食鑑』はさらに「豆相房上総の海浜にも亦希に之れ有り」とし、『越後名寄』によると、越後国でも寛延元年（一七四八）、宝暦三年（一七五四）、寛政四年（一七九二）、七年（一七九五）と網に掛ったり、海浜に打ち上げられた事が記録されている。寛政四年（一七九二）に大阪で水豹として見世物になった海獣はアザラシではなくアシカで（蒹葭堂雑録）（図296）、大阪の後京都で見世物となり、江戸葺屋町でも見世物になっている。伴蒿蹊はその時の模様を『閑田耕筆』の中で、「又近き頃、水豹とて見せしが、海獣にて、たとはゞ鼬の色象に似て、大さは鹿よりもまさるべし。魚を喰せて味《うまき》やといへば、あと答ふ。今一ッ欲きやといへば、手を動して、小児の物乞ふさまをす。云々」と記し、この時の見世物の引札は『甲子夜話続篇』二三―五に載っている。またこの年（一七九二）の冬には九州の松浦郡でも捕獲され、『甲子夜話』八〇―二七に図を付して記載されている。このあと文化四年（一八〇七）に江戸高輪で捕獲されたものは翌年両国橋で見世物となり（泰平年表）、そのあと文政二年（一八一九）（見世物研究）、天保四年（一八三三）（見世物雑志）と名古屋でも見世物になっている。『甲子夜話続篇』七七―三には天保三年（一八三二）に平戸で捕えられた海獺の図も載っている。

図296　アシカ（蒹葭堂雑録）

『本朝食鑑』にあるように、アシカは海獣の中では最も南方にまで分布しており、『桃洞遺筆』は紀州日高郡沖の小島に「毎年秋の土用前後には、海獺此の島に来りて、春の土用前後には、いずれかに帰る、故に此の島を徃年より葦鹿島といふ」と記している。この島の事は『紀伊続風土記』にも記されている。葦鹿島は銚子沖にもあり、『利根川図志』は「年中あしか此島にあがる事二三十、或は八九十、多き時は二三百疋にも及ぶ」としてその生態を記し、『甲子夜話』二四―四は「常州の銚子に海馬嶋と云あり。アシカを取こと有れば、必ず其近村へも触を使はして取たるを告げ知らす。又他領の人の取ことを禁ず」とこの島のアシカを捕獲していた事を記している。その結果ではあるまいが、当時我が国に生息していたアシカ（クロアシカ）は、現在では絶滅したのではないかといわれている。『本草図説』に海獺、葦鹿の図が載っているが、海獺（ウミヲソ、アシカ、ウミカブロ）とあるのはクロアシカではあるまいか。アシカは毛皮が利用されたばかりでなく、享保六年（一七二一）にはその油が江戸の火消に贈られており（実紀）、恐らく火傷の薬として用いられたものと思われる。

三、アナグマ（み、まみ）　猯、貛狆

アナグマは古くは猯《まみ》と呼ばれたイタチ科の動物で、イヌ科のタヌキと外形、体色がよく似ているため混同される事が多く、現在でもタヌキの事を「まみ」と呼ぶ地方がある。『本草和名』、『倭名類聚抄』はいずれも猯の和名を「美《み》」とし

図297　アナグマ（獣類写生）

「一名貛㹠」としている。アナグマの骨は縄文時代の遺跡から数多く出土しており（縄文食料）、有史以前から食料とされて来た事は明らかである。平安時代にも『明月記』は月卿雲客が猯を良肴とした事を記しており、『尺素往来』も猯を四足の中の美物に数えている。『庖厨備用倭名本草』も猯の項で「羹ニシテ食スレバ水ヲ下シテ大効アリ。野獣中ニタダ猯肉最甘美ナリ」とし、『大和本草』も猯の項で「形肥テ脂多ク味ヨクシテ野猪ノ如シ肉ヤハラカ也」としている。同一著者の貝原益軒は元禄一七年（一七〇四）三月二六日の日記の中で狸に似て爪の長い奇獣を捕らえ、打ち殺して食べた所味がよく、無臭であったと記しているが（益軒資料）、この奇獣とは猯《アナグマ》だったのではあるまいか。安永七年（一七七八）に江戸の本郷で捕えられ、千年もぐらと呼ばれて見世物になった獣があるが、「按るに猯の類なり」とあるので（半日閑話）、アナグマの事と思われる。『笈埃随筆』、『兎園小説』には江戸の「まみ穴」の地名の由来が記されている。

四、イタチ　鼬鼠

イタチは『本草綱目』では鼠類に入れられているが、齧歯《げっし》類ではなく食肉類である。縄文時代の遺跡からはイタチの骨が出土しているが（縄文食料）、有史時代に入ってからイタチを食料とした記録は見当らない。『倭名類聚抄』に「状、鼠の如く、赤黄にして大尾、能く鼠を食ふ」とあるように、鼠の天敵として知られており、『宇津保物語』には諺として「いたちのなき間の鼠云々」と記されている。天永三年（一一一二）の『殿暦』には、イタチが皇居の簾中に入った記事が見られるが、これも家屋内の鼠を狙ったもので、平安時代にはイタチの存在はそれほど珍しいものではなかったものと思われる。その為であろう、『源氏物語』、『平家物語』、『太平記』といった平安時代の文芸作品の中に数多く取り上げられている。イタチは鼠の天敵ではあるが、鼠だけを食べているわけではなく、嘉吉三年（一四四三）七月二九日の『看聞御記』には、蛇を喰い殺した記事が見られる。江戸時代に入って慶安元年（一六四八）、二年（一六四九）、三年（一六五〇）と、三代将軍家光がイタチを見た記事が見られるが（実紀）、将軍にとってはイタチが珍しかったのであろうか。元禄時代には生類憐み令によってイタチも保護され、『元禄宝永珍話』には「鼬一疋、葛西領平井村に放申候」と記されている。『本朝食鑑』は「鼬の性、能く人に馴る、之れを畜ひて弄戯と作す」とあるので、江戸中期にはイタチを愛玩用に飼育していたものと思われる。イタチの特技として最後屁が知られ

図298　イタチ（円山応挙「鼬の図」）

ているが、平賀源内は『放屁論』の自序の中で「狐や鼬の最後っ屁」と記し、『松屋筆記』八五―二にも「狐鼬鼠が最後の一屁」とある。イタチの最後屁は肛門の両側にあるイタチ類特有の肛門腺から悪臭を放つので、狐は冤罪であろう。

五、イッカク　一角

イッカクは北極海に生息しているクジラ目の哺乳動物で、上顎の犬歯の一本が前方に長く突出しているため、我が国ではポルトガル語の一本の角を意味するウニコールと呼ばれて来た。中国・日本の本草書には記載されていないが、江戸時代には不老不死の妙薬とされ、オランダ人によって舶載されたイッカクの角は極めて高価に取引されている。慶安元年（一六四八）五月一四日の『長崎オランダ商館の日記』に「当市（長崎）の人が、カンボジア居住の時に、ポルトガル人から長さ一フート半で、白い牛の角のように見える角を買っていたのを、競売に出したが、長い間買手がなかった。この頃少し皇帝の手に入ったものを、溺死し葬られて数時間経った大官の子息を、掘り出して呑せたところ生き返り一日生きていたと言う話が伝わって、筑後殿（幕府大目付井上筑後守政重）がそれを小判二百枚分買い、他にも多数の人が二、三貫目分ずつ買ったので、持主は三十貫目以上を儲けたという。(中略)筑後殿はその獣の絵を捜し出して、その角であることを信じ、種々の病の治療に有効なことを宣伝している由」と記されている。筑後守とウニコールとの記事はほかにもしばしば見られるが、こうした記事から判断すると、我が国でウニコールが極めて高価に取引されるようになったのは、オランダ人がその薬効を宣伝したからではなく、井上筑後守の誤解によるものと思われる。安永四年(一七七五)に来日したツュンベリーも『ツンベルグ日本紀行』の中で、「日本人はこの角に不思議な力があるものとしている。(中略)これが和蘭人の交易品のうちに入れられたのは最近の事である。偶然な機会からして和蘭人はこれに関する知識をえたのである。長崎に住んでゐたある商館長が帰るに当りグレランド産の一角獣の見事な角を、親しくしていた日本の通訳に贈ったのである。この通訳はこれを売って莫大な儲をした。これを知るや和蘭人は欧州から集められる限りの角を集めるに努力し、これにより最始は莫大な利益を収めた」と記している。

イッカクの記事が最初に見られるのは、上記の慶安元年(一六四八)の『長崎オランダ商館の日記』で、恐らくこの数年前には舶載されていたものと思われる。『徳川実紀』によると、その後承応二年(一六五三)、万治二年(一六五九)、寛文八年(一六六八)、天和三年(一六八三)と幕府に献上され、寛文一一年(一六七一)には日光東照宮の宝蔵にも納められている。イッカクの舶載はその後も続くが、いずれも角だけが舶載されたため、その実態については長く不明のままで、『大和本草』は「蛮語ニ一角ヲウニカウルト云、是一獣ノ角ナリ、其獣ノ名シレズ、犀角ノ類ナルヘシ」としているが、『采覧異言』はグルウンランデヤの項で「又海獣有り。形馬の如くして、一角有り。往々其の退角を拾ひ得。大きさ七八斤に至る。薬に入れ、神験犀角に勝る。名づけてウンコルと曰ふ。方語。ウン、一也。コル、角也」とそれが海獣の角である事を記している。しかしこのあと『昆陽漫録』五はオランダ通詞今村源右衛門の説を紹介して、馬の額に角を生じた一角獣の図を載せている。木村孔恭は天明六年(一七八六)『一角纂考』を著し(出版は寛政七年)、それが海産の魚類の角である事を明らかにしている(図299)。当時鯨は魚類に数えられていたので、一

図299　イッカク(一角纂考)

角を魚としたのは間違いとは言えない。最上常矩は『蝦夷草紙』の産物の中に一角をあげ、「ウラカワ場所にて得たる事あり。松前家臣北川伊右衛門東都へ持来りて、価尊くなりたりといへり」と記している。また『武江年表』の天保七年（一八三六）の喜多村信節の補註に「今度長崎出島へ蘭人持来る一角、長さ九尺と云ふ。生魚にて持渡るは此の度始めての由」と、生きたイッカクが舶載された事を記している。天保九年（一八三八）には江戸浅草の薬品会に長さ八尺八寸余のイッカクの角が出品されている（金杉日記）。

六、イヌ　犬、狗

現在家庭で飼育されているイヌは野生のイヌ科動物であるオオカミ、ジャッカル、コヨーテ等を人類が家畜化したものとされているが、そうした祖先犬が単一種であったのか、複数種であったのかについては意見は一致していない。我が国の犬の祖先については、縄文時代に渡来人に伴われて舶載されたとする意見が支配的であるが、一部には我が国で家畜化したとする意見もある（日本古代家畜史、黎明期日本の生物史）。我が国では紀元前八千年頃と思われる、縄文時代早期の愛媛県上黒岩遺跡から出土したものが最も古く（日本の洞穴遺跡）、縄文時代前期から中期にかけて次第にその数を増し、後・晩期にはほぼ全国の遺跡から出土している（縄文食料）。それらの犬は現在の柴犬程の大きさで、前額部が平坦に近く、恐らく立耳、巻尾であったものと考えられている。犬は狩猟を主とした縄文人の間では極めて大切に取り扱われており、愛媛県上黒岩遺跡ほかからは、丁重に埋葬されたと見られる遺骨が出土している（貝塚の獣骨の知識他）。また犬を模した土製品も東北地方の縄文遺跡から発掘されている（古代史発掘3）。農耕生活を主とする弥生時代に入ってからも、犬は引き続いて飼育されており、流水文銅鐸や袈裟襷文銅鐸の文様に見られるように、やはり狩猟に用いられていたものと思われている（銅鐸）。これらの銅鐸の文様に見られるように、弥生時代の犬は放し飼いにされていたものと思われるが、古墳時代に入ると一部の埴輪の犬に見られるように首輪や鈴を装着したものが現れてくる（はにわ）。『古事記』下巻、雄略天皇の「皇后求婚」の段にも「能美の御幣《みまひ》の物を献らむとまをして、布を白き犬にかけ、鈴を著けて、己が族名は腰佩《こしはき》と謂ふ人に、犬の縄を取らしめて献上りき」とある。犬の造形品としては以上の土製品のほかに、子持須恵器に装飾として用いられており、絵画では六世紀以降に造られるようになった装飾古墳の壁画に描かれている（古代史発掘8）。

この時代の犬も『日本書紀』武烈八年の段に「田猟を好み、狗を走らしめ云々」とあるように、主として狩猟に用いられていたものと思われるが、安閑二年(五三五)八月には犬養部が置かれ(紀)、九月三日の条に「桜井田部連・県犬養連・難波吉士等に詔して、屯倉《みやけ》の税を主掌《つかさど》らしむ」とあるように屯倉の番犬としても用いられている。『播磨国風土記』託賀郡には、伊夜丘の地名伝承として、応神天皇の愛犬麻奈志漏の話が載っており、『日本書紀』崇峻天皇の項には、厩戸皇子等が物部守屋を討った際、守屋の資人《つかひびと》捕鳥部萬《よろづ》が殺され、萬の飼っていた白犬が殉死した話が載っている。こうした義犬の物語はほかに『元亨釈書』、『今昔物語集』二九―三二、『古今著聞集』七一一、『宇治拾遺物語』一八四等に数多く見られる。犬はこのように古くから我が国でも飼育されて来たが、天武八年(六七九)、一四年(六八五)、朱鳥元年(六八六)(紀)、天平四年(七三二)(続紀)、天長元年(八二四)(紀略)、承和一四年(八四七)(続後)と新羅、渤海、唐などの国からも献上されている。その多くのものは猟犬であるが、天平四年(七三二)、天長元年(八二四)には蜀狗、猧子と呼ばれる犬が献上されており、これらの犬は狆のような小型愛玩犬であったと考えられている。『平城京長屋王邸宅と木簡』によると、長屋王の邸宅跡から出土した木簡には「犬司《いぬのつかさ》」と記されたものがあり、犬を飼うために専属の使用人が置かれていた事がわかる。

『万葉集』には「一二八九　垣越ゆる犬呼びこして鳥狩する君青山のしげき山辺に馬息《やす》め君」と狩猟を歌ったものや、「八八六　(前略)犬じもの道に臥してや命過ぎなむ」と当時の犬の有り様を詠んだものも見られる。

仏教が国教として定着すると、殺生禁断、放生の風習が起り、天武四年(六七五)には牛、馬、犬、猿、鶏の肉の食用が禁じられ(紀)、天平宝字八年(七六四)には「鷹狗及び鵜を養ひて、以て田猟する事」が禁止され(続紀)、養老五年(七二一)(続紀)、延暦二四年(八〇五)(後紀)、承和九年(八四二)、嘉承三年(八五〇)(続後)と主鷹司の鷹と犬とが放されている。主鷹司(または放鷹司)は『律令』によると「鷹犬調習せん事」と規定されており、鷹を扱う者は鷹飼、犬を扱う者は犬飼と呼ばれている。犬飼は犬養とは違って、鷹狩の際に獲物を追い出すための犬を飼育・調教する者の事で、平安時代の天皇の野行幸の際には美麗な犬飼装束をつけて参加し(醍醐天皇御記)、正月の大臣家大饗にも鷹飼に従って参加している(吏部王記他)(図12)。ただし評判は芳しくなく、承和元年(八三四)には餌取と共に悪行が甚だしいとして処罰されている(続後)。悪行が甚だしかったのは犬飼ばかりではなく犬もまた同じで、『律令』厩庫律に「凡そ畜産及び噬《ぜい》犬、踰齧人に觝る、こと有りて、標幟羈絆法の如からず、若し狂犬殺さざれば笞卌。故《ことさら》に以て人を殺傷せば、過失を以て論ず。若し故に放ちて人を殺傷せしむれば、闘殺傷一等を減ず」とあり（訳註日本律令）、雑令では「其れ狂犬有らば、所在殺すことを聴せ」と規定されている。『徒然草』にも「一八三　人くふ犬をば養ひかふべからず。これみなとがあり。律の禁《いましめ》なり」とある。

宮中の主鷹司の鷹や犬は各地から献上されたもので、献上の際には天皇が御覧になる御鷹御覧の儀、御犬御覧の儀が行われている（侍中群要、嵯峨野物語、花鳥余情）。こうした鷹犬の良否、鷹飼、犬飼の作法は『新修鷹経』、『嵯峨野物語』などの鷹書に記されている。猟犬を除くと当時の犬は多くは放し飼にされていたのであろう、犬が皇居に上ったり（八〇九年、八四二年、八四三年、八七七年）、禁中で仔を産んだ（八四三年、八六七年他）記事がしばしば見られる（紀略、続後、三実）。またこうした犬は時として人の死骸をくわえて人家に入る事があり（六五九年、八六三年他）、これを犬の喰入《くいいれ》と呼んでこの頃から盛んになり始めた穢《けがれ》の一つに数えられている。犬に関する穢にはこのほか飼犬が仔を産んだ時の犬産の穢、飼犬が死んだ時の犬死の穢があり、貞観五年（八六三）、七年（八六五）を始めとしてそうした記事は数多く見られる（三実他）。特種な例として天暦三年（九四九）には犬の落胎（紀略）、永享九年（一四三七）には犬孕の穢が記録されている（蔭凉）。このように犬に関する穢が多かったためであろう、当時皇居や寺院の殿舎の階前には犬の侵入を防ぐための木製の犬防《いぬふせぎ》が設けられていたほか（栄花物語他）、永観二年（九八四）には皇居内で犬狩が行われ（小右記）、後三条天皇の御代（中外抄、古事談）や承徳二年（一〇九八）にも行われている（中右記）。その模様は『禁秘抄』、『侍中群要』等に詳しい。

平安時代には『枕草子』の「九　うへにさぶらふ御猫は」に見られるように、宮中ではもっぱら猫が寵愛され、犬は邪魔物扱いをされていた観があり、後三条天皇も犬を憎ませ給うたと伝えられている（中外抄、古事談）。上記の犬狩もそのためのものであったと思われる。逆に高倉天皇（一一六八―七九）は犬を好まれた模様で、御在位中承安二年（一一七二）、治承三年（一一七九）と二度にわたって御寵犬が死んだ事が記録されている（玉葉）。一方こうした犬に関する穢を、機転によって吉事に変えた話が『十訓抄』に見られる。このほか建久元年（一一九〇）には犬の行道《みちゆき》（百錬抄）、室町時代に入って応永二五年（一四一八）には犬の勧進が行われ、『康富記』は「来る九日より、四条坊門大宮犬堂に於て、千一検校と珍一検校、勘進平家を語る可くと云々。此の間奇犬有り、杓を以て洛中一銭勘進を致す。云々」と記している。平安時代に始まった風習の一つとして、康和五年（一一〇三）の『為房卿記』、承久二年（一二二〇）の『玉蘂』、寛喜三年（一二三一）の『民経記』等に、子供の額に犬の字を書いた記事が見られる。これは中国伝来の禁厭で、後にこれから転じて幼児の枕許に犬張子を置くようになったといわれている。『菟玖波集』良阿法師の歌にも「三七　犬こそ人のまもりなりけれ。三八　みどり子のひたひにかけるもじをみよ」とあり、この風習については『遠碧軒記』、『塩尻』、『貞丈雑記』等で考証が行われている。犬張子は室町時代に始まった八朔の贈り物の犬筥に由来するといわれており、そうした贈答記事は興国四年（一三四三）の『八坂神社記録』、延徳元年（一四八九）の『大乗院寺社雑事記』に見られる。『松屋筆記』一一五―一五に「室町殿御座所調度之中御犬箱二ッと有、今世犬張子といふものこれ也。小笠原傳書に宿直《とのゐ》之犬一対、男は左向を第一に用事にて、守を入る也。右向には何にても翫物を入べし。女は右向に化粧の道具を入る也。宿直の犬なき方は額に犬の字を色書にする也」と記されている。

鎌倉時代に始まる犬追物は南北朝時代に一時中断するが、室町時代に入って隆盛期を迎える。騎馬で徒歩の兵士を射る事を追物射《おいものい》と呼んでいるが、そうした武芸を錬磨するため、兵士の代りに牛を用いたものを牛追物、犬を用いたものを犬追物と呼んでいる。犬追物という呼び名が初めて見られるのは『明月記』承元元年（一二〇七）六月一〇日の条で、「今日出車を進む。（割註・内野、犬追物。女房見物す可く）」とあるのが最初で、『騎射秘抄』や『犬追物目安』が犬追物を「実朝公の時に始まる」としているのは、この記事によるものと思われる。しかし一般には『吾妻鏡』貞応元年（一二二二）二月六日の条に「南庭に於て犬追物有り」とあるのを最初としている（射犬正法）。この時の犬追物は、犬二〇疋、射手四騎、検見、申次各一名、犬牽一〇名で行われているが、以後引き続いて行われる犬追物では犬、射手の数は一定していない。『吾妻鏡』では建長三年（一二五一）を最後に犬追物の記事は見られなくなり、南北朝時代には『本朝通鑑』に「建武一統之時、勅して犬追物を禁ず。其の生を殺すを以ての故也」とあるように一時中断させられている。ただし『太平記』によると、後醍醐帝の寵臣千種忠顕は「弱冠ノ比ヨリ我道ニモアラヌ笠懸・犬追物ヲ好ミ、云々」とあり、『建武年間記』に記された「二条河原落書」にも「弓モ引エヌ犬追物、落馬矢数ニマサリタリ」とあるので、完全に停止したわけではあるまい。このあと本格的な犬追物は正平六年（一三五一）三月二〇日に、足利尊氏によって三条河原で再興され（園太暦）、以後隆盛の一途をたどるが、次第に様々な規約が加えられ、武術の錬磨というよりも競技としての性格が強くなってくる。そうした最盛期の犬追物の諸規定は『山名家犬追物記』に詳しいが、それによると犬追物といっても、実際に犬を射殺するわけではなく、むしろ犬が死ぬ事を甚だ不吉としたため、矢には先端の大きな鏑矢が用いられている。

　鎌倉時代にはこのほか北条高時により闘犬が行われており、その模様は『太平記』五に「相模入道（中略）或時庭前ニ犬共集テ、噛合ケルヲ見テ、此禅門面白キ事ニ思テ、是ヲ愛スル事骨髄ニ入レリ」と記されており、『増鏡』、『北条九代記』にも類似の記事が見られる。この闘犬と関連があるかどうか明らかではないが、鎌倉市の中世遺跡である千葉地東遺跡からは、牛馬の骨と共に大量の中型犬の骨が出土している（江戸の食文化）。こうした犬追物、闘犬の流行とは別に、食犬の風習もこの頃から始まり、『看聞御記』は応永二八年（一四二一）に薬食として山犬を食べた事を記し、室町末期になると公卿の間でも広く食べられるようになる（兼見卿記）。永禄五年（一五六二）に来日したルイス・フロイスは『ヨーロッパ文化と日本文化』六―二十四の中で「ヨーロッパ人は牝鶏や鶉、パイ、ブラモンジュなどを好む。日本人は野犬や鶴、犬猿、猫、生の海藻などをよろこぶ」と記している。犬の料理は江戸初期の『料理物語』に「（いぬ）すひ物、かいやき」とある。犬は人間に食べられたばかりでなく、鷹狩の鷹の餌としても用いられ、『徒然草』一二八、『多聞院日記』、『塵芥集』等にそうした記事が見られる。また『新著聞集』七には豊臣秀吉が大阪城で飼っていた虎の餌として犬を食わせた話が載っている。

　室町幕府が行った勘合貿易によって、海外の文物が入って来たが、文明一六年（一四八四）には晴犬と呼ばれる犬が細川の屋敷にもたらされている（親長卿記）。この犬が『蔭涼軒日録』長享二年（一四八八）四月の条に記された天竺犬だとすると、ダックスフント型の短足の犬と思われる。また大内義隆は桃花犬を飼育していたが（陰徳太平記）、これは中国宮廷で愛玩されていた狆の事で、我が国の狆はこの中国系の桃花犬と、後にポルトガル船によって舶載された小型犬とによってその基礎が作られたものと見られている。ポルトガル船が来航するようになると、小型犬ばかりでなく各種の犬が舶載されるようになり、天正一二年（一五八四）には南蛮犬と呼ばれる珍犬が薩摩国にもたらされ（上井覚兼日記）、イギリスが我が国に通商を求めて来た慶長一八年（一六一三）には、平戸藩に対してマスチフ、ウォーター・スパニエル、グレイハウンド等を贈り物とする事が議論されている（セーリス日本渡航記）。ただし実際に贈られたかどうかは不明である。慶長一七年（一六一二）に家康が鹿狩を催した時には、唐犬六、七〇匹が参加しており（駿府記）、『明良洪範』は「元和太平ノ後、天下ノ貴賤、漸々花美ニ趣クコロ、唐犬ヲ飼ハル、事流行シ、大名役ノヤウニ成ケル、云々」と唐犬が大名行列に参加した事を記している。唐犬に関する記事はこのあと寛永七年（一六三〇）、九年（一六三二）、正保元年（一六四四）等にも見られる（実紀）。この頃の南蛮犬、唐犬の図は各種の屏風絵や、北斎の「唐犬図」に描かれている（図300）。

徳川五代将軍綱吉は犬公方と呼ばれるように、生類憐み令を実施した事で有名であるが、その発端は嫡子徳松の幼死の原因を、前世における殺生によるとする僧隆光の進言によるもので、綱吉が戌年生れであった所から、特に犬が重視されたといわれている。綱吉と犬に関する出来事として『甘露叢』元禄二年（一六八九）の条に「喜多見若狭守へ御預の犬ども、柳沢出羽守へ預けらる」とあるが、この犬は綱吉が愛玩するためのものではなく、殿中に狐の入るのを防ぐためのものであったといわれている（元正間記）。生類憐み令で取り上げられた動物は多方面にわたるが、犬に関するものだけをあげると、貞享二年（一六八五）七月に、御成の道に犬猫出るとも苦しからずとした法令（寛保集成七九二）が出され、同年八月に犬を殺した浅草寺別当が解任されたのを始めとして（実紀）、貞享四年（一六八七）には犬を斬った奴僕の遠島（実紀）、元禄元年（一六八八）には門前の捨犬を飼育しなかった事により与力の追放（実紀）、元禄二年（一六八九）には犬を切った山伏の下獄（甘露叢）、車で家人が犬を轢き殺した黒田伊勢守の登城停止（実紀）、犬の喧嘩を止めなかった坂井伯立の閉門（実紀）等があり、元禄四年（一六九一）には犬猫

図300　唐犬の図（葛飾北斎）

に芸を仕込む事が禁止され（令条四九五）、所領の農民が犬を使って鹿を捕えたため、領主が遠慮を申し渡されている（実紀）。元禄五年（一六九二）には仔犬の取り扱いに関する法令二つ（令条四九七、四九九）と喜多見村への犬の収容（竹橋余筆別集）、元禄六年（一六九三）には犬を損傷する者に対する法令（令条五〇一）、元禄七年（一六九四）には御成先の犬の取り扱いに関する法令（令条五〇二）と犬の損傷に関する法令二つ（令条五〇三、五〇五）、犬の喧嘩を止めるための犬分け水に対する注意（正保事録八〇四）、犬皮で鞠を作る事の禁止（令条四四〇）、犬の治療に当る犬医に関する法令（令条五〇六）、犬商売の禁止（正保事録八一四）と数多くの法令が出されている。

このうち犬医については『御当家令条』五〇六に「犬喰合疵付候ハヽ、早速其犬之毛色疵之様子委細書付、切通之犬医師五郎兵衛方え申達、薬もらひ、念入養育可仕候、尤相応に薬代可出之者也」とあるのが最初であるが、これより以前元禄五年（一六九二）に日本を去ったケンペルが『日本誌』の中で、「街々には犬小屋もあり、病犬は看護される」と記しているので、犬医師の出現はそれ以前の事かもしれない。『翁草』七七「犬医者の事」に記された今川平助は「後には御城へ被召て、御犬を預り療するに、平愈せずと云事なし」とあり、『譚海』も「江戸神田柳原土手内に、犬医者といふもの一人拝領屋敷給はり住居す。是は宝永中、公の犬を大切に仰付けられ候より出来たる医者にて、今時は一向無用の人なれども、其節仰付けられたる侭にてある事也」と記しているので、生類憐み令が施行されていた当時は、幕府に召し抱えられていた犬医師がいたものと思われる。犬医に関する法令は宝永四年（一七〇七）にも「生類検屍のときいまだ息あらばすみやかに犬医等まねき養育すべしとなり」とある（実紀）。この頃の犬医については『江戸真砂六十帖』にも「江戸犬医師はやる事」として取り上げられている。

元禄八年（一六九五）には仔犬を川に流す事の禁止（実紀）、犬を損傷した者に関する高札（令条五三〇）、瘦犬に対する注意、犬猫等による家畜損傷に対する注意（実紀）、捨犬に対する注意（令条五一二）、四谷新囲（正宝事録八二二）、中野犬小屋に関する事項（実紀、元禄宝永珍話）等のほか、仔犬を捨てた辻番が獄門にかけられている（甘露叢）。元禄九年（一六九六）には中野犬小屋に要する費用の上納金についての法令が定められ（正宝事録八三四）、中野犬小屋への犬の収容を奨励する法令が出され（令条五一五）、中野御犬預が任命されたほか（半日閑話二）、犬を突き殺した町人が斬罪に処せられている（元禄宝永珍話）。元禄一〇年（一六九七）

には犬の毛付に関する注意が出されているが（実紀）、犬の毛付については『半日閑話』二に下谷坂下町から提出されたものが載っている。そのほかこの年には犬殺しの篭舎入りの記事（甘露叢）、犬殺しに対する処置が適切であったとして寺社奉行他が褒賞にあずかった記事が見られる（実紀）。元録一一年（一六九八）には京都でも犬を粗略に取り扱わないようにとの町触が出されている（京都町触一七一）。一年おいて元録一三年（一七〇〇）には喜多見村の犬小屋での犬の取扱いについて名主たちに達しが出され（正宝事録九三三）、元録一五年（一七〇二）には飼犬の再吟味が行われたほか（一話一言二六）、犬を損傷した伯楽《ばくろう》が切腹を仰せ付けられ（実紀）、宝永元年（一七〇四）には捨犬に関する注意が出されている（実紀）。宝永二年（一七〇五）には火災の際に主人の飼犬を助けた奉公人が褒美をもらったほか（承寛襍録）、再び痩犬に対する注意が出されている（実紀）。宝永三年（一七〇六）には中野犬小屋の徒目付二名が不正のため追放され（実紀）、宝永四年（一七〇七）には夜間の動物検屍についての通告（実紀）、宝永五年（一七〇八）には再度痩犬に対する注意が出されている（実紀）。これらの法令は他の生類憐み令と共に宝永六年（一七〇九）綱吉の死後ただちに解除され、獄中にあった者は解放されている（文露叢）。なお、水戸光圀はこうした生類憐み令に反対して綱吉に犬の毛皮を贈って諌めたといわれている（元正間記）。

犬の毛皮は古くから防寒用に用いられて来たが、秀吉の朝鮮出兵（文禄の役）の際には槍の鞘として用いられ（多聞院日記）、『毛吹草』は山城国名物として犬皮足袋をあげている。徳川末期に上方を訪れた滝沢馬琴は「大阪の市中犬猫すくなし」と記しているが（羇旅漫録）、これは犬猫の皮が三味線の皮として用いられた為である。ただし犬皮は猫皮には及ばないとされている。『守貞漫稿』は犬拾ひとして「京坂にあり江戸に無之。因屠児職之とす、云々」と記している。こうして集められた犬猫は毛皮が利用されたばかりでなく、その肉からは脂がとられており、『譚海』は「大阪の下りらうそくは、全体生蠟にてこしらへたる物にあらず、皆魚油獣肉などをさらしかためたる物にてこしらゆる也。甚しきものは人肉をも用る事ぞ。大阪牛馬の外狗肉も多し。それゆへ大阪に犬とりといふもの有て、（中略）毎日わらにてこしらへたるかますを肩にかけ町をありく。路頭に死たる犬あれば皆取帰りて蠟とす」と記している。一方犬の病気では狂犬病が最も恐ろしく、犬ばかりでなくそれに咬まれた人間にも被害を与えるもので、『和漢三才図会』は「凡そ猘犬の状、必らず舌を吐き涎を流し、尾垂れ眼赤く、誠に弁じ易し、如し咬まるれば則ち毒甚だし」と記している。猘犬とは狂犬の事であるが、我が国に狂犬病が入ったのは享保一七年（一七三二）の事と見られているので（翁草四八）、『和漢三才図会』の記述は中国の本草書からの引用であろう。享保一七年の狂犬病は九州に始まり中国地方を経由して東国にまで及んでおり（翁草）、野呂元丈はこの時の体験に基づいて、元文元年（一七三六）に『狂犬咬傷治方』を著している。狂犬病はこのあと享保二〇年（一七三五）（泰平年表）、明和七年（一七七〇）、文久元年（一八六一）にも大流行している（武江年表）。

八代将軍吉宗は綱吉以後廃れた鷹狩を復活し、それに伴って犬飼を置いたが、享保一〇年（一七二五）には狩猟用の大型犬が集められ（寛保集成一一五七）、翌一一年（一七二六）には南京から（通航一覧）、一三年（一七二八）にはオランダからも献上されている（月堂見聞集）。これらの犬は享保一四年（一七二九）に鉄砲方の支配下におかれ（実紀）、享保一八年（一七三三）には雑司谷の鷹部屋内に完成した犬小屋に収容され（御府内場末沿革図書）、以後しばしば行われた将軍の猪狩に参加したが、宝暦元年（一七五一）吉宗の死去に伴って廃止されている（宝暦集成一二三八）。吉宗は鷹将軍と呼ばれる程鷹犬を愛したが、その反面、一部の犬は鷹の餌としても用いた模様で、『塩尻』拾遺九一は「御鷹餌とぼしき故とて、護持院の墟にて犬をとらへ、其の口を縛し、日を経て彼の舌を切取り、鷹に飼ふと人の語りし。常廟の御時は、犬を殊にあはれみましましけるが、今日はまたいたましきわざ多かるにや」と記している。犬を食べたのは鷹だけではなく、享保一二年（一七二七）刊行の『落穂集』には「我等若き頃迄御当地町方に於て犬と申者は稀にて見当不申事に候は、武家町方共に下々の給物《たべもの》には犬に増りたる物は無之とて、冬向に成候へは見合次第打殺賞翫致すに付ての義なり」とあり、『一話一言』補遺三は「薩摩にて狗を食する事」として薩摩侯も犬を食べた事を記している。

徳川時代には犬追物は余り行われていないが、島津家は祖先の島津忠義が貞応元年（一二二二）の最初の犬追物で中次を務めて以来（射犬正法）犬追物との関係が深く、天正三年（一五七五）（上井覚兼日記）、慶長一一年（一六〇六）と鹿児島で犬追物を催しており（大日本史料）、正保三年（一六四六）、四年（一六四七）には江戸で犬追物を張行して将軍の観覧に供している（実紀、犬追物御覧記、一話一言四〇）。島津家の犬追物については『西遊記』二―七にも記されている。このあと犬追物の記事は見られなくなるが、文政一二年（一八二九）になって江戸の三上侯の邸内で将軍を招いて催され、その時の模様は『甲子夜話続篇』五〇―七、『後松日記』に詳しい。幕末の天保一三年(一八四二)(慊堂日暦)、嘉永三年(一八五〇)、六年(一八五三)には徳川幕府によって犬追物が催され(続実紀)、安政二年(一八五五)に設立された講武所では正規の武芸の一教科として採用され、安政五年(一八五八)、万延元年(一八六〇)、文久二年(一八六二)と江戸城内の吹上御園で犬追物が催されている。しかし文久二年(一八六二)九月に弓術、柔術と共に犬追物も教科からはずされている(続実紀)。

八代将軍吉宗の時代には猟犬のほかにしばしば狆も輸入されており(一七二五年『通航一覧』、一七三四年『実紀』、一七三五年『承寛襍録』)、『花蛮交市洽聞記』によると宝暦年間の狆の値段は六五匁で、孔雀の一二〇目、紅音呼の七八匁と比較すると安値である。これらの狆がどのようなものであったか明らかでないが、『俗耳鼓吹』は「此頃狆の名とて、人の見せけるをみれば、一まい黒、一まい白、白黒ぶち、目黒、鼻黒、赤ぶち、栗ぶち、かぶり、むじな毛、耳は大耳べったりだれ、毛なが、毛づまり、当世は地ひくの毛長流行中候。上田すじ、こくすじ、治郎すじ、小田すじ、大島すじ」と記している。狆の名とあるが、これは当時の狆の種類をあげたもので、『古事類苑』動物部に収録されている「狆飼養書」にそれぞれの種類についてその由来が記されている。それによるとこの時代にはまだ現在の日本狆のように形質は統一されておらず、様々な毛色・体型のものが狆と呼ばれていた事がわかる。しかし明治初期に来日したチェンバレンは『日本事物誌2』の中で「狆は日本のパッグ(狆の一種)で、(中略)一般に黒と白の斑で、重量は小猫ほどにすぎない」と記しているので、この頃までに日本狆の形質が固定したものと思われる。狆以外の犬も、我が国の在来犬との間で交雑を重ねたため、江戸末期には様々な雑種犬が生じ、『絵本江戸風俗往来』は「狗犬の小屋を作る」の中で「江戸の犬は大小あり、また強弱ありて、大犬は四尺以上、小犬は二尺以上、牝牡とも赤黒二色の斑ありて見事なり。また真白・真黒の二種あり。(中略)この外ムクというあり。これもムク犬という一種ありて、毛長くして耳・尾など垂れて美し。斑に種々の異色あり」と記している。

こうした犬の品種とは別に、奇形犬の記録も多く、古く永正二年(一五〇五)の七本足の仔犬を始めとして(御法興院記)、宝暦一〇年(一七六〇)には前足三本の犬(江戸塵拾)、文化七年(一八一〇)には尾が二本、尻の穴二つの犬の見世物があり(猿猴庵日記)、文政一〇年(一八二七)には前足二本、後足四本、尾一本、肛門二つの仔犬(甲子夜話九八―一一)、天保三年(一八三二)には六本足の仔犬(兎園小説)と六本足で一体牝牡の犬が（甲子夜話続篇七七―四）、天保四年（一八三三）にも六本足の犬踊りが名古屋で見世物となり（見世物雑志）、弘化二年（一八四五）には一つ目の犬（天弘録）、安政二年（一八五五）には尾が二本で八足の犬が見世物になっている（藤岡屋日記）。犬の見世物としてはこのほか犬芝居があり、古く「四条河原遊楽図屏風」に描かれているほか、文化八年（一八一一）には熊と仔犬の芸が（摂陽年鑑）、天保六年（一八三五）（見世物雑志）、嘉永元年（一八四八）には犬と猿の曲芸が催されている（見世物研究）。このほか江戸時代には犬の伊勢参りが流行しており、『一話一言』補遺三に寛政二年（一七九〇）の犬の伊勢参りの模様が記されているほか、天保三年（一八三二）の『馬琴日記』にも、伊勢詣の犬が江戸の千住を通過した事が記されており、明治末に出版された『絵本江戸風俗往来』には挿絵入りで取り上げられている。

七、イノシシ　猪

イノシシは縄文・弥生時代を通じて主要な狩猟獣の一つで（縄文食料）、その肉が食料とされたばかりでなく、骨や牙は釣針（縄文時代の漁業）や装身具（古代史発掘2）に加工され、縄文晩期の遺跡からはイノシシを模した土製品も出土している（古代史発掘3）。また北海道、佐渡、伊豆諸島といった自然状態ではイノシシが分布していない地域の、縄文中期から晩期にかけての遺跡からイノシシの骨が出土しているので、有史以前からイノシシが人間の手で飼育されていた可能性が指摘されている。弥生時代には狩猟獣として銅鐸に描かれ（銅鐸）（図7）、古墳時代には埴輪に作られたほか（はにわ）、九州の石戸山古墳からは石造の石猪も出土しており、猪を狩猟の対象とした話は『古事記』、『日本書紀』、『風土記』等に見られる。猪は上記のように有史以前から飼育されていた可能性があるが、古墳時代に入ると明らかに猪を飼育していた事を示す猪甘《いかいの》（養）津《つ》、猪飼野といった名称が『古事記』、『日本書紀』ほかに見られるようになる。猪甘津とは猪を飼育する場所の事であり、猪甘とはそれを飼養する猪甘部の事である。猪甘部の起源について『播磨国風土記』は猪養野の地名伝承として「右、猪飼と号《なづ》くるは、難波の高津の宮に御宇しめしし天皇のみ世、日向の肥人《くまひと》、朝戸君、天照大神の坐せる舟の於《うへ》に、猪を持ち参来て、進りき。飼ふべき所を、求ぎ申し仰ぎき。仍りて、此処を賜はりて、猪を放ち飼ひき。故、猪飼野といふ」とあり、猪飼部が日向の肥人に由来する事を記している。九州地方で猪が飼育されていた事は、上記の石戸山古墳の石猪から推測されるばかりでなく

(筑後国風土記逸文)、『続日本紀』に記されている養老二年(七一八)に卒した筑後守、道君首名の卒辞に「下鶏肫《しゅん》に及ぶまで皆章程有りて、曲《つぶさ》に事宜を盡せり」とある事からも明らかである。鶏肫とは鶏と豚の事であり、字義通りにとればブタが飼育されていた事になるが、猪とする意見もある(日本古代家畜史)。

仏教が導入され、仏教思想が浸透するにつれ、猪の飼育は次第に制限されるようになり(続紀)、天平二年(七三〇)にはその殺害が禁止され、天平宝字二年(七五八)には猪鹿の貢進が停止されている(続紀)。『律令』賦役令では「猪脂三合」とあるだけであるが、『延喜式』では神祇一で祈年祭に白猪を供える事が規定されており、主計上の調・庸として猪脂、猪皮、猪膏が、中男作物に猪鮨、猪脯が、また典薬寮の諸国進年雑薬には猪蹄、猪脂が見られる(56頁別表)。特種なものとして内匠寮の「年料五尺屛風骨」と「牛車」の材料に猪髪十把、猪髪二把があり、内蔵寮には「造御靴料猪毛十両」がある。このほか畿内六カ国の御贄として、近江国から猪宍四枝が貢進されており、宮中の正月行事の歯固《はがため》に用いられている。『本草和名』、『倭名類聚抄』はいずれも野猪の和名を「久佐為《くさい》(井)奈岐《なぎ》」としているが、『古事記』、『日本書紀』、『万葉集』にはそうした用例は見られず、いずれも猪を「い」と呼ぶか、猪鹿で「しし」と読んで狩猟獣、あるいは食肉獣の代表と見なしている。この時代の猪狩の模様は『粉河寺縁起』、『矢田地蔵縁起絵巻』等に描かれている。大治五年(一一三〇)の『中右記』は春日社の祭礼に猪肉を食べた者が参加したため臨時の奉幣使を立てた事を記しているが、これは触穢の思想によるものである。平安末期から中世にかけて、武家による狩猟が行われるようになり、治承二年(一一七八)の『山槐記』は平維盛の櫟原野の狩猟で獲物の中に猪一頭が含まれていた事を記し、建久四年(一一九三)には頼朝によって富士の巻狩が行われて多数の猪鹿が狩られている(吾)。寛正五年(一四六四)の武家の狩猟書、『高忠聞書』には「かりといふは。鹿がりの事也」とあるが、猪がその獲物の中に含まれている事はいうまでもない。中世の料理書には余り取り上げられていないが、『厨事類記』では「御産御膳」の生物《なまもの》の一つに数えられ、『尺素往来』は猪肉を美物の第一にあげている。江戸時代に入って『料理物語』は「(ゐのしゝ)汁、でんがく、くはし」と猪肉の料理法を記しているが、その味については触れていない。しかし『本朝食鑑』は「野猪肉、味ひ太だ甘美にして牛鹿の肉に優れり」とし、『大和本草』も「牝ナル者肉更ニ美ナリトイヘリ、十月以後味美シ、前足味美」とした上で「食傷スル人多キハ味美ニシテ多食スル故ナリ」と記している。

慶長一五年(一六一〇)徳川秀忠は三河国田原の鹿狩で鹿六百三拾四、猪九十六を得ており(実紀)、以後歴代の将軍によって鹿狩はしばしば行われている(実紀)。またそうした狩猟としての狩のほか、猪鹿が田畑を荒らした際には、寛文一二年(一六七二)を始めとして鉄砲方による猪狩がしばしば行われるようになる(実紀)。このほか対馬藩では元禄一三年(一七〇〇)から全島の猪・鹿狩が行われ、八ヵ年で猪三万頭が殺されている(猪鹿追詰覚書)。こうした猪の害は地方ばかりとは限らず、享保二〇年(一七三五)に小石川薬園で甘庶の試作が行われた際には、周囲に猪防ぎの垣根が結ばれたといわれている(一話一言)。こうした防御柵は猪垣とか猪土手と呼ばれ、各地にその遺構が残されている。江戸中期以降、獣肉食は次第に広く行われるようになり、江戸末期にはももんじ屋と称して、あちこちで猪を始め各種の獣肉が売られるようになる(江戸繁昌記)。こうした獣肉は『類柑子』に「腸《はらわた》を塩に叫ぶや雪の猿」とあるように塩蔵品が多く、安政三年(一八五六)ハリスが下田で贈られた野猪のハムも、恐らくこうした塩漬の猪肉の事と思われる(ハリス日本滞在記)。享和元年(一八〇一)木村孔恭は白猪の見世物を見物しているが(蒹葭堂日記)、文化七年(一八一〇)には紀州の有田でも足の爪まで白い猪が捕獲されている(紀伊国続風土記)。江戸末期の嘉永五年(一八五二)には小石川で老婆が猪に襲われ、この猪は松平加賀守の板橋下屋敷の山から駆け出したとあるので(藤岡屋日記)、この時期にはまだ猪が江戸近郊に生息していたものと思われる。

図301　イノシシを追う唐犬(国立歴史民俗博物館蔵「江戸図屏風」)

八、イルカ類　海豚、江豚、入鹿

イルカはクジラ目の哺乳動物で、我が国ではマイルカ、スジイルカ、シャチ、スナメリなど十数種のものが知られている。漢字では海豚、江豚、入鹿等と豚、鹿の字が当てられているが、江戸末期までは魚類として扱われている。イルカ類の骨は縄文時代の遺跡から多数出土しており（縄文食料）、同じ遺跡から鹿角製の銛頭が出土しているので、縄文時代からイルカ猟が行われていたものと考えられている（貝塚の獣骨の知識）。一方そうしたイルカ猟とは別に、同属のシャチ（サカマタ）に追われて浜辺に打ち上げられる事もあり、『古事記』中巻の「気比の大神と酒楽の歌」の段には「其の旦濱に幸行でましし時、鼻毀《やぶ》りし入鹿魚、既に一浦に依れり」と、そうした状況が記されている。古墳時代に入って応神陵の内堀からは鯨、烏賊、蛸、河魚、イルカ等の土製品が出土しており（はにわ）、『出雲国風土記』嶋根郡、中海の産物の中には入鹿が見られる。天平一五年（七四三）に備前国に大魚が漂着した記事が見られるが（続紀）、その鳴き声が鹿のようであったとあるので、魚ではなくイルカの類で、上記のようにシャチに追われたものであろう。

図302　イルカ（古名録）

平安時代に入って『倭名類聚抄』は鯆䱐を「和名伊流可（中略）一名江豚」とし、『色葉字類抄』は江豚を「イルカ」としている。長保五年（一〇〇三）に美濃河で大魚を射取った記事が見られるが（本朝世紀）、「魚頭に水を吹出す穴有り。鱗無く色黒く云々」とあるので、これも伊勢湾から遡上した小型の鯨、恐らくはイルカの類と思われる。イルカは『庭訓往来』の五月状返信で初献の料にあげられ、中世には宮中にも献上され（御湯殿）、『尺素往来』も美物としている。『三好筑前守義長朝臣亭江御成之記』にも「九献、ゐび、いるか」とあり、『料理物語』は「（いるか）さしみ、汁、すいり」としている。ただし江戸中期の『本朝食鑑』は「味甘美ならず、故に之れを食ふ者少し、唯脂を煎じて油を采り、以て民間の日用と為す耳」とし、『大和本草』も似たような記事を載せている。『本草綱目啓蒙』は「イルカは身円に肥、長さ六七尺、黒色にして鱗なく、甚鯨に似たり」とした上でネヅミユルカ、ハンドウユルカ、入道ユルカ、スヂイルカ、カマイルカの五種をあげ、「この外なほ品類あり」とし、『水族志』はほかにボウイルカをあげている。『桃洞遺筆』二—六にある「天狗魚」はマイルカあるいはスジイルカの事であろう。『松屋筆記』八八—六八はイルカの肉について「魚とはふつにおもはれずして全くけもの、肉にひとし」としている。

九、ウサギ類　兎

我が国に生息しているウサギは本州のノウサギ、奄美大島のアマミノクロウサギ、北海道のナキウサギの三種で、この他にヨーロッパでアナウサギから家畜化されたカイウサギ（家兎）が中世以降に舶載されている。このうちナキウサギは洪積世後期に我が国に渡来して来たが（日本の考古学）、その存在が知られるようになったのは明治以後の事であり、アマミノクロウサギは安政三年（一八五六）に『南島雑話』に取り上げられたのが最初であろう。従って我が国の史料に見られる兎の記事は、一応ノウサギの事と見て間違いあるまい。

ただし通常のノウサギは四季を通じて茶褐色をしているが、ほかに冬になると白色に変化する亜種の白兎が古くから知られており、『本朝食鑑』はその変化の過程を詳しく記している。

ノウサギの骨は縄文時代の遺跡から多数出土しており（縄文食料）、有史以前から重要な食物の一つであった事がわかる。古墳時代に入って、奈良県藤ノ木古墳から出土した鞍橋には、鬼神を中心として多くの種類の動物の文様がほどこされているが、兎もその中に含まれている。また装飾古墳の壁面にも描かれているので（古代史発掘8）、古くから我々に身近かな動物であった事がわかる。『古事記』上巻に見られる稲羽の素兎《しろうさぎ》は有名であるが、『出雲国風土記』にも兎が各地に生息していた事が記されている。大宝元年（七〇一）に始まる宮中の年中行事、釈奠の際には三牲が供えられる事になっているが、その中には兎の醢が含まれており（『延喜式』大学寮）、その製法は大膳職上に記されている。兎はその肉が食料とされたばかりでなく、慶雲元年（七〇四）には越後国から兎毛布が献上され（続紀）、『正倉院文書』天平宝字六年（七六二）には「兎毛筆廿管」がある。『延喜式』図書寮では兎毛筆一管で筆写すべき文書の枚数と、一日に製作する兎毛筆の本数とが規定されている。延暦一七年（七九八）には朝堂院から飛び出した兎が捕えられ（紀略）、弘仁四年（八一三）には一頭二身の兎が捕えられている（紀略）。この兎は元慶元年（八七七）に献上された白兎と同様（三実）祥瑞として報告されたものであろう。『延喜式』治部省の祥瑞規定では赤兎が上瑞、白兎は中瑞とされている。

『嵯峨野物語』によると兎は鷹狩の獲物として認められていないが、後の『鷹經弁疑論』では鷹狩で捕った兎を贈答する際の作法が詳しく記されており、兎が鷹狩の対象であった事は間違いない。兎の狩猟法には鷹狩の他に網を張って捕る方法があり、『倭名類聚抄』の狩猟道具の中には兎網がある。

兎の肉は人間の食料とされたほか、『新修鷹経』によると鷹の餌としても用いられている。安貞元年（一二二七）の藤原定家の日記、『明月記』には、「昔先考の命、兎は青侍の食ふ物也、事宜しき人は之れを食はずと」とあるが、この頃から公卿の間でも獣肉食が行われるようになり、『庭訓往来』の五月状返信では初献の料に干兎があげられ、『御湯殿の上の日記』によると宮中にも献上され、『尺素往来』では美物の一つに数えられている。ただし『武家調味故実』は兎を「くわい人（懐妊）の間にいませ給べき物」にあげている。兎の用途はこのほか上記のように毛筆として用いられ、三条西実隆の日記『実隆卿記』には、贈られた兎の毛を抜き、毛筆に結ぶまでの工程が随時記されている。このほか兎毛の特種な用途に「とろめん」があるが、これは兎毛と木綿とを混ぜて織った織物の事で、この織物を使って作られた足袋の事を「とろめんたび」と呼んでいる（人倫訓蒙図彙）。

『蔭凉軒日録』の延徳元年（一四八九）の日記に「常喜軒より唐瓜十九顆贈らる。四顆残る者皆家兎之れを咬む」と家兎に瓜を喰われた事を記している。この家兎がカイウサギを指す

図303　カイウサギ（本草図説）

ものとすると、我が国のカイウサギに関する最古の記録になるが、恐らくこれはカイウサギの事ではなく、飼育していたノウサギの事と思われる。ウサギを愛玩用に飼育した記事はこれより以前永享五年（一四三三）、八年（一四三六）の『看聞御記』にも見られる。カイウサギの我が国への舶載は天文年間（一五三二―五四）の事とされているが（畜産発達史）、その根拠は示されていない。しかし文禄三年（一五九四）に来日したアビラ・ヒロンの『日本王国記』の中に、「肉のうまい鹿と猪、非常に大きい野兎と家兎、その他の猟獣、云々」とあるので、これ以前に家兎が我が国にもたらされていた事は間違いない。このあと寛永一七年（一六四〇）の『平戸オランダ商館の日記』には白兎二匹が舶載された事が記されている。カイウサギについて『本朝食鑑』は「今官家伩畜ふ所の小白兎は別に一種、状小にして長せず。眼及ひ耳中甚だ深赤。毎に蔬穀を食ひて能く馴る」と記しており、江戸後期の『本草綱目啓蒙』は「今家に畜白兎はナンキンウサギと呼」としている。『百品考』も家兎の項で「人家に多く畜ふものなり」としているので、江戸中期以降には広く一般に飼育されていた事がわかる。

ノウサギに関する記録としては元和五年（一六一九）に春日社役として雉、狸と共に二三〇疋の納入が命じられているほか（実紀）、徳川家では正月元旦に兎（ノウサギ）の吸物を食べる事が恒例となっており（実紀）、五代将軍綱吉の元禄六年（一六九三）に生類憐み令により一時中断した以外は（実紀）、幕末まで継承されている（瑞兎奇談）。その由来は『塩尻』に「或記に曰、永享七年十二月天野民部少輔遠幹、おのれの領内秋葉山に於て兎を狩獲、信州の林氏某に依て徳川殿に献ず。同八年正月三日、徳川殿謡初に彼兎を羹とし給へり。永松平家歳首兎の御羹是より起ると云々」と記されている。永享七年（一四三五）とあるのは、永享一一年（一四三九）の誤りとする説もある。兎肉は徳川幕府ばかりでなく、『時慶卿記』寛永六年（一六二九）一二月の条によると、宮中にも献上されている。『本朝食鑑』も上記の『武家調味故実』にあるように、「妊娠（婦カ）は食ふ可からず、子をして唇を欠けしむ」とし、『大和本草』は「尻ニ小キ穴多シ。子ヲ生ニ口ヨリ吐ク。妊婦食フ可カラズ。（中略）古書ニ尻ニ九孔アリトイヘリ。老兎ハ尻ノ孔多シト云」としている。これらはいずれも『本草綱目』からの引用であるが、当時一部ではこうした俗信も行われていたものと思われる。また『本朝食鑑』は兎の薬効として「小児の痘毒を解す」としており、明暦二年（一六五六）に将軍家綱が疱瘡にかかった際には御三家から兎の前足その他が献上されている（実紀）。兎は上記のように肉・毛皮が色々に利用されている反面、農作物を荒らす害獣でもあり、『中陵漫録』五は「多くは蕎麦の苗を好で、根本より鎌にて刈りたるが如く、云々」と兎の被害について記し、その防護策として粘土を水でとき茎葉に塗る事をすすめている。

一〇、ウシ　牛

ウシは哺乳類の中の偶蹄目《ぐうてい》に属し、その中のラクダ、シカ、ヒツジ等と同じように、一度食べた食物を吐き出して再び咀嚼する性質がある所から反芻《はんすう》類と呼ばれている。こうした性質は我が国でも古くから「にれかむ」と呼ばれて知られており、『徒然草』にも「二〇六　官人章兼が牛はなれて、庁のうちへ入て、（中略）にれうちかみて臥たりけり」と記されている。野生のウシは我が国にも洪積世後期の最後の氷河時代に大陸から渡来し、二万年前頃まで生息していたが、地球の温暖化が進んだ縄文時代草創期までには絶滅している（日本の考古学）。従ってそれ以後の遺跡から出土する牛の骨は、渡来人が我が国に伴って来た家牛と考えられている。我が国で発見された最も古い牛骨・牛歯は、縄文時代後期の遺跡から出土したもので（日本古代家畜史の研究）、それ以後縄文時代晩期、弥生時代後期の遺跡からも出土している（古代遺跡発掘の家畜遺体）。従って『魏志倭人伝』に「牛無し」と記されている事については疑問視する向きもある。古墳時代には牛の埴輪が出土しており（はにわ）、装飾古墳の中にも牛を描いたものが発見されている（古代史発掘8）。『古事記』安康天皇の段に「針間の国に至りまし、（中略）身を隠して、馬甘牛甘《うまかいうしかい》に役《つか》はえたまひき」とあり、『日本書紀』安閑二年には難波に牛牧を開いた事が記されているので、古墳時代には牛の放牧が行われていた事は明らかである。『播磨国風土記』揖保郡の塩阜《しおおか》の地名伝承に「牛・馬・鹿等、嗜みて飲めり」とあり、宍禾《しさは》郡塩の村に「牛馬等、嗜みて飲めり」とあるのはそうした放牧馬牛の事であろう。『日本書紀』孝極元年（六四二）に「牛馬を殺して諸の社の神を祭ふ」とあるが、これは雨乞のための農耕儀礼であり、『古語拾遺』は蝗害の対策として「若し此の如くして出去らずば、宜しく牛宍を以て溝の口に置きて、男茎形を作りて以て之に加へ、云々」と記している。こうした農耕儀礼とは別に食肉のための殺牛馬も行われていたものと見え、天武四年（六七五）には「牛・馬・犬・猨・鶏の宍を食ふこと莫」と食肉が禁じられており（紀）、『律令』賊盗律三三では「凡そ官私の馬牛を盗みて殺せらば、徒二年半」と規定されている。

天平一三年(七四一)の『続日本紀』は「馬牛は人に代りて、勤労して人に養はる」としてその屠殺を禁止しており、延暦二三年(八〇四)の『日本後紀』に「牛の用たるは国にありて切要なり。重きを負って遠くに致す」とあるように、牛の主要な用途は農耕・荷役であるが、このほか牛乳も用いられており、孝徳天皇の御代(六四五—六五四)に大和の薬の使主《おみ》福常が搾乳の術を習い、乳長の職を授けられている(三代格)。乳長は乳牛の戸の長で、『律令』によると典薬寮に所属している。和銅六年(七一三)には山背国に乳牛の戸五〇戸が置かれ(続紀)、弘仁一一年(八二〇)には乳長上の在職期間が最長六年に限定され(三代格)、天長二年(八二五)にはその名が乳師に改められている(三代格)。典薬寮所属の乳牛は摂津国の味原牧で飼育されており、その飼料は『律令』厩牧令に定められている。元慶八年(八八四)の太政官符によると、味原牧の乳牛のうち母牛七頭、犢七頭が一年交替で乳牛院に収容され、供御にあてられていた事がわかる(要略)。搾られた牛乳は皇族、貴族等にその位階に応じて配達されており、長屋王邸宅跡からは「牛乳持参人米七合五夕」と記した木簡が出土している(平城京長屋王邸宅と木簡)。牛乳の飲用はこの後も延喜一三年(九一三)(侍中群要)、寛仁三年(一〇一九)(小右記)、長暦三年(一〇三九)(春記)等に見えており、奈良から平安時代にかけて長く続いている。牛乳はこのほか酪、蘇、醍醐といった乳製品に加工され、『倭名類聚抄』は「乳、酪となり、酪、蘇となり、蘇、醍醐と成る。色黄白の餅と作りて甚だ甘肥なり」とし、『延喜式』民部下に「蘇を作る之法、乳大一斗を煎じて、蘇大一升を得よ」とあるので、牛乳を煮沸して作られたものである事がわかる。『延喜式』によると、蘇は諸国から年次別に貢進されており、宮中で用いられたほか、正月の大臣大饗の際には朝廷から下賜されている(西宮記)。

延暦二三年(八〇四)に牛を殺して皮を剝ぐ事が禁止されているが(後紀)、『律令』厩牧令では「凡そ官の馬牛死なば、各皮、脳、角、胆を収れ、若し牛黄を得ば、別に進れ」と規定されており、『延喜式』主計上、民部下の中男作物、貢雑物等には牧牛皮、履牛皮、牛角等が含まれている。これらの牛皮は『延喜式』内蔵寮、主税寮、兵庫寮、内匠寮、左右馬寮等で靴、楯、短甲冑、筥、鞍、韉等に用いられており、『延喜式』には見られないが、打楽器の皮としても用いられたものと思われる。『律令』に見られた斃牛の脳、胆の用途は明らかでないが、薬用に用いられたのであろうか。牛角は天平宝字五年(七六一)の『続日本紀』に「弓を作らんと欲して、交々牛角を要《もと》む」とあるように、弓の弭《ゆはず》に用いられており、『高橋氏文』には「角弭之弓」で鰹を釣った事が記されている。牛黄は胆石病にかかった牛の胆嚢の事で、牛の珠(玉)とも呼ばれて薬種として珍重されている。慶雲三年(七〇六)の『続日本紀』に見られるように、奈良時代には疫病が流行すると土牛を作って儺《おにやらい》が行われており、『続日本紀』宝亀三年(七七二)一二月の「狂馬有り、的門の土牛、偶人を喫ひ破る」とある土牛は、そうした風習によるもので、『政事要略』には「土牛寒を送る」とある。

官牛を飼育する牧場は文武四年(七〇〇)に整備されているが(続紀)、その詳しい内容については明らかでない。『延喜式』兵部省では全国に高野馬牛牧、神崎牛牧、負野牛牧、長島馬牛牧、垣島牛牧、角島牛牧、忽那島馬牛牧、能臣島牛牧、早崎牛牧、野波野牛牧、長野牛牧、三野原牛牧と一二牧が配置されており、それらの管理は『律令』の規定に則ったものと思われる。牛の飼育頭数が増えると奇形の牛も産まれるようになり、天武一三年(六八四)には角が一二本ある犢(紀)、延暦二一年(八〇二)には二頭六足の犢(紀略)、弘仁九年(八一八)(紀略)、仁寿二年(八五二)、斎衡二年(八五五)(文徳)、貞観一七年(八七五)(三実)、昌泰二年(八九九)(略記)ほかには一身二頭の犢、承和一三年(八四六)には三足の犢(続後)、天慶六年(九四三)には二尾八足の犢(紀略)、治暦三年(一〇六七)には三頭八足の犢(百錬抄)が報告されており、嘉祥元年(八四八)には一産で三頭の犢が生まれた事が記録されている(続後)。平安時代には人及び家畜が邸内で出産したり死亡した場合、あるいは家畜その他の獣肉を食べた場合には穢《けがれ》とする風習があり、牛に関しては牛死の穢が延喜一九年(九一九)、延長二年(九二四)を始めとしてしばしば報告されているが(貞信公記)、牛産の穢は一度も見られない。恐らく牛馬は邸内では出産せず、牧場でのみ繁殖していた為であろう。こうした邸宅内で飼われていた牛は、いうまでもなく平安時代の代表的な乗物である牛車《ぎっしゃ》を牽くためのもので、牛車は承和九年(八四二)一〇月の『続日本後紀』の菅原清公の卒辞に「六年正月勅して牛車に乗る事を聴さる」とあるのが最初であろうか。牛車には檳榔毛車、網代車等、いくつかの種類が区別されており、乗る者の身分によって用いる種類が規定されている。またそれを牽く牛については優劣が競われたため、名牛の贈答がしばしば行われ、『駿牛絵詞』、『国牛十図』といった名牛の図巻が残されている(図20)。こうした図巻や『年中行事絵巻』等に描かれた牛は黒牛、斑牛《わたまし》が多いが、平安時代に始まった新築家屋に転居する際の移徙の儀には黄牛《あめうし》が用いられており、『日本紀略』天暦二年(九四八)八月二二日の条には「上皇中宮二条院に遷御す。新宅の礼を用い、水火黄牛有り」と記されている。移徒の儀は以後しばしば行われている。牛の売買・贈答は古くから行われており、天平四年（七三二）には東海・東山・山陰道等の諸国の兵器・牛馬を他国に出す事が禁止されたが（続紀）、天平六年（七三四）には解除され、「牛馬を売買して境を出すこと」が許可されている（続紀）。神護景雲元年（七六七）には凡《おおしの》直《あたえ》伊賀麻呂、秦《はたの》忌寸《いみき》真成がそれぞれ牛六〇頭、一〇頭を西大寺に奉納し（続紀）、以後平安時代を通じて牛の贈答の記事は『御堂関白記』ほかにしばしば見られる。平安時代の牛の売買は毎月十六日以降、右京の西の市で行われている（『延喜式』東西市司）。

人の乗る牛車に先立って、牛車は荷物の運搬に用いられており、長岡京跡では、中央部に牛の踏みかためた跡のあるわだち跡が発掘されており（長岡京発掘）、平城京遺跡からも同様の遺跡が出土しているので、奈良時代にはすでに牛車が運搬に用いられていたものと見られている。こうした車を牽く牛の図は、『扇面古写経下絵』や『石山寺縁起』などに見られる（図15）。これらの牛はいずれも鼻に穴をあけて鼻輪を通し、それに結んだ鼻綱によって御されている。『駿牛絵詞』に「あさぎなる縄を鼻にとをして、云々」とか「はなにとをしたる縄にとりつきて」等と記されているので、平安時代の牛はすべて鼻綱をつけて牽かれていたものと思われる。『倭名類聚抄』は牛縻を「和名波奈都良《はなつら》（中略）牛鼻輪也」としている。こうした方法がいつ我が国に伝えられたのか明らかでないが、『万葉集』三八八六「乞食者の詠」に「牛にこそ鼻縄はくれ、云々」とあるので、奈良時代にはすでに行われていた事は明らかである。牛は邸宅内では牛舎に繋ぎ飼されていたが、平常は放し飼にされていたのであろう、斉衡三年（八五六）、寛平三年（八九一）、康保三年（九六六）と北野・宮中の闌遺馬牛に関する宣旨が出され（要略）、禁中や屋内に乱入した記事も数多く見られる（九三一年、九六九年、九九九年他）。寛弘二年（一〇〇五）にはこうした牛が馬と交尾をしたと記されている（御堂）。また万寿二年（一〇二五）には関寺の牛が迦葉仏になった話が『栄花物語』、『今昔物語』に取り上げられており、藤原道長もこの牛を見物に出掛けたと言われている（紀略）。『駿牛絵詞』によると承久三年（一二二一）には、そうした病牛を収容する牛小屋が建築されている。鎌倉時代に入ると犬追物に先立って牛追物が催されているが、記録されているのは寿永元年（一一八二）の二回と、文治三年（一一八三）の一回の三回だけである（吾）。牛が戦闘に用いられたのもこの頃の事で、寿永三年（一一八三）の倶梨迦羅峠の合戦では、木曽義仲が四、五百頭の牛の角に火をつけた松明を結んで敵陣に追い込み（源平盛衰記）、承久三年（一二二一）にも同様の記事が見られる（本朝通鑑）。

牛乳に関する記録は正和三年（一三一四）（花園天皇宸記）以後しばらく見られなくなるが、永正六年（一五〇九）には乳牛牧再興の記事が見られる（実隆公記）。これらの記事はいずれも仏教僧と関係のあるもので、牛乳あるいは乳製品が仏教に深く係っていた事を示している。中世末にポルトガル人が来航するようになると、再び牛乳に関する記事が見られるようになり、弘治元年（一五五五）夏には豊後府内にアルメイダによって病院が設立され、乳牛が飼育されている（耶蘇会士日本通信豊後篇）。しかし同時に入って来た牛肉食の方が日本人の嗜好にかない、豊臣秀吉も大いに好んだと記されているほか（フロイス『日本史』）、キリシタン大名の高山右近（細川家々譜）、平戸藩主の松浦隆信等もしばしば食べており（セーリス日本渡航記）、京都、大阪地方ではこの頃牛肉の事をわかと呼んでもてはやしたといわれている（なぐさみ草）。わかとはポルトガル語で牛肉の事である。しかし天正一五年（一五八七）には秀吉により（九州御動座記）、慶長一七年（一六一二）には家康によって牛の屠殺が禁じられ（令条三七三）、寛永一七年（一六四〇）には平戸のオランダ商館での牛の屠殺も禁止され、翌一八年（一六四一）にはオランダ船の舶載した肉類を一般に販売する事が禁じられている（いずれも『長崎商館日記』）。こうした禁令に触れたため、寛永一七年（一六四〇）には江戸のキリシタン九名が梟首に掛けられている（玉滴隠見）。しかし、いったん口にした牛肉の味は忘れられず、幕府大学頭の林鵞峰でさえも、寛文九年（一六六九）に水戸相公（綱条）から贈られた牛肉を食べた事を日記に記している（国史館日録）。五代将軍綱吉の時代には生類憐み令に関連して、牛を含む獣肉食が穢とされているが（寛保集成九五三）、江戸中期になると『本朝食鑑』は牛肉を「最も畜中の上品也」とし、『大和本草』も「日本ニモ近年乾牛肉ヲ用テ合スル薬法アリ。諸虚ヲ補フ」とし、『和漢三才図会』は牛肉食について「今、天下日用の食物、厳法と雖も禁ずる能はず」と記している。そうした事からであろうか、寛延三年（一七五〇）には「牛馬を殺し、骨類の売出し」を禁ずる「京都町触九八九」が出されている。また乳製品も珍重され、江戸初期の幕閣の面々はバター（一六四六、四七、五三年）やチーズ（一六四六、九一年）をオランダ商館長に求めている（長崎商館日記、江戸参府旅行日記）。八代将軍吉宗の時代には恐らく牛乳をとるためであろう、享保一〇年（一七二五）に美作国から白牛が献じられたのを始めとして（実紀）、一三年（一七二八）には長崎からも献上されている（月堂見聞集）。

これらの白牛であろう享保一五年（一七三〇）、一七年（一七三二）にはその糞の黒焼が白牛洞として売り出されている（正宝事録二二九七、二三四一）。牛糞を医薬に用いた記事は古く承保四年（一〇七七）の『水左記』に、「去る廿七日より、左方の臂腫る、雅忠朝臣に見せ令む処、黄牛糞を付く可くとのこと」とあり、『頓医抄』は「白クサ治方」として「牛屎ヲシボリテ、汁ヲツケヨ」としている。一方牛馬の堆肥を農作物の肥料に用いる事は、古く『延喜式』内膳司の耕種園圃に見られるが、慶安二年（一六四九）には百姓たちに「肥をよくふむものに候」として牛馬の飼育が奨励されている（禁令考）。万治二年（一六五九）にオランダ商館長からベンガラ牛二頭が贈られているが、これは同時に車道具も贈られているので、役牛であったものと思われる（通航一覧）。吉宗が飼育した白牛はその後順調に増殖し、寛政四年（一七九二）にはその牛乳から白牛酪が製造され（続実紀）、翌五年（一七九三）には京都、大阪でも売り出されている（大阪市史、京都町触）。

天明八年（一七八八）長崎を訪れた司馬江漢は『江漢西遊日記』に「牛の生肉を食ふ。味ひ鴨の如し」と記し、同じ頃長崎を訪問した佐藤中陵は、出島の蘭館で食用牛の去勢が行われている事を記している（中陵漫録五）。幕末になると牛肉食はさらに一般化し、江戸末期の漢学者松崎慊堂はその日記の中でしばしば牛、豚、鹿の肉、白牛酪を食べた事を記し、贈答にも用いている（慊堂日暦）。また牛・獣肉を売る店も江戸市中の各所に見られるようになり、『江戸繁昌記』は「前日江都中に薬食鋪と称する者纔かに一所、麹街の某の店是のみ。計るに二十年来、此の薬の行はる、や、此の店今復た算数すべからざるに至る。招牌例して落楓紅葉を画き、題するに山鯨の二字を以ってす」と記している。これらの牛はいうまでもなく役牛として用いられて来たものと思われるが、当時の役牛についてシーボルトは「荷物の運搬には雄の牛馬を使うが、農業の方面（中略）には雌の牛馬を用いる」と雌雄によって用途を異にしていた事を記している（江戸参府紀行）。天保八年（一八三七）『江木鰐水日記』は「福山より鰤三尾、牛肉味噌漬到来す」と記しているが、牛肉の味噌漬は彦根藩が有名で、天明年間（一七八一―八九）に作り始め、嘉永にかけて将軍家にも献上していたといわれている（彦根市史）。

日本の開国に伴い、安政三年（一八五六）には牛の屠殺が公認されるようになり（明治文化史）、万延元年（一八六〇）、慶応二年（一八六六）、三年（一八六七）には長崎（オランダ領事の幕末維新）、横浜、江戸（明治事物起源）に屠殺場が開設され、これに先立つ文久二年（一八六二）には横浜に牛鍋屋（明治事物起源）、慶応三年（一八六七）には江戸高輪に肉屋が開店している（万国新聞紙）。安政三年（一八五六）に来日したアメリカの駐日総領事ハリスは下田奉行に牛乳を要求して断わられているが（ハリス日本滞在記）、長崎ではこれ以前から山羊乳、牛乳が用いられており（中陵漫録）、『甲子夜話』一八—九の和蘭屋敷乙名書翰にも、「彼方に而は貧乏之ものにかぎらず、子を養ふに牛乳を用ひ候類有之、或は通国皆然るもこれあり候。（中略）且亦乳母を以てしたると、牛乳を以てしたるとをくらべ候得ば、牛乳を以てしたる方まさり、物いひ習ふことなども早く、丈夫に育ち候よしに御坐候。都而《すべて》乳汁はよく胃を養候功有之、（中略）私も折々給べ候処、云々」とあり、「長崎辺に而は野牛《やぎ》の乳を薬餌に用ふるもの多く御坐候」としている。文政一〇年（一八二七）シーボルトの娘として誕生したお稲は、母親たきの乳の出が悪かったため、山羊の乳で育てられたといわれている（シーボルト先生—其生涯及功業）。このあと文久三年（一八六三）には横浜に（畜産発達史）、慶応元年（一八六五）には江戸に（明治事物起源）牛乳搾取所が開かれ、慶応二年（一八六六）（ヤング・ジャパン）、三年（一八六七）には乳牛、肉牛の牧場が開設されている（続実紀）。

図304　牛合せ（『西遊記』続編）

牛に関する事としてはこのほか闘牛がある。牛を含めて有角の偶蹄類は角を突き合せて闘う性質があり、『鳥獣人物戯画』乙巻にはそうした状景が描かれているが、当時そうした競技が行われていたかどうか記録はない。しかし江戸中期以降になると、橘南谿は『西遊記』続編三―六七の中で、薩摩国鹿野谷の牛合の模様を記し（図304）、『七島日記』は「牛に、角あはさせて、勝負をこゝろみる事、としごとに盆のあそびなりとなん」と記している。また『南島雑話』には奄美大島の闘牛の模様が記されている。現在も行われている越後国古志郡の闘牛については、『秉穂録《へいほ》』に「毎年三月、牛の角つきといふ事あり」とあるほか、『南総里見八犬伝』に真説也として紹介されている。嘉永二年（一八四九）に我が国で初めて楢林宗建等によって行われた種痘の痘苗は、オランダ人によって輸入されたものであったが（長崎略史）、安政四年（一八五七）長崎の海軍伝習所の教官として来日したポンペは、長崎奉行所から提供された牛を使って痘苗の作成を試みたといわれている（長崎海軍伝習所の日々）。

一一、ウマ　馬

我が国には洪積世後期の一時期、野生馬である蒙古馬が生息していたが、縄文草創期までには絶滅したものと見られている（日本の考古学）。従ってそれ以後の遺跡から出土する馬歯、馬骨の類は、すべて縄文・弥生人によってもたらされた家畜化されたウマと考えられている（古代遺跡発掘の家畜遺体）。そのうち鹿児島県の出水貝塚から出土したものは小型のトカラウマに類するものであるが、それ以外のものはいずれも中型のモウコノウマに類するもので、これが我が国の馬の主体を占める事となる（日本古代家畜史の研究）。弥生時代前期の高蔵貝塚から出土した馬の中手骨には多数の線刻がほどこされていたが、これは恐らく宗教上の儀礼に用いられたものと考えられている（日本古代家畜史の研究）。また長崎県、山口県の弥生時代後期の遺跡からは、馬車の付属品と見られる青銅器具が発掘されているが（倭人伝の世界）、馬車は我が国では徳川末期まで実用化された記録はない。以上のような考古学上の知見からすると、三世紀の『魏志倭人伝』が我が国に「馬無し」としているのは誤りであろう。ただし最近の考古学界では「縄文時代にウシやウマが存在したことは確かめられておらず、逆にその存在に対して否定的な見解が一般的になりつつある」とし、五世紀前半を馬の出現時期、五世紀後半を馬の普及時期と考えている（古墳時代の研究三―四）。いずれにせよ我が国で古くから飼育されて来た馬には優秀なものが少なかったのであろう、応神一五年を始めとして（紀）、天武八年（六七九）、一四年（六八五）、朱鳥元年（六八六）、持統二年（六八八）（紀）、霊亀二年（七一六）（続紀）と外国から良馬の貢進が行われ、こうした馬はその取扱いに習熟した、大陸からの帰化人を主体とした馬飼部によって飼育・調教が行われている。馬飼部は『日本書紀』神功紀前紀に、新羅の王が「伏《したが》ひて飼部《みまかひ》と為らむ」といったのが最初で、次いで『日本書紀』履中五年九月の条に「天皇、淡路島に狩したまふ。河内の飼部等、従駕へまつりて轡に執けり。是より先に、飼部の黥《めさきのきず》、皆差《い》えず」と、馬飼部が眼の回りに入れ墨をされ賤民扱いされていた事を記している。しかし天武一二年(六八二)になると「倭馬飼造《うまかひのみやつこ》・川内馬飼造(中略)姓《かばね》を賜ひて連《むらじ》と曰ふ」とあるようにその待遇が改善されている。この時代の馬の装備は埴輪の飾馬で見るように、たてがみを高く刈り整え、背には障泥《あふり》を掛け、下鞍を敷いた上に背の高い前後の鞍橋《くらぼね》を居木《いぎ》でつないだ鞍が置かれ、鞍からは鐙《あぶみ》が吊り下げられている。また馬を御する道具としての頭絡《とうらく》には轡と面繋《おもがい》があり、これに手綱がつけられており、面繋、胸繋、尻繋には飾金具として杏葉、雲珠、馬鐸、馬鈴などが装着されている(図9)。こうした飾馬(鞍馬、荘馬、飾騎)は、『日本書紀』欽明元年(五四〇)九月の外国からの使臣の帰還、推古一六年(六〇八)の外国からの賓客の来訪などの出迎えに用いられている(紀)。馬をかたどった遺物は埴輪のほか福岡県岩戸山古墳の石馬(古代史発掘8)、藤原宮、平城京跡等から出土した小型の土馬等がある(古代史発掘10)。

馬飼部は河内国・大和国に集中しているが、古代の良馬の産地としては甲斐国・日向国が知られており、甲斐国については古く雄略紀一三年に「天皇の赦使、甲斐の黒駒に乗りて、云々」とあり(紀)、推古六年(五九八)には「甲斐国一烏駒四脚白きを貢す」と記されている(紀)。また日向国については、『日本書紀』推古二〇年(六一二)に「馬ならば日向の駒」と記されている。古墳時代後期の継体六年(五一二)には馬四〇疋、欽明七年(五四六)には馬七〇疋と船一〇隻、欽明一五年(五五四)には馬百疋他が百済救援のために贈られており(紀)、我が国の馬の生産が順調に進んだ事を示している。こうした百済に馬を贈った時の様子を描いたのであろうか、装飾古墳の中には船に乗った馬の図柄を見る事が出来る(古代史発掘8)。これらの馬は各地の馬牧で生産されたものと思われるが、大化二年(六四六)の改新の詔の第三に「凡そ官馬は、中の馬は一百戸毎に一匹を輸《いた》せ。若し細馬ならば二百戸毎に一匹を輸せ。其の馬買はむ直は、一戸に布一丈二尺」とあるので(紀)、輸調として民間からも納められていたものと思われる。古代の馬牧については天智七年(六六八)に「多に牧を置き」とあり、文武四年(七〇〇)には「諸国をして牧地を定め」とあるが(紀)、それがどこに置かれたのかは明らかにされていない。『播磨国風土記』揖保郡に塩阜《しおおか》があり「牛・馬・鹿等、嗜《この》みて飲めり。故、塩阜と号《なづ》く」とあり、宍禾《しさは》郡にも「牛馬等、嗜みて飲めり」といった塩の村があるが、こうした塩阜、塩の村が当時の牛馬牧の置かれていた所であろうか。また最近、群馬県子持村の利根川河川敷の白井遺跡から、多数の馬の蹄跡が発見されており、古代の馬牧趾ではないかと指摘されている。

全国の官牛馬牧の所在は、慶雲四年（七〇七）の『続日本紀』に「鉄印を摂津、伊勢等廿三国に給ひて、牧の駒犢に印せしむ」とあるので、全国二三ヵ国に及んでいた事がわかる。ただし霊亀二年（七一六）にはこのうち最も早く開設された摂津国の大隅・媛島の二牧が「百姓佃食」のために閉鎖され（続紀）、延暦三年（七八四）には小豆島の官牛が民産を損ずるため長嶋に移されている（続紀）。さらに一八年（七九九）には大和国の宇陀肥伊牧が（後紀）、大同三年（八〇八）には摂津国の畝野牧が同じく「民稼を損害する」理由から廃止され（後紀）、貞観二年（八六〇）には大隅国の吉多、野上の二牧も馬が増えすぎたために廃止されている（三実）。この時代の馬牧は貞観一八年（八七六）の『類聚三代格』に「（前略）今在る所の敕旨牧御馬二千二百七十四疋、格外に放散し、湟中に留らず、唯に民業を践害するばかりに非ず兼ねて亦頻に亡失を致す」とあるように、周囲は格で囲われており、その管理規定は『律令』厩牧令一一に「凡そ牧の地は、恆に正月以後を以て、一面より次を以て漸くに焼け。草生ふるに至りて遍からしめよ」と定められている。上記の三代格にはこうした野火により牧周辺の格が焼ける事が、馬の散逸の原因としてあげられている。『律令』厩牧令によると、官牧で生産された馬は、すべて軍団に配属される事になっているが、官馬にはこのほか全国諸道の駅で飼育された駅馬《やくめ》、伝馬がある。駅馬、伝馬については、大化二年（六四六）元旦の改新の詔で「駅馬・伝馬を置き、（中略）駅馬・伝馬を給ふことは、皆鈴・伝符の数に依れ」と定められ（紀）、『律令』厩牧令には「諸道に駅馬置かむことは、大路に廿疋、中路に十疋、小路に五疋。使稀らならむ処は、国司量りて置け」とある。諸道とは山陽（大路）、東海、東山（中路）、山陰、北陸、南海、西海（小路）の七道の事で、駅家の数は四百個所に上っているので、そこに置かれた馬の数は三千五百疋を越えたものと思われる。この他に各郡ごとに置かれた伝馬の個所が一三八個所で、馬の数は六百疋以上に達するので、駅・伝馬に要した馬の数は四千疋以上となる。『続日本紀』養老四年（七二〇）九月二二日に「諸国の官に申す公文、始めて駅に乗りて言上せしむ」とあるので、この頃にはほぼ全国的な交通網が整備されたものと思われる。駅馬・伝馬を利用する事が出来るのは公用の使者に限られ、駅馬を使う者は駅使、伝馬を使う者は伝使と呼ばれ、駅鈴（図10）、伝符を携える事がその身分の証とされた。『万葉集』の東歌にも「三四三九　鈴が音の早馬《はゆま》駅家《うまや》の堤井の水をたまへな妹が直《ただ》手よ」と詠まれている。天平宝字二年（七五八）には越前、越中、佐渡、出雲、石見、伊予の六ヵ国にも駅鈴が頒けられ（続紀）、天平宝字八年（七六四）には駅馬の飼育・管理が行き届かなかったために勅が出されている（続紀）。神護景雲二年（七六八）三月には東海道の巡察使からの上申により、下総国の井上、浮島、河曲と、武蔵国の乗潴、豊島にそれぞれ馬十疋が置かれて中路なみになっているが（続紀）、大同二年（八〇七）には逆に山陽道の駅馬三四〇疋が減らされ、弘仁九年（八一八）にはさらに長門国の駅家と馬数とが減らされている（類史）。

平安時代の牛馬牧の所在は『延喜式』左右馬寮の御牧、兵部省の諸国馬牛牧によって知る事が出来る。それによると左右馬寮には勅旨牧と近都牧が、兵部省には官牧が所属し、勅旨牧は、甲斐国（柏前牧、真衣野牧、穂坂牧）、武蔵国（石川牧、小川牧、由比牧、立野牧）、信濃国（山鹿牧、塩原牧、岡屋牧、平井手牧、笠原牧、高位牧、宮処牧、植原牧、大野牧、大室牧、猪鹿牧、萩倉牧、新治牧、長倉牧、塩野牧、望月牧）、上野国（利刈牧、有馬島牧、沼尾牧、拝志牧、久野牧、市代牧、大藍牧、塩山牧、新屋牧）の総計三二牧で、以上の諸牧の馬は毎年九月一〇日に国司が牧監または別当立ち合いの下に検印を行い、そのうち四歳以上で使用に堪えるものを調教して、翌年の八月に牧監が付き添って貢上する事になっている。その数は甲斐国六〇疋、武蔵国五〇疋、信濃国八〇疋、上野国五〇疋で、さらにそれぞれの牧によってその数が割り当てられている。兵部省の管掌下にあった官牧は駿河国（岡野馬牧、蘇祢奈馬牧）、相模国（高野馬牛牧）、武蔵国（檜前馬牧、神崎牛牧）、安房国（白浜馬牧、鈖師馬牧）、上総国（大野馬牧、負野牛牧）、下総国（高津馬牧、大結馬牧、木島馬牧、長洲馬牧、浮島馬牧）、常陸国（信太馬牧）、下野国（朱門馬牧）、伯耆国（古布馬牧）、備前国（長島馬牛牧）、周防国（竃合馬牧、垣島牛牧）、長門国（宇養馬牧、角島牛牧）、伊予国（忽那島馬牛牧）、土佐国（沼山村馬牧）、筑前国（能臣島牛牧）、肥前国（鹿島馬牧、庇羅馬牧、生属馬牧、柏島馬牧、擹野牧、早崎牛牧）、肥後国（二重馬牧、波良馬牧）、日向国（野波野馬牧、堤野馬牧、都濃野馬牧、野波野牛牧、長野牛牧、三野原牛牧）の三九牧で、これら諸国の牛馬も毎年一定数のものが貢上される事になっている。貢上された牛馬は京都周辺の近都牧で放し飼にされ、それぞれの用途に当てられた。近都牧は摂津国（鳥飼牧、豊島牧、為奈野牧）の三牧が右馬寮所管。近江国（甲賀牧）、丹波国（胡麻牧）、播磨国（垂水牧）の三牧が左馬寮所管となっている。なお、貢上されなかった馬は駅馬、伝馬に当てられた。このように牧の置かれている国は全国二五ヵ国に上り、中でも特に重視された馬牧は甲斐、武蔵、信濃、上野の諸国の勅旨牧と、大宰府に馬を貢進した日向国の諸牧で、これらの諸国は古くから良馬の産地として知られている。このほか官牧にはなっていないが、陸奥、出羽の両国は良馬の産地として古くから有名で、『続日本紀』養老二年（七一八）には「出羽并びに渡島の蝦夷八十七人来り、馬千匹を貢す」とあり、『寧楽遺文』によると天平五年（七三三）、六年（七三四）には越前国、尾張国がそれぞれ出羽、陸奥両国から馬を入手した事が記されている。そうした事からであろう延暦六年（七八七）には狄《てき》馬を買う事が禁止され、弘仁六年（八一五）（後紀）、貞観三年（八六一）（三実）にも陸奥、出羽両国の馬の購入が禁じられている。『延喜式』主税上に見られる駅馬直法によると、陸奥国の馬は上馬六百束、中馬五百束、下馬三百束と最も高価で、以下常陸、下野の上馬五百束、中馬四百束、下馬三百五十束、信濃、出羽の上馬五百束、中馬四百束、下馬三百束となっている。陸奥の馬は延喜一六年（九一六）以降は陸奥交易御馬として朝廷にも納められている。

『播磨国風土記』餝磨郡の「馬墓の池」の地名伝承に、大長《おおはつ》谷《せ》天皇（雄略）の御世に土地の有力者である長日子が、自分の墓に接して気に入りの婢と馬の墓を作らせた話が載っているが、そうした馬を埋葬したと見られる五世紀後半の遺跡が生駒山麓の日下遺跡で出土している（馬）。生駒山麓は古墳時代には河内の馬飼部の居住地で、日下遺跡以外からも、馬の全身骨や切断された頭骨・歯が多数出土している。これらの骨は埋葬されたもののほかは、祭祀の犠牲に供されたものと見られている（古墳時代の研究四―三）。こうした馬牛を犧牲にする行事はこのあと皇極元年（六四二）七月に、雨乞のため「村村の祝部《はふりべ》の所教の随に、或いは牛馬を殺して、諸の社の神を祭」った記事が見られ（紀）、養老六年（七二二）にも「酒を禁めて屠を断たしむ」とあり（続紀）、延暦一〇年（七九一）には「諸国の百姓、牛を殺して漢神を祭る事を断ず」とある（続紀）。牛馬の殺傷を禁止する法令にはこのほか大化二年（六四六）に馬の殉葬が禁じられ（紀）、天武四年（六七五）には馬を含む家畜の肉食を禁ずる詔が出されている（紀）。これらは仏教思想に基づく殺生戒によるものであるが、雨乞のために行われてきた殺牛馬の風習は、やがて朝廷による水神への生きた馬の奉納に転換し、『延喜式』では神祇三に

「川上社、貴布祢社各黒毛馬一疋を加ふ」と明文化されている。藤原宮跡、平城京跡等から出土した小型の土馬は、こうした生きた馬の代りとして用いられたものと考えられている。馬を神社に奉納する行事にはこのほか祈年祭《としごいまつり》があり、その年の御歳社に白馬、白猪、白鶏が供えられている（延喜式　神祇一）。また神護慶雲三年（七六九）の飢饉の際には、太神宮他に馬形が奉納されている（続紀）。馬形とは『類聚符宣抄』天暦二年（九四八）の条に見られる板立馬や絵馬の事で、平城京跡や静岡県伊場遺跡から出土しており、『西宮記』八にも「延喜十年（九一〇）十月、馬形絵幣等を以て秩父御牧に給ふ」とある。『朝野群載』長和元年（一〇一二）の条には「供物を北野廟に献じ啓白献上。色紙絵馬二匹」とあり、『本朝文粋』は「絵馬三疋」としている。

一方乗馬の風習も次第に一般化し、天武一一年（六八二）には婦女子の騎乗法が規定されたが、天武一三年（六八四）には緩和されている（紀）。女性の騎馬については『延喜式』左右馬寮に、天皇の巡幸の際に騎女の随行が義務づけられており、そうした目的からであろう、天平宝字八年（七六四）には東海・東山の国々から騎女が貢進されている（続紀）。宮中の年中行事である正月七日の青馬を覧る青馬節会は、奈良時代から行われており、『公事根源』は礼記を引用して「馬は陽の獣也、青は春の色也、是によりて正月七日に青馬を見れば年中の邪気をのぞくといふ」とその由来を記している。古くは宴だけが行われて来たが、『色葉字類抄』によると宝亀六年（七七五）一月七日に「内廳宴、青御馬を進り、五位已上装馬を進る」とあり、『帝王編年記』は弘仁二年（八一一）の条で「始めて青馬を御覧じき」としている。六国史に見られる青馬節会は承和元年（八三四）の『続日本後紀』が最初であるが、『万葉集』にはそれより以前、天平宝字二年（七五八）一月六日に大伴家持が詠んだ「四四九四　水鳥の鴨羽の色の青馬を今日見る人は限無しといふ」という歌があるので、さらに遡るものと思われる。当日の行事は『延喜式』左右馬寮に詳しく規定されており、「凡そ正月七日青馬篭頭。鑣《くつは》（一疋前頭及び最後馬別に金装を著けよ。自余烏装）尾袋。當額花形（已上二種各鈴を著けよ）及び𩍐《くちとり》人錦紫両色小袖。紺絁脛巾。並に寮家に収むるを出し用いよ。（中略）其の前陣は左近衛舎人。次に左右寮頭。次に馬七疋。次に左右允。次に馬七疋。次に左右属。次に馬七疋。次に左右助。次に後陣左右近衛舎人」とある。村上天皇の天暦元年（九四七）以後、青馬に代って白馬と書くようになるが（紀略）、読み方は従来通り「あおうま」と読まれている。武家の台頭につれて儀式は次第に忘れられてゆき、天永二年（一一一一）の『長秋記』

には「白馬北庭を渡る間、案内を知らざる公達、杖を取りて馬を打つ間、朧等冠を落し破損す」とあり、『建武年中行事』にも「入御ののち白馬中殿の前をわたる。先ねりおとこ（練男）とかやいひて七度庭をめぐる。近衛官人どもなり。うへのをのこども小板敷のへん長橋などにて馬をうつ。そのゆへおぼつかなし。云々」と記している。変化したのは行事内容ばかりでなく、参加する馬の数も減少し、正平二三年（一三六八）の『師守記』には「御馬三疋之れを引渡る」としている。

古く推古一九年（六一一）、二〇年（六一二）、二二年（六一四）には五月五日に天皇が百官を随えて薬猟が行われているが（紀）、神亀元年（七二四）以降になると、この日に皇居内で馬に乗って的を射る、騎射が行われるようになり（続紀）、年中行事として定着する。またこの日には走馬（または競馬）も行われており、『続日本紀』大宝元年（七〇一）五月五日の条には「群臣五位以上をして走馬を出さしめ、天皇臨観したまふ」とある。『延喜式』では太上官式によって「五月五日。天皇騎射并に走馬を観る」と規定され、以後宮中の年中行事として定着するが、安和元年（九六八）に五月節が廃止されたため、康保三年（九六六）を最後に宮中の競馬は行われなくなる（紀略）。平城京遺跡の第一次朝堂院趾の東南隅から、こうした競馬や騎射を行ったと見られる馬場趾が出土している。競馬にはこのほか神社に奉納されるものがあり、中でも賀茂神社の競馬が有名である。賀茂の競馬は欽明天皇の御代（五四〇—五七一）に始まるともいわれているが（山城国風土記逸文）、『賀茂皇大神宮記』に見られるように、平安遷都後の寛治七年（一〇九三）に始まると見るのが妥当であろう。このほか平安時代には元慶八年（八八四）の『日本三代実録』に見られるように、天皇または貴族が神社に参詣する際に十《と》列《づら》を伴い、舞楽、競馬を奉納する行事も行われている（花鳥余情）。

平安時代の馬に関する宮中行事の中で、最も重要なものは駒牽《こまびき》である。駒牽には二つあり、一つは四月二八日に行われる御監駒式で、天長六年（八二九）を始めとして以後年中行事化する（紀略）。『延喜式』左右馬寮には「四月二十八日御監駒式」として「右当日早朝、櫪飼御馬八十疋、国飼御馬卌一疋を調列す」とあり、この儀式が終了した後、前記の五月五日の騎射、競馬に出場する馬の選定が行われる（延喜式　左右馬寮）。もう一つの駒牽は全国各地の勅旨牧、官牧から貢進された馬を天皇が御覧になる儀式で、式が終了したあと左右馬寮を始めとして皇族、貴族等に馬が配分される。弘仁一四年（八二三）の『日本紀略』に「武徳殿に幸し、信濃国御馬を覧る。親王・参議等各一疋を賜ふ」とあるのが最初で、仁和元年（八八五）の藤原基経の『年中行事御障子文』によると、八月の条に「七日牽甲斐国勅旨御馬事。十三日牽武蔵国秩父御馬事。十五日牽信濃国勅旨御馬事。十七日牽甲斐国穂坂御馬事。廿日牽武蔵国小野御馬事。廿三日牽信濃国望月御馬事。廿五日牽武蔵国敕旨并立野御馬事。廿八日牽上野国敕旨御馬事」と日を追って諸牧の貢進日が記されている。このうち信濃国望月の駒牽が最も有名で、『御障子文』では二三日になっているが、後にその牧場の所在の望月にちなんで、八月一五日に行われるように改められている。『十訓抄』に「貫之延喜御時、御屏風の駒迎《こまむかへ》の所に、『相阪の関の清水に影見えて今や引くらんもち月の駒』と詠ずる」とあるように、少なくとも延喜の御世には、駒牽に先立って大阪の関で馬の到着を迎える駒迎と呼ばれる行事も行われている。しかし鎌倉時代以降は、全国の官牧は武家に領有され、駒牽は衰微の一途をたどる事となる。南北朝時代まではまだ名残をとどめているが（建武年中行事）、応仁の乱で完全に途絶し、以後再興されていない。それに代って鎌倉時代からは武家が供出した馬を朝廷に献上するようになり、『吾妻鏡』建保三年（一二一五）三月二〇日の条に「京進の貢馬は其役人面々に逸物三疋を見参に入るべしと仰せらる、云々」とある。武家から献上された馬を天皇が御覧になる儀式を、貢馬御覧と呼んでいる。このほか上記のように平安朝時代には、陸奥国との交易によって京に牽かれて来た馬を御覧になる儀式も行われており、延喜一六年（九一六）の『日本紀略』は「天皇南殿に御し、陸奥国交易御馬五十疋を覧る」と記している。陸奥交易御馬御覧の儀は、陸奥国が反乱した前九年の役、後三年の役の間を除いて、以後毎年のように行われている。

官馬が死んだ場合の取扱いは、『律令』廐牧令に「凡そ官の馬牛死なば、各皮、脳、角、胆を収れ。若し牛黄得ば、別に進れ」と定められており、『延喜式』でも「凡そ寮馬牛斃なば、其の皮を以て鞍調度并びに籠頭《おもつら》等の料に充てよ。（中略）年中神事料馬皮一張、木工寮に充てよ。騎射的料馬皮各二張、近衛兵衛等の府に充てよ。云々」とあり、馬寮の馬が死んだ場合には、その皮で鞍、籠頭（手綱）、騎射の的等が作られた事がわかる。また『延喜式』民部下・主税上下・兵庫寮等にも馬革が含まれており、これらの革は甲冑の製作、補修に当てられている。このほか馬の特種な用途として、弘仁九年（八一八）に下賜された『新修鷹経』によると、鷹の餌として馬肉が用いられ、『延喜式』木工寮には「土工。表塗料白土二石。洗馬矢一石。粥汁料白米二升」とある。馬矢とは馬の糞の事で、壁の上塗の材料として馬糞が用いられたものと思われる。
馬医《うまのくすし》は『律令』廐牧令で左右馬寮に二名ずつが配属されており、養老三年(七一九)には典薬寮の乳長上と共に笏を持つ事が許されている(続紀)。『延喜式』でも左右馬寮の馬医は各二名と定められており、その職掌は左右馬寮式で、諸社の祭馬に付き添い、御馬御覧、五月五日の競馬・騎射に立ち会う事が規定されている。また「凡そ馬薬毎季胡麻油一斗二升五合。槾椒油六升二合五勺。猪脂三升二合五勺。硫黄一升六合。毎年作馬蹄料砥二顆。並申官請受。云々」ともあるので、当時の馬医は馬の蹄の調整も行っていたものと思われる。承和四年(八三七)、斉衡二年(八五五)には馬疫が流行した記事が見られる(続後、文徳)。鎌倉時代に入って文永四年(一二六七)に我が国最初の獣医書である『馬医草紙』が著され、永仁六年(一二九八)には僧忍性によって鎌倉の極楽寺坂下に馬の病舎が設置されている。『馬医草紙』を見ると、馬は厩の中で棟から吊り下げた布製の綱で胴を支えられており、こうした取扱いは中世以降にも引き継がれ、江戸末期に我が国を訪れたアンベールは『アンベール幕末日本図絵』の中で、「(観音様の馬は)頑丈な皮帯でつくられたハンモックのようなものに支えられて、立つたま、眠る特権を有している」と記している。室町時代には馬医書の『安驥集《あんき》』が著されたほか、将軍の料馬の調教・治療に当った三上某の日記『御随身三上記』が残されている。それによると馬の治療には薬飼、針治療、瀉血等が行われていた事がわかる。安土桃山時代に我が国に滞在した宣教師のルイス・フロイスは『ヨーロッパ文化と日本文化』の中で、「われわれの間では馬はただ刺胳をおこなうばかりである。日本では度々刺胳をおこない、また顎の下に大きな火の塊を据える」と馬の治療に刺胳と灸とが行われていた事を記している。馬の瀉血についてはこれより以前正平五年(一三五〇)の『八坂神社記録』に「五月三日
馬血之れを取る。幸松を以て坂に遣す、云々」とあり、『鶴岡事書案』応永二年(一三九五)五月一一日の条には「馬血の事」として神社境内での瀉血を禁止している。慶長九年(一六〇四)には橋本道派によって『仮名安驥集』一二巻が著されているが、同書には馬の鍼や灸のつぼが図示されている。奇形馬の記録も多く、天智七年(六六八)には角の生えた馬(略記)、大宝二年(七〇二)には八蹄馬、宝亀三年(七七二)には二蹄馬(いずれも続紀)、建久四年(一一九三)には九足馬の記事が見られる(吾)。奇形ではないが、気の荒い馬も多く、宝亀三年(七七二)、貞観一五年(八七三)に狂馬(続紀、三実)、長和元年(一〇一二)には人を咬む馬の記事が見られる(小右記)。こうした狂馬に対する罰則は、『律令』雑令の

中に「凡そ畜産（中略）人を齧はば、両つの耳截れ」と規定されており、『徒然草』にも同様の罰則が記されている。さらに下って『人倫訓蒙図彙』の馬方の項にも、「曲有《くせ》馬には踏馬と鞍の後に札をつけたるは、是律令の格式なり」とあるので、江戸時代にまで律令の規定が継承されていた事がわかる。

武士にとって馬は刀劒甲冑と共に大切な武具の一つで、多くの名馬の話が『江談抄』、『源平盛衰記』等に載っている。中でも有名なのは宇治川の戦で先陣を争った生月《いけづき》と磨墨で（平家物語）、生月は黒鹿毛《くろかげ》の八寸《き》の馬と記されている。八寸の馬とは肩までの高さが四尺八寸ある馬の事で（貞丈雑記）、鎌倉時代の遺跡から出土した馬の平均体高が約四尺三寸であるのと比較すると（江戸の食文化）、格段に立派なものであった事がわかる。黒鹿毛とは馬の毛色の事で、この頃の馬の毛色の呼び方についても『貞丈雑記』に詳しい。『尺素往来』によると馬の毛色は五行思想に基づいて木、火、土、金、水に分類されており、これに基づいて騎手の生年五行との間で吉凶が占われている。安土桃山時代の名馬としては天正九年（一五八一）の馬揃（信長公記、当代記他）の際に織田信長の目にとまった山内一豊の馬が有名である（常山紀談）。馬揃とは各自が自慢の馬に乗って集まり、その優劣を競う競技で、江戸末期の安政二年（一八五五）には江戸で（徳川十五代史）、文久三年（一八六三）には京都でも催されている（徳川慶喜公傳）。しかし戦国時代に最も注目を集めた馬は、天正一九年（一五九一）閏一月八日にインド副王使節から豊臣秀吉に贈られたアラビア馬で、フロイスの『日本史』は「その馬は元来きわめて美しい上に大きくもあったので、それが通過したところではどこでもつねに同様であったが、すべての日本人の注目を集めた」と記し、当日この馬を見物した西ノ洞院時慶は『時慶卿記』の中で「五尺の馬遣す物なり、上下拵え結構なり」と記し、吉田兼見も「此の内十キ二分御馬進上なり。類なき見事の由申し訖んぬ」と驚嘆している（兼見卿記）。秀吉自身もインド総督への返礼の相談の際に、「馬と書状に関する限り劣るけれども、其の他はすべて返礼の品の方が優れたものにならう」と、我が国の馬の劣っていた事を認めている（フロイス『日本史』）。この時期我が国に滞在していたフロイスは『ヨーロッパ文化と日本文化』の中で、馬に関して一章をさき、三九ヵ条に及ぶ相違点をあげているが、その第一条で「われわれの馬はきわめて美しい。日本のものはそれに比べてはるかに劣っている」と記している。同書にはそのほか「五　われわれの（馬）は美しく見せるため尾を伸ばしておく。彼らのは、尾を結び、結び目をつける」。「六われわれの馬のたてがみは、長ければそれだけ装飾になる。日本のはたてがみを切り、残ったものの中に所々、馬の威勢を大にするために、麦藁を結びつける」。「七　われわれの馬はすべて釘と蹄鉄で装鋲する。日本のはそういうことは一切しない。その代り半レグアしかもたない藁の沓を履かせる」等と当時の我が国の馬の状況について記している。このほか我が国では農耕に馬が使われている事、馬の積み荷の重量が厳重に守られている事等についても記されている。馬のたてがみは我が国では古くから馬衛《はみ》毛と呼ばれて弓弦に用いられ、馬の尾の毛はヤクの毛である白熊《はくま》の代用として払子《ほっす》に使われたほか、『人倫訓蒙図彙』は水漉に使う事を記し、『河羨録』は、釣糸のてぐすに使う事を記している。

　江戸時代に入って寛永一〇年（一六三三）にオランダ商館長から将軍家光に騾馬《らば》と共に一頭のペルシャ馬が贈られ、柳生但馬守のもとで繁殖が試みられたが成功しなかった模様である（平戸オランダ商館の日記）。次いで寛永一四年（一六三七）にも舶載され（平戸オランダ商館の日記）、翌一五年（一六三八）に将軍に献上されたほか（実紀）、この年には平戸藩主松浦隆信にも馬一頭が贈られている（平戸オランダ商館の日記）。ただしこの馬はペルシャ馬ではなかったため、あらためて寛永一七年（一六四〇）にペルシャ馬が贈られている（同上）。寛文八年（一六六八）に商館長から将軍に献上されたペルシャ馬は、初めて我が国の在来馬との間で仔馬を生み、延宝四年（一六七六）に来日したオランダ医師ライネは、「一六六八年に会社が皇帝陛下に献上したペルシャ馬の牡馬二頭は、牧場に連れて行かれて、多くの色々な日本の牝馬との間に仔馬を儲けたが、それは在来のものよりも非常に優れて見事であった」と記している（明治以前洋馬の輸入と増殖）。延宝三年（一六七五）にはオランダ船によって「嶋毛の馬」が舶載されているが（長崎実録）、これは乗馬ではなくシマウマであったと思われる（→562頁）。この後しばらく馬の輸入は途絶えるが、享保八年（一七二三）八代将軍吉宗はオランダ商館長にペルシャ馬の舶載を命じ（長崎実録）、それに応じて享保一〇年（一七二五）に五頭の馬が舶載されたのを始めとして（長崎実録、通航一覧）、元文二年（一七三七）までの間に八回にわたって計二七頭のペルシャ馬が輸入されている。これらの馬は幕府直轄の峯岡牧で種馬として使われたほか、一部のものは南部藩にも下賜されている（南部馬改良由来調）。吉宗は馬の他に、馬術の向上にも力を入れ、ドイツ人馬術士ケイズル等を招いている（長崎実録、実紀）。ケイズルは馬術に長じていたばかりでなく、馬の病気に対する治療にも詳しく、滞日中に行われた日本人との質疑応答は、通詞の今村英生によって『西説伯楽必携』としてまとめられている。吉宗はまた中国からも唐馬を輸入し（長崎実録、享保通鑑）、享保九年（一七二四）には馬医書「元亨療馬集」を取り寄せ（泰平年表）、一二年（一七二七）には馬医の劉経光等を招聘している（長崎実録）。ペルシャ馬の輸入は吉宗の時代だけにとどまらず、彼の孫の一〇代将軍家治も明和五年（一七六八）、六年（一七六九）、七年（一七七〇）、八年（一七七一）、安永七年（一七七八）と七頭の馬を輸入しており（長崎志、安斎随筆）（図35）、安永八年（一七七九）に急逝した将軍の世子家基の死因は、そのペルシャ馬から落馬したのが原因ともいわれている（篭耳集）。

徳川幕府は家康が江戸に開府するや、下総小金に三牧、佐倉に七牧、他に印西牧を加えて計一一の牧場を開いている。これらの牧場は綱吉の時代に整理、中絶されたが、吉宗の時代に復活し（実紀）、享保九年（一七二四）、一一年（一七二六）には牧馬の制も出されている（寛保集成一三四六、一三四八）。『佐倉風土記』に「駒は野駒良と為す。（中略）才の六月、吏来りて之れを取る。云々」とあるので、これらの馬牧では毎年野馬狩りが行われていた事がわかる。寛政九年（一七九七）には駿河国にさらに四牧が追加されている（徳川十五代史）。しかし幕府が必要とした馬は、上記の馬牧で生産したものだけでは足らず、二代将軍秀忠の時代から、奥州産の馬の買付けが恒例として行われている（実紀）。陸奥、出羽の両国は名馬の産地として知られてきたが、中でも南部藩は馬産に力をそそぎ、元和元年（一六一五）にはすでに三戸に馬牧を開設している（大日本農政史類編）。南部藩の牧場はその後発展して南部九牧と呼ばれて広く全国に知られるようになる。これら東北地方で生産された馬は各地の市を通じ

図305　徳川幕府官牧の馬の焼印（古今要覧稿）［一蛇沢、二高田台、三中野、四下野、五印西（以上小金牧）、六内野、七高野、八柳沢、九小間子、十取香、十一矢作、十二油田（以上佐倉牧）、十三峰岡筋、十四仙台種、十五南部種、十六伯児斎唖、十七三春種（以上峰岡牧）、十八元野、十九尾上、二十霞野(以上蘆高牧)］

て売却されたが、中でも仙台の馬市が有名で、その模様は『日本山海名物図会』に取り上げられている。こうした馬市で落札された馬の一部のものは江戸に運ばれ、浅草寺内の馬市で売却されている（塵塚談）。東北地方を除いて馬産地として知られたのは薩摩国で、天明二年（一七八二）から三年（一七八三）にかけて同地に滞在した佐藤中陵は、『薩州産物録』の中で、番馬（蛮馬）として薩摩の馬について「ハルシヤ国の馬也。高さ六尺に及ぶ。近来大に繁昌す」と薩摩国でもペルシャ馬が生産されていた事を記し、「薩州隅州の中に四十八牧あり、多き所には一千二百疋、少き所には三五十疋。春より秋まで是を捕り隣国へ出す」としている。ほぼ時を同じくして同地を訪れた橘南谿は『西遊記』一―七「権馬（宮崎）」の中で薩州の牧の荒駒の捕獲法について記している。このほか現在も名残をとどめている都井岬の馬牧は、元禄一〇年（一六九七）に開かれたものといわれている。

以下中世以降の馬に関する出来事を列挙すると、永正一七年（一五二〇）に成る半井保房の『聾盲記』は葦毛の馬の糞の黒焼が婦人の長血の妙薬であるとしている。次いで天正六年（一五七八）三月五日の『多聞院日記』には「一乗院ニ於テ馬曲乗ヲ見了ンヌ」とあり、『甲陽軍鑑』も「関口とて馬のりの上手あり、曲乗は本の事にあらずといへども、云々」と馬の曲乗が行われていた事を記している。天正一一年（一五八三）八月一二日の『言経卿記』も「曲馬のり見物に楠甚四郎より誘引の間、阿茶丸同道せしめて罷り向かう」と記している。『多聞院日記』にはこのあと文禄二年（一五九三）一月二五日にも、「馬ノ曲乗不思議共之レ在リ、江州ノ仁也、馬ノ耳ニユキ入ルレハイカ様ニモナル、カフリヲト云ヘハ則フル、二反ト三反ト云随テカホヲフル、笠ノ廻ヲフチノキワヲマワシノルニチトモサワラス、クラヲル間ニ具足ヲキテソ、マ、ノリ、長刀ニテタツナモモタス種々ノ事ヲ作、（中略）子ヨト云ヘハ子、ヲキヨトイヘハ則起、ハシヲモノホルト、色々奇特共也、云々」と曲乗がどのようなものであったかを記している。このあと日本人の曲乗の記事は『月堂見聞集』の享保一一年（一七二四）閏正月の曲馬の見世物の記事まで見当らないが、徳川幕府の将軍の代替りの際に来日するようになった朝鮮信使は、寛永一二年（一六三五）に馬術士を同行して来日し、江戸で曲馬を披露したのを最初として以後恒例となる（実紀）。寛永一二年に行われた曲馬は「一番立乗。二番乗さがり。三番片鐙乗。四番仰乗。五番倒乗」とあり、寛延元年（一七四八）には「馬上立。左右七歩。馬上倒立。馬上仰臥。鐙裡蔵身。馬上横施。双騎馬」等とその曲乗の内容が記されている。日本人の曲馬は上の『月堂見聞集』にある享保一一年（一七二六）の京都七条の見世物に続いて、安永元年（一七七二）には江戸両国で「大曲馬見世物」が催されている（半日閑話一二）。上記の『西説伯楽必携』には「曲馬乗の事」という一項があり、「本国辺にて慰には間々鞍の上に臥し或は仰むきに成り或は片鐙なとにて乗候儀も御座候此外馬上にての業及見不申候」とある。江戸末期になると女曲馬が流行し、『猿猴庵日記』によると、文化五年（一八〇八）に名古屋大須門前で興行されたほか、江戸の浅草、両国等でも行われている（藤岡屋日記他）。『百戯述略』によると元治元年（一八六四）には横浜で「洋人の西洋曲馬」が行われている。

徳川幕府は室町期まで行われて来た幕府から朝廷への貢馬を停止したが、その代りとして慶長八年（一六〇三）以後八月一日に八朔の贈物として馬を献上するようになる（御湯殿）。しかし江戸中期以降になると、皇居内で馬を飼育する事が出来なくなり、菊亭家と正親町家とで隔年に預って来たが、後には直ちに入札にかけられるようになる（京都町触六六三）。五代将軍綱吉の生類憐み令が施行された時期には、馬に関する禁令も度々出され、貞享二年（一六八五）、三年（一六八六）には馬の「筋のぶる事」や馬喰馬が禁止されている（実紀）。馬の筋を延べるとは、馬に外科的手術を加えて見栄えをよくする事で、そうした手術を受けた馬の事を馬喰馬と呼んでいる。貞享四年（一六八七）、元禄元年（一六八八）には病馬を捨てる事が禁止され（実紀）、禁をおかした者一人が遠島に処せられ（令条四八四）、翌二年（一六八九）にも病馬を捨てた武士、百姓等三九人が神津島に流されている（実紀）。またこの年（一六八九）に出された触穢の制では、牛馬の肉を食べた時は一五〇日の穢とされている（寛保集成九五三）。江戸時代には各所に死馬捨場が設けられており（官中秘策）、『東都紀行』には斃馬《そま》捨場として「高田は近年迄斃馬捨し所、云々」とあり、『四神地名録』荏原郡経堂在家村の項にも「今は経堂の有りし所も草ふかきあれ地となりて、いつしか馬捨場にせると百姓のいひき」とある。元禄五年（一六九二）には死んだ四足類の商売が禁じられ（正宝事録七九〇）、六年（一六九三）には馬が人語を話したという流言を流した者の詮議が行われ（寛保集成二八三九）、翌七年（一六九四）に捕った犯人が斬罪に処せられている（寛保集成二八四〇）。この年には他に放れ馬、病馬の取り扱いの悪かった者が遠慮を申し渡され、逆によかった者が褒賞にあずかっているが（実紀）、一〇年（一六九七）には再び病馬を捨てた者三人が市中引廻しの上、磔にかけられている（甘露叢）。元禄一五年（一七〇二）、宝永二年（一七〇五）には駄馬につける荷物の重量を軽くするように命ぜられ（実紀）、以後同じような禁令が繰り返し出されている。

享保一九年(一七三四)オランダ商館長から将軍にペルシャ馬が献上された際には、馬車一輌も贈られ、早速牽引が試みられて成功したが(安多武久路)、その後実用に供された記録は見られない。我が国で馬車が実用化されるのは、これより百年以上後の文久二年(一八六二)以後の事である(横浜ばなし)。寛保三年(一七四三)には幕府の御馬方に爪髪役が置かれているが、爪髪師とは馬の蹄を削り、たてがみを刈る者の事で、蹄鉄をつけたわけではない(日本馬制史)。馬の蹄鉄については享保年間にドイツ人馬術師ケイヅルから習得しているが(西説伯楽必携、安多武久路)、実用化はされず、文政六年(一八二三)に来日したシーボルトは「蹄鉄は日本では使用されていない」と記している(江戸参府紀行)。蹄鉄が一部で行われるようになるのは、文久二年(一八六二)幕府の陸軍に騎兵が設置された時からで、騎兵の馬一疋に要する年間費用の中に、「蹄鉄打替一年十二度、銀弐拾弐匁五分」とある(徳川慶喜公傳)。しかし明治初期に来日したモースが『日本その日その日』の中で、「日本では(中略)馬に蹄鉄を打たない」と記しているので、明治初期にはまだ軍隊以外の一般では行われていなかったものと思われる。牡馬の去勢法もケイヅルから習っているが(西説伯楽必携)、これも実用化されず、文化五年(一八〇八)には大槻玄沢が獣医書を読んで馬の去勢を試みているが(扇馬訳説)、普及するには至らなかった模様である。このほか寛延三年(一七五〇)に京都で牛馬の屠殺が禁じられているが(京都町触集成)、天明三年(一七八三)の飢饉の際には牛馬を始め、多くの獣肉が食べられた事が記録されている(兎園小説)。

『見世物雑志』によると文政一〇年(一八二七)に名古屋で二面三眼の馬が見世物となり、『甲子夜話続篇』七七—一四には、前肢の先端がそれぞれ二本に分かれた奇形馬の記録が見られる。文久二年(一八六二)には上記のように幕府の陸軍奉行の下に騎兵が設置され(徳川慶喜公傳)、横浜の居留地で初めて洋式競馬が開催されている。慶応二年(一八六六)には横浜居留地に競馬クラブが誕生し(ヤング・ジャパン)、久し振りに外国産の馬が輸入されている(連城漫筆)。翌三年(一八六七)には東京・横浜間に二頭立て六人乗りの乗合馬車が営業を開始し、ナポレオン三世からアラビア馬二六頭が寄贈されている(明治文化史)。この馬は幕末の混乱によって大半のものは行方がわからなくなったが、一部のものは明治初期の競争馬の作出に貢献している(畜産発達史)。最上徳内は『蝦夷草紙』の中で「松前所在島一国は、牛馬を飼ず。野飼して飼おくなり。夏より秋は青草、枯草もあって食用に飢えず」と北海道で牛馬の放牧が行われている事を記しているが、正規の馬の牧場が開かれたのは文化元年(一八〇四)の事とされている(日本馬制史)。その後安政二年(一八五五)には大規模な牧畜移民が行われ(今日抄)、四年(一八五七)には馬市が開かれるまでに発展している(匏庵遺稿)。

一二、オオカミ(やまいぬ)　狼(山犬、豺)

『本草和名』は豺皮の条で「一名野犴、和名於保加美《おほかみ》」とし、『倭名類聚抄』も「狼一名豺《やまいぬ》」として、狼と豺とを同じ動物としているが、中世以降の『本朝食鑑』、『大和本草』、『和漢三才図会』、『本草綱目啓蒙』等はいずれも狼と豺とを別物とし、その相違点を狼には蹼《みずかき》があって水を渡る事が出来るが、豺には蹼がない事をあげている。しかし蹼に相当する指の間の皮膜は家犬にもあるので、その有無によって狼と豺とを識別する事は出来ず、現在は狼と豺とは同一種と見なされている。狼または山犬の骨は縄文時代の遺跡から出土しており(縄文食料)、それを模したと見られる鹿角製の彫刻も発掘されている(古代史発掘3)。奈良時代にはオオカミは大口真《おおくちのま》神《かみ》と呼ばれて敬われ、『万葉集』では「一六三六　大口の真神の原に降る雪はいたくな降りそ家もあらなくに」と真神の原(大和国高市郡)という地名にかけて詠まれている。『出雲国風土記』では意宇郡、出雲郡、神門郡の禽獣の中に数えられている。『延喜式』治部省の祥瑞規定によると、白狼は上瑞とされているが、我が国で白狼が発見された記録は江戸末期の羽州高畠で捕獲された(甲子夜話四三—一三)以外には見られない。しかし狼は奈良から平安時代にかけて多数生息しており、宝亀五年(七七四)の『続日本紀』に山背国の乙訓社で狼や鹿狐が毎夜鳴いた事が記録されているのを始めとして、延暦二一年(八〇二)、弘仁二年(八一一)には京都の市内に現れたばかりでなく(紀略、後紀)、元慶五年(八八一)には禁中で吠え、昌泰元年(八九八)、安和元年(九六八)、長徳四年(九九八)には皇居内に出没し(紀略)、寛仁二年(一〇一八)には内裏内侍所で死んでいるのが発見されている(左経記)。こうした有様だったので、狼による被害も多く仁寿元年(八五一)に豊受宮で一三歳の子供が喰い殺されたのを始めとして(大神宮雑事記)、斎衡二年(八五五)(文徳)、仁和二年(八八六)(三実)、天徳元年(九五七)(紀略)、仁平元年(一一五一)(本世)と京都市内で市民が襲われたり咬み殺された事が記録されている。狼に襲われたのは人間ばかりではなく、長元五年(一〇三二)には賀茂別雷社で鹿が喰い殺され(左経記)、奈良の神鹿も寛元四年(一二四六)を始めとしてしばしば襲われている（春日社）。こうした人畜に与える狼の被害は、その後も数多く記録されている（後愚、満済、大乗院他）。

江戸時代に入っても江戸近郊には狼が多数生息しており、万治三年（一六六〇）を始めとして被害が出る度に幕府は鉄砲方を派遣して打ち取らせている（実紀）。江戸以外でも被害が出ており、宝暦八年（一七五八）に熊本で猟師に打ち取られた狼の図が『毛介綺煥』に取り上げられ（図306）、天明八年（一七八八）には信州で父親を襲った狼を鎌で切り殺した子供の逸話が『一話一言』七、『翁草』一五一、『提醒紀談』他に記されており、ほかに狼に襲われた話は『中陵漫録』八など、

図306　オオカミ（毛介綺煥）

多くの随筆類に取り上げられている。安永六年（一七七七）には江戸で見世物の狼が逃げ出し（武江年表、半日閑話一三）、文政七年（一八二四）には大阪でも飼っていた狼が行方不明になっている（摂陽年鑑）。狼の見世物は文政元年（一八一八）に名古屋広小路でも興行されているが（猿猴庵日記）、見世物にされるようになったのは、狼の生息数が減少したためで、ニホンオオカミは明治三八年（一九〇五）を最後に絶滅したとされている。狼の絶滅は、人間による駆除のほか、狂犬病の流行や犬の病気の感染が大きく影響していると見られている。

一三、オットセイ　膃肭臍、海狗

オットセイは北洋産の海獣でアシカ科に属する。漢名の膃肭臍は膃肭獣の臍《へそ》の意味であるが、臍ではなく外腎（睾丸）の乾燥品を膃肭臍と呼んで薬種として輸入していたため、誤ってその本体の動物名としたものである。中国の本草書『本草綱目』では、動物名は膃肭獣としている。膃肭臍は一二世紀初頭の中国医書「和剤局方」に載っており、我が国でも一四世紀中頃の『有林福田方』に膃肭臍の真贋を見分ける法として「臥犬ノ鼻ノ辺ニサシックレバ、犬聞テ驚テ跳テ狂ガ如ナル者真也」とし、その薬効を「諸虚損ヲ治ス」として

いる。史書に見られるのは慶長一五年(一六一〇)徳川家康が松前藩主に献上を命じたのが最初で（実紀）、家康はそれを用いて八ノ字と呼ぶ補腎薬を調製して愛用したといわれている（右文故事）。慶長一二年(一六〇七)林道春は『本草綱目』を家康に献上しているが、彼がまとめた『本草綱目』の解説書『多識篇』には、膃肭獣は宇仁宇《うにう》とあり、膃肭臍を「宇仁宇乃倍曽《うにうのへそ》又云く宇仁宇乃多計里《うにうのたけり》」としている。「うにう」とはオットセイのアイヌ語で、幕末に蝦夷に渡った渋江長伯は『東夷物産志稿』の中で「ウ子《ネ》ヲ、膃肭也。松前市中にて所売の勢は皆偽物也」としている。寛文一一年(一六七一)序の『庖厨備用倭名本草』は「吾人古ハ膃肭臍ヲ食スルコトナシ。二三十年以来皆膃肭臍ノ補腎ノ功アルコトヲ聞伝テ、好色房労ノ人、虚損老衰ノトモカラ是ヲ好ムコト甚シ」と江戸時代に入ってからオットセイが広く用いられるようになった事を記している。五代将軍綱吉の時代には、オットセイの塩漬の肉は薬用として許可されているが、生肉は生類憐み令によって禁止されている（寛保集成一九八八）。江戸中期の『本朝食鑑』も「世俗専ら助陽の物と為して之れを貪り嗜む。肉を食する者生食は味ひ尤も美にして脂多し」とオットセイの生肉が食料とされていた事を記している。しかし通常オットセイは本州東北以北に生息している動物であるから、当時江戸でその生肉が売買されていたとは考え難い。『和漢三才図会』は胡獱《とど》の項で「恃に膃肭を以て人之れを賞す。故に胡獱を以て偽りて膃肭獣に充つ」と、トドの肉をオットセイと偽って売っていた事を記している。また『大和本草』は「膃肭臍トハ其陰茎ナリ。臍ニ連ネテ用ル故ニ膃肭臍ト云ト時珍イヘリ。今外腎ヲ用ヒズシテ全体ヲ用テ薬トスルハ誤ナ

図307　オットセイ（御書上産物之内御不審物図）

リ」と膃肭獣の肉に薬効があるとするのは誤りである事を記している。さらに『本草綱目啓蒙』は「冬間塩蔵する者京師に出し売、然ども真なる者甚だ稀なり、其地にても眞物は捉得がたき者故多くは海獺《あしか》なり」と塩蔵品もその大半のものが偽物であった事を記している。

オットセイは我が国では松前、奥州が主産地で、新井白石は『蝦夷志』の中で「水に海豹《あざらし》、海獺《あしか》、海狗《おつとせい》の属あり」と記し、享保末年の丹羽正伯の産物調査の際には盛岡領の『御領分産物』の中に取り上げられている。ただし註記に「まれに取れ申候」とあるので、奥州での捕獲もそれ程多くはなかったものと思われる。明和二年（一七六五）に長門国で捕獲されたとあるが（博物学史）、本物であったかどうか疑問である。『松前志』は膃肭獣について「昔時慶長十五年神祖の台命によって海豹腎を献上せることあり。また享保三年に初て官命ありて海豹を呈献せり。因て翌年より今に於て献品に入れり。是才又海豹腎をも呈上す」と享保四年（一七一九）以降、オットセイを松前藩から献上するのが恒例となった事を記している。『日本山海名産図会』は膃肭獣の項で、アイヌのオットセイ猟の模様を記し、その冒頭に「是松前の産物とはいえども、蝦夷地オシャマンベという所にて採るなり。寒中三十日より二月に及ぶ。されども春のものは塩の利あしきとて貢献必寒中の物をよしとす」と記し、古川古松軒も『東遊雑記』の中で、「近年は何ゆえにや、海豹のとれ悪しくして、松前侯の例年御献上の海豹にても、年によりては御断りありて献上なきこともあるよし」と記している。『蝦夷草紙』はオットセイの産地として「ヲシャマンベ、クンヌイ、アブタ辺にあり、又クナジリ島にもあり」と記している。寛政三年（一七九一）に長万部《おしやまんべ》に渡った菅江真澄は『菅江真澄遊覧記』の中で同地のオットセイ猟の模様を詳しく記し、文化二年（一八〇五）には村上秦により「膃肭臍漁乃図説」が成立している（博物学史）。また宝暦一一年（一七六一）には京都東山雙林寺で開かれた薬品会に膃肭臍の胎児が出品されている（緒鞭余録）。

一四、オランウータン　猩々

オランウータンはボルネオ、スマトラ原産の類人猿で、現地語で森の人を意味する。現在オランウータンの和名はショウジョウとされているが、これは中国書に記された伝説的な動物、猩々に由来するもので、その形態・性質は必ずしもオランウータンと一致していない。ショウジョウと名のつく動物にはこのほかクロショウジョウ（チンパンジー）、オオショウジョウ（ゴリラ）があるが、チンパンジーについては江戸末期まで記載された事はなく、ゴリラについては幕末の翻訳書『輿地誌略』に「『ガイン』河ノ近傍、猨猴ノ異品数種ヲ産ス、就中『ゴリラ』ト名ヅクル有リ、猨類中ノ最モ巨大ナルモノニシテ云々」とあるのが唯一の記載である。従ってここでは猩々をオランウータンに限って記す事とする。

猩々は『倭名類聚抄』に「爾雅注云く、猩々能く言ふ獣也と。孫愐曰く獣身人面、好みて酒を飲む者也と」とあり、爾雅にはこのほか「状狗及び獮猴の如く、白耳豕の如し、人面人足長髪、頭顔端正、声児啼の如し、云々」ともある。室町時代の謡曲の「猩々」の扮装は、こうした記載によるものであろうか。中世以降もてはやされた毛氈の猩々緋は、猩々の血で染められたという所から命名されたものといわれている。オランウータンは我が国には寛政四年（一七九二）、一二年（一八〇〇）と二度舶載されている（長崎図巻）。寛政四年（一七九二）に舶載されたものについて大槻玄沢は『蘭畹摘芳』の中で解説を加え（図308）、その訳文は太田南畝の『一話一言』二七に収録されている。それによると「七月廿三日訳司中山氏ニ従ヒテ出島舘中新加比丹某ナル者ヲ訪ヒ請テ其ノ物ヲ見ル、着岸以来病メルコトアリトテ樊篭中ニ被覆シテ臥シ居タリ、（中略）面体稍人ニ似タレドモ目ハ上ニツキ、鼻ハ扁平ニシテロヘ被リ、頷ハ人ノ如ク尖ラズ手足常ノ猴ニ比スレバ聊長クシテ人ニ近シ、（中略）此ノ物印度地方熱国ノ産ナレバ、此ノ方ノ冷気ニ堪ヘズト見エ、病日ニ篤クシテ終ニ斃ルト云フ」とある。『蘭畹摘芳』はさらにかつてボルネオ島に在住し、周辺のオランウータンの自生地を遍歴した日本人商人の話として「凡そ此の獣、身体の運動、且つ物を弁じ、理を会する、全く人に異ならず。其の黙識悟通すること、啞子の自ら言ふこと能はずして善く其の意を解し、其の事故を明弁するが如し。此の獣、資性愛憐の情志、殊に甚し」と記している。寛政一二年（一八〇〇）に舶載されたものについて

図308　オランウータン（蘭畹摘芳）

は『蘭畹摘芳』に「向に壬子（寛政四年）を以て来る者に比すれば、甚だ巨大。頗る老獣也」とあるが、その身体各部の計測値からするとこれも老獣とは思われない。このオランウータンも長崎のオランダ商館で斃死したので、実際に見た者は少なかったものと思われる。ただし『蘭畹摘芳』に「剝皮全ては一侯家の蔵と為る。余も亦親視す」とあるように、皮は剝いで保存されており、天保九年（一八三八）江戸浅草で開かれた薬品会に出品された「山客、蛮名オランウータン」はこの皮と思われる（金杉日記）。なお、このオランウータンについては、『甲子夜話続篇』四―一三にも詳しく記されている。

一五、カモシカ　羚羊、零羊

カモシカは高山性の動物であるため、長野県、新潟県等の山岳遺跡からはイノシシ、シカに次いで多量の骨が出土しているが（古代史発掘2）、低地性の縄文・弥生時代の遺跡からはあまり出土していない（縄文食料）。『日本書紀』皇極二年（六四三）一〇月の条に「岩の上に小猿米焼く米だにも食《た》げて通らせ山羊《かましし》の老翁」とあり、天武一四年（六八五）には天皇から熊、山羊《かましし》の皮が皇族以下に贈られているが、これらの山羊はいずれも「かましし」と読んでカモシカの事とされている。『本草和名』は零羊角の条で零（羚）羊を山羊とした上で、「和名加末（万）之々」としている。カモシカはこのほか褥《にく》とも呼ばれているが、これはその毛皮が保温性に優れているためである。天平勝宝八年（七五六）に東大寺に奉納された正倉院の宝物の中には、羚羊の文様をほどこしたものがあり、『種々薬帳』の薬物の中には羚羊角が含まれている。羚羊角は我が国ではカモシカの角に当てられ、『延喜式』典薬寮の諸国進年料雑薬では、駿河、飛騨、出羽、越中、越後の

図309　カモシカ（訓蒙図彙）

諸国から貢進されているほか、遠江、駿河、伊豆、甲斐、相模、武蔵、近江、美濃、信濃、上野、陸奥、出羽、若狭、越前、越中、安芸、土佐等の諸国の貢雑物とされており（56頁別表）、当時のカモシカの分布を知る事が出来る。また『延喜式』縫殿寮の年中御服には多数の褥（羚羊皮）が用いられており、『江家次第』の正月元日の「四方拝の事」の条には、「鶏鳴に褥を鋪く」とあり、『建武年中行事』にも「次に天地四方を拝する座につき給ふ、御座のうへにくをしく」とある。羚羊肉を食べた記録は見られないが、中世の『尺素往来』は羚肉を美物の一つに数えている。

江戸時代に入って、五代将軍綱吉は生類憐み令に関連して、鳥獣肉の食穢を規定し、羚羊肉は兎、狸と共に最も軽い五日としているが（寛保集成九五三）、同時代に上梓された『本朝食鑑』は、「世人皮を用ひて障泥《あふり》を造る。其の価熊虎皮より賤し。其の多きを以て也。角を采りて薬に入れ、肉を以て食ひて謂ふ、能く風を祛《さ》り筋を強くすと。其の肉、味ひ甘くして軟浅、鹿猪に優れり。故に世以て嗜食して謂ふ、羚羊は身軽くして能く飛び、角を懸け木に棲む、其の態禽類に比して以て穢忌無し」とカモシカの肉は鳥類に近いので食べても穢とならないとしている。カモシカは『本朝食鑑』にあるように夜になると木の枝に角を懸けて眠ると信じられ、古く慈円の『拾玉集』にも「松かえに枕定むるかもし、のよそめあたなる我庵かな」と詠まれている。天和元年（一六八一）に刊行された『本草弁疑』は、和漢の薬物の真偽を見分ける心得を記した本草書であるが、羚羊について「羚羊。唐・和ノ二種アリ。唐ハ、色薄白ク長尺余ニシテ握タルヨウニ節アリテ末ニ少シ節ナシ。和ハ色黒ク曲リテ長サ四五寸、細ク節アリ。カモシカトモニクトモ云者ノ角也。角ヲ以テ木石ニカケテ、中ニサガリテ伏者也。云々」と唐産の羚羊角と和産のものとの相違を記し、『本草綱目啓蒙』も「延喜式にも此獣角を以て羚羊角とし、今に至ても、薬舗にニクの角を和の羚羊角と名づけ売、然ども穏ならず」と記している。中国の羚羊と我が国のカモシカとは同じウシ科ではあるが別属である。『江戸繁昌記』は九尾羊《かもしか》の肉が他の獣類と同じく山鯨と呼ばれて、江戸市中のももんじやで売られていた事を記し、『遠山著聞集』は羚羊の捕獲法として「あの羚羊をとらへて見んとはかりしに、平七持子ども申合し、手拭扇子を取だし、くるくるまわしけるに、獣おのづから近づき、頻りにまわせば、余念なく見とれたるさまなれば、かねて綱を輪になし、岩の上に幾所もしき置きければ、おのれを忘れ輪の中へ入るところを引きとり倒しければ、一同に走り行きおさへとる」と、カモシカが昔から人を恐れなかった事を記している。

一六、カワウソ　河獺、水獺、水狗

カワウソはイタチ科の動物で現在も四国南西部に生息しているといわれているが、ほとんど絶滅してしまった状態である。カワウソは縄文時代の遺跡から骨が出土しているので（縄文食料）、食料とされたものと思われるが、毛皮も利用されたのではあるまいか。天長一〇年（八三三）に出された殺生禁断の勅の中に「豺獺已に祭りて、虞人沢に入り、云々」とあるが（類史）、これは中国の礼記に由来する諺で、カワウソが捕らえた魚を自分の巣穴の周辺に放置しておく習性を、先祖を祭るための供要と見立てたもので、我が国でも獺祭《だっさい》と呼んで春の季語とされている。江戸末期に蝦夷に渡った松浦武四郎はその『紀行集下』「石狩日誌」の中で、「岸にて頭の無鱒を拾ふこと三度。其故を土人に問ふに、是は獺の取りし魚也。獺は必ず頭を喰て全身に少しも疵を附る事無と。余始て獺の魚を祭ると云事を信じぬ」と記している。『本草和名』、『倭名類聚抄』はいずれも獺の和名を「乎曽《おそ》」としている。また『本草和名』に獺肝とあるように、カワウソの肝は薬種として用いられており、『延喜式』典薬寮の諸国進年料雑薬では、下総、美濃、越中、播磨、備前、備中、備後の諸国から貢進するように規定されている（56頁別表）。治承二年（一一七八）安徳天皇の誕生の際の『山槐記』は、産後御枕に供えられたものとして「獺皮一枚」をあげているが、これは「産母がこれを帯びれば産を容易にする」という中国伝来の呪によるものである。またほぼ同時代の僧顕昭の『袖中抄』には「獺といふけだものはたはぶれにくひあふほどに、はてにはくひころすといへり」とカワウソの習性を記している。一条兼良も歌学集『歌林良材集』の中で『万葉集』の石川女郎の歌「一二六たはれをと我はきけるを宿かさす我を帰せるおそのたはれを」に注釈を加え「たはれをは風流士とも遊士とも書り。（中略）

図310　カワウソ（狩野探幽「獺図」）

おそはかはうそといふ獣也。獺の字也。此獣はじめはたはぶる、様にて、後にはくひあふ物なれば、云々」と記している。獺を「かはうそ」としたのはこれが最初ではあるまいか。

カワウソの肉は、『尺素往来』では美物の一つに数えられており、その料理法は『大草殿より相伝之聞書』に「河うそうけみいりの事」として「うそをやき候時。石を二ッ三ッ火にくべてをき。うその腹をたてにわりて。わたをとりいだし。腹の内水を打候へは。腹の内のかくさき事もうせ候。其後腹の内の石を取いだしこぬかを入て内外をよくあらふなり。云々」とあり、『料理物語』にも「(川うそ)かいやき、すひ物」とある。『本朝食鑑』は「獺も亦冬春は江海に食無し。湖池に餌を求めて棲かを易ふ。夏秋は江湖に餌を求む。湖池食無くして便あらず」と季節によって移動する事を記している。『大和本草』は水獺をカハヲソとし、海獺をアシカとし、『和漢三才図会』も水獺を「かハうそ」として「今漁舟往々に畜ひ馴して之れをして魚を捕へしむ」とカワウソを漁に用いた事を記しているが、記録には見られない。逆に『農業全書』はカワウソを養魚の害獣の一つに数えている。『和漢三才図会』はまた獺皮の利用法として「褥及び履屧《せつ》に作る。産母之れを帯して産み易し」としているが、カワウソの皮についてはこれより以前『宜禁本草』に「獺皮西戎以て領袖を飾る」とあり、『本草綱目啓蒙』は「獺毛至て密にして軟なり、皮を裘に造りこれを貴重す」と記している。幕末に来日したシーボルトは『江戸参府紀行』の中でカワウソの皮が一枚四ないし六グルデンで中国に輸出されていた事を記している。

カワウソの特別な用途として人体解剖の代用がある。宝暦四年(一七五四)に我が国で初めて人体解剖が行われた時の模様は『蔵志』に記されているが、その序文の中で山脇東洋は、「一日、後藤養庵先生の舎を訪れ、言、蔵の説に及ぶ。先生曰く、解きて之を観るにしくはなし。而るに官の制する所、得て犯すべからず、已むなくんば則ち獺か。余嘗て聞く、其の蔵は人に肖《にる》ると」と記している。後藤艮山の指摘が何に由来するのか明らかでないが、当時そうした言い伝えがあったものと思われる。カワウソの捕獲法として『本朝食鑑』は「毎に水上に遊ぶ時、獵人砲を以て斃す」とするほか、「一罠を水際に設け、罠の一口に銅線を綴って網の如くして、之れを塞ぎ、一の口に機を作りて獺入るれば則ち之れを鎖ず、機の前後に魚を置きて餌と為して謀りて以て之れを捕ふ」と記している。『紀伊国続風土記』は「各郡川辺池溏に多し」とし、幕末の『江戸繁昌記』は江戸市中でカワウソの肉が山鯨の一つとして売られていた事を記している。江戸末期の『武江産物志』によると江戸市中の本所、綾瀬にもカワウソが生息していた事がわかる。

一七、キツネ　狐

　キツネの骨は日本各地の縄文遺跡から出土しており（縄文食料）、全土に分布していた事は明らかである。ただし風土記では『出雲国風土記』にしか記載されていない。『万葉集』には「三八二四　鐺子《さしなべ》に湯沸かせ子ども櫟津《いちひつ》の檜橋《ひはし》より来む狐に浴むさむ」という歌があるが、その内容には狐を妖獣と見なす気持が伺える。こうした狐の怪異性に関連した記事は、天平一三年（七四一）の『続日本紀』に「難波の宮に怪を鎮む。庭中に狐の頭断絶して其の身の無き有り」とあるのを始めとして、宝亀五年（七七四）「乙訓の社にて野狐一百許り、毎夜吠え鳴き、七日にして止む」（続紀）等々数多く見られる。『本草和名』、『倭名類聚抄』はいずれも和名を「岐都祢」、「木豆祢」としている。『延喜式』治部省では白狐、玄狐が祥瑞としてあげられており、白狐は斎明三年（六五七）に石見国に現れ、霊亀元年（七一五）には遠江国から、養老五年（七二一）には甲斐国から、天平一二年（七四〇）には飛驒国から献上されており、延暦元年（七八二）には平城宮の城門に現れている（続紀）。玄狐は和銅五年（七一二）に伊賀国から献上されている。このほか『延喜式』では九尾狐が上瑞とされている。平安初期の大同三年（八〇八）、弘仁三年（八一二）（後紀）、天長四年（八二七）（紀略）、斎衡二年（八五五）（文徳）、貞観一三年（八七一）、元慶六年（八八二）と狐が皇居内に現れ（三実）、宮殿に上った記事も弘仁八年（八一七）ほかに多数見られる（紀略）。このように皇居内に狐が多数生息していたので、時として皇居内で死ぬ事もあり、貞観五年（八六三）にはそれを死穢としている（三実）。しかし死穢は人と六畜とに限られているので、以後延喜五年（九〇五）（紀略）、九年（九〇九）（略記）にはそうした扱いはされていない。一〇世紀に入っても狐は皇居内に多数棲んでおり、殿上に上った記事も延喜九年（九〇九）を始めとして（略記裡書）、犬が殿上に上った回数よりも数多く記録されている。

　狐が人を化かすという言い伝えは中国伝来のものであるが、大江匡房は『本朝続文粋』の中で「狐媚記」を書き、康和三年（一一〇一）に「洛陽大いに狐媚の妖有り」としてその実例をあげている。また『台記』の著者藤原頼長も康治三年（一一四四）五月三〇日の日記の中で、親頼の下僕が女と通じたところ「即陰瘡、数日にして膿腫し遂に落つ矣。先きの三四五計りの日、狐軒間に来り、此の少男を見ると云々、奇異の甚しき、近代末聞の事也、云々」と狐妖について記している。

当時の学者、知識人の間でも、狐が怪異を示す事が真面目に信じられていた事がわかる。『日本霊異記』、『今昔物語』、『古今著聞集』等にはさらに多くの狐妖の例があげられており、『鳥獣人物戯画』には狐火を灯した狐が描かれている（図311）。狐はこのように怪異を示すと考えられていた反面、延久四年（一〇七二）の『扶桑略記』、『十訓抄』、治承二年（一一七八）の『玉葉』、『山槐記』、『百錬抄』等に見られるように、伊勢の斎宮の付近では白専女《しらとうめ》と呼ばれて神とされており、またこの頃から一般化し始めた稲荷信仰では稲荷大明神の使とされている。狐の怪異にはこのほか狐憑きがあり、これも中国伝来の蠱道に基づくものである。『紫式部日記』には、三条天皇御生誕の際に中宮彰子が物の怪にとりつかれたため、加持祈禱を行った事が記されており、『宇治拾遺物語』の「狐人につきてしとぎ食事」では、人にとりつく物の怪の一つとして狐があげられている。こうした狐憑き、あるいは狐を人に憑ける狐遣いについては応永二七年（一四二〇）の『看聞御記』、『康富記』、永享五年（一四三三）の『看聞御記』、永正八年（一五一一）の『実隆公記』等に記されている。

狐の肉は美味とはいえず、それを食べた記事は極めて少ないが、明応二年（一四九三）の『北野社家日記』には薬餌として、また朝廷衰微の天文一八年（一五四九）には狐汁として食べた事が記されている（言継卿記）。薬餌としての狐の効能について『宜禁本草』は皮膚病、子供のひきつけ、虚脱、錯乱などをあげ、『本朝食鑑』は「今の人、狐肉を好み食はず。惟脂を取りて膏を煉て瘡腫に伝《ぬり》て以て奇効を得る焉」としている。狐にまつわる話題は江戸時代に入っても変らず、狐妖に関する記事は『耳袋』、『茅窓漫録』、『閑田耕筆』、『安斎随筆』、『中陵漫録』、『甲子夜話』等数多くの随筆類に取り上げられているばかりでなく、本草書の『本朝食鑑』、『大和本草』にも取り上げられ、『大和本草』は「妖獣善ク変ジテ人ト為リ、淫婦ト為リテ人ヲ惑ワス。或ハ精魅ヲ人ニ託セテ以

図311　狐火（鳥獣人物戯画）

テ狂乱セシム。又尾ヲ撃テ火ヲ出シ、日ハ穴ニ伏シ夜出デテ食ヲ盗ミ善ク鶏ヲ捕ル。唯狗ヲ畏ル。其口気ヲ吹ケハ火ノ如シ。狐火ト云フ」と記し、狐が人に憑いた時の治療法を述べている。

江戸市中にも狐は多く生息しており、宝永五年(一七〇八)には江戸城内で狐狩が行われ(宝永年間諸覚)、『甲子夜話』四〇―六は文政六年(一八二三)に江戸城中三の丸に狐が出現した事を記し、『武江産物志』は道灌山に狐が生息していた事を記している。また『江戸繁昌記』によると狐は山鯨と称して江戸市中で販売されている。狐を捕る方法としては古く『狂言集』釣狐に見るように、罠を使う事が多く、『本朝食鑑』、『中陵漫録』一一には鼠の油揚を餌として狐を釣る方法が記されている。しかし川柳に「狩人は狐釣りをばまだるがり」とあるように、鉄砲が普及してからは銃猟が主となったものと思われる。しかし地方によっては、幕末になっても独特の狩猟法で狐が捕えられており、『北越雪譜』、『利根川図志』にはそうした方法が詳しく記されている。北海道、旧樺太には本州に生息しているキツネ(ホンドキツネ)の亜種であるキタキツネが生息しているが、両者の相違については江戸末期まで気付いておらず、『松前志』はわざわざ「他国の産に異ならず」と断っている。文化五年(一八〇八)樺太に渡った間宮林蔵は『北蝦夷図説』の中で狐釣りの方法として「枝木を建て、其上に魚を掛る時は、狐魚を羨て木を攀ぢ、上下する時足此枝間にはさまれて、終に得らると云」としてその仕掛けを図示している。また『松浦武四郎紀行集下』の「後方羊蹄日誌」には「途中狐を見る事数十疋、然れ共人里近き所の狐故目早くして一頭をも捕獲ざりけり」とあり、「十勝日誌」にはアイヌ独特の狐の捕獲法が記されている。

一八、クジラ類　鯨、鯢、海鰌

クジラ類は上顎に餌をとるための鬚をもったシロナガスクジラ、ナガスクジラ、イワシクジラ、ザトウクジラ、コクジラ、セミクジラ等の鬚鯨類と、鬚の代りに下顎に歯をもったマッコウクジラ、シャチ、イルカ類等の歯鯨類とに大別され、鬚鯨類は冬は繁殖のために赤道付近まで南下し、夏は索餌のため北極海に向けて北上する。『勇魚取絵詞』は「西海の方言に、上り鯨下り鯨といふことあり。冬天に北海の寒気をさけて、南海にうつるを下り鯨とい、、春暖の時にしたがい、北海にうつるを上り鯨といえり」とあり、この時期が我が国の沿岸捕鯨の最盛期である。鯨の骨は縄文遺跡(縄文食料)、弥生遺跡からも出土しており、有史以前から食料とされて来

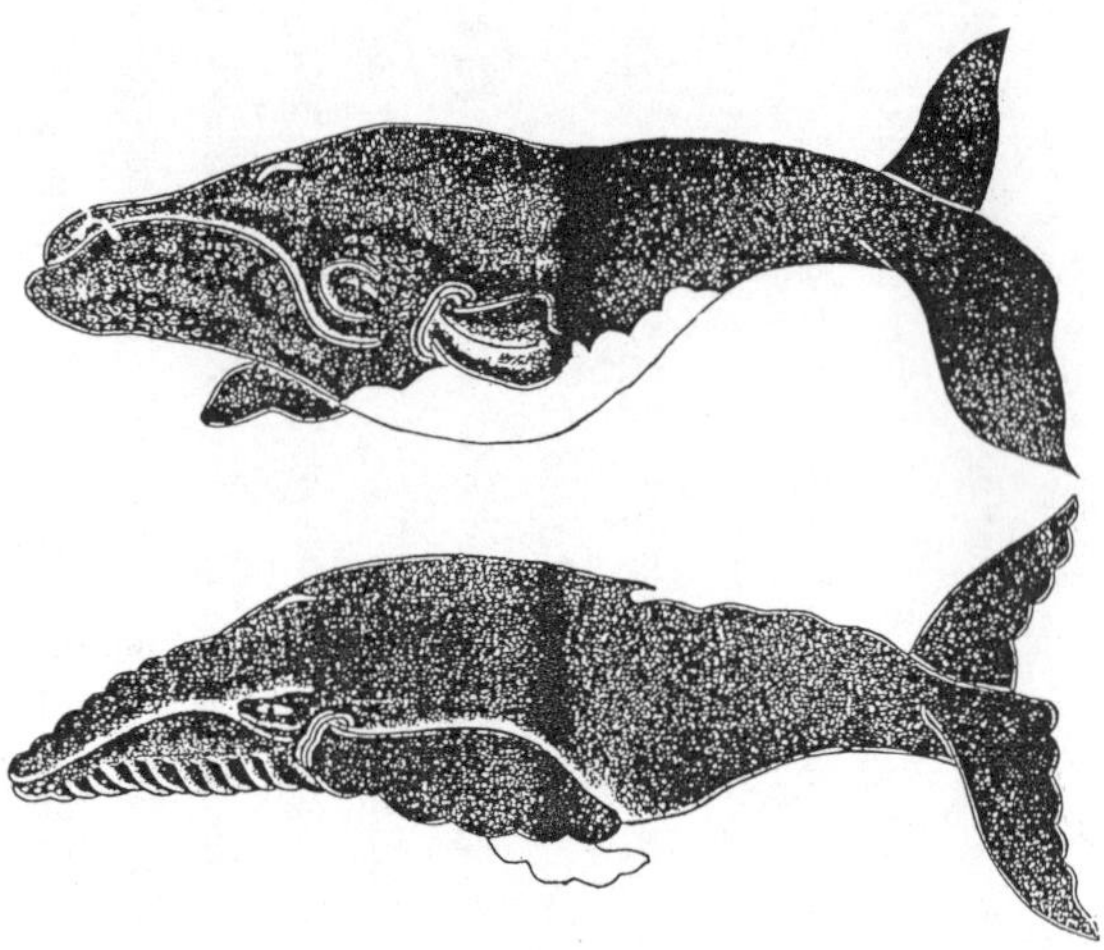

図312　セミクジラ［上］とザトウクジラ［下］（海鰌談）

た事は明らかであるが、これらの鯨は積極的に捕獲したものではなく、この後しばしば記録されているように、敵に追われて浜に上った寄鯨《よりくじら》であろう。古墳時代には鯨を模した土製品が出土しており（はにわ）、壱岐の鬼ノ岩屋古墳は鯨の彩色壁画で知られている（古代史発掘8）。『古事記』神武東征の際の久米歌に「宇陀の高城《たかき》に鴫罠張る我が待つや鴫は障《さや》らずいすくはしくぢら障る云々」と歌われており、『古代歌謡集』にも「伊勢の海なるやはれ小伊勢の海なるや鯨の寄る島の百枝の松の八百枝の松のや今こそ枝さして本の富せめや」とある。『常陸国風土記』には「南に鯨岡あり。上古の時、海鯨、匍匐《はらば》ひて来り臥せりき」とあり、『壱岐国風土記逸文』にも「鯨伏《いさふし》の郷、昔者、鮐鰐《わに》、鯨を追ひければ、鯨、走り来て隠り伏しき、云々」と記されている。こうした鯨は寄鯨と呼ばれており、鮐鰐とはフカ、サメの類の事で、鯨を襲うのはサメ類のシャチ（サカマタ）である。『万葉集』には鯨を詠んだ歌が十数首見られるが、すべて「鯨魚取《いさなとり》」と海の枕詞として用いられたものばかりであり、『日本書紀』允恭一一年春にも「いさな取り海の浜藻の寄る時時を」とある。このように鯨魚取という言葉がある以上、実際に鯨を捕っていたのではないかとする意見もあるが（続万葉動物考）、史料にはそれを裏付けるような記録は見当らない。正倉院の宝物の中には鯨の骨で作った笏と、鬚鯨の鬚で作った如意がある（正倉院宝物）。

平安時代に入ると、『本草和名』、『倭名類聚抄』はともに鯨を「和名久知良」としており、この頃からクジラと呼ばれるようになったものと思われる。延喜一七年（九一七）には対馬に生きた鯨が打ち寄せられ（紀略）、大治二年（一一二七）

には肥前国に死んだ鯨が打ち上げられ、その腹の中から鯨珠が得られたので院に献上されている（師遠記、百錬抄）。鯨珠とは結石かあるいは竜涎香の事であろう。平安時代の鯨に関する記事は上記の二回の寄鯨だけであるが、中世に入るとにわかに多くの記事が見られるようになり、永享八年（一四三六）には将軍から貞成親王のもとに鯨の荒巻が贈られ（看聞）、『親元日記』にも寛正六年（一四六五）、文明一三年（一四八一）と鯨荒巻の贈答記事が見られる。『御湯殿の上の日記』によると文明一七年（一四八五）には鯨一桶、長享二年（一四八八）、延徳三年（一四九一）には鯨の荒巻が宮中に献上されている。文明一七年のものは一桶とあるので荒巻ではなく、生の鯨肉が献上されたのであろうか。この頃成立したと見られる『尺素往来』は鯨を美物の一つに数えており、『四条流庖丁書』は美物の中でも「海のものならば、一番に鯨出す可き也」と鯨を最高のものとしている。これ以後も永正五年（一五〇八）の『実隆卿記』、九年（一五一二）の『御随身三上記』、永禄一二年（一五六九）の『言継卿記』、元亀元年（一五七〇）の『晴右記』、天正三年（一五七五）、一〇年（一五八二）の『御湯殿の上の日記』、『晴豊記』等に鯨の贈答の記事が見られるほか、『朝倉亭御成記』には「御引物鯨」とある。弘治二年（一五五六）駿河国に下向した山科言継は、志々島の宿で鯨のたけり（陰茎）を食べた事を記している（言継卿記）。鯨は食用のほか医薬としても用いられ、『頓医抄』は「小児アカクサノ治法」として「アカクサニハ、鯨鯢ノ油ヲ、アカクサニヌルベシ、早薬ナリ、又可服」としている。

『鯨史稿』は捕鯨の歴史について、その最初の段階を突取漁法とし、「元亀年中（一五七〇―七二）参河国内海ノ者船七八艘ニテ初テ鉾ニテ突取リ、云々」と記している。突取法については後の『本朝食鑑』に「鯨を采るの会家を納屋と曰ふ。鯨を刺す船は軽捷を以て勝れりと為す。漆を用ひて之れを塗る。一船四端帆、八櫓一棹を以て限りと為し、羽指《はさし》一人、舟子十四五人を載せ二日の糧を裹して海に泛ふ」、「鯨を刺す鉾を森と曰ふ。形ち鋸歯様（図示）を作す。樫木を用ひて柄と作す。鉾頭の脚に縄を着く。縄尾緊しく船の柱に緊く。森鉾鯨に中るときは則ち柄を脱して肉に入り鯨の動作に随て深く肉中に入て抜けず」、「大萬森と云ふ者有り。（中略）鯨創を被ること多く死に向はんとして必す去らんと欲する時此の森を投して之れを刺す。縄尾をして連船結び并はしめて大小劒を以て頻に之れを斬る」、「鼻刺といふ者有り。（中略）鯨既に死する時必ず水底に沈む。羽指水中に入て鯨の背に跨りて鼻刺を頭皮、肚腹数処に貫き透す。云々」と記してある。上記の鯨贈答の記事はこうした鯨突取漁法の確立した時期より前なので、恐らくそれに先立って試行錯誤が繰り返されたものと思われる。このあと鯨の突取漁法は尾張、伊勢から紀州に伝承され（鯨史稿）、江戸開府の後は江戸湾でも行われるようになる。『慶長見聞集』は「関東海にて鯨つく事」として「くしら大魚なれとも、伊勢、尾張両国にてつく事有。是より東の国の海士はつく事を知ず。然に文禄の比ほひ、間瀬助兵衛と云て、尾州にて鯨つきの名人相模三浦へ来りたりしか、東海に鯨多有を見て、願ふに幸哉ともり綱を用意し、鯨をつくを見しに、鯨子を深くおもふ魚なり。故に親をはつかずして子をつきとめいかしをく、二つの親子をおのが腹の下にかくし、をのか身を水の上にうかへ、剣にて肉を切さくをわきまへず親子ともに殺さる、哀なりけること、もなり。（中略）此助兵衛鯨つくを見しより、関東諸浦の海人迄、もり綱を支度し、鯨をつく故に、一年に百二百つ、毎年つく。はや廿四五年このかたつきつくし、今は鯨も絶はて、一年にやうやう四つ五つつくと見えたり。今より後の世鯨たえ果ぬべし」と嘆いている。捕鯨の中心が尾張から紀州に移った事は、『徳川実紀』に紀州徳川家から将軍家にしばしば新鯨（一六五〇、五二、五四、五六年）、鯨骨（一六五三、五四、五六、五七年）、鯨の百尋（一六五五、五六、五七年）等が献上されている事からもわかる。鯨骨とは『中陵漫録』一五によると鯨歯（鬚）の事で、『我衣』に「女子の櫛笄寛文迄は鯨なり」とあるように各種の装身具として用いられており、武士の場合は裃の肩に入れて形を整えるのに用いられている（反古染）。また鯨尺の物指は最初この鯨の鬚を用いた所から命名されたといわれている。嘉永五年（一八五二）浅草で鯨細工が見世物になっているが、これは鯨の鬚を動力とした細工物の事である。

延宝五年（一六七七）、紀州太地浦で鯨を網に追い込んで捕獲する網取法が開発されたため、鯨の捕獲数は格段に増大する。この方法は天和三年（一六八三）には土佐に伝えられ、貞享元年（一六八四）には九州にも導入されている（日本捕鯨史話）。元禄三年（一六九〇）に来日したケンペルは『日本誌』の中で、「大村の義太夫という金持の網元が、一六八〇年新しい捕鯨法を発明した。それは指二本位の太さの綱の網で鯨を引く方法であり、その後与右衛門という名の五島の農夫が、幸いにもこの捕鯨法を承け継いだ」と網取法が九州で開発されたとしているが、これは誤りであろう。寛政九年（一七九七）一一月に太地を訪れた佐藤中陵は、『中陵漫録』一の「手札即答」の中で「大地は獲鯨の利を以て甚だ福邑なり。此冬、大鯨を獲る事二十八首、其他処にても亦三五首を獲ると云。凡天下の観楽、獲鯨より奇観なるはなし」と記しているが、さらに「昔より年々捕得たる事、多くは冬より春に至るの間八十余頭を得たり。近年は尽く不猟にして、冬春の間、総て二三頭のみ得る」と獲物が激減した事を記している。網取捕鯨については『日本山海名物図会』、『勇魚取絵詞』にも詳しく記されているが、天明八年(一七八八)九州平戸の生月島を訪れた司馬江漢も、『江漢西遊日記』の中で同島の捕鯨法について詳しく記している。

捕鯨の目的は我が国ではいうまでもなくその肉を食料とする事が第一で『料理物語』は「(鯨)汁、さしみ、すひ物、あへ物、かすにつけてうちの物色色(同かぶらぼね)水あへ、さかなに」と様々な調理法を記し、江戸末期になると天保三年(一八三二)に専門の料理書『鯨肉調味方』が出版されている。鯨はそのほか皮下の脂肪から大量の鯨油が採取され、灯油として用いられたほか、稲の害虫駆除にも用いられている(除蝗録)。『甲子夜話』五九―一七は鯨油について「鯨皮三寸四方許を重一斤とす。煮て油を得ること一升許り、余はこれを推て量るべし。又皮縦二尺四寸、横一尺二寸、高八寸、油を得ること二斗。斗桶に充つべし」としている。このほか寛延元年(一七四八)には琉球王から龍涎香が献上されているが、(実紀)、龍涎香は『多識篇』に「土佐の海上の漁人、蠟の如くにして凝れる者を採りて曰く是れ鯨鯢屎なりと云、国守因て大樹に献ず、今の南蛮薫丸、阿牟倍良《あむべら》と号す者、射香鯨屎和合して之れを成す、賈胡甚た之れを珎と云ふ」とあり、徳川初期からすでに貴重品として扱われていた事がわかる。元禄三年(一六九〇)に来日したケンペルは『日本誌』の中で「竜涎香について」と題する小論文を書いているほか、『本朝食鑑』は「糞に黒白有り、薬に入る、ものは少なり。今の世瘍家香油の方を製して面刺痣疣黒子凍瘡の類を治す。以て宮中の用と為す」とし、『大和本草』も「倭俗クシラノ糞ト云、(中略)其価貴キコト黄金ニ倍レリ、(中略)番人諸香ニ和ス其香久シテ散セス又ニホヒノ玉トス、此物蛮語ニアンペラト云、長崎ニ蕃客持来ル」と記し、『中陵漫録』一五にも「鯨糞」として取り上げられている。龍涎香はマッコウクジラの腸内、あるいは排泄物の中に含まれ、食物として食べた烏賊類の顎《からすとんび》の不消化物ではないかとされている。龍涎香は上記のように芳香を保つ性質があるほか、『中陵漫録』二は「野牛乳」の項で安産の薬とし、ほかに催淫効果があるともされている。『桃洞遺筆』は紀州太地で龍涎香が得られたのは、貞享から天保四年までのほぼ一五〇年の間に、貞享三、四、元禄六、宝永二、三、七、寛政六年の僅か七回にすぎなかった事を記している。

『本朝食鑑』は鯨の形態、種類、捕鯨法、利用法等について極めて詳しい解説を加え、鯨の種類としては、世美《せび》、座頭、小鯨、長須、鰯、真甲《まっこう》と鯱《しゃち》の七種をあげ、その形態、性質等について詳しく記している。利用法として興味のあるものに歯鯨の歯（牙）があり、これを研磨して人の義歯を作るとしている。鯨についてはこの後『鯨鰌正図』、『鯨志』、『鯨史稿』、『勇魚取絵詞』、『海鰌談』等といった専門書が出版され、『鯨志』は一四種の鯨類について記載している。鯨に関する出来事で、こうした専門書に記載されていないものに見世物がある。明和三年（一七六六）大阪の千日前で熊野灘で捕れた鯨が見世物となったのを始めとして、寛政元年（一七八九）、文政六年（一八二三）といずれも大阪で見世物となり（摂陽年鑑）、この間寛政一〇年（一七九八）には江戸品川沖でも寄鯨が上り、将軍が観覧したあと一般庶民も船を仕立てて見物に赴いている（続実紀、寛政紀聞、海鰌談、燕石雑志）。このあと嘉永四年（一八五一）にも江戸湾に寄鯨があり、浅草で見世物になっている（武江年表）。江戸初期以来の寄鯨の記録は慶長一六年（一六一一）（駿清遺事）、寛永二年（一六二五）（実紀）、正徳元年（一七一一）（塩尻）、享保一九年（一七三四）（武江年表）、宝暦一〇年（一七六〇）、明和七年（一七七〇）（諸家随筆集）、安永元年（一七七二）（半日閑話）、天明三年（一七八三）、寛政六年（一七九四）（摂陽年鑑）、一〇年（一七九八）（武江年表）、文化五年（一八〇八）（鯨史稿）、文政元年（一八一八）（半日閑話）、三年（一八二〇）（武江年表）、一〇年（一八二七）（甲子夜話続篇）、天保三年（一八三二）（神代余波）と多数に上っている。『中陵漫録』九「大阪の赤蟹」は「奥州赤前村の海浜に、鯨鯢百三十九首、三日の内に皆死し、流着く。其由来を尋るに、其鯨鯢の腹下に皆痕あり。物の為に傷るなるべしと云。此大魚を傷ふものは、しゃち、べんふぐ、たち、此三種より外になし」と、寄鯨がシャチその他に襲われたものである事を記している。

文政六年（一八二三）に来日したシーボルトは、滞日中に弟子の日本人たちに我が国の鯨、あるいは捕鯨法に関する報告書を提出させているが（江戸参府紀行）、これは当時世界的に鯨油の需要が高かったためで、そうした事情から徳川中期以降、我が国の沿岸には鯨を追ってイギリス、アメリカ等の捕鯨船が接近するようになり、文政七年（一八二四）五月には常陸の海上で我が国の漁民と交易を行っている（通航一覧）。この時の模様は『甲子夜話』六〇―一四に詳しく記されており、イギリス船の捕鯨法、鯨の処理法などについて教授を受けた事が記されている。彼らの目的は鯨油だけで、その他の部分は捨て去ったため、我が国の太平洋岸にはそうした鯨の残骸がしばしば漂着している。安永元年（一七七二）神奈川に上った片身の鯨もそうしたものと思われる（武江年表）。『甲子夜話』二五—一には上記のほか、文政五年（一八二二）に浦賀沖に来たイギリスの捕鯨船についても詳しい記載が見られるが、その中にも「按ずるに房州辺には、動もすれば鯨の片身程も肉を切りとりたる鯨流れ寄ることありと聞く。これら恐らくは彼蛮人どもの所為なる歟」と記している。天保一二年（一八四一）難破した土佐の漁師、中浜（ジョン）万次郎は、我が国近海で操業していたアメリカの捕鯨船に助けられ、彼らの技術を習得したが（万次郎漂流記）、帰国後、安政四年（一八五七）幕府からその技術の伝習を命ぜられている（村垣淡路守日記）。ただしそうした先進技術による捕鯨が行われるようになるのは明治維新以後の事である。

一九、クマ類　熊

我が国に生息しているクマは本州、四国、九州のツキノワグマと、北海道のヒグマの二種だけで、その分布は縄文時代から変っておらず、本土の縄文遺跡から出土した熊の骨はツキノワグマだけである（縄文食料）。このほか各地の遺跡からはツキノワグマの四指骨や犬歯に穿孔した垂飾品も出土しており（貝塚の獣骨の知識）、東北地方の縄文遺跡からは熊を模したと見られる土製品も発掘されている（古代史発掘3）。『出雲国風土記』意宇郡には「熊・狼・猪・鹿・兎・狐・飛鼯《むささび》・獼猴の族あり」とあり、『万葉集』には「二六九六荒熊の住むとふ山の師歯迫《しはせ》山責めて問ふとも汝が《の》名は告らじ」と熊は恐ろしい事の形容詞として用いられている。一方ヒグマは北海道以外の沿海州地方にも生息しており、斉明四年（六五八）に粛慎《みしはせ》を討った阿部比羅夫は、生羆二頭と羆の皮七〇枚とを持ち帰っており（紀）、天武一四年（六八五）には羆の皮が皇族、貴族等に下賜されている（紀）。このあと天平一一年（七三九）にも勃海から虎、豹の皮と共に羆の皮七枚が贈られている（続紀）。霊亀元年（七一五）には六位以下の者は虎、豹、羆の皮で作った鞍、横刀帯の使用が禁ぜられ（続紀）、大同二年（八〇七）には独射干、葦鹿等の皮と共に、羆の皮の使用も全面的に禁じられている（後紀）。ただし『延喜式』弾正台によると羆の皮の障泥は五位以上の者に着用が許されている。『延喜式』ではこのほか、治部省の祥瑞で赤熊、赤羆を上瑞とし、黄羆、青熊が中瑞とされているが、こうした瑞獣が献上された記録は見られない。『倭名類聚抄』は羆の和名を「之久万《しくま》」とし、「熊に似て黄白、又猛烈に多力、能く樹木を抜く者也」としているが、平安朝以後になるとヒグマの記事は本草書を除くと江戸中期まで見られなくなる。
『本草和名』は熊脂の条で、「和名久末乃阿布良《くまのあぶら》」とし、『倭名類聚抄』は熊白を「久万乃阿布良《くまのあぶら》」としているが、薬物として有名な熊胆については触れていない。ただし『延喜式』典薬寮の諸国進年料雑薬には「熊胆（美濃、信濃、越中）」とあり、そのほか「熊掌（美濃）」が取り上げられている（56頁別表）。また『続日本後紀』承和一二年（八四五）に「美濃国言す。（中略）熊膏（中略）等を貢する使、云々」とあるので、美濃国からは熊の脂も貢進されていたものと思われる。この時代ツキノワグマは都の周辺にも多数生息しており、延喜二年（九〇二）には京の街中に現われ（略記）、延喜四年（九〇四）、延長七年（九二九）には皇居の中にまで侵入している（略記）。熊皮は羆の皮ほど珍重されていないが、貞観一四年（八七二）には朝廷に（三実）、天徳元年（九五七）には藤原師輔に献じられている（九暦）。ただし貞観一四年（八七二）のものは、熊皮とあるが羆の皮であった可能性の方が強い。熊皮は『延喜式』内蔵寮、民部下で出羽国の年料供進、交易雑物とされており、『延喜式』神祇一、三によると、道饗《みちあへ》祭、宮城四隅疫神祭、障《さふる》神祭、野宮道饗祭といった京都への妖怪、疫病の侵入を防ぐ祭礼に用いられている。また左右馬寮には「女鞍一具を造る料」として「障泥《あおり》熊皮一張」があり、中世の『庭訓往来』六月状返信にも「熊皮の泥障」とあるので、熊皮が障泥として広く用いられていた事がわかる。『庭訓往来』にはこの他に五月状返信に、初献の料の一つとして熊掌が取り上げられている。熊掌は上記のように『延喜式』典薬寮の諸国進年料雑薬に見られるが、江戸末期の『本草綱目啓蒙』は熊の掌について「京師にても冬春の間、脚肉を販ぐものあり。白く塊を為して豆腐の如し。是脂の凍凝せるなり」と記しているので、熊掌と熊脂とは同一物と思われる。『中陵漫録』四は「胹《ゆびく》二熊蹯二」としてその料理法を記している。熊の肉も『尺素往来』で美物に取り上げられており、天文二一年（一五五二）の『言継卿記』は公卿仲間で食べた事を記している。『料理物語』は「（くま）すひ物、でんがく」とし、『庖厨備用倭名本草』は「熊肉、味甘平、毒ナシ。（中略）久服スレバ志ヲ強クシ飢ズ」としている。

熊の用途の中で最も重要なものはいうまでもなく医薬としての熊胆《くまのい》である。熊胆の薬効は『宜禁本草』に「時気熱疸・暑月久痢を療す。虫を殺し五痔悪瘡を治し、痔瘡・耳鼻瘡を愈す」とあるほか、『本草綱目』にはさらに多くの効能が記されている。熊胆は他の高貴薬がほとんど輸入に頼っていたのに対して国内で生産され、しかも各方面にわたって薬効を示すため平安の昔から広く用いられている。『日本山海名産図会』は熊を捕る方法から、胆の採取法を記し、偽物の識別法を述べた後、偽熊胆の製法を記している。このあと文化五年（一八〇八）には熊胆の専門書である『熊志』が出版されている（図313）。なお、熊の捕獲法は橘南谿の『東遊記』一―七に加賀、越中の熊突の話が、『西遊記』続編二―五四に九州地方の話が記されており、『北越雪譜』は越後地方の雪国独特の方法を記している。『西遊記』はまた「京都にて選む品は、加賀の熊の胆を最上とす。信濃は少し大也。蝦夷松前より出ずるは格別大いなり」と江戸時代に北海道産のヒグマの胆が売られていた事を記している。また『松浦武四郎紀行集中』「西海雑志」は熊本五家荘周辺の那須の熊取の話として「那須へハ年中熊本の薬種屋より手代の者入込居れバ、熊を取て持来ると手代ハ早速胸を裂て自分に其膽を取出すよし。猟士にまかせて取らする時ハ、手早に膽をすりかへて贋物を渡す由也。さすれバ眞の熊膽ハ実に得がたきものと見へたり」と記し、『北越雪譜』も「一熊を得ればその皮とその膽と大小にもしたがへども大かたは金五両以上にいたるゆゑに猟師の欲《ほっす》るなり」と記している。江戸末期の熊胆売りについて、『馬琴日記』は文政一〇年（一八二七）一〇月二〇日の日記に「昼後、熊胆屋金右衛門来る。熊胆丸テ壱、掛目十匁一分、価三方半（三分二朱）に相極、来春出府之節代銀可渡旨、例之通、書付渡之」と記している。

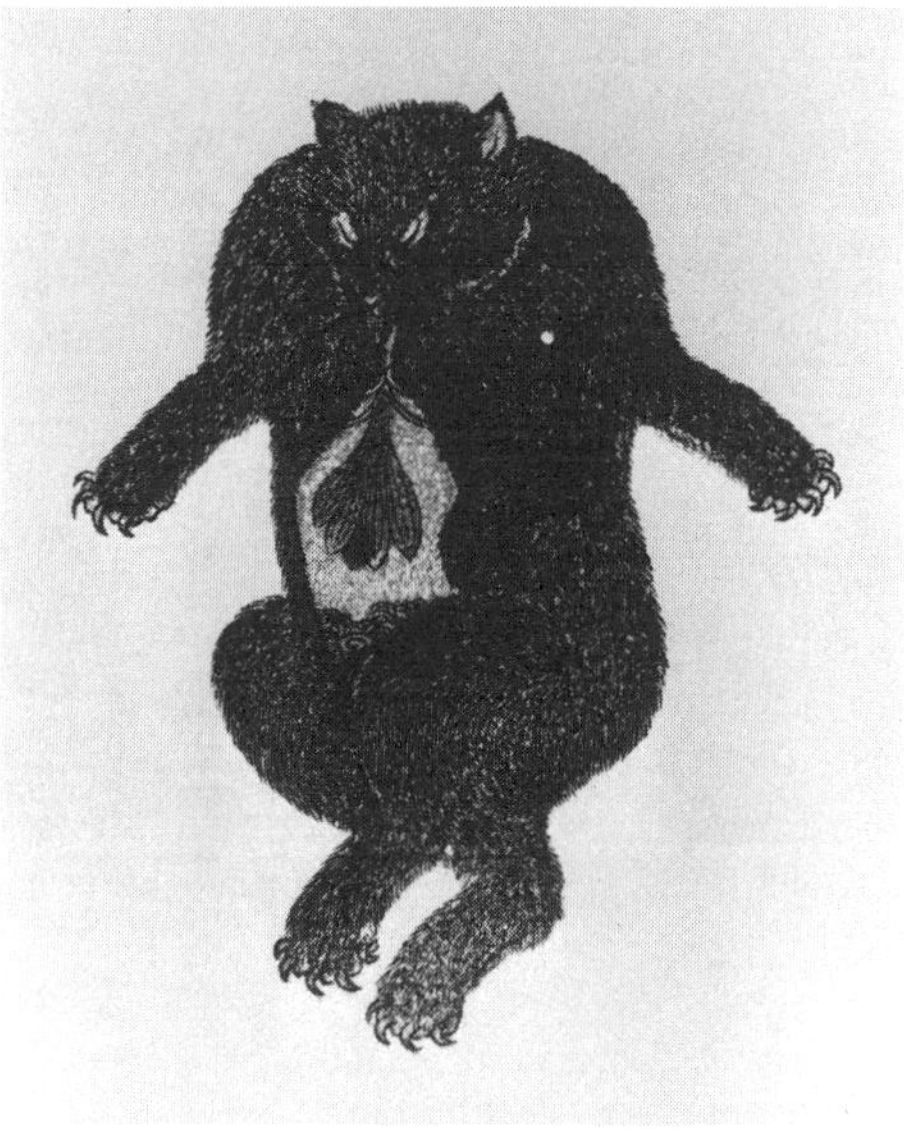

図313　熊胆の所在を示す図（熊志）

　熊は我が国に生息している数少ない猛獣の一つで、京都に現れた宝永五年（一七〇八）（続史）、江戸板橋に現れた享保一四年（一七二九）（承寛襍録）にはいずれも死傷者が出ている。一方熊を飼育した記事も見られ、明暦元年（一六五五）には将軍家に献上されており（実紀）、文化八年（一八一一）には熊の曲芸が見世物となっている（摂陽年鑑）。さらに弘化二年（一八四五）には飼育されていた熊が折からの大火の江戸の町中に現れて仕留められている（武江年表、事々録）。ツキノワグマの白変種（アルビノ）は天明四年（一七八四）（本草綱目啓蒙）、天保三年（一八三二）（北越雪譜）に記録されており、後者は見世物となっている。徳川中期以降、江戸の町では様々な獣肉が売られているが、熊肉も例外ではなく、『江戸繁昌記』によると山鯨として販売されている。

ヒグマについては『本朝食鑑』に詳しく記されているが、「本邦希れに之れを見る」と内地にも生息していたものと見ており、『大和本草』も「元禄ノ初、越後国桑取谷ニテ人ヲ取シ獣アリ、其形状ヲ図ニ書タルヲ見ルニ羆ナリ（中略）此物昔ヨリ日本ニアリシニヤ云々」と記している。ヒグマが蝦夷地に生息している事は新井白石の『蝦夷志』に記されているが、「山に熊日熊麋鹿有り」と熊（ツキノワグマ）も生息しているとするのは誤りである。『松前志』も蝦夷地の獣類としてクマをあげているが、「他国の産に異ならず」とヒグマとツキノワグマとの相違には気付いていない。天明八年（一七八八）幕府巡検使に随行した古川古松軒は『東遊雑記』の中で「松前侯より羆の用心とて、御巡検使御ひと方に鉄砲うち二人ずつ御先に立つることにて、云々」と現地でヒグマが恐れられていた事を記し、馬がヒグマにとられた様子を記している。『西遊記』続編は松前の馬が「羆居れば、匂いを嗅得て、その馬恐れ立すくみて、小便おのずから出でて一歩もあゆむ事能わず」と記している。また『一話一言』一四には寛政一一年（一七九九）の「東蝦夷地にて熊仕留候一件」が載っており、『松浦武四郎紀行集下』「後方羊蹄日誌」には蝦夷のヒグマ狩の模様が記されている。ヒグマはこのように人馬に恐れられていたが、アイヌ人はこれを飼育して神への生贄としていた事が『蝦夷草紙』に記されている。『中陵漫録』九にも「人乳鳥獣」としてその模様を記しており、熊送りの神事については『松浦武四郎紀行集下』「天塩日記」に「熊を屠るの礼式」として詳しく記されている。幕末に北海道に渡った渋江長伯は『東夷物産志稿』の中でヒグマを「クマノシシ」として取り上げ、上記の『蝦夷草紙』は熊送りの話のほか産物の項で白熊（ホッキョクグマ）を取り上げ、「ノッイヲヌストロフといふ島より出、赤人甚だ賞美せり」と記している。

二〇、コウモリ類　蝙蝠、伏翼

コウモリは『本草和名』では漢名を伏翼として「和名　加《か》波保利《はほり》」としており、『倭名類聚抄』も虫豸類の中で「蝙蝠、一名伏翼　和名　加波保里」としている。かはほりという呼び名は江戸末期まで用いられている（本草啓蒙）。『日本書紀』には、古く持統八年(六九四)に白蝙蝠が捕えられた記事が見られるが、これは恐らく祥瑞に属するものとして献上されたのであろう。白蝙蝠について江戸中期の『和漢三才図会』はそれが不老長寿の薬にはならない事を記し、江戸末期の『千虫譜』は「百千中偶白色ナルモノアリ、千歳ヲ経ル瑞物ト云。然ラス今雀ホウシロニ純白アルカ如シ」としている。『新撰和歌六帖』に「日くるれは軒に飛かふかはほりの扇の風もすゞしかりけり」とあるように、コウモリは夏扇の異名として用いられ、『枕草子』三〇は「すぎにしかた恋しきもの」として「こぞのかはほり」をあげている。『玉勝間』は「鳥なき里のかはほり」として、和泉式部家集の和歌を引用し「鳥なき里の蝙蝠といふたとひ言、そのかみより有けるにこそ」としているが、鳥なき里という表現は、我が国で古くから蝙蝠を鳥類とは異質なものと見なして来た事を示すものであろう。ただし『和漢三才図会』は「按ずるに伏翼、身形色牙声爪皆鼠に似て肉の翅有り。蓋し老鼠化して成る」としておりながら、鼠の類には入れずに原禽類とし、江戸期の本草書の多くのものは伏翼を禽類とし、『千虫譜』は虫の中に取り上げている。なお『和漢三才図会』はほかに「性山椒を好む。椒を紙に包みて之れを抛るときは則ち伏翼随て落つ」としているが、山椒でなくとも落下するものを追う性質がある。

日本本土のコウモリは比較的小型のイエコウモリ、キクガシラコウモリなど十数種のものが知られているが、離島にはこのほかオガサワラオオコウモリ、ヤエヤマオオコウモリといった大型種が生息している。オガサワラオオコウモリは延宝三年(一六七五)に同島を探検した際に発見されたもので、その時の探検談を載せた『玉露叢』は「此の島にこれ有る物の品々」の中で「一、四足の鳥、大さ鳩ほどなり。面は猿に似て、羽は蝙蝠の如し(割註・但、是は流球のカフムリの由)云々」と記している。『見世物研究』によると安永七年(一七七八)京都四条河原で小笠原産大蝙蝠の軽業の見世物が興行され、綱渡りを演じたとあるが、当時小笠原との間での通航は考えられないので、奄美大島産のヤエヤマオオコウモリの事ではあるまいか。ヤエヤマオオコウモリは上の『玉露叢』に見られるように、オガサワラオオコウモリよりも古くから知られており、寛永一九年(一六四二)には将軍家から紀州家に下賜され(実紀)、享保一九年(一七一九)の新井白石の『南島志』にも記載されている。その後、寛政元年(一七八九)には江戸葺屋町川岸で軽業を演じ(見世物研究)、寛政一一年(一七九九)大阪で見世物となったものも、恐らく八重山産のものと思われる。文化一二年(一八一五)には南京渡り

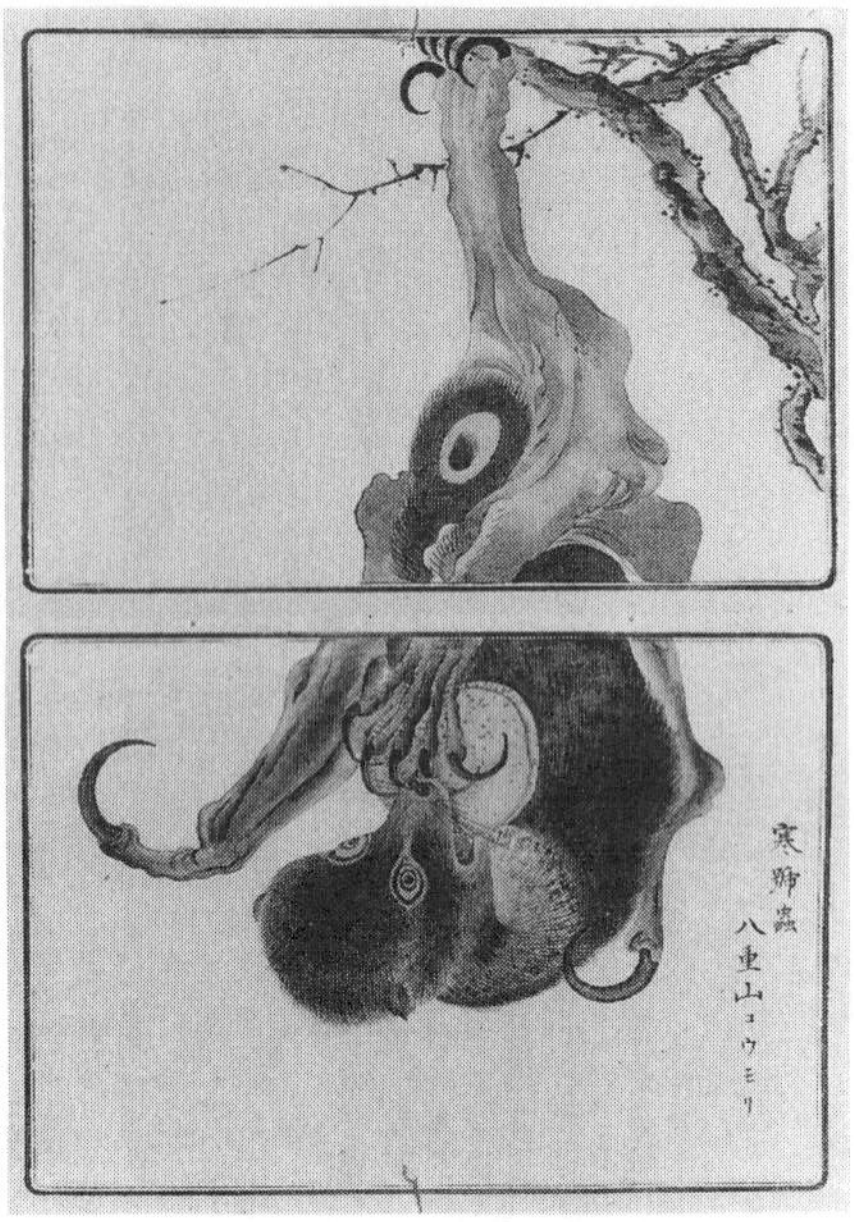

図314　ヤエヤマオオコウモリ（千虫譜）

寒号鳥と名付けられて名古屋大須で軽業を演じているが（猿猴庵日記）、寒号鳥とは『本草綱目』にある寒号虫の事で、オオコウモリを指し、その糞は五霊脂と呼ばれて本草の薬の一つとされている（本草綱目）。我が国でも『有林福田方』に「五霊脂、酒ニスリタテ、沙石ヲ去テ、ホシカハラゲテ使ヘ。此ハ寒江虫ト云物ノ糞也ト云リ」とあるので、恐らく実物よりも大分早く糞の方が舶載されていたものと思われる。また『品物考証』によると、弘化四年（一八四七）四月の浅草寺境内の見世物にも大蝙蝠の剝製が出品されており、「琉球八重山の産にして、搏て稀に禽舗に畜ふ、俗に猿猴鳥と云ひ、云々」とあるので、時には鳥屋でも売られていたものと思われる。同様の記事は『百品考』にも見られ、栗本瑞見は『千虫譜』の中で、寒号虫としてヤエヤマオオコウモリの見事な彩色図を残している（図314）。『百品考』はこのほか石燕を「形伏翼より大にして鼻上に木耳の如き肉あり」と記しているが、これは恐らくキクガシラコウモリの事であろう。オオコウモリの糞を五霊脂と呼ぶのに対して、こうした一般のコウモリの糞は天鼠屎と呼ばれ、目翳《そこひ》・盲障・五瘧等の薬とされている（本朝食鑑）。

二一、サイ　犀

日本本土には約六〇万年前の洪積世前期には、北方系の犀が生息していたが、それらは縄文時代草創期までに絶滅している（日本の考古学）。従って有史後、中国から本草学が導入されるまで、我が国では犀に関する知識は皆無で、『本草和名』、『倭名類聚抄』にも和名は記されていない。犀角は中国では古くから高貴薬として知られており、我が国でも東大寺薬物の中に見られる（種々薬帳）。また『正倉院宝物』の平螺鈿鳥獣花背円鏡には、螺鈿細工の犀の図柄が描かれているが、これは我が国で作られたものではなく舶載品であろう。

貞観一二年(八七〇)の『日本三代実録』、『延喜式』弾正台には斑犀帯、烏犀帯の着用規定が見られるが、この犀は名目だけのもので、本物の犀の皮を用いたものではないといわれている。『宋史日本伝』には永観九年(九八四)に渡宋した奝然から筆答によって得られた我が国の風土の模様を記しているが、その中に「畜には水牛・驢・羊有り、犀象多し」とあるが、これは明らかに「無し」の誤りであろう。犀の最も重要な用途はいうまでもなく医薬品としての犀角であるが、薬として用いられたほか、高貴な人の誕生の際に行われるお湯殿の儀では虎の頭と共に犀角が魔除けとして用いられている(三長記)。文治五年(一一八九)源頼朝に攻め落された平泉の藤原氏の倉庫の中からは「牛の玉、犀角、象牙の笛、水牛の角」が発見されたと記されており(吾)、鎌倉時代にはすでに相当数の犀角が輸入されていた事がわかる。また『夫木和歌抄』の寂蓮法師の歌に「うき身にはさいのいき角えてしがな袖のなみだもとをざかるやと」とあり、当時の人々の犀角に寄せる期待の大きかった事がわかる。

犀は『倭名類聚抄』に「形水牛に似て猪頭、大腹三角有り、一は頂上に在り、一は額上に在り、一は鼻上に在る、云々」とあり、鼻上の角を奴角と呼んでいる。これを受けたのであろう、『壒嚢抄』も犀角について「犀ハ角ノ生ヤウニ三ノ不同アリ。一ニハ鼻ノ上ニアリ。馬ノ鼻ノサキニ、爪ノ生ヒタル様ナル事也。二ニハ額ノ上ニアリ。三ニハ頭ノ上ニアリ。薬ニハ頂ノ角ヲ用フ。云々」としている。このほか当時の日本人の手になる犀の図に『鳥獣人物戯画』乙巻があるが、そこに描かれているものは実際の犀とは似ても似つかぬもので、背に甲を負っており、その他の仏画に描かれているものも大同小異である。中世以降、海外との貿易が開始されるようになると、犀はオランダ船によっても輸入されるようになり、正保二年(一六四五)には犀の肝臓が(長崎商館日記)、万治二年(一六五九)には犀角が舶載されている(実紀)。このほか『宝暦現来集』の「麝香猫」の項には「飛驒守殿犀皮の丸むきを、蘭人より御取寄献上被致、(中略)是は至て手厚物也、長さ一丈三尺、巾九尺余、厚さは八九分、襟より脊のあたり、其真中に一寸許の毛一本づゝ生へあり、鱗とも云べき所亀甲形に成りけり、(中略)犀角は此の皮の頂の所に一本生へ居ける、角は見る人有れど、犀を見し事初てなり、おしき事医学類焼之節焼失せり」とあるので、犀の皮も舶載された事がわかる。文中の飛驒守とは、長崎奉行の中川飛驒守の事で、彼の任期は寛政八年(一七九六)までであるから、それ以前の事であろう。またこの犀は角が一本で鱗が亀甲形とあるのでインドサイであったものと思われる。このように犀の身体の一部である犀角、犀皮、犀の肝臓等は実際に輸入されたが、生きた犀そのものは江戸末期まで舶載された記録はなく、そのためであろう犀の全体像に関する知識は江戸時代に入っても不十分で、『和漢三才図会』に示されている犀の絵も、水牛の額に一本の角を描いたようなもので、実物とはほど遠い。『徳川実紀』の宝永三年（一七〇五）の条に、江戸城本丸の白木書院に犀の杉戸と呼ばれる障壁画があった事が記されているが、どのような図柄であったか不明である。幕末に作成された『本草写生帖』、『本草図説』等に、初めて正確な犀の図が載っているが（図315）、これらはいずれも外国の図譜からの転写であろう。

図315　サイ（本草写生帖）

二二、サル　猿、猨、猴

日本本土に生息している猿はニホンザル一種だけであるが、屋久島にはその亜種のヤクシマザルがいる。ただし史料に見られる我が国の猿はすべてニホンザルと見て間違いあるまい。このほか中世以降海外から舶載された猿類があるが、それらについては別項で取り上げる事とする。ニホンザルは今から四、五〇万年以前の洪積世前期に我が国に移住して来ており（日本の考古学）、その骨は縄文時代の遺跡から出土している（縄文食料）。またその土製品も縄文遺跡から発掘されており（古代史発掘3）（図6）、弥生時代の遺品である銅鐸にも描かれている（銅鐸）。古墳時代に入ると見事な猿の埴輪が作られたほか（はにわ）、飛鳥地方には猿石と呼ばれる石造物も残されている（古代史発掘9）。『魏志倭人伝』には「獮猿・黒雉有り」と記されており、『日本書紀』允恭一四年の条には「麋鹿・猨・猪山谷に盈てり」とある。『常陸国風土記』にも「猪・猿・狼多《さわ》に住めり」とあり、『出雲国風土記』には「獮猴の族あり」と記され、古くは獮猿、獮猴、猨などと呼ばれていた事がわかる。天武四年(六七五)に「牛・馬・犬・猨・鶏の宍を食ふこと莫《まな》」という食肉禁止の詔が出されているが(紀)、野獣は猨だけでほかはすべて家畜、家禽である。これは恐らく猿が人に似ているためであろう。『万葉集』にも「三四四　あな醜賢《さか》しらをすと酒飲まぬ人をよく見れば猿にかも似る」と猿が人に似ている事が詠まれている。元慶三年(八七九)には石見国で白猿が捕獲されているが(三実)、『延喜式』では白猿は祥瑞とされていない。『本草和名』には猿は取り上げられておらず、『倭名類聚抄』は猨を「和名佐流」としている。治承三年(一一七九)の後白河法皇の撰になる『梁塵祕抄』には「御厩の隅なる飼猿は、絆はなれてさぞ遊ぶ、云々」とあるが、この猿は厩に飼われていた厩猿の事で(図19)、『本草綱目』は馬経を引用して、「馬厩に母猴を畜へば馬の瘟疫《をんえき》を辟ける。毎月草上に流れる月経を馬が食ふので永く疾病が無い」としている。建仁元年(一二〇一)の『明月記』に「御厩の猴御所に入れらる。女房懼れ騒ぐ」とあるのを始めとして以後しばしば見られ、この時期以降多数作られるようになった絵巻物の厩には、猿を配したものが数多く見られる(石山寺縁起、一遍上人絵伝、厩図屏風等)。こうした厩猿の中には仔を生むものもあり、建保二年(一二一四)の『後鳥羽院宸記』、寛喜二年(一二三〇)の『明月記』、仁治三年(一二四二)の『類聚大補任首書』等にそうした記事が見られる。

寛元三年(一二四五)に足利正義が御所に献じた猿は舞を良く舞った為(吾)、『古今著聞集』で「足利左馬入道義氏の飼猿能く舞ひて纏頭を乞ふ事」として取り上げられているが、猿が芸能を披露した話は元亨元年(一三二一)の『花園天皇宸記』にも見られる。こうした猿の芸を披露する事を職業とする猿牽、あるいは猿廻しがいつ頃成立したかは明らかでないが、『融通念仏縁起絵巻』に猿牽が描かれているので、鎌倉末期には成立していたものと思われる。応永二三年(一四一六)の『看聞御記』には「広時猿飼姿に出立つ。ゑ袋を腰に付猿を敷皮を以て作り舞す」と見えており、『大乗院寺社雑事記』寛正四年(一四六三)の条には、猿飼は「歩き渡世」の芸人と記されている。猿牽は室町期の『三十二番職人歌合絵』にも見られるほか(図316)、『狂言集』の「靭猿《うつぼざる》」にも登場しており、その中には猿を舞わす時に歌う猿歌が収録されている。猿廻しはその後広く行われるようになり、天正一四年(一五八六)の『御湯殿の上の日記』には、「猿つかい参りて舞はせらる、」とあり、寛永二年(一六二五)にも「猿廻し

図316　猿牽（三十二番職人歌合絵）

参る。姫宮の御方、御所々々御見物有り」とあるように、皇居にも参入するようになるが、少し後の『遠碧軒記』に「京の（猿牽）は内裏かたへ行ときは急度装束す」とあるように、これらの猿は立派な衣装をつけていたものと思われる。しかし京都の猿牽の猿は余り芸をしなかった模様で、『人倫訓蒙図彙』は「京は世智成所なれば、芸には及ず、じぎをするがおくの手也」としている。猿廻しは京都ばかりでなく、江戸でも天和二年（一六八二）の朝鮮信使の接待に用いられ（甘露叢）、大阪では元禄元年（一六八八）に猿廻しが脇差を差す事が禁じられている（大阪市史）。江戸の猿廻しはすべて浅草の弾左衛門の配下で、江戸城の厩に出入りしており、その掟は『一話一言』二六「南市令府簿書」に記されている。また『嬉遊笑覧』一二には「江戸は三谷橋のわたりに猿曳が家十二軒ありて、正五九月には御厩に祈禱に出」とあり、浅草寺の厩にも毎年正月こうした猿曳が訪れている（浅草寺日記）。江戸時代の猿曳の演技については『東作遺稿』に詳しく記されており、『絵本江戸風俗往来』は正月の部で「猿舞」として当時の模様を記している。こうした猿廻しとは別に、江戸湯島天神前には様々な動物に芸を仕込む名人が現れ（江戸惣鹿子）、天明五年（一七八五）には江戸で猿芝居が興行され（見世物研究）、その時の逸話は『耳袋』に記されている。文政二年（一八一九）には名古屋で猿の曲馬が（見世物研究）、天保六年（一八三五）、嘉永元年（一八四八）には名古屋（見世物雑志）と江戸（見世物研究）で犬と猿の曲芸が興行されている。

『善隣国宝記』は永享六年（一四三六）に来日した明の使者が、猿皮一〇〇張、虎皮五〇張他を贈物として持参した事を記している。猿皮は『狂言集』「靫猿」に見られるように、靫を覆う毛皮として用いられたほか、腰当としても用いられており（太平記）、『倭訓栞』は「つゞみ、小鼓に猿の皮を用ふるは、善く人の肩にのぼるものなるゆゑなりといへり」としている。ただし猿皮は毛皮としては最下級品とされている。猿の肉は『庭訓往来』五月状返信に初献の料として「猿の木取」とあるが、どのような料理であったのか不明である。『煙霞綺談』によると寛永一一年(一六三四)には江戸の糀町に獣肉店のあった事が記されており、宝永四年(一七〇七)に没した榎本其角の句にも「腸《はらわた》を塩にさけぶや雪の猿」とあり、「哀猿の声さへたてぬなりけり昔四谷の宿次に猟人の市をたて猪かのしし羚羊狐狢兎のたぐひをとりさかして商へる中に猿を塩づけにしいくつもいくつも引上て其様魚鳥をあつかへる様なり」とあるので、江戸初期には様々な獣類と一緒に猿も売られていた事がわかる。元禄二年(一六八九)綱吉によって制定された触穢の制によると、猿の食穢は七〇日とされている(寛保集成九五三)。松崎慊堂は天保一四年(一八四三)薬餌として猿肉を食べた事を記しており(慊堂日暦)、幕末に来日したイギリスの園芸家フォーチュンは『江戸と北京』の中で、「猿が肉屋の店先に吊り下げられているのを見た。(中略)猿は皮を剝ぎ取られていたが(中略)非常に気持が悪かった」と記している。一方猿は三(山)王の使者として比叡その他の山々で殺害が禁止されているが、そうした禁を破った人物として元亀二年(一五七一)延暦寺を焼打ちした織田信長(当代記他)、文禄二年(一五九三)に比叡山の山狩りを行った豊臣秀次(本朝通鑑、天正事録)、寛永七年(一六三〇)奥毬子で狩を行った駿河大納言等があげられる(実紀)。奈良の春日山でも「猿に悪く当らざる事也」とされており(大乗院)、安芸ノ宮島の猿については『塩尻』に「安芸国厳島に猿多し。毎年十月初申の日上卿(割註略)島にわたり、猿の口を留るを行とす。此の日行ひ畢、猿不啼。二月初申の日猿の口を開く。是より猿叫び啼とぞ」と記されている。嘉永六年(一八五三)に長崎に向った川路聖謨は『長崎日記』の中で「宮島の鳥居の前を通る故に参詣せり。鹿はならの如し。猿も多し。廻廊に遊び居たり」と記している。

二三、シカ　鹿

現在我が国に生息している鹿は本州のニホンジカと北海道のエゾジカの二種類にすぎないが、洪積世時代にはノロジカ、シフゾウ、ニホンムカシジカ、カズサジカ、オオツノジカ等といった多彩な鹿類が生息していた。しかしこれらの鹿は縄文時代までには絶滅し(日本の考古学)、ニホンジカとその亜種であるヤマトジカ、カソリジカが残るが、後の二種も縄文時代には絶滅してニホンジカだけが生き残る事となる。しかしこうした絶滅したシカの骨や角の化石は竜骨、竜角と呼ばれて薬剤とされ、天平勝宝八年（七五六）に光明皇后により東大寺に施入された薬物の中にも含まれている（種々薬帳）。鹿は猪と共に縄文時代の最大の狩猟獣で（縄文食料）、肉が食料とされたばかりでなく、その角は釣針、銛頭といった漁具に加工されたり（縄文時代の漁業）、笄、腰飾といった装身具や彫刻の材料としても利用されている（古代史発掘２）。これらのシカは、縄文中期以降は陥穽によっても捕獲されるようになるが、多くのものは弓矢によって射止められたもので、各地の貝塚から石鏃の刺った遺骨が出土している（貝塚の獣骨の知識）。弥生時代に入っても狩猟の対象獣とされており（古代人の生活と環境）、その様子は銅鐸に描かれ（銅鐸）（図317）、辰馬考古資料館所蔵の銅鐸には、矢羽をつけた矢を負った鹿の紋様が描かれている。同じような図柄は東大阪市の瓜生堂遺跡から出土した甕形土器にも見られる。弥生時代にはこのほか線刻をほどこした鹿骨や鹿角（貝塚の獣骨の知識）、占いに用いたと見られる焼痕のある卜骨も出土している（日本の洞穴遺跡）。こうした鹿の骨を焼いて占う事は『魏志倭人伝』に「云為《うんい》する所有れば、輒ち骨を灼きて卜し、以て吉凶を占い、云々」とあり、『万葉集』にも「三三七四　武蔵野に占へ肩焼き真実《まさて》にも告《の》らぬ君が名卜に出にけり」とあるので、有史時代に入ってからも行われていた事がわかる。また『日本書紀』神代紀には「真名鹿《まなか》の皮を全剝ぎて、天羽鞴《あまのはぶき》に作る」とある。羽鞴とは金属の冶金に用いるふいごの事で、我が国では弥生時代から金属の鋳造が行われているので、その頃から鹿皮がこうした目的にも用いられていた可能性がある。古墳時代には鹿を模した埴輪が出土しているほか（はにわ）、装飾古墳の壁画にも描かれている（古代史発掘８）。『常陸国風土記』、『出雲国風土記』、『播磨国風土記』にはいずれも鹿が生息していた事が記されており、『日本書紀』允恭一四年に「麋鹿谷に盈つ」とあるので、古代の日本には多くの鹿が生息していた事がわかる。そうしたため

図317　鹿狩文銅鐸拓本
（兵庫県桜ヶ丘五号鐸）

であろう、仁徳五三年を始めとして推古六年(五九八)(紀)から長元二年(一〇二九)(紀略)までの間に一三回にわたって白鹿が献上され、元慶七年(八八三)には神泉苑で白色の仔鹿が生まれた事が記録されている(三実)。また天智一〇年(六七一)に筑紫国から言上された「八つの足ある鹿」も、異形を祥瑞とする当時の風習によるものであろう。

推古一九年(六一一)、二〇年(六一二)、二二年(六一四)、天智六年(六六七)、七年(六六八)には五月五日に天皇が薬猟を催しているが(紀)、薬猟とは薬草の採取だけではなく、鹿狩などの狩猟も行われており、『万葉集』「乞食者《ほかひびと》の詠」に「三八八五 (前略)四月と五月の間に薬猟仕ふる時にあしひきのこの片山に二つ立つ櫟が本に梓弓八つ手挟みひめ鏑八つ手挟み鹿待つと云々」とある。同じ歌は続けて「わが居る時にさを鹿の来立ち嘆かく頓《たちまち》にわれは死ぬべし大君にわれは仕へむわが角は御笠のはやしわが耳は御墨の坩わが目らは眞澄の鏡わが爪は御弓の弓弭《ゆはず》わが毛らは御筆はやしわが皮は御箱の皮にわが肉は御鱠はやしわが肝も御鱠はやしわが肱《みげ》は御塩のはやし云々」とあり、鹿が広く利用されていた事がわかる。『律令』賦役令では鹿角一頭が調の副物とされているにすぎないが、藤原宮、平城京跡から出土した木簡には「鹿宍」と記されたものがあるので(奈良朝食生活の研究)、奈良時代に鹿肉が食料とされていた事は明らかである。しかしこのあと天平二年(七三〇)には猪鹿の殺害が禁止され(続紀)、天平宝字二年(七五八)には猪鹿の進御が停止され(続紀)、元慶元年(八七七)には神功皇后陵の役人が鹿を殺して食べたために罰せられている(三実)。さらに元慶三年(八七九)には重ねて鹿尾(腊カ)の貢進が禁止され(三実)、寛平元年(八八九)にも鹿毛脯、蹄皮の貢進が停止されている(紀略)。しかし延喜二〇年(九二〇)に渤海使が来日した際には、例外として使者の食用に一日に鹿二頭があてられており(略記)、また宮中行事の釈奠の際には、三牲として五臓を加えた大鹿、小鹿各一頭が供せられている(『延喜式』大学寮)。このように一般の鹿肉食は禁じられたが、この後に成立した『延喜式』主計上の調、庸、中男作物、貢贄等には鹿角、鹿皮、鹿革、鹿脯、鹿鮨等が含まれており、内膳司では畿内六ヵ国の御贄の中に、元日料として近江国から鹿四枝、猪宍四枝を副進する事が規定されている。この御贄は元日料とあるので、正月の歯固の儀式に用いられたものと思われる。上記の調、庸に見られる鹿角・鹿皮・鹿革等の用途は神祇、内蔵、内匠、民部下等で広く用いられており、ほかに典薬寮では鹿茸が、図書寮では鹿毛筆に関する規則が詳しく規定されている。

この頃は京都周辺にもまだ鹿が多数生息しており、鹿が皇居内に入った記事は貞観一六年（八七四）から天喜五年（一〇五七）までの間に記録されているだけでも一五回に及び（三実、略記、貞信、紀略、九暦、小右記）、他に京都市内に鹿の現れた記録も度々見られる（左経記他）。平安末期になると、再び貴族の間でも鹿の肉が食べられるようになるが（殿暦、台記、玉葉等）、そうした鹿は専業の猟師の手によって狩られたもので、そうした狩の模様は『粉河寺縁起絵巻』に見る事ができる。絵巻物は猟師が木の上に渡した踞木《いさりぎ》の上から下を通る猪鹿を狙っている場面から始まっているが、こうした猟法はうじまちと呼ばれ、『今昔物語集』二七―二二や、『矢田地蔵縁起絵巻』にも見る事が出来る。また照射《ともし》と呼ばれる夜間火を燭して鹿を誘い出す方法もとられており、『今昔物語集』二七―三四に見られるほか、『千載和歌集』にも「五月やみ茂きは山にたつ鹿はともしにのみぞ人にしらる、」とあり、『菟玖波集』にも「一九　峯高き照射の影にたつ鹿や」とある。このほか罠による捕獲も行われており、『古今著聞集』五六〇に「く、り」をかけて鹿を捕った話が載っている。嘉禎二年（一二三六）には京都市内の市で鹿宍が売られており（百錬抄）、『庭訓往来』五月状返信でも初献の料に干鹿が取り上げられている。一方鹿狩は武家の間でも行われ、治承二年（一一七八）の『山槐記』は平維盛が櫟原野で鹿・猪の狩を行った事を記している。鎌倉幕府も建久四年（一一九三）の富士の巻狩を始めとして（吾）、ほとんど毎年のように狩を催し、この巻狩の際に行われた矢口の祭は、我が国の狩猟儀礼の出発点とされている。また武家では男子が初めて鳥獣を射る事を矢開と呼び、祝宴が催されるが、『矢開之事』によると「矢開に用る物の事、取分一ニし、、二ニ雀也」とあり、鹿が第一にあげられている。寛正五年（一四六四）の『高忠聞書』に「かりといふは。鹿がりの事也」とあるように、その後も武士による鹿狩は度々催されており、中でも長享元年（一四八七）の細川政元の鈎《まがり》の陣の鹿狩（後鑑）、文禄三年（一五九四）の豊臣秀次の比叡山の狩猟（本朝通鑑、天正事録）等が有名である。鹿狩は武家以外でも行われ、中でも諏訪大社の祭礼は有名で、『諸国里人談』に「毎年三月七日、鹿の頭七十五供す」と記されている。

奈良の春日大社は藤原家の氏神で、最初は藤原鎌足の出身地である鹿島に祀られたが、神護景雲二年（七六八）に現在の春日の地に遷された。その際に御神体が鹿に乗って来たとの言い伝えから、春日大社の鹿は神使として保護されており、そうした神鹿に関する記事は『中右記』、『玉葉』等に見られ、『春日権現験記絵』にも描かれている（図16）。春日大社の鹿の大敵は犬あるいは狼と鹿殺しで、『春日社記録』によると犬による被害は文永元年(一二六四)、一〇年(一二七三)、建治元年(一二七五)に記録されており、「春日社条々制事」の中では「社頭に犬出現せば、神鹿の為其の恐れ有る之上、不浄の源也。搦め捨つ可き事」と定められている。中世に入ってからの被害は『大乗院寺社雑事記』に見られる。人間による鹿殺しの被害はさらに頻繁で、上記の「春日社条々制事」に「神鹿殺害の事、本寺衆徒殊に其の沙汰有り、然り而して社家同じく出現に随い、其の沙汰を致す可く、搦め進る輩賞を行はる可き事」とあるように、鹿殺しが現れると寺社の鐘が打ち鳴らされ神人、寺僧、郷民等が呼び集められて山狩が行われ、捕まった犯人は処罰されている(春日社)。明応六年(一四九七)には神鹿に拘った容疑で湯起請が行われ(大乗院)、天文二〇年(一五五一)には一〇歳ばかりの女の子が断頭に処せられている(興福寺略年代記)。さらに天正一七年(一五八九)には捕えた鹿殺しを「内々鍋用意にて煎殺す可き由の処、云々」と釜茹にする予定であったが、羽柴秀長のはからいで斬罪になっている(多聞院)。発情期の牡鹿はしばしば人を襲う事があり、春日山の神鹿も例外ではなく、天永二年(一一一一)の『中右記』、文暦元年(一二三四)の『百錬抄』にそうした記事が見られるが、寛文一一年(一六七一)(一話一言)あるいは一三年(一六七三)(新著聞集)に奈良奉行のはからいによって年に一度、八、九月頃に雄鹿の角を切るようになった。『嘉良喜随筆』は春日の鹿について、「春日の鹿、古も人を突、此本をせんさくすれば、飢より起る。夫により上古吟味にて鹿料と云て、興福寺に八木《やぎ》(米)をつけをかる。然るに近年私用に仕ひ、鹿に飼ぬにより、人をつく。之に依り公義の詮議にて、今度人をつくにより鹿一頭づゝをりを拵て入をき、鹿には興福寺より餌をあてがへとの事に極る」と鹿が人を突く原因を飢としているが、これは誤りである。奈良の鹿についてイエズス会士のガスパル・ビレラは永禄八年(一五六五)九月一五日に堺から書簡を送り、「当地にある第二の事は多数の鹿あることなり。市内に在るもの三四千なるべく、此寺院に属し善く人に馴れ野に出でて草を食ひて帰る。市街を歩行すること犬の如く、彼らは寺院及び偶像に属するが故に諸人之を尊崇し、若し鹿一頭を殺す者あれば其罪に依りて殺され財産は奪はれ一族は亡さる。云々」と報告している(耶蘇会士日本通信)。奈良の春日大社と同じように、古くから鹿を保護して来た所として宮城県の金華山と安芸の宮島とが知られており、宮島の鹿についてはケンペルの『日本誌』英訳本で紹介されている(日本誌)。

徳川時代に入ると、将軍の鹿狩は恒例となり、慶長一五年(一六一〇)二代将軍秀忠による参州田原の鹿狩(当代記、慶長日記)、寛永二年(一六二五)三代将軍家光の牟礼野の鹿狩(実紀)以下、寛永三年(一六二六)、一一年(一六三四)、一二年(一六三五)、一八年(一六四一)と続いている。鹿狩は将軍だけでなく、寛文七年(一六六七)の『国史館日録』には「水戸参議鹿肉一枝を贈らる。其の猟場の獲也」と記されている。元禄一三年(一七〇〇)対馬藩によって行われた全島の猪鹿の一掃作戦は、折から五代将軍綱吉の、生類憐み令が施行されている最中の事であったが、農作物被害を防止するためであったので許可されている(猪鹿追詰覚書)。こうした猪鹿による農作物の被害を防ぐため鹿垣、猪垣と呼ばれる柵が設けられており、享保二〇年(一七三五)に江戸小石川で甘藷の栽培が試みられた時には、周囲五〇間にわたって丸太を立て並べた鹿垣が作られている。江戸も中期以降になると、近郊の鹿の数は減少し、寛政七年(一七九五)の小金ヶ原の鹿狩では、ほとんど獲物が得られなかった模様で、『寛政紀聞』は「御獲一向に無之」と記している。こうした状態はさらに進み、嘉永二年(一八四九)の同じ小金ヶ原の鹿狩では、嚇々たる獲物が得られたように記されているが(巷街贅説)、これらの獲物はすべてあらかじめ準備されたものであったといわれている(き、のまにまに)。

江戸時代の猟師による鹿猟について、『本朝食鑑』は、「凡そ猟夫笛を吹きて山上より山下に至れば則ち鹿至る」「其の声牝鹿の微音を作して、牡鹿慕ひ来りて竟に弶《あみ》に罹り、陥に墜つ、復た弓砲の難を免れず」と、鹿狩の際に鹿笛が用いられていた事を記している。鹿笛については『昆陽漫録』、『閑田次筆』等にも記されている。『本朝食鑑』はまた鹿肉について「世人多く鹿を嗜みて食する者の謂ふ、能く人をして益すと。(中略)本邦鹿を食する者の最も穢忌多し、此れ賀茂春日の神使の故を謂ふ乎。(中略)大抵生宍を食する者は五十日、干宍は九十日、或は曰ふ生鹿三十日干鹿七十日、同火七日同座五十日之れを忌みて神社に詣つ、云々」と鹿肉を食べた際の穢が重い事を記している。しかし江戸末期になると、各所で山鯨と称して鹿肉が売られており(江戸繁昌記、嬰々筆記)、幕末の漢学者松崎慊堂は『慊堂日暦』の中で、豚・牛・鹿等の肉を食べた事を記している。『本草綱目啓蒙』は安永九年(一七八〇)に丹波に白鹿が現れた事を記しており、文政四年(一八二一)には大阪で白鹿の見世物が興行されている(摂陽年鑑)。文政九年(一八二六)江戸参府に上ったシーボルトは、大阪で白鹿を売りに来たものがあったが、小判一五〇枚と聞いて日本の動物が高価である事を嘆いている(江戸参府紀行)。『観文獣譜』は白鹿について「我邦処々白鹿アリ。官ニ全剝シテ爪角共ニ具レリ。復其形ヲ造テ観物トセル者アリ。黄白ニシテ間《ママ》灰色ノ毛雑ハレリ。又仙台城辺ウトガモリ山アリ。此山ニ白鹿アリ。鹿狩ノ時コレヲ取コトヲ禁ズ。白鹿出レバ囲ヲ解テコレヲ去シム。故ニ群鹿コレニ従テ逃ル」と記している。『北窓瑣談』四には四耳の鹿を捕えた話が載っている。

二四、シシ　獅子

　シシはライオンの和名であるが、我が国はいうまでもなく、朝鮮半島・中国大陸にも生息していない。しかし中国では古くからその存在が知られており、王墓、王宮を守る霊獣として獅子が造形されている。我が国では六世紀後半に築造されたと見られている藤ノ木古墳から、各種の動物文様をほどこした鞍橋が出土しているが、その中には獅子の文様が含まれており、法隆寺夢殿の救世観音の厨子の中から発見された四天王獅子狩文錦にも獅子が織り出されている。また同じ法隆寺の玉虫厨子にも翼をもった獅子の図が描かれている（玉虫厨子の研究）。天平勝宝八年（七五六）光明皇太后によって東大寺に施入された正倉院の宝物の中にも、獅子の伎楽面のほか花樹獅子人物白橡綾など、獅子の文様が数多く見られる。このうち伎楽面の獅子は、このあと雅楽、能楽に伝承されて、獅子舞の面として定着する。『日本三代実録』には、貞観六年（八六四）に卒した円仁の卒辞が載っており、その中に中国の五台山で獅子に出会った話があるが、五台山に獅子が生息していたとは考えられない。

　『枕草子』は「二二一　かへらせ給ふ御輿のさきに、獅子・狛犬《こまいぬ》など舞ひ、云々」と天皇の行幸の際に、御輿の前で獅子舞・狛犬舞が舞われた事を記しており、『百錬抄』承安二年（一一七二）には「祇園御霊会。（中略）神輿三基、獅子七頭、院より之れを調進せらる」とあり、神社の祭礼の際にも獅子舞が奉納されるようになった事がわかる。『扶桑略記』長元元年（一〇三七）には摂津国で銅金師子が掘り出され、『百錬抄』は建久六年（一一九五）に貴布祢社で金師子一頭が掘り出された事を記しているが、これらは恐らく宮殿、神社等の前面に魔除けとして置かれていたものであろう。『禁秘抄』に「清涼殿、獅子狛犬、帳前南北に在り、左獅子、云々」とあるので、左に獅子、右に狛犬が置かれていたものと思われる。室町時代の『三十二番職人歌合』には、現在見られるのと同じような獅子舞の姿が描かれているが、こうした我が国古来の獅子・狛犬に関する考証は『甲子夜話続篇』一二―二四に狛犬考として記されている。

　動物の獅子については『倭名類聚抄』が中国書を引用して

「日に五百里を行き、虎豹を粮とする者也」と記しているが、その実態を示すようなものではない。それと比較すると同じく中国書からの模写と思われるが、鳥羽僧正の『鳥獣人物戯画』乙巻に描かれている獅子の図は正確である（図17）。江戸時代に入って新井白石は宝永五年（一七〇八）に薩摩国に渡来して捕えられたシドチとの対話や、オランダの商館員等から聞き出した話を『采覧異言』としてまとめているが、その中でアフリカの動物の一つとして獅子を取り上げ、「獅子尤も畏る可き者。時々人家屋上を跳過するを見る。身軽く且つ捷し。行くに其音無し。形虎に似て狗の大なるもの、如し。頭大。髯多く。尾長く茸有り。渾身の毛色、嫩白漸黄。老に抵って紫に変ず。其の声一震すれば。草木盡く偃《たお》る」とほぼ適確にその形状を記している。天野信景は『塩尻』四四で「獅子の胡語は僧伽彼といふ、頭きはめて大に尾長き事身とひとしと云。我が国獅子の絵は似ざる形なるべし」と指摘しているが、新井白石には及ばない。ヨンストンの動物図説は寛保元年（一七四一）野呂元丈によって『阿蘭陀禽獣虫魚図和解』として抄訳されており、その中で「獅、レーウ　ヲジシ、レーエン　メジシ」とし、「解に、生れだちより養へども、飢れば人を食ふ。甚猛なる説多し。諸の猛獣を取り食ふこと至て易し。千万人弓鉄砲にて逐へとも、曽て恐る、けしきなし」と記しているが、この訳書は一般には流布していない。続いて森島中良は天明七年（一七八七）『紅毛雑話』を著し、「レーウー」として「獅子之図」を載せ（図318）、解説を加えている。小野蘭山もヨンストンの図説を見たのであろうか、『本草綱目啓蒙』の獅《からしし》の項で、「今蛮書に図する所の形状を見るに、古来器物に造り或は仏画等とは大に異なり、云々」と記し、佐藤成裕は『中陵漫録』六「蛮産の猫」の中で「『レ

図318　ライオン（紅毛雑話）

ーウ』と云は獅子の事なり。天竺の地方に産す」と阿蘭陀人からの聞き書を紹介している。このほかオランダ語の地理書を翻訳した『輿地誌略』には印度でシシを捕獲する方法として「獅子は驢に阿片を飼ひ、此を餌とし、獅の眠に乗じ之れを捕と」と記している。

生きたシシ（ライオン）が我が国に舶載されたのは幕末も最後の慶応元年（一八六五）の事で、『慶応漫録』は八月三日、一〇日、九月一六日の三日にわたって詳しくその経緯を記している。それによるとこの獅子は七月二五日に横浜港のイギリス百四拾五番の土蔵内の鉄の囲の中に収容され、「其の吼声四面の土蔵内へ響き渡り、おぞましき由。画がきしものと大に異り灰色のよし。云々」とあり、八月一〇日の聞書ではこの獅子を買った者は密売の廉で罰せられ、売った方も代金を没収された上御咎を被ったとされている。代金がいくらであったか記されていないが、落首に「交易と駿河徳かわしらねとも三国一のたかいその直」とあるので、高価であったものと思われる。この獅子は九月一六日に見世物にするために浅草花川戸に船で運ばれたが、観音境内で肉食獣を飼う事が出来なかったため、「猛獣にも之れ有るべきを食物は野菜相用い候様、表向き申立て候へども、内実は鶏等餌飼に致し候由に御座候」とあるように、浅草寺境内で飼育されて来たが、そこで見世物となったかどうかは不明である。『日本博物学年表』慶応二年（一八六六）正月の、江戸芝白金の門前で見世物となった牝獅子はこの獅子であろう。

二五、シマウマ　縞馬

シマウマはアフリカ東・南部の原産で、美しい白黒の縦縞をもった野生馬である。ヨーロッパに紹介されたのは一六八一年の事とされているが（世界動物発見史）、我が国には徳川初期の延宝三年（一六七五）に舶載された可能性があり、もしこれが事実であるとすると、我が国にはヨーロッパに先駆けて実物がもたらされた事になる。『徳川実紀』延宝四年（一六七六）三月一五日の条に「蘭人御覧あり。貢物は（中略）駅馬二匹なり」とあるが、『承寛襍録』は「紅毛人定例献上の外驢馬二匹之れを献ず」と記し、『玉露叢』はこの驢馬を「毛替の驢馬二匹」としている。しかし『長崎実録』は延宝三年の条で、「此の年　蘭船、嶋毛の馬を牽渡る」と記し、『長崎略史』はこの馬を縞馬としている。さらに元禄一〇年（一六九七）に出版された『本朝食鑑』は「近代阿蘭陀献ずるに、遍体黒白虎斑の馬あり、馬職に命して之れを牧養せしむ。馬職之れに乗し、之に載せて倶に尋常の馬に及ばず。惟美色を称するのみ。云々」と記しているので、これより以前に幕府にシマウマが献上された事は間違いなく、恐らく延宝三年（一六七五）の驢馬がそれに該当するものと見て間違いあるまい。江戸時代の図譜を貼り合わせて作ったと見られる『博物館獣譜』にもシマウマの図があり（図319）、その識語に「志麻牟麻　紅蛮所レ貢、形大如レ鹿又似二果下馬一而小、馬頭驢耳白質蒼黒文々如レ虎」とある。紅蛮の貢した年号が記されていないので、いつの事か不明であるが、シマウマと思われるものが舶載された記事は上記の延宝三年（一六七五）以外に見られないので、恐らくその時の写生あるいはその模写であろう。図からするとソマリランド地方に産するホソシマウマと思われる。このほか江戸末期の『本草写生帖』にもシマウマの図が載っているが、これは明らかに外国書からの模写である。

図319　シマウマ（博物館獣譜）

二六、ジャイアントパンダ　白黒熊、白熊、大熊猫

ジャイアントパンダは中国語では白熊（パイシオン）で、和名はシロクロクマ（白黒熊）と付けられているが、ほとんど用いられていない。『世界動物発見史』は「日本の皇室年代記によると、六八五年一〇月二二日、中国の皇帝が日本に生きている白熊二頭と白クマの皮七〇枚を贈ったという」と記している。六八五年は我が国では天武一四年に相当するが、我が国の史書にはそのような記載は見られない。また中国の雑誌『人民中国』の一九八五年四月号に中国パンダ研究センターの胡主任の談話として「西暦六八五年に唐の則天武后が天武天皇に二頭のジャイアントパンダとその毛皮七〇枚とを贈った旨、中国史書に記載がある」とあるが（図320）、当時

の中国史書である新・旧両唐書及び資治通鑑にはそのような記載は見当らない。則天武后が皇后または天后であった六五五—七〇五年の間に、我が国からは第三次—第六次の遣唐使が派遣されているが、六六九年の第五次遣唐使河内鯨以後、七〇二年の第六次遣唐使粟田真人までの三十数年間は空白で、天武天皇の在位中には一度も遣唐使の派遣は行われていない。従ってなぜこうした時期に中国から贈物が行われたのか疑問であるが、いずれにしても我が国に到着しなかった事は間違いあるまい。時代ははるかに下って、『徳川実紀』元和九年（一六二三）閏八月一日の条に「暹羅国の使人二条城にまうのぼる。（中略）貢物は鉄砲二挺。白熊廿頭。云々」とある。

図320　則天武后パンダを天武天皇に贈る図（人民中国）

シャム国王からの贈物であるから、この白熊がホッキョクグマであったとは考えられず、ジャイアントパンダあるいはヤクの白色毛の白熊《はぐま》の事と思われるが、この両種もシャムには生息していない。恐らく北部国境を通じて、中国から輸入されたものであろう。二〇頭とあるが、『徳川実紀』あるいは原典の『異国日記』の記事から判断すると、生きた動物であったとは考えられず、恐らく毛皮として舶載されたものと思われる。

二七、ジャコウジカ　麝香鹿

ジャコウジカは中国西北の貴州雲南、ヒマラヤ地方に生息する鹿で、冬の交尾期になると牡の下腹部にある麝香腺が芳香を放つようになる。その麝香腺を乾燥したものは麝香臍と呼ばれ、現在も高貴薬の一つに数えられている。我が国には天平勝宝六年（七五四）鑑真が来日した際に持参したと見られており、正倉院薬物の中にも含まれている（種々薬帳）。『本草和名』には「麝香」として取り上げられているが、『倭名類聚抄』には見られない。長和二年（一〇一三）藤原道長は唐（実は宋）から到来した麝香臍五個を給わっており（御堂）、翌三年(一〇一四)には宮中で二〇個の麝香臍が紛失し、小舎人が犯人として捕まる事件が起っている(小右記)。麝香は小児には服薬し難いものなのであろう、康和五年(一一〇三)の『中右記』には赤子に服ませる方法が記されている。承安元年(一一七一)に平清盛は麝一頭を献上しているが(百錬抄)、これは恐らくジャコウネコの事で、『壒嚢抄』は「唐絵ニ猫ノ姿シタル獣ヲ畫ルヲ麝香ト云、(中略)昔シ麝香トテ日本ヘ渡ルハ皆是也、其別ヲ知ラザル者ハ、偏ニ此霊猫ヲ麝香ト思ヘリ」と記している。ジャコウジカの絵はこれより以前『香字抄』、『香要抄』等によって我が国に紹介されているが、恐らく仏教関係者以外にはその実態は知られていなかったものと思われる。麝香臍は上記のように、盗難の対象となる程の貴重品であったが、韓国でも同様で、延徳二年(一四九〇)に高麗に求める進物を議論した際、韓国では偽物が横行している事が話題となっている(蔭凉)。我が国でも江戸時代の『和漢三才図会』に龍涎香を用いて偽物を作る方法が記されている。

麝香は江戸時代に入って寛永一〇年(一六三三)にオランダ人によって(実紀)、翌一一年(一六三四)には阿媽港人により(実紀)、明暦元年(一六五五)には唐船によって舶載されている(寛明日記)。『本朝食鑑』、『大和本草』には記載がなく、『本草綱目啓蒙』は麝香臍の形状の相異、真贋の見分け方については詳しく記しているが、ジャコウジカについては触れていない。麝香臍と呼ばれるものが、鹿のどのような部分であるのかについて記載したのは『蘭畹摘芳』が最初で(図321)、同書は「小腹陰部に近くして、嚢を垂る。大さ鶏卵の如く、其の内空虚。経脈相通じ、血常に灌注す。蓋し其の血時に凝り聚る事有れば、則ち其の内別に一赭膜を生じ、其の結成する者を裹む。即ち此れ香也」と記している。麝香臍のとれるジャコウジカは、現在では我が国に生息していないが、かつてはその亜種が我が国にも生息しており、縄文草創

図321　ジャコウジカ（蘭畹摘芳）

期頃までは本州にも分布していた事が知られている（日本の考古学）。しかしそれもその後絶滅してしまい、現在では僅かに朝鮮半島と旧樺太で生き残っているにすぎない。幕末に樺太に渡った間宮林蔵は、その見聞記『北蝦夷図説』の中で「りきんかもい」として麝香鹿の図を載せ、土人によるその狩猟法を記している。ただし狩猟の目的は麝香臍ではなく、その肉を食用とするためである。嘉永五年（一八五二）に蝦夷移住を命ぜられた栗本匏菴（六世瑞見）の見聞に基づいて、栗本丹州（四世瑞見）の孫、大淵棟庵は『麞麝考』を著し、唐太産の「利玖牟加毛以」がジャコウジカの類である事を弁じている。

二八、ジャコウネコ類　麝香猫、霊猫

ジャコウネコ科の動物には、ジャコウネコのほかハクビシン、マングース等も含まれており、中世から近世にかけて度々我が国に舶載されている。ここでは種類を特定出来ないものをジャコウネコと総称して記す事とする。また麝香鹿と麝香猫はいずれも麝香または麝と呼ばれており、それが鹿を指すのか猫を指すのか明らかでない場合も多い。ジャコウネコについて初めて解説を加えたのは中世の『壒嚢抄』で、同書は「唐絵ニ猫ノ姿シタル獣ヲ畫ケルヲ麝香ト云フ、（中略）今絵ニカケル猫ノ如キ姿シテ香シキ獣ヲバ、霊猫ト云フ、（中略）昔シ麝香トテ日本ヘ渡ルハ皆是也」としている。麝香猫の図は安土城の襖に描かれたといわれているが、これは焼失してしまって今はない。現在残されているものでは、南禅寺の襖絵「牡丹麝香猫図」が最も古いものと思われる。承安元年（一一七一）平清盛が麝一頭を院に献上しているが（百錬抄）、これは恐らくジャコウネコであったものと思われる。明らかにジャコウネコが舶載されたのは嘉禄二年（一二二六）の事で、『明月記』は「二月七日、朝宗清法印生麝を送る。其の体偏に猫に似たり」と記している。次いで文禄三年（一五九四）（太閤記）、寛永九年（一六三二）（実紀）、寛文七年（一六六七）（唐通事日録）、享保一

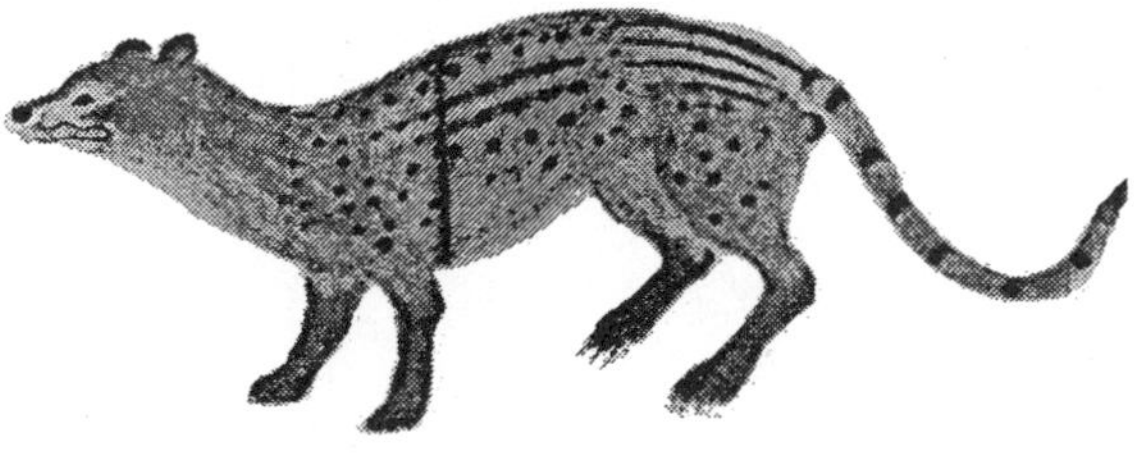

図322　ジャコウネコ（甲子夜話三篇）

一年(一七二六)、三年(一七二八)(長崎洋学史)、寛政六年(一七九四)、文化一一年(一八一四)(長崎図巻)、一三年(一八一六)(猿猴庵日記)、天保二年(一八三一)(長崎図巻)、四年(一八三三)(甲子夜話続篇九七—七)、五年(一八三四)(天保雑記、甲子夜話三篇一二—九)と舶載の記事が続くが、これらの中には上記のようにハクビシン等も含まれていたものと思われる。寛文七年に舶載されたものは水戸光圀によって飼育され(唐通事日録、桃源遺事)、寛永九年、寛政六年に舶載されたものは幕府に献上されている(宝暦現来集)。

また『長崎洋学史』によると、享保一一年(一七二六)のものは「蘭船前年注文の麝香猫二疋を持渡る。ただし一疋は途中で斃死す」とあり、『享保通鑑』享保一二年(一七二七)二月の条には「長崎奉行より献上獣、左之通、むすくりあとかつとう、隅田村関屋の里江御放被成候由、面者犬のごとく、立形は猫のごとくにて、尻尾、身のしない申事鼬のごとく、立て歩申候、大サ猫程、地鼠などを取喰候由」とある。新井白石は正徳三年(一七一三)自序の『采覧異言』の中で、ジャワ島産の動物の一つとして香猫を取り上げ、割註に「ムスクスカツト。香猫也」としている。香猫とはジャコウネコの事で、『享保通鑑』の「むすくりあとかつとう」は恐らく前年長崎に舶載された麝香猫の事で、幕府鷹場の鳥見役の覚書『御場御用留』にも「享保一二未年二月廿一日、御前裁場江むすくり御放、一日に干物三枚宛喰候様にとの事に付、名主江其段申渡、云々」とあり、同年六月頃に見えなくなったことが記されている。吉宗が何の目的でこの麝香猫を取り寄せて江戸の町中に放したのか不明であるが、あるいはジャコウネコ科の食蛇鼠(マングース)の鼠蛇駆除の評判を聞いてのことではあるまいか。なお西尾市岩瀬文庫には『和蘭陀持渡ムックリヤカツト之図』が収蔵されているが、この「ムックリヤカット」はハクビシンと思われる。その他のものは見世物になったものが多いが、『本草綱目啓蒙』が「京師にては間《まま》ジャカウ猫と名づけて観場に出すことあり、狸類の獣を飾り、旁人摺扇を以扇ぐときは麝気あり、是獣に香気あるに非ず、摺扇中に香を入て人を欺くなり」としているので、それらの見世物の中には偽の麝香猫も混っていたものと思われる。

二九、ジャコウネズミ　麝香鼠

ジャコウネズミは食虫目のトガリネズミ科に属し、ネズミよりはモグラに近い。『長崎聞見録』は「麝香鼠はもと。唐よりわたりたるものにて。長崎におふく。他邦には見ぬものなり。このねずみ。觜ながく香気あり。昼眼見えがたく。夜鳴其声鼬鼠《いたち》に似たり。長崎の人此鼠の能《よく》なくを聞。吉兆とてよろこぶなり」とジャコウネズミが長崎に生息している事を記し（図323）、一方橘南谿は『西遊記』三の中で「薩州鹿児島城下に麝香鼠というものあり。多く水屋のもと、床の下などに住みて、其形鼹鼠《うごろもち》に似て、其糞甚だ臭し。少しじゃこうの匂いに似たり。故に麝香鼠という。（中略）此鼠もとは琉球の船より渡り来たり、今にては城下町々家々に甚だ多き事と成れりという。長崎にも唐船より渡り来たりて、町家にも多くあり。されど薩州程は多からず。其外の国にてはたえて無き鼠なり」と記している。『長崎略史』は明暦二年（一六五六）に「此の年　咬𠺕船、麝香鼠を輸入する。自後市街に繁殖す」としているが、鹿児島と長崎とどちらに先に渡来したかは明らかでない。享保一九年（一七三四）に丹羽正伯が全国の産物調査を行った際の、薩摩・日向・大隅からの報告、『三州物産絵図帳』に「から祢」あるいは「かうね」として図示されている動物はジャコウネズミの事と思われる。また同じ時期に提出された『長門産物之内江戸被差登候地下図正控』に「キリ」とあるのもジャコウネズミであろう。ジャコウネズミはこのほか周防の国からも報告されているので（周防岩国吉川左京領内産物并方言）、江戸時代には山口県にも生息していた事がわかる。さらに松岡玄達の『結毦録』には「或人云ふ、丹後の某村に異鼠あり、形常の鼠の如くにして色薄く、甚だ香気ありと」とあるので、江戸時代には西日本に広く分布していた可能性がある。『本草綱目啓蒙』も「鼠に麝気あるものあり、ジャカウ子ズミと云ふ、諸州倶にあり、長崎及び薩州には殊に多し」と記している。宝暦九年（一七五九）の物産会には田村元雄が長崎産のものを出品している（物類品隲）。文化元年（一八〇四）長崎に赴任した太田南畝は、『百舌の草茎』の中で「われ九月十日此の地巌原の官舎にいりて厠にいるに、麝香の気あり、云々」と対馬にも分布して

図323　ジャコウネズミ（長崎聞見録）

いた事を記している。しかし亜熱帯産のため、現在では本土のものは絶滅したといわれている。ジャコウネズミについては『笈埃随筆』、『翁草』四八にも記載がある。

三〇、ジュゴン（にんぎょ）　儒艮（人魚）

我が国で古く人魚と呼ばれたものの一つにオオサンショウウオがあるが（↓357頁）、それ以外に海産の人魚についても多くの記録が残されている。『本草綱目』は鱗部で牛魚を取り上げ、『国訳本草綱目』の校定者はこれを「和名ざんのいを（にんぎょ）、科名じゆごん（儒艮）科」としているが、新註校定者はこれに疑問を提している。『大和本草』は人魚を海女として「海中ニマレニアリ、半身以上ハ女人ニテ、半身以下ハ魚身ナリ、其骨下血を止ル妙薬ナリ、世ニ人魚ト云者是歟、蛮語ニ其名ヘイシムレルト云」とし、大槻玄沢は『六物新志』の中で、人魚に関する内外、古今の書籍の記述を列挙し、ヨンストンの「動物図説」の一節を翻訳して「伊《イ》斯把爾亞《スパニア》国ノ人、海行東海吸沙伊索《ヒサイサ》嶋ノ属嶋必屈登《ピクテン》嶋ニ至ル。一奇物ヲ獲タリ。其ノ形チ頗ル人ニ似タルヲ以テノ故ニ、名ケテ百設武唵爾《ヘセムエール》ト曰フ。此ニ翻シテ膚路烏吸悉《フロウヒスト》ト謂フ。土人呼テ受伊翁《ジュイヲン》ト曰フ」とジュイヲン（ジュゴンか）が人魚（ヘイシムレルあるいはヘセムエール）である事を記し、さらに木村孔恭の意見として「歐伊止武礼児《ヘイシムレル》ナル者、我不レ知二其眞一。然レドモ所レ謂歐伊止武礼児ナル者ノハ是海鷁魚之一種、本邦呼テ曰《フ》二鳥海鷁魚《ト》一者之軟骨以テ爲二此物《ト》一充《ル》レ之《ニ》者耳」と魚類のエイの軟骨としている。『古名録』にはその人魚骨の図が載っているが、正体は不明である。

ジュゴンは海獣の一種ではあるが、冷水性のアザラシ、ラッコ等の食肉目とは違って、熱帯域に生息する海牛《かいぎゅう》目の動物である。しかし稀には本土に迷走して来る事があり、我が国ではその骨が愛知県の貝塚から出土したとの報告もあるが（縄文食料）、その信憑性については疑問も持たれている。かつて我が国で記録された人魚のうち、『碧山日録』長禄四年（一四六〇）六月二八日に見られる「東海某地に異獣を出す。人面魚身にして鳥跡也」とあるものや、天正七年（一五七九）の春、若狭国丹羽五郎左衛門から織田信長に献上された人魚などは（当代記）、ジュゴンであった可能性もある。一方人魚は『国訳本草綱目』に「ざんのいを」とあるように、琉球地方では「ザン」、「ザンノイオ（または犀の魚）」と呼ばれ、琉球王朝の公用語では「海馬」と書かれている。海馬については『中山伝信録』に記載があり、同書の物産について図を付して解説した『中山伝信録物産考』は誤ってタツノオトシゴとしている。しかしそれ以前に纒められた新井白石の『南島志』は「海馬と名づくる馬首魚、身皮厚くして青く、其の肉は鹿の如く、人常に之れを啖ふ」と記し、天明元年（一七八一）薩摩藩に招かれて同地の物産調査を行った佐藤中陵は『薩州産物録』の中で「サン、三都の人間用て吸物とす。琉球の海の中に生す馬の如くなる獣の肉也と云。海馬と云者ならん」と記している。またほぼ時を同じくして薩摩を訪れた橘南谿も『西遊記』補遺「九三　琉球人」の中で「琉球海中に馬のごとき物あり、ザンと名付く。此肉食用の上品なり。彼国にてもたやすくは得がたく珍重するとぞ。中山伝信録にも王の所に献ずとしるしたり。予も少し得て帰れり。厚き皮にてあめ色にすき透るがごとし。削りて吸物とす。乾物の事ゆへにや味は格別の事もあらず。珍らしという斗りなり」とジュゴンの肉が琉球で食品としてもてはやされていた事を記している。当時は琉球から薩摩国に輸入されていたものと思われるが、現在は捕獲は禁じられている。以上のほか我が国で人魚が捕獲された記録は文化二年（一八〇五）に富山で（街談文々集要）、文政五年（一八二二）、天保三年（一八三二）には名古屋で見世物となっているが（見世物雑志）、これはジュゴンとは思われない。また『諸国里人談』、『甲子夜話』二〇—二六、『同上三篇』一七—一六等に人魚の見世物や実見談が載っているが、これらもジュゴンであったかどうか不明である。

三一、スイギュウ　水牛

洪積世前期には我が国にも野生の水牛が生息していたが、その後絶滅し（日本の考古学）、有史以後我が国にもたらされた水牛はすべて家畜化されたものである。天智一〇年（六七一）に新羅から水牛一頭他が献上されているが、恐らくこ

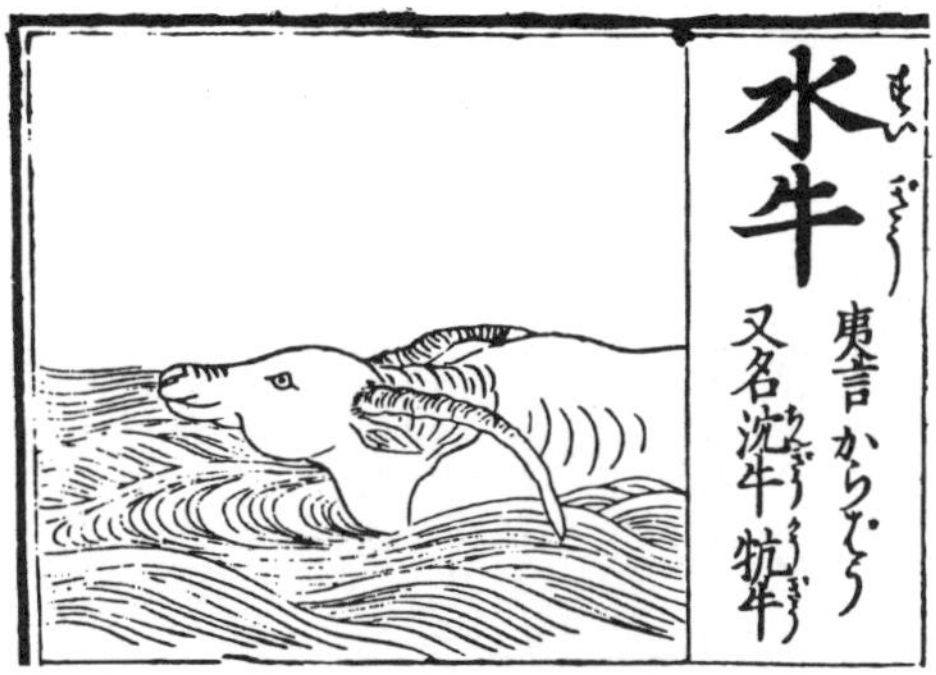

図324　スイギュウ（訓蒙図彙）

れが我が国に水牛の舶載された最初の記録であろう。『正倉院宝物』の中には、水牛を模したと見られる「十二支刻彫石板」があるほか、水牛の角を材料としたものが含まれている。また『十訓抄』には「村上帝月あかき夜、清涼殿の上の御座にて、水牛の角の撥にて、玄象を引すまして、云々」と、水牛の角が撥《ばち》として用いられていた事を記している。文治五年（一一八九）源頼朝によって征服された平泉の藤原氏の倉庫の中には、数々の財宝と共に水牛の角が収められており（吾）、当時は珍品としてもてはやされていたものと思われる。文明四年（一四七二）応仁の乱によって焼野原となった京都の街に、はるばる周防国から水牛一頭が上洛しているが（後鑑）、これは当時勘合貿易を独占していた大内教弘が中国から輸入したものといわれている（大乗院）。このあと文禄三年（一五九四）にフィリピン長官から秀吉に水牛二頭ほかが贈られ（鹿苑）、正保三年（一六四六）には紀州侯がオランダ商館長に水牛の舶載を依頼している（長崎商館日記）。この注文に応じたものであろう慶安二年（一六四九）に前年の水牛二頭の代金が支払われているので（同上）、慶安元年（一六四八）に舶載されたものと思われる。『松屋筆記』七九—三九には幕末の天保元年（一八三〇）に呂宋に漂着した漁師の手記、「勝之助漂流記」が引用されているが、その中にフィリピンの水牛の見聞が記されている。

三二、セイウチ　海象

セイウチは北極海に生息し、我が国では北海道、青森で捕獲された記録がある。成獣は犬歯が発達して八〇センチ程の巨大な彎曲した牙となり、各種の彫刻、工芸品の材料として用いられている。セイウチと思われるものについて『采覧異言』はグルウンランデアの項で「此（北カ）方海中に一種大魚有り。形鯊魚に似て、鱗無し。灰色。眼細。歯長。性陸居を好む。其の歯以て刀柄と為す可し。其の名ワルロス」とし、『増訳采覧異言』は「坤輿外記」を引用して「海馬、其の牙、堅白にして瑩浄、文理細なること糸の如く、念珠等の物に為す可し。魚骨中、上品。各国甚だ之れを貴重す」とし、別に「哇爾羅斯《わるろす》」として「又別ニ上齶ヨリシテ二ノ長ク稍曲レル美ハシキ牙アリテ、外ニ向テ出ヅ、其ノ質堅白ニシテ上好ノ象牙ヨリモ勝ナリ、云々」と記している。寛政一一年（一七九九）蝦夷地採薬を命ぜられた渋江長伯は『東夷物産志稿』の中で「海象　形全く象に似て海中に産す。西書フリニュースに図説あり。此海産する所の角、長さ尺有五寸なるあり」と記し、獣の部で「（チカ）イタシベ　トンドともいふ。即魚也。形馬に似て牙あり。処々海中に産す」としている。翌寛政一二年(一八〇〇)には立花侯から幕府に海象牙《ちかいたしべ》が献上された記事が見られるが(博物年表)、現在カイゾウ(海象)と呼ばれている海獣には牙はないので、この獣は海馬と呼ばれていた同類のセイウチと思われる。セイウチを海象とした例は『博物館獣譜』にも見られ、同譜には万延元年(一八六〇)四月北海道に漂着した海象(セイウチ)の図が載っている。

三三、ゾウ　象

現在我が国に象は生息していないが、洪積世時代から縄文時代草創期にかけてアケボノゾウ、東洋象、ナウマンゾウ(図4)、マンモスゾウといった象が我が国に生息しており(日本の考古学I)、それらの象の骨や歯の化石は、竜骨と呼ばれて古くから薬種として用いられて来た。『正倉院薬物』の中にも竜骨、白竜骨、竜角、五色竜骨、五色竜歯(図2)等と呼ばれる薬物が含まれている(種々薬帳)。また『延喜式』典薬寮の臘月御薬に「龍骨一両二分」があり、諸国進年料雑薬には「安房国龍骨卅斤、大宰府龍骨六十斤」とあるので、平安時代にはすでに我が国で龍骨が発見されていたものと思われる。ただし龍骨、龍歯、龍角の実体が明らかになったのは江戸時代に入ってからで、平賀源内は宝暦一三年(一七六三)に刊行した『物類品隲』の中で龍骨について、「讃岐小豆島産上品、海中にあり。漁人網中に得たりと云。其の骨甚大にして形体略具る。云々」と記し、龍歯について「其の形象歯に似たり」と記している。竜骨が発掘された記録はこれより以前宝暦六年(一七五六)頃美濃国石原村(雲根志)、寛政九年(一七九七)佐州姫津村(博物年表)、文化元年(一八〇四)近江国志賀郡(提醒紀談)と続き、文化八年(一八一一)には阿波国の小原春造が『竜骨一家言』を出版して、竜骨が象の化石である事を明らかにしている。文政九年(一八二六)江戸に向かったシーボルトも、『江戸参府紀行』の中で、小豆島で象の化石が多数発見される事を記している。象の化石発掘については『北窓瑣談』後編一、『三養雑記』、『甲子夜話』二—三二にも記載がある。

現生する象はインドゾウで代表されるアジアゾウと、アフリカゾウの二種だけで、いずれも我が国には生息していない。このうちアフリカゾウについては、新井白石の『采覧異言』では触れられていないが、『坤輿図識』に「土鄂マタ大象ヲ産ス、其形体極メテ大、印度及ビ他ノ地方産スル処ノ者ニ比スレバ、優ニ三倍スト云フ」とあり、『西洋雑記』も「象は大獣にして、東方印度および黒地方兀皮亜《エチオピア》（あふりか洲黒人諸部の総名）諸国の地に産す」と印度以外にも象が生息している事を記している。江戸末期の開国の際に、ペリーから松崎満太郎に「象画一幅　此象係亜非利加国所出」が贈られているが、これがアフリカゾウの実写が我が国に紹介された最初と思われる（随聞積草）。従ってそれ以前の我が国の史料に見られる象は、すべてアジアゾウと見て間違いない。我が国最古の象の造形品は藤ノ木古墳から出土した鞍橋で、その一部に見事な象の透彫がほどこされている（藤ノ木古墳）。次いで法隆寺金堂壁画の普賢菩薩騎象図に描かれており（法隆寺金堂壁画）、『正倉院宝物』の中にも「橡地《つるばみじ》象木《ぞうぼく》臈纈《ろうけち》屏風」を始めとして、何点かの象の文様が見られる。このように象の全身像は古くから絵画、彫刻によって我が国に紹介されており、その一部である象牙は実物が舶載されている。天智一〇年（六七一）には我が国最古の寺院、法興寺（飛鳥寺）に象牙その他が奉納され（紀）、養老三年（七一九）には五位以上の者に象牙の笏を持つ事が許されているので（続紀）、それまでに相当数のものが我が国に舶載されていた事がわかる。また『正倉院宝物』の中には象牙を素材としたものも含まれており、『延喜式』弾正台では「凡そ内命婦三位以上、象牙櫛を用ふる事を聴す」とあるので、櫛にも加工されていた事がわかる。『延喜式』ではこのほか治部省の祥瑞に白象がある。『倭名類聚抄』は象の和名を「岐佐《きさ》」としているが、これは象牙の表面に木目《きさ》がある所から名付けられたものといわれている。『今昔物語集』一―二九「波斯匿王《ハシノク》、阿闍世王合戦語」には天竺の合戦には象が用いられる事が記されており、延久四年（一〇七二）に入宋した僧成尋は、『参天台五台山記』の中で、実物の象を見物した様子を詳しく記している。

象が初めて我が国に舶載されたのは応永一五年（一四〇八）の事で、南蛮国王亜烈進《あらじん》卿から将軍家に贈られたもので、若狭国に陸揚げされている（後鑑）。この象の我が国でのその後の消息は全く不明であるが、それから三年後の応永一八年（一四一一）二月一日の『李朝実録』に、「日本国王源義持、使を遣し、象を献ず」とあるので、恐らくこの時の象は朝鮮に贈られたものと考えられている。その後応永一九年（一四一二）一二月にはこの象を見物した者が「其の形醜きを笑い、之れに唾す。象怒りて之れを踏殺す」といった事件が起こっている。翌二〇年（一四一三）一一月には次第に邪魔物扱いをされるようになり、「命じて象を全羅道海島に置く」と島流しにされ、二一年（一四一四）五月には象が餌を食べなくなり、日に日に痩せ細ったため、再びつれ戻された事が記されているが、それ以後の消息は不明である。次いで天正三年（一五七五)に豊後国臼杵にカンボジャ国王から大友宗麟に贈られた象が到着しているが(歴代鎮西要略)、この象は間もなく死亡したといわれている(日本王国記)。慶長元年(一五九六)大明国から和平の使者が訪れた際、国王から豊臣秀吉への贈物として白象・黒象があるが、これは恐らく目録だけで、実際に船載されたのは翌慶長二年(一五九七)の事と思われる(異国往復書翰集)。この年には呂宋からも象が贈られており(鹿苑)、豊臣秀吉はその中の一頭を大阪城内で見物し、禁裏にもお目に掛けている(日本王国記)。『異説まちまち』によると、この時の象のうち明から贈られたと思われる一頭は、見物人の脇差を呑んで死んだとされている。続いて慶長七年(一六〇二)には交趾から徳川家康に象一頭ほかが贈られており(当代記)、家康はそれを豊臣秀頼に贈っている(関ヶ原軍記)。正保二年(一六四五)にはオランダ商館長から紀州侯へ象の脂肪、象の肝臓が贈られているが(長崎商館日記)、象の胆は『本草綱目』に「目を明らかにし、疳を治す」とあるので、恐らく薬として用いたものと思われる。『本草綱目』はこのほか象の胆について「其の膽四時に随ひ、春は前の左足に在り、夏は前の右足に在り、秋は後の左足、冬は後の右足也」と記している。寛文元年(一六六一)に福井藩で象の図柄の我が国最初の藩札が発行されているが、これは恐らく応永一五年(一四〇八)に若狭国に船載された象にちなんだものであろう。象は『本朝食鑑』、『大和本草』には取り上げられておらず、『和漢三才図会』も中国版の受け売りにすぎないが、新井白石の地理書『采覧異言』には、アジア象の生息地が記されているほか、ベンカラには象の軍隊がある事、シャムでは王様の乗物として用いられ、百姓も農耕や荷物の運搬に象を用いている事を記している。

享保一三年(一七二八)六月一三日、二年前に吉宗から船載を命じられた牡牝二頭の象が、広南人の象遣い二名と共に長崎港に入港している。このうち牝象は長崎で病死したが、残りの一頭は長崎から江戸まで徒歩で運ばれ、途中の沿道で大変な評判を引き起こしている(長崎実録、通航一覧、月堂見聞集他)。京都では時の天皇、上皇に拝謁し、御製が詠まれたほか、『象志』、『象のみつぎ』といった書籍が刊行されている(月堂見聞集他)。このほか京都滞在中の注意として町触多数が出され(京都町触二二八、二三五、二三六、二四〇―二四二)、滞在中の費用は市民から徴収されている(京都町触二四九)。江戸到着後象は浜御殿で飼育されていたが、享保一五年(一七三〇)には不要となり、払下げのお触が出されたが(正宝事録二一七四)、引き取り手がなかったため、引き続き浜御殿で飼育された模様である。しかしその飼育費用が嵩んだ為であろうか、享保一七年（一七三二）に象の糞を黒焼にした疱瘡の薬「象洞」が江戸（寛保集成二二七二、正宝事録二二四一）、大阪（大阪市史一四七六）で売り出され、寛保二年（一七四二）には京都でも販売されている（京都町触一五一七）。寛保元年（一七四一）この象は中野村の農民に預けられ、象洞も同所で製作・販売されるようになったが、翌寛保二年（一七四二）に取扱いが悪いため大暴れをし、同年末に死んでいる（弘識録）。この象の頭骨、牙、鼻の皮等は中野村の宝泉寺に保存され（江戸名所図会）（図325）、後に文化一一年（一八一四）一般に公開されたが（藤岡屋日記）、第二次大戦中の昭和二〇年（一九四五）空襲によって焼失し、現在は灰化した牙一本が保存されているにすぎない。また皮の一部は膠を製造するという名目で、奈良の製墨業者の古梅園に下賜されたが、後に京都円山の物産会に出品されている（本草啓蒙）。この象の逸話は『甲子夜話三篇』一〇―一、二にも記載されている。象はこのあと文化一〇年（一八一三）（長崎図巻）、文久二年（一八六二）（横浜沿革誌）にも舶載され、文久二年（一八六二）のものは香具師の手に渡り、翌三年（一八六三）に江戸両国橋で見世物となった後（武江年表）、慶応元年（一八六五）四月には伊勢の古市で（慶応新聞紙）、二年（一八六六）四月には大阪難波で見世物になっている（今日抄）。江戸時代には象牙の輸入も多く、『中陵漫録』九は「近世、日本に象牙を持来る事夥しき。江戸のごときは、貴賤の差別なく、三絃の桴《ばち》及象箸を用ひざるものなし。一日是をみな出さしめて見ば、千石船に幾艘に載すべきや」と記している。

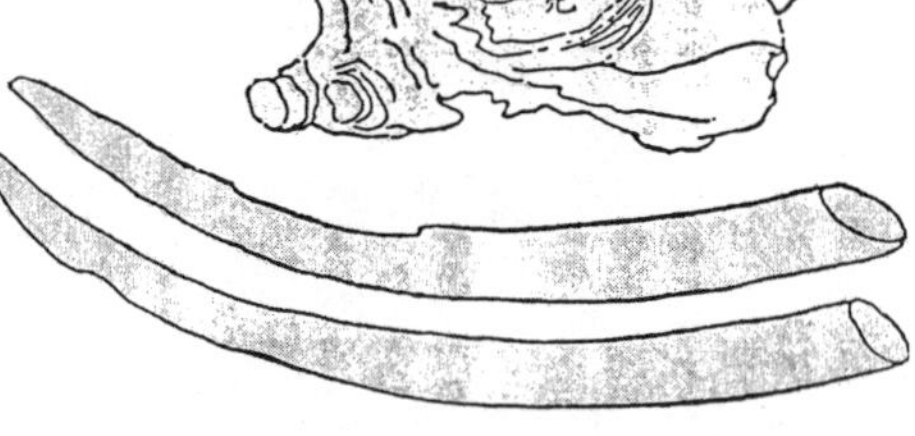

図325　享保の象の頭骨と牙（新編武蔵風土記稿）

三四、タヌキ（ムジナ）　狸（狢）

図326　タヌキ（光琳『鳥獣写生帖』）

タヌキの骨は縄文・弥生時代の遺跡から出土しており（縄文食料）、有史以前から食料とされて来た事は明らかである。奈良時代には狸（貍）という漢名はネコと読まれており、『日本霊異記』上三〇「非理に他の物を奪ひ、悪行を為し、悪報を受けて、奇事を示す縁」に出てくる狸はネコの事とされている（→584頁）。平安時代に入っても『新撰字鏡』は貍を「力疑反猫也似虎少」と猫の同義語としているが、『本草和名』は狸の和名を「多々介」とし、『倭名類聚抄』は「和名太奴木」としている。一方古く狢《むじな》と呼ばれて来た動物は、現在では狸と同一物と見なされるか、あるいはアナグマの地方名とされているが、ここでは狸の異名として取り扱う事とする。狸・狢の類は古くから怪異をなす動物とされており、『日本書紀』推古三五年（六二七）に「陸奥国に狢有りて、人に化《な》りて歌うたふ」とあるのを始めとして、『夫木和歌抄』二七には「人すまでかねも音せぬ古寺に狸のみこそ鼓打ちけれ」等と詠まれている。こうした俗説は『日本霊異記』や『古今著聞集』等といった説話集に見られるばかりでなく、以後各時代を通じて受け継がれ、江戸時代の『煙霞綺談』、『一話一言』、『燕石雑志』、『視聴草』、『甲子夜話』、『雲萍雑誌』等の多くの随筆類にも取り上げられている。

狸の毛は毛筆の材料として用いられており、天平宝字三年（七五九）の『正倉院文書』には「狸毛筆」と見えており、弘仁三年（八一二）には空海から狸の毛筆四管が天皇並びに春宮に献上されている（平安遺文、本朝通鑑）。『延喜式』民部下では交易雑物として太宰府から狸皮十張、典薬寮の諸国進年料雑薬では同じく太宰府から狸骨二具があげられている。奈良・平安時代に狸の肉を食べた記録は見当らないが、鎌倉時代に入ると、安貞元年（一二二七）の『明月記』に「経長等狸を食ふ」とあり、室町期には『庭訓往来』五月状返信の初献の料に「狸の沢渡」があり、『尺素往来』も美物の一つに数えている。その料理法は『大草家料理書』に「むじな汁の事」として、「焼皮料理共云。但わたをぬき。酒のかすを少あらひて。さかはゆき程の時。腹の内に右のかすを入て。則ぬひふさぎ。どろ土をゆるゆるとして。能々毛の上を泥にてぬりかくして。ぬる火にて焼候也」とある。狸を食べた記事は永享一〇年（一四三八）の『看聞御記』、嘉吉二年（一四四二）の『康富記』、文明八年（一四七六）、明応三年（一四九四）の『言国卿記』、大永七年（一五二七）、八年（一五二八）の『二水記』等にも見られる。このようにしばしば料理に用いられた所から、永享一〇年（一四三八）の『看聞御記』、文明七年（一四七五）の『実隆卿記』、文明八年（一四七六）の『言国卿記』等には狸の贈答の記事が見られ、延徳二年（一四九〇）には宮中にも献上されている（御湯殿）。

こうした狸は多くは狸汁にして食べられており、その調理法は『料理物語』に「たぬき汁　野ばしりはかはをはぐ、みだぬきはやきはぎよし、みそ汁にてしたて候、つまは大こんごぼう其外色々、すひ口にんにく、だしさかしほ」とある。この中に見られる「野ばしり」とはアナグマの事で、「みだぬき」がタヌキの事とされているが、狸の肉は臭気が強くとても食料にはならないので、狸汁と呼ばれたのはアナグマの汁のことではなかったかともいわれている。江戸末期の松平定信も、狸汁を作って食べたところ、「其匂ひいとあしく、みなみなはなを掩ひて、吐き出だしたり」と記している（関の秋風）。このほか狸は医薬としても用いられており、『頓医抄』は「アカクサニハ狸ノアブラヲヌル」とし、狸の灰は「フナノ骨ヲ喉ニ立タルヲ治ス」としている。元和五年（一六一九）の『徳川実紀』には、春日大社の社役として雉、兎と共に狸二二〇匹の納入が命ぜられた記事があり、弘化三年（一八四六）には貉の見世物の記事が見られる（見世物研究）。

三五、テナガザル、オナガザル、ドウケザル

手長猿、尾長猿、道化猿、猨、果然、懶面

江戸時代には在来のニホンザル以外の猿を猨《てながざる》、果然《おながざる》と呼んでいる。外国産の猿が我が国に船載されたのは、慶長元年（一五九六）土佐沖に漂着した船に積み込まれて来たのが最初であろうか（天正事録、太閤記）。この猿は『天正事録』に「つらがまえ黒くして、尾長く、鼠の尾の如き也」と記されているので、オナガザルか、あるいはこの船がマニラから出航しているのでメガネザルの類かと思われる。次は寛永九年（一六三二）に松浦肥前守から将軍に献上されているが、これは猿猴とあるだけなのでどのような猿であったか不明である（実紀）。明暦元年（一六五五）には猿二〇匹他（寛明日記）、

寛文七年（一六六七）にも猿三匹と麝香猫三匹他が長崎に舶載されているが（唐通事日録）、後者は水戸光圀が注文したもので、『桃源遺事』には唐猿とある。『本朝食鑑』に「猨は長臂、面淡赤にして短く、色青黒、近頃中華より来りて一官家之れを畜ふ、年有れども未だ蕃せず」とあり、この官家が水戸家の事とすると、これはテナガザルであったと思われる。

安永七年（一七七八）長崎の大通詞吉雄耕牛を訪ねた三浦梅園は、『帰山録』の中に「吉雄耕牛の家にロヤールと云獣を畜り。銅網の内に居れり。傍に藁にてまろき巣を作りてあり。明を嫌ひ暗を好む獣なり。晝は終日巣の中に入りて出ず。暗夜中には巣を出で、遊ぶを、燭をともして見る也」と記している。『博物午表』が安永八年（一七七九）の項に「蘭船、ロイアルト一疋、持渡る」としているのはこのロヤールで、ドウケザルと呼ばれている。このドウケザルは『中陵漫録』一五「懶面」に詳しく紹介されているが、「惜かな。此獣又載帰る」とあるので、長崎からそのまま持ち帰られたものと思われる。ドウケザルはこのあと天保四年（一八三三）にもオランダ船によって舶載されているが（甲子夜話続篇九七―七）（図327）、これは将軍家の御用にならなかったため、『長崎渡来鳥獣図巻』、『外国珍禽異獣図』に「後藤市之丞所望に相成候」とあるが、その後の消息は不明である。この時のものについては上記の『甲子夜話続編』のほか『視聴草』にも取り上げられており、滝沢馬琴は当時執筆中の『開巻驚奇侠客傳』の扉絵にこの猿の絵を採用している（馬琴日記）。文化四年（一八〇七）（長崎図巻）、六年（一八〇九）（桃洞遺筆）にはテナガザルが舶載され、後者は大阪で見世物となり、それを見物した蒹葭堂は『蒹葭堂雑録』に詳しくその形状を記し

図327　ドウケザル（唐蘭船持渡鳥獣之図）

ている。『本草綱目啓蒙』は外国産の猿について「猨」を「テナガザル　エンコウ」とし、「果然」を「ヲナガザル　トウザル」としてそれぞれの特徴を記し、猨について「和産なし、然ども画図をなし或は土偶となして小児の戯玩とするもの多し」としているので、古くからその存在が我が国で知られていた事がわかる。文政六年(一八二三)に名古屋で尾の長い黒猿猴が見世物になっているが(見世物雑志)、このサルは翌七年(一八二四)江戸両国でも見世物になっている(雲錦随筆)。天保四年(一八三三)には上記のドウケザルのほか各種の動物が舶載されており、その中には黒猿二匹が含まれている。

三六、テン　貂

テンの骨は縄文時代の遺跡から出土しているが(縄文食料)、有史以後テンの肉を食べた記録は見られないので、あるいは毛皮を利用するためであったのかもしれない。貂の毛皮は古くから珍重され、神亀五年(七二八)には渤海王から献ぜられ(続紀)、仁和元年(八八五)には参議以下の者が貂の毛皮(貂裘)を着用する事が禁じられている(三実)。『延喜式』弾正台でも「凡そ貂裘は、参議以上着用を聴す」と規定されている。永承元年(一〇四六)には貂が豊受大神宮に入って神饌を喰い荒した記事があり(太神宮諸雑事記)、長禄二年(一四五八)には春日若宮で鹿を喰い殺した事が記録されている(大乗院)。『源平盛衰記』「三三　行家謀反に依て木曽上洛の事」の段に、木曽義仲の留守中に源行家が謀反を起した事を、「鼬のなき間の貂誇《てんほこり》とかや」と比喩している。貂の一種にクロテンがあり、我が国では北海道にしか生息してい

図328　テン（毛介綺煥）

ないが、古くからその存在は知られており、『倭名抄』は「黒貂東北夷に出ず。和名　布流木《ふるき》」とし、『西宮記』は賀茂臨時祭の際に「舞人帰路、黒貂皮を服す」としている。『源氏物語』末摘花にも「うはぎには、ふるきのかはぎぬ、いと清らにかうばしきをきたまへり」とある。江戸時代には将軍の代替りに来日する朝鮮信使の献物の中に、貂の毛皮が含まれる事が恒例となっているが（実紀）、あるいはこの貂皮の中にはクロテンが含まれていたかもしれない。テンについて『和漢三才図会』は「其の皮、鋒槍の鞘袋と為す」とし、『本草綱目啓蒙』は貂鼠《ふるき》の項で「和産なし、朝鮮の名物にして唐山にもなし」としている。

三七、トド　海驢、胡獱

トドはアシカ科の海獣であるが、アシカと比較するとはるかに大型である。海驢はアシカともトドとも読まれ、古くは「みち」とも読まれている。トドは時として本州南部にまで回遊して来るので、古くからその存在が知られており、縄文遺跡からも骨が出土している（縄文食料）。『出雲国風土記』嶋根郡には等等嶋《ととしま》があり、「禺禺《とと》当り住めり」と記されている。従ってトドという呼び名は古くから用いられていたものと思われるが、『古事記』には「美智《みち》の皮の云々」とあり、『日本書紀』神代紀にも海驢《みち》と記されている。これらの美智あるいは海驢はいずれもアシカあるいはトドの事とされており、両者の区別は必ずしも明確ではない。『夫木和歌抄』の「建長五年百首」の中の衣笠内大臣の歌には「わが恋は海驢《とど》のねながれさめやらぬゆめなりながらたえやはてなん」とあり、この海驢はトドと読まれて「とど（海驢）の昼寝の浪枕」という諺の根拠となっている。『本朝食鑑』は膃肭臍の付録として「登止　土人所謂る葦鹿の大なる者也」としているにすぎないが、『大和本草』は海驢として「今案トヾト云物海中ニアリ岩屋ノ内ニアカリ、好ンテネフル。（中略）皮ハ馬具トス。其首馬ノ如シ。其大サ小馬ホトアリ是海驢ナルヘシ。奥州松前蝦夷及諸州ノ海浜ニ亦稀ニアリ」と我が国の本土でも稀に見られる事を記している。また『和漢三才図会』は「海驢、膃肭、阿茂悉平《あもしつへい》、胡獱の四種、同類異物也」とした上で、「侍に膃肭を以て人之れを賞す。故に胡獱を以て偽りて膃肭獣に充つ」とトドをオットセイの偽物としていた事を記している。

『月堂見聞集』は享保三年（一七一八）に、丹後国宮津の海中に胡獱という海獣が現れた事を記し、後日談として「先月丹後宮津之海にてとらへ候胡獱を、所之太守へ献上す、珍敷物

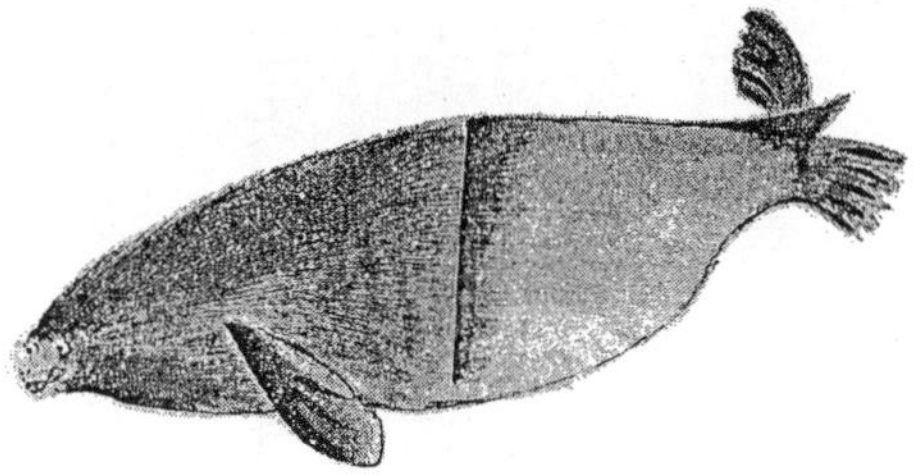

図329　トド（甲子夜話続篇）

也とて馬之障泥に致さる可くと仰せられ、皮を剝しめらる。云々」と記している。トドの用途はこのほか『松前志』に「夷人トドの膏を以て燈油を制す」とある。天明八年（一七八八）幕府巡見使に同行した古川古松軒は『東遊雑記』の中で、陸奥国平館の付近の海浜で「ヲリブカ」が多数浮き出た事を記しているが、このヲリブカも恐らくトドの事であろう。天保元年（一八三〇）には長崎の湊でトドが鉄砲で打ち留められている（甲子夜話続篇四一―二七）（図329）。『利根川図志』は「一説に海獺の大なるものを蝦夷にてトドといふ。又紀州の阿志加は海驢なるべしといへり。ミチとトヾとは同物なり。海獺と海驢は同類にして別物なり。形海獺より大にして体は痩せ、其毛淡茶色にして左右の鰭は海驢よりは短かし。これをもて異とす」と記している。トドは形が大きい為であろう、見世物になった記録は見当らない。

三八、トナカイ　馴鹿

トナカイは北極圏に生息する大型の鹿で、我が国では旧樺太に野生のものが生息していた。『松前志』はトナカイをツナカイとして「ツナカイと号する犬あり。能氷上に於て車をひく」と橇《そり》犬と混同している。文化五年（一八〇八）に樺太に渡った間宮林蔵は文化八年（一八一一）に司馬江漢を訪ねて探検談を語っているが、その内容は同年（一八一一）出版された江漢の『春波楼筆記』に取り上げられ、その中で初めて「唐太の地に、トナカヒといふ獣あり、大さ大八車を引く牛程ありて、頭に大なる角あり、（中略）牛の如く馬の如く畜ひて甚用をなすと云ふ」と紹介している。その後安政二年（一八五五）に出版された間宮林蔵の『北蝦夷図説』には樺太の地誌、産物、文化等が記されており、産物について鳥類、魚類、虫類は蝦夷地（北海道）と相違がないが、「獣は蝦夷島なき所の物二種あり」としてトナカイとリキンカモイ（ジャコウジカ）の二種をあげている。天保三年（一八三二）に江戸で薬品会が開かれているが、『江戸繁昌記』はその出品物の中に「蛮産の堪達爾汗《かんたつじかん》」が含まれていた事を記している。堪達爾汗とはトナカイの事で、『甲子夜話続篇』三八―一四は堪達爾汗について中国書を引用して「形麋に似て大なる者（中略）魯西亜方言、ツナカイ。また云。トナカヒとも申候」と記し、その角が最近諏訪町の市店で売られていた事を記している。また『甲子夜話続篇』五七—一二は最上徳内からの聞書としてツナカイを牛馬のように使役する話が載っている。安政三年（一八五六）に樺太に渡った松浦武四郎は『松浦武四郎紀行集下』「北蝦夷余誌」の中で馴鹿を屠《ほふ》って振舞われた事を記し、「鹿肉より堅き様に覚えたり」と記している。『百品考』にもトナカイ（つながい）の解説が見られるが、これは主として中国書からの伝聞である。

図330　トナカイ（北蝦夷図説）

三九、トラ　虎

トラは洪積世前期以降、我が国にも生息していたが、縄文時代草創期までの間に絶滅し（日本の考古学）、『魏志倭人伝』には「其の地には牛・馬・虎・豹・羊・鵲無し」と記されている。しかし縄文・弥生時代から往来のあった朝鮮半島に多数生息していたためであろう、虎に関する知識は古くから豊富で、『日本書紀』欽明六年（五四五）の条には、膳臣《かしはでのおみ》巴《は》提便《すひ》が百済で虎を退治してその皮を持ち帰った話が載っており、『万葉集』にも「三八八五（前略）韓国の虎とふ神を生取りに八頭取り持ち来その皮を云々」と詠まれている。また虎を描いた絵画では、法隆寺の玉虫厨子の「投身飼虎図」がよく知られている（法隆寺　玉虫厨子と橘夫人厨子）。このほか『日本書紀』天智一〇年（六七一）には「虎に翼を着けて放てり」と比喩として用いられており、和銅五年（七一二）の『古事記』序には「東国に虎歩したまひき」ともある。このように虎に関する知識が豊富であった所から、我が国に生息していない動物でありながら、『倭名類聚抄』には「和名止《と》良《ら》」と和名が付けられている。ただし『本草和名』は「和名奈加都加三《なかつかみ》」としている。

虎皮は朱鳥元年（六八六）の『日本書紀』、天平一一年（七三九）の『続日本紀』、貞観一四年（八七二）の『三代実録』等に献上記事が見られる。このうち天平一一年、貞観一四年のものは虎皮を大虫皮としているが、大虫とは虎の異名で、江戸末期の『海録』は「虎を大虫と云事、水滸傳にみえたり。諸書令意には、諱《いみな》を避けたる異名なりといへり云々」としている。これらの虎皮は鞍や横刀帯の飾りとして用いられているが、霊亀元年（七一五）に六位以下の者の使用が禁じられ（続紀）、後の『延喜式』弾正台にも引き継がれている。『延喜式』にはこのほか中務省、左右近衛府に虎皮を敷物として用いることが記されている。虎の利用法としてはこのほか虎骨が薬種として用いられ、『本草和名』に取り上げられているほか『有林福田方』等の各種本草書・医書に取り上げられている。このほか平安時代には、貴人が誕生した際の産養《うぶやしない》の儀式に、作り物の虎の頭を産湯に映して入浴させ、魔除けとする風習も見られる（紫式部日記他）。『枕草子』が「一五四

いたどりは、まいて虎の杖と書きたるとか。杖なくともありぬべきかほつきを」と虎の顔の恐ろしいことを記しているのは、こうした儀式に用いた虎の頭を見てのことであろうか。『宇治拾遺物語』には「三九　虎の鰐取たる事」のほか、一五五、一五六に虎退治の話が載っており、鎌倉時代の『吾妻鏡』にも文治元年（一一八八）六月一四日の条に虎を射取った話が載っている。

虎皮は中世に入ってもしばしば進物として用いられており、永享六年（一四三四）の唐（明）使の贈物の中には虎皮五〇張が含まれており（善隣国宝記）、宝徳元年（一四四九）（康富記）、寛正元年（一四六〇）にも朝鮮から贈られている（後鑑）。天正三年（一五七五）豊後国臼杵港に入港した船には猛虎・大象等が載っていたと記されているが（歴代鎮西要略）、これが我が国に生きた虎が舶載された最初の記録ではあるまいか。『動物渡来物語』はこれよりはるか以前寛平二年（八九〇）に虎の仔が舶載され、巨勢金岡《こせのかなおか》がその絵を描いたとしているが史料には見当らない。このあと豊臣秀吉の朝鮮出兵の際には虎に関する話題が豊富になり、文禄二年（一五九三）には亀井武蔵守が鉄砲で虎を打ち取り（寛永諸家系図伝）、松浦鎮信等も虎狩を行っている（甲子夜話三篇二四―五）。こうしたことから判断すると当時の朝鮮半島には非常に多くの虎が生息していた事がわかる。翌三年（一五九四）には関白秀次が虎

頭盃を秀吉に贈っているが（駒井日記）、虎頭盃とは虎の頭骨を水平に切断して作った盃の事で、恐らく永禄の役の際に捕られた虎で作ったものであろう。またこの年には朝鮮で生け捕られた大虎が吉川広家から秀吉のもとに送られ（吉川家譜）、御局方や家康はじめ諸大名に披露されている（安西軍策）。文禄四年（一五九五）には薬食のため島津義弘から塩漬の虎肉が秀吉に贈られ（征韓録）、翌五年（一五九六）には家康が公卿たちに虎肉を贈っている（言継卿記）。この朝鮮の役では、加藤清正の虎退治が有名であるが、それを記した『常山紀談』には日次の記載がないので、いつの事か明らかでない。『常山紀談』にはこのほか後藤基次が虎を切り殺した話も載っている。虎の肉を食べた記事は、明和八年（一七七一）に対馬藩士が朝鮮で虎を打ち取った際にも見られるが、それによると「虎の味、鶏の如し。至極宜物に御座候」とある（対州之家来朝鮮に而獲虎之次第）。この虎退治の模様は『半日閑話』一二、『翁草』三六にも収められている。

江戸時代に入り、朝鮮との国交が修復すると、将軍の代替りの際に朝鮮から信使が来訪する事が恒例となり、その際には慶長一二年（一六〇七）を始めとして、贈物の中に必ず虎皮が含まれるようになる（実紀）。虎皮の贈答は朝鮮信使以外にもしばしば行われており、敷物や馬具、刀の尻鞘等に広く用いられている。このように需要が多かった為であろう、『雍州府志』によると京都には虎皮の偽物である植虎皮《うえとらがわ》を作る職人が現れている。虎に関する特種な出来事として、承応三年（一六五四）に井上筑後守がオランダ商館長に虎の胆汁の輸入を依頼している（長崎商館日記）。虎の胆について『本草綱目啓蒙』は「虎膽舶来あり」としているが、その薬効については触れていない。生きた虎の舶載は慶長七年（一六〇二）に交趾から、一九年（一六一四）にカンボチャから（当代記）、享保一九年（一七三四）には蘭船によって舶載され（長崎略史）、文久元年（一八六一）には横浜港に陸上げされている（ヤング・ジャパン）。このうち文久元年のものはその年秋江戸の麹町で見世物となり（武江年表）、関根雲停によって『博物館獣譜』にその姿を残している（図331）。このほか『中陵漫録』六「蕃産の猫」に「又セイロン国より持来る猫は、大にして高さ四尺許、総身虎の毛のごとし、鶏を与ふれば引裂き食ふ事、実に虎のごとし、阿蘭陀人、是を虎なりと云」とあるが、これは豹に近いスナドリネコの事ではあるまいか。虎の見世物はこのあと元治元年に紀州和歌山で（小梅日記）、慶応二年（一八六六）には京都で興行されている（今日抄）。

図331　トラ（博物館獣譜）

四〇、ネコ類　猫

現在我が国に生息しているネコ科の動物は、家猫を除くと離島部にツシマヤマネコ、イリオモテヤマネコの二種が知られている。しかし縄文時代早期から後・晩期にかけては、日本本土の各地の遺跡から豹程の大きさのオオヤマネコの骨が出土しており（日本の洞穴遺跡）、ほかに現在の家猫よりやや大型のヤマネコあるいは家猫の骨が発掘されている（縄文食料、古代遺跡発掘の脊柱動物遺体）。家猫が家畜化されたのはエジプト時代に遡るが、それがエジプト以外の地域に流出したのは紀元後の事とされ、我が国に家猫が入って来たのは、『家畜文化史』によると奈良朝初期か、あるいはその少し前の事であろうとされている。『猫の歴史』の著者上原虎重氏は、『日本霊異記』上三〇の慶雲二年（七〇五）九月一五日に死んだ膳臣《かしはでのおみ》広国の説話に狸とあるのは猫の事で、これが我が国の資料に見られる最古の猫であろうと指摘している。説話であるから真偽の程は明らかでないが、上記の『家畜文化史』の推定時期とはよく一致している。狸は『本草和名』に「家狸一名猫和名祢古末」とあるように、平安時代に入っても「ねこ」あるいは「ねこま」と呼ばれており、『国訳本草綱目』は狸を「和名やまねこ」としている。猫はこのあと『日本三代実録』貞観一六年（八七四）八月二六日の僧正真雅の抗表に「喩を鼠を捕る猫に取る」とあり、『世継物語』の陽成天皇（八七六―八八四）の逸話に、天皇が蛇に蛙を呑ませたり、猫に鼠を捕らせた話が載っている。ただしこれは物語の成立年代（一三五〇頃）まで引き下げて考えるべきかも知れない。

年代が明らかなものとしては、寛平元年（八八九）二月六日の『宇多天皇御記』があり、この日に記された「猫の消息」は我が国最古の猫の史料とされている。それによると当時は一般に淡黒色をした家猫が飼育されており、新たに舶載された黒猫との間に明らかに相違がある事が強調されている。このような新たに舶載された猫は唐猫と呼ばれ、花山天皇（九八四―九八六）の『夫木和歌抄』の御製にも「敷島の大和にはあらぬ唐猫の君がためにぞもとめ出たる」と詠まれている。このあと長徳五年（九九九）の『小右記』には「内裏の御猫、子を産む。女院、左大臣、右大臣産養の事有り」と猫が人間並の手厚い取り扱いを受けた事が記されている。この出来事は『枕草子』「九　うへにさぶらふ御猫は」にも記されている。『枕草子』にはこのほか「五二　猫は上のかぎりくろくて、腹いとしろき」と、当時の家猫の好みが記されている。藤原頼長は悪左府と呼ばれて恐れられた人物であるが、彼の日記『台記』康治元年（一一四二）八月の条には、少年時代に彼が猫を愛した様子が記されている。このように見て来ると、平安時代には猫はもっぱら貴族階級の愛玩物であったように見えるが、『夫木和歌抄』には「まくず原下はひありくのら猫のなつけかたきは妹がこゝろか」といった和歌があり、当時すでに野良猫が存在した事を示している。久安六年（一一五〇）の『本朝世紀』に、「近日、近江国甲賀郡及び美濃国山中に奇獣有り。土俗之れを猫と号《よ》ぶ」とあり、天福元年（一二三三）の『明月記』には、奈良に猫胯《ねこまた》という獣が出現した事が記されているが、これらは野良猫化した猫の仕業であったのかもしれない。ただし猫股について『徒然草』は「八九『奥山に、猫またといふものありて、人を食ふなる』と人のいひけるに、『山ならねども、これらにも、猫の経上りて、猫またに成りて、人とる事あなるものを云々』」と、猫の年老いたものを猫股としている。

猫の特技はいうまでもなく鼠を捕る事であり、万寿二年（一〇二五）の『小右記』が、鼠に咬まれた傷の薬として猫矢灰（猫の糞の黒焼）を付けるとしているのも、猫が鼠をよく捕る事からの発想であろう。江戸期の『物類称呼』は猫を「かな」と呼ぶ理由として「むかしむさしの国金沢の文庫に、唐より書籍をとりよせて納めしに、船中の鼠ふせぎにねこを乗て来る。其猫を金沢の唐猫と称す。金沢を略して、かなとぞ云ならはしける」と鎌倉時代に鼠害を防ぐために猫が舶載された事を記している。戦乱に明け暮れた中世には、猫に関する記載は少なく、長録三年（一四五九）の『蔭凉軒日録』に白猫を献上した記事、天文九年（一五四〇）前後の『鹿苑日録』に鼠に悩まされて仔猫に鼠捕りを仕込んだ話が見られる程度である。しかしその末期の永禄五年（一五六二）には猫と関係の深い蛇皮線が渡来している。蛇皮線にはエラブウミヘビの皮が用いられているが、我が国では入手が困難なため文禄頃から猫皮が用いられるようになり、三味線と呼ばれるようになったといわれている。『和漢三才図会』によると三味線に用いる猫皮は「八乳の者を良と為す」とあり、江戸末期には京都・大阪で猫殺しが横行した事が記されている(羇旅漫録、譚海他)。これらの猫殺しは『譚海』に「大阪にて人家の猫を盗て殺すもの有、其事露顕して捕へられ、千日に於て樹上へくゝり釣さげられ、終日ありて責られぬといふ。是は此もの猫の皮を剝て三味線の皮とせん為、云々」とあるように、もっぱら皮を目的としたものであるが、フロイスは『ヨーロッパ文化と日本文化』の中で「六―二四 ヨーロッパ人は牝鶏や鶉、パイ、ブラモンジュなどを好む。日本人は野犬や鶴、大猿、猫、生の海藻などをよろこぶ」と日本人が猫を食べていた事を記している。『本朝食鑑』も猫の肉を「老痰、久喘を患ふる者の好て之れを食ひ、云々」と薬餌として食べた事を記しているが、実際に食べた記録は天明三年(一七八三)の大飢饉の時以外には見られない(兎園小説)。ただし『中陵漫録』は「琉球の飲食」の中で、生きた猫を熱湯に投じてその肉を料理に用いる事を記している。慶長七年(一六〇二)には京都で猫の繋ぎ飼いを禁止する触書が出され(時慶卿記)、『毛利家文書』にも慶長一三年(一六〇八)五月一三日に「一四七 他人のねこはなれたるをつなぎ候儀、一切停止之事」と記されている。猫を繋ぎ飼いにする事は古く平安時代に始まり、上記の花山院の御製にも「(前略)あふぎのおれをふだにつくりてくびにつなぎてあそばされしお歌」があり、『枕草子』八九、『古今著聞集』六八六にもそうした様子が記されている。ただしこうした繋ぎ飼いは仔猫の間だけで、『源氏物語』若菜上には「猫は、まだ、よく人にもなつかぬにや、綱、いと長くつきたりけるを、云々」とある。

徳川時代に入って寛永九年(一六三二)に長崎奉行から将軍家に毛長猫ほかが献上されている(実紀)。五代将軍綱吉の時代は、有名な生類憐み令が施行された時期で、猫ももちろん例外ではなく、市中で捕えられた野良猫は大島に放されたほか(大島差出帳)、元禄四年(一六九一)には犬猫鼠に芸を仕込む事が禁止され(令条 四九五)、元禄八年(一六九五)には小猫を車で轢き殺した者が牢に入れられている(甘露叢)。この頃の話として、井原西鶴は大阪に「猫の蚤取り屋」のいた事を記しているが(西鶴織留)、真偽の程は明らかでない(骨董集)。犬猫に芸を仕込む事の禁令は、他の生類憐み令とともに綱吉の死後直ちに解除され、享保二〇年

（一七三五）には犬猫鼠の曲芸が名古屋大須門前で興行されている（見世物研究）。『本朝食鑑』は詳しく猫の生態等を記した後、「其の純黄毛、純黒毛最も妖を作す。惟暗処に於て手を以て逆に背毛を撫れば則ち光を放ちて火の点ずるが如し。是れ佐を為す所以也」と猫の背を逆に撫でると静電気が発生する事を怪異の証拠としている。猫の怪異については江戸時代の随筆『耳袋』、『閑窓自語』、『半日閑話』、『兎園小説』、『中陵漫録』、『甲子夜話』ほかに数多く記されている。また怪異ではないが、宝永二年（一七〇五）には二頭六足二尾の仔猫が生まれたことが記録されている（塩尻）。『本朝食鑑』は以上のほか、菜部の木天蓼《またたび》の中でその若葉及び実について「猫常に之れを喜びて此の樹を視て身を以て樹に着け、摺摩顚倒す。（中略）或は曰く、猫病て死に向ふ時、天蓼汁を与ふれは忽ち甦と」と記し、『和漢三才図会』にも同様の記事が見られる。また幕末の『譚海』も「また、びを火に焚ときは、香の至る所の猫ことごとく烟をしたひきたり、火辺に展転俯仰し、狂気したるがごとく涎をたり正体を失ふ」と記している。

猫が輸入された記事は少ないが、宝永年間に成立した西川如見の『華夷通商考』には、我が国に舶載されたと見られる動物名とその産地が記されており、その中に「土豹《おおやまねこ》、野猫、花猫《みけねこ》、麝香猫」の名が見られ、『中陵漫録』六に「阿蘭陀の猫は、総て虎の毛のごとし。黒白及三毛ならば、さらに只虎毛の一種にして尤大に、尾も長くふつさりとして甚だ見ぐるしきものなり」とあるので、一般の家猫も江戸時代には度々持ち込まれていたものと思われる。江戸末期の『愚雑俎』には「舶来の猫の胤の残れるをから猫といひて、源氏物語などに見えたる是なり。今京都に畜《かう》物は大体唐猫なり。大阪に飼ものは和種多し。其証京師のものは尾長し、浪華のものは尾短し、尾の長短によって見分べし」と記されている。明治初期に来日したチェンバレンも『日本事物誌』の中で、日本の猫の尾が短い事を指摘している。猫が大量に死んだ記事は文化四年（一八〇七）に見られ（武江年表）、この年には本所回向院だけで六百四以上の猫が葬られたといわれている（一話一言）。一方『慊堂日暦』には江戸末期に猫鼠禽鳥の病気を治す猫医がいた事が記されており、天保元年（一八三〇）には梅川重高が『猫瞳寛窄弁』を著して、猫の瞳孔が時間と共に変化する事を記しているが、同様の現象はすでに『大和本草』に「朝昼暮ニ其眼睛ノ形カハル」と指摘されている。

現在我が国に生息しているヤマネコはツシマヤマネコとイリオモテヤマネコの二種だけで、このうちイリオモテヤマネコは昭和四〇年（一九六五）に新種として発表されたものである。しかし享保四年(一七一九)に新井白石は『南島志』の中で「畜獣は則ち烏牛(即水牛)犬豕麋鹿之属皆有らざる者無くして、虎豹犀象無し、亦異色の猫を産す」と記している。この異色の猫がどのようなものか明らかでないが、イリオモテヤマネコであった可能性もある。一方ツシマヤマネコについては江戸時代から知られており、享保二〇年(一七三五)丹羽正伯が諸藩に命じて領内の産物を書き出させた際の『対州井田代産物記録』獣類の中に、「猫、大和本草獣類に言猫」とは別に山猫があり、上記の『産物記録』の資料として用いられたと見られる『八郷産物覚帳』に資料の欠けている峯郷を除いて、佐護郷、佐須郷、仁位郷、豊崎郷、伊奈郷、三根郷の六郷から山猫が報告されている。従って徳川中期には少なくとも対馬では、広くその存在が知られていた事がわかる。幕末の高木春山は『本草図説』の中に筑前産の山猫の図を載せ(図332)、「文政戌(九)年同国ヨリ写シ来ルモノト云フ」と注記しているが、続けて「下野高原及陸奥会津山中ニモ有之山猫ト云フ」とあるのは誤りである。嘉永四年(一八五一)に江戸西両国広小路で虎の見世物が興行されているが(藤岡屋日記)、その口上に「是ハ対州の深山ニて生どりし山猫の由、彼国ニても珍敷ものなる(よ)し、至って猛き獣なり、鳥の生餌計喰し候よし」とあるので、虎ではなくツシマヤマネコであったことがわかる。この時の落首に「山猫かともあれ猛き獣をどこの山でかよくとらゑたり」とある(藤岡屋日記)。以上のほか外国産のヤマネコが文化一〇年(一八一三)に舶載され(長崎図巻他)、一三年(一八一六)には名古屋大須門前で見世物となっている(猿猴庵日記、見世物研究)。

図332　ツシマヤマネコ(本草図説)

四一、ネズミ類　鼠

ネズミはその種類が多く、また個体数も哺乳類の中で最も多い。現在我が国の本土に生息している鼠の主なものは大型のドブネズミ、クマネズミと、小型のハツカネズミ、ハタネズミ、ヤチネズミ等、十数種程のもので、このうちドブネズミ、クマネズミは我が国の在来種ではない。これらがいつ我が国に渡来したかについては意見が別れており、考古学上の知見からすると、縄文時代晩期から弥生時代後期にかけてと見られている（古代遺跡発掘の脊椎動物遺体）。ただし弥生時代後期の登呂遺跡から出土した鼠の骨はハツカネズミのものばかりで（登呂　本編）、ドブネズミ、クマネズミの骨は出土していない。大化元年（六四五）、白雉五年（六五四）、天智五年（六六六）と鼠が大量に移動した記事があり（紀）、遷都の前兆と見られているが、こうした行動をとるのは人家に棲み着いたクマネズミだけで、この頃にはすでに我が国に入っていたものと見られている。『日本書紀』天智元年（六六二）四月に「鼠、馬の尾に産む」と記されているが、これは十二支に基づいた比喩で、子（北）が午（南）に勝つ事を意味し、北の唐・新羅によって南の高麗が討たれる事の前兆として記されたものといわれている。同様の比喩は後の平家滅亡の際にも用いられている（源平盛衰記）。神亀三年（七二六）を始めとして寛平九年（八九七）までの間に七回にわたって白鼠献上の記事が見られるが（続史、紀略、文徳）、『延喜式』では白鼠は祥瑞にあげられていない。

ハタネズミは農作物の害獣として知られており、宝亀六年（七七五）四月の河内・摂津、七月の下野の鼠害（続紀）はいずれもハタネズミによるものと考えられている。鼠の害にはこのほか器物の囓損があり、嘉祥三年（八五〇）（続後）、貞観四年（八六二）、一七年（八七五）、元慶五年（八八一）（三実）、承平二年（九三二）（略記）等に被害を受けたことが記録されているが、これはクマネズミあるいはドブネズミによるものと思われる。延喜一三年（九一三）には皇居内に鵄《とび》が飛び入って鼠を捕えて行った記事が見られ（紀略）、『枕草子』は「一五五　むつかしげなるもの、（中略）ねずみの子の毛もまだ生ひぬを、巣の中よりまろばし出でたる」としている。これらは鼠が身近かに多かった事を示すものであろう。平安時代の『倭名類聚抄』に「穴居する小獣にして種類多き者也」とあるので、この頃には鼠に多くの種類が知られていた事がわかる。また万寿二年（一〇二五）に藤原実資の娘が鼠に咬まれた際の治療法として「猫矢灰（猫の糞の黒焼）」をつける事とされているので（小右記）、鼠の害を防ぐのに猫が有効である事も知られていた事がわかる。『古今著聞集』「七〇八伊予国矢野保の黒島の鼠海底に巣喰ふ事」には、安貞の頃（一二二七―二九）伊予国黒島で鼠が網にかかった話が載っており、同様の話は江戸時代の延宝七年（一六七九）に奥州津軽領の海でも記録されている（玉滴隠見、一話一言四八）。海中を遊泳する事の出来る鼠はドブネズミ以外には考えられず、黒島の付近の宇和島周辺では、現在もしばしばドブネズミの異常発生が報じられている。『新修鷹経』は鼠を鷹の餌としているが、『聾盲記』は薬種としている。鼠を薬とする事は『本草綱目』に記されており、中国伝来の処方と思われる。

鼠の被害に関する記事は中世に入っても続き、文明一〇年（一四七八）には皇居の北の対の鼠の穴をふさいだ記事があり（言国卿記）、永正四年（一五〇七）の『本朝通鑑』には「武蔵相模鼠多く、形蝦蟇に似て尾無し」とある。恐らくこの鼠はハタネズミであろう。家鼠の大敵はいうまでもなく猫であるが、『お伽草子』の中の「猫のさうし」には「あらざらん此世の中の思出に今一度は猫なくもがな」、「じゞといへば聞耳たつる猫殿の眼のうちの光恐ろし」といったざれ歌が載っている。このほか鼠を捕る道具に鼠取りがあり、天文九年（一五四〇）の『鹿苑日録』には「大鼠六鼠取りに懸る」と見えている。当時の鼠取りがどのようなものであったか明らかでないが、江戸時代の『本朝食鑑』は「地獄墜、弓掠、鼠篭」をあげ、『和漢三才図会』は「ねずみおとし　和名なゆみ、おし」としている。元亀元年（一五七〇）の『御湯殿の上の日記』によると、宮中では鼠狩りも行われている。江戸時代に入って五代将軍綱吉の時代は生類憐み令で知られているが、さすがに鼠を殺した事によって処罰された話は見られない。ただし犬・猫と共に鼠に芸を仕込む事は禁止されている（令条四九五）。当時動物に芸を仕込むけだもの遣いとして、湯島天神前の水右衛門が有名であり（江戸惣鹿子）、この時期日本に滞在していたケンペルは『日本誌』の中で、「馴らされた二十日鼠は、いろいろの芸をやる」と記している。ハツカネズミ（廿日鼠）は『和名類聚抄』によると「和名阿末久《あまく》知祢須美《ちねずみ》」とあり、古くは甘口鼠と呼ばれていた事がわかる。ハツカネズミの語源は、この甘口を何時しか廿日と誤写したとする意見と、廿日で仔が産まれるためとする二つの説がある。ハツカネズミには日本の在来種のほかに、中国から輸入されたナンキンネズミがあり、『珍翫鼠育草』によると、承応三年（一六五四）隠元禅師によって我が国にもたらされたとされているが、その根拠は不明である。ナンキンネズミの飼育は明和年中（一七六四―七一）に流行し始め（武江年表）、最初は眼の色の赤い白鼠だけであったが、やがて藤色鼠・ぶち鼠・熊毛鼠等といった変りものが現れ（藤岡屋日記、梅翁随筆）（図333）、上記の『珍翫鼠育草』のほか『養鼠玉のかけはし』といったハツカネズミ専門の飼育書が出版されている。これより以前『本朝食鑑』は純白または斑白の鼠を大黒天の使として珍重した事を記し、『塩尻』拾遺八八にも眼の赤い白鼠の話が載っているが、これらはドブネズミあるいはクマネズミの白変種であろう。

図333　ハツカネズミの変種（珍翫鼠育草）

鼠の被害は江戸時代中期以降も続き、『半日閑話』四、『甲子夜話』二一―二二に寛政三年（一七九一）の大垣領の被害が記されており、安政二年（一八五五）には出羽国でハタネズミが異常発生して田畑に被害を及ぼし、三五万七千余匹を殺したが少しも減少したとは見えなかったと記されている（安政見聞録）。鼠を退治する方法には鼠取りのほかに毒餌があり、橘南谿の『東遊記』後編二―四四には天明五年（一七八五）の出来事として、マチン（ストリキニーネ）を用いて鼠を殺した話が載っている。安政四年（一八五七）には京都で鼠取薬の販売が禁止されているが（京都町触七三五）、これは恐らく石見銀山の鼠取りと呼ばれた砒石であろう。石見銀山は江戸でも販売されており、その様子は『絵本江戸風俗往来』に「岩見銀山鼠取受合」として記されている。『北窓瑣談』後編に鼠の肛門を縫い塞いで放すと、発狂してその家のほかの鼠をすべて喰い殺すとしているが、実際に行われたのであろうか。鼠の穴をふさぐ方法も色々に工夫されており、『中陵漫録』一一に「塞二鼠穴一法」として、「鼠は甘草、煙草を忌む。又藤荚を末して泥に和し、鼠穴を塞ぐ時は、再穿つ事なし」とある。寛文八年（一六六八）江戸城本丸の大奥が類焼した原因として、『明良洪範』は「御台ドコロハ常ニ鼠ヲ嫌ハセ給ヒテ、天井上ヘアザミヲ積置セラレシニ、夫ヘ火移ケレバ、防ガント思ヘド、云々」と記している。

鼠は極めて繁殖力が強いところから、我が国では複利的に増加する事を鼠算と呼んでおり、和算の書『塵劫記』には「ねずみざんの事」が記されている。またその影響であろうか、『毛吹草』にも「ねずみ―算用」の付け合いが見られる。『兎園小説』九は文政八年（一八二五）奥州伊達郡で見られた「鼠の怪異」について、「いと年ふりて大きなる鼠のおなじ程なるが、その数九つ尾と尻とつき合せて、わらふだの如くまろくなりつゝ、云々」と記している。こうした現象は古くから知られており、『倭名類聚抄』は「和名豆《つ》良《ら》祢《ね》古《こ》」として「小鼠相銜て行く也」としている。『訓蒙図彙』、『和漢三才図会』にも同様の記載が見られ、『本草綱目啓蒙』も「小鼠尾を啣み多く連行し、あるいは遠所に移ゆく、（中略）方言七郎ネズミ」と記している。鼠の利用法には上記の薬用、愛玩用のほかに、鬚が毛筆として用いられ、『本朝食鑑』は兎の項で「本邦筆を製する者、兎毫及び鹿羊狸毛鼠鬚を用ふ」と記し、『大和本草』は「鼠ノ鬚ヲ筆トスツヨシ」とし、『消閑雑記』は有名な王義之の「蘭亭序」は鼠の鬚の筆で書かれたものとしている。

四二、ノロ、キョン　麞、獐

ノロ、キョンは通常の鹿よりはるかに小型の鹿で、中国大陸に広く分布しており、洪積世時代には我が国にも分布していたが、縄文草創期までには絶滅している（日本の考古学）。

図334　キョン（唐蘭船持渡鳥獣之図）

この両者は我が国では「小人島の鹿」とか「小人鹿」と呼ばれており、『本草綱目啓蒙』は麞の項で「和産なし、舶来のコビト韋《かわ》と呼もの此獣皮なり」としている。幕末の『我衣』は「正徳の頃（一七一一―一六）まで、革足袋両種あり、小人皮（割註・ウスシ）唐皮也、はだへこまかにして、革もやはらか也、（中略）シャム革足袋渡り革なり、小人より厚く、やわらか也」としている。これらの皮は唐船・オランダ船によって大量に輸入され、足袋ばかりでなく、羽織、袴など様々な皮細工の材料として用いられている。ノロ、キョンは江戸時代に生きたものも舶載され、水戸光圀によって飼育された記録があり、『桃源遺事』は「常陸山中に放さしめ玉ふといひ傳ふ」としている。天保四年（一八三三）には様々な珍禽異獣が舶載されたが（甲子夜話続篇九七―七）、その中の小型の鹿はノロやキョンではなく、磯野氏等の指摘によるとマメジカとされている（舶来鳥獣図誌）。

四三、バク　貘

バクには東南アジア原産のマレーバクと、南米産のアメリカバクの二種が知られている。我が国には天保五年（一八三四）にアメリカバクと見られるものが舶載されており、『天保雑記』に「天保五年阿蘭陀船ヨリ渡来ル猛獣、出所アメリカ国ノ産、石猪一名貘、蛮名ヘンデレキゴロートメイル云々」と記されている。しかしこれ以前のバクに関する知見は、すべてマレーバクに関するものと見て間違いあるまい。バクがいつ頃我が国に紹介されたのか明らかでないが、最初は仏教画の画本によるものと思われ、『鳥獣人物戯画』乙巻の末尾にバクの図が描かれている。ただしこの図は極めて粉飾されたもので、現物の写生画とはほど遠い。貘は『本草綱目』に見られるが、それを紹介した『多識編』は「志《し》呂《ろ》岐《き》那《な》加《か》豆《つ》加《か》美《み》」即ち白豹の事としているので、その実態については全く知られていなかったものと思われる。『大和本草』は『本草綱目』を引用した上で、「日本ノ俗、貘ハ人ノ悪夢ヲ食トテ枕ニ絵カク。然トモ中華ノ書ニテイマタ見ズ云々」と貘が悪夢を食うという俗信が中国書には記載されていない事を記しているが、『和漢三才図会』は比較的正確な貘の図を載せ、貘皮の条で「其形を圖くも亦邪を避く、唐の世には多く貘を畫て屏風を作る」としている。貘が悪夢を食うという言い伝

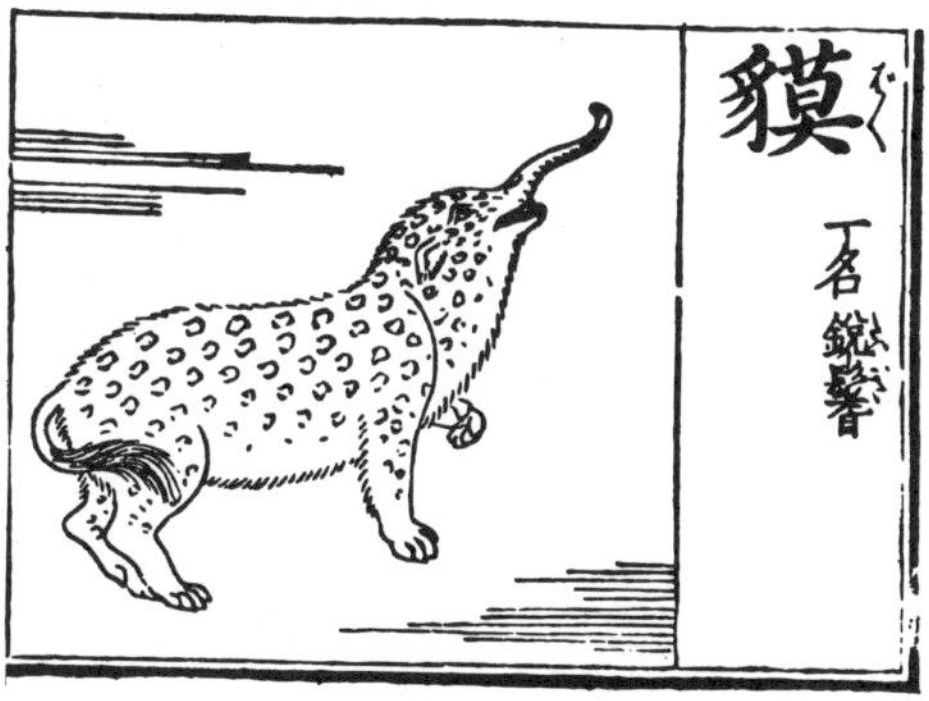

図335　バク（訓蒙図彙）

えは、こうした中国の邪を避けるという伝説に由来するものであろう（日本歳時記）。江戸城内の将軍の寝所の枕もとの長押にも、獏の絵が掛けられていたといわれており、『嬉遊笑覧』八によると「或人云、今内裏より堂上がたに賜はる舟の獏字は、後陽成院宸翰を刻させ給ふとなり、云々」と宮中の年末行事として、帆に獏という字を書いた初夢の宝船の絵が下賜された事を記している。『本草綱目啓蒙』は「骨至て堅き者故、此骨を以仏舎利に偽ると云」と記している。

四四、ハクビシン　白鼻芯

ハクビシンはジャコウネコ科の動物で、中国大陸から東南アジアにかけて広く分布しているが、我が国で発見されたのは昭和二〇年代に入ってからの事である。そのため我が国の在来種であるのか、いつの時代にか我が国に舶載され自然繁殖したものか、現在まだ結論が出されていない。しかし猟師の間ではハクビシンは雷獣と呼ばれ、明治時代から毛皮獣として捕獲されていたといわれているので、江戸時代に多くの記録を残している雷獣との関係が注目されている。江戸時代に雷獣と呼ばれた動物は、雷の落ちた場所に堕ちている所から名付けられたもので、当時の記録の中には絵図を付したものもある。そうしたもののうち、『震雷記』に載っている明和二年（一七六五）相州雨降山で捕えられた雷獣は「其貌鼬に似て甚大色少し黒く、長さ頭より尾に至り二尺五六寸許」とあり、「真を映した」とする絵図では鼻筋から前額にかけて白斑が描かれていてハクビシンとよく似ている。また『類聚名物考』に記載された明和八年（一七七一）の雷獣も「狢に似て胸より腹の体鼯のごとし、額通毛白く、鼻のさき野猪にひとし、（中略）鼻先より尾筒際迄二尺五寸余、尾の長さ七寸五分、（中略）四足爪鷲の如く、長さ九分、餌、蛇螻蟇蛛を食ふよし、云々」とあり、その形状はハクビシンと極めてよく一致している。しかしすべての雷獣がハクビシンと一致しているわけではなく、中には荒唐無稽なものも多い。雷獣はまた木狗《くろんぼう》とも呼ばれ、『本草綱目啓蒙』の木狗の項には「又江戸にて雷獣と呼ものあり、云々」とあり、『紀伊国続風土記』木狗には「俗に雷獣といふ」としている。『塩尻』巻三六に載っている「木狗の図」は、宝永七年（一七一〇）七月名古屋の真福寺で見世物となったもので、「大サ小狗の如くにして長し、喙尖り足矮、其せい六寸余、長サ尺数寸に過ず、尾は猫に似て長サ身とひとし、毛黒くして眼上少し白毛あり、身灰色の筋をなせり。（中略）竹木に登る事甚速か也」と記されている。図は稚拙であるがハクビシンの特徴をよく表現

図336　ハクビシン（唐蘭船持渡鳥獣之図）

している。ただしこの木狗は舶載されたものか、あるいは我が国のどこかで捕獲されたものかは記されておらず、その出所は不明である。江戸時代には各種の動物が舶載されており、その中にはハクビシンと思われるものも含まれている。『長崎渡来鳥獣図巻』、『外国珍禽異獣図』には天保四年（一八三三）オランダ船によって舶載されたボルネオ産のヲンベケンデテイル（異獣）の図が載っているが、これは天保四年の「オランダ風説書」に記載されている「山猫之類一疋」か「麝香猫五疋」の中の一疋を描いたものと思われ（甲子夜話続篇九七―七）、『舶来鳥獣図誌』はこれをハクビシンとしている（図336）。麝香猫は中世以降しばしば舶載されており、西尾市岩瀬文庫の『阿蘭陀持渡ムツクリヤカット之図』の「ムツクリヤカット」（麝香猫）もハクビシンと思われるので、麝香猫の中にハクビシンが含まれていた可能性は否定できず、江戸時代に雷獣と呼ばれた獣が、そうしたものの脱走・繁殖したものであった事は充分に考えられる。

四五、ハリネズミ　針鼠、猬

ハリネズミは名前が示すように、背面に鋭い針を密生したモグラに近い動物で、我が国には生息していない。しかし正倉院薬物の中に猬皮があり（種々薬帳）、『本草和名』、『倭名類聚抄』は「和名　久佐布《くさふ》」とし、『倭名類聚抄』は「豪猪に似て小さき者也」としている。『本草綱目』によると、その皮を細かく刻んで黒焼にしたものを諸薬に入れるとしており、その薬効について『甲子夜話続篇』三五―四は『本草綱目』を引用して「五痔、陰蝕、下血、赤白五色、血汁不止を治す」としている。また幕末の『弘賢随筆』は、岩崎常正の記述として「ハリネツミ（中略）形鼠の如く毛は皆刺にして

図337 ハリネズミ（唐蘭船持渡鳥獣之図）

豪猪に似たり。近ころ聞しに庭中などヘイタチ来りて魚を捕るに、この猬皮を下け置は且て来る事なしと云り」と記している。このようにハリネズミの皮は古くから輸入されて来たが、生きたものが舶載された記録は、享保元年(一七一六)が最初で(本草図説)、次いで寛政一〇年(一七九八)(長崎図巻)、文化六年(一八〇九)に舶載されている(舶来鳥獣図誌)(図337)。『本草綱目啓蒙』は「先年水戸公生なるものを取よせ常陸山中に放たれしことありと云」としているが、これは『桃源遺事』によるとハリネズミではなく豪猪《やまあらし》の誤りである。

四六、ヒツジ　羊

我が国の史料で単に羊としているものには、羊と山羊とが混同されており、また山羊とあるものの中には現在のヤギのほかに羚羊《かもしか》が含まれている。山羊は中世以降は野牛と記されるようになるが、羊との区別は必ずしも厳格ではなく、『訓蒙図彙』、『和漢三才図会』に描かれた羊の図にはいずれも髯があり、山羊と思われる(図344)。ここでは本来の羊である綿羊についてのみ取り上げるつもりであるが、以上のような事情から一部山羊の記事が混入するかもしれない。羊は『魏志倭人伝』に記されているように我が国には生息しておらず、そのため推古七年(五九九)には百済から(紀)、弘仁一一年(八二〇)には新羅から(紀略)、延喜三年(九〇三)、承平五年(九三五)(紀略)、天慶元年(九三八)には唐から貢進されている(本世)。和銅四年(七一一)上野国に建郡された多胡郡の建郡の由来を記した碑文に「給レ羊成二多胡郡一」とあり、この羊は人名であるとする意見が有力であるが、動物の羊と見る事も否定出来ないのではあるまいか。『正倉院宝物』の中には羊の文様を描いたものが見られ、正倉院薬物の中には羊の脂が含まれている（種々薬帳）。貞観一二年（八七〇）には小野春風が、父右雄が弘仁四年（八一三）の蝦夷征討の際に着用した羊革甲の返還を願い出て許可されているが（三実）、甲というよりは防寒具として用いたものと思われる。国史大系本の『延喜式』民部下の交易雑物には、武蔵国の条に「履料牛皮二枚」とあるが、原本には「羊皮二枚」とあり、『工芸志料』はそれを引用して「当時羊を外邦より輸さしめて牧養せしこと、以って見るべし」としている。これらの記事は、平安初期にすでに東国で羊を飼育していた事を示すものではあるまいか。『延喜式』には以上のほか大膳上の釈奠祭料に「羊脯十三斤八両」があるが、これは割註にあるように鹿脯で代用されている。羊の輸入はその後も長徳二年（九九六）（紀略）、承暦元年（一〇七七）（略記）、承安元年（一一七一）（百錬抄）、文治元年（一一八五）（玉葉）と続き、『玉葉』はこの羊について「其毛白きこと葦毛の如く、好んで竹葉枇杷等を食ふと云々、又紙を食ふと云々」と記している。竹や枇杷の葉を好んで食べるとあるので、ヤギかとも思われるが、羊（またはヤギ）が紙を食べる事を記したのはこれが最初であろう。承安元年に平清盛が献じた羊は悪疫流行の原因と見なされて返却されている（百錬抄）。

図338　緬羊（明治８年輸入博物館動物図）

中世には応永二三年（一四一六）に宮中に献じられた白羊を見た記事があるだけであるが（看聞）、豊臣秀吉によって朱印船貿易が開始されると、再び羊が舶載されるようになり、『因幡民談』によると、「亀井殿は鸚鵡・孔雀・驢馬・野牛・麝香の猫・羊迄も舟に積みて取寄せらる云々」とあり、驢馬と野牛《やぎ》とは寛永の頃まで生き永らえたと記されているが、羊についての消息は不明である。慶長一六年（一六一一）にはポルトガル船によって緬羊が舶載され、将軍に献上されている（ピスカイノ）。元禄二年（一六八九）徳川綱吉は生類憐み令に関連して、獣肉食の食穢を制定し「豕犬羊鹿猿猪七十日」としている（寛保集成九五三）。当時羊が広く食料とされていたとは考えられないが、元禄三年（一六九〇）に来日したケンペルは『日本誌』の中で「羊や山羊は、往年ヨーロッパ人が平戸へ持って来て、平戸では今でもなおその種属を育てている」と記しているので、当時平戸では羊が飼育されていたものと思われる。同時代の徳川光圀は羊・綿羊その他を飼育していたとされており（桃源遺事）、『本朝食鑑』は「惟、一両公家之れを牧て数十頭に至る。故に人も亦之れを食する者の希れなり矣、儘《まま》之れを食する者の有りて謂ふ、肉軟かに味美にして能く虚を補ふと」と記している。享保二年（一七一七）、三年（一七一八）伊豆大島から羊が献上されているが（七島巡見志、大島浦竃百姓証文）、これは大島で自然繁殖した山羊の事であろう。

明和八年（一七七一）平賀源内は我が国で初めて毛織物を織る事に成功して国倫織《くにともおり》と命名しているが、用いた羊毛は彼が長崎留学の際に手に入れた綿羊からとったものといわれている（平賀源内）。源内の師匠の田村藍水が安永四年（一七七五）幕府に上申して、長崎の吉雄幸左衛門から綿羊二頭を手に入れたのは（田村藍水・西湖公用日記）、この源内の成功に刺激されての事ではあるまいか。その後幕府も綿羊の飼育に力を入れるようになり、寛政一二年（一八〇〇）には長崎で

（物産年表）、文化年間（一八〇四—一七）には江戸で飼育が試みられ、その毛を用いて毛織物の紡績が行われている（大日本農政類編）。薩摩藩もこれより先、中国から綿羊を取り寄せて放牧を行っており、天明二年（一七八二）に同地を訪れた橘南谿は、『東西遊記』の中で「隅州の内にはやぎの牧ありて、多く育てりという」と記しているが、この「やぎ」はヒツジの事で、同時期薩摩を訪れた佐藤中陵は「近来唐土より来る白き羊也。惣身に白毛を出す。長さ二尺余、時々切取て羅紗毛織物の類に製成す」としている（薩州産物録）。ただし薩摩藩の試みは成功しなかったのか、文政元年（一八一八）に江戸巣鴨で幕府の紡績の講習を受けている（博物年表）。『観文獣譜』も「さいのこま、綿羊」について「官に養ふ所を親しく観るに、大さ牝鹿の如にして頭小く身大なり。（中略）其毛を採て羅紗を織を見に、舶来に違ふ事なし」と記している。嘉永五年（一八五二）に初めて北海道で羊の放牧が行われるが（博物年表）、安政元年（一八五四）とする説もある（大日本農政類編）。この頃には佐賀、南部でも飼育が試みられ（物産年表）、安政五年（一八五八）には再び長崎で飼育されている（長崎略史）。このように江戸末期には多数の綿羊が輸入され、各地で飼育が試みられているが、それ以前には一般の者は余り目にする事が出来なかったのであろう。安永

五年（一七七六）にはラシャメンと名付けて江戸で見世物となり（見世物研究）、平賀源内も『放屁論』後篇の中でそれに触れている。また『見世物研究』によると寛政年間（一七八九―一八〇一）には江戸両国その他で、羊と女の相撲が興行されている。

四七、ヒョウ　豹

ヒョウは洪積世には我が国にも生息していた事が知られているが、縄文時代草創期までには絶滅し（日本の考古学）、それ以後は『魏志倭人伝』に見られるように「其の地には（中略）虎・豹・羊・鵲無し」といった状況になる。それにも拘らず『本草和名』、『倭名類聚抄』が豹を「和名奈加都加《なかつか》三《み》」としているので、平安以前から我が国でよく知られていたものと思われる。推古一九年（六一一）菟田野で薬猟が催された際には、大仁、小仁は豹の尾の髻花《うず》をつけたと記されているので（紀）、豹の皮はこれより以前に相当数が輸入されていたものと思われる。この後、朱鳥元年（六八六）には新羅から（紀）、天平一一年（七三九）（続紀）、貞観一四年（八七二）には渤海から豹皮が献上されている（三実）。霊亀元年（七一五）には六位以下の者が虎、豹、羆の皮を鞍や横刀帯に用いる事が禁止されているが（続紀）、この規定は『延喜式』弾正台では「但し豹皮は、参議以上及び非参議三位に之れを聴す」と改められているので、虎皮よりも豹皮の方が上位に位置づけられていた事がわかる。『延喜式』ではこのほか治部省祥瑞で「赤豹」を中瑞としている。『百錬抄』寛治二年（一〇八八）に「宋人張中、献ずる所の竹豹云々」とあるが、これは普通のアジアヒョウではなく、ウンピョウあるいはユキヒョウの事であろうか。豹の絵は『鳥獣人物戯画』乙巻に見られ、このあと虎とともに日本画の画題の一つとなり、障壁画その他に幾多の傑作が残されている。中でも京都南禅寺の狩野探幽の障壁画「群虎図」は有名で、一〇頭の虎と三頭の豹とが描かれているが、当時は豹は虎の牝と考えていたともいわれている。

中世に入ってからも豹皮の献上は続き、永享六年（一四三四）には唐使により（善隣国宝記）、宝徳元年（一四四九）には高麗国から（康富記）、寛正元年（一四六〇）には朝鮮国から贈られており（後鑑）、朝鮮の役に際しては、文禄四年（一五九五）に吉川広家から秀吉に献ぜられている（吉川家譜）。役後、慶長七年（一六〇二）には交趾から家康に生きた虎（虎とあるが豹の事である）、象、孔雀が贈られ（当代記）、この豹と象とは家康から大阪城の秀頼に贈られている（関ヶ原軍記)。慶長八年(一六〇三)年始のために大阪城を訪れた西洞院時慶は「大阪城に於て生豹象を一見候、奇意(異カ)の義也」と記している(時慶卿記)。徳川時代に入ると朝鮮との国交が回復し、我が国の将軍の代替りの際に朝鮮信使が来訪するようになり、その時の献上品の中には必ず虎皮とともに豹皮が含まれている(実紀)。豹皮の贈答記事は以上の他に元和八年(一六二二)、天保一四年(一八四三)にも見られる(実紀、続実紀)。

ヒョウには通常のヒョウのほかにクロヒョウが知られている。新井白石は『采覧異言』の中で、マラッカの山中には黒虎がおり、虎よりやや小さいと記しているが、これは虎ではなくクロヒョウであろう。しかしクロヒョウあるいはその毛皮が舶載された記録は見られない。また『中陵漫録』六の「蓄産の猫」に記されている「セイロン国より持来る猫」は虎とあるが、ヒョウに極めて近いスナドリネコの事であろう。文政一〇年(一八二七)朝鮮の釜山浦で捕えられた虎の仔二頭は、実は豹の仔で(甲子夜話続篇二二―一五)(図339)、その中の一頭は翌一一年(一八二八)平戸に舶載され、日本各地で金銭豹と呼ばれて見世物になったが(見世物研究)、天保元年(一八三〇)四月に名古屋で見世物となった後(見世物雑志)伊勢国松阪で斃《たお》れ、皮を剝がれ、肉が食べられている

図339　ヒョウ(甲子夜話続篇)

(桃洞遺筆)。金銭豹という名前の由来は『本草綱目啓蒙』に「その黒斑小にして円に、中は空くして環の如し、故に金銭豹と云」とある。生きた豹の舶載はこのあと万延元年(一八六〇)にも見られるが、これはアメリカから舶載されたとあるので(武江年表)、アメリカヒョウのジャガーの可能性が強い。文久二年(一八六二)に大阪の難波新地で見世物となったのは(見世物研究)この豹ではあるまいか。

四八、ブタ　豚、豕

ブタは猪を食用獣として家畜化したもので、中国では紀元前二千年頃から飼育されており、六畜（牛・馬・羊・豚・犬・鶏）の一つに数えられている（倭名抄）。我が国では猪は現在のイノシシとブタの両方に用いられており、両者を区別する場合にはイノシシは野猪または山猪、ブタは家猪と記すべきであるが、そのように厳密に使い分けられている例は少なく、史料に見られる猪がイノシシを意味するのか、ブタを意味するのかは判断し難い場合が多い。猪は縄文時代には主要な狩猟獣の一つであったが（縄文食料）、弥生時代に入ると飼育されていたのではないかと見られる遺物が出土するようになり（貝塚の獣骨の知識）、有史時代に入るとそれを裏付けるかのように、猪甘津、猪養野といった名称が見られるようになる（→497頁）。養老二年（七一八）に卒した筑後守の道《みち》君首名《おびとな》の卒辞の中に「下鶏肫《しゅん》に及ぶまで皆章程有りて、云々」と鶏と肫（豚）とが飼育されていた事が示されており（続紀）、最近の考古学界では発掘された古代の猪骨の多くのものはブタとする意見が多い（古墳時代の研究三―五）。しかしこのように古代から行われて来た猪あるいは豚の飼育は、仏教思想の浸透にともなって、養老五年（七二一）には飼育された猪が放され、天平二年（七三〇）にはその殺害が禁止されている（続紀）。豚または豕は『延喜式』大学寮の釈奠の際の三牲として、「大鹿。小鹿。豕各五臓を加ふ」、「豚胉五合」と規定されており、六衛府が準備する事になっているが、これは中国の規定をそのまま取り入れたもので、我が国では豚ではなく猪が用いられたものと見られている。

『本草和名』は豕を「和名　布留毛知乃為《ふるもちのゐ》」とし、『倭名類

図340　ブタ（長崎聞見録）

聚抄』は豚を「豕子也」としている。また『新修鷹経』では鷹の餌として馬、豕、兎、鼠等の肉を用いるとしているが、この豕も恐らく猪の事であろう。一四世紀後半に成立したと見られる『庭訓往来』の五月状返信の初献の料に「豚の焼皮」とあるが、これも初献の料の中に古くから食料とされて来た猪が含まれていないので、豚ではなく猪を指すのではあるまいか。また長禄元年（一四五七）に成立した『拾芥抄』には、各種の合食禁（食い合わせ）が載っており、その中に「大豆と猪」、「芹と猪肝」、「鮎と野猪肉」とあり、猪と野猪とが区別されているが、ここにある猪肝は家猪即ち豚の肝とは思われない。しかし南蛮貿易が行われるようになった中世以降になると、『大草家料理書』に「鯛の苔焼」に続いて「同南ばん焼は。油にてあぐる也。油は胡麻またはぶたの間（油カ）てあぐるなり」とあり、明らかに豚の脂（ラード）が料理に用いられるようになる。

慶長元年（一五九六）土佐国に漂着したイスパニア船の積荷の中に豚が含まれていたのは、豚が我が国に舶載された最初の記録であるが（天正事録）、同船が出港する際に秀吉から米、鶏の他に豚二百疋が贈られているので（太閤記）、この時期にはすでに我が国で豚が飼育されていた事は明らかである。またこの出来事を記した『太閤記』に豚を仮名で「ぶた」と記しているので、この時期にすでにブタという呼び名が通用していた事も明らかである。ほぼ同時代の『奥羽永慶軍記』にも高橋弾之助という男について「あまり肥え脹れしゆえ豕という獣に似たりとて豕《ぶた》之助と名づけしを、義光文字を改めて、武太之助と戯れける」とあるので、ブタという呼び名は東北地方にまで知れ渡っていた事がわかる。慶長一八年（一六一三）我が国を訪れたセーリスは『セーリス日本渡航記』の中で、日本人が「馴れた豚や小豚を彼らは非常に豊富にもっている。云々」と記しており、寛文元年（一六六一）台湾救援に赴いたオランダ船には、米、雑穀の他にハム二七〇個、豚七七頭が長崎で積み込まれている（バタビア城日誌）。寛文一一年（一六七一）に成立した向井元升の『庖厨備用倭名本草』には「牛馬猪羊鶏犬ハ上古ヨリ人家ニ是ヲカフ。故ニ六畜ト云フ。中古ヨリ又鷹ト鴨《アヒル》トヲカフ。吾国ハ古ヘハ猪羊鴨ノ三畜ナシ。近古ヨリ是ヲカフモノ多シ。然トモ猪鴨ハ多ク、羊ハカフモノ稀也」と記されているが、猪とあるのはいうまでもなく家猪で豚の事であろう。貞享元年（一六八四）に出版された『雍州府志』にも、京都では冬になると野猪、家猪、狼、兎等の肉が販売されたとあるので、この頃には豚肉が広く食べられるようになった事がわかる。ただし元禄三年（一六九〇）に来日したケンペルは『日本誌』の中で「豚は極めて少ない。豚は最初シナから輸入された。そして肥前で細々と農民によって飼育されている。信仰上、豚はほとんど食用に供されず、ただ毎年来るシナ人に売るだけである」と記している。徳川五代将軍綱吉の時代には、獣肉はもとより鳥類、貝類に至るまで食用が禁止され（令条四七五）、それに先立って出された獣肉食の穢《けがれ》を定めた「寛保集成九五三」では、豕は犬羊鹿猿猪と共に七〇日の穢とされている。

このあと相次いで出版された『本朝食鑑』、『大和本草』、『和漢三才図会』等は、いずれも猪、豕の和名をブタとしており、ブタという呼び名が定着した事を示している。『本朝食鑑』は「豬《ぶた》処々之れを畜ふ、多くは溝渠の穢を厭ふて也。豬能く溝渠庖厨の穢汁を喜んで食ひて、日日肥肫し、食物も亦至て寡くして之れを畜ひ易し。或は豬を殺して以て獒犬を養ふ、獒犬は獵を善くして公家毎に之れを既養す云々」と、豚を飼う目的が汚物の清掃や猟犬の餌であった事を記している。ただしこれ以後豚を食べた記事は数多く見られるようになり、天明八年（一七八八）長崎を訪れた司馬江漢は滞在中しばしば牛、豚、山羊、鶏等の肉を食べた事を記し（江漢西遊日記）、幕末の漢学者松崎慊堂も豚、牛、鹿の肉を食べたり贈答に用いている（慊堂日暦）。シーボルトも江戸滞在中の日記に「豚肉は江戸では珍重すべき食物である」と記している（江戸参府紀行）。『塩尻』拾遺三七には「牝猪の腋《わき》ばらより花腹とて腹わたをぬき其跡を縫合、鍋墨を油にときて塗などす。情慾を生ぜずしてよく肥肉多して食ふに好ためとかや。実に不仁の業にして我が国になき事なるよし」と豚の去勢について記しているが、恐らく長崎の外国人居留地での見聞に基づくものであろう。同様の記事は『中陵漫録』五にも「去猪子宮」として記されている。家畜の去勢は本土では行われていないが、『南島雑話』によると奄美大島では行われている。橘南谿は『西遊記』五―三八の中で、広島に家猪の多い事を記し、長崎でも見掛けるが広島程でないのは食料とするからであろうと述べ、『笈埃随筆』にも同様の記事が見られる。また『甲子夜話』一七―一四は豕の闘争の様子を記し、一七―一五では林述斎の実見談として「辛未西役の時、肥前呼子浦にて商家に畜へる豕を見しが、灰色にて顔面殊に違ひ、寿星の像の如し。耳の長大なる様子など尤奇状なりとぞ」と記している。この豚は恐らく中国系の桃園種と思われるが、これが珍種であったとすると、幕末に我が国で広く飼われていた豚は、顔面に皮皺のない中国系のものと思われる。文化六年（一八〇九）には広島から豚が伊勢詣をし（耳袋、近来見聞噺の苗）、嘉永二年（一八四九）には徳川慶喜が小金の猪狩にそなえて、邸内で豚を追い廻したことが記されている（徳川慶喜公傳)。なお『美味求真』によると、徳川慶喜は大阪滞在中に豚を食べたため豚一と渾名されたといわれている。

四九、ムササビ類　鼯鼠

ムササビとモモンガはいずれもリス科に属し、飛膜によって空中を滑走する事の出来る哺乳動物で、漢名はいずれも鼯鼠である。従って単に鼯鼠とだけあってその特徴が記されていない場合は、ムササビかモモンガか区別する事は出来ない。ここでは両者をムササビ類として一括して取り上げることとする。ムササビの骨は縄文時代の遺跡から出土しており(縄文食料)、ムササビを模したと思われる土製品も発掘されている(古代史発掘3)。『出雲国風土記』によると飛鼯《むささび》は出雲地方の各地に生息しており、『万葉集』には「一〇二八　大《ます》夫《らを》の高園山に迫めたれば里に下りける鼯鼠そこれ」とあり、『夫木和歌抄』にも「春日山夜深き杉の梢よりあまた落くるむささびの声」とあるので、古くから大和地方ではその存在が知られていた事がわかる。『本草和名』は鼺鼠を「和名毛《も》三《み》」とし、『倭名類聚抄』は「毛美、俗云無佐々比」としているので、「もみ」が正式の古名であったのであろう。治承二年(一一七八)安徳天皇御誕生の際に御枕に供薦された品物の中に、石燕、海馬、獺皮と共に「鼺鼠皮一枚」が含まれている(山槐記)。これは陶弘景の「神農本草経集注」に記された「世間ではその皮毛を取って産婦に持たせ、それで出産を容易にする」とあるのによったものであろう。『宇治拾遺物語』には「一五九　水無瀬殿むささびの事」として、水無瀬殿が大むささびを射とめた話が出ているが、中世の『就狩詞少々覚悟之事』によるとムササビは「射まじき鳥」とされている。『大和本草』はムササビを獣類としているが、『本草綱目啓蒙』は『本草綱目』に倣って禽類に数えている。『見

図341　ムササビ(訓蒙図彙)

世物研究』によると、江戸末期の文化元年（一八〇四）に名古屋で雷獣として見世物となったのはムササビであり、文政六年（一八二三）、一〇年（一八二七）にも名古屋、大阪で見世物となり、天保七年（一八三六）にはこれも名古屋で「白猿鳥」と名付けてムササビの見世物が興行されている（見世物雑志）。『兎園小説』二の「まみ穴、まみといふ獣の和名考云々」の条には「今も日光山のほとりにては、鼯鼠の老大なるものを、モモンクワァといへり」としているが、現在では逆に大型のものをムササビ、小型のものをモモンガと呼んでいる。

五〇、モグラ　土龍、鼹鼠

モグラはその骨が縄文遺跡から出土しているばかりでなく（日本の洞穴遺跡）、モグラを模したと見られる土製品も出土している（古代史発掘3）。『本草和名』、『倭名類聚抄』はいずれも和名を「宇古呂毛知《うころもち》」としている。モグラは『本草和名』に取り上げられている事からもわかるように、医薬として用いられており、『実隆公記』明応六年（一四九七）五月の条に「庭上に於て土龍を囚えしむ。薬に用ふる為殺生の業を作す」とある。モグラの黒焼は土龍霜と呼ばれ、半井保房の『聾盲記』には他の薬種と調合して膏薬に用いられており、『本朝食鑑』は避妊の特効薬としている。同書はまた漢名を土撥鼠として「牟久羅毛知《むくらもち》と訓む。古くは宇古呂毛知と訓む」としているので「むくらもち（モグラモチ）」と呼ばれるようになったのは江戸時代に入ってからの事と思われる。安永七年（一七七八）本郷で白いモグラが捕えられ、千年もぐらと名付けられて見世物となっているが（半日閑話一四）、『兎園小説』二はこれを猯（アナグマ）としている。モグラの用途には上記のような薬種のほか、『本草綱目啓蒙』は

図342　モグラ（訓蒙図彙）

「毛柔細にして微黒、用て刀劔を拭ふべし」としている。

五一、モルモット　天竺鼠

モルモットが我が国に初めて舶載されたのは幕末の天保一四年(一八四三)の事で（百品考）、大阪の鐘奇斎は長崎から江戸へ運ばれる途中、わざわざ宿舎を訪れて見聞記を残し(鐘奇斎日々雑記)、『天弘録』は天保一五年(一四年の誤り)の事として「六月十一日、当年来朝の阿蘭陀船一艘、(中略)モルモッといふ奇獣二番ひ、江府へ伺ひ候処、調迄致候様被仰渡、則江府へ来候道中にて、雌一疋斃申候由、云々」として詳しくその形状を記している。ただしこのモルモットは幕府の御用とはならなかった模様で、『天保雑記』によると弘化元年(一八四四)江戸の長崎屋で入札に掛けられ、代金拾三枚、あるいは拾五枚で払い下げられている。山本亡羊は『百品考』の中で「和名ベニウサギ」として取り上げている。現在の和名テンジクネズミは明治以後に命名されたものであろう。

図343　モルモット（獣類写生）

五二、ヤギ　山羊、野牛

山羊という漢名は古くは「かましし」と読んでカモシカを指す場合があり、また山羊の事を単に羊とだけ書いてある場合もある。史料で見る限り山羊が初めて我が国にもたらされたのは弘仁一一年(八二〇)の事であるが（紀略）、大阪瓜生堂遺跡の弥生時代の層からヤギの角芯が出土し（古墳時代の研究三―四）、『古代人の生活と環境』によると、山梨市の土師器時代の江曽原遺跡からヤギの骨が出土しているので、我が国への舶載はさらに遡るものと思われる。承暦元年（一〇七七）に宋国の商人が献上した羊は（略記、百錬抄）、『水左記』によると「件の羊牝牡子三頭。其の毛色白きこと白犬の如く、各胡髯有り。又二角有り。豫《ママ》牛角の如し。身体鹿に似て、其の声猿の如く、動尾纔に三四寸許、云々」とあるのでヤギの事と思われる。山羊の図は『鳥獣人物戯画』乙巻に描かれているが、これは中国伝来の画本からの模写であろう。

図344　ヤギ（訓蒙図彙）

天正七年（一五七九）我が国を訪れたイエズス会の巡察師ヴァリニヤーノは、天正一〇年（一五八二）帰国に先立って在日イエズス会士の内規を執筆しているが、その中で南蛮人と日本人との交渉の多い所を除いて、豚と山羊の飼育、牛の屠殺、皮の乾燥および売買を厳禁している（日本風俗と気質に関する注意と警告書）。また慶長一八年（一六一三）に来日したセーリスは、『セーリス日本渡航記』の中で我が国の食料事情について「馴れた豚や小豚を、彼らは非常に豊富にもっている。（中略）肥えた大豚が五シリング、（中略）山羊が同三シリング」と当時豚や山羊が広く飼育されていた事を記している。寛文元年（一六六一）には台湾救援に向ったオランダ船に食料として山羊が積み込まれ（バタビア城日誌）、この頃の風俗を写したと見られる南蛮屏風には点描として山羊が描かれている（南蛮屏風）。元禄三年（一六九〇）に来日したケンペルは『日本誌』の中で「羊や山羊は、往年ヨーロッパ人が平戸へ持って来て、平戸では今でもなおその種属を育てている」と記している。

『大和本草』はヤギを野牛として「是羊之別種、羊ニ似テ同ジカラズ。（中略）其形牛ト相類セズ。之レヲ野牛ト謂フハ訛称ノミ。（中略）其種外国ヨリ来ル歟。今本邦処々海島之レヲ放養シ甚繁殖ス。或曰山羊ナリ」と記しているが、山羊を離島に放す事は、外国船の乗組員が遭難に備えて行って来た事で、我が国でもそれに倣ったのであろうか。『筑前国風土記』は山羊について「遠賀郡白島の雄島に多し。宗像勝島にも之れ有り」とし、元文三年（一七三八）に丹羽正伯に提出された『筑前国産物帳絵図』の「やぎう」の註にも「曩昔遠島に放つ者、今たまたまあり。皆蒼黒色なり。其白色の者殊えて無し」と記されている。九州以外でも『紀州産物帳』に「野牛之儀、海部郡枡村沖の嶋に、前方は多く有之候得ども、当時は貮疋ならでは無之候」とあり、『紀州分産物絵図』に図と註記とが記されている。また『伊豆海島風土記』の「大島之事」には「羊の多き事其数難レ計、五疋七疋あるひは二三十疋宛打むれて、人家近くも出、作物をぬすみ喰ひ、山奥には一むれに、百も二百も打集まりて遊ぶ」と記されている。しかし『豆州諸島物産図説』には「大島山中稀にあり。色黒き羊なりと云」とあるので、その後減少したものと思われる。『七島巡見志』に享保二年（一七一七）に「伊豆大島より、男羊一疋、女羊一疋を幕府に献ず」とあるのは、羊ではなくヤギの事であろう。江戸後期に日本全国を回遊した橘南谿は『西遊記』五―三八の中で、長崎、鹿児島で山羊を飼育している事を記し、「隅州の内にはやぎの牧有て多く育せり」としているが、これは山羊ではなく綿羊の事である。またペリーの『日本遠征記』は小笠原諸島の山羊について記し、奄美大島の山羊については『南島雑話』に記されている。このように山羊は各地で飼養されているが、それを食料としたのは奄美大島だけで、山羊肉を食べた記事は、天明八年（一七八八）長崎を訪れた司馬江漢の『江漢西遊日記』に見られるだけである。山羊の利用法にはこのほか山羊乳があり、シーボルトの娘お稲は一時山羊乳で育てられたと伝えられている（シーボルト先生―其生涯及功業）。以上のほか明和六年（一七六九）（本草啓蒙）、享和元年（一八〇一）に京都で山羊の見世物が興行されているが（博物年表）、明和六年（一七六九）のものは家畜の山羊ではなく、野生の山羊（バーバリー・シープ）と思われる。文久元年（一八六一）には江戸浅草の奥山でも見世物となっている（武江年表）。『観文獣譜』は通常のヤギのほかに長毛の阿蘭陀ヤギ、黒斑のある朝鮮ヤギの三種をあげている。

五三、ヤク　犛牛

ヤクはチベット高原及び中央アジア特産のノヤクを家畜化したもので、アジア北部地方で飼育されており、我が国で「からのかしら」と呼ばれているものはその尾の毛のことである。ヤクの尾は毛が長く叢生しており、装飾用に用いられているが、我が国では払子《ほっす》として鎌倉時代に禅宗の僧侶によって持ち帰られたのが最初とされている。ヤクは黒色、赤褐色、白色を基調色とし、黒色の尾毛を黒熊《こぐま》、赤褐色を赤熊《しゃぐま》、白色を白熊《はぐま》と呼び、払子に用いられるのは「はぐま」である。

「からのかしら」が我が国に舶載された記事は、『通航一覧』永禄九年（一五六六）の条に「蛮船三州に着船す。船底にからの頭といふ獣の皮を積来る」とあるのが最初であろう。「からの頭」は徳川家の諸士のさしものとしても用いられ、『塩尻』拾遺二四は「元亀三年（一五七二）の比、麾下の兵士多く兜に唐のかしらを懸しかば、いと目立て見へし。武田信玄が近習、小松右近といひしもの妬《ねたみ》てよめる『家康に過たるものがふたつあり唐のかしらと本多平八』」と記している。このあと元和九年（一六二三）の『徳川実紀』にシャムの国王から白熊二〇頭が贈られたと記されているが、この白熊は恐らく「はぐま」の事であろう。この後元禄一六年（一七〇三）、宝永二年（一七〇五）と唐船に赤熊、白熊、黒熊の船載が命ぜられている（唐通事日録）。「はぐま」は祇園会の際の「庭鳥鉾」の棒振りの頭飾りとしても用いられている（京雀）。

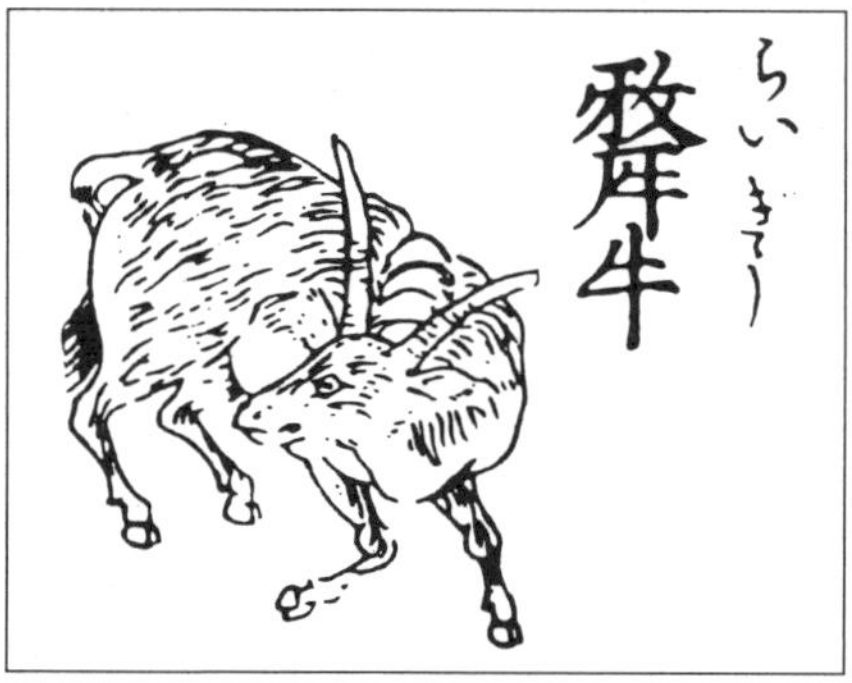

図345　ヤク（和漢三才図会）

五四、ヤマアラシ　豪猪

ヤマアラシは東南アジア原産の齧歯《げっし》類で、我が国に紹介されたのは『本草綱目』が舶載入された慶長一二年（一六〇七）以降の事で、『多識篇』は豪猪を「也末伊乃志志《やまいのしし》」とし、『訓蒙図彙』はそれをうけて山猪の解説で「俗云やまぶた、豪猪也」としている。我が国にヤマアラシが船載されたのは、文献資料では安永元年（一七七二）の『田村藍水・西湖公用日記』が最も古いが、このヤマアラシを図示して解説を付した田村藍水の『豪猪図説』に「此獣百五六拾年以前一疋渡せるといへど、云々」とあり、それとほぼ同年代の寛永初期から中期にかけて製作されたと見られる『四条河原遊楽図屏風』

にヤマアラシの見世物の様子が描かれているので（図27）、恐らくその頃にも舶載されたものと見られている。また延宝七年（一六七九）までの史料を収録した『玉滴隠見』にはジャガタラの産物として「インコ鳥、カスハル鳥、ハヽ鳥、山アラシ、ジャカウ猫、栗鼠、猿」があげられており、元禄一〇年（一六九七）出版の『本朝食鑑』も豪猪を「俗に山阿良志と称す」として「近世外国より来りて官家之れを畜ふ者有り。予往年之れを見るを得云々」と記しているので、安永以前に舶載されたことは間違いない。『本朝食鑑』に記された官家とは恐らく水戸家の事と思われ、当時の藩主であった水戸光圀の飼育していたヤマアラシは、歿後（一七〇〇）山林に放されている（桃源遺事）。また正徳三年（一七一三）序の新井白石の『采覧異言』には、ジャワ島産の動物の一つとして豪猪があげられている。

　上記の安永元年（一七七二）のヤマアラシは田村藍水が幕府から下賜されたもので、同年薩摩藩から時の執政田沼意次に献じられて吹上御園で飼育されていたもので（半日閑話一二）、『田村藍水・西湖公用日記』によると下賜された際に添付されていた手紙には、豪猪飼方として一日分の餌料が記されている。それによるとヤマアラシ一匹につき一日に「白米二合、但飯ニ調へ水ニ而あらひ、少々水溜候様。串柿、五っ程。大根葉共一二本宛、但琉球芋・かほちゃ等有之時節は、大根之応員数見合を以飼方いたし候」とある。ヤマアラシは兎程の大きさであるが、背面に長い刺が密生しており、威嚇する際にはそれを逆立てて振動して金属音を発するため、見世物としては最適で上記の『四条河原遊楽図屏風』にもそうした情景が描かれている。安永二年（一七七三）には大阪でヤマアラシを見ると「疫病、疫難、魔除、疱瘡の愁ひを除く」として見世物となり（摂陽年鑑）、木村孔恭もこれを見物して『蒹葭堂雑録』二の中に図入りでその見聞を記している（図346）。このヤマアラシも恐らく前年に舶載され、薩摩藩が

図346　ヤマアラシ（蒹葭堂雑録）

購入した二匹のうちの一匹であろう。『譚海』二は薩摩藩からの献上を安永四年(一七七五)としてその形状を記し、「脊に長き骨数百本毛の際に生じ、さゝらの如く也。(中略)此骨楊枝に用れば歯をかたくするとて、取来る人多し、誠に鉄のひばしの如し」としている。安永四年とあるのは誤りと思われるが、六年(一七七七)には京都でも見世物となっているので(続史)、別の個体であろうか。次いで天明七年(一七八七)に蘭船が二匹のヤマアラシを舶載したが、一匹は船中で箱を喰い破って逃走し、一匹は幕府の御用となって翌八年江戸に送られている(長崎図巻)。その後天保三年(一八三二)に蘭船によって舶載された二匹は再び薩摩藩に送られているが(長崎図巻)、この時のものであろうか翌四年(一八三三)に大阪(見世物研究)、五年(一八三四)には名古屋で見世物となっている(見世物雑志)。天保九年(一八三八)にもオランダ船によって舶載されたことが記録されている(山嵐図)。

五五、ラクダ類　駱駝

ラクダには主として中央アジアの砂漠地帯を中心に飼育されているフタコブラクダ(双峰駱駝)と、アフリカ北部から中近東にかけて飼育されているヒトコブラクダ(単峰駱駝)の二種が知られているが、古代に我が国に舶載されたものは、その分布の上から見てフタコブラクダと見て間違いあるまい。『正倉院宝物』の中には駱駝を描いたものが見られるが、それらはいずれもフタコブラクダである(図347)。我が国に初めて駱駝がもたらされたのは推古七年(五九九)百済の国からで(紀)、次いで同じ二六年(六一八)高麗の国から(続紀)、その後斉明三年(六五七)には再び百済から(紀)、天武八年(六七九)には新羅からと(紀)、いずれも朝鮮半島経由で献上されている。延久四年(一〇七二)に入宋した僧成尋は、一一月一七日にラクダを見た事を記し、「此六七日毎日駱駝を見ること三四十疋。委しく形躰を見るに。頭面馬の如くして。

図347　ラクダ(正倉院宝物「螺鈿紫檀五絃琵琶」)

鼻に綱を付くること（牛）の如し。頸細長くして常に曲がる。頭を捧げること鶴の頸の如し。頸上下共に髪有り。足牛の如く両分し。尾猪尾の如し。背上二鞍骨高さ一尺。毛長くして常に臥すこと牛の如し。高さ一丈長さ一丈二三尺也。云々」とこのラクダがフタコブラクダであった事を明記している（参天台五台山記）。

このあと駱駝に関する記事は江戸時代まで見られなくなり、正保三年（一六四六）一二月一日にオランダ商館長から将軍家にラクダ二頭他が献上されている。この時の模様は『長崎オランダ商館の日記』に詳しく記されており、翌四年（一六四七）には将軍から松平万千代、三左衛門に下賜されている（実紀）。『本朝食鑑』が「近世阿蘭陀之れを献ず」としているのがこの駱駝とすると、「其の形色李時珍の説に同じ」とあるので、これもフタコブラクダと思われる。尾形光琳（一六五八—一七一六）は多くの動物の写生図を「鳥獣写生帖」として残しているが（光琳鳥類写生帖）、その中にラクダの絵が含まれている。その絵はラクダを斜め横から描いているのでフタコブかヒトコブか判断し難いが、光琳の活躍した元禄時代は生類憐み令が施行され、生物の船載が禁止されていた時期であから、彼自身の写生とは考えられず、恐らく狩野探幽（一六〇二—七四）の写生帳から模写したものではないかと思われる。もしこの推測が当っているとすると、これは正保三年（一六四六）に船載されたもののうちの一匹であろう。新井白石の正徳三年（一七一三）自序の『采覧異言』のアラビヤの項には、「其の地曠漠。北は亜利土剌。馬入多。加臘馬《かるま》溺亜《にあ》等の国に接し。其の余三方。皆大海に際す。（中略）金。銀。宝石。珍珠。獅子。駱駝。（中略）犀角を産す」とあるが、この駱駝は恐らくヒトコブラクダのことであろう。このあと享和三年（一八〇三）にアメリカ船がフタコブラクダを船載して通商を求めて来たが（本草啓蒙）、陸上げされずに積み返されている（甲子夜話八—一四）。

文政四年（一八二一）初めてオランダ船がヒトコブラクダ二頭を船載しているが、このラクダは『長崎志』によると、「出所亜臘皮亜《あらびあ》国の内メッカと云所の産にて、牝駱駝四才、頭より尾際に至り曲尺九尺、（中略）牡駱駝五才、頭より尾際に至り曲尺九尺弐寸、（中略）当年御用の積りにて持渡る」とある。将軍家に献上する目的で船載したものの、幕府から不要とされたためそのまま出島内で飼育されて来たが、文政六年（一八二三）になって「去る巳年、別段為献上牽渡駱駝弐頭御不用に付、売払度旨甲必丹申立、被為免許之処、右に付ては手数相掛るの故を以て、弐頭とも大小通詞中え差賜度願之上、当年二月、出島より牽出、通詞より諸色売込の者え差遣、云々」とある（長崎志）。しかし『巷街贅説』によると、時の商館長ブロンホフが馴染の遊女糸萩に贈ったとされている。いずれにせよ、このラクダ二頭は文政六年（一八二三）には大阪、京都で見世物となり（摂陽年鑑）、木曽路を通って七年（一八二四）には江戸に到着し、両国橋向の広場で見世物となっている（甲子夜話五三―一九）。その後東国各地を廻り、越前・加賀を経て文政九年（一八二六）には名古屋で見世物となっている（見世物雑志）。これまで『本草綱目』、『和漢三才図会』等の付図でフタコブラクダだけを見て来た人々は、背中の肉峰が一つしかないのを不思議がり、『武江年表』は「予、此の時真物を看て、和漢三才図会、橘守国等が絵本にあらはす所の虚なる事を知る。（中略）肉峯は一つにしてしかも高し」と記している。このラクダは『巷街贅説』、『雲錦随筆』、『視聴草』、『甲子夜話』八―一四といった各種随筆類に取り上げられているほか、この年には『槖駝《たくだ》考』といった解説書が出版されている。また『百品考』は「独峯駝」としてその形態を詳しく記し、牛と同じように反芻をする事を記している。このあと文久三年（一八六三）に江戸両国橋で見世物となり（武江年表）、慶応三年（一八六七）大阪難波新地で見世物となったものはフタコブラクダであるが、いつ舶載されたのか不明である。

五六、ラッコ　猟虎、海狗

ラッコは他の海獣と違ってイタチ科の動物で、鰭脚ではなく正常な四肢を具えている。毛皮は極めて良質で江戸時代から最高のものとされており、『東武実録』は寛永五年（一六二八）一二月一二日に「仙台中納言、大御所へ猟虎蒲団を献じ、御内書をたまふ」と記している。また『松前志』は「藩主朝覲の時是を官に献ずるの外、例才献品とせず」とし、「永禄中純白のラッコ出たることあり」と記している。『和漢三才図会』は「蝦夷島の東北の海中に島有り、猟虎島と名く。（中略）島人皮を剝き蝦夷人を待て交易す。其の毛純黒、甚だ柔軟にして左右に之れを摩《なず》るに順逆無し。（中略）其褥、其の美之れに比する者無し。価最も貴重也。（中略）其の皮長崎に送りて中華の人争ひ求む。云々」と江戸時代中期に中国に輸出されていた事を記している。ラッコ島については天明八年（一七八八）に幕府巡見使に随行した古川古松軒の日記『東遊雑記』にも取り上げられており、同書の解説者は得撫《うるっぷ》島の事ではないかとしている。新井白石は享保五年（一七二〇）に著した『蝦夷志』の中で、ラッコを蝦夷の産物の一つに数えており、『日本山海名産図会』も「膃肭獣」の中でラッコを蝦夷の産物にあげている。『松前志』は上記のほかラッコの生態について「よく海底に沈没し好て海栗《うに》をとり、水上に於て仰でこれを剖り食ふ。云々」と記し、その毛皮について「疝痛あるもの其皮を腰にまとへば、其疾痊《いゆ》ることあり。且壮年の男女も此皮を敷て気血逆上するの患ひなし。又痘瘡のとき此皮を褥とせば其病甚だ軽しと云」と記している。天明六年(一七八六)、寛政一〇年(一七九八)と最上徳内はエトロフ島に渡り、その見聞を『蝦夷草紙』にまとめているが、その中でラッコについて「手より首は猫の如し。足はなく鰭有てヲットセイに似たり。仰いで食物を食ふ也。ウルップ島、マカンルル島より出」と記している。高木春山は『本草図説』の中で猟虎について徳内の業績を紹介し、「此の獣、海上に浮かむときは腹を上にして浮かめり。云々」と図を付してその習性を記し、春山のラッコの図とよく似た図は『甲子夜話続篇』四一―二七にも載っている(図348)。『松浦武四郎紀行集下』「蝦夷漫画」には「呃吐嚕咘《えとろふ》人括槍を以て猟虎を刺すのさま」として彩色図が載っている。

図348　ラッコ(甲子夜話続篇)

五七、ラ(ラバ)　騾(騾馬)

『倭名類聚抄』に「騾、驢父馬母生ずる所也」とあるように、騾馬は牡のロバと牝のウマとの間に生まれた雑種である。天武八年(六七九)に新羅から貢上されたのを始めとして(紀)、朱鳥元年(六八六)(紀)、養老三年(七一九)、天平四年(七三二)といずれも新羅から献上されている(続紀)。中世には全く見られず、江戸時代に入って寛永一〇年(一六三三)にオランダ船によって将軍に献上するためペルシャ馬と一緒に船載されているが、馬ばかりが注目されて、騾馬については「殆ど全く話題に上っていない」といった有様であった(平戸オランダ商館の日記)。このあと延宝四年(一六七六)江戸城内の厩を見学したオランダ医ライネは、見事な騾馬がいたと記しているが（明治以前洋馬の輸入と増殖）、これは本当の騾馬ではなく、ペルシャ馬と日本の在来馬との間の雑種の事である。

図349　ラバ（和漢三才図会）

五八、リス類　栗鼠、木鼠

洪積世後期には日本本土にもシマリスが生息していたが、その後絶滅し（日本の考古学）、本土には（ニホン）リスだけが残っている。木鼠《リス》は中世の『就狩詞少々覚悟之事』によると「射まじき鳥」の一つに数えられており、元慶元年（一三一九）の『花園天皇宸記』に「永福門院御方へ或る人栗鼠を献ず。其躰畫図に似たり」とあるので、中世には小鳥のように愛玩動物として飼育されていたものと思われる。寛永一四年（一六三七）に長崎奉行から将軍家に献じられた栗鼠は恐らくオランダ船によって舶載された外国種であろう（実紀）。続いて承応三年（一六五四）にも舶載されているが、これは藤堂大学頭に売り渡されている（長崎商館日記）。当時リスが

図350　リス（博物館獣譜）

愛玩用に飼育されていたことは『本朝食鑑』に「栗鼠の子を畜ふ者、其の長大に随い鉄篭の中に入る。其の余は必ず能く囓破し脱す、云々」とあることからも明らかである。江戸時代に我が国に輸入された動物は『華夷通商考』、『崎陽群談』に記されているが、リスの類は黄鼠《はたりす》と躔鼠《りす》の二種にすぎない。『花蛮交市洽聞記』には宝暦六年（一七五六）頃の輸入動物の価格が記されているが、それによると栗鼠は一五匁と紅雀なみの安さである。寛政一二年（一八〇〇）には「シュリカット」と呼ばれるリスが舶載されているが、これはスンダリスとされており（唐蘭鳥獣）、天保四年（一八三三）にロイアールト（ドウケザル）等と共に舶載されたエイキホールン（↓114頁）はエイキリスのことである。『桃洞遺筆』は蝦夷産のシマリスの図を載せ、「其皮を多く来す」と記しているので、江戸時代にはリスの毛皮が用いられていた事がわかる。『松浦武四郎紀行集下』「後方羊蹄日誌」にも蝦夷のシマリスの図が載っている。

五九、ロ（ロバ）　驢（驢馬）

ロバはアフリカ東北部で野生ロバから家畜化した動物で、中国に導入されたのは比較的新しい漢の時代とされている（家畜文化史）。我が国には推古七年（五九九）駱駝、羊と共に舶載され、続いて斎明三年（六五七）（紀）、天平四年（七三二）（続紀）、弘仁九年（八一八）（紀略）といずれも朝鮮半島を経由して入って来ている。『本草和名』、『倭名類聚抄』はいずれも和名を「うさぎうま」としているので、平安時代にはすでにその実態が広く理解されていたものと思われる。中世に

図351　ロバ（博物館獣譜）

はロバに関する記事は全く見られないが、秀吉が朱印船貿易を開始した頃から再び史料に見られるようになり、『因幡民談』は「亀井殿は鸚鵡・孔雀・驢馬・野牛・麝香の猫・羊迄も舟に積みて取寄せらる」と記している。江戸時代に入るとロバは長崎を通じて輸入されるようになり、万治三年（一六六〇）に長崎奉行から幕府に献上され（実紀）、水戸光圀が飼育した驢も（桃源遺事）長崎のオランダ商館を通じて輸入されたものと思われる。これらのロバの産地は不明であるが、『本朝食鑑』に「近世韓国より来りて大抵褐色あるいは黒白斑、馬に似て長耳、其の頭頬長くして牛に似たり、蹄に岐無く土人呼びて牛頭驢と号すと」とあるので、朝鮮産のものも多かったものと思われる。『徳川実紀』延宝四年（一六七六）三月一五日の条には「蘭人御覧あり。貢物は（中略）馿馬二匹なり」とあるが、これはロバではなくシマウマである（↓561頁）。次いで寛政四年（一七九二）に舶載されたエーセルスは、牝は丈弐尺八寸、牡は弐尺六寸と極めて小型のロバで（長崎図巻）、『甲子夜話』二―九は「若し騎らんと為るにも、手にて其耳をとり、たゞ背に跨るのみ。然ども長《たけ》ひくきが故に、乗者の足地につけり」と記している。この驢は幕府の厩で仔を産んだと記されている。翌寛政五年（一七九三）には琉球産の「うさぎうま」が関東に牽かれて来たほか（閑窓自語）、大阪で驢馬の見世物が興行されている（蒹葭堂日記）。ロバの見世物はこのあと天保六年（一八三五）（天保雑記）、一二年（一八四一）にも開かれている（武江年表、藤岡屋日記）。文久三年（一八六三）にはアメリカ産の驢《ウサギウマ》が舶載されている（博物館獣譜）（図351）。

引用資料一覧

一、この資料表は本書で引用した資料名を五十音順に配列し、資料名、(年号)、著(編、訳、作)者名、所在の順に記した。

一、成立年代の明らかでないものについては、(〇〇年頃)、(〇〇時代)と記すか、著者等の歿年が明らかなものについては、その年次を記した。また多年にわたって執筆、刊行されたものについてはその期間、あるいは最終刊行年の前に~を付して記した。

一、翻訳書については原著の出版年を記したが、年次を特定出来ないものについては訳書の出版年を記した。

一、所在は叢書、全集等に収録されているものについてはその名称を、単行本については出版社名を、未刊のものについてはその所蔵機関名を記した。なお複数の叢書、全集に収録されているものについては、本書で参照したものについて記した。また叢書、所蔵機関中頻出するもの、長文のものについては以下の略称を用いた。

ア行　江戸科学(江戸科学古典叢書　恒和出版)、絵巻大成(日本絵巻大成　中央公論社)、燕石(燕石十種　中央公論社)

カ行　科学全書(日本科学古典全書　朝日新聞社)、協会叢書(史籍協会叢書)、群(群書類従)、航海叢書(大航海時代叢書　岩波書店)、古記録(大日本古記録　岩波書店)、国史大系(新訂増補・国史大系　吉川弘文館)、国会図書館(国立国会図書館)、国歌大観(新編国歌大観　角川書店)、古典全集(日本古典全集　現代思潮社)、古典双書(生活の古典双書　八坂書房)、古文書(大日本古文書)

サ行　産物集成(享保元文諸国産物帳集成　科学書院)、史籍集覧(改定史籍集覧　臨川書店)、思想大系(日

本思想大系　岩波書店）、食物大成（食物本草本大成　臨川書店）、庶民史料（日本庶民生活史料集成　三一書房）、史料大成（増補史料大成　臨川書店）、新燕石（新燕石十種　国書刊行会）、新群（新群書類従　国書刊行会）、随筆選集（随筆文学選集　書斎社）、随筆大成（日本随筆大成　吉川弘文館）、続絵巻（続日本絵巻大成　中央公論社）、続燕石（続燕石十種　国書刊行会）、続協会叢書（続史籍協会叢書）、続群（続群書類従）、続史料大成（増補続史料大成　臨川書店）、続々群（続々群書類従　国書刊行会）

タ行　図書叢刊（図書寮叢刊　明治書院）、都市史料（日本都市生活史料集成）

ナ行　内閣叢刊（内閣文庫所蔵史籍叢刊）、内閣文庫（国立公文書館内閣文庫）、農書全集（日本農書全集　農山漁村文化協会）

ハ行　屏風絵集成（日本屏風絵集成　講談社）、文学大系（日本古典文学大系　岩波書店）

マ行　未刊随筆（未刊随筆百種　中央公論社）

ア

壒嚢抄（一四四六）僧行誉　古典全集

赤染衛門集（一〇三〇頃）赤染衛門　国歌大観三

朝倉亭御成記（一五六八）　群二二

葦の若葉（一八〇一）太田南畝　太田南畝全集八

飛鳥川（一八一〇）紫村盛方　随筆大成二―一〇

安多武久路（一七五六）近藤寿俊　国会図書館

吾妻鏡（一一八〇～一二六六）　国史大系三二、三三

海人藻芥（一四二〇）恵命院宣守　群二八

ありのま、（一八〇七）陸可彦　古典俳文学大系一四

鴉鷺合戦物語（一四七六）　続群三三下

安驥集（室町時代）皇弟他　国会図書館

安斉随筆（一七八四）伊勢貞丈　故実叢書一

安西軍策（安土・桃山時代）　史籍集覧七

安政見聞録（一八五六）服部晃善　内閣文庫

アンベール幕末日本図絵（一八七〇）高橋邦太郎訳　新異国叢書一四、一五

アンボイナ貝譜（一七〇五）ルンフィウス　国会図書館

イ

家忠日記（一五七七～九四）松平家忠　続史料大成一九

怡顔斎介品（一七五八）松岡玄達　国会図書館
壱岐国風土記逸文（奈良時代）　文学大系二
異国往復書翰集（一九二九）村上直次郎訳註　異国叢書一一
異国風物と回想（一八九八）小泉八雲　全訳小泉八雲作品集
異国日記（一六四〇頃）僧崇傳　異国叢書一一
勇魚取絵詞（一八三二）小山田与清跋　科学全書一〇
石山寺縁起（一三二四～二六）高階隆兼他　絵巻大成一三
医心方（九八四）丹波康頼　古典全集
異説まちまち（一七七〇）和田正路　随筆大成一―一七
伊勢紀行（一四三三）僧堯孝　群一八
伊勢物語（九五〇頃）　文学大系九
伊豆大島志考（一九六一）立木猛治　伊豆大島志考刊行会
伊豆海島風土記（一七八二）吉川義右衛門　内閣文庫
一角纂考（一七九五）木村孔恭　江戸古典三二
乙未本草会目録（一八三五）大窪昌章　蓬左文庫
一遍上人絵伝（一二九九）法眼円伊　絵巻大成別巻
出雲国風土記（七三三）　文学大系二
一本堂薬選（一七二九）香川修菴　国会図書館
一話一言（一七七九～一八二〇）太田南畝　随筆大成別巻一―六
筠庭雑録（一八五六歿）喜田村信節　随筆大成二―七
因幡民談（一六九一歿）小泉友賢　因伯叢書
犬追物御覧記（一六六〇）林恕　史籍集覧一七
犬追物検見記（一五〇〇頃）多賀高忠　続群二四上
犬追物草根集（一四四一）小笠原持長　続群二四上
犬追物目安（一三四二）小笠原貞宗　群二三
犬筑波集（一五三〇頃）山崎宗鑑編　古典俳文学大系
猪熊関白記（一一九七～一二一一）近衛家実　古記録
今鏡（一一七〇）藤原為経　国史大系二一下
色葉字類抄（一一八一）橘忠兼　古典全集
岩手県産馬誌（一九一五）岩手県産馬組合会　岩手県内務部
陰徳大平記（一七一二）香川正矩　臨川書店

ウ

ヴキナス（一九二八～）日本貝類学会編　日本貝類学会
上井覚兼日記（一五七四～八六）上井覚兼　古記録
魚鑑（一八三一）武井周作　古典双書一三
鵜飼様ロ伝書（一八四九）鼓腹堂山人　国会図書館
宇治拾遺物語（一二〇〇頃）　文学大系二七
羽沢随筆（一八二三）岡田助方　日本芸林叢書一〇
宇津保物語（九六〇頃）　文学大系一〇―一二
鶉書（一六四九）蘇生堂　国会図書館
宇多天皇御記（八八八～八九七）宇多天皇　史料大成一
馬（一九七四）森浩一編　日本古代文化の探求　社会思潮社
馬医草紙（一二六七）西阿　東京国立博物館
馬芝居の研究（一九七四）森本道夫　雄山閣
厩図屏風（一七世紀初頭）　屏風絵集成一二
雲錦随筆（一八六一）暁鐘成　随筆大成一―三
雲根志（一七七九）木内石亭　古典全集

雲萍雑志（一八四三）柳沢淇園　随筆大成二―四
運歩色葉集（一五四八）　内閣文庫

エ

栄花物語（一〇三〇頃）赤染衛門　文学大系七五、七六
永昌記（一〇九五～一一二九）藤原為隆　史料大成八
江木鰐水日記（一八三二～七六）江木鰐水　古記録六
益軒資料（一六六一～一七一三）貝原益軒　九州資料叢書
蝦夷志（一七二〇）新井白石　新井白石全集三
蝦夷草紙（一七九〇）最上常矩　北門叢書一
越後名寄（一七五六）丸山元純　越後史料叢書二
越中国産物之内絵形（江戸中期）　産物集成一
閲甫食物本草（一六七一）名古屋玄医　食物大成四
江戸参府紀行（一九六七）ジーボルト著　斎藤信訳　東洋文庫八七
江戸参府旅行日記（一九七七）ケンペル著　斎藤信訳　東洋文庫三〇三
江戸参府随行記（一九九四）C・P・ツュンベリー著　高橋文訳　東洋文庫五八三
江戸諸国産物帳（一九八七）安田健　昌文社
江戸砂子（一七三二）菊岡沾涼　東京堂
江戸惣鹿子（一六九〇）藤田某　江戸叢書三、四
江戸塵拾（一七六七）芝蘭堂主人　燕石五
江戸図屏風（一六五〇頃）　屏風絵集成一一
江戸と北京（一八六三）ロバート・フォーチュン著　三宅馨訳　廣川書店
江戸博物学集成（一九九四）平凡社編　平凡社
江戸繁昌記（一八三二～三六）寺門静軒　東洋文庫二五九、二七六、二九五
江戸の食文化（一九九二）江戸遺跡研究会編　吉川弘文館
江戸真砂六十帖広本（一七五一頃）和泉屋某　燕石四
江戸名所図会（一八三四～三六）斎藤幸雄他編　大日本名所図会二
餌鳥会所記録（一七一六～一八四二）　国会図書館
絵本江戸風俗往来（一九〇五）菊地貴一郎　東洋文庫五〇
煙霞綺談（一七七三）西村白鳥　随筆大成一―四
延喜式（九二七）藤原時平他　国史大系二六
燕居雑話（一八三七序）日尾荊山　随筆大成一―一五
猿猴庵日記（一八〇一～二八）高力猿猴庵　庶民史料九
燕石雑志（一八〇九）滝沢馬琴　随筆大成二―一九
園太暦（一三〇九～六〇）中園公賢　群書類従完成会
遠碧軒記（一七五六識語）黒川道祐　随筆大成一―一〇

オ

奥羽永慶軍記（一六九八序）戸部正直　史籍集覧八
嚶々筆記（一八四二）野之口隆正他　随筆大成一―九
奥州後三年記（一三四七）玄慧　群二〇
近江国産物絵図帳（江戸中期）　産物集成五
奥民図彙（江戸後期）比良野貞彦　農書全集一
鸚鵡小町（室町時代）　古典全書（謡曲上）

鸚鵡篭中記（一六八四〜一七一七）朝日重章　名古屋叢書続編
大内家壁書（一四八七）　群二二
大江俊光記（一六八四）日野俊光　史籍集覧二四
大鏡（一一〇〇頃）　国史大系二一
大草家料理書（一五五〇頃）　群一九
大草殿より相傳之聞書（一五五〇頃）　群一九
大阪市史（一九一一〜一三）大阪市役所編　大阪市役所
大島浦竈百姓証文（一六九四）　伊豆大島志考
大島差出帳（一七八九）　伊豆大島志考
大館常興日記（一五三八〜四二）大館常興　続史料大成一五―一七
岡屋関白記（一二二二〜五一）藤原兼経　古記録
翁草（一七九一）神沢杜口　随筆大成三―一九〜二四
隠岐国産物絵図注書（江戸中期）　産物集成七
嗚呼矣草（一八〇五）田宮仲宣　随筆大成一―一九
教草（〜一八七四）博物局　恒和出版
奥の細道（一六九五跋）松尾芭蕉　文学大系四六
落穂集（一七二七）大道寺友山　史籍集覧一〇
御伽草子（一九五八）市古貞次校注　文学大系三八
御触書寛保集成（一九三四）高柳眞三・石井良助編　岩波書店
御触書天保集成（一九三七、四一）同右
御触書天明集成（一九三六）同右上
御触書宝暦集成（一九三五）同右
思ひの侭の記（江戸末期）勢多章甫　随筆大成一―一三
御湯殿の上の日記（一四七七〜一八四六）　続群書類従完成会
阿蘭陀禽獣虫魚図和解（一七四一）野呂元丈　内閣文庫
紅毛談（一七六五）後藤梨春　江戸科学一七
阿蘭陀持渡ムツクリヤカツト之図（江戸後期）　西尾市岩瀬文庫
オランダ領事の幕末維新（一九八七）フォス美弥子訳　新人物往来社
折々草（一七七〇頃）建部綾足　随筆大成二―二一
御場御用留（一七九六）中村六右衛門　内閣文庫
蔭涼軒日録（一四三五〜九三）季瓊真蘂他　続史料大成二一―二五

カ

具合次第（一八六七）可児恒久写　雑芸叢書二
開巻驚奇侠客傳（一八三二）滝沢馬琴　国会図書館
槐記（一七二四〜三五）山科道庵　内閣文庫
海魚考（一八〇七序）饒田喩義　国会図書館
廻国雑記（室町末期）道興　群一八
外国産珍禽異鳥図（江戸末期）七里香艸堂識語　国会図書館
外国産鳥之図（一七四〇頃）　国会図書館
飼篭鳥（一八〇八）佐藤成裕　国会図書館
介志（一八四九頃）畔田伴存　国会図書館
蛸志（一八四九）喜多村槐園　杏雨書屋
解体新書（一七七四）杉田玄白　思想大系六五
加越能三州郡方産物帳（一七三七）　産物集成一
街談文々集要（一八六〇序）石塚豊芥子　内閣文庫
華夷通商考（一七〇八）西川如見　日本経済叢書五
貝塚の獣骨の知識（一九八四）金子浩昌　東京美術

貝尽浦の錦（一七五一）大枝流芳　国会図書館
改定増補　日本博物学年表（一九三四）白井光太郎　大岡山書店
海道記（一二二三）源光行　群一八
飼鳥会所記録（一八〇一～〇四）　国会図書館
飼鳥必要（江戸後期）比野勘六　国会図書館
海舶来禽図彙説（一七九三）関盈文　国会図書館
外蛮通書（一八二九歿）近藤守重　史籍集覧二一
懐風藻（七五一）淡海三船　文学大系六九
海鰌談（一七九八）木村厚　江戸科学四四
海録（～一八三七）山崎美成　国書刊行会
貝をめぐる考古学（一九七七）三島格　学生社
臥雲日件録（一四四六～七三）瑞渓周鳳　続史籍集覧一九、二〇
嘉永元年十一月（写替）諸覚（一八四八）　目黒区史資料編
嘉永雑記（一八四八～五四）藤川貞　内閣叢書三五
花営三代記（一四二一～一四二五）伊勢貞弥　群二六
嘉永明治年間録（一八四八～六八）吉野真保　巌南堂書店
下学集（一四四四）東麓破衲　岩波文庫
神楽歌（『古代歌謡集』に収録）
鵞経（一八二五）黒田斉清　国会図書館
花月草子（一八〇三頃）松平定信　岩波文庫
かげろふ日記（九七四頃）道綱母　文学大系二〇
篭耳集（一七六二～八六）草間直方　都市史料一
夏山雑談（一七四一序）平直方　随筆大成二―二〇
可笑記（一六三六）湯村如儡　徳川文芸類聚二
餝抄（室町時代）土御門通方　群八
春日権現験記絵（一三〇九）西園寺公衡　続絵巻大成一四、一五
春日社記録（一一八二～一七〇九）中臣祐重他　続史料大成四七―五

○

風のしがらみ（一七七三跋）土肥経平　随筆大成一―一〇
河羨録（一七一六）津軽采女正　江戸科学二二
加曽利貝塚（一九六六）杉原荘介　中央公論美術出版
敵討孫太郎虫（一八〇六）山東京伝　続帝国文庫四〇
傍廂（一八五三）斎藤彦麿呂　随筆大成三―一
家畜文化史（一九七三）加茂儀一　法政大学出版局
花鳥余情（一四七二）一条兼良　国文註訳全書三
華鳥譜（一八六一）森立之　国会図書館
鰹節考（一九三八）山本孝一　筑摩叢書
甲子夜話（一九七七～七八）松浦静山　東洋文庫三〇六、三一四、三二一、三三三、三三八、三四二
甲子夜話三篇（一九八二～八三）松浦静山東洋文庫四一三、四一五、四一八、四二一、四二三、四二七
甲子夜話続篇（一九七九～八一）松浦静山　東洋文庫三六〇、三六四、三六九、三七五、三八一、三八五、三九六、四〇〇
河豚談（一八三〇）賀屋敬　国会図書館
仮名安驥集（一六〇四）橋本道派　内閣文庫
金杉日記（一八三八）山崎美成　続燕石三
金曽木（一八一〇）太田南畝　随筆大成一―六
蟹図（江戸末期）畔田伴存　杏雨書屋

兼宣公記（一三八七～一四二八）広橋兼宣　史料纂集一一
兼見卿記（一五七〇～九二）吉田兼見　史料纂集四一・一〜二
花蛮交市治聞記（一七九五）　無窮会図書館
鎌倉市史（一九五六～五九）鎌倉市史編纂委員会編　鎌倉市
神代余波（一八四七序）斎藤彦麿　燕石三
賀茂皇大神宮記（一四一四序）　群一
嘉良喜随筆（一七五〇頃）山口幸充　随筆大成一―二一
唐紅毛渡鳥集（『飼鳥必要』中巻）（江戸後期）比野勘六　国会図書館
唐鳥秘伝百千鳥（一七七三）城西山人　国会図書館
狩詞記（『就狩詞少々覚悟之事』の別称）
就狩詞少々覚悟之事（室町時代）　群二三
瓦礫雑考（一八一八）喜多村信節　随筆大成一―二
歌林良材集（一四四〇頃）一条兼良　続群一七上
河蝦考（一八二六序）林国雄　国会図書館
川路聖謨日記（一八二〇～六八）川路聖謨　史籍協会叢書
寛永諸家系図傳（一六四三）林羅山　続群書類従完成会
管見記（一四二八～五九）西園寺公名他　宮内庁書陵部
観虎記（一八六〇）加藤良白　国会図書館
寛政紀聞（江戸後期）吉田重房　未刊随筆二
閑窓自語（一七九三～九七）柳原紀光　随筆大成二―八
勘仲記（一二六八～一三〇〇）勘解由小路兼仲　史料大成三四―三六
官中秘策（一七七五序）西山元文　内閣叢刊六
閑田耕筆（一八〇一）伴蒿蹊　随筆大成一―一八
閑田次筆（一八〇六）伴蒿蹊　随筆大成一―一八
関東鰯網来由記（一七七一）　庶民史料一〇
観文禽譜（一七九四）堀田正敦　国会図書館
寛保延享江府風俗志（一七九二序）　続随筆大成別巻八
寛明日記（一六二四～五七）　国会図書館
看聞御記（一四一六～四八）貞成親王　続群補遺
甘露叢（一六八〇～一七〇三）　内閣叢刊四七、四八

キ

紀伊続風土記（一八三九）仁井田好古　国会図書館
就牛馬儀大概聞書（一四六五）中原高忠　群二三
奇貝図譜（一七七五）木村孔恭　蒹葭堂遺物
其角日記（一七〇七歿）榎本其角　俳諧文庫四
き、のまにまに（一七八一～一八五三）喜多村信節　未刊随筆六
宜禁本草（一六二九）曲直瀬道三　食物大成一
帰山録（一七七八）三浦梅園　梅園全集上
騎射秘抄（一四一六）　群二三
紀州在田郡広湯浅庄内産物（江戸中期）　産物集成六
紀州産物帳（一七三五）　産物集成六
紀州分産物絵図（江戸中期）　産物集成六
魏志倭人伝（一九五一）和田清・石原道博編訳　岩波文庫
木曽産物留書（一八五五頃）　長野県史近世史料編六
北蝦夷図説（一八五五）間宮林蔵　名著刊行会
北野社家日記（一四四九～一六一九）松梅院禅豫他　史料纂集三六
吉続記（一二五七～一三〇二）甘露寺経長　史料大成三〇

吉川家譜（江戸初期） 内閣文庫
吉記（一一六六～九三）藤原経房 史料大成二九、三〇
奇鳥生写図（江戸末期）河野通明 国会図書館
絹と布の考古学（一九八八）布目順郎 考古学選書
笈埃随筆（一八〇〇頃）百井塘雨 随筆大成二―一二
九州御動座記（一五八七） 国史資料集
嬉遊笑覧（一八三〇）喜多村信節 随筆大成別巻七～一〇
宮川舎漫筆（一八六二）宮川政運 随筆大成一―一六
鳩巣小説（一七七二跋）室鳩巣 続史籍集覧一七、一八
牛馬問（一七五六）新井白蛾 随筆大成三―一〇
就弓馬儀大概聞書（一四六五）中原高忠 群二三
九暦（九四七～九六〇）藤原師輔 古記録
崎陽群談（一七一六）大岡清相 近藤出版社
享保元文諸国産物帳集成（一九八五～八八）盛永俊太郎・安田健編 科学書院
狂犬咬傷治方（一七三六）野呂元丈 国会図書館
狂言集（室町時代）小山弘志校注 文学大系四二、四三
京雀（一六六五）浅井了意 京都叢書七
京都町触集成（一九八三～ ）京都町触研究会 岩波書店
享保世話（一七二二～二五） 続随筆大成別巻五
享保通鑑（一七一六～三五）小宮山昌世 史料選書
享和雑記（江戸後期）柳川亭 未刊随筆二
魚貝写生帖（一六七〇～一八四七）尾形守義・探香 福岡県立美術館
魚貝能毒品物図考（一八四九）青苔園 食物大成一二
漁人道しるべ（一七七〇）玄嶺老人 ［『釣魚秘伝集』による］
玉蕊（一二〇五～四二）藤原道家 思文閣
玉滴隠見（一五七三～一六七九） 内閣叢刊四四
玉葉（一一六四～一二〇〇）藤原兼実 国書刊行会
玉露叢（一六七四序）林恕 江戸史料叢書
魚猟手引（一八五一）城東漁父 ［『釣魚秘伝集』による］
羇旅漫録（一八〇二）滝沢馬琴 随筆大成一―一
金魚秘訣録（一七四九）安達喜之 影印本による
金魚養玩草（一七四八）安達喜之 江戸科学四四
菌史（一八一一）増島蘭畹 国会図書館
禁秘抄（一二二一）順徳天皇 群二六
禽譜（江戸後期）木村孔恭 蒹葭堂遺物
訓蒙図彙（一六六六）中村惕斎 早稲田大学出版社
近来見聞噺の苗（一八一四序）暁鐘成 随筆大成三―六

ク

空華日工集（一三二五～八八）義堂周信 続史籍集覧五八～六〇
愚管記（一三七六～八三）近衛道嗣 続史料大成
公卿補任（～一八六八） 国史大系五三～五七
愚見抄［伊勢物語］（一三〇〇頃） 続群一八上
愚雑俎（一八二五～三三）田宮仲宣 随筆大成三―九
公事根源（一四二二）一条兼良 日本文学全書
草花写生畫巻（一二八八頃）姉小路長隆 ［『日本美術随想』による］
熊野物産初志（一八四八）畔田伴在 紀南郷土叢書九

海月、蛸、烏賊類図巻（江戸後期）栗本丹州画　国会図書館
栗本丹州魚譜（江戸後期）栗本丹州［昌臧、瑞見］　国会図書館
群分品彙（一八三六）武蔵石寿　国会図書館

ケ

慶応新聞紙（一八六五～六七）　内閣文庫
慶応漫録（一八六五～六九）　内閣文庫
経済要略（一八二七）佐藤信淵　佐藤信淵家学大要
鯨志（一七六〇）山瀬春政　科学全書六
鯨史稿（一八〇八）大槻清準　江戸科学二
鯨肉調味方（一八三二）　［『勇魚取絵詞』による］
鯨鯢正図（一七二八）夏井松玄　杏雨書屋
慶長見聞集（一六一四）三浦浄心　史籍集覧一〇
啓蒙禽譜（一八四〇頃）　国会図書館
結毦録（一七五九）松岡玄達　国会図書館
外記日記（一二六四～八七）中原師栄　続史籍集覧一
月堂見聞集（～一七三四）本島知辰　続随筆大成別巻二～四
毛吹草（一六四五）松江維舟　岩波文庫
蒹葭堂遺物（一九二六）木村孔恭　蒹葭堂会
蒹葭堂雑録（一八五九）木村孔恭　随筆大成一―一四
蒹葭堂日記（一七七九～一八〇二）木村孔恭　中尾松泉堂
元亨釈書（一三二二）僧師練　国史大系三一
源氏物語（一〇〇七頃）紫式部　文学大系一四～一八
元正間記（一六八八～一七一五）　国会図書館
顕昭陳状（一一九三）顕昭　群一三
建内記（一四一四～五五）万里小路時房　古記録
源平盛衰記（一二四二頃）　物語大系三、四
ケンペル日本誌（一九七三）今井正訳　霞ヶ関出版
建武式目（一三三六）二階堂是円　中世法制史料集二
建武年中行事（一三三六）後醍醐天皇　群六
建武年間記（一三三五）　史籍集覧一七
元禄宝永珍話（一六九四～一七一〇）　続随筆大成別巻六

コ

広益国産考（一八四四）大蔵永常　岩波文庫
工芸志料（一九七四）黒川真頼　東洋文庫二五四
甲介群分品彙（一八三六）武蔵石寿　国会図書館
甲駿豆相採薬記（一八〇一）小野蘭山　国会図書館
好色一代男（一六八二）井原西鶴　文学大系四七
好色一代女（一六八六）井原西鶴　文学大系四七
好色二代男（一六八四）井原西鶴　西鶴文粋
巷街贅説（一八二九序）塵哉翁　続随筆大成別巻九、一〇
広開土王碑銘（四一四）　岩波文庫
江漢西遊日記（一八一五頃）司馬江漢　東洋文庫四六一
江家次第（一一一一）大江匡房　古典全集
弘賢随筆（江戸末期）屋代弘賢編　内閣文庫
弘識録（江戸後期）平勝睿　内閣文庫
広辞苑（一九五五）新村出　岩波書店

香字抄（平安末期）惟宗俊通　続群三〇下
後撰和歌集（九五一）大中臣能宣　国歌大観一
江談抄（一〇八六）大江匡房　古典文庫
豪猪図説（一七七三）田村元雄　［上野益三博士旧蔵本による］
皇都午睡（一八五〇）西沢綺語堂李叟　新群一
慊堂日暦（一八二三〜四四）松崎慊堂　東洋文庫一六九、二一三、二三七、三三七、三七七、四二〇
興福寺略年代記（室町末期）　続群二九下
小梅日記（一八三七〜八五）川合小梅　東洋文庫二五六、二六八、二八四
紅毛雑話（一七八七）森島中良　古典双書六
甲陽軍鑑（一六二〇頃）高坂昌信　戦国史料叢書一―三〜五
香要抄（一一四六頃）亮阿闍梨兼意　天理図書館善本叢書
光琳鳥類写生帖（一九八三）真保亨編　岩崎美術社
皇和魚譜（一八三八）栗本昌蔵　国会図書館
蚕飼仕法申渡書（一七九七）野権九郎　［所蔵先不明］
蚕飼養法記（一七〇二）野本道玄　国会図書館
粉河寺縁起絵巻（一一七〇〜八〇）　絵巻大成五
古今和歌集（九〇五）紀貫之他撰　文学大系八
古今和歌六帖（九八〇頃）具平親王　国歌大観二
湖魚考（一八〇六）小林義兄　国会図書館
国牛十図（一三一〇）河東直麿　群二八
国史館日録（一六六二〜七九）林鵞峰　本朝通鑑一六、一七
後愚昧記（一三六一〜八三）三条公忠　古記録
古語拾遺（八〇七）斉部広成　群二五
古今沿革考（一七三〇序）柏崎永以　随筆大成一―一七
古今著聞集（一二五四）橘成季　文学大系八四
古今要覧稿（一八四二）屋代弘賢　国書刊行会
古事記（七一二）太安万侶　文学大系三
古事記傳（一七九八）本居宣長　本居宣長全集一〜三
古事談（一二一三頃）源顕兼　古典全集
後松日記（一八四八歿）松岡行義　随筆大成三―七
古事類苑　動物部（一九一〇）神宮司庁　吉川弘文館
御随身三上記（一五一二）三上某　群二三
古代遺跡発掘の家畜遺体（一九七三）直良信夫　校倉書房
古代遺跡発掘の脊椎動物遺体（一九七二）　校倉書房
古代歌謡集（一九五七）土橋寛・小西甚一校注　文学大系三
古代史発掘一―一〇（一九七四）芹沢長介他編　講談社
古代人の生活と環境（一九六五）直良信夫　校倉書房
古代日本の漁業生活（一九四六）直良信夫　葦牙書房
骨董集（一八一四）山東京伝　随筆大成一―一五
御当家令条（一九五九）石井良助編　近世法制史料二
御当代記（一六八〇〜一七〇二）戸田茂睡　戸田茂睡全集
後鳥羽院宸記（一二一二〜一五）後鳥羽天皇　史料大成一
虎豹童子問（一八六一）柳亭種彦　国会図書館
御府内場末沿革図書（一八五四）豊島区役所　豊島区史資料編三
古墳時代の研究（一九九〇〜九一）　雄山閣
御法興院関白記（一四六六〜一五〇五）近衛政家　続史料大成五〜八

駒井日記（一五九三～九五）駒井重勝　史籍集覧二五
後水尾院当時年中行事（一六六四）後水尾天皇　丹鶴叢書二、三
古名録（一八四三）畔田伴存　古典全集
御由緒書上（一八六七）加納甚内　江戸川区郷土資料七
御領分産物（一七三六）　産物集成一五
権記（九九一～一〇一一）藤原行成　史料大成四、五
今昔物語集（一〇七七）源隆国　文学大系二二～二六
昆虫胥化図（一七六八）細川重賢　永青文庫
今日抄（一八七一～七四）安田照矩　国会図書館
昆陽漫録（一七六三序）青木昆陽　随筆大成一―二〇
坤輿図識（一八四四）箕作省吾　国会図書館

サ

西園寺公経鷹百首（一二四四歿）西園寺公経　群一九
西鶴置土産（一六九三）伊原西鶴　西鶴全集上
西鶴織留（一六九四）伊原西鶴　文学大系四八
西宮記（九八二頃）源高明　史籍集覧篇外一
斎藤朝倉両家鷹書（一五〇六）天羽吉盛　続群一九中
在阪漫録（一八五七～六一）久須美裕雋　随筆百花苑一四
採薬使記（一七五八）阿部照任、松井重康　国会図書館
西遊記（一七九五）橘南谿　東洋文庫二四九
采覧異言（一七一三）新井白石　新井白石全集四
嵯峨野物語（一三八六）二条良基　群一九
左経記（一〇一六～三六）源経頼　史料大成六
佐倉風土記（一七二二）磯部昌言　房総叢書二
薩州産物録（一七九二）佐藤中陵　国会図書館
薩摩鳥譜図巻（江戸末期）　国会図書館
実隆公記（一四七四～一五三六）三条西実隆　続群書類従完成会
山槐記（一一五一～八五）藤原忠親　史料大成二六～二八
山家集（一三五一奥書）西行　文学大系二九
三国史記倭人伝（一九八八）佐伯有清編　岩波文庫
三国通覧図説（一七八五）林子平　林子平全集二―六
珊瑚鳥図（一八四九）　長崎市立博物館
三州物産絵図帳（江戸中期）　産物集成一四
三十二番職人歌合絵（室町時代）　群二八
三千介図（一八四六）岩崎贇編　杏雲書屋
三長記（一一九五～一二〇六）藤原長兼　史料大成三一
参天台五台山記（一〇七二）成尋　史籍集覧二六
三養雑記（一八四〇）山崎美成　随筆大成二―六

シ

塩尻（一七三三歿）天野信景　随筆大成三―一三～一八
滋賀県之畜牛（一九一一）滋賀県内務部編　滋賀県内務部
四季物語（一二一六頃）鴨長明　続群三二上
詩経名物弁解（一七三一）江村如圭　国会図書館
詩経名物弁解正誤（江戸後期）小野蘭山　国会図書館
四条河原遊楽図屏風（一六三〇頃）　屏風絵集成一三
四条流庖丁書（一四八九）　群一九

事々録（一八三一～四九）　未刊随筆四
四神地名録（一七九四）古川古松軒　江戸地誌叢書四
事蹟合考（一七四六起筆）柏崎永以　燕石二
詞曹雑識（一八三四）麻谷老愚　内閣叢刊七～九
七島巡見志（一七八二）吉川儀右衛門　都立中央図書館
七島日記（一八二四）亀田鵬斎　都立中央図書館
侍中群要（九一一）橘広相　続々群七
袖中抄（一一九〇頃）顕昭　国歌大観五
紫藤園諸虫図（江戸末期）畔田伴存　杏雨書屋
シーボルト先生―其生涯及功業（一九九二）呉秀三　東洋文庫一〇三、一一五、一一七
シーボルトと日本動物誌（一九七〇）酒井恒　学術書出版会
射犬正法（一三三九奥付）大館氏明　続史籍集覧二九
写生帖（一七七八頃）佐竹義敦　秋田市立千秋美術館
釈日本紀（鎌倉時代）卜部懐賢　国史大系八
蛇品（一八五七）養虫庵花翁　（『改定増補 日本博物学年表』による）
赭鞭余録（一七六一）豊田養慶　国会図書館
雀巣庵虫譜（一八五九歿）吉田雀巣庵　国会図書館
衆禽図（一七七〇頃）松平頼恭　松平公益会
衆鱗図（一七七〇頃）松平頼恭　松平公益会
十七世紀日蘭交渉史（一八九七）オスカー・ナホッド、富永牧太郎訳
天理図書館出版
種々薬帳（七五六）　古文書編年文書四
拾遺和歌集（一〇〇七）藤原公任　岩波文庫
拾芥抄（一四八四～一五二一）菅原為学　史籍集覧二四
拾玉集（一三四六奥書）慈円　校注国歌大系一〇
十訓抄（一二五二）六波羅二臈左衛門　国史大系一八
獣類写生（江戸末期）山本渓愚　西尾市岩瀬文庫
春記（一〇二五～五四）藤原資房　史料大成七
春波楼筆記（一八一一）司馬江漢　随筆大成一―二
承寛襍録（一六五二～一七四三）　内閣文庫
鐘奇遺筆（一八六六歿）岩永文楨　国会図書館
鐘奇斉日々雑記（一八四二～六六）岩永之房　都市史料四
消閑雑記（一八二五）岡西惟中　随筆大成三―四
諸家随筆集（江戸後期）高力種信　鼠璞十種一
麞麝考（一八六〇）大淵棟庵　国会図書館
常山紀談（一七三九）湯浅常山　岩波文庫
想山著聞奇集（一八五〇）三好想山　続帝国文庫四七
精進魚類物語（室町時代）　群二八
正倉院薬物（一九五五）朝比奈泰彦編　植物文献刊行会
正倉院文書（奈良時代）史料編纂所　古文書一―二五
正倉院宝物（一九八七～八九）正倉院事務所編　朝日新聞社
松亭漫筆（一八五〇序）中村経年　随筆大成三―九
正宝事録（一七七八）近世史料研究会　丸善
縄文時代の漁業（一九七三）渡辺誠　雄山閣
小右記（九八二～一〇三二）藤原実資　史料大成別巻一―三
書紀集解（一七八五）河村秀根・益根　臨川書店
諸禽万益集（一七一七）左馬之助　国会図書館

続日本紀（七九七）菅野眞道他　国史大系二
続日本後紀（八六九）藤原良房他　国史大系三
徐蝗録（一八二六）大蔵永常　農書全集一五
諸国里人談（一七四三）菊岡沾涼　随筆大成二―二四
諸鳥御飼附場之記（一八三一写）平井林蔵　国会図書館
諸鳥飼様百千鳥（一七九九）泉花堂三蝶　雑芸叢書　二
庶物類纂（～一七一五）稲若水　近世歴史資料集成
塵芥集（一五三六）伊達稙宗　仙台文庫叢書
新刊多識篇（一六三一）林羅山　国会図書館
信玄家法（一五四七）　群二一
塵劫記（一六二七）吉田光由　岩波文庫
新古今和歌集（一二〇五）藤原定家他　文学大系二八
新後拾遺和歌集（一三八三）藤原為重　国歌大観一
新猿楽記（一二九三奥書）藤原明衡　群九
新修鷹経（八一八）嵯峨天皇　群一九
新修本草（六五九）蘇敬　植物文献刊行会
新撰字鏡（八九二）僧昌住　群二八
新撰姓氏録（八一五）万田親王他　群二五
新撰日本洋学年表（一九二七）大槻如電　六合社
新撰和歌六帖（九八二頃）家良、為家他　国歌大観二
新続犬筑波集（一六六〇）山崎宗鑑　近世文学資料類従
新註校定国訳本草綱目（～一九七八）木村康一他　春陽堂
信長公記（一六〇〇）太田牛一　戦国史料叢書一―一
新著聞集（一七四九）神谷義勇軒　随筆大成二―五
神農本草経集注（五〇〇頃）陶弘景　国会図書館
新編武蔵風土記稿（一八三〇）昌平黌地理局　雄山閣
新撰姓氏録（八一五）万田親王　群二五
震雷記（一七六五）後藤光生　国会図書館
人倫訓蒙図彙（一六九〇）浅倉治彦校注　東洋文庫五一九

ス

随観写真（一七七一頃）後藤梨春　国会図書館
水左記（一〇六二～一一〇八）源俊房　史料大成八
随書倭国伝（一九五一）和田清・石原道博編　岩波文庫
水族志（一八二七）畔田伴存　博文館
水族四帖（江戸末期）奥倉辰行　国会図書館
瑞兎奇談（一八六五）大畑春国　国会図書館
随兵日記（一四八六）小笠原元長　群二三
随聞積草［金駅日記］（江戸末期）南方経方　神奈川県郷土資料集成
周防岩国吉川左京領内産物並方言（一七三六）　産物集成九
周防産物名寄（一七三七）　産物集成八
菅江真澄遊覧記（江戸後期）菅江真澄　東洋文庫五四、六八、八二、九九、一一九
杉田玄白日記（一七八八～一八〇六）杉田玄白　蘭学資料叢書六
資勝卿記（一五八九～一六四〇）日野資勝　内閣文庫
資益王記（一四六九～八四）白川資益王　史籍集覧二四
豆州諸島物産図説（一七七〇～九〇）田村元長　産物集成二
鈴鹿家記（一三三六～一五九九）　史籍集覧二四

図説日本島名由来辞典（一九九三）菅原浩・柿沼亮三　柏書房
隅田採草春鳥談（一八四五）鶯屋半蔵　国会図書館
諏訪大明神絵詞（一三三六）諏訪円忠　続群三下
駿牛絵詞（一二八〇頃）　群二八
駿牛図（鎌倉時代）　東京・五島美術館
駿清遺事（一七四一）中田宗清　内閣文庫
駿府記（一六一一〜一五）林信勝　史籍雑纂二

セ

征韓録（一六七一）島津久通　戦国史料叢書二―一一
静軒痴談（江戸末期）寺門静軒　随筆大成二―二〇
成形図説（一八四九）島津重豪　東京国立博物館
政事要略（一〇〇七頃）惟宗允亮　国史大系二八
西説伯楽必携（一七二五〜二九）今村英生　［『蘭学の祖今村英生』による］
正ト考（江戸末期）伴信友　伴信友全集二
西洋紀聞（一七一五）新井白石　新井白石全集四
西洋雑記（一八四八）山村昌永　国会図書館
西洋事情（一八六七）福沢諭吉　福沢諭吉全集
舎密開宗（一八三七）宇田川榕庵訳　国会図書館
清良記（一六二八）土井清良　日本史料選書五
性霊集（八三〇頃）空海・眞済撰　文学大系七一
世界大博物図鑑（一九八七〜九〇）荒俣宏　平凡社
世界動物発見史（一九八八）小原秀雄他訳　平凡社
関ヶ原軍記（江戸中期）　内閣文庫
尺素往来（一四八一頃）一条兼良　群九
世間胸算用（一六九二）井原西鶴　文学大系四八
世事百談（一八四三）山崎美成　百家説林正下
世俗立要集（一二五〇頃）僧正玄　群一九
摂津名所図会（一七九四序）秋里湘夕　大日本名所図会
摂陽群談（一七〇一）岡田志傒　大日本地誌大系二五
摂陽見聞筆拍子（江戸後期）浜松歌国　新燕石八
摂陽年鑑（一六一五〜一八三三）浜松歌国　浪速叢書二―六
節用集（一四九六）林宗二　古典全集
責鷹似鳩拙抄（一五〇六）持明院基春　続群一九中
セーリス日本渡航記（一六一三）村川堅国訳　新異国叢書六
千載和歌集（一一八七）藤原俊成他　国歌大観二
浅草寺日記（一七四四〜一八六七）　吉川弘文館
仙台きんこの記（一八一〇）大槻玄沢　江戸科学四四
千虫譜（一八一一）栗本昌臧［瑞見、丹洲］　江戸科学四一
扇馬訳説（一八〇八）大槻玄沢　盤水存響　乾
扇面古写経下絵（一九二〇）考古学会編　四天王寺
全楽堂日録（一八二七〜三九）渡辺華山　近世文芸叢書一一
善隣国宝記（一四六七）瑞渓周鳳　史籍集覧二一

ソ

宗五大草紙（一五二八）伊勢貞頼　群二二
蔵志（一七五九）山脇東洋　科学全書三

宋史日本伝（一九五六）和田清・石原道博編訳　岩波文庫
象のみつぎ（一七二九）中村平吾　随筆選集一一
増訳采覧異言（一八〇四序）山村昌水　国会図書館
草廬漫筆（江戸末期）武田信英　随筆大成二―一
続飛鳥川（江戸後期）　随筆大成二―一〇
続江戸砂子（一七三五序）菊岡沾凉　国会図書館
続後撰和歌集（一二五一）冷泉為家撰　国歌大観一
続古事談（一二一九）　群二七
続左丞抄（一六八八～一七〇三）壬生季連　国史大系二七
続史愚抄（一七九〇）柳原紀光　国史大系一三～一五
俗耳鼓吹（一七八八）太田南畝　随筆大成三―四
俗事百工起源（一八六五）宮川政運　古典文庫
続徳川実紀（一七八六～一八六七）　国史大系四九―五二
続本朝文粋（一一四〇）藤原季綱撰　国史大系二九下
続万葉動物考（一九四三）東光治　人文書院
続視聴草（江戸後期）宮崎成身　内閣叢刊特二

タ

太閤記（一六二五）小瀬甫庵　岩波文庫
台記（一一三六～五五）藤原頼長　史料大成二三、二四
醍醐随筆（一六七〇）中山忠義　杏林叢書三
醍醐天皇御記（八九七～九三〇）醍醐天皇　史料大成一
対州並田代産物記録（一七三六）　産物集成一一
対州之家来朝鮮国に而獲虎之次第（一七七一）　史籍集覧一六
大乗院寺社雑事記（一四五〇～一五〇八）尋尊　続史料大成二六～三
大上臈名事［『広文庫』「にょうぼう」による］
太神宮諸雑事記（～一〇六九）荒木田徳雄他　群一
大日本産業事蹟（一八九一）大林雄也　東洋文庫四七三、四七八
大日本史料（一九〇一～）史料編纂所　東京大学
大日本農政史（類編）（一八九九）農商務省　文芸春秋社
鯛百珍料理秘密箱（一七八五）器土堂主人　江戸時代料理本集成
太平記（一三七〇頃）小島法師　文学大系三四～三六
泰平年表（一五四二～一八三七）大野広城　続群書類従完成会
大三川志（江戸初期）松平頼寛　内閣文庫
鷹秘抄（一五一六写）左金吾藤　続群一九中
鷹経弁疑論（一五〇三）持明院基春　続群一九中
鷹書（一五〇四）小笠原政清　内閣文庫
孝亮宿祢日次記（一五九六～一六三四）小槻孝亮　史籍集覧二五
高忠聞書（就弓馬儀大概聞書）（一四六五）中原高忠義　群二三
高橋氏文（七八九）高橋氏　新古典文庫四
鷹場史料の読み方・調べ方（一九八五）村上直・根崎光男　雄山閣
鷹百首（一五八九）近衛龍山　群一二
槖駄考（一八二四）塘公愷　国会図書館
多識篇（一六一二）林道春　羅山文集
玉勝間（一八一二）本居宣長　岩波文庫
たまきはる（一二一九）健御前　古典全集
玉虫厨子の研究（一九六三）上原和　巌南堂

玉虫の草紙（一五八二頃）　新編御伽草子下
田村藍水・西湖公用日記（一七六三～九一）田村藍水・西湖　史料纂集二四
為房卿記（一〇七一～一一一四）藤原為房　内閣文庫
多聞院日記（一四七八～一六一八）宗芸他　続史料大成三八～四二
譚海（一七九五跋）津村淙庵　庶民史料八
探幽縮図（～一六七四）狩野探幽　京都国立博物館編

チ

親俊日記（一五八八～九六）蜷川親俊　続史料大成一四
親長卿記（一四七〇～九八）甘露寺親長　史料大成四一～四三
親基日記（一四六五～六七）斎藤親基　続史料大成一〇
親元日記（一四六五～八五）蜷川親元　続史料大成一一、一二
竹橋余筆別集（江戸末期）太田南畝　国書刊行会
筑後国風土記逸文（奈良時代）　文学大系二
畜産発達史（一九六六）農林省畜産局　中央公論事業出版
筑前国産物帳（一七三六）　産物集成一二
筑前国産物帳絵図（一七三八）　産物集成一二
筑前国続風土記（一七一〇）貝原益軒　益軒全集四
池亭の記（九八二）慶滋保胤　文学大系六九
中外抄（一一三七～四八）藤原忠実　続群一一上
中国朝鮮の資料による日本史料集成　李朝実録之部（一）（一九七六）日本史料集成編纂会編　国書刊行会
中山伝信録物産考（一七六九）田村元雄　国会図書館
厨事類記（一三〇〇頃）紀宗長　群一九
虫豸帖（一八一九歿）増山正賢　東京国立博物館
虫豸写真（一八三三歿）水谷豊文　国会図書館
虫譜図説（一八五六序）飯室楽圃　国会図書館
中右記（一〇八七～一一三八）藤原宗忠　史料大成九～一五
中陵漫録（一八二六）佐藤成裕　随筆大成三―三
虫類生写（江戸中期）細川重賢　永青文庫
長秋記（一〇八七～一一三六）源師時　史料大成一六、一七
蝶写生帖（江戸中期）円山応挙　東京国立博物館
鳥獣人物戯画（一二世紀）鳥羽僧正　絵巻大成六
鳥獣写生帖（一七一六歿）尾形光琳　［『光琳鳥類写生帖』による］
鳥獣虫魚譜（一九八八）磯野直秀　八坂書房
鳥名便覧（一八三〇）島津重豪　江戸科学四四
釣客伝（一八三〇頃）黒田五郎　続燕石一
釣魚秘伝集（一九三〇）大橋青湖　第一書房
釣書ふきよせ（一八四三）　［『釣魚秘伝集』による］
朝野群載（一一一六）三善為康　国史大系二九上
鳥類写生帖（江戸後期）黒田長溥　福岡県立美術館
鳥類写生図巻（江戸中期）渡辺始興　神戸市立博物館
鳥類写生図巻（江戸中期）小原慶山
鳥類図巻（室町時代）　大阪・横田辰三氏
鳥類図譜（江戸中期）細川重賢　永青文庫
猪鹿追詰覚書（一七〇〇）陶山鈍翁　庶民史料一〇
塵塚談（一八一四）小川顕道　燕石一

塵塚物語（一六八九序）　史籍集覧一〇
塵壺（一八五九）河井継之助　東洋文庫二五七
塵袋（一二七四～八一）釈良胤　古典全集
珍翫鼠育草（一七八七）定延子　江戸科学四四

ツ

通航一覧（一八五三）林韑　国書刊行会
菟玖波集（一三五六）二条良基　文学大系三九
豆州諸島産物図説（一七九三）田村元長　産物集成二
豆州内浦漁民史料　［『日本漁業史』による］
堤中納言物語（平安後期）　文学大系一三
鶴岡事書案（一四〇〇頃）　続群三〇上
徒然草（一三三〇頃）吉田兼好　文学大系三〇
つれづれ草拾遺（一七四〇序）朗如　続史籍集覧一三
ツンベルグ日本紀行（一九四一）山田珠樹訳　奥川書房

テ

帝王編年記（一三七〇頃）永裕　国史大系一二
庭訓往来（室町初期）　東洋文庫二四二
貞丈雑記（一八四三）伊勢貞丈　東洋文庫四四四、四四六、四五〇、四五三
貞信公記（九〇七～九四八）藤原忠平　古記録
提醒紀談（一八五〇）山崎美成　随筆大成二―二
貞徳狂歌集（一六八二）松永貞徳　稀書複製会四期
貞徳文集（江戸初期）松永貞徳　国会図書館
天鼈日誌（一八六二）松浦武四郎　松浦武四郎紀行集下
出法師落書（一四三〇）　群二三
天延二年記（九七四）　続群二九下
天弘録（一八四四～四七）　続随筆大成別巻八
天寿国繍帳銘（六二二頃）　中宮寺
天正事録（一五九八）　続群三〇上
殿中以下年中行事（一四五四）海老名季高　群二二
殿中申次記（室町時代）伊勢貞遠　群二二
天保雑記（一八三〇～四三）藤川貞　内閣叢刊二―三二～三四
天保新政録（一八三〇～四三）　未刊随筆二二
殿暦（一〇九八～一一一八）藤原忠実　古記録

ト

東夷物産志稿（江戸後期）渋江長伯　国会図書館
東雅（一七一九）新井白石　新井白石全集四
東海道名所記（一六六〇頃）浅井了意　温知叢書一
東海道名所図会（一七九七跋）蔀関月　国会図書館
桃源遺事（一七〇一奥書）安積覚　続々群三
東西遊記（一七九五）橘南谿　東洋文庫二四八、二四九
東作遺稿（江戸後期）平秩東作　新燕石三
東寺王代記（～一六一一）　続群二九下
動植名彙（一八三〇）伴信友　伴信友全集五
唐船持渡鳥類（一八三七）　東京国立博物館

当代記（一五三二～一六一五）伝・松平忠明　史籍雑纂二
東大寺献物帳（七五六）　古文書編年文書四
東大寺要録（一一〇六～三四）観厳他　続々群一一
銅鐸（一九七三）三木文雄編　日本の美術八八
唐通事会所日録（一六六三～一七一五）　大日本近世史料
桃洞遺筆（一八三三）小原桃洞　江戸科学二八
東都紀行（一七二〇跋）辻雪洞　新燕石三
東都歳時記（一八三八）斎藤月岑　東洋文庫一五九、一七七、二二一
東武実録（一六八四）松平忠冬　国会図書館
動物渡来物語（一九五五）高島春雄　学風書院
動物の事典（一九五六）岡田要監修　東京堂
遠山著聞集（一八〇一）華誘居士　庶民史料一六
東遊雑記（一七八九）古川古松軒　東洋文庫二七
東牖子（一八〇三）田宮仲宣　随筆大成一―一九
唐蘭船持渡鳥獣之図（江戸後期）［『舶来鳥獣図誌』による］
兎園小説（一八二五）滝沢馬琴　随筆大成二―一
兎園小説外集（一八二七）滝沢馬琴　随筆大成二―三
兎園小説別集（一八三二）滝沢馬琴　随筆大成二―四
兎園小説余録（一八三二）滝沢馬琴　随筆大成二―五
言国卿記（一四七四～一五〇二）山科言国　史料纂集五―一～七
言継卿記（一五二七～七六）山科言継　続群書完成会
言経卿記（一五七六～一六〇八）山科言経　古記録
時慶卿記（一五九一～一六三九）西洞院時慶　内閣文庫
徳川禁令考（一九五九～六一）石井良助校訂　創文社
徳川実紀（一八四九）成島司直　国史大系三八～五〇
徳川十五代史（一九六九）内藤耻叟　新人物往来社
徳川制度史料（一九二七）小野清　六合社
徳川慶喜公傳（一九六七、一九六八）渋沢栄一　東洋文庫八八、九五、九八、一〇七
土左日記（九三五）紀貫之　文学大系二〇
俊頼家集（一一八三）顕昭　群一六
俊頼髄脳抄（平安時代）源俊頼　国歌大観五
利根川図志（一八五八）赤松宗旦　岩波文庫
土右記（一〇三四～六九）源師房　続史料大成二二
豊鑑（一五九八頃）竹中重門　群一三
屠龍工随筆（一七七八）小栗百万　続随筆大成九
登呂　本編（一九五四）日本考古学協会編　毎日新聞社
頓医抄（一三〇三）梶原性全　国会図書館
遁花秘訣（一八二〇）馬場貞由訳　思想大系六五

ナ

内安録（徳川末期）内藤忠明　温知叢書三
長岡京発掘（一九六八）福山敏雄他　ＮＨＫブックス
長興宿祢記（一四七五～八七）小槻長興　史籍集覧二四
長崎オランダ商館の日記（一六四一～五四）村上直次郎　岩波書店
長崎海軍伝習所の日々（一八六〇）カッテンディーケ、水田信利訳　東洋文庫二六
長崎志（長崎実録大成）（一七六〇頃）田辺茂啓編　長崎文献叢書一、

二
長崎志続編（続長崎実録大成）（一七七〇序）田子功山編　長崎文献
　叢書　三、四
長崎渡来鳥獣図巻（一八三九頃）　東京国立博物館
長崎日記（一八五三）川路聖謨　東洋文庫一二四
長崎聞見録（一八〇〇）広川獬　長崎文献叢書一—五
長崎虫眼鏡（一七〇四）江原某　長崎文献叢書五
長崎洋学史（一九六八）古賀十二郎　長崎文献社
長崎略史（一九二六）金井俊行　長崎叢書
長門産物名寄（江戸中期）　産物集成一一
長門産物之内江戸被差登候地下図正控（一七三八）　産物集成一一
長野県史（一九七一）長野県編　長野県史刊行会
渚の丹敷（一八〇三）曽槃　古典全集
なぐさみ草（一六五二）松永貞徳　国会図書館
浪花の風（一八五六起草）久須美裕雋　随筆大成三—五
難波噺（一七七四）池田正樹　随筆百花苑一四
浪華百事談（明治時代）　随筆大成三—二
寧楽遺文（一九六二）竹内理三編　東京堂
奈良朝食生活の研究（一九六九）関根真隆　吉川弘文館
南向茶話（一七六五）酒井忠昌　随筆大成三—六
南総里見八犬伝（一八一四～四一）滝沢馬琴　岩波書店
南島雑話（一八五六頃）名越左源太　東洋文庫四三一、四三二
南島志（一七一九）新井白石　新井白石全集三
南蛮史料の発見（一九六四）松田毅一　中公新書
南蛮屏風（一九七七）坂本満編　日本の美術一三五
南部馬改良由来調　〔『岩手県産馬誌』による〕

ニ

丹敷の浦裏（江戸後期）　国立博物館
二水記（一五〇四～三三）鷲尾隆康　古記録
日東魚譜（一七三一）神田玄泉　国会図書館
日本永代蔵（一六八八）井原西鶴　文学大系四八
日本王国記（～一六一九）アビラ・ヒロン、佐久間他訳　大航海叢書
　一一
日本旧石器時代（一九八二）芹沢長介　岩波新書
日本漁業経済史（～一九五五）羽原又吉　岩波書店
日本漁業史（一九五七）山口和雄　生活社
日本魚名集覧（一九五八）渋沢敬三　角川書店
日本紀略（～一〇三六）　国史大系一〇、一一
日本鶏之研究（一九五一）小穴彪　日本鶏研究社
日本後紀（八四〇）藤原緒嗣　国史大系三
日本国語大辞典（一九七二）　小学館
日本古代家畜史（一九四〇）鑄方貞亮　河出書房
日本古代家畜史の研究（一九六九）芝田清吾　学術出版社
日本古代農業発達史（一九五六）直良信夫　校倉書房
日本山海名産図会（一七六三）木村孔恭　名著刊行会
日本山海名物図会（一七五四）平瀬徹斉　名著刊行会
日本歳時記（一六八八）貝原好古編　古典双書一

日本三代実録（九〇一）藤原時平他　国史大系四
日本史（一九二六）L・フロイス、柳谷武夫訳　東洋文庫四、三五、六五、一六四、三三〇
日本事物誌（一九六九）B・H・チェンバレン、高梨健吉訳　東洋文庫一三一、一四七
日本釈名（一六九九）貝原益軒　益軒全集一
日本縄文石器時代食料総説（一九六一）酒詰仲男　土曜会
日本書紀（七二〇）舎人親王他　文学大系六七、六八
日本人の骨（一九六三）鈴木尚　岩波新書
日本その日その日（一九一七）E・S・モース、石川欣一訳　東洋文庫一　七一、一七二、一七九
日本大王国志（一六三六）F・カロン、幸田成友訳　東洋文庫九〇
日本畜産史　食肉・乳酪篇（一九七六）加茂儀一　法政大学出版局
日本動物誌（一八二二〜二三）C・P・ツュンベリー［『日本動物学史』による］
日本動物学史（一九八七）上野益三　八坂書房
日本に象がいたころ（一九六七）亀井節夫　岩波新書
日本の考古学（〜一九七四）杉原荘介他　河出書房新社
日本のサケ　その文化誌と漁（一九七七）市川健夫　NHKブックス
日本の諸事に関する報告（一五四八）アルヴァレス、岸野久訳　日本歴史　三六八
日本の洞穴遺跡（一九六七）日本考古学協会編　平凡社
日本博物学史（一九七三）上野益三　平凡社
日本馬制史（一九二八）帝国競馬協会編　原書房
日本美術随想（一九六六）脇本楽之助　新潮社
日本風俗と気質に関する注意と警告書［『南蛮史料の発見』による］
日本物産年表（一九〇一）田中芳男　十文字商会
日本文徳天皇実録（八七九）藤原基経他　国史大系三
日本養鶏史（一九四三）養鶏中央会編　帝国畜産会
日本霊異記（弘仁年間）景戒　文学大系七〇
烹雑の記（一八一一）滝沢馬琴　随筆大成一―二一

ネ

猫の歴史（一九五四）上原虎重　創元社
年山紀聞（一八〇四）安藤為章　随筆大成二―一六
年中行事歌合（一三六六）二条良基他　群六
年中行事絵巻（一一六五頃）後白川天皇　絵巻大成八
年中行事御障子文（八八五）藤原基経　続群一〇上
年中行事抄（一二一〇以降）　続群一〇上

ノ

農業全書（一六九七）宮崎安貞　思想大系六二
野尻湖の発掘（一九七五）野尻湖調査団　共立出版
後鑑（一八三五頃）成島良譲他　国史大系三四〜三七
後は昔の記（一九七〇）林董　東洋文庫一七三
後見草（一七八七）杉田玄白　燕石二
宣胤卿記（一四七八〜一五二二）中御門宣胤　史料大成四五
教言卿記（一四〇五〜一〇）山科教言　史籍集覧二四

ハ

梅園魚譜（〜一八四三）毛利梅園　国会図書館
梅園禽譜（一八三九）毛利梅園　国会図書館
梅翁随筆（江戸後期）　随筆大成二―一一
馬琴日記（一八二六〜四八）滝沢馬琴　中央公論社
白石先生手簡（〜一七二五）新井白石　新井白石全集五
白石先生紳書（〜一七二五）新井白石　随筆大成三―一二
幕朝年中行事歌合（一八四二）北村季文、堀田正敦　秘籍大名文庫
博物館魚譜（明治初期）田中芳男編　東京国立博物館
博物館禽譜（明治初期）田中芳男編　東京国立博物館
博物館獣譜（明治初期）田中芳男編　東京国立博物館
博物館虫譜（明治初期）田中芳男編　東京国立博物館
幕末の宮廷（一九七九）下橋敬長　東洋文庫三五三
舶来鳥獣図誌（一九九二）磯野直秀　八坂書房
芭蕉句集（一九六二）大谷、中村校注　文学大系四五
バタビア城日誌（一九七〇）村上直治郎訳　東洋文庫
八郷産物覚帳（一七三五）　産物集成一一
花園天皇宸記（一三一〇〜三二）花園天皇　史料大成二、三
はにわ（一九六七）三木文雄編　日本の美術一九
海鰻百珍（一七九五）鱗介堂主人　江戸時代料理本集成
林羅山文集（一六六一）林信勝
ハリス日本滞在記（一九四四〜五四）坂田精一訳　岩波文庫
播磨国風土記（七一五頃）　文学大系二
晴豊記（一五七八〜九四）勧修寺晴豊　続史料大成九
晴右記（一五六五〜七〇）勧修寺晴右　続史料大成九
藩翰譜（一七〇二）新井白石　新井白石全集一
万国管闚（一七八二）志筑忠雄　武道掝萃録三一六
万国新聞紙（一八六七）　幕末明治新聞全集
盤水存響（一九一二）大槻茂質
半日閑話（一七六八〜一八二二）太田南畝　随筆大成一―八
万宝鄙事記（一七〇五）貝原益軒　益軒全集一

ヒ

肥後国風土記逸文（奈良時代）　文学大系二
肥後国之内熊本領産物帳（一七三五）　産物集成一三
比古婆衣（一八五二）伴信友　随筆大成二―一四
彦根市史（一九六〇〜六二）中村直勝編　彦根市
ピスカイノ金銀島探検報告（一九二九）村上直次郎訳　異国叢書七
肥前国風土記（七五九頃）　文学大系二
常陸国風土記（七二〇頃）　文学大系二
秘伝花鏡（康熙年間）陳扶揺　国会図書館
百華鳥（一七二九）守範　国会図書館
百姓伝記（一六八〇頃）　岩波文庫
百鳥図（一八〇〇頃）増山雪斉　国会図書館
百戯述略（一八七八）斉藤月岑　新燕石四
百草露（江戸後期）含弘堂偶齊　随筆大成三―一一
百品考（〜一八五三）山本亡羊　科学書院

美味求真（一九二五）木下謙次郎　五月書房
百錬抄（九六八〜一二五九）　国史大系一一
瓢鮎図（室町時代）如拙　［『瓦礫雑考』による］
猫瞳寛窄弁（一八三〇）梅川重高　随筆選集一一
平賀源内（一九七一）城福勇　人物叢書
平賀源内（一九八一）芳賀徹　朝日選書
平戸英国商館日記（一九六七）皆川三郎訳　篠崎書林
平戸オランダ商館の日記（一九六九）永積洋子訳　岩波書店
品物考証（一八五五）桐谷考　国会図書館

フ

吹上御庭御成りの記（一七三六）　［『半日閑話』による］
扶木和歌抄（一三一〇頃）勝田長清　国歌大観二
武家調味故実（一五三五）四条隆重　群一九
武家年代記（一一八〇〜一四九九）　続史料大成別巻
武江産物志（一八二四）岩崎常正　国会図書館
武江年表（一八五一）斉藤月岑　東洋文庫一一六、一一八
藤岡屋日記（一八〇四〜六九）藤岡屋由蔵　三一書房
藤ノ木古墳（一九八九）奈良県立橿原考古学研究所　特別展図録
扶桑略記（〜一〇九四）皇円　国史大系一二
扶桑見聞私記（一一五六〜一二一三）大江広元　内閣文庫
二見乃宇羅（一七七三）伊勢貞丈　随筆選集三
ふち河の記（一四七三）一条兼良　群一八
藤子南紀採薬志稿（一八〇二）小野蘭山　国会図書館
物産書目（一七六九）平賀源内　東大史料編纂所
物品識名（一八〇九）水谷豊文　国会図書館
物品識名拾遺（一八二五）水谷豊文　国会図書館
物類称呼（一七七五）越山吾山　古典双書一七
物類品隲（一七六三）平賀源内　古典双書二
武徳編年集成（一七四一）木村高敦　名著出版
文露叢（一七〇四〜一五）　内閣叢刊四七、四八
文会録（一七六〇）戸田旭山　国会図書館
文禄四年御成記（一五九五）松波重隆　群二二

ヘ

平安遺文（一九六三〜六八）竹内理三編　東京堂
平記（九七二〜一一三一）平親信他　続々群五
平家物語（鎌倉時代）　文学大系三二、三三
平城京長屋王邸宅と木簡（一九九一）奈良国立文化財団研究所編　吉川弘文館
兵範記（一一三二〜八四）平信範　史料大成一八〜二二
秉穂録（〜一七九九）岡田梃之　随筆大成一｜一一
碧山日録（一四五九〜六八）太極　続史料大成二〇
ペルリ提督日本遠征記（一九四八）土谷喬雄、玉城肇訳　岩波文庫
弁内侍日記（一二五二頃）弁内侍　群一八

ホ

匏庵遺稿（一九〇〇）栗本鋤雲　続協会叢書第一期

豊芥子日記（一八一三～一四）石塚豊芥子　続随筆大成別巻一〇
方丈記（一二一二）鴨長明　文学大系三〇
北条九代記（一六七五）浅井了意　史籍集覧五
北条五代記（一六四一）三浦浄心　史籍集覧五
茅窓漫録（一八二九序）茅原虚斉　随筆大成一―二二
庖厨備用倭名本草（一六八四）向井元升　食物大成七、八
庖丁聞書（一五五〇頃）　群一九
放屁論（一七七七）平賀源内　文学大系五五
放鷹（一九三一）宮内省式部職　吉川弘文館
法隆寺金堂壁画（一九七九）法隆寺金堂壁画集刊行会　講談社
法隆寺　玉虫厨子と橘夫人厨子（一九七五）秋山光和・辻本米三郎
　岩波書店
宝暦現来集（一八三一序）山田桂翁　続随筆大成別巻七
北越雪譜（一八三六）鈴木牧之　岩波文庫
北越奇談（一八〇九序）橘茂世撰　内閣文庫
牧民金鑑（一八五三）荒井顕道編　刀江書院
反古染（一七五三写）越智久為　続燕石一
細川家々譜（江戸時代）　内閣文庫
堀田禽譜（江戸後期）堀田正敦　東京国立博物館、宮城県立図書館
堀川百首（一一〇五頃）源俊頼他　国歌大観四
本草色葉抄（一二八四）惟宗具俊　内閣文庫
本草紀聞（一七九一）小野蘭山　国会図書館
本草綱目（一五九六）李時珍　国会図書館
本草綱目啓蒙（一八〇六）小野蘭山　科学全書九、一〇
本草綱目序註（一六六六）林信勝　国会図書館
本草写生図譜（江戸末期）坂本浩雪　西尾市岩瀬文庫
本草拾遺（七一三～七四一）陳蔵器　国会図書館
本草図説（～一八五二）高木春山　西尾市岩瀬文庫
本草弁疑（一六八一）遠藤元理　国会図書館
本草和名（九一八）深江輔仁　古典全集
本朝医考（一六六三）黒川道裕　内閣文庫
本朝軍器考（一七〇九）新井白石　新井白石全集六
本朝食鑑（一六九七）人見必大　古典全集
本朝世紀（八八七～一一五五）藤原通憲　国史大系九
本朝通鑑（一六四五頃）林信勝　国書刊行会
本朝文粋（八一〇～一〇三七）藤原明衡撰　文学大系六九

マ

前田亭御成記（一五九四）　群二二
枕草子（一〇〇一）清少納言　文学大系一九
将門記（九四〇）梶原正昭訳注　東洋文庫二八〇、二九一
真佐喜のかつら（一八五〇頃）青葱堂冬圃　未刊随筆八
増鏡（室町時代）　国史大系二一下
窓のすさみ（一七二四序）松崎尭臣　温知叢書七
松浦武四郎紀行集（～一九七七）松浦武四郎　冨山房
松の落葉（一八二九）藤井高尚　随筆大成二―二二
松屋筆記（一八四七頃）小山田与清　国書刊行会

松前志（一七八一）松前広長　北方未公開古文書集成
満済准后日記（一四一一〜三五）満済　続群補遺
翻車考（一八二五）栗本丹洲［昌臧、瑞見］　国会図書館
漫遊雑記（一八〇九）永富鳳　長周叢書
万次郎漂流記（一九六九）ジョン・万次郎　近世漂流記集
万葉集（奈良時代）大伴家持　文学大系四〜七
万葉集品物図絵（江戸末期）鹿持雅澄　古典全集
万葉動物考（一九三五）東光治　人文書院

ミ

三河物語（〜一六二六）大久保忠教　戦国史料叢書六
視聴草（一八三〇序）宮崎成身　内閣叢刊特二
水谷禽譜（一八一〇頃）水谷豊文　国会図書館
見世物研究（一九二八）朝倉無声　思文閣
見世物雑志（一八七八歿）小寺玉晁　新燕石五
水鏡（一一九五頃）藤原忠親　国史大系二一上
三鷹市史々資料（一九六九）近世村落史研究会　三鷹市史編纂委員会
御堂関白記（九九八〜一〇二一）藤原道長　古記録
嶺丘白牛酪考（一七九二）桃井寅　国会図書館
美濃舊衣八丈綺談（一八一四）曲亭馬琴　国会図書館
耳袋（一八一〇頃）根岸鎮衛　東洋文庫二〇七、二〇八
三好筑前守義長朝臣亭江御成之記（一五六一）　群二二
三好亭御成記（一五六一）　続群二三下
民間省要（一七二九歿）田中丘隅　日本経済叢書一
民経記（一二二六〜六八）勘解由小路経光　古記録

ム

むかしむかし物語（一七三二）財津種莢　続随筆大成別巻一
虫歌合（一六五〇歿）木下勝俊　続群三三下
行縢余禄［『世界大博物図鑑』三による］
向岡閑話（一八〇八）太田南畝　太田南畝全集九
武蔵野歴史地理（一九二九）高橋源一郎　有峰書店
虫の文化誌（一九七七）小西正泰　朝日新聞社
虫略画式（江戸後期）細川重賢　永青文庫
武玉川（一七五〇）慶紀逸　近代日本文学大系　川柳狂歌集
無名抄（一二一六頃）鴨長明　群一六
村垣淡路守日記（一八五四〜五九）村垣範正　古文書
紫式部日記（一〇一〇）紫式部　文学大系一九

メ

明応六年記（一四九七）師淳　内閣文庫
明月記（一一八〇〜一二三五）藤原定家　国書刊行会
明治以前洋馬の輸入と増殖（一九八〇）岩生成一　日蘭学会学術叢書
明治事物起原（一八六六）石井研堂　春陽堂
明治風俗史（一九二九）藤沢衛彦　春陽堂
明治文化史（一九五五）開国百年文化事業会　洋々社
名所江戸百景（一八五六〜五八）安藤広重　浮世絵大系一一

モ

毛介綺煥（〜一七八五）細川重賢　永青文庫
蒙古襲来絵詞（一二九三）竹崎季長　絵巻大成一四
毛利家文書（一三三三〜一七八六）　国会図書館
木簡研究（〜一九八一）木簡学会
目八譜（一八四四）武蔵石寿　国会図書館
百舌の草茎（一八〇五）太田南畝　太田南畝全集八
藻塩草（一六六九）僧宗碩　国会図書館
模写並写生帖（江戸後期）佐竹曙山　秋田市立千秋美術館
基成朝臣鷹狩記（一二九五）藤原基成　続群一九中
百千鳥［諸鳥飼様百千鳥］（一七九九）泉花堂三蝶　雑芸叢書二
守貞漫稿（一八六七）喜多川守貞　類聚近世風俗志
師郷記（一四二〇〜五八）中原師郷　史料纂集二三―一〜六
師遠記（〜一一二七）中原師遠　歴代残闕日記
師守記（一三三九〜七四）中原師守　史料纂集二―一〜一一

ヤ

訳註日本律令（一九七五）律令研究会編　東京堂
八雲御抄（一二四〇頃）順徳天皇　日本歌学大系別巻三
八坂神社記録（一三四三〜七二）顕詮　続史料大成四三〜四六
野史（一八五一）飯田忠彦　日本随筆大成刊行会
康富記（一四〇一〜五五）中原康富　史料大成三七〜四〇
耶蘇会士日本通信（一五六五）村上直次郎訳　異国叢書一、三
耶蘇会士日本通信・豊後篇（一九三六）村上直次郎訳　続異国叢書一
矢田地蔵縁起絵巻（一三〇九頃）　新修日本絵巻物全集二九
奴師労之（一八一八）太田南畝　随筆大成二―一四
柳多留（一七六五）呉陵軒可有也　岩波文庫
矢開之事（一五三〇奥書）小笠原元長　群二三
山嵐図（一八三八）　長崎市立博物館
病草子（一一八〇頃）春日光長　絵巻大成七
大和本草（一七〇八）貝原益軒　有明書房
大和物語（九五〇頃）　文学大系九
山名家犬追物記（一四八〇頃）山名政豊　続群二四上
ヤング・ジャパン（一八八〇）J・R・ブラック著、ねずまさし、小池晴子訳　東洋文庫一五六、一六六、一七六

ユ

幽遠随筆（一七七四）入江昌喜　随筆大成一―一六
熊志（一八〇八）難波義材　江戸科学四四
有林福田方（一三六五頃）有隣　古典全集
右文故事（一八一七）近藤守重　近藤正斉全集二
融通念仏縁起絵巻（一三一四）良尊　続絵巻大成一一

ヨ

謡曲集（〜一九六三）横道万里雄編　文学大系四〇、四一
養蚕の起源と古代絹（一九七九）布目順郎　雄山閣
養蚕秘録（一八〇三）上垣守国　江戸科学一三

雍州府志（一六八四）黒川道裕　続々群八
養鼠玉のかけはし（一八五五）春帆堂　国会図書館
養鶯弁（一八一八）秋元万蔵　雑芸叢書二
横浜沿革史（一八九二）太田久好　有隣堂
横浜開港見聞誌（一八六二）橋本玉蘭斉　名著刊行会
横浜ばなし（一八六三）南草庵松伯　神奈川県郷土資料集成
輿地誌略（一九一三）青地盈訳　文明源流叢書一
世継物語（一三五〇頃）　続群三二下
喚子鳥（一七一〇）蘇生堂主人　雑芸叢書二
ヨーロッパ文化と日本文化（一九九一）岡田章雄訳　岩波文庫

ラ

楽郊紀聞（一八六二歿）中川延期良　東洋文庫三〇七、三〇八
洛中洛外屏風　上杉本（一五七三贈）狩野永徳　屏風絵集成一一
螺鈿（一九八三）文化庁監修　日本の美術二一一
蘭畹摘芳（一八一七）大槻玄沢　江戸科学三一
蘭学楷梯（一七八四）大槻玄沢　盤水存響　乾
蘭学の祖今村英生（一九四二）今村明恒　朝日新選書四
蘭説弁惑（一七九九）大槻玄沢　古典双書六
覧富士記（一四三二）尭孝　群一八

リ

李朝実録［『中国朝鮮の資料による日本史料集成　李朝実録之部』による］
律令（一九七六）井上光貞他　思想大系三
立路随筆（江戸後期）林百助　随筆大成二―一八
吏部王記（九二〇～九五三）重明親王　史料纂集一三
柳庵随筆（一八四五序）栗原信充　随筆大成二―一七
琉球産物誌（一七七〇）田村元雄　国会図書館
龍亀昆虫写生帖（一七七九頃）佐竹曙山　秋田市立千秋美術館
竜骨一家言（一八一一）小原春造　江戸科学四四
両羽博物図譜（一八九二）松森胤保［『鳥獣虫魚譜』による］
令義解（八三三）清原夏野他　国史大系二二
梁塵秘抄（一一七九）後白河天皇　文学大系七三
料理物語（一六四三）　古典双書一一
旅行用心集（一八一〇）八隅蘆庵　古典双書三

ル

類柑子（一七〇七）榎本其角　俳諧文庫四
類聚国史（八九二）菅原道真　国史大系五、六
類聚雑要抄（一一五〇頃）　群二六
類聚三代格（一一八〇頃）　国史大系五、六
類聚大補任首書（八五六～一二七四）　群四
類聚符宣抄（九一八）深根輔仁　国史大系二七
類聚名義抄（一二四一）菅原是善　古典全集
類聚名物考（一七八〇歿）山岡浚明　歴史図書社

レ

黎明期日本の生物学（一九七二）木原均他　養賢堂
歴世女装考（一八四七）岩瀬百樹　随筆大成一―六
歴代鎮西要略（～一五五九）　史籍集覧一二
連城漫筆（一八六六）小寺玉晁　協会叢書一九一、一九二

ロ

聾盲記（一五二〇）半井保房　続史料大成一八
鹿苑日録（一四八七～一八〇三）周麟他　続群書類従完成会
六百介品（江戸後期）　国会図書館
六物新志（一七八六）大槻玄沢　江戸科学三二

ワ

我衣（～一八一一）曳尾庵　燕石一
和漢三才図会（一七一三）寺島良安　東京美術
倭訓栞（一八〇五）谷川士清　名著刊行会
和爾雅（一六九四序）貝原好古　益軒全集七
倭人伝の世界（一九八三）森浩一　創造選書
倭名類聚抄（九三七）源順　風間書房
和名類聚抄箋註（一八二七）狩谷掖斎　古典索引叢書一
わすれのこり（一八五四序）四壁菴茂蔦　続燕石二

掲載図版一覧

図1　石燕（和漢三才図会）
図2　五色竜歯（正倉院薬物）
図3　亀・蟹化石（北越雪譜）
図4　ナウマン象化石　北海道開拓記念館蔵
図5　大森貝塚出土土器・骨角器（日本その日その日）
図6　猿の土製品（青森県十面沢出土）　東北大学蔵
図7　動物・狩猟文銅鐸拓本　文化庁蔵
図8　鷹匠埴輪（群馬県境町出土）　大和文華館蔵
図9　飾馬埴輪（埼玉県上中条出土）　東京国立博物館蔵
図10　駅鈴（柳庵随筆）
図11　孔雀文唐櫃（正倉院宝物）
図12　鷹飼・犬飼（年中行事絵巻）〔『放鷹』による〕
図13　闘鶏（年中行事絵巻）　住吉家模本
図14　良鷹図（群書類従本『新修鷹経』）
図15　牛荷車（石山寺縁起）　石山寺蔵
図16　春日神鹿（春日権現験記絵）　東京国立博物館蔵
図17　獅子の図（鳥獣人物戯画）　高山寺蔵
図18　貴族の鷹狩（春日権現験記絵）　東京国立博物館蔵
図19　厩猿（石山寺縁起）　石山寺蔵
図20　駿牛図　東京・五島美術館蔵
図21　犬追物馬場の図（扶桑見聞私記）
図22　歌貝・絵貝（貝合次第、二見乃宇羅）
図23　象の舶載（南蛮屏風）　神戸市立博物館蔵
図24　犬取り（上杉本「洛中洛外屏風」）　米沢市蔵
図25　寛永時代の江戸城鷹部屋（江戸図屏風）　国立歴史民俗博物館蔵
図26　動物の舶載（南蛮屏風）　南蛮文化館蔵
図27　ヤマアラシの見世物（四条河原遊楽図屏風）　静嘉堂蔵
図28　中野犬小屋（元禄九年江戸大地図）
図29　長崎出島の図（ケンペル『日本誌』）
図30　享保の象（象潟屋瓦版）　関西大学図書館蔵
図31　江戸五里四方御場絵図　東京都立大学蔵
図32　『物類品隲』扉
図33　麒麟の図（動物写生図）　国立国会図書館蔵
図34　キアゲハの変態（昆虫胥化図）　永青文庫蔵
図35　ペルシャ馬の注文書（明治以前洋馬の輸入と増殖）
図36　孔雀茶店（摂津名所図会）
図37　『珍翫鼠育草』の挿絵
図38　カンガルーの図（本草図説）　西尾市岩瀬文庫蔵
図39　鳴滝塾の図　長崎大学経済学部武藤文庫蔵

図85　ナメクジ（千虫譜）　国立国会図書館蔵
図86　アカニシ（古名録）
図87　ニナ（和漢三才図会）
図88　バイ（和漢三才図会）
図89　貝覆の図（貝尽浦の錦）［「ヴキナス」による］
図90　ヒザラガイ（『大和本草』諸品図）
図91　ベンケイガイ（両羽博物図譜）　酒田市立光丘文庫蔵
図92　ホラガイ（訓蒙図彙）
図93　マテガイ（古名録）
図94　モノアラガイ（古名録）
図95　ヤコウガイ（和漢三才図会）
図96　ワスレガイ（古名録）
図97　ゴカイ（千虫譜）　国立国会図書館蔵
図98　ヒル（千虫譜）　国立国会図書館蔵
図99　ミミズ（千虫譜）　国立国会図書館蔵
図100　カブトガニ（訓蒙図彙）
図101　ジョロウグモ（虫譜図説）　国立国会図書館蔵
図102　サソリ（千虫譜）　国立国会図書館蔵
図103　アミ（訓蒙図彙）
図104　イセエビ（蟹虫図帖）　オランダ国立ライデン民族学博物館
図105　タカアシガニ（日本動物誌）
図106　オニフジツボとエボシガイ（千虫譜）　国立国会図書館蔵
図107　ザリガニ（蘭説弁惑）
図108　ヤドカリ（目八譜）　東京国立博物館蔵
図109　ワラジムシ（訓蒙図彙）
図110　ワレカラ（紀州分産物絵図）
図111　ムカデ（千虫譜）　国立国会図書館蔵
図112　アブ（訓蒙図彙）
図113　アメンボ（訓蒙図彙）
図114　アリ（紅毛雑話）
図115　五倍子（千虫譜）［『世界大博物図鑑』による］
図116　イナゴ（訓蒙図彙）
図117　虫送り（徐蝗録）
図118　ウリバエ（和漢三才図会）
図119　えびづるむし（千虫譜）　国立国会図書館蔵
図120　カとボウフラ（千虫譜、紅毛雑話）　国立国会図書館蔵
図121　シンジュサン（蝶写生帖）　東京国立博物館蔵
図122　イボタロウムシ（千虫譜）［『世界大博物図鑑』による］
図123　養蚕の図（養蚕秘録）
図124　クサカゲロウの卵塊と幼虫（千虫譜）［『世界大博物図鑑』による］
図125　カブトムシ（千虫譜）　国立国会図書館蔵
図126　桑螵蛸（訓蒙図彙）
図127　キリギリス、コオロギ（訓蒙図彙）
図128　クツワムシ（千虫譜）　国立国会図書館蔵
図129　ケラ（訓蒙図彙）

図130 ゲンゴロウ（虫豸帖）　国立国会図書館蔵
図131 ゴキブリ（三州物産絵図帳）　鹿児島県立図書館蔵
図132 コクゾウムシ（千虫譜）　国立国会図書館蔵
図133 シミ（訓蒙図彙）
図134 コロモジラミ（千虫譜）　国立国会図書館蔵
図135 スズムシ、マツムシ（千虫譜）　国立国会図書館蔵
図136 セミタケ（虫豸譜）　国立国会図書館蔵
図137 タマムシ（博物館虫譜）　東京国立博物館蔵
図138 お菊虫（雲錦随筆）
図139 オニヤンマ（虫豸帖）　国立国会図書館蔵
図140 ヒトノミ（千虫譜）　国立国会図書館蔵
図141 ハエ（訓蒙図彙）　国立公文書館内閣文庫蔵
図142 露蜂房（千虫譜）　国立国会図書館蔵
図143 ハンミョウ（千虫譜）　国立国会図書館蔵
図144 蛍狩（鈴木春信画）　平木浮世絵美術館蔵
図145 ミツバチ（千虫譜）　国立国会図書館蔵
図146 ミノムシ（訓蒙図彙）
図147 シャミセンガイ（千虫譜）　国立国会図書館蔵
図148 バフンウニ（甲子夜話）
図149 テヅルモヅル（桃洞遺筆）
図150 キンコ（千虫譜）　国立国会図書館蔵
図151 イトマキヒトデ（千虫譜）　国立国会図書館蔵
図152 ホヤ（和漢三才図会）

図153 マアジ（栗本丹州魚譜）　国立国会図書館蔵
図154 八月枯鮎（日本山海名物図会）
図155 アンコウの吊し切り（貞徳狂歌集）
図156 鰯網（日本山海名物図会）
図157 ウグイ（梅園魚譜）　国立国会図書館蔵
図158 鰻掻き（国芳「東都宮戸川之図」）　日本浮世絵博物館蔵
図159 アカエイ（梅園魚譜）　国立国会図書館蔵
図160 ミノカサゴ（水族四帖）　国立国会図書館蔵
図161 カジカ（水族四帖）　国立国会図書館蔵
図162 初鰹売り（守貞漫稿）
図163 カナガシラ（梅園魚譜）　国立国会図書館蔵
図164 カマス（梅園魚譜）　国立国会図書館蔵
図165 ヒラメ（水族四帖）　国立国会図書館蔵
図166 カワハギ（梅園魚譜）　国立国会図書館蔵
図167 シロギス、アオギス（梅園魚譜）　国立国会図書館蔵
図168 ランチュウ（金魚秘訣録）
図169 ヒゴイ（博物館魚譜）　東京国立博物館蔵
図170 コチ（衆鱗図）　高松・松平公益会蔵
図171 コノシロ（梅園魚譜）　国立国会図書館蔵
図172 コバンザメ（塩尻）
図173 サケとその卵（北越雪譜）
図174 サバ（梅園魚譜）　国立国会図書館蔵
図175 シュモクザメ（衆鱗図）　高松・松平公益会蔵

図176 サヨリ（梅園魚譜） 国立国会図書館蔵
図177 サワラ（訓蒙図彙）
図178 サンマ（梅園魚譜） 国立国会図書館蔵
図179 西宮白魚（日本山海名産図会）
図180 スズキ（本草図説） 西尾市岩瀬文庫蔵
図181 タイの骨格（水族四帖） 国立国会図書館蔵
図182 タツノオトシゴ（訓蒙図彙）
図183 タラ（梅園魚譜） 国立国会図書館蔵
図184 各種ドジョウ（梅園魚譜） 国立国会図書館蔵
図185 トビウオ（訓蒙図彙）
図186 瓢鮎図（瓦礫雑考）
図187 ニシン（梅園魚譜） 国立国会図書館蔵
図188 ニベ（梅園魚譜） 国立国会図書館蔵
図189 ハコフグ（『大和本草』諸品図）
図190 マハゼ（水族四帖） 国立国会図書館蔵
図191 ルリハタ（博物館魚譜） 東京国立博物館蔵
図192 ハタハタ（奥民図彙） 国立公文書館内閣文庫蔵
図193 ハモ（水族四帖） 国立国会図書館蔵
図194 ハリセンボン（衆鱗図） 高松・松平公益会蔵
図195 トラフグ（博物館魚譜） 東京国立博物館蔵
図196 フナ（博物館魚譜） 東京国立博物館蔵
図197 鰤追網（日本山海名産図会）
図198 ボラ（梅園魚譜） 国立国会図書館蔵
図199 鮪冬網（日本山海名産図会）
図200 越中神通川之鱒漁（日本山海名産図会）
図201 マツカサウオ（本草図説） 西尾市岩瀬文庫蔵
図202 マナガツオ（訓蒙図彙）
図203 マンボウ（翻車考） 国立国会図書館蔵
図204 談義坊売り（人倫訓蒙図彙）
図205 メバル（梅園魚譜） 国立国会図書館蔵
図206 ヤガラ（『大和本草』諸品図）
図207 らいぎょ（桃洞遺筆）
図208 イモリ（千虫譜） 国立国会図書館蔵
図209 エラブウナギ（三州物産絵図帳） 鹿児島県立図書館蔵
図210 ヒキガエル（虫豸帖） 国立国会図書館蔵
図211 緑毛亀（甲子夜話）
図212 オオサンショウウオ（水族四帖） 国立国会図書館蔵
図213 トカゲ（訓蒙図彙）
図214 二足の蛇（蒹葭堂雑録）
図215 蛮産蛤蚧（物類品隲）
図216 ワニ（紅毛雑話）
図217 アトリ（堀田禽譜） 東京国立博物館蔵
図218 アヒル（訓蒙図彙）
図219 アホウドリ（奇鳥生写図） 国立国会図書館蔵
図220 イカル（百鳥図） 国立国会図書館蔵
図221 ズクロインコ（衆禽図） 高松・松平公益会蔵

図222　鵜遣（人倫訓蒙図彙）
図223　鶯飼（三十二番職人歌合絵）　高松・松平公益会蔵
図224　ウズラ（衆禽図）　高松・松平公益会蔵
図225　ウソ（蒹葭堂『禽譜』）
図226　ウトウ（烹雑の記）
図227　エトピリカ（堀田禽譜）　東京国立博物館蔵
図228　タイハクオウム（博物館禽譜）　東京国立博物館蔵
図229　白オシドリ（堀田禽譜）　東京国立博物館蔵
図230　オナガ（蒹葭堂『禽譜』）
図231　カイツブリ（訓蒙図彙）
図232　カササギ（鳥類図巻）　［『美術史』111　による］
図233　ガチョウ（鳥類図巻）　［『美術史』111　による］
図234　カッコウ（本草図説）　西尾市岩瀬文庫蔵
図235　カナリア（梅園禽譜）　国立国会図書館蔵
図236　ガビチョウ（画眉鳥図）　長崎市立博物館蔵
図237　津国無雙返皃羅（日本山海名産図会）
図238　ユリカモメ（本草図説）　西尾市岩瀬文庫蔵
図239　カラス乞食を襲う（一遍上人絵伝）　歓喜光寺蔵
図240　ガランチョウ（堀田禽譜）　東京国立博物館蔵
図241　ヤマセミ（博物館禽譜）　東京国立博物館蔵
図242　マガン（衆禽図）　高松・松平公益会蔵
図243　ハッカン（草花写生画巻）　［『日本美術随想』による］
図244　キンケイ、ギンケイ（鳥類写生図巻）　神戸市立博物館蔵
図245　アオゲラ（蒹葭堂『禽譜』）
図246　白色キュウカンチョウ（『大和本草』諸品図）
図247　クイナ（光琳『鳥獣写生帖』）　［『光琳鳥類写生帖』による］
図248　クジャク（堀田禽譜）　宮城県立図書館蔵
図249　コウノトリ（訓蒙図彙）
図250　コジュケイ（蒹葭堂『禽譜』）
図251　サイチョウ（鳥類写生帖）　福岡県立美術館蔵
図252　ゴイサギ（光琳『鳥獣写生帖』）　［『光琳鳥類写生帖』による］
図253　サトウチョウ（唐蘭船持渡鳥獣之図）　慶應義塾図書館
図254　ヤマシギ（光琳『鳥獣写生帖』）　［『光琳鳥類写生帖』による］
図255　シチメンチョウ（堀田禽譜）　宮城県立図書館蔵
図256　ジュウシマツ（模写並写生帖）　秋田市立千秋美術館蔵
図257　雀取り（扇面古写経下絵）　四天王寺蔵
図258　ハクセキレイ（百鳥図）　国立国会図書館蔵
図259　鷹狩り用の鷹（教草）
図260　ダチョウ（蘭畹摘芳）
図261　ツグミ（梅園禽譜）　国立国会図書館蔵
図262　ツバメ（蒹葭堂『禽譜』）
図263　三河島のタンチョウヅル（名所江戸百景）
図264　トキ（華鳥譜）　国立国会図書館蔵
図265　トビ（訓蒙図彙）
図266　四足の鶏（甲子夜話）
図267　奴要鳥図（古名録）

図268　ハクチョウ（訓蒙図彙）
図269　ハッカチョウ（百鳥図）　国立国会図書館蔵
図270　カンムリバト（桃洞遺筆）
図271　バン（梅園禽譜）　国立国会図書館蔵
図272　ヒクイドリ（蒹葭堂雑録）
図273　ヒシクイ（訓蒙図彙）
図274　ヒバリ（堀田禽譜）　東京国立博物館蔵
図275　ヒヨドリ（真写鳥類図巻）
図276　カワラヒワ（光琳『鳥獣写生帖』）［『光琳鳥類写生帖』による］
図277　フウチョウ（鳥類写生図巻）　神戸市立博物館蔵
図278　シロフクロウ（桃洞遺筆）
図279　ブッポウソウ（梅園禽譜）　国立国会図書館蔵
図280　ブンチョウ（模写並写生帖）　秋田市立千秋美術館
図281　ベニスズメ（和漢三才図会）
図282　ペンギン（堀田禽譜）　東京国立博物館蔵
図283　ホオジロ（光琳『鳥獣写生帖』）［『光琳鳥類写生帖』による］
図284　ホトトギス（博物館禽譜）　東京国立博物館蔵
図285　ホロホロチョウ（外国珍禽異鳥図）　国立国会図書館蔵
図286　ミサゴ（鳥類図譜）　福岡県立美術館蔵
図287　ミミズク（光琳『鳥獣写生帖』）［『光琳鳥類写生帖』による］
図288　ムクドリ（百鳥図）　国立国会図書館蔵
図289　メジロ（堀田禽譜）　宮城県立図書館蔵
図290　モズ（光琳『鳥獣写生帖』）［『光琳鳥類写生帖』による］
図291　ヤマガラ（堀田禽譜）　東京国立博物館蔵
図292　ヤマドリ（訓蒙図彙）
図293　ライチョウ（梅園禽譜）　国立国会図書館蔵
図294　ワシの尾羽の名称（啓蒙禽譜）　国立国会図書館蔵
図295　各種アザラシ（知床日誌）
図296　アシカ（蒹葭堂雑録）
図297　アナグマ（獣類写生）　西尾市岩瀬文庫蔵
図298　イタチ（円山応挙「鼬の図」）　山形・本間美術館蔵
図299　イッカク（一角纂考）
図300　唐犬の図（葛飾北斎画）
図301　イノシシを追う唐犬（江戸図屏風）　国立歴史民俗博物館蔵
図302　イルカ（古名録）
図303　カイウサギ（本草図説）　西尾市岩瀬文庫蔵
図304　牛合せ（『西遊記』続編）
図305　徳川幕府官牧の馬の焼印（古今要覧稿）
図306　オオカミ（毛介綺煥）　永青文庫蔵
図307　オットセイ（御書上産物之内御不審物図）　盛岡市中央公民館蔵
図308　オランウータン（蘭畹摘芳）
図309　カモシカ（訓蒙図彙）
図310　カワウソ（狩野探幽「獺図」）　福岡市美術館蔵
図311　狐火（鳥獣人物戯画）　高山寺蔵
図312　セミクジラとザトウクジラ（海鰌談）
図313　熊胆の所在を示す図（熊志）

図314　ヤエヤマオオコウモリ（千虫譜）　国立公文書館内閣文庫蔵
図315　サイ（本草写生帖）　西尾市岩瀬文庫蔵
図316　猿牽（三十二番職人歌合絵）
図317　鹿狩文銅鐸拓本（兵庫県桜ヶ丘五号鐸）　神戸市蔵
図318　ライオン（紅毛雑話）
図319　シマウマ（博物館獣譜）　東京国立博物館蔵
図320　則天武后パンダを天武天皇に贈る図（人民中国）
図321　ジャコウジカ（蘭畹摘芳）
図322　ジャコウネコ（甲子夜話三篇）
図323　ジャコウネズミ（長崎聞見録）
図324　スイギュウ（訓蒙図彙）
図325　享保の象の頭骨と牙（新編武蔵風土記稿）
図326　タヌキ（光琳『鳥獣写生帖』）〔『光琳鳥類写生帖』による〕
図327　ドウケザル（唐蘭船持渡鳥獣之図）　慶應義塾図書館蔵
図328　テン（毛介綺煥）　永青文庫蔵
図329　トド（甲子夜話続篇）
図330　トナカイ（北蝦夷図説）
図331　トラ（博物館獣譜）　東京国立博物館蔵
図332　ツシマヤマネコ（本草図説）　西尾市岩瀬文庫蔵
図333　ハツカネズミの変種（珍翫鼠育草）
図334　キョン（唐蘭船持渡鳥獣之図）　慶應義塾図書館蔵
図335　バク（訓蒙図彙）
図336　ハクビシン（唐蘭船持渡鳥獣之図）　慶應義塾図書館蔵
図337　ハリネズミ（唐蘭船持渡鳥獣之図）　慶應義塾図書館蔵
図338　緬羊（明治八年輸入博物館動物図）
図339　ヒョウ（甲子夜話続篇）
図340　ブタ（長崎聞見録）
図341　ムササビ（訓蒙図彙）
図342　モグラ（訓蒙図彙）
図343　モルモット（獣類写生）　京都・山本読書室蔵
図344　ヤギ（訓蒙図彙）
図345　ヤク（和漢三才図会）
図346　ヤマアラシ（兼葭堂雑録）
図347　ラクダ（正倉院宝物「螺鈿紫檀五絃琵琶」）
図348　ラッコ（甲子夜話続篇）
図349　ラバ（和漢三才図会）
図350　リス（博物館獣譜）　東京国立博物館蔵
図351　ロバ（博物館獣譜）　東京国立博物館蔵

著者略歴

梶島孝雄（かじしま　たかお）

東京都出身。1943年東京大学理学部動物学科卒業。東京大学理学部附属臨海実験所助手、名古屋大学理学部生物学科助教授、信州大学理学部生物学科教授を歴任し、1982年定年退職。動物発生学専攻。理学博士。

2000年２月28日他界。

著書：『岩波生物学辞典』（第一版）（岩波書店）、『実験発生学』（裳華房）、『脊椎動物発生学』（培風館）等分担執筆。

資料 日本動物史　　新装版

2002年５月30日　初版第１刷発行
2002年12月20日　初版第２刷発行

著　者　梶　島　孝　雄
発行者　八　坂　立　人
印刷所　三協美術印刷㈱
製本所　㈲高地製本所

発行所　㈱八　坂　書　房
〒101-0064東京都千代田区猿楽町1-4-11
TEL 03-3293-7975　FAX 3293-7977
郵便振替　00150-8-33915

ISBN4-89694-495-X　落丁・乱丁はお取替えいたします

動物名索引

カ

キ

シ

ス

セ

ソ

タ

ニ

ヌ・ネ・ノ

ハ

ヒ

ミ

ム

メ

モ

ヤ

ユ・ヨ

ラ

リ・ロ

ワ

2 画

3 画

4 画

5 画

6 画

7 画

8 画

9 画

10画

11画

12画

13画

14画

15画

16画

17画

書名索引

（本文中で用いた略称を［　］内に記した。詳細については「凡例」を参照。）

オ

カ

キ

ク

ケ

コ

サ

シ

ス

セ

ソ

タ

チ

ツ

テ

ト

ネ

ノ

ハ

ヒ

フ

ヘ

ホ